Das große Praxisbuch Hunde

DORLING KINDERSLEY
London, New York, Melbourne, München und Delhi

Für die deutsche Ausgabe:
Programmleitung Monika Schlitzer
Projektbetreuung Regina Franke, Mariele Radmacher-Martens
Herstellungsleitung Dorothee Whittaker, John C. Bergener, Harald Stockinger
Herstellung Verena Marquart, Petra Kühner

Übersetzung Karin Balzer (S. 146-165), Dr. Andrea Kamphuis (S. 76-103), Heike Lebeau (S. 70-73, S. 166-461), Dr. Siegfried Schmitz (S. 8-31, S. 34-69, S. 106-143)
Lektorat Dr. Friedrich Kögel (S. 8-31, S. 34-69, S. 106-143), Heike Schmidt-Röger (S. 76-S. 146-165), Dr. Anne Warrlich (S. 70-73, S. 166-461)
Redaktionelle Bearbeitung Barbara Kiesewetter, Kirsten Wolf

Redaktion Mary Davies, Robert Dinwiddie, Alyson Lacewing, David Lloyd, Alison Mackonochie, Pip Morgan, Amber Tokeley, Gary Werner, Angela Wilkes, Miezan van Zyl, Richard Williams, Edward Bunting
Projektbetreuung Candida Frith-Mac-Donald, Katie John, Heather Jones, Carla Masson, Georgina Garner, Cangy Venables, Sharon Lucas, Maria Pal
Bildbetreuung Jamie Hanson, Simon Murrell
Bildredaktion Wendy Bartlet, Joanne Doran, Tim Scott
Herstellung Mandy Inness, Sarah Sherlock, Shane Higgins, Adrian Gathercole, Kevin Ward
Herstellungsleitung Lauren Britton
Grafik Bryn Walls

Cheflektorat Deirdre Haddon, Liz Wheeler, Sharon Lucas, Krystyna Mayer
Chefbildlektorat Lee Griffiths, Philip Ormerod, Derek Coombes
DTP-Design Louise Waller, John Goldsmid, Sonia Charbonnier, Cressida Joyce
Bildrecherche Sarah Duncan, Louise Thomas, Diana Morris
Programmleitung Jonathan Metcalf
Colour reproduction by Colourscan, Singapore, und Farbsatz, München
Printed and bound in Germany by Mohn media, Gütersloh

Besuchen Sie uns im Internet
www.dk.com

Bibliografische Information Der Deutschen Bibliothek
Die Deutsche Bibliothek verzeichnet diese Publikation in der Deutschen Nationalbibliografie; detaillierte bibliografische Daten sind im Internet über http://dnb.ddb.de abrufbar.

INHALT

EINFÜHRUNG 6

Vorwort 6
Die Evolution der Hunde 8
Körperbau 16

HUNDERASSEN 32

Erläuterungen zu den Rassen 34

WINDHUNDE
Greyhound, Barsoi 36
Afghanischer Windhund 37

LAUFHUNDE
English Foxhound, Otterhound 38
Basset Hound, Beagle 39
Dachshund (Dackel) 40

JAGDHUNDE
Magyar Vizsla 42
Labrador Retriever 43
Flat-coated Retriever, Pointer 44
Golden Retriever 45
American Cocker Spaniel 46
English Cocker Spaniel 47

TERRIER
Parson Russell Terrier, Jack Russell Terrier 48
Airedale Terrier 49
Cairn Terrier, Norfolk Terrier 50
Norwich Terrier, West Highland White Terrier 51
Yorkshire Terrier 52
Australian Silky Terrier, Australian Terrier 53

BEGLEITHUNDE
Pudel 54
Dalmatiner 55
Chihuahua 56
Coton de Tuléar, Löwchen 57

HIRTEN- UND HÜTEHUNDE
Riesenschnauzer, Schnauzer 58
Mudi, Kroatischer Schäferhund 59
Appenzeller Sennenhund, Berner Sennenhund 60
Entlebucher Sennenhund, Großer Schweizer Sennenhund 61
Border Collie, Langhaariger Collie 62
Kurzhaariger Collie, Sheltie 63
Deutscher Schäferhund 64

ARBEITSHUNDE
Boxer 66
Deutsche Dogge, Rottweiler 67

SPITZARTIGE HUNDE
Alaskan Malamute, Kanadischer Eskimohund 68
Siberian Husky, Grönlandhund 69
Tabelle: Welche Rasse? 70

VERHALTEN 74
Erfahrung sammeln 76
Rangordnung 78
Spielverhalten 80
Reviermarkierung 82
Jagen 84
Fressen 86
Revierverteidigung 88
Ängstliches Verhalten 90
Stimme und Gehör 92
Geruchssinn 94
Stehlen 96
Andere Tiere 98
Aufmerksamkeit ergattern 100
Besitzansprüche 102

HUNDE-ERZIEHUNG 104
Frühes Lernen 106
Lob und Tadel 108
Kommandos richtig geben 110
Zusammenfassung 112
Die Beziehung zum Hund 114
Herbeikommen 116
Herbeikommen draußen 118
Hinsetzen und Hinlegen 120

Folgen ohne Leine 122
Gehen an der Leine 124
»Sitz!« und »Bleib!« 126
»Komm! « und »Sitz!« 128
»Platz!« 130
Gehen bei Fuß 132
Festhalten 134
Apportieren 137
Spielen mit Ihrem Hund 140
Spielen mit Artgenossen 142

RICHTIGE HUNDEHALTUNG 144
Ihr neuer Hund 146
Die Pflege 150
Reisen mit dem Hund 153
Gesundheitspflege 156
Zucht und Welpenpflege 166

KRANKHEITEN UND STÖRUNGEN 184
Natürliche Abwehr 186
Ausgewogene Ernährung 192
Immunsystem 206
Infektionskrankheiten 214
Äußere Parasiten 230
Innere Parasiten 238
Haut und Fell 248
Augen und Sehkraft 272
Ohren und Gehör 292
Atemwege 302
Herz-Kreislauf-System 316
Maul und Zähne 330
Speiseröhre und Magen 340

Darmtrakt 348
Bauchspeicheldrüse und Leber 362
Nieren, Harnleiter und Blase 368
Hormonsystem 372
Gehirn 384
Nervensystem 394
Knochen, Gelenke und Muskeln 400
Allgemeine Notfälle 416
Besondere Notfälle 436

Was fehlt meinem Hund? 458

Register 462

Bildnachweis 480

VORWORT

Was ist nur das Geheimnis unserer engen Beziehung zu Hunden? In Kampen auf Sylt wird mein Hund in den Geschäften herzlich begrüßt und bekommt Leckerbissen und Streicheleinheiten. Auf Schloss Neuschwanstein vergessen japanische Touristen sogar, ihre obligatorischen Fotos zu knipsen, weil mein Golden Retriever ihre Aufmerksamkeit auf sich zieht. Sind Hunde Teil der Natur oder Bestandteil unserer Kultur? Warum fühlen wir Hundebesitzer uns in Begleitung unserer Hunde so wohl und so sicher? Warum glauben wir, dass wir mit ihnen mit Worten und Körpersprache oder sogar durch Gedanken kommunizieren können und dass sie uns ebenso gut verstehen wie wir sie?

Der Verhaltensforscher Konrad Lorenz schrieb 1950, dass wir irgendwann in unserer Geschichte diese enge Beziehung zu Hunden entwickelt haben. Wir wissen heute aufgrund jüngster Studien, dass keine Tierart unsere Körpersprache besser versteht, nicht einmal unsere nächsten Verwandten, die Schimpansen. Hunde richten ihren Blick in die Richtung, in die wir zeigen, und können unserem Blick folgen. Mit großer Treffsicherheit können sie unsere Gedanken lesen. So ist das enge Verhältnis zwischen Mensch und Hund ein Kernthema meines Buches.

Lorenz hatte recht damit, dass wir dazu neigen, unser Verhalten, das wir im Lauf der Evolution entwickelt haben, um unsere eigenen Kinder großzuziehen, auf andere Lebewesen wie zum Beispiel Hunde zu übertragen. Nicht recht hatte er allerdings mit seiner Annahme, dass Hunde sowohl von Wölfen als auch von Schakalen abstammen. Jüngere genetische Untersuchungen zeigen, dass die Vorfahren aller Hunde asiatische Wölfe waren. Der Hund ist ein modifizierter Wolf, der daran angepasst ist, in menschlicher Umgebung besser überleben zu können.

Vor Jahrtausenden entwickelte sich ein Verhältnis zum gegenseitigen Nutzen, und schließlich züchtete man Hunde aus verschiedenen praktischen Gründen. Die selektive Zucht, sowohl den Körperbau als auch das Verhalten betreffend, erreichte im 19. Jahrhundert in Großbritannien und Deutschland ihren Höhepunkt, die meisten der beliebtesten Rassen entstanden damals. Aber erst zur Mitte des 20. Jahrhunderts wurde das Verhalten der Hunde wissenschaftlich erforscht, und erst im späten 20. Jahrhundert fand das Konzept der Erziehung durch positive Konditionierung, die Form der Erziehung, die ich in diesem Buch beschreibe, breite Akzeptanz.

Es ist kaum zu glauben, dass es, als ich mein Tiermedizinstudium aufnahm, nur zwei aktuelle Lehrbücher über Hunde gab: eines über operative Eingriffe, das andere über medizinische Versorgung. Seit ich praktiziere, hat sich enorm viel getan, was die Hundehaltung betrifft, und Sie waren es, die diesen Prozess angestoßen haben. Es war das dringliche Anliegen verantwortungsbewusster Hundebesitzer, dass es ihren Haustieren körperlich und mental gut geht. Tierärzte, die Pharmaindustrie und Hersteller von Hundefutter antworteten darauf mit neuen Diagnose- und Operationstechniken, wirksamen Schutzimpfungen, Medikamenten gegen Parasiten und einem großen Angebot an ausgewogenem Hundefutter. Heute werden alle Diagnose- und Behandlungsformen, die in der Humanmedizin eingesetzt werden, auch bei Hunden angewandt. In Deutschland gibt es mehr alte Hunde (Hunde über zehn Jahre) als in jedem anderen europäischen Land. Der Grund ist, dass Sie, die Hundebesitzer und -besitzerinnen, so gut für Ihre vierbeinigen Kameraden sorgen.

Der Tierarzt ist wichtig, aber er oder sie ist auf Ihre Mitarbeit angewiesen, um Ihren Hund bei guter Gesundheit zu halten und wahrnehmen zu können, wenn Veränderungen auftreten. Ich hoffe, dass Ihnen dieses Buch all die Informationen liefert, die Sie brauchen. Dass es Ihnen hilft zu verstehen, wie Ihr Hund denkt, warum er ein bestimmtes Verhalten zeigt und wie einfach es ist, ihn mit Belohnung statt mit Strafe zu erziehen. Ebenso wichtig für ein langes, gesundes Leben ist es, dass Sie den Gesundheitszustand Ihres Hundes richtig einschätzen können. Während Sie diese Zeilen lesen, kamen fünf weitere Welpen zur Welt, in jeder Minute einer. In Deutschland werden jedes Jahr über eine halbe Million Welpen geboren. Die, die von Ihnen aufgenommen werden, haben das größte Glück, denn sie haben verantwortungsvolle, umsichtige Besitzer, die bereit sind, Zeit und Geld in ihre Haltung zu investieren. Dafür geben sie uns so viel zurück, denn wir haben die Chance, ein ehrliches, unkompliziertes Verhältnis zu diesen liebenswerten Tieren aufzubauen.

DR. BRUCE FOGLE

DIE EVOLUTION DER HUNDE

Die Entstehung der Säugetiere vor etwa 200 Millionen Jahren ist uns nur bruchstückhaft bekannt, aber vor 54 bis 38 Millionen Jahren entwickelte sich eine einzigartige Gruppe von fleischfressenden Säugern. Das waren die Raubtiere, die sich von allen anderen Fleischfressern durch ein gemeinsames Merkmal unterschieden: den Besitz von vier Fangzähnen. Viele andere Beutegreifer verzehren Fleisch, doch nur die Raubtiere haben Zähne, die ursprünglich zum Zermalmen und Zerkauen angelegt waren (die vier oberen Vorbackenzähne und die ersten unteren Backenzähne) und sich dann zum Zerschneiden von Fleisch weiterentwickelt haben. Die Evolution des Hundes lässt sich anhand der fossilen Gebissüberreste seiner ausgestorbenen Vorfahren verfolgen.

AHNENREIHE DES HUNDES

URRAUBTIERE

Die Urraubtiere (Creodonta) waren kleine fleischfressende Tiere.

MIACIS

Diese kleinen Raubtiere lebten im Eozän und besaßen Spreizfüße, ein Hinweis auf eine Lebensweise in Bäumen.

HESPEROCYON

Der womöglich direkte Vorfahre der Hundeartigen (Kaniden) entstand vor 38 bis 26 Mio. Jahren in Nordamerika. Die Gattung besitzt die typische Innenohranatomie.

TOMARCTUS

Tomarctus entstand in Eurasien und galt als Vorläufer des Hundes, doch diese Auffassung wird durch neuere Forschungen infrage gestellt.

LEPTOCYON

Der *Leptocyon* gilt heute als wahre Stammform des Hundes und aller anderen modernen Raubtiere.

MODERNE KANIDEN

Vor rund 2 Mio. Jahren hatte sich der Grundstock aller modernen Raubtiere entwickelt. Die bisherigen 42 Kanidengattungen verringerten sich auf die etwa 10 heutigen. Die größte ist die Gattung *Canis*, die Wölfe, Kojoten, Schakale und Haushunde umfasst.

DIE ERSTEN RAUBTIERE

Die meisten frühen Säuger waren Pflanzenfresser. Dann entstanden die Fleischfresser, die sich von diesen Vegetariern ernährten. Vor rund 50 Mio. Jahren, als die längst ausgestorbene Gruppe namens *Miacis* in Erscheinung trat, bildete sich die Gebissform der heutigen Raubtiere heraus. In den folgenden 25 Mio. Jahren hatte die wachsende Vielfalt der Pflanzennahrung eine Zunahme der Pflanzenfresser zur Folge. Dies zog eine ebenso explosionsartige Vermehrung der Raubtierformen nach sich. Experten nehmen an, dass die fernsten Ahnen der Hunde in Nordamerika lebten und der ausgestorbenen Gattung *Hesperocyon* angehörten, einer Raubtiergruppe, die sich weit auseinanderfächerte.

Duftmarkieren *Alle Kaniden besitzen eine Duftmarkierungsdrüse auf der Oberseite des Schwanzes. Die Drüse hinterlässt überall dort, wo der Schwanz vorbeistreicht, eine Duftmarke, eine Art sozialer Verständigung.*

Visuelle Verständigung *Kaniden verfügen über eine differenzierte Körpersprache. Die Schwanzhaltung und die Form der Schwanzhaare senden unmissverständliche Botschaften aus.*

Halbstarre Hinterläufe *Die Hinterläufe sorgen für Schubkraft und Ausdauer. Die Gelenke sind flexibel und gestatten dem Tier ansehnliche Sprünge.*

WANDERBEWEGUNGEN DER HUNDEVORFAHREN

Während sich die Vorfahren der heutigen Raubtiere in Nordamerika entwickelten, vollzog sich eine ähnliche Raubtierevolution in Eurasien. Eine Gruppe von Raubtieren mit Namen *Amphicyon* beherrschte Eurasien jahrmillionenlang; *Tomarctus* galt lange als Vorläufer der Hunde, doch die *Amphicyon*-Gruppe starb wahrscheinlich aus, sodass *Hesperocyon,* der Vertreter einer anderen Familie, sich zu den modernen Raubtieren weiterentwickelte (siehe S. 8). Ein Kanide *(Canis davisi)* ging vor zehn Millionen Jahren aus dieser Familie hervor und breitete sich über die Bering-Landbrücke nach Asien, Europa und Afrika aus. In den nachfolgenden acht Jahrmillionen verteilte er sich über ganz Eurasien; es entwickelten sich abermals verschiedene Arten, die Ahnen der modernen Kaniden. Nach Abschluss dieser Evolution kehrten mehrere der neuen Arten nach Nordamerika zurück.

Wanderwege der frühen Kaniden

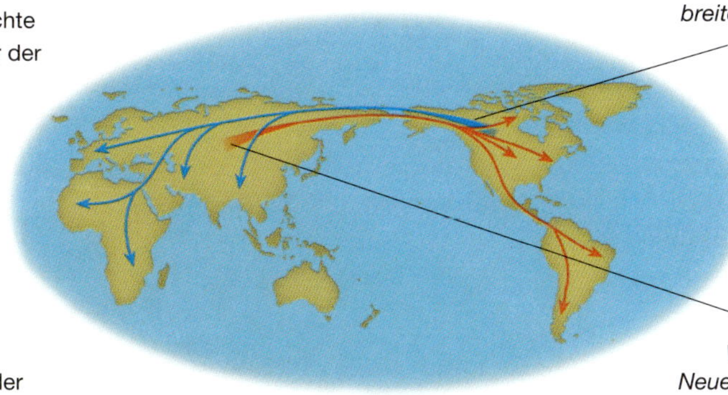

Frühe Wanderungen
Die ältesten Vorfahren des Hundes entwickelten sich wohl in Nordamerika und breiteten sich nach Eurasien aus.

Spätere Wanderungen
Neue Kanidenarten kehrten schließlich aus Eurasien nach Nordamerika zurück.

Körpermerkmale des Wolfs

Wärmeschutz
Das dichte, doppelte Fell aus derben Deckhaaren und weicheren, feineren Unterhaaren bietet Schutz bei schlechtem Wetter.

Ausgezeichnetes Gehör
Tief im Innenohr hat der Schädel große Hohlräume ausgebildet, die das Hörvermögen verbessern.

Große Hirnkapazität
Im Schädel ist Platz für eine hochentwickelte Großhirnrinde, die für die Koordinierung von Gruppenaktivitäten notwendig ist.

Langer Schädel
Der typische Raubtierschädel ist lang und hat kräftige Wangenmuskeln, die das Festhalten, Töten und Verzehren der Beute ermöglichen.

Einzigartiges Gebiss
Die großen Fangzähne dienen zum Ergreifen und Festhalten, die unteren Backen- und oberen Vorbackenzähne zum Zerreißen und Zerschneiden der Beute.

Kraftvolle Gliedmaßen
Die eingeschränkte Beweglichkeit der »fixierten« Vordergliedmaßen garantiert beim Laufen eine hervorragende Stabilität.

Kompakte Pfoten
Zum Beutefang benötigen die Kaniden Standfestigkeit. Sie wird gewährleistet durch weiche Sohlenballen, geschlossene Zehen und nicht einziehbare Krallen.

MERKMALE DER KANIDEN

Der vom Wolf abstammende Hund ist entfernt verwandt mit vielen anderen Fleischfressern. Alle sieben heutigen Raubtierfamilien – Katzen (*Felidae*), Waschbären (*Procyonidae*), Marder (*Mustelidae*), Hyänen (*Hyaenidae*), Schleichkatzen (*Viverridae*), Bären (*Ursidae*) und Hunde (*Canidae*) – haben gemeinsame Ahnen. Noch vor 20 bis 10 Mio Jahren gehörten die Bären und die Hunde zur selben Familie. Diese altertümlichen Raubtiere hatten zahlreiche Merkmale gemeinsam, die wir noch bei modernen Kaniden wie etwa dem Wolf antreffen: langer Schädel, halbstarre, kräftige Hinterbeine und geschmeidige Vordergliedmaßen. Wie der Wolf besaßen sie ein ausgezeichnetes wärmeisolierendes Fell, kompakte Pfoten, große Zähne zum Ergreifen und Zerreißen der Beute, eine große Hirnkapazität und ein hervorragendes Hör- und Witterungsvermögen. Die Hundevorfahren entwickelten sich in Anpassung an Klimaveränderungen und andere Umweltbedingungen. Die fernen Ahnen des Hundes waren wohl einzeln lebende Jäger. Vor etwa zwei Mio. Jahren, als die tropischen Wälder und Savannen durch offene Savannen und baumlose Steppen verdrängt wurden, schlossen sich die Pflanzenfresser zu großen Herden zusammen. Die Hundeahnen hatten entweder schon eine Sozialstruktur gebildet oder konnten nun die sozialen Beziehungen entwickeln, die für die Rudeljagd und die Überwältigung sehr großer Tiere erforderlich waren. Die Fähigkeit des Hundes zu sozialen Bindungen ist die Grundlage für den Erfolg der Art

ENTFERNTE VERWANDTE

Der Haushund und alle anderen Kaniden haben sich zu erfolgreichen Jägern in der offenen Graslandschaft entwickelt. Der Haushund ist ein Vertreter der Gattung *Canis*, einer der zehn Gattungen der *Canidae*. Die anderen Mitglieder der Gattung *Canis* – Wölfe, Schakale und Kojoten – sind seine nächsten Verwandten. Die Angehörigen der anderen neun Gattungen sind die entfernten noch heute verbreiteten (rezenten) Verwandten des Hundes. Sie umfassen 21 Fuchsarten, den Afrikanischen Wildhund, den Rothund, den Mähnenwolf, den Buschhund und den Marderhund. Sie alle haben eine gemeinsame Entwicklungsgeschichte und eine Vielzahl von ähnlichen Verhaltensformen.

LÖFFELHUNDE (links)
Zwei getrennte Populationen dieser Art werden unterschieden; die eine lebt von Südsambia bis zur Südspitze Afrikas, die andere von Tansania bis Äthiopien. Die Jungen werden nach einer Tragzeit von 60 Tagen geboren und sind mit 4 Monaten voll ausgewachsen.

Die Ohren sind im Verhältnis zu Kopf und Körper extrem groß.

EISFUCHS (unten)
Die Fellfarbe verändert sich durch ein einziges Gen von Weiß im Winter zu Dunkelbraun im Sommer. Manche Tiere haben ein stahlgraues oder »blaues« Winterfell. Dies tritt selten in Kanada und auf dem Festland Alaskas auf; bei isolierten Populationen ist der Blauanteil höher.

Die Ohren sind klein und dicht behaart.

Anpassungsfähige Opportunisten

Die Spannweite der Haushundverwandten reicht vom 1,5 kg schweren Fennek aus der nordafrikanischen, arabischen und Sinai-Wüste bis zum 80 kg schweren Grauwolf der kanadischen Tundra. Kurioserweise finden sich diese Größenunterschiede innerhalb der Kanidenfamilie auch bei den Haushunden wieder, wo das Spektrum vom 2 kg schweren Chihuahua bis zum 86 kg schweren Mastiff reicht. Das ist kein Zufall, sondern beruht auf der Fähigkeit der Kaniden zur Anpassung an unterschiedliche Umweltbedingungen.

Marderhunde wurden früher als Pelzlieferanten in Farmen gehalten.

MARDER- ODER WASCHBÄRHUND
Diese Art begnügt sich mit einem kleinen Territorium und unterhält kaum Kontakt zu anderen Sozialgruppen.

Die Füchse

Die 21 Fuchsarten bilden die größte Gruppe innerhalb der Familie *Canidae*. Der Rotfuchs (*Vulpes vulpes*) Eurasiens und Nordamerikas entstand in Eurasien und überquerte die Bering-Landbrücke zum amerikanischen Kontinent. Früher kam er in Nordamerika südlich des 40. Breitengrads vermutlich nicht vor, doch das änderte sich, als im 18. Jahrhundert europäische Rotfüchse durch Anhänger der Fuchsjagd nach Neuengland eingeführt wurden. Der leichtere Eisfuchs (*Alopex lagopus*) war wahrscheinlich nicht imstande, sein arktisches Verbreitungsgebiet zu verlassen und in die vom kräftigeren Rotfuchs besetzten Regionen vorzudringen. Die südamerikanischen Füchse der Gattung *Dusicyon* verteilen sich ebenfalls nach ihrer Größe. Die südamerikanischen Indios domestizierten diese

MÄHNENWOLF
Der an die Jagd im hohen Gras angepasste Mähnenwolf stellt Pakas, kleinen Nagern, Kaninchen und gelegentlich Fischen oder Insekten nach.

Der Mähnenwolf macht auf sich aufmerksam, indem er Schulterhaare aufrichtet und einen weißen Nackenfleck zeigt.

Die langen, schlanken Beine sind mit dunklen Haaren bedeckt.

Das Fell ist von Natur aus leuchtend rot gefärbt.

ROTFUCHS
Diese anpassungsfähige Art mit ihren Farbvarianten hat sich auf natürlichem Wege in allen Kontinenten ausgebreitet. Durch menschlichen Eingriff ist sie auch in Ostaustralien heimisch geworden.

Die Hals- und Wangenmuskulatur ist sehr kräftig.

BUSCH- ODER WALDHUND
Die erwachsenen Tiere verständigen sich durch Heultöne – ein praktisches Mittel, um im dichten Urwald den Gruppenkontakt aufrecht zu erhalten.

Füchse, die somit die Rolle der Haushunde übernahmen, bis sie durch die Hunde ersetzt wurden, die die Europäer hierher mitbrachten.

Die Ohren verstärken die Laute.

ROTHUND (links)
Die indischen Rothunde jagen am Tag, zuweilen aber auch in mondhellen Nächten. Große Beutetiere greifen sie von hinten an und reißen sie dann am Unterleib auf.

Verhaltensmerkmale

Obwohl Füchse Einzeljäger sind, haben sie verschiedene Verhaltensweisen mit anderen Kaniden gemeinsam. Füchse leben oft in Gruppen von drei bis sechs Tieren, die sich aus einem Rüden und mehreren blutsverwandten Fähen (weiblichen Füchsen) zusammensetzen. Beide Geschlechter heben das Bein, um Urinmarken an senkrechten Gegenständen abzusetzen, vor allem an wichtigen Stellen in ihrem Territorium. Sie benutzen auch ihre Afterdrüsen, um ihren Kot zu markieren. Während der Haushund nur eine verkümmerte Drüse auf dem Schwanz besitzt, ist die Drüse des Fuchses sehr aktiv und als schwarzer Fleck sichtbar.

Füchse kläffen, heulen, bellen, winseln und jaulen wie Haushunde. Der einzige Fuchs, der Säugetiere als Beute weitgehend verschmäht, ist der Löffelhund (*Otocyon megalotis*) der afrikanischen Steppen: Er ernährt sich von Termiten- und Käfern.

Weitere entfernte Verwandte

Alle Kaniden (außer dem Buschhund) haben je vier Zehen an den Pfoten. Alle (mit Ausnahme des Afrikanischen Wildhunds) haben an den Vorderpfoten eine rückgebildete erste Zehe, doch nur die Haushunde (einschließlich der Dingos) besitzen an den Hinterläufen verkümmerte erste Krallen, die sogenannten Afterkrallen. Außerdem besitzen Kaniden einen langen, dünnen Penisknochen, der den »Zusammenhalt« bei der Paarung sicherstellt. Auch der Afrikanische Wildhund (*Lycaon pictus*) besitzt diese Merkmale, ist aber in vieler Hinsicht der extremste Kanidentyp, mit einem kraftvollen, furchterregenden Gebiss aus Reißzähnen und stark rückgebildeten letzten Backenzähnen. Das Rudel geht mindestens einmal täglich auf die Jagd, tötet die Beute durch Aufreißen des Bauchs und tut sich gemeinsam an ihr gütlich. Die Rothunde (*Cuon alpinus*) in Indien jagen ebenfalls gemeinschaftlich, machen aber einander das Futter durch hastiges Fressen streitig. Die sandfarbenen Jäger, die im Schnitt 17 kg wiegen, halten durch Pfeiftöne Kontakt zueinander.

Große Ohren regulieren die Körpertemperatur und sind Signalgeber für Rudelgenossen.

AFRIKANISCHER WILDHUND
Dieser Jäger gilt inzwischen als vom Aussterben bedroht. Die Gesamtpopulation besteht vermutlich aus nicht mehr als 10000 Tieren.

Der Marder- oder Waschbärhund (*Nyctereutes procyonoides*) besiedelt den östlichsten Teil des Rothund-Lebensraums in Ostasien und gilt als der einzige Kanide, der nicht bellen kann.

Der hochbeinige Mähnenwolf (*Chrysocyon brachyurus*) in Südamerika macht Jagd auf Kleinsäuger, frisst aber auch Früchte. In Brasilien und weiter nördlich bis Panama ist der Buschhund (*Speothos venaticus*) heimisch, der im Rudel größere Tiere jagt.

NAHE VERWANDTE

Der Wolf ist das am weitesten verbreitete soziale Raubtier; er lebt in Europa, Asien und Nordamerika. Der kleinere Kojote hat zwar ebenfalls ein großes Verbreitungsgebiet, kommt allerdings nur in Nordamerika vor, während die vier Schakalarten Afrika, den Nahen und den Mittleren Osten sowie Indien bewohnen. All diese Arten sind nah miteinander verwandt: Sie besitzen die gleiche Chromosomenzahl und können sich untereinander fortpflanzen. Goldschakal und Kojote haben zudem ähnliche Jagdmethoden; sie jagen einzeln oder paarweise. Wölfe sind jedoch weitaus geselliger als Schakale und Kojoten, und diese Besonderheit stützt die Annahme, dass der Wolf die Stammform aller heutigen Hunderassen darstellt.

KOJOTE UND SCHAKALE

ABESSINISCHER SCHAKAL
Dieser Schakal ist klein, schlank, und muskulös und einem Hund durchaus ähnlich.

Der Kojote (*Canis latrans*) ist ein typischer anpassungsfähiger Kanide. Als der Mensch die Wolfspopulation in den USA dezimiert hatte, breiteten sich die Kojoten von den Great Plains nach Norden und Osten aus. Ihr Verbreitungsgebiet erstreckt sich heute von Mexiko bis Alaska, von der Pazifikküste bis Zentralkanada und Neuengland. Der Schabrackenschakal, der Abessinische Schakal und der Streifenschakal kommen in fast ganz Afrika vor. Der Goldschakal ist vom Balkan bis Birma verbreitet. Kojoten und Schakale können sich sowohl mit Wölfen als auch mit Haushunden paaren.

KOJOTE
Er lebt in einem Rudel, das das Territorium und die gerissene Beute verteidigt. Der anpassungsfähige Kanide bedroht die extensive Schafhaltung in Nordamerika, weshalb heute europäische Schäferhunde die Schafe schützen.

DER NORDAMERIKANISCHE WOLF
Wie alle anderen Artgenossen hat sich dieser größte Wolfstyp in Eurasien entwickelt, von wo er vor Jahrmillionen nach Nordamerika ausgewandert ist. Er verfügt über eine ausgeklügelte Sozialstruktur mit einer fein abgestuften Rangordung.

Der normalerweise grau gefärbte Wolf ist ein hervorragender Beutegreifer.

ROTWOLF (unten)
Er gilt als eine Farb- und Größenvariante des Wolfs (*Canis lupus*) und ist somit eine Unterart. Ist die Variante durch menschliche Zuchtwahl entstanden, nennt man das Ergebnis Rasse. Die Unterart Rotwolf ist als echter Wolf in freier Wildbahn wahrscheinlich ausgestorben. Wolfähnliche Tiere, die man im Südosten der USA antrifft, sind höchstwahrscheinlich Kreuzungen aus Rotwölfen und ostwärts abgewanderten Kojoten.

Klein, leicht (15–30 kg) und lange Schnauze

MEXIKANISCHER WOLF (rechts)
Der kleine Mexikanische Wolf hat als eigene Unterart in den Bergen Zentralmexikos überlebt. Seine Existenz lässt den Schluss zu, dass alte Eingeborenenvölker wie die Azteken und Inka über die zur Hundezucht erforderlichen Wildformen verfügten.

Kleiner, robuster W[illegible] in Zentralmexiko

KENAI-WOLF
Er war eine der größten Unterarten des Wolfs, wog selten weniger und oft mehr als 45 kg. Er lebte auf der Halbinsel Kenai in Alaska und starb 1915 aus.

WEISSER NEUFUNDLAND-WOLF
Die Regierung von Neufundland setzte 1842 eine Abschussprämie auf diesen Wolf aus. 1911 wurde er als erste vieler nordamerikanischen Unterarten des Wolfs ausgerottet.

Das üppige Winterfell diente der Tarnung.

JAPANISCHER WOLF
Die vielleicht kleinste Unterart des Wolfs lebte auf Honshu, Hokkaido und den Kurileninseln. Der letzte Vertreter wurde 1905 getötet.

Der Schwanz war buschig.

Die Verbreitung des Wolfs auf der Erde

ARKTISCHER WOLF
Er besiedelt die kanadische Arktis bis zur Insel Ellesmere. Wegen Futtermangels besetzt jedes Rudel ein ausgedehntes Territorium.

EUROPÄISCHER WOLF
Diese einst dominierende Unterart des Wolfs ist in Westeuropa fast vollständig ausgerottet worden. Restbestände haben auf der Iberischen Halbinsel, in Skandinavien und in Mittel- und Osteuropa überlebt.

WOLFSWELPE
Beim Wolf entwickelt sich das Bindungsverhalten ähnlich wie beim Hund. Wölfe eignen sich allerdings nicht als Hausgenossen.

ASIATISCH-ARABISCHER WOLF
Diese kleinwüchsige Unterart ist wahrscheinlich der Stammvater vieler europäischer und asiatischer Haushunde. Der in ganz Asien verbreitete, anpassungsfähige und gesellige Wolf bewohnte auch jene Regionen, in denen die ersten Haushunde entstanden.

Der Wolf

Die Ahnenreihe des Haushundes ist seit mehr als 100 Jahren von Anatomen und Verhaltensforschern gründlich untersucht worden, und heute gilt als gesichert, dass der Wolf (*Canis lupus*) sein direkter Vorfahre ist. Von allen Kaniden variieren die Wölfe in ihrem Sozialgefüge, ihrer Größe und selbst in der Fellfarbe am stärksten. Bevor der Mensch sie dezimierte, waren sie die am weitesten verbreiteten Landraubtiere. Man kann als sicher annehmen, dass der anpassungsfähige, aasfressende Wolf seit dem Aufstieg des *Homo sapiens*, seit mindestens 40 000 Jahren, im Umkreis menschlicher Lagerplätze anzutreffen war, wo er von Abfällen lebte oder einfach Nahrung stahl.
Wo auch immer Menschenhorden auf der Nordhalbkugel umherzogen, wurden sie wahrscheinlich von Wölfen begleitet. Vermutlich nahmen die Menschen Wolfswelpen zu sich, nachdem deren Eltern getötet worden waren. Und damit begann der Prozess der Zähmung der Wildtiere. Kojoten und Schakale sind in ihrem Verhalten längst nicht so flexibel wie der Wolf.

DIE ERSTEN HAUSHUNDE

Laut aktuellen Forschungen liegt der Beginn der Domestikation vom Wolf zum Haushund etwa 15 000 Jahre zurück. Erst menschliche Wohnstätten zogen die wilden Tiere an. Die Menschen nahmen Wolfswelpen zu sich. Aus den nachfolgenden Generationen entwickelten sich über Jahrtausende Hunde, die die Lagerplätze bewachten und als Jagd- und Sozialpartner dienten, aber auch als Fleischlieferanten, wenn Nahrung knapp war.

MODERNE HUNDE UND IHRE VORFAHREN

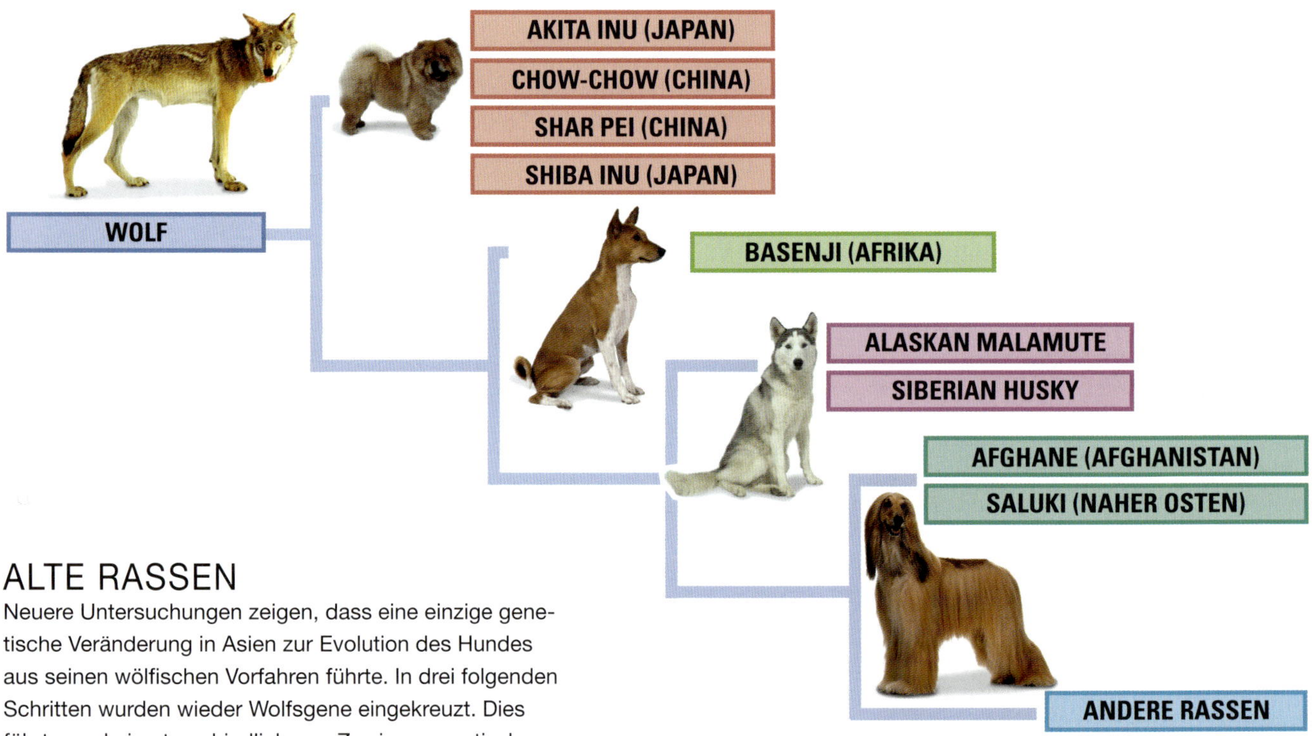

ALTE RASSEN

Neuere Untersuchungen zeigen, dass eine einzige genetische Veränderung in Asien zur Evolution des Hundes aus seinen wölfischen Vorfahren führte. In drei folgenden Schritten wurden wieder Wolfsgene eingekreuzt. Dies führte zu drei unterschiedlicheren Zweigen genetisch alter Rassen in Afrika, der Arktis und im Nahen Osten. Die meisten modernen Rassen sind das Ergebnis von nur 300 Jahren selektiver Züchtung.

Moderne Hunde

Unter dem Druck der Umwelt wurde der Wolf zunächst kleiner, menschenfreundlich und anhänglich. Nach generationenlanger Auslesezucht durch den Menschen entstand schließlich die große Vielfalt an Hunderassen. Eine intensive Selektion verstärkte das Bellen als wichtiges Warnsignal. Hängeohren und eine andere Schwanzhaltung wurden ebenfalls herausgezüchtet, damit sich die domestizierten Hunde von den Wildkaniden unterschieden. Die Größe der Stirnbeinhöhle nahm aus unerfindlichen Gründen zu – vielleicht um dem Hund ein »intelligenteres« Aussehen zu geben. Zunächst verkleinerte man die Körpergröße der Hunde, und es entstanden Zwerg-

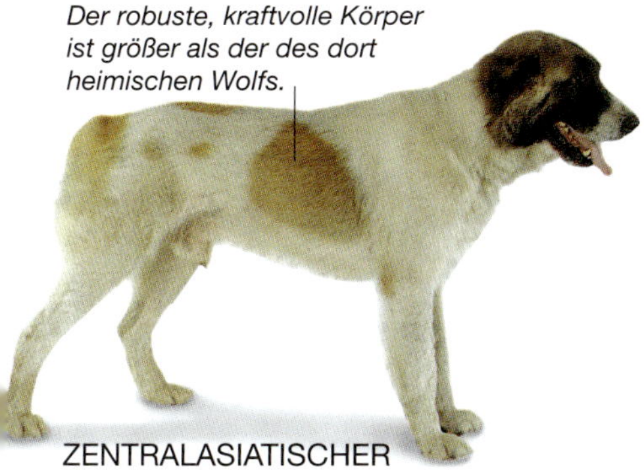

ZENTRALASIATISCHER SCHÄFERHUND
Durch die Domestikation verringerte sich zunächst die Größe der Hunde. Doch später kam es durch gezielte Zucht auch wieder zu einer Körpervergrößerung.

Abfallfresser am Lagerplatz

Alle Kaniden fressen Aas und Abfälle, wenn sie Hunger haben, doch Hunde sind besonders findig. So wie sich die Rentiere in Nordeuropa selbst domestizierten, indem sie das Salz aus dem menschlichen Harn rings um die Lagerplätze der Samen aufnahmen, fanden Hunde Fressbares in den Abfällen von Lagerplätzen in aller Welt.

Überlebenskünstler

Menschliche Siedlungen waren von stark genutzten Zonen umgeben, in denen die meisten Wildtierarten nur in sehr geringer Zahl existieren konnten. Die Vegetation wurde oft immer spärlicher, und in Dürrezeiten verendete das Vieh. Der Hund konnte unter diesen Umweltbedingungen besser überleben als andere domestizierte Tiere.

Wächter und Hüter

Weil Hunde sich bereitwillig ins Menschenrudel einfügen und hervorragend hören und riechen können, warnten sie anfangs die Menschen vor Eindringlingen. Als vor rund 10 000 Jahren die Viehhaltung aufkam, war der Hund bereits auf die Aufgabe vorbereitet, andere Haustiere gegen Raubtiere zu verteidigen.

DINGO (oben)
Der Dingo gelangte vor etwa 4000 Jahren mit Seefahrern nach Australien, nachdem er bereits anderswo domestiziert worden war. Er half den Aborigines nur selten bei der Jagd, hielt jedoch ihre Lagerplätze sauber.

CHOW-CHOW
Der moderne Chow-Chow wurde in Europa als Ausstellungshund gezüchtet, doch seine Vorfahren lebten in China, wo sie ursprünglich aus Not und später als Delikatesse verspeist wurden.

BRASILIANISCHE DOGGE
Fährtenhunde wie der Bloodhound entstanden vor mindestens 5000 Jahren in Asien und im Nahen Osten. Die Brasilianische Dogge vereint Witterungsvermögen des Bloodhound mit der imposanten Körpergröße des Doggentyps.

Bepelzte Wärmespender

Es scheint ein universales Bedürfnis des Menschen zu sein, junge felltragende Tiere zu füttern und zu hätscheln. Der Hund ist dafür besonders prädestiniert. Weil er einige soziale Verhaltensweisen mit uns gemeinsam hat, spendet er uns Trost und Sicherheit. Wahrscheinlich hat er früher seine Besitzer in kalten Nächten gewärmt. Erst seit diesem Jahrhundert ist es seine Hauptaufgabe, Gefährte und Freund des Menschen zu sein.

Jagdgefährten

Der Hund ist ein Rudeljäger. Als sich unsere Jagdtechniken entwickelten, wurde die Begabung des Hundes zum Aufspüren und Apportieren des Wildes immer wichtiger. Hunde jagen sowohl mit den Augen als auch mit der Nase. Als sich später in den menschlichen Gemeinwesen soziale Schichten herausbildeten, wurde die Jagd mit Hunden zu einer bedeutenden gesellschaftlichen Freizeitbeschäftigung.

PAPILLON (rechts)
Gesellschaftshunde wie der Papillon haben die Gestalt, die Größe und auch die Verhaltensformen eines Jungtiers beibehalten.

DAS SKELETT

Das Skelett des Hundes bildet ein ausgezeichnetes Gerüst. Der robuste Schädel mit tiefen, schützenden Höhlen für Augen und Ohren umhüllt das Gehirn. An zarten Knochen innerhalb der Schnauze ist die Riechschleimhaut befestigt. Hals- und Rückenwirbel haben Fortsätze, an denen kräftige Muskeln ansetzen. Lange Rippen schützen Herz, Lunge und Leber. Schulter- und Hüftgelenke ermöglichen elegante, präzise Bewegungen. Das System wird zusammengehalten durch starke, elastische Bänder, Sehnen und den Muskelapparat.

Skelett

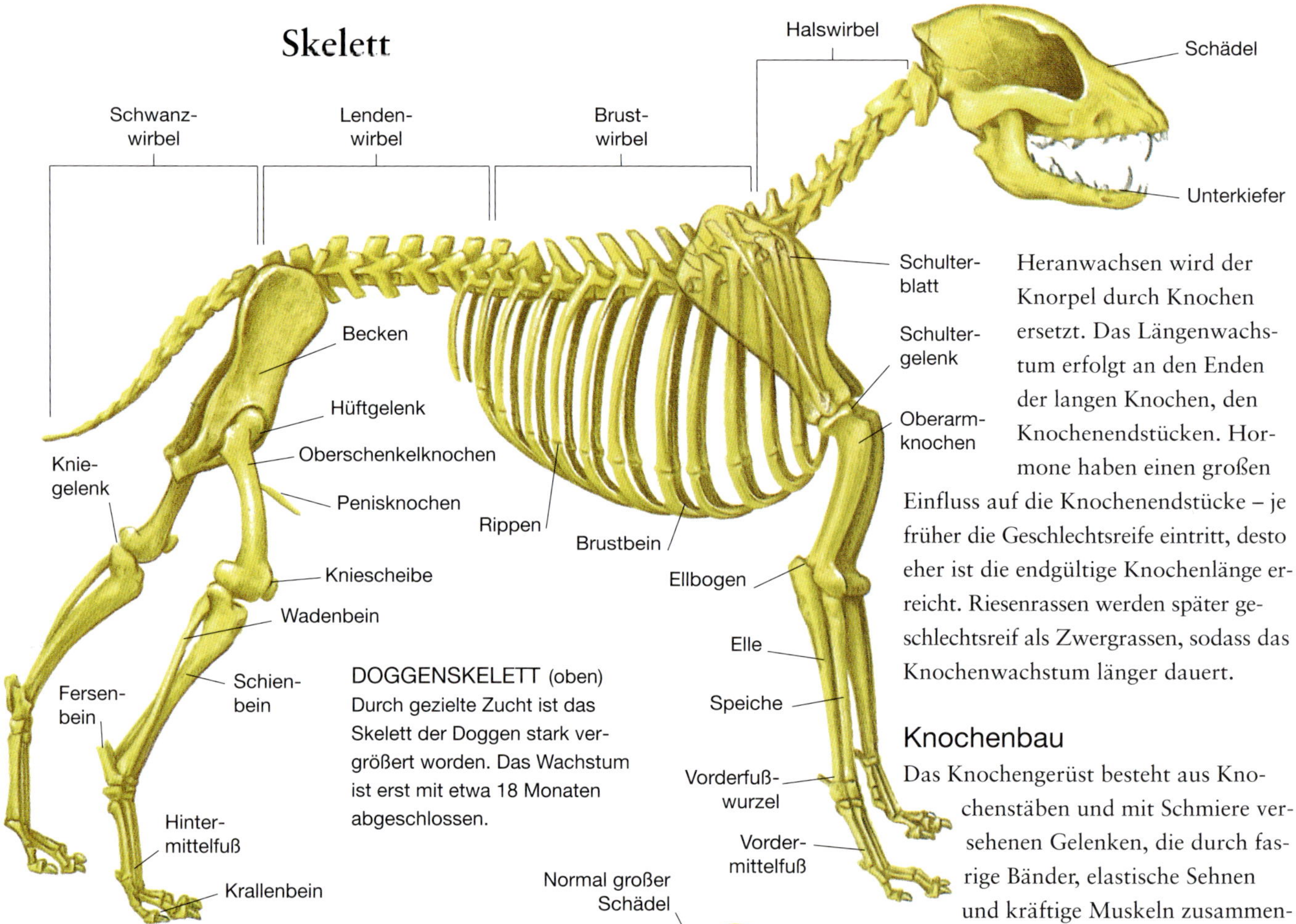

DOGGENSKELETT (oben)
Durch gezielte Zucht ist das Skelett der Doggen stark vergrößert worden. Das Wachstum ist erst mit etwa 18 Monaten abgeschlossen.

Knochenwachstum

Die ersten Hunde waren so groß wie der Dingo und beendeten ihr Skelettwachstum mit etwa zehn Monaten. Vor 5500 Jahren waren durch Zucht Doggentypen entstanden, deren Skelett erst mit 18 Monaten ausgewachsen war. Ein langer Gliedmaßenknochen ist beim Welpen als ein hohles, röhrenförmiges Knorpelgebilde angelegt. Beim Heranwachsen wird der Knorpel durch Knochen ersetzt. Das Längenwachstum erfolgt an den Enden der langen Knochen, den Knochenendstücken. Hormone haben einen großen Einfluss auf die Knochenendstücke – je früher die Geschlechtsreife eintritt, desto eher ist die endgültige Knochenlänge erreicht. Riesenrassen werden später geschlechtsreif als Zwergrassen, sodass das Knochenwachstum länger dauert.

Knochenbau

Das Knochengerüst besteht aus Knochenstäben und mit Schmiere versehenen Gelenken, die durch fasrige Bänder, elastische Sehnen und kräftige Muskeln zusammengehalten werden. Der Knochen selbst ist ein Netzwerk aus harten, kalkhaltigen Bälkchen, dessen Hohlräume mit Knochenmark ausgefüllt sind. Knochen

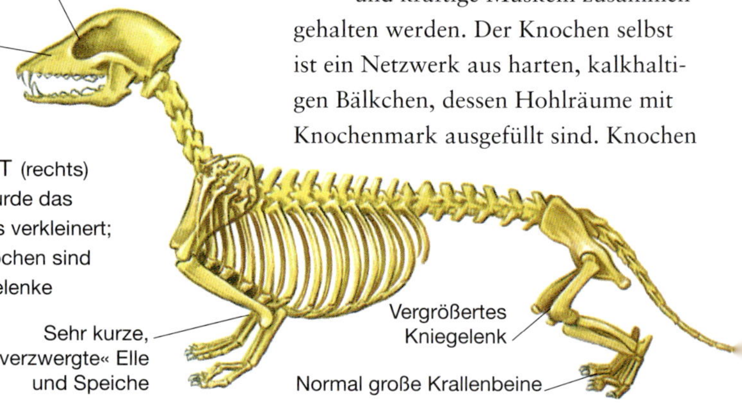

DACKELSKELETT (rechts)
Durch die Zucht wurde das Skelett des Dackels verkleinert; die Gliedmaßenknochen sind verkürzt und die Gelenke vergrößert.

SCHÄDELFORMEN

Dolichocephal oder langköpfig (Saluki)

Mesocephal oder mittelköpfig (Pointer)

Brachycephal oder kurzköpfig (Boxer)

Extrem brachycephal oder kurzköpfig (Mops)

Grundsätzlich sind drei Schädelformen zu unterscheiden. Der Wolfsschädel wurde zum Langkopf des Salukis verlängert und beim mittellangen Kopf des Pointers verkürzt. Beim kurzköpfigen Boxer wurde er weiter verkürzt. Bei extremer Kurzköpfigkeit verschwindet der Schnauzenteil fast völlig, wie etwa beim Mops.

werden über die Blutgefäße ernährt. Das Knochenendstück wird durch zahlreiche winzige Arterien versorgt.

Größenverkleinerung

Die Auswahlzucht hat den Hundekörper auf zwei Wegen verkleinert. Durch die proportionale Verkleinerung verringert sich die Größe aller Knochen, vom Schädel bis zu den Rippen und den Gliedmaßen. Rassen wie der Chihuahua, der Yorkshire Terrier und das Italienische Windspiel sind das Resultat einer solchen Verkleinerung. Bei der Verzwergung hingegen bleiben die normalen anatomischen Relationen des Skeletts erhalten, aber die langen Gliedmaßenknochen werden verkürzt und die Gelenke vergrößert. Der Basset Hound und die Dachsbracken sind typische Zwergrassen. Beide Formen der Größenreduzierung können gleichzeitig vorkommen und dann Rassen wie den Zwergdackel hervorbringen. Sowohl Verzwergung als auch proportionale Verkleinerung sind natürliche Vorgänge, die durch Auslesezucht verstärkt wurden.

Gelenke

Knochen werden durch knorpelige Gelenke, die als Stoßdämpfer dienen, miteinander verbunden. Jedes Gelenk ist von einer Gelenkkapsel umhüllt, die mit der Gelenkschmiere (Synovia) angefüllt ist.

SKELETT- UND GELENKPROBLEME

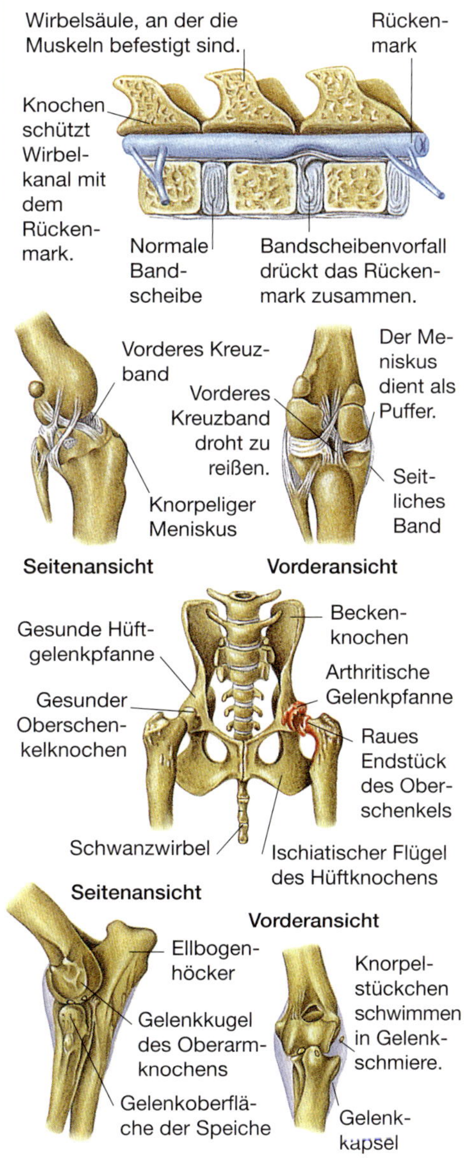

BANDSCHEIBENVORFALL

Die im Rückgrat zwischen den Wirbeln liegenden Bandscheiben werden im Alter, vor allem bei Zwergrassen, unelastisch und spröde und können nach oben auf das Rückenmark drücken, also einen Bandscheibenvorfall verursachen.

GERISSENE KNIEBÄNDER

Die anatomische Schwachstelle der Hinterläufe sind die Knie, die von je zwei Kreuzbändern zusammengehalten werden. Seitliche Bänder sichern die Kniescheibe. Wird auf die Kreuzbänder ständig übermäßiger Druck ausgeübt, kann das vordere Band gezerrt oder abgerissen werden.

HÜFTGELENKSDYSPLASIE (HD)

Diese Verformung des Hüftkugelgelenks kommt häufig bei großen und sehr großen Rassen vor, kann aber auch kleine Rassen heimsuchen.

ELLBOGENBESCHWERDEN

Bei schnellwüchsigen Rassen wie dem Berner Sennenhund kann ein Stück der Knorpelschicht des Ellbogengelenks teilweise »absterben« und sich ablösen; es schwimmt dann in der Gelenkkapsel. Die Folgen sind Lahmheit und Schmerzen, manchmal auch Schwellungen und Fieber.

GEHIRN UND SINNESORGANE

Das Gehirn sammelt und interpretiert alle Informationen, die es über die Sinne empfängt, und reagiert entsprechend. Obwohl das Gehirn des Durchschnittshundes weniger als ein Prozent seines Körpergewichts ausmacht, braucht es sehr viel Nahrung. Deshalb erhält es über 20 Prozent des Blutes, das vom Herzen in den Körper gepumpt wird. Die Gehirntätigkeit ist teilweise durch die in den Genen verankerten Informationen vorprogrammiert. So ist das Hundegehirn prädestiniert, die Auswertung von Düften zu erlernen. Es kann aber auch Informationen der anderen Sinne deuten – des Tast-, Geschmacks-, Hör- und Gesichtssinns.

Koordination der Sinne

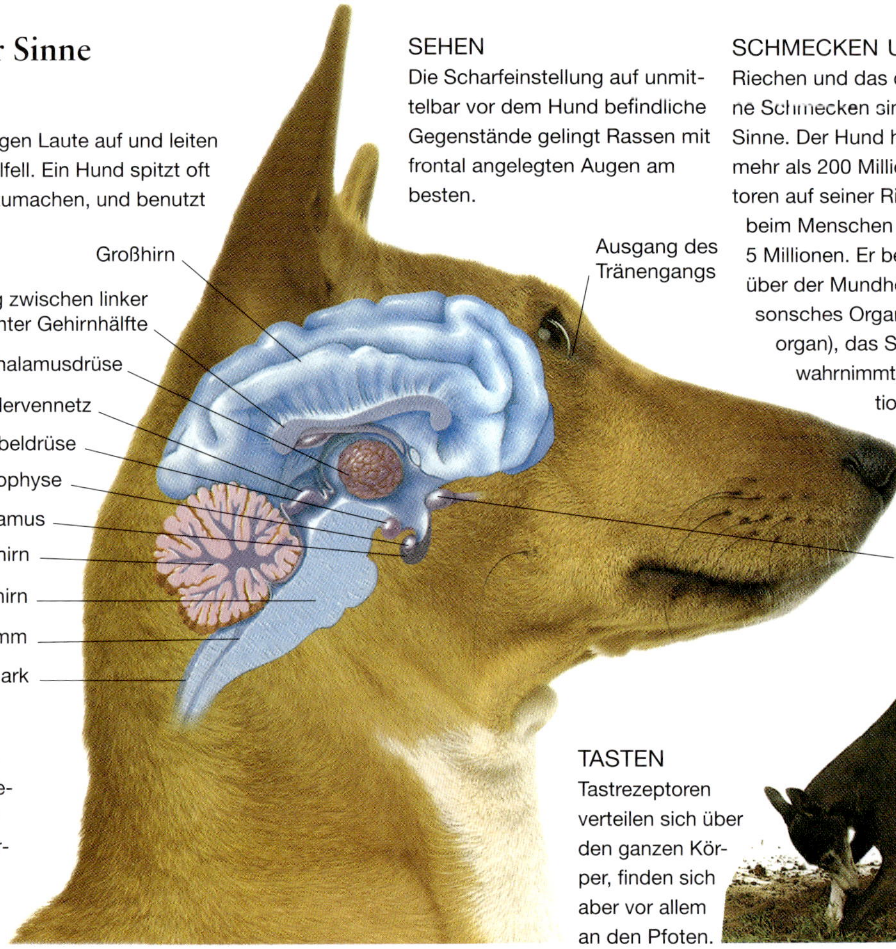

HÖREN
Die sehr beweglichen Ohren fangen Laute auf und leiten sie wie ein Trichter zum Trommelfell. Ein Hund spitzt oft ein Ohr, um den ersten Ton auszumachen, und benutzt dann beide Ohren, um möglichst viele Schallwellen einzufangen. Experimentell wurde nachgewiesen, dass der Hund eine Schallquelle in einer Sechshundertstelsekunde orten kann.

SEHEN
Die Scharfeinstellung auf unmittelbar vor dem Hund befindliche Gegenstände gelingt Rassen mit frontal angelegten Augen am besten.

SCHMECKEN UND RIECHEN
Riechen und das damit verbundene Schmecken sind chemische Sinne. Der Hund hat im Schnitt mehr als 200 Millionen Duftrezeptoren auf seiner Riechschleimhaut; beim Menschen sind es nur 5 Millionen. Er besitzt außerdem über der Mundhöhle ein jacobsonsches Organ (Vomeronasalorgan), das Sexualduftstoffe wahrnimmt und die Information zum Gehirn weiterleitet.

DAS GEHIRN
Alle Sinneswahrnehmungen werden in chemische Botschaften umgewandelt und an das Gehirn weitergeleitet. Einige dieser Botschaften beeinflussen die Zirbeldrüse (Epiphyse), die sämtliche Körperrhythmen synchronisiert.

TASTEN
Tastrezeptoren verteilen sich über den ganzen Körper, finden sich aber vor allem an den Pfoten.

Wie das Gehirn funktioniert

Das Gehirn besteht aus Milliarden von Nervenzellen (Neuronen), die jeweils bis zu 10 000 Verbindungen zu anderen Zellen unterhalten können. Die Zellen kommunizieren chemisch durch Neurotransmitter miteinander. Das Großhirn steuert das Lernen, die Emotionen und das Verhalten, das Kleinhirn kontrolliert die Muskulatur, und der Hirnstamm ist mit dem peripheren Nervensystem gekoppelt. Jedes Sinnesorgan versorgt das Gehirn durch seine eigenen speziellen Nerven. Ein Netzwerk von Zellen (das limbische System) koordiniert mit großer Effektivität Instinkte und Lernen. Der Konflikt zwischen dem, was ein Hund instinktiv tun möchte, und dem, was wir ihm befehlen, findet wahrscheinlich im limbischen System statt. Der Mensch kann dieses System überwinden, indem er den Hund dafür belohnt, dass er seinem Besitzer und nicht seinen »Instinkten« folgt.

Gesichtssinn

Hundeaugen sind flacher als Menschenaugen; der Hund kann zwar die Linsenform verändern und dadurch die Brennweite einstellen, aber er kann dies nicht so effektiv wie der Mensch. Hundeaugen sind licht- und bewegungsempfindlicher als Menschenaugen, doch ihr Auflösungsvermögen ist entsprechend geringer. Das bedeutet, dass ein Mensch einen im Gras liegenden Tennisball leichter entdecken kann als ein Hund, wohingegen der Hund leichter aus den Augenwinkeln kleine Bewegungen wahrnehmen kann.

Hörsinn

Mit seinen beweglichen Ohren erfasst der Hund Geräusche in seiner Umgebung. Sein Hörsinn ist viel feiner als der des Menschen: Ein Hund kann viel höhere Töne wahrnehmen, und er hört Geräusche in einer viermal größeren Entfernung als der Mensch.

Tastsinn

Der Tastsinn ist der erste Sinn, den der Hund erwirbt, und er bleibt für ihn lebenslang besonders wichtig. Tasthaare (Vibrissen), die feine Luftbewegungen wahrnehmen können, wachsen über den Augen, an der Schnauze und unter dem Unterkiefer. Der gesamte Körper, einschließlich der Pfoten, ist von tastempfindlichen Nervenenden überzogen.

Geschmacks- und Geruchssinn

Hunde besitzen weit weniger Geschmacksknospen als der Mensch; das Verhältnis beträgt ungefähr eins zu sechs. Gleichwohl können sie die Geschmacksqualitäten süß, sauer, bitter und salzig wahrnehmen, aber wahrscheinlich empfindet der Hund Geschmackseindrücke nur als angenehm, indifferent oder unangenehm. Der Geruchssinn ist beim Hund am höchsten entwickelt; ein großer Teil des Gehirns ist für die Auswertung von Dufteindrücken zuständig. Daneben besitzt er im Munddach das sogenannte Vomeronasalorgan (jacobsonsches Organ), das der Aufnahme von Sexualduftstoffen dient. Dieses Organ leitet die Informationen an das limbische System weiter, das das emotionale Verhalten steuert

ANATOMIE DER SINNESORGANE

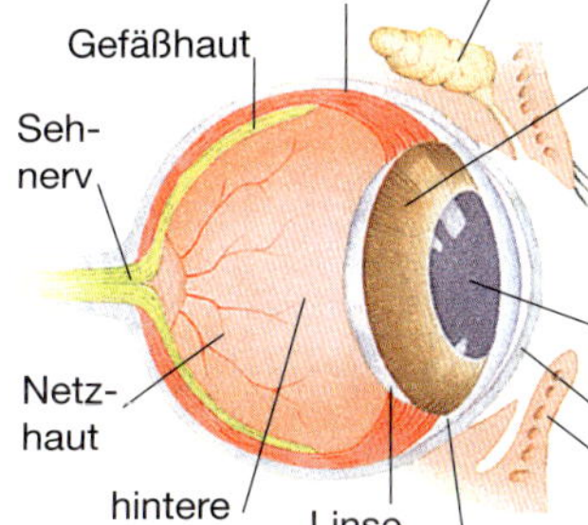

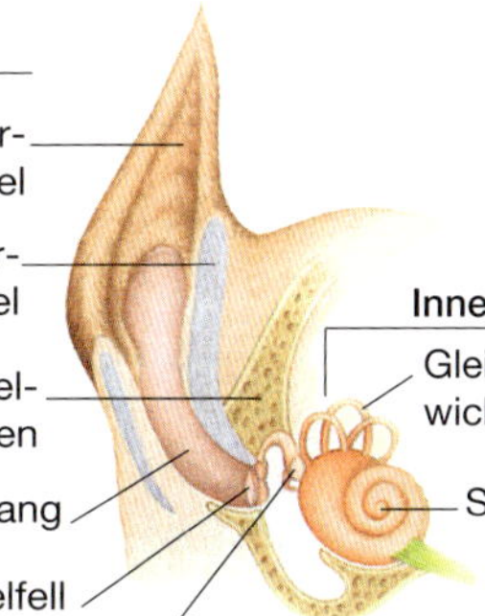

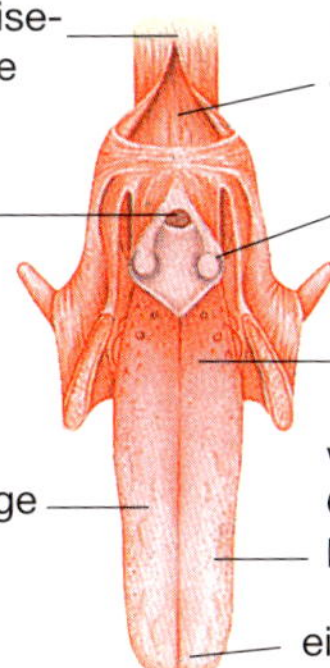

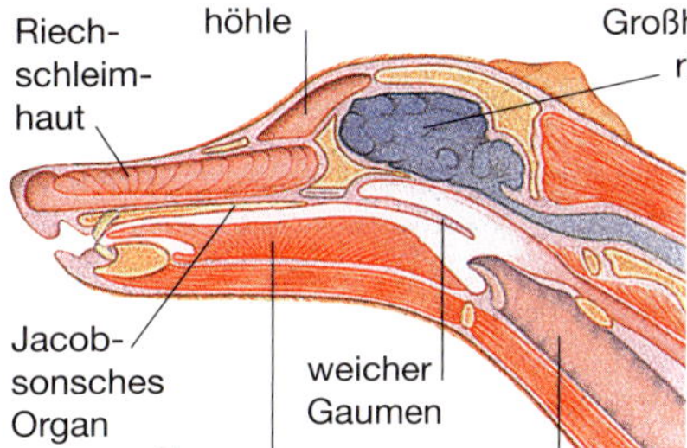

DIE AUGEN

Das Auge besteht aus der Hornhaut, einer mit Flüssigkeit gefüllten vorderen Kammer und der dreiteiligen Gefäßhaut mit Regenbogenhaut, Ziliarkörper und Linse. Hinter der Linse befinden sich die große, ebenfalls flüssigkeitsgefüllte hintere Kammer sowie die lichtempfindliche Netzhaut, die die Informationen über den Sehnerv an das Gehirn weiterleitet.

DIE OHREN

Die knorpelige Ohrmuschel (äußeres Ohr) fängt den Schall auf und leitet ihn durch den äußeren Gehörgang zum Trommelfell. Die Schwingungen des Trommelfells stimulieren die Gehörknöchelchen im Mittelohr. Diese verstärken den Schall und geben ihn weiter, während sie gleichzeitig das Innenohr vor zu starken Vibrationen schützen. Die Schnecke nimmt den Schall auf und wandelt ihn für das Gehirn in chemische Signale um.

DIE GESCHMACKSKNOSPEN

Die meisten Geschmacksknospen sitzen auf dem hinteren Teil der Zunge und sind empfindlich für süße, saure, bittere und salzige Geschmacksqualitäten. Die typische Hundezunge weist vermutlich weniger als 2000 Geschmacksrezeptoren auf, aber als »chemischer« Sinn arbeitet der Geschmack mit dem unendlich viel empfindlicheren Geruchssinn des Hundes zusammen.

DIE DUFTREZEPTOREN

Die feuchte Hundenase verbessert die Aufnahme von Duftstoffen, die zur Riechschleimhaut weitergeleitet werden. Diese ist dicht mit Sinneszellen besetzt, die den Duft in chemische Botschaften für die Riechkolben des Gehirns umwandeln,

NERVEN UND MUSKELN

Das Zentralnervensystem des Hundes besteht aus dem Gehirn und dem Rückenmark. Das periphere Nervensystem umfasst zwölf Nervenpaare, die vom Gehirn ausgehen und Kopf und Halsregion versorgen. Aus den Wirbeln austretende Spinalnerven versorgen den Körper; die Zellen dieser Nerven (Neuronen) befinden sich im Rückenmark, Nervenfortsätze (Axonen) außerhalb des Rückenmarks. Das vegetative (autonome) Nervensystem (VNS) steuert die unwillkürlichen Aktivitäten des Hundes.

Das Rückenmark

Das durch die Wirbelsäule geschützte Rückenmark zieht sich beim Hund vom Gehirn über den Rücken bis fast zum Schwanzansatz. Ob der Hund schläft oder wach ist, stets wandern riesige Informationsmengen aus den Nervenrezeptoren der Haut, der Muskeln und Gelenke durch die peripheren Nerven zum Rückenmark und weiter zum Gehirn. Die meisten Informationen werden zur künftigen Verwendung einfach gespeichert, doch ein Teil erreicht das Bewusstsein des Tiers und löst eine Bewegung aus. Der effiziente Muskelgebrauch setzt ein »Training« der peripheren Nerven voraus. Ein Hund muss beispielsweise durch Versuch und Irrtum lernen, wie schnell er laufen soll und wo er sich befinden muss, um eine Frisbeescheibe oder einen Ball mit der Schnauze aufzufangen, aber sobald er das einmal gelernt hat, erscheint seine Reaktion fast instinktiv.

DAS VEGETATIVE NERVENSYSTEM (VNS)

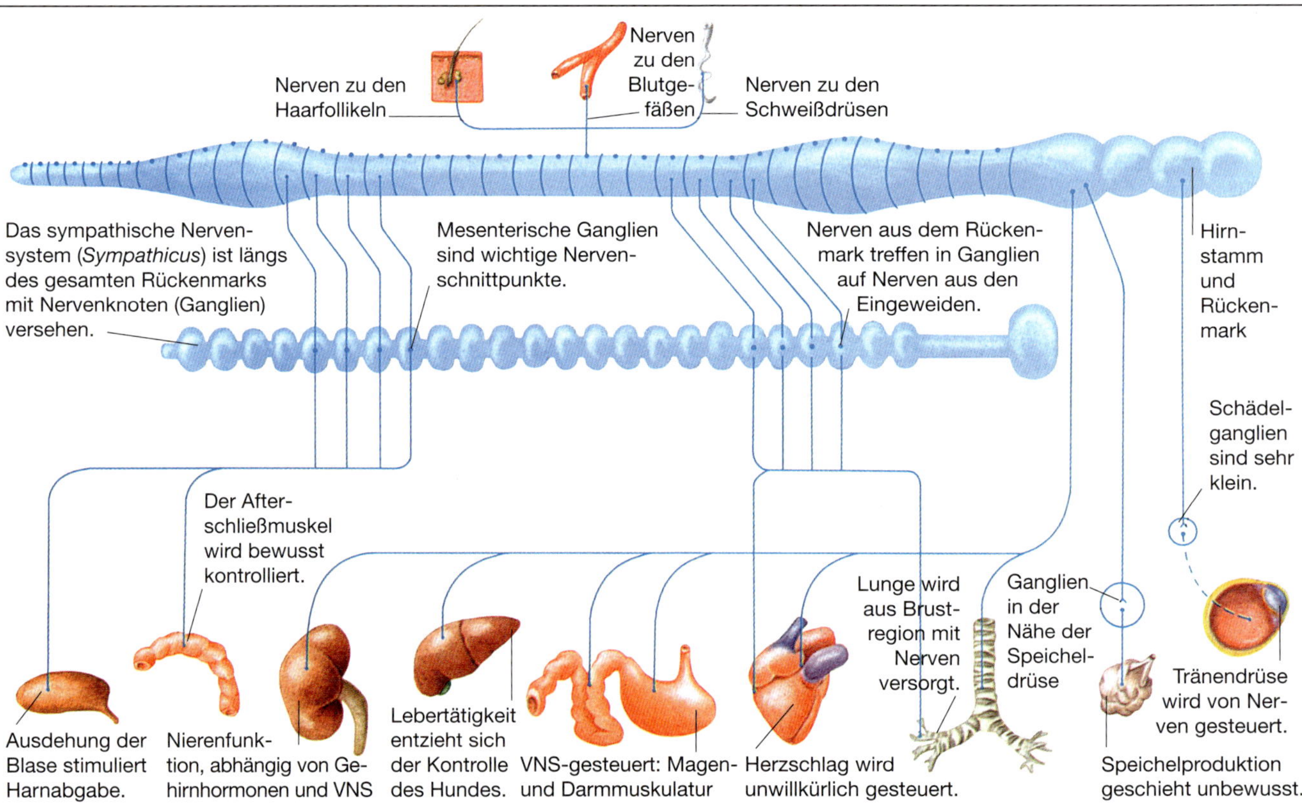

Die vegetativen Nerven versorgen die glatten Muskeln der Blutgefäße, des Herzens, des Darms, die Drüsen des Verdauungs-, Atmungs- und Urogenitalapparats sowie Kopf und Haut. Zum vegetativen System gehört der Sympathicus. Er bildet eine Kette von Nervenknotenpunkten oder Ganglien. Die sympathischen Nerven führen zu den Ganglien des Sympathicus und weiter zu den verschiedenen Körperteilen. Werden diese Nerven geschädigt, verlieren die von ihnen versorgten Organe die Steuerung.

MUSKELTYPEN

Der Hund besitzt drei Muskeltypen. Die glatten Muskeln sind für die Eingeweide zuständig, der Herzmuskel macht den größten Teil des Herzgewebes aus, die Skelettmuskeln bilden den Rest. Der Hund kann die Skelettmuskeln kontrollieren. Unter dem Mikroskop erscheinen Skelettmuskeln quer gestreift, die glatten Muskeln jedoch nicht. Die meisten Muskeln bestehen aus Bündeln langer Zellen und Muskelfasern.

Die Muskulatur

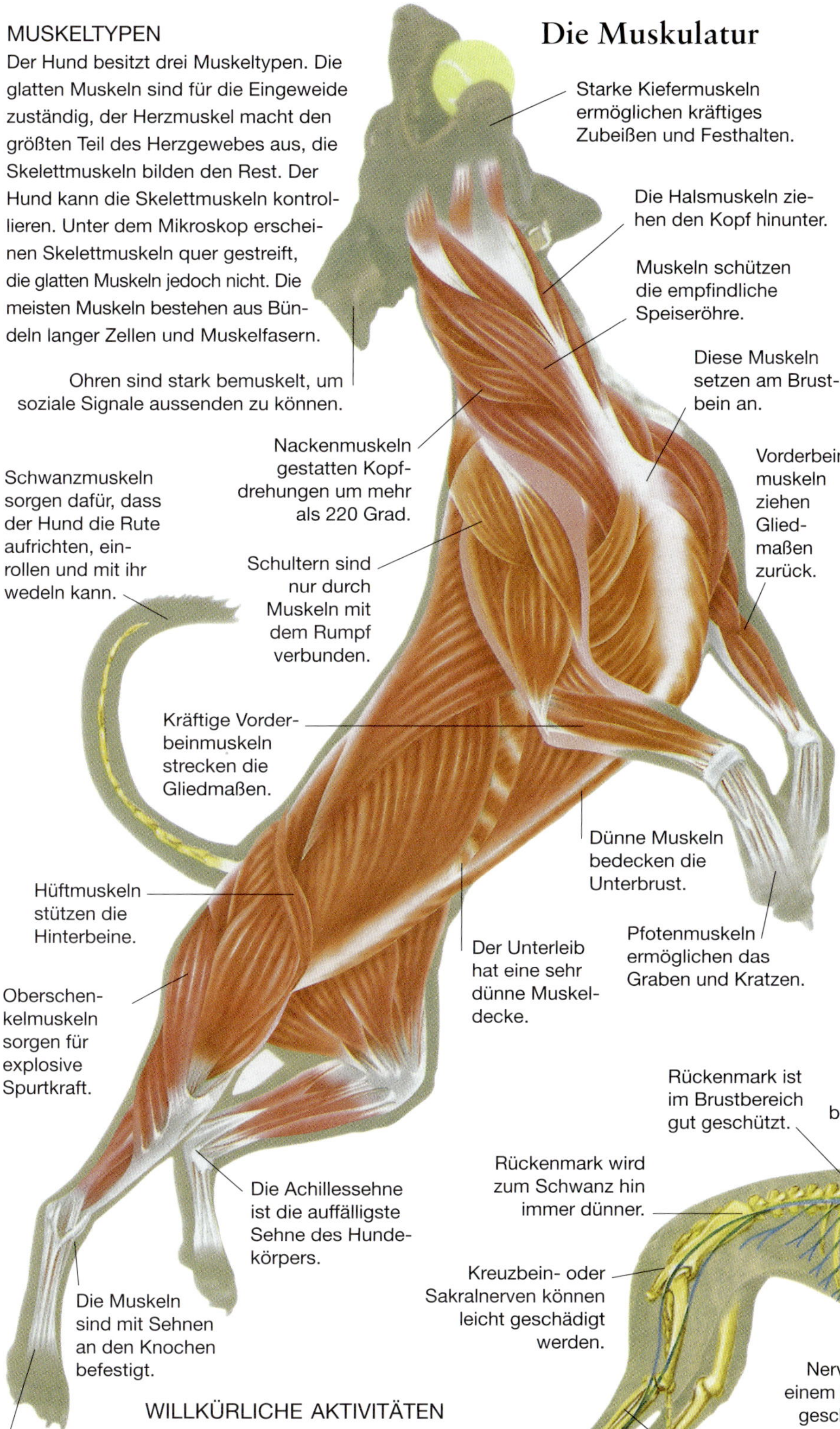

Muskeln und Bewegung

Ein gesunder Hund hat einen perfekt koordinierten Bewegungsapparat und einen harmonischen Gang. Eine gestörte Koordination und eine teilweise oder gar vollständige Lähmung sind am häufigsten Anlass für eine neurologische Untersuchung. Diese Beschwerden können durch Muskel- oder Nervenschäden verursacht sein. Muskelstarre kann auftreten, wenn ein Muskel nicht mehr mit Blut versorgt wird. Zur Muskelschrumpfung kommt es, wenn Muskeln nicht mehr benutzt werden oder ihre Nerven beschädigt sind. Regelmäßige körperliche Betätigung ist die Voraussetzung für einwandfreie Muskelfunktionen. Vor allem junge Hunde brauchen ein tägliches Training mit einer Kombination von Gehen, Traben und Galoppieren. Springen ist eine ausgezeichnete Übung für schlanke Hunde, aber eventuell gefährlich für alte, schwere Tiere. Manche Zwergrassen sind anfällig für eine Stauchung der Wirbelsäule. Eine erblich bedingte Degeneration des Rückenmarks kann bei anderen Rassen, etwa beim Deutschen Schäferhund, zu immer stärkerem Torkelgang führen.

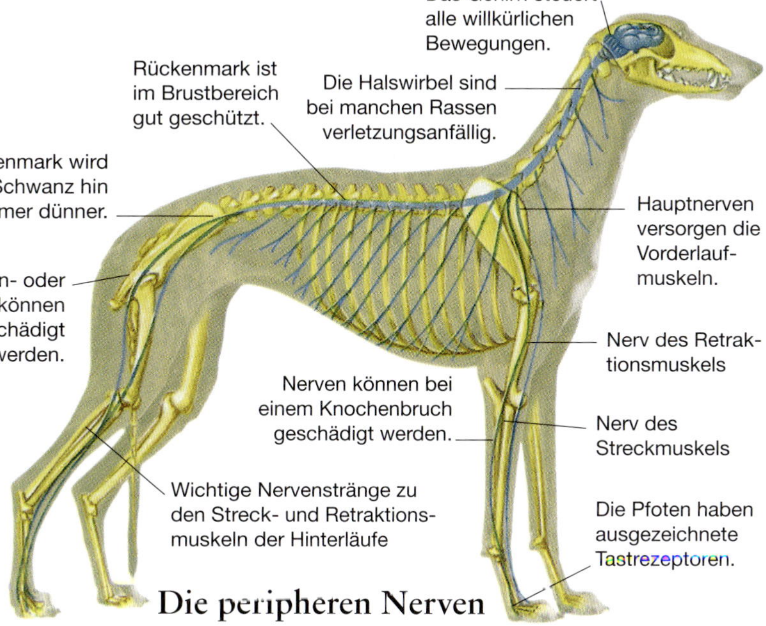

Die peripheren Nerven

WILLKÜRLICHE AKTIVITÄTEN

Die Nervenfasern des peripheren Nervensystems leiten Signale vom Gehirn zu den Muskelfasern. Geschädigte Nerven regenerieren sich nicht. Ein durchtrennter Nerv führt zu einer dauerhaften Lähmung des betreffenden Muskels.

HERZ UND LUNGE

Wenn sich ein Hund sehr anstrengt, benötigt er sehr viel Sauerstoff, und es entstehen Kohlendioxid und Abfallprodukte in großen Mengen. Das Atmungs- und Kreislaufsystem des Hundes reagiert darauf automatisch, indem es den Blutstrom durch Herz und Lunge steigert. Blut wird dann von Regionen wie den Därmen zu den Muskeln abgezweigt und verleiht dem Hund damit zusätzliche Kraft.

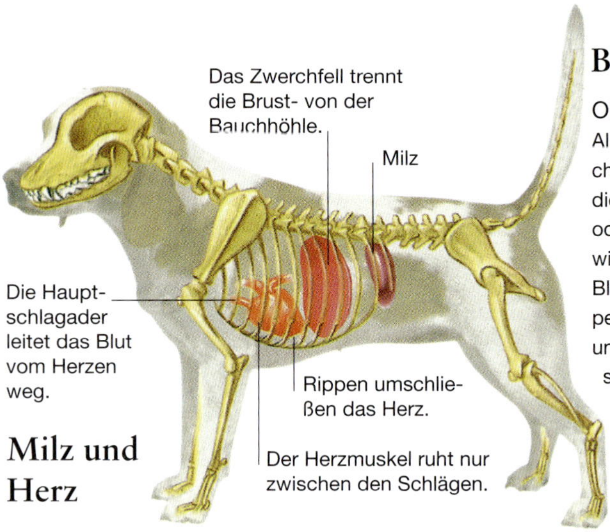

Milz und Herz

Blutbildung

ORGANE DER BLUTBILDUNG

Alle drei Blutzellentypen werden im Knochenmark gebildet: rote Blutkörperchen, die den eingeatmeten frischen Sauerstoff oder Kohlendioxid (das dann ausgeatmet wird) befördern; Blutplättchen, die für die Blutgerinnung wichtig sind; weiße Blutkörperchen, die für die Abwehr von Mikroben und Parasiten zuständig sind. Die Milz speichert Blut und schüttet zusätzliche Zellen aus, wenn es notwendig ist.

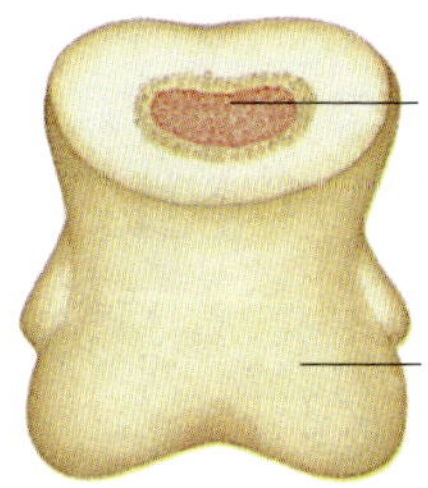

Knochenquerschnitt

Herz und Blutkreislauf

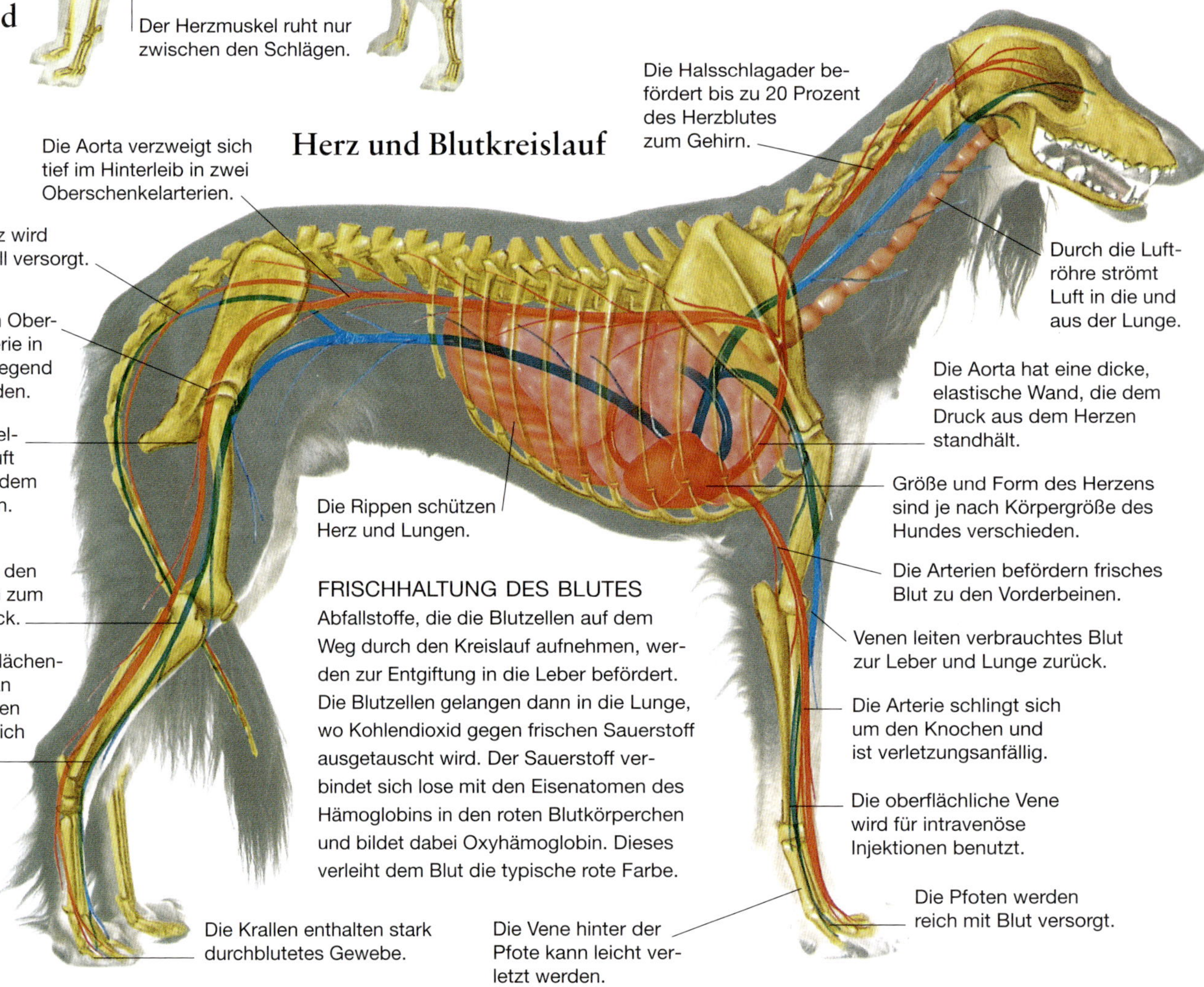

FRISCHHALTUNG DES BLUTES

Abfallstoffe, die die Blutzellen auf dem Weg durch den Kreislauf aufnehmen, werden zur Entgiftung in die Leber befördert. Die Blutzellen gelangen dann in die Lunge, wo Kohlendioxid gegen frischen Sauerstoff ausgetauscht wird. Der Sauerstoff verbindet sich lose mit den Eisenatomen des Hämoglobins in den roten Blutkörperchen und bildet dabei Oxyhämoglobin. Dieses verleiht dem Blut die typische rote Farbe.

Blutkreislauf

Obwohl das Gehirn des Hundes im Vergleich zum übrigen Körper relativ klein ist, erhält es 15–20 Prozent des vom Herzen ausgepumpten Blutes. Bei großer Anstrengung verändert sich der Kreislauf dramatisch. Die Blutzufuhr zum Gehirn bleibt zwar konstant, aber der Herzmuskel erhält viermal und die Körpermuskulatur zwanzigmal so viel Blut wie im Ruhezustand. Etwa 90 Prozent des vom Herzen ausgeschütteten Blutes können dann zu den Muskeln abgezweigt werden.

Steuerung des Blutstroms

Die Fähigkeit, die Menge des Blutes zu verändern und es zu den am dringendsten bedürftigen Regionen umzuleiten, wird durch Nerven und Hormone reguliert, die die Muskeln in den kleinsten Arterien, den Arteriolen, kontrahieren oder entspannen. Jede Steigerung der lokalen Gewebsaktivitäten bewirkt eine Ausweitung der lokalen Arteriolen. Ihre Ausdehnung kann den potenziellen Blutstrom durch das Gefäß bis zu 256fach gegenüber dem Ruhezustand erhöhen. Während eines normalen Trainings steigert der Kreislauf des Hundes die Blutzufuhr zu den Muskeln um das Zwanzig- bis Dreißigfache.

Blutdruck

Der Blutkreislauf ist ein geschlossenes System, und der Druck innerhalb dieses Systems schwankt an den verschiedenen Körperstellen. Der Blutdruck ist am höchsten in den Gefäßen, die vom Herzen wegführen, und am niedrigsten in denen, die zum Herzen zurückführen. Die Gefäße, die Blut vom Herzen ableiten (Arterien und Arteriolen), haben elastische Wände, die sich ausdehnen und zusammenziehen können. Gefäße, die Blut zum Herzen zurücktransportieren (Venen), sind dünnwandiger, und der Druck in ihnen ist geringer.

HERZ, ZWERCHFELL UND LUNGE

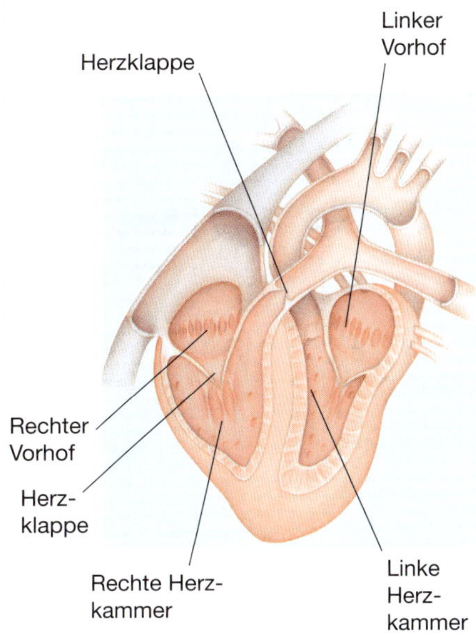

Das Herz

DIE HERZKAMMERN

Das Herz besteht aus vier Muskeln und ist in zwei Kammern mit je einem Vorhof unterteilt. Das Blut kehrt aus dem Körper durch die obere und untere Hohlvene in den rechten Vorhof zurück. Es gelangt in die rechte Kammer, die es in die Lunge pumpt. Angereichert mit Sauerstoff, kehrt das Blut in den linken Vorhof zurück. Es fließt durch die linke Herzklappe in die linke Herzkammer, die es in den ganzen Körper pumpt.

Das Hundeherz ruht nur in der Pause zwischen den Schlägen. Diese Pause dauert im Schnitt etwa so lange wie die Kontraktionsphase, aber im Unterschied zum menschlichen Herzen schwankt die Dauer der Ruhephase meist erheblich. Hunde leiden nur selten an einer Blockade der Herzkranzgefäße, aber bei einigen Rassen, wie dem Dobermann, sind Herzmuskelerkrankungen nicht selten. Das häufigste Herzleiden bei Hunden betrifft die Herzklappen, die die Vorhöfe von den Herzkammern trennen. Aus genetischen Gründen schließen diese Klappen bei Rassen wie dem Cavalier King Charles Spaniel nicht einwandfrei. Ziehen sich die Kammern zusammen, wird nicht das gesamte Blut aus dem Herzen, sondern teilweise wieder zurück in die Vorhöfe gepumpt.

Zwerchfell und Lunge

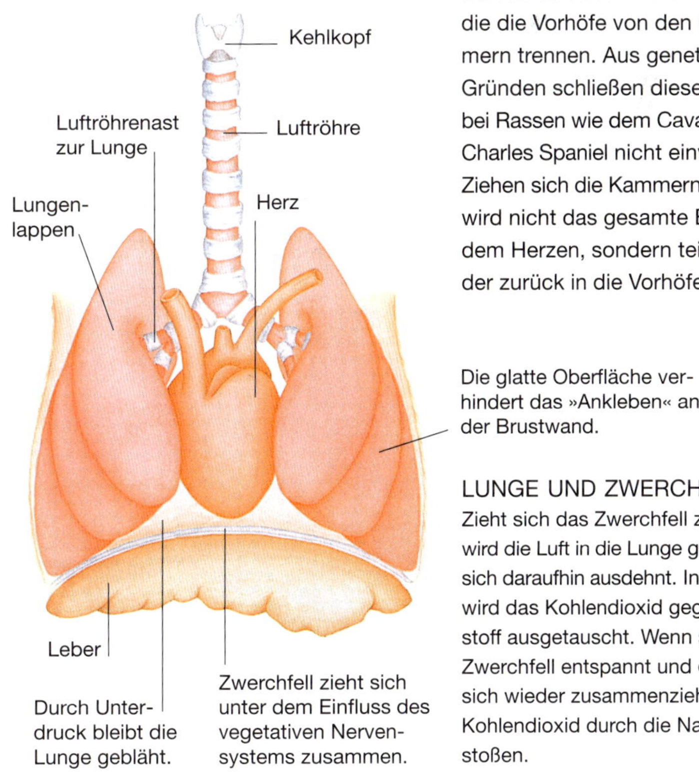

LUNGE UND ZWERCHFELL

Zieht sich das Zwerchfell zusammen, wird die Luft in die Lunge gesogen, die sich daraufhin ausdehnt. In der Lunge wird das Kohlendioxid gegen Sauerstoff ausgetauscht. Wenn sich das Zwerchfell entspannt und die Lunge sich wieder zusammenzieht, wird das Kohlendioxid durch die Nase ausgestoßen.

VERDAUUNGSORGANE

Die Verdauungsorgane gestatten dem Hund eine unregelmäßige, aber reichliche Nahrungsaufnahme. Das Gebiss eignet sich zum Töten der Beute und zum Zerreißen des Fleisches. Die Nahrung wird kaum gekaut und wandert meist gleich in den Magen, der sie an den Darm weiterleitet. Enzyme aus der Bauchspeicheldrüse und der Leber unterstützen die Aufspaltung der Nährstoffe, die durch die Dünndarmwände absorbiert werden.

Der Verdauungskanal

Zähne, Kiefer und Zunge zerkleinern das Futter und schieben es in den Rachen zum Schlund; dort wird es über den Kehlkopf gehoben und gelangt in die Speiseröhre, durch die es in den Magen weitertransportiert wird. Die Speiseröhre ist sehr elastisch und lässt auch große Fleischstücke passieren. Leider können Hunde deshalb auch ungenießbare Gegenstände wie Knochen oder Spielsachen verschlucken. Am Magen öffnet sich ein dichtes Ventil, der Magenmund, für jede Nahrungsportion und schließt sich dann wieder. Die Nahrung verlässt den Magen durch ein anderes Ventil, den Pförtner, und gelangt in den Dünndarm, wo Kontraktionen der Darmmuskeln (Peristaltik) den Futterbrei zugleich durchmischen und weiterbefördern. Der Dickdarm hat einen großen Durchmesser und dient als Auffangbehälter. außerdem werden hier den Nahrungsresten Wasser und Salze entzogen. Die Ausweitung des Mastdarms stimuliert den Hund zum Kotabsetzen.

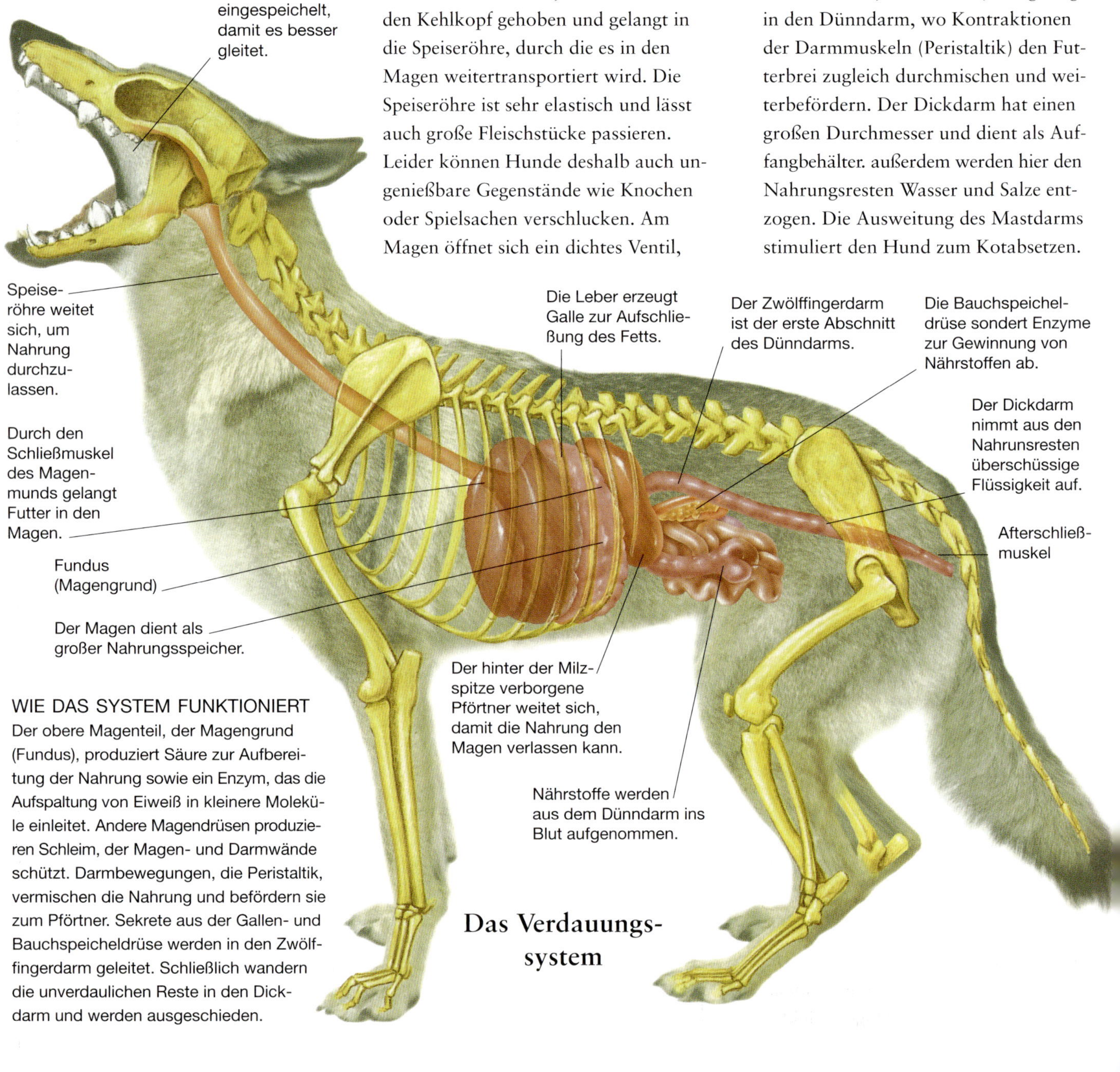

Das Verdauungssystem

WIE DAS SYSTEM FUNKTIONIERT

Der obere Magenteil, der Magengrund (Fundus), produziert Säure zur Aufbereitung der Nahrung sowie ein Enzym, das die Aufspaltung von Eiweiß in kleinere Moleküle einleitet. Andere Magendrüsen produzieren Schleim, der Magen- und Darmwände schützt. Darmbewegungen, die Peristaltik, vermischen die Nahrung und befördern sie zum Pförtner. Sekrete aus der Gallen- und Bauchspeicheldrüse werden in den Zwölffingerdarm geleitet. Schließlich wandern die unverdaulichen Reste in den Dickdarm und werden ausgeschieden.

FUNKTION DER GALLENBLASE
Die Gallenblase konzentriert Galle und führt sie dem Zwölffingerdarm zu. Sie enthält u.a. Gallensäuren, die Fett emulgieren, die fettverdauenden Enzyme der Bauchspeicheldrüse unterstützen und bei der Aufbereitung fettlöslicher Vitamine helfen.

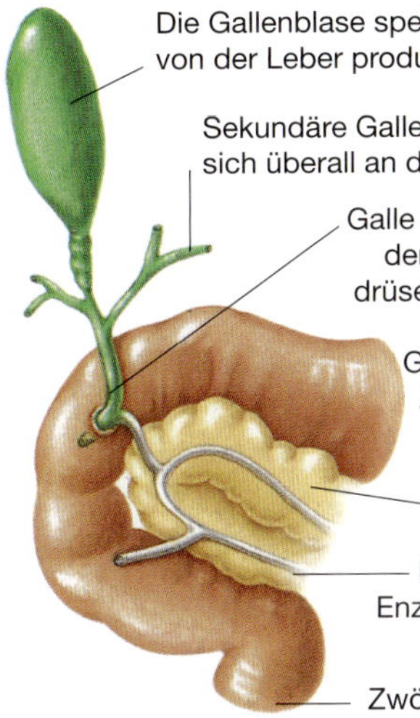

Die Bauchspeicheldrüse

Die Bauchspeicheldrüse produziert alkalisches Bikarbonat, das die in den Zwölffingerdarm eintretende Magensäure neutralisiert. Sie erzeugt außerdem Verdauungsenzyme, die Eiweiße, Kohlenhydrate, Fette und weitere Stoffe aufspalten. Diese Enzyme wandern durch den Bauchspeicheldrüsengang zum Gallengang und schließlich in den Darm. Außerdem erzeugt die Bauchspeicheldrüse Insulin, mit dessen Hilfe Glukose in die Körperzellen eindringt. Fehlt Insulin, reichert sich Glukose im Blut an und geht über die Nieren in den Urin über; die Folge ist Diabetes.

Dünn- und Dickdarm

Überschüssige, in den Nahrungsresten enthaltene Flüssigkeit wird durch die Dünn- und Dickdarmwände absorbiert. Der Dickdarm wird außerdem von riesigen Mengen Bakterien besiedelt. Diese setzen die Infektionsanfälligkeit des Körpers herab, synthetisieren Vitamine und zersetzen Ausscheidungsprodukte.

DAS GEBISS DES HUNDES

Oberkiefer

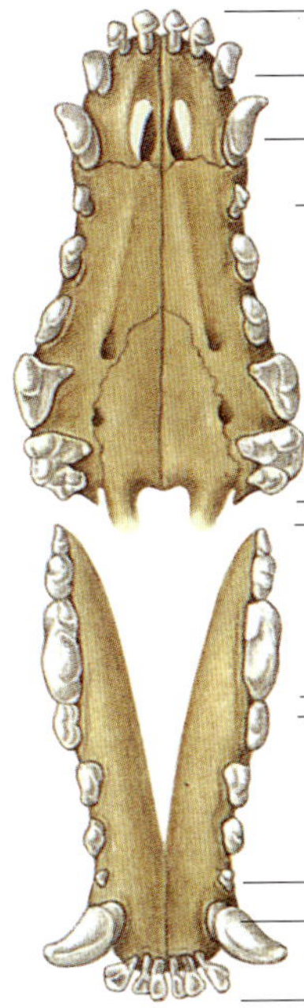

Unterkiefer

Die Schnauze (Fang) des Hundes ist ideal an die Nahrung eines Raubtiers und Aasfressers angepasst. Sie ist lang und tief, hat große Fangzähne zum Erdolchen, Ergreifen und Festhalten der Beute, Schneidezähne zum Abknabbern von Knochen und zur Haut- und Fellpflege sowie Vorbacken- und Backenzähne, die sich zum Zerreißen und Zerschneiden von Fleisch, aber auch zum Zermahlen und Kauen der Raufutteranteile der Allesfressernahrung – etwa Wurzeln oder Gras – eignen. Das Futter wird nach dem Zerkauen eingespeichelt, damit es leichter in den Verdauungstrakt gleitet. Die Fangzähne sind stabil, können aber beim Knochenknabbern splittern oder abbrechen. Viel häufiger sind aber bakterielle Erkrankungen des Gewebes, das die Zähne stützt (Zahnbettentzündung).

Schneidezähne
Sie können schneiden, putzen und beißen. Obere und untere Schneidezähne treffen genau aufeinander.

Fangzähne
Diese Zähne haben sehr lange Wurzeln, weil sie dem Festhalten und Zerreißen der Nahrung dienen.

Vorbackenzähne
Zum Zerschneiden und Festhalten. Der obere vierte Prämolar und der untere erste Molar heißen Reißzähne.

Backenzähne
Diese Zähne sind mäßig abgeflacht und eignen sich v.a. zum Zerkauen und Zermahlen nicht fleischiger Futterbestandteile.

Seitenansicht des Schädels

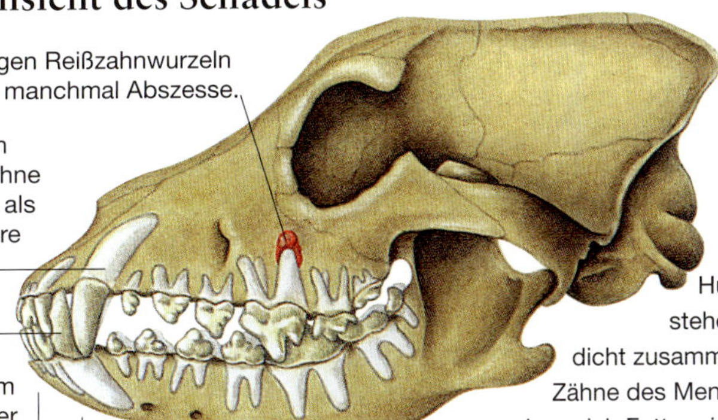

KARIES
Hundezähne stehen nicht so dicht zusammen wie die Zähne des Menschen, sodass sich Futter nicht festsetzen kann. Auch haben sie weniger Grübchen und Spalten, in denen Reste verfaulen könnten.

NIEREN, BLASE, GESCHLECHTSORGANE

Die beiden Nieren filtern aus dem Blut unerwünschte oder potenziell giftige Substanzen. Die gereinigten Ausscheidungsprodukte werden ins Nierenbecken geleitet und gelangen durch die beiden Harnleiter in die Blase. Die Harnröhre scheidet den Urin durch den Penis bzw. die Vagina aus. Beim Rüden leiten die Samenstränge das Sperma aus den Hoden in die Harnröhre. Bei der Hündin münden Vagina und Harnröhre in die Vulva.

Hormonale Einflüsse

Der Rüde paart sich, wenn sich eine Gelegenheit bietet. Der Geruch einer läufigen Hündin stimuliert die Hirnanhangdrüse (Hypophyse), die seine Hoden anweist, mehr männliche Hormone und Samenzellen zu produzieren. Die Hündin hat in der Regel zwei aktive Fortpflanzungszyklen im Jahr. In der Vorbrunst, die etwa zwölf Tage dauert, schwillt die Vulva an und sondert einen Ausfluss ab. Während der etwa fünftägigen Hitze (Östrus) hört der Ausfluss auf, und die Eierstöcke entlassen Eier in die Eileiter. Nur in dieser Zeit lässt die Hündin eine Begattung zu.

Die richtige Deckzeit

Der Zeitpunkt des Eisprungs (Ovulation) ist verschieden, doch bei den meisten Hündinnen findet der Eisprung zwischen dem 10. und 12. Tag nach Zyklusbeginn statt. Die Züchter lassen ihre Hündinnen gern zweimal decken, am 10. und 12. oder am 11. und 13. Tag. Die mikroskopische Untersuchung des Scheidenabstrichs verrät, wann der Eisprung erfolgt ist. Exaktere Hinweise erhält man durch die Überprüfung des Hormonspiegels im Blut.

Die Paarung

Ist die Hündin paarungsbereit, wendet sie den Schwanz zur Seite und hält still. Der Rüde besteigt sie, dringt in sie ein, führt Beckenstöße aus und ejakuliert. Dabei schwillt sein Penis an, und er »hängt« etwa 20 Minuten an der Hündin. Findet keine Befruchtung statt, kommt es bei der Hündin zu einem ca. achtwöchigen Metöstrus, in dem sich die Gebärmutterschleimhaut rückbildet.

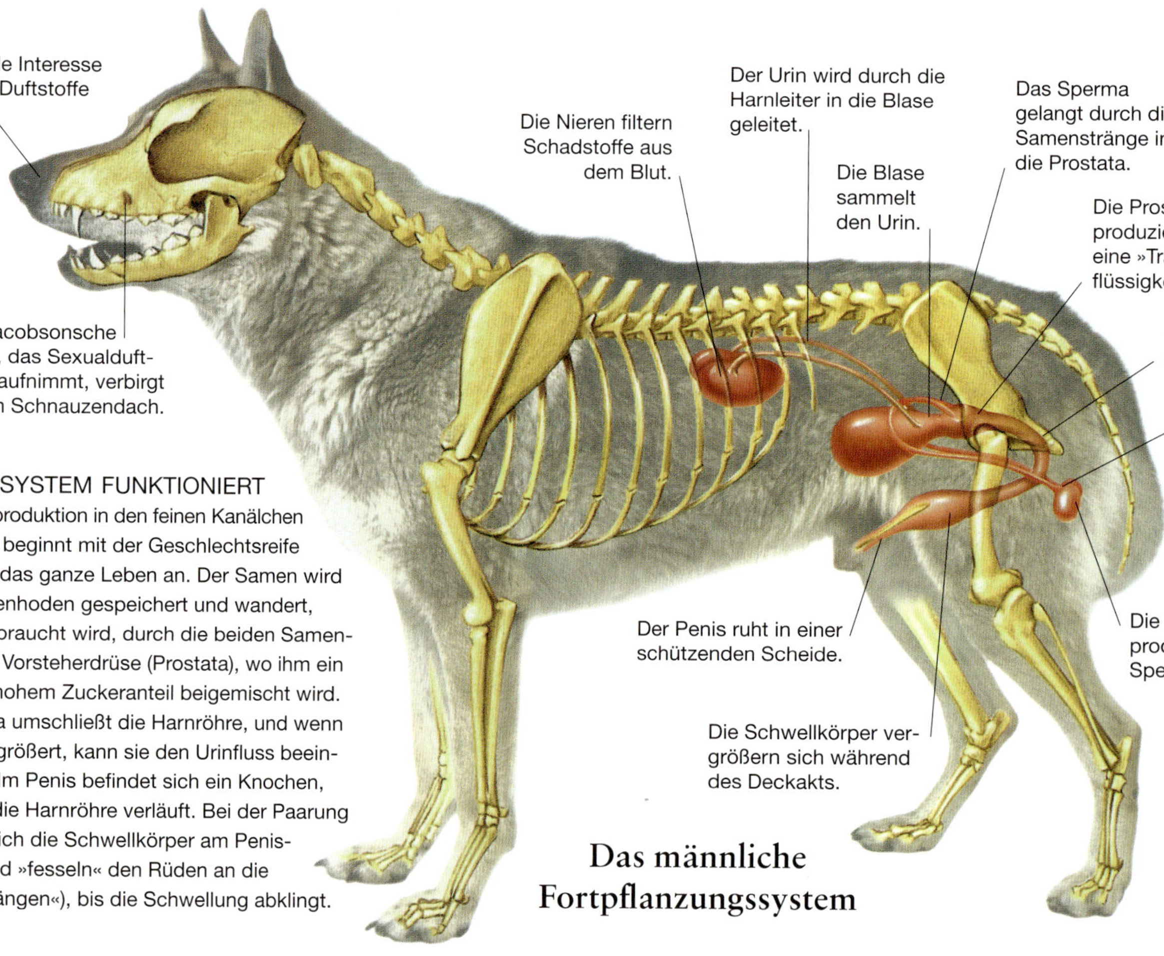

Das männliche Fortpflanzungssystem

WIE DAS SYSTEM FUNKTIONIERT

Die Samenproduktion in den feinen Kanälchen der Hoden, beginnt mit der Geschlechtsreife und dauert das ganze Leben an. Der Samen wird in den Nebenhoden gespeichert und wandert, wenn er gebraucht wird, durch die beiden Samenstränge zur Vorsteherdrüse (Prostata), wo ihm ein Sekret mit hohem Zuckeranteil beigemischt wird. Die Prostata umschließt die Harnröhre, und wenn sie sich vergrößert, kann sie den Urinfluss beeinträchtigen. Im Penis befindet sich ein Knochen, durch den die Harnröhre verläuft. Bei der Paarung verdicken sich die Schwellkörper am Penisknochen und »fesseln« den Rüden an die Hündin (»Hängen«), bis die Schwellung abklingt.

DIE KASTRATION

Die Kastration des Rüden ist ein relativ einfacher Eingriff. Unmittelbar vor dem Hodensack wird ein kleiner Einschnitt gemacht, und die Hoden (rot) werden herausgezogen und entfernt, wodurch sich auch die Hormonproduktion reduziert.
Die Kastration der Hündin ist komplizierter. Durch einen Bauchschnitt wird der Fortpflanzungstrakt von den Eierstöcken bis zum Muttermund entfernt (rot markiert). Dadurch werden weitere Läufigkeiten unterbunden und die entsprechenden Verhaltensveränderungen gemildert.

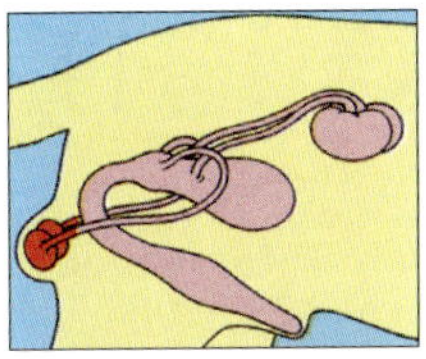

Nicht kastrierter Rüde

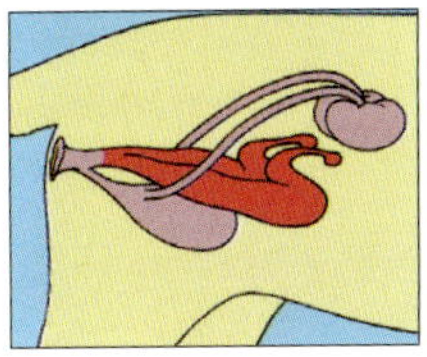

Nicht kastrierte Hündin

BLASENSTEINBILDUNG

Mineralien im Urin kristallisieren manchmal zu Körnchen aus, die Blasensteine bilden. Das kann auch im Nierenbecken passieren, es entstehen schmerzhafte Nierensteine. Die Ablagerungen reizen die Blase, was mühsames, häufiges Harnen, teils mit Blutbeimengung, zur Folge hat. Blasensteinbildung wird letztlich durch die Ernährung ausgelöst.

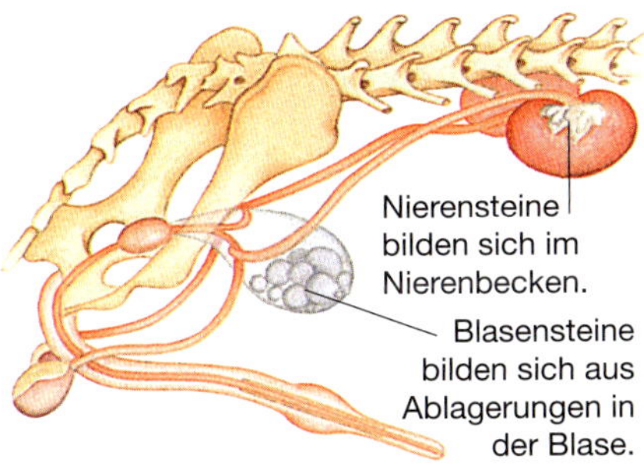

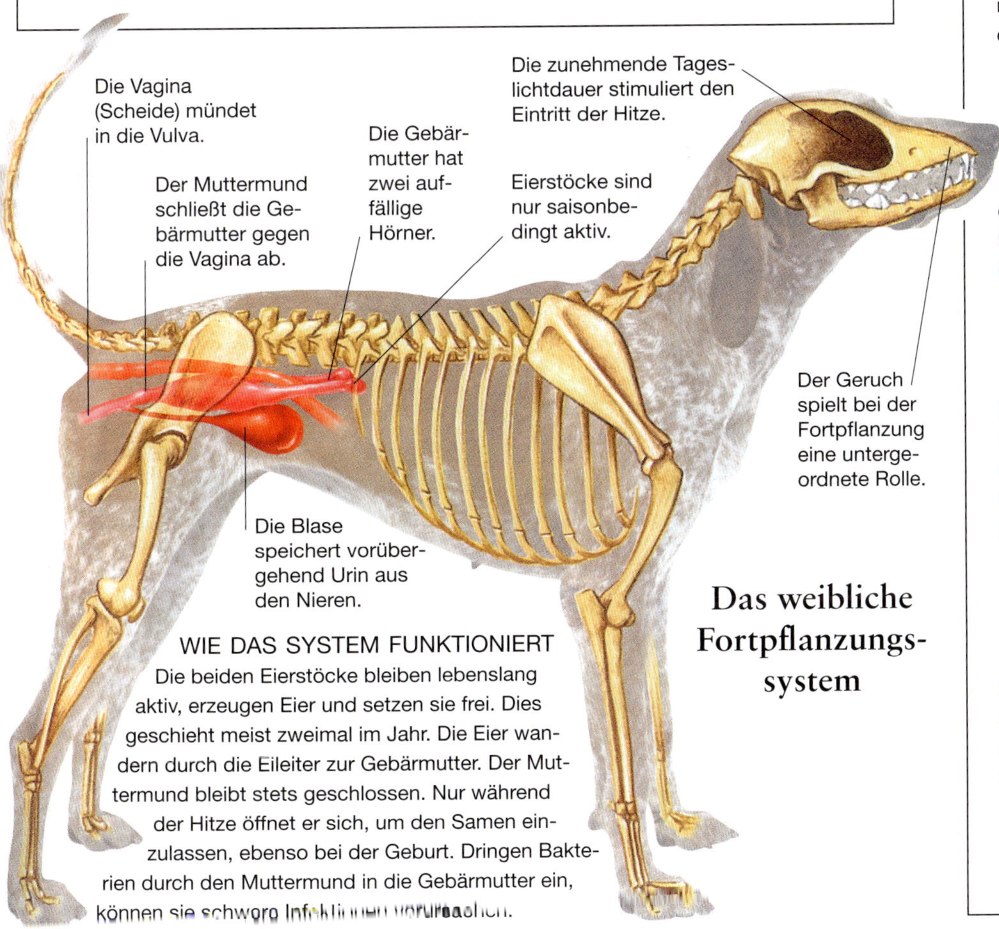

Das weibliche Fortpflanzungssystem

WIE DAS SYSTEM FUNKTIONIERT

Die beiden Eierstöcke bleiben lebenslang aktiv, erzeugen Eier und setzen sie frei. Dies geschieht meist zweimal im Jahr. Die Eier wandern durch die Eileiter zur Gebärmutter. Der Muttermund bleibt stets geschlossen. Nur während der Hitze öffnet er sich, um den Samen einzulassen, ebenso bei der Geburt. Dringen Bakterien durch den Muttermund in die Gebärmutter ein, können sie schwere Infektionen verursachen.

ENTWICKLUNG DES FÖTUS

Die Tragzeit dauert ca. 63 Tage. Die Föten stecken anfangs in Fruchthüllen. Sind sie sieben Wochen alt, enthalten ihre Knochen so viel Kalk, dass sie auf dem Röntgenschirm sichtbar sind. Zwei Wochen später weitet sich der Muttermund, die Wehen beginnen.

NACH 28 TAGEN

Zunächst wird der Fötus aus einem Dottersack ernährt, doch nach 28 Tagen kommt die Nahrung aus dem Mutterkuchen (Plazenta). Kopf, Augen und Gliedmaßen entwickeln sich.

28 Tage

NACH 33 TAGEN

Alle lebenswichtigen Komponenten sind jetzt vorhanden. Die Hundemutter gibt erst jetzt zu erkennen, dass sie trächtig ist.

33 Tage

NACH 40 TAGEN

Der Fötus ist wesentlich größer, und die inneren Organe funktionieren. Die Zitzen der Mutter sind rosig, und ihr Unterleib verändert seine Form.

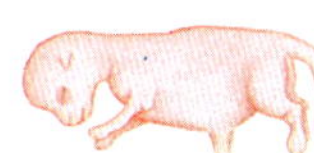

40 Tage

NACH 50 TAGEN

Der Fötus ist jetzt ein voll ausgebildeter, winziger Welpe, aber außerhalb des Mutterleibs noch nicht lebensfähig.

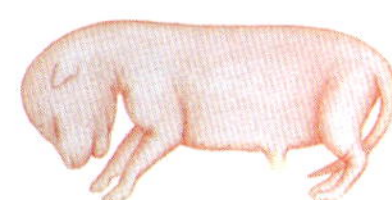

50 Tage

NACH 60 TAGEN

Der Welpe könnte überleben, wenn die Hündin jetzt – einige Tage vor dem üblichen Termin – wirft.

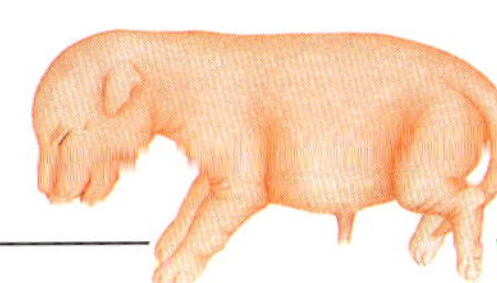

60 Tage

HAUT UND HAARKLEID

Haut und Fell des Hundes bilden eine physische Barriere, die verhindert, dass schädliche Chemikalien und Mikroben in den Körper eindringen. Durch Aufrichten oder Anlegen der Haare wird zudem die Wärmeabgabe gesteigert oder verringert. Hautdrüsen scheiden Substanzen aus, die dem Fell Glanz verleihen. Einzelne Hautzellen signalisieren Gefahren, die dem Körper drohen, und beeinflussen die Immunreaktion bei Verletzungen.

Haarfollikel

Das Haarkleid ist beim Hund sehr viel variabler als bei den meisten anderen Haustieren, weil viele Haare unterschiedlicher Textur aus einem einzelnen Haarbalg oder -follikel hervorwachsen können. Das zentrale Haar des Follikels ist umgeben von bis zu fünf Primärhaaren, die jeweils mit einer eigenen Schweißdrüse, Talgdrüse und einem Haarbalgmuskel versehen sind. Diese festen und robusten Primärhaare sind manchmal von kleinen Sekundärhaaren umgeben. Jedes Sekundärhaar hat eine Talgdrüse, aber keine Schweißdrüse und keinen Muskel, weshalb es sich auch nicht aufrichten kann.

Felltextur

Die Primärhaare werden vielfach als Leit-, Deck- oder Fellhaare bezeichnet, die Sekundärhaare als Beihaare oder Unterwolle. Die Dichte dieser Haare und deren Verteilung sind die entscheidenden Faktoren bei der Bestimmung des Felltyps. Die Dichte schwankt beträchtlich. Ein Yorkshire Terrier besitzt vielleicht 100 Haare pro Quadratzentimeter, ein Finnenspitz dagegen etwa 600.

Haarwachstum

Das Hundehaarkleid wächst in Zyklen. Auf eine aktive Wachstumsphase folgt eine Übergangs- und dann eine Ruhephase. Die Haare werden abgestoßen, sobald neue Haare nachschieben. Der Wachstumszyklus wird gesteuert oder verändert durch vielerlei Nebenfaktoren: Umgebungstemperatur, Tageslichtlänge, Körperhormone, Ernährung, Stress und genetische Einflüsse. In der Regel haart der Hund am stärksten im Frühjahr ab, wenn die dichte Winterunterwolle nicht mehr gebraucht wird, und abermals im Herbst, wenn das kurze Sommerfell durch ein langes, dichtes Haarkleid ersetzt wird und neue Beihaare wachsen. Während des Winters machen das gesamte Deckhaar und 50 Prozent der Unterwolle meist eine Ruhephase durch. Weil so viele Hunde in zentralgeheizten Räumen oder in Regionen mit ziemlich konstanter Außentemperatur leben, ändert sich diese natürliche Abfolge des saisonal bedingten Haarwachstums und -verlusts häufig. Viele Tiere sind das ganze Jahr über im Haarwechsel.

Neben den normalen Körperhaaren gibt es zwei spezialisierte Haartypen. Einzelhaare verteilen sich über die gesamte Hundehaut, und am Kopf und Hals wachsen dicke, steife Haare, die Tasthaare oder Vibrissen. Beide Typen dienen als Tastrezeptoren.

HAARLOS
Haarlosigkeit ist eine seltene genetische Mutation, die durch Eingriff des Menschen entstanden ist. Nahezu alle Nackthundrassen haben teilweise behaarte Nachkommen.

DRAHTHAAR
Drahthaarrassen besitzen ein Fell mit vermehrter Zahl und Dichte der derben Leithaare. Diese bilden eine physische Barriere, die vor Kälte, Bissen und stacheliger Vegetation schützt.

Hartes, drahtiges Fell aus dickem Primärhaar

ANLIEGENDES FELL
Hunderassen aus warmen Klimazonen besitzen oft ein kurzes, eng anliegendes Fell, in dem feine Sekundärhaare die Primärhaare überwiegen.

Kurzes, wasserabweisendes Fell bietet gute Wärmeisolierung.

ÜPPIGES HAARKLEID
Die verlängerte Wachstumsphase des Haars wurde durch Selektion nicht nur zum besseren Wärmeschutz, sondern auch aus ästhetischen Gründen angestrebt – ein Aspekt, der immer wichtiger wird.

Übertriebene Haarlänge

Die Haut

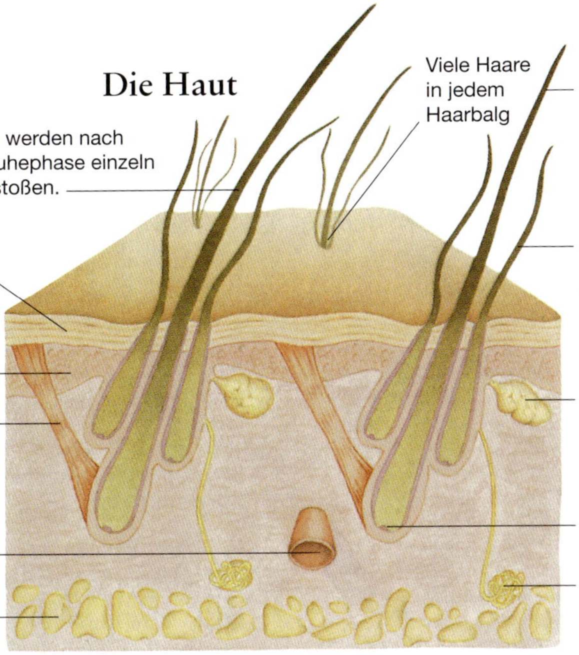

DIE STRUKTUR DER HAUT

Die Haut besteht aus zwei Hauptschichten. Die Oberhaut (Epidermis) ist nicht besonders fest, behält aber ihre Schutzfunktion und Geschlossenheit, indem sie ständig neue Zellen anlegt und durch Drüsensekrete genährt und »geschmiert« wird. Die unter der Oberhaut liegende kräftige, elastische und flexible Lederhaut sorgt für Festigkeit und zugleich für die Blut- und Nervenzufuhr zur Oberhaut. In der Lederhaut finden sich zahlreiche Hautdrüsen, die an den einzelnen Körperpartien unterschiedlich ausgebildet sind. Am verbreitetsten sind die röhrenförmigen Talgdrüsen, die in den Haarbalg münden und ihn nähren.

DIE ANALBEUTEL

Die Analbeutel gehören zur Haut des Hundes. In sie entleeren sich Talg- und Schweißdrüsen, die Substanzen ausscheiden, die bei Reviermarkierung und sozialer Wiedererkennung eine Rolle spielen. Beim Kotabsetzen werden immer ein paar Tropfen abgegeben.

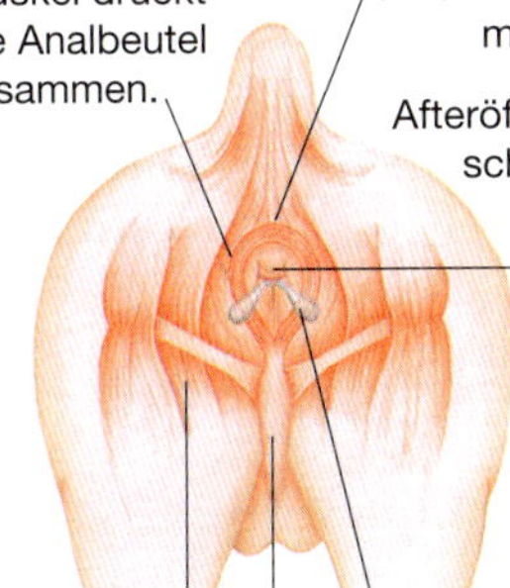

VIELFALT DER OHRENFORMEN

Natürliche (Wolfs-)Ohren

Stehohren vom Typ Deutscher Schäferhund

Kupierte und dadurch aufrechte Hängeohren

Stehende, abgerundete Fledermausohren

Halb aufrechte Überfallohren

Nach hinten drehbare Rosenohren

Dicht anliegende Hängeohren (Behänge)

Seitlich herabhängende Rosenohren

Kippohren mit v-förmigen Spitzen

Durch die selektive Zucht sind die Ohren des Hundes stärker verändert worden als fast alle anderen Körperteile. Viele Rassen besitzen wolfsähnliche Ohren, die besonders aufmerksam wirken. Der Dobermann hat eigentlich Hängeohren, die in manchen Ländern kupiert werden, damit sie »gefährlicher« aussehen. Andere Rassen haben Rosenohren, die nach hinten angelegt werden können. Spürhunde haben oft Hängeohren oder »Behänge«, die den Boden berühren, wenn eine Duftspur verfolgt wird. Durch Zucht sind bei einigen Rassen Ohrhautprobleme entstanden. Die Gehörgänge sind von Natur aus nicht behaart, doch durch Hautveränderungen hat sich das geändert. Bei mehreren Rassen wachsen im Innenohr Haare, die ausgezupft werden sollten.

DIE PFOTEN

Die Krallen und Ballen der Pfote sind umgestaltete Hautgebilde. Die Ballen besitzen eine dicke, schützende und isolierende Hautschicht und enthalten Schweißdrüsen, die sie elastisch halten. Die Ballen sind sehr viel weniger wärme- und kälteempfindich als andere Hautpartien.

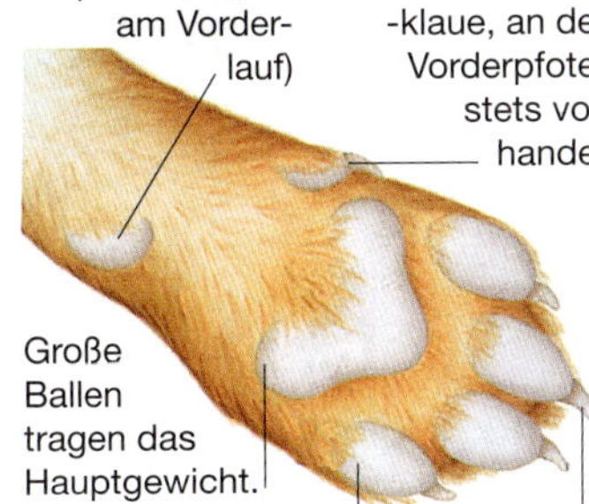

BIOFEEDBACK

Unter Biofeedback versteht man die Steuerung von Aktivitäten mittels chemischer Signale. Ein Laut, ein Geruch oder eine Stimmung löst die Freisetzung von Hormonen aus. Sie gelangen über das Blut zu anderen Drüsen und regen sie zur Bildung von Hormonen an, die wiederum die Drüse regulieren, die die ersten Hormone ausgeschüttet hat. Das System wird kontrolliert von der Hirnanhangdrüse, die vom Hypothalamus gesteuert wird.

Integration des Körpers

Die Hormone aus den endokrinen Drüsen des Hundes sind verantwortlich für die Steuerung und Aufrechterhaltung der Körperfunktionen und der Reaktionen auf innere und äußere Reize. Das hormonale Biofeedback-System ist abhängig vom Nervensystem. Nervenbahnen im Gehirn münden in den Hypothalamus, der die Hypophyse kontrolliert. Die Hypophyse produziert wiederum Hormone, die Vorgänge im übrigen Körper anregen.

Hypophysenhormone

Die Hypophyse stellt das die Schildrüse steuernde Hormon Thyreotropin her. Das von der Schilddrüse erzeugte Schilddrüsenhormon hat einen »negativen« Rückkopplungseffekt auf die Hypophyse und verhindert übermäßige Thyreotropinproduktion. Die Oberfläche der Nebennieren wird stimuliert durch das adrenocorticotrope Hormon (ACTH). Das von der Nebennierenrinde produzierte Cortisol wirkt zurück auf die Hypophyse und verhindert einen ACTH-Überschuss. Versagt dieses System, schüttet die Hypophyse weit mehr ACTH aus, als die Nebennierenrinde verkraften kann; die Folge ist ein Krankheitsbild, das als Cushing-Syndrom bezeichnet wird. Der Hund trinkt und

Die Funktionsweise der Hormone

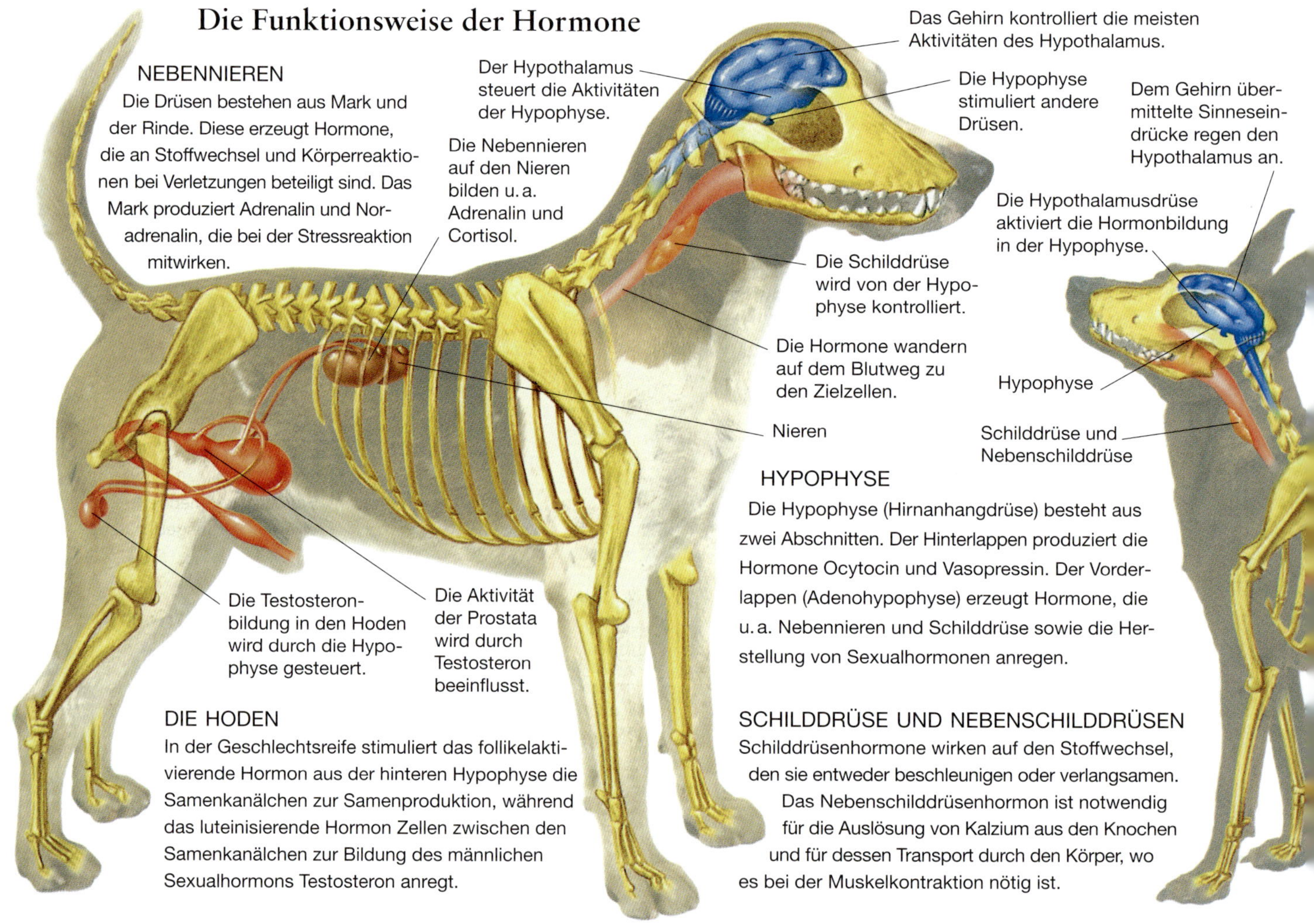

NEBENNIEREN

Die Drüsen bestehen aus Mark und der Rinde. Diese erzeugt Hormone, die an Stoffwechsel und Körperreaktionen bei Verletzungen beteiligt sind. Das Mark produziert Adrenalin und Noradrenalin, die bei der Stressreaktion mitwirken.

HYPOPHYSE

Die Hypophyse (Hirnanhangdrüse) besteht aus zwei Abschnitten. Der Hinterlappen produziert die Hormone Ocytocin und Vasopressin. Der Vorderlappen (Adenohypophyse) erzeugt Hormone, die u. a. Nebennieren und Schilddrüse sowie die Herstellung von Sexualhormonen anregen.

DIE HODEN

In der Geschlechtsreife stimuliert das follikelaktivierende Hormon aus der hinteren Hypophyse die Samenkanälchen zur Samenproduktion, während das luteinisierende Hormon Zellen zwischen den Samenkanälchen zur Bildung des männlichen Sexualhormons Testosteron anregt.

SCHILDDRÜSE UND NEBENSCHILDDRÜSEN

Schilddrüsenhormone wirken auf den Stoffwechsel, den sie entweder beschleunigen oder verlangsamen. Das Nebenschilddrüsenhormon ist notwendig für die Auslösung von Kalzium aus den Knochen und für dessen Transport durch den Körper, wo es bei der Muskelkontraktion nötig ist.

Negatives Feedback

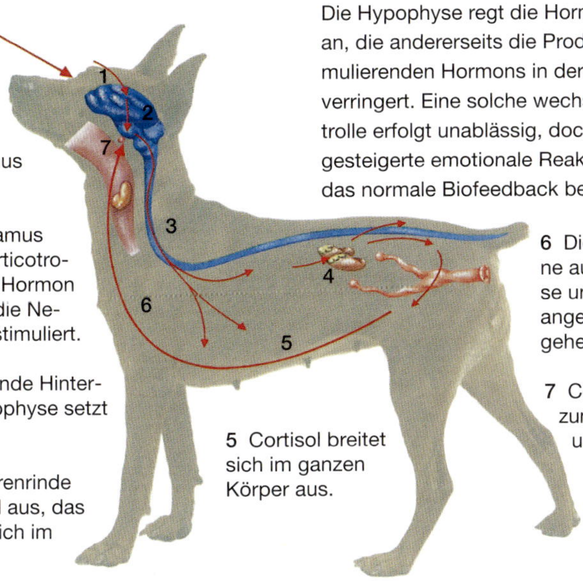

1 Der Hund ist gestresst; das Gehirn versetzt den Hypothalamus in Aktion.

2 Der Hypothalamus schüttet das Corticotropin freisetzende Hormon (CRH) aus, das die Nebennierenrinde stimuliert.

3 Der stimulierende Hinterlappen der Hypophyse setzt ACTH frei.

4 Die Nebennierenrinde schüttet Cortisol aus, das für einen Ausgleich im Körper sorgt.

5 Cortisol breitet sich im ganzen Körper aus.

6 Die beiden Hormone aus der Hypophyse und die von ihnen angeregten Hormone gehen ins Blut über.

7 Cortisol wandert zum Hypothalamus und zur Hypophyse, wo es die weitere Ausschüttung von Corticotropin und ACTH steuert.

EINE KETTE VON VORGÄNGEN

Die Hypophyse regt die Hormonproduktion an, die andererseits die Produktion des stimulierenden Hormons in der Hypophyse verringert. Eine solche wechselseitige Kontrolle erfolgt unablässig, doch Stress oder gesteigerte emotionale Reaktionen können das normale Biofeedback beeinträchtigen.

harnt übermäßig, bekommt einen »Hängebauch« und verliert Körperhaare. Die Hypophyse produziert auch verschiedene geschlechtsspezifische Hormone, etwa das luteinisierende Hormon, das den Eisprung bei der Hündin und die Bildung von Sexualhormonen beim Rüden aktiviert.

Adrenalinschub

Das Nebennierenmark unterliegt primär der Kontrolle des Nervensystems. Ist der Hund gestresst oder sexuell erregt, schüttet das Mark Adrenalin aus, eine Komponente des Kampf- oder Fluchtmechanismus.

Schilddrüsen- und Nebenschilddrüsenprodukte

Die Schilddrüse produziert drei Hormone. T4 (Thyroxin) und T3 (Trijodothyroxin) regen den Stoffwechsel an; Calcitonin setzt den Kalziumspiegel im Blut herab und regelt im Verein mit dem Nebenschilddrüsenhormon Parathormon den Kalziumhaushalt in Körperzellen und -flüssigkeiten.

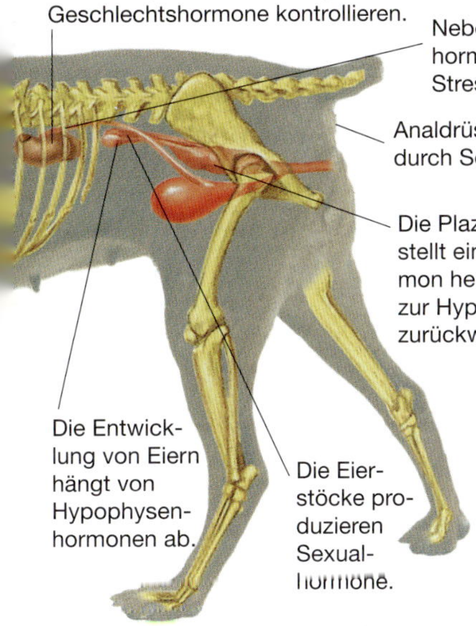

Die Nebennierenrinde scheidet Hormone aus, die die Kohlenhydrate und Geschlechtshormone kontrollieren.

Nebennierenmarkhormone beeinflussen Stress und Emotionen.

Analdrüsensekretionen werden durch Sexualhormone beeinflusst.

Die Plazenta stellt ein Hormon her, das zur Hypophyse zurückwandert.

Die Entwicklung von Eiern hängt von Hypophysenhormonen ab.

Die Eierstöcke produzieren Sexualhormone.

DIE EIERSTÖCKE

Follikelstimulierendes und luteinisierendes Hormon aus dem Vorderlappen der Hypophyse aktivieren die Entwicklung von Eibläschen oder -follikeln in den Eierstöcken. Eine Follikelschicht erzeugt Östrogen. Die Produktion steigert sich mit der Größe des Follikels; durch Rückkopplung mit der Hypophyse schüttet diese das luteinisierende Hormon aus. Es regt eine andere Follikelschicht zur Herstellung von Progesteron an, wodurch der Follikel das Ei in den Eileiter entlässt.

EINFLUSS DER HORMONE

SÄUGEN BERUHIGT DIE HUNDEMUTTER

Während der Säugezeit (Laktation) wird der normale Kampf- oder Fluchtmechanismus der Hündin unterdrückt. Ihr natürlicher Drang, vor potenziellen Gefahren zu fliehen, könnte ihre Welpen gefährden. Das Biofeedback und der Einfluss der Hormone, die den Milchfluss aktivieren, stärken ihr Selbstvertrauen und wirken entspannend.

SPIELEN FÖRDERT DAS BIOFEEDBACK

Frühe Erfahrungen sind für Welpen sehr wichtig und verfeinern die Biofeedback-Mechanismen. Im Spiel trainieren sie Muskeln und Sinne, die normale Hormonrückkopplung wird auch gefördert.

ERZIEHUNG VERBESSERT DAS BIOFEEDBACK

Durch Erziehung lernt der Hund, natürliche Biofeedback-Mechanismen zu kontrollieren. Ein ausgebildeter Führhund wird beim Anblick eines anderen Hundes nach wie vor erregt; doch dank seiner Erziehung wird die Erregung durch »negatives Feedback«, Dämpfung hormongesteuerter Reaktionen, rasch überwunden.

Hunderassen

ERLÄUTERUNGEN ZU DEN RASSEN

Die Klassifikationen von Rassen und Schlägen sind willkürlich. Die Römer teilten ihre Hunde in Haus-, Schäfer- und Jagdhunde ein. Letztere Gruppe wurde wiederum in Kriegshunde, Sichthetzer und Spürhunde unterteilt. In neuerer Zeit, zum Beispiel in der ehemaligen Sowjetunion, hat man die Rassen in nur zwei Gruppen gegliedert: Gebrauchs- und Liebhaberhunde. Gebrauchshunde erfüllten bestimmte Aufgaben als Hüte-, Schutz- oder Jagdhunde. Als Liebhaberhunde galten nur die ausgesprochenen Gesellschafts- und Begleithunde. Rassen kommen und gehen je nach unseren Modelaunen. Viele Rassen sind im letzten Jahrhundert erloschen, doch in mehreren Ländern bemühen sich Organisationen um die Erhaltung von gefährdeten Restbeständen.

Der Aufbau der Rassenbeschreibungen

Einteilungssysteme

Im 17. Jahrhundert veröffentlichte der schwedische Gelehrte Carl von Linné sein »*Systema naturae*«, in dem er 35 Hunderassen aufführte. Der französische Naturforscher Buffon teilte sie nach Gestalt und Verhalten in fünf Gruppen ein. Im späten 19. Jahrhundert gingen deutsche Fachleute wissenschaftlicher an die Klassifikation heran. Professor Fitzinger beschrieb aufgrund äußerer Merkmale 180 Rassen und Varietäten. 1901 teilte der Schweizer Zoologe Theophil Studer alle Hunde nach stammesgeschichtlichen Gesichtspunkten auf der Grundlage von Knochen- und Schädelfunden neu ein. Leider erwiesen sich viele Argumente als irrig.

KÖRPERTEILE DES HUNDES

In diesem Buch werden möglichst allgemein verständliche Begriffe benutzt. Die meisten Bezeichnungen für die Körperteile des Hundes, etwa Schulter oder Rücken, gleichen denen, die man auch für andere Tiere gebraucht. Der Kopf besteht aus der Nase und der Fang genannten Schnauze, die sich bis unmittelbar vor oder zwischen die Augen erstreckt. Dort befindet sich ein Absatz oder Stop, der bei manchen Rassen stark ausgeprägt ist und bei anderen fehlt. Der Hirnschädel schließt sich an und erreicht seinen höchsten Punkt in der Scheitelleiste. In allen Rassenbeschreibungen wird die Höhe am Widerrist gemessen, der die höchste Stelle der Schulter hinter dem Nacken darstellt.

Offizielle Klassifikationen

Gegen Ende des 19. Jahrhunderts waren in vielen Ländern Zuchtvereine entstanden, die jeweils eigene Klassifikationen einführten. Um sie zu vereinheitlichen, gründeten die Verbände mehrerer europäischer Länder die Fédération Cynologique Internationale (FCI). Sie schuf ein eigenes Namensverzeichnis für Hunde und unterteilte alle Rassen in 10 Gruppen und zahlreiche Untergruppen. Dies ist jedoch eher ein politisches Dokument als eine überzeugende Rasseneinteilung.

Alternative Klassifikationen

Die ursprünglichen Zuchtverbände haben nach wie vor das Recht, die Standards der eigenen Rassen festzulegen, doch alle der FCI angeschlossenen Verbände (die meisten der Welt), reichen ihre Standards diesem Tribunal zwecks internationaler Anerkennung ein. In den verschiedenen Ländern können die Standards unterschiedlich ausgelegt werden. Im nachfolgenden Text bilden die FCI-Standards die Norm, aber Varianten gemäß den nationalen Standards werden ebenfalls berücksichtigt. Weil die Rasseneinteilung der FCI ziemlich kompliziert ist, wird eine vereinfachte Version verwendet, die sich teils auf die Herkunft und Körpermerkmale, teils auf das Wesen und Verhalten der jeweiligen Rasse stützt. Die acht Kategorien – Windhunde, Laufhunde, Jagdhunde, Terrier, Begleithunde, Hirten- und Hütehunde, Arbeitshunde und spitzartige Hunde – sind letztlich aber willkürlich. Manche Rassen, vor allem Kreuzungen verschiedener Typen, könnten ebenso in einer anderen Kategorie untergebracht werden.

Untergang und Erhaltung

Im 19. Jahrhundert, als es noch keine Zuchtvereine gab, existierten viel mehr Hunderassen als heute. Züchter mussten miterleben, dass Regionalrassen vom Aussterben bedroht waren, und haben gerade noch rechtzeitig deren Merkmalsunterschiede registriert. Dennoch sind verschiedene Rassen beinahe oder völlig erloschen, etwa der belgische Braque Belge, der französische Braque Dupuy, der deutsche Harlekinpinscher sowie der kanadische Tahl Tan Bear Dog.

SYMBOLE

- Allgemein kinderfreundlich
- Für Kinder nicht geeignet
- Auch für Stadtwohnungen
- Nicht für Stadtwohnungen
- In heißen Klimazonen
- Leidet unter zu großer Hitze
- In kaltem Klima
- Leidet unter großer Kälte
- Braucht sehr viel Fellpflege
- Braucht wenig Fellpflege
- Lässt sich leicht erziehen
- Lässt sich nicht leicht erziehen
- Verträglich mit anderen Hunden
- Mit anderen Hunden schwierig
- Braucht sehr viel Auslauf
- Braucht mäßigen Auslauf
- Guter Wachhund
- Nicht immer sehr wachsam

ERLÄUTERUNG DER FELLFARBEN

LANG / KURZ	
Creme	Weiß und helle Töne wie Elfenbein oder Blond
Grau	Alle Farbtöne von Silber bis Blaugrau und Grau
Gold	Rotgolden, Rehfarben, Apricot, Weizengelb und Gelbbraun
Rot	Rot, Rotgelb, Kastanienbraun, Orangerotbraun und Kastanienrotbraun
Leber	Alle rötlich braunen und zimtfarbenen Töne
Blau	Merle (Blaugrau) und Blaugefleckt (mit Schwarz)
Dunkelbraun	Mahagoni- und schwärzliches Braun
Schwarz	Manche Rassen sind tiefschwarz, werden im Alter aber um den Fang grau.
Schwarz und Loh	Deutlich abgegrenztes Schwarz und Loh
Blau, gemischt, Loh	Blau oder Blauschwarz mit Lohfarbe
Leber und Loh	Eine Kombination von zwei rötlichen Farbtönen
Golden und Weiß	Weiß mit zitronengelben, goldenen oder orangefarbenen Flecken
Kastanienbraun, Rot und Weiß	Weiß mit Orange, Reh-, Rot und Kastanienbraun
Leber und Weiß	Bei Jagdhunden häufige Färbung
Loh und Weiß	Für viele Laufhunde typische Färbung
Schwarz und Weiß	Schwarz oder Schwarzgescheckt mit Weiß
Schwarzgefleckt	Schwarzgestromt und -getigert, »Pfeffer und Salz« (Grau/Schwarz)
viele bzw. alle Farben	Mehr als 6 Farbkategorien, alle Farben erlaubt

GREYHOUND

Der elegante Greyhound, der ein Tempo bis zu 70 km/h vorlegen kann, ist der bekannteste Rennhund der Welt. Der erstaunlich sanftmütige Hund setzt seine Geschwindigkeit und seine Augen ein, um die Beute einzuholen, sei es ein lebendiges Tier im Gelände oder eine Hasenattrappe auf der Rennbahn. Als Hausgenosse ist der Greyhound frendlich und angenehm; »pensionierte« Rennhunde neigen allerdings dazu, alles, was sich bewegt, zu verfolgen.

KURZ-INFO

Ursprungsland: Ägypten/Großbritannien
Entstehungszeit: Altertum
Erste Verwendung: Hochwildjagd
Heutige Verwendung: Renn-, Hetz- und Begleithund
Lebenserwartung: 10–12 Jahre
Gewicht: 27–32 kg
Widerristhöhe: 69–76 cm

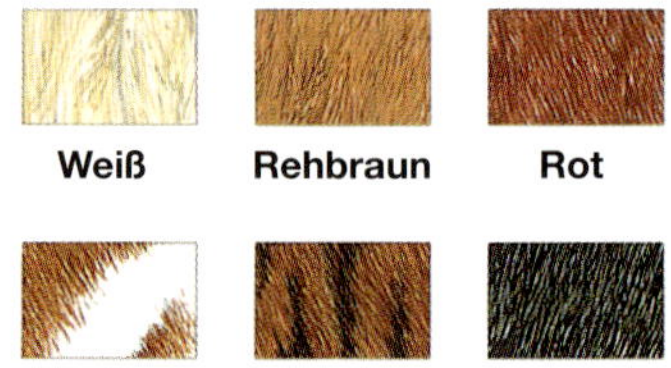

RASSENGESCHICHTE
Ein 4900 Jahre altes Relief auf einem ägyptischen Grab bezeugt das hohe Alter dieser Rasse. Der nach Spanien, China, Persien usw. exportierte Windhund wurde in Großbritannien zum modernen Greyhound weiterentwickelt. Sein Name leitet sich vom altsächsischen »grei« her, das so viel wie schön bedeutet.

BARSOI

Dank seiner Größe, Schnelligkeit, Kraft und Ausgewogenheit ist der Barsoi ein hervorragender Jäger. Die Wolfshatz war im alten Russland beim Adel sehr beliebt. Die Barsois konnten die meisten Wölfe einholen; wenn sie paarweise arbeiteten, packten sie ihre Beute hinter den Ohren und hielten sie am Boden fest. Fast ein Jahrhundert lang wird die Rasse außerhalb Russlands ausschließlich als Begleithund gezüchtet. Sie hat ihre Jagdpassion eingebüßt und ist zu einem liebenswürdigen und angenehmen Begleithund geworden.

KURZ-INFO

Synonyme: Borsoi, Russischer Windhund
Ursprungsland: Russland
Entstehungszeit: Mittelalter
Erste Verwendung: Wolfsjagd
Heutige Verwendung: Begleithund
Lebenserwartung: 11–13 Jahre
Gewicht: 35–48 kg
Widerristhöhe: 69–79 cm

RASSENGESCHICHTE
Der Barsoi, der ursprünglich zur Abwehr von Wölfen gezüchtet wurde, stammt wahrscheinlich vom Saluki, dem Greyhound und einem schlanken russischen Schäferhundschlag ab.

AFGHANISCHER WINDHUND

RASSENGESCHICHTE

Es ist ungeklärt, wie diese Rasse aus dem Nahen Osten nach Afghanistan gelangt ist. Dort kommt sie in drei Schlägen vor: kurzhaarig wie der kirgisische Taigan, fransig behaart wie der Saluki und lang und dicht behaart wie der echte Gebirgshund, der erstmals 1907 im Westen zu sehen war.

Wenn der Afghane rennt, sticht er jede andere Rasse durch Schönheit, Anmut, Eleganz und Würde aus. Im Westen ganz auf Aussehen und nicht auf Gebrauchstüchtigkeit gezüchtet, ist er ein prachtvoller Mode- und Ausstellungshund, der überall eine Aura von Exklusivität verbreitet. In Afghanistan wird dieses schöne und sensible Tier jedoch noch immer zum Hüten von Schafen und Ziegen sowie zur Jagd auf Wölfe und Füchse verwendet. Das dicke, lange Haarkleid schützt vor der Kälte im Bergland des Nordens. Wird der Afghane als Hausgenosse gehalten, muss das Fell täglich gebürstet werden, damit es nicht verfilzt. Wie die meisten anderen Windhunde hat die Rasse einen starken Unabhängigkeitsdrang und braucht deshalb von klein auf ein gründliches Gehorsamkeitstraining.

alle Farben

KURZ-INFO
Synonyme: Afghane, Tazi, Balutschi-Windhund
Ursprungsland: Afghanistan
Entstehungszeit: Altertum/17. Jh.
Erste Verwendung: Großwildjagd
Heutige Verwendung: Begleit-, Hüte- und Jagdhund
Lebenserwartung: 12–14 Jahre
Gewicht: 23–27 kg
Widerristhöhe: 65–74 cm

ENGLISH FOXHOUND

Ein guter Spurlaut, eine feine Nase, eine robuste Konstitution und Verträglichkeit mit anderen Hunden sind Kennzeichen des English Foxhounds. Früher unterschieden sich diese Hunde innerhalb Großbritanniens durch ihre Gestalt und Größe. Heute sind die meisten in Erscheinungsbild und Wesen einander ähnlich. Obwohl die Rasse nur selten als Hausgenosse gehalten wird, gibt sie einen ausgezeichneten Begleithund und dank ihrer kräftigen Stimme und Aufmerksamkeit auch einen guten Wachhund ab. Sie ist sanftmütig, anhänglich und ausgeglichen, aber recht schwer zum Gehorsam zu erziehen. Sie besitzt einen starken Jagdtrieb und hetzt und tötet Tiere bis Fuchsgröße.

Die Brust ist tief und kräftig.

Die Rute wird leicht gebogen getragen.

Kräftige, muskulöse Oberschenkel

Die starkknochigen Vorderläufe haben einen kurzen, geraden Mittelfuß.

Große und weit auseinanderstehende Augen

Der Fang ist fast quadratisch und gerade.

RASSENGESCHICHTE

Im 15. Jahrhundert wurde in Großbritannien die Fuchsjagd populär. Aus importierten französischen Laufhunden und einheimischen Zuchtstämmen gingen schließlich schnelle, schlanke Fuchshunde hervor.

zweifarbig

dreifarbig

KURZ-INFO

Ursprungsland: Großbritannien
Entstehungszeit: 15. Jh.
Erste Verwendung: Fuchsjagd
Heutige Verwendung: Meutehund
Lebenserwartung: 11 Jahre
Gewicht: 25–34 kg
Widerristhöhe: 58–69 cm

OTTERHOUND

KURZ-INFO

Synonym: Otterhund
Ursprungsland: Großbritannien
Entstehungszeit: Altertum
Erste Verwendung: Otterjagd
Heutige Verwendung: Begleithund
Lebenserwartung: 12 Jahre
Gewicht: 30–55 kg
Widerristhöhe: 58–69 cm

RASSENGESCHICHTE

Der Otterhound könnte vom Bloodhound abstammen, aber auch aus einer Kreuzung zwischen großen, rauhaarigen Terriern, alten Fuchshunden und dem Griffon nivernais hervorgegangen sein.

Tiefsitzende Augen mit ernstem Ausdruck

Die Lefzen sind ziemlich schwer.

Derbes, borstiges Deckhaar über wolligem Unterhaar

Gut bemuskelte Hinterhand

alle Laufhundfarben

Großbritannien hat mehrere Laufhunde für verschiedene Wildarten hervorgebracht, so den Foxhound für Füchse, den Harrier für Hasen und den Bloodhound für Wildschweine. Der Otterhound hatte die Aufgabe, einen Otter selbst in kältesten Flüssen bis zu dessen Bau zu verfolgen. Da Otter heute nicht mehr als Schädlinge gelten, hat der Otterhound seine ursprüngliche Funktion verloren. Er hat ein fröhliches Wesen und liebt den Umgang mit Menschen. Die Rasse erweist sich jedoch als stur und eigenwillig, vor allem wenn sie Wasser sieht oder wittert.

Der Rücken ist lang, kräftig, leicht gebogen und mit einem dichten, wärmeisolierenden Fell bedeckt.

Zwischenzehenhäute machen den Hund zu einem guten Schwimmer.

BASSET HOUND

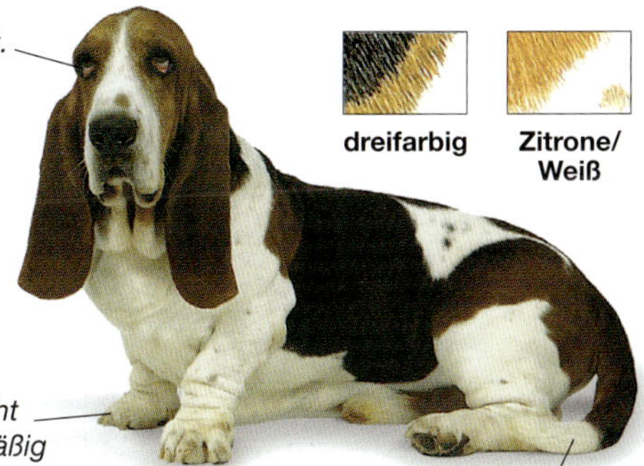

dreifarbig

Zitrone/ Weiß

Der oft eigensinnige, aber durchweg sanfte und gutmütige Basset war einst ein hervorragender Jagdhund. Seine Hängeohren erwiesen sich als nützlich für die Aufnahme der Witterung, insbesondere an einem feuchten Morgen. Auch heute noch nehmen Bassets mit leichteren Knochen, etwas längeren Läufen und schlankerem Rumpf an Geländewettbewerben teil, doch der typische Familienhund-Basset ist schwer, lang und niedrig gebaut. Heute ist die Rasse ein Lieblingsmotiv von Karikaturisten und Werbegrafikern. Die Meutehunde haben ein sehr freundliches Wesen; sie sind erstaunlich temperamentvoll, haben eine gute Kondition und bewegen sich gern.

KURZ-INFO

Ursprungsland: Frankreich
Entstehungszeit: 16. Jh.
Erste Verwendung: Kaninchen- und Hasenjagd
Heutige Verwendung: Begleit- und Jagdhund
Lebenserwartung: 12 Jahre
Gewicht: 18–27 kg
Widerristhöhe: 33–38 cm

RASSENGESCHICHTE

Der Basset Hound stammt möglicherweise von »verzwergten« Bloodhounds ab. Er hat seinen Ursprung zwar in Frankreich, aber heute ist er in Großbritannien und den USA besonders beliebt.

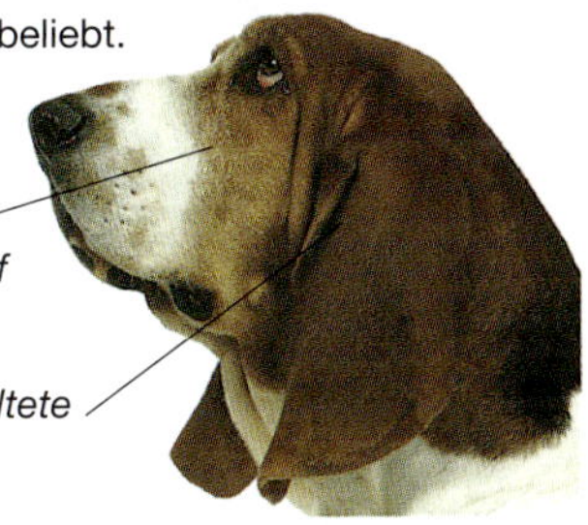

BEAGLE

KURZ-INFO

Ursprungsland: Großbritannien
Entstehungszeit: 14. Jh.
Erste Verwendung: Kaninchen- und Hasenjagd
Heutige Verwendung: Begleit- und Jagdhund
Lebenserwartung: 13 Jahre
Gewicht: 18–27 kg
Widerristhöhe: 33–41 cm

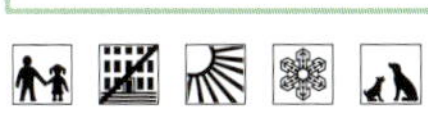

Obwohl der Beagle eigenwillig ist und sich gerne selbständig macht, ist er ein beliebter Begleithund, weil er ein liebenswertes Wesen hat und kaum zu Aggressionen neigt. Eine Besonderheit der ruhigen Rasse ist die recht angenehme Stimme. Größe und Aussehen unterscheiden sich von Land zu Land beträchtlich. Einige Zuchtverbände lösen dieses Problem durch die Anerkennung verschiedener Schläge. Früher führten berittene Jäger in England kleine Beagles in den Satteltaschen mit.

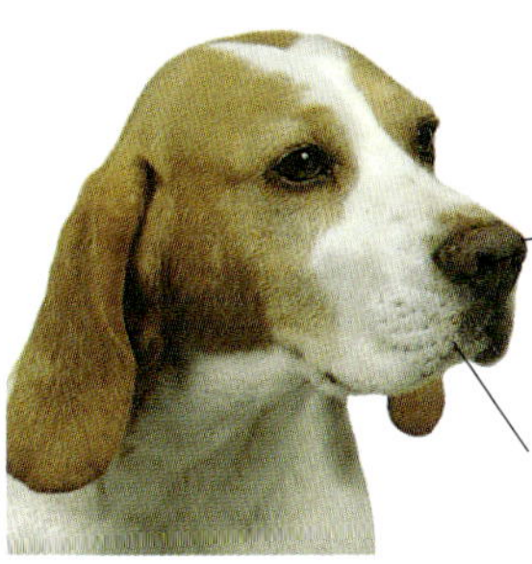

alle Laufhundfarben

RASSENGESCHICHTE

Der Beagle stammt wohl vom Harrier und altenglischen Laufhunden ab. Kleine Laufhunde, die Hasenjäger zu Fuß begleiteten, sind seit dem 14. Jahrhundert belegt.

DACHSHUND

Der international gebräuchliche Name Dachshund – hierzulande jedoch meist als Dackel oder Teckel bekannt – deutet auf den ursprünglichen Verwendungszweck der Rasse hin. In den letzten 100 Jahren wird er als »Erdhund« gezüchtet; der Standardschlag verfolgt bereitwillig Dachse und Füchse in ihrem Bau, während die kleineren Schläge auf Kaninchen angesetzt werden. Ausstellungstiere haben eine tiefe Brust und kurze Läufe, Arbeitshunde dagegen eine weniger starke Brust und höhere Läufe. In Deutschland, wo die robusten Hunde noch immer für die Jagd verwendet werden, klassifiziert man sie nach dem Brustumfang: Beim Kaninchenteckel misst der Brustumfang bis 30 cm, beim Zwergteckel 30–35 cm und beim Standard- oder Normalschlag über 35 cm. Alle Dachshunde stammen von Laufhunden (Bracken) ab, doch wegen ihrer Funktion als bewährtester deutscher Erdhund werden sie manchmal auch zu den eigentlichen Erdhunden – den Terriern – gestellt. Heute werden die meisten Dackel als Begleit- und Familienhunde gehalten.

Buschige Augenbrauen aus drahtigem Haar

Die mäßig langen Ohren sind schön abgerundet und nicht zu spitz.

An der Schnauze ist das Drahthaar länger und üppiger als am ganzen übrigen Körper.

Die Vorderfußwurzelgelenke stehen etwas enger zusammen als die Schultergelenke; die Zehen sind deutlich gewölbt.

Kurzhaardackel (Normalschlag)

Das kurze, dichte, glänzende Fell darf keine Kahlstellen aufweisen.

Der lang gestreckte, trockene Kopf verschmälert sich symmetrisch zur Nasenkuppe hin.

Der Hals wird würdevoll getragen und hat keine Kehlwamme.

Die Pfoten stehen auf den Ballen, nicht nur auf den Zehen.

Die Stirn ist nicht breit und leicht gewölbt.

Mittelgroße, ovale, leuchtende Augen

Straffe Lefzen bedecken die Kiefer und die kräftigen Fangzähne.

Die sich verjüngende Rute ist schlicht und glänzend behaart.

RASSENGESCHICHTE

Altägyptische Skulpturen zeigen einen sitzenden Pharao mit drei kurzläufigen Hunden. Die Vorfahren des Dachshunds könnten auf diese Zwerghunde zurückgehen. Der kurzhaarige Normalschlag ist möglicherweise der älteste Dachshund und wurde früher als Spürhund verwendet.

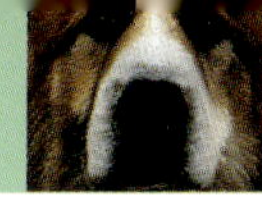

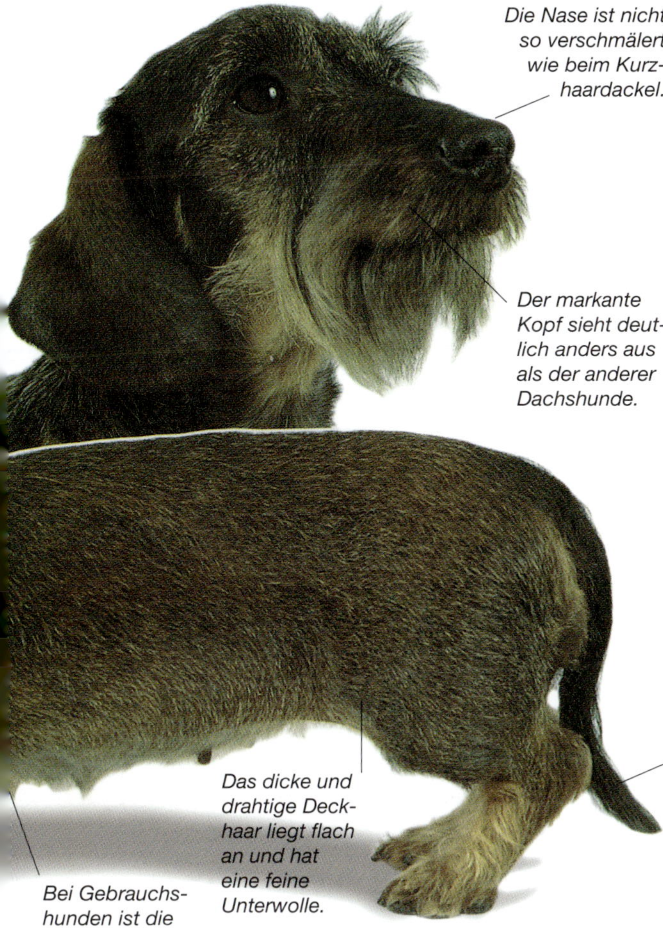

Die Nase ist nicht so verschmälert wie beim Kurzhaardackel.

Der markante Kopf sieht deutlich anders aus als der anderer Dachshunde.

Das dicke und drahtige Deckhaar liegt flach an und hat eine feine Unterwolle.

Bei Gebrauchshunden ist die Brust nicht tief.

Das raue Haar liegt flach an der Rute an, die bis unter das Sprunggelenk hinabreicht.

RASSENGESCHICHTE

Der Rauhaardackel entstand aus einer Kreuzung zwischen Kurzhaardackeln und rauhaarigen Pinschern. Das Ergebnis war ein Hund mit rauem Fell, aber kleinem Kopf; durch die Einkreuzung von kurzläufigen Dandie Dinmont Terriern wurde der Kopf vergrößert und verlängert, während gleichzeitig die »Blutgier« des Dackels einen kleinen Dämpfer erhielt.

Rauhaardackel (Zwergdackel)

Das Haar auf den Ohren ist kürzer als auf dem Körper und fast glatt, doch immer noch passend zum übrigen Fell.

Kräftig ausgeprägte Augenbrauen über den klaren, freundlichen Augen

Die Keulen sind gut gerundet und die Schenkel dick und kräftig.

viele Farben

KURZ-INFO

Synonyme: Dackel, Teckel
Ursprungsland: Deutschland
Entstehungszeit: 19. Jh.
Erste Verwendung: Dachsaustreiben
Heutige Verwendung: Begleit- und Jagdhund
Lebenserwartung: 14–17 Jahre
Gewicht: bis 4 kg (Zwergdackel); 6,5–9 kg (Normalschlag)
Widerristhöhe: etwa 20–27 cm (Normal- und Zwergschlag)

Langhaardackel (Normalschlag)

Der Fang ist nur wenig länger als der Schädel.

Das lange, glatte, seidige Haar ist auf dem Rücken am kürzesten und an der Körperunterseite erheblich länger.

Pfoten mit eng stehenden Zehen

Der lang gestreckte, elegante Kopf verschmälert sich gleichmäßig zum kleinen Nasenspiegel hin.

Die Ohren sind etwas oberhalb der Augen angesetzt und mit üppigem Seidenhaar bedeckt.

Der Rücken ist gerade, über den Lenden leicht gewölbt.

RASSENGESCHICHTE

Der Langhaardackel ist wahrscheinlich aus Kreuzungen zwischen dem Kurzhaardackel und niederläufigen Spaniels vom Typ Sussex oder Field Spaniel hervorgegangen und wurde dann auf kleinen Wuchs gezüchtet. Der Langhaardackel hat ein liebevolles, freundliches Wesen, das dem der Spaniels ähnelt.

MAGYAR VIZSLA

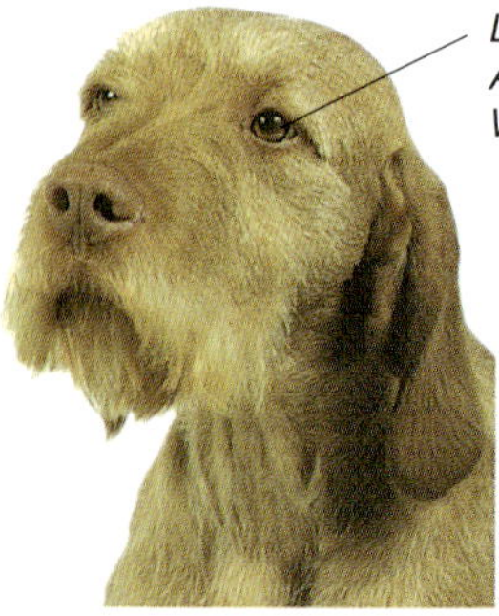

Lebhafte, aufmerksame Augen, in denen kein Weiß sichtbar ist.

Das Deckhaar ist derb, lose anliegend und nicht glänzend, mit Unterwolle im Winter.

Der mittellange Hals ist muskulös und mäßig gebogen.

Die Rute darf nur bei jagdlich geführten Hunden kupiert werden.

Lange Schenkel und tiefgestellte Sprunggelenke

Die Vorderläufe sind ziemlich lang, die Vordermittelfüße relativ kurz.

Rauhaariger Schlag

Das Haar bildet eine Bürste an der Hinterseite der Vorderläufe.

Der elegante und freundliche, aber energische Vizsla hätte den Zweiten Weltkrieg nicht überdauert, wenn nicht einige Ungarn ihre Lieblinge mitgenommen hätten, als sie in den 1930er-Jahren in andere europäische Länder und in die USA emigrierten. Zu den ursprünglichen Verwendungszwecken des Vizsla, Vorstehen und Apportieren, ist in den letzten 20 Jahren noch ein dritter hinzugekommen: der eines geschätzten Familienhundes, der folgsam, zuverlässig und gesund ist. Die Rasse wird jetzt in Ungarn immer beliebter. Sie hat eine gute Nase, verfolgt Wildfährten mit großem Eifer und bringt das Wild – oder einen geworfenen Tennisball – voller Begeisterung zurück.

KURZ-INFO

Synonym: Ungarischer Vorstehhund

Ursprungsland: Ungarn

Entstehungszeit: Mittelalter/ 19. Jh.

Erste Verwendung: Jagd, Beizjagd

Heutige Verwendung: Begleit- und Jagdhund

Lebenserwartung: 13–14 Jahre

Gewicht: 22–30 kg

Widerristhöhe: 57–64 cm cm

RASSENGESCHICHTE

Der Name wurde erstmals 1510 verwendet, und zwar für das Kreuzungsprodukt des ausgestorbenen Pannonischen Laufhunds und des Gelben Türkischen Hundes. Um 1850 hatte sich der heutige kurzhaarige Jagdhund etabliert. Der rauhaarige Schlag entstand in den 1930er-Jahren.

Kurzhaariger Schlag

Das Fell ist kurz, glatt, dicht, glänzend und eng anliegend und hat keine Unterwolle.

Der Fang ist etwas länger als der Kopf und verjüngt sich vierkantig.

Die mäßig tiefe Brust reicht zu den Ellbogen hinab.

Die Keulen sind gut entwickelt, die Kniegelenke mäßig gewinkelt.

Kompakte, runde Katzenpfoten mit geschlossenen Zehen und braunen Krallen

Dünne, seidige Behänge, an den Spitzen abgerundet, liegen an den Wangen an.

Trockener, aber muskulöser Kopf mit Stirnfalte

Schräg stehende Schultern und gerade, starke, muskulöse Vorderläufe

Die sanften, aufmerksamen Augen sind dunkler als das Fell.

Ziemlich großer Nasenspiegel mit weit geöffneten Nüstern

LABRADOR RETRIEVER

Haselnussbraune, mittelgroße Augen mit sanftem Ausdruck

Die Vorderläufe sind starkknochig und von der Schulter bis zum Boden gerade.

Die mittellange Rute ist dick mit dichtem Haar bedeckt, aber nicht befedert (»Otterschwanz«).

KURZ-INFO
Ursprungsland: Großbritannien
Entstehungszeit: 19. Jh.
Erste Verwendung: Jagdhund
Heutige Verwendung: Begleit-, Jagd- und Diensthund
Lebenserwartung: 12–13 Jahre
Gewicht: 25–34 kg
Widerristhöhe: 54–57 cm

Kräftige, mittellange Kiefer, die bei der Arbeit geschickt eingesetzt werden

Die am Ansatz sehr dicke Rute verjüngt sich zur Spitze hin.

Brust von guter Breite und Tiefe mit gut gewölbten Rippen

Gelb

Mittelbraun

Schwarz

RASSENGESCHICHTE

Der Labrador Retriever, eine der beliebtesten Rassen der Welt, hat seinen Ursprung in der Gegend von St. John's im kanadischen Neufundland. Dort wurde er »Kleiner Wasserhund« genannt, im Unterschied zum größeren Neufundländer. Durch den Handel mit gepökeltem Kabeljau gelangte die Rasse in die Hafenstadt Poole im englischen Dorset, wo Grundbesitzer einige Exemplare erwarben und daraus einen edlen Jagdhund züchteten.

Der breite Kopf hat einen ausgeprägten Stop, sodass Hirnschädel und Nase nicht auf einer Linie liegen.

Wassererprobt, wasserliebend, freundlich, gesellig, familienbezogen – diese guten Eigenschaften schreibt man einem der beliebtesten Familienhunde der Welt zu. Einst arbeitete der Labrador vor den Küsten der felsigen Buchten Neufundlands, wo er die Korkschwimmer der Fischernetze apportierte und an Land brachte, damit die Fischer den Fang einholen konnten. Heute gilt die Rasse als Inbegriff eines angenehmen vierbeinigen Familienmitglieds. Leider werden jedoch viele Individuen dem Idealbild der Rasse nicht ganz gerecht. Manche leiden an erblich bedingtem grauem Star, Hüft- und Ellbogenarthritis und sogar an Wesensschwäche. Gleichwohl gehört der Labrador zu den treuesten und zuverlässigsten Rassen überhaupt.

Die Pfoten sind rund und ziemlich kompakt.

FLAT-COATED RETRIEVER

KURZ-INFO

Ursprungsland: Großbritannien
Entstehungszeit: 19. Jh.
Erste Verwendung: Apportieren von Wild
Heutige Verwendung: Begleit- und Jagdhund
Lebenserwartung: 11–13 Jahre
Gewicht: 25–35 kg
Widerristhöhe: 56–61 cm

Der in Großbritannien aus importierten Neufundländerstämmen herausgezüchtete Flat-Coated (glatthaarige) Retriever war um die Wende zum 20. Jahrhundert der Lieblingshund der englischen Wildhüter. Doch dann wurde die Rasse durch den Labrador und den Golden Retriever verdrängt, sodass sie am Ende des Zweiten Weltkrieges praktisch ausgestorben war. Die schönen, fröhlichen Tiere von heute, als Jagdhund wieder in Mode, sind hervorragende Stöber- und Apportierhunde. Die Beliebtheit der Rasse wird sicherlich noch wachsen, obgleich sie überdurchschnittlich häufig an Knochenkrebs leidet.

RASSENGESCHICHTE

Aus Kreuzungen zwischen dem Neufundländer und kleineren Gebrauchshunden aus der Region von St. John's in Neufundland ging der Wavy-Coated Retriever hervor. Die Einkreuzung von Settern ergab dann den temperamentvollen Flat-Coated Retriever.

POINTER

RASSENGESCHICHTE

Die Herkunft des Pointers ist nicht genau geklärt, doch er wurde auf jeden Fall in Großbritannien erzüchtet. In einem bestimmten Stadium wurden wahrscheinlich altspanische Vorstehhunde eingekreuzt.

Der ursprüngliche Verwendungszweck des sanften, folgsamen und ernsthaften Pointers entsprach nicht dem natürlichen Hundeverhalten. Wenn er einen Hasen erblickte, blieb er stehen und »zeigte« (englisch: »point«) ihn an, damit die ihn begleitenden Windhunde die Beute hetzen und packen konnten. Die Selektionszucht hat ein ungemein gehorsames, vornehmes und freundliches Tier hervorgebracht, das allerdings äußerst sensibel ist. Sein liebenswertes Wesen macht es zu einem idealen Hausgenossen.

KURZ-INFO

Synonym: English Pointer
Ursprungsland: Großbritannien
Entstehungszeit: 17. Jh.
Erste Verwendung: Stöberhund
Heutige Verwendung: Begleit- und Jagdhund
Lebenserwartung: 12–13 Jahre
Gewicht: 20–30 kg
Widerristhöhe: 61–69 cm

GOLDEN RETRIEVER

Gelassen und aufgeweckt, ruhig, wachsam und sensibel ist der Golden Retriever – ein idealer Familienhund. Diese anhängliche, anpassungsfähige, leicht erziehbare und attraktive Rasse scheint in Nordamerika, Skandinavien und Deutschland beliebter zu sein als in ihrer englischen Heimat. Der zum Apportieren von Wassergeflügel gezüchtete Hund schnappt oder beißt selten; besonders geduldig erweist er sich gegenüber Kindern. Verschiedene Zuchtlinien sind entstanden: Eine Varietät wird für die Jagd verwendet, eine andere für Geländewettbewerbe, während die größte Gruppe die Ausstellungs- und Familienhunde stellt. Eine vierte Zuchtlinie bringt Tiere hervor, die ausschließlich als vierbeinige Helfer von Blinden und Behinderten abgerichtet werden. Die große Popularität der Rasse hat leider in manchen Zuchtlinien Erbdefekte zur Folge gehabt, etwa Hautallergien, Augenerkrankungen und sogar Bissigkeit.

KURZ-INFO

Ursprungsland: Großbritannien
Entstehungszeit: 19. Jh.
Erste Verwendung: Apportieren von Wassergeflügel
Heutige Verwendung: Begleit-, Jagd- und Behindertenhund
Lebenserwartung: 12–13 Jahre
Gewicht: 27–36 kg
Widerristhöhe: 51–61 cm

Die dunklen und dunkel gesäumten Augen blicken freundlich.

Gut bemuskelte Hinterhand mit dicker Haut und dichtem Haarkleid

Flach anliegendes oder leicht gewelltes Deckhaar mit dichter, wasserabweisender Unterwolle

Creme

Gold

Kräftiger Fang mit großem, schwarzem Nasenspiegel

Die gut proportionierten, mittelgroßen Ohren hängen leicht gefaltet herab.

RASSENGESCHICHTE

Zeugnisse belegen, dass die Rasse im späten 19. Jahrhundert entstanden ist, und zwar aus einer Kreuzung zwischen einem hellen Flat-Coated Retriever und dem ausgestorbenen Tweed Water Spaniel. Die ersten Exemplare wurden 1908 ausgestellt.

Trockener, muskulöser Hals mit locker aufliegender Haut

Die Fellfarbe variiert von Creme bis Gold und wird im Alter heller.

Die dunklen Unterlefzen hängen leicht herab.

AMERICAN COCKER SPANIEL

Die leicht mandelförmigen Augen blicken sanft, aufmerksam und zutraulich.

Der Rücken ist viel kürzer als beim English Cocker Spaniel.

KURZ-INFO

Synonym: Amerikanischer Cocker Spaniel
Ursprungsland: USA
Entstehungszeit: 19. Jh.
Erste Verwendung: Apportieren von Niederwild
Heutige Verwendung: Begleithund
Lebenserwartung: 13–14 Jahre
Gewicht: 11–13 kg
Widerristhöhe: 36–38 cm

Die oberen Lefzen bedecken den Unterkiefer, der dadurch vierkantig wirkt.

Gewölbter Kopf mit markantem Stop und ebensolchen Brauen

viele Farben

Das leicht gewellte Haarkleid ist seidig und an den Läufen dicht befedert.

Dieser anhängliche Cocker, die beliebteste amerikanische Rasse überhaupt, stammt vom jagdlich verwendeten English Cocker Spaniel ab. Obwohl man versucht hat, den Amerikaner ebenfalls als Jagdhund einzusetzen, und er seinen Jagdtrieb nicht ganz eingebüßt hat, beruht seine Popularität darauf, dass er ein so sanfter, anschmiegsamer Hausgenosse ist. Seine Schönheit und sein Charme werden in Nord-, Mittel- und Südamerika geschätzt, ebenso in Japan. Leider wird die Rasse von allerlei Krankheiten, einschließlich Epilepsie, heimgesucht, doch ihr liebenswürdiges Wesen entschädigt für mögliche körperliche Defekte.

Behänge in Augenhöhe angesetzt

Das dichte, feine Haarkleid muss täglich gebürstet werden, damit es nicht verfilzt.

Das attraktive, übermäßig lange Haar an den Behängen ist kaum sauber zu halten.

Der Hals ist so lang, dass die Nase den Boden beschnuppern kann.

RASSENGESCHICHTE

Angeblich kamen die ersten Spaniels im Jahr 1620 mit den Pilgervätern der »Mayflower« nach Amerika. Ursprünglich wurden alle Spaniels als eine einheitliche Rasse aufgefasst, doch schließlich wurde der Amerikanische Cocker Spaniel auf erwünschte Merkmale gezüchtet und 1946 als eigenständige Rasse anerkannt.

ENGLISH COCKER SPANIEL

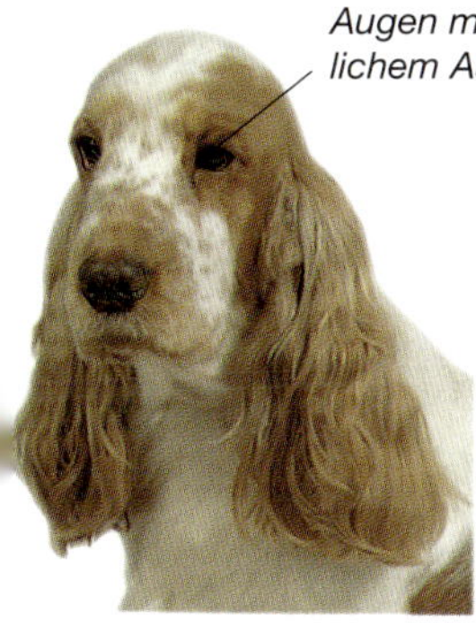

Wachsame, braune Augen mit freundlichem Ausdruck

Der Hirnschädel ist nicht so stark gewölbt wie beim American Cocker Spaniel.

Straffer, viereckiger Fang mit deutlichem Stop

Die langen, seidigen Haare auf den Behängen gerater leicht in den Futternapf.

Die Befederung verhüllt nicht den Körperumriss.

KURZ-INFO
Synonyme: Englischer Cocker Spaniel, Cocker Spaniel
Ursprungsland: Großbritannien
Entstehungszeit: 19. Jh.
Erste Verwendung: Apportieren von kleinem Wild
Heutige Verwendung: Begleithund
Lebenserwartung: 13–14 Jahre
Gewicht: 13–15 kg
Widerristhöhe: 38–41 cm

Der English Cocker Spaniel ist ein tüchtiger Gebrauchshund und zugleich ein überaus beliebter Familienhund in Ost- wie Westeuropa und in den Ländern des englischen Commonwealth. Leider ist er wie sein amerikanischer Vetter mit allerlei Erbkrankheiten behaftet: Augenleiden, verschiedene Hautkrankheiten, Nieren- und Verhaltensprobleme und, bei einfarbigen Tieren, eine Anfälligkeit für Tollwut. Man sollte deshalb vor der Anschaffung eines Cockers dessen »Familiengeschichte« überprüfen. Die Rasse wird zwar vorwiegend als Begleithund gezüchtet, bewährt sich aber auch bei Wettbewerben im Gelände.

Die übertriebene Kopfwölbung des Welpen bildet sich nach und nach zurück.

Die Rute ist unter der Rückenlinie angesetzt.

Welpe

RASSENGESCHICHTE

Um 1800 wurden die kleinen Landspaniels in zwei Kategorien eingeteilt, in »Starters«, die das Wild durch Springen aufscheuchten, und in »Cockers«, die dazu dienten, Waldschnepfen (»woodcock« – daher der Name) aus der Deckung zu treiben und zu apportieren. Der English Cocker stammt von Hunden ab, die in Wales und Südwestengland gezüchtet wurden.

Der Rücken ist nicht so kurz wie beim amerikanischen Pendant.

Das leicht wellige Haarkleid ist gut befedert und hat eine dichte, schützende Unterwolle.

Der elegante Kopf mit der gut entwickelten und weit geöffneten Nase garantiert ein hervorragendes Witterungsvermögen.

Die Vorderläufe sind starkknochig, kräftig und kurz genug für eine rasche Kraftentfaltung.

viele Farben

PARSON RUSSELL TERRIER

KURZ-INFO

Ursprungsland: Großbritannien
Entstehungszeit: 19. Jh.
Erste Verwendung: Fuchsjagd
Heutige Verwendung: Begleithund
Lebenserwartung: 13–14 Jahre
Gewicht: 5–8 kg
Widerristhöhe: 28–38 cm

Dies ist die weniger bekannte Spielart des beliebtesten englischen Landterriers, des Jack Russell Terriers. In den Niederlanden ist sie allerdings sehr populär, desgleichen in den USA. Der Parson Russell Terrier besitzt die vom Erstzüchter geforderten langen Läufe, die es dem Hund gestatteten, auf der Jagd mit den Pferden mitzuhalten. Ursprünglich wurden drahthaarige Tiere bevorzugt; heute sind draht- und glatthaarige Formen gleichermaßen zugelassen und beliebt. Der temperamentvolle und robuste Hund gibt einen guten Hausgenossen ab, der jedoch regelmäßig viel Bewegung braucht.

RASSENGESCHICHTE

John Russell, der »Jägerpfarrer« aus Devon in Westengland, schuf diesen drahthaarigen Foxterriertyp, der so hochläufig war, dass er die berittenen Jäger begleiten, und so klein, dass er Füchse aus dem Bau treiben konnte.

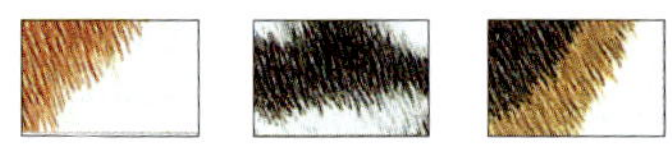

Weiß/Braun **Weiß/Schwarz** **dreifarbig**

JACK RUSSELL TERRIER

KURZ-INFO

Ursprungsland: Großbritannien
Entstehungszeit: 19. Jh.
Erste Verwendung: Rattenjäger
Heutige Verwendung: Begleithund
Lebenserwartung: 13–14 Jahre
Gewicht: 4–7 kg
Widerristhöhe: 25–26 cm

Der schneidige, überschwängliche und unterhaltsame Jack Russell Terrier ist ein hyperaktives Muskelpaket. Dieser beliebte Stadt- und Landhund kann gegenüber allem, was sich bewegt (einschließlich Menschen), bissig und aggressiv werden, eine konsequente Erziehung ist deshalb unerlässlich. Doch ist der »Jackie« ein lustiger Bursche, der seine Familie und auch Fremde in aller Regel mit Liebe überschüttet. Der am weitesten gereiste Jack Russell war »Bothy«, der in den 1980er-Jahren Sir Ranulf Fiennes zum Nord- und Südpol begleitete.

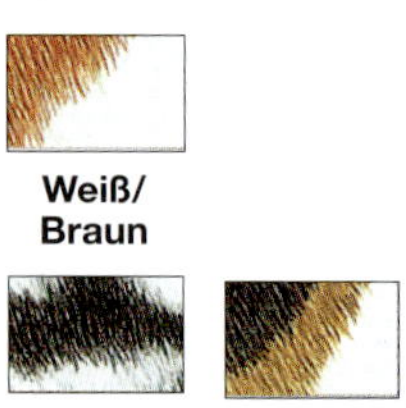

Weiß/Braun **Weiß/Schwarz** **dreifarbig**

RASSENGESCHICHTE

Diese Rasse, die bis auf die kürzeren Läufe und ihr variableres Erscheinungsbild mit dem Parson Russell Terrier fast identisch ist, erfreut sich in Großbritannien größter Beliebtheit. Sie wurde ursprünglich als Rattenbeißer gezüchtet und hat ihren »Killerinstinkt« behalten.

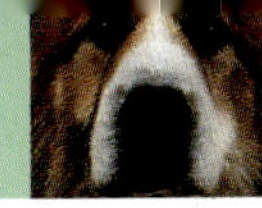

AIREDALE TERRIER

Obwohl der Airedale viel zu groß ist, um der Definition des französischen Begriffs »Terrier« (Erdhund) zu entsprechen, verkörpert er in jeder anderen Beziehung den Inbegriff eines Terriers. Der zähe, wetterfeste und treue Airedale, ein geborener Wachhund mit einem fatalen Hang zu Straßenkämpfen mit anderen Hunden, wird als Polizei-, Schutz- und Meldehund eingesetzt. Wäre er nicht von Haus aus so eigenwillig und stur, würde er einen beliebten und tüchtigen Gebrauchshund abgeben.

Der Bart bedeckt die kräftigen Kiefer.

KURZ-INFO

Ursprungsland: Großbritannien
Entstehungszeit: 19. Jh.
Erste Verwendung: Dachs- und Otterjagd
Heutige Verwendung: Begleit- und Schutzhund
Lebenserwartung: 13 Jahre
Gewicht: 20–23 kg
Widerristhöhe: 56–61 cm

RASSENGESCHICHTE

Der Airedale entstand in Yorkshire. Arbeiter in Leeds kreuzten den Old English Broken-haired Terrier mit dem Otterhound und schufen so diesen ungewöhnlich vielseitigen »König der Terrier«.

Das harte, dichte, drahtige Fell muss für Ausstellungszwecke fachmännisch gepflegt werden.

Kopf, Ohren und Bart stets lohfarben

Die Vorderläufe sind ganz gerade und dick bemuskelt.

Kleine, runde, geschlossene Pfoten mit gut gepolsterten Ballen und gewölbten Zehen

Kleine v-förmige Ohren

Terrieraugen sind scharf und wachsam.

CAIRN TERRIER

RASSENGESCHICHTE

Der Cairn Terrier entstand wohl auf der schottischen Insel Skye, wo er mindestens seit der Zeit der Königin Maria Stuart Jagd auf die in den »Cairns« (Hügelgräbern) versteckten Füchse machte.

KURZ-INFO

Ursprungsland: Großbritannien
Entstehungszeit: Mittelalter
Erste Verwendung: Fuchs- und Rattenjagd
Heutige Verwendung: Begleithund
Lebenserwartung: 14 Jahre
Gewicht: 6–7 kg
Widerristhöhe: 25–30 cm

Bis vor einiger Zeit, bevor der West Highland White und der Yorkshire Terrier ihn ausstachen, war dies der beliebteste Terrier in Großbritannien. Er ist auf dem Lande wie in der Stadt gleichermaßen zu Hause. Die Rasse gibt einen guten Wachhund ab und lässt sich leichter als viele andere Terrier zum Gehorsam erziehen. Jedoch können vor allem die Rüden sehr selbstbewusst sein und sollten bei der ersten Begegnung mit Kindern beaufsichtigt werden. Die kleine Größe, gute Konstitution und Willigkeit machen die Rasse zu einem entzückenden Hausgenossen.

NORFOLK TERRIER

Abgesehen von den Ohren sind der Norfolk und der Norwich Terrier identisch, was Erscheinungsbild, Herkunft, Wesen und Funktion angeht. Der Norfolk ist ein reizender kleiner Hund, auch wenn er nach Terrierart instinktiv dazu neigt, jedes Nagetier, das er sieht, anzugreifen und zu töten. Wie nahezu alle Terrier muss er sehr behutsam mit Katzen zusammengeführt werden. Die freundliche und robuste Rasse gibt einen ausgezeichneten Begleithund ab. Sie ist auch ein guter Wächter, der bei Fremden oder ungewohnten Geräuschen sofort anschlägt. Sie fühlt sich in der Stadt und auf dem Lande wohl – ein Garten bietet dem kurzläufigen Hund genügend Auslauf.

KURZ-INFO

Ursprungsland: Großbritannien
Entstehungszeit: 19. Jh.
Erste Verwendung: Rattenbeißer
Heutige Verwendung: Begleithund
Lebenserwartung: 14 Jahre
Gewicht: 5–5,5 kg
Widerristhöhe: 24,5–25,5 cm

RASSENGESCHICHTE

Seit seiner Anerkennung als Rasse bringt der Norwich Terrier Welpen mit Steh- und Kippohren hervor. Dies führte dazu, dass der kippohrige Norfolk Terrier 1965 als eigene Rasse anerkannt wurde.

NORWICH TERRIER

Den Norwich, einen der kleinsten Terrier überhaupt, gibt es in Ostengland seit mehr als 100 Jahren. Im späten 19. Jahrhundert diente er den Studenten von Cambridge als Maskottchen, doch als eigene Rasse wurde er erst 1935 ausgestellt. Er ist ein ausgesprochen selbstbewusster Terrier, der fest von seiner Bedeutung überzeugt ist, und ein idealer Familienhund, der mit älteren Kindern gut zurechtkommt. Er lässt sich leicht an Gehorsam und ans Haus gewöhnen und macht gern bei den wildesten Spielen mit. Die Rasse, die bis auf die Stehohren dem Norfolk Terrier gleicht, ist kaum mit schweren Erbkrankheiten behaftet.

KURZ-INFO

Ursprungsland: Großbritannien
Entstehungszeit: 19. Jh.
Erste Verwendung: Rattenbeißer
Heutige Verwendung: Begleithund
Lebenserwartung: 14 Jahre
Gewicht: 5–5,5 kg
Widerristhöhe: 25–26 cm

RASSENGESCHICHTE
Im 19. Jahrhundert existierten Meuten aus kleinen roten Terriern, die aus irischen Terriern hervorgegangen waren. Der Norwich könnte von diesen Hunden abstammen, vielleicht aber auch vom ausgestorbenen Trumpington Terrier.

WEST HIGHLAND WHITE TERRIER

RASSENGESCHICHTE
Der Cairn Terrier hatte vereinzelt weiße Nachkommen, die von der schottischen Familie Malcolm selektiv weitergezüchtet wurden. So entstand eine Rasse, die in der schottischen Moorlandschaft leicht auszumachen ist.

Der West Highland White und der Cairn Terrier haben zwar gleiche Vorfahren, aber die Selektionszucht hat zwei Rassen mit recht unterschiedlichen Wesenseigenschaften hervorgebracht. Der »Westie«, wie der reizende kleine Terrier liebevoll genannt wird, ist in aller Welt als »Werbeträger« bekannt und beliebt geworden und gilt inzwischen geradezu als Modehund. Im Übrigen ist Weiß bei Hunden so etwas wie eine Modefarbe, die Glück oder einfach Sauberkeit verheißt. Die Rasse leidet allerdings gehäuft unter allergischen Hauterkrankungen und hat auch ein reizbares Temperament. Sie braucht viel Zuwendung und regelmäßige körperliche Betätigung.

KURZ-INFO

Ursprungsland: Großbritannien
Entstehungszeit: 19. Jh.
Erste Verwendung: Rattenbeißer
Heutige Verwendung: Begleithund
Lebenserwartung: 14 Jahre
Gewicht: 7–10 kg
Widerristhöhe: 25–28 cm

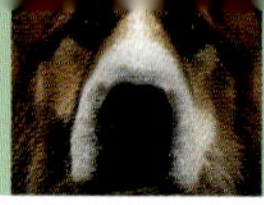

YORKSHIRE TERRIER

KURZ-INFO

Ursprungsland: Großbritannien
Entstehungszeit: 19. Jh.
Erste Verwendung: Rattenbeißer
Heutige Verwendung: Begleithund
Lebenserwartung: 14 Jahre
Gewicht: 2,5–3,5 kg
Widerristhöhe: 22,5–23,5 cm

RASSENGESCHICHTE

Der beliebteste Terrier der Welt entstand im frühen 19. Jahrhundert in der Gegend von West Riding in Yorkshire, wo Bergleute einen Rattenbeißer-Terrier erzüchteten, der so klein war, dass er in die Tasche gesteckt werden konnte. Dazu kreuzten sie vermutlich schwarz-lohfarbene Terrier mit dem Paisley und dem Clydesdale Terrier.

Das Band soll die Haare von den Augen fernhalten.

Das lange, glatte Haarkleid braucht ständige Pflege.

Das Haar wird entweder zur Seite gebürstet oder gekürzt.

Dieses Energiebündel stellt heute in Großbritannien die am häufigsten gehaltene Rasse dar. Im übrigen Europa und in Nordamerika ist der Hund fast ebenso beliebt, da er alle Vorzüge eines Terriers im Kleinformat verkörpert. Doch viele »Yorkies« werden schon vom Tag des Kaufs an so verhätschelt, dass sie nie ihre Lernfähigkeit beweisen können. Durch Überzüchtung fallen bei dieser Rasse nervöse und kümmerliche Tiere an, doch sie sind in der Minderheit. Der typische Yorkshire Terrier ist ein Dynamo, der seine Winzigkeit nicht wahrhaben will. Er spielt unermüdlich und hat eine schier unbegrenzte Energie. Die Zwergwüchsigkeit hat leider viele Gesundheitsprobleme zur Folge, unter anderem Zahnfleischerkrankungen und Lungenkollaps. Obwohl die Rasse zuweilen als ein modisches Accessoire betrachtet wird, bleibt sie ihren Ursprüngen treu – zäh und eigensinnig.

Die v-förmigen Stehohren wurden geschoren.

Der tiefschwarze Nasenspiegel kann sich mit zunehmendem Alter aufhellen; der Nasenrücken ist sehr dünn behaart.

Das lohfarbene Haar ist an der Wurzel am dunkelsten und an der Spitze am hellsten.

Die geraden, dünnen Läufe sind unter dem langen Haarkleid des Ausstellungshundes völlig verborgen.

Das sehr schmale Gesicht wirkt durch den buschigen Bart viereckig.

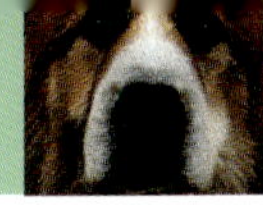

AUSTRALIAN SILKY TERRIER

KURZ-INFO

Synonyme: Australischer Silky Terrier, Silky Terrier
Ursprungsland: Australien
Entstehungszeit: um 1900
Erste Verwendung: Begleithund
Heutige Verwendung: Begleithund
Lebenserwartung: 14 Jahre
Gewicht: 4–5 kg
Widerristhöhe: 22,5–23,5 cm

Der blau-lohfarbene »Australische Seidenterrier«, der dem Yorkshire Terrier ähnelt, aber etwas schwerer ist, hat die USA und Kanada erobert, bevor er nach Europa gelangte. Es ist eine robuste Rasse, ebenso schneidig und territorial wie der Yorkie; das Auftauchen von Fremden zeigt er mit schrillem Gebell an. Obwohl er so klein ist, ist der Hund durchaus imstande, kleinere Nagetiere zu töten. Er kann sich zu einem widerborstigen Genossen entwickeln und muss deshalb früh zum Gehorsam erzogen werden. Der energische Kerl sollte früh sozialisiert, also an den Umgang mit Fremden und anderen Hunden gewöhnt werden. Das Haarkleid verfilzt leicht und profitiert vom täglichen Bürsten. Da der Rasse eine dichte Unterwolle fehlt, behagt ihr kaltes Klima nicht sehr.

RASSENGESCHICHTE

Die Ende des 19. Jahrhunderts entstandene Rasse ist wahrscheinlich ein Kreuzungsprodukt aus Australian und Yorkshire, vielleicht auch Skye Terriern und wurde primär als Begleithund gezüchtet.

AUSTRALIAN TERRIER

KURZ-INFO

Synonym: Australischer Terrier
Ursprungsland: Australien
Entstehungszeit: 19. Jh.
Erste Verwendung: Rattenbeißer, Wachhund
Heutige Verwendung: Begleithund
Lebenserwartung: 14 Jahre
Gewicht: 5–6 kg
Widerristhöhe: 24,5–25,5 cm

Der zähe und kampflustige Australian Terrier war ein idealer Siedlerhund. Er räumte mit kleinem Raubzeug, einschließlich Schlangen, auf und schützte als hellhöriger Wachhund die einsamen Farmen vor Eindringlingen. Diese Eigenschaften hat er sich bis heute bewahrt – er geht keinem Streit mit Artgenossen aus dem Wege und lässt auch keine Katze in Frieden, sofern er nicht mit ihnen aufgewachsen ist. Er gibt jedoch einen unterhaltsamen Gefährten ab und kann Gehorsam lernen. Wie der Silky Terrier kam er nach dem Zweiten Weltkrieg mit Soldaten und Geschäftsleuten nach Nordamerika. Die Rasse ist zwar in Australien am häufigsten, aber inzwischen fast weltweit verbreitet.

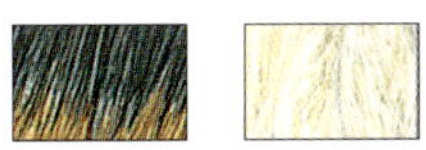

RASSENGESCHICHTE

Diese robuste australische Rasse stammt von mehreren britischen Terriern ab, dem Cairn, Yorkshire, Skye und möglicherweise auch dem Norwich Terrier. Einwanderer brachten diese Rassen nach Australien mit, um daraus einen tüchtigen Rattenbeißer für ihre Farmen und Ranches zu erzüchten.

PUDEL

KURZ-INFO

Synonym: Caniche
Ursprungsland: Frankreich
Entstehungszeit: 16. Jh.
Erste Verwendung: Begleithund
Heutige Verwendung: Begleithund
Lebenserwartung: 12–15 Jahre
Gewicht:
bis 5 kg (Toy-Pudel)
bis 14 kg (Zwergpudel)
bis 19 kg (Kleinpudel)
Widerristhöhe:
25–28 cm (Toy-Pudel)
28–35 cm (Zwergpudel)
35–45 cm (Kleinpudel)

Wolliges, elastisches Haar

Die lebhaften Augen sind leicht schräg gestellt.

Die Ohren sind mit welligem Haar bedeckt.

Die Pompons an den Hinterläufen wirken clownesk.

Kleine, ovale Pfoten mit Krallen, deren Farbe der Fellfarbe entspricht.

Toy-Pudel

RASSENGESCHICHTE
Großpudel gelangten wahrscheinlich vor mindestens 500 Jahren von Deutschland nach Frankreich. Zu jener Zeit hatte man den Pudel sicherlich bereits auf das Format des heutigen Toy-Pudels (»Spielzeugpudel«) verkleinert.

Beim Toy-Pudel wird das Haar nie geschoren.

Zwergpudel

Gerader Fang

Gerade Vorderläufe

RASSENGESCHICHTE
Diese Miniaturausgabe des Großpudels war in den 1950er-und 1960er-Jahren ungeheuer beliebt. Der Zwergpudel ist etwas größer als der Toy-Pudel und trat früher regelmäßig im Zirkus auf.

alle einheitlichen Farben

Vor 50 Jahren war der Pudel der beliebteste Hund der Welt – ein modisches Accessoire in jeder Großstadt. Die Popularität hatte eine wahllose Massenzucht zur Folge. Körperliche Defekte und Verhaltensstörungen machten sich in dieser intelligenten und gelehrigen Rasse breit; sie fiel in Ungnade und wurde vom Deutschen Schäferhund und vom Yorkshire Terrier verdrängt. Heute sind die kleineren Pudel, von fachkundigen Leuten gezüchtet, wieder zuverlässige Begleithunde. Die Verkleinerung bringt zuweilen eine welpenhafte Abhängigkeit von den Menschen mit sich, doch bei den Pudeln behalten wesensfeste Tiere einen ausgesprochen unabhängigen Charakter. Pudel sind ungewöhnlich lernfreudige, folgsame und anhängliche Hausgenossen.

Bei der Schur bleibt die Haarquaste am Schwanzende stehen.

Die geraden Vorderläufe stehen parallel.

Das gekräuselte, feste Haar, das nicht gewechselt wird, wächst üppig und muss häufig getrimmt werden.

Klein- oder Mittelpudel

RASSENGESCHICHTE
Der Kleinpudel ist zwar in Deutschland, aber sonst noch nicht überall formell anerkannt. Er steht größenmäßig zwischen dem Zwerg- und dem Großpudel.

DALMATINER

Jahrhundertelang war der Dalmatiner ein hervorragender Gebrauchshund. Er war Meute-, Apportier- und Vogelhund. Er hütete Schafe und vertilgte Schadtiere. In neuerer Zeit arbeitete er auch als Zirkusartist. Vor der Motorisierung wurde er als Kutschenhund verwendet. Er lief neben den Pferdekutschen her und machte in bewohnten Gebieten die Straße für sie frei. Im 19. Jahrhundert benutzten ihn amerikanische Feuerwehren dazu, die Pferde der Löschwagen zu dirigieren. Heute ist dieser lauffreudige Vierbeiner nur noch Begleithund. Er ist zwar durchweg freundlich, aber manche Rüden gebärden sich anderen Rüden gegenüber aggressiv. Der Dalmatiner ist übrigens die einzige Hunderasse, die unter Harnsäuresteinen leiden kann.

Weiß/Leber-farben **Weiß/Schwarz**

KURZ-INFO

Ursprungsland: Balkan/Indien
Entstehungszeit: Mittelalter
Erste Verwendung: Jagd- und Kutschenhund
Heutige Verwendung: Begleithund
Lebenserwartung: 12 Jahre
Gewicht: 23–25 kg
Widerristhöhe: 50–61 cm

RASSENGESCHICHTE

Auf 4000 Jahre alten griechischen Friesen sind Jagdhunde abgebildet, die dem Dalmatiner ähneln. Obwohl Dalmatien an der Adriaküste als Heimat dieser edlen Rasse angegeben wird, gibt es überzeugende Belege dafür, dass sie ihren Ursprung in Indien hat und von indischen Kaufleuten ins antike Griechenland gebracht wurde.

CHIHUAHUA

Die großen Stehohren sind nach außen gewendet.

Vorstehende, große Augen

Kleine Schnauze; anfällig für Zahnverlust

Die sehr dünnen Vorderbeinknochen brechen leicht.

Kurzhaariger Schlag

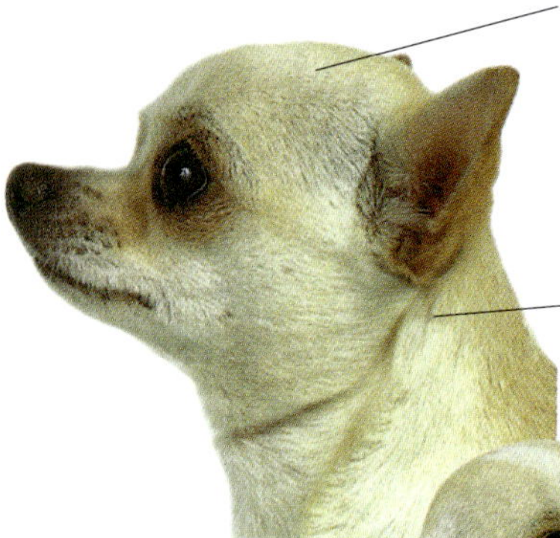

Der rassetypische runde Kopf ist mit einem erhöhten Epilepsierisiko behaftet.

Robuster, gut bemuskelter Hals mit fragiler, dünner Luftröhre

Der kompakte Rumpf ist lang.

Das glänzende Fell bildet um den Hals einen feinen Kragen.

Kleine Pfoten mit stark gebogenen Krallen

RASSENGESCHICHTE

Der Ursprung des Chihuahua ist von Geheimnissen umgeben. Experten vermuten, kleine Hunde seien 1519 mit den spanischen Eroberern unter Hernando Cortés nach Amerika gelangt. Eine andere Theorie besagt, Chinesen seien vor der Ankunft der Europäer nach Amerika gereist und hätten Zwerghunde mitgebracht.

Der Chihuahua ist zwar klein und zerbrechlich, aber aufgeweckt und schneidig. Benannt ist er nach dem gleichnamigen mexikanischen Staat, aus dem er in den 1850er-Jahren zunächst in die USA und dann in alle Welt exportiert wurde. Legenden ranken sich um diese Rasse; ihr aztekischer Name Xoloitzcuintli ist offenbar irreführend – er bezeichnet tatsächlich ein anderes, viel größeres mittelamerikanisches Tier. Andere Legenden, wonach Hündchen mit blauem Fell für heilig gehalten und solche mit rotem Fell bei aztekischen Totenverbrennungen rituell geopfert wurden, sind ebenso umstritten. Unbestritten ist jedoch, dass der Chihuahua ein Schoßhund par excellence ist. Er bibbert beim leisesten Windstoß und fühlt sich am wohlsten auf dem Schoß seines Herrchens oder Frauchens. Sowohl der kurzhaarige als auch der weniger kälteempfindliche langhaarige Schlag sind unterhaltsame und anhängliche Gefährten.

Langhaariger Schlag

Die mäßig lange Rute wird auf dem Rücken geringelt getragen.

Lange Fransen an den Ohren

alle Farben

Langhaarige Tiere sind seltener als kurzhaarige.

Große Halskrause aus Deckhaar mit voller Unterwolle

KURZ-INFO

Ursprungsland: Mexiko
Entstehungszeit: vermutlich 19. Jh.
Erste Verwendung: Begleithund
Heutige Verwendung: Begleithund
Lebenserwartung: 13–14 Jahre
Gewicht: 1–3 kg
Widerristhöhe: 15–23 cm

COTON DE TULÉAR

Weiß

Schwarz/ Weiß

KURZ-INFO

Ursprungsland: Madagaskar/ Frankreich

Entstehungszeit: 17. Jh.

Erste Verwendung: Begleithund

Heutige Verwendung: Begleithund

Lebenserwartung: 13–14 Jahre

Gewicht: 5,5–7 kg

Widerristhöhe: 25–30 cm

Jahrhundertelang war der Coton de Tuléar (»Baumwolle von Tuléar«) ein Liebling der reichen Bewohner von Tuléar im Süden Madagaskars, wo die Rasse rein gezüchtet wurde. Ein Hund ähnlicher Herkunft war auf der Insel Réunion vor der Ostküste Madagaskars beliebt, ist aber inzwischen ausgestorben. Der Coton ist ein typischer Bichon. Sein Hauptmerkmal ist das baumwollweiche, flauschige Haarkleid (das sorgfältig gepflegt werden muss) und – im Unterschied zu den europäischen Bichons – die Tendenz zur Ausbildung von gelben oder schwarzen Fellflecken. Die Rasse ist sanft, anhänglich und aufgeweckt.

RASSENGESCHICHTE

Der mit den französischen Bichons und dem Bologneser verwandte Coton gelangte wohl mit den französischen Soldaten oder den ihnen folgenden Verwaltungsbeamten nach Madagaskar. Die Rasse war praktisch unbekannt, bis sie nach Europa und Amerika eingeführt und 1970 offiziell anerkannt wurde.

LÖWCHEN

RASSENGESCHICHTE

Das Löwchen hat vermutlich den gleichen Ursprung wie die anderen Bichons des mediterranen Europas. Die Rasse ist zwar ungewöhnlich, aber nicht mehr selten.

Die temperamentvolle französische Rasse ist ein wahrer Europäer mit Vorfahren in ganz Südeuropa. Goya ist einer der vielen Künstler, die dieses muntere Hündchen auf der Leinwand verewigt haben. Mit seiner Löwenschur wirkt es zerbrechlich und etwas komisch, doch das täuscht. Das Löwchen ist ein robuster, sogar derber Hund, zuweilen eigensinnig und arrogant. Vor allem die Rüden lassen sich gern mit größeren Hunden auf Rangordnungskämpfe ein. Wie beim Pudel wird das Fell nur für Ausstellungszwecke geschoren.

KURZ-INFO

Synonym: Petit Chien Lion

Ursprungsland: Frankreich

Entstehungszeit: 17. Jh.

Erste Verwendung: Begleithund

Heutige Verwendung: Begleithund

Lebenserwartung: 13–14 Jahre

Gewicht: 4–8 kg

Widerristhöhe: 25–33 cm

RIESENSCHNAUZER

Tiefschwarzer Nasenspiegel

Langer, harter Bart

Einst war der Riesenschnauzer ein verbreiteter Hütehund in Süddeutschland, doch wegen seines sehr großen Futterbedarfs verlor er in schlechten Zeiten an Bedeutung. Gegen Ende des 19. Jahrhunderts erfreute er sich als Metzger- und Schutzhund wieder großer Beliebtheit. Obwohl widerstandsfähig und robust, neigt die Rasse zu Schulter- und Hüftarthritis. Da sie nicht übermäßig viel Auslauf braucht, eignet sie sich auch für die Stadt. Sie schreckt jedoch nicht davor zurück, ihre gewaltige Kraft für die Verteidigung ihres Territoriums einzusetzen.

Die robusten, kräftigen Vorderläufe stehen nicht zu eng.

Pfeffer und Salz **Schwarz**

KURZ-INFO

Ursprungsland: Deutschland
Entstehungszeit: Mittelalter
Erste Verwendung: Viehtreiber
Heutige Verwendung: Begleit-, Schutz- und Diensthund
Lebenserwartung: 11–12 Jahre
Gewicht: 35–50 kg
Widerristhöhe: 60–70 cm

RASSENGESCHICHTE

Dieser kraftvollste Schnauzer wurde durch »Vergrößerung« des Mittelschnauzers erzüchtet. Als er 1909 in München zum ersten Mal ausgestellt wurde, trug er noch den Namen »rußiger (schwarzer) Bärenschnauzer«.

SCHNAUZER

Dieser schneidige Hund verkörpert die ursprüngliche Rasse, aus der später der Zwerg- und der Riesenschnauzer hervorgegangen sind. Albrecht Dürer hat Hunde dieses Typs gemalt, ebenso Rembrandt. Möglicherweise ist die alte Rasse eine Mischung aus Spitzen und Wachhunden. Der Schnauzer wird heute zwar primär als Begleithund gehalten, bleibt aber ein ausgezeichneter Viehhüter. Er lernt ziemlich leicht Gehorsam und kann zum Apportieren auf dem Boden und im Wasser abgerichtet werden.

Die halb stehenden Ohren fallen anmutig herab.

Mit seinem langen Fang und Bart wirkt der Hund zugleich würdevoll und drollig.

Gut bemuskelte Schenkel und kurze, runde Katzenpfoten

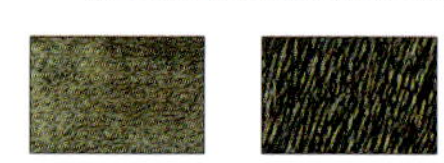

Pfeffer und Salz **Schwarz**

Der lange, kräftige Kopf verschmälert sich allmählich von den Ohren bis zur Nase.

Die Vorbrust ist breit und reicht bis unter die Ellbogen.

Hartes, raues und dichtes Deckhaar und noch dichtere Unterwolle

RASSENGESCHICHTE

Diese Rasse, die früher Rattenbeißer und Wachhund zugleich war, wird vielfach als Terrier eingestuft. Ihren Ursprung hat sie in Süddeutschland in den Nachbarregionen der Schweiz und Frankreichs; ursprünglich hieß sie Schnauzer Pinscher.

KURZ-INFO

Synonym: Mittelschnauzer
Ursprungsland: Deutschland
Entstehungszeit: Mittelalter
Erste Verwendung: Rattenfänger, Wachhund
Heutige Verwendung: Begleithund
Lebenserwartung: 12–14 Jahre
Gewicht: 15–18 kg
Widerristhöhe: 45–50 cm

MUDI

viele Farben

Der Rücken ist gerade, aber ziemlich kurz.

Die Hinterläufe stehen ungewöhnlich weit auseinander.

Der Mudi, der wohl am wenigsten bekannte ungarische Hund, dient als Wildschweinjäger, Hütehund, Wächter über Haus und Hof und als Begleithund. Sein Typ festigte sich zu Beginn des 20. Jahrhunderts, sein Standard wurde gemäß diesen ursprünglichen Merkmalen festgeschrieben. Trotz seiner Tüchtigkeit und Anpassungsfähigkeit ist er außerhalb Ungarns kaum anzutreffen; ohne die Bemühungen einiger Züchter wäre er vom Aussterben bedroht. Er ist ein gehorsamer und verspielter, aber zuweilen etwas lauter Hausgenosse, der sich auf dem Land und in der Stadt gleichermaßen wohlfühlt.

RASSENGESCHICHTE

Die ungarischen Hirtenhunde wurden bis zu den 1930er-Jahren alle in einen Topf geworfen; dann trennte man den Mudi vom Puli und Pumi ab. Diese Allzweck-Landrasse ist offenbar nicht das Produkt einer Auslesezucht und selbst in Ungarn selten.

Das dichte, lange, wellige und glänzende Haar bildet Wirbel.

KURZ-INFO

Ursprungsland: Ungarn
Entstehungszeit: 19. Jh.
Erste Verwendung: Bewachen und Hüten der Herden, Wildschweinjagd
Heutige Verwendung: Begleit- und Schutzhund, Niederwildjagd
Lebenserwartung: 13–14 Jahre
Gewicht: 8–13 kg
Widerristhöhe: 36–51 cm

KROATISCHER SCHÄFERHUND

Relativ langer Kopf mit trockenem Fang

Dieser unkomplizierte Schutz- und Wachhund ist im nördlichen Kroatien aus heimischen Schäferhunden hervorgegangen. Er ist etwas größer als sein ungarisches Pendant, der Mudi, und auf dem Land in Kroatien häufiger anzutreffen. Anders als der Mudi, der in vielen Farben vorkommt, ist der Kroatische Schäferhund stets schwarz; nur an den Pfoten kann etwas Weiß auftreten. Fremden gegenüber ist er misstrauisch, doch bei früher Sozialisierung spricht er auf eine Gehorsamserziehung gut an.

KURZ-INFO

Synonym: Hrvatski Ovčar
Ursprungsland: Kroatien
Entstehungszeit: 19. Jh.
Erste Verwendung: Herdenbeschützer
Heutige Verwendung: Hüte-, Schutz-, selten Begleithund
Lebenserwartung: 13–14 Jahre
Gewicht: 13–16 kg
Widerristhöhe: 40–51 cm

RASSENGESCHICHTE

Dieser Hund, der in den nordkroatischen Regionen Bačka und Baranja an der ungarischen Grenze als Schäferhund verwendet wird, ist nicht nach einem Standard gezielt gezüchtet worden, sondern vielmehr das Resultat von Zufallspaarungen.

Die dreieckigen Stehohren sind etwas seitlich angesetzt.

Das dicke, weiche, lange, wellige Fell ist gewöhnlich 8–13 cm lang.

Leicht abfallende, muskulöse und breite Kruppe

Ziemlich kleine und lange Pfoten mit geschlossenen Zehen

APPENZELLER SENNENHUND

Dieser vielseitige, imposante und trittsichere Hund ist seit dem Mittelalter ein treuer Freund der schweizerischen Bergbauern. Früher wurde er vor Karren gespannt, um an den Markttagen landwirtschaftliche Produkte in die Stadt zu befördern. Er ist ein ausgezeichneter Hütehund, der willig Rinder-, Schaf- oder Ziegenherden zusammenhält. Mit seiner Größe, Kraft und Stimme schreckt er potenzielle Raubtiere und Diebe ab. Im 19. Jahrhundert ging die Zahl der Appenzeller zurück, und obwohl sie vor dem Untergang gerettet wurden, sind sie außerhalb der Schweiz recht selten anzutreffen.

RASSENGESCHICHTE

Obschon die genaue Herkunft unbekannt ist, gilt es als wahrscheinlich, dass die Rasse von Kriegshunden (Molossern) abstammt, die die römischen Legionen zurückließen, als sie vor 2000 Jahren durch die Schweiz zogen. Die Ringelrute lässt auf Spitzblut in der Ahnenreihe schließen.

KURZ-INFO

Ursprungsland: Schweiz
Entstehungszeit: Altertum
Erste Verwendung: Ziegenhüten
Heutige Verwendung: Schutz- und Begleithund
Lebenserwartung: 11–13 Jahre
Gewicht: 25–32 kg
Widerristhöhe: 48–58 cm

BERNER SENNENHUND

RASSENGESCHICHTE

Diese sehr alte Rasse wäre im späten 19. Jahrhundert beinahe untergegangen, als der Züchter Franz Schertenleib, der die Geschichte der Schweizer Sennenhunde erforschte, in der Region Bern mehrere gute Exemplare entdeckte. Ihren heutigen Namen erhielt die Rasse 1908.

KURZ-INFO

Synonym: Dürrbächler
Ursprungsland: Schweiz
Entstehungszeit: Altertum
Erste Verwendung: Zughund
Heutige Verwendung: Begleithund
Lebenserwartung: 8–10 Jahre
Gewicht: 40–44 kg
Widerristhöhe: 58–70 cm

Welpe

Die Popularität des Berner Sennenhundes in Europa und Nordamerika ist groß. In den 1930er-Jahren züchteten viele Züchter auf größere Körpermaße und Schutzhundeigenschaften, was in einigen Zuchtlinien zu einer gewissen Wesensschwäche führte, die eine Neigung zu unprovozierter Aggressivität zur Folge hatte. Die Zucht mit einem kleinen Genpool hat auch bestimmte Gesundheitsprobleme geschaffen, insbesondere Schulterlähme. Als Arbeitshund, der zum Hüten und Ziehen von Karren abgerichtet wurde, lernt der Berner bereitwillig Gehorsam. Der Riesenkerl ist oft von rührender Anhänglichkeit, gehört aber in die Hand eines erfahrenen Halters.

ENTLEBUCHER SENNENHUND

Hoch angesetzte Hängeohren

Massiger Kopf mit kleinen, lebhaften braunen Augen

Rundliche, geschlossene Pfoten

RASSENGESCHICHTE

Die Ursprünge dieses kleinsten Schweizer Sennenhundes sind ungeklärt. Seine Doggengestalt deutet darauf hin, dass er von den Kampf- und Schutzmolossern der römischen Legionen abstammt. Benannt ist die liebenswerte Rasse nach der Landschaft Entlebuch im Kanton Luzern.

Der in der Schweiz beliebte kompakte und muskulöse Hund gehört zu den Rassen, die von Franz Schertenleib »gerettet« worden sind. Aus Erzählungen seines Vaters wusste dieser Züchter, dass es in den schweizerischen Gebirgstälern verschiedene Sennenhundformen gab. Im späten 19. Jahrhundert durchforschte Schertenleib zusammen mit dem Kynologen Professor Albert Heim das Land nach Sennenhunden, um sie vor dem Aussterben zu bewahren. Der stets gefällige Entlebucher gibt einen guten Hausgenosen ab.

Kraftvolle, schön geformte, lange Kiefer mit komplettem Scherengebiss

Muskulöse Keulen mit dicker Haut und noch dickerem Fell

Kurzes, hartes, dickes und glänzendes Deckhaar über dichter, feiner Unterwolle

Die Sprunggelenke sind gut gewinkelt.

KURZ-INFO

Ursprungsland: Schweiz
Entstehungszeit: Altertum
Erste Verwendung: Viehtreiber
Heutige Verwendung: Hüte- und Begleithund
Lebenserwartung: 11–13 Jahre
Gewicht: 25–30 kg
Widerristhöhe: 40–50 cm

GROSSER SCHWEIZER SENNENHUND

In Ruhe wird die kräftige Rute bis zu den Sprunggelenken herabhängend getragen.

Robuster Kopf mit leichter Mittelfurche auf dem Fang

Kräftige, gut bemuskelte Keulen

Hartes Deckhaar über voller Unterwolle

Kurze, runde Pfoten mit gewölbten Zehen

Neben dem Berner ist dies der größte Schweizer Sennenhund. Jahrhundertelang war er ein geschätzter Arbeitshund: Er zog die Milchkarren zum Markt und half Metzgern beim Viehtreiben. Als Franz Schertenleib dem berühmten Geologen und Hundekenner Albert Heim den einzigen Hund zeigte, den er auf einem abgelegenen Hof gefunden hatte, forderte Heim die Hundefreunde auf, weitere Tiere ausfindig zu machen. Es wurden genügend Exemplare zur Erneuerung der Rasse endeckt. Der Große Schweizer Sennenhund ist menschenfreundlich, kann aber zuweilen mit Artgenossen in Streit geraten.

RASSENGESCHICHTE

Diese Rasse, ein weiterer mutmaßlicher Abkömmling der römischen Molosser, wurde zu Beginn des letzten Jahrhunderts von dem Züchter Franz Schertenleib »entdeckt«. Sie steht dem Appenzeller Sennenhund sehr nahe und wurde unter ihrem heutigen Namen 1910 anerkannt.

KURZ-INFO

Ursprungsland: Schweiz
Entstehungszeit: Altertum
Erste Verwendung: Zughund
Heutige Verwendung: Begleithund
Lebenserwartung: 10–11 Jahre
Gewicht: 59–61 kg
Widerristhöhe: 60–70 cm

Mittelgroße Augen mit gut schließenden, straffen Lidern

Keine Kehlwamme, aber Hautfalte über dem Kehlkopf

BORDER COLLIE

Der Border Collie, in Großbritannien und Irland nach wie vor der beliebteste diensttuende Schäferhund, kann ein anhänglicher, aber etwas schwieriger Hausgenosse sein, vor allem in der Stadt. Tiere, die aus Gebrauchshund-Zuchtlinien stammen, haben einen starken »Raubtierinstinkt«, der durch Zucht und Abrichtung zu hervorragenden Hüteeigenschaften umfunktioniert wird. Wird der Hund nicht ständig gefordert, schlägt sein Arbeitseifer in negatives Verhalten um, etwa in Bissigkeit oder die Neigung, andere Hunde oder Menschen zu »treiben«.

RASSENGESCHICHTE

Obwohl die Schäfer im hügeligen schottischen Grenzland (border = Grenze) schon seit langer Zeit Collies verwendet haben, erhielt diese Rasse erst 1915 ihren heutigen Namen.

KURZ-INFO

Ursprungsland: Großbritannien
Entstehungszeit: 18. Jh.
Erste Verwendung: Schaf- und Rinderhüten
Heutige Verwendung: Begleit- und Schäferhund
Lebenserwartung: 12–14 Jahre
Gewicht: 14–22 kg
Widerristhöhe: 46–54 cm

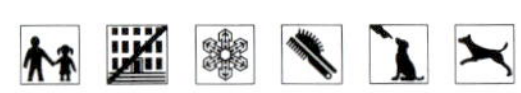

LANGHAARIGER COLLIE

Nachdem Königin Viktoria einen Collie als Gefährten gewählt hatte, stieg seine Beliebtheit, aber erst als Hollywood ihn für die Lassie-Filme entdeckte, waren seine internationale Anerkennung und Popularität gesichert. Der Erfolg der Rasse im Ausstellungsring überschattet ihre ursprünglichen guten Hüteeigenschaften. Der Collie ist ein ausgezeichneter Hausgenosse, leicht erziehbar, sehr kinderlieb und ein guter Wachhund. Da sein prachtvolles langes Haarkleid leicht verschmutzt und verfilzt, muss es täglich gebürstet werden.

KURZ-INFO

Synonyme: Collie, Rough Collie, Scottish Collie
Ursprungsland: Großbritannien
Entstehungszeit: 19. Jh.
Erste Verwendung: Schafhüten
Heutige Verwendung: Begleithund
Lebenserwartung: 12–13 Jahre
Gewicht: 18–30 kg
Widerristhöhe: 51–61 cm

RASSENGESCHICHTE

Der Langhaarige Collie, der seinen Ursprung im kalten Nordschottland hat, hatte als Gebrauchshund kürzere Läufe und eine kürzere Nase als die elegante Rasse von heute.

KURZHAARIGER COLLIE

KURZ-INFO

Synonym: Smooth Collie
Ursprungsland: Großbritannien
Entstehungszeit: 19. Jh.
Erste Verwendung: Schafhüten
Heutige Verwendung: Begleithund
Lebenserwartung: 12–13 Jahre
Gewicht: 18–30 kg
Widerristhöhe: 51–61 cm

RASSENGESCHICHTE
Der Kurzhaarige Collie kann auf einen dreifarbigen Welpen namens »Trefoil« zurückgeführt werden, der 1873 geboren wurde. In seiner Ahnenreihe könnte jedoch auch eine Spur Windhundblut enthalten sein.

Meist wird der Kurzhaarige Collie als Schlag des Langhaarigen aufgefasst, weil in seinen Würfen vereinzelt langhaarige Welpen anfallen. Im Wesen haben sich die beiden Formen jedoch auseinanderentwickelt, vielleicht weil der Genpool der Kurzhaarigen kleiner ist. Sie sind nicht so beliebt wie der Langhaarige Collie und außerhalb Großbritanniens sehr selten anzutreffen. Der Kurzhaarige Collie ist zurückhaltender und schnappt eher einmal zu. Er gibt jedoch einen guten Gefährten ab und passt sich auch an das Leben in der Stadt an.

Braungrau/Weiß

Blaumarmoriert

dreifarbig

SHELTIE

Braungrau

Blaumarmoriert

dreifarbig

Schwarz/Weiß

Schwarz/Loh

Der Sheltie zählt in Japan zu den beliebtesten Rassen, ist aber auch in anderen Ländern populär. Er wird zwar nur noch selten als Gebrauchshund verwendet, hat sich aber seinen Beschützer- und Hütetrieb bewahrt und ist bereit, das Haus seines Besitzes energisch zu verteidigen. Er ist eine Art Miniaturausgabe der großen schottischen Schäferhunde, insbesondere des Collies. Die Verkleinerung hat allerdings ein erhöhtes Risiko für Brüche der langen, dünnen Gliedmaßenknochen und ein gehäuftes Auftreten von erblich bedingten Verdauungs- und Augenbeschwerden mit sich gebracht.

RASSENGESCHICHTE
Diese Rasse könnte aus Kreuzungen zwischen importierten Langhaarigen Collies und Hunden von den schottischen Shetland Inseln hervorgegangen sein.

KURZ-INFO

Synonym: Shetland Sheepdog
Ursprungsland: Großbritannien
Entstehungszeit: 18. Jh.
Erste Verwendung: Schafhüten
Heutige Verwendung: Begleit- und Schäferhund
Lebenserwartung: 13–14 Jahre
Gewicht: 6–7 kg
Widerristhöhe: 35–37 cm

DEUTSCHER SCHÄFERHUND

Schwarzer langhaariger Schlag

RASSENGESCHICHTE

Die weltweit häufigste Rasse entstand im Rahmen eines hervorragenden Zuchtprogramms, das Rittmeister Max von Stephanitz Ende des 19. Jahrhunderts einleitete. Unter Verwendung von lang-, kurz- und rauhaarigen Schäferhundschlägen aus Württemberg, Thüringen und Bayern entstand der elegante, intelligente, gehorsame, stattliche Deutsche Schäferhund. Bis 1915 wurden langhaarige (»altdeutsche«) und rauhaarige Schläge ausgestellt. Heute ist in den meisten Ländern nur die stock- bzw. kurzhaarige Form als Ausstellungshund zugelassen.

Brauner langhaariger Schlag

Cremefarbener langhaariger Schlag

Der römische Geschichtsschreiber Tacitus berichtet von einem »wolfsähnlichen Hund im Land am Rhein«. Es ist gut möglich, dass der Deutsche Schäferhund und die nah verwandten Holländischen und Belgischen Schäferhunde schon seit Jahrtausenden weitgehend in der heutigen Gestalt existierten. Zu Beginn des Ersten Weltkriegs war der Schäferhund in ganz Deutschland beliebt, und er breitete sich rasch auch im Ausland aus. Die Massenzucht hat jedoch leider gesundheitliche und Verhaltensprobleme geschaffen: Arthritis der Gelenke, Augenleiden, Magen-Darm-Beschwerden und andere Krankheiten treten deutlich gehäuft auf. Ebenso häufig sind Wesensschwäche, Ängstlichkeit und Aggressivität gegenüber anderen Hunden. Das Resultat ist, dass die individuelle Qualität der Tiere erheblich schwankt. Bei sorgfältiger Zucht haben wir es indes mit einer hervorragenden Rasse zu tun – ruhig, zuverlässig, gelehrig und gehorsam. Sie ist vielseitig verwendbar als Begleit-, Schutz-, Polizei-, Sanitäts-, Spür-, Blindenführhund usw.

Brauner langhaariger Schlag

FELLFARBEN UND -LÄNGEN

Schwarz und Braun, Schwarz und Grau sowie einfarbiges Schwarz sind bei Schautieren zugelassene Farben. Gelb, Creme und Weiß werden in den meisten Ländern nicht akzeptiert, obgleich alle Varietäten nach wie vor gezüchtet werden.

Die hoch angesetzten Stehohren wirken wachsam und aufgeweckt.

Der obere Kopfteil verschmälert sich allmählich von den Augen bis zum Nasenspiegel.

GROSSE WÜRFE

Beim Deutschen Schäferhund sind die Würfe groß. Das spätere Verhalten der Nachkommen hängt von den ererbten Genen ab, ferner von der Art und Weise, wie sie von ihren Müttern und von den Menschen behandelt werden, sowie von allen anderen frühen Erfahrungen.

Das Welpenfell besteht größtenteils aus feinem Flaum.

Der große, runde Kopf ist typisch für die meisten jungen Säugetiere.

Die dunkle Nase verbreitert sich zu einer abgeflachten Spitze.

Das Haar ist an der Rute am längsten und üppigsten.

KURZ-INFO

Ursprungsland: Deutschland
Entstehungszeit: Ende 19. Jh.
Erste Verwendung: Schäferhund
Heutige Verwendung: Begleit-, Schutz-, Dienst- und Blindenhund
Lebenserwartung: 12–13 Jahre
Gewicht: 34–45
Widerristhöhe: 55–65 cm

Die Brust ist tief und der Bauch nur mäßig aufgezogen.

Breite, kräftig bemuskelte Keulen mit langen Oberschenkeln

Gewölbte, kleine, rundliche und gut geformte Pfoten mit großen Ballen

Schwarz-gelber stockhaariger Schlag

Im Stehen werden die Sprunggelenke gewinkelt.

Der mittellange Hals ist kräftig bemuskelt und hat keine Kehlwamme.

Der Fang macht die halbe Kopflänge aus.

Die spitzen Stehohren sind hoch angesetzt und sehr beweglich. Sie werden nach vorn gestellt.

Die straffen Lefzen sind dunkel pigmentiert.

Weißer stockhaariger Schlag

In der Ruhe wirkt der Hund kraftvoll, gelassen und wachsam.

Gerade Vorderläufe; die Ellbogen liegen nicht zu eng am Körper an.

BOXER

KURZ-INFO

Synonym: Deutscher Boxer
Ursprungsland: Deutschland
Entstehungszeit: 1850er-Jahre
Erste Verwendung: Schutzhund, Bullenbeißer
Heutige Verwendung: Begleithund
Lebenserwartung: 11–12 Jahre
Gewicht: 25–32 kg
Widerristhöhe: 53–63 cm

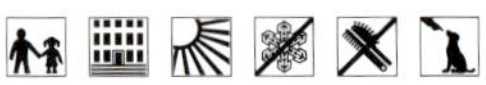

RASSENGESCHICHTE

Der Urahne des Boxers, der Bullenbeißer, wurde in Deutschland und Holland für die Wildschwein- und Hirschjagd verwendet. Der Boxer entstand durch Kreuzungen des Danziger und Brabanter Bullenbeißers mit anderen bayerischen und ausländischen Rassen.

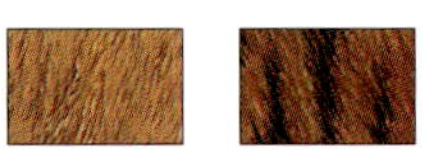

Rehbraun **Gestromt**

Der freundliche, selbstbewusste Boxer ist einer der großen Erfolge der Hochleistungszucht, wie sie vor 100 Jahren in Deutschland betrieben wurde. Heute schwankt zwar die Größe des Hundes von Land zu Land, aber sein Wesen ist gleich geblieben: aktiv, anhänglich, energisch und verspielt. Der Boxer ist in vieler Hinsicht ein idealer Familienhund, doch weil er zeitlebens sein welpenhaftes Verhalten beibehält, sehr schnell reagiert und relativ groß ist, kann er ungewollt Unheil stiften. Dank seiner muskelstarken und einschüchternden Erscheinung ist er ein ausgezeichneter Schützer des Hauses; zugleich benimmt er sich Kindern gegenüber lammfromm.

DEUTSCHE DOGGE

Die Ursprünge der Deutschen Dogge lassen sich ziemlich sicher auf jene Hunde zurückführen, die die Alanen, ein Skythenvolk aus dem asiatischen Russland, nach Europa gebracht haben. Diese Kampfdoggen wurden wahrscheinlich mit Windhunden gekreuzt; so entstand die elegante und sanfte Rasse von heute. Die Körpergröße der Dogge kann Gesundheitsprobleme zur Folge haben, etwa ein gehäuftes Auftreten von Arthritis und Knochentumoren.

KURZ-INFO

Ursprungsland: Deutschland
Entstehungszeit: Mittelalter/19. Jh.
Erste Verwendung: Kriegshund, Hochwildjagd
Heutige Verwendung: Begleit- und Schutzhund
Lebenserwartung: 9–10 Jahre
Gewicht: 45–60 kg
Widerristhöhe: 70–90 cm

RASSENGESCHICHTE
Die Deutsche Dogge geht auf den massigen Alaunt zurück, der bereits im 14. Jahrhundert erwähnt wird.

ROTTWEILER

Diese Rasse, Nachkomme alter »Saupacker«, ist als Familien- und Schutzhund beliebt. Sie lernt zwar leicht Gehorsam, kann aber aus der Rolle fallen; diese Untugend haben die Züchter vor allem in Skandinavien abgeschwächt. In Deutschland wird die Rasse in einigen Bundesländern als gefährlich eingestuft, was mit einem Wesenstest widerlegt werden kann.

RASSENGESCHICHTE
Die Rasse wurde im 19. Jahrhundert als imposanter Zug- und Schutzhund im schwäbischen Rottweil erzüchtet.

KURZ-INFO

Ursprungsland: Deutschland
Entstehungszeit: 1820er-Jahre
Erste Verwendung: Treib-, Zug- und Schutzhund
Heutige Verwendung: Begleit-, Polizei- und Schutzhund
Lebenserwartung: 11–12 Jahre
Gewicht: 35–50 kg
Widerristhöhe: 55–68 cm

ALASKAN MALAMUTE

Die mandelförmigen Augen blicken freundlich.

KURZ-INFO
Ursprungsland: USA
Entstehungszeit: Altertum
Erste Verwendung: Schlitten- und Jagdhund
Heutige Verwendung: Begleit- und Schlittenhund, Schlittenrennen
Lebenserwartung: 12 Jahre
Gewicht: 39–56 kg
Widerristhöhe: 58–71 cm

RASSENGESCHICHTE

Die nach den Mahlemut Inuit (Eskimostamm) an der Westküste Alaskas benannte Rasse wurde schon lange vor der Entdeckung Amerikas als Zugtier verwendet.

Kleine, gut behaarte Ohren geben wenig Wärme ab.

Die dicht behaarte Rute wird in typischer Spitzmanier auf dem Rücken getragen.

Durch Hecheln kann Körperwärme abgegeben werden; wegen des dichten Fells ist die Rasse anfällig für Hitzschlag.

Schwer bemuskelte, starkknochige Läufe, ideal für das Ziehen von schweren Lasten

Trotz seines wolfsähnlichen Aussehens ist der Alaskan Malamute ein freundlicher Hund. Er ist zwar nicht überschwänglich, streift aber mit Freude sein würdevolles Gehabe ab und spielt gern mit Menschen und Hunden, die er kennt. Der kraftvolle Hund hat eine tiefe Brust und eine ungeheure Ausdauer. Jack London berichtet in seinen Erzählungen aus Alaska zwar von der großen Kraft der Huskys, meinte aber wahrscheinlich den Malamute. Die Rasse braucht sehr viel Bewegung und leistet Hervorragendes in Schlittenhundwettbewerben.

Hündin und Rüde

Die Hündinnen sind deutlich kleiner als die Rüden.

KANADISCHER ESKIMOHUND

alle Farben

KURZ-INFO
Synonyme: American Husky, Esquimaux
Ursprungsland: Kanada
Entstehungszeit: Altertum
Erste Verwendung: Schlittenhund, Schlittenrennen, Tragtier
Heutige Verwendung: Schlittenhund, Schlittenrennen
Lebenserwartung: 12–13 Jahre
Gewicht: 27–48 kg
Widerristhöhe: 51–69 cm

Der Kanadische Eskimohund tut alles – Fressen, Arbeiten, Trainieren und Streiten – mit sehr viel Energie. Er ist unabhängig und braucht eine strenge, konsequente Erziehung, um Respekt vor seinem menschlichen Rudelführer zu bekommen. Eskimohunde haben einen starken Rudeltrieb, tragen gern Rangordnungskämpfe aus und machen sich über alles Fressbare her. Auch andere Tiere betrachten sie ohne Weiteres als Lebendfutter. Die Rasse kann sich an das Zusammenleben mit Menschen gewöhnen und ist zu typischer »Hundeliebe« fähig, eignet sich aber in erster Linie als Gebrauchshund.

Die dicht behaarte Rute wird eingerollt.

Dichtes Haarkleid schützt den Hund vor Temperaturen weit unter dem Gefrierpunkt.

RASSENGESCHICHTE

Jahrtausendelang war dieser Hund das einzige Transportmittel der Inuit, die nördlich der Hudson Bay, in den heutigen Northwest Territories Kanadas, heimisch waren. Die Rasse ist urtümlich und zurückhaltend geblieben.

Der Kopf ist schön geformt und wolfsähnlich.

Fell zwischen den Zehen schützt die Pfoten vorm Erfrieren.

SIBERIAN HUSKY

Der elegante Siberian Husky ist kleiner und leichter als die meisten anderen Schlittenhundrassen, aber wendig, athletisch und unermüdlich. Mit anderen alten Nordlandhunden hat er gemein, dass er selten bellt, doch widmet er sich gern dem Gemeinschaftsheulen, fast wie ein Wolf. Das Fell des vor allem in Kanada, den USA und Italien sehr beliebten Hundes kommt in vielerlei Farben vor, und er gehört zu den wenigen Rassen, die blaue, braune oder verschiedenfarbige Augen haben können. Er ist würdevoll und sanft und gibt einen angenehmen Hausgenossen ab.

RASSENGESCHICHTE

Der Siberian Husky, der von den nomadischen Inuit als Zugtier verwendet wird, wurde per Zufall im 19. Jahrhundert von Pelzhändlern entdeckt. Er kam 1909 nach Nordamerika.

KURZ-INFO

Synonyme: Sibirischer Husky, Arctic Husky
Ursprungsland: Sibirien
Entstehungszeit: Altertum
Erste Verwendung: Schlittenhund
Heutige Verwendung: Begleithund, Schlittenrennen
Lebenserwartung: 11–13 Jahre
Gewicht: 16–27 kg
Widerristhöhe: 51–60 cm

Die Rute ist buschig behaart und muss während des Fellwechsels gebürstet werden.

Läufe gerade, muskulös, und starkknochig

Solche ungewöhnlichen Fellmuster sind rassetypisch.

Geschlossene, dicht behaarte Pfoten mit polsterartigen Ballen

alle Farben

Mittelgroße, dreieckige Stehohren

GRÖNLANDHUND

alle Farben

KURZ-INFO

Synonym: Grønlandshund
Ursprungsland: Grönland
Entstehungszeit: Altertum
Erste Verwendung: Schlitten-, Schutz- und Wachhund
Heutige Verwendung: Schlittenrennen, Jagdhund
Lebenserwartung: 13 Jahre
Gewicht: 30–32 kg
Widerristhöhe: 56–64 cm

RASSENGESCHICHTE

Die Ahnenreihe dieser Rasse lässt sich wohl auf Hunde zurückführen, die vor mehr als 12 000 Jahren mit sibirischen Stämmen ins Land kamen. Die Nachfahren dieser Stämme, die Inuit, haben möglicherweise einheimische Wölfe für die Weiterzucht verwendet.

Hunde vom Spitztyp sind seit dem Altertum im ganzen arktischen Raum verbreitet. Seit der Einführung moderner Transportmittel sind die Bestände im 20. Jahrhundert rapide zurückgegangen. Der Grönlandhund ist nicht so schwer wie der Kanadische Eskimohund, doch oft ein wenig größer. Er gibt sich zwar reserviert und unabhängig, kann aber sehr anhänglich werden. In Norwegen und Schweden ist er inzwischen als Wandergefährte beliebt.

Die kleinen, dreieckigen Stehohren erfrieren nur selten.

Rassetypische Ringelrute seitlich auf dem Rücken getragen,schützt das Gesicht beim Schlafen.

Die Fellfarbe ist individuell sehr verschieden.

Ungewöhnlich kräftige Kiefer

Läufe sind gut befedert, die Pfoten mit großen, festen Ballen sind dick behaart.

Der Kopf ist breit und keilförmig.

WELCHE RASSE?

Lassen Sie sich bei der Wahl eines Hundes nicht nur vom Aussehen leiten. Ebenso wichtig ist auch, wie gelehrig die Rasse ist und wie gutmütig im Umgang mit Kindern. Obwohl manche Rassen generell gut familientauglich sind, gibt es auch bei Hunden große individuelle Unterschiede im Wesen. Diese Übersicht gibt Ihnen einen Überblick über die wichtigsten Charaktereigenschaften der einzelnen Rassen. Die Beurteilung erfolgte gemäß einer Skala von 1–5, wobei das Merkmal bei 1 schwach, bei 5 stark ausgeprägt ist.

»KAMPFHUND« ODER NICHT?

Eine bundeseinheitliche Regelung zu Haltung und Zucht sogenannter gefährlicher Hunde oder Kampfhunde gibt es derzeit nicht. Alle Bundesländer haben unterschiedliche Verordnungen erlassen, um durch Einschränkungen bei der Haltung bestimmter Rassen die Sicherheit der Bevölkerung vor Angriffen durch Hunde zu vergrößern. Informieren Sie sich bitte stets bei Ihren zuständigen Kommunalbehörden über eventuelle Auflagen (Sachkundenachweis, Wesenstest usw.), wenn Sie sich für einen Hund interessieren, der als rassebedingt gefährlich eingestuft werden könnte.

	AFGHANISCHER WINDHUND	AIREDALE-TERRIER	ALASKAN MALAMUTE
GUTER ERSTHUND	NEIN	NEIN	MÖGLICH
GRÖSSE	5	5	3–4
GELEHRIGKEIT	4	3	3
BELLEN	1	3	1
GEEIGNET FÜR KINDER	2	1	3

	BERNHARDINER	BORDER COLLIE	BOXER	CAIRN TERRIER	CHIHUAHUA	COLLIE	COTON DE TULÉAR
GUTER ERSTHUND	NEIN	NEIN	MÖGLICH	JA	NEIN	JA	JA
GRÖSSE	5	3–4	4	2	1	4	2
GELEHRIGKEIT	2	5	3	3	2	4	3
BELLEN	1	3	2	5	5	2	1
GEEIGNET FÜR KINDER	4	2	4	4	2	5	5

AMERICAN COCKER SPANIEL	APPENZELLER SENNENHUND	AUSTRALIAN TERRIER	AUSTRALIAN SILKY TERRIER	BARSOI	BASSET	BEAGLE	BERNER SENNEN-HUND

JA	JA	JA	JA	NEIN	MÖGLICH	JA	JA
3	4	2	2	5	4	3	5
3–4	4–5	4	4	3	1	1	2
3	3	3–4	3–4	1	2	5	1
5	5	3–4	3–4	2–3	5	4	5

DACKEL	DALMATINER	DEUTSCHE DOGGE	DEUTSCHER SCHÄFERHUND	ENGLISH COCKER SPANIEL	ENGLISH FOXHOUND	ENGLISH SPRINGER SPANIEL	ENTLEBUCHER SENNENHUND

MÖGLICH	NEIN	NEIN	NEIN	JA	NEIN	MÖGLICH	JA
1–2	4	5	4–5	3	3	3	3
2	3	3	5	4	2	5	4
4	3	1	3	2	4	3	4
2	2	4	3	4	2	5	4–5

	FLAT-COATED RETRIEVER	FOXTERRIER	GOLDEN RETRIEVER	GREYHOUND	GRÖNLANDHUND	GROSSER SCHWEIZER SENNENHUND	JACK RUSSELL TERRIER
GUTER ERSTHUND	JA	NEIN	JA	JA	NEIN	JA	NEIN
GRÖSSE	4	2	4	5	3	5	2
GELEHRIGKEIT	5	1	5	4	3	3–4	2
BELLEN	3	5	1	2	1	1–2	5
GEEIGNET FÜR KINDER	5	1	5	2–3	1	4	1

	NORWICH TERRIER	OTTERHOUND	PARSON RUSSELL TERRIER	PEKINGESE	PUDEL	RIESENSCHNAUZER	ROTTWEILER
GUTER ERSTHUND	JA	JA	NEIN	MÖGLICH	JA	NEIN	NEIN
GRÖSSE	2	4	2	1	4	5	4–5
GELEHRIGKEIT	3	4	3–4	2	5	3–4	3–4
BELLEN	3	3	5	3	3	5	1
GEEIGNET FÜR KINDER	4	5	3–4	4	5	4	2

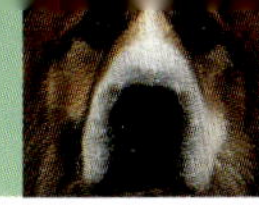

KANADISCHER ESKIMOHUND	KROATISCHER SCHÄFERHUND	LABRADOR RETRIEVER	LÖWCHEN	MAGYAR VIZSLA	MOPS	MUDI	NORFOLK TERRIER
NEIN	NEIN	JA	JA	JA	JA	JA	JA
4	3–4	4	2	4	2	3	2
3	2	5	4	4	1	3	3
2	4	1	3	2	4	4	3
1	1	5	5	5	4	3–4	4

SCHNAUZER	SCOTTISH TERRIER	SETTER (IRISH, ENGLISH)	SHELTIE (SHETLAND SHEEPDOG)	SIBERIAN HUSKY	WELSH CORGI (CARDIGAN)	WEST HIGHLAND WHITE TERRIER	YORKSHIRE TERRIER
JA	MÖGLICH	JA	JA	NEIN	MÖGLICH	MÖGLICH	MÖGLICH
3	3	4	2–3	4	3	2–3	1
3–4	2	2	5	3	4	1–2	1–2
5	4	4	4	3	3	5	5
1	2	4	4	2	2	1	1

Verhalten

ERFAHRUNG SAMMELN

Die ersten Monate im Leben eines jungen Hundes prägen ihn am stärksten. In den ersten zwei bis drei Monaten sind die Welpen normalerweise noch bei der Mutter, unter der Obhut der Züchter. In dieser Zeit lernen sie den Umgang mit den Welpengeschwistern und entdecken die Welt. Durch Versuch und Irrtum finden sie heraus, was Spaß macht und was gefährlich ist, was essbar und was ungenießbar ist, was sich gut anfühlt und was unangenehm ist. Im Spiel trainieren sie körperliche und auch geistige Beweglichkeit. Je ausgiebiger ein junger Hund seine Umgebung erkunden darf, desto besser entwickelt sich sein Gehirn – es wiegt dann sogar mehr.

GEFÄHRLICHE MENSCHENWELT
Wolle zu kauen fühlt sich für diesen kleinen Border Collie gut an. Allerdings können die Schnüre im Verdauungstrakt Schaden anrichten: Solche Spiele sollte man besser unterbinden.

Pfoten weg, das gehört mir.

KONKURRENZ
Bei einem Spielzeug sieht das Tauziehen der Kleinen niedlich aus. Mit einem von der Mutter frisch gerissenen Kaninchen würden sie es ebenso machen.

ESSBAR ODER NICHT?
Aufgeregt nimmt dieser Welpe beim Knabbern die Spielhaltung ein. Mit dem Geruchs- und Geschmackssinn analysieren Welpen sozusagen den chemischen Aufbau der Welt.

Hm, schmeckt nach gar nichts.

AUSPROBIEREN
Mit erhobenem, gestrecktem Vorderbein untersucht dieser Welpe einen neuen Gegenstand. Erst nachdem er ihn ein paar Mal angestupst hat, wird er hineinbeißen.

ZAHNEN UND KAUEN

Welpen »erkauen« sich die Welt. Es ist deshalb ganz normal, dass sie alles anknabbern wollen: Teppiche, Tischbeine, Fußleisten, Schuhe, sogar Sie. Aber nicht alles, was natürlich ist, sollte man auch hinnehmen! Sorgen Sie dafür, dass Ihr Welpe seinen Kaubedarf an interessanten, sicheren Spielzeugen auslebt. Achten Sie darauf, dass diese sich deutlich von anderen Dingen unterscheiden, die er nicht zerbeißen darf. Überlassen Sie ihm daher nie einen alten Schuh: Er begreift nicht, warum er zwar diesen, andere Schuhe aber nicht anrühren darf. Das Kauen ist nicht etwa in der Phase der nadelspitzen Milchzähne (8–18 Wochen) am schlimmsten, sondern wenn das endgültige Gebiss durchbricht und der Hund die Kraft seines neuen Werkzeugs erprobt. Um Verluste klein zu halten, sollten Sie dieses natürliche Verhalten rechtzeitig in die richtigen Kanäle lenken.

RANGORDNUNG

Ganz ähnlich wie wir Menschen leben Hunde in festen Strukturen aus Alphatieren, Herausforderern, einer zufriedenen »Mittelschicht« und den sprichwörtlichen »Underdogs«. Um lebensgefährliche Kämpfe im Rudel zu vermeiden, ist es wichtig, die »Hackordnung« aufrechtzuerhalten. Die Hierarchie wird durch oft kaum merkliche, rituelle Macht- und Kraftdemonstrationen der Gruppenmitglieder festgelegt. Ein großer Körper ist dabei hilfreich, aber nicht unabdingbar: Selbstbewusste kleine Hunde können größeren Artgenossen sehr geschickt ihre Überlegenheit vermitteln. Hat ein Hund seinen Platz in der Rangordnung gefunden, gibt er sich meist damit zufrieden, diesen auszufüllen.

DER LEITHUND SIND SIE

Am leichtesten akzeptiert Ihr Hund Sie als Boss, wenn Sie ihn von Kindesbeinen an erziehen. Für einen Welpen sind Sie Elternersatz, er deutet Ihre Handlungen wie früher die seiner Mutter und anderer großer Hunde. In dieser Rolle unterlaufen uns leicht Fehler: Ein Hund versteht Kopftätscheln, intensive Blicke und eine »Brücke« aus den Beinen eines stehenden Menschen als Dominanzverhalten. So festigen Sie zwar Ihre Leithundposition, aber wenn Ihr Vierbeiner ohnehin zur Unterwürfigkeit neigt, verunsichern Sie ihn damit unnötig. Manche Hunde benötigen regelmäßig Bestärkung.

AUG' IN AUG'
Bei ihrer ersten Begegnung starren ein Pyrenäen Berghund und ein Beagle sich an und beschnuppern einander. Der Hund, der den Blickkontakt abbricht, ordnet sich dem anderen unter.

EHRET DAS ALTER

Dieser Golden-Retriever-Welpe muss akzeptieren, dass ein älterer Labrador Retriever ihm sein Spielzeug wegnimmt. Der Welpe begreift, dass der Ältere im Augenblick Vorrang hat und keine Rücksicht zu nehmen braucht.

BESCHWICHTIGUNG

Diese Dalmatiner-Hündin duckt sich und schürzt die Lippen, um dem dominanten Schäferhund zu zeigen, dass sie keine Bedrohung darstellt.

GRÖSSE IST NICHT ALLES

Obwohl er viel kleiner ist als der Afghane, hält der Yorkshire Terrier die Stellung. Seine selbstbewusste Körpersprache lässt den Größeren zurückweichen.

SPIELVERHALTEN

Hunde sind gewissermassen spielsüchtig: Spielen ist für sie der effektivste Weg, die wechselseitigen Beziehungen auszuloten. Beim Toben entdecken sie die Stärken und Schwächen ihrer Gefährten. Sie lernen, ihre sozialen Fertigkeiten zu justieren und auszubauen, und erfahren, wo die unsichtbare Grenze zwischen Spaß und Ernst, zwischen Scheinkampf und echter Aggression verläuft. Beim Spiel lassen sie ihren Gefühlen freien Lauf und bauen Spannungen ab. Solche Aktivitäten entschärfen Rangordnungskonflikte und festigen durch ihren Ritualcharakter den Zusammenhalt im Rudel. Dass der Spaßfaktor neben den sozialen Lerneffekten nicht zu unterschätzen ist, erkennt jeder, der den Vierbeinern beim Herumtollen zusieht.

PÄDAGOGISCH WERTVOLL

Hunde lernen ständig dazu, am besten spielerisch. Spielpartner sind Artgenossen, Menschen oder geeignete Objekte. Ungefährliche Kauspielzeuge sind ideal, wenn Sie Ihr Tier allein lassen müssen, während sich Apportierspielzeug für Gehorsamkeitstraining, Körperertüchtigung und zum Dampfablassen eignet. Hunde mit Gelenkproblemen sollte man aber nicht apportieren lassen. Tauziehen macht beiden Seiten Spaß, hat aber Konsequenzen für die Rangordnung: Wenn Ihr Hund Ihnen gegenüber dominantes Verhalten zeigt, sollten Sie das Spielzeug immer ergattern oder ganz auf dieses Spiel verzichten. Falls das Tier eher unterwürfig ist, können Sie sein Selbstbewusstsein steigern, wenn es gelegentlich gewinnen darf.

1 KÖNNEN WIR UNS RIECHEN?
Erstbegegnungen sind riskant, besonders an der Leine. Beide Hunde werden von ihren Herrchen zurückgehalten, während sie sich beschnüffeln. Hier verhält sich keiner aggressiv, der ältere Foxterrierrüde ist klar überlegen.

2 ERSTES NECKEN
Das Spaniel-Weibchen legt sich auf den Rücken, um Aggressionen zu vermeiden, hält aber zugleich Blickkontakt, um zu zeigen, dass es keineswegs feige ist.

3 SPIELERISCHES KLÄFFEN
Die Gefahr ist gebannt. Der Spaniel hält weiter Blickkontakt, springt auf und bellt den Foxterrier an: typisches Spielverhalten.

Blickkontakt wird ständig aufrechterhalten.

4 AUF AUGENHÖHE
Die Hunde begegnen sich jetzt von Gleich zu Gleich und boxen sich mit den Vorderbeinen. Ihr Knurren ist, wie meist beim Spiel, theatralisch überzogen, um den Unernst zu unterstreichen.

5 AUF TUCHFÜHLUNG
Enge Kreise ziehend, setzen die Hunde ihr Spiel fort. Jeder versucht, den anderen in den Nacken zu zwicken. Sehr schnell haben beide die Stärken und Schwächen des Gegenübers entdeckt.

Hund streckt sich, um auf Augenhöhe zu bleiben.

REVIER-MARKIERUNG

Menschen können sich kaum vorstellen, wie gut der Geruchssinn des Hundes ist. Kein anderer seiner Sinne ist so hoch entwickelt; er nimmt sogar Moleküle wahr, die wir mit modernster Technologie nicht nachweisen können. Da Gerüche für sie so aussagekräftig sind, setzen Hunde Duftstoffe in ihrem Schweiß, Harn und Kot ein, um ihr Revier zu markieren und ihre Anwesenheit kundzutun. Meist wird das Revier mit Harn abgesteckt: Die Blase ist ein hervorragendes Vorratsgefäß, in dem sich immer ein paar Tröpfchen finden. Seltener wird Kot abgesetzt, der mit ein paar Tropfen des stark riechenden Sekrets aus den Analdrüsen angereichert wird, das eine Vielzahl von Informationen enthält. Auch andere Körperausscheidungen – seien es Ohrwachs, Speichel oder Schweiß – enthalten Pheromone; das sind Duftstoffe, die viel über den Zustand des Hundes verraten.

DUFTMARKEN IN INNENRÄUMEN

Viele Hundehalter meinen irrtümlich, ihr Hund sei nicht ganz stubenrein, wenn er in Räumen mit Harn markiert. In Tierarztpraxen ist so ein Verhalten durchaus typisch: Ein Rüde kommt ins Behandlungszimmer und hebt am Behandlungstisch sein Bein. Er nimmt schlicht ein Revier in Besitz. Um dieses Verhalten abzustellen, sind ganz andere Methoden nötig als bei der Erziehung eines Welpen zu Stubenreinheit.

MARKIERENDE WEIBCHEN

Weibliche Hunde markieren ihr Revier seltener als Rüden – es sei denn, ihr Eisprung steht bevor. Wenn die Paarungsbereitschaft naht, trinken Hündinnen mehr als sonst und urinieren entsprechend öfter, wobei sie eine Duftspur hinterlassen, die den allzeit bereiten Rüden ihre Läufigkeit anzeigt.

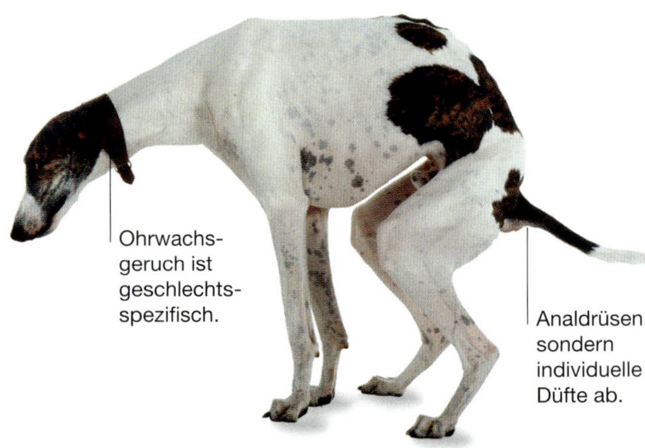

ANALDRÜSENDUFT

Dieser Greyhound hat sich bereits entleert und presst angestrengt ein paar Tropfen seines individuellen Parfüms aus den Analdrüsen. Sowohl Rüden als auch Weibchen tun dies und hinterlassen damit regelrecht einen Ausweis: Ihre Markierungen verraten anderen Hunden Informationen über Geschlecht, Alter und Gesundheitszustand.

1 NEU AM SCHWARZEN BRETT
Rüden wie dieser Belgische Schäferhund heben das Bein, um an höhere Objekte zu urinieren. Auf solchen Objekten hält sich der Duft länger als auf dem Boden. Die Marken werden gezielt in Höhe der Hundenase hinterlassen.

Jetzt weiß jeder, dass ich hier war.

2 DIE NACHRICHT WIRD GELESEN
Ein Irish-Setter-Rüde kommt am selben Baum vorbei und riecht den Harn, der ihm verrät, ob der Markierer männlich oder weiblich ist. Bei einem Weibchen kann er sogar erschnuppern, ob es läufig ist.

Hm … wer war denn das?

3 VERDRÄNGUNGSWETTBEWERB
Der Setter setzt selbst Urin ab, um die alten Gerüche früherer Besucher zu überdecken. Rüden können ständig markieren, manchen scheint der Urin dabei nie auszugehen.

Ich häng' meinen Zettel einfach drüber.

JAGEN

Hunde sind geborene Jäger, die instinktiv hinter potenzieller Beute herrennen. Durch Zuchtwahl haben wir in vielen Rassen die Fähigkeit und das Bedürfnis zum finalen Zubeißen und Töten reduziert. Bei einigen Rassen wie den Hüte- und Treibhunden wurde ein Teil dieses Verhaltensprogramms – das Verfolgen – so umgelenkt, dass es dem Menschen dient. Sie werden dazu erzogen, sich anzupirschen und das Vieh zusammenzutreiben, ohne jedoch abschließend anzugreifen. Ohne angemessene Schulung bricht jedoch bei vielen Hunden, vom kleinen Terrier bis zum vermeintlich sanftmütigen Retriever, der Instinkt durch, sodass sie andere Tiere hetzen, stellen und beißen.

WENN ES SICH BEWEGT …
Ein Jogger verleitet diesen Hund zu einer Hetzjagd. So etwas kann überall passieren, nicht nur im Revier des Tieres. Trainieren Sie mit Ihrem Hund so früh wie möglich, und bringen Sie ihm bei, dass dieses Verhalten unerwünscht ist.

BEUTEAGGRESSION

Der Verfolgungsinstinkt des Hundes wird durch fast alles ausgelöst, was sich schnell bewegt, vom Jogger über den Fahrradfahrer bis zu einem anderen Tier. Selbst der sanfteste und zuverlässigste Hund – hier ein Golden Retriever – zeigt Beuteaggression. Frühzeitige Erziehung kann sie in Bahnen lenken, aber wenn eine Unsitte erst einmal etabliert ist, wird die Korrektur mühsam. Trainingsanleitung für das Hemmen des Verfolgungsinstinktes gibt es zum Beispiel in Hundeschulen.

HÜTEN STATT TÖTEN
Hütehunde lernen, nicht zu beißen, und leben ihre natürlichen Instinkte zum Beispiel beim Anpirschen an Schafe oder Rinder aus. Ungelernte Hunde lassen sich hingegen oft dazu hinreißen, ihre »Beute« anzufallen.

STRESS FÜR RADFAHRER
Der Anblick eines rollenden Fahrrads regt diesen Hund zur Verfolgung an. Dieses Verhalten muss strikt unterbunden werden – notfalls durch die Absicherung über eine Schleppleine. Schon das Verfolgen befriedigt den Hund, und so kann der Grundstein zu einem Fehlverhalten gelegt werden.

... und komm' ja nicht wieder!

Jetzt nur nichts überstürzen ...

FRESSEN

Die Hundefutterindustrie hat die Fressgewohnheiten der Hunde eingehend untersucht und dabei entdeckt, was viele Hundehalter längst wissen: Vorlieben bilden sich bereits früh im Leben aus. Ob es dem Tier mundet, hängt nicht nur vom Geschmack, sondern auch vom Geruch, der Temperatur und der Zusammensetzung der Nahrung ab. Hunde bevorzugen süße Geschmacksnoten und ziehen, wenn sie die Wahl haben, dem rohen Fleisch gegartes vor. Auf Käse und Butter sind sie ganz wild. Während andere Raubtiere, wie Katzen, nur Fleisch fressen, sind Hunde Allesfresser. Sie haben weniger Geschmacksknospen auf der Zunge als Menschen und vertilgen so ziemlich alles, was ihnen vor die Schauze kommt. Diese Wahllosigkeit geht mit einem ausgeprägten Brechreflex einher, sodass sie alles, was sich als unbekömmlich oder giftig erweist, wieder auswürgen können.

SALATBEILAGE
Gras ist ein leckerer Snack. Manche Hunde suchen wählerisch nach den zartesten Halmen, andere bedienen sich nur bei Magenproblemen aus der Kräuterapotheke.

HÄNDE WEG!
Dieses Springer-Spaniel-Weibchen verteidigt sein Futter gegen Menschen wie gegen andere Rudelmitglieder und knurrt jeden an, der sich nähert. Dieses an sich natürliche Verhalten kann durch Training unterbunden werden.

ZU VIEL IST UNGESUND

Alle Hunde, vor allem aber große und sehr große Rassen, schlingen beim Fressen. Wenn sie zu wenig Bewegung haben oder einfach zu viel Futter erhalten, kommt es über kurz oder lang zur häufigsten aller Hundekrankheiten: Fettleibigkeit. Eine Langzeitstudie an 46 Labradors aus sechs Würfen, die zusammenlebten, das gleiche Futter fraßen und dieselben Betreuer hatten, ergab: Die Hunde, die weniger Futter bekamen und schlank blieben, lebten im Durchschnitt 18 Monate länger als ihre Geschwister, die 25 Prozent mehr Futter erhalten hatten.

VERSIERTE BETTLER
Als wollten sie die Evolution vom Jäger zum Resteverwerter versinnbildlichen, stellen sich diese Basenjis auf, um einen angebotenen Krümel zu ergattern. Hunde fressen fast alles, woran man sie gewöhnt.

SCHLABBERMAUL
Dieses Boxerweibchen tunkt die Zunge ein und formt sie zu einem Gefäß, um sich Wasser in den Mund zu werfen. Von wertvollen Flüssigkeiten wie Milch vergeuden Hunde keinen einzigen Tropfen, aber bei Wasser sind sie nicht so achtsam.

REVIERVERTEIDIGUNG

Viele Hundehalter fühlen sich mit ihrem Vierbeiner an ihrer Seite sicherer, zum Beispiel bei nächtlichen Spaziergängen. Rüden und Hündinnen gleich welcher Größe verteidigen das, was sie entweder als ihre Privatsphäre oder als Revier ihres Rudels ansehen.

Diese Form der Aggression hat eine starke genetische Komponente und ist bei Rassen, die zum Schutz von Mensch, Tieren und Eigentum gezüchtet wurden, oft besonders stark ausgeprägt.

Allzu wehrhaftes Verhalten im Umgang mit Menschen kann jedoch durchaus problematisch werden. Hier ist rechtzeitiges »Grenzensetzen« wichtig.

HEIMVORTEIL
In seinem Revier hat dieser Rottweiler-Mischling Oberwasser. Er hebt selbstbewusst den Schwanz, hält Blickkontakt mit dem Eindringling, bellt, bleckt sein Gebiss und kommt näher.

LETZTE WARNUNG
Als ein Husky in sein Revier einzudringen droht, warnt der Dobermann ihn mit Gebell. Dieses Verhalten ist eine ritualisierte Form der Aggression. Die meisten Hunde versuchen jedoch, ernste Kämpfe zu vermeiden. Verlassen sollte man sich aber nicht darauf.

TERRITORIALE AGGRESSION

Es liegt in der Natur des Hundes, sein Revier zu verteidigen. Je nach Rasse ist dieses Verhalten weniger oder stärker ausgeprägt. Grundsätzlich aber sollte dieses Verhalten vom Hundehalter steuerbar sein. Sie als »Rudelführer« erlauben Ihrem Hund territoriales Verhalten nur so weit, wie es Menschen und Tiere nicht belästigt oder gar gefährdet. Sollten Sie Ihren Hund jedoch als Wachhund einsetzen wollen, ist eine sachgemäße, qualifizierte Ausbildung ein unbedingtes Muss. Sowohl Hundevereine als auch Hundeschulen bieten entsprechende Kurse an.

REVIER AUF RÄDERN

In seinem zeitweisen Revier – dem Wageninneren – bellt dieser Deutsche Schäferhund vehement alle an, die zu nah kommen. Dieses Verhalten sollte man ihm abgewöhnen.

Du machst mir keine Angst.

BEREIT ZUM ANGRIFF

Der Eindringling ignoriert das Drohverhalten des Dobermanns und nähert sich zähnefletschend. Die Weigerung des Huskys, klein beizugeben, zwingt den Verteidiger zu schärferen Maßnahmen. Hier kommt es womöglich zum Kampf.

ÄNGSTLICHES VERHALTEN

Ängstlichkeit oder Schüchternheit tritt vor allem bei Hunden auf, die in der Jugend isoliert waren und keine vielseitige frühe Sozialisation erfahren haben. Sie ist eher bei Land- als bei Stadthunden und eher bei kleinen als bei großen Rassen verbreitet. Allerdings agieren auch viele große Vierbeiner verängstigt oder eingeschüchtert. Manche Hunde scheuen vor Objekten zurück, die sich unerwartet bewegen, wie Kinderwagen, Skateboards, Heißluftballons, aufspringenden Schranktüren oder Stühlen, die man beiseiteschiebt. Manche verkriechen sich bei lautem Donnern und Knallen wie bei Gewittern oder bei einem Feuerwerk, haben aber durchaus auch Angst vor scheinbar harmlosem Lärm. Mit speziellen Geräusch-CDs kann man die Tiere an viele Geräusche gewöhnen.

VOR ARTGENOSSEN WEGDUCKEN

Wenn Ihr Hund in der Jugend kaum mit anderen Hunden zusammen war, fürchtet er sich womöglich vor Artgenossen. Diese Angst kann selbst bei sehr sanften Hunden zu Abwehraggression führen. Sie sollten dieses Risiko reduzieren, indem Sie Ihr Tier mit einem Hundetrainer allmählich an die Gegenwart anderer Hunde gewöhnen und es jedes Mal belohnen, wenn es ruhig und friedlich reagiert.

ÄNGSTE ABBAUEN

Um ängstlichem oder neurotischem Verhalten vorzubeugen, sollten Sie Ihren Hund im Welpenalter viele soziale Erfahrungen sammeln lassen – am besten unter Anleitung eines erfahrenen Trainers. Entwickelt das Tier Furcht vor einem Geräusch, so kann man ihm Aufnahmen dieses Geräuschs vorspielen und es belohnen, wenn es ruhig bleibt. Angst vor Objekten baut man ab, indem man die Objekte mit etwas Positivem wie etwa einem Leckerbissen verknüpft.

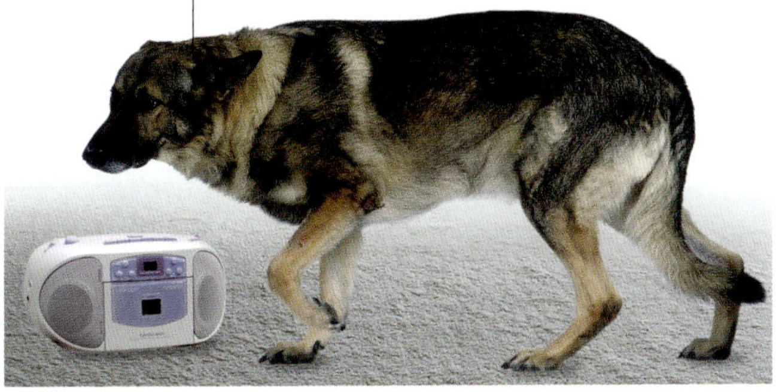

ANGST VOR LÄRM

Hunde können sich vor Alltagsklängen wie Donner oder Feuerwerk fürchten. Hundetrainer und Tierärzte halten CDs mit solchen Geräuschen bereit. Spielen Sie Ihrem Hund diese oft vor – anfangs leise –, damit er sich an sie gewöhnt.

SCHEU VOR ANDEREN TIEREN

Hier zieht sich ein Retriever unsicher zurück, als er einer angeleinten Ziege begegnet. In solchen Situationen müssen Sie damit rechnen, dass Ihr Hund aggressiv wird, weil er meint, Angriff sei die beste Verteidigung.

1 ANGSTAUSLÖSER IDENTIFIZIEREN

Diesen Golden Retriever ängstigt die unerklärliche Bewegung des Kinderwagens. Hunde aus Familien ohne Kleinkinder haben oft Angst vor Kinderwagen und ducken sich oder laufen fort, wenn sie einem begegnen.

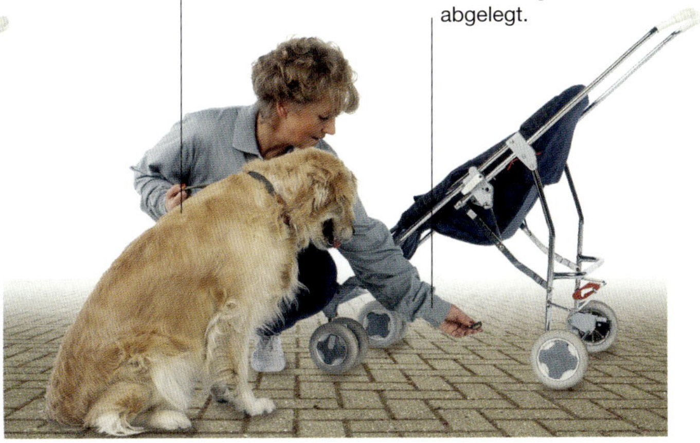

2 DIE ANGST ÜBERWINDEN

Indem Sie einen Leckerbissen beim Kinderwagen deponieren, verknüpfen Sie die Gegenwart des Wagens mit einer positiven Erfahrung. Auf dieser Basis können Sie die Furcht des Hundes vor dem Objekt abschwächen.

STIMME UND GEHÖR

Obwohl auch Wölfe bellen, um Artgenossen zu warnen, ist diese Lautäußerung bei Hunden viel ausgeprägter entwickelt. Viele Rassen wurden vom Menschen auf dieses Merkmal hin gezüchtet, damit sie als Wachhunde eingesetzt werden können. Heulen dient der Kommunikation. Winseln und Jaulen sind Lautäußerungen junger Hunde. Fast alle kleinen Rassen und Tiere, die eng an Menschen gebunden sind, behalten sie als erwachsene Tiere bei. Das Hörvermögen eines Hundes ist dem des Menschen weit überlegen; es ist im Schnitt viermal schärfer. Auch hohe Töne nimmt der Hund besser wahr. Diese Fähigkeit bildete sich bereits bei den Wölfen heraus, die ihr Beutespektrum aus großen Pflanzenfressern mit kleinen Tieren wie Mäusen ergänzten, die hohe Töne von sich geben.

WARUM BELLEN HUNDE?
Das Bellen ist vor allem ein Droh- und Warnverhalten. Hunde setzen es aber auch als Begrüßungslaut oder Kommando ein oder wollen so auf sich aufmerksam machen. Auch beim Spielen und in anderen freudigen Situationen bellen Hunde häufig.

KLÄGLICHES GEHEUL
Diese Basenji-Hündin heult, um mit dem Rudel Kontakt aufzunehmen, während ihr Partner auf eine Antwort lauscht. Basenjis wurden nie ihres Bellens wegen gezüchtet. Sie heulen nur oder winseln und kläffen, wenn sie Angst oder Schmerzen haben.

Eingeschlagenes Bein zeigt Entspanntheit an.

DAS BELLEN KONTROLLIEREN

Menschen in Ihrer Nachbarschaft können sich durch Hundegebell belästigt fühlen. Auslöser des Bellens kann Langeweile sein, etwa, wenn der Hund allein gelassen wurde. Hunde bellen auch aus Wachsamkeit, wenn sie mögliche Gefahren für Sie oder Ihr Heim wahrnehmen. Es ist schwierig, dieses natürliche Verhalten zu kontrollieren. Sie müssen die Gründe verstehen, um Abhilfe schaffen zu können. Ziel eines Trainings ist, dass Ihr Hund lernt, auf Ihr Kommando zu bellen und aufzuhören, wenn Sie ihm dies signalisieren.

HUNDE-BLUES

Dieser Italienische Vorstehhund heult, während er schwermütige Melodien im Radio hört. Viele Hunde fühlen sich von Musik zum Heulen inspiriert. Klagelaute sind das jedoch nicht, denn sie könnten ja auch vor den Klängen das Weite suchen.

Die Ohren werden gedreht. Das Gehirn vergleicht die an beiden Ohren eintreffenden Geräusche, um sie zu lokalisieren.

Hat hier jemand ›Futter‹ gesagt?

Wie Trichter leiten die aufgestellten Ohren Geräusche zum Trommelfell.

FEINSTES HÖRVERMÖGEN

Wir nehmen Geräusche zwischen 1000 und 2000 Hz am besten wahr, hören jedoch bis 20 000 Hz. Hunde hören bei 4000 Hz am besten und nehmen Geräusche zwischen 15 Hz und 65 000 Hz wahr.

SCHALLWELLEN AUFFANGEN

Diese Hündin legt ihren Kopf schräg, um die Herkunft eines Geräusches besser lokalisieren zu können. Wenn sie dabei »ihren« Menschen besonders aufmerksam anschaut, zeugt das von hoher Konzentration.

GERUCHSSINN

Hunde nutzen eine Vielzahl von Düften zur Kommunikation. Ihr Harn ist eine Art Ausweis für die Artgenossen, ebenso der Kot und die Sekrete der Analdrüsen, Lefzen, Pfoten und sogar der Oberseite des wedelnden Schwanzes. Ihr Geruchssinn ist derart hoch entwickelt, dass wir ihnen gern einen »6. Sinn« unterstellen. Hunde haben 125 bis 225 Millionen Riechzellen, Menschen etwa 20 Millionen. Hinzu kommt im Gaumen des Hundes das jacobsonsche Organ, dessen Funktion noch nicht ganz geklärt ist. Einigen Forschern zufolge wittern Hunde einen Duft noch in einer Verdünnung von 1:1 Million. Das liegt auch daran, dass die Duftmoleküle nicht mit jedem Atemzug ausgestoßen werden, sondern sich ansammeln, bis die Reizschwelle der Riechzellen überschritten wird.

DEN GERUCHSSINN STÄRKEN
Indem dieser Chow-Chow seine Nase befeuchtet, verbessert er ihre Fähigkeit zur Duftmolekülbindung. Seinen exzellenten Geruchssinn verdankt der Hund den bis zu 225 Millionen Riechzellen in seiner Nase. Wenn man die Riechschleimhaut glatt ausbreiten würde, wäre sie größer als die gesamte Körperoberfläche des Hundes.

BODENWITTERUNG
Ein Yorkshire Terrier schnuppert am Boden, um die Duftbotschaft im Urin eines Artgenossen zu »lesen«. Wie Katzen haben Hunde ein sensorisches Organ im Gaumen, das auf die Erkennung von Sexuallockstoffen spezialisiert ist.

LUFTWITTERUNG
Dieser Spinone Italiano atmet die Staubpartikel und Wassertröpfchen aus der Luft ein und zeigt dann als Vorstehhund mit erhobenem Vorderbein in die Richtung der Duftquelle.

GEGENSEITIGE ERFORSCHUNG
Diese drei Basenjis holen schnüffelnd Informationen über die Dominanz, den sexuellen Zustand und die Stellung der anderen im Rudel ein. Da Rüden mit dem Geruchssinn läufige Hündinnen aufstöbern, geben sie bessere Spürhunde ab.

DAS JACOBSONSCHE ORGAN

Wenn ein Hund an etwas leckt, werden Duftmoleküle an die Öffnungen eines chemo-sensorischen Organs befördert, das im Gaumen des Hundes sitzt. Es ist mit dem limbischen System des Gehirns verbunden, in dem Emotionen entstehen. Offenbar spielt es eine wichtige Rolle bei der sozialen Kommunikation zwischen Hunden: Es wertet die Botschaften aus, die durch die Pheromone – zum Beispiel Sexuallockstoffe, Markierungsstoffe oder Alarmsubstanzen – übermittelt werden.

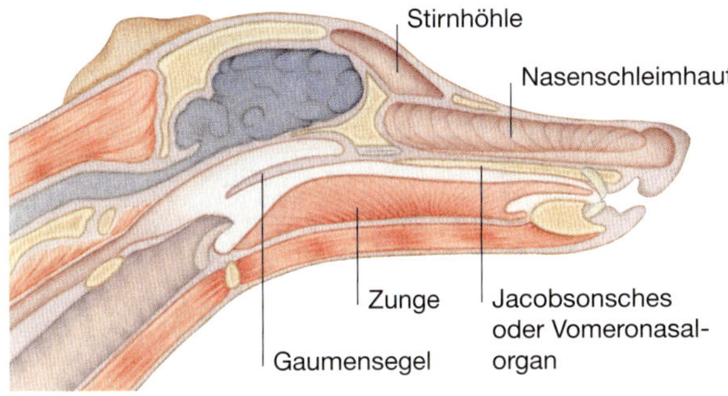

KEIN GEFÜHL FÜR PRIVATSPHÄRE
Wenn ein Hund einem Menschen begegnet, verhält er sich dabei oft wie unter Artgenossen: Er beschnüffelt ihn am Schritt. Dieser unangenehmen Situation entzieht man sich, indem man sich vom Hund einfach wegdreht.

STEHLEN

Hunde sind Gelegenheitsdiebe. Finden sie etwas Fressbares, zögern sie meist nicht lange. Sie sind geborene Schnorrer und wühlfreudige Resteverwerter. Wo auch immer Futter zu finden ist – sie lassen garantiert nichts liegen. Dieses Stöbern nach Nahrung befriedigt zum einen den Jagdinstinkt Ihres Vierbeiners und zum anderen seinen unersättlichen Appetit auf Zwischenmahlzeiten. Da Hunde viel weniger Geschmacksknospen haben als die meisten anderen Tiere, fressen sie fast alles, vom weggeworfenen Fast Food über Gammelfleisch bis hin zum Kot anderer Tiere. Diese weit verbreitete Unsitte (in unseren Augen!) tritt bei vielen Hunden auf. Futter zu »stehlen« ist für alle Hunde ganz natürlich und ihnen deshalb sehr schwer abzugewöhnen: Ihr Tier empfindet sich nicht als Dieb, sondern als Schatzsucher.

UNGELADENER GAST
Da er nicht gelernt hat, dass Menschen dieses Verhalten ganz und gar nicht mögen, bedient sich der Briard ganz unbefangen von dem Teller, den er gerade entdeckt hat.

EINFACHE VORBEUGUNG

Es ist immer leichter, Problemen vorzubeugen, als sie später zu beheben – vor allem, wenn das Verhalten aus Hundesicht ganz normal und natürlich ist. Machen Sie Stehlen daheim unergiebig, indem Sie Müll und Lebensmittel stets in geschlossenen Gefäßen aufbewahren. Wenn Ihr Hund unterwegs hartnäckig nach Fressbarem stöbert, besorgen Sie ihm einen bequemen Maulkorb, mit dem er toben und trinken, aber nichts fressen kann.

Gut sitzender Maulkorb stört nicht beim Trinken und Hecheln.

MÜLLSCHLUCKER
Wer Abfallsäcke in der Küche stehen lässt, ermutigt seinen Hund geradezu zum Stehlen. Dieser Golden Retriever hat in einer Tüte offenbar etwas Leckeres entdeckt.

WEGGEWORFENES ESSEN
Für diesen Beagle sind die Fast-Food-Überreste auf der Straße ein Festessen. Achten Sie beim Spazierengehen darauf, dass Ihr Hund nichts frisst.

HEIMLICHER TRINKER
Sobald er sicher ist, dass ihm keiner zusieht, nimmt dieser Weimaraner einen kräftigen Schluck aus der Teetasse. Die meisten Hunde probieren fast alles.

ANDERE TIERE

Hunde sind einerseits Fleischfresser, die dazu neigen, hinter allem herzujagen, was sich schnell bewegt, und andererseits gesellige Wesen, die sich gern auf freundschaftliche Begegnungen mit Angehörigen zahlreicher anderer Arten einlassen. Im Grunde ist es gerade die angeborene, herausragende Fähigkeit des Hundes, mit anderen Lebewesen zurechtzukommen, die ihn an unsere Seite gebracht hat. Unter besonderen Voraussetzungen akzeptiert er ein anderes Tier (z.B. die Familienkatze) als Rudelmitglied, das in der Rangordnung durchaus noch über ihm stehen kann. In anderen Situationen – zum Beispiel auf einem Bauernhof – lernt der Hund zumindest, seinen Jagdinstinkt zu unterdrücken. Die Zuchtauswahl hat das Beutegreiferverhalten der Hunde abgeschwächt, nicht aber ihre natürliche Neugier auf andere Lebewesen.

FRÜHE ERFAHRUNGEN PRÄGEN

Fast jeder Hund kann lernen, auf die Gegenwart anderer Tiere weder aggressiv noch ängstlich zu reagieren. Am leichtesten, schnellsten und natürlichsten erfolgt jedoch eine Gewöhnung im Welpenalter, vor allem in den ersten drei Monaten. Planen Sie voraus. Wenn möglich, bitten Sie den Züchter, den Welpen kontrolliert mit anderen Tieren in Kontakt zu bringen. Wenn Sie solche Begegnungen mit Katzen, anderen Hunden, Pferden, Rindern und sogar Wild fortsetzen, solange der Hund jung ist, reduziert dies das Risiko späterer Konflikte.

FRÜH ÜBT SICH
Ein Welpe untersucht eine Katze, die auf seine Annäherung eingeht. Dank dieser frühen Erfahrung wird er Katzen später vielleicht nicht als Jagdbeute ansehen.

SCHILDKRÖTENRENNEN

Dieser Yorkshire Terrier folgt einer Schildkröte quer durch das Zimmer. Seine unbändige Neugier gilt allem, was sich bewegt.

GEFÄHRLICHER AUGENBLICK

Der Anblick einer zahmen Ratte weckt das Interesse des Shar Pei. Der Hund wird sie entweder untersuchen oder verspeisen. Seien Sie sehr vorsichtig, wenn Sie Ihren Hund mit Kleintieren bekannt machen.

ÜBERLEGENHEIT ANERKENNEN

Ein wenig beklommen starrt der Weimaraner das Pony an. Begegnungen mit großen Tieren können Ängste wecken und unerwartete Reaktionen hervorrufen. Sie sollten stets überwacht werden.

AUFMERKSAMKEIT ERGATTERN

Es ist wirklich ganz einfach: Wenn Ihr Hund gut in die Familie integriert ist, wenn er gehorcht, zuverlässig und vertrauenswürdig ist, wird er als aktives Mitglied des Rudels zu Ihnen als einem starken »Leithund« aufblicken. Als Rudelmitglied möchte er mental und körperlich mit Ihnen interagieren. Mit seiner Körpersprache und seiner Stimme versucht er, Ihre Aufmerksamkeit zu erringen und Ihnen nahe zu sein.

Was er will, ist leicht zu verstehen. Körperkontakt beruhigt und bestärkt einen Hund ebenso wie uns. Streicheleinheiten senken seinen Blutdruck, seinen Puls und die Hauttemperatur. Der Hund entspannt sich, er wird zunehmend ruhiger und fühlt sich sicherer. Auch ein Hund mit einem eher dominanten Charakter wirbt um die Aufmerksamkeit eines starken menschlichen »Leittiers«.

EMOTIONALE ERPRESSUNG
Dieser Chihuahua stellt sich auf und kratzt an der Hose seines Besitzers, um sich bemerkbar zu machen. Sein Verhalten wirkt zwar vielleicht unterwürfig, ist aber schiere Manipulation: Der Hund will hochgehoben werden.

UMGANG MIT NERVENSÄGEN

Wenn ein Hund immer wieder durch Bellen, Kläffen, Jaulen oder Anstupsen um Ihre Aufmerksamkeit buhlt, wird jede Reaktion Ihrerseits – und sei es auch eine verbale Zurechtweisung – ihm bestätigen, dass die Methode im Prinzip funktioniert und er sie weiter einsetzen kann. Um einen allzu ichbezogenen Hund in seine Schranken zu weisen, sollten Sie entweder gar nicht reagieren oder für symbolische 30 Sekunden das Zimmer verlassen und ihn bei der Rückkehr völlig ignorieren (kein Blickkontakt!). So lernt das Tier rasch, dass seine Manipulationen sinnlos oder gar kontraproduktiv sind.

KONKURRENZ BELEBT DAS GESCHÄFT
Während die Halterin liest, kläfft einer ihrer Golden Retriever, um ihre Aufmerksamkeit zu erlangen. Der andere setzt sich dicht neben sie, weil er auf eine Streicheleinheit hofft.

BLICKKONTAKT
Den intensiven Blick eines Hundes kann kaum jemand ignorieren. Manche Hundehalter kennen das »Wach-Starren«-Phänomen: Der Hund setzt sich still neben das Bett und starrt einen an, bis man sich seiner Gegenwart bewusst wird und vollends erwacht.

EIN SANFTER STUPS
Der Weimaraner hebt eine Pfote, um auf sich aufmerksam zu machen. Auf dieser Geste basiert das Kunststück des Pfötchengebens.

BITTE SCHMUSEN!
Um seine Besitzerin zu rühren, bringt dieser Gordon Setter sein Gesicht ganz nah an ihres. Er ist alt, benimmt sich hier aber wie ein Welpe gegenüber der Mutter.

BESITZ-ANSPRÜCHE

Aus Tierfilmen kennen wir Szenen, in denen Wölfe oder andere Rudeltiere sich nach einer erfolgreichen Jagd darum balgen, wer zuerst fressen darf. Auch Hunde schützen das Futter, das sie als ihren rechtmäßigen Anteil ansehen, gegen andere (scheinbare) Anwärter ab. Dieses natürliche Verhalten ist in allen Hunderassen angelegt, aber bei Meutehunden, die normalerweise gemeinsam aus einem Napf fressen, durch die Zuchtwahl abgeschwächt worden. Erstaunlicherweise ist es bei einigen sehr sanften Rassen wie dem braven Golden Retriever besonders stark ausgeprägt. Hunde verteidigen nicht nur ihr Futter, sondern auch andere wertvolle Güter wie Spielzeuge, gute Schlafplätze oder die Aufmerksamkeit ihrer Lieblingsmenschen.

AGGRESSION ÜBERWINDEN

Jeder Hund verspürt den Drang, seine Schätze zu hüten und zu verteidigen. Besitzaggression ist jedoch eine Form der Dominanz und darf nicht ausufern. Wenn Ihr Hund knurrt, sobald Sie sich dem Napf nähern, oder sein Spielzeug nicht hergibt, müssen Sie mit Gehorsamkeitstraining Ihre Autorität deutlich machen. Kinder werden nicht als dominant wahrgenommen und daher oft angeknurrt. Begegnungen zwischen Hunden und Kindern sollten deshalb stets von Erwachsenen überwacht werden.

TOPFGUCKER UNERWÜNSCHT
Um nichts von seinem Futter einzubüßen, bedroht dieser Schäferhund-Welpe den kleineren Welpen, der unterwürfig zurückweicht. Der Deutsche Schäferhund dominiert durch seine Größe und sein Wesen.

1 LAUTSTARKER PROTEST
Als er den Spinone Italiano mit einem Spielzeug sieht, bellt der Golden Retriever, um das Objekt für sich zu reklamieren. Der Spinone lässt sich zunächst nicht irritieren.

2 WAFFENSCHAU
Das Retriever-Weibchen bleckt die Zähne, um den Spinone Italiano zu beeindrucken. Der Spinone lässt das Spielzeug fallen und sieht die Hündin an.

3 BESITZWECHSEL
Um dem Retriever seine Unterordnung zu demonstrieren, legt sich der Spinone auf den Rücken und gibt das Spielzeug auf – es gehört dem Sieger. Zwischen Freunden, wie hier, ist der Vorgang ritualisiert und die Handlungen sind eher Spiel. Unter anderen Umständen kann es durchaus zum ernsten Streit kommen.

Hundeerziehung

FRÜHES LERNEN

Das Verhalten eines Hundes wird durch seine Mutter und seine Wurfgeschwister beeinflusst. Wenn beispielsweise die Hundemutter bellt, um Aufmerksamkeit zu erregen, werden die Welpen es ihr nachmachen. Die Persönlichkeit eines Hundes entwickelt sich im Alter von drei bis zwölf Wochen. Am besten erwirbt man einen Welpen, wenn er ungefähr acht Wochen alt ist. Wenn Sie dafür sorgen, dass er in den folgenden Monaten vielfältige positive Erfahrungen sammelt, legen Sie damit die Grundlagen für eine erfolgreiche Erziehung.

BEGEGNUNG MIT MENSCHEN
Achten Sie darauf, dass der Welpe mit möglichst vielen Menschen zusammenkommt, solange er noch sehr jung ist. Ist das Tier fit und gesund, sollten Sie es so oft wie möglich im Auto, zur Arbeit und in die Wohnungen von Freunden mitnehmen. Lassen Sie Ihren Welpen mit anderen Hunden spielen, von denen Sie wissen, dass sie gesund sind, und bringen Sie ihn mit Kindern und Erwachsenen aller Altersgruppen zusammen.

Der Welpe lernt den Umgang mit seinem eigenen Spielzeug.

ERKUNDUNGSVERHALTEN
Die Beschäftigung mit Spielsachen bietet dem Welpen geistige und körperliche Anregungen. Beobachten Sie, welches Spielzeug dem Welpen besonders gefällt (es sollte keine Ähnlichkeit mit anderen Haushaltsgegenständen haben), und verwenden Sie es bei der Erziehung als Belohnung.

WAS TUN, WENN ...

... DER HUND NOCH WELPE IST

Das richtige Benehmen gegenüber Artgenossen und anderen Lebewesen, vor allem Menschen, lernen Hunde optimal im Alter von bis zu vier Monaten. Der Besuch einer Welpenschule und eine frühe Sozialisierung mit anderen Tieren reduzieren die Wahrscheinlichkeit, dass später Probleme auftauchen. Hat der Hund im Welpenalter zu wenig Kontakt mit Menschen, kann dies die Fähigkeit, Kommandos zu erlernen, beeinträchtigen. Vor der Anschaffung eines Hundes sollten Sie möglichst viel über seine frühen Erfahrungen herausfinden.

... EIN KOMMANDO BEFOLGT WURDE

Wenn der Welpe ein Kommando befolgt, sollten Sie ihn sofort belohnen, etwa mit lobenden Worten oder mit einem Leckerli. Dabei ist es wichtig, sekundenschnell auf das richtige Verhalten zu reagieren.

... DER WELPE GETRAGEN WERDEN WILL

Wer seinen Welpen ständig herumträgt, muss damit rechnen, dass er diese Vorzugsbehandlung auch noch als erwachsener Hund einfordert – etwa in Situationen, in denen er Angst hat.

Der Welpe spürt instinktiv, dass er dominiert wird.

Der Welpe spielt hingebungsvoll.

ANGSTVORBEUGUNG

Überwachen Sie alle Aktivitäten des Welpen, um sicherzustellen, dass Situationen, die ihm Angst machen, auf ein Minimum beschränkt bleiben. Ängste, die im Jugendalter erlebt werden, können sich zu lebenslangen Phobien entwickeln, wenn sie nicht schnell überwunden werden.

GEISTIGE ANREGUNGEN

Hunde, die als Welpen gezielt Anregungen erfahren haben, erweisen sich als tüchtig im Lernen und Problemlösen. Ein Welpe lernt, indem er das Verhalten seiner Mutter beobachtet. In der Menschenfamilie sollte eine Person als »Ersatzmutter« fungieren, die für die Welpenerziehung zuständig ist. Die anderen Familienmitglieder sollten die Erziehung konsequent mitmachen.

LOB UND TADEL

Bevor Sie mit einer Übung beginnen, sollte der Hund wissen, dass er sicher mit einer Belohnungen rechnen kann. Loben und belohnen Sie ihn umgehend, wenn er Ihre Kommandos befolgt hat. Hat er sich das erlernte Verhalten fest eingeprägt, können Sie das Belohnen reduzieren. Tadeln Sie Ihren Hund immer nur dann, wenn Sie ihn direkt bei einem Fehlverhalten erwischt haben. Strafen Sie ihn verspätet, kann er das dem Fehlverhalten nicht mehr zuordnen und ist irritiert. Lob und Tadel müssen in Sekundenschnelle kommen.

BLICKKONTAKT
Geben Sie Kommandos und Handzeichen nur dann, wenn Sie Blickkontakt mit dem Hund haben. Überreizen Sie das Tier nicht durch zu viele Futterbelohnungen. Legen Sie sich vor der Übung eine bestimmte Menge zurecht.

KÖRPERSPRACHE
Sehen Sie das Verhalten des Hundes voraus, indem Sie seine Körpersprache beobachten. Geben Sie das Kommando, sobald er sich von Ihnen abwendet, aber nicht mehr, wenn er Ihr Kommando ignoriert und sich entfernt hat.

SOFORTIGE BELOHNUNG
Belohnen Sie den Hund, sobald er Ihr Kommando ausgeführt hat. Anfangs verbinden Sie die lobenden Worte mit einer Futterbelohnung. Nach einiger Zeit erhält er weniger Leckerbissen, aber stets entweder eine Streicheleinheit oder Lobesworte.

WAS TUN, WENN ...

... SIE EINEN HUNDEKAUF PLANEN

Kaufen Sie nie einen Hund für jemand anders. Kaufen Sie nie einen Hund, weil er Ihnen leidtut. Kaufen Sie nie einen Hund aus einer Kurzschlussreaktion heraus. Lassen Sie sich Zeit, bleiben Sie vernünftig, überlegen Sie gründlich, und verschaffen Sie sich so viel Informationen wie möglich. Kaufen Sie nie einen Hund nur wegen seines Aussehens. Alle Welpen sind unwiderstehlich – doch alle Welpen werden größer. Wenn Sie sich nicht hundertprozentig für die Hundehaltung mit all ihren Freuden und Problemen entscheiden können, dann lassen Sie die Finger davon. Ein Hund ist eine Anschaffung fürs Leben. Beantworten Sie ganz ehrlich die Frage, warum Sie einen Hund haben möchten. Ein Vierbeiner soll kein Ersatz für ein Kind oder eine andere menschliche Beziehung sein. Wer einen Hund als Kindesersatz behandelt, bekommt es bei ihm oft mit echten Verhaltensschwierigkeiten zu tun.

SO IST ES RICHTIG

20 REGELN FÜR EIN ENTSPANNTES MITEINANDER

1. Bleiben Sie realistisch in Ihren Erwartungen und verlangen Sie nicht zu schnell zu viel von Ihrem Hund. Sowohl Sie als auch das Tier sind sonst schnell frustriert, weil es keine Erfolgserlebnisse gibt.

2. Behandeln Sie Ihren Hund wie jemanden, der stillschweigend tut, was man ihm sagt.

3. Geben Sie Ihrem Hund klare und knappe Kommandos. Lange Sätze versteht er nicht, sie verwirren nur. Verwenden Sie für ein und dasselbe Kommando immer den gleichen Begriff.

4. Seien Sie immer konsequent.

5. Geben Sie jeweils nur ein Kommando, und belohnen Sie dessen Befolgung.

6. Übernehmen Sie die Führungsrolle: Sie bestimmen, was gemacht wird.

7. Verwenden Sie den Namen des Hundes nur, wenn Sie einen Befehl geben.

8. Ihnen gehören alle Spielsachen; verstauen Sie sie nach einer Spieleinheit immer an einer für den Hund nicht erreichbaren Stelle.

9. Nehmen Sie dem Hund unbedingt alles weg, was er gestohlen hat, Futter, Socken, Handtücher usw. Wenn Sie dies versäumen, animieren Sie den Hund nur, dieses Verhalten zu wiederholen.

10. Rufen Sie den Hund stets zu sich, wenn Sie ihn streicheln wollen. Gehen Sie nicht zu ihm hin.

11. Ignorieren Sie ihn, wenn er gestreichelt, aufgenommen oder liebkost werden möchte.

12. Füttern Sie Ihren Hund immer erst dann, wenn die Familie gegessen hat.

13. Verwehren Sie ihm konsequent den Zugang zu Ihrem Bett und anderen Möbeln.

14. Gehen Sie durch Türen und Gänge sowie auf Treppen stets als Erster voran.

15. Der Hund soll lernen zu warten, wenn Sie eine Tür, auch die Autotür, öffnen, und Ihnen erst auf Kommando zu folgen.

16. Bringen Sie Ihrem Hund bei, Gegenstände behutsam aus Ihrer Hand zu nehmen.

17. Bringen Sie ihm bei, Dinge, auch Futter, auf Kommando auszulassen.

18. Bringen Sie Ihrem Hund bei, immer brav neben Ihnen herzugehen – beim Spaziergang gibt es kein Ziehen, kein Herumtollen, kein Trödeln.

19. Vergessen Sie nie: Ein Hund denkt wie ein Hund!

20. Regulieren Sie das Anschlagen und das Bellen Ihres Hundes rechtzeitig.

HERBEIKOMMEN

Beginnen Sie mit dieser Übung, wenn Ihr Welpe aufmerksam und hungrig ist. Teilen Sie sein Futter in zehn gleich große Portionen, und locken Sie ihn den ganzen Tag über immer wieder zu seinem Napf, indem Sie seinen Namen rufen und das Kommando »Komm!« geben. Die Futtergabe ist eine hohe Motivation für ihn; er verknüpft sie positiv mit Ihrem Kommando. Rufen Sie ihn niemals zu sich, um ihn zu tadeln oder gar zu strafen, denn sonst verbindet er die Rückkehr zu Ihnen mit einer unangenehmen Erfahrung.

1 Stellen Sie sich in einem ruhigen Zimmer, wo es keine Ablenkungen gibt, in einiger Entfernung vor Ihren Welpen hin. Eine Diele ist ein ideales Übungsumfeld. Halten Sie einen Leckerbissen sichtbar in der Hand und sprechen Sie den Namen des Hundes aus. Sobald er sich vorwärts bewegt, geben Sie klar und freundlich das Kommando »Komm!«.

WAS TUN, WENN …

… DER HUND UNKONZENTRIERT WIRKT

Hunde, vor allem Welpen, haben kurze Aufmerksamkeitsphasen. Das Training ist für sie eine geistige Anstrengung. Üben Sie jeweils nur 5 bis 15 Minuten und niemals dann, wenn das Tier müde ist. Trainieren Sie am besten, bevor der Hund sich ausgetobt hat, damit er körperlich und geistig noch aufnahmebereit ist. Wechseln Sie den Übungsplatz immer wieder, um sein Interesse wachzuhalten.

… DER HUND UNWILLIG ERSCHEINT

Hat der Welpe einen starken Willen, sollten Sie ihn bei allen Übungen stets an der Leine halten. Auf diese Weise können Sie immer seine Aufmerksamkeit erregen und ihn daran erinnern, dass er zuhören und folgen muss. Üben Sie lieber öfter in kurzen Zeiteinheiten als wenige Male sehr lang.

… DER HUND FUTTERBELOHNUNGEN IGNORIERT

Wenn der Hund nicht auf Ihre Futterbelohnung reagiert, ist er vielleicht einfach zu satt. Ändern Sie das Fütterungsschema, indem Sie ihm weniger Mahlzeiten (aber größere Portionen) verabreichen. Erreichen Sie dann noch immer nichts mit Leckerlis, verwenden Sie als Belohnung sein Lieblingsspielzeug.

Durch die Kniebeuge wird der Leckerbissen dem Welpen näher gebracht.

»Braver Hund!«

2 Sobald sich der Welpe auf Sie zu bewegt, loben Sie ihn begeistert mit den Worten »Braver Hund!« oder »So ist's brav!«. Ermuntern Sie ihn zum Näherkommen, indem Sie die Knie beugen und die Arme weit öffnen, um ihn freudig zu empfangen.

3 Wenn der Welpe bei Ihnen ist, knien Sie sich zu ihm hin; das ist ein sehr wohlwollendes Signal. Belohnen Sie ihn nochmals mit Lob, Streicheln und einem Leckerbissen. Um das Interesse des Hundes wachzuhalten, sollten Sie die Trainingsumgebung immer wieder einmal wechseln.

HERBEIKOMMEN DRAUSSEN

Wenn der Welpe das Herbeikommen in der Wohnung gelernt hat und er dieses schwierige Kommando sicher beherrscht, können Sie es draußen trainieren. Mit einer Schleppleine funktioniert das gut. Der Hund hat Bewegungsfreiheit, kann sich also ein Stück weit von Ihnen entfernen und ist doch sicher an der Leine. Ohne diese Verbindung zum Hund sollten Sie sich nur dann auf seinen Gehorsam verlassen, wenn Sie oft genug überprüft haben, ob das Kommando auch trotz Ablenkung sicher sitzt.

VORAUSSETZUNGEN:

Herbeikommen S. 116

Hinsetzen S. 120

1 Machen Sie einen dicken Knoten in das Leinenende. Geben Sie das Kommando »Sitz!«, während Sie links neben dem Hund stehen und die verkürzte Leine in der rechten Hand halten. Setzen Sie den linken Fuß fest auf die Leine, und zwar möglichst nahe an den Knoten.

2 Lassen Sie den Hund gehen, und geben Sie mit der Leine allmählich nach, wenn er sich vorwärts bewegt. Achten Sie darauf, dass Sie sich dabei der Geschwindigkeit des Hundes anpassen, damit er nicht zurückgezerrt wird, bevor das Ende der Leine erreicht ist. Vorsicht: Die Hundebeine dürfen sich nicht in der Leine verfangen.

WAS TUN, WENN ...

... IHR HUND VERZÖGERT KOMMT

Auch wenn Sie ungeduldig oder sogar wütend sind: Empfangen Sie Ihren Hund stets freundlich, wenn er zu Ihnen kommt, auch wenn es noch so lange gedauert hat. Ihr Lob gilt der jeweils letzten Handlung des Tiers, in diesem Fall dem Herbeikommen.

... IHR HUND DIE LEINE SCHEUT

Schwenken Sie nicht die Leine, wenn Sie Ihren Hund rufen – damit würden Sie ihm signalisieren, dass er angeleint werden soll und der Spaß für ihn vorbei ist. Gewöhnen Sie sich an, einfach sanft das Halsband zu fassen, wenn er zu Ihnen kommt. Packen Sie ihn nicht mit der Hand.

... IHR HUND NUR UNGERN KOMMT

Rufen Sie Ihren Hund auf Spaziergängen mehrmals in der Woche zu sich, belohnen Sie ihn für Folgsamkeit, und lassen Sie ihn dann wieder spielen. Die Belohnung muss nicht immer ein Leckerli sein, sondern kann auch mal ein tolles Spiel mit Ihnen sein – der Hund merkt sich dann, dass sich das Herbeikommen lohnt.

Die Leine wird mit dem Fuß festgehalten.

Der Hund wird mit offenen Armen empfangen.

3 Sobald der Hund das Ende der Leine erreicht, rufen Sie mit klarer, freundlicher Stimme seinen Namen. Vielleicht müssen Sie Ihr Körpergewicht nach vorn verlagern, um einem etwaigen Zerren an der Leine entgegenzuwirken. Sie behalten die Kontrolle, solange Ihr Fuß fest auf der Leine steht.

4 Wenn der Hund seinen Namen zusammen mit dem Kommando »Komm!« hört, wird er sich umdrehen und auf Sie zukommen. Sobald er auf Sie zugeht, sagen Sie freundlich »Braver Hund!«. Dann knien Sie nieder und heißen ihn mit offenen Armen willkommen.

HINSETZEN UND HINLEGEN

Sobald Ihr Welpe das Herbeikommen auf Kommando richtig gelernt hat, können Sie ihm das Hinsetzen und Hinlegen beibringen. Bei diesen Übungen soll der Hund angeleint sein, damit Sie ihn immer unter Kontrolle haben. Nach dem erfolgreichen Abschluss dieser Lektionen ist der Welpe erstmals imstande, eine kleine Folge zusammengehörender Befehle auszuführen: »Komm!«, »Sitz!« und »Platz!«.

VORAUSSETZUNGEN:
Herbeikommen S. 116

DAS KOMMANDO »SITZ!«

1 Dem Welpen zugewandt, bewegen Sie sich von ihm fort, mit der Leine in der linken und einem Leckerbissen in der rechten Hand. Bewahren Sie die Ruhe, wenn Sie ihn zu sich rufen und ihm gleichzeitig das Futter zeigen.

2 Wenn der Welpe bei Ihnen ist, bewegen Sie die rechte Hand über seinem Kopf auf und ab. Der Hund wird sich hinsetzen, um den Leckerbissen im Auge zu behalten. Befehlen Sie »Sitz!«, wenn er in die Hocke geht.

3 Wiederholen Sie das Kommando »Sitz!« frontal und dann seitlich zum Welpen. Belohnen Sie jede richtige Reaktion mit Lob und Leckerbissen. Verringern Sie nach und nach die Futtergaben – schließlich genügen Worte.

WAS TUN, WENN …

… DER HUND NICHT SITZT

Falls sich der Welpe trotz Futterbelohnung nicht hinsetzen will, fassen Sie das Halsband mit der einen Hand und schieben Sie seine Hinterpartie mit der anderen nach innen. Dabei geben Sie das Kommando »Sitz!«. Loben Sie den Hund anschließend.

… DER HUND SICH NICHT HINLEGT

Knien Sie neben dem links sitzenden Welpen nieder. Legen Sie die Handflächen unter seine Vorderbeine (ohne sie zu greifen), und bringen Sie ihn zunächst in eine Bettelhaltung (siehe S. 87) und dann in die Liegeposition. Loben Sie ihn, wenn er liegt.

DAS KOMMANDO »PLATZ!«

Die Leine wird unter den Knien fixiert.

»Platz!«

»Braver Hund!«

Das Futter wird festgehalten, damit es nicht geschnappt werden kann.

1 Wenn der Welpe sitzt, knien Sie rechts neben ihm nieder und fassen sein Halsband mit der linken Hand. Den Leckerbissen in der rechten Hand halten Sie ihm vor die Nase und führen ihn dann nach unten.

2 Sobald die Hundenase dem Leckerbissen folgt, bewegen Sie ihn nach vorn vor seinen Körper. In dem Augenblick, in dem der Welpe sich hinzulegen beginnt, geben Sie den Befehl »Platz!«, aber belohnen Sie ihn noch nicht.

3 Bewegen Sie den Leckerbissen so weit nach vorne, bis der Welpe sich hingelegt hat. Belohnen Sie ihn mit Lob und Futter. Wiederholen Sie diese Übung häufig, bis das Tier allein auf die Worte reagiert.

FOLGEN OHNE LEINE

Spaziergänge sind ein reines Vergnügen, wenn Ihr Hund brav neben Ihnen herläuft. Es ist oft ganz einfach, einem Welpen zunächst das Bei-Fuß-Gehen ohne Leine beizubringen, weil er die Gesellschaft des Menschen sucht und sich deshalb im Allgemeinen seinem Besitzer bereitwillig anschließt. Die meisten Welpen folgen auch gerne der Duftspur eines Leckerbissens; deshalb sollte man beim Training möglichst immer ein paar Futterbelohnungen dabeihaben.

VORAUSSETZUNGEN:

Herbeikommen S. 116

Herbeikommen draußen S. 118

»Fuß!«

1 Wenn Sie geradeaus gehen und der Welpe der Futterbelohnung folgt, geben Sie das Kommando »Bei Fuß!« oder »Fuß!«. Halten Sie die linke Hand tief, damit Sie jederzeit das Halsband ergreifen können.

»Fuß!«

2 Beugen Sie die Knie, halten Sie das Futter dem Welpen vor die Nase, drehen Sie sich nach rechts und wiederholen Sie dabei das Kommando »Fuß!«. Der Welpe muss sich beeilen, um Sie zu umrunden.

»Ruhig!«

Der Welpe folgt eifrig dem Leckerbissen.

3 Bei der Drehung nach links benutzen Sie die linke Hand, um den Welpen am Halsband zu führen, und dabei rufen Sie »Ruhig!«. Halten Sie den Leckerbissen tief, und bewegen Sie die rechte Hand nach links. Der Welpe wird folgen.

WAS TUN, WENN ...

... DIE LECKERLIS NICHT SCHMECKEN

Interessiert sich der Welpe nicht für einen bestimmten Leckerbissen, dann versuchen Sie es mit einer anderen Sorte. Oft bewirken Leckerlis, die der Hund besonders mag, wahre Wunder.

Die Lektionen müssen kurz sein; sie dürfen jeweils nur wenige Minuten dauern und müssen stets mit einem Erfolgserlebnis abgeschlossen werden.

... DER HUND AUF FUTTER KAUM REAGIERT

Es gibt (wenige) Hunde, die sich nicht viel aus einer Futterbelohnung machen. In einem solchen Fall versuchen Sie es einfach mal mit einem begehrten Lieblingsspielzeug.

»Wart!«

4 Wenn der Welpe aus irgendeinem Grund abgelenkt wird und seine Aufmerksamkeit nachlässt, schieben Sie die linke Hand unter sein Halsband, um ihn wieder in die richtige Bei-Fuß-Position zu bringen, und fahren Sie mit der Übung fort.

5 Sagen Sie »Wart!« und knien Sie rechts neben dem Welpen nieder. Halten Sie den Leckerbissen tief, um ihn vom Hochspringen abzuhalten. Legen Sie die linke Hand unter den Körper des Welpen, damit er sich nicht bewegen kann.

GEHEN AN DER LEINE

Bei jeder Unternehmung, bei jedem Spaziergang mit dem Hund, immer sollte der Sicherheitsaspekt an erster Stelle stehen. Das Tier sollte nur dann frei umherlaufen dürfen, wenn Sie es in einer geschützten Umgebung beaufsichtigen können. Bevor Sie mit Ihrem Welpen oder Junghund trainieren, ohne Zerren an der Leine zu gehen, sollte er die Kommandos »Sitz« und »Platz« beherrschen und Ihnen auch ohne Leine folgen.

VORAUSSETZUNGEN:

Hinsetzen S. 120

Hinlegen S. 121

Gehen ohne Leine S. 122

1 Die Vorbereitung dieser Übung sollte im Haus beginnen. Zeigen Sie dem Welpen die Leine und lassen Sie ihn daran schnuppern. Dann befestigen Sie die Leine am gut und fest sitzenden, bequemen Halsband.

2 Der Welpe steht links neben Ihnen, Sie halten die Leine und einen Leckerbissen in der rechten Hand. Die linke greift die herunterhängende Leine auf. Geben Sie nun das Kommando »Sitz!«.

3 Gehen Sie los, mit dem linken Fuß zuerst. Sobald der Welpe neben Ihnen herläuft, geben Sie das Kommando »Fuß!«. Drängt er nach vorne, lassen Sie die linke Hand nach unten zum Halsband gleiten und ziehen ihn sanft nach hinten.

WAS TUN, WENN …

… DER HUND SIE ANSPRINGT

Wenn der Welpe Sie anspringen oder an der Leine hochsteigen will, sagen Sie scharf »Nein!« oder »Aus!«. Treten Sie zur Seite, befehlen Sie ihm, sich hinzusetzen, und kehren Sie zum Anfang der Übung zurück. Trainieren Sie zunächst nicht draußen, weil er dort zu sehr abgelenkt werden könnte.

… DER WELPE NICHT FOLGEN WILL

Wenn der Welpe nicht vorwärtsgehen will, locken Sie ihn sanft und geduldig mit einem geliebten Spielzeug. Ziehen Sie ihn aber nicht hinter sich her, sondern seien Sie geduldig. Ermuntern Sie ihn mit Lob, und lassen Sie ihm Zeit, Vertrauen aufzubauen.

… DER HUND AN DER LEINE ZIEHT

Jedes Mal, wenn der Welpe an der Leine zieht, bleiben Sie stehen. Locken Sie ihn zurück und neben sich, bevor Sie weitergehen. Weder er noch Sie dürfen die Konzentration verlieren. Verwenden Sie bei einem besonders ungestümen Hund ein Kopfgeschirr, ein sogenanntes Halti.

4 Wenn der Welpe sich hinsetzt, sobald Sie stehen bleiben, geben Sie ihm die Belohnung und loben Sie ihn. Dabei sagen Sie das Kommando »Sitz!« Verlängern Sie allmählich die Gehstrecke, sobald der Hund die aufeinanderfolgenden Befehle ausführt.

5 Hat der Welpe begriffen, dass er Ihnen beim Gehen dicht am Bein folgen soll, können Sie ihm Richtungswechsel beibringen, zum Beisipiel eine Rechtsdrehung. Führen Sie ihn mit der linken Hand nach rechts, und sagen Sie »Fuß!«.

6 Bei der Linkskehre bewegen Sie sich schneller und halten dem Welpen das Futter vor die Nase, um ihn abzubremsen. Er soll dicht an Ihrem linken Bein bleiben, und wenn er langsamer wird, geben Sie das Kommando »Ruhig!«.

»SITZ!« UND »BLEIB!«

Diese beiden Befehle sind die Grundlage einer verantwortungsvollen Hundehaltung und auch wichtig für den Umgang mit dem Hund im Freien. Beginnen Sie das Training in einem ruhigen Wohnbereich, etwa in der Diele, und üben Sie jeweils nicht länger als 15 Minuten. Sobald Ihr Hund die Kommandos konsequent befolgt, können Sie auch einfache Handzeichen verwenden (siehe S. 111).

VORAUSSETZUNGEN:

Hinsetzen S. 120

Folgen ohne Leine S. 122

Gehen an der Leine S. 124

»Sitz!«

Die Leine wird in Taillenhöhe gehalten.

1 Halten Sie mit der linken Hand die geraffte Leine und mit der rechten eine Futterbelohnung. Sobald sich der Hund hinsetzt, geben Sie das Kommando »Sitz!«.

»Bleib!«

Der Leckerbissen befindet sich in der rechten Hand.

2 Halten Sie die Leine weiterhin straff gespannt und machen Sie mit dem rechten Fuß einen Schritt nach vorn. Geben Sie zugleich das Kommando »Bleib!«.

3 Halten Sie ständig freundlichen Blickkontakt mit dem Hund und stellen Sie Ihren linken Fuß neben den rechten.

4 Ziehen Sie die Leine sanft an und halten Sie sie über den Kopf des Hundes. Dabei wenden Sie ihm das Gesicht zu.

WAS TUN, WENN ...

... DER HUND ZU GIERIG IST

Manche Hunde sind so sehr auf Futter versessen, dass sie sich vor lauter Gier nicht mehr auf die Übungen konzentrieren können. Üben Sie in einem solchen Fall entweder nur mit überschwänglichem Lob oder wenn der Hund satt ist.

... DER HUND AUFSTEHT

Sie lehren den Hund eine völlig neue Sprache und können deshalb nicht erwarten, dass er auf Anhieb jedes Kommandowort versteht. Wenn er sich aus dem »Sitz!« erhebt, fassen Sie mit der linken Hand das Halsband und drücken mit der rechten das Hinterteil nach unten und vorn.

Der Leckerbissen wird hochgehalten, damit der Blickkontakt bestehen bleibt.

5 Belohnen Sie den Hund, weil er sitzen geblieben ist. Gehen Sie nun langsam um ihn herum, wobei Sie die Leine über seinem Kopf festhalten. Geben Sie so wenige Befehle wie möglich, damit der Hund nicht verwirrt wird.

6 Nach mehreren Übungen sollte der Hund an der Leine das Hinsetzen und Sitzenbleiben gelernt haben. Lassen Sie jetzt die Leine los, und wiederholen Sie die beschriebenen fünf Einzelschritte. Der Hund wird jedes Mal gelobt.

7 Wenn sich der Hund hinsetzt und sitzen bleibt, bekommt er seinen Leckerbissen. Belohnen Sie ihn, während er tut, was ihm gesagt wird, nicht hinterher. Beenden Sie die Übung, indem Sie die Arme ausbreiten und »Brav!« sagen.

»KOMM!« UND »SITZ!«

Da Sie eine potenzielle Gefahr oft eher erkennen als Ihr Hund, ist es für seine Sicherheit wichtig, dass er lernt, auf Kommando sofort zu Ihnen zu kommen. Als Welpe ist Ihr Hund zu Ihnen gekommen, weil er Schutz suchte. Doch auch im Erwachsenenalter sollte Ihr Hund zu Ihnen zurückkehren, weil er gern bei Ihnen sein möchte. Das Rückkehrtraining macht Spaß und gelingt am besten, wenn zwischen Ihnen und Ihrem Vierbeiner eine zuverlässige Bindung besteht.

VORAUSSETZUNGEN:

Herbeikommen S. 116

Hinsetzen S. 120

Gehen an der Leine S. 124

»Sitz!« und »Bleib!« S. 126

1 Der Hund sollte bereits das Hinsetzen und Sitzenbleiben beherrschen. Mit der Leine in der linken und einem Leckerbissen in der rechten Hand gehen Sie von ihm weg und geben dabei das Kommando »Bleib!«.

2 Wenn Sie sich so weit von dem sitzenden Hund entfernt haben, wenden Sie sich dem Hund zu. Zeigen Sie ihm das Leckerli in Ihrer Hand. Rufen Sie ihn mit dem Kommando »Komm!«.

3 Sobald der Hund bei Ihnen ist, geben Sie das Kommando »Sitz!«. Viele Hunde setzen sich von selbst hin, um die Belohnung im Auge behalten zu können, doch Sie sollten stets den Befehl erteilen, wenn sich das Tier hinsetzt.

WAS TUN, WENN ...

... ES NICHT IMMER GLEICH KLAPPT

Die drei Befehle »Sitz!«, »Bleib!« und »Komm!« sind die wichtigsten Kommandos, die Sie Ihrem Hund beibringen sollten. Loben Sie Ihren Hund, wenn er gut gehorcht, mit einer besonders freundlichen Stimme. Wenn er ein Kommando nicht ausführt, wiederholen Sie die Lektion ab der letzten erfolgreich absolvierten Übung.

... DER HUND BEIM TRAINING MÜDE WIRD

Die Ausbildung sollte Ihnen und Ihrem Hund Spaß machen. Verteilen Sie anfangs freigebig Belohnungen, damit der Hund während der Lektion hoch motiviert ist. Achten Sie genau auf die Signale des Tieres: Hören Sie optimalerweise auf, kurz bevor der Hund die Lust am Training verliert. Dann ist Zeit für ein Spiel!

Die lange Leine hängt schlaff herunter, sichert aber die Befolgung des Befehls.

4 Sobald der Hund gelernt hat, an der Standardleine zu Ihnen zu kommen, probieren Sie es mit einer langen Leine. Eine Spielzeugbelohnung kann das Tier aus der Distanz am besten erkennen.

5 Wenn der Hund die Kommandos »Komm!« und »Sitz!« brav befolgt, erhält er das Spielzeug und ein Lob. Schließlich wird Ihr Hund imstande sein, diese Übung auch ohne Leine auszuführen.

»PLATZ!«

Dem Hund beizubringen, sich auf Kommando hinzulegen, ist eine sehr nützliche Lektion, vor allem im Freien, wo Gefahren lauern, etwa in Form einer verkehrsreichen Straße. In brenzligen Situationen kann Schlimmstes verhindert werden, wenn Ihr Hund gelernt hat, sofort das Kommando »Platz!« auszuführen. Es gibt zwei Liegepositionen: Bei der »Sphinx« werden die Hinterläufe unter den Körper gezogen; »flach« bedeutet, dass die Beine zu einer Seite weggestreckt werden.

VORAUSSETZUNGEN:

Herbeikommen S. 116

Hinsetzen und Hinlegen S. 120

»Sitz!« und »Bleib!« S. 126

»Komm!« und »Sitz!« S. 128

1 Platzieren Sie den angeleinten Hund links neben sich und geben Sie das Kommando »Sitz«! Knien Sie sich hin und klemmen Sie die Leine unter Ihre Knie. Halten Sie mit der linken Hand das Halsband fest, in der rechten Hand haben Sie eine Belohnung.

2 Lassen Sie den Hund den in der Faust verborgenen Leckerbissen erschnuppern. Dadurch wird die Konzentration des Tiers geweckt. Verhindern Sie zugleich mit der Hand unter dem Halsband, dass sich der Hund vorwärtsbewegt.

3 Führen Sie die rechte Hand in einer L-förmigen Bewegung nach unten und dann nach vorne zwischen die Vorderpfoten. Sobald sich der Hund fallen lässt, um dem Leckerbissen zu folgen, geben Sie das Kommando »Platz!«.

WAS TUN, WENN ...

... DAS LECKERLI DEN HUND NICHT VERLOCKT

Wenn sich der Hund nicht für Leckerbissen interessiert, probieren Sie es mit einem Kauspielzeug. Bringen Sie einen Hund nur dann mit körperlicher Gewalt in die Liegeposition (siehe S. 121), wenn er sich ohne Weiteres anfassen lässt. Bei einem dominanten Tier arbeiten Sie nur mit Belohnungen und mit viel verbalem Lob.

... DER HUND VON SELBST WIEDER AUFSTEHEN WILL

Hebt der liegende Hund seine Schulterpartie an, bevor er dazu aufgefordert wird, fahren Sie mit der Hand an der Leine bis zum Halsband hinunter. Dadurch wird die Aufwärtsbewegung gehemmt und Druck nach unten ausgeübt. Legt sich das Tier wieder hin, wiederholen Sie den Befehl »Platz!«. Der Hund darf die Liegeposition erst dann aufgeben, wenn Sie »Gut!« sagen.

»Platz!«

4 Wenn sich der Hund hingelegt hat, bekommt er seinen Leckerbissen. Ist Ihr Hund nicht an Futter interessiert, probieren Sie diese Übung mit einem Lieblingsspielzeug. In diesem Stadium ist es noch egal, welche Position der Hund einnimmt, solange sie für ihn nur bequem ist.

SCHNELLVERFAHREN IM NOTFALL

Knien Sie hin, lassen Sie die Hand an der Leine bis zum Halsband hinabgleiten und ziehen Sie nach unten, wobei Sie den Befehl »Platz!« geben. Loben Sie den Hund, wenn er sich hingelegt hat. Üben Sie das drinnen oder an einem ruhigen Platz mit wenig Ablenkungen. Sobald er die Lektion gelernt hat, können Sie in einer belebteren Umgebung weitertrainieren.

GEHEN BEI FUSS

Bevor Sie Ihrem Hund das Bei-Fuß-Gehen beibringen, sollte er das folgsame Sitzen beherrschen. Beginnen Sie das Training im Garten, zunächst möglichst ohne Ablenkungen. Steigern Sie dann die Ablenkungen, bis der Hund Ihnen bei Fuß aufmerksam durch den ganzen Garten folgt. Einen ungestümen Hund halten Sie am besten mit einem Kopfgeschirr unter Kontrolle. Vermeiden Sie es, ständig das Kommando »Fuß!« zu wiederholen.

VORAUSSETZUNGEN:

Folgen ohne Leine S. 122
Gehen an der Leine S. 124
»Sitz!« und »Bleib!« S. 126

1 Der Hund soll links neben Ihnen sitzen. Halten Sie die geraffte Leine und eine Futterbelohnung in der rechten Hand, und fassen Sie mit der linken den Anfang der Leine unmittelbar über dem Halsband.

2 Sagen Sie deutlich und fest den Namen Ihres Hundes zusammen mit dem Kommando »Fuß!«. Gehen Sie los, und zwar mit dem linken Fuß. Geben Sie Ihrem Hund den Leckerbissen, wenn er ein paar Schritte bei Fuß gegangen ist.

3 Sobald der Hund etwa 20 Schritte ohne Zwang und ohne Zerren an der Leine ruhig bei Fuß geht, üben Sie im Weitergehen die Rechtskehre. Benutzen Sie dabei wiederum einen Leckerbissen als Lockmittel.

WAS TUN, WENN ...

... ER OHNE LEINE GEHEN SOLL

Wenn der Hund das Bei-Fuß-Gehen an der Leine beherrscht, wiederholen Sie die Lektion ohne Leine. Hängen Sie sich die Leine über die Schulter und halten Sie einen Leckerbissen in der rechten Hand. Gehen Sie los, wobei Sie das Kommando »Fuß!« geben.

... ER DIE RECHTSKEHRE GEHEN SOLL

Um dem Hund die Rechtskehre ohne Leine beizubringen, halten Sie ihn dicht an Ihrem linken Bein und nehmen Sie die Futterbelohnung in die rechte Hand. Geben Sie das Kommando »Fuß!« und ziehen Sie den Hund nach rechts, sobald er dem Leckerbissen folgt.

... ER DIE LINKSKEHRE GEHEN SOLL

Reichen Sie mit der rechten Hand, die den Leckerbissen hält, nach links hinüber und gehen Sie mit dem linken Fuß los, um eine Linkskehre zu beschreiben. Geben Sie dabei das Kommando »Fuß!«. Der Hund verlangsamt seine Schritte, um in der Nähe der Belohnung zu bleiben.

4 Um dem Hund die Linkskehre beizubringen, lassen Sie die Hand an der Leine bis zum Halsband hinabgleiten. Gehen Sie mit dem linken Fuß los und beschleunigen Sie das Tempo, während Sie das Tier für die Wendung abbremsen.

5 Machen Sie nun die Kehrtwendung. Halten Sie das Leckerli in Kopfhöhe des Hundes, rufen Sie ihn beim Namen und geben den Befehl »Fuß!« Dabei beschreiben Sie einen vollen Kreis. Der Hund wird der Futterbelohnung folgen.

FESTHALTEN

Das Apportieren (siehe S. 137) ist ein Spiel, das viele Hunde sehr lieben. Zuvor muss der Hund jedoch lernen, ein Objekt mit der Schnauze, dem Fang, festzuhalten. Verwenden Sie bei dieser Lektion kein Quietschspielzeug, weil der Hund allzu gern darauf herumkaut. Nehmen Sie lieber ein zusammengerolltes Teppichstück oder ein Apportierholz. Sie sollten den Hund nur mit Lob und Streicheleinheiten – nicht mit Leckerbissen – belohnen, denn er soll den Gegenstand ja weiterhin festhalten.

VORAUSSETZUNGEN:

Herbeikommen S. 116

»Sitz!« und »Bleib!« S. 126

»Komm!« und »Sitz!« S. 128

FESTHALTEN EINES GEGENSTANDES

»Braver Hund!«

1 Knien Sie sich neben den sitzenden Hund hin. Halten Sie die Leine mit den Knien fest und legen Sie den linken Arm um den Hundekopf. Öffnen Sie behutsam den Fang mit dem Daumen, und sagen Sie »Braver Hund!«.

»Halt fest!«

2 Nachdem Sie den Hund mit dem Trainingsgerät aufmerksam gemacht und seine Spielfreude geweckt haben, heben Sie seinen Kopf an und legen den Gegenstand in seinen Fang. Jetzt geben Sie ihm das Kommando »Halt fest!«.

»Braver Hund, festhalten!«

3 Der Hund sollte den Gegenstand bereitwillig und korrekt unmittelbar hinter den Fangzähnen festhalten und dabei die Zunge zurückziehen. Loben Sie das Tier mit den Worten »Braver Hund, festhalten!«.

WAS TUN, WENN ...

... DER HUND »FALSCH« ZUPACKT

Manche Hunde, beispielsweise Boxer, sind sogenannte Vorbeißer; sie müssen Gegenstände vor und nicht hinter den Fangzähnen packen.

... DER HUND AUSWEICHT

Wendet der Hund den Kopf von dem Gegenstand ab, dann folgen Sie der Kopfbewegung und halten das Objekt stets in Nasenhöhe des Tiers.

AUFHEBEN EINES GEGENSTANDES

»Braver Hund!«

4 Nun bringen Sie dem Hund bei, den Gegenstand vom Boden aufzunehmen. Führen Sie den Gegenstand vor die Hundenase, und bewegen Sie ihn dann zum Boden hin. Der Hund sollte dem Objekt eifrig folgen. Belohnen Sie ihn mit »Braver Hund!«.

»Halt!«

5 Legen Sie den Gegenstand auf den Boden, jedoch ohne die Hand wegzuziehen. Befehlen Sie »Halt!«, wenn sich der Hund vorwärts bewegt, um den Gegenstand aufzunehmen.

»Halt fest!«

6 Wenn Sie die Hand von dem Gegenstand entfernen, sollte der Hund ihn aufnehmen. Im selben Augenblick wiederholen Sie den Befehl »Halt fest!«, damit der Hund den Gegenstand nicht fallen lässt.

Beim Training Spielpausen nicht vergessen: als Belohnung fürs Mitmachen und für ein entspanntes Miteinander.

APPORTIEREN

Wenn Ihr Hund das Festhalten und Aufnehmen von Gegenständen beherrscht, kann er lernen, sie zu jagen und zurückzubringen. Bei einem Welpen verwenden Sie zunächst einen Quietschball und lassen das Tier eine Weile damit spielen. Ansonsten eignen sich die gleichen Gegenstände wie in der Lektion »Festhalten« (siehe S. 134). Das Apportieren ist für den Hund eine geistige und körperliche Ertüchtigung.

VORAUSSETZUNGEN:

»Sitz!« und »Bleib!« S. 126

»Komm!« und »Sitz!« S. 128

Festhalten S. 134

ERSTE ÜBUNG: »HOL!«

»Hol!«

Der angeleinte Hund bleibt unter Kontrolle.

1 Verwenden Sie einen auffallend gefärbten Gegenstand, etwa ein zusammengerolltes Teppichstück oder ein Apportierholz, um die Aufmerksamkeit des Hundes zu wecken. Halten Sie den Hund, der zur besseren Kontrolle angeleint ist, mit einer Hand am Halsband fest, und werfen Sie den Gegenstand ein kleines Stück weit.

2 Geben Sie den Befehl »Hol!«, und lassen Sie gleichzeitig das Halsband locker. Nachdem der Hund das Aufheben und Festhalten von Gegenständen gelernt hat, wird er jetzt begeistert hinterherjagen.

WAS TUN, WENN ...

... DER HUND DEN GEGENSTAND BEKNABBERT

Wenn Ihr Hund auf dem Apportiergegenstand herumknabbert, halten Sie das Kommando »Halt!« (siehe S. 134) so lange zurück, bis er den Gegenstand ruhig im Fang hält. Üben Sie dies mehrfach, bis es klappt. Loben Sie Ihren Hund sanft dafür, doch nicht für etwaiges Knabbern. Werfen Sie den Gegenstand erst dann, wenn Sie das angestrebte ruhige Festhalten erreicht haben.

... DER HUND DEN GEGENSTAND NICHT HOLEN WILL

Will der Hund den Gegenstand nicht holen, sollten Sie die Übung interessanter gestalten, indem Sie einen Quietschball benutzen und mit dem angeleinten Hund zu der Stelle laufen, wo der Ball gelandet ist. Vergrößeren Sie nach und nach die Wurfweite.

... DER HUND DEN GEGENSTAND NICHT AUFNIMMT

Wenn der Hund zu dem Gegenstand hinläuft, aber dann offenbar ratlos davorsteht, hat er das Festhalten noch nicht richtig gelernt. Bringen Sie ihm mit einem interessanteren Spielzeug das Kommando »Halt fest!« nochmals bei (siehe S. 134).

ZWEITE ÜBUNG: »KOMM!« UND »GIB!«

1 Sobald Ihr Hund den Gegenstand gepackt hat, rufen Sie ihn mit dem strengen Befehl »Komm!« zurück. Wenn er sich umdreht und auf Sie zukommt, gehen Sie in die Hocke, um ihn zu ermuntern, und strecken Sie die Hand aus, um das Objekt in Empfang zu nehmen. Ziehen Sie notfalls an der Leine.

2 Bleiben Sie in der Hocke, und belohnen Sie den folgsamen Hund mit kräftigem Seitenstreicheln und dem Lob »Braver Hund!«. Legen Sie die Hand unter den Fang, damit das Tier den Gegenstand nicht fallen lässt.

WAS TUN, WENN ...

... DER HUND DEN GEGENSTAND NICHT BRINGT

Falls Ihr Hund nicht reagiert und gehorcht, wenn Sie den Befehl »Komm!« geben, üben Sie nochmals das Herbeikommen (siehe S. 116), und machen Sie erst anschließend mit dem Apportiertraining weiter.

... SIE MIT EINEM WELPEN ÜBEN

Lassen Sie zunächst den jungen Hund das Spielzeug beknabbern und versuchen Sie nicht, es ihm wegzunehmen. Loben Sie ihn enthusiastisch, wenn er den Gegenstand von sich aus fallen lässt.

3 Während der Hund das Objekt noch immer im Fang hält, stehen Sie auf und sagen »Danke!«. Dabei nehmen Sie behutsam, aber entschieden den Gegenstand aus dem Maul. An diesem Punkt gibt es kein Lob, denn ein Lob nach Herausgabe des Objekts verleitet Hunde vielfach dazu, den Gegenstand von sich aus auszulassen. Ein Lächeln ist Lohn genug.

4 Um den Hund daran zu erinnern, dass Sie ihn noch unter Kontrolle haben, befehlen Sie »Sitz!«. Um ihn zu ermuntern, den Gegenstand auszulassen, wenn Sie das nächste Mal »Danke!« sagen, geben Sie ihm den Gegenstand als letzte Belohnung für den erfolgreichen Abschluss der Übung zurück.

SPIELEN MIT IHREM HUND

Damit ein Hund ausgeglichen und lernfreudig ist, braucht er Anregungen. Mit Spielen beschäftigen Sie den Hund optimal, erfüllen sein Bedürfnis nach Bewegung und festigen Ihre Bindung zu ihm. Kontrolliertes Spielen stärkt zugleich Ihre Autorität, wenn Sie einige einfache Regeln beachten: Sie beginnen das Spiel, und Sie beenden es auch wieder – und zwar optimalerweise, bevor der Hund die Lust verliert. Wird Ihr Hund beim Spielen zu heftig und setzt dabei womöglich die Zähne ein, beenden Sie das Spiel umgehend mit einem scharfen Kommando »Nein!« und wenden sich von dem Tier ab. Nach einer Weile nehmen Sie das Spiel ruhig wieder auf, um etwas später positiv auszusteigen – ein »Happy End« ist beim Spielen und auch beim Training sehr wichtig.

FRISBEE-SPIELE
Das Auffangen und Wiederbringen einer Frisbee-Scheibe ist für einen aktiven, gesunden Hund ein aufregender Sport. Für ältere oder übergewichtige Hunde kann dieses Bewegungsspiel aber deutlich zu anstrengend sein.

BALLSPIELE
Das Auffangen und Auslassen des Balls ist ein einfaches Spiel, mit dem Sie die Reaktionen und den Gehorsam des Hundes testen können. Werfen Sie den Ball stets vom Hund weg, nicht auf ihn zu. Letzteres ist gefährlich, denn der Ball könnte dem Tier beim Fangen in den Schlund rutschen.

WAS TUN, WENN ...

... DER HUND SPIELEND LERNEN SOLL

Bauen Sie Übungen in die Spiele ein, um Befehle wie »Komm!« und »Sitz!« zu verstärken oder um den Hund mit einem Spiel zu belohnen. Wenn andere Leute beim Spielen mitmachen, lernt das Tier, sich in der Gesellschaft aller Menschen wohl zu fühlen.

... DAS SPIEL VORBEI IST

Wenn Sie mit Ihrem Hund gespielt haben, packen Sie das Spielzeug wieder weg. Dadurch lernt er sehr schnell, dass die Spielsachen Ihnen gehören und dass er nur zu Ihren Bedingungen mit ihnen spielen darf. Außerdem bleiben die Spielsachen so für ihn interessant.

... SIE ABWECHSLUNG SUCHEN

Vielen Hunden, insbesondere Jagdhunden, macht es Freude, sich auf eine zu verfolgende Duftfährte zu konzentrieren. Sie können für Ihren Hund eine Fährte legen, indem Sie über eine Grasfläche gehen und am Ziel eine Futterbelohnung deponieren.

TAUZIEHEN
Dieses Spiel sollten Sie nur dann betreiben, wenn der Hund das Auslassen von Gegenständen auf Befehl geübt hat (siehe S. 139). Benutzen Sie dazu stets hundegeeignete, robuste Spielgeräte. Verzichten Sie auf solche Ziehspiele mit »besitzergreifenden« Tieren, denn sie könnten aggressiv reagieren.

JOGGEN
Gesunde Hunde brauchen viel körperliche Betätigung. Wenn Sie Ihrem vierbeinigen Freund beigebracht haben, Sie beim Joggen bei Fuß zu begleiten, dann ist das für beide ein vergnüglicher Sport.

SPIELEN MIT ARTGENOSSEN

Die meisten Hunde spielen gern mit Artgenossen, wenn sie dazu schon in früher Jugend genügend Gelegenheit hatten. Hündinnen sind durchweg spielfreudiger als Rüden, die sich territorialer und kampflustiger verhalten. Die ersten Begegnungen zwischen Hunden sollten auf neutralem Boden stattfinden. Lassen Sie nicht zu, dass Ihr Hund an der Leine zerrt, um zu den anderen Hunden zu gelangen. Klären Sie mit dem Besitzer, ob sein Hund spielen mag. Beide Hunde sollten zunächst angeleint sein und erst auf Kommando mit dem Spielen beginnen. Achten Sie auch hier wieder darauf, dass die Besitzer den »Schlusspunkt« setzen, zum Beipsiel, indem jeder seinen Hund zu sich ruft, um ihn wieder anzuleinen.

BEGEGNUNG AUF NEUTRALEM BODEN
Arrangieren Sie ein Zusammentreffen Ihres Hundes mit anderen Hunden, wenn alle Tiere angeleint sind. Lassen Sie die Hunde einander beschnuppern, doch achten Sie auf aggressive Blickkontakte. Zeigt Ihr Hund Anzeichen eines Angriffs, drehen Sie seinen Kopf zur Seite, und geben Sie ihm sein Lieblingsspielzeug, um ihn abzulenken.

DAS ANDERE GESCHLECHT
Wahrscheinlicher ist ein Streit zwischen gleichgeschlechtlichen Hunden, die in etwa gleich alt und gleich groß sind. Loben Sie Ihren Vierbeiner, wenn er den anderen ruhig beschnuppert und inspiziert. Halten Sie Ihren Hund nicht an einer zu straffen Leine.

WAS TUN, WENN ...

... ES UMS SPIELZEUG GEHT

Vermeiden Sie Streit um Knochen oder andere begehrte Gegenstände, indem Sie diese den Hunden überhaupt nicht oder nur in getrennten Zimmern geben. Viele Hunde möchten unbedingt haben, was ein anderer Hund besitzt, selbst wenn sie selbst über genau den gleichen Gegenstand verfügen. Am häufigsten kommt es zum Kampf um Knochen und Kauspielzeug.

... EINE KATZE DA IST

Das erste Zusammentreffen sollte unter Aufsicht geschehen. Hindern Sie die Katze am Weglaufen; dadurch wird der Hund daran gehindert, sie zu jagen.

REAKTION AUF KOMMANDOS
Kontrollieren Sie Ihren Hund mit verbalen und optischen Kommandos, wenn er mit anderen Hunden spielt. Sobald Sie gehen wollen, befehlen Sie ihm mit Handzeichen und Worten, dass er sich hinsetzen soll. Dann treten Sie auf ihn zu und nehmen ihn an die Leine.

FAIRE SITUATION
Lassen Sie Ihren unangeleinten Hund nicht einfach auf angeleinte Hunde zulaufen. Verständigen Sie sich zuerst mit der Besitzerin oder dem Besitzer, ob die Hunde ohne Leine miteinander spielen sollen.

Richtige Hundehaltung

IHR NEUER HUND

Einen Hund sollten Sie nur nach sorgfältiger Überlegung anschaffen. Bevor so ein Vierbeiner für viele, viele Jahre zu Ihnen – und vielleicht auch Ihrer Familie – kommt, gibt es eine ganze Reihe Fragen zu klären.

WELCHE RASSE?

Ein Neufundländer oder Otterhound eignet sich nicht für eine Wohnung im 16. Stock, eine Deutsche Dogge frisst so viel Fleisch wie ein zweijähriger Löwe, und ein Afghanischer Windhund benötigt eine sehr zeitaufwendige Fellpflege. Erst überlegen – und zwar sehr gründlich – heißt deshalb die Devise.

Klären Sie vor dem Kauf ab, wie sich die körperlichen Merkmale, das Temperament und die besonderen Ansprüche und die Bedürfnisse einer bestimmten Rasse mit Ihrer Lebensweise in Einklang bringen lassen.

Wenn es Ihnen an Platz oder einem Garten mangelt, dann ziehen Sie einen kleineren Hund in Erwägung – von vielen Rassen gibt es »kleine Ausgaben«, zum Beisipiel vom Collie, vom Schnauzer, sogar vom Dackel. Kleine Hunde haben im Vergleich zu großen oft eine längere Lebenserwartung, obwohl Zwergzüchtungen in der Regel nicht so lange leben wie die von Natur aus kleinen Rassen.

Wenn Sie einen »Kameraden« suchen oder einen Sportsfreund, wozu braucht er dann einen Stammbaum? Mischlinge sind wesentlich preisgünstiger, es gibt sie in allen Größen, sie schenken und brauchen ebenso viel Zuwendung und Liebe wie jeder reinrassige Hund, leiden aber seltener unter Erbkrankheiten und verfügen oft über jene angeborene gesunde Konstitution, die Wissenschaftler als »Vitalität des Mischlings« bezeichnen.

WELPE ODER ERWACHSENER HUND?

Welpen machen besonders viel Spaß, wenn verständige Kinder im Haus sind. Suchen Sie aber einen Begleiter, mit dem Sie gleich ohne Umstände spazieren gehen können, ist ein gerade ausgewachsener Vierbeiner jedoch besser geeignet. Für ältere Menschen sind junge Hunde möglicherweise zu anstrengend. Deshalb sollten »Senioren« sich überlegen, ob sie nicht einem älteren Hund noch einmal ein neues Zuhause bieten wollen. In den Tierheimen gibt es viele nette und unkomplizierte Hunde.

Ein Welpe braucht eine Bezugsperson, die sich um ihn kümmert, ihn erzieht und viel Zeit mit ihm verbringt, damit eine gute Beziehung zum Menschen entstehen kann. Wenn tagsüber kein Familienmitglied zu Hause ist, sollte man besser ganz auf einen Hund verzichten.

RÜDE ODER HÜNDIN?

Diese Frage zu entscheiden ist nicht immer ganz einfach. Gegen eine Hündin spricht, dass sie zweimal jährlich läufig wird. In dieser Zeit der »Hitze« wirkt sie auf Rüden äußerst anziehend – und das kann für alle Beteiligten durchaus anstrengend sein. Manchen Menschen ist das Zyklusbluten einer Hündin unangenehm; auch kann es bei den weiblichen Tieren zu Scheinträchtigkeit kommen, was in der Folge eine Kastration erfordert.

Viele Menschen meinen, Rüden seien ausgeglichener, doch neigen die männlichen Tiere dazu, auf der Suche nach einer kleinen »Affäre« in der Nachbarschaft herumzustreunen. Hundemännern kommen manchmal ihre Hormone »in die Quere«, was die Erziehung nicht unbedingt einfacher macht.

BETTEN

Der klassisch geflochtene Hundekorb hat viele Vorteile, ist aber schwer sauber zu halten. Achten Sie darauf, dass Ihr Hund nicht die schlechte Gewohnheit annimmt, an dem Flechtwerk herumzunagen, denn die spitzen Stücke können ihm schaden.

Plastikkörbchen

Weidenkorb mit waschbarem Kissen

Stoffkörbchen

SPIELZEUG

Spielen ist wichtig für Hunde, ganz besonders aber für Welpen. Der Markt hält eine breite Auswahl an Spielsachen bereit. Tauziehen ist bei gut erzogenen Tieren immer ein beliebtes Spiel, und der Ziehgriff gestattet es Hund und Herrchen gleichermaßen, kräftig zuzupacken. Das gleiche Spielchen kann man auch mit dem Spielring treiben, der zugleich zum Werfen und Bringen geeignet ist. Stöcke oder Steine sollten dagegen nicht für solche Apportierspiele verwendet werden. Spezialspielzeuge wie Gummiknochen, Dummys, Wurfringe oder große Bälle sind weniger gefährlich.

HALSBÄNDER UND LEINEN

Die meisten Kommunen verlangen, dass Hunde ein Halsband mit Steuermarke tragen. Ein Anhänger mit Ihrem Namen und Ihrer Anschrift ist sinnvoll, aber nicht Pflicht. Für den täglichen Gebrauch eignet sich am besten ein Halsband aus Leder oder Nylon. Würgehalsbänder sollten einen Stopp besitzen, damit der Hund sich nicht den Hals zuziehen kann. Die Leine sollte aus Leder oder aus Kunststoff sein.

Brust-
geschirr

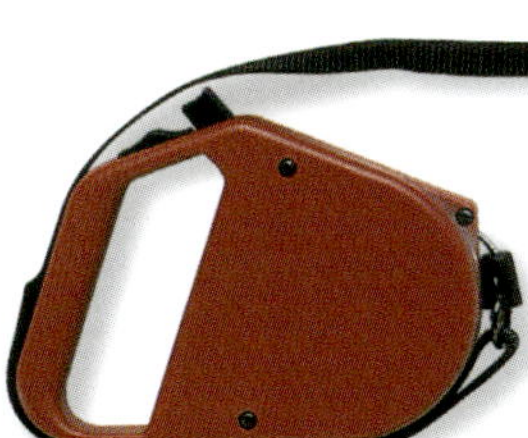

Automatikleine

Nylonleine

Lederhalsband
mit Erkennungsmarke

Kopfhalter

FUTTER- UND WASSERNAPF

Näpfe werden meist in drei verschiedenen Materialien angeboten. Keramiknäpfe sind schwer und nicht so leicht umzustoßen, zerbrechen aber leicht. Damit Schüsseln aus rostfreiem Stahl nicht rutschen, sollten sie in einem Gestell untergebracht sein oder auf Gummifüßen stehen. Ein Plastiknapf ist zwar preisgünstig, wird aber auch leicht angekaut. Für Rassen mit langen Ohren werden extra tiefe Näpfe angeboten, damit die Ohren nicht ins Futter hängen.

Plastiknapf

Keramiknapf

Napf aus
rostfreiem Stahl

HAARPFLEGE-SET

Die Grundausstattung besteht aus Kamm und Bürste, die nach jeder Verwendung gesäubert und getrocknet werden müssen. Lassen Sie den Hund nicht auf diesen Utensilien herumkauen.

Zweiseitige Stachel-
und Borstenbürste

Weitzahniger Kamm

Engzahniger Kamm

RASSEHUND ODER MISCHLING?

Bei reinrassigen Hunden bestimmen die Züchter Gestalt, Proportionen und Farbe, doch erben diese Hunde eben auch durchaus unerwünschte Eigenschaften, weshalb in bestimmten Zuchtlinien vermehrt Erbkrankheiten auftreten können.

Der lange Rücken der Basset Hounds und Dackel ist relativ anfällig für Bandscheibenbeschwerden. Deutsche Schäferhunde leiden häufig unter einer erblichen Hüftgelenkserkrankung, Irische Setter haben oft eine empfindliche Netzhaut, der Bulldogge machen wegen ihrer zahlreichen Falten im Gesicht besonders häufig Hautkrankheiten zu schaffen. Die besonders hohe Feuchtigkeit in den Hängeohren des Spaniels führt leicht zu Ohrentzündungen, und bei Rassen mit kurzem Fang und großem Kopf, wie dem Mops, ist die Geburt der Welpen oft problematisch. Natürlich können diese Beschwerden gelegentlich auch bei Mischlingen auftreten, aber die Wahrscheinlichkeit ist weit geringer.

Falls Sie sich einen reinrassigen Hund anschaffen möchten, sollten Sie sich zuerst mit den besonderen Bedürfnissen und Problemen der betreffenden Rasse beschäftigen. Adressen von Züchtern bekommen Sie von den Zuchtverbänden. Eine gute Gelegenheit, Züchter kennenzulernen, sind außerdem Ausstellungen. Auch die ortsansässigen Tierärzte können Ihnen bestimmt gute Tipps geben.

Versuchen Sie so viele Auskünfte wie möglich zu bekommen, bevor Sie sich einen Wurf Welpen ansehen, und nehmen Sie unbedingt jemanden mit, der sich mit der betreffenden Rasse gut auskennt. Wenn Sie Ambitionen haben, Ihren Hund später einmal auf Ausstellungen zu präsentieren, sollten Sie dies dem Züchter sagen. Er wird Ihnen zwar keine Garantie geben können, dass Sie einen künftigen Champion bekommen – denn wie sich ein junger Hund später entwickeln wird, kann niemand voraussagen. Aber er kann Ihnen bestimmt dabei helfen, einen möglichst viel versprechenden Welpen auszusuchen.

Es kommt auch immer wieder einmal vor, dass ein reinrassiger Welpe einen zuchtausschließenden Fehler besitzt, beispielsweise eine Knickrute oder einen Gebissfehler. Diese Hunde können natürlich genauso liebenswerte Hausgenossen sein wie ihre Geschwister ohne »Makel«, sie werden in der Regel aber zu einem günstigeren Preis abgegeben.

Bitten Sie den Züchter, Ihnen auch die Mutter und bei ihm lebende ältere Geschwister zu zeigen. So bekommen Sie eine Vorstellung davon, wie der Welpe später aussehen wird. Wichtig sind außerdem die erblichen Mängel, welche bei manchen Rassen besonders häufig auftreten. Sie müssen sich auf jeden Fall die Garantie geben lassen, dass die Zucht frei von rassetypischen Erbfehlern ist, und sich auch die entsprechenden tierärztlichen Nachweise zeigen lassen.

SO UNTERSUCHEN SIE EINEN WELPEN

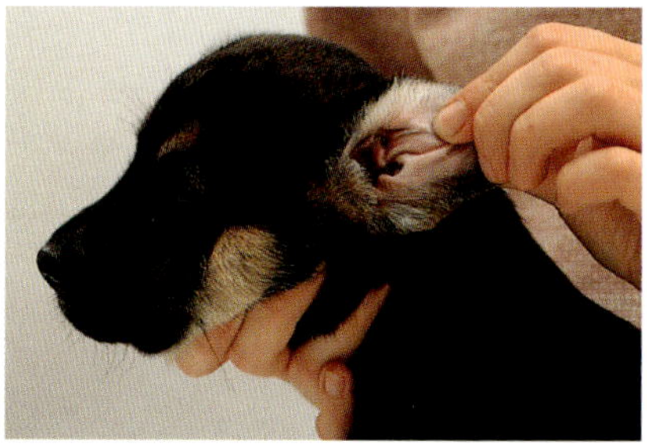

2 Halten Sie die Ohren zur Kontrolle hoch und prüfen Sie den Gehörgang: Dieser muss trocken, sauber und frei von Ablagerungen und Ausfluss sein.

1 Ein gesunder Welpe mit dem richtigen Temperament freut sich, wenn er hochgenommen wird.

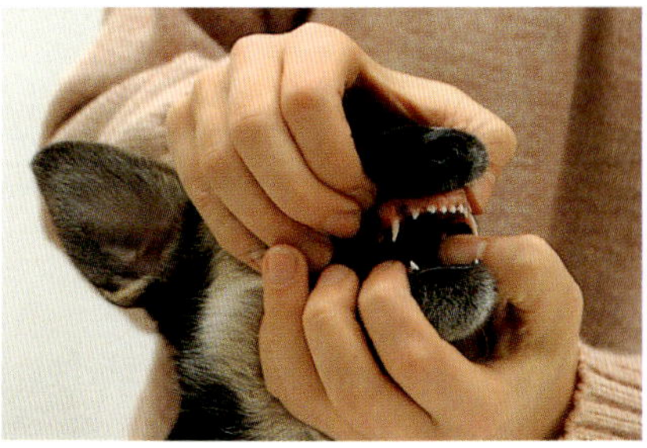

3 Öffnen Sie vorsichtig das Maul, um Zunge, Zahnfleisch und Zähne zu untersuchen. Alle Schleimhäute und die Zunge müssen rosig sein. Auch der »Biss«, die Stellung der oberen und unteren Vorderzähne zueinander, ist wichtig. Weder Ober- noch Unterkiefer dürfen vorstehen. Wenden Sie sich im Zweifelsfall an einen Fachmann.

BESONDERS WICHTIG

Vor allem müssen Sie sich vergewissern, dass der Hund gesund ist; es sei denn, Sie nehmen ein herrenloses Tier auf. Vereinbaren Sie, dass der Züchter den Welpen zurücknimmt oder die Behandlungskosten trägt, wenn nach dem Kauf eine Erkrankung festgestellt wird, die in der Verantwortung des Züchters liegt. Auf jeden Fall tun Sie gut daran, den Hund so bald wie möglich von einem Tierarzt untersuchen zu lassen, zur Sicherheit am besten ein oder zwei Tage nach seinem Einzug bei Ihnen.

STAMMBAUM GEGEN MIX
Der Dackel (links) mit Ahnentafel hat vielleicht die Anlage zu rassebedingten Erkrankungen. Bei diesem Mischling (oben) ist die Wahrscheinlichkeit dafür geringer.

Lassen Sie sich Zeit bei der Auswahl des Welpen, und achten Sie auf folgende Punkte:

- auf ein lebhaftes, aufgewecktes Verhalten,
- auf einen festen Körper (wenn Sie den Hund hochnehmen, dürfen keine Anzeichen von Schmerz festzustellen sein),
- auf eine saubere Nase, auf saubere Augen und Ohren; ein klarer Tropfen »Wasser« an der Nase ist normal,
- auf rosiges Zahnfleisch, rosige Zunge und ebensolche Lidbindehäute,
- auf etwaige Anzeichen von Durchfall (sehen Sie sich, wenn möglich, den Kot an, und achten Sie darauf, ob der Analbereich oder die Haare an den Hintergliedmaßen sauber sind),
- auf etwaige Flecken, Wunden oder Schuppen im Fell oder am Bauch,
- auf etwaige Erkältungs- und Hustensymptome.

Wird der Hund als geimpft verkauft, lassen Sie sich den von einem niedergelassenen Tierarzt unterzeichneten Impfpass oder EU-Heimtierausweis aushändigen. Hunde sollten gegen Staupe, Parvovirose, Hepatitis, Leptospirose, Tollwut und je nach Gefährdungslage auch gegen Zwingerhusten geimpft werden.

FEST UND SICHER
So trägt man einen wuseligen Welpen.

Wenn Sie ein herrenloses Tier aufnehmen, informiert Sie Ihr Tierarzt sicher gern darüber, worauf Sie bei einem solchen Tier besonders achten müssen.

Vernachlässigen Sie auch nicht das Wesen des Welpen und seiner Hundefamilie, sie alle müssen freundlich und offen sein.

4 Die Augen müssen klar und frei von Ausfluss, Tränen oder Schatten und Trübungen sein. Der Hund sollte in der Lage sein, die Augen weit zu öffnen, ohne dabei viel zu blinzeln, und sich nicht mit den Pfoten die Augen reiben. Bewegen Sie ein Spielzeug lautlos vor dem Hund hin und her und testen Sie so, ob er richtig sehen kann.

5 Fährt man mit der Hand gegen den Strich übers Fell, so kann man die Haut auf wunde Stellen, Schuppenbildung oder Flohbefall prüfen.

6 Schauen Sie auch unter dem Schwanz des Welpen nach Resten von hängen gebliebenem flüssigem Kot.

DIE PFLEGE

Fellpflege ist wichtig für eine gesunde Haut, für die Hygiene und zur Bekämpfung von Parasiten. Außerdem stärkt sie die Beziehung zwischen Ihnen und Ihrem Hund. Schon der Welpe sollte an das Bürsten und Kämmen gewöhnt werden, auch wenn sein Fell diese Pflege noch nicht benötigt. Je eher er das Hantieren mit den Pflegewerkzeugen sowie das Anfassen und Untersuchen seines Körpers kennenlernt, desto selbstverständlicher wird er dies als erwachsener Vierbeiner dulden.

DAS FELL

Das Fell des Hundes besteht aus dem gröberen Haupt- oder Leithaar der oberen Deckhaare und den Beihaaren der Unterwolle.

Man unterscheidet fünf Arten des Haarkleids: lang, seidig, kurz, lockig gekräuselt und drahtig. Ungewöhnliches Fell haben der nahezu haarlose Mexikanische Nackthund und der Puli, dessen dichtes Fell zu dicken Schnüren verfilzt.

Das Deckhaar wächst zunächst bis zur maximalen Länge, bleibt dann eine Zeit lang unverändert, wird durch ein neu nachwachsendes Haar abgestoßen und fällt schließlich ab. Dieser Ablauf wiederholt sich ständig am ganzen Körper des Hundes, sodass es zu einem natürlichen Gleichgewicht der Haartypen kommt, die jeweils nur einer der drei Wachstumsphasen entsprechen.

Viele Rassen haaren zweimal jährlich ab, meist im Frühjahr und im Herbst. Beim Haarwechsel tritt ein stärkerer Haarverlust auf, ausgelöst durch die hormonproduzierenden Drüsen des Körpers. Diese reagieren damit auf Veränderungen der Umgebungstemperatur und der Dauer des Tageslichts.

Es kann vorkommen, dass ein Hund nahezu ununterbrochen haart: wenn sich die Hormonproduktion seines Körpers durch künstliche Faktoren wie Zentralheizung und Innenbeleuchtung täuschen lässt. Auch andere Hormonstörungen und die Ernährung können beim Fellwechsel eine Rolle spielen.

KÄMME UND BÜRSTEN

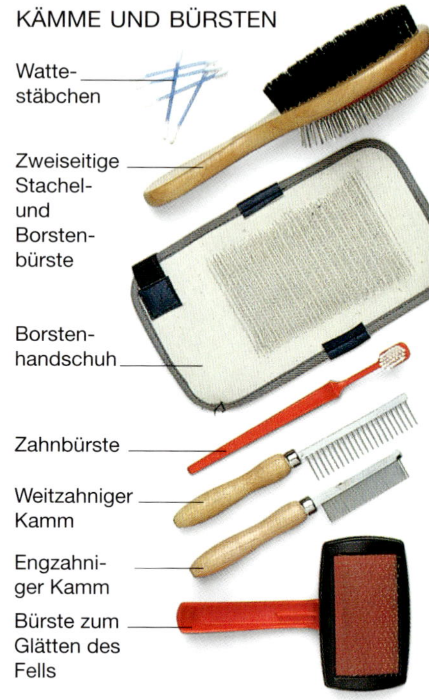

TYPEN DES HAARKLEIDS

LANGES DECKHAAR, wie beim Collie, Bobtail, Neufundländer und Deutschen Schäferhund, ist sehr robust. Bürsten Sie das Deckhaar zunächst nach vorne über Kopf und Schultern und dann wieder zurück. Die Flanken mit dem Strich bürsten. Langes Deckhaar muss in der Zeit des Haarwechsels zusätzlich noch ausgekämmt werden.

GELOCKTES, KRAUSES HAAR, wie beim Pudel. Obwohl diese Hunde keinen Haarwechsel durchmachen, müssen sie etwa alle sechs Wochen geschoren werden. Zu langes Haar im Gehörgang behutsam mit einer Pinzette zupfen. Frühestens im Alter von 14 oder 15 Wochen erstmals scheren.

SEIDIGES HAAR, wie beim Afghanischen Windhund, Yorkshire Terrier, Cocker Spaniel und dem Pekingesen, ist sehr pflegebedürftig. Afghanen, Spaniels und Setter befreit man von abgestoßenem Haar. Yorkshire, Malteser und Spaniel trimmt man viermal jährlich. Schneiden Sie regelmäßig die langen Haare zwischen den Pfoten kurz, damit kein Schmutz darin hängen bleibt.

DRAHTHAAR, wie beim Rauhaardackel, Schnauzer und den meisten Terriern, benötigt regelmäßiges Kämmen, damit das Fell nicht stumpf wirkt. Um abgestorbene Haare zu entfernen, sollte das Fell gezupft oder getrimmt werden. Baden ist nur nötig, wenn der Hund schmutzig ist.

KURZES HAAR, wie beim Boxer, Greyhound, Kurzhaardackel und Labrador, ist leicht zu pflegen: Für das kurze Haar solcher Hunderassen brauchen Sie nur einen Frottierhandschuh, für die anderen reichen Kamm und Bürste. Diese Hunde dürfen nicht zu häufig gebadet werden, weil erst sechs Wochen nach einem Bad das entzogene natürliche Fett wieder ersetzt ist.

UNGEWÖHNLICHES HAAR wird speziell gepflegt – fragen Sie den Züchter oder Tierarzt. Das Fell des Puli (Bild) hängt in schnurähnlichen Strähnen herab, die auseinandergezupft werden. Selbst fast haarlose Rassen wie der Mexikanische Nackthund brauchen regelmäßiges Bürsten und Kämmen.

TRIMMGERÄTE

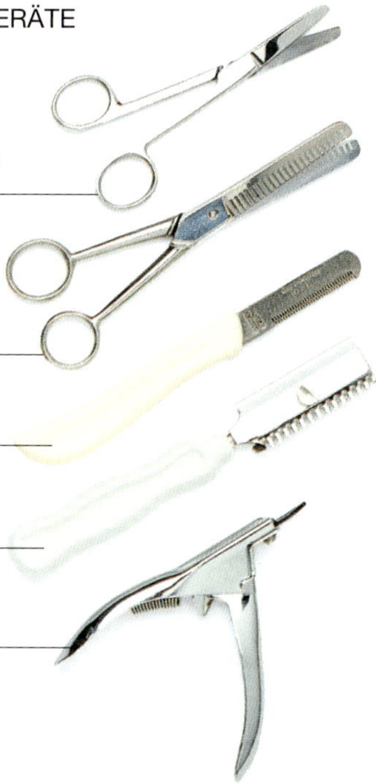

AUSRÜSTUNG

Ein komplettes Pflegeset besteht aus Stachelbürste, Borstenbürste, Glättbürste, Gummibürste, eng- und weitzahnigem Metallkamm, Borstenhandschuh, Schere mit runder Spitze, Krallenschneider, Ausdünnungsschere, Trimm-Kamm, Trimm-Messer und einem Haartrockner. Eine Zahnbürste ist eine sinnvolle Ergänzung. Wattestäbchen dürfen nicht im Innenohr verwendet werden, besser ist ein feuchtes Tuch.

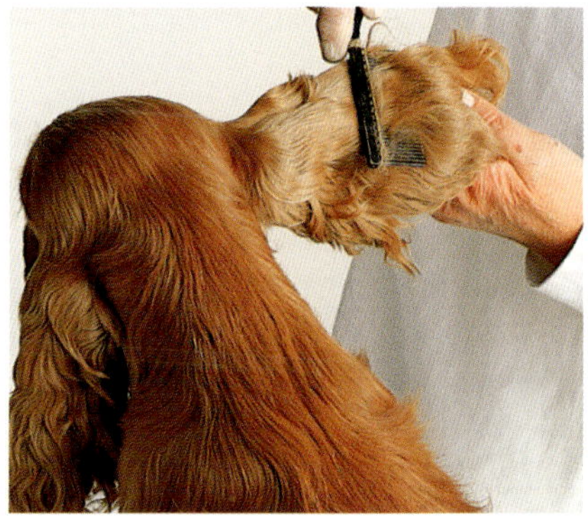

1 Tasten Sie das Fell nach verfilzten Stellen ab und lösen Sie diese mit einem weitzahnigen oder einem Entfilzungskamm auf. Beim Spaniel ist besonders auf das lange seidige Haar an den Ohren zu achten.

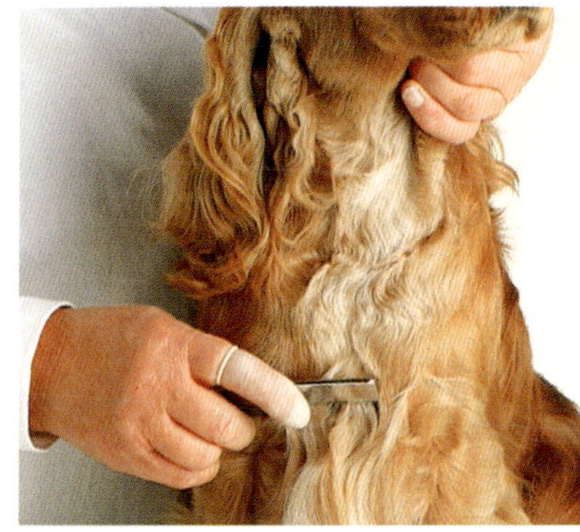

2 Für den Hals, die Unterseite der Rute und hinter den Ohren eignet sich ein engzahniger Kamm. Schneiden Sie die Augenpartie vorsichtig aus; ebenso die Pfoten und den Anusbereich unter der Rute.

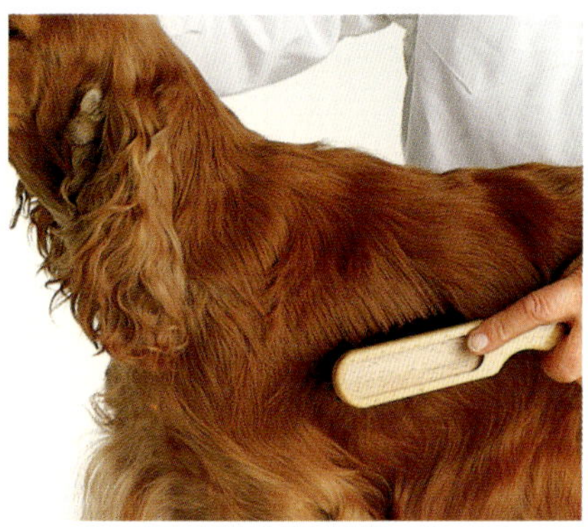

3 Korrektes Bürsten: Folgen Sie mit der Bürste dem Haarstrich – jenen natürlichen Linien des Haarwuchses also, die vom Kopf über den Rücken und die Seiten zu den Läufen und Pfoten verlaufen.

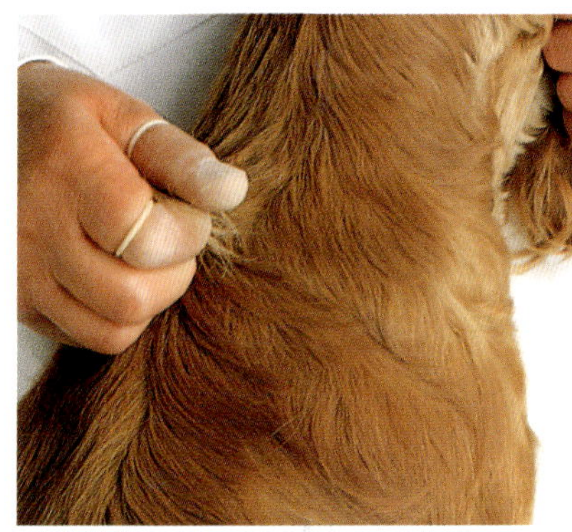

4 Seiden- und Drahthaar müssen im Nacken- und Rückenbereich vorsichtig von abgestoßenem Haar befreit werden. Mit einem Gummifingerling lässt sich das Haar besser greifen.

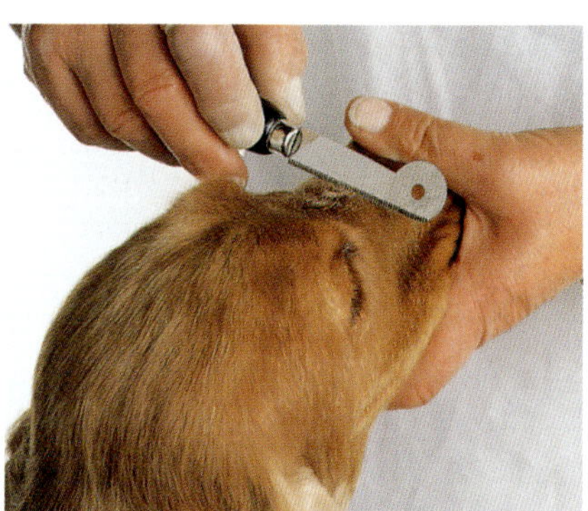

5 Der Fachmann im Hundesalon darf, wie hier gezeigt, mit Trimm-Kamm und Trimm-Messer arbeiten. Er kann auch vor dem Bad, wenn erforderlich, das Haar mit einer Spezialschere ausdünnen.

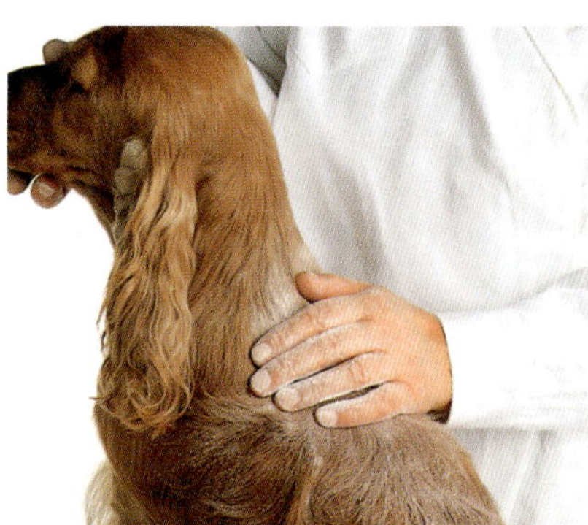

6 Hier sehen Sie die Anwendung eines Trockenshampoos, auf Seite 152 ein Hundebad. Den Puder in Partien in das Fell einreiben und dann wieder ausbürsten. Zuletzt kommt der Kopf an die Reihe.

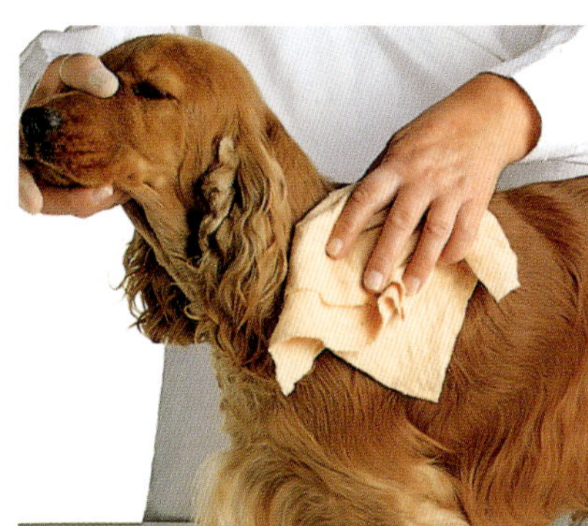

7 Noch ein letztes Nachreiben mit einem feuchten Ledertuch, dann mit einem Stück Seide oder Samt nachpolieren. Dadurch verteilt sich das Hautfett im Haar, was für einen schönen Glanz sorgt.

DAS HUNDEBAD

Manche Hunde wie Scottish Terrier schuppen leicht und brauchen ein monatliches Bad. Andere Rassen brauchen nur ein-, zweimal im Jahr ein Bad. Vor dem Bad kommt immer zuerst die Haarpflege. Außerdem ist spezielles Hunde- oder Babyshampoo zu verwenden.

Trockenshampoo eignet sich im Bedarfsfall für eine kurze Reinigung, wenn das Fell nicht allzu verschmutzt ist oder übel riecht. Es handelt sich hierbei um einen Puder, der sorgfältig ins Fell eingerieben und wieder ausgebürstet wird (siehe S. 151). Eine gelegentliche Anwendung von Trockenshampoo ist vor allem bei Hunden mit etwas fettigem Fell zu empfehlen.

1 Prüfen Sie die Wassertemperatur, bevor Sie den Hund hineinheben, das Wasser soll warm, aber nicht heiß sein. Halten Sie den Hund ruhig, während Sie großzügig Wasser über Rücken und Seiten gießen. Das Tier hält besser still, wenn Sie es am Fang festhalten.

2 Etwas Shampoo auf den Rücken auftragen und gut in das Fell einreiben, an den Seiten und Gliedmaßen entlang nach unten arbeiten. Den Kopf waschen Sie zuletzt. Achten Sie darauf, dass kein Shampoo in die Augen kommt. Meist schüttelt sich der Hund, wenn der Kopf nass wird.

3 Das Shampoo gründlich ausspülen. Sie beginnen am Kopf und gehen weiter über den Rücken bis zur Kruppe. Sparen Sie nicht mit Wasser. Schließlich drücken Sie das Wasser aus, am Kopf beginnend, damit der Hund möglichst trocken aus dem Bad kommt.

4 Heben Sie jetzt den Hund aus dem Bad, und stellen Sie ihn auf eine Badematte. Sie können ihn mit einem Handtuch oder mit dem Föhn trocknen. Damit der Hund sich an den Föhn gewöhnt, fangen Sie am besten vorne am Kopf an. Dort kann er sehen, was Sie tun.

BADEZUBEHÖR

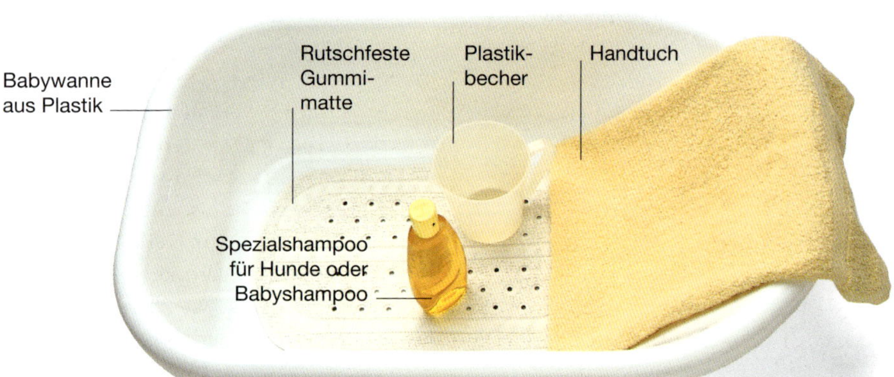

KRALLEN SCHNEIDEN

Wenn Sie die Krallen Ihres Hundes selbst schneiden wollen, sollten Sie es sich vorher vom Tierarzt zeigen lassen. Benutzen Sie eine Krallenzange für Hunde, die von oben nach unten schneidet. Um Verletzungen zu vermeiden, müssen Sie mindestens zwei Millimeter vor der rosigen Stelle der Blutader, dem »lebenden« Krallenteil, zu schneiden aufhören.

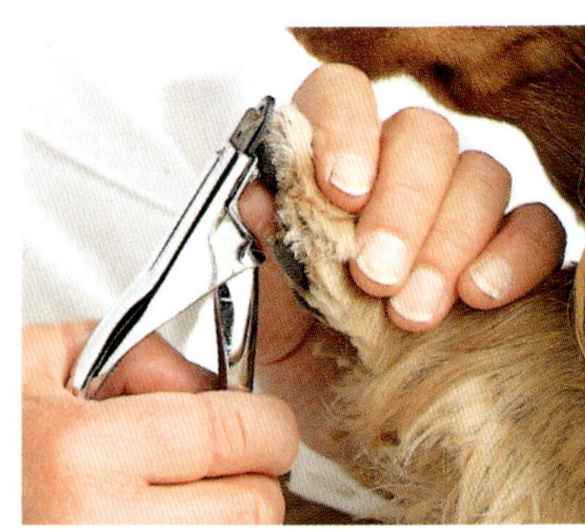

FRÜH ÜBT SICH Die Krallen der Welpen sollte man schon nach zwei bis drei Wochen erstmals schneiden, damit beim Säugen der Milchtritt mit den Pfoten die Bauchhaut der Mutter nicht verletzt. Außerdem hat der Welpe die Prozedur dann schon einmal kennengelernt.

REISEN MIT DEM HUND

Große Hunde sind am besten im Fond eines Kombis oder Vans hinter einem Hundegitter untergebracht. Kleine Hunde lassen sich in speziellen und gut befestigten Kunststoff- oder Metallboxen transportieren.

Sie sollten das Autotraining mit kurzen Strecken beginnen. Verhält Ihr tierischer Passagier sich dabei ruhig, können Sie die Dauer der Fahrt täglich steigern. Manche Hunde sind von Anfang an begeisterte »Autofahrer«. Andere jammern oder bellen und sind unruhig. Trösten Sie den Hund dann nicht, das würde ihn in seiner Angst nur bestätigen. Der Hund sollte immer ein positives Erlebnis mit dem Auto verbinden, zum Beispiel einen anschließenden spannenden Spaziergang oder ein Treffen mit Hundefreunden.

Es gibt auch immer wieder Vierbeiner, die unter Reiseübelkeit leiden. Lässt sich das Unwohlsein nicht durch ein behutsames Autotraining mindern, kann der Tierarzt Ihrem Hund Mittel gegen diese Reisekrankheit verordnen.

UNTERWEGS
Die meisten Hunde lieben das Autofahren. Am sichersten aufgehoben sind sie hinter einem Hundegitter oder in einer Box.

Oft helfen auch homöopathische Präparate. Beruhigungsmittel sind keine gute Lösung, da sie den Wärmehaushalt des Hundes beeinträchtigen können. Sie sollten nur in Ausnahmefällen verabreicht werden.

Lassen Sie einen Hund niemals längere Zeit allein im Auto, besonders nicht an heißen Tagen. Das Tier kann nämlich erstaunlich schnell einen Hitzschlag erleiden, der oft tödlich endet. Regulierbare Schutzgitter, die in offene Fenster passen, bieten Sicherheit und an warmen Tagen Belüftung, aber verlassen Sie sich nicht zu sehr darauf. Berücksichtigen Sie auch den Lauf der Sonne, wenn Sie den Hund kurz im Auto lassen müssen. Steht das Auto jetzt noch im Schatten, kann es in einer halben Stunde vielleicht schon der prallen Sonne ausgesetzt sein.

Geben Sie Ihrem Hund vor jeder Reise Gelegenheit, sein Geschäft zu erledigen. Etwa zwei Stunden vor der Abfahrt bekommt er einen kleinen Imbiss und etwas Wasser. Auf längeren Touren sollte das Tier nach vier bis fünf Stunden etwas zu fressen bekommen. Alle zwei bis drei Stunden sollte man anhalten, damit der Hund Wasser trinken und sein Geschäft erledigen kann.

Wenn Sie an Rastplätzen eine Pause machen, um den Vierbeiner auszuführen, sollten Sie ihn immer an der Leine lassen. Die Gerüche dort sind alle fremd und sehr aufregend, was ihn möglicherweise ablenkt, sodass er nicht so gehorsam ist wie üblich und sich leicht durch ein Geräusch erschrecken lässt und wegläuft. Dies ist natürlich gerade an Autobahnen besonders gefährlich und kann zu schweren Unfällen führen.

WASSER ANBIETEN
Ihr Hund muss vor einer Autofahrt und zwischendurch immer die Möglichkeit zum Trinken bekommen.

HUNDEBOX-BESTIMMUNGEN

Die Hundebox für den Lufttransport muss gewissen Vorschriften entsprechen. Die Mindestmaße richten sich nach der Größe des Hundes, wie hier abgebildet. Auch bei Reisen mit dem Auto oder der Verwendung in der Wohnung sollte die Transportbox nicht kleiner sein, als hier angegeben.

Die Hundebox muss so groß sein, dass es dem Hund möglich ist, frei zu stehen, sich zu drehen und sich bequem hinzulegen. Die Tür sollte aus einem soliden Metallgitter bestehen, das der Hund nicht durchbeißen oder verbiegen kann. Welche Anforderungen weiterhin an die Transportbox gestellt werden, erfahren Sie bei den Fluggesellschaften.

Natürlich ist an das Wohl des Hundes gedacht, und die Box muss mit von außen befüllbaren Wasser- und Futternäpfen ausgestattet sein. Innen soll die Box mit einer wasserabsorbierenden Decke ausgepolstert sein. Für eine gute Belüftung sind ausreichend Lüftungsschlitze an den Seiten wichtig.

RICHTIG GEKENNZEICHNET
Die Transportbox muss mit der Aufschrift »Hier oben« versehen sein sowie mit dem IATA-Etikett »Lebendes Tier«.

A = Länge des Hundes von der Nase bis zur Schwanzspitze
B = Höhe vom Boden bis zum Ellbogen
C = Schulterbreite
D = Höhe des Hundes vom Boden bis zum Scheitelpunkt des Kopfes

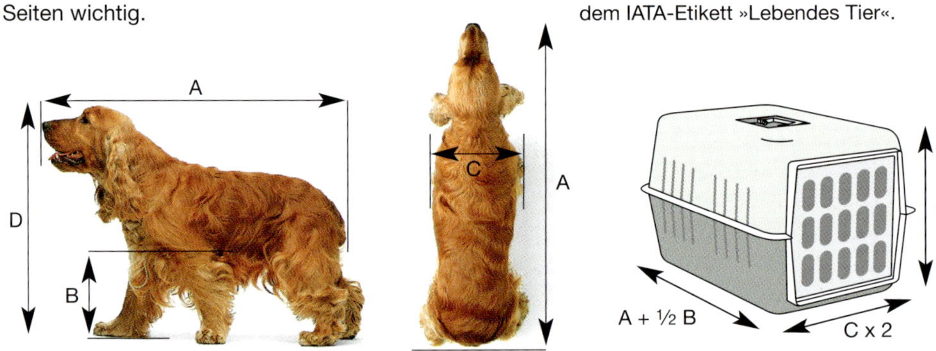

AM URLAUBSORT

Wenn Sie mit Ihrem Hund am Reiseziel angekommen sind, sollten Sie alles dafür tun, dass Hunde dort auch künftig gern gesehene Gäste sind.

- Es ist Ehrensache, dass Sie den Kot des Hundes mit einer Tüte entfernen.
- Lassen Sie den Hund nur dort frei laufen, wo es erlaubt ist.
- Achten Sie darauf, dass er in der Wohnung oder dem Ferienhaus keine Schäden anrichtet. Passiert doch einmal etwas, sollten Sie sofort für den Schaden aufkommen.
- Lassen Sie den Hund nur alleine im Zimmer, wenn er nicht die ganze Zeit kläfft.
- Darf der Hund mit in den Speisesaal, sollten Sie Rücksicht auf andere Gäste nehmen und den Hund beispielsweise nicht vom Tisch füttern und ihn vom Büffet fernhalten.
- Putzen Sie seine Pfoten ab, bevor sie ihn wieder mit in das Hotel und auf das Zimmer nehmen.

WIR BLEIBEN ZU HAUSE

Nicht jeder Urlaub ist »hundetauglich« – und manchmal ist es einfach besser, ihn daheim in sichere Obhut zu geben:

- Hunde können nicht so gut mit hohen Temperaturen umgehen wie Menschen und bekommen relativ leicht einen Hitzschlag. Deswegen sollte Ihr Hund meist zu Hause bleiben, wenn Sie in ein sehr heißes Klima reisen. Vor allem Hunde mit kurzen Nasen, wie Bulldogge und Mops oder Tiere mit chronischen Erkrankungen, zum Beispiel am Herzen, können hohe Temperaturen schlecht vertragen.
- Prüfen Sie vorher, ob Ihre Vorstellungen vom Urlaub mit einem Hund vereinbar sind. Darf der Vierbeiner mit an den Strand und ins Restaurant? Nehmen Sie sich die Zeit, um mit ihm zu spielen und zu trainieren? Kann er an Ihren Unternehmungen teilnehmen? Nicht jeder Hund kann bei langen Bergwanderungen oder anderen Aktivitäten mithalten.
- Mit einer läufigen Hündin kann der Urlaub zu einem Spießrutenlaufen werden, wenn es gilt, den eventuell anwesenden Rüden weiträumig aus dem Weg zu gehen.
- Wenn Sie gerade erst einen Welpen bei sich aufgenommen haben, sollten Sie überlegen, auf die Urlaubsreise zu verzichten, und die freien Wochen besser nutzen, um das kleine Kerlchen mit seinem Umfeld vertraut zu machen. Nutzen Sie diese Zeit, um es an die Regeln im Umgang mit Ihnen zu gewöhnen und eine Bindung zu ihm aufzubauen. Wird das Hundekind nach wenigen Wochen im neuen Umfeld wieder aus diesem herausgerissen, kann dies sogar zu Trennungsangst führen, die nur mit sehr viel Mühe zu korrigieren und für alle Seiten sehr anstrengend ist. Auch bei einem Hundesitter ist der Kleine dann nicht gut aufgehoben, weil ihm die Bezugsperson fehlt, mit der er schließlich den Rest seines Lebens verbringen soll.

URLAUBSVORBEREITUNGEN

Eine Urlaubsreise benötigt immer viel Vorbereitung, damit Sie ungetrübten Ferienspaß genießen können. Als Hundehalter müssen Sie zusätzliche Punkte berücksichtigen:

REISEN MIT DEM HUND

1. HUNDE WILLKOMMEN: Klären Sie vor der Buchung ab, ob im Hotel, der Ferienwohnung oder auf dem Campingplatz Hunde gern gesehene Gäste sind. Dass Sie für den Vierbeiner einen geringen Aufschlag zahlen müssen, ist üblich.

2. EINREISEBESTIMMUNGEN: Erkundigen Sie sich sehr frühzeitig bei der Botschaft oder dem Konsulat des Urlaubslandes, welche Einreisebestimmungen für Hunde gelten. Bei Reisen innerhalb Europas (Ausnahmen gelten in Großbritannien, Irland, Malta und Schweden) genügt meist der EU-Heimtierausweis mit dem Nachweis, dass der Hund einen Mikrochip oder eine Tätowierung und eine gültige Tollwutimpfung besitzt.

3. REISEWEGE: Wenn Sie mit Bahn, Flugzeug oder Schiff reisen, sollten Sie abklären, welche Bedingungen es für den Tiertransport gibt. Bei Flugreisen können kleine Hunde bis zu einem bestimmten Gewicht meist in der Passagierkabine mitreisen, größere Hunde werden in speziellen, für Tiere zugelassenen Frachträumen untergebracht und müssen die Reise in speziellen Transportboxen unternehmen.

4. GESUNDHEIT: Fragen Sie Ihren Tierarzt, ob Sie bestimmte Vorkehrungen zum Schutz Ihres Hundes treffen sollten. Neben einem in jedem Land wichtigen umfassenden Impfschutz sollten Sie Ihren Hund gerade bei Reisen in südliche Länder vor Zeckenbissen und Mückenstichen schützen. Diese können verschiedene schwere Erkrankungen übertragen, angefangen von der sich auch bei uns immer weiter ausbreitenden Borreliose bis hin zu einem Herzwurmbefall oder Leishmaniose.

WENN DER HUND ZU HAUSE BLEIBT

1. HUNDESITTER: Kümmern Sie sich rechtzeitig um eine vertrauenswürdige Unterkunft für Ihren Hund. Findet sich niemand in der Familie oder dem Freundeskreis, der den Vierbeiner in Pflege nehmen kann, bleiben als Alternativen »Haussitter«, die während Ihrer Abwesenheit in Ihrem Haus wohnen und Tiere und Pflanzen versorgen, oder eine Hundepension. Schauen Sie sich einen solchen Pflegeplatz für Ihren Hund vorher genau an, und stellen Sie sicher, dass er dort optimal versorgt und auch beschäftigt wird und im Notfall ein Tierarzt schnell erreichbar ist.

2. INFORMATION: Geben Sie dem Hundesitter alle wichtigen Informationen an die Hand, die er benötigt, um sich bestens um Ihren Hund kümmern zu können. Idealerweise halten Sie alles Wichtige schriftlich fest und notieren auch die Telefonnummer Ihres Tierarztes, Ihre eigene Telefonnummer im Urlaub oder Ihre Mobilfunknummer.

MIKROCHIP
Dabei handelt es sich um einen kleinen Transponder unter der Haut. Mit einem Lesegerät kann die Nummer erkannt und der Hund, wenn die Nummer bei einem Suchdienst registriert ist, seinem Besitzer zugeordnet werden.

CHECKLISTE FÜR DIE REISE

HUNDEGEPÄCK

- Halsband
- Leine
- evtl. zusätzlich Schleppleine
- evtl. Maulkorb
- Adressanhänger mit Urlaubs- und Heimatadresse, Telefonnummer
- ggf. EU-Heimtierausweis
- gewohntes Futter
- Leckerchen
- Löffel für Hundefutter
- Hundeplatz, z.B. Körbchen oder eine Decke
- alte Handtücher
- Bürste
- Kamm
- Schere mit runder Spitze
- Hundeshampoo
- Spielzeug
- evtl. Trainingsmittel

HUNDEAPOTHEKE

- Zeckenzange
- Pinzette
- Medikamente, die der Hund regelmäßig benötigt
- digitales Fieberthermometer
- Desinfektionslösung
- Antibiotisches Spray
- Durchfallmittel
- Kreislauftropfen
- Wundsalbe
- Augentropfen
- Kompressen
- Tupfer
- Verbandwatte
- Mullbinden
- Pflasterrolle
- Plastikspritzen
- Einmalhandschuhe

Ihr Tierarzt wird Sie bei der Zusammenstellung der Hundeapotheke beraten.

GESUNDHEITSPFLEGE

Überlassen Sie die Behandlung von ernsthaften Erkrankungen Ihrem Tierarzt. Hier sollen lediglich einige der häufigsten Symptome erklärt und gesagt werden, was Sie dagegen unternehmen können. Außerdem finden Sie im Folgenden ein paar einfache, aber sehr nützliche Erste-Hilfe-Anleitungen.

DAS MAUL

Symptome, die auf Beschwerden im Bereich der Mundhöhle schließen lassen, sind Speichelfluss, Kratzen des Maulbereichs, übertriebene Kaubewegungen, Empfindlichkeit beim Kauen und schadhafte Zähne. Zeigt Ihr Hund plötzlich einige der beschriebenen Symptome, dann sollten Sie die Mundhöhle auf Fremdkörper untersuchen, die möglicherweise zwischen den Zähnen stecken geblieben sind. Mit etwas Geduld und mithilfe eines Löffelstiels lassen sich solche Fremdkörper meist entfernen.

Um Erkrankungen vorzubeugen, sollten Sie die Mundhöhle des Hundes regelmäßig inspizieren und zweimal wöchentlich mit einer weichen Zahnbürste und spezieller Hundezahnpasta die Zähne putzen, um der Bildung von Zahnstein vorzubeugen. Diese Substanz verletzt die Zahnfleischränder, sodass Bakterien Infektionen in den Zahntaschen hervorrufen und langfristig die Zähne lockern können. Zahnstein verursacht neben Zahnfleischentzündungen aber auch schlechten Atem.

ZAHNPFLEGE
Die Entstehung von Zahnstein lässt sich am besten durch Zähneputzen zweimal in der Woche vermeiden. Benutzen Sie dazu eine spezielle Zahnbürste und Hundezahnpasta.

Mithilfe eines Beruhigungsmittels oder Kurzzeit-Narkotikums kann der Tierarzt mit speziellen Kratzinstrumenten oder Ultraschallgeräten Zahnbelag rasch und gründlich entfernen. Kranke Zähne müssen gezogen werden, damit es nicht zu Wurzelabszessen oder Zahnbettentzündungen kommt, die zu Blutvergiftung, Nebenhöhlenentzündungen oder sogar Nierenschädigungen führen können. Füllungen sind nur selten nötig.

Tumoren, Geschwüre in der Mundhöhle und Mandelentzündungen können ebenfalls die Ursache für die oben aufgeführten Symptome sein. Hier ist die Diagnose und Behandlung durch den Tierarzt unerlässlich.

DIE AUGEN

Erste Hinweise auf Probleme sind entzündete, tränende Augen oder sogenannte »Schnupfenaugen« (mit klebrigem Ausfluss). Auch ein bläulicher oder weißlicher Überzug über dem Auge verheißt nichts Gutes.

Tritt wässriger oder klebriger Ausfluss an nur einem Auge auf, sollten Sie das betreffende Auge alle paar Stunden mit einer sterilen Augenspülflüssigkeit (aus der Apotheke) auswaschen, wie man sie auch für Menschen verwendet.

Besonders bei jungen Hunden kann eine Entzündung beider Augen auf Staupe, eine schwere Viruserkrankung, hinweisen. Anhaltende wässrige Absonderungen eines oder beider Augen könnten außerdem auf ein nach innen umgestülptes Augenlid (Entropium) oder auf gestörten Tränenfluss zurückzuführen sein.

Eine Entzündung der Hornhaut (Keratitis) macht sich durch einen bläulich weißen Schleier auf einem oder auf beiden Augen bemerkbar. Es handelt sich hierbei zwar nicht um grauen Star, dennoch ist eine sofortige tierärztliche Behandlung erforderlich. Eine Trübung der Linse (grauer Star) ist an einem etwas tiefer im Auge liegenden blauen oder weißen Schleier zu erkennen und tritt meist nur bei älteren Tieren auf. Hält eines der im Innern oder in der Nähe des Auges auftretenden Symptome länger als einen Tag an oder haben Sie den Verdacht auf eine Verletzung, sollten Sie den Patienten unverzüglich zum Tierarzt bringen.

DIE NASE

Eine kranke Nase erkennt man häufig an einem trockenen, spröden und wunden Nasenspiegel oder an eitrigem

AUGENBEHANDLUNG

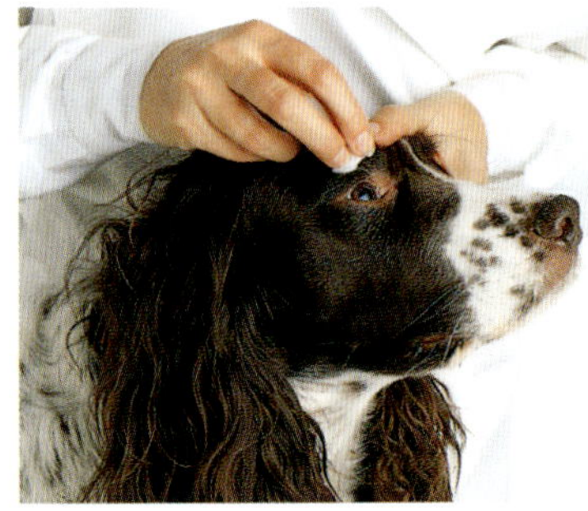

1 Ein entzündetes oder wässriges Auge wird alle zwei bis drei Stunden mit lauwarmem Augenwasser ausgespült.

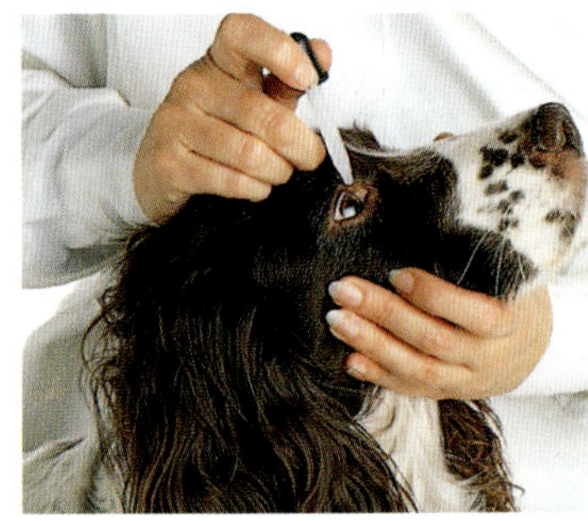

2 Beim Verabreichen von Augentropfen die Hand von hinten zum Auge führen und sich auf der Stirn des Hundes abstützen. Halten Sie die Pipette parallel zur Oberfläche des Auges, wie auf dem Bild dargestellt.

DIE NASE ANSCHAUEN
Zwar ist es richtig, dass eine feuchte Nase oft auf einen gesunden Hund schließen lässt, aber eine ständig laufende Nase kann auch auf eine Erkrankung hindeuten.

Nasenausfluss und den klassischen Schnupfensymptomen.

Erleichterung bei verstopften oder verkrusteten Nasenlöchern verschafft vorsichtiges Auswaschen mit warmem Wasser und das Einreiben der Nase mit ein wenig Vaseline. Treten die typischen »Erkältungssymptome« auf, sollten Sie sofort einen Tierarzt hinzuzuziehen, damit der Hund so schnell wie möglich behandelt wird.

DIE OHREN

Erkrankungen der Ohren erkennt man daran, dass der Hund häufig den Kopf schüttelt, sich am Ohr kratzt, den Kopf zur Seite neigt oder dass schlechter Geruch oder Ausfluss aus dem Ohr bemerkbar wird, die Ohrmuscheln anschwellen und der Hund beim Berühren des Ohrs Schmerz und Unbehagen äußert.

Bei Ohrenbeschwerden muss der Hund sofort einem Tierarzt vorgeführt werden. Da chronische Erkrankungen sehr schwer auszuheilen sind, sollte immer frühzeitig behandelt werden.

Regelmäßiges Reinigen der Ohren ist wichtig – je nach Rasse mindestens einmal pro Woche –, wenn der Hund zu Erkrankungen der Ohren neigt. Mit angewärmter und spezieller Ohrenlotion angefeuchtete Tücher eignen sich zur Reinigung des sichtbaren Teils der Ohren. Durch vorsichtiges Hin- und Herdrehen des Tuches lässt sich überflüssiges braunes Ohrenschmalz leicht entfernen. Bei manchen Rassen wie Pudel oder vielen Terrier-Rassen wachsen Haare im Gehörgang, die Sie mit einer Pinzette vorsichtig herauszupfen, aber nicht wegschneiden.

Eine Ohrenreizung kann auf diverse kleine Objekte, die in den Gehörgang geraten sind, zurückzuführen sein. Grassamen sind oft nur mit ärztlicher Hilfe zu entfernen. Kleine, kaum sichtbare weiße Milben, die im Ohr leben, verursachen Juckreiz, Bakterien kommen hinzu und verursachen Sekundärinfektionen. Schweiß und Schmutz, die sich in den schlecht belüfteten Ohren etwa des Spaniels ansammeln, bilden die idealen Grundlagen für Keime. Der Tierarzt kann feststellen, ob Milben, Bakterien, Pilzbefall oder andere Ursachen die Entzündung bewirkt haben, und verschreibt entsprechende Gegenmittel. Häufig kann bei chronisch entzündeten Ohren nur ein chirurgischer Eingriff Abhilfe schaffen.

Wenn die Ohren mit Tropfen gegen Parasiten behandelt werden, ist es wichtig, dass Sie die Therapie so lange wie vom Arzt angegeben fortsetzen. Ansonsten treten die Parasiten immer wieder auf, oder es kann sich sogar eine Resistenz gegen die Medikamente entwickeln.

Das Anschwellen einer Ohrmuschel sieht zwar besorgniserregend aus, im Allgemeinen handelt es sich aber dabei um keine ernsthafte Erkrankung. Der Grund dafür ist in den meisten Fällen lediglich ein großer Bluterguss, der durch das Platzen eines Blutäderchens in der Ohrmuschel entsteht. Die Ursache kann entweder der Biss eines anderen Hundes oder zu starkes Kratzen des juckenden Ohrs sein. Eine chirurgische Behandlung ist jedoch unerlässlich.

OHRENPFLEGE UND OHRENBEHANDLUNG

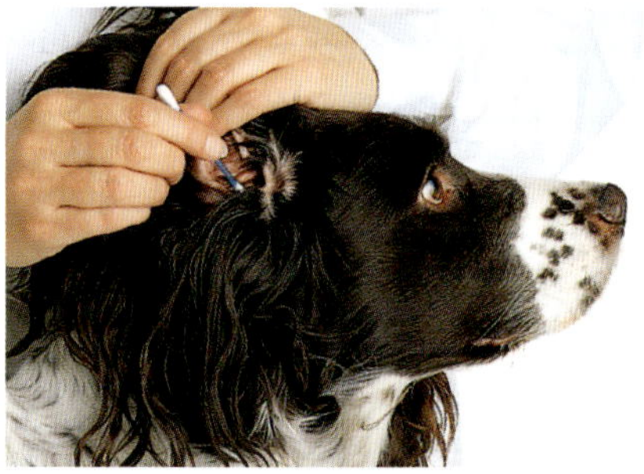

1 Ohrenleiden vermeiden Sie am besten durch regelmäßiges Entfernen überflüssigen Ohrenschmalzes. Besser als die Verwendung von Wattestäbchen sind Tücher, die Sie mit einer angewärmten speziellen Ohrenlotion befeuchten.

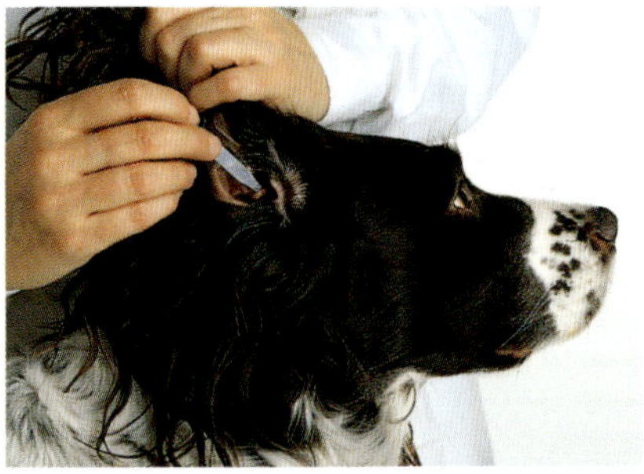

2 Bei Ohrenbeschwerden ist der Tierarzt aufzusuchen. Achten Sie darauf, dass der Hund sich bei der Gabe von Medikamenten in das Ohr ruhig verhält, damit die Gehörgänge bei einer schnellen Bewegung nicht verletzt werden.

3 Legen Sie die Ohrmuschel wieder zurück, und massieren Sie die Lotion sanft bis in die tieferen Regionen des Ohrs. Schauen Sie nach einer Weile nach, und entfernen Sie mit einem Wattestäbchen eventuell aufsteigendes Ohrenschmalz.

DER BRUSTKORB

Erkrankungen im Brustbereich beginnen mit Husten, Keuchen oder schwerem Atem. Hunde können Bronchitis, Rippenfell- oder Lungenentzündung, Herzkrankheiten und andere Beschwerden in der Brust bekommen. Husten und Niesen in Verbindung mit eitrigen Augen, Durchfall und Lustlosigkeit sind nicht selten ein Hinweis auf Staupe. Manchmal überleben Hunde diese Krankheit, aber die Aussichten sind schlecht, sobald erst Symptome wie Krämpfe, Muskelzuckungen in den Gliedmaßen oder Lähmungen auftreten, weil im fortgeschrittenen Stadium das Nervensystem in Mitleidenschaft gezogen ist. Diese Anzeichen werden oft erst Wochen, nachdem das Virus sich im ganzen Körper ausgebreitet hat, sichtbar. In manchen Fällen sind dies die einzig erkennbaren Symptome.

Um solche Sorgen zu vermeiden, lassen Sie Ihren Hund so früh wie möglich gegen Staupe und andere infektiöse Hundekrankheiten impfen. Achten Sie auf später notwendige Wiederholungsimpfungen. Bei den ersten Zeichen einer Erkrankung den Tierarzt aufsuchen.

Nur der Tierarzt kann feststellen, ob es sich um Staupe oder eine andere Infektionskrankheit handelt. Da Staupe von einem Virus ausgelöst wird, ist sie nur schwer zu behandeln. Antibiotika und andere Medikamente helfen, Sekundärinfektionen durch Bakterien zu unterdrücken. Das Staupe-Serum steht zwar heute zur Verfügung, es bringt aber als Behandlungsmittel wenig Erfolg. Es dient vor allem dem Schutz solcher Tiere, die mit der Krankheit in Berührung gekommen sind und sich vielleicht angesteckt haben.

Andere Erkrankungen im Brustbereich kann der Tierarzt mithilfe des Stethoskops, durch Röntgenaufnahmen, Labortests und Elektrokardiografie feststellen. Herzkrankheiten sind bei älteren Hunden nicht selten, sie sprechen meist gut auf eine medikamentöse Behandlung an.

IMPFSCHUTZ
Die Impfung der Welpen gegen Staupe, Hepatitis, Parvovirose und Leptospirose ist gefahrlos, Nebenwirkungen treten kaum auf. Die erste Impfung soll mit etwa acht Wochen gegeben werden, die zweite vier Wochen später. Eine jährliche Wiederholungsimpfung hält die Immunität aufrecht.

DER MAGEN-DARM-TRAKT

Die häufigsten Symptome für Störungen im Magen-Darm-Trakt sind Erbrechen, Durchfall, Verstopfung sowie Blut im Kot. Hierfür kann es viele Ursachen geben. Wenn eines dieser Symptome trotz vernünftiger Erstbehandlung länger als zwölf Stunden anhält, ist eine tierärztliche Behandlung unbedingt notwendig.
Erbrechen kann auf eine leichte Magenverstimmung (Gastritis) oder eine Nahrungsmittelvergiftung zurückzuführen sein. Starkes, anhaltendes oder von anderen Symptomen begleitetes Erbrechen kann jedoch auch auf ernsthafte Erkrankungen wie Staupe, ansteckende Hundehepatitis, Leptospirose, starken Wurmbefall oder Darmverschluss hinweisen.

SO VERABREICHEN SIE MEDIKAMENTE

Es gibt verschiedene Möglichkeiten, Medikamente zu verabreichen:

- Öffnen Sie vorsichtig das Maul durch Anheben des Oberkiefers. Platzieren Sie die Tablette dann so weit wie möglich hinten auf der Zunge. Schließen Sie das Maul wieder, und massieren Sie den Kehlbereich des Hundes, um diesen zum Schlucken zu animieren.
- Geben Sie die Tablette in Honig, Butter oder eine andere zähflüssige – und schmackhafte – Substanz, damit der Hund sie gar nicht wahrnimmt.
- Schlitzen Sie ein Stück Fleisch auf und »spicken« Sie es mit der Tablette.

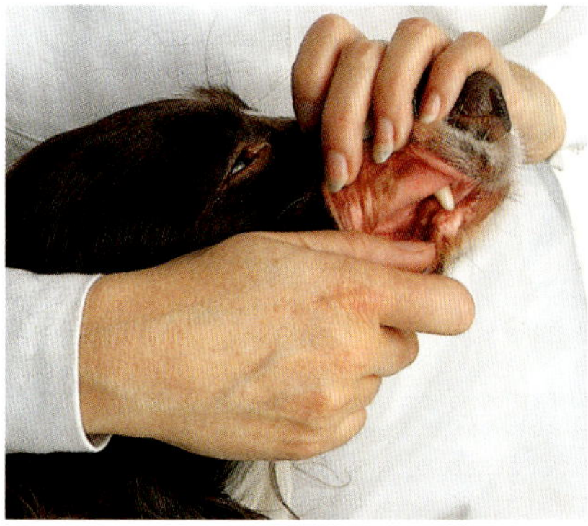

1 Zum Verabreichen flüssiger Medizin heben Sie den Unterkiefer des Hundes und ziehen die Lefzen auseinander, damit eine kleine Tasche entsteht.

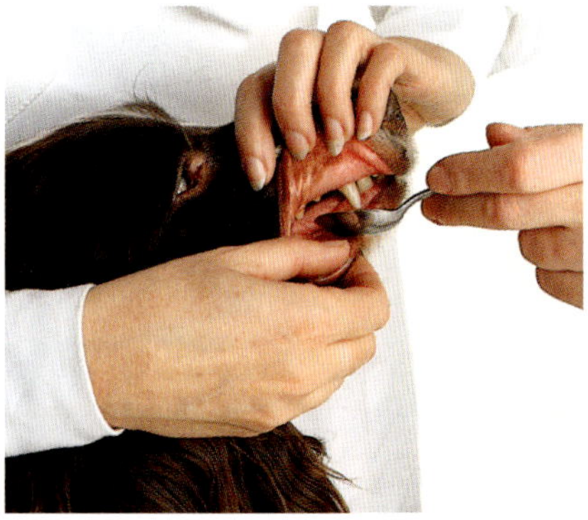

2 Träufeln Sie das Medikament nun in diese Tasche. Mit einer Pipette, einer Spritze oder einer Flasche geht das leichter als mit einem Löffel.

Durchfall ist vielleicht nichts weiter als eine kleine Darmstörung, kann jedoch ebenfalls – durch Bakterien oder Viren ausgelöst – ernsthaft und anhaltend auftreten. Dies gilt auch für manche Arten der Vergiftung und für bestimmte Allergien.

Verstopfung hängt möglicherweise mit dem Alter zusammen oder mit einer falschen Tiernahrung, die zu viel zermahlene Knochen enthält (und wie Zement im Darm liegt), sie kann aber auch auf einen Darmverschluss zurückzuführen sein.

Blut im Kot kann viele größere und kleinere Ursachen haben: von einem Knochensplitter, der die Rektalregion aufreißt, bis hin zu einer gefährlichen Parvovirus-Infektion.

Bei leichtem Erbrechen sollten Sie dem Hund an diesem Tag nichts mehr zu fressen geben. Gelegentliches Erbrechen kommt häufiger vor, sei es, weil der Hund Gras gefressen oder seine Portion zu hastig heruntergeschluckt hat. Hält das Erbrechen aber länger an, ist es heftig oder blutig, kommt Durchfall hinzu oder ist der Hund sehr schwach, sollten Sie ihn bald einem Tierarzt vorstellen. Auch bei Durchfall verhält es sich ähnlich. Leichte Durchfälle sind meist harmlos, schwere Durchfälle müssen möglichst schnell vom Tierarzt behandelt werden. Achten Sie immer – besonders bei Welpen – darauf, dass der Hund trotzdem genug trinkt, sonst verliert er zu viel Flüssigkeit. Eine Prise Salz im Wasser hilft, den Elektrolytverlust auszugleichen.

Einem Hund, der an Verstopfung leidet, können meist 10 bis 40 ml (zwei bis acht Teelöffel, je nach Größe) Paraffinöl helfen. Wirkt der Bauch aber zusätzlich aufgetrieben und erbricht der Hund, muss er schnell zum Tierarzt, es kann sich dann um einen gefährlichen Darmverschluss handeln.

ANALDRÜSEN

Zwei kleine Drüsen zu beiden Seiten des Anus verursachen häufige Beschwerden. Hundebesitzer bemerken dann, dass ihr Hund auf dem Hinterteil am Boden entlangrutscht (»Schlittenfahren«) oder sich plötzlich wie von einer Biene gestochen um die eigene Achse dreht. Ursache sind meist die Analdrüsen, denn sie sind oft verstopft.

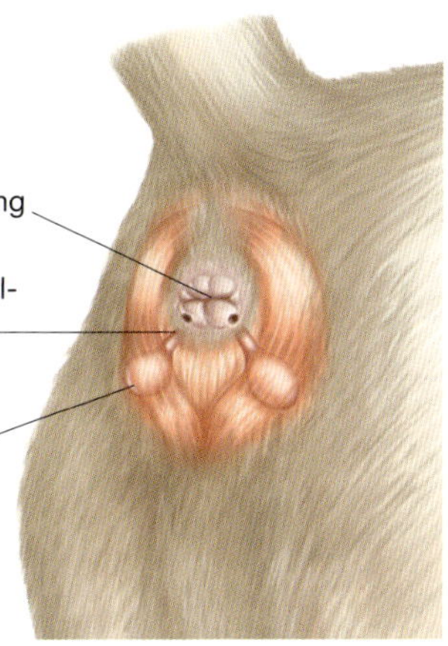

VERSTOPFTE ANALDRÜSE
Verstopfte Analdrüsen verursachen Beschwerden und sollten gleich entleert werden.

Gerade Hunde älteren Semesters haben häufiger Probleme damit. Wenn eine Infektion entsteht, kann es zu Analdrüsenabszessen kommen. Das bedeutet dann eine Behandlung mit Antibiotika und in chronischen Fällen sogar die chirurgische Entfernung der Drüsen.

Diese Probleme lassen sich vermeiden, wenn die Drüsen regelmäßig entleert werden, was durch fest geformten Kot am besten geschieht. Entleeren sich die Drüsen nicht von allein, müssen sie regelmäßig ausgedrückt werden.

MAGENDREHUNG

Durch eine plötzliche Ansammlung von Luft oder Flüssigkeit bläht sich der Magen auf und kann sich verdrehen. Dadurch wird der Magenein- und -ausgang blockiert und die Blutzufuhr zum Magen und zur Milz unterbrochen. Hier hilft nur, den Hund so schnell wie möglich in die Klinik zu bringen, damit die lebensrettende Operation durchgeführt werden kann, denn dabei zählt jede Minute. Die Magendrehung tritt häufig ab dem zweiten Lebensjahr meist bei größeren Rassen auf. Mögliche Vorkehrungen gegen Magendrehung sind kleinere, aber häufigere Futterrationen. Dabei sollte man die Futterschüssel etwas höher stellen, damit weniger Luft mit in den Magen gelangt. Außerdem soll der Hund zwei bis drei Stunden nach den Mahlzeiten weder wild herumtollen noch zu körperlicher Anstrengung angehalten werden.

ENTLEEREN DER ANALDRÜSEN

Der Tierarzt kann Ihnen zeigen, wie Sie die Drüsen selbst entleeren können. Unter Umständen ist es notwendig, dass man dem Hund dazu das Maul zubindet und ein Helfer ihn festhält. Gelingt der Versuch, so spritzt eine übel riechende Flüssigkeit aus dem Anus. Wenn dies nicht geschieht oder die Drüsen stark angeschwollen oder sichtlich entzündet sind, dann bringen Sie Ihren Hund zum Tierarzt.

1 Biegen Sie den Schwanz nach oben. Tragen Sie Gummihandschuhe und halten Sie einen Wattebausch oder ein Tuch in der Hand, um damit die Flüssigkeit aufzufangen.

2 Legen Sie Daumen und Zeigefinger – wie auf dem Bild – links und rechts neben den Anus und drücken Sie diesen sanft, aber entschlossen nach innen zusammen.

TEMPERATURMESSEN

Optimal ist ein elektronisches Thermometer, ansonsten verwenden Sie ein normales Thermometer und gehen wie folgt vor:

- Schütteln Sie das Thermometer auf 37 °C herunter, und fetten Sie das Ende mit etwas Vaseline oder Paraffinöl ein.
- Halten Sie den Schwanz des Hundes hoch und führen Sie die Spitze des Thermometers in den Enddarm ein.
- Nehmen Sie es nach drei Minuten heraus, wischen Sie es sauber und lesen die Temperatur ab.

Die nach dieser Methode gemessene normale Körpertemperatur des Hundes beträgt etwa 38,5 °C. (Falls das Thermometer zerbricht, versuchen Sie bitte nicht, die Splitter aus dem Rektum zu entfernen, sondern gehen Sie sofort zum Tierarzt.)

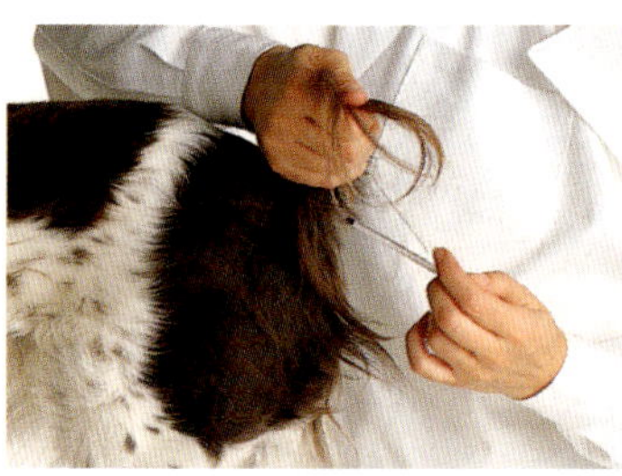

HARNWEGE

Häufige Anzeichen für Erkrankungen der Harnwege sind Schwierigkeiten beim Harnabsatz, übermäßiges Trinken und gehäufter Harndrang, Gewichtsverlust und Appetitlosigkeit sowie Blut im Urin.

Blasenentzündung (Cystitis), Blasensteine sowie Steine in den Harnwegen oder Nierenerkrankungen treten häufig auf und erfordern die sofortige tierärztliche Behandlung.

Eine rechtzeitig erkannte Blasenentzündung spricht auf eine Behandlung mit Antibiotika gut an. Die Diagnose von Steinen im Bereich des Harnapparates lässt sich durch Röntgenaufnahmen bestätigen, sie können in den meisten Fällen operativ entfernt werden.

Selbst Hunde mit chronischen Nierenproblemen können ein hohes Alter erreichen, wenn der Wasser-, Protein- und Mineralstoffgehalt der Ernährung überwacht, bakterielle Infektionen behandelt, der Proteinverlust gering gehalten und Stress jeglicher Art vermieden werden.

GENITALIEN

Obwohl auch der Rüde gelegentlich unter Erkrankungen der Genitalien leidet (Hodentumoren usw.), treten die schwerwiegenderen und häufigeren Leiden meistens bei der Hündin auf. Dazu zählen verlängerte Läufigkeit, starke Blutungen und Vaginalausfluss.

Abgesehen von der Zeit kurz vor der Geburt oder während der normalen Läufigkeit muss jede Art von Ausfluss vom Tierarzt behandelt werden. Bei nicht tragenden Hündinnen ist etwaiger Vaginalausfluss immer ein Alarmsignal. Meist handelt es sich um eine eitrige Gebärmutterentzündung, auch bekannt als Pyometra, die aufgrund einer hormonellen Störung und anschließender Infektion entsteht. Hier muss sofort der Tierarzt aufgesucht werden. Er empfiehlt vielleicht kurzfristig eine medikamentöse Behandlung, aber früher oder später lässt sich eine chirurgische Entfernung der Gebärmutter (Hysterektomie) in solchen Fällen nicht umgehen. Diese große Operation ist in den meisten Fällen erfolgreich, aber Sie können derartige Noteingriffe vermeiden, wenn Sie die Hündin kastrieren lassen, sobald Sie beschlossen haben, dass sie keine Welpen mehr bekommen soll.

MILCHDRÜSEN

Wenn Sie Verhärtungen im Bereich des Milchdrüsengewebes, in den Zitzen oder unter der Haut ertasten, gehen Sie sofort zum Tierarzt. Tumoren breiten sich von hier rasch auf andere Körperteile aus, können aber, frühzeitig erkannt, chirurgisch entfernt werden.

Eine entzündete harte Milchdrüse bei säugenden Hündinnen kann auf eine beginnende Gesäugeentzündung hinweisen, die mit entzündungshemmenden und antibiotischen Medikamenten behandelt wird. Manchmal verschreibt der Tierarzt Hormone, um die Milchproduktion zu stoppen.

DIE HAUT

Häufige Symptome sind dünn behaarte oder kahle Stellen im Fell, Kratzen und feuchte, trockene oder verkrustete Wundstellen. Räude, die von kaum sichtbaren Milben verursacht wird, ruft verkrustete kahle Stellen her-

NACH KNOTEN ABTASTEN
Untersuchen Sie die Milchdrüse Ihrer Hündin mindestens einmal im Monat auf Verhärtungen, die auf Tumoren schließen lassen könnten. Informieren Sie den Tierarzt, wenn Sie Knoten oder Schwellungen ertasten.

vor. Auch Flöhe, Läuse und Zecken können zu Beeinträchtigungen des Haarkleids führen. Das Vorhandensein eines einzigen Flohs auf dem Hund kann unter Umständen eine weitreichende Hautreizung als allergische Reaktion auf den Flohspeichel auslösen.

Auch Ernährungsfehler, wie etwa ein Mangel an bestimmten Fettsäuren, können ursächlich für ein unansehnliches, ungesund wirkendes Fell sein.

Falls Sie Parasiten im Fell sehen oder vermuten – Räudemilben, Flöhe, Zecken oder Läuse – kaufen Sie am besten ein Spray, Puder oder Badeshampoo gegen solche Schädlinge. Gegen Räude gibt es verschiedene Mittel, lassen Sie sich vom Tierarzt beraten.

Zur Heilung von Hautpilzbefall sind Medikamente erforderlich, die der Hund einnehmen muss, oder Salben, die man auf die Haut aufträgt. Außerdem ist peinlich genau darauf zu achten, dass die Krankheit nicht auf Menschen übertragen wird.

Bei Flohbefall sollten Sie bedenken, dass sich die Eier der Flöhe (Nissen) nicht nur auf dem Tier, sondern auch in seiner gesamten Umgebung befinden können. Der Hundekorb, sein Liegeplatz, die Hundehütte usw. – dies alles muss also unbedingt zur gleichen Zeit wie der Hund mit einem Flohmittel behandelt werden.

Hauterkrankungen aufgrund von Mangelernährung lassen sich durch eine ausgewogene Diät leicht beheben.

SPULWÜRMER

Sie verursachen eine massive Irritation des Darms und Magenverstimmungen, besonders bei Welpen. Sie können aber auch auf den Menschen übertragen werden und die Gesundheit von Kleinkindern ernstlich schädigen. Sie sollten daher Ihren Hund alle drei Monate mit einem modernen Wurmmittel (Tierarzt) einer Wurmkur unterziehen.

BANDWÜRMER

Gefahr droht vom Fuchs- und vom Hundebandwurm. Meist zeigt der Hund keine Symptome; nur bei sehr starkem Befall durch den Fuchsbandwurm treten manchmal Anzeichen wie Durchfall, Abmagerung oder stumpfes Fell auf. Wurmbefall entdeckt man meist durch kleine, weiße Stückchen (Glieder) im Hundekot. Menschen können sich als Zwischenwirt infizieren und gefährlich erkranken. Eine regelmäßige Entwurmung des Hundes (am besten alle drei Monate) unter tierärztlicher Aufsicht ist deshalb besonders wichtig.

DAS FESTHALTEN EINES HUNDES

Besteht die Gefahr, dass der Hund beißt, so muss der Fang vor einer tierärztlichen Behandlung zugebunden werden (siehe rechts). Halten Sie den Hund außerdem sicher fest:

- Einen kleinen Hund packt man fest am Halsband und am Nackenfell.
- Bei einem mittelgroßen Hund liegt der Kopf in der Ellbogenbeuge, das Vorderbein hält man hoch (links).
- Ebenso hält man große Hunde, setzt aber noch das Körpergewicht ein, um sie niederzuhalten. Notfalls fixiert ein Assistent das Hinterteil.

DAS ZUBINDEN DES FANGS

Jeder Hund, der Angst oder große Schmerzen hat, könnte beißen. Sie können dem Hund mithilfe einer festen Binde oder eines Gaze- oder Stoffstreifens eine Art Maulkorb anlegen.

1 Machen Sie zuerst eine Schlinge, die Sie um den Fang des Hundes legen.

2 Kreuzen Sie die Enden dann unter dem Kopf, und verknoten Sie sie danach hinter den Ohren.

3 Die Kiefer des Hundes sind auf diese Weise wirkungsvoll und für ihn schmerzlos fixiert.

UNFÄLLE UND NOTFÄLLE

Ein verletzter und verängstigter Hund, der sich bedroht fühlt, beißt möglicherweise. Binden Sie ihm den Fang zu – das tut ihm nicht weh und schützt andere (siehe S. 161). Bringen Sie den Hund nun aus der Gefahrenzone an einen warmen ruhigen Platz im Haus. Legen Sie ihn auf ein Bettlaken, dann können Sie ihn gegebenenfalls wie in einer Hängematte tragen. Vergeuden Sie keine Zeit, denn der Schock ist das Schlimmste. Drücken Sie auf stark blutende Stellen einen dicken Zellstoff- oder Leinenbausch oder ein gefaltetes Taschentuch, notfalls bis zum Eintreffen des Tierarztes. Versuchen Sie erst gar nicht, Gliedmaßen zu schienen oder Staubinden anzulegen.

Können Sie den Hund zum Tierarzt fahren, gewinnen Sie oft Zeit. Rufen Sie zuvor an, um sicherzustellen, dass die Praxis besetzt ist. Bewegen Sie den Hund beim Transport möglichst wenig.

BISS- UND ANDERE OFFENE WUNDEN

Schneiden Sie mit einer Schere rund um die Wunde die Haare dicht über der Haut weg. Baden Sie die Stelle sorgfältig in einer Desinfektionslösung. Auf kleinere Wunden, die nicht so schlimm sind, dass sie ärztliche Versorgung benötigen, streichen Sie etwas antiseptische Salbe oder Puder. Bei Bissverletzungen ist eine Antibiotikum-Injektion mit anhaltender Wirkung eine Vor-

TRANSPORTIEREN EINES VERLETZTEN HUNDES

1 Nach einem Unfall muss der Hund zuerst aus der Gefahrenzone gebracht werden. Benutzen Sie ein flaches Stück Karton als Trage oder auch ein Handtuch, eine Decke oder einen Mantel. Bitten Sie Passanten, Ihnen beim Tragen des Hundes zu helfen, vermeiden Sie jede Beugung des Rückgrats, gehen Sie sanft vor.

2 Der Hund kann rascher behandelt werden, wenn Sie den Tierarzt verständigen und den Hund selbst hinbringen, anstatt zu warten, bis der Tierarzt kommt. Wenn der Hund in ein Fahrzeug gehoben wird, muss jemand die Trage entgegennehmen, damit der Hund nicht zu sehr gerüttelt oder das Rückgrat bewegt wird.

NATÜRLICHE REFLEXE PRÜFEN

Durch einen Unfall oder während einer schweren Erkrankung kann ein Hund bewusstlos werden. Kontrollieren Sie dann die Nervenreflexe des Hundes, um dem Tierarzt telefonisch einige Anhaltspunkte geben zu können. Auch wenn Sie keine Reaktionen feststellen, sollten Sie selbst nicht entscheiden, ob er tot ist oder noch lebt.

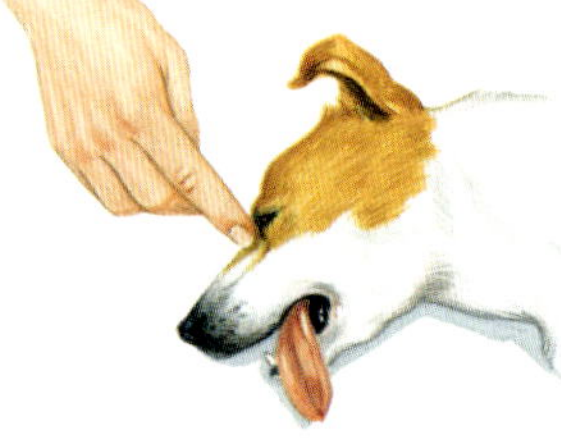

1 Wenn Sie vorsichtig einen Augenwinkel des liegenden Hundes berühren, müsste er unmittelbar mit einem Blinzeln darauf reagieren.

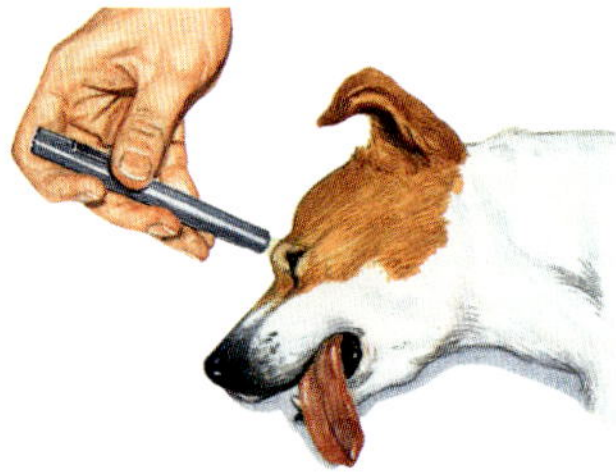

2 Leuchten Sie mit einem hellen Licht, z.B. einer Taschenlampe, in das Auge eines Hundes, dann müsste sich seine Pupille zusammenziehen.

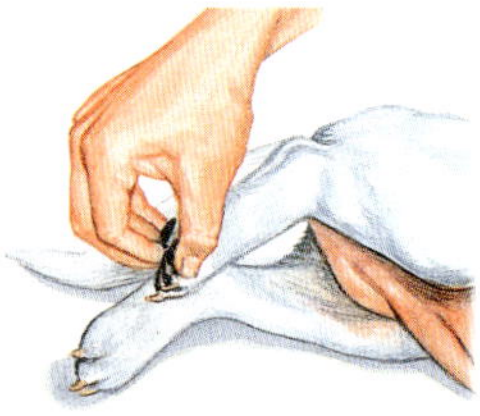

3 Zwicken Sie mit dem Finger in die Haut oder das Gewebe zwischen den Zehen der Hinterläufe, die Pfote des Hundes müsste zucken.

EINE TIERÄRZTLICHE UNTERSUCHUNG

Der Tierarzt beurteilt den Zustand des Hundes, indem er ihn auf äußerlich erkennbare Anzeichen einer Krankheit untersucht, ihn abtastet, das Gewicht und das Aussehen prüft und nach empfindlichen oder schmerzhaften Punkten sucht. Er wird vielleicht auch:

- Herz und Lungen mit dem Stethoskop abhören oder durch Beklopfen des Brustkorbs mit der Fingerspitze untersuchen.
- die Temperatur messen.
- Augen, Nase und Maul ansehen, das Augenlid nach unten ziehen, um die Farbe der Bindehaut zu prüfen, und dem Hund das Maul öffnen, um Zähne, Zahnfleisch, Zunge und Rachen zu beurteilen.
- den Bauch des Hundes abtasten, um Größe, Position und Zustand der wichtigsten Organe zu fühlen.
- das äußere Ohr auf mögliche Erkrankungen untersuchen.
- andere Bereiche wie Pfoten, Anus, Genitalien und Bauchdecke untersuchen.

sichtsmaßnahme des Tierarztes. Kleinere Wunden sollten Sie nicht verbinden.

Aufgeschnittene Pfotenballen heilen zwar langsam, sind aber nicht gefährlich, tiefe Wunden müssen vom Tierarzt versorgt werden. Ziehen Sie eine Kinderwollsocke über die Pfote, nachdem Sie die Schnittwunde gereinigt und mit desinfizierender Salbe versorgt haben. Auf einen wasserdichten Verband, etwa eine Plastiktüte, sollten Sie verzichten – außer für Spaziergänge im Regen. Befestigen Sie einen Pfotenverband im Übrigen niemals mit einem Gummiband. Der Verband sollte stets luftdurchlässig und trocken sein und kann mit einem Klebestreifen fixiert werden.

DER ALTERNDE HUND

Wie ihre Besitzer leben heute auch die Hunde länger, aber nur wenige werden älter als 17 Jahre, was beim Menschen etwa einem Alter von 84 entspricht.

ÜBERGEWICHT VERMEIDEN

Schon beim ersten Ansatz von Fettleibigkeit muss die Futterration reduziert werden. Überfütterung verkürzt die Lebenserwartung Ihres Hundes beträchtlich.

Die Versorgung und Pflege eines älteren Hundes bedarf besonderer Sorgfalt und Zuwendung. Ab acht Jahren zählen Hunde zu den Senioren, sehr große Vierbeiner auch schon mit sechs Jahren.

ALTERSKRANKHEITEN

Übergewichtige Tiere leben nicht so lange, wie sie eigentlich könnten, denn Fettleibigkeit führt zu Herzkrankheiten, Leberversagen und Diabetes.

Andere alte Hunde entwickeln sich in die andere Richtung und verlieren an Gewicht. Eine häufige Ursache ist eine unzureichende Nierenfunktion. Auch hier brauchen Sie den Rat des Tierarztes, damit es nicht zu Mangelerscheinungen und weiteren Erkrankungen kommt.

Oft sind es die Nieren, an denen sich die Auswirkungen des Alters zuerst zeigen. Wurde das Tier als junger Hund gewissenhaft gegen Leptospirose geimpft und hat es alle Wiederholungsimpfungen erhalten, so besteht wenig Gefahr, dass es an chronischer Nierenentzündung (Nephritis) erkrankt, einer früher häufigen Todesursache.

EXTRA VITAMINE
Fragen Sie Ihren Tierarzt um Rat, ob zusätzliche Multivitamingaben für Ihren Hundesenior sinnvoll sind.

Richtiger Rheumatismus kommt bei Tieren selten vor, dafür treten häufig Arthritis und Arthrosen in verschiedenster Form auf. Wie beim Menschen gibt es auch bei Hunden keine absolute Heilung, aber man kann viel tun, um die Schmerzen zu lindern, die Gelenke beweglich zu halten und Versteifungen zu vermeiden. Schon bei den ersten Anzeichen dafür, dass der Hund nicht mehr so gut laufen kann, sollte ihn der Tierarzt untersuchen. Eine ganze Therapiepalette von Goldinjektionen über Kortikosteroide und andere entzündungshemmende Medikamente bis hin zu Akupunktur und Homöopathie steht zur Verfügung, um Beschwerden des Bewegungsapparates zu lindern.

Die Alterung des Gehirns kann zu Verhaltensänderungen und im schlimmsten Fall zu Demenz führen. Untersuchungen haben gezeigt, dass einer von vier Hunden über acht Jahren an dieser Erkrankung leidet. Die Halter stellen anfangs vielleicht leichte Irritationen, Desorientierung, Vergesslichkeit und Momente von geistiger Verwirrtheit bei Ihrem Hund fest. Diese Phasen sind anfangs kurz und selten, treten aber immer häufiger auf und dauern immer länger, sie wechseln sich mit klaren Momenten ab. Diese Krankheit ist vergleichbar der Alzheimerkrankheit des Menschen. Mit Medikamenten kann man unter Umständen die Lebensqualität für Hund und Mensch verbessern. Vorbeugend ist es wichtig, den Hund bis ins hohe Alter geistig und entsprechend seiner Leistungsfähigkeit auch körperlich zu fordern. Mittlerweile werden Wirkstoffe gegen Demenz aus der Humanmedizin verstärkt auch in der Tiermedizin eingesetzt. Besprechen Sie die Symptome mit Ihrem Tierarzt oder Ihrer Tierärztin, dort erhalten Sie eine Behandlungsempfehlung.

Chronische Herzerkrankungen treten in den meisten Fällen schleichend auf. Anzeichen können langsamere Bewegungen, nachlassende Energie, chronischer Husten oder eine schnelle und schwere Atmung sein. Der Tierarzt kann das Herz und den Kreislauf Ihres Hundes auf verschiedene Weisen untersuchen, zum Beispiel mit einem Stethoskop, einem Elektrokardiogramm, Ultraschall und Röntgen. Mit den richtigen Medikamenten kann der Hund aber bei vielen Herzerkrankungen noch ein langes Leben mit viel Spaß und Freude führen.

Verliert ein Hund im Alter sein Gehör, ist es wichtig, dass Sie darauf achten, dass er sich nicht erschreckt und dadurch in gefährliche Situationen gerät. Dies ist auch wichtig bei nachlassendem Sehvermögen oder Blindheit – im Alter leiden viele Hunde unter einer Linsentrübung. Stellen Sie in diesem Fall die Möbel in Ihrer Wohnung nicht mehr um. So kann sich dort auch ein blinder Hund noch gut orientieren. Lassen Sie ihn draußen nicht mehr von der Leine. Beraten Sie sich mit Ihrem Tierarzt.

PFLEGE EINES ÄLTEREN HUNDES

Durch regelmäßige Untersuchungen können Sie viele Krankheiten, Schmerzen und Beschwerden bei Ihrem alten Hund vermeiden. Wenn Sie die folgenden Kontrollen vornehmen – keine davon ist schwierig oder zeitaufwendig –, können Sie Probleme früh erkennen und deren Verschlimmerung verhindern. Sie müssen nur hinschauen, riechen und tasten.

1 Überprüfen Sie die Ohren auf Ablagerungen. Wischen Sie diese mit einem weichen Tuch und spezieller Ohrenlotion aus. Riechen die Ohren unangenehm, muss der Hund zum Tierarzt.

2 Schauen Sie in die Augen. Sind die Lider frei von Ausfluss und Verkrustungen? Reinigen Sie die Augen mit einem mit warmem Wasser getränkten und fusselfreien Baumwolltuch. Kontrollieren Sie auch, ob die Augen sich verändern oder die Linsen trüb werden.

GERÜCHE

Ältere Hunde riechen manchmal ein bisschen unangenehm, meist aus dem Maul. Verschwenden Sie kein Geld für entsprechende Tabletten, die Chlorophyll enthalten und nur vorübergehende Besserung bringen. Gehen Sie lieber gleich zum Tierarzt, der die Mundhöhle untersucht und Zahnfleisch und Zähne reinigt.

Ursache für den typischen Geruch des alternden Hundes kann auch eine allgemeine Verschlechterung des Haarkleids sein, das mehr Schuppen und Fett produziert. Achten Sie besonders auf die Fellpflege, und fragen Sie Ihren Tierarzt, ob es spezielle Hundeshampoos für diese Fälle gibt.

DARMTRAKT

Im Laufe der Jahre ist der Darm des Tieres schlaff geworden, hat sich gedehnt und arbeitet nicht mehr so gleichmäßig. Sorgen Sie dafür, dass die Nahrung genügend Ballaststoffe enthält, und füttern Sie ein leicht verdauliches Futter für Hundesenioren.

»MÜFFELNDE« HUNDE

Alte Hunde können mitunter unangenehm riechen. Regelmäßige Fell- und Zahnpflege beugt dem vor. Stellen Sie den Senior im Zweifelsfall dem Tierarzt vor.

EINSCHLÄFERN

Wenn die Zeit gekommen ist, haben Sie vielleicht das Glück, dass Ihr Hund friedlich im Schlaf stirbt. Wenn nicht, dann haben Sie als verantwortungsbewusster Besitzer, der sein Tier liebt, die Pflicht, Ihrem Hund ein würdiges Ende zu ermöglichen. Sie können mit Ihrem Tierarzt über das Einschläfern des Hundes sprechen, wenn er unter starken Schmerzen leidet, die nicht mehr gelindert werden können, oder wenn er unheilbar krank ist oder aus anderen Gründen kein normales Hundeleben mehr führen kann.

Ihr Tierarzt wird Sie bei der Bestimmung des richtigen Zeitpunkts beraten, die letzte Entscheidung liegt aber bei Ihnen. Haben Sie dabei immer das Wohl des Hundes im Auge, und ersparen Sie ihm unnötige Schmerzen und Leiden.

Meist verabreicht der Tierarzt eine Überdosis eines Narkotikums, meist ein Barbiturat, zum Einschlafen. Dies gewährleistet ein friedvolles Ende.

3 Kontrollieren Sie Maul, Zahnfleisch und Zähne. Reinigen Sie die Zähne regelmäßig mit einer Hundezahnbürste und Hundezahnpasta (siehe auch S. 156). Lassen Sie den Hund vom Tierarzt untersuchen, wenn er unangenehm aus dem Maul riecht oder das Zahnfleisch seine hellrote Farbe verliert.

4 Streichen Sie mit einer Hand über den Körper des Hundes. Stellen Sie Ihren Hund dem Tierarzt vor, wenn Sie dabei Knoten oder Schwellungen entdecken oder seine Beine sich nicht frei ohne »Knacken« oder nur unter Schmerzen bewegen lassen.

ZUCHT UND WELPENPFLEGE

English-Setter-Welpen

Die Gründe für die Hundezucht sind vielfältig. Sie reichen von dem Wunsch, die guten inneren und äußeren Eigenschaften des geliebten Hundes an nachfolgende Hundegenerationen weitergeben zu können, bis zu einem fast schon wissenschaftlichem Interesse an der Biologie der Hundezucht. Auf jeden Fall ist es ein Vorhaben, das viel Zeitaufwand, große Lernbereitschaft und außerdem den fachlichen Austausch mit Experten erfordert. Prüfen Sie daher genau, ob Sie sich tatsächlich auf dieses aufwändige Unternehmen einlassen wollen.

Eine verantwortungsbewusste Hundezucht ist ein Kernthema des Tierschutzes, wobei oft konträre Haltungen aufeinandertreffen. Die Fortpflanzung zuzulassen ist das Ideal. Die Entscheidung, ob meine eigene Hündin Welpen bekommen darf, ist jedoch ein Dilemma, das sich bei jedem neuen Tier in der Familie wiederholt.

BEFRUCHTUNG

Rassehunde lassen sich manchmal durch künstliche Befruchtung züchten. Bei dieser Technik entnimmt der Tierarzt Samen vom Rüden und bringt ihn in die Fortpflanzungsorgane der Hündin ein. Dies kann sofort nach der Entnahme erfolgen; alternativ kann der Samen eingefroren und erst später verwendet werden. Durch diese Technik können z.B. bewährte, gesunde Hunde aus einer bestimmten Region rasche Zuchtverbesserungen in anderen Ländern herbeiführen. Rassehundevereine haben Beschränkungen bezüglich der Registrierung von Hunden aus künstlicher Befruchtung. Falls Sie auf diese Weise züchten möchten, müssen Sie die Vorschriften beachten. Bei richtiger Handhabung sind die Empfängnisraten bei der künstlichen Befruchtung mit denen der natürlichen vergleichbar.

ZÜCHTEN – JA ODER NEIN

Die Argumente gegen die Zucht sind eher rational als emotional. Seien Sie realistisch: Fortpflanzung ist natürlich, aber ist es denn »natürlich«, dass wir uns überhaupt Hunde halten? In »natürlicher« Umgebung gäbe es wohl nicht die großen Rudel herrenloser Hunde, die mancherorts im Stadtpark herumstreunen. Ist es »natürlich«, schwachen Tieren zu helfen und so gegen die Regel zu verstoßen, dass nur die Stärksten durchkommen? Mit diesem Verhalten haben wir Klein- und Zwergrassen geschaffen.

Hund und Mensch bilden ein gemeinsames Ökosystem, sehr zum Vorteil der Tierart »Hund«. Daher konnte er sich weltweit vermehren, und zwar erfolgreicher als alle anderen Kaniden. Dieser Erfolg liegt z.T. daran, dass wir dem Hund die Zuchtentscheidung abnehmen.

Bei der Entscheidung, ob Sie mit Ihrem Hund züchten wollen, sollten Sie seine Gesundheit und sein Temperament berücksichtigen, aber auch die Frage, ob für alle Welpen des Wurfs sicher ein liebevolles Zuhause gefunden werden kann.

NATÜRLICHES FORTPFLANZUNGSVERHALTEN

Der Vorfahre des Hundes, der Wolf, ist nur einmal im Jahr paarungsbereit, und zwar im Frühling. Viele Haushundrassen paaren sich jedoch mindestens zweimal im Jahr, wenn die Hündin »heiß« ist. Obwohl sich der moderne Hund weit vom Wolf entfernt hat, ähneln seine Fortpflanzungsrituale denen anderer Tiere, die in Sozialverbänden leben.

Wenn zwei sich so mögen wie diese Shar Peis ...
Die Entscheidung für Hundenachwuchs sollte sehr wohl überlegt sein. Am besten sprechen Sie vorab mit verantwortungsbewussten Züchtern.

F WANN IST EINE HÜNDIN REIF FÜR DIE MUTTERSCHAFT?

A Die Fortpflanzungsfähigkeit tritt lange vor der emotionalen Reife ein. Diese wird erst erreicht, wenn das Tier sich erwachsen benimmt und nicht mehr wie ein Jungtier. In der Regel erlangen Hündinnen dieses Reifestadium beim 2. oder 3. Hitzezyklus. Ist Ihre Hündin so weit, sollte sie der Tierarzt auf ihren Gesundheitszustand untersuchen und abklären, ob erbliche Störungen vorliegen.

Züchten Sie nicht nur, weil es »natürlich« ist. Die Trächtigkeit der Hündin birgt auch Risiken, und die Aufzucht der Welpen ist eine zeitaufwendige und wenig reinliche Angelegenheit. Es könnte auch schwerer werden als erwartet, ein Zuhause für die Jungtiere zu finden.

F WORAN LIEGEN UNFRUCHTBARKEIT ODER FEHLVERSUCHE?

A Die häufigste Ursache für Fehlversuche bei der Zucht ist der falsche Zeitpunkt; Unfruchtbarkeit ist viel seltener der Grund. Dennoch liegen manchmal physische Störungen vor, die eine Empfängnis verhindern.

Unfruchtbarkeit beim Rüden kann an Prostata- oder Hodenerkrankungen, Schilddrüsenunterfunktion oder längeren Fieberperioden liegen. Eine Samenuntersuchung mit Spermienzählung schafft Klarheit. Die Unfruchtbarkeit der Hündin ist schwerer abzuklären. Durch Bluttests während des Hitzezyklus kann die Konzentration der Geschlechtshormone Östrogen, LH (luteinisierendes Hormon) und Progesteron ermittelt werden. Die Untersuchung der Eierstöcke erfolgt laparoskopisch (durch Spiegelung der Bauchhöhle unter Vollnarkose).

Wer sich mit wem paart, ist durch die Sozialstruktur des Rudels vorgeschrieben. Der dominante Rüde lässt selten die Paarung anderer Rüden mit den Hündinnen zu. Das Paarungsrecht wird oft im Streit erkämpft. Die Hündin zieht nicht immer den Sieger vor; manchmal wählt sie einen Dritten, während sich die ersten beiden noch streiten.

Auch die Vertrautheit spielt eine Rolle: Hündinnen paaren sich selten mit unbekannten Rüden. Sind paarungsfähige und vertraute Rüden vorhanden, erfolgt der Eisprung und die wiederholte Paarung. Die Zeugungswahrscheinlichkeit ist dabei sehr hoch.

Bei den vom Menschen geschaffenen Paarungssituationen dagegen erwartet der Züchter oft, dass sich die Hündin mit einem fremden Rüden paart – dies tut sie jedoch häufig nur widerwillig.

VORBEREITUNG AUF DIE ZUCHT

Falls Sie züchten möchten, sind die folgenden Richtlinien für Sie wichtig. Grundsätzlich sollten Sie sicherstellen, dass Ihr Tier gesund und mental reif für die Fortpflanzung ist und sich für diese Rolle eignet.

- Die Hündin muss gesund, über 18 Monate alt und emotional erwachsen sein.
- Beim Rüden müssen sich beide Hoden im Hodensack befinden. Bedenken Sie, dass der zur Paarung eingesetzte Rüde in sexueller Hinsicht interessierter und erfolgreicher sein wird als zuvor.
- Gewöhnen Sie Ihren Hund an andere Hunde und an Menschen. Stark menschenorientierte Hunde, die nicht früh an andere Hunde gewöhnt wurden, sind manchmal nicht bereit oder fähig zur Paarung.
- Überprüfen Sie, ob Impfungen und Wurmkur erledigt sind, besonders bei Hündinnen. Eine kurz vor dem Decken durchgeführte Impfung gewährleistet durch mütterliche Antikörper einen guten Schutz gegen Infektionskrankheiten. Vor und während der Trächtigkeit ist die Hündin regelmäßig zu entwurmen, obwohl manche Wissenschaftler sagen, dies habe keine Auswirkung auf die Wurmbelastung der Welpen (siehe Innere Parasiten, S. 238–247).
- Wählen sie den Zuchtpartner nach Temperament und Gesundheit aus, nicht nach bloßem Aussehen und Abstammung.
- Bei Rassehunden sollten beide Elterntiere in einem Rassehundeverein registriert sein. Welpen mit Papieren sind leichter zu vermitteln.
- Als Halter der Hündin sollten Sie sicherstellen, dass Sie ein gutes Zuhause für alle Welpen finden.
- Überprüfen Sie, ob Sie alle rechtlichen Voraussetzungen für die Hundezucht erfüllen.
- Beide Elterntiere sollten vom Tierarzt untersucht werden und garantiert gesund und frei von Erbkrankheiten sein, insbesondere bei Rassen, die häufig an erblichen Augen- oder Gelenkerkrankungen leiden (Zeugnis ausstellen lassen).
- Die Elterntiere sollten beim Rassehundeverein gemeldet sein. Krankheiten, für die es genetische Tests gibt, wie z. B. die progressive Retina-Atrophie beim Irish Setter, lassen sich bei Zuchttieren durch diese neueren Testmethoden ausschließen.

- Wenn es in Ihrer Region Brucellose gibt (eine Infektion mit Bakterien der Gattung *Brucella*), muss eine mögliche Infektion bei beiden Elterntieren durch den Tierarzt ausgeschlossen werden. Sinnvoll ist auch ein Bluttest auf Herpesvirusinfektion.
- Gehen Sie vor und während des Hitzezyklus (Östrus, siehe unten) nur mit der angeleinten Hündin ins Freie, um Fehlpaarungen zu vermeiden.
- Der Zuchterfolg ist bei Paarung innerhalb von zwei Tagen nach dem Eisprung am größten. Lassen Sie die Hündin zehn Tage nach Einsetzen der Hitze vaginalzytologisch (Abnahme eines Abstriches aus der Scheide) untersuchen oder die Progesteronkonzentration im Blut bestimmen. Die Zytologie ist eine einfache Untersuchung und zeigt, in welchem Zyklusstadium sie sich befindet. Blutprogesterontests sind genauer, aber teurer und müssen in einem speziellen Labor untersucht werden.

DER ZYKLUS DER HÜNDIN

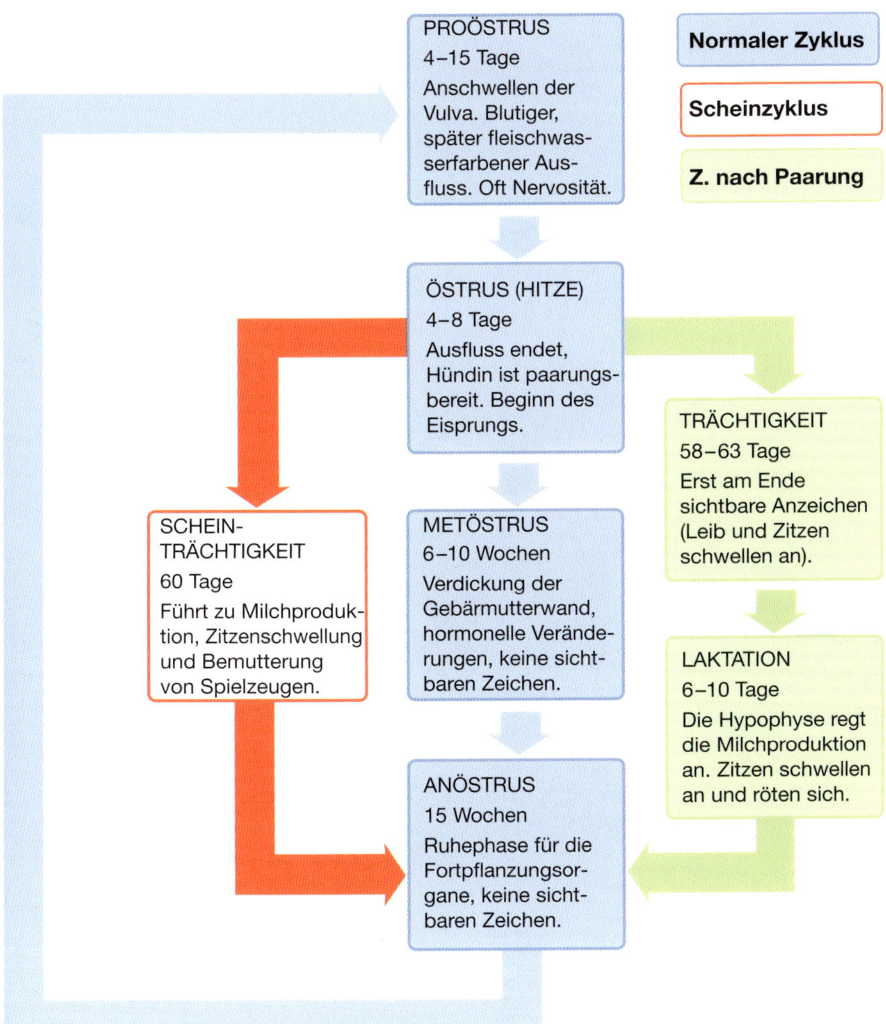

TIPPS VOM TIERARZT

- Ziehen Sie Nachwuchs nur in Betracht, wenn Sie sicher für alle Welpen ein gutes Zuhause finden. Die Welpenaufzucht ist nicht allein Aufgabe der Mutterhündin. Es liegt in Ihrer Verantwortung, die Welpen an Menschen und Tiere zu gewöhnen, bevor Sie sie hergeben.
- Zur Zucht eignen sich nur Tiere, die emotional und physisch reif dazu sind.
- Lassen Sie Erbkrankheiten bei beiden Elterntieren tierärztlich ausschließen.
- Streben Sie keinen Hundenachwuchs an, nur weil es »natürlich« ist. Es ist eher unnatürlich, das Tier ein Mal Nachwuchs bekommen zu lassen und dann nie wieder.

F WARUM HÄNGEN DIE HUNDE WÄHREND DER PAARUNG »ANEINANDER FEST«?

A Der evolutionäre Grund für dieses seltsame Phänomen ist nicht bekannt. Man vermutet, dass der Rüde auf diese Weise aktiv die Paarung mit einem Konkurrenten verhindert. (Tritt die Schwellung vor der Paarung ein, kann der Penis nicht in die Vagina eindringen.) Oft hebt der Rüde dann das Bein über die Hündin hinweg, sodass sie in entgegengesetzte Richtungen schauen. Dies sieht unbequem aus, aber vermutlich nehmen die Tiere so instinktiv eine Schutzhaltung zur Abwehr von Angriffen ein. Die Tiere sind jetzt nicht zum Spaßen aufgelegt.

F WAS TUE ICH, WENN MEIN HUND SICH NICHT PAAREN WILL?

A Wirkt die Hündin aggressiv und will nichts vom Rüden wissen oder umgekehrt, steht vermutlich kein Eisprung bevor, d. h., sie ist nicht paarungsbereit. Probieren Sie es zwei Tage später erneut. Bestehen Sie aber nicht auf der Paarung – das wäre unfair gegenüber den Hunden und schafft künftige Probleme.

F ERHÄLT MAN BEI PAARUNGEN AN MEHREREN TAGEN WELPEN UNTERSCHIEDLICHER GRÖSSE?

A Eisprung und Befruchtung erfolgen über ein bis drei Tage. Ein Wurf kann daher mehrere Väter haben. Die Größe der Welpen (und ihre Reife bei der Geburt) hängt vom genetischen Hintergrund, ihrer Gesundheit und Position im Uterus, der Gebärmutter, ab, weniger vom Tag der Empfängnis.

WAS GESCHIEHT BEI DER PAARUNG?

ERSTER KONTAKT
Suchen Sie für den ersten Kontakt einen geeigneten Platz aus – bei heißem Wetter am besten im Haus. Vermeiden Sie Ablenkung, Lärm und zu viel Aktivität. Sind die Hunde nicht zu aggressiv, lassen Sie sie zum besseren Kennenlernen von der Leine. Ein leichtes Balgen, Flirten und Beschnuppern sind gute Zeichen!

PAARUNG
Eine paarungsbereite Hündin hält den Schwanz zur Seite und bleibt ruhig stehen. Der Rüde besteigt sie, hält sich dabei mit den Pfoten an ihrer Hüfte fest und führt seinen Penis in ihre Vagina. Bleiben Sie in der Nähe, manchmal ist hier Hilfe nötig. Unerfahrene Hunde besteigen die Hündin oft von vorn und müssen geführt werden.

HÄNGEN
Die Tiere müssen »hängen«. Durch Anschwellen des Schwellknotens im Penis des Rüden und Kontraktion der Vulva der Hündin kann der Penis nicht mehr zurückgezogen werden. Diese Phase dauert in der Regel 20 bis 40 Minuten, bei längerer Dauer ist dies für die Hündin schmerzhaft. Sie kann dann im Anschluss daran den Rüden beißen. Normalerweise ist dies jedoch nicht der Fall, und die Paarung ist meist erfolgreich. Danach lecken sich Hündin und Rüde ausgiebig die eigenen Genitalien, wobei auch Bakterien abgetötet werden.

PAARUNG

Den größten Erfolg versprechen zwei Paarungen im Abstand von ein bis zwei Tagen um den 12. Tag des Hitzezyklus. Bedenken Sie, dass jede Hündin einen anderen Zyklus hat. Bei manchen erfolgt der Eisprung bereits am 7. Tag des Zyklus, bei anderen erst am 16. Tag. Der häufigste Grund für Fehlversuche ist eine falsche Berechnung des Eisprungs.

Die Hündin sollte zum Zuchtrüden gebracht werden. Viele Hunde tun sich jedoch mit einer Paarung in fremder Umgebung schwer. Ist die Hündin sehr nervös und der Rüde selbstbewusst, bringen Sie ihn zur Hündin. Die Hündin sollte drei Wochen nach der Paarung vom Tierarzt auf Trächtigkeit untersucht werden.

TRÄCHTIGKEIT UND SCHEINTRÄCHTIGKEIT

Hunde paaren sich mehrmals, und die Lebensdauer der Spermien im weiblichen Genitaltrakt beträgt sieben Tage. Daher ist die Paarung meist erfolgreich. Mit der Geschlechtsreife setzt bei der Hündin eine Reihe von Ereignissen ein, in denen sie sich von allen anderen Haustieren unterscheidet. Ihr Hormonsystem »nimmt an«, dass sie bei jedem Hitzezyklus trächtig wird, selbst ohne Paarung. Daher verspürt die Hündin in jedem Zyklus alle hormonellen Auswirkungen der Trächtigkeit, oft mit allen dazugehörigen Veränderungen.

Bei Hündinnen lassen die hormonellen Veränderungen des Hitzezyklus ohne Paarung nämlich eine Scheinträchtigkeit entstehen. Dabei durchläuft das Tier alle hormonellen, manchmal auch alle körperlichen Veränderungen der Trächtigkeit. Bei manchen Hündinnen kann dies sogar nach zwei Monaten leichte Wehen auslösen. Außerdem können erhebliche Stimmungsschwankungen und sensorische Veränderungen vorkommen; dabei lehnt sie das übliche Futter ab, baut eine »Höhle« und bemuttert ihr Spielzeuge. Das deutlichste Zeichen ist die Milchproduktion. Einige Verhaltensforscher glauben, dass die Hündinnen des Rudels damit die Ernährung der Jungen von höherrangigen Tieren im Rudel sicherstellen sollen.

ERNÄHRUNG DER TRÄCHTIGEN HÜNDIN

Ernährungsforscher haben festgestellt, dass eine gut ernährte Mutter nicht nur gesündere Welpen zur Welt bringt; ihre Welpen krabbeln, laufen, rennen und spielen früher, lernen schneller und haben weniger emotionale Probleme als Welpen schlecht ernährter Hündinnen. Diese Wirkung kann sich über Generationen fortsetzen: Die Jungtiere einer schlecht ernährten Mutter werden wiederum selbst »schlechte« Mütter.

Der Appetit der Hündin steigt während der Trächtigkeit nur langsam. In den ersten fünf Wochen braucht sie nur ausgewogenes Futter in normaler Menge (siehe Ernährung, S. 192–205). Nach der 5. Woche sollten Sie ihre Kalorienaufnahme bis zur Geburt pro Woche um 10% steigern.

Einige Tiere leiden selbst während der Scheinträchtigkeit an morgendlicher Übelkeit. Die Wissenschaftler halten dies für eine natürliche Methode, um den Kontakt der Föten mit Giftstoffen zu minimieren. Manche Tiere entwickeln während der Trächtigkeit aus hormonellen Gründen Aversionen gegen bestimmtes Futter. In der Frühphase der Trächtigkeit sind unnötige Gaben von Medikamenten zu vermeiden.

TIPPS VOM TIERARZT

- Stellen Sie vor der Paarung sicher, dass beide Tiere frei von Geschlechtskrankheiten sind.
- Benutzen Sie wegen des bakteriellen Risikos keine angebrochenen Gleitmitteltuben.
- Vermeiden Sie aktive Hilfe beim Einführen des Penis. Besonders junge, erregte Hunde erleiden dabei leicht einen vorzeitigen Samenerguss.
- Bei langhaarigen Hündinnen sollte das Fell im Vulvabereich geschnitten oder unmittelbar vor der Paarung zur Seite gehalten werden.
- Vorsicht bei großen, potenziell aggressiven Hunden. Hier kann ein Maulkorb das Risiko von Verletzungen vermindern.
- Beobachten Sie die Hündin: Ist sie desinteressiert, haben Sie vermutlich das Eisprungdatum falsch berechnet. Versuchen Sie es einige Tage später wieder.

ENERGIEBEDARF

Ab der Mitte der Trächtigkeit braucht die Hündin mehr Kalorien. In der nachstehenden Tabelle ist die maximale Kalorienzufuhr in Kilokalorien (kcal) für Tiere unterschiedlichen Gewichts dargestellt.

GEWICHT	MITTLERER TAGESBEDARF (KCAL)
2–5 kg	220–440
6–10 kg	505–740
11–20 kg	800–1250
21–30 kg	1295–1690
31–40 kg	1735–2100
41–50 kg	2140–2480

DIE ENTWICKLUNG DER UNGEBORENEN WELPEN

Nach der Befruchtung der Eier im Eileiter wandern diese in 6–10 Tagen in die Gebärmutter. Dort nisten sie sich in den nächsten 8–10 Tagen in der Gebärmutterwand (Endometrium) ein. Natürliche Substanzen namens Zytokine sorgen für gleichmäßige Abstände zwischen den Föten, damit alle gleich gut versorgt werden. Der Platz kann sich jedoch auf die Gesundheit und Größe der Welpen auswirken. Die besten Plätze liegen im mittleren Bereich der einzelnen Gebärmutterhörner, denn dort entwickelt sich die Plazenta (Mutterkuchen) optimal. Je größer und gesünder die Anbindung an die Plazenta, desto besser wird der ungeborene Welpe ernährt.

Ab dem 35. Tag nach Befruchtung sind alle Körpermerkmale der Welpen erkennbar. Ab dem 40. Tag sind Augenlider, Zehen, Fell und Hautfarbe erkennbar. Nach 42–45 Tagen ist das Skelett im Röntgenbild erkennbar. Die Trächtigkeit dauert meist 62–65 Tage, schwankt aber erheblich. Bei umfangreichen Würfen ist sie kürzer, z. T. nur 57 Tage, während sie bei kleineren Würfen erst nach 67–68 Tagen oder sogar erst nach 72 Tagen beendet sein kann.

DIE PSYCHISCHE ENTWICKLUNG DER UNGEBORENEN

Dr. T. Berry Brazelton von der Harvard-Universität zeigte, wie stark ungeborene Menschenbabys vom Lebensstil der Mutter beeinflusst werden. Ebenso ist es beim Hund. Was die Mutter frisst und wie sie sich fühlt, wirkt sich auf die psychische und physische Entwicklung der Welpen aus.

Bei Hunden gibt es noch weitere Einflüsse auf das Verhalten, nämlich der Platz des Welpen in der Gebärmutter und seine »Nachbarn«. Die Welpen im mittleren Bereich der Gebärmutterhörner werden am besten versorgt (siehe oben). Noch interessanter ist die Wirkung von Hormonen, die ungeborene männliche Welpen produzieren. Ihre Hoden bilden bei ihrem Entstehen das männliche Geschlechtshormon Testosteron, das in das sich entwickelnde Gehirn wandert. Dort führt es durch entsprechende Verbindungen später zu männlichen Geschlechtsmerkmalen wie zum Beispiel Dominanz. Manche Forscher glauben, dass ein weiblicher Fötus, der sich zwischen zwei männlichen entwickelt, kleine Mengen Testosteron abbekommt, dadurch ein etwas »maskulineres« Gehirn erhält und später entsprechend dominanter wird.

INFEKTIONSRISIKEN FÜR DIE FÖTEN

Fast alle neugeborenen Welpen haben Rundwürmer. In betroffenen Regionen können die Föten auch Herz- und Hakenwürmer aufweisen. Ruhende Rundwurmlarven in der Mutter werden etwa am 42. Tag der Trächtigkeit aktiv, wenn die natürliche Immunität der Hündin durch Hormonveränderungen geschwächt wird.

Die Larven gelangen durch die Plazenta in die Leber der Welpen. Einige wandern in die Milchdrüse der Mutter und damit in die Vormilch. Eine Wurmkur empfiehlt sich daher für die Hündin am 45., 50., 55. und 60. Tag der Trächtigkeit; sie senkt die Wurmbelastung der Welpen. Die meisten Herzwurmmittel sind auch während der Trächtigkeit gefahrlos einzusetzen und verhindern die Übertragung auf die Welpen (siehe auch Innere Parasiten, S. 238–247).

F IST EIN KALZIUMPRÄPARAT IN DER TRÄCHTIGKEIT GÜNSTIG FÜR DIE ENTWICKLUNG DER WELPEN?

A Nein. Jedes ausgewogene handelsübliche oder selbst gekochte Hundefutter enthält ausreichend Kalzium und Phospor im Verhältnis 1,2 zu 1,0. Zu viel Kalzium stört sogar die Aufnahme von Zink und Mangan aus dem Futter; beide Mineralien sind für die gesunde Entwicklung der ungeborenen Welpen wichtig. Ein Übermaß kann auch Wehenprobleme (Dystokie) und anschließend vermutlich eine Magenerweiterung (Magendilatation) bei den Welpen auslösen. Zu viel Kalzium erhöht sogar die Gefahr der Eklampsie, einer schweren, mitunter tödlichen Form akuten Kalziummangels bei säugenden Muttertieren.

F KANN MAN DIE UNGEBORENEN WELPEN IM MUTTERLEIB POSITIV BEEINFLUSSEN?

A Tatsächlich können die Besitzer einer tragenden Hündin den kleinen ungeborenen Hündchen etwas Gutes tun – die Wissenschaft spricht hier vom »Streicheleffekt«. Danach spüren es die Welpen in der Gebärmutter, wenn der Bauch der Mutterhündin gestreichelt oder sanft massiert wird. Die Hundebabys fühlen die Berührungen und – so sagen die Wissenschaftler – werden dadurch ausgeglichener. Es gibt sogar Hinweise, dass das regelmäßige »Streicheln« der Kleinen deren Bindungsfähigkeit zu den späteren Besitzern fördert. Und auch die tragende Hündin genießt eine Bauchmassage im Übrigen sehr, wenn sie sanft und einfühlsam ausgeführt wird.

ENTWICKLUNG DES FÖTUS

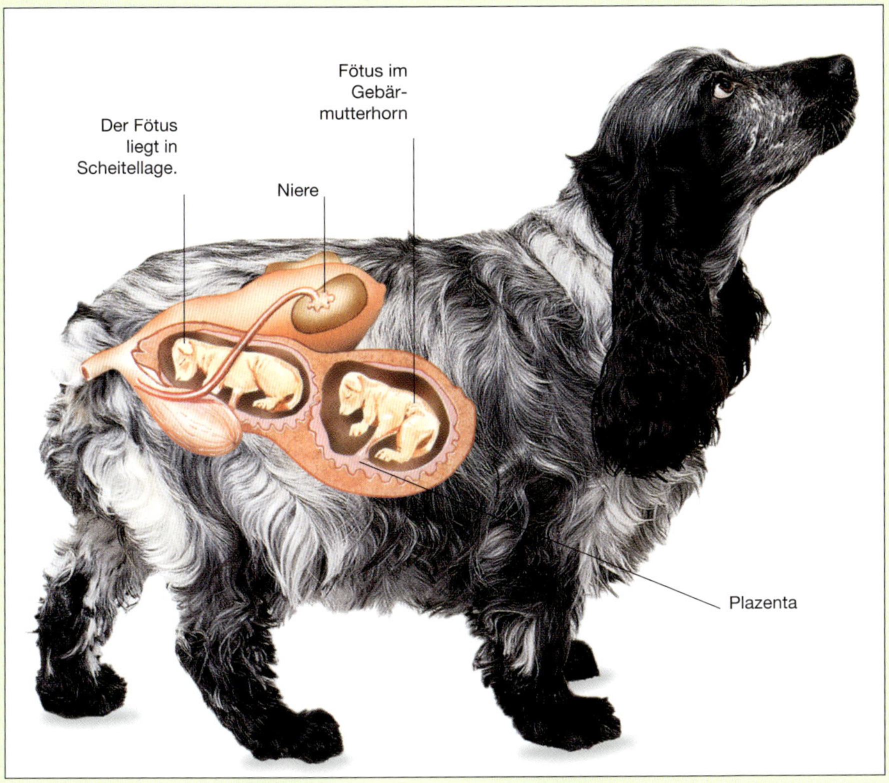

VOM EI ZUM FÖTUS

Die Befruchtung erfolgt in den Eileitern. In der darauf folgenden Woche wandern die befruchteten Eier (Zygoten) durch die Eileiter in die Gebärmutter. Die Gebärmutter der Hündin besteht aus zwei bleistiftdünnen Röhren oder »Hörnern«. Körpereigene Substanzen, die Zytokine, bewirken eine gleichmäßige Verteilung der Zygoten in jedem Gebärmutterhorn, wo sie sich an die Gebärmutterwand anheften und in zwei Teilen weiterentwickeln: als Embryo (später Fötus) und als Plazenta, die die Nährstoffe für die Föten aus dem Blutkreislauf der Mutter bezieht. Links im Bild die beiden Hörner der Gebärmutter einer trächtigen Hündin mit Platzierung der Föten.

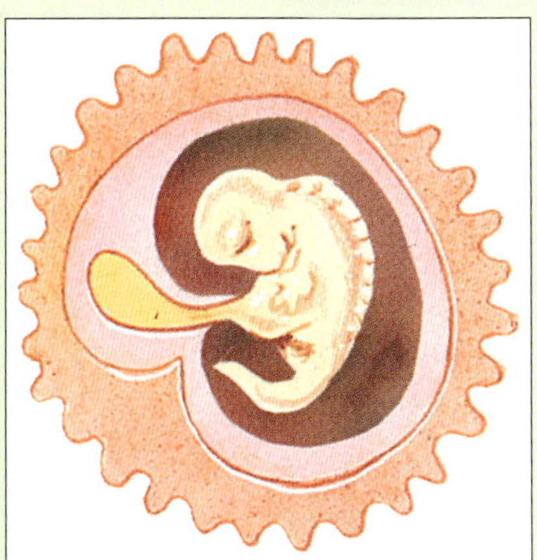

DIE ERSTEN ZWEI WOCHEN

Die Embryonalzellen differenzieren sich jetzt in die verschiedenen Zellen für die körperliche Entwicklung. Sind alle Hauptstrukturen angelegt, spricht man von »Fötus«. Nach zwei Wochen ist der Fötus noch winzig, hat aber Kopf, Wirbelsäule sowie Anlagen für Gliedmaßen und Schwanz. Er wird durch den Dottersack ernährt. Dies ist die empfindlichste Entwicklungsphase.

NACH DREI WOCHEN

Nach drei Wochen sind alle lebensnotwendigen Gewebe und Organe vorhanden. (Dieses Stadium entspricht ungefähr dem Ende des 3. Schwangerschaftsmonats beim Menschen.) Nach drei Wochen kann der Tierarzt bei einer schlanken Hündin die Trächtigkeit feststellen und die einzelnen in Entwicklung befindlichen Föten ertasten oder durch eine Ultraschalluntersuchung diagnostizieren.

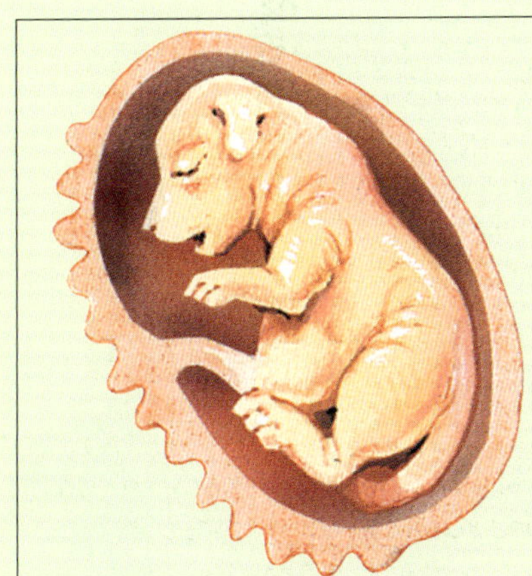

NACH SECHS WOCHEN

Nach sechs Wochen hat der Fötus schon die Form eines Hundes. Hautfarbe, Fell, Zehen und Augenlider sind zu erkennen. Das Skelett stellt sich im Röntgenbild dar, und die Schädel lassen sich durch die Bauchdecke ertasten. In den nächsten drei Wochen bis zur Geburt wächst der Fötus nur noch. Er wird jedoch noch durch die Plazenta versorgt.

DIE WELPEN KOMMEN ZUR WELT

VORBEREITUNG AUF DIE WEHEN

Wie ihre Vorfahren sucht sich die Hündin einen sicheren Platz für die Geburt und Aufzucht ihrer Jungen. (Einige Hündinnen, besonders Terrier und andere »Erdhunde«, benutzen gern den Bau anderer Tiere.) Bis zu 36 Stunden vor den Wehen läuft sie umher, wird nervös und baut ein Nest. Sie stellt das Fressen ein, zittert oder erbricht sich.

WEHEN UND GEBURT

Wehenzeichen sind Kontraktionen und Anstrengung. Die Hündin dreht sich bei der Geburt im Kreis oder legt sich hin. Dann erscheint ein mit Fruchtwasser gefüllter Sack, in dem sich ein Welpe befindet. Der Sack reisst, oder der Welpe wird in seinem intakten Fruchtsack geboren. Die Geburt des ersten Welpen dauert etwa zwei Stunden.

NACH DER GEBURT

Die Mutter leckt die Fruchtblase vom Welpen ab und beißt die Nabelschnur durch. Dann erscheint die Nachgeburt (Plazenta) mit einer dunkelgrünen Flüssigkeit. Die Hündin frisst die Nachgeburt jedes Welpen instinktiv auf, um nicht auf ihre Neugeborenen aufmerksam zu machen. Prüfen Sie, ob pro Welpe eine Nachgeburt ausgestoßen wird.

LECKEN DER WELPEN

Die Mutter leckt jedes Neugeborene kräftig ab, um es zu wärmen und zu trocknen, um Schleim von seiner Schnauze zu entfernen und es zum Atmen anzuregen. Außerdem ruft das Lecken chemische Prozesse im Gehirn der Hündin hervor, die ihre emotionale Bindung an den Welpen festigen.

ZUSAMMENHALTEN DES WURFS

Der erste Welpe wird ein bis zwei Stunden nach Wehenbeginn geboren, die restlichen in Abständen von 10–80 Minuten. Zwischen den Geburten ruht die Mutter. Entfernt sich ein Welpe zu weit von ihrer Körperwärme, so reagiert sie auf sein Weinen und bringt ihn zurück. Ruft der Welpe nicht nach der Mutter, kann er jedoch verlassen werden.

SÄUGEN DER WELPEN

Sind alle Welpen geboren, dürfen die Kleinen erstmals trinken. Anschließend leckt die Mutter After und Genitalien der Welpen, um sie zum Absetzen von Urin und Kot anzuregen. In den ersten Wochen nimmt sie alle Ausscheidungen der Welpen auf. Mit dieser instinktiven Handlung hält sie sie besser vor Angreifern geschützt.

DIE GEBURT DER WELPEN

In einer liebevollen Umgebung wird die Geburt meist problemlos verlaufen. Wir können viel dafür tun, indem wir der Hündin gutes Futter ohne Chemikalien oder unbekannte Zusatzsttoffe geben und das Krankheitsrisiko während der Schwangerschaft minimieren. Konzentrieren Sie sich bei Ihren Zuchtbemühungen nicht auf möglichst kleinwüchsige Individuen oder auf die größten Würfe, sondern auf eine leichte Geburt und nur so viele Welpen, wie die Mutter versorgen kann.

Bereiten Sie einige Wochen vor dem Geburtstermin eine spezielle Kiste für die Geburt vor, in der die Welpen auch ihre ersten Lebenswochen verbringen. Die Kiste sollte bei großen Tieren etwa 1,20–1,50 m, bei kleineren Hunden etwa 60–90 cm im Quadrat groß sein, mit einem niedrigen Vordereinstieg, sodass die Hündin leicht ein- und aussteigen kann. Bringen Sie an jeder Seite Stangen im Wandabstand von 8–15 cm an, dann können die Welpen darunter krabbeln, ohne dass die Mutter sich auf sie legt. Stellen Sie die Kiste an einen ruhigen, sicheren Platz ohne Zugluft, und legen Sie sie dick mit Zeitungspapier aus. Darauf kommt eine wärmende Schicht aus Handtüchern oder eine Matratzenauflage. Verwenden Sie niemals dickes, loses Bettzeug wie z. B. Wolldecken – die Welpen könnten darin ersticken. Zwei Wochen vor der Geburt gewöhnen Sie die Hündin an die Kiste; lassen Sie sie dort schlafen, sodass sie sich dort völlig heimisch fühlt.

WANN HILFE NÖTIG IST

Bei Hündinnen mit normaler Anatomie verläuft die Geburt meist problemlos. Durch gezielte Zucht sind jedoch physische und psychische Probleme entstanden. Erfolgte die Paarung mit einem großen Rüden, passen die Welpen vielleicht schwer durch den Geburtskanal. Bei Bulldoggen z. B. sind die Köpfe der Welpen oft zu groß für die Geburt. Bei sehr kleinen Rassen wie Yorkshire Terriern und Chihuahuas ist oft ein Kaiserschnitt nötig. Außerdem sind die Wehen eine große Belastung für das Tier; manche Hündinnen wollen lieber auf den Schoß als in die Kiste. Durch selektive Zucht verschiebt sich das Einsetzen der Pubertät nach vorne, d. h., die Hündin ist zwar physisch, nicht aber psychisch reif für die Mutterrolle.

Vor dem Geburtstermin sollten Sie einige nützliche Gegenstände parat legen, insbesondere wenn Probleme zu erwarten sind. Gebraucht werden Desinfektionsmittel, Handtücher, Schere sowie Mulltupfer. Teilen Sie Ihrem Tierarzt mit, dass er möglicherweise gerufen wird.

GRÖSSE DES WURFS

Im Allgemeinen gilt: Je größer die Rasse, desto größer der Wurf. Während Yorkshire Terrier in der Regel drei Welpen werfen, sind es bei Labrador Retrievern und Deutschen Schäferhunden meist etwa acht. Manche Rassen wie z. B. Dalmatiner werfen mehr Welpen, als Zitzen vorhanden sind. Dann entscheidet sich durch den Kampf um die beste Zitze, welcher Welpe am kräftigsten wird und am schnellsten wächst. Die Größe des Wurfs hängt auch von der Spermienzahl des Vaters ab; eine niedrige Spermienzahl bedeutet kleinere Würfe.

F **SIND ALLE HÜNDINNEN GUTE MÜTTER?**

A Nicht unbedingt. Mütterliches Verhalten ist im Gehirn der Hündin an keiner besonderen Stelle angesiedelt und lässt sich auch nicht hormonell herbeiführen. Das Verhalten hängt zwar in gewissem Maße von den Hormonen ab, aber auch davon, wie »gut« die eigene Mutter war.

F **BEEINTRÄCHTIGT EIN KAISERSCHNITT DAS MUTTERVERHALTEN?**

A Die Passage durch den Geburtskanal und das Lecken der Welpen löst chemische Veränderungen im mütterlichen Gehirn aus: Sie wird auf die Welpen »geprägt« und kümmert sich liebevoll um sie. Wenn diese beiden Vorgänge entfallen, ist die Gefahr größer, dass die Mutter die Welpen ablehnt.

F **WARUM FRESSEN MANCHE HÜNDINNEN IHRE WELPEN?**

A Kannibalismus ist bei Hunden selten. Am ehesten beobachtet man ihn bei Bullterriern, besonders nach Kaiserschnitten. Einige Forscher glauben, durch das Auffressen der Welpen oder das Ablehnen schwacher Tiere begrenzt die Hündin auf vernünftige Weise die Anzahl der »zu stopfenden Mäuler«, sodass die gesündesten Tiere des Wurfs begünstigt werden.

DIE NEUGEBORENEN

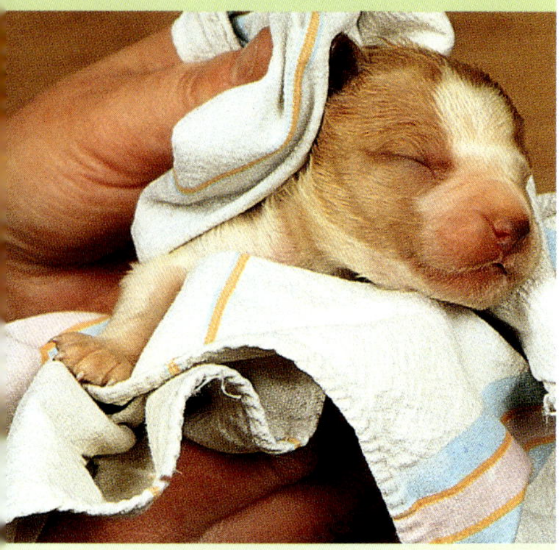

Erfahrene Mütter entfernen instinktiv die Fruchtblase, beißen die Nabelschnur durch und stimulieren die Welpen. Unreife oder erschöpfte Hündinnen brauchen dabei Hilfe.

- Schieben Sie mit einem warmen Handtuch die Fruchtblase aus dem Gesicht, besonders an Nase und Maul.
- Halten Sie den Welpen im Handtuch, und schwingen Sie ihn vorsichtig, aber fest hin und her, damit die Luftwege frei werden. Reiben Sie seine Brust mit dem Handtuch. Er sollte spontan atmen; wenn nicht, muss er beatmet werden (siehe S. 423).
- Binden Sie die Nabelschnur mit Gaze oder Faden ca. 1 cm vor dem Körper ab. Schneiden Sie sie dann zwischen Plazenta und Abbindestelle mit einer sterilisierten Rundschere durch.
- Geben Sie der Hündin den Welpen zurück. Weist sie ihn ab, packen Sie ihn in ein warmes Handtuch und legen ihn auf eine Wärmflasche (Körpertemperatur!).
- Nach der Geburt der Welpen legen Sie sie an die Zitzen der Mutter. Sie sollten erfolgreich saugen können. Hat die Hündin nicht genug Milch, müssen die Welpen von Hand gefüttert werden (siehe S. 178).

PROBLEME BEIM WERFEN

- War der Rüde übermäßig groß? JA → Tierarzt anrufen. NEIN ↓
- Haben nach 64 Tagen noch keine Wehen eingesetzt? JA → Tierarzt heute anrufen. NEIN ↓
- Dauert die erste Wehenphase (Unruhe, Appetitmangel, Nestbau) seit über 36 Stunden an? JA → Tierarzt anrufen. NEIN ↓
- Sind nach einstündigen Wehen noch keine Welpen geboren? JA → SOFORT Tierarzt rufen. NEIN ↓
- Haben die Wehen vor mehr als 10 Min. ausgesetzt und ein Welpe steckt im Geburtskanal? JA → SOFORT Tierarzt rufen. NEIN ↓
- Ist ein feststeckender Welpe nach 20-minütigen Wehen noch nicht geboren? JA → SOFORT Tierarzt rufen. NEIN ↓
- Hat die Hündin die Fruchtblase nicht entfernt? JA → Vorsichtig von Hand entfernen. NEIN ↓
- Atmet der Welpe nicht von allein? JA → Atemwege freimachen, Brust reiben (siehe links). NEIN ↓
- Ist die Nabelschnur nicht durchgebissen? JA → Nabelschnur durchschneiden. NEIN ↓
- Sind alle Welpen geboren? JA → Versorgen Sie die Hündin. NEIN ↓
- Wurden weniger Nachgeburten als Welpen ausgestoßen? JA → Tierarzt binnen 24 Std. rufen. NEIN ↓
- Leidet die Hündin nach dem Werfen an dunkelgrünem Ausfluss? JA → Normal. Tierarzt 2–3 Tage nach Geburt anrufen. NEIN ↓
- Ist der Ausflusss übel riechend, blutig oder schwarz? JA → SOFORT Tierarzt rufen. NEIN ↓
- Weist die Mutter 3 Std. nach der letzten Geburt die Welpen noch immer ab? JA → SOFORT Tierarzt rufen.

Die Welpen sollten ungefähr gleich groß sein. Das kleinste Tier hat eventuell angeborene Mängel oder wurde im Mutterleib ungenügend ernährt. Diese Tiere sind nach der Geburt am stärksten gefährdet. Manche Züchter »überlassen es der Natur«, ob schwächere Welpen überleben; andere füttern diese Welpen von Hand (siehe S. 178).

DIE ERSTEN LEBENSWOCHEN

Bei Haus- und Wildhunden hängt das Überleben der Welpen davon ab, ob die Mutter Sicherheit und Nahrung bieten kann. Die Vormilch (Kolostrum) ist lebenswichtig für die Welpen. Sie liefert Antikörper, d.h. passive Immunität gegen viele Krankheiten, mit denen die Mutter in Kontakt gekommen ist. Der Schutz hält acht bis zwölf Wochen an, bei manchen Krankheiten sogar bis zu 26 Wochen. Impfungen in dieser Zeit gewährleisten lückenlosen Schutz für die Welpen (siehe S. 183).

Neugeborene Welpen können Wärme noch nicht durch Zittern oder Verengen der Blutgefäße erzeugen oder halten. In den ersten Lebenswochen muss die Mutter sie daher warm halten. Die übliche Zimmertemperatur von 22 °C ist nicht warm genug für die Welpen: Bleiben sie hier nur eine halbe Stunde allein, sinkt ihre Körpertemperatur von 38 °C auf gefährliche 34,5–35 °C ab.

Eine gute Mutter stimuliert ihre Welpen durch Lecken und Putzen zum Trinken. Wenn später die spitzen Milchzähne der Welpen durchbrechen, werden die Säugezeiten reduziert, bis die Jungen nach fünf bis sechs Wochen entwöhnt sind. Gute Mütter nehmen dabei ordentlich ab. Daher will sie die Welpen so rasch wie möglich entwöhnen.

DER VORTEIL DES SÄUGENS

Das Säugen schafft Bindung und nährt die Welpen. Im Gegensatz zu Ferkeln trinken Welpen nicht immer an derselben Zitze. Manchmal verteidigt das stärkste Tier jedoch die besten Zitzen. Für die Hündin bedeutet das Säugen zunächst ebenfalls Entspannung und Trost.

IMPFUNGEN

Nach der Geburt sind die Welpen gegen viele Krankheiten durch maternale (mütterliche) Antikörper geschützt, die sie durch die Vormilch (Kolostrum) erhalten. Dieser natürliche Schutz darf jedoch nicht durch Impfungen in der Trächtigkeit gestört werden. Das Immunsystem der Hündin ist dann bereits angegriffen, weil sie »Fremdeiweiß« – ihre Welpen – in sich trägt. Auch die übrigen Hunde im selben Haushalt sollten in dieser Zeit nicht geimpft werden, weil sich Impfviren auf das trächtige Tier übertragen könnten.

MILCHERSATZ

Fällt die Muttermilch aus, bekommen Sie beim Tierarzt Milchersatz für Ihre Welpen. Achten Sie beim Füttern von Hand darauf, dass Sie den Welpen nicht überfüttern. Er weiß selbst, wann er genug getrunken hat.

Welpenmilch gibt es fertig gemischt oder als Pulver, das in gekochtem, abgekühltem Wasser durch Rühren aufgelöst wird. Der Milchersatz muss Zimmertemperatur haben.

Allgemein gilt, dass ein Welpe in 24 Stunden ca. 15 ml (1 Esslöffel) Milchersatz pro 50 g Körpergewicht benötigt. Hier eine detailliertere Tabelle:

KÖRPERGEWICHT	MILCHMENGE PRO TAG
115 g	2 Esslöffel
225 g	4 Esslöffel
340 g	6 Esslöffel
450 g	8 Esslöffel
570 g	10 Esslöffel
680 g	12 Esslöffel
795 g	14 Esslöffel
910 g	16 Esslöffel

Ein Welpen-Milchpräparat für Notfälle lässt sich selbst zubereiten:

Stellen Sie eine Mischung aus $\frac{3}{4}$ Kuhmilch und $\frac{1}{4}$ Kondensmilch her. Erwärmen sie diese Mischung in der Mikrowelle auf Körpertemperatur. Da Welpen Laktose (Milchzucker) nur in sehr geringen Mengen vertragen, weil die Hundemilch sehr laktosearm ist, können Sie zur Vermeidung von Durchfällen noch 1 Teelöffel Quark oder Joghurt untermischen. Zur Vermeidung von Blähungen bei der Milchersatzfütterung eignet sich die Zugabe von blähungshemmenden Präparaten für Kleinkinder, die als Tropfen in der Apotheke erhältlich sind und der Ersatzmilch beigegeben werden können.

WELPENPFLEGE

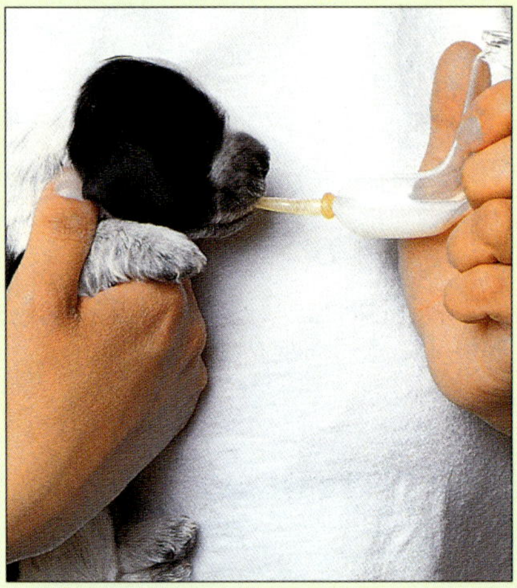

FLASCHENFÜTTERUNG

Gefüttert wird alle zwei Stunden. Fragen Sie den Tierarzt nach einer Flasche. Im Notfall können Sie eine saubere Plastikpipette benutzen. Den Welpen aufrecht halten und saugen lassen. Flasche im 45°-Winkel halten, sodass der Welpe keine Luft ansaugt. Leichter Zug weg vom Welpen regt ihn stärker zum Saugen an.

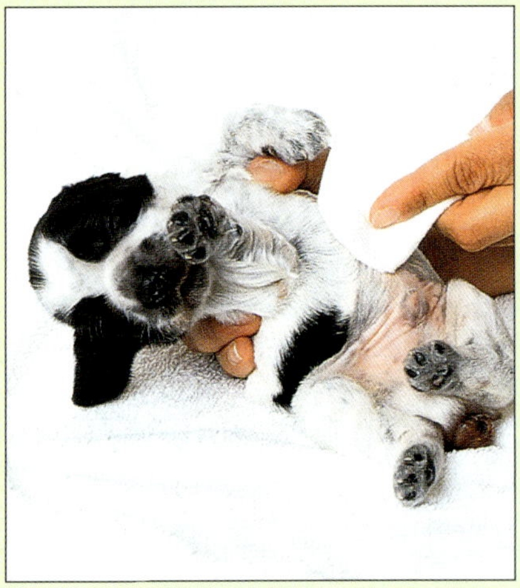

KÖRPERFUNKTIONEN STIMULIEREN

Das Füttern dauert etwa fünf Minuten, dann bis zum »Bäuerchen« den Rücken streicheln oder klopfen. Schnäuzchen und Brust mit sauberer, feuchter Gaze reinigen. Ebenso die Region um Genitalien und After reinigen, wie es normalerweise auch die Mutter tut, um die Verdauung des Welpen anzuregen.

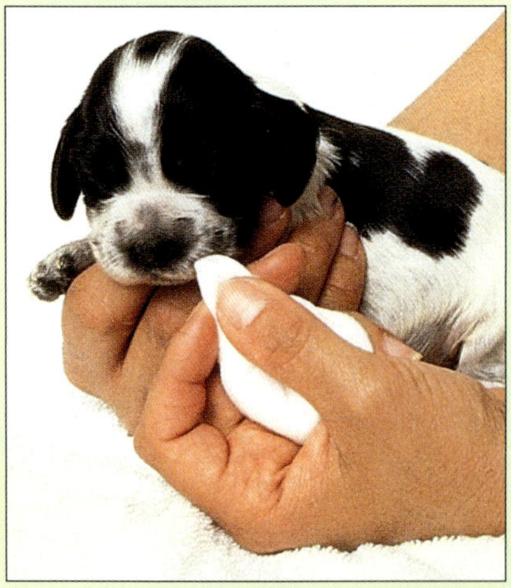

TÄGLICHE PFLEGE

Nehmen Sie den Welpen täglich auf, doch solange Sie bei der Hündin sind, dürfen Sie diese nicht verärgern. Waschen Sie sich vorher die Hände, damit Sie die Jungtiere nicht anstecken. Ziehen Sie den Welpen selbst groß, reinigen Sie ihm die Augen, Ohren und das Schnäuzchen täglich mit sauberer, feuchter Gaze.

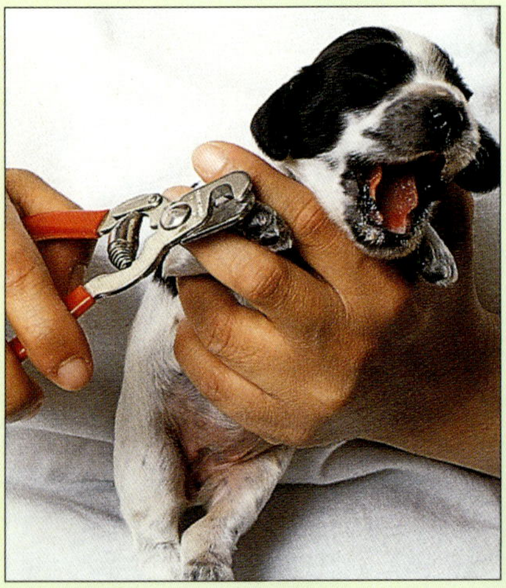

KRALLEN SCHNEIDEN

Prüfen Sie regelmäßig den Krallenwuchs. Wird der Welpe noch gesäugt, müssen Sie die Krallen schneiden, wenn sie zu scharf oder zu lang sind, denn die Welpen »kneten« die Zitzenregion zur Stimulation des Milchflusses. Mit zu langen Krallen könnten die Jungen ansonsten die Hündin leicht verletzen.

DIE FRÜHE KÖRPERLICHE ENTWICKLUNG

Bei der Geburt ist das Gehirn der Welpen noch nicht ausgereift. Das Geruchs- und Wärmeempfinden ist aber schon gut ausgeprägt, ebenso Hautnerven, Schmerzgefühl und Geschmack. Gehör, Sehkraft und Temperaturkontrolle entwickeln sich allerdings erst nach einigen Wochen. Ein gesunder Welpe verschläft 90% des Tages, während er wächst. In diesen ersten Lebenswochen konzentriert sich der Welpe primär auf die Mutter und wird noch nicht so stark von der Umgebung geprägt. In den frühen Stadien entwickeln sich die Jungen folgendermaßen:

- In den ersten Tagen steigt die Pulsfrequenz von ca. 160 Schlägen pro Minute auf über 200 Schläge an. Auch Atemfrequenz und Körpertemperatur steigern sich in den ersten Tagen nach der Geburt.
- Augen und Ohren sind bei Geburt geschlossen und öffnen sich erst nach 10–16 Tagen. Gleichzeitig entwickelt der Körper die Temperaturkontrolle. Nach 28 Tagen ist die Sehkraft ausgereift. Gehör und Orientierungsvermögen sind dann ebenfalls voll ausgebildet, jedoch ist die Muskelkoordination erst nach einigen Monaten voll entwickelt.
- Bei Geburt reagiert nur der Kopf des Welpen klar auf Berührung. Nach zwei Wochen sind die Tastreflexe auch in den Vorderbeinen, nach drei Wochen ebenso in den Hinterbeinen vorhanden. Daher können die Welpen nach zwei Wochen sitzen und nach drei Wochen stehen. Ein paar Tage später können sie laufen und rennen.
- Die Schmerzleitung ist von Geburt an vorhanden, jedoch verlangsamt: Schmerzreize kommen erst Sekunden später im Gehirn an. Nach drei Wochen reagieren Gehirn und Nerven ebenso schnell wie beim erwachsenen Hund.

KÖRPERKONTAKT IST WICHTIG

Für den Hund ist Körperkontakt so wichtig wie für uns. Der Welpe fühlt das Lecken und die Wärme seiner Mutter und Geschwister. Vielleicht liegt es an diesen frühen positiven Erfahrungen, dass Hunde sich später so gern von uns streicheln lassen.

SÄUGENDE MÜTTER

Hundemilch ist nährstoffreich und liefert etwa 40% mehr Energie als Kuhmilch. Für die Milchproduktion braucht die Hündin entsprechend viel Kraft. Selbst nach der Entwöhnung der Welpen liegt ihr Kalorienbedarf noch 50% über dem normalen Erhaltungsbedarf. Hier der Energiebedarf säugender Hündinnen:

NORMAL-GEWICHT	TÄGL. ENERGIEBEDARF (KCAL)		
	1.–2. Wo.	3.–4. Wo.	5.–6. Wo.
2–5 kg	370 – 735	555 – 1105	370 – 735
6–10 kg	845 – 1235	1255 – 1855	845 – 1235
11–20 kg	1330 – 2080	1995 – 3120	1330 – 2080
21–30 kg	2160 – 2820	3235 – 4230	2160 – 2820
31–40 kg	2890 – 3500	4335 – 5250	2890 – 3500
41–50 kg	3565 – 4135	5345 – 6205	3565 – 4135

TIPPS VOM TIERARZT

So helfen Sie der Hündin bei der Versorgung ihrer Welpen:

- Reinigen Sie die Zitzen der Hündin nicht mit Wasser und Seife, sonst können die blinden Welpen sie nicht mehr anhand des Geruchs finden.
- Trinkt ein Welpe nicht, so lassen Sie ihn von der Hündin lecken. Dann sollte die Hündin ihre Zitzen lecken (oder Sie bringen ihren Speichel auf die Zitze auf), damit der Welpe die Zitze am Geruch erkennt.
- Während die Hündin frisst, säuft oder kurz Gassi geht, legen Sie die Welpen auf eine Wärmflasche, die in ein Handtuch eingepackt ist.

F BEEINFLUSST DIE WURFGRÖSSE DIE PERSÖNLICHKEIT DER WELPEN?

A Ja. Welpen aus sehr kleinen Würfen entwickeln oft weniger Beziehungen zu anderen Hunden. Welpen aus größeren Würfen, die früh mit unterschiedlichen Tieren interagieren müssen, sind in Sachen Beziehungen viel erfahrener. Sie erlernen die feinen Nuancen der Körpersprache viel rascher.

F VERLETZEN MANCHE HÜNDINNEN IHRE WELPEN?

A Die meisten Hündinnen sind liebevolle Mütter. Manche können den Welpen aber gefährlich sein. Eine junge Hündin kann ihren Wurf aus Angst oder Unerfahrenheit ablehnen. Manchmal passiert dies auch, wenn die Hündin spürt, dass das Jungtier schwer krank ist. Im späteren Welpenleben können zu harte Strafen seitens der Mutter die psychische und soziale Entwicklung des Kleinen stören. Ein guter Züchter gleicht solche Mängel aus, indem er den Welpen von Hand aufzieht (siehe Seite 178) und sorgfältig schult.

DIE HÜNDIN UND IHRE WELPEN

Die ersten Lebenstage sind für die psychische und soziale Entwicklung des Welpen wesentlich. Seine erste wichtige Bezugsperson ist die Hündin. Sein Kontakt zu den Geschwistern und zu uns beginnt erst, wenn seine Sinne ausgereift sind und er durch Stimme, Haltung, Körpersprache und Handlungen kommunizieren kann.

Für die Welpen bedeutet die Mutter das Überleben; diese Beziehung ist durch Abhängigkeit und Pflege geprägt. Zunächst winseln die Welpen, Nahrung und Wärme suchend. Sind ihre Sinne dann weiter entwickelt, lernen sie, mit dem Schwanz zu wedeln, zu jaulen, das Gesicht der Mutter zu lecken und ihr auf Schritt und Tritt zu folgen.

Verschiedene Hündinnen reagieren auf diese Suche nach Aufmerksamkeit unterschiedlich. Einige lecken oder »knabbern« an den Welpen, andere drohen ihnen mit dem Maul, knurren oder beißen leicht, um die Kleinen zur Räson zu bringen. Hier lernen die Welpen erstmals Regeln kennen. Gutmütige Hündinnen disziplinieren die Welpen mit sanfter Pfote und belohnen sie durch Lecken für Gehorsam.

Aggressivere Hündinnen beißen fester zu und bestrafen den Welpen noch, wenn er längst aufgehört hat. Solche Hunde sind als erwachsene Tiere weniger menschenfreundlich als die Welpen liebevoller Mütter. Die Suche nach Aufmerksamkeit der Welpen kann sich später als unterwürfiges Verhalten fortsetzen.

BEGINNENDES RUDELVERHALTEN

Aus der Geborgenheit des Mutterleibs heraus muss der Welpe sich jetzt selbst ernähren und die Zitzen der Hündin finden. Seine Geschwister sind dabei seine Konkurrenten. Dies ist die erste Erfahrung des Rudellebens. Gleichzeitig jedoch sorgen die Welpen füreinander, indem sie kuscheln und beieinander schlafen, sodass sie Wärme und Körperkontakt finden. So lernen die Welpen, wie wichtig Beziehungen sind, und entwickeln ihren individuellen Rang in der »Hackordnung«.

Der Wurf ist eine faszinierende, aber kurzlebige Gruppe. Im gemeinsamen Spiel entstehen soziale Bindungen und Kommunikationsfähigkeiten. Außerdem wird erstmals der soziale Status jedes Tiers erkennbar. Ob das Tier eine dominante, subdominante oder unterwürfige Persönlichkeit bekommt, hängt teilweise von der Beziehung zu seinen Geschwistern ab.

Für die meisten Familienhunde sind die sieben bis zehn Wochen bei Mutter und Geschwistern die einzige Zeit im Leben, in der sich das natürliche Rudelverhalten entwickelt. Später, wenn der Mensch eine aktivere Rolle im Leben des Hundes spielt, wendet das Tier das Wissen aus dieser Rudelzeit auch auf seine Beziehungen zu seiner Menschenfamilie an, die nun zu seinem neuen »Rudel« wird.

GRUNDSÄTZE DER WELPENAUFZUCHT

Gesundheit und Verhalten Ihres Hundes werden sehr stark vom Züchter beeinflusst. Ein guter Züchter bietet seinen Welpen eine ideale Umgebung, damit sie ihren Lebensweg bei bester körperlicher und psychischer Gesundheit beginnen können.

Er sollte sicherstellen, dass die Tiere frei von inneren und äußeren Parasiten sowie ansteckenden Krankheiten bleiben. Dazu benötigen sie ein sauberes Umfeld. Außerdem ist der Züchter für die Umstellung der Welpen von der Muttermilch auf nährstoffreiche feste Nahrung zuständig.

Der Züchter stimuliert die psychische Entwicklung der Tiere, indem er sie langsam an die Außenwelt gewöhnt. Die Welpen müssen daher stöbern und spielen dürfen sowie andere Hunde, andere Tiere und ganz besonders Menschen kennenlernen.

LERNEN UND GEISTIGE ANREGUNG

Wachstum und Reife eines Hundes hängen vom genetischen Erbe und dem Verhalten der Mutter ab, aber auch von seinen frühen Erfahrungen. Zahlreiche Experimente zeigen, dass sich ein Tier in einer idealen Umgebung mit Spiel und Gesellschaft geistig besser entwickelt als in einem reizarmen Umfeld: Das Gehirn wird schwerer, die Gehirnrinde (wichtig für den Denkprozess) dicker, die Gehirnzellen sind enger miteinander vernetzt, und es liegen mehr chemische Transmittersubstanzen vor. Die ersten drei Wochen sind wichtig, aber der nächste Lebensmonat beim Züchter ist ebenfalls ausschlaggebend für eine positive Verhaltensentwicklung.

Das spielerische Verhalten bleibt lebenslang erhalten: Hunde spielen gern mit anderen Tieren, etwa mit Katzen, aber auch mit uns. Die Regeln dafür müssen jedoch klar sein. Beim Spiel mit den Welpen muss der Züchter sich ähnlich wie die Geschwister verhalten. Im Wurf lernt das Tier, den Beißtrieb zu unterdrücken, sobald das Geschwistertier jault und zu spielen aufhört oder zurückbeißt. Ebenso sollte der Züchter bei schlechtem Benehmen wie etwa Beißen Belohnungen wegnehmen oder nach einem lauten »Aua!« sofort das Spiel beenden, bis der Welpe sich nach etwa einer Minute beruhigt hat. Zu harte Strafen seitens des Züchters oder der Mutter hemmen jedoch die soziale Entwicklung des Welpen.

DIE PSYCHISCHE WIRKUNG DER HANDFÜTTERUNG

Regelmäßiges Füttern von Hand beschleunigt und intensiviert die Bindung des Tiers an den Menschen. Handgefütterte Welpen sollten dennoch so viel Zeit wie möglich bei der Mutter und den Geschwistern verbringen.

F WIE SINNVOLL SIND WELPENTESTS ZUR EINSTUFUNG DER PERSÖNLICHKEIT?

A Es gibt mehrere Welpen-Eignungstests, aber diese Frage ist heikel. Persönlichkeit und Verhalten des Hundes unterliegen vielen Faktoren, nicht nur den Genen und frühen Erlebnissen. Der Hund kann sich später enorm verändern. Der einzige definitive Nachweis bei Welpen-Eignungstests betrifft die dominante Aggression: Welpen, die im Alter von acht Wochen dominant aggressiv abschneiden, sind vermutlich als erwachsene Tiere ebenso. Eine generelle Dominanz lässt sich am ehesten nach Größe, Geschlecht, Hormonstatus und Rasse vorhersagen.

F WOMIT ERWEISE ICH MEINEN WELPEN DEN GRÖSSTEN DIENST?

A Gute Ernährung und Gesundheit sind für die Entwicklung wesentlich, aber wir können auch eine Menge für die geistige Entwicklung des Hundes tun. Schon vor 40 Jahren wusste man, dass Welpen, die schon früh mit kleinen Aufgaben konfrontiert werden, später anpassungsfähiger sind. Stimulierend wirken z. B. Kontakt zu verschiedenen Menschen, kleine Schrägen zum Hinauf- und Hinunterklettern und einfache Hindernisse wie Besenstiele. Solche Übungen können einsetzen, sobald der Welpe beginnt, sein Umfeld zu erkunden, in der Regel nach etwa drei Wochen.

TIPPS VOM TIERARZT

Wenn Sie beim Entwöhnen kein kommerzielles Welpenfutter verwenden möchten, beachten Sie bitte Folgendes:

- Manche Züchter empfehlen als Alternativen Babynahrung, Muttermilchersatz, Ziegenmilch, gekochtes Eigelb, Hüttenkäse, Traubenzuckerpulver, Babybrei oder Frühstückszerealien. Diese sind zwar nährstoffreich, müssen aber ausgewogen zusammengestellt sein. Fragen Sie den Tierarzt.
- Trockenfutter ist für zahnlose Welpen schwer zu kauen. Bei manchen Welpen, wie Shih Tzu, Pekingesen und Lhasa Apso, brechen die Milchzähne erst nach acht bis zehn Wochen durch. Bereiten Sie Trockenfutter daher mit warmem Wasser zu einem Brei, bis der Welpe seine Zähne gebrauchen kann.
- Welpen benötigen keine Kuhmilch; die entsprechenden Nährstoffe sind auch in anderem Futter enthalten. Welpen können zwar Laktose (Milchzucker) verdauen, die Hundemilch ist aber grundsätzlich sehr laktosearm. Deshalb bekommen Welpen bei Kuhmilchfütterung leicht Durchfall. Wenn Sie dennoch Milch füttern möchten, sollte sie laktosefrei sein. Solche Produkte werden beispielsweise für Personen mit Laktoseunverträglichkeit hergestellt und sind in Apotheken und Supermärkten erhältlich.

ENTWÖHNEN DER WELPEN

Als Entwöhnung bezeichnet man die Umstellung von Muttermilch auf feste Nahrung, in der Regel nach drei bis sechs Lebenswochen. Nach der Entwöhnung saugen die Welpen aber meist noch eine Weile, weil sie die Geborgenheit genießen. Manche Hündinnen lassen die Welpen noch so lange weitersaugen, bis sie in eine Menschenfamilie überwechseln.

Welpen brauchen mindestens vier Mahlzeiten täglich sowie stets frisches Wasser. Als erste feste Nahrung eignen sich gleiche Teile Milchpulver und Babybrei oder gutes Welpenfutter für die betreffende Rasse. Trockenfutter sollte mit warmem Wasser zu einem Brei eingeweicht werden. Tauchen Sie den Finger hinein, und lassen Sie den Welpen das Futter ablecken. Senken Sie danach den Finger ab, sodass der Welpe zum Fressen den Kopf senkt. Am besten benutzen Sie eine flache Untertasse oder einen Blumenuntersetzer. Gewöhnt sich der Welpe langsam an die feste Nahrung, reduzieren Sie langsam die Futtermenge der Hündin. Nach etwa sechs Wochen wachsen die Zähne der Welpen; das Säugen wird für die Hündin unangenehm, und sie verkürzt die Säugezeiten. Auf diese Weise geht die Milch allmählich zurück, und die Jungen wechseln ganz auf festes Futter über.

NICHT ÜBERFÜTTERN

Ein draller Welpe mit glänzendem Fell ist niedlich, aber Übergewicht führt zu Gesundheitsproblemen. Ernährungsforscher glauben, dass die Anzahl der im Welpenalter entwickelten Fettzellen das spätere Übergewicht bestimmt. Der Stoffwechsel des Tiers »verteidigt« diese Fettzellen , sodass es für einen übergewichtigen Hund sehr schwer ist abzunehmen. Besonders bei großen oder Riesenrassen muss man Überfütterung vermeiden, da es hier durch Kalorienüberschuss im Wachstumsalter zu späteren Knochen- und Gelenkerkrankungen wie Dysplasie und Osteochondrose kommen kann.

FRESSGEWOHNHEITEN

Der Appetit des Hundes ist je nach Persönlichkeit und Rasse unterschiedlich (Labrador Retriever zum Beispiel leben, um zu fressen, während Yorkshire Terrier nur fressen, um zu leben). In jedem Fall ist der Hund evolutionsbedingt durch den Konkurrenzkampf beim Fressen geprägt.

INFEKTIONSVERHÜTUNG

Parasiten wie Ohrmilben, Flöhe und Würmer dürfen sich nicht einnisten. Untersuchen Sie die Elterntiere und andere Hunde oder Katzen im gleichen Haushalt (üblicherweise die Infektionsquelle) auf entsprechenden Befall. Zuchttiere und Familienhunde sollten auch regelmäßig gegen Infektionskrankheiten geimpft werden. Die Welpen sind zunächst durch den Infektions- und Impfschutz der Mutter gefeit. Die häufigsten Erkrankungen bzw. Erreger sind Parvovirus, Staupe, Hepatitis, Leptospirose, Adenovirus 2 und Parainfluenza. Der mütterliche Schutz geht ab der 6. bis zur 20. Lebenswoche langsam zurück; in der Regel sind Welpen nach sechs bis zwölf Wochen infektionsgefährdet. Lassen Sie das Tier gegen häufige Krankheiten in Ihrer Region oder seiner künftigen Heimat impfen. Dies sollte erstmals nach acht Wochen erfolgen, es sei denn, das Risiko ist erhöht. Fast alle Welpen werden mit Rundwürmern geboren. Um die Wurmbelastung und die Gefahr erneuten Befalls zu reduzieren, führen Sie nach drei, vier, fünf und acht Wochen eine Wurmkur durch. Der neue Besitzer sollte die Wurmkur nach der 10. und 12. Lebenswoche, danach alle drei Monate bis zum Erwachsenenalter wiederholen.

WANN MUSS ICH DEN TIERARZT RUFEN?

Frisst und schläft der Welpe gut? **JA** → Überlassen Sie ihn der Mutter.

NEIN

Ist der Welpe ruhelos und weint? **JA** → Setzen Sie ihn an eine ergiebige Zitze. Kann er nicht trinken, füttern Sie ihn von Hand, und fragen Sie den Tierarzt um Rat.

NEIN

Ist der Welpe lethargisch; appetitlos; unterkühlt; offensichtlich leidend; an Durchfall/entzündetem After erkrankt und /oder liegt Nasenausfluss vor; erbricht er sich oder nimmt ab? **JA** → Sofort Tierarzt rufen.

NEIN

Liegt unter dem Nabel ein Knoten vor? **JA** → Tierarzt rufen.

NEIN

Kratzt sich der Welpe ständig an Haut oder Ohren? **JA** → Auf Parasiten prüfen.

NEIN

Sind in Kot oder Erbrochenem Würmer zu sehen? **JA** → Wurmkur durchführen (siehe S. 240).

F WARUM FRISST DIE HÜNDIN DIE AUSSCHEIDUNGEN DER WELPEN?

A In den ersten, gefährlichsten Lebenstagen des Welpen weiß die Mutter instinktiv, dass seine Ausscheidungen eine Geruchsspur für Raubtiere und einen Nährboden für Keime darstellen. Deshalb frisst sie sie auf. Ein neugeborener Welpe setzt Urin und Kot ab, wenn die Mutter seine After- und Genitalregion leckt. Diese natürliche Form der Fäkalienentsorgung gibt es nicht nur bei Hundemüttern, sondern auch bei vielen Hunden generell.

F WARUM WÜRGT DIE HÜNDIN FUTTER FÜR DIE WELPEN AUS?

A Das Auswürgen von Futter für die Welpen ist bei Wölfen üblich, weniger bei Hunden (vielleicht weil die ersten Züchter es ablehnten). Die Hündin beginnt damit gegebenenfalls drei Wochen nach der Geburt. Die Welpen betteln um Futter, indem sie die Lefzen der Mutter lecken; daher möchten uns unsere Hunde »küssen«. Die Welpen können diesen Reflex auch bei anderen erwachsenen Hunden auslösen. Frisst der Welpe das Futter nicht, tut es die Mutter. Auch später fressen Hunde meist ihr eigenes Erbrochenes.

F WARUM STERBEN MANCHE WELPEN? WAS KANN MAN DAGEGEN TUN?

A Leider sterben manche Welpen zwischen der Geburt und der Entwöhnung. Sie haben entweder sichtbare Mängel wie Gaumenspalten oder schwere innere Krankheiten wie zum Beispiel Herzschäden. Ein gesunder Welpe frisst oder schläft fast den ganzen Tag und hört beim Trinken sofort auf zu weinen. Weint er weiter oder ist ständig unruhig, ist etwas nicht in Ordnung.

Krankheiten und Störungen

NATÜRLICHE ABWEHR

Der Hund pflegt sich selbst

Früher beruhte die Medizin auf der Stimulation der körpereigenen Selbstheilung, Förderung natürlicher Heilungsprozesse und Schaffung eines gesundheitsförderlichen Umfelds. Die Entwicklung moderner Medikamente und Technologien hat kurzfristig dazu geführt, dass die westliche Schulmedizin diese Prinzipien außer Acht ließ, obwohl sie die entscheidenden Aspekte der naturheilkundlichen Medizin darstellen. Heute findet hier ein Umdenken statt und schafft ein neues Gleichgewicht in der Tiermedizin.

Heilung findet auf vielen Ebenen statt, die zum Teil sichtbar sind: Eine Hautverletzung des Hundes schließt sich in wenigen Wochen von allein. Ein kleiner Schnitt entzündet sich leicht, bildet eine Kruste und bietet so der sich bildenden neuen Haut Schutz, bis die Wunde verschlossen ist. Gleichzeitig entstehen an den Wundrändern neue Zellen, die ebenfalls unter der Kruste über die Wunde hinwegwachsen. Gleichzeitig sprießen aus den benachbarten intakten Blutgefäßen neue Gefäße, die ebenfalls mitwachsen. Der eigentliche Heilungsprozess ist jedoch unsichtbar.

NATÜRLICHE SCHRANKEN

Jeder Körperteil mit Kontakt nach außen ist durch Erreger bedroht und wurde daher von der Natur mit der Fähigkeit zur Eigenreparatur ausgestattet.

Die erste Verteidigungslinie des Hundes ist die Haut: Das Fell isoliert und schützt, und die Haut weist viele Erreger ab. Sie ist auch das wichtigste Organ seines Immunsystems, also des Netzwerks aus Organen, Geweben und Zellen, die Infektionen im Körper des Hundes bekämpfen.

Die Darmwand ist das zweitgrößte Organ des Immunsystems. Sie und die Leber, die an den Darm angeschlossen ist, sind äußerst komplexe Strukturen mit enormer Regenerationskraft. Im ganzen Magen-Darm-Trakt finden Abwehrreaktionen statt: Erreger werden im Mund durch Speichel oder im Magen durch Magensäure abgetötet, und Giftstoffe werden im Magen oder Darm denaturiert, also chemisch verändert, oder in der Leber entgiftet.

Manche Fremdpartikel oder Erreger gelangen durch Einatmen in die Atemwege des Hundes. Diese sind mit Schleimhaut ausgekleidet. Dort werden eindringende Partikel festgehalten und durch winzige Härchen namens Zilien von der Lunge weggelenkt.

MECHANISCHE ABWEHRREAKTIONEN

Husten, Niesen, Erbrechen, Durchfall, häufiges Urinieren und sogar das Kratzen der Haut sind natürliche Abwehrhandlungen, die den Körper von unerwünschten Eindringlingen oder Stoffen befreien.

F **WANN REICHEN DIE NATÜRLICHEN ABWEHRKRÄFTE DES HUNDES NICHT AUS?**

A In der Regel ist eine leichte natürliche Abwehrreaktion des Hundes wünschenswert, eine schwere jedoch nicht. Leichtes Fieber während einer Infektion ist normal, hohes Fieber jedoch kann dem Tier schaden, sodass Sie den Tierarzt anrufen sollten. Ebenso ist leichter Husten förderlich, ständiger Hustenreiz dagegen nicht. Mit kurzem Erbrechen beseitigt das Tier vermutlich Substanzen, die nicht gut für es sind, aber ständiges Übergeben stört das natürliche Säure-Basen-Gleichgewicht des Körpers. Ihr Tierarzt weiß, wo die Grenze zwischen einer wünschenswerten und einer zu starken natürlichen Reaktion zu ziehen ist.

Husten beispielsweise ist ein komplizierter Prozess zwischen Zwerchfell, Brustmuskulatur und Kehlkopf, der dem Ausstoßen von Fremdkörpern aus der Luftröhre dient. Ist der Husten erfolgreich, kann das Fremdmaterial ausgespuckt oder geschluckt und dann von der Magensäure zersetzt werden. Durch Lecken und Putzen des Fells befreit sich der Hund von Parasiten. Viele Hundehalter sehen in der natürlichen Abwehr selbst ein Problem und möchten diese unterdrücken. Hierdurch können jedoch noch größere Schwieigkeiten entstehen.

ABWEHRREAKTIONEN VERSTEHEN

Versucht ein Erreger, in den Hundekörper zu gelangen, werden die Reaktionen darauf häufig fehlinterpretiert. Das Gehirn dreht den Wärmeregler des Körpers nach oben, also entsteht Fieber. Dies ist eine natürliche Abwehr, denn bei höheren Temperaturen werden bestimmte Erreger abgetötet. Das hat allerdings seinen Preis: Schon leichtes Fieber erhöht den Stoffwechsel des Tieres um ca. 20%. Der Rüde kann vorübergehend steril werden. Hohes Fieber kann zu Krampfanfällen führen. Auch Futterverweigerung ist eine natürliche Abwehr, denn Bakterien brauchen zur Vermehrung Eisen und durch das Fasten wird diese Versorgung verringert. Bei einer Infektion wird im Blutkreislauf des Hundes eine Substanz namens LEM (Leukozyten-endogener Mediator) freigesetzt, der zusätzlich die Eisenabsorption aus dem Darm hemmt.

TIPPS VOM TIERARZT

Viele Tiere werden zum Arzt gebracht, weil sie das Futter verweigern und auffällig viel schlafen. Dies sind keine Anzeichen einer spezifischen Erkrankung, sondern so erhält der Hund bei Unwohlsein seinen Energiepegel. Beobachten Sie dieses Verhalten bei Ihrem Hund, sollten Sie den Tierarzt um Rat fragen. Er kann dann feststellen, was die Ursache dafür ist und ob eine Behandlung nötig ist.

ABWEHR-MASSNAHMEN

NATÜRLICHE ABWEHR UND UNSERE PFLEGE

Sauberkeit
Lecken, Putzen und Kratzen entfernen Parasiten von der Haut. Zusätzliches Kämmen und ein sauberes Umfeld unterstützen diese Abwehrmaßnahmen.

Natürliche Abwehr erhalten
Ein gesunder Verdauungstrakt bekämpft die meisten Erreger. Außerdem erhält eine ausgewogene Ernährung das Fell gesund.

Unbekannte Erreger meiden
Lassen Sie Ihr Tier nicht mit fremden Hunden kämpfen oder »schmusen« oder im Müll stöbern. Hier lauern zahlreiche Erreger.

DIE NATÜRLICHE ABWEHR BEKÄMPFT ERREGER

Angriff
Weiße Blutkörperchen greifen eindringende Erreger sofort an (siehe S. 188).

Vergiftung
Das Sekret bestimmter weißer Blutkörperchen (»Killer-T-Zellen«) tötet Erreger ab (siehe S. 189).

Fasten
Durch Fasten und Freisetzung bestimmter Stoffe im Körper wird die Eisenversorgung schädlicher Darmbakterien gestoppt.

Isolierung
Bindegewebszellen in der Region vermehren sich und schotten benachbartes gesundes Gewebe ab. Dieser Prozess führt zur Bildung von Infektionstaschen wie zum Beispiel Pusteln und Abszessen (siehe S. 258 und 264).

DIE IMMUNREAKTION

Das Immunsystem des Körpers ist beeindruckend. Durchbricht ein Erreger die natürliche Schranke (Haut, Darm oder Atemwege) und wird nicht mechanisch ausgestoßen, greift ihn die zweite Verteidigungslinie an: die weißen Blutkörperchen.

In Erwartung von Unfällen und Infektionen zirkulieren stets verschiedene weiße Blutkörperchen im Kreislauf. Tritt eine Hautverletzung ein, versammeln sich an der Schadensstelle Neutrophile (die zahlreichste Art von weißen Blutkörperchen), um eindringende Keime anzugreifen und abzutöten. Dabei entsteht Abfallmaterial, das sofort von einer anderen Art weißer Blutkörperchen aufgenommen wird. Sie heißen Makrophagen (wörtlich übersetzt etwa »große Fresser«).

Die Makrophagen bringen die Erreger zu weiteren weißen Blutkörperchen (B-Lymphozyten), die die Erreger mit Antikörpern markieren, sodass die größeren Killer-T-Zellen sie erkennen und angreifen können. Diese zerstören die Erreger durch Absonderung bestimmter chemischer Stoffe.

Damit das Immunsystem keine körpereigenen Zellen angreift, ist auf jeder Zelle im Körper des Hundes ihre Identität »eingetragen«, sodass die weißen Blutkörperchen sie richtig erkennen. Dieses Erkennungssystem bezeichnet man mit dem Fachbegriff »Histokompatibilitätskomplex«.

Nur wenn das komplexe Immunsystem des Hundes versagt oder überwältigt wird, sind die Erreger erfolgreich. Selbst dann gibt es noch Ersatz-Schutzmechanismen. Weiße Blutkörperchen namens Memory-T-Zellen zirkulieren im Blut und können sich an frühere Begegnungen mit einem bestimmten Erreger »erinnern«. Sie lösen eine Schnellreaktion aus, wenn sie zum zweiten Mal auf diesen Krankheitskeim treffen, und stimulieren B-Zellen zur Produktion von Antikörpern, mit denen der Eindringling für die sofortige Zerstörung markiert wird. Dies ist die Grundlage der biologischen Impfung gegen Infektionskrankheiten.

ÜBERWACHUNGSMOLEKÜLE

Der Körper Ihres Hundes heilt sich bis in die molekulare Ebene hinunter selbst. Molekulare Fehler in Zellen gibt es ständig, und jeder kann potenziell Krebs auslösen. Jedoch werden fast alle rechtzeitig erkannt. Die »Molekularpolizei« ist stets auf solche Fehler gefasst.

Bei DNA-Kopierfehlern in der Zellteilung oder bei spontanen genetischen Mutationen treten spezielle Enzyme auf den Plan. Sie schneiden den beschädigten DNA-Abschnitt aus, füllen die Lücke korrekt auf und kleben alles wieder zusammen.

LISTIGE ERREGER

Leider haben auch Erreger natürliche Abwehr- und Erhaltungstechniken und sind listig in ihren Vermehrungskünsten. Manche Erregerarten greifen die weißen Blutkörperchen des Hundes aktiv an. Andere, zum Beispiel Darmwürmer, stehlen dem Hund die natürlichen Nährstoffe und schwächen ihn damit. Einige Erreger verschaffen sich mit Hilfe Dritter, zum Beispiel Zecken, Zutritt zum Körper des Hundes. Wieder andere manipulieren die natürliche Abwehr des Hundes und verwenden Immunreaktionen wie Niesen oder Durchfall zur Verbreitung. Diese Erfindungsgabe der Erreger zur Überlistung der natürlichen Abwehr des Organismus bezeichnet man auch als »koevolutionäres Wettrüsten«.

INDIVIDUELLE REAKTIONEN

Die meisten Hunde kommen mit gängigen Erregern in Kontakt, aber jedes Tier reagiert individuell darauf. So kann jedes Tier in einem Haushalt Flöhe bekommen, aber dem einen machen die Flohstiche nichts aus, während das andere schon nach einem einzigen Stich eine heftige Überempfindlichkeit oder Allergie entwi-

F **WAS SIND DIE GEFÄHRLICHSTEN SUBSTANZEN IM ALLTAGSLEBEN?**

A Am gefährlichsten sind von uns geschaffene Chemikalien, gegen die der Hund keine evolutionäre Abwehr hat, wie Konservierungsmittel, Produktionsabfälle sowie landwirtschaftliche Chemikalien wie Dünger und Pestizide.

F **WIE KANN ICH DIE IMMUNREAKTION MEINES HUNDES FÖRDERN?**

A Der beste Schutz ist die »Bewaffnung« seiner Abwehr, also Impfungen, die zur Bildung von Immunantikörpern führen und den Hund gegen schwere Infektionskrankheiten schützen. Außerdem ist eine ausgewogene Ernährung mit ausreichend Antioxidantien, Vitaminen, Mineralien und Fettsäuren sehr wichtig (siehe S. 192–205).

ckelt (siehe S. 210). Das kann sogar zu einer sekundären bakteriellen Infektion oder einer systemischen Erkrankung führen, die den gesamten Körper beeinträchtigt. Leistungfähigkeit und Reaktion des Immunsystems bestimmen letztlich, welche Krankheiten Ihr Hund bekommt und wie sein Körper damit fertig wird.

GENETISCHE EINFLÜSSE

Wie wirksam die Abwehrkraft eines Hundes ist, hängt auch von seinem Alter, seinem Geschlecht und von der Rasse ab. Mit zunehmendem Alter nehmen die Abwehrkräfte allmählich ab. Daher haben Krebs und schwere Infektionen in fortgeschrittenem Alter eine größere Angriffschance.

Bei manchen Rassen ist die ererbte natürliche Abwehr besser oder schlechter als bei anderen. Ein Infektionserreger kann z. B. viele Hunde befallen, aber der Cocker Spaniel entwickelt infolge dieses Angriffs am ehesten eine Autoimmunreaktion (bei der das Immunsystem die eigenen Zellen angreift), wie die Blutgerinnungsstörung Hämolytische Anämie.

Die natürliche Abwehr wird auch durch bestimmte Medikamente, wie etwa Betäubungsmittel, geschwächt. Alle Tiere lassen sich sicher mit schnell wirksamen Barbituraten betäuben, aber Windhunde, zum Beispiel der Greyhound, verstoffwechseln diese Substanzen langsamer und erholen sich daher schlechter von der Betäubung.

Ähnlich kann ein Beruhigungsmittel vor einer Betäubung bei allen gesunden Hunden unbedenklich eingesetzt werden, aber Boxer werden von der gleichen Dosis länger und stärker ruhig gestellt als andere Hunde gleichen Gewichts.

Sie sollten deshalb mit dem Tierarzt besprechen, ob die Rasse Ihres Hundes stärker oder weniger infektions- oder krankheitsgefährdet ist und ob bei Ihrem Tier deshalb eventuell eine besondere Betreuung oder Spezialbehandlung notwendig ist.

AUFFALLENDE ÜBEREMPFINDLICHKEIT
Manche Collies reagieren überempfindlich auf das Antiparasitikum Ivermectin. Dies beruht auf einem genetischen Defekt im MDR1-Gen (Multidrug-Resistenz). Über einen Test lässt sich feststellen, ob bei einem Hund dieses Problem besteht.

ANGRIFF AUF DEN ERREGER

Die Abwehrfähigkeit der weißen Blutkörperchen – es gibt verschiedene Arten von ihnen – ist erst teilweise erforscht. Die häufigsten sind die Neutrophilen, hier im Angriff auf eine eindringende Hefezelle. Makrophagen nennt man Zellen, die im Blutkreislauf zirkulieren und Bakterien, Abfallstoffe und Krebszellen eliminieren. Killer-T-Zellen setzen giftige Eiweiße frei, die den Erreger zerstören. Helfer-T-Zellen steuern die Koordination der Zellen bei der Immunreaktion.

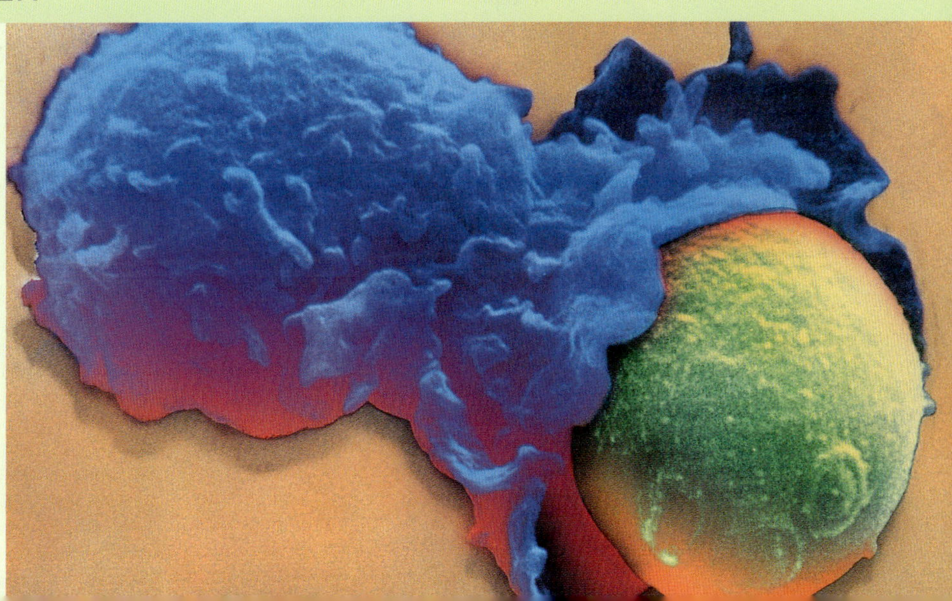

SCHMERZ ALS FRÜHWARNSYSTEM

Schmerz ist keine Krankheit, sondern ein Frühwarnsystem mit lebenswichtiger Schutzfunktion, denn das Schmerzgefühl hält den Hund von gefährlichen Aktionen ab. Außerdem verhindert Schmerz die Benutzung beschädigter Gewebe, sodass sie ruhen und heilen können. Inaktivität infolge von Schmerz kann sogar die Immunreaktion unterstützen. Beim Lahmen wird das verletzte Bein geschont und kann sich ganz natürlich regenerieren.

Schmerz kann aufgrund einer Verletzung auftreten oder infolge eines Schadens an einem inneren Organ. Schmerzempfängliche Rezeptoren (Nervenenden) gibt es im ganzen Körper – in Muskeln, Gelenken und besonders konzentriert in der Haut. Nervenrezeptoren werden durch Temperatur, Druck oder natürliche Stoffe (Prostaglandine) stimuliert, die von beschädigten Zellen freigesetzt werden. Die Rezeptoren geben diese Meldung an das Gehirn weiter, wo sie als Schmerz interpretiert wird. Die Schmerzempfindung variiert, erblich bedingt oder durch Erfahrung, von Hund zu Hund.

IN DER HITZE DES GEFECHTS

Ein harter Kampf unter Hunden führt manchmal zu schweren Verletzungen, aber die Tiere scheinen schmerzresistent zu sein und kämpfen weiter. Andererseits kann schon eine Injektion von dem eingeschüchterten Hund als überwältigend schmerzhaft empfunden werden.

TIPPS VOM TIERARZT

Die Schmerzreaktion eines Hundes lässt sich oft durch Berührung eines vertrauten Menschen lindern. Die tröstende Nähe des Halters und die Aufmerksamkeit entspannen das Tier und ermöglichen die optimale Funktion der natürlichen Abwehr. Wenn der Tierarzt nichts Gegenteiliges sagt, sollten Sie den leidenden Hund durch häufiges Streicheln beruhigen.

AKUTER UND CHRONISCHER SCHMERZ

Schmerz kann akut (kurzfristig) oder chronisch (langfristig) sein. Akuter Schmerz reicht von leicht bis überwältigend (der Hund kann dann durchaus einen Schock erleiden, siehe S. 422). Als chronisch gilt Schmerz, wenn er länger als sechs Wochen ununterbrochen anhält. Chronische Schmerzen sind in jedem Fall unangenehm, aber die meisten Hunde reagieren stoisch darauf. Oftmals ändert sich jedoch ihr Verhalten, d.h., sie spielen nicht mehr so gern, meiden Treppen oder sind gereizt.

Eine Schmerzepisode hat zwei Dimensionen: die der Intensität und die der Beeinträchtigung. Das Schmerzgefühl ist konstant und wird durch typische Schmerzmittel nicht beeinflusst, aber die Beeinträchtigung lässt sich medikamentös, durch Konditionierung oder sogar durch ein Placebo, also ein Scheinmedikament, lindern. Akuter Schmerz wird durch Schmerzmittel gelindert. Chronische Schmerzen sind dagegen meist hartnäckig und in aller Regel nur schwer behandelbar.

Das Ausmaß des Schmerzes ist unabhängig vom Ausmaß des Schadens, der dem Schmerz zugrunde liegt. Das Gehirn des Hundes überwacht ständig alle Informationseingänge und behandelt einige wenige davon mit höchster Priorität.

NATÜRLICHE ABWEHR

Erleidet der Hund im Kampf eine potenziell schmerzhafte Bisswunde, ist die sofortige Reaktion das Zurückbeißen, nicht das Schmerzempfinden. Bewusster Akutschmerz wird oft erst verspürt, wenn andere Prioritäten erfüllt sind. Ein Hund mit tiefen Bissverletzungen kann daher eine Weile schmerzfrei erscheinen, bis sein Gehirn das Schmerzgefühl entwickelt.

Laut gängiger Theorie passiert die Information von den Nervenrezeptoren auf dem Weg zum Gehirn bestimmte »Schranken«, die sich individuell öffnen. Die Größe der Öffnung wird durch Emotionen beeinflusst und verändert vermutlich die Konzentration der Endorphine, der körpereigenen Schmerzmittel.

Narkotische Schmerzmittel wie Pethidin und Morphin, eingesetzt bei schweren Operationen, Krebs und starken Schmerzen mit Trauma, ahmen die Wirkung von Endorphinen nach und wirken direkt auf das Gehirn. Schmerzmittel wie nichtsteroidale Antiphlogistika (NSAIDs) hemmen die Produktion von Botenstoffen bei Entzündungen (inflammatorischen Prostaglandinen) im Gewebe. NSAIDs sind gängige Mittel gegen leichte bis mäßige Schmerzen. Steroide kommen bei schweren schmerzhaften Entzündungen zum Einsatz.

Man kann immer wieder beobachten, dass Hunde nach schweren Verkehrsunfällen weglaufen und trotz Verletzungen nicht klagen. Hunde reagieren auf Schmerzen viel stoischer als Menschen. Sie nehmen sie hin und empfinden weder Selbstmitleid noch Furcht vor den Folgen.

Bei akutem Schmerz kann ein Hund schreien oder weinen – selten aber bei chronischen, schleichenden Schmerzen. Bei Bewegungen hört man vielleicht einen kleinen Laut, aber ansonsten erscheint sein Verhalten fast normal, selbst bei beträchtlichem Leiden. Generell gilt aber, dass der Hund Schmerzen genauso empfindet wie wir.

BERUHIGUNG UND BERÜHRUNG

Schmerz bedeutet für einen Hund immer Stress: plötzlich auftretend, wenn er sich verletzt hat oder beim Tierarzt ist und beispielsweise eine unangenehme Behandlung über sich ergehen lassen muss (Analdrüsen ausdrücken; Injektionen), und nicht selten auch dauerhaft, wenn etwa Schäden am Bewegungsapparat vorliegen.

Die Reaktion des Menschen auf den Hundeschmerz muss immer individuell sein, der jeweiligen Situation angepasst und auch dem Temperament des Hundes. Beruhigung ist in jedem Fall sinnvoll; wichtig ist es, dem Tier Sicherheit zu vermitteln. Hat der Hund akute Schmerzen und soll untersucht oder behandelt werden, helfen ofmals eher einige beruhigende Worte mit fester Stimme als ein ständiges Streicheln oder Auf-das-Tier-Einreden. Nicht selten ist es in einem solchen Fall auch angebracht, einen Maulkorb oder eine Maulschlinge anzulegen, damit das Tier nicht im Schmerz unvorhergesehen mit einem Abwehrbeißen reagieren kann.

Sanfte Berührungen sind angebracht, wenn das Tier, vielleicht aus Altersgründen, unter Gelenk- und/oder Muskelschmerzen leidet. Dann tut es dem Hund ebenso wie dem Menschen wohl, an den schmerzenden Stellen mit sanftem Druck oder auch leichtem Zug gestreichelt zu werden. Heute gibt es bereits die Möglichkeit, Hundephysiotherapie in Anspruch zu nehmen – fragen Sie bei Ihrem Tierarzt nach. Bevor Sie selbst Hand anlegen, lassen Sie sich am besten einige wirkungsvolle Griffe an Ihrem Hund demonstrieren.

RELATIVE SCHMERZREAKTION

Das Schmerzempfinden von Hunden ist individuell verschieden. Außerdem gibt es Unterschiede zwischen den Rassen. Die meisten Bullterrier z.B. scheinen weniger schmerzempfindlich zu sein als kleine Spaniel. Vielleicht ist dies auf die Zucht zurückzuführen: Eine hohe Schmerzresistenz war für Terrier als Kampfhunde günstig, während ein weiches Temperament beim Spaniel vorgezogen wurde. Die Rasse Jack Russell (Bild) ist für ihre hohe Unempfindlichkeit gegenüber Schmerzen bekannt.

AUSGEWOGENE ERNÄHRUNG

Lassen Sie sich nicht erweichen!

Hunde füttern bedeutet Verantwortung: Die Tiere haben wenig Einfluss auf die Auswahl des Angebots und hängen von unseren Entscheidungen ab. Eine ausgewogene Ernährung ist äußerst wichtig. Spezielle Tiernahrung kann Krankheiten verhindern oder behandeln oder altersbedingte Mängel ausgleichen. Der leichteste Weg dahin ist die Verwendung erstklassigen Futters mit den richtigen Nährstoffen von einem bewährten Hersteller. Alternativ können Sie für den Hund kochen. Falls Sie das tun, müssen Sie sich mit den Grundlagen der Hundeernährung vertraut machen. Das Futter muss auf Alter, Größe und Energiepegel des Hundes abgestimmt sein.

WIE HUNDE FRESSEN

Hunger ist der natürliche Zustand des Hundes. Er ist ein Konkurrenzfresser – das heißt, er musste alles fressen, und zwar rasch. Schon Welpen am Fressnapf zeigen uns, dass der Fresstrieb enorm stark ist. Von Geburt an muss sich jeder Welpe an den Zitzen, später beim Futter gegen die Geschwister durchsetzen: Jeder will der Erste und Schnellste sein und das meiste abbekommen. Dieses Verhalten ist sinnvoll, wenn das Futter knapp ist, doch bei unseren Haushunden ist es die Hauptursache der so verbreiteten Überernährung mit der Folge Übergewicht.

DER HUND IST KEIN MENSCH!

Hund und Mensch brauchen unterschiedliche Nahrung. Hunde sind fleischfressende Jäger und bevorzugen daher Fleisch. Menschen sind Allesfresser und verdauen auch fast alles. Gibt es kein Fleisch, wird der Hund auf Kosten seiner Verdauung zum Allesfresser. Bedenken Sie die Ernährungsunterschiede zwischen Mensch und Tier:

- Unlösliche Ballaststoffe aus Vollkorn schützen den Menschen womöglich vor Krebs, waren aber noch nie Bestandteil der Ernährung des Hundes, außer in akuter Hungersnot.
- Hohe Dosen Vitamin C helfen dem gestressten Menschen, weil er dieses Vitamin nicht selbst produziert. Hunde jedoch stellen es selbst her (siehe S. 195)!
- Schokolade hebt beim Menschen die Stimmung, kann einen Hund jedoch vergiften und sogar töten (siehe S. 205).

Eiweiß, Fett und Kohlenhydrate liefern Ihrem Hund Energie. Fleisch und Fett sind seine Lebensgrundlage und enthalten alle essenziellen Aminosäuren und Fettsäuren, Vitamine und Mineralien, die er braucht. Füttern Sie einen jungen Hund dennoch nie ausschließlich mit Fleisch, denn dies stört das Kalzium-Phosphor-Verhältnis und kann zu Erkrankungen führen (siehe Hormonsystem, S. 372–383). Vitamine und Mineralien sind für Energieumsetzung, Enzymaktivität und Knochenwachstum äußerst wichtig. Ballaststoffe sind für gute Verdauung und festen Stuhl nötig. Außerdem muss jederzeit sauberes Wasser bereitstehen.

FRISCH ERLEGTE BEUTE: PRO UND KONTRA
Ein ganzes Kaninchen ist »Naturfutter«, liefert Eiweiß, Fett, Vitamine, Mineralien und Ballaststoffe. Aber es überträgt auch Keime, die Knoche[n] können den Darm verletzen, und das Fell kann Blockaden auslösen.

GRAS UND ANDERE PFLANZEN
Manche Hunde fressen gern Gras. Gemüse, Wurzeln, Gras und Beeren sind für den Hund jedoch schwer verdaulich und daher eine Notlösung. Gekochtes Gemüse ist nahrhafter als rohe Pflanzen.

Der Darm Ihres Hundes ist ein dynamisches Ökosystem: Hier leben eine Reihe »guter« Bakterien in feinem Gleichgewicht zusammen. Die ersten Bakterien stammen aus der Muttermilch. Später erhält das Tier neue Bakterien aus unterschiedlichem Futter. Die meisten dieser »Bakteriengäste« bleiben nur kurz und sterben bald, aber einige bleiben länger und schaffen ein stabiles Milieu für die Verdauung der Nährstoffe. Ein solches ausgeglichenes homöostatisches Umfeld ist für die Nährstoffaufnahme sehr wichtig. Futterbestandteile und »gute« Darmbakterien unterstützen auch den Aufbau eines wirksamen Immunsystems, das den Hund vor Krankheit und Infektion schützt (siehe Natürliche Abwehr, S. 186–187).

LEBENSZYKLUS UND BEDÜRFNISSE

Die Ernährungsbedürfnisse Ihres Hundes wandeln sich im Laufe der Jahre. Die Umstellung von einer Nährstoffquelle auf die andere sollte allmählich erfolgen; Futteränderungen sollten über 5–10 Tage erfolgen, da die Verdauungsenzyme Zeit brauchen, sich darauf einzustellen. Bei abruptem Wechsel kann es zu Durchfällen kommen. Fügen Sie erst dem bisherigen Futter ein wenig des neuen hinzu, und erhöhen Sie diesen Anteil an den Folgetagen langsam. Ein Hungerstreik des Tieres wegen des Geruchs, Geschmacks oder der Beschaffenheit des neuen Futters oder sonstige Verdauungsprobleme werden dann schnell offensichtlich, bevor sich hieraus ein ernstes Problem entwickelt.

F **WIE SIEHT NATÜRLICHES HUNDEFUTTER AUS?**

A Die natürliche Nahrung des Menschen bestand aus rohem Fleisch, Würmern, Wurzeln, Beeren und Schaben. (Mithilfe eines Darmenzyms können wir den Chitinpanzer der Schaben verdauen.) Irgendwann aber kam die Erkenntnis, dass Gekochtes häufig besser schmeckt und bekommt. So geht es auch dem Hund. In der Natur frisst er Fleisch und alle Körperteile der Beutetiere mit Fell, Knochen und Darminhalt. Rohes Fleisch braucht er aber eigentlich nicht. Es birgt das Risiko von viralen und bakteriellen Infektionen – und mancherorts Parasiten. Daher ist es meist gefährlicher als gekochtes.

F **ICH BIN VEGETARIER. KANN ICH DEN HUND AUCH SO ERNÄHREN?**

A Mit einem ausgewogenen vegetarischen Futter kann der Hund zwar überleben, nimmt es aber ungern an. Vegetarier zu sein ist eine ethische Entscheidung des Menschen. Der Hund hingegen ist nun einmal primär ein Fleischfresser. Falls Sie Ihren Hund dennoch fleischlos ernähren wollen, lassen Sie sich von Spitzenexperten beraten, wie vegetarisches Hundefutter auszusehen hat, oder kaufen Sie kommerzielles Gemüsefutter. (Versuchen Sie das niemals mit einer Katze: Die Katze braucht unbedingt Fleisch zum Leben, sonst fehlen ihr wichtige Aminosäuren und andere grundlegende Nährstoffe.)

F **WANN IST ES SINNVOLL, KALORIENREDUZIERTES HUNDEFUTTER ZU FÜTTERN?**

A Kalorien- und fettreduziertes Hundefutter eignet sich besonders für verdauungssensible und ältere Hunde. Weil es für den Verbraucher jedoch nicht einfach ist, die richtige Menge und Nährstoffzusammensetzung zu ermitteln, sollte man hier Expertenrat einholen. Viele Tierärzte führen Diät-Futtermittel und können für Ihren Hund ein individuelles Futterkonzept erstellen. Nicht vergessen: Der beste Schlankmacher für jeden Hund ist viel Bewegung!

RICHTIG FÜTTERN

Die Hauptbestandteile der gesunden Hundeernährung sind Eiweiß und Fett. Eiweiße sind komplexe Moleküle aus verschiedenen Aminosäuren; das sind die Bausteine des Körpergewebes und der Enzyme, die die chemischen Reaktionen des Körpers unterstützen. Die natürlichste Quelle dieses Eiweißes ist Fleisch, aber der Hund kann wie der Mensch auch alle nötigen Aminosäuren aus pflanzlichem Eiweiß beziehen.

Hunde brauchen auch Fett. Es enthält essenzielle Fettsäuren (EFAs, siehe rechts unten). Fett ist der Nährstoff mit der höchsten Energiedichte und hat mehr als doppelt so viele Kalorien wie Eiweiß oder Kohlenhydrate. Fett transportiert auch die fettlöslichen Vitamine A, D, E und K im Körper. Außerdem macht es das Futter schmackhafter.

Ballaststoffe sind ebenfalls ein natürlicher Teil der Hundenahrung, enthalten zum Beispiel im Fell oder Darminhalt gejagter Säugetiere. Sie stimulieren die Speichel- und Magensaftproduktion. Außerdem verhindern oder bekämpfen sie Verstopfung, Diabetes, Übergewicht, entzündliche Darmerkrankungen und Blutüberfettung. Es gibt viele Arten von Ballaststoffen. Man unterscheidet wasserlösliche und nicht wasserlösliche. Wasserlösliche Ballaststoffe (in gekochtem Gemüse und Reis) halten das Futter besser zusammen. Daher bleibt es länger im Magen. Verdauung und Nährstoffaufnahme im Dünndarm verlangsamen sich. Nicht wasserlösliche Ballaststoffe wie Kleie und Tierfell speichern Wasser und erhöhen die Stuhlmenge, sodass die Verdauung rascher und leichter erfolgt. Manche Ballaststoffe gären und hemmen dadurch gefährliches Bakterienwachstum. Rüben, Endivie, Reiskleie und kleiehaltige Frühstückszerealien sind gute Quellen für gärende und nicht gärende Ballaststoffe. Die richtige Ballaststoffmenge für Ihren Hund hängt von Alter und Lebensstil ab: Ältere Hunde profitieren von verdauungsfreundlichen höheren Anteilen an wasserlöslichen und nicht wasserlöslichen Ballaststoffen.

Wasser ist der Hauptbestandteil der meisten Zellen des Hundekörpers. Es enthält wasserlösliche Vitamine (B-Komplex, Folsäure und Vitamin C) und wird von den Ballaststoffen aufgenommen, was die Stuhlmenge steigert. Es sollte immer ausreichend frisches Wasser bereitstehen.

TIPPS VOM TIERARZT

Zu viel Vitamin C ist gefährlich. Obwohl normalerweise günstig, weil es als Antioxidans wirkt und freie Radikale bindet, wird überschüssiges Vitamin C in Form des sogenannten Oxalats im Urin ausgeschieden. Dieser Stoff kann in der Blase zur Grieß- oder Steinbildung führen. Bei Welpen verursacht eine Überdosis dünnen Stuhl.

ESSENZIELLE FETTSÄUREN

Ernährungsstudien zeigen, dass Fett nicht nur Energie liefert. In den 1990er-Jahren stellte man fest, dass die essenziellen Fettsäuren (EFAs) viele wichtige Funktionen haben: Sie halten Allergien, Arthritis, Hautkrankheiten, Entzündungen, Herzerkrankungen, Überempfindlichkeit auf Flohstiche, Autoimmunerkrankungen, Störungen von Niere und Nervensystem und sogar Krebs unter Kontrolle.

Es gibt zwei Gruppen von Fetten: Omega-6- und Omega-3-Fettsäuren. Die größere Gruppe, Omega-6, sichert die Funktionen der Zellwände. Sie steht jedoch auch mit Zellentzündungen in Zusammenhang und unterdrückt möglicherweise das Immunsystem. Die Gruppe Omega-3 dagegen mindert die Zellentzündung und hemmt in der Regel das Immunsystem nicht. Auf der Zellebene kann sie sogar die Wirkungsweise des Immunsystems verstärken.

Hunde benötigen ausreichend Linolsäure, eine Omega-6-Fettsäure. Diese Substanz fördert Wachstum, Wundheilung, Leberfunktion und andere wichtige Körperfunktionen. Hunde sind in der Lage, Linolsäure in Arachidonsäure umzubauen, die für die Blutgerinnung sowie für die Gesundheit von Fell, Herz, Augen und Fortpflanzungssystem gebraucht wird. Omega-3-Fettsäuren wie Docosahexaensäure (DHA) und Eicosapentaensäure (EPA) schützen die Struktur der Zellwände des Hundes.

VITAMINE

FETTLÖSLICHE VITAMINE

VITAMIN A

Vitamin A hat viele Funktionen, es unterstützt Hautfunktionen und Sehkraft. Hunde stellen es aus pflanzlichen Carotenoiden selbst her. Die größte Menge beziehen sie jedoch aus tierischer Leber. Fischtran, Milch und Eigelb sind ebenfalls gute Quellen von Vitamin A. Manche Cocker Spaniels können selbst nicht genug Vitamin A produzieren und bekommen fettige Haut. Eine langfristige Ergänzung hilft hier. Auch beim Labrador Retriever und dem Zwergschnauzer hat dies eine günstige Wirkung.

Cocker Spaniel

VITAMIN D

Dieses Vitamin unterstützt das Wachstum von Knochen und Zähnen. Hunde synthetisieren es in der Haut und erhalten alles Nötige hierfür durch das Futter. Ein dickes Fell kann die Produktion des Vorläufers dieses Vitamins beeinträchtigen, weil das zur Bildung des Vitamins nötige Sonnenlicht nicht bis zur Haut durchdringt. Mangelerscheinungen sind heute selten, weil das Futter genug Vitamin D enthält. Häufiger ist Vitamin-D-Überschuss, der zu Skelettfehlbildungen und Kalziumablagerungen führt.

VITAMIN E

Zusammen mit dem Mineral Selen wirkt Vitamin E antioxidativ und neutralisiert freie Radikale (Atome oder Moleküle, die Zellwände zerstören). Als Futterzusatz scheint es bei manchen Hunden mit Hautläsionen entzündungshemmende Prozesse zu fördern, vor allem bei Dackeln mit Acanthosis nigricans (Krankheit mit Haarausfall und vermehrter Hautpigmentierung). Auch bei Herz-, Gefäß- und Nervenerkrankungen wirkt es günstig. Hunde mit dem Hautparasiten Demodex, der Haarbalgmilbe, sowie gestresste oder sehr aktive Hunde profitieren ebenfalls von Vitamin-E-Gaben.

Dackel

VITAMIN K

Dieses Vitamin ist wichtig für die Blutgerinnung. Etwas Vitamin K wird von den Darmbakterien des Hundes produziert. Bei Hunden, die längere Zeit Antibiotika erhalten, sinkt die Vitamin-K-Konzentration oft ab, da die Antibiotika die »guten« Darmbakterien abtöten. Vitamin-K-Mangel ist selten; jedoch kann das Fressen eines Nagetiers, das durch das gerinnungshemmende Rattengift Warfarin (oder das noch gefährlichere Cumarin) starb, einen akuten Vitamin-K-Bedarf auslösen. Hieraus können lebensbedrohliche innere Blutungen entstehen. Das Tier muss rasch zum Tierarzt gebracht werden (siehe S. 452–457).

WASSERLÖSLICHE VITAMINE
VITAMINE DES B-KOMPLEXES

Hierzu zählen Vitamin B_1 (Thiamin), B_2 (Riboflavin), Niacin, Pantothensäure, B_6 (Pyridoxin) und Vitamin H (Biotin). Sie sind wichtige Bestandteile der Enzyme, die die Zellprozesse steuern. Viele dieser Vitamine werden durch Darmbakterien synthetisiert. Antibiotika können diese Bakterien beeinträchtigen. Bei längerer Antibiotika-Behandlung empfiehlt sich daher oft eine Verabreichung von Tabletten auf Hefebasis.

VITAMIN B_{12}

Vitamin B_{12} unterstützt die Produktion roter Blutkörperchen im Knochenmark und die Nutzung von Folsäure (siehe unten) und Kohlenhydraten sowie die korrekte Funktion des Nervensystems. Es wird zum Beispiel aus Leber, Niere und anderem Fleisch gewonnen, auch aus Eiern und Milchprodukten. Manche Riesenschnauzer haben eine ererbte Störung der Vitamin-B_{12}-Aufnahme und benötigen entsprechende Injektionen.

FOLSÄURE

Sie gehört ebenfalls zu den B-Vitaminen. Bei Hunden wird sie von Darmbakterien produziert. Bei gutem kommerziellem Hundefutter tritt selten ein Folsäuremangel auf. Bei Tieren mit Herz-, Gefäß- oder Hautkrankheiten kann die zusätzliche Verabreichung jedoch günstig sein.

VITAMIN C

Dieses Vitamin stützt die Funktion diverser Enzyme. Der Hund produziert Vitamin C in der Leber aus Glukose. Unter Stress können Hunde vermehrt Vitamin C produzieren, daher sollten keine Zusatzgaben nötig sein. Eine Überdosis ist sogar gefährlich (siehe Kasten auf der linken Seite).

MINERALIEN

KALZIUM UND PHOSPHOR

Diese Mineralien sind für Wachstum und Erhalt des Skeletts sowie für gesunde Zellmembranen und neuromuskuläre Funktionen wichtig. Ideal ist ein leicht höherer Kalzium- als Phosphorwert (Verhältnis etwa 1,2–1,4 : 1). Die Verfügbarkeit dieser Mineralien hängt vom Futter ab. Bei reinem Fleischfutter (wenig Kalzium) kommt es besonders bei jungen Hunden zur Überstimulierung der Nebenschilddrüse (siehe Hormonsystem, S. 372), ggf. zu Schwellung und Schmerzen in den Gelenken und zu deformierten, leicht brechenden Knochen. Bei säugenden Hündinnen kann die Milchproduktion zum Rückgang des Kalziumspiegels und somit zu Krämpfen oder Eklampsie führen (Krampfanfälle während der Trächtigkeit). Zu viel Kalzium im Futter der trächtigen Hündin erhöht das Eklampsierisiko während der Säugezeit. Langfristiger Kalziumüberschuss löst Zinkmangel und bei rasch wachsenden Riesenrassen Knochenfehlbildungen aus.

MAGNESIUM

Magnesium erhält das Gleichgewicht von Kalzium, Phosphor und Kalium. Es unterstützt Muskelkontraktion und Nervenimpulse. Riesenrassen, besondere solche mit Herztherapie, bekommen durch Magnesiummangel Herzrhythmusstörungen.

SELEN

Selen ist ein wichtiger Teil des Enzymsystems in Geweben wie dem Herzmuskel. Es fängt freie Radikale und ist eventuell am Immunsystem beteiligt, wo es umwelt- und ernährungsbedingte Karzinogene neutralisiert. Außerdem ist Selen vermutlich an der Fortpflanzung beteiligt. Es wirkt mit anderen Antioxidantien wie Vitamin A, C und E und den Spurenelementen Zink, Mangan und Kupfer zusammen. Selen kann schon in geringer Konzentration giftig sein. Der Hund benötigt nur minimale Mengen.

KUPFER UND EISEN

Kupfer wird in der Leber gespeichert und ist mit Eisen am Sauerstofftransport über die roten Blutkörperchen beteiligt. Manche Bedlington Terrier haben eine ererbte Kupferspeicherkrankheit, die zur Kupfervergiftung führt. Dobermann,West Highland White Terrier und Cocker Spaniel können als Sekundärerkrankung eines anderen Leberschadens an Kupferansammlungen in der Leber leiden (siehe Hormonsystem, S. 372–383). Dies verursacht Appetitverlust, Lethargie, Erbrechen und Bauchschmerzen. Abhilfe schafft die Einschränkung des Kupfergehalts in der Nahrung.

West Highland White Terrier

ZINK

Zink ist wichtig für Geschmacksnerven, Haut und für ein wirksames Immunsystem, für die Funktion vieler Enzyme und für die Entgiftung von Ammoniakabfallprodukten. Ernährungsbedingter Zinkmangel kann zu Haut- und Fellproblemen führen. Dieser Mangel wird als »generische Trockenfuttererkrankung« bezeichnet, weil sie auf schlecht zusammengesetztes Trockenfutter mit niedrigem Fleisch- und hohem Getreideanteil sowie zu wenig Zink zurückzuführen ist. Zu viel Kalzium im Futter konkurriert mit dem Zink und führt ebenfalls zu Haut- und Fellproblemen, besonders bei Welpen schnell wachsender großer und Riesenrassen.

Einige Alaskan Malamutes und Siberian Huskys weisen eine ererbte Zinkstoffwechselstörung auf; ihr Körper kann nicht ausreichend Zink aufnehmen. Diese Störung bewirkt Schuppenbildung, Hautverkrustungen und stumpfes, trockenes Fell. Zinkgaben helfen dagegen. Außerdem enthalten alle ausgewogenen Futterprodukte bewährter Hersteller ausreichende Zinkmengen auch für diese Rassen.

Alaskan Malamutes

JOD

Jod benötigt die Schilddrüse zur ausreichenden Hormonproduktion. Eine Schilddrüsenunterfunktion (siehe Hypothyreose, S. 375) führt zu einem Mangel an Schilddrüsenhormonen. Dies ist zwar die häufigste Hormonstörung bei Hunden, geht aber nur in seltenen Fällen auf einen natürlichen Jodmangel in der Ernährung zurück.

Omega-3-haltige Nahrungsergänzungsmittel können bei manchen Hunden Hautjucken lindern. Nachtkerzen-, Fisch- und Leinsamenöl enthalten viele Omega-3-Fettsäuren und können die Langzeitbehandlung der allergischen Hautentzündung günstig beeinflussen.

VITAMINE UND MINERALIEN

In wahren Kaskaden chemischer Reaktionen wird das Futter in Energie umgesetzt. Dieser »Stoffwechsel« verwandelt Eiweiß, Fett und Kohlenhydrate – die Makronährstoffe – in einfache chemische Stoffe, die der Körper speichern oder verwenden kann. Diese Reaktionen und viele andere Kernfunktionen, wie etwa die Blutgerinnung, basieren auf winzigen Mengen von Vitaminen und Mineralien – den Mikronährstoffen. Bei Stress durch Krankheit, Medikation oder Alter können Mikronährstoffgaben für den Hund sinnvoll sein.

Es gibt fett- und wasserlösliche Vitamine (siehe S. 195). Der Körper bezieht fettlösliche Vitamine (A, D, E und K) aus Fett und speichert sie in der Leber. Überdosen wirken giftig und können den Hund krank machen. Die wasserlöslichen Vitamine (B-Komplex, B12, Folsäure und Vitamin C) sind in vielen Futterbestandteilen enthalten. Der Körper speichert davon nur wenig, Überschüsse werden im Urin ausgeschieden. Daher gibt es hier kaum Überdosen.

Etwa 4% des Hundekörpers besteht aus Mineralstoffen, chemischen Grundelementen (siehe S. 196). Die Hauptmineralien darunter sind Kalzium und Phosphor und liegen in Knochen und Blutkreislauf vor. Wie die Vitamine haben auch die Mineralien lebenswichtige zelluläre Funktionen.

KOMMERZIELLES HUNDEFUTTER

Gute Hundefutterhersteller verwenden nur Materialien, die auch für den menschlichen Verzehr geeignet sind. Ihre hochklassigen Produkte entstehen nach festen Rezepten, und die Inhaltsstoffe sind unveränderlich. Eine Preisstufe darunter erfüllen die Rohstoffe gleichfalls die Ernährungs- und Qualitätsstandards. Der Nährwert bleibt stabil, nur die Zutaten variieren.

Bei Hunden mit empfindlichem Magen ist dies ein wichtiger Punkt. Ende der 1990er-Jahre erkannten die Veterinärernährungswissenschaftler, dass ausgewogene Ballaststoffanteile in Hundefutter die Verdauung begünstigen. Gutes Hundefutter enthält heute einen festen Bestandteil an Ballaststoffen. Premiumfutter fördert mit seinem ausgewogenen Ballaststoffgehalt die

F **BRAUCHT DER HUND AUCH KOHLENHYDRATE?**

A Kohlenhydrate sind zwar keine natürliche Energiequelle des Hundes, er kann sie aber in Glukose umsetzen und zu Glykogen weiterverarbeiten, das in der Muskulatur zum späteren Gebrauch gespeichert wird. Greyhounds speichern besonders viel Glykogen. Kohlenhydrate scheinen eine gute Energiequelle für trächtige und säugende Hündinnen zu sein. Stärke ist die gängigste Kohlenhydratquelle für Hunde. Gekochte Stärke wie in Kartoffeln ist leicht verdaulich.

F **WAS SIND ANTIOXIDANTIEN? BRAUCHT MEIN HUND SIE?**

A Antioxidantien zerstören freie Radikale – Moleküle und Atome, die die Zellwände schädigen. Zu ihnen zählen Vitamin C und E sowie die Carotenoide wie z. B. Lutein oder Beta-Carotin. Hunde haben ein natürliches System gegen freie Radikale, jedoch kann dies durch antioxidantienhaltiges Futter gefördert werden. Manche Hundefutterhersteller behaupten, dass die Antioxidantien in ihren Produkten das Immunsystem erwachsener Hunde begünstigen und auf ein jugendliches Niveau zurückführen.

F **SOLL ICH DEM HUND ZUSÄTZLICH E VITAMINE UND MINERALIEN GEBEN?**

A Mit Vitamin- und Mineraliengaben sollte man höchst vorsichtig umgehen. Die einen Nährstoffe senken die Aufnahme der anderen. Große Mengen eines bestimmten Minerals können gefährlich sein. Wird ein Nährstoff vermehrt gebraucht, so setzen Sie eine Breitband-Vitamin- und Mineralergänzung speziell für Hunde ein. Dies kann durch Steigerung der übrigen Nährstoffe zum Gleichgewicht beitragen.

F **IM HANDEL FINDE ICH PRODUKTE MIT DER KENNZEICHNUNG »ALLEINFUTTER« UND »ERGÄNZUNGSFUTTER«. WIE GEHE ICH DAMIT UM?**

A Ein »Alleinfutter« deckt nach dem EU-Futtermittelrecht den Bedarf eines Tieres an Energie und Nährstoffen; es gibt sie als Feucht- und als Trockenfutter. Ein Ergänzungsfuttermittel hat einen erhöhten Anteil bestimmter Inhalts- oder Nährstoffe, reicht aber für eine ausgewogene Ernährung nicht aus. Es gibt Dosenfutter mit sehr hohem Fleischanteil, das als »Ergänzungsfutter« deklariert ist; es wird am besten mit Reis- oder Getreideflocken angereichert, die zudem Gemüse enthalten. Sprechen Sie mit Spezialisten über die richtige Fütterung.

DIE FUTTERKENNZEICHNUNG

Der Nährwert

Der Vergleich von Eiweiß-, Fett- oder Ballaststoffgehalt auf dem Futteretikett ist nicht aussagekräftig, da diese Werte je nach Wassergehalt schwanken. Zum exakten Vergleich muss man die Daten auf die Trockenmasse umrechnen, die nach Entzug des Wassers verbleibt. Tierfutterhersteller geben Ihnen diese Information gern, Sie können sie aber auch selbst ausrechnen.

Typisches Dosenfutter enthält etwa 6,5% Eiweiß, 3,5% Fett, 0,5% Ballaststoffe und 81% Wasser. Dieses Futter hätte also 19% Trockenmasse (100% – 81%). Nun können Sie den wahren Gehalt wie folgt ausrechnen:

Nährstoffgehalt in der Trockenmasse (i.Tr.) = Nährstoffangabe laut Etikett x 100 ÷ Trockenmasse in %, also:

Eiweiß = 6,5x100÷19 = 34,2%

Fett = 3,5x100÷19 = 18,4%

Ballaststoffe = 0,5x100÷19 = 2,6%

Typische oder garantierte Analyse

Diese Liste enthält in der Regel den minimalen Eiweiß- und Fettgehalt sowie den maximalen Ballaststoff- und Wassergehalt. Sie sagt wenig über die Qualität aus.

Inhaltsstoffe

Diese informieren eher über die Qualität, sind aber meist wenig genau. Die Reihenfolge der Stoffe entspricht dem Gewichtsanteil. »Fleisch« bedeutet Muskel. »Fleischnebenprodukte« bedeutet Innereien, Knochen und Mark.

»Fleischmehl« bedeutet tierische Trockenprodukte. Enthält das Tierfutter »erlaubte Farb-, Geschmacks- und Konservierungsstoffe«, so erklärt Ihnen der Kundendienst des Herstellers genau, welche.

Fütterungsanweisung

Betrachten Sie die Fütterungsanweisung nur als Vorschlag. Je nach Alter, Aktivität und Gesundheitszustand Ihres Hundes braucht er mehr oder weniger (meist weniger). Für exakte Angaben wenden Sie sich am besten direkt an den Futtermittelhersteller.

»guten« Darmbakterien, hemmt aber das Wachstum der »schlechten«.

Die meisten kommerziellen Hundefutter entsprechen nordamerikanischen oder europäischen Normen. In den USA muss Hundefutter samt Kennzeichnung den Vorschriften der »Association of American Feed Control Officials (AAFCO)« entsprechen. Dort sind die Angaben sehr ausführlich: Die »garantierte Analyse« enthält den minimalen Eiweiß- und Fettgehalt sowie den maximalen Ballaststoff- und Wassergehalt, gibt dies aber nicht in Gewicht pro Packung an.

In Kanada gibt es ein freiwilliges Zertifizierungssystem unter Aufsicht des kanadischen Tierärzteverbandes. Hersteller, die dessen Normen erfüllen, haben ausführlichere Angaben auf ihrem Futter und haften für die Richtigkeit. Alle europäischen Hundefutter haben ein Mindesthaltbarkeitsdatum gemäß der Haltbarkeit der fettlöslichen Vitamine.

Soll der Hund kommerzielles Futter erhalten, müssen Sie sich etwas informieren. Besuchen Sie zum Beispiel die Internet-Website des Herstellers, dort finden Sie viele Informationen. Schreiben Sie sich Ihre Fragen auf. Gute Hundefutterhersteller können Ihnen alle gewünschten Angaben machen.

TROCKEN- UND DOSENFUTTER

Für viele Hundehalter ist das bequeme Komplett-Trockenfutter heute die beliebteste Form der Fütterung. Dieses Futter wird unter Druck gekocht und dann getrocknet. Das Fett wird zur Geschmacksverbesserung aufgesprüht. Da es ranzig werden kann, ist ein Konservierungsstoff nötig; hier bieten sich Antioxidantien an. Einige Hersteller sind von synthetischen Konservierungsstoffen auf Vitamine C und E umgestiegen, jedoch nur auf Verlangen der Öffentlichkeit, nicht weil die bessere antioxidative Eignung der Vitamine wissenschaftlich erwiesen wäre. Leider halten natürliche Antioxidantien nicht so lange wie synthetische. Wählen Sie Trockenfutter mit natürlichen Konservierungsstoffen, kaufen Sie es bei einem Händler mit hohem Warenumsatz, und lagern Sie die angebrochene Packung gut verschlossen, kühl und trocken. Trockenfutter sollte innerhalb von sechs Monaten nach Herstellung verbraucht werden.

Durch Erhitzen und Vakuumversiegelung benötigt man bei dosen- und vakuumverpacktem Futter keine Konservierungsstoffe. Dieses Futter ist sehr nahrhaft und wohlschmeckend, bietet allerdings Zähnen und Zahnfleisch keinerlei Training. Außerdem verdirbt es

KNOCHEN
Knochen können zu Verdauungsstörungen führen. Geben Sie Ihrem Hund zum Kauen Zahnpflegeknochen oder Büffelhautknochen. Der Hund darf keinen Besitzanspruch entwickeln: Die Knochen gehören Ihnen, wie auch das Spielzeug.

nach Öffnen rasch. Als Faustregel gilt, dass eine 400-g-Dose rund 400 kcal enthält.

Moderne Herstellungsprozesse haben das Futter sicherer gemacht, bergen aber auch Risiken. Erstens wird das Futter oft durch Erhitzen pasteurisiert, was Mikronährstoffe zerstört. Gute Hersteller kompensieren dies durch Vitamin- und Mineralienzusätze. Zweitens können Fehler auftreten, zum Beispiel durch Zugabe falscher Stoffe. Trockenfutter kann nach Verlassen der Fabrik in der Packung verderben. Außerdem verändern diese Prozesse das Futter auf unbekannte Weise. Je sorgfältiger der Hersteller vorgeht, desto geringer sind diese potenziellen Probleme.

SELBST GEMACHTES FUTTER

Wollen Sie für Ihren Hund kochen, so geben Sie ihm nicht nur Muskelfleisch, da es wenig Vitamin A, D und Kalzium enthält. Hunde sind keine reinen Fleischfresser; in der Natur fressen sie außer Fleisch auch Pflanzenteile aus dem Darminhalt ihrer Beutetiere. Mischen Sie das Fleisch deshalb beispielsweise mit Reis (siehe unten).

Vermeiden Sie Tofu und andere Bohnenprodukte, vor allem bei Rassen mit tiefem Brustkorb, wie Dänischen Doggen und allen Settern. Diese wirken nämlich blähend und können den Magen lebensgefährlich schädigen (siehe S. 347).

Vorsicht mit Milchprodukten. Welpen produzieren ein milchverdauendes Enzym namens Laktose, das dem erwachsenen Hund meist fehlt. Bekommt das Tier von Kuhmilch Durchfall und Sie möchten trotzdem Milch füttern, wählen Sie laktosefreie Milch, die es in der Apotheke oder im Supermarkt gibt.

Beim Verfüttern von Knochen ist ebenfalls Vorsicht geboten. Jeder Tierarzt kennt die schlimmen inneren Verletzungen und Verdauungsstörungen, die durch sie entstehen können. Außerdem führen sie häufig zu Zahnbruch, obwohl das Nagen an Knochen das Zahnfleisch massiert und die Zähne reinigt. Möchten Sie Knochen geben, gewöhnen Sie den Hund früh daran, sodass er das richtige Fressen lernt. Geben Sie ihm nur extrem harte Knochen (vom Rind). Eine gute Alternative sind Büffelhautknochen oder Zahnreinigungsknochen, an denen der Hund stundenlang herumkauen kann.

Hier ein Beispiel für selbst gemachtes Futter für einen erwachsenen Hund:

Hühnchen	70 g
Leber	30 g
ungekochter Reis	140 g
sterilisiertes Knochenmehl	10 g
Jodsalz	1 Prise
Sonnenblumen- oder Maisöl	2 g

Reis, Knochenmehl, Salz und Sonnenblumenöl in der doppelten Menge Wasser aufkochen. 20 Minuten köcheln lassen, dann Hühnchenfleisch und Leber zugeben und weitere 10 Minuten köcheln lassen. Vor dem Füttern abkühlen lassen. Dieses Futter hat etwa 800 kcal, deckt also den Tagesbedarf eines aktiven, 10 kg schweren Hundes.

LEBENSZYKLUS UND ENERGIEBEDARF

Jeder Hund hat seinen eigenen Energiebedarf aufgrund seines Stoffwechsels und seiner Aktivität. Der Bedarf wandelt sich nach Alter und Aktivitätsgrad, Fortpflanzungsverhalten und Jahreszeit. Wie beim Menschen ist auch beim Hund die Stoffwechselgeschwindigkeit erblich. Manche Tiere sind zum Schlanksein, andere zum Übergewicht veranlagt.

WELPEN

Welpen benötigen zum Wachsen und Gedeihen viel Energie. Die Nahrung sollte sich aus 22% Eiweiß und 5% Fett zusammensetzen (Angaben i.Tr., siehe S. 198). Bei zu energiereichem Futter werden die Anlagen zu lebenslangem Übergewicht gefördert, da der Energieüberschuss eine Überzahl von Fettzellen entstehen lässt. Die Anzahl der Fettzellen zu verringern ist schwieriger, als ihre Größe zu verringern. Meiden Sie Übergewicht bei Welpen – es sieht vielleicht niedlich aus, ist aber ungesund.

Von Geburt bis zur halben ausgewachsenen Größe benötigt der Welpe etwa doppelt so viele Kalorien wie erwachsene Tiere, in der verbleibenden Wachstumszeit 50% mehr als sie. Die Wachstumszeit unterscheidet sich nach Rasse: Kleine Hunde sind viel früher ausgewachsen als Riesenrassen. Der Einfachheit halber kann man gelten lassen, dass Hunde bis 5,5 kg Endgewicht nach sechs Monaten ausgewachsen sind, bis 9 kg Endgewicht nach etwa neun Monaten und bis 20,5 kg Endgewicht nach 15 Monaten. Noch größere Hunde erreichen erst nach zwei Jahren ihre Endgröße.

Berechnen Sie die benötigten Kalorien nach Gewicht und Aktivitätsgrad des Welpen. Verdoppeln Sie diese Zahl in der ersten Hälfte der Wachstumsperiode, und füttern Sie bis zum Erreichen der Endgröße nur noch 50% mehr Kalorien, als Ihre Berechnungen ergeben. Nun reduzieren Sie die Kalorien auf den Bedarf des ausgewachsenen Tiers. Statt vier Mahlzeiten wie beim Welpen gibt es jetzt nur noch zwei pro Tag.

AUSGEWACHSENE HUNDE

Die Ernährung sollte nun zu mindestens 18% aus Eiweiß und zu 5% aus Fett bestehen (Angaben i.Tr.). Kommerzielles Hundefutter enthält meist mehr als genug Nährstoffe und ist wohlschmeckend. Füttern Sie das Tier nach Verlangen, wird es automatisch übergewichtig. Rund ein Drittel aller Haushunde sind zu dick, das heißt, sie sind mindestens 15% schwerer als ihr Idealgewicht (siehe Übergewicht, S. 202).

HOCHAKTIVE HUNDE

Hüte-, Wach- und Windhunde sowie solche, die anderweitig sehr aktiv sind, benötigen 1,5 bis 2,5mal so viel Kalorien wie normale Haushunde. Bei kaltem Wetter kann der Energiebedarf um weitere 50% steigen. Schon der Aufenthalt in einem unbeheizten Zwinger treibt den Kalorienbedarf im Winter um 25% nach oben. Greyhounds und andere Sprinthunde profitieren von zusätzlichen Kohlenhydraten, während Ausdauerhunde mehr Fett benötigen, um ihre harte Arbeit leisten zu können.

ARBEITSHUNDE UND IHR ENERGIEBEDARF
Arbeitshunde wie Hütehunde, Jagdhunde und Windhunde brauchen oft während der Aktivphase 50% mehr Energie als in Ruhe. Schlittenhunde (Bild) benötigen eventuell das Doppelte ihres Ruhebedarfs.

Unter extremen Bedingungen (wie zum Beispiel bei einem Schlittenrennen im Winter) kann ein Schlittenhund täglich rund 10000 kcal benötigen.

DIE AUSGEWOGENE ERNÄHRUNG

Wird der Hund zur Arbeit eingesetzt, braucht er eine leicht verdauliche, fett- und energiereiche Ernährung mit mindestens zwei Mahlzeiten täglich: eine kleine Mahlzeit eine Stunde vor der Arbeit und eine große eine Stunde danach. Bei Ausdauertraining kann auch während der Arbeit eine kleine Menge fett- und eiweißreiches Futter sinnvoll sein.

FORTPFLANZUNGSAKTIVITÄT UND ZUCHT

Alle Fortpflanzungsaktivitäten verbrauchen Energie – nicht nur die Paarung. Einige Hunde vergessen über dem Sexualtrieb den Hunger, andere brauchen mehr Futter. Vor allem Rüden kostet die Suche nach Sexualkontakten viel Energie. Sie laufen mehr umher, müssen öfter »das Bein heben«, ihr Territorium schützen und kämpfen mehr. Die männlichen und weiblichen Sexualhormone verändern auch den Stoffwechsel. Bei niedrigeren Hormonspiegeln infolge Kastration oder Alter neigen rund ein Drittel der Tiere zu Übergewicht. Um der Zunahme nach der Kastration vorzubeugen, wiegen Sie den Hund vorher und senken seine Futteraufnahme dann um 20%. Dadurch hält er meist sein bisheriges Gewicht. Nimmt er dabei allerdings ab, können Sie zur normalen Futterration zurückkehren.

Trächtige Hündinnen brauchen erst gegen Ende der Trächtigkeit mehr Kalorien (siehe Fortpflanzung, S. 171). Dagegen benötigen sie erheblich mehr Futter, wenn sie die Welpen säugen. Auf dem Höhepunkt der Säugezeit brauchen sie dreimal so viel Futter wie sonst. Selbst wenn die Welpen nicht mehr so viel Milch trinken, benötigt die Mutter noch 50% mehr als sonst, um wieder zu Kräften zu kommen. Geben Sie ihr in dieser Zeit Welpen- oder Hochleistungsfutter.

ALTERNDE HUNDE

Im Allgemeinen zeigen Hunde erst im letzten Drittel ihrer Lebenserwartung Anzeichen des Alterns. Große Rassen altern früher als kleine Rassen mit längerer Lebenserwartung. Empfehlenswert ist bei Hunden über sieben Jahren ein allgemeiner Gesundheits-Checkup. Bei etwa 2% der Untersuchungen wird bei den Bluttests eine Unterfunktion von Niere und Leber oder mangelnde Stoffaufnahme im Darm festgestellt.

Altern ist keine Krankheit, aber durch den Verlust des Gleichgewichts der Körperfunktionen können Krankheiten entstehen. Der Alterungsprozess kann leichte Ernährungsänderungen erfordern. Einige ältere Hunde nehmen zu, weil die im Futter aufgenommene Energie nicht mehr abgearbeitet wird. Bei manchen Tieren geht die Zunahme jedoch auf eine Schilddrüsenunterfunktion zurück (siehe Schilddrüsenleiden, S. 375). Nimmt Ihr älterer Hund ab oder zu, sollten Sie ihn vor einer Futterumstellung untersuchen lassen.

Die meisten Tiere können weiter das bisherige Futter fressen, aber in kleineren Mengen und mit Vitamin- und Mineralstoffzusätzen. Einige benötigen spezielles »Seniorenfutter« mit hochwertigen, leicht verdaulichen Nährstoffen und Extra-Antioxidantien für das Immunsystem sowie Zusätzen für Haut und Darm. Übergewichtige ältere Tiere sollten langsam auf Normalgewicht reduziert werden, während untergewichtige oder rekonvaleszente Tiere mehr Kalorien benötigen.

Missfällt Ihrem alternden Hund das Futter, ist er vielleicht krank. Fragen Sie den Tierarzt.

UNTERSCHIEDLICHER KALORIENBEDARF

Nachstehend der Kalorienbedarf des Hundes, geordnet nach Körpergewicht, Aktivität und Alter. In kalten Regionen benötigen Hunde etwas mehr Energie, vor allem, wenn sie häufig draußen sind.

Mehr zum Kalorienbedarf in der Trage- und Säugezeit finden Sie bei »Zucht und Welpenpflege«, S. 171 und S. 179.

AKTIVER HUND	
2–5 kg	210–420 kcal
6–10 kg	480–705
11–20 kg	775–1180
21–30 kg	1225–1600
31–40 kg	1640–1990
41–50 kg	2025–2350

ARBEITSHUND	
2–5 kg	295–590 kcal
6–10 kg	675–990
11–20 kg	1065–1665
21–30 kg	1725–2255
31–40 kg	2310–2800
41–50 kg	2850–3310

INAKTIVER HUND	
2–5 kg	185–370 kcal
6–10 kg	420–620
11–20 kg	665–1040
21–30 kg	1080–1410
31–40 kg	1445–1750
41–50 kg	1780–2070

ALTER HUND	
2–5 kg	150–300 kcal
6–10 kg	345–505
11–20 kg	545–850
21–30 kg	885–1155
31–40 kg	1180–1430
41–50 kg	1460–1690

FUTTER UND GESUNDHEIT

Bieten Sie dem Hund schon früh frisches, wohlschmeckendes und nahrhaftes Futter, das im Laufe der Zeit individuell angepasst wird. Bei Bedarf geben Sie ihm mehr Nährstoffe, zum Beispiel wenn das Wetter kälter wird. Wie der Mensch hat auch der Hund (vor allem kleine Tiere) eigene Geruchs-, Geschmacks- und Konsistenzvorlieben. Bedenken Sie: Kein Hund ist von Natur aus ein unlustiger Fresser! Verwandeln Sie andererseits Ihre Küche auch nicht in ein Hunderestaurant, in der der Gast von der Speisekarte wählen darf.

Wiegen Sie das Tier regelmäßig. Ein gleichbleibendes Gewicht ist ein gutes Zeichen. Zunahme oder Abnahme bedeuten, dass das Gleichgewicht gestört ist. Fast immer liegt ein Problem vor, und häufig kann eine Futterumstellung helfen.

WÄHREND DER GENESUNG

Oft hat der Hund dann wenig Appetit. Sofern der Tierarzt nichts Gegenteiliges sagt, steigern Sie die Fett- und Eiweißaufnahme.

- Füttern Sie leicht verdauliches, ausgewogenes Futter, möglichst eines, das den Heilungsprozess des Tieres fördert. Ihr Tierarzt empfiehlt Ihnen Spezialfutter für die Rekonvaleszenz. Es ist wohlschmeckend und nahrhaft und kann aus der Schüssel gefressen, bei Bedarf aber auch in das Maul gespritzt werden.
- Geben Sie häufige, kleine Mahlzeiten.
- Erwärmen Sie das Futter auf knapp unter Körpertemperatur (Mikrowelle); es schmeckt so besser.
- Trockenfutter wird durch tierisches Fett wohlriechender und damit attraktiver. Alternativ können Sie lauwarmes Wasser zufügen.
- Überwachen Sie Futter- und Wasseraufnahme des Tieres, und besprechen Sie Veränderungen mit dem Tierarzt.

ÜBERGEWICHT MEIDEN

Der Körperzustand des Hundes hängt vom Futter, aber auch von den Genen ab. Umfragen an tierärztlichen Hochschulen zeigen, dass bestimmte Rassen zu Übergewicht neigen, so etwa Cocker Spaniel, Basset, Beagle, Cairn Terrier, Cavalier King Charles Spaniel, Dackel, Labrador Retriever, Norwegischer Elchhund, Langhaarcollie und Shetland Sheepdog. Gehört Ihr Hund zu einer der Rassen, sollten Sie beim Füttern vorsichtig sein und ihn nicht zu oft mit Leckerbissen verwöhnen.

Der Appetit des Hundes wird primär durch Geruch stimuliert. Der Fresstrieb wird im Gehirn vom Hypothalamus gesteuert. Nach der Mahlzeit gelangt Zucker durch den Blutkreislauf ins Gehirn, aktiviert dort das Sättigungszentrum und schaltet den Fresstrieb aus. Fettarme, hochwertige Kohlenhydrate wie Gerste und Sorghum (Mohrenhirse) wirken appetitsenkend, weil sie die Energie langsamer abgeben als beispielsweise Reis, sodass plötzliche Blutzuckeranstiege vermieden werden. Ballaststoffe und Wasser liefern Masse und senken die Kalorien. Die Fettverbrennung kann durch Zusatzstoffe wie L-Carnitin beschleunigt werden.

Gegen Übergewicht sollten Sie die Futteraufnahme Ihres Hundes einschließlich Leckerbissen genau protokollieren. So erkennen Sie besser, wie viele Extrahappen das Tier bekommt. Lassen Sie Leckerbissen ganz weg, oder ersetzen Sie sie durch Obst- und Gemüsestücke. Häufige Mahlzeiten und regelmäßiges Training halten den Stoffwechsel in Schwung. Abrupte Diäten sind zu vermeiden; sie irritieren den Hund und steigern nur die Speicherung von Fett im Körper.

AUSGEWOGENE ERNÄHRUNG

Vielleicht brauchen Ihr Hund und Sie Hilfe beim Einhalten einer gesunden Ernährung. Wenn er Sie ständig um Futter anbettelt, sprechen Sie mit dem Tierarzt. Er

TIPPS VOM TIERARZT

Jeder fotografiert seinen Hund gern. Machen Sie öfter mal Fotos am gleichen Ort, von der Seite und von oben, und vergleichen Sie die Größe mit älteren Bildern. Dies ist weniger exakt als Wiegen, aber wirkungsvoll, denn hier sehen Sie schwarz auf weiß (oder in Farbe), wie das Tier wieder aussehen sollte.

kann Ihnen eine besondere Reduktionsdiät empfehlen, die es als Trocken- oder Dosenfutter gibt. Sie enthält viele Mikronährstoffe und wirkt sättigend. Allerdings kann es sein, dass sich die abgesetzte Kotmenge des Hundes dadurch erhöht.

FUTTERALLERGIEN

Zur Futterallergie kommt es, wenn das Immunsystem des Tieres auf einen Futterbestandteil überempfindlich reagiert. In der Regel entstehen Hautreaktionen wie Juckreiz oder Magen-Darm-Störungen (Erbrechen, Durchfall oder beides). Bei der Futterunverträglichkeit dagegen handelt es sich nicht um eine Immunreaktion; trotzdem können Erbrechen, Durchfall und andere Symptome vorkommen. Das gibt es in jedem Alter.

Hunde können gegen bestimmte Inhaltsstoffe im Futter (Antigene) allergisch werden, meist richtet sich diese Reaktion gegen Eiweiß. Früher hieß es, die meisten Allergien würden durch Rind- und Milchprodukte

ÜBERGEWICHT IST UNGESUND

Übergewichtige Hunde sind etlichen Risiken ausgesetzt. Sie bewegen sich weniger, und das Herz wird mehr belastet. Außerdem werden bei diesen Tieren häufig Bänderrisse beobachtet, zum Beispiel im Knie.

KÖRPERFORM

Das Leben in der Stadt ist für den Hund unnatürlich: Wenn es ihm mühsam und langweilig erscheint, sind die Mahlzeiten das Beste am Tag. Die meisten Halter verstehen das, und ihnen ist bewusst, dass der Hund eigentlich nicht die Bewegung bekommt, die er wirklich braucht.

Oft wissen Halter übergewichtiger Hunde, dass dies ungesund für ihren Freund ist. Andere erkennen den Zustand nicht einmal. Die nachstehende Tabelle gibt einen Überblick.

AUSGEMERGELT

- sichtbare Rippen, keine Fettschicht
- Bauchhaut schlaff
- Basis des Schwanzes: nur Haut und Knochen
- am Bauch kein Fett tastbar

DÜNN

- Rippen durch minimale Fettschicht tastbar
- Taille hinter den Rippen gut erkennbar
- Basis des Schwanzes: minimale Schicht zwischen Haut und Knochen
- minimale Fettschicht am Bauch

IDEAL

- Rippen durch dünne Fettschicht tastbar
- Taille hinter den Rippen erkennbar
- Basis des Schwanzes: dünne Fettschicht zwischen Haut und Knochen
- minimale Fettschicht am Bauch

ÜBERGEWICHTIG

- Rippen durch mäßige Fettschicht schwer zu ertasten
- kaum erkennbare Taille
- Basis des Schwanzes: mäßige Fettschicht zwischen Haut und Knochen
- mäßige Fettschicht am Bauch

FETTLEIBIG

- Rippen durch dicke Fettschicht kaum zu ertasten
- keine Taille, gespannte Bauchhaut
- Basis des Schwanzes: durch dicke Fettschicht Knochen kaum tastbar
- starke Fettschicht am Bauch

SPEZIALTIERNAHRUNG

Es gibt heute für Hunde ein großes Angebot an Spezialnahrung, die es dem Tierarzt und dem Halter erleichtert, das richtige Futter für besondere Situationen auszuwählen. So gibt es Welpenfutter (auch für große Rassen), energiereichere Nahrung für Arbeitshunde, Reduktionsdiäten für übergewichtige Tiere, Spezialfutter für kranke oder genesende Hunde und vieles mehr.

Die guten Tiernahrungshersteller bieten eine breite Palette an, die über den Tierarzt erhältlich ist. Die Auswahl ist reichhaltig und wächst ständig, wie zum Beispiel

- kalorienarmes Futter für die Reduktionsdiät
- phosphorarmes, ballaststoffreiches Futter bei Nierenkrankheiten
- eiweißarmes Futter bei fortgeschrittenen Nierenkrankheiten
- salzarmes Futter bei Herzkrankheiten
- allergenarmes Futter für Hunde mit Futterallergien
- mineralien- oder eiweißarmes Futter gegen Blasensteine
- ballaststoffreiches Futter gegen Darmstörungen
- kalorienreiches Futter für Rekonvaleszenz und Gewichtszunahme
- ballaststoffreiches Futter für zuckerkranke Hunde
- fettreiches, kohlenhydratarmes Futter für krebskranke Tiere
- vorverdautes Futter für die Allergiediagnose und -behandlung
- Diäten mit ausgewogenen Fettsäuren bei Hautentzündungen
- leicht verdauliches Futter für ältere Hunde und bei Verdauungsstörungen
- Zusatznährstoffe gegen Leberstörungen
- besonders knuspriges Futter für Hunde mit bestimmten Zahnproblemen

ausgelöst, dies trifft aber nicht zu. Eine Allergie entsteht am ehesten gegen die am häufigsten verzehrte Eiweißform. In den Ländern, wo die meisten Hundefutter Rindfleisch enthalten, sind über die Hälfte aller Futterallergien Rindfleischallergien. In Großbritannien wird dagegen viel Lamm und Geflügel verarbeitet, und so entstehen dort nur wenige Futterallergien gegen Rind oder Milchprodukte. Die kommerzielle Herstellung scheint die Anzahl der im Futter enthaltenen Antigene zu steigern. Daher kann bearbeitetes Tierfutter eine allergische Reaktion auslösen, Frischfutter mit denselben Inhaltsstoffen dagegen nicht. Einige Tierärzte meinen, dass frühe Entwöhnung des Welpen von der Mutter oder frühe Magen-Darm-Entzündungen zur Entstehung von Futterallergien im späteren Leben des Hundes beitragen können.

Alle Hunde, ob reinrassig oder Mischling, können Futterallergien bekommen. Einige Rassen sind aber ganz besonders anfällig dafür. Zu ihnen gehören Cocker Spaniel, Dalmatiner, English Springer Spaniel, Labrador Retriever, Lhasa Apso, Zwergschnauzer, Shar Pei, Irish Soft Coated Wheaten Terrier und West Highland White Terrier.

Eine Futterallergie wird durch Gabe eines neuen Futtermittels über mindestens einen Monat (besser sechs Wochen bis drei Monate) diagnostiziert. Bessert sich die Allergie, kehrt aber bei Umstellung auf das alte Futter zurück, ist die Futterallergie bestätigt.

Geben Sie dem Tier selbst gekochtes oder im Handel erhältliches Hundefutter, gegen das es nicht allergisch ist. Sie können Ihren Hund mit einer »Ausschlussdiät« füttern, das heißt mit Dingen, die er noch nie gefressen hat, wie Hochseefische, Tapioka (aus Maniokwurzeln hergestellt), Kartoffeln oder Ente. Manche Hersteller bieten hypoallergenes Futter an, das die Gefahr weiterer allergischer Reaktionen senkt. Es ist beim Tierarzt erhältlich.

ERNÄHRUNGSBEDINGTE HAUTERKRANKUNGEN

Haut und Fell des Hundes können durch Ungleichgewicht oder Mangel an Eiweiß, Vitamin A oder E, essenziellen Fettsäuren und Zink beeinträchtigt werden. Die Ursache hierfür kann schlechtes Futter sein, häufiger jedoch liegt es an der unsachgemäßen Lagerung des Futters.

AUSGEWOGENE ERNÄHRUNG

Diese Hautprobleme sowie andere, die nicht auf Mängel zurückzuführen sind (wie zum Beispiel Seborrhö, also fettige, schuppige Haut), lassen sich durch Vitamin- oder Zinkzusätze lindern (siehe auch Hautstörungen, S. 248–271. Näheres zu Vitaminen und Mineralien siehe S. 195–196).

BAUCHSPEICHELDRÜSENENTZÜNDUNG

Für die Bauchspeicheldrüsenentzündung (Pankreatitis) gibt es viele Gründe, einschließlich Futter. Die schmerzhafte, unvorhersehbare Erkrankung kann die Folge eiweißarmer, fettreicher Nahrung sein. Hat Ihr Hund eine Pankreatitis, sollten Sie künftig fettreiches Futter meiden (siehe Bauchspeicheldrüse und Leber, S. 362).

ERERBTE STÖRUNGEN DES NAHRUNGSSTOFFWECHSELS

Es gibt seltene Fälle, in denen der Körper einen Nährstoff nicht aufnehmen oder abbauen kann. Zu den bekannten zählen die B_{12}-Malabsorption beim Riesenschnauzer, Kupferspeicherkrankheit beim Bedlington Terrier, Purinstoffwechseldefekte beim Dalmatiner, die zur Steinbildung in Blase oder Harnröhre führen (siehe Harnwege, S. 368/369), sowie die Stoffwechselerkrankung Hyperlipidämie bei Zwergschnauzern, die beispielsweise abnorm erhöhte Cholesterinspiegel bewirkt.

BEDLINGTON TERRIER
Diese Rasse leidet oft an einer ererbten Stoffwechselstörung, durch die übermäßig viel Kupfer in ihrer Leber gespeichert wird. Die Tiere brauchen eine Spezialdiät zur Vermeidung einer Kupfervergiftung.

F **ICH HABE GELESEN, DASS SCHOKOLADE ZU VERGIFTUNGEN BEI HUNDEN FÜHREN KANN. IN MEINEM ZOOGESCHÄFT GIBT ES ABER SCHOKOLADENLECKERLI FÜR HUNDE. KANN ICH DIESE MEINEM HUND GEBEN?**

A Große Mengen Schokolade sind für Hunde wegen des Giftstoffs Theobromin gefährlich. Je dunkler die Schokolade, desto höher der Theobromingehalt. Bitterschokolade ist besonders gefährlich, weiße Schokolade am wenigsten. Schon 100 g bittere Schokolade können einen Hund unter 4 kg töten. Hunde»schokolade« hat wenig Theobromin – meist nur Schokoladengeschmacksstoffe.

F **LASSEN SICH FLÖHE MIT KNOBLAUCH ODER ÄHNLICHEM BEKÄMPFEN?**

A Obwohl man es oft anders hört, helfen gegen Flöhe weder Knoblauch noch Zwiebeln oder Bierhefe. Zwiebeln in großen Mengen führen zur Anämie.

F **LIEGT ES AN ERNÄHRUNGSMÄNGELN, WENN HUNDE IHREN KOT FRESSEN?**

A Nein – obwohl dies immer wieder zu lesen ist. Hunde fressen Kot, weil sie evolutionär bedingt Abfallfresser sind. In manchen Teilen Asiens gehören Pariahunde zum menschlichen Ökosystem und fungieren als Hygienepolizei, die von menschlichen Exkrementen lebt. Der Kot von Kaninchen und Rehen ist eine Vitaminquelle. Beim Haushund gehört das Kotfressen (Koprophagie) zum Verhalten junger Tiere, das ohne entsprechende Korrektur lebenslang erhalten bleibt.

F **KANN ICH DEM HUND KATZENFUTTER GEBEN?**

A Wenn Sie eine Katze und einen kleinen Hund haben, wird der Hund herzerweichend um das schmackhafte und eiweißreiche Katzenfutter betteln. Katzen brauchen mehr Eiweiß als Hunde. Zwar sollte eine Katze wegen ihrer besonderen Bedürfnisse nie Hundefutter bekommen, aber ein gesunder Hund kann das vermehrte Eiweiß im Katzenfutter gut in Energie umsetzen. Trotzdem sollten Hunde kein Katzenfutter bekommen, da der hohe Eiweißgehalt auf Dauer zu Nierenschädigungen führen kann.

IMMUNSYSTEM

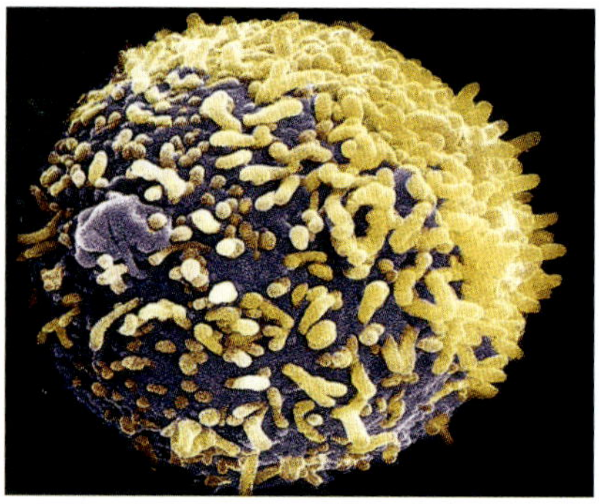

Weißes Blutkörperchen

Die Gesundheit des Hundes basiert auf einem gesunden Immunsystem. Es erkennt und zerstört Fremd- oder Schadstoffe im Körper (siehe S. 188), einschließlich abnormer Körperzellen. Das System wird durch psychische oder physische Ursachen aktiviert und sollte sich nach Bedarf ein- und ausschalten. Wird es nicht korrekt aktiviert, leidet der Hund an Immunschwäche. Ist es dagegen überempfindlich und schaltet sich nicht mehr aus, entstehen Allergien oder Autoimmunkrankheiten.

Ein gesundes Immunsystem erkennt und zerstört externe Krankheitserreger wie Viren und Bakterien sowie interne Gefahren wie zum Beispiel Krebszellen. Es ist ständig in Alarmbereitschaft und hält nach Bedrohungen Ausschau.

IMPFSCHUTZ

Antikörper gegen Infektionserreger werden in der Vormilch, im Kolostrum, von der Mutter auf die Welpen übertragen. Direkt nach der Geburt werden diese Antikörper durch die Darmwände in den Blutkreislauf aufgenommen. Nach einigen Tagen verbleiben sie nur noch auf den Mandeln und in den Darmwänden. Nach zehn bis zwölf Wochen gehen die mütterlichen Antikörper erheblich zurück. Daher sollten die Welpen zwischen der 8. und 12. Woche vollen Impfschutz gegen wichtige Krankheiten bekommen (siehe S. 183).

SO FUNKTIONIERT ES

Die weißen Blutkörperchen sind die »Soldaten«, die den Körper bewachen und schützen. Es gibt mehrere Sorten mit unterschiedlichen Aufgaben. Die B-Lymphozyten produzieren Antikörper genannte Moleküle, die sich an Bakterien anlagern. Das Vorliegen von Antikörpern warnt die übrigen Immunzellen vor diesen Bakterien. Die B-Lymphozyten stellen auf Befehl der Helfer-T-Zellen Antikörper her und stoppen im Auftrag der Suppressor-T-Zellen die Antikörperproduktion, wenn die Abwehr erledigt ist.

DAS GLEICHGEWICHT

Im Immunsystem herrscht ein natürliches Gleichgewicht zwischen Helfer- und Suppressor-T-Zellen. Beim gesunden Tier werden Antikörper nur bei Bedarf produziert; das Immunsystem schaltet sich selbst ein und aus. Manchmal jedoch, wie zum Beispiel bei Nebennierenüberfunktion, werden die Suppressorzellen dominant und schwächen das Immunsystem. Bei einer solchen Immunschwäche wird der Hund besonders anfällig für Sekundärinfektionen.

AUTOIMMUNERKRANKUNG

Die gegenteilige Störung ist ebenso gefährlich: Dominieren die Helfer-T-Zellen, wird das Immunsystem überaktiv und unterscheidet nicht mehr zwischen normalen Körperzellen und Angreifern. Daher greift es die körpereigenen Gewebe an, und eine Autoimmunkrankheit entsteht. Viele Hunde mit Schilddrüsenunterfunktion (siehe S. 375) leiden beispielsweise an einer Autoimmunkrankheit, bei der überschüssige Helferzellen die Schilddrüse angreifen und zerstören. Es sieht zunehmend so aus, als ob auch viele andere Hundekrankheiten wie bestimmte Herzkrankheiten beim Dobermann auf Autoimmunkrankheiten zurückgehen.

ALLERGIEN

Außerdem kann das Immunsystem überempfindlich werden und auf harmlose Stoffe wie Flohspeichel, Staubmilbenkot, Pflanzenpollen oder Futter reagieren. So entstehen allergische Störungen. Allergiegefährdete Rassen sind zum Beispiel der West Highland White Terrier, der Bullterrier und der English Setter (siehe S. 211).

DER AUFBAU DES IMMUNSYSTEMS

Ein wirksames Immunsystem ist für alle Lebewesen grundlegend wichtig. Bei Säugetieren arbeitet das System in fast allen Körperteilen; von außen, das heißt von der Haut – dem größten internen und externen Körperteil – bis tief hinein ins Knochenmark. Ein Netzwerk bohnenförmiger Knoten (Drüsen) und Gefäße, die man als Lymphsystem bezeichnet, nimmt Flüssigkeit (Lymphe) aus den Körpergeweben auf, leitet sie ins Blut zurück und hält so das Gleichgewicht aufrecht. Lymphe wird bei der Filtration in den Lymphknoten mit Lymphozyten (weißen Blutkörperchen) angereichert, die dort und in Knochenmark, Milz und Thymusdrüse produziert werden. Sie sind maßgeblich an der Infektionsabwehr beteiligt.

DAS IMMUNNETZWERK

Das Immunsystem funktioniert, vereinfacht gesagt, durch die Wirkung der weißen Blutkörperchen im Blutkreislauf. Diese wiederum basieren auf einem fein abgestimmten Netzwerk von Organen, Drüsen und Gefäßen.

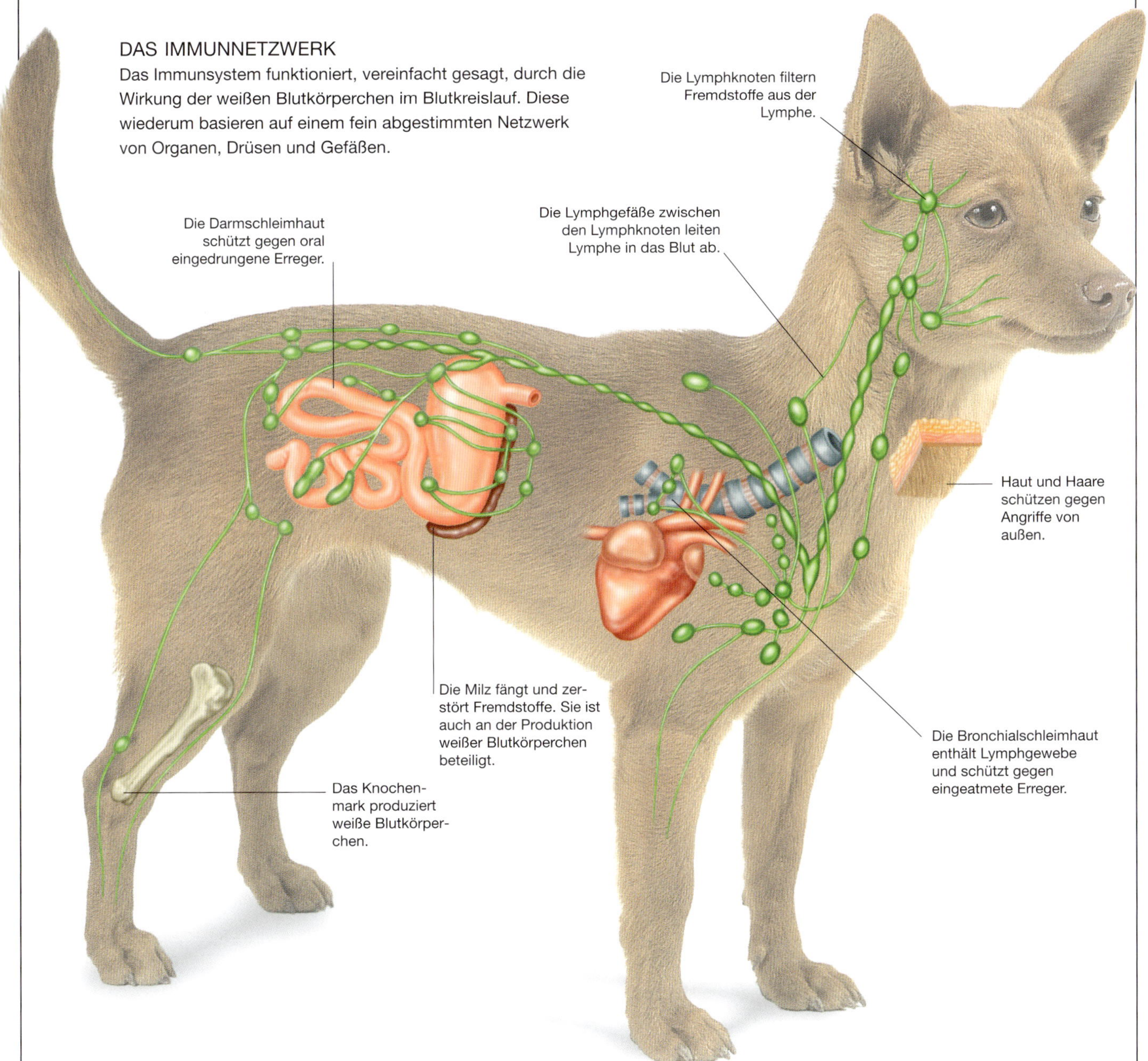

EINFLÜSSE AUF DIE IMMUNREAKTION

Folgende Faktoren beeinflussen die Reaktionsfähigkeit des Immunsystems:

DER INFEKTIONSERREGER Zahlreiche Merkmale des Infektionserregers (Keim oder Bakterium) spielen eine Rolle, zunächst seine aktive Wirkung. Manche Bakterien sind stärker als andere und können das Immunsystem überwältigen. Auch die Dosis macht einen Unterschied: Je mehr Bakterien der Hund aufnimmt, desto wahrscheinlicher wird es, dass das Immunsystem unterliegt. Als Letztes ist auch der Infektionsweg relevant: Einige Viren machen nur dann krank, wenn sie über die Schleimhaut in Auge und Nase eindringen.

DER WIRT Beim Hund spielt das Alter eine wichtige Rolle. Einige Erreger sind für Welpen viel gefährlicher als für das ausgewachsene Tier mit einem reifen Immunsystem. Antikörper, die der Welpe über die erste Milch der Hündin aufnimmt, bieten erheblichen Schutz (siehe S. 177 und S. 206).

Auch ererbte Faktoren beeinflussen häufig die Infektionsfolge. Die Rassen reagieren daher leicht unterschiedlich auf den Erregerkontakt.

DIE UMGEBUNG Die Umgebungsbedingungen sind ebenfalls ausschlaggebend. Schwankungen in Temperatur und Feuchtigkeit setzen die Wirksamkeit des Immunsystems herab, ebenso sozialer Stress, obwohl das Ausmaß dieses Einflusses immunologisch noch nicht völlig geklärt ist.

DER EINFLUSS VON KRANKHEITEN

Krankheiten können das Immunsystem sehr schwächen. Infektionen wie zum Beispiel die Staupe unterdrücken das Immunsystem; Begleiterkrankungen oder Infektionen rauben dem Körper wichtige Nährstoffe, machen Teile des Immunsystems unwirksam und setzen damit seine Wirkung herab.

Bestimmte Krankheiten mindern die Produktion der Bestandteile des Immunsystems. Hierzu zählen Leukämie, Krebserkrankungen des Lymphgewebes und Knochenmarkskrankheiten. Zwar können Menschen und Katzen an der Immunschwächekrankheit AIDS (HIV beim Menschen, FeLV bei der Katze) erkranken, jedoch ist bisher keine entsprechende Krankheit des Hundes bekannt.

DER EINFLUSS DER MILZENTFERNUNG

Die Milz ist das größte Organ des Immunsystems. Sie filtert Fremdmaterial heraus, dient aber auch als »Recyclingfabrik« für die Bestandteile sterbender oder toter roter Blutkörperchen. Sie beherbergt bestimmte weiße Blutkörperchen des Immunsystems und ist ihre Hauptproduktionsstätte.

Bei manchen Hunden muss die Milz entfernt werden, zum Beispiel infolge einer Verletzung oder Tumorbildung. Sie können problemlos ohne Milz leben, haben dann aber eine verminderte Resistenz gegen bestimmte bakterielle Infektionen.

MEDIZINISCHE EINFLÜSSE

Die Tiermedizin kann das Immunsystem auf zwei Arten beeinflussen. Die Impfung, also das Einbringen abgetöteter oder veränderter Erreger in den Körper des Hundes, stimuliert das Immunsystem zur Produktion natürlicher Antikörper, sodass der Hund gegen diesen Erreger immun wird. Bei geimpften Hunden neutralisieren die Antikörper bestimmte Angreifer oder aktivieren Killer-T-Zellen zum gleichen Zweck.

Die Impfung alarmiert auch gesunde Körperzellen durch natürliche, infektionsabwehrende Stoffe (Interferone). Durch Impfung kann man den Hund vor Staupe, Tollwut, infektiöser Hunde-

TIPPS VOM TIERARZT

Wie der kranke Mensch sollte auch der kranke Hund in angenehmer, beruhigender Umgebung mit viel Liebe und Fürsorge gepflegt werden, möglichst bei gleichbleibender Zimmertemperatur und mit viel Ruhe. Bei Temperaturschwankungen geben Sie dem Tier eine lauwarme, eingeschlagene Wärmflasche. Frisches Wasser sollte stets unmittelbar bereitstehen. In der Phase der Infektionsabwehr sollte der Hund vor Aufregung, Unruhe, Lärm und Kälte geschützt werden.

hepatitis und dem Parvovirus schützen. Ein überaktives Immunsystem, das Allergien oder Autoimmunkrankheiten entstehen lässt, kann medikamentös unterdrückt werden. Hierfür verwendet der Tierarzt meist Kortikosteroide; manchmal sind diese jedoch nicht stark genug, und es werden andere Immunsuppressiva benötigt.

ERNÄHRUNGSEINFLÜSSE

Eine schlechte Ernährung schädigt das Immunsystem, eine gute dagegen liefert ihm alle wichtigen Substanzen wie Aminosäuren, die Eiweiße einschließlich Antikörper aufbauen. Futter ist auch eine Quelle von Antioxidantien, die freie Radikale – zellschädigende Stoffe – neutralisieren. Humanstudien zeigen, dass Antioxidantien auch die Immunreaktion stärken. Zu ihnen zählen die Minerale Selen und Zink, Vitamin A (Betacarotin), C und E sowie Bioflavonoide. Betacarotin fördert die Abwehrkraft von Haut und Schleimhäuten. Vitamin C, das der Mensch in der Nahrung aufnehmen muss, der Hund aber selbst produziert, steigert die Antikörpermengen. Vitamin E schützt Körperzellen, Gewebe und Organe.

Manche Ernährungswissenschaftler glauben, dass Vitamin D, der Vitamin-B-Komplex, Eisen, Kalzium, Magnesium und Mangan ebenfalls maßgeblich am Immunsystem beteiligt sind.

Vorsicht bei allen Nahrungszusätzen: Geben Sie dem Tier niemals zu viel dieser Präparate. Selen zum Beispiel ist in größeren Mengen giftig. Kommerzielle Vitamin- und Mineraltabletten für Hunde enthalten kaum mehr als den Tagesbedarf und sind im Allgemeinen sicher.

NATÜRLICHE IMMUNSTIMULANTIEN

Der Purpursonnenhut, *Echinacea purpurea* (Bild rechts) ist eine Wildblume, die schon die Indianer zur Infektionsbehandlung benutzten. Der Stamm der Dakota behandelte auch Pferdekrankheiten damit. Diese berühmte Pflanze stimuliert das Immunsystem, was über 350 Studien belegen. Sie regt vor allem die Makrophagen (bestimmte weiße Blutkörperchen) zum Kampf gegen Hefezellen an. Es gibt noch weitere Pflanzen, die bei Tieren wirksam sind. Nach derzeitigem Wissen stimuliert auch die Berberitze (*Berberis*) das Immunsystem des Hundes, und Aloe fördert die Immunreaktion von Pferden. *Aloe vera* sieht aus wie ein Kaktus, zählt aber zur Familie der Affodillgewächse und ist entfernt mit Lilien, Zwiebel und Knoblauch verwandt.

F: WAS SIND ANTIKÖRPER UND WO SIND SIE ZU FINDEN?

A: Antikörper, auch Immunglobuline oder »Ig« genannt, sind »Marker«, die bestimmte Zellen für die Zerstörung durch andere Zellen im Immunsystem markieren. Sie sind sehr unterschiedlich ausgeprägte Eiweiße. IgM liegt im Blut vor und ist der erste nach Kontakt mit dem Antigen produzierte Antikörper. IgG, die häufigste Antikörperart, ist ebenfalls im Blut vertreten. Alle Schleimhäute enthalten IgA, zum Beispiel in den Atemwegen und im Verdauungs- und Urogenitaltrakt. IgE liegt in winzigen Mengen auf der Oberfläche einer als »Mastzellen« bezeichneten Zellklasse des Immunsystems vor. Es ist an der Parasitenabwehr und an allergischen Reaktionen beteiligt.

F: WAS IST EIN ANAPHYLAKTISCHER SCHOCK?

A: Darunter versteht man eine potenziell tödliche, durch IgE ausgelöste Reaktion. Sie ist viel extremer als eine gewöhnliche Allergie, die durch IgE verursacht wird. Aus den Mastzellen freigesetzte Stoffe und weiße Blutkörperchen namens Basophile verlegen die Luftwege und Blutgefäße in der Lunge, was zur Atemnot führt. Die Muskeln von Verdauungssystem und Blase ziehen sich zusammen (Erbrechen und ungewolltes Wasserlassen). Dem betroffenen Tier läuft Speichel aus dem Maul, es bekommt starken Juckreiz u.a. im Gesicht, verliert die Koordination und bricht zusammen. Die Anaphylaxe ist bei Katzen häufiger als bei Hunden und kann durch Insektenstiche, Penicillin oder Impfstoffe ausgelöst werden. Das Tier muss sofort Kortikosteroide und Infusionen erhalten.

STÖRUNGEN DES IMMUNSYSTEMS

Aus unbekannten Gründen werden heute sehr viel mehr Störungen des Immunsystems diagnostiziert. Sie lassen sich in zwei Hauptgruppen aufteilen: Allergien und Autoimmunerkrankungen. (Manche Autoimmunerkrankungen werden als »immunvermittelte« Krankheiten bezeichnet; der Unterschied ist vage.)

Einige Störungen des Immunsystems sind in diesem Buch bei dem betreffenden Körpersystem beschrieben. Da sie so häufig sind, folgt hier zusätzlich eine allgemeine Übersicht.

ALLERGIEN Bei der Allergie produziert das Immunsystem eine übertriebene, unangemessene und unnötige Reaktion auf eine nicht infektiöse Substanz.

AUTOIMMUNKRANKHEITEN Bei Autoimmunkrankheiten richtet das Immunsystem irrtümlich seine ganze Abwehrkraft gegen einen eigenen Körperteil anstatt gegen einen Angreifer. Bei dieser Art von Störung zerstört das Immunsystem wichtige Gewebe wie rote Blutkörperchen, Hautzellen oder Zellen der Schilddrüse. Bei einigen »immunvermittelten« Störungen zirkulieren Antikörper (Substanzen oder Partikel von außerhalb) mit anhängenden Antikörpern im Körper und siedeln sich an ungünstigen Stellen, wie zum Beispiel an den Wänden von Blutgefäßen an. Diese Strukturen (Antikörper-Antigen-Komplexe oder Immunkomplexe) können zur Entzündung und Schädigung der Gewebe führen.

ALLERGIEN

Allergische Reaktionen, besonders auf Futter, Medikamente oder Chemikalien, waren bis zum 20. Jahrhundert kaum bekannt. Das Wort »Allergie« wurde 1906 durch den Wiener Kinderarzt Baron Clemens Peter Johann von Pirquet geprägt. Heuschnupfen ist die häufigste Form der Allergie beim Menschen und erscheint erstmals im frühen 19. Jahrhundert in der Literatur. 1950 war sie bei Mensch und Hund noch selten; damals litten zum Beispiel unter 1% der Japaner an Heuschnupfen; heute jedoch sind über 10% der Bevölkerung betroffen. In Australien leiden derzeit rund ein Drittel der Menschen an Allergien. Mit zunehmendem Aufkommen beim Menschen sind die Zahlen auch beim Hund angestiegen. Allergische Reaktionen des Hundes können die Haut betreffen (Juckreiz), die Atemwege (Niesen, Husten oder Atemnot), das Magen-Darm-System (Erbrechen oder Durchfall). Auch Chemikalien in Insektenstichen (wie Flohspeichel), bestimmte Pflanzen, Futterstoffe, Staubmilben, Pollen, Pilzsporen oder menschliche Hautschuppen können eine allergische Reaktion beim Hund auslösen.

DIE ALLERGISCHE REAKTION

Infektionserreger, zum Beispiel Viren, stimulieren das Immunsystem normalerweise zur Produktion schützender Antikörper. Allergene, meist harmlose inhalierte oder über Mund, Haut oder Augen aufgenommene Substanzen, provozieren irrtümlicherweise die Produktion von Immunglobulin E (IgE).

Bei allergieempfindlichen Hunden (ca. 15% aller Hunde) geschieht dann Folgendes (siehe S. 212): IgE bindet sich zunächst an die Rezeptoren auf den sogenannten Mastzellen, die es in Magen, Lunge und oberen Atemwegen gibt. Diese ähneln scharfen Bomben und enthalten zehn verschiedene chemische Stoffe. Ursprünglich entwickelten sie sich vermutlich zur Abwehr innerer Parasiten wie Darm- oder Lungenwürmer.

Kommt der Hund erneut mit diesem Allergen in Kontakt, bindet sich der Stoff an das an den Mastzellen angelagerte IgE. Durch diese Reaktion setzen die Mastzellen ihre chemischen Stoffe teilweise frei, oder sie explodieren unter Abgabe entzündlicher Substanzen wie Histamin und Prostaglandin. Bei Mensch und Hund sind die Mastzellen unterschiedlich angeordnet: Beim

POLLEN

Hunde sind zwar in der Regel weniger allergisch gegen Pollen als Menschen, jedoch sind die Pollenarten, gegen die sich bei Mensch und Hund Allergien entwickeln, weitgehend gleich:

- Baumpollen (zum Beispiel von Zeder, Eiche, Esche)
- Gräserpollen
- Unkrautpollen

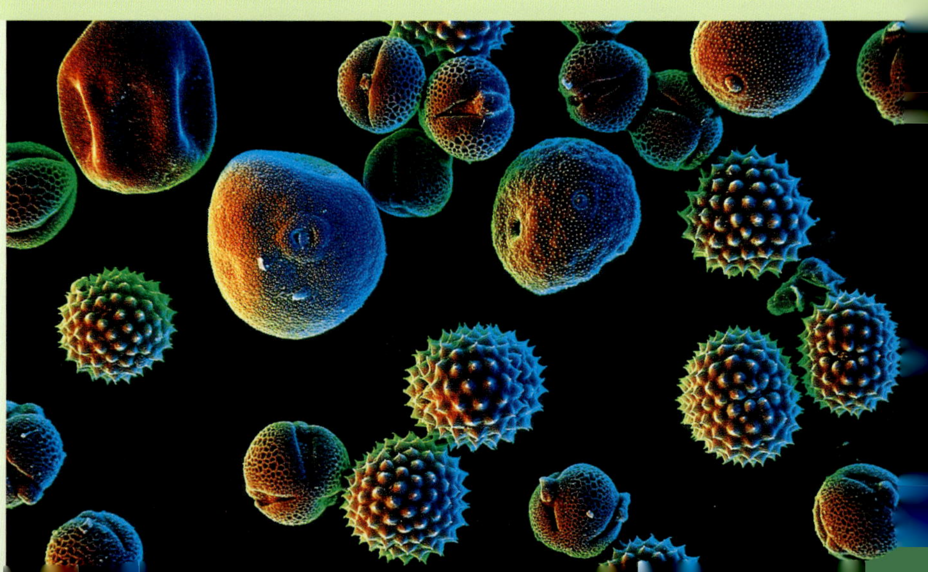

Sammlung von Pollenkörnern verschiedener Bäume, Gräser und Unkräuter (600fach vergrößert)

Menschen liegen sie primär im Nasen- und Augenbereich (daher die häufigen Heuschnupfenfälle), beim Hund in der Haut (daher der häufige Juckreiz). Allergien können aber auch den Magen-Darm-Bereich betreffen.

ALLERGIEURSACHEN UND DIAGNOSE

Hausstaubmilbe, Flohspeichel und menschliche Hautschuppen sind häufige Allergieursachen beim Hund. Durch selektive Zucht wurde die Allergieneigung mancher Rassen gefördert. Auch die evolutionäre Entwicklung und damit verbundene Entfernung des Hundes von seiner natürlichen Umgebung bedeuteten, dass er mehr Allergenen ausgesetzt ist.

Bei der Frage, ob es sich bei einer Krankheit um eine Allergie handelt, helfen uns folgende Fragen weiter: Ist das Problem schon einmal aufgetreten? Immer zur selben Tages- oder Jahreszeit? Immer in derselben Umgebung? Sind die Ohren beteiligt? Besteht eine rassebedingte oder familiäre Veranlagung für Allergien? Lautet die Antwort mehrmals »ja«, liegt vermutlich eine Allergie vor.

ALLERGISCHE INHALATIONSDERMATITIS

Eine solche Entzündung kann durch Allergene entstehen, die über die Haut eindringen, häufiger jedoch durch solche, die eingeatmet werden. Es kommt aber nicht immer zu Atemwegsproblemen – oft zeigt sich die allergische Reaktion in Form einer juckenden Hautentzündung (Gesicht, Füße und Ohren).

ALLERGISCHE KONTAKTDERMATITIS

Hier tritt die allergische Reaktion nur an Körperteilen auf, die mit dem Allergen in Kontakt kamen. Grassaft kann zum Beispiel eine Hautentzündung auf der relativ dünn behaarten Bauchunterseite des Hundes auslösen.

NESSELSUCHT (URTIKARIA)

Dies ist eine meist lokale und juckende Schwellung, häufig infolge beißender oder stechender Insekten, Futter- oder Medikamentenunverträglichkeit.

HEUSCHNUPFEN

Im Gegensatz zum Menschen leidet der Hund selten an Heuschnupfen (allergische Rhinitis), denn bei ihm führen Allergene eher zu Hautjucken als zu Niesen und laufender Nase. Tritt Heuschnupfen dennoch auf, sind die Allergene ähnlich: Staub, Hautschuppen, Pollen, Schimmelpilz und Zigarettenrauch.

ALLERGISCHE BRONCHITIS

Inhalierte Allergene führen selten zu allergischen Reaktionen der Nase, sondern eher der Atemwege (Luftröhre und Bronchien) oder der Lunge. Die allergische Bronchitis ruft trockenen, bellenden Husten, ähnlich wie Zwingerhusten, hervor (siehe S. 310).

ALLERGISCHE PNEUMONITIS

Bei dieser Form der Lungenentzündung sind die kleinsten Atemwege der Lunge an der Allergie beteiligt. Anzeichen einer Lungenentzündung (siehe S. 312) und überschüssige Eosinophile (weiße Blutkörperchen) im Blut geben Aufschluss; auch in der Luftröhre können sie vorliegen. Das Krankheitsbild heißt »Lungeninfiltrat mit Eosinophilen«. Die Heilung dauert mehrere Wochen.

F **WAS IST DER UNTERSCHIED ZWISCHEN ALLERGIE UND ATOPIE?**

A Die Allergie ist die Anlagerung harmloser Substanzen (Allergene) wie Hautschuppen, Pollen, Schimmelpilzen oder Hausstaubmilben an die mit Immunglobulin E (IgE) markierten Mastzellen. Damit werden sie zur Freisetzung von Reizstoffen provoziert. Manche Rassen und Familien leiden an einer ererbten Veranlagung (Prädisposition) zu solchen Allergien. Diese Neigung bezeichnet man als »Atopie«.

ALLERGIEGEFÄHRDET

Manche Menschenfamilien neigen zu Allergien; so ist es auch bei manchen Hunderassen. Der Shar Pei (oben) und der japanische Akita Inu (unten) gehören dazu; auch einige Rassen mit überwiegend weißem Fell wie West Highland White Terrier, Bullterrier und English Setter neigen zur

Überproduktion von IgE (Immunglobulin E) und haben daher häufiger Hautallergien. Golden Retriever und West Highland White Terrier leiden zudem nicht selten auch an Magen-Darm-Allergien. Diese können in jeder Altersstufe des Hundelebens auftreten.

ALLERGISCHE MAGEN-DARM-STÖRUNGEN

Allergien lösen häufig Magen-Darm-Entzündungen aus, die je nach Hund ganz unterschiedlich ausgeprägt sind. Sie können sich folgendermaßen äußern (siehe auch S. 354):

ALLERGISCHE GASTRITIS Durch eine Futterallergie kommt es hier periodisch zum Erbrechen gallehaltigen Schleims; das kann entweder Stunden nach der Mahlzeit oder zu bestimmten Tageszeiten sein. Der Hund erscheint ansonsten kaum beeinträchtigt.

ALLERGISCHE ENTERITIS Die Futterallergie bewirkt hier dünnen, wässrigen, übel riechenden Durchfall, z. T. mit Erbrechen von Galle. Die Häufigkeit des Kotabsatzes bleibt normal.

EOSINOPHILENENTERITIS Hierbei hat der Kot die Konsistenz von Rinderdung. Die Blutprobe zeigt vermehrt Eosinophile (eine Art weißer Blutkörperchen). Diese Hunde sind meist dünn, und ihr Fell ist stumpf.

ALLERGISCHE COLITIS Bei Beteiligung des Dickdarms entsteht blutiger Durchfall. Colitis kann beim Hund viele Gründe haben, u.a. Futterallergie (allergische Colitis). Futterallergien können sich aber auch durch Veränderungen im Bereich der Haut äußern, manchmal auf Gesicht oder Ohren begrenzt.

ALLERGIEN: DIAGNOSE UND THERAPIE

Der Tierarzt empfiehlt meist die Meidung der Allergene als beste Therapie. Das Erkennen der Allergene erfolgt durch sorgsame Anamnese sowie durch »Versuch und Irrtum« mithilfe von Haut- oder Bluttests, Spezialdiäten und manchmal durch Entfernen des Hundes aus der gewohnten Umgebung. Die Klärung der Allergieursache kann sehr langwierig sein. Zur Sofortlinderung versucht man, die allergische Reaktion symptomatisch zu behandeln. Beim Platzen der Mastzellen werden viele Stoffe freigesetzt; nur die Histamine lassen sich mit sogenannten Antihistaminika wirksam unter Kontrolle halten. Inzwischen sind auch Antileukotrien für die Humananwendung bei Allergie- und Asthmapatienten zugelassen.

Bei Hautallergien empfiehlt sich häufige Fellwäsche. Das raue Fell eines Terriers zum Beispiel fängt viele Schimmelsporen und Pollen auf, die sich jedoch auswaschen lassen. Außerdem wird in diesen Fällen zunehmend zur Gabe von Futterergänzungsstoffen wie hoch dosierten essenziellen Fettsäuren geraten, die die Prostaglandinsynthese hemmen und damit die Intensität der Mastzellenexplosion senken.

MENSCHLICHE ALLERGIE GEGEN HUNDE

Jeder Hund trägt ein Protein (Eiweiß) namens Can F-1 auf der Haut, z. T. auch im Speichel. Es kann bei Allergikern zu Niesen und pfeifenden Atemgeräuschen führen. (Ist ein Elternteil Allergiker, wird das Kind mit 50%iger Wahrscheinlichkeit auch Allergiker. Sind beide Eltern Allergiker, sind es sogar 70%). Im Gegensatz zur gängigen Meinung lösen alle Hunderassen gleich häufig Allergien aus.

Alle Rassen, die nicht haarenden Rassen wie Pudel und die haarlosen Rassen wie Chinesische Schopfhunde eingeschlossen, produzieren Can F-1. Seltener sind Allergien gegen häufig gebadete und kurz geschorene Tiere, da diese Maßnahmen die Konzentration von Can F-1 reduzieren. Trockene, schuppige oder fettige Haut enthält dagegen mehr Can F-1.

KONTAKT- UND INHALATIONSALLERGENE

Der Antikörper Immunglobulin E (IgE) verursacht häufig unerwünschte Immunreaktionen wie Hautjucken u. Ä. Er wird bei Kontakt mit Fremdstoffen (Allergenen) freigesetzt, die über die Haut oder durch Schlucken oder Einatmen in den Körper gelangen.

MECHANISMUS

Beim ersten Kontakt mit dem Allergen produziert der Körper IgE, das die Mastzellen des Immunsystems vorbereitet, indem es sich an sie anlagert. Beim nächsten Kontakt werden durch die Bindung des Allergens an IgE von den Mastzellen entzündliche Stoffe wie Histamine freigesetzt.

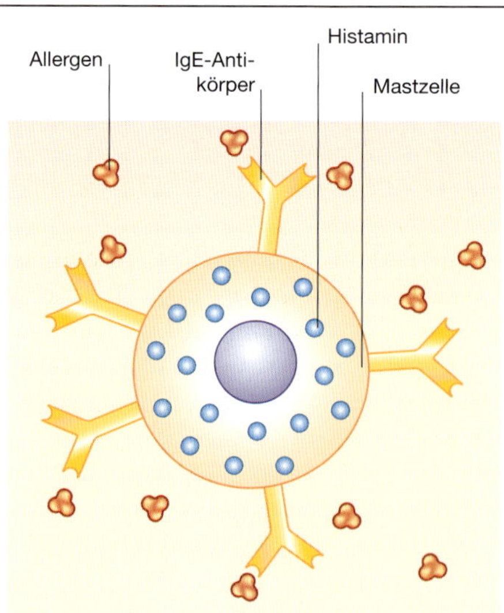

Mastzelle mit IgE-Antikörpern

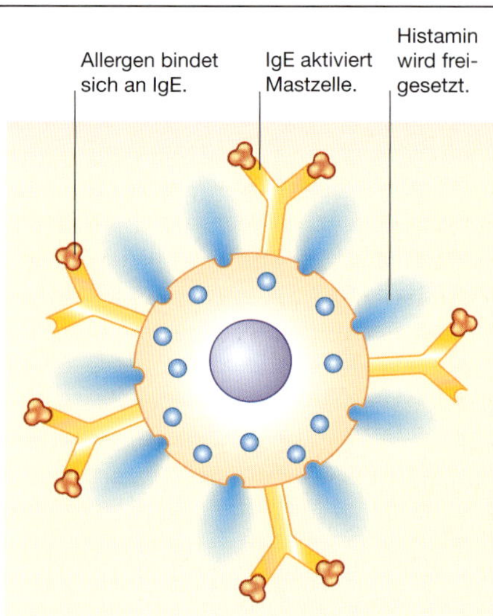

Reaktion auf vorherigen Kontakt

ORAL AUFGENOMMENE ALLERGENE

Manche Futtermittel können eine allergische Reaktion des Darms auslösen. Dabei lagert sich das Allergen an das IgE auf den Mastzellen an; hierdurch freigesetzte entzündliche Stoffe wie Histamine reizen die Darmwandmuskulatur und die Gefäße der Darmschleimhaut – es kommt zu Erbrechen und Durchfall. Allergene können auch durch den Darm ins Blut gelangen und dann in anderen Körperregionen (etwa in der Haut) allergische Reaktionen wie zum Beispiel Nesselsucht auslösen.

MECHANISMUS

Das Allergen durchdringt die Darmschleimhaut und provoziert die vorbereiteten Mastzellen zur Freisetzung von Histamin, das die glatte Muskulatur zur Kontraktion und die Blutgefäße zum Anschwellen bringt, d.h., es kommt zu Verdauungsstörungen. Das Allergen gelangt von hier aus auch ins Blut.

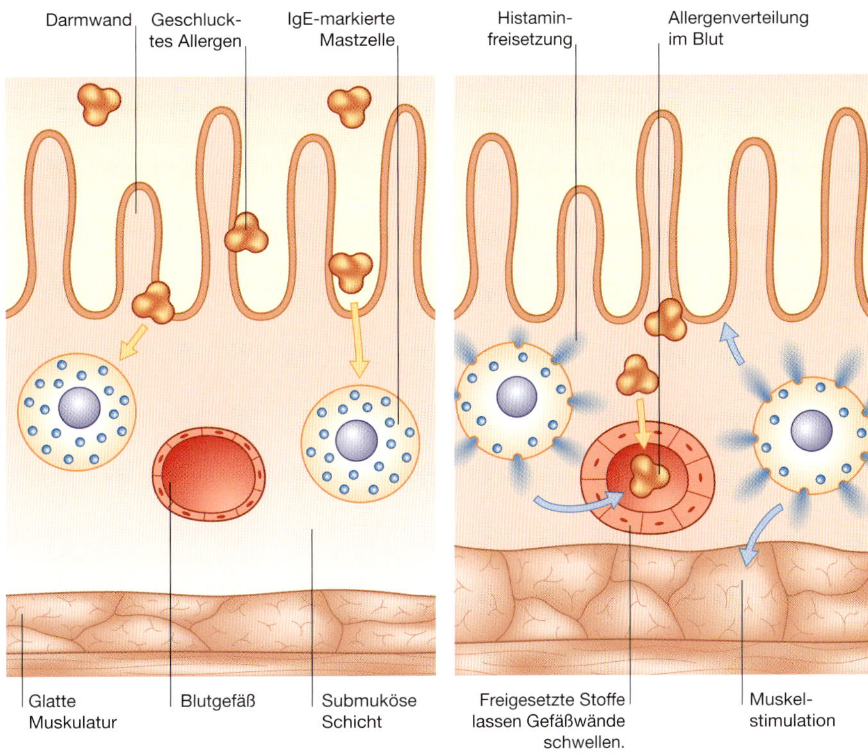

Allergen durchdringt Darmwand **Allergische Reaktion/submuköse Schicht**

AUTOIMMUNKRANKHEITEN

Diese Störungen beruhen auf der Unfähigkeit des Immunsystems, zwischen eigenen Zellen und Fremdstoffen zu unterscheiden. Dies führt zur Produktion eines Autoantikörpers, der sich gegen eigenes Körpergewebe richtet. Einige der als »immunvermittelt« oder »immunbedingt« bezeichneten Störungen basieren auf der Entstehung von Antikörper-Antigen-Komplexen (siehe S. 210). Autoimmunkrankheiten werden durch Viren, Bakterien, Medikamente, Tumoren und evtl. Impfstoffe ausgelöst. Seit den 1960er-Jahren werden zunehmend Autoimmunkrankheiten beobachtet, obwohl immunvermittelte hämolytische Anämie, systemischer Lupus erythematodes (siehe S. 270) und Schilddrüsenunterfunktion (Hypothyreose S. 375) immer noch eher selten sind. Die Zunahme liegt vermutlich zum einen an den besseren Diagnosemöglichkeiten heute, zum anderen an einer tatsächlichen Zunahme von Allergenen.

IMMUNBEDINGTE HÄMOLYTISCHE ANÄMIE (IHA)

Hier attackiert und zerstört das Immunsystem rote Blutkörperchen. Dies ist die häufigste Erkrankung des Immunsystems beim Hund. Sie wird durch Viren, Medikamente, evtl. Impfstoffe oder Krebs ausgelöst. Sie kann sich rasch oder auch allmählich entwickeln. Je massiver und schneller die Zerstörung der roten Blutkörperchen, desto schlechter ist die Prognose. Beim plötzlichen (perakuten) Auftreten ist der Hund teilnahmslos, hat bis zu drei Tage Fieber, beginnt dann rascher zu atmen, bekommt blasses Zahnfleisch und setzt dunklen Urin ab. Eventuell hat er Probleme beim Laufen. Hunde mit allmählicher (subakuter) Krankheitsform entwickeln nach und nach dieselben Anzeichen. Bei der chronischen Form treten diese Symptome in Abständen (intermittierend) auf.

DIAGNOSE UND THERAPIE Die Diagnose von IHA beruht auf klinischen Anzeichen und Bluttests; das Tier muss rasch mit Kortikosteroiden oder noch stärkeren Immunsuppressiva behandelt werden. Bluttransfusionen sind umstritten. Sie können den Zustand verschlimmern, da das überaktive Immunsystem die frischen roten Blutkörperchen angreift. Manchmal jedoch ist die Bluttransfusion die einzige Möglichkeit, das Überleben des Tieres zu sichern.

INFEKTIONSKRANKHEITEN

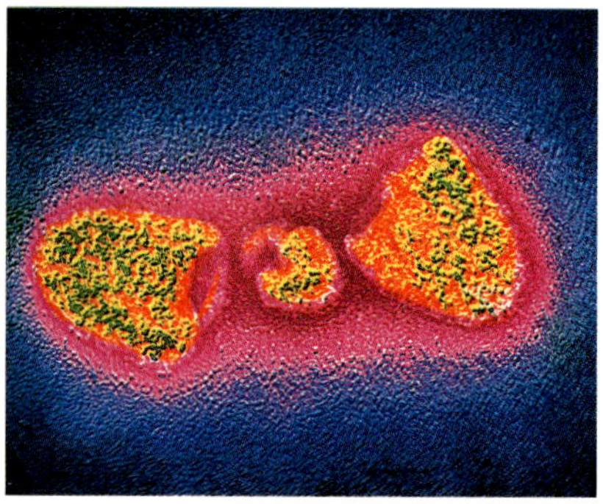

Partikel des Tollwuterregers

Verschiedene Erreger, wie Viren, Bakterien und Pilze, können Hundekrankheiten auslösen. Diese Mikroorganismen bezeichnet man auch als Mikroben oder Keime. Beim jungen Hund werden diese meist von der natürlichen Abwehr bekämpft. Beim älteren oder kranken Tier jedoch verursachen sie häufig Krankheiten, die sich durch Sauberkeit oder durch Meidung infektionsgefährdeter Regionen verhindern lassen. Manche dieser Krankheiten wiederum lassen sich nur durch tierärztliche Hilfe verhindern oder behandeln.

Viren sind die kleinsten und stärksten natürlichen Parasiten. Außerhalb eines Wirtes sind die meisten nicht lange lebensfähig. Das Virus muss in eine Zelle eindringen und den Stoffwechsel der Wirtszelle benutzen, um sich zu vermehren. Einige Virentypen sind relativ harmlos, andere wirken äußerst zerstörerisch und schädigen die befallenen Wirtszellen ganz erheblich.

F **KANN MAN VIRUSERKRANKUNGEN BEHANDELN?**

A In der Humanmedizin gibt es Medikamente gegen HIV und Herpesviren. Für Hunde gibt es Medikamente gegen Bakterien und Pilze, jedoch nicht gegen Viren.

F **KÖNNEN HUNDE SICH MIT MRSA INFIZIEREN?**

A Ja. MRSA (Methicillin- oder multi-resistenter *Staphylococcus aureus*), resistente und daher schwer zu behandelnde Bakterienstämme, sind nicht auf Menschen in Kliniken oder Pflegeheimen beschränkt und können auf Haustiere übertragen werden. Auch Hunde können infiziert sein.

Bakterien verfügen – wie alle lebenden Zellen – über Genmaterial und Zellwand. Die meisten Bakterien vermehren sich durch einfache Teilung. Ein Sonderfall unter den Bakterien sind die Rickettsien, die sich als einzige nur in lebenden Zellen vermehren können.

Pilze sind am Abbau der Reste anderer Organismen beteiligt. Die meisten sind mehrzellige, faserige Schimmelpilze; es gibt aber auch einzellige Hefepilze. Diese vermehren sich durch knospenartige Sporen. Unter bestimmten Bedingungen können manche Hefepilze Krankheiten auslösen.

Viele Bakterien- und Pilzinfektionen des Hundes sprechen gut auf Antibiotika bzw. Antimykotika an. Gegen Viren gibt es jedoch keine Medikamente. Die Körperabwehr muss mit diesen Erregern selbst fertig werden. Viele schwere Virusinfektionen lassen sich jedoch durch Impfungen verhindern. Manche Impfstoffe beugen auch bakteriellen Infektionen vor oder lindern ihr Ausmaß.

WIE FUNKTIONIERT DER IMPFSCHUTZ?

Der Impfstoff fördert die natürliche Abwehr des Körpers. Die Impfung oder Immunisierung stimuliert die Immunreaktion, die den Hund vor der natürlichen Krankheitsform schützt.

Impfstoffhersteller verwenden drei verschiedene Materialtypen: abgetötete Erreger, modifizierte lebende Erreger, die keine klinische Krankheit auslösen, sowie harmlose Bakterien, die durch Gentechnologie kleine Viruspartikel produzieren und so die Antikörperbildung des Hundes gegen das Virus stimulieren. Diese modifizierten Mikroben oder Mikrobenteile gelangen als Impfstoff in den Körper, meist durch Injektion. Die *Bordetella*-Impfung gegen Zwingerhusten dagegen erfolgt mittels Nasenspray.

WIRKSAME IMPFUNGEN

Impfungen gegen Viruserkrankungen sind meist erfolgreich. Früher waren Hepatitis und Hundestaupe schwere Gesundheitsrisiken; heute dagegen sind sie dank umfassender Impfprogramme sehr selten.

Impfungen helfen gegen Viren, die nur in einer Form existieren. Einige jedoch, zum Beispiel das humane Grippevirus oder das Hunde-Parvovirus, ändern ihre Form ständig durch Wandlung ihrer Eiweißhülle. Die Impfung wirkt dann unter Umständen nicht gegen alle Formen dieses Virus. Nicht alle Impfstoffe sind gleich wirksam, und die Impfstoffe gegen ein spezifisches Virus können unterschiedlich sein.

ERREGER VON HUNDEKRANKHEITEN

Verschiedene Arten von Mikroorganismen können Hundekrankheiten auslösen: Bakterien sind Einzeller, die in unterschiedlicher Umgebung leben können. Die meisten sind harmlos, andere machen krank. Pilze liegen meist als mehrzellige Schimmelpilze vor, es gibt aber auch einzellige Hefepilze. Viren sind die kleinsten Infektionserreger; sie sind im Grunde nicht mehr als ein Satz Genmaterial (DNA oder RNA) in einer Schutzhülle aus Eiweiß. Hier die sechs wichtigsten Infektionserreger bei Hunden:

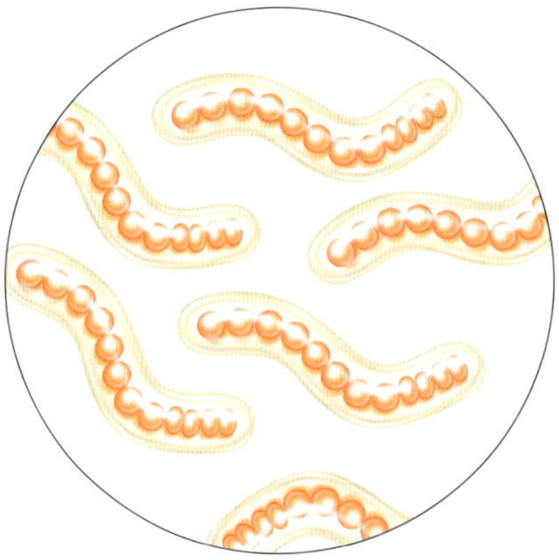

STREPTOKOKKEN
Einige von ihnen lösen eitrige Infektionen aus und führen beim Menschen zu Mandelentzündung, Scharlach und schweren Halsinfektionen. Andere Streptokokken gehören zur normalen Haut- und Schleimhautflora des Hundes.

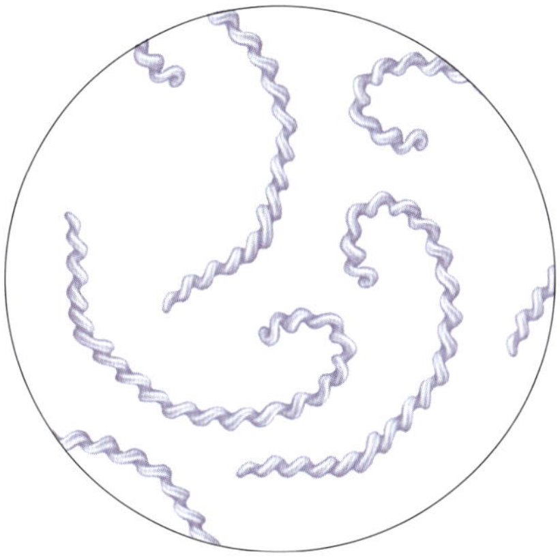

LEPTOSPIREN
Sie zählen zu den Spirochaeten und sind spiralförmig. Leptospiren finden sich häufig im Wasser in der Nähe von Nutzvieh und in Regionen mit wild lebenden Nagetieren. In der Niere des Hundes rufen sie Leptospirose hervor (siehe S. 223).

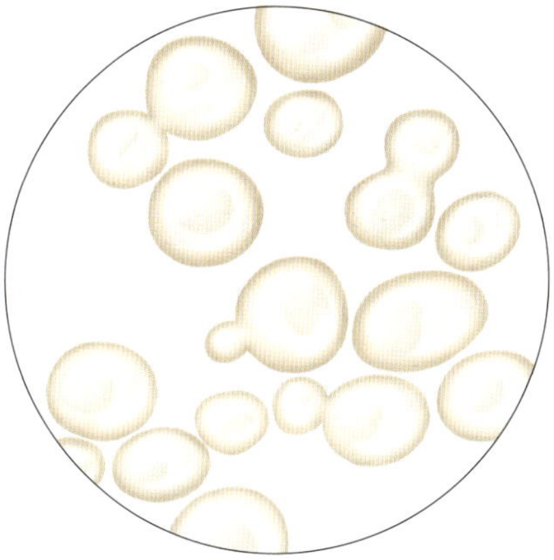

BLASTOMYKOSE
Die Sporen dieses Pilzes findet man in den USA, Kanada und sporadisch in anderen Ländern. Sie verursachen beim Hund die Blastomykose. In Deutschland ist der Erreger bisher noch nicht nachgewiesen worden.

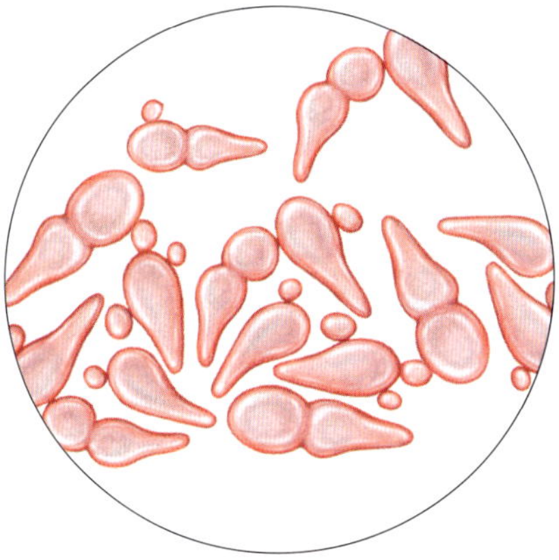

MYKOPLASMA
Diese Organismen sind eine Bakteriensonderform, die zur normalen Darmflora des Hundes gehört. Unter Umständen können sie jedoch eine Harnwegsinfektion oder eine Infektion auslösen, die einer Lungenentzündung ähnelt.

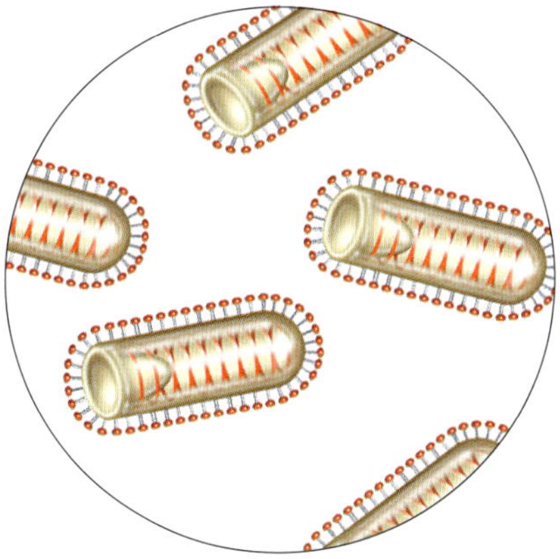

RHABDOVIREN
Diese Keime sind projektilförmig; eine ihrer Formen ruft beim Hund Tollwut (siehe S. 216) hervor. Sie enthalten RNA und haben eine Eiweißhülle, sodass sie durch viele Reinigungsmittel, Seifen und Desinfektionslösungen angegriffen werden.

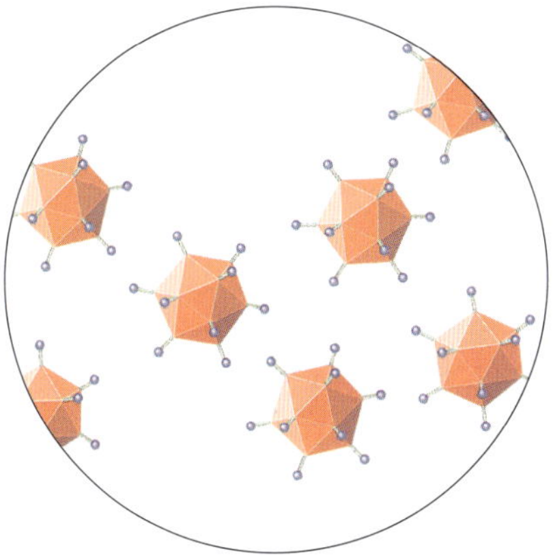

ADENOVIREN
Adenoviren haben Ikosaederform (Körper, deren Oberfläche aus 20 gleichseitigen Dreiecken gebildet wird). Eine ihrer Formen löst Hundehepatitis aus. Sie enthalten DNA, haben aber keine Eiweißhülle, d.h., sie reagieren auf Jod und Chlorbleiche.

VIRUSERKRANKUNGEN

Viren sind in unserem Umfeld inaktiv und brauchen zu ihrer Vermehrung ein Lebewesen. Die meisten Virusinfektionen verlaufen beim Tier ohne Symptome, weil sie vom Immunsystem des Wirtes sofort zerstört werden. Einige töten jedoch die Zellen ab, in die sie eindringen. Dann entsteht eine Krankheit oder Störung mit klinischen Symptomen.

Antibiotika wirken gegen Viren nicht, aber durch Impfung lässt sich das Immunsystem des Hundes stimulieren, sodass er sich gegen die Erkrankung wehren kann.

TOLLWUT (LYSSA)

Bei Fleischfressern und Fledermäusen verläuft Tollwut stets tödlich. Tollwut gibt es überall auf der Welt außer in der Antarktis und Australien. Impfungen haben bei uns zum Rückgang geführt, in den Entwicklungsländern aber sind Hunde ein Hauptüberträger dieser Krankheit.

In Europa wird die Tollwut vor allem durch Füchse übertragen, in den USA durch Stinktiere und Waschbären, in Südafrika durch den Mungo und in Lateinamerika durch die Fledermaus.

Tollwut wird durch ein Rhabdovirus (siehe S. 215) ausgelöst, das mit dem Speichel übertragen wird, d.h. durch Beißen und Lecken. Der Speichel eines tollwütigen Hundes ist voller Viren und verwandelt sich durch die erhöhte Atemfrequenz häufig in einen regelrechten Schaum.

Das Tollwutvirus unterliegt einem Zyklus (siehe Kasten) und gelangt von der Eintrittsstelle über das Nervensystem ins Rückenmark und Gehirn, von hier aus dann wieder über das Nervensystem in die Speicheldrüsen, das Verdauungssystem und die Lunge. Für diesen Weg benötigt es zwischen einer Woche und einem Jahr, je nachdem, wie lange es in der muskulären Eintrittsstelle (Bissstelle) verbleibt. Problematisch ist dabei, dass der Speichel des Tieres schon zwei Wochen vor dem Auftreten von Infektionsanzeichen infiziert sein kann.

Tollwut äußert sich zunächst häufig nur durch leichtes Lahmen oder auch durch leichte Charakterveränderungen: Normalerweise zutrauliche Hunde werden reizbar und ziehen sich zurück, nervöse Hunde können plötzlich zutraulicher werden.

Tollwut äußert sich in zwei Formen, die in vermischter Weise auftreten können. Bei der paralytischen Form (»stille Wut«) hat der Hund Bewegungsschwierigkeiten. Durch Lähmung der Halsmuskeln wird das Speichelschlucken erschwert; das Tier »sabbert«.

Bei der sogenannten »rasenden Wut« wird der Hund reizbar, aggressiv und furchtlos. Häufig steigt auch die Lichtempfindlichkeit stark an. (Hunde entwickeln jedoch keine Angst vor Wasser, was bei tollwutinfizierten Menschen oft beobachtet wird.) Diese Phase kann eine Woche dauern und geht meist in die paralytische Form über. Nach einigen Tagen stirbt das Tier.

DIAGNOSE Tollwut kann klinische Anzeichen auslösen, aber eine definitive Diagnose ist nur durch mikroskopische Untersuchung von Hirngewebe möglich. Die genaue Diagnose ist äußerst wichtig, da der kranke Hund auch Menschen angesteckt haben könnte.

DER TOLLWUTZYKLUS

Das Tollwutvirus wandert von der Bissstelle über die Nerven ins Gehirn, wo es zur Entzündung (Enzephalitis) kommt. Dieser Weg kann zwei bis acht Wochen dauern, bei weiterer Entfernung zum Gehirn auch länger. Dann gelangt das Virus wieder über die Nerven zu den Speicheldrüsen und konzentriert sich dort zur Weitergabe an andere Tiere. Die klinischen Anzeichen der Tollwut treten nach ca. einer Woche auf; bei manchen Tieren werden Charakterveränderungen erst nach einem Jahr festgestellt.

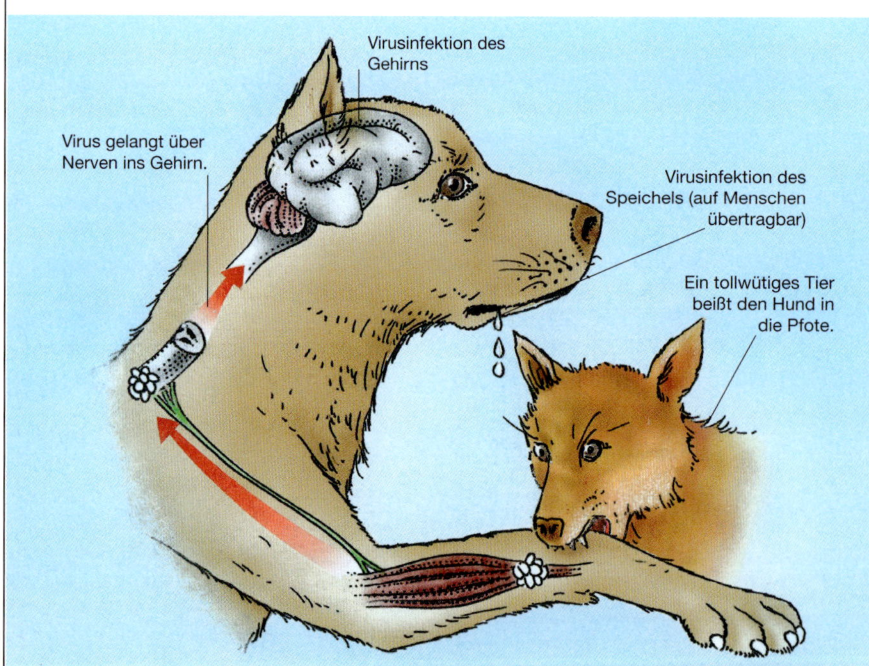

BEHANDLUNG Es gibt für den Hund keine wirksame Behandlung gegen Tollwut. Wird ein Mensch von einem tollwütigen Tier gebissen, muss er sofort zum Arzt. Bisswunde mit Wasser, Seife oder Desinfektionsmittel ausspülen. Dies tötet einige Viren ab und bringt einen wichtigen Zeitgewinn bis zur Verabreichung des Tollwut-Antiserums (inzwischen schmerzfrei möglich).

PRÄVENTION Alle Hunde (auch Katzen, Frettchen u. Ä.) in Regionen, in denen Tollwut vorkommt, müssen regelmäßig geimpft werden. Hunde erhalten dann in Abständen Auffrischungsimpfungen nach gesetzlicher Vorschrift oder nach den Angaben des Impfstoffherstellers (in der Regel einmal jährlich).

TIPP Wurde Ihr Hund von einem vermutlich tollwutkranken Tier gebissen, gehen Sie folgendermaßen vor:
Jeder Kontakt mit einem vermutlich tollwutkranken Tier ist der örtlichen Überwachungsbehörde (gewöhnlich dem Veterinäramt) zu melden. Diese entscheidet über alle weiteren zu treffenden Maßnahmen.

Ist der Hund geimpft, ziehen Sie Gummihandschuhe an und reinigen die Bisswunde ausgiebig mit Desinfektionsmittel und Wasser. Beim Veterinäramt bekommt der Hund eine Auffrischungsimpfung.

Wurde Ihr Hund noch nie gegen Tollwut geimpft, entscheidet das Veterinäramt über weitere Maßnahmen. Das Tier wird entweder unter behördliche Quarantäne gestellt oder auf Anordnung des Veterinäramtes eingeschläfert, selbst wenn es keine Symptome zeigt.

AUJESZKY-KRANKHEIT

Ein Herpesvirus ruft die gefährliche Erkrankung mit tollwutähnlichen Anzeichen hervor (daher auch »Pseudowut«). Menschen bekommen sie nicht, aber alle Haustiere sind mögliche Wirte. Am häufigsten sind Schweine betroffen; die Krankheit verläuft bei ihnen eher ohne Symptome, aber meistens tödlich.

Hunde bekommen diese Krankheit durch infiziertes rohes Schweinefleisch. Wie bei der Tollwut wandert auch dieses Virus, in diesem Falle ausgehend von Maul und Mandeln (Tonsillen), über die Nerven ins Gehirn. Infizierte Hunde leiden unter extremem Juckreiz am Kopf und kratzen sich ständig. Beim Hund verläuft die Krankheit binnen weniger Tage tödlich.

DIAGNOSE UND THERAPIE Klinische Anzeichen und Vorgeschichte geben den besten Aufschluss für die Diagnose. Nach dem Tod lässt sich das Virus in Hirngewebe und im Gewebe der Mandeln nachweisen. Es gibt keine Heilung.

PRÄVENTION Geben Sie dem Hund nie rohe Schweinefleischabfälle zu fressen. Dies ist die beste Form der Vorbeugung gegen Infektion und Verbreitung.

PARVOVIRUS

Das Parvovirus wurde in Nordamerika, Europa und Australien 1978 nach einem Ausbruch von Magen-Darm-Blutungen bei Haushunden erstmals entdeckt. Es lässt sich in keiner Hundeblutprobe vor 1976 durch Antikörperbildung nachweisen, sodass es vermutlich 1976 erstmals auftrat. Forschungsergebnissen der Cornell-Universität zufolge ist das Hunde-Parvovirus eine Mutation des Katzen-Parvovirus oder einer verwandten Virusform des Fuchses.

Das als Parvovirus Typ 2 (CPV-2) bekannte Virus ist extrem zäh und überlebt fast sechs Monate außerhalb des Hundes. Es ist resistent gegen Seife, Wasch- und Desinfektionsmittel, aber nicht gegen Chlorbleiche.

Das Virus wird über kontaminierten Kot übertragen und gelangt ins Maul, wenn sich der Hund zum Beispiel die Pfoten leckt. Bei jungen Hunde unter 16 Wochen ist die Gefahr schwerer Parvovirusinfektionen besonders groß.

Das Virus dringt in die Mandeln ein, vermehrt sich und gelangt über Blut und Lymphe in Darmschleimhaut, Knochenmark, Lymphknoten und Thymusdrüse – alles Regionen mit sehr rascher Teilung der Körperzellen. In schweren Fällen kommt es zu Bauchschmerzen, Lethargie, manchmal Fieber, Erbrechen und Durchfall (teils blutig). Der klinische Schock durch die Viren kann zum Tod

REISEN IN TOLLWUTFREIE LÄNDER

Früher mussten sich Hunde bei der Einreise in viele Länder grundsätzlich einer Quarantäne von vier bis zwölf Monaten unterziehen, damit Tollwutinfektionen in diesen Ländern ausgeschlossen werden konnten. Heute sind die Bestimmungen zwar erleichtert, doch ist in jedem Fall ein EU-Heimtierausweis mit dem Eintrag der Kennzeichnung und der Tollwutimpfbescheinigung erforderlich. Es empfiehlt sich, sich vor einer geplanten Reise sehr frühzeitig über die Einreisebestimmungen für Heimtiere zu erkundigen, denn Vorbereitungszeiten von sieben Monaten sind nicht selten.

führen, wenn keine wirksame Behandlung erfolgt. Manche Tiere haben leichtere Anzeichen wie weichen, massigen Stuhl. Früher starben viele Tiere spontan an Herzversagen; dies ist heute nur noch sehr selten der Fall.

DIAGNOSE Die Diagnose erfolgt aufgrund der Vorgeschichte und Anzeichen und wird durch Labornachweis von Viruspartikeln oder Virusantigen in einer Kotprobe bestätigt. Der Tierarzt kann auch einen einfachen Antikörper-Bluttest machen, aber hier gibt es häufig falsch-negative Ergebnisse durch mütterliche oder impfbedingte Antikörper. Etwa ein Drittel der erkrankten Tiere hat eine verminderte Leukozytenzahl.

IMPFSCHUTZAUFBAU

Junge Welpen sind sehr infektionsgefährdet, erhalten aber durch die Mutter eine gewisse Immunität gegen Krankheiten, denen diese ausgesetzt war (siehe S. 206–211). Diese Immunität beruht auf mütterlichen Antikörpern, die in der Vormilch (Kolostrum) auf die Welpen übergehen. Dieser Schutz geht jedoch langsam zurück und ist nach zwölf Wochen fast vollständig verschwunden. Der junge Hund baut langsam seinen eigenen Schutz auf, indem seine weißen Blutkörperchen selbst lernen, Antikörper zu produzieren. Sie tun dies bei Kontakt mit bestimmten Erregern (Viren, Bakterien oder Pilzen) oder mit veränderten Erregern in Impfstoffen.

BEHANDLUNG Die Schockkontrolle ist äußerst wichtig, ebenso die Schmerzbekämpfung und die Vorbeugung gegen Austrocknen durch massiven Durchfall. Antibiotika können eine bakterielle Sekundärinfektion im Blut infolge von Darmschäden verhindern.

PRÄVENTION Die meisten Hunde, die tierärztlich behandelt werden, überleben eine Parvovirusinfektion. Sie bleiben dann lebenslang immun gegen diesen Erreger. Es entwickeln sich jedoch ständig neue Stämme des Virus.

Die Impfung schützt zwar gut, aber nicht unbedingt umfassend vor der Krankheit. Der Schutz hängt von den verwendeten Virusstämmen im Impfstoff ab. Außerdem können mütterliche Antikörper, die über die Milch aufgenommen werden, einen wirksamen Impfschutz gegen das Parvovirus erschweren. Bei den ersten Impfstoffen wurde das enthaltene Virus durch diese Antikörper abgetötet, sodass die Impfungen wiederholt werden mussten, wenn der Welpe über 16 Wochen alt war und die mütterlichen Antikörper zurückgingen. Neuere Impfstoffe dagegen sind wirksamer.

Unbekämpft kann das Parvovirus in der Umgebung monatelang überleben. Es wird jedoch durch Reinigungsmaßnahmen mit Chlorbleiche abgetötet. Hat der Hund eine Parvovirusinfektion, reinigen Sie unbedingt alle kotverunreinigten Flächen mit Chlorbleiche (1 Teil auf 16 Teile heißes Wasser). Lassen Sie diese Lösung 15 Minuten auf den Flächen einwirken, und wischen Sie mit klarem Wasser nach.

CORONAVIRUS-ENTERITIS

Diese Magen-Darm-Infektion wird durch das Hunde-Coronavirus (CCV) ausgelöst, das fast zufällig bei einer weltweiten Ausbreitung des Parvovirus Ende der 1970er-Jahre entdeckt wurde. Hunde aller Altersstufen und Rassen können sich durch andere Tiere oder deren Kot anstecken. Meist verläuft die Infektion ohne Anzeichen (subklinisch). Junge Hunde entwickeln dagegen meist Symptome wie Erbrechen, Durchfall und Lethargie mit einer Dauer von acht bis zehn Tagen.

DIAGNOSE Die Diagnose erfolgt in der Regel anhand klinischer Anzeichen. Das Virus lässt sich aber auch mikroskopisch im Kot nachweisen. In den USA gibt es einen sehr teuren, aber nicht sehr wirksamen Impfstoff.

ROTAVIRUS-ENTERITIS

Rotaviren können Durchfallinfektionen bei Mensch, Hund, Katze, Schwein, Rind und Pferd auslösen. Beim Hund verlaufen diese meist ohne Symptome; bei ganz jungen Welpen unter zwei Wochen ähneln sie evtl. einer leichten Magen- und Darmentzündung mit Durchfall und Flüssigkeitsverlust.

DIAGNOSE UND THERAPIE Für die Diagnose des Hunde-Rotavirus gibt es noch keine zuverlässige Technik. Meist ist aber auch nur eine unterstützende Behandlung mit elektrolythaltiger Flüssigkeit erforderlich.

»Fading Puppy«-Syndrom

Hierbei werden ganz junge Welpen unter vier Wochen immer schwächer oder sterben plötzlich. Die klinischen Anzeichen sind Trinkunlust, Klagen, Lethargie, Schmerz bei Berührung und evtl. Nasenausfluss. Bei Welpen über fünf Wochen tritt maximal eine leichte Nasenschleimhautentzündung (Rhinitis) auf.

Das »Fading Puppy«-Syndrom hat unterschiedliche Ursachen, u.a. Hunde-Herpesvirus (CHV). Studien zu CHV-Antikörpern zeigen, dass diese Infektion in vielen Ländern häufig auftritt.

DIAGNOSE UND THERAPIE Das »Fading Puppy«-Syndrom wird durch Isolation des Herpesvirus oder Analyse nach dem Tod des Tieres bestätigt. Zur Vorbeugung oder Behandlung gibt es derzeit noch keine wirksamen Möglichkeiten.

PRÄVENTION Experimentelle Impfstoffe sind noch nicht voll wirksam. Herpesviren (wie auch das humane Lippenbläschen-Herpesvirus) bleiben den Überträgern erhalten und werden beispielsweise durch Trächtigkeit aktiviert.

VON HUND ZU HUND
Hunde sind von Natur aus neugierig. Sie erforschen gerne Gerüche und Geräusche und lieben es, andere Hunde zu beschnuppern und zu lecken. Dieses scheinbar harmlose Verhalten führt jedoch häufig zur Übertragung von Erregern von einem Hund auf den anderen.

Bei hoher Welpensterblichkeit in einem Wurf sollte man immer an das »Fading Puppy«-Syndrom denken.

STAUPE

In Westeuropa, Nordamerika und Australien ist diese Krankheit weitgehend unter Kontrolle, dennoch bleibt sie eine Haupttodesursache für Hunde auf der ganzen Welt.

Die klinischen Anzeichen variieren, häufig sind anfangs Fieber, dann Lethargie, tränende Augen, laufende Nase bis hin zu Durchfall, Flüssigkeitsverlust (Dehydratation), Husten und klebrigem gelbem Ausfluss aus Augen und Nase. Viele Hunde sprechen auf Antibiotika an. Wochen später kommt es oft zur Hirnentzündung (Enzephalitis) mit Krämpfen, Verwirrung und merkwürdigem Verhalten wie ständigem Kauen, oder die Erkrankung führt zur Erblindung.

Welpen, die die Staupe überleben, haben später Zahnschmelzdefekte. Manche bekommen in Abständen schmerzhafte Muskelzuckungen (Myoklonus), die beim Schlafen oder Ruhen auftreten, dann aber häufiger werden können. Man erkennt dies am Winseln oder Weinen. Diese Krämpfe können lebenslang auftreten, jedoch lässt ihre Heftigkeit mit der Zeit nach.

Das Staupevirus befällt die Haut an Nase und Fußsohlen, wo es zu Verdickung und Rissen kommt. Bis 1970 war die Staupe relativ häufig, heute gibt es sie in Westeuropa und Nordamerika nur noch selten.

DIAGNOSE Die Diagnose erfolgt aufgrund klinischer Anzeichen. Manchmal wird eine Liquorprobe (Rückenmarksflüssigkeit) entnommen.

BEHANDLUNG Zur Behandlung der Staupe sind meist mehrere Medikamente nötig. Antibiotika bringen im Körper vorhandene Bakterien unter Kontrolle und verhindern Sekundärinfektionen des geschwächten Tieres. Eine Flüssigkeitstherapie durch Infusionen wirkt dem Flüssigkeitsverlust entgegen, und das Erbrechen wird medikamentös unterdrückt. Krampflösende, beruhigende und schmerzlindernde Medikamente sind bei Hunden mit entsprechenden Anzeichen die sinnvollste Behandlungsweise.

Der Erfolg der Behandlung hängt davon ab, wie rasch der Hund (meist ein Welpe) eine eigene Immunreaktion

F GIBT ES UNGÜNSTIGE ZEITEN FÜR EINE IMPFUNG?

A Eine Impfung sollte möglichst nicht durchgeführt werden: bei Welpen unter acht Wochen, bei Hündinnen innerhalb von 30 Tagen vor dem oder während des Hitzezyklus, während der Trächtigkeit oder Säugezeit sowie innerhalb von 30 Tagen nach Kortikosteroid-Behandlung. Auch verletzte, kranke oder gestresste Hunde sollten nicht geimpft werden.

F SIND IMPFUNGEN FÜR MANCHE RASSEN GEFÄHRLICH?

A Keiner weiß das genau. Es scheint jedoch so zu sein, dass manche Rassen nach Impfungen häufiger Probleme des Immunsystems entwickeln als andere. Parvovirus-Impfungen beispielsweise halten manche Züchter bei Dobermann und Rottweiler für weniger wirksam als bei anderen Hunden. Besprechen Sie die Risiken von Impfung bzw. natürlicher Erkrankung mit dem Tierarzt. Diese Risikobeurteilung ist immer die Grundlage für eine sinnvolle Impfstrategie.

F WARUM BLEIBT DER IMPFERFOLG AUS?

A Eine erfolglose Impfung kann verschiedene Gründe haben, zum Beispiel eine hohe Konzentration mütterlicher Antikörper beim Welpen, die den Impfstoff neutralisieren, eine aktuelle, aber noch symptomlose Infektion mit diesem Erreger, einen Immundefekt oder unsachgemäße Handhabung, Lagerung oder Verabreichung des Impfstoffs.

F BIETEN HOMÖOPATHISCHE NOSODEN SCHUTZ VOR VIREN?

A Nosoden sind homöopathische Medikamente, die Krankheitserreger enthalten. Sie scheinen keinen Schutz zu bieten. In einer Studie von Prof. Ronald Shultz von der tiermedizinischen Fakultät der University of Wisconsin erhielten Hunde Parvovirus-Nosoden eines bekannten Herstellers homöopathischer Mittel. Die Nosoden wurden aus dem Durchfallkot parvoinfizierter Hunde hergestellt. Alle derart geimpften Hunde wurden später schwer krank, als man sie experimentell mit Parvoviren in Kontakt brachte.

F GIBT ES BEI HUND UND KATZE EINE VIRUSBEDINGTE FORM VON LYMPHKREBS?

A Lymphome bei Katze und Rind werden durch sogenannte Retroviren ausgelöst. Obwohl retrovirusähnliche Partikel in Hundegewebe nachgewiesen wurden, gibt es keinen Hinweis darauf, dass Lymphome, Lymphosarkome und Leukämien des Hundes viral bedingt sind.

aufbaut. Dies wiederum wird nicht zuletzt entscheidend vom Gesundheitszustand und von der Ernährung des Tieres mit beeinflusst.

PRÄVENTION Zuchthündinnen sollten zwei Wochen vor der Paarung gegen Staupe geimpft werden, damit die Welpen durch mütterliche Antikörper optimal geschützt sind. Die Welpen selbst werden zwischen acht und zwölf Wochen einmal oder öfter geimpft, je nach örtlichem Infektionsrisiko.

Zum Schutz und zur Säuberung des Hauses nach einer Staupeinfektion des Hundes reichen in der Regel übliche Reinigungs- und Desinfektionsmittel aus.

INFEKTIÖSE HEPATITIS DES HUNDES

Diese heute seltene Krankheit wurde häufig mit der Staupe verwechselt. Sie wird durch ein Adenovirus namens canines Adenovirus Typ 1 (CAV-1) ausgelöst, das weltweit vorkommt und eng mit CAV-2 verwandt ist, einem der Erreger des Zwingerhustens (siehe S. 221).

Die infektiöse Hundehepatitis tritt meist bei ungeimpften Tieren unter einem Jahr auf. Viele Hunde entwickeln bis zum vollendeten zweiten Lebensjahr Antikörper gegen CAV-1, sodass sie selten tödlich daran erkranken.

Das Virus wird von Hund zu Hund übertragen. Durch die Rachenmandeln gelangt es ins lymphatische System und z. T. ins Blut und greift Leber, Niere, Gefäßwände und Augen an. Nach etwa einer Woche haben die Antikörper des Hundes ihre Arbeit getan, und das Virus verbleibt nur noch in Augen und Niere, von Letzteren aus wird es über den Urin ausgeschieden.

Die meisten Hunde haben bei der Infektion nur einen Tag lang Fieber. Junge Welpen unter sechs Wochen können aber akute Bauchschmerzen bekommen und innerhalb eines Tages am Schock sterben; dies geschieht so rasch, dass man an eine Vergiftung denken könnte.

Ältere Hunde bekommen hohes Fieber und Bauchschmerzen, blutiges Erbrechen und Durchfall. Einige werden sehr lichtempfindlich. Beim Heilungsprozess bekommen manche Hunde eine Hornhauttrübung (»blaues Auge«), die nach einigen Wochen zurückgeht.

DIAGNOSE Die Diagnose hängt von Symptomen und Impfstatus ab. Gelegentlich wird sie durch Analyse des Blutserums (Serologie) oder Untersuchung einer Gewebeprobe (Biopsie) bestätigt.

THERAPIE Mangels echter Behandlungsmöglichkeiten besteht die Betreuung bei der Hepatitis aus Schmerz- und Schocklinderung; auch die intravenöse Flüssigkeitszufuhr ist lebenswichtig. Antibiotika können eine bakterielle Sekundärinfektion verhindern. Die ersten, auf CAV-1 basierenden Impfstoffe schützten vor dem Virus, riefen aber vorübergehende Hornhauttrübungen hervor. Derzeit werden alle modifizierten Lebendimpfstoffe gegen Hepatitis mit CAV-2 hergestellt. Sie schützen vor infektiöser Hepatitis und der durch Adenoviren verursachten Form des Zwingerhustens (siehe S. 221), ohne Hornhauttrübungen auszulösen.

PRÄVENTION Die ersten Impfstoffe auf CAV-1-Basis schützten gegen das Virus, riefen aber u. U. das «blaue Auge« hervor. Alle modernen, modifizierten Lebendimpfstoffe gegen Hepatitis basieren auf CAV-2. Sie schützen gegen infektiöse Hepatitis bei Hunden und Zwingerhusten zugleich, ohne »blaues Auge« zu verursachen.

Das Virus ist gegen übliche Reinigungs- und Desinfektionsmittel resistent, wird aber durch Jod oder Chlorbleiche (1:32 in Wasser verdünnen) abgetötet.

ZWINGERHUSTEN

Zwingerhusten, auch canine infektiöse Tracheobronchitis oder Hundehusten genannt, ist eine ansteckende Erkrankung der Atemwege des Hundes, die durch eine Reihe von Viren und Bakterien ausgelöst wird.

Alle Erreger verursachen ähnliche Anzeichen: trockenen Reizhusten mit einem charakteristischen bellenden Geräusch. Der Husten entsteht durch reversible Zerstörung der winzigen Härchen (»Zilien«) in Kehlkopf, Luftröhre und Bronchien durch die Infektion. Normalerweise schützen diese Zilien die Luftwege durch rhythmische Bewegungen, die Fremdstoffe nach oben aus den Atemwegen hinaustransportieren. Sind sie zerstört, können die Krankheitserreger tiefer in die Lunge eindringen.

Der bakterielle Haupterreger des Zwingerhustens ist *Bordetella bronchiseptica* (siehe S. 224), verwandt mit dem Keuchhustenerreger beim Menschen. Die häufigste virale Ursache ist das Hunde-Parainfluenzavirus (PIV) bzw. das Hunde-Adenovirus-2 (CAV-2), ein enger Verwandter des Hunde-Hepatitisvirus (CAV-1). In Tierheimen und ähnlichen Orten mit Gruppenhaltung wird diese Erkrankung am ehesten übertragen. Stress, schlechte Belüftung und die Anwesenheit von Überträgern der Erreger führen häufig zur Ansteckung des Hundes.

Etwa fünf Tage nach der Ansteckung mit einem Erreger über die Luft bekommt das infizierte Tier einen hellen, bellenden Husten. Einige Hunde erholen sich in wenigen Tagen; andere entwickeln durch Komplikationen wie zum Beispiel durch Befall mit Bakterien und Pilzen eine Tracheobronchitis, die mit Lethargie, Fieber, Ausfluss aus Nase oder Augen, Appetitverlust und klebrigem Speichel in den Maulwinkeln einhergeht. Der kranke Hund bekommt Hustenanfälle mit Würgereiz. Komplizierte Fälle von Zwingerhusten können der Phase der Hundestaupe ähneln, in der Husten auftritt.

DIAGNOSE Die Diagnose stützt sich auf klinische Anzeichen und Vorgeschichte; z. T. wird ein Abstrich von der Luftröhrenschleimhaut entnommen, um das Virus genau zu bestimmen.

BEHANDLUNG Die Hustenanfälle werden mit einem Hustenstiller unter Kontrolle gebracht. Antibiotika werden bei Gefahr einer Sekundärinfektion und bei Hunden mit Lungenbeeinträchtigung eingesetzt. Bronchienerweiternde Medikamente (Bronchodilatatoren) helfen bei Verengung der Atemwege, ebenso kann ein Schleimlöser sinnvoll sein. Unter bestimmten Umständen ist ein Kortikosteroid angezeigt, um den Husten zu unterdrücken und die Entzündung zu lindern.

PRÄVENTION Die Umgebung eines mit Zwingerhusten infizierten Tieres sollte mit Chlorbleiche gereinigt werden (Verdünnung 1:32 in Wasser, 30 Minuten Einwirkzeit). Die *Bordetella*-Impfung per Nasenspray stärkt zwar die örtliche Immunität der Atemwege, schützt aber nur zwei bis neun Monate. CAV-2- und Parainfluenza-Impfungen senken die Ansteckungsgefahr, schalten sie aber nicht völlig aus.

TIPPS VOM TIERARZT

Zwingerhusten ist nicht die einzige Hustenursache beim Hund. Auch durch Kauen spitzer Gegenstände mit inneren Halsverletzungen kann es zu Husten kommen, der ähnlich wie Zwingerhusten klingt. Schwerer ist der »Herzhusten«, bei dem sich durch Herzinsuffizienz Flüssigkeit in der Lunge ansammelt und ebenfalls Reizhusten entsteht. Die Frühphase des Herzhustens wird gelegentlich mit leichtem Zwingerhusten verwechselt. Bei Husten zum Tierarzt gehen!

WEITERGABE VON ANTIBIOTIKA ÜBER DIE MILCH

Die Milch der Hündin enthält einen gewissen Infektionsschutz, aber auch andere Stoffe wie beispielsweise Medikamente, die die Welpen schädigen können. Antibiotika etwa können die Darmflora der jungen Welpen beeinträchtigen.

BAKTERIELLE INFEKTIONEN

Bakterien sind Einzeller, die – im Gegensatz zu Viren – keine lebenden Wirtszellen zur Vermehrung benötigen. Sie sind vielseitig, autark und können fast überall wachsen, von Rissen und Schleimhäuten im Maul eines Tieres bis in die unwirtlichsten Gegenden unseres Planeten. Die meisten Bakterien gehören jedoch zur gesunden Flora und sind günstig für das Tier, weil sie das Gleichgewicht in seiner Umgebung stützen.

Beim Hund leben manche Bakterien auf Haut und Fell, während andere im Körper angesiedelt sind, zum Beispiel im Dickdarm oder im Fortpflanzungsapparat. Die günstige Wirkung der Darmbakterien unterstützt nicht nur die Verdauung, sondern sogar die Produktion von Vitaminen.

Manche Bakterienarten jedoch nutzen jede Gelegenheit, das Tier krank zu machen – beispielsweise dann, wenn der Hund an einer Virusinfektion leidet oder noch so jung ist, dass sein Immunsystem noch keine geeignete Abwehr entwickelt hat. Diese Bakterien zählen nicht zur gesunden Flora, sondern geben mit ihrem Auftreten Anlass zur Besorgnis.

ANTIBIOTIKA

Die meisten Bakterien sprechen auf Antibiotika an, die entweder ihre Vermehrung stoppen oder sie abtöten. Antibiotika sind chemisch hergestellte Medikamente – fast alle sind »Kopien« natürlicher Stoffe, mit denen sich Mikroorganismen gegen Angriffe schützen. Da Bakterien immer neue Resistenzen gegen Antibiotika entwickeln, sucht die Pharmaindustrie ständig nach neuen Substanzen, mit denen sich Mikroorganismen gegen Attacken verteidigen.

MAGEN-DARM-INFEKTIONEN

Akutes Erbrechen, infektiöser Durchfall, Krämpfe und Fieber werden primär von vier Bakterien ausgelöst: Salmonellen, *Campylobacter*, *Escherichia coli* und evtl. *Helicobacter*. Welpen, Jungtiere sowie durch Viren oder Mangelernährung geschwächte Hunde sind besonders infektionsgefährdet. Die Krankheit kann vier bis zehn Tage dauern; der chronische Durchfall bleibt oft noch 30 Tage oder länger bestehen. Daraus resultiert starker Flüssigkeitsverlust, der für Welpen und kleine Hunde sehr gefährlich sein kann.

Salmonellen, *Campylobacter* und pathogenes *E. coli* gelangen durch Aufnahme kontaminierten Futters oder Wassers, durch Kontakt mit infiziertem Kot oder durch Kontakt mit durchfallverschmutzten Flächen in das Tier.

Salmonellen sind robuste Bakterien, die in Erde oder Mist jahrelang überleben. *Campylobacter* bleibt in unpasteurisierter Milch oder Wasser über einen Monat erhalten. Manche Stämme von *E. coli* sind Bestandteil der normalen Darmflora, aber Viruserkrankungen des Darms können andere *E.-coli*-Stämme zu gefährlichen Infektionen stimulieren.

DIAGNOSE Salmonellen sind im Kot nachweisbar. *Campylobacter* wird durch die Vorgeschichte identifiziert und kommt bei Welpen häufiger vor. Pathogenes *E. coli* wird durch Kultur nachgewiesen. *Helicobacter* kann Magenentzündungen hervorrufen und lässt sich durch endoskopische Gewebeproben oder eine Blutuntersuchung nachweisen.

BEHANDLUNG Krankheitszeichen wie Schmerzen und Erbrechen müssen unter Kontrolle gebracht werden. Infusionen wirken dem Flüssigkeitsverlust entgegen. Antibiotika helfen hier selten, sie werden daher kaum gegen Salmonellen oder *E. coli* eingesetzt, sondern eher gegen *Campylobacter*. *Helicobacter*-Infektionen werden mit einer Kombination aus Antibiotika und Wismutsubsalicylat behandelt.

RAT Salmonellen und *Campylobacter* und wahrscheinlich auch *Helicobacter* können vom Hund auf den Menschen übertragen werden; besonders gefährdet sind ältere Menschen und HIV-Positive.

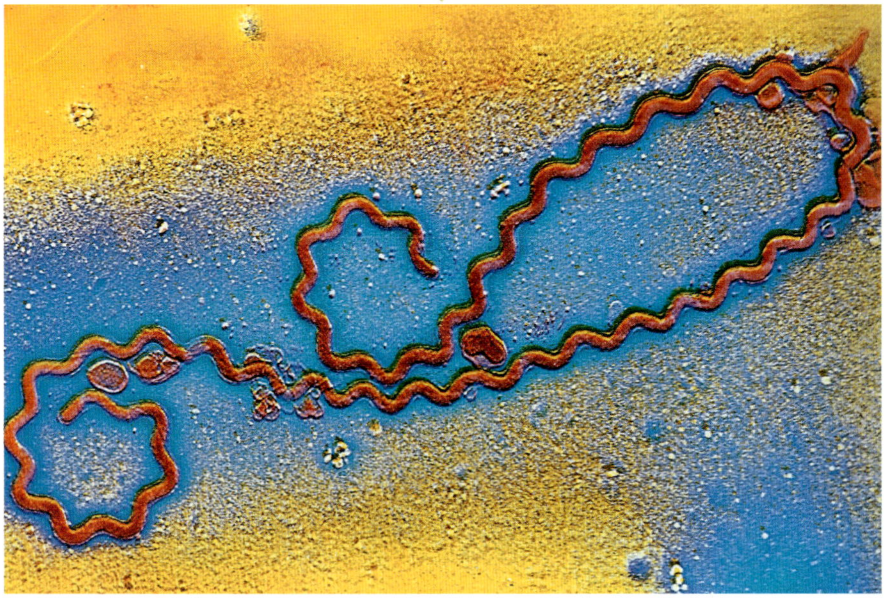

LEPTOSPIREN

Sie rufen Leptospirose hervor. Diese Bakterien sind lang, dünn und spiralförmig. Am häufigsten wird beim Hund die Art *Leptospira canicola* mit Nierenentzündung beobachtet; die Schäden sind jedoch auszuheilen.

LEPTOSPIROSE

Erreger dieser Krankheit sind Spirochäten, schraubenförmige Bakterien, einschließlich *Leptospira canicola*. Bei vielen Hunden verläuft Leptospirose ohne Symptome, sie werden jedoch Überträger und infizieren andere.

Bei der Infektion kann eine Nierenentzündung oder auch eine allgemeine Erkrankung mit Leberschädigung und Blut im Urin entstehen. Die klinischen Anzeichen nach vier bis zwölf Tagen umfassen Lethargie, Fieber, Erbrechen, Rötung der Schleim- und Bindehaut, in schweren Fällen tritt auch eine Gelbfärbung der Haut sowie der Schleimhaut auf.

DIAGNOSE Im Bluttest wird eine erhöhte Leukozytenzahl, eine verminderte Thrombozytenzahl und eine Nierenbeteiligung festgestellt. Blutproben ergeben eine erhöhte Antikörperkonzentration. Manchmal sind die Leptospiren in einer Urin- oder Gewebeprobe mikroskopisch erkennbar.

BEHANDLUNG Antibiotika müssen mindestens drei Wochen lang gegeben werden, häufig länger. Unterstützend erfolgen gegebenenfalls Infusionen zum Ausgleich des Flüssigkeitsverlusts.

PRÄVENTION Leptospiren verbreiten sich durch Urin, oder Überträger wie Nagetiere und können in entsprechenden Regionen Wasser und Erde verunreinigen. In gefährdeten Gebieten sollten Hunde regelmäßig geimpft werden. Diese Impfung garantiert zwar nicht immer vollen Schutz, kann aber auch die Schwere einer natürlichen Erkrankung mindern. Moderne Impfstoffe schützen bis zu 18 Monaten. Manche Hunde benötigen Auffrischimpfungen.

TIPP Leptospirose überträgt sich auch auf den Menschen. Infiziert sich Ihr Hund, müssen Sie während der Therapie auf strengste Sauberkeit achten.

BRUCELLOSE

Diese Infektionskrankheit tritt weltweit auf und wird beim Hund durch das Bakterium *Brucella canis* ausgelöst. Geografisch schwankt das Auftreten erheblich. In einigen Teilen Nordamerikas sind bis zu 5% aller Hunde infiziert, während die Quote in Deutschland, Großbritannien und Australien weit unter 1% liegt. Brucellose befällt meist Hunde, die in Tierheimen gehalten werden.

In akuten Fällen schwellen die Lymphknoten in der Lendenregion an, manchmal auch beim Kiefergelenk. Häufig treten keine Krankheitsanzeichen auf. Das Bakterium kann bis zu zwei Jahren im Hund verbleiben; in dieser Zeit entwickelt der Hund eine Immunität dagegen.

Besonders rasch verbreitet sich die Brucellose durch die Paarung. Die Bakterien werden beim Rüden über Urin und Samen übertragen, bei der Hündin über Vaginalausfluss. Infizierte Rüden können unfruchtbar werden, eine Hoden- oder Prostataentzündung bekommen. Trächtige Hündinnen, die sich anstecken, haben oft nach sechs bis acht Wochen eine Fehlgeburt. Werden die Welpen ausgetragen, sind sie meist schwach und sterben nach wenigen Tagen.

DIAGNOSE UND THERAPIE

Der definitive Bakteriennachweis erfolgt durch positive Blutkultur. Bei einer größeren Anzahl von Hunden ist ein Antikörpertest jedoch praktischer. Ein negatives Ergebnis ist klar negativ, aber es gibt häufig falsch-positive Ergebnisse. Ist der Test positiv, empfehlen sich spezifischere, aber auch teurere Antikörpertests.

Ein positives Tier muss aus dem Zuchtzwinger entfernt werden. Es bleibt oft jahrelang Überträger der Brucellose. Antibiotika unterdrücken während der Einnahmezeit die Bakterien, können sie aber nicht immer vollständig ausschalten.

TIPP *Brucella canis* kann theoretisch auf den Menschen übertragen werden, obwohl dies selten der Fall ist. Die Ansteckungsgefahr sinkt durch hygienische Vorsichtsmaßnahmen (Gummihandschuhe zum Entsorgen tot geborener Welpen und Ausscheidungen von infizierten Tieren tragen).

KRANKHEITSÜBERTRAGUNG AUF MENSCHEN

Hunde können sich nicht nur beim Menschen anstecken (etwa mit Tuberkulose), sondern leider auch umgekehrt. Ein Hund kann zum Beispiel Streptokokkeninfektionen bekommen, die ohne Symptome verlaufen. Hat ein Familienmitglied eine schwere Halsinfektion, Scharlach, Mandel- oder Lungenentzündung durch Pneumokokken und bekommt Antibiotika, so sollte der Hund genau überwacht werden und beim Auftreten von Krankheitsanzeichen zum Tierarzt gebracht werden.

TETANUS

Fast alle Warmblüter können diese nicht ansteckende Infektion bekommen, die durch *Clostridium tetani* ausgelöst wird. Das Bakterium lebt im Darm von Pferden und Kühen und befindet sich daher in Erde, die mit Pferde- oder Kuhmist kontaminiert ist.

Clostridien können durch Wunden in den Körper gelangen, aber auch geschluckt werden. In dem durch Sauerstoffmangel und Gewebezersetzung geprägten Wundmilieu produziert das Bakterium einen Giftstoff, der das Nervensystem schädigt. Der Giftstoff kann aber auch überall im Körper, etwa im Darm, produziert werden.

Die Anzeichen treten in wenigen Tagen auf, enden aber meist einige Wochen nach der Verletzung. Die Beinmuskeln des Hundes können sich krampfartig zusammenziehen. Die Beine sind steif und abgespreizt, das Kiefergelenk blockiert; daher auch der Name Wundstarrkrampf. Das Maul lässt sich schwer öffnen, und es kommt zum typischen »Lächeln« des Hundes durch Rückzug der Lippen- und Augenmuskeln. Die Stirnmuskeln ziehen sich zusammen, richten die Ohren auf, und das dritte Augenlid wird sichtbar. Der Tod tritt durch Flüssigkeitsverlust, Atemnot und Erschöpfung ein.

TIPPS VOM TIERARZT

Viele bakterielle Krankheiten befallen Mensch und Tier. Hunde übertragen nicht nur Krankheiten auf den Menschen, sondern können sich auch beim Menschen anstecken. Deshalb sollte man bei aller Zärtlichkeit stets die Hygiene in den Vordergrund stellen. Vermeiden Sie »Küsschen« und Ähnliches, kraulen Sie das Tier lieber hinter den Ohren, oder massieren Sie es ein wenig. Hunde lieben das!

DIAGNOSE Das frühe Erkennen der Symptome ist wichtig. Eine Strychninvergiftung ist abzuklären, denn sie kann ähnliche Symptome wie Tetanus hervorrufen.

THERAPIE Frühe tierärztliche Behandlung kann die Todesfolge abwenden. Tetanus-Gegengift, Antibiotika wie Penizillin und Beruhigungsmittel sind angezeigt, häufig auch Infusionen zur Stabilisierung des Wasserhaushalts. Die Heilung kann wochenlang dauern; die Nachsorge ist daher wichtig.

PRÄVENTION Im Gegensatz zum Menschen hat der Hund eine hohe natürliche Resistenz gegen *Clostridium*, sodass man ihn nicht routinemäßig impft. Reinigen und desinfizieren Sie nach Verletzungen des Hundes stets die Wunden sorgfältig, um einer Infektion vorzubeugen.

BODENBAKTERIEN

Einige krank machende Bakterien leben in der Erde. *Clostridium tetani* z. B. ist oft in Erde nachweisbar, die mit Pferde- oder Kuhmist verunreinigt ist. Dringen Sporen in eine Wunde, keimen sie und produzieren den Giftstoff, der Tetanus auslöst. Die Infektion kann auch oral erfolgen.

INFEKTIÖSE TRACHEOBRONCHITIS

Das Bakterium *Bordetella bronchiseptica* ist die Hauptursache der infektiösen Tracheobronchitis des Hundes; (andere Ursachen siehe unter »Zwingerhusten« S. 221).

Hier handelt es sich um eine Entzündung der oberen Atemwege (Kehlkopf, Luftröhre und Bronchien). Infizierte Hunde haben typische trockene, stoßweise Reizhustenanfälle mit klarem Ausfluss aus Nase und Augen.

Tritt eine Sekundärinfektion als Komplikation ein, können Fieber, Lethargie und eitriger Nasenausfluss hinzukommen.

DIAGNOSE Meist erfolgt die Erregerbestimmung durch Abstriche aus der Luftröhre oder Kultur eines Nasenabstrichs.

THERAPIE Der Hund sollte warm und zugluftfrei ruhen. Befeuchten Sie die Raumluft, das lindert den Hustenreiz. Orale oder injizierte Antibiotika sind gegen *Bordetella* nicht sehr wirksam, da die Bakterien primär in der Luftröhre angesiedelt sind. Ein Luftbefeuchter, in dem man Medikamente auflösen kann, ist eine gute Lösung, aber bei Hunden meist unpraktisch.

PRÄVENTION In infektionsgefährdeten Regionen sollten Sie den Hund impfen lassen; der Impfschutz hält zwei bis neun Monate.

TUBERKULOSE

Hunde bekommen Tuberkulose meist durch Einatmen von *Mycobacterium tuberculosis* oder stecken sich durch Atemsekrete tuberkulosekranker Menschen an. Häufig verläuft die Lungeninfektion ohne Symptome, weil das Immunsystem des Hundes das Bakterium bekämpft. Erkrankt er trotzdem, kommt es zu Husten, Lethargie, Konditionsverlust und Atemproblemen.

DIAGNOSE Das Röntgenbild des Brustraums zeigt Tuberkuloseschäden an der Lunge. Die Bakterien sind im Schleim aus den Atemwegen (Sputumproben) oder Abstrichen aus der Luftröhrenschleimhaut nachweisbar. Intradermale Hauttests (siehe S. 250) werden bisher selten beim Hund eingesetzt.

THERAPIE Tuberkulose gehört zu den sogenannten anzeigepflichtigen Erkrankungen, d. h., die örtliche Überwachungsbehörde (in der Regel das Veterinäramt) entscheidet, ob eine Therapie durchgeführt werden darf oder ob der Hund im schlimmsten Fall eingeschläfert werden muss.

Die große Gesundheitsgefahr für den Menschen ist äußerst problematisch und legt oft das Einschläfern des Tieres nahe. Ist der Fall behandelbar, kann eine permanente Antibiotikatherapie wirksam sein. Gegen Tuberkulose gibt es keine Impfung.

PRÄVENTION Tuberkulose nimmt in der menschlichen Bevölkerung wieder zu, insbesondere in armen Regionen der Erde und unter HIV-Positiven. Ein Hund in einem Haushalt mit Tuberkulose ist stark gefährdet.

STAPHYLOKOKKEN-INFEKTION DER HAUT

Staphylokokken liegen auf der Haut häufig vor, meist als Teil der natürlichen Flora. Sie können aber schädlich werden und rufen dann oberflächliche oder tiefe Hautinfektionen hervor. Einige Staphylokokkenstämme sind aggressiver als andere.

Das häufigste Anzeichen ist eine örtliche eitrige Hautinfektion nach einer Kratz-, Biss- oder Stichverletzung. Es können sich auch Haarbälge entzünden (Follikulitis, siehe S. 266). Bei tieferen Infektionen kommt es zu eitergefüllten Geschwüren oder Karbunkeln. Letztere können sogar platzen und geben dann Bakterien in den Blutkreislauf ab, sodass es zur Blutvergiftung (Sepsis) kommen kann. Staphylokokken können auch Infektionen der Ohren und der Harnwege auslösen.

DIAGNOSE UND THERAPIE Die Diagnose erfolgt aufgrund der Vorgeschichte der Erkrankung, der Anzeichen und einer Bakterienkultur. Antibiotika der Cephalosporin-Gruppe sind das geeignete Mittel.

AKTINOMYKOSE UND NOKARDIOSE

Actinomyces-Bakterien zählen zur normalen Mundflora, *Nocardia* dagegen lebt primär in der Erde. Diese Fadenbakterien gelangen durch Wunden in die Haut und verursachen sichtbare Abszesse.

Aktinomykose, die sogenannte Strahlenpilzkrankheit, und Nokardiose sind selten. Die örtlichen Lymphknoten im Wundenbereich schwellen an. Wandert die Infektion tiefer, weil sie durch einen Fremdkörper wie Grassamen tief in die Haut gelangt, kann es im Brust- oder Bauchraum zu eitrigen Infektionen kommen.

DIAGNOSE UND THERAPIE Die Krankheitsanzeichen werden im Labor durch Bakterienkultur bestätigt, die den Erreger genau identifiziert.

Einfache Abszesse werden geöffnet und mit einem Antiseptikum gespült. Tiefere Infektionen müssen täglich gespült und desinfiziert werden; dazu kommt eine vierwöchige Antibiotikatherapie.

F **SOLLTE MAN ALLE WELPEN ISOLIEREN, BIS SIE KOMPLETT GEIMPFT SIND?**

A Der Kontakt mit Infektionserregern vor der Bildung schützender Antikörper ist gefährlich. Andererseits birgt die Isolation des Welpen von anderen Hunden und Menschen bis zwei Wochen nach der Abschlussimpfung Risiken für Sozialentwicklung und Verhalten des Tieres. In den meisten Regionen sind die Hunde überwiegend umfassend geimpft. Also ist dort die Gefahr durch die isolierte Haltung größer als das Ansteckungsrisiko durch andere Hunde. Besprechen Sie diese Frage am besten mit Ihrem Tierarzt.

F **KANN SICH MEIN HUND BEI HUNDESCHAUEN, IM TIERHEIM, IM HUNDESALON UND IN DER TIERARZTPRAXIS ANSTECKEN?**

A Der Tierarzt reinigt alle Gefahrenbereiche mit Desinfektionsmittel. Bei Hundeschauen und in guten Tierheimen sind Impfnachweise zu erbringen. Im Hundesalon sollten Sie prüfen, ob Impf- und Desinfektionsvorschriften eingehalten werden.

RICKETTSIOSEN

Diese Krankheiten gehen auf eine Sonderform von Bakterien namens Rickettsien zurück, die eher Viren ähneln als Bakterien. Die meisten werden durch Bisse äußerer Parasiten wie Zecken, Flöhe, Läuse oder Milben übertragen.

BORRELIOSE

Diese häufigste durch Zecken übertragene Krankheit wird durch das Spirochätenbakterium *Borrelia burgdorferi* ausgelöst und wurde 1970 in Old Lyme (US-Bundesstaat Connecticut) erstmals erkannt. Die Infektion gibt es inzwischen überall in den USA sowie in den meisten Ländern Europas, in Nordaustralien und anderen Gegenden, in denen Zecken auftreten.

Borreliose kommt in der Zeckensaison (auf der nördlichen Halbkugel also vor allem von März bis Oktober) in bewaldeten Regionen vor. Sie wird durch verschiedene Zecken übertragen. Das Bakterium liegt in mehreren Säugetierarten vor, wie Igeln, Hirschen und Nagern. Die Zecke beißt die Maus, infiziert sich und überträgt das Bakterium bei ihrem nächsten Biss durch den Speichel auf Mensch oder Hund.

Die häufigsten Anzeichen der Borreliose sind Lahmen, manchmal einhergehend mit Fieber, Lethargie und Gewichtsabnahme.

DIAGNOSE Zunehmende Antikörper gegen *Borrelia burgdorferi* im Bluttest deuten auf eine Infektion hin. Allerdings testen auch geimpfte Hunde u.U. positiv. Das Testergebnis kann zu Beginn einer frischen Infektion mit dem Bakterium zunächst negativ bleiben.

THERAPIE Antibiotika der Tetrazyklin-Gruppe oder Penizillin-Gruppe wirken gut gegen Borreliose.

PRÄVENTION In der Zeckensaison sollten Hunde mit einem speziellen Produkt oder Halsband geschützt werden. Besonders gefährdete Hunde können durch Impfung bis zu sechs Monate geschützt werden.

BRAUNE HUNDEZECKE (RHIPICEPHALUS SANGUINEUS)
Die Braune Hundezecke überträgt das Bakterium, das beim Hund Ehrlichiose und Hämobartonellose verursacht, möglicherweise überträgt sie auch die infektiöse zyklische Thrombozytopenie.

TIPP Es gibt keine fundierten Beweise dafür, dass eine Borreliose-Infektion des Hundes auch Menschen gefährdet. (Borreliose ist keine eigentliche Zoonose). Testet Ihr Hund positiv, und Sie selbst sind vielleicht im selben Umfeld auch von einer Zecke gebissen worden, dann sollten Sie sich auch testen lassen.

FSME

Eine andere durch Zecken übertragene Krankheit ist FSME (Frühsommer-Meningonzephalitis). Bisher war man der Meinung, nur Menschen, nicht aber Hunde könnten sich infizieren. Das ist nun widerlegt: Auch Hunde können sich diese Viruserkrankung des Zentralnervensystems durch einen Zeckenbiss zuziehen. Einen Impfstoff gibt es bislang nicht, deshalb ist eine regelmäßige Zeckenprophylaxe das Mittel der Wahl.

EHRLICHIOSE (TROPISCHE CANINE PANZYTOPENIE)

Diese von Zecken übertragene Krankheit wurde erstmals bei US-Militärhunden in Vietnam diagnostiziert. Sie tritt meist im Süden der USA und in den Mittelmeerländern auf, wird durch den Erreger *Ehrlichia canis* hervorgerufen und durch infizierte Braune Hundezecken (*Rhipicephalus sanguineus*) übertragen. Sie äußert sich durch geschwollene Lymphdrüsen und Fieber bis zu acht Tagen. Der Hund ist lethargisch, steif und hat keinen Appetit, bekommt eventuell Blutungen (Nasenbluten, Blut in Urin oder Kot). Manch-

TIPPS VOM TIERARZT

Die Borreliose ist ein wichtiges Thema, weil diese Bakterieninfektion auch Menschen befällt. Sie wird meist durch Zecken, manchmal aber auch durch Flöhe und andere Insekten übertragen. Durch speziell entwickelte Produkte kann man den Hund wirksam vor Flöhen und Zecken und damit auch vor Borreliose schützen.

mal treten vage neurologische Zeichen wie Stupor, Lahmen und unscharfes Sehen auf. Unbehandelte Hunde scheinen nach zwei bis vier Wochen zu gesunden. Experten glauben, dass die Erkrankung bei manchen Rassen, wie dem Deutschen Schäferhund, schwerer verläuft als bei anderen.

DIAGNOSE Im Blutbild zeigt sich eine verminderte Plättchenzahl (Thrombozytopenie). Bei der chronischen Krankheit gehen rote und weiße Blutkörperchen ebenfalls zurück (Panzytopenie). Im Blut lässt sich *Ehrlichia canis* nachweisen; ein positiver Antikörpertest bestätigt die Diagnose.

THERAPIE Eine frühe Behandlung mit Antibiotika der Tetrazyklin-Gruppe ist wirksam. In chronischen Fällen mit Hemmung der Blutzellproduktion im Rückenmark muss das Antibiotikum monatelang gegeben werden. Doch auch dann ist die Prognose fraglich.

PRÄVENTION Die Gefahr von Zeckenbissen ist durch spezielle Produkte oder ein Zeckenhalsband zu mindern.

BAKTERIELLE INFEKTIONEN IM ÜBERBLICK

Gehen Sie bei allen Infektionskrankheiten mit dem Hund schnellstmöglich zum Tierarzt.

KRANKHEIT	SYMPTOME	BEHANDLUNG
Magen-Darm-Infektion	Erbrechen, Durchfall, Krämpfe, Fieber	Infusionen gegen Flüssigkeitsverlust, Schmerzmittel, je nach Erreger auch Antibiotika (siehe S. 222)
Leptospirose	Oft keine Symptome; Lethargie, Fieber, Erbrechen, Rötung der Schleim- und Bindehaut	Antibiotika, Infusionen gegen Flüssigkeitsverlust (siehe S. 223)
Brucellose	Oft keine Symptome; geschwollene Lymphknoten	Antibiotika (siehe S. 223)
Tetanus	Krämpfe, steife Beine, blockiertes Kiefergelenk	Tetanus-Gegengift, Antibiotika, Beruhigungsmittel (siehe S. 224)
Infektiöse Tracheobronchitis	Reizhustenanfälle, Ausfluss aus Nase/Augen	Luftfeuchtigkeit im Raum erhöhen, Antibiotika (siehe S. 224)
Tuberkulose	Husten, Lethargie, Atemprobleme	Antibiotika (siehe S. 225); die Krankheit ist meldepflichtig!
Staphylokokken-Infektion der Haut	Eitrige Hautinfektionen, Geschwüre	Antibiotika (siehe S. 225)
Aktinomykose/ Nokardiose	Geschwollene Lymphknoten, eitrige Infektionen (Brust-/Bauchraum)	Antibiotika, Abszesse werden ggf. vom Tierarzt geöffnet und desinfiziert (siehe S. 225)
Borreliose	Oft ohne Symptome; Lahmen, Fieber, Lethargie, Gewichtsabnahme	Antibiotika (siehe S. 226)
Ehrlichiose	Geschwollene Lymphdrüsen, Fieber, Lethargie, Appetitlosigkeit	Antibiotika (siehe S. 226)

F **WAS MACHE ICH, WENN DER HUND EINE ZECKE HAT?**

A In manchen Ländern, zum Beispiel in Großbritannien, sind Zecken nur lästig. In anderen übertragen Sie jedoch auch Infektionskrankheiten: In Mittel- und Südeuropa, Nordamerika und Australien sind dies die oben beschriebenen Rickettsiosen, in Deutschland hauptsächlich die Borreliose.

Nehmen Sie eine Zeckenzange (vom Tierarzt) oder eine Pinzette. Greifen Sie die Zecke so nah wie möglich an der Haut und lösen Sie sie vorsichtig mit einer Drehbewegung aus der Haut heraus. Achten Sie auf ein komplettes Herauslösen; wenn die Beißwerkzeuge in der Haut verbleiben, kann das zu Entzündungen führen. Die Zecke beim Entfernen nicht drücken, sonst gelangen infektiöse oder giftige Stoffe in den Körper des Hundes.

PILZINFEKTIONEN

Pilze zersetzen organisches Material. Es gibt Hefe- und Schimmelpilze sowie einige andere, die jedoch keine Infektionen beim Tier auslösen. Pilze rufen meist nur dann Krankheiten hervor, wenn das Immunsystem bereits gestört ist. Ihre Sporen gelangen durch die Atemwege oder durch Hautverletzungen in den Körper.

Man unterscheidet zwei Arten von Pilzerkrankungen: erstens die häufigen Haut- und Schleimhautkrankheiten wie Fadenpilze, Soor, Aspergillose und Malassezia, zweitens die selteneren Pilzinfektionen in inneren Organen, zum Beispiel in Lunge und Leber.

FADENPILZE

Fadenpilzinfektionen der Haut (Dermatophytosen) sind bei Hunden häufig. Beim gesunden Tier bekämpfen Antikörper nach Wochen diese Infektion. Wegen der Gefahr für Mensch und andere Tiere muss die Dermatophytose unterdessen trotzdem behandelt werden. Fadenpilzinfektionen werden durch verschiedene Pilze ausgelöst, die von Keratin leben, einem Eiweiß abgestorbener Hautzellen. Sie rufen unterschiedliche Störungen im Bereich der Haut und des Fells hervor (siehe S. 254).

FADENPILZE
Fadenpilzinfektionen werden von Dermatophyten ausgelöst. Sie befallen die äußeren Hautschichten und Nägel und leben von abgestorbenen Hautzellen und Keratin, einem schwefelhaltigen Eiweiß.

DIAGNOSE Fadenpilze werden durch klinische Anzeichen und Pilzkultur nachgewiesen. *Microsporum canis* ist beispielsweise durch Fluoreszenz unter UV-Licht erkennbar.

THERAPIE Die Behandlung erfolgt durch Antimykotika aus der Gruppe der topischen Imidazole sowie durch die Einnahme von Antibiotika über mindestens einen Monat. In Deutschland ist ein Impfstoff gegen Mikrosporen und Trichophyten erhältlich, der sowohl zur Vorbeugung als auch zur Therapie bereits erkrankter Tiere eingesetzt werden kann.

CANDIDAMYKOSEN

Diese Hefeinfektionen der Haut und Schleimhaut (häufig als Soor bezeichnet) sind bei jungen und älteren Menschen häufiger als beim Hund. Sie treten meist bei Hunden mit chronischen Krankheiten oder unter langfristiger Therapie mit Antibiotika oder Immunsuppressiva auf.

Candidamykosen führen meist zu Hautentzündungen. Bei Infektion der Genitalregion entsteht ein pastenartiger weißer Ausfluss. Infektionen innerer Organe sind möglich, aber sehr selten.

DIAGNOSE UND THERAPIE Die Diagnose erfolgt entweder mikroskopisch oder per Kultur. Antimykotika der Imidazol-Gruppe sind die Mittel der Wahl. Vor der Therapie sollte jede Immunsuppression, soweit möglich, abgestellt werden.

ASPERGILLOSE

Der Schimmelpilz *Aspergilla* lebt in Heu, Stroh und Tierfutter. Er kann durch die Atemwege in den Körper des Hundes gelangen und verursacht Infektionen. Bei Tieren mit langer Nase (zum Beispiel Collies) tritt Nasenausfluss und Niesen auf, das von Nasenbluten begleitet sein kann.

DIAGNOSE Das Röntgenbild der Nase zeigt die pilzbedingten Schäden. *Aspergilla* wird im Abstrich nachgewiesen. Im Bluttest lassen sich eventuell entsprechende Antikörper nachweisen.

THERAPIE Die Therapie ist schwierig; manchmal werden Nasenwege und Nebenhöhlen ein bis zwei Monate lang zweimal täglich über Drainageröhrchen mit einer pilztötenden Lösung gespült; dazu gibt man pilztötende Medikamente ein. Radikaloperationen sind selten erfolgreich.

MALASSEZIA

Unter bestimmten Bedingungen ist der Hefepilz *Malassezia pachydermatis* an der Entzündung des Außenohres (siehe S. 296) sowie an krustigen Hauterkrankungen (siehe S. 266 f.) beteiligt.

SYSTEMISCHE PILZINFEKTIONEN

Innere (systemische) Pilzinfektionen gibt es nur in einigen Regionen Nordamerikas, nicht aber in Mittel- und Südeuropa, Großbritannien oder Australien. Mit den betreffenden Pilzen kommen Hunde oft in Kontakt, werden aber meist dagegen immun, anstatt zu erkranken. Systemische Pilzinfektionen sind selten und werden nur bei schlecht ernährten Hunden in unsauberen Umfeldern oder bei Hunden mit chronischen Infektionen beobachtet.

Der West Highland White Terrier gilt als eine der Rassen, die sich besonders leicht mit dem Hefepilz *Malassezia* infizieren können.

ÄUSSERE PARASITEN

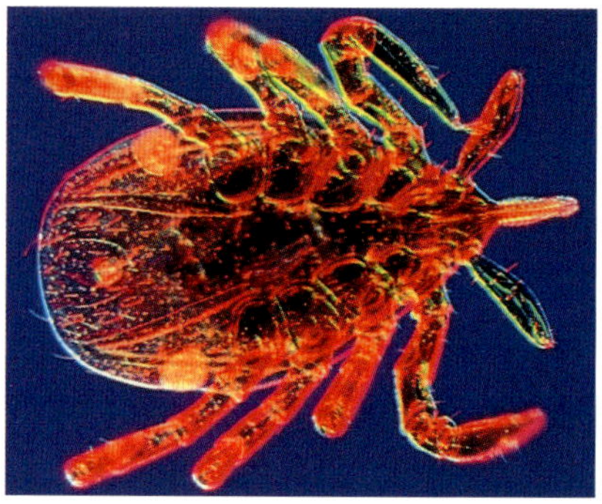

Zecke im Nymphenstadium

Parasiten sind Organismen, die auf oder in Tieren leben, diese jedoch schädigen können und sich von ihrem »Wirt« ernähren. Parasiten auf der Haut nennt man auch äußere Parasiten oder Ektoparasiten. Sie können harmlos sein, aber auch schwere bis lebensgefährliche Krankheiten hervorrufen. Glücklicherweise sind die meisten Ektoparasiten beim Hund gut erkennbar und leicht zu behandeln.

Die häufigsten äußeren Parasiten des Hundes sind Flöhe. Sie bevorzugen zwar Hundeblut, können sich aber auch von Menschenblut ernähren und rufen dann meist Flohstiche an Füßen und Beinen hervor.

Die meisten Hautprobleme des Hundes gehen auf Flöhe zurück. Ebenso ist die häufigste Ursache für einen Tierarztbesuch von Hunden der Flohbefall. Andere Ektoparasiten wie zum Beispiel Zecken sind weniger häufig, können aber weitaus problematischer sein. In vielen Regionen der Welt übertragen Zecken potenziell lebensgefährliche Rickettsiosen und Protozoonosen wie Borreliose oder Babesiose.

WIE WERDEN ÄUSSERE PARASITEN ÜBERTRAGEN?

Manche Ektoparasiten, zum Beispiel Hundeläuse, werden durch Direktkontakt mit anderen Hunden übertragen. Andere holt sich der Hund beim Kontakt mit Tieren wie etwa Füchsen. *Demodex*-Milben werden nach der Geburt von der Hündin auf die Welpen übertragen und können nur bei einem angegriffenen Immunsystem gefährlich werden.

Zecken und Herbstgrasmilben gelangen direkt von den Pflanzen auf den Hund. Unreife Entwicklungsstadien des Flohs können monatelang in Bettzeug, Teppichen oder ähnlichen Textilmaterialien überleben, bis ein neuer Wirt eintrifft und sie sich dann vollends entwickeln.

F **BEFALLEN HUNDEPARASITEN AUSSCHLIEßLICH HUNDE?**

A Manche Parasiten sind wirtspezifisch, d.h., sie ernähren sich nur von einer Tierart. Hundeläuse zum Beispiel befallen nur Hunde, niemals Menschen. Andere Parasiten bevorzugen zwar Hunde, leben aber auch vom Menschen; hierzu zählt u.a. der Floh, der auch Menschen und Katzen befallen kann (eigentlich ist er primär ein Katzenfloh!). Auch Räudemilben können zeitweise ebenfalls den Menschen befallen, wenn sein Hund betroffen ist.

ALLE TIERE GEGEN PARASITEN BEHANDELN
Die meisten Ektoparasiten befallen Hunde, einige auch andere Tierarten wie Katzen oder Kaninchen. Hat eines Ihrer Tiere Parasiten, sind vermutlich alle befallen.

ÄUSSERE PARASITEN DES HUNDES

Die häufigsten äußeren Parasiten (Ektoparasiten) des Hundes sind Insekten (sechs Beine, zum Beispiel Flöhe und Läuse) oder Spinnenartige (acht Beine, insektenverwandt, zum Beispiel Zecken und Milben). Die vier dargestellten Parasiten sind nicht maßstabgetreu abgebildet: Floh und Zecke sind zwanzigfach, die beiden Milbenarten dagegen einhundertfach vergrößert. Außer diesen gibt es noch Läuse, die sowohl zu Anämie als auch zu Hautreizung führen können, sowie Ohrmilben und *Cheyletiella*-Milben.

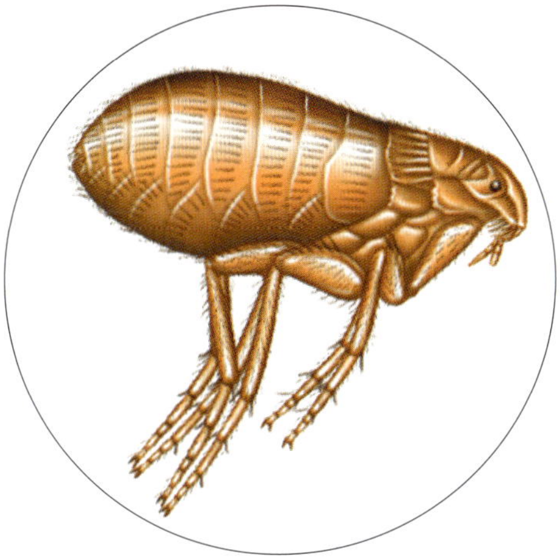

FLÖHE

Ein ausgewachsener Floh ist 2,5 mm lang, braun und mit bloßem Auge erkennbar. Er führt zu Juckreiz (Rücken, Lendenregion, Hinterteil des Hundes). Flöhe bewegen sich im Fell sehr rasch und sind schwer zu fangen.

DEMODEX-MILBEN

Diese Milben sind zigarrenförmig, ca. 0,2–0,4 mm lang (nicht mit bloßem Auge sichtbar) und haben acht winzige Beine. Sie sind beim Hund vermutlich immer vorhanden, können in großen Mengen jedoch zu Haarausfall und Schlimmerem führen.

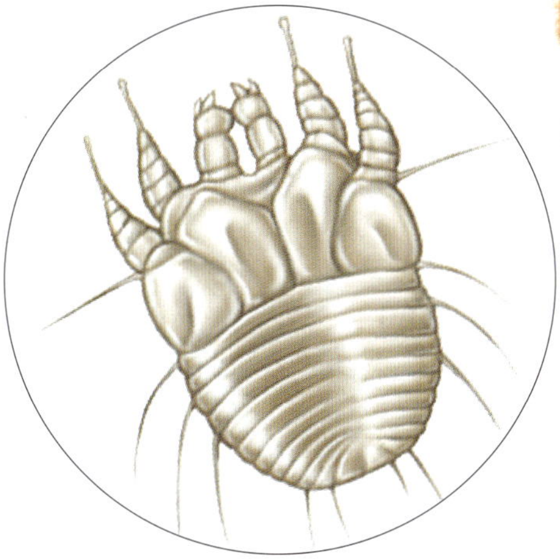

RÄUDEMILBEN

Ausgewachsene Milben sind ca. 0,4 mm lang (mit bloßem Auge schwer erkennbar), etwa oval geformt und blass. Sie graben Tunnel in die Haut, lösen damit schweren Juckreiz und Entzündungen aus (Ohren, Ellbogen, Brust und Gesicht des Hundes).

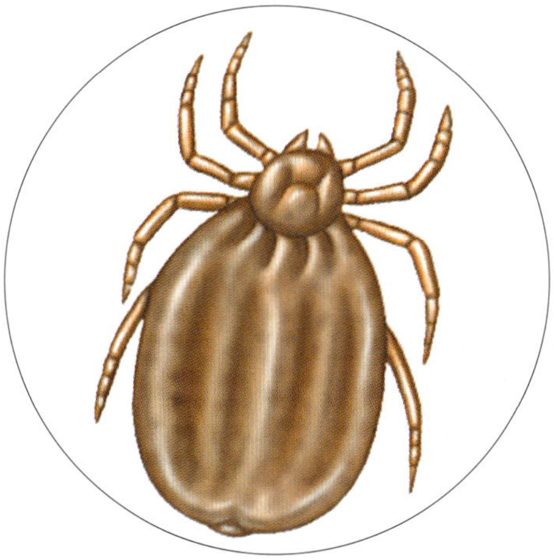

ZECKEN

Zecken sind 2–5 mm lang, haben acht Beine und vervielfachen ihren normalen Körperumfang durch Vollsaugen mit Blut. Sie können sich an jedem Körperteil des Hundes anheften (meist Ohren und Zehenzwischenräume).

DIAGNOSE UND THERAPIE

Jeder Hund bekommt irgendwann äußere Parasiten, sodass das Fell und die Haut alle vier bis fünf Wochen zu untersuchen und das Tier regelmäßig vorbeugend zu behandeln ist.

DIAGNOSE

Die Anzeichen eines Befalls mit Ektoparasiten sind Juckreiz, Hautentzündungen (Ohren, Gesicht, Brust, Ellbogen, Zehenzwischenräume), rote Erhebungen auf der Haut, Haarausfall oder Schuppenbildung am Hals bis hin zum Schwanz (bei einer Art von Milbenbefall).

Manche äußeren Parasiten (Flöhe, Zecken) sind mit bloßem Auge erkennbar; Läuse legen außerdem ihre winzigen Eier an den Haaren des Wirtes ab. Milben sind jedoch nur unter dem Mikroskop erkennbar. Hierzu untersucht der Tierarzt Hautschuppen des befallenen Tiers.

THERAPIE

Seit den 1980er-Jahren gibt es viele neue Medikamente zur Behandlung oder Vorbeugung gegen Flöhe und andere äußere Parasiten. Sie sind viel wirksamer als die herkömmlichen Flohhalsbänder (siehe Kasten S. 233).

Bei Gebrauch dieser Medikamente sind die Instruktionen des Herstellers und des Tierarztes genau zu befolgen.

INSEKTENWACHSTUMS-REGULATOREN

Diese Stoffe (zum Beispiel Methopren, Pyriproxyfen) sind natürlichen Insektenhormonen nachempfunden und stören die Entwicklung der Floheier und -larven, sodass sie nicht reifen können. Sie töten keine ausgewachsenen Flöhe ab und schädigen keine anderen Insekten oder Säugetiere. Manche dieser Produkte gibt es als Halsband oder Spray, andere werden in der Umgebung des Tiers angewendet. Wo kleine Kinder oder empfindliche Menschen leben, sind sie ideal. Moderne Formen dieser Produkte sind auch im Garten anwendbar (ältere Formen bauten sich im Sonnenlicht zu rasch ab, was die Flohbekämpfung erschwerte).

INSEKTENENTWICKLUNGS-HEMMER

Diese Substanzen stören ebenfalls das Insektenwachstum. Das gängigste Mittel ist Lufenuron, das die Bildung des Chitinpanzers der Insekten verhindert. Lufenuron wird zur Flohbehandlung beim Hund verwendet, tötet aber keine ausgewachsenen Flöhe oder Zecken ab. Es wird oral gegeben und gelangt so in das Blut. Beim Biss des Hundes nimmt das Flohweibchen das Mittel auf; seine Eier reifen dann nicht heran. Bis zur maximalen Wirkung dieser Substanzen können 12 bis 16 Wochen vergehen.

NEUROTRANSMITTER-INHIBITOREN

Sie stören das Nervensystem der Parasiten und lähmen ihren Atemapparat. Selamectin wird über die Haut des Hundes aufgenommen und gelangt ins Blut und in die Talgdrüsen, sodass es sich im ganzen Fell verteilt. Es tötet Flöhe und Ohrmilben und stört die Entwicklung von Floheiern. Außerdem wirkt es gegen Herzwürmer und manche Darmwürmer.

Fipronil ist ein hochwirksamer Störstoff für das Zentralnervensystem der Insekten. Es wird als Spray oder Flüssigkeit auf die Haut (nicht ins Fell!) gegeben, verteilt sich binnen 24 Stunden auf dem gesamten Körper und tötet Flöhe, *Demodex*-Milben und Herbstgrasmilben sowie Zecken ab.

Imidacloprid wird als Flüssigkeit auf die Haut (nicht ins Fell!) gegeben und wirkt ähnlich wie Fipronil, tötet jedoch keine Zecken ab.

NERVENGIFTE

Pyrethroide sind dem Gift der Chrysantheme, dem Pyrethrum, ähnliche Substanzen. Sie schädigen das Nervensystem der Parasiten, indem sie Krämpfe und Lähmungen auslösen, sind jedoch in hohen Konzentrationen auch für Mensch, Hund und Katze giftig. Sie töten Flöhe, Läuse und Milben ab, können aber auch Hautentzündungen verursachen. Mikroverkapselte Pyrethroide haben weniger Nebenwirkungen als die übrigen Formen.

Permethrin ist heute das am häufigsten verwendete synthetische Pyrethroid.

TIPPS VOM TIERARZT

Ständiges Kratzen geht meist auf Hautreizungen durch Flöhe zurück. Gibt es im Umfeld des Hundes Flöhe, so sind diese zunächst abzutöten. Durch das Kratzen können bakterielle Sekundärinfektionen entstehen, die mit Antibiotika zu behandeln sind. Flöhe sind aber nicht die einzigen Juckreizauslöser – Allergien sind möglich (den Hund baden und juckreizstillende Medikamente geben).

Es ist weniger hautschädlich, jedoch für Katzen sehr giftig.

Permethrin wird auf die Haut aufgetropft und wirkt zuverlässig gegen Flöhe und Zecken beim Hund.

Deltametrin ist als Shampoo und Halsband erhältlich und wirkt gegen Zecken, Sand- oder Schmetterlingsmücken, die Überträger der Leishmaniose, und Flöhe.

Flumethrin ist als Halsband in verschiedenen Größen erhältlich und wirkt zuverlässig gegen Flöhe und Zecken.

MONOAMINOXIDASE-HEMMER

Amitraz stört den Stoffwechsel von Zecken, sodass sich die Zecke löst und stirbt. In Deutschland wird es als Waschlösung zur Behandlung bei *Demodex*-Befall (siehe S. 253) eingesetzt.

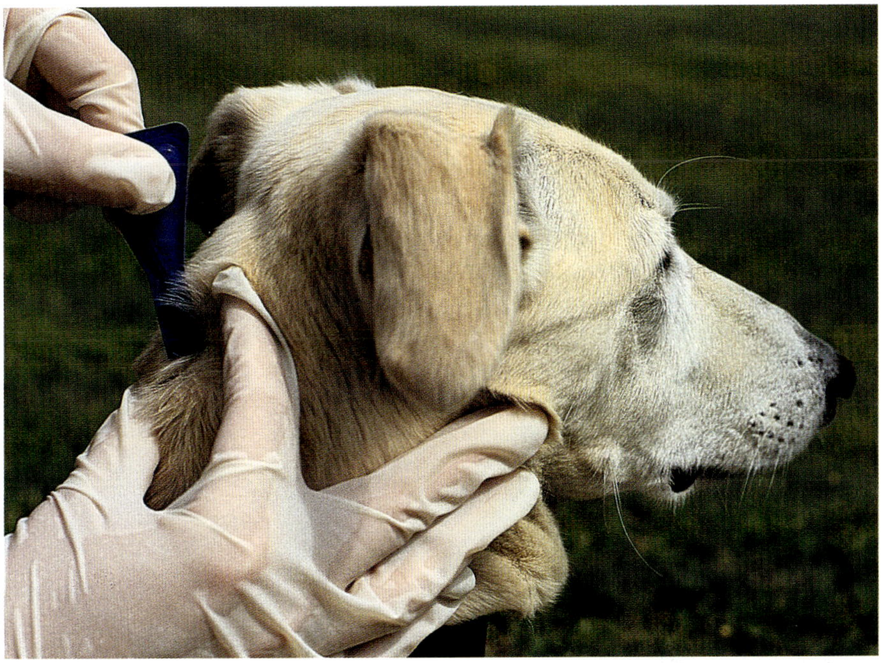

MODERNE ANTIPARASITIKA
Früher wurden Parasitenmittel aufgesprüht oder einshampooniert. Heute gibt man Spot-on-Präparate auf eine Stelle im Nacken, von wo aus sie sich über den ganzen Körper verteilen. Neu sind Tabletten für Hunde, die oral eingenommen gegen erwachsene Flöhe helfen.

ÄUSSERE PARASITEN – PRÄVENTION UND BEHANDLUNG

WIRKUNGSMECHANISMUS	CHEMISCHE BEZEICHNUNG	ANGEBOTEN ALS	WIRKT GEGEN
Insektenwachstumsregulator	Methopren, Pyriproxyfen	Spray, Halsband, Vernebler	Flöhe
Insektenentwicklungshemmer	Lufenuron	Tabletten, Suspension	Flöhe
Neurotransmitterinhibitor	Selamectin, Imidacloprid, Fipronil	Spot-on-Präparat, Spray	Flöhe, Räudemilben, Läuse, Herz-,Rundwümer, Zecken, *Demodex*-Milben
Synthetisches Pyrethroid	Permethrin/Pyrethrin Deltamethrin, Flumethrin	Spot-on-Präparat, Spray, Shampoo, Halsband	Flöhe, Läuse, Sandmücken, Stechmücken, (Moskitos), Zecken
Monoaminoxidasehemmer (MAOI)	Amitraz	Shampoo	Zecken, *Demodex*-Milben

PARASITÄRE INSEKTEN

Die gängigsten parasitären Insekten des Hundes sind Flöhe und Zecken. Stechmücken können das Tier zwar quälen, leben aber nicht auf ihm.

FLÖHE

Flöhe sind flügellose, blutsaugende Insekten mit flachem Körper und drei kräftigen Beinpaaren, mit denen sie springen können. Flöhe vermehren sich überall, wo die Temperatur über 20 °C und die Luftfeuchte über 50% liegt. Der eigentliche Hundefloh (*Ctenocephalides canis*) ist selten; Hunde werden meist vom Katzenfloh (*Ctenocephalides felis*) oder vom Menschenfloh (*Pulex irritans*) befallen.

In idealem Umfeld vollendet der Floh seinen Lebenszyklus in nur zwei Wochen, bei Nahrungsknappheit erst nach 21 Monaten. Daher können Flohprobleme erneut auftreten, selbst wenn das Haus seit über einem Jahr hundefrei war. Für jeden Floh direkt auf dem Hund leben ca. 100 Flöhe in verschiedenen Entwicklungsstufen im Haus, etwa als Larven im Hundekorb oder im Garten (sie leben u.a. von Flohkot und Hautschuppen) oder als Puppen im Teppich oder in organischem Material im Garten. Spüren sie durch Wärme, Erschütterung oder ansteigende Kohlendioxidmenge die Gegenwart eines Wirtes, reifen die Flöhe heran und springen auf die erstbeste Nahrungsquelle (Katze, Hund, Mensch usw.).

ANZEICHEN VON FLOHBEFALL Der Hund kratzt sich ständig. Die Diagnose erfolgt durch Erkennen der Flöhe selbst oder von schwarzen »Sandkörnchen« im Fell des Tieres (= Flohkot). Flöhe können zwar Krankheiten übertragen, jedoch ist eine Überempfindlichkeit gegen Flohspeichel (allergische Dermatitis) beim Hund sehr viel häufiger (siehe S. 260).

Flohbisse können auch bakterielle Hautinfektionen auslösen (siehe S. 266). Ein schwerer Befall kann bei Welpen oder kleinen Rassen eine Anämie hervorrufen (verminderte Anzahl roter Blutkörperchen).

BEHANDLUNG VON HUND UND UMFELD
Haben Sie Flöhe im Haus, ist es zwecklos, nur den Hund zu behandeln; die verschiedenen Entwicklungsstufen der Flöhe müssen in der gesamten Umgebung (einschließlich Auto und Garten) sowie bei befreundeten Tieren bekämpft werden. Vergessen Sie dabei die Katze nicht! Frei lebende Katzen bringen ebenfalls Flöhe mit ins Haus.

Idealerweise sollte die Behandlung vor Beginn der Flohsaison beginnen (also im Frühling). Es gibt verschiedene Mittel zur Auswahl (siehe S. 233), zum Beispiel Insektenwachstumsregulanzien, Insektenwachstumshemmer, Neurotransmitterinhibitoren, natürliche Nervengifte u.a. Vorsicht: Nie eine Katze mit einem Produkt nur für Hunde behandeln!

TEPPICHBEHANDLUNG Eine Flohbehandlung mit Natriumpolyborat, Natriumtetraborat oder Natriumborat durch den Kammerjäger tötet wirksam Floheier und -larven ab, meist mit einjähriger Garantie. Teppiche nicht selbst mit Boraxpulver behandeln – dabei kann es

FLOHZYKLUS

Ausgewachsene Flöhe ernähren sich alle paar Tage durch Bisse in die Haut und anschließendes Blutsaugen. Diese Blutmahlzeit stimuliert die sexuelle Aktivität. Ein befruchtetes Weibchen legt ca. 50 Eier am Tag. Die meisten fallen durch Kratzen zu Boden. Dann entwickeln sich über das Larven- und Puppenstadium neue Flöhe.

DAUER DER STADIEN

Der Floh verbringt nur wenig Zeit mit dem Stechen des Hundes; meist lebt er in seiner Umgebung. Flöhe werden sechs bis zwölf Monate alt. Das Puppen- oder Kokonstadium kann von wenigen Tagen bis zu einem Jahr und mehr dauern.

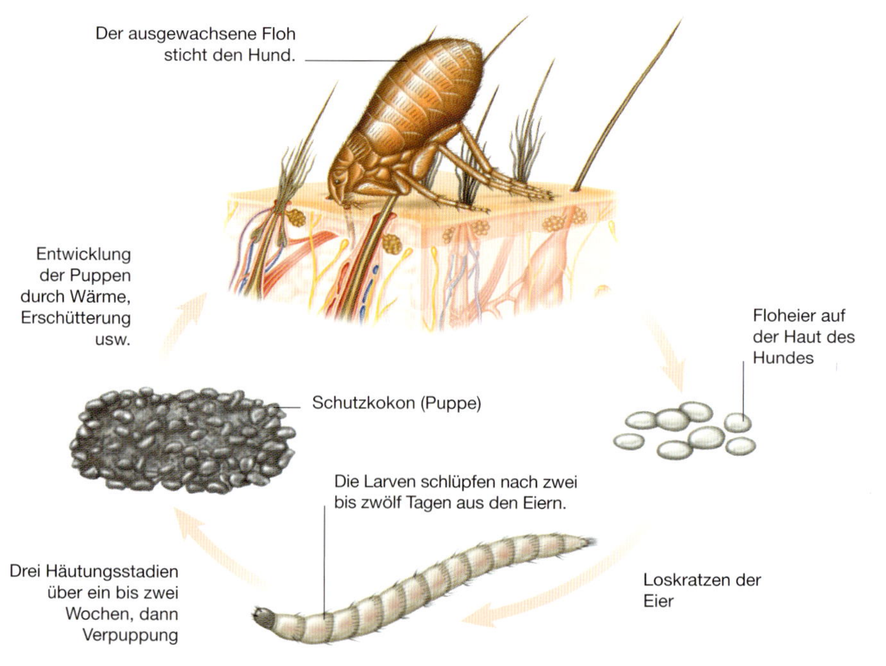

bei kleinen Hunden und Katzen zu schweren Augen-, Atemwegs- und Nierenschädigungen kommen.

UNWIRKSAME MITTEL Wenig wirksam gegen Flöhe sind Ultraschallhalsbänder, Bierhefe, Knoblauch, Teebaum- oder Zedernöl. Keines dieser Mittel tötet Flöhe oder ihre diversen Entwicklungsstadien.

STECHMÜCKEN

Stechmücken quälen Mensch und Tier gleichermaßen. In einigen Teilen der Welt, zum Beispiel Australien und Teilen Europas, übertragen Moskitos die Herzwurmkrankheit auf Hunde (siehe S. 238–243). Halten Sie den Hund in der Dämmerungszeit im Haus, dann sind Moskitos am aktivsten. Probieren Sie Abwehrmittel auf Permethrin- oder Pyrethroidbasis aus, aber niemals Insektenschutzmittel für den Menschen – diese sind für den Hund giftig, da er sie ableckt.

LÄUSE

Läuse sind flügellose Insekten. Es gibt zwei Arten: beißende Läuse, die sich von der Haut ernähren, und saugende Läuse, die Blut benötigen. Ein schwerer Befall mit saugenden Läusen kann zu gefährlicher Anämie (Rückgang der roten Blutkörperchen) und Lethargie führen.

Der Hund wird von anderen Läusen befallen als der Mensch. Aber wie die Menschlaus legt auch die Hundelaus ihre Eier (Nissen) an den Haaren ab. Sie sind meist auffälliger als die 2–3 mm langen Läuse selbst.

DIAGNOSE UND THERAPIE Nissen sind ein Nachweis für Läusebefall. Sie werden z. T. mit Hautschuppen verwechselt, aber ihre Eierform wird unter der Lupe deutlich. Der Hund sollte vier Wochen lang einmal wöchentlich mit einem Shampoo auf Pyrethroid- oder Permethrinbasis shampooniert werden. Außerdem sind Kamm, Bürsten, Schlaf- und Ruheplatz des Tiers mit Insektizidspray zu behandeln. Blutarme Hunde sollten mit Ernährungszusätzen (Vitamine und Eisen) und gut ausgewogenem Futter gekräftigt werden.

SPINNENARTIGE PARASITEN

Dies sind achtbeinige Tiere, die sich – obwohl verwandt – von Insekten unterscheiden. (Insekten und Spinnenartige gehören zur Gruppe der Gliederfüßer.) Die Hauptvertreter der spinnenartigen Parasiten beim Hund sind Zecken und Milben.

ZECKEN

Zecken sind blutsaugende spinnenartige Parasiten. Sie leben auf der Erde und fühlen durch Wärme, Erschütterung oder Schatten, dass ein potenzieller Wirt naht, auf den sie dann krabbeln. Dort bohren sie ihren Kopf in die Haut und saugen sich mit Blut voll.

Hunde bekommen oft die weltweit vertretene Braune Hundezecke (*Rhipicephalus sanguineus*). Besonders gefährlich sind zwei andere Vertreter: *Dermacentor variabilis* in Nordamerika und die lähmende Zecke *Ixodes holocyclus* in Ostaustralien. In Deutschland kommt der Gemeine Holzbock (*Ixodes ricinus*) am häufigsten vor. Es gibt regional noch einige andere Arten. Ein schwerer Zeckenbefall kann durch den Blutverlust zu Anämie führen. Zecken können zudem durch ihren Nervengift enthaltenden Speichel diverse Lähmungen, Hautprobleme oder bakterielle Hautinfektionen (siehe S. 266) verursachen.

Zecken übertragen erst nach stundenlangem Blutsaugen unterschiedliche Infektionskrankheiten wie Borreliose (siehe S. 226) und FSME (siehe S. 226) oder Babesiose (siehe S. 247).

Zecken und durch sie übertragene Krankheiten sind in gemäßigten Zonen gewöhnlich nur nur im Frühjahr und Sommer ein Problem, bei warmem Klima jedoch ganzjährig.

DIAGNOSE UND THERAPIE Die Diagnose erfolgt durch Feststellung einer oder mehrerer Zecken am Hund. Entfernen

---

F GIBT ES IRGENDWO AUF DER WELT KEINE FLÖHE?

A Wenn Sie Flohprobleme vermeiden möchten, müssen Sie Ihren Wohnsitz in eine Höhe von mehr als 1500 m über dem Meeresspiegel verlagern, also zum Beispiel in höhere Alpen- oder Pyrenäenregionen. Flöhe mögen keine großen Höhen. Auch sehr heiße, kalte, trockene oder feuchte Bedingungen missfallen ihnen – leider aber auch uns Menschen.

F WIRD MAN FLÖHE MITHILFE DES STAUBSAUGERS LOS?

A Obwohl das Staubsaugen ein wichtiger Teil der Anti-Floh-Hygiene ist, wird man damit nicht alle ihre Entwicklungsstufen los. Staubsaugen mit anschließendem Aufsprühen von Insektizid ist schon wirksamer. Der Staubsauger »schluckt« Flöhe in verschiedenen Stadien und öffnet den Teppichflor, sodass das Insektenspray tiefer eindringen kann. Wärme und Vibration des Staubsaugers stimulieren aber die Reifung der Puppen. Staubsaugertüten vorsichtig entsorgen, weil sie Flöhe aller Stadien enthalten.

F WELCHE MITTEL SIND OPTIMAL GEGEN FLÖHE?

A Shampoos sind weniger wirksam als Sprays oder Spülungen, da nach dem Auswaschen wenig Insektizid zurückbleibt. Pumpzerstäuber erschrecken den Hund weniger als Spraydosen. Spot-on-Präparate und Halsbänder sind einfach zu handhaben. Jeder Tierarzt hat seine Favoriten. Wichtig ist die jeweils richtige Anwendung. Und: Immer Gummihandschuhe anziehen!

LEBENSZYKLUS EINER ZECKE

Der Zeckenzyklus besteht aus vier Stadien: Ei, sechsbeinige Larve (ohne Abb.), achtbeinige Nymphe und ausgewachsene Zecke. In den drei letzten Stadien braucht die Zecke zur Ernährung und Fortentwicklung einen Wirt. Die meiste Zeit ihres Lebens sitzt die Zecke auf einem Blatt oder Grashalm und wartet auf den Wirt.

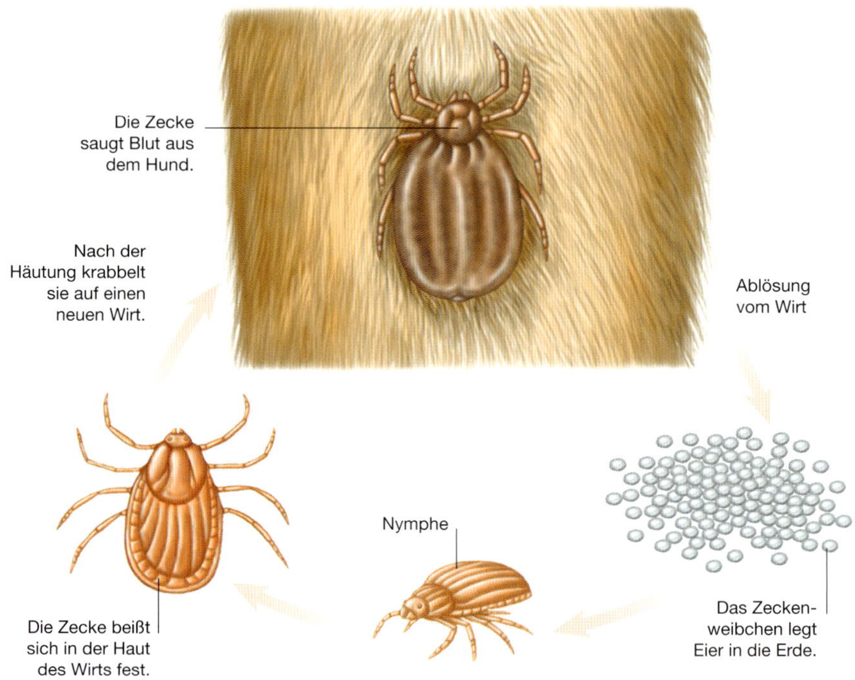

VOM EI ZUR ZECKE

Das Weibchen legt Tausende von Eiern und stirbt. Die Larven schlüpfen nach drei Wochen aus den Eiern, fressen (sofern sie einen Wirt finden) und werden binnen zwei bis drei Wochen zu Nymphen. Dasselbe Muster wiederholt sich von der Nymphe zur fertigen Zecke.

Sie die Zecke mit einer Zeckenzange oder Pinzette; greifen Sie die Zecke direkt über der Haut, und ziehen Sie sie drehend heraus. Anschließend die Bissstelle mit Antiseptikum auswaschen. Hat die Zecke seit Stunden Blut gesaugt, beobachten Sie den Hund auf mögliche Infektionen.

PRÄVENTION Zeckenbisse lassen sich durch Halsbänder vermeiden, die zum Beispiel Flumethrin enthalten. Manche präventiven Medikamente wirken nur gegen bestimmte Zeckenarten. Untersuchen Sie Ihren Hund nach Spaziergängen in Zeckenregionen sorgfältig auf Befall.

RÄUDEMILBENBEFALL (SARCOPTES-MILBEN)

Dies ist die störendste parasitäre Hauterkrankung des Hundes. Sie wird durch mikroskopisch kleine, höchst ansteckende Räudemilben ausgelöst. Der Hund beißt, leckt und kratzt die Infektionsstelle und schädigt die Haut damit zusätzlich. Oft sind Ellbogen und Ohren, Brust oder Gesicht entzündet und kahl. Der Hund kratzt sich ständig. Durch Kitzeln an einem Ohr lässt sich ein Stampfreflex am Hinterlauf derselben Seite auslösen.

DIAGNOSE UND THERAPIE Ein Hautabstrich der befallenen Stelle kann Milben, die ihre Eier einige Millimeter tief in die Haut legen, zeigen. Die Milben selbst sind meist schlecht zu sehen. Der Nachweis von *Sarcoptes*-Milben in einem Hauttest ist sehr schwierig, deswegen bringt ein Bluttest oder Räude-Antikörpertest Klarheit. Räude sollte bei extremem Kratzen nach engem Kontakt mit anderen Hunden sowie Füchsen oder Aufenthalt in betroffenen Regionen immer vermutet werden, wenn das Tier auf eine Anti-Milbentherapie anspricht.

Das Mittel der Wahl ist Selamectin oder Moxidectin, das flüssig auf den Nacken geträufelt wird, was nach zwei Wochen zu wiederholen ist. Auch entzündungshemmende Kortikosteroide können sinnvoll sein. Wöchentliche Amitraz-Spülungen über sechs Wochen dienen als Selamectin-Ersatz. Hunde in der näheren Umgebung sollten ebenfalls behandelt werden.

ACHTUNG! Injiziertes Ivermectin hat sich bei *Sarcoptes*-Milbeninfektionen des Hundes bewährt. Es ist jedoch für diesen Einsatz nicht offiziell zugelassen und kann bei Collies (Lang- und Kurzhaar), Sheltie, Australian Shepherd und anderen Hütehunderassen zu schweren Leberschäden führen.

CHEYLETIELLEN-RÄUDE

Diese großen, durchsichtigen, hochansteckenden Milben sind in schlecht gepflegten Tierheimen, Tierpensionen und Zuchtzwingern zu Hause. Die infizierten Tiere bekommen Hautschuppen vom Nacken bis zum Schwanz; teils sind die Ohren mitbetroffen. Manche Welpen (und Kätzchen) bekommen Juckreiz, die meisten jedoch nicht.

DIAGNOSE UND THERAPIE Die Milben lassen sich mikroskopisch in ausgebürs-

teten Fellhaaren, auf abgezogenem Klebefilmstreifen oder im Hautabstrich erkennen. Man besprüht das Tier über sechs Wochen hinweg alle zwei Wochen mit Fipronil. Auch Pyrethroid- oder Permethrin-Shampoos sind in solchen Fällen gut wirksam, ebenso Selamectin.

PRÄVENTION Sauberkeit und Anti-Floh-Produkte wie Fipronil beugen diesen ungewöhnlichen Parasiten in der Regel am besten vor.

GEFAHR FÜR MENSCHEN *Cheyletiella* befällt auch Menschen (pickliger Ausschlag besonders an den Unterarmen und den Händen, zwischen den Fingern). Die Milben leben ohne Hund bis zu zehn Tage. Ist ein Mensch befallen, geht der Ausschlag nach Heilung der Hunde zurück.

DEMODEX-RÄUDE

Diese Milbe ist ein natürlicher, zigarrenförmiger Bewohner der Haarfollikel fast aller Tiere. Sie ist jedoch nicht ansteckend.

Die Hündin überträgt diese Milben binnen weniger Tage auf die Welpen. Sie stören nur, wenn der normale Immunschutz der Haut ausfällt. Bei der Krankheitsform bei Welpen tritt leichter, örtlicher Haarausfall auf, bei der seltenen, schwereren Form, die bei erwachsenen Tieren auftritt, generalisiert sich die Krankheit und wird lebensbedrohlich. *Demodex*-Räude ist mehr als nur eine leichte Reaktion auf Parasiten (siehe Hautprobleme S. 253).

OHRMILBEN

Die Ohrmilbe *Otodectes cynotis* gibt es bei Katzen immer noch sehr häufig, bei Hunden ist sie selten. Prävention und Therapie sind unter Ohrenproblemen (siehe S. 292–301) behandelt.

LAUFMILBEN

Laufmilben (zum Beispiel Herbstgrasmilben) leben in zerfallender Vegetation. Ihre Larven sind mit der Lupe erkennbar und befallen als Parasiten die Haut des Hundes. Die Larven der Laufmilben gelangen auf die Pfoten des Hundes, wenn er im Spätsommer und Herbst auf Gras und Feldern umherläuft. Die Milben verursachen eine juckende Infektion zwischen den Zehen, an Ohren und Maul, besonders bei Kurzhaarrassen wie dem Dobermann.

DIAGNOSE UND THERAPIE Milbenlarven lassen sich meist schon mit bloßem Auge auf der Haut erkennen. Sie sind als leuchtend orangefarbene Pünktchen sichtbar. Fipronil-Spray ist das Mittel der Wahl; wirksam ist auch pyrethroid- oder permethrinhaltiges Shampoo. Kortikosteroide und Antihistaminika können Juckreiz und Selbstverstümmelung verhindern.

PRÄVENTION Der Befall lässt sich vermeiden: Im Spätsommer und Herbst sollte man den Hund besser nicht in hohem Gras und auf Feldern herumtollen lassen.

ÜBERTRAGUNG DER RÄUDE AUF MENSCHEN

Hunderäude wird durch andere Milben verursacht als die menschliche Krätze, dennoch befällt die Hunderäudemilbe auch den Menschen; der Juckreiz kann wochenlang bestehen.

Beim Menschen sind nach Kontakt mit infizierten Hunden meist Unterarme und Hände (zwischen den Fingern) betroffen. Nach erfolgreicher Behandlung des Hundes geht die Krätze auch beim Menschen zurück. Das Foto zeigt eine Räudemilbe in etwa hundertfacher Vergrößerung.

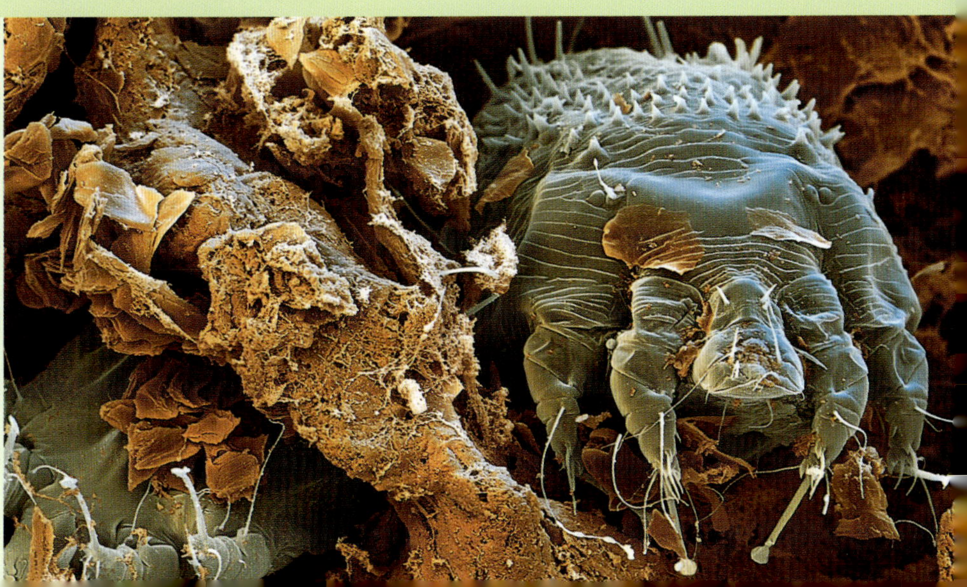

INNERE PARASITEN

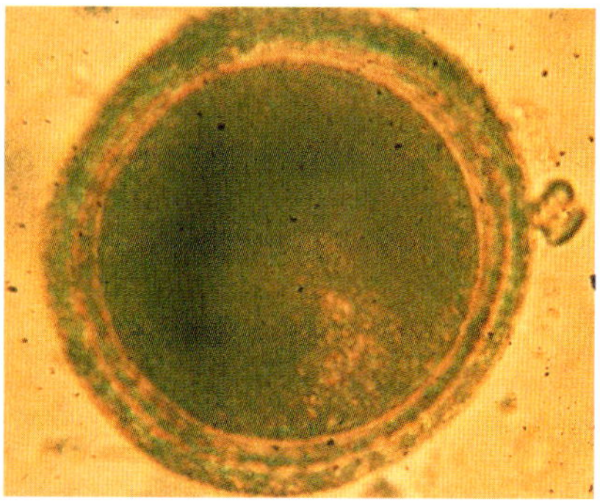

Rundwurm-Ei

Viele Organismen leben in anderen Tieren und schaden diesen nicht – manche nützen ihrem Wirt sogar. Der Verdauungstrakt von Hunden und anderen Säugetieren enthält Bakterien zum Abbau des Futters, ein gutes Beispiel für eine produktive, gegenseitig vorteilhafte Beziehung. Innere Parasiten (Endoparasiten) leben jedoch in Tieren, die davon keinen Vorteil, sondern oft sogar einen Nachteil haben, und ernähren sich von ihnen. Solche Parasiten können sich in Darm, Herz, Lunge, Leber und Niere ansiedeln.

Endoparasiten gibt es in allen Größen, vom großen Bandwurm bis zu mikroskopisch kleinen, aber potenziell tödlichen einzelligen Protozoen. Parasiten leben in oder auf allen Säugetierarten. Unser Immunsystem hat jedoch Strategien zu ihrer Bekämpfung entwickelt.

WÜRMER

Beim Hund sind die häufigsten inneren Parasiten Würmer, darunter zwei Hauptgruppen, nämlich Nematoden und Cestoden. Nematoden sind zylindrisch und beigefarbig und umfassen Rund-, Haken-, Peitschen- und Fadenwürmer. Ausgewachsen sind die meisten im Darm angesiedelt, einige andere in Herz, Lunge oder anderen Organen. Cestoden oder Bandwürmer sind flach und bestehen aus mehreren zusammenhängenden Segmenten. Sie leben im Dünndarm.

Manche Nematoden (Rundwürmer und Hakenwürmer) wandern zunächst als winzige Larven durch den Körper des Wirtes. Währenddessen entwickelt das Immunsystem Abwehrmechanismen wie zum Beispiel Antikörper. Diese Wurmarten sind daher nur bei kleinen Welpen problematisch, die noch keine Antikörper haben, oder bei immungeschwächten Tieren. Ausschließlich im Darm lebende Würmer, wie Bandwürmer, lösen keine Immunreaktion aus, sodass der Hund bei jeder Aufnahme von einem Bandwurm-Ei neu befallen wird.

PROTOZOEN

Dies sind mikroskopisch kleine Einzeller, von denen viele Arten frei in der Umgebung leben, ohne krank zu machen. Nur wenige sind parasitär; manche verbringen einen Teil ihres Lebenszyklus in Zwischenwirten wie zum Beispiel Insekten. Andere können in Form von Zysten lange Zeit in der Umwelt überleben. Beim Protozoenbefall eines Säugetiers kommt es oft zur Immunreaktion, jedoch nie zu einer erkennbaren Krankheit. Sie können dennoch gefährlich werden, wenn sie das Immunsystem »austricksen«, indem sie sich in roten Blutkörperchen ansiedeln oder immungeschwächte Menschen oder Tiere befallen.

ÖFFENTLICHES RISIKO

Viele innere Parasiten des Hundes legen Eier, die der Hund im Kot ausscheidet. Die Eier können lange Zeit in der Umwelt überleben; werden sie geschluckt, steckt sich ein weiterer Hund damit an. Nimmt ein Mensch versehentlich Rundwurmeier auf (etwa wenn ein Kind die mit Hundekot verschmutzten Finger in den Mund steckt), kann dies schwere Gesundheitsschäden auslösen. Dies alles lässt sich vermeiden, wenn Sie den Kot Ihres Hundes beim Spaziergang im Park oder in Grünanlagen selbst entsorgen.

INNERE PARASITEN DES HUNDES

Nachstehend finden Sie eine Übersicht der Parasiten des Hundes. Die meisten leben im Darm, wo sie reichlich mit Nährstoffen versorgt werden und der Immunabwehr des Hundes ausweichen können. Einige haben Saugnäpfe oder Haken, mit denen sie sich an der Darmwand anheften. Meist machen sie wenig Probleme, können aber Krankheiten auslösen, indem sie beispielsweise lebenswichtige Nährstoffe abziehen, vom Blut des Wirtes leben, den Darm blockieren oder dessen Wände zerstören. Die einzigen hier gezeigten Parasiten, die nicht im Darm leben, sind Herzwürmer und Leishmanien-Protozoen. Letztere gelangen über Sandmückenstiche in das Blut, wo sie sofort die weißen Blutkörperchen angreifen.

GRÖSSENVERHÄLTNISSE

Die Abbildungen sind nicht maßstabsgetreu. Ein ausgewachsener Hundebandwurm kann 50–75 cm lang sein. Rund- und Herzwürmer sind einige Zentimeter lang. Die zwei gezeigten Protozoenarten (*Giardia* und *Leishmania*) sind in Wirklichkeit mikroskopisch klein (unter 0,001 mm lang).

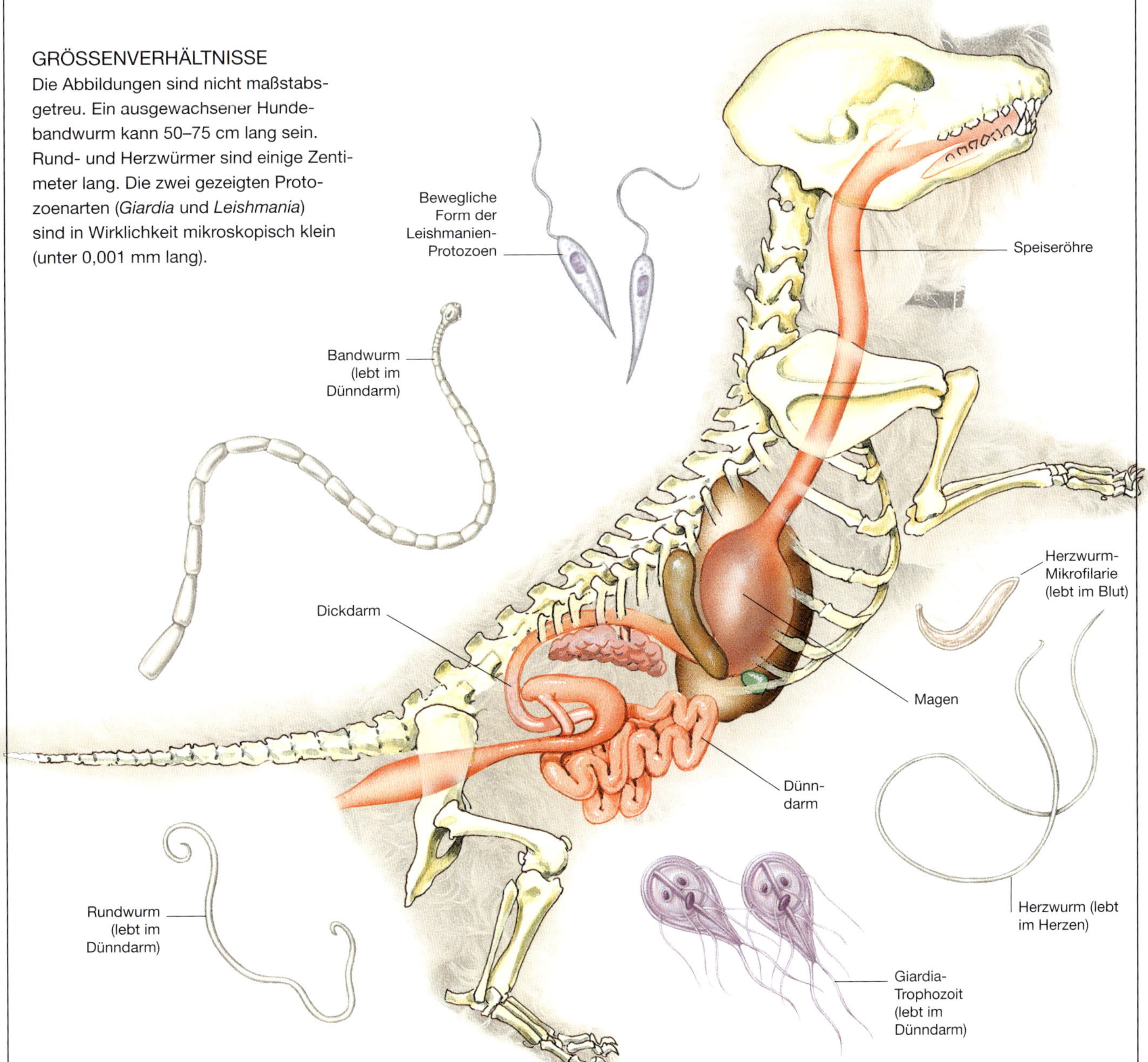

DARMWÜRMER

Die häufigsten Darmwürmer des Hundes sind Rundwürmer, Hakenwürmer und Peitschenwürmer (dies sind allesamt Nematodenarten) sowie Bandwürmer.

RUNDWÜRMER

Rundwürmer sind die häufigsten Hundewürmer. Die Hauptart ist der Hundespulwurm (*Toxocara canis*). Rundwürmer können beim Welpen leichtes Erbrechen und Durchfall bewirken. Manchmal scheiden Welpen oder erwachsene Hunde diese spaghettiartigen Würmer im Kot aus. Selten kann ein schwerer Wurmbefall zu Bauchschwellung, Bauchschmerzen, Flüssigkeitsverlust und gar zum Tode führen.

ÜBERTRAGUNG Die Hündin überträgt *Toxocara* vor der Geburt oder in der Milch auf die Welpen. Später nehmen die Hunde die Würmer aus damit belasteten Böden auf.

DIAGNOSE UND THERAPIE Der Befall wird unter dem Mikroskop durch Wurmeier im Hundekot festgestellt. Die Behandlung mit Entwurmungsmitteln wie Selamectin ist sehr wirksam.

PRÄVENTION Jede trächtige Hündin sollte in den letzten Wochen vor der Geburt vom Tierarzt entwurmt werden; dies senkt die Infektionsrate der Welpen und die Umweltkontamination. Die Welpen werden von der 2. bis zur 12. Woche ebenfalls zweiwöchentlich entwurmt. Ab dem Alter von sechs Monaten werden gesunde Rüden einmal jährlich entwurmt, Hündinnen nach jedem Hitzezyklus. Alle Hunde müssen nach einer Kortikosteroidbehandlung, die das Immunsystem schwächt, entwurmt werden, ebenso nach schweren Krankheiten. Es ist am praktischsten, den Hund routinemäßig zweimal im Jahr zu entwurmen.

ÖFFENTLICHES RISIKO Der Hundespulwurm kann auch beim Menschen Toxokariose (Larva migrans visceralis) auslösen. Dies geschieht durch die Aufnahme von einem Ei aus mit Hundekot verschmutzter Erde, manchmal auch über das Hundefell, beispielsweise von streunenden Hunden mit extremem Wurmbefall.

Das Ei entwickelt sich zur Larve. Diese kann aber in diesem falschen Wirt ihren Lebenszyklus nicht vollenden und wandert statt dessen in Lunge, Leber oder Augen, wo sich Zysten bilden und eine entzündliche Reaktion entsteht, die mit Husten, Atemgeräuschen, verschwommenem Sehen oder gar Sehverlust einhergeht. Regelmäßige Wurmkuren, Entsorgung des Hundekots und grundsätzliche Hygiene sind die besten Vorbeugemaßnahmen für Hunde und Menschen. Die Toxokariose beim Menschen darf nicht mit der ähnlich klingenden Toxoplasmose verwechselt werden, die durch die Katze auf den Menschen übertragen wird. Toxoplasmose kann ein Kind u. U. erblinden lassen. Auch die Toxokariose kann zur Erblindung führen, jedoch ist dies außerordentlich selten.

LEBENSZYKLUS EINES RUNDWURMS

Ausgewachsene Rundwürmer leben im Darm des Hundes, und ihre Eier werden im Kot ausgeschieden. Schluckt diesen ein anderer Hund, entsteht eine Larve, die sich etwa beim Welpen in der Lunge, dann im Darm festsetzt und dort ausreift. Bei trächtigen und säugenden Hündinnen reaktivieren sich solche Larvenzysten und können die Welpen infizieren; außerdem reifen die Larven dann aus.

INFEKTION DES WELPEN

Die meisten Welpen stecken sich bei der Mutter noch vor der Geburt oder über die Milch an, oder sie fressen die Wurmeier im Kot.

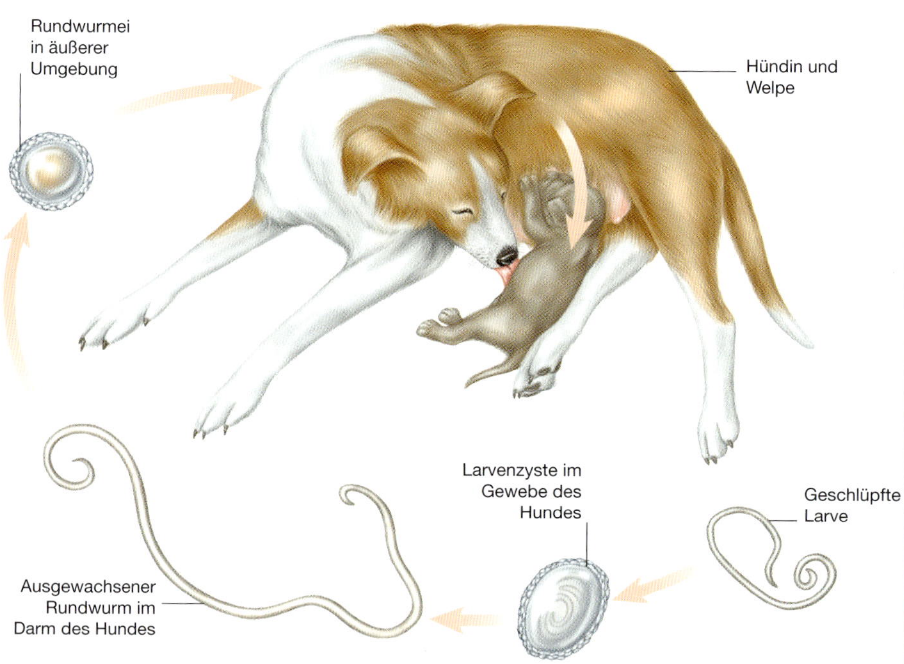

HAKENWÜRMER

Hakenwürmer sind winzige Parasiten, die an der Darmwand haften und Blut saugen. Dies kann zur verminderten Zahl roter Blutkörperchen (Anämie) führen und Anzeichen wie Durchfall (z. T. blutig), Appetitverlust, Schwäche und Gewichtsabnahme. Die wichtigste Hakenwurmart des Hundes ist *Ancylostoma caninum*. Obwohl nur 0,5 bis 1 cm lang, kann dieser Wurm, der weltweit, vor allem aber in warmen Regionen vorkommt, schwere Krankheiten auslösen. Eine andere Art, *Uncinaria stenocephala*, lebt auch in kühleren Regionen und ist weniger gefährlich.

ÜBERTRAGUNG Ausgewachsene Hakenwürmer legen Eier, die im Kot ausgeschieden werden und sich auf feuchtem Boden zu Larven entwickeln. Diese infizieren neue Wirte. Welpen bekommen die Larven noch vor der Geburt oder über die Milch von ihrer Mutter. Welpen und erwachsene Hunde können sich auch durch die Aufnahme von Hakenwurmlarven aus Erde oder Gras, aber auch durch direktes Eindringen einer Larve durch Pfoten oder Bauch infizieren, ebenso indem sie das Fleisch infizierter Tiere fressen. Im neuen Wirt wandern die Larven in den Darm. Einige bilden Zysten im Muskel oder siedeln sich bei der trächtigen Hündin in Brustdrüsen oder Gebärmutter an.

DIAGNOSE UND THERAPIE Der Befall wird durch Hakenwurmeier im Kot nachgewiesen, aber Anzeichen können schon vor Auftreten der Eier auffallen. Welpen werden oft durch massiven Blutverlust schwer geschädigt (hell- oder dunkelroter Durchfall). Hier sind Flüssigkeitstherapie und Schockbehandlung lebenswichtig. Einige erwachsene Hunde übertragen Hakenwürmer, zeigen aber selbst keine Symptome. Andere entwickeln schwere Krankheitszeichen, ähnlich wie Welpen. Eine Wurmkur mit Fenbendazol tötet reife Würmer, aber nicht alle Wurmzysten. Die zweiwöchentliche Wiederholung der Behandlung über acht Wochen wird empfohlen.

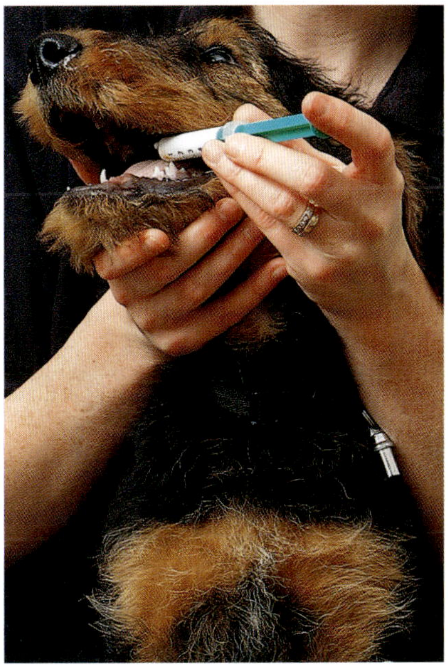

WURMKUR DURCHFÜHREN
Entwurmungsmittel gibt es als Tabletten, Granulat, Spot-on-Präparate oder Saft. Granulat und Saft lassen sich je nach Gewicht der Welpen am präzisesten dosieren.

PRÄVENTION Nach Krankheiten sind Hunde oft anfällig und übertragen Hakenwürmer auf ihre Umgebung. Sauberkeit und vorbeugende Wurmbehandlung trächtiger Hündinnen mindern das Risiko.

ÖFFENTLICHES RISIKO Hakenwurmlarven aus der Erde können sich in menschlicher Haut ansiedeln und einen pickligen, juckenden Ausschlag auslösen. Antihistaminsalbe lindert den Juckreiz, aber der Befall geht auch ohne Behandlung von selbst zurück.

PEITSCHENWÜRMER

Peitschenwürmer sind fadenartige, 5–7 cm lange Parasiten, die im Dick- und Dünndarm leben und dort Blut saugen. Bei schwerem Befall verursachen sie blutigen Durchfall und Gewichtsabnahme.

ÜBERTRAGUNG Die Würmer legen Eier, die im Kot ausgeschieden werden. Durch Aufnahme der Eier infiziert sich der nächste Wirt.

DIAGNOSE UND THERAPIE Im Gegensatz zu Hakenwürmern und Rundwürmern legen Peitschenwürmer nicht viele Eier. Dies erschwert die Diagnose. Der Hund braucht eine Wurmkur, die drei Monate lang vierwöchentlich zu wiederholen ist.

PRÄVENTION Peitschenwurmeier sind sehr stabil und können jahrelang in der Umgebung überleben. Sauberkeit in Parks und Gärten (Kot entsorgen!) ist die wichtigste Vorsichtsmaßnahme.

F ÜBERTRAGEN HUNDE HUMANE FADENWÜRMER?

A Nein. Humane Fadenwürmer können nicht auf den Hund übertragen werden.

F GIBT ES EIN MITTEL GEGEN ALLE WÜRMER?

A Nein, aber gegen fast alle: Selamectin und Advantic plus wirken gegen Rund- und Herzwürmer, nicht aber gegen Bandwürmer.

F GIBT ES WIRKSAME ERGÄNZUNGSTHERAPIEN GEGEN INNERE PARASITEN?

A Westliche Tierärzte haben in armen Regionen der Welt pflanzliche Mittel gegen Wurmbefall kennengelernt. Sie sind für den Hund jedoch nicht sehr angenehm.

LEBENSZYKLUS DES BANDWURMS

Der häufigste Bandwurm des Hundes ist der Gurkenkernbandwurm (*Dipylidium caninum*), dessen ausgewachsene Form, mit dem Kopf an die Darmwand geheftet, im Dünndarm lebt. Er besteht aus vielen Segmenten. Neue Segmente werden am Kopf gebildet, ältere am Schwanz abgestoßen. Diese werden im Kot ausgestoßen oder kriechen aus dem After. Ausgeschiedene Segmente beinhalten einen Sack Wurmeier, die z. T. von den Flohlarven im Körbchen des Hundes aufgenommen werden. Die Flohlarven reifen heran und enthalten dann junge Bandwürmer. Schluckt der Hund einen solchen Floh, beginnt der Lebenszyklus des Wurms erneut.

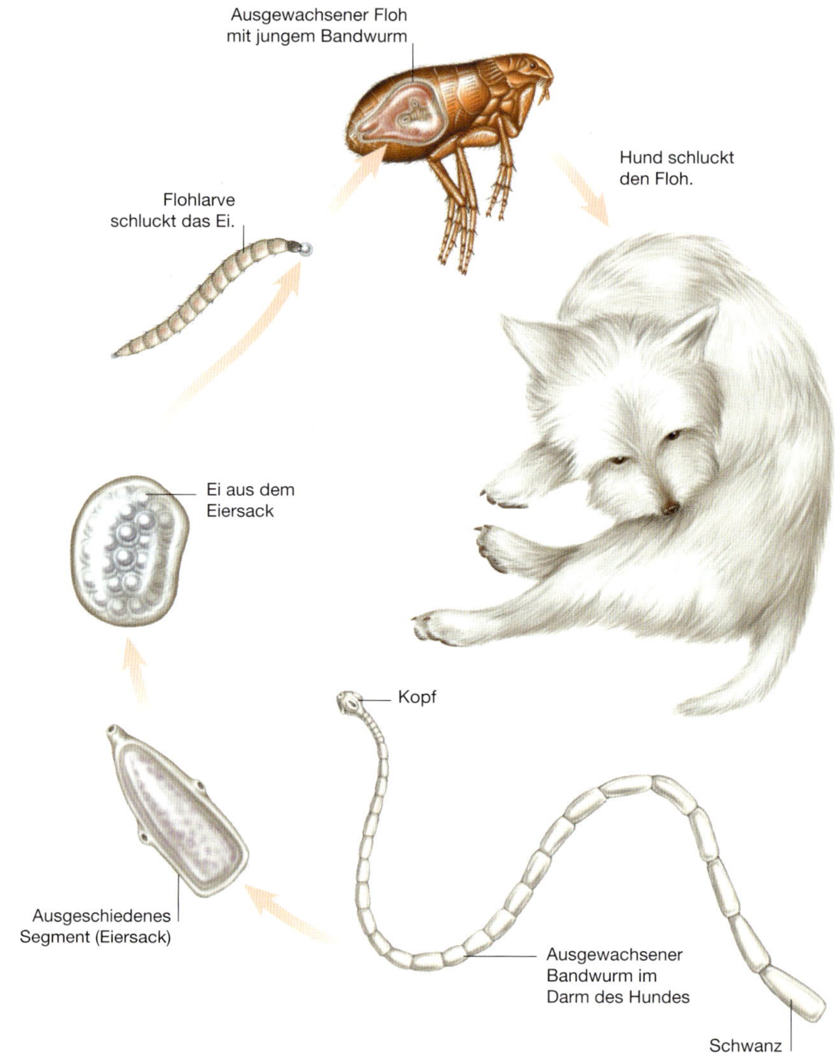

BANDWURMSEGMENTE

Ein frisch ausgeschiedenes Bandwurmsegment ist bis zu 1 cm lang, weiß, flach und beweglich. Es ähnelt einem Gurkenkern oder einem weißen Reiskorn, nach dem Trocknen eher einem Sesamkorn. Segmente sind im Kot oder am After zu sehen. Manchmal wird ein ganzer Strang von Segmenten ausgeschieden.

BANDWÜRMER

Es gibt verschiedene Arten von Hundebandwürmern. Der Bandwurm verbringt einen Großteil seines Lebens in anderen Tieren (»Zwischenwirten«). Der Zwischenwirt des häufigsten Bandwurms bei Hunden, des Gurkenkernbandwurms (*Dipylidium caninum*), ist der Floh. Dieser Bandwurm kann bei jedem Hund bzw. jeder Katze mit schwerem Flohbefall vermutet werden.

Die Bandwurmart *Taenia* tritt bei Jagdhunden oder Hunden auf, die

BANDWURMARTEN

NAME	ZWISCHENWIRT
Dipylidium caninum	Flöhe und Läuse
Taenia-Arten	Ratten, Mäuse, Kaninchen, andere Nagetiere
Diphyllobothrium latum	Süßwasserfische
Echinococcus granulosus	Schafe, Ziegen, Rinder, Wild
Echinococcus multilocularis	Füchse und Nagetiere

Abfälle im Wald fressen. Den Fischbandwurm *Diphyllobothrium* gibt es bei Hund und Mensch in der Arktis und in Neuengland, die rohe Süßwasserfische essen. *Echinococcus*-Arten, den Hunde- und den Fuchsbandwurm, dagegen gibt es in vielen Regionen, so auch in Mittel- und Südeuropa; sie sind für den Menschen gefährlich.

DIAGNOSE UND THERAPIE Bandwürmer machen Hunde selten krank, aber Wurmsegmente im Kot oder am After beunruhigen den Halter. Praziquantel hilft gegen alle Bandwurmarten.

ÖFFENTLICHES RISIKO Die *Echinococcus*-Arten sind zwar für den Hund selten gefährlich, können beim Menschen aber eine tödliche Infektion namens »Hydatidose« auslösen. Erkrankte Hunde oder Füchse verbreiten die Eier, die von Schafen und anderen Weidetieren gefressen werden. Diese Tiere entwickeln dann flüssigkeitsgefüllte Gewebeblasen (Zysten) mit unreifen Würmern, die Hunde erneut infizieren. Der Mensch ist ein Zwischenwirt dieses Bandwurms, dessen Zysten kaum auf Medikamente reagieren. Da die Krankheit so ernst ist, sind Hunde in der Nähe von Schafen dreimonatlich vorbeugend mit Praziquantel zu entwurmen. Im Rahmen der Gesundheitsprogramme für Hunde verlangen Norwegen, Schweden, Australien, Neuseeland und Großbritannien, dass einreisende Hunde und Katzen mit Praziquantel zu behandeln sind, um eine Verbreitung zu verhindern.

STRONGYLOIDES

Dieser Parasit wird auch als Zwergfadenwurm bezeichnet – nicht zu verwechseln mit dem Fadenwurm *Enterobius vermicularis* beim Menschen. *Strongyloides* ist ein seltener Wurm, anzutreffen in unsauberen Tierheimen mit feuchtem, subtropischem Klima. Sein Lebenszyklus ähnelt dem der Rundwürmer. Befallene Welpen haben wässrigen oder blutigen Durchfall, und die Tiere bekommen Lungenentzündung, wenn viele Würmer gleichzeitig durch die Lunge wandern.

DIAGNOSE UND THERAPIE Die Infektion wird durch Wurmeier oder Larven im Kot diagnostiziert. Eine dreitägige Wurmkur mit Wiederholung nach vier Wochen beseitigt das Problem.

ÖFFENTLICHES RISIKO Hund und Mensch stecken sich mit *Strongyloides* gegenseitig an. Patienten sollten daher während der Behandlung unbedingt isoliert werden.

SONSTIGE WÜRMER

Manche Wurmparasiten leben in anderen Organen als dem Darm.

HERZWÜRMER

Besonders in Australien und Südeuropa wird der Herzwurm *Dirofilaria immitis* durch Stechmückenstiche übertragen und wächst im Herzen und in den Lungenarterien des Hundes stark an (siehe S. 324–326).

LUNGENWÜRMER

Den Hund befallen zwei Arten von Lungenwürmern, die Husten hervorrufen. Die Infektion mit dem Lungenhaarwurm (*Capillaria aerophila*) tritt auf, wenn der Hund Erdwürmer frisst, die die Larven enthalten. Die Lungenwurmart *Filaroides osleri* wird meist von der Hündin auf die Welpen übertragen. Hunde in Teilen Nordamerikas bekommen den Lungenplattwurm *Paragonimus kellicotti* über befallene Schalentiere. Lungenplattwürmer und Lungenhaarwürmer sprechen auf Wurmkuren an, *Filaroides* ist schwieriger zu bekämpfen.

SELTENE WÜRMER

Zu den seltenen Arten gehört der Riesenpalisaden- oder Nierenwurm *Dioctophyma renale*, der eigentlich ein Parasit bei Mardern und Nerzen ist, der bisweilen aber auch bei Hunden auftritt. Er kann enorm groß werden; zur Behandlung muss die befallene Niere entfernt werden.

AASFRESSEN
Lassen Sie den Hund keine Tiere jagen oder töten, tote Tiere mit dem Maul aufnehmen oder ihr Fleisch fressen. Es kann verkapselte Formen von Parasiten enthalten, die dem Hund schaden können. So sind in vielen Überresten von Fischen oder Schafen Parasiten enthalten. Vermeiden Sie auch, dass der Hund aus Teichen oder Pfützen trinkt.

PARASITÄRE PROTOZOEN

Manche parasitären Protozoen, einzellige Lebewesen, sind relativ harmlos, andere dagegen lebensgefährlich. Einige Darmprotozoen lassen sich mit einfachen Medikamenten rasch beseitigen, andere sind nur schwer loszuwerden.

KOKZIDIEN

Dies sind Protozoen, die den Darm infizieren und wässrigen Durchfall bewirken – besonders problematisch bei neugeborenen Welpen. Kokzidien sind Parasiten, die die Welpen erst bei Stress und unsauberer Haltung krank machen. Erkrankte Tiere haben leichten Durchfall, der später Schleim und Blut enthält, fressen nicht mehr und trocknen aus.

DIAGNOSE UND THERAPIE Kokzidien findet man häufig in Welpenkot, aber sie vermehren sich erst bei besonderer Belastung wie bei Rundwurmbefall. Bei der Kokzidiose können Kokzidieneier (Oozysten) mikroskopisch im Kot nachgewiesen werden. Flüssigkeitstherapie gegen die Austrocknung, bessere Hygiene, Ausrottung anderer Parasiten und Protozoenbekämpfung sind wichtig. Antibiotika, besonders Sulfonamidpräparate wie Sulfadiazin oder Trimethoprim, bekämpfen bakterielle Sekundärinfektionen.

PRÄVENTION Kokzidien werden im Kot ausgeschieden. Um die Verbreitung einzudämmen, müssen kranke Tiere isoliert werden.

Sind in einer Haltung mehrere Tiere betroffen, muss der gesamte Kot der Tiere stets schnellstens entsorgt werden, am besten durch Verbrennen. Außerdem ist das Umfeld der Hunde mit einer kokzidientötenden Lösung wie Aluminiumhydroxid zu reinigen. Größte Sauberkeit und Hygiene muss streng eingehalten werden, und jede Belastung der Welpen sollte vermieden werden.

GIARDIOSE

Diese zunehmend häufige Infektion wird bei Hunden, Katzen und Menschen weltweit durch Protozoen der Gattung *Giardia* ausgelöst. Hunde bekommen Giardiose durch Trinken von Wasser, das die verkapselte Form des *Giardia*-Parasiten (Oozysten) enthält.

Meist gibt es keine auffälligen Anzeichen, aber bei manchen Hunden wird der Kot langfristig sehr massig und riecht unangenehm nach Kuhmist. Dies kann in Abständen oder auch chronisch auftreten (d.h. über Wochen oder Monate).

LEBENSZYKLUS DER GIARDIA

Der Hund holt sich die *Giardia*-Infektion meist durch Trinkwasser, das die Zystenform des Parasiten enthält. Im Darm entwickelt sie sich zu einer beweglichen, fressenden Form (Trophozoiten), die Krankheitssymptome auslöst. Trophozoiten teilen sich und vermehren sich auf diese Weise. Einige davon werden wieder zu Zysten, die der Hund im Kot ausscheidet.

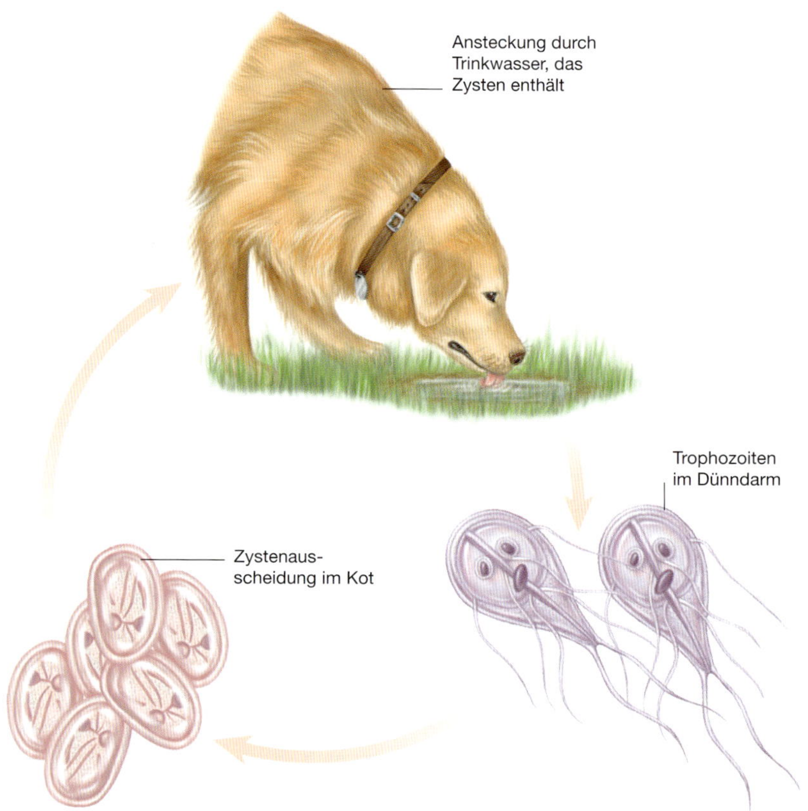

ZYSTEN UND TROPHOZOITEN

Zysten sind unbewegliche Zellen mit dicker Wand, die sie vor ungünstigen Umwelteinflüssen schützt. Die Trophozoiten sind eine bewegliche Form des Parasiten mit äußeren Saugnäpfen, mit denen sie sich an die Darmwand des Hundes heften.

DIAGNOSE UND THERAPIE Die *Giardia*-Parasiten scheiden nur in Abständen Eizysten aus, die man mikroskopisch im Kot nachweisen kann. Infizierte Hunde scheiden aber nicht durchgängig nachweisbare Zysten aus, sodass Bluttests eine sicherere Diagnosemöglichkeit bieten. Die Giardiose (auch Lambliasis) lässt sich mit Metronidazol oder Fenbendazol relativ leicht kurieren. Metronidazol eignet sich aber nicht für trächtige Hündinnen.

PRÄVENTION Die Hauptinfektionsquelle für Mensch und Tier ist unsauberes Trinkwasser. Abgefülltes Wasser bzw. Wasser aus öffentlichen Wasserleitungen ist meist sicher. Wasser in der Wildnis sollte stets gefiltert, abgekocht oder mit Spezialtabletten sterilisiert werden.

TOXOPLASMOSE

Der Erreger der Toxoplasmose ist der Protozoenparasit *Toxoplasma gondii*, der jedoch beim Welpen selten Krankheiten auslöst. In Ausnahmefällen verursacht er Fieber, Appetitverlust, Atemprobleme und Bauchschwellungen.

DIAGNOSE UND THERAPIE Die Toxoplasmose wird durch einen erhöhten Antikörperspiegel gegen den Parasiten im Blut des Hundes diagnostiziert. Wie bei der Kokzidiose helfen auch hier Antibiotika gegen die bakterielle Infektion infolge der Protozoenerkrankung.

ÖFFENTLICHES RISIKO Von der Katzen-Toxoplasmose geht eine gewisse Gefahr für die Öffentlichkeit aus, jedoch nicht von der Hunde-Toxoplasmose. Die Toxoplasmose der Katze verursacht jährlich die Erblindung Hunderter Kinder in aller Welt. Die Katze ist der Hauptwirt von *Toxoplasma gondii*. Zwei bis vier Wochen nach dem Genuss von Fleisch befallener Tiere scheidet die Katze Eizysten im Kot aus. Nutztiere nehmen den Katzenkot mit anderer Nahrung auf und übertragen dann in ihrem rohen Fleisch die *Toxoplasma*-Erreger. Viele Menschen kommen mit ihm in Kontakt, die meisten durch halb gegartes Fleisch. Nur wenige werden davon offensichtlich krank. Problematisch wird es, wenn eine Schwangere, die keine Immunität gegen Toxoplasmose entwickelt hat, in den ersten drei Monaten der Schwangerschaft infiziert wird. Dies kann durch nicht völlig gegartes Fleisch oder Kontakt mit Katzenkot bei der Gartenarbeit oder im Haus passieren. Dann kann ihr Kind blind oder mit anderen schweren Hirnschäden zur Welt kommen. Schwangere, die im Bluttest keine Antikörper gegen Toxoplasmose aufweisen, sollten daher nur völlig gegartes Fleisch essen und beim Umgang mit Fleisch, Gartenerde oder der Katzentoilette Gummihandschuhe tragen. Hat die Schwangere dagegen durch früheren Kontakt mit dem Erreger ausreichend Antikörper gebildet, besteht keine Gefahr für ihr Kind. Es gibt auch Toxoplasmose-Immunitätstests für Tiere. Eine immune Katze scheidet nur ganz selten infektiöse Eizysten aus. Hunde, selbst solche mit Toxoplasmose, sind für Schwangere keine Gefahr, weil sie keine infektiösen Eizysten ausscheiden.

Falschmeldungen über die angebliche Erblindung von Kindern durch eine Infektion mit Toxoplasmose nach Kontakt mit Hundekot beruhen auf einer Verwechslung von Toxoplasmose mit Toxokariose, die durch einen Hundespulwurm (siehe S. 240) ausgelöst wird.

WELPE MIT BAUCHSCHWELLUNG

Der Bauch des gesunden Welpen ist prall und besonders nach den Mahlzeiten gut gefüllt. Die Schwellung geht bis zur nächsten Mahlzeit zurück. Bleibt der Bauch jedoch geschwollen und der Welpe ist so dünn wie dieser, sollte man ihn auf starken Wurmbefall testen lassen.

LEBENZSYKLUS DER LEISHMANIA

Leishmania-Parasiten leben z.T. in Sandmücken (*Phlebotomus*) und z.T. in Säugetieren wie Hunden. Sticht die Sandmücke ein infiziertes Tier, so nimmt sie dabei Makrophagen (eine Art weißer Blutkörperchen) auf, die eine Form des Parasiten enthalten. In der Sandmücke wird der Parasit durch einen peitschenartigen Schwanz beweglich. Sticht die Sandfliege dann ein weiteres Säugetier, gelangt der bewegliche Parasit in das Tier, wird von weißen Blutkörperchen aufgenommen und kehrt in die Ausgangsform zurück.

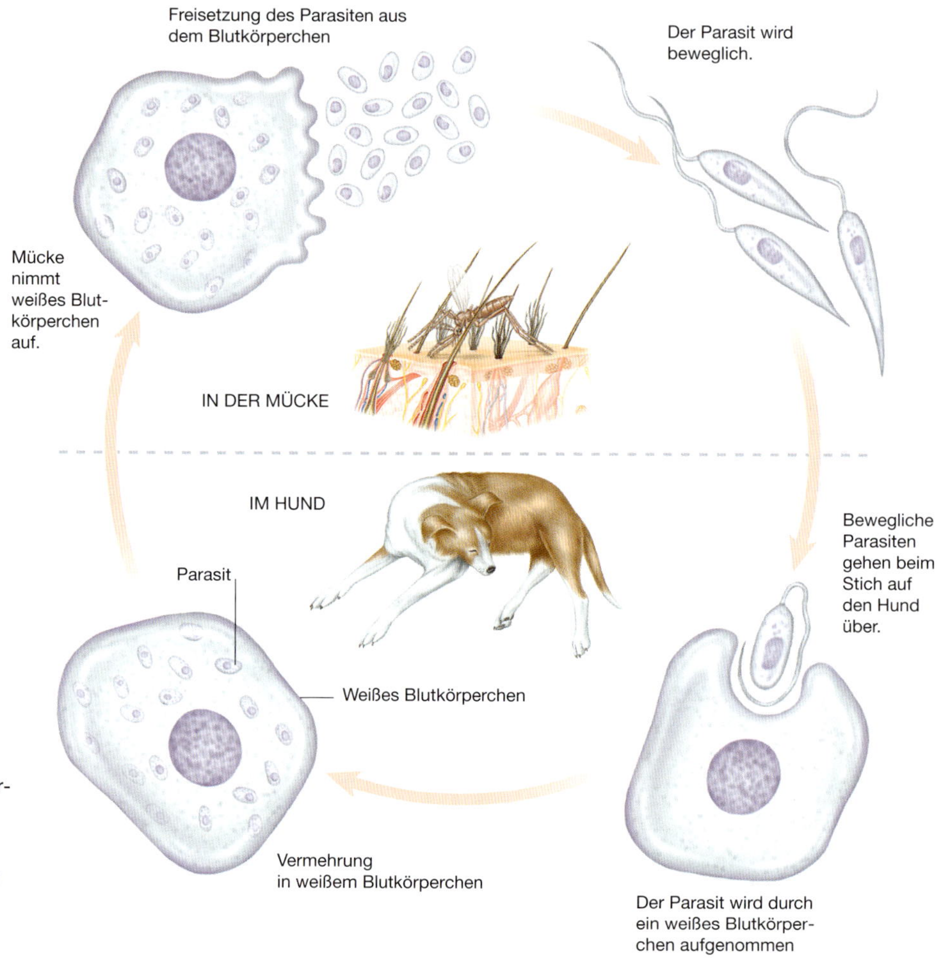

ZYKLUS MIT VIER PHASEN

Hier sind die Hauptphasen im Leben eines Parasiten dargestellt. Im Hund werden durch Platzen der weißen Blutkörperchen ständig Parasiten freigesetzt, die dann weitere weiße Blutkörperchen infizieren.

NEOSPORA CANINUM

Dieser Protozoenparasit wurde erst vor zwei Jahrzehnten entdeckt, und der Verlauf der Erkrankung ist noch nicht restlos geklärt. Der Erreger sieht unter dem Mikroskop so ähnlich aus wie *Toxoplasma gondii*, der Erreger der Toxoplasmose. Der Lebenszyklus des Parasiten ist noch nicht abschließend erforscht, aber man weiß, dass der Hund wohl der Endwirt ist und die Infektion über die Plazenta von der Hündin auf den ungeborenen Welpen übergeht. Im Alter von drei bis sechs Wochen treten beim Welpen Muskel- und Nervenstörungen auf (Lahmen, Muskelschmerzen, Muskelabbau und Lähmung). Manchmal sind mehrere Welpen eines Wurfs betroffen. Einige infizierte Hunde, besonders ausgewachsene Tiere, weisen keine Krankheitsanzeichen auf.

DIAGNOSE Ein ansteigender Antikörpertiter gegen den Parasiten im Blut des Hundes weist auf eine kürzlich stattgefundene Infektion hin.

THERAPIE Die Tierärzte greifen bei der Behandlung auf Erfahrungen mit der Therapie von Toxoplasmose und einigen Ergebnissen chemotherapeutischer Studien zurück. Die wochen- oder gar monatelange Therapie kombiniert Clindamycin oder potenzierte Sulfonamide mit Pyrimethamin.

LEISHMANIOSE

Diese schwere Protozoeninfektion ist die häufigste und ernsteste Parasitenerkrankung des Hundes in Südeuropa. Sie befällt rund 40% der Hunde in den Mittelmeerländern, von Griechenland über Italien bis hinüber nach Frankreich, Spanien und Portugal. In Australien gibt es sie nicht, aber im Jahr 2000 wurde sie auch bei verwilderten Haushunden im Südosten der USA festgestellt.

Die Krankheit wird durch Sandmücken (*Phlebotomus*-Mücken) übertragen. Der Parasit befällt Makrophagen, eine Art weißer Blutkörperchen. Die Mücke sticht einen infizierten

Hund, nimmt dabei die infizierten Makrophagen auf und überträgt sie beim nächsten Stich auf einen anderen Hund oder ein sonstiges Säugetier. Das Auftreten dieser Krankheit bei den verwilderten Haushunden in den USA ist äußerst merkwürdig, da es in der Region keine Sandmücken gibt. Es ist also unklar, wie der Erreger nach Nordamerika gelangte und wie er dort übertragen wird.

Es gibt zwei Formen der Erkrankung. Bei der üblichen, nicht tödlichen Hautform bekommt der Hund schuppige Hautkrusten, die sich entfärben und gegebenenfalls Geschwüre bilden.

In der meist tödlichen Darmform kommt es zum Rückgang der roten Blutkörperchen (Anämie), z. T. zu Durchfall und fast immer zu Leber- und Milzschäden. Der Hund wird entkräftet und ausgemergelt.

DIAGNOSE UND THERAPIE Leishmaniose wird durch Nachweis des Erregers im Abstrich von Lymphknoten oder Hautschuppen diagnostiziert. In Deutschland und anderen Ländern werden die in der Humanmedizin üblichen Medikamente, die überall im Handel gängig sind, verwendet. Doch selbst mit Behandlung ist die Prognose bei der Darmform der Krankheit schlecht.

PRÄVENTION *Phlebotomus*-Sandmücken stechen in den frühen Morgenstunden und in der abendlichen Dämmerung. Hunde sollten daher in betroffenen Regionen zu diesen Zeiten im Haus bleiben.

ÖFFENTLICHES RISIKO Auch Menschen können Leishmaniose bekommen. Die Ansteckung vom Hund auf den Menschen ist noch nicht völlig geklärt; Berichte aus den Mittelmeerländern deuten darauf hin, dass sich nur immungeschwächte Menschen am Hund anstecken, zum Beispiel HIV-Positive.

BABESIOSE

Die durch Zecken übertragenen *Babesia*-Parasiten schädigen die roten Blutkörperchen. Sie infizieren Hunde, Rinder, Schafe, seltener den Menschen. Diese Parasiten gibt es in weiten Teilen der Welt, vor allem in Europa, Asien, Afrika und Nordaustralien. In Nordamerika sind sie unüblich, obwohl sie in einigen Hunden im Südosten der USA bis hinauf nach Massachussetts entdeckt wurden. Anämie schwächt den erkrankten Hund; ein weiteres Zeichen ist Blut im Urin des Hundes, dieses Symptom tritt aber nicht regelmäßig auf.

DIAGNOSE UND THERAPIE *Babesia* wird in Blutproben infizierter Tiere nachgewiesen; ebenso gibt es Antikörpertests. Wie gegen Leishmaniose gibt es auch gegen *Babesia* in manchen Ländern Europas Medikamente.

PRÄVENTION In Europa, Asien, Afrika und Australien, wo es diesen Parasiten gibt, sollten Hunde routinemäßig mit Anti-Zeckenmitteln oder Halsbändern geschützt werden.

IMMUNVORTEILE?

Neuere Daten deuten darauf hin, dass Parasitenkontakt in frühen Lebensphasen günstig ist. Forscher der Cambridge-Universität stellten bei vielen afrikanischen Stämmen fest, dass sie mit Parasiten in Kontakt kamen, aber nur selten an Autoimmunstörungen wie Diabetes oder rheumatoider Arthritis leiden. In Europa, Japan und Nordamerika treten Parasiten seltener auf, dagegen sind Autoimmunerkrankungen auf dem Vormarsch. Dies mag zwar Zufall sein, jedoch sprechen neueste Erkenntnisse für einen Zusammenhang: Tierstudien zeigen, dass die Autoimmunerkrankung Diabetes durch spezielle Immunzellen (TH1-Zellen) ausgelöst wird. Parasitenbefall stimuliert eine ähnliche Zelle (TH2). Ein hoher TH2-Gehalt im Blut scheint die TH1-Produktion und -Aktivität zu hemmen, was wiederum die Gefahr von Autoimmunerkrankungen senkt.

Entsprechend könnte der Anstieg von Autoimmunerkrankungen beim Hund mit den wirksamen Entwurmungspraktiken zusammenhängen. Derzeit gibt es noch keine Beweise für einen Bezug zwischen diesen beiden Fakten, dennoch erforschen Veterinärimmunologen diese Frage momentan genauer.

HAUT UND FELL

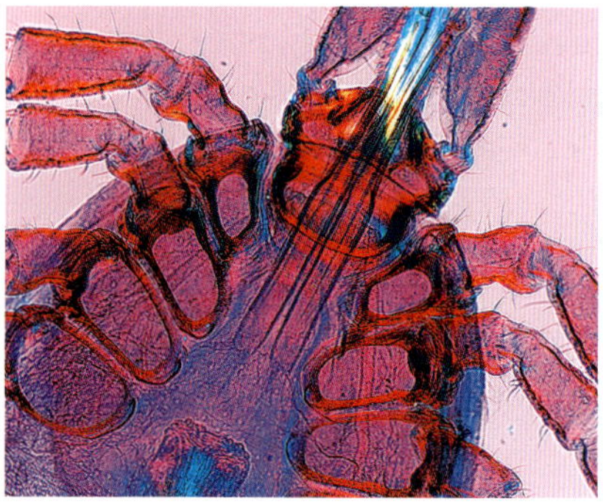

Zecke unter dem Mikroskop

Hauterkrankungen machen zwei Drittel aller Sprechstundenbesuche beim Tierarzt aus. Logisch, denn Probleme mit der Haut sind im Gegensatz zu Störungen anderer Körpersysteme viel leichter erkennbar. Die Haut des Hundes besiedeln häufig Parasiten, meist Flöhe; hinzu kommen Bakterien- und Pilzinfektionen. Hautprobleme können auch Folge einer Immunreaktion sein (zum Beispiel bei Allergien), durch hormonelle oder erbliche Störungen ausgelöst werden oder auf andere Krankheiten zurückzuführen sein, die das Fell schädigen und zu Haarausfall führen.

Die Haut ist robust, elastisch und repariert sich bei Verletzungen hervorragend selbst. Eine Fettschicht unter der unteren Hautschicht (Dermis) bietet Isolierung und physischen Schutz.

FUNKTIONEN DER HAUT

Haut und Fell des Hundes sind seine erste Abwehrfront gegen Verletzungen und Bakterieninvasion. Die Haut ist eine Schutzgrenze zwischen der oft feindlichen Außenwelt und den inneren Organen. Manche Hautzellen bilden ein Pigment namens Melanin, das Haut und Fell färbt und so die Haut vor den UV-Strahlen im Sonnenlicht schützt.

Die Haut ist das größte Sinnesorgan des Körpers. Sie enthält Millionen von Nervenenden und überwacht auf diese Weise die Umgebung. Diese Nervenenden beeinflussen die Körpertemperatur und durch das Schmerzempfinden auch das Verhalten des Hundes.

Die Haut ist ein wichtiger Teil des Immunsystems. Sie enthält Immunzellen, die sich bei Verletzungen vermehren und die zur Heilung nötige Prozesse auslösen. Andere Zellen des Immunsystems, zum Beispiel die Mastzellen, explodieren bei Reizung und setzen Stoffe frei, die zum Kratzen und Reiben veranlassen. An manchen Stellen, wie den Ellbogen, verdickt sich die Haut im Rahmen einer Abwehrreaktion, sodass die Haut dort besser vor Krankheitserregern geschützt ist.

DAS FELL DES HUNDES

Die Haare bilden einen Schutzwall für die Haut, u.a. gegen UV-Strahlen im Sonnenlicht. Außerdem isoliert das Fell gegen Kälte.

Bei den meisten Hunden besteht das Fell aus zwei Haararten: Das raue äußere Fell, das schützt, und das isolierende Daunenfell im körpernahen Bereich. Beim Deutschen Schäferhund zum Beispiel überwiegt das äußere Fell. Bei einigen Rassen ist das Daunenfell durch selektive Züchtung verschwunden. So haben Yorkshire Terrier nur etwa 100 Haare pro Quadratzentimeter, während es bei den meisten nordischen Rassen etwa 500 sind. Andere wiederum, etwa der Boxer, haben kein Daunenfell und nur kurzes Außenfell, also weniger Wärmeschutz.

Die Haare wachsen zyklisch aus Hautvertiefungen (Follikeln) heraus: Eine rasche Wachstumsphase (anagene Phase) wechselt sich mit einer langen Ruhephase (katagene Phase) ab. Bei vielen Hunden folgt eine telogene Phase mit Haarausfall. Dabei löst sich das Haar aus dem Follikel. Lecken, Reiben, Rollen und Bürsten helfen beim Lösen alter Haare. Der Wachstumszyklus wird z.T. durch die Umgebungstemperatur, mehr aber noch durch das Tageslicht beeinflusst, weiterhin durch Hormone, Ernährung, Stress und genetische Faktoren.

F **IST BADEN GUT FÜR DIE HAUT DES HUNDES?**

A Monatliches Baden hält die Haut sauber und gesund. Viele Halter fürchten, Shampoo trockne Haut und Fell aus. Bei einem milden Shampoo ist das jedoch nicht der Fall.

F **KANN DAS BADEN FLÖHE ABTÖTEN?**

A Nein. Bei Flohbefall wenden Sie besser ein wirksames Spezialprodukt an, mit dem Hund und Umgebung behandelt werden.

QUERSCHNITT DURCH HAUT UND FELL

Die Haut besteht aus zwei Schichten: der äußeren Schicht (Epidermis) und der dickeren inneren Schicht (Dermis). Die Epidermis besteht ebenfalls aus Schichten zäher, flacher Zellen, die zuletzt als Schuppen abgestoßen werden. Die Robustheit der Haut verdankt sie dem Eiweiß Keratin, aus dem auch Haare und Krallen des Hundes bestehen. Die Dermis ist ein starkes, elastisches Gewebe mit wärme-, druck- und schmerzempfindlichen Nervenenden, Blutgefäßen, Talgdrüsen, deren Öl die Haut überzieht und vor Wasser schützt, sowie Schweißdrüsen an den Pfoten, die an der Temperatursteuerung beteiligt sind. Unter der Dermis liegt eine isolierende Fettschicht. Die Haare wachsen aus Follikeln, veränderten Epidermisregionen, die in die Dermis reichen.

FELLTYPEN

Die meisten Hunde haben eine Mischung aus rauem Schutzfell und feinem isolierendem Daunenfell. Die äußeren Haare können sich bei Angst oder Kälte muskulär aufstellen.

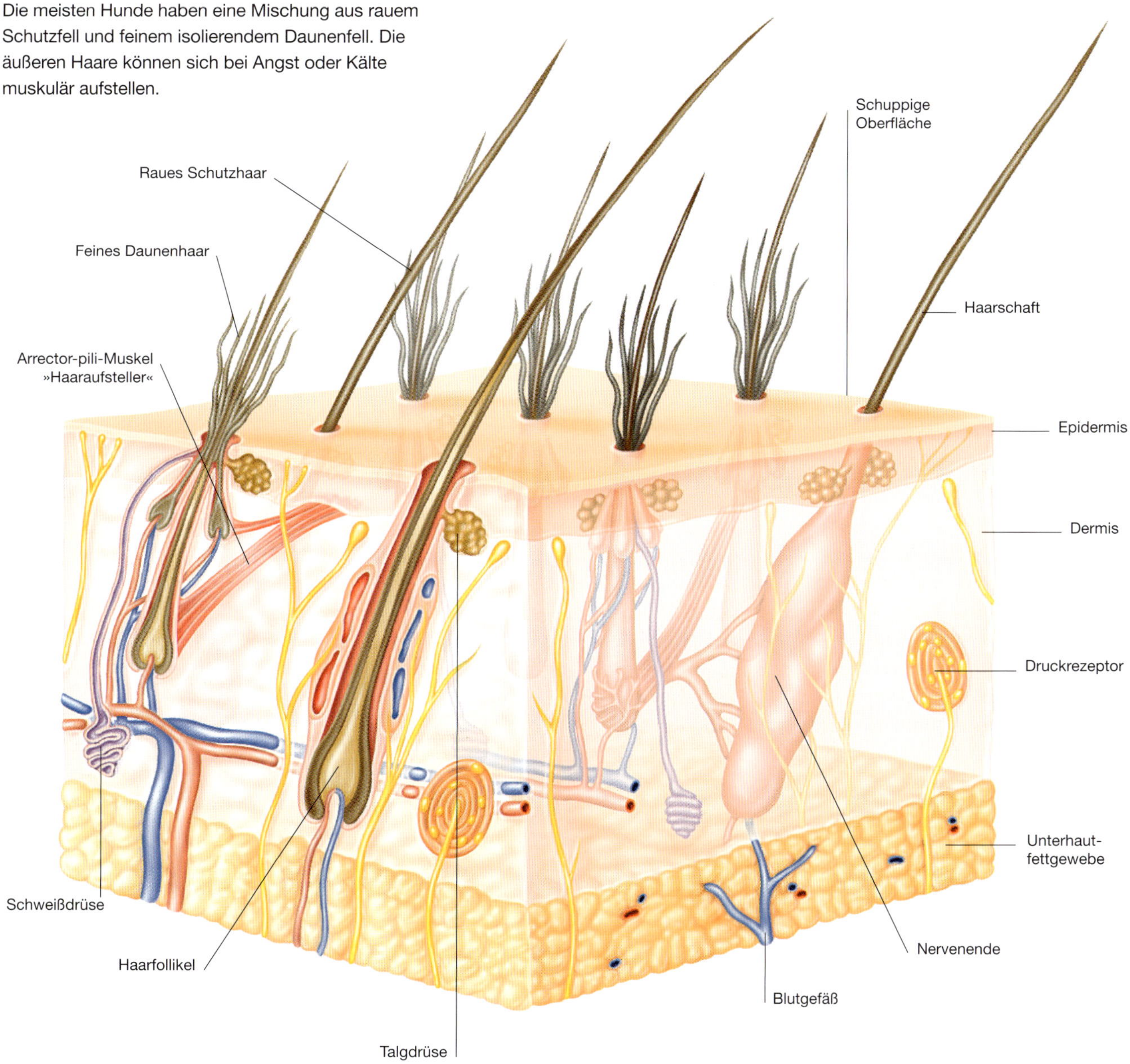

DIAGNOSE VON HAUTKRANKHEITEN

ARTEN VON HAUTKRANKHEITEN

Für die Beschreibung und Klassifizierung von Hautkrankheiten gibt es mehrere Ansätze. Die Klassifizierung ist für Diagnose und Therapie wichtig.

PRIMÄR ODER SEKUNDÄR?

Die meisten Hautprobleme sind primär, d.h. betreffen nur die Haut. Andere sind sekundär, d.h., sie sind nur Anzeichen für eine kompliziertere innere Störung. Sonnenbrand (siehe S. 267) zum Beispiel ist eine primäre Hautstörung, während Geschwüre infolge einer Immunstörung (siehe S. 270) ein sekundäres Hautproblem sind, d.h. lediglich das Symptom einer anderen Krankheit.

URSACHE ODER ANZEICHEN?

Tierärzte klassifizieren Hautkrankheiten oft nach ihrer Ursache (siehe S. 251). Für den Hundehalter ist es oft einfacher, mit der Identifikation von Anomalien auf der Haut des Hundes zu beginnen. Auf den Folgeseiten werden die Hautkrankheiten des Hundes daher nicht nach traditioneller Klassifizierung, sondern nach dem Krankheitsbild vorgestellt, beginnend mit Störungen, die zu Haarausfall führen, danach kommen Beulen und Knoten, Pigmentveränderungen, Juckreiz, Pickel, Schuppen und Verkrustungen sowie abschließend Gewebeschäden und Geschwüre.

Diese beschreibende Klassifizierung hat praktische Vorteile. Man muss auch bedenken, dass Hautkrankheiten selten unauffällig verlaufen und nur ein einzelnes Anzeichen auslösen. Bei fast allen kommt es zu zahlreichen Symptomen, die sich z.T. im Verlauf der Krankheit verändern. Ein Insektenstich kann Entzündung, Schuppenbildung, Blutung, Verkrustung, Gewebeschäden, Geschwüre, Beulen und Haarausfall bewirken. Die Klassifizierungen überschneiden sich daher etwas. Hier werden die Krankheiten nach den Anzeichen aufgelistet, die in den meisten Fällen beobachtet werden.

ALLGEMEIN ODER STELLENWEISE?

Beschreibt man Hautkrankheiten, sollte man angeben, welche Körperteile betroffen sind. Manche befallen mehrere oder alle Körperteile zugleich, wie allergische Dermatitis (siehe S. 260–263). Örtliche Hautstörungen wie Hautgeschwüre (siehe S. 268) oder Injektionsreaktionen (siehe S. 256) sind auf eine kleine Hautregion begrenzt.

DIAGNOSEMETHODEN

Lassen Sie Haut- oder Fellveränderungen vom Tierarzt abklären. Der Tierarzt führt eine sorgfältige Untersuchung durch und zieht zur Diagnose eventuell folgende Techniken heran:

ANSPRECHEN AUF DIE BEHANDLUNG

Meist untersucht der Tierarzt den Hund, stellt die Diagnose, gibt ein Medikament (Antiparasitikum, Antibiotikum o.Ä.) und wartet die Reaktion ab. Bessert sich der Zustand, ist auch die Diagnose bestätigt.

HAUTGESCHABSEL

Der Tierarzt kratzt sanft über die betroffene Hautfläche und untersucht die Schuppen mikroskopisch. Mit dieser Untersuchungsmethode kann er zum Beispiel Juckreizursachen wie *Demodex*-Milben (siehe S. 253) erkennen.

HAUTABSTRICH

Der Tierarzt bringt einen Tesafilm auf der juckenden Haut an, zieht ihn ab und untersucht die Schuppen unter dem Mikroskop. Damit lassen sich *Malassezia*-Hefepilze (siehe S. 266) und *Cheyletiella*-Milben (siehe S. 266) nachweisen.

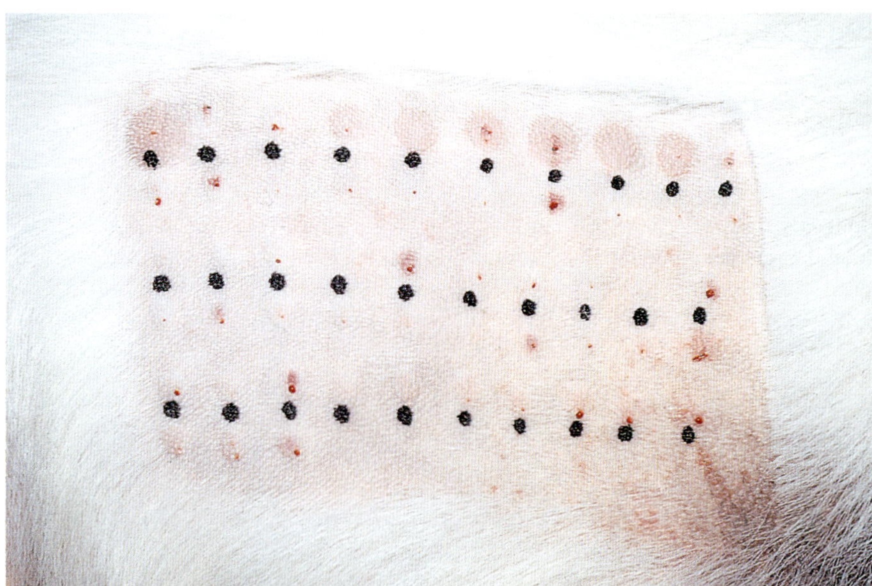

INTRADERMALER HAUTTEST

Dieser Test basiert auf der unterschiedlichen Hautreaktion auf potenzielle Auslöser von allergischen Hautkrankheiten. Bei dem Test auf dem Foto wurden diverse dieser Allergene in die Haut eingebracht und haben unterschiedliche entzündliche Reaktionen ausgelöst.

TIPPS VOM TIERARZT

Hundehalter sollten auf acht Anzeichen von Hautstörungen achten: örtlicher oder starker allgemeiner Haarausfall, Pigmentveränderungen, sichtbare Beulen oder Knoten, ständiges Kratzen oder Lecken, Entzündung, Schuppen- oder Krustenbildung, Gewebeschäden und tiefe Geschwüre. Beim Baden oder Bürsten sollte immer die Haut untersucht werden. Bei den genannten Anzeichen bringen Sie den Hund baldmöglichst zum Tierarzt.

HAUTBIOPSIE

Der Tierarzt nimmt eine sogenannte Hautstanze aus den betreffenden Hautstellen. Diese Hautstellen werden vorher mit Lokalanästhetikum betäubt. Die Probe wird an ein Labor geschickt, wo Dünnschnitte angefertigt werden. In diesen lassen sich Bakterien, Entzündungen, Tumoren, Parasiten und Pilze nachweisen. Dies ist das beste Verfahren für eine sichere Diagnose.

BAKTERIEN- ODER PILZKULTUR

Mit einem sterilen Wattestäbchen wird ein Abstrich der Hautstelle gemacht, dann eine Kultur angelegt, um den Infektionserreger zu bestimmen. Fadenpilzinfektionen lassen sich durch Pilzkultur zum Beispiel aus Haaren (siehe S. 254) nachweisen.

UV-UNTERSUCHUNG

Das Fell des Hundes wird mit einer Fluoreszenz-Lampe (woodsche Lampe) bestrahlt. Bei Fadenpilzinfektionen (*Microsporum canis*) tritt Fluoreszenz auf.

INTRADERMALE HAUTTESTS

Zur Bestimmung der Ursache allergischen Juckreizes werden vom Veterinärdermatologen Kleinstmengen des potenziellen Reizstoffs (zum Beispiel Pollen, Hausstaubmilben, Humanhautschuppen, Flohspeichel) in die Haut injiziert. Die Teststellen werden auf Entzündung und Rötung geprüft.

ELISA-TESTS

Um den Hund nicht mit den Tests zu quälen, kann man auch ELISA-Allergietests mittels Blutprobe im Labor vornehmen. Die Zuverlässigkeit ist inzwischen gestiegen, sodass der Tierarzt damit die Ursachen von allergischem Juckreiz bestimmen kann.

PFLASTERTESTS

Dieser Test dient der Diagnose der allergischen Kontaktdermatitis (siehe S. 262). Man bringt den vermuteten Auslöser in einem Pflaster auf die Haut und beobachtet die Reaktion.

BLUTTESTS

Hormonstörungen können Hautveränderungen bewirken und lassen sich mit Bluttests erkennen. Autoimmunerkrankungen (siehe S. 270) werden durch immunologische Bluttests diagnostiziert.

FUTTERUMSTELLUNG

Futter, insbesondere der Eiweißanteil, kann Juckreiz auslösen. Durch »Ausschlussdiät« (ein Eiweiß und ein Kohlenhydrat, das der Hund noch nie gefressen hat) über vier bis sechs Wochen wird eine solche Allergie bestätigt, wenn der Juckreiz in dieser Phase zurückgeht (siehe S. 203–204).

UMWELTEINFLÜSSE

Juckende Hautallergien können durch menschliche Hautschuppen, Hausstaubmilben und frisch gemähtes Gras entstehen. Der Tierarzt kann das Tier zur Diagnose in ein anderes Umfeld geben (sofern möglich).

KLASSIFIZIERUNG

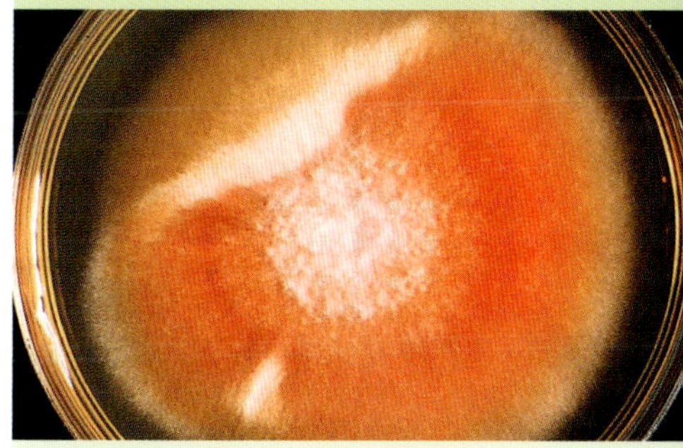

Klassifizierung nach Ursachen:

PARASITÄR

Floh- oder Zeckenbefall (S. 234–236), *Demodex*-Milben (S. 253)

INFEKTIÖS

Abszess (S. 258), allgemeine bakterielle Infektion (S. 266), Furunkulose (S. 270), Fadenpilze (S. 254)

HORMONELL

Haarausfall durch Schilddrüsenunterfunktion (S. 252)

IMMUNBEDINGT

Allergische Dermatitis (S. 260–263), Autoimmunkrankheiten (S. 270)

ERNÄHRUNGSBEDINGT

Auf Zink ansprechende Dermatose (S. 265)

TUMORBEDINGT

Lipom (S. 258), Melanom (S. 258), Histiozytom (S. 258)

ERBLICH

Sebadenitis (S. 265), erbliche Seborrhö (S. 264), Farbmutantenalopezie (S. 257)

ANATOMISCH

Hautfalteninfektion (S. 268)

UMWELTBEDINGT

Interdigitalzysten (S. 256), Sonnenbrand (S. 267), akute feuchte Dermatitis (Hot spot, S. 268)

HAARAUSFALL

Haarausfall, auch Alopezie genannt, tritt meist örtlich oder partiell auf, selten aber vollständig. Haarverlust kann durch Kratzen oder Ablecken, spontan oder infolge gestörten Haarwachstums zustande kommen.

HORMONELLE URSACHEN VON HAARAUSFALL

Die Hormone spielen bei der Fellgesundheit eine wichtige Rolle. Abnorme Hormonspiegel können zu Haarausfall und anderen Anzeichen führen.

SCHILDDRÜSEN-UNTERFUNKTION

Aus noch ungeklärten Gründen »schaltet« das Immunsystem manchmal die Schilddrüse ab, sodass kein Schilddrüsenhormon mehr gebildet wird. Dies passiert besonders nach Stimulation des Immunsystems durch Infektionsabwehr. Schilddrüsenunterfunktion bezeichnet man als »Hypothryreose« (siehe S. 375). Sie kann diverse Hautveränderungen auslösen, zum Beispiel symmetrischen oder auch stellenweisen Haarausfall, leicht ausziehbare Haare, fettige Haut (Seborrhö), trockene Haut, eine vermehrte Pigmentierung (siehe S. 259), aufgedunsene, verdickte oder kühle Haut, Neigung zu Blutergüssen sowie Entzündungen des Außenohrs (Otitis externa).

DIAGNOSE UND THERAPIE Die Diagnose erfolgt anhand von Anzeichen, Bluttests zur Messung des Schilddrüsenhormons und Gewebeproben der Haut. Der Hund wird dann mit Schilddrüsenhormonen behandelt.

NEBENNIEREN-ÜBERFUNKTION

Wird die Nebenniere überaktiv, wird das Hormon Cortisol im Übermaß produziert. Daraus resultiert der »Hyperadrenokortizismus« (auch Cushing-Syndrom, siehe S. 379). Dies kann durch Hypophysenüberfunktion im Gehirn entstehen, wodurch die Nebenniere durch hormonelle Signale überstimuliert wird; die Hypophysenüberfunktion wiederum kann Folge eines Hypophysentumors sein. Ein Tumor in der Nebenniere kann aber auch ohne Beteiligung der Hypophyse zur Überfunktion führen. Der Hund trinkt dann mehr Wasser und bekommt einen aufgeschwemmten Bauch. Hautveränderungen bei erhöhter Cortisolproduktion in der Nebenniere umfassen Haarausfall an Körper und z. T. am Gesicht, fettige Haut (Seborrhö), erhöhte Hautpigmentierung, Hautverdickung, Kalkablagerungen unter der Haut (Calcinosis cutis), Blutergussneigung und Heraustreten von Blutgefäßen an der Hautoberfläche. Insgesamt steigt das Risiko einer allgemeinen bakteriellen Hautinfektion (siehe S. 266), von *Demodex*-Milben (siehe S. 253) und Fadenpilzbefall (siehe S. 254).

DIAGNOSE UND THERAPIE Die Diagnose erfolgt durch Bluttests, die Behandlung durch Mitotane, ein Medikament, das die Nebennierenüberfunktion unterdrückt. Der Cortisolspiegel im Blut wird bestimmt, dann wird Mitotane gegeben und das Ansprechen des Hundes auf das Medikament durch weitere Bluttests zur Optimierung der Dosis überwacht. Die Diagnose von Hypophysen- oder Nebennierentumoren erfolgt durch bildgebende Verfahren. Nebennierentumoren können entfernt werden.

STÖRUNGEN DES HORMONHAUSHALTS

Beim Rüden kann durch einen Sertoli-Zelltumor in den Hoden ein weibliches Östrogen produziert werden. Dies führt zu Haarausfall, hängender Vorhaut und Entwicklung des Gesäuges. Außerdem wird der Rüde gegebenenfalls sexuell attraktiv für andere Rüden.

Bei der Hündin können ein östrogenproduzierender Tumor der Eierstöcke oder Zysten zu Haarausfall führen.

DIAGNOSE UND THERAPIE Ein Sertoli-Tumor im Hoden ist meist tastbar. Die Hoden werden chirurgisch entfernt. Die Diagnose erfolgt durch Untersuchung des entfernten Gewebes. Bei Hündinnen werden Eierstocktumoren durch Kastration entfernt.

WARNZEICHEN HORMONPROBLEME

Das Fell spiegelt den Gesundheitszustand des Hundes wider. Haarausfall kann ein Anzeichen für eine allgemeine Störung etwa im hormonellen Bereich sein oder durch eine Nebennierenüberfunktion zustande kommen. An diese Möglichkeit sollte man denken, wenn der Hund außerdem weitere Symptome aufweist – zum Beispiel erhöhten Durst und einen geschwollenen Bauch. Die Produktion weiblicher Hormone durch einen Hodentumor kann ebenfalls zu Haarausfall mit auffälligen Veränderungen des Sexualverhaltens des Rüden führen.

CASTRATION RESPONSIVE ALOPEZIE X

Dieses seltene, vermutlich ererbte Phänomen wird auch »Wachstumshormondermatose« genannt und tritt fast nur beim Rüden auf. Es entsteht meist in der Pubertät, kann aber durchaus auch später noch auftreten.

Symmetrischer Haarausfall, beginnend am Hals und in der Lende, kann sich auf den ganzen Körper ausdehnen, oft begleitet von Verdunklung der Haut (Hyperpigmentierung, siehe S. 259), ebenfalls am ganzen Körper. An dieser Erkrankung ist vermutlich die Nebenniere beteiligt.

DIAGNOSE UND THERAPIE Es gibt keine sicheren diagnostischen Tests; die Diagnose erfolgt vielmehr durch Ausschluss anderer möglicher Ursachen, anhand der Rasse (siehe rechts) und der Reaktion auf die Kastration. Aus ungeklärten Gründen bessert sich der Haarausfall durch Kastration. Sie ist daher die Therapie der Wahl bei dieser Krankheit.

HAAREN
Haart das Fell übermäßig, so kann dies ein Hinweis auf eine Schilddrüsenunterfunktion sein – erkennbar an symmetrischem oder örtlichem Haarausfall.

ALOPEZIE DURCH KORTIKOSTEROIDE

Kortikosteroide wie Prednison und Prednisolon werden häufig gegen Juckreiz eingesetzt und sind bei manchen Autoimmunstörungen (siehe S. 270) lebensrettend. Ihr Langzeitgebrauch hat jedoch oft Nebenwirkungen, die einer Nebennierenüberfunktion ähneln: vermehrter Durst, geschwollener Bauch und Haarausfall. Man bezeichnet dies als »iatrogene Störung«, d.h. eine Störung, die durch die Therapie ausgelöst wird.

DIAGNOSE UND THERAPIE Bei erkrankten Hunden sollte die Kortikoidtherapie über ca. zwei Monate langsam ausgeleitet werden, indem man die Dosis allmählich auf einmal täglich, dann auf jeden 2. Tag, später zweimal wöchentlich und dann einmal wöchentlich senkt, bevor man sie ganz absetzt. Ist eine Dauerbehandlung nötig, wird die niedrigste wirksame Dosis ausgetestet, die jeden 2. Tag gegeben wird und keine Hormonstörungen auslöst.

HAARAUSFALL DURCH PARASITEN UND PILZE

Milbenbefall (besonders *Demodex*-Milben) sowie Pilzinfektionen sind die häufigsten Ursachen von Haarausfall.

DEMODEX-BEFALL

Viele Hunde haben *Demodex*-Milben und leiden nicht darunter. Die Erkrankung »Demodikose« tritt auf, wenn die Milben überhandnehmen. Dies führt zu Haarausfall, zunächst um Augen und Maul, später allgemein, sowie fettiger Haut, Hautverdickungen und teils zu bakteriellen Sekundärinfektionen. Bei Welpen hängt die Demodikose mit einer besonderen Form mangelnder Immunabwehr zusammen. Bei älteren Hunden liegt meist eine andere Krankheit zugrunde, meist Nebennierenüberfunktion (siehe S. 252), Schilddrüsenunterfunktion (S. 252), Diabetes mellitus (siehe S. 380), ein Tumor oder ein Versagen des Immunsystems.

GEFÄHRDETE RASSEN

Langhaarige Collies (Bild), Collie-Kreuzungen und Shelties neigen zu einer Reihe von Hautproblemen:

- Lupus erythematodes discoides
- Dermatomyositis (bei Welpen)
- Sonnenbrand in Regionen mit weißem Haar (Schnauze)

Rassen, die zu Alopezie X neigen:

- Chow-Chow
- Samojede
- Toy Pudel
- Wolfsspitz
- Zwergpudel
- Zwergspitz (Bild oben)

DIAGNOSE UND THERAPIE Bei Welpen mit örtlicher Demodikose geht die Erkrankung in 90% der Fälle binnen zwei Monaten von selbst zurück. Eine Form mit Allgemeinerkrankung ist meist ernster und muss auf jeden Fall behandelt werden.

Die Therapie zielt darauf ab, die Ursache des übermäßigen *Demodex*-Milbenbefalls zu klären und das Primärproblem zu beseitigen. Gleichzeitig wird die Haut mit einem schuppenlösenden Benzoylperoxidshampoo und milbentötendem Amitraz behandelt. (Beim Einsatz von Amitraz Anweisungen genau befolgen: Es tötet Milben, kann aber auch für Sie und Ihren Hund giftig sein!)

Moxidectin als Spot-on kann helfen, eventuell müssen Antibiotika eingesetzt werden. Früher wandte man auch Kortikosteroide zur Juckreizlinderung an; inzwischen ist man von dieser Therapie jedoch eher abgekommen.

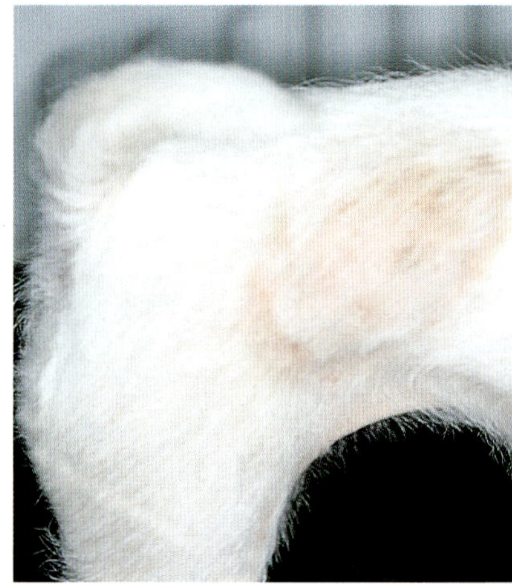

HAARAUSFALL DURCH DEMODEX-MILBEN

Dieser kreisförmige Haarausfall des Hundes beruht auf *Demodex*-Milbenbefall, der auch zu fettiger Haut und Hautverdickungen führt.

FADENPILZE

Eine Fadenpilzinfektion befällt Haare und Haarbälge (Follikel) an beliebigen Körperstellen, meist jedoch an Gesicht und Ohren. Sie ist bei Welpen häufiger als bei ausgewachsenen Hunden. Die Hauptursache ist *Microsporum canis*, es gibt aber noch weitere, die infrage kommen (*Microsporum gypseum* und *Trichophyton mentagrophytes*).

Die Hautreizung beim erkrankten Hund ähnelt meist einer allergischen Reaktion; dazu kommt kreisförmiger Haarausfall an der Infektionsstelle. Die Symptome variieren jedoch. Die selteneren Pilze *Microsporum gypseum* und *Trichophyton mentagrophytes* bewirken meist Entzündungen und unregelmäßigen Haarausfall. Die Haare lassen sich leicht ausreißen. Diese Pilzinfektionen jucken nur selten; durch bakterielle Sekundärinfektionen entstehen aber häufig Krusten, die der Hund ständig leckt und kratzt.

DIAGNOSE UND THERAPIE Eine Fadenpilzinfektion kann anderen Hautkrankheiten ähneln; häufig handelt es sich um etwas anderes. Neben den Symptomen erfordert die Diagnose daher spezifische Tests. Mit *Microsporum canis* infizierte Haare sind unter UV-Licht fluoreszent, andere Fadenpilze nicht. Die Diagnose wird durch Pilzkultur oder Hautbiopsie bestätigt. Dies dauert jedoch u.U. eine gute Woche, sodass die Behandlung häufig ohne exakte Diagnose eingeleitet werden muss.

Leichte Fadenpilzinfektionen werden meist vom Immunsystem abgewehrt und gehen auch unbehandelt zurück. Welpen und Hunde mit schweren Infektionen oder geschwächtem Immunsystem sind hierzu nicht in der Lage. Auch wenn die Infektion lokal begrenzt ist, sollten diese Tiere ein Vollbad in pilztötendem Shampoo nehmen. Kleine Infektionsherde werden dann örtlich mit Antipilzcreme oder -lotion behandelt. Die Behandlung wird noch zwei Wochen nach Ende der Symptome fortgesetzt bzw. zwei Wochen nach negativer Pilzkultur. In schweren Fällen gibt der Tierarzt Antibiotika über mindestens vier Wochen. In Deutschland ist ein Impfstoff gegen Pilzinfektionen erhältlich, der auch zur Therapie der Erkrankung eingesetzt werden kann.

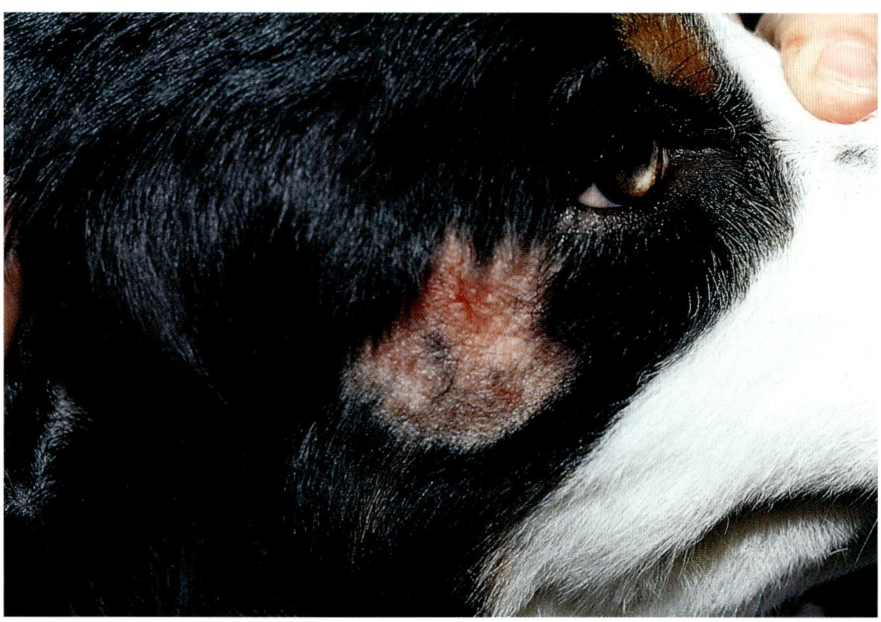

HAARAUSFALL DURCH FADENPILZE

Dieser fast kreisförmige Haarausfall, begleitet von Hautinfektion und -rötung, ist typisch für eine Fadenpilzinfektion.

VERHALTENSBEDINGTER HAARAUSFALL

Auch ständiges Lecken oder Kratzen kann örtlichen Haarausfall auslösen und die Haut schädigen.

STÄNDIGES LECKEN

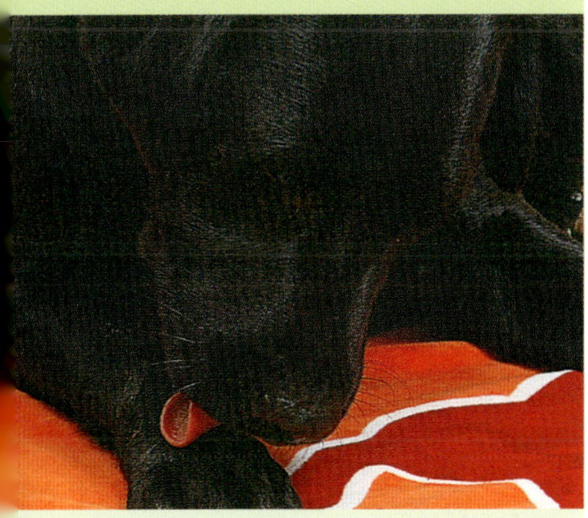

Laut vielen Veterinärdermatologen und Verhaltensforschern geht ständiges Lecken, mit dem der Hund seine eigene Haut schädigt, auf psychische oder emotionale Ursachen zurück, ist also eine »psychogene« Erkrankung.

Meist sind folgende Rassen betroffen:

- Dänische Dogge
- Deutscher Schäferhund
- Dobermann
- Irish Setter
- Labrador Retriever

LECKDERMATITIS

Diese häufige Störung heißt auch »Leckgranulom« oder akrale Dermatitis. Sie ist äußerst komplex und tritt meist bei ausgewachsenen Rüden auf. Das Hauptanzeichen ist Lecken, meist der Vorderläufe, was zu einer örtlichen Hautverdickung und dortigem Haarausfall führt. Die Haut wird rosarot, glänzend und wund, das umgebende Haar ist durch den Speichel mahagoniähnlich (bräunlich rot) gefärbt. Fortgesetztes Lecken kann Geschwüre auslösen.

DIAGNOSE UND THERAPIE Die Diagnose beruht auf der Vorgeschichte des Hundes und auf Ausschluss anderer Haarausfall-Ursachen. Die Therapie umfasst das Verhindern weiteren Leckens und die Ausschaltung bakterieller Sekundärinfektionen. Ein Halskragen hält das Tier vom Lecken ab und lässt die Haut heilen. Bei schweren Hautschäden sind Chirurgie, Kryotherapie (Kältetherapie) oder Steroidinjektionen nötig. Es gibt Berichte über Besserungen durch Angstlöser wie Amitriptylin oder Clomipramin, wobei nicht sicher ist, ob sie wirklich die Angst oder nur das kribbelnde Hautgefühl lindern. Langeweile scheint auch eine Rolle zu spielen, sodass bei der Therapie auch der Lebensrhythmus des Hundes überdacht werden sollte.

MÖGLICHE UMWELTURSACHEN FÜR HAARAUSFALL

In einigen Fällen wird Haarausfall durch Umgebungsbedingungen wie Pflanzensamen oder auch durch Fellkürzen ausgelöst.

DRUCKSTELLEN UND HORNHAUT AM ELLBOGEN

Bei schweren Hunden lastet beim Hinlegen ein enormes Gewicht auf den Ellbogen. Die Haut reagiert mit Verdickung der Schuppen, also Hornhaut. Später fallen an diesen Stellen die Haare aus, sodass die Hornhaut direkt auf dem Boden aufliegt.

Besonders bei schweren Hunden kann sich Hornhaut auch an anderen knochigen Körperstellen bilden. Sie kann reißen, bluten und sich bakteriell infizieren.

DIAGNOSE UND THERAPIE Hornhaut bildet sich meist bei mittelalten oder älteren schweren Hunden. Antibiotika bekämpfen Sekundärinfektionen. Tiefe Risse müssen gegebenenfalls operiert werden. Gegen Austrocknen helfen Vaseline oder Melkfett und Feuchtigkeitspräparate.

Schweren Hunden sollte man ein Kissen unterlegen, damit keine Hornhaut entsteht bzw. bestehende Hornhaut nicht geschädigt wird.

F WELCHE RASSEN NEIGEN BESONDERS ZU HAARPROBLEMEN?

A Bei bestimmten Rassen variieren Menge und Qualität der Fellhaare. Boxer, Englische und Französische Bulldogge sowie Zwergschnauzer haaren regelmäßig und bekommen dann ein neues Fell.

Andere, wie Siberian Husky, Irish Water Spaniel, Cão de Agua português und Curly-Coated Retriever, können ein wolliges, rostfarbenes Fell bekommen. All dies scheint genetisch bedingt zu sein und tritt saisonal oder auch dauerhaft auf.

F WIE SICHER SIND MITTEL GEGEN FADENPILZE?

A Die meisten Medikamente gegen Fadenpilze sind sicher und wirksam. Einige können jedoch Geburtsdefekte auslösen und sind für trächtige Hündinnen und schwangere Frauen gefährlich. Fragen Sie Ihren Arzt.

F WIE ANSTECKEND SIND FADENPILZE?

A Fadenpilze sind beim Hund so ansteckend wie Fußpilz beim Menschen. Wie beim Fußpilz bedarf es keines direkten Kontakts mit dem Überträger, weil die Fadenpilze in der Umgebung leben und vom nächsten Hund aufgenommen werden. Hat Ihr Hund Fadenpilze, isolieren Sie ihn bis zur völligen Heilung von anderen Tieren. Decken Sie Schlafkissen, Sofa etc. mit Betttüchern ab, die Sie jeden 2. Tag mit Chlorbleichlösung waschen, um die Pilzsporen zu töten. Reinigen Sie das ganze Haus mit dem Staubsauger, und behandeln Sie alle Fellbürsten und -kämme mit Chlorbleichlösung (1:32 in Wasser).

FREMDKÖRPER-REAKTIONEN UND INTERDIGITALZYSTEN

Fremdkörper wie Grassamen, Glassplitter, Fiberglasfasern, Dornen, Stacheln oder ein starres Haar vom Hund selbst (siehe rechts) können die Oberhaut durchstechen. Dadurch kann es zu Entzündungen, Schwellungen und gegebenenfalls örtlichem Haarausfall kommen.

Die häufigste Ursache einer Fremdkörperreaktion ist Fuchsschwanzgrassamen. Er ist spitz, durchdringt die Haut und kann aufgrund seiner Form nicht mehr zurück. Dies geschieht häufig zwischen den Zehen des Hundes, was dann eine Interdigitalzyste auslösen kann: Der Körper reagiert mit der Bildung eines Granuloms oder Abszesses (siehe S. 258), die beide zu Schmerzen in der betreffenden Pfote führen.

DIAGNOSE UND THERAPIE Fremdkörper in der Haut sind daran zu erkennen, dass der Hund die betreffende Stelle auffällig oft leckt. (Grassamen im Ohr führen dazu, dass er ständig den Kopf schüttelt).

Durch das Lecken und die Gewebereaktion kommt es zu örtlicher Schwellung und Haarausfall. Eine solche Schwellung wird unter Vollnarkose geöffnet, damit der Tierarzt den Fremdkörper mit einer speziellen Fasszange aus dem Unterhautgewebe entfernen kann. Die Suche ist manchmal schwierig. Gegen bakterielle Sekundärinfektionen helfen Antibiotika.

REAKTIONEN AUF EIGENHAAR

Das kurze, starre Haar von Rassen wie beispielsweise dem Dobermann neigt zu Druckstellen mit Hornhaut und kann zu Fremdkörperreaktionen führen: Die Haare können sich wie Fremdkörper in die Haut bohren, beispielsweise wenn sich der Hund hinlegt, und dann kommt es ebenfalls zu entzündlichen Hautreaktionen.

DIAGNOSE UND THERAPIE Die wirksamste Behandlung besteht darin, die störenden Haare auszuzupfen und dem Hund zum Ruhen ein Kissen zu geben (siehe Druckstellen, S. 254).

INJEKTIONSREAKTION

Manche Hunde entwickeln Haarausfall an »Injektionsstellen« von Spritzen oder auch Bienenstichen. Beim Haarausfall nach Bienenstich handelt es sich um eine Fremdkörperreaktion. Nach einer Spritze kann der Körper an dieser Stelle ähnlich reagieren, insbesondere nach einer Injektion von Kortikosteroiden.

DIAGNOSE UND THERAPIE Die Diagnose erfolgt aufgrund der Vorgeschichte des Hundes und gegebenenfalls einer Hautbiopsie. Es ist keine Therapie erforderlich; die Haare wachsen meist binnen eines Jahres wieder nach.

HAARAUSFALL NACH DEM FELLSCHNEIDEN

Diese häufige Störung tritt nach dem Haareschneiden auf, etwa bei Hunden, deren Fell vor einer Operation gekürzt werden musste. Meist betrifft sie dichtfellige Spitz-Rassen wie Alaskan Malamute, Chow-Chow, Wolfsspitz, Samojede und Siberian Husky. Manche Tierärzte und Dermatologen glauben, dass der Haarausfall durch Tempera-

GRASSAMEN IN DER HAUT

Grassamen wie etwa vom Fuchsschwanzgras können mit ihrer Hakenform in die Haut des Hundes eindringen. Oft geschieht dies zwischen den Zehen. Das Samenkorn zerstört dann das umliegende Gewebe, verursacht Schmerzen, eine örtliche Entzündung mit Schwellung und manchmal die Bildung von Zysten (Zysten zwischen den Zehen heißen »Interdigitalzysten«) oder von Abszessen. Grassamen in der Haut müssen in der Regel vom Tierarzt entfernt werden.

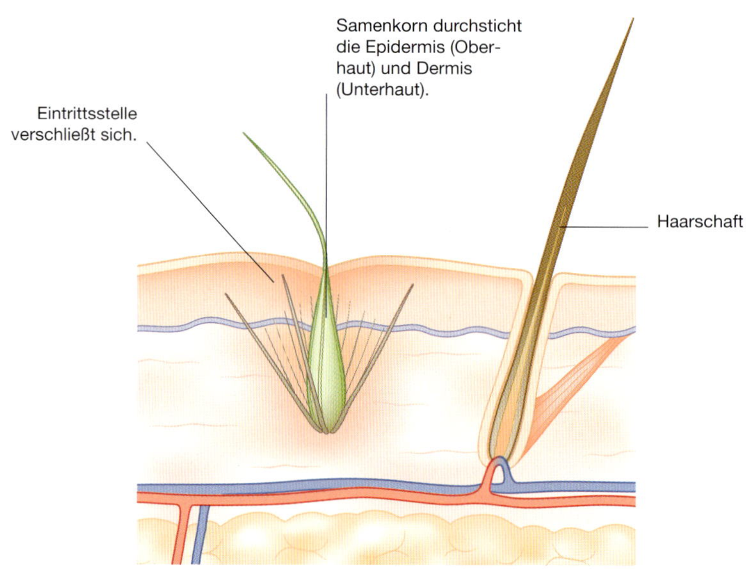

turverlust an der gekürzten Fellstelle entsteht, weil die Haarbälge dort schlechter mit Blut versorgt werden. Diese Form des Haarausfalls kann aber hormonell bedingt sein und beispielsweise durch Schilddrüsenunterfunktion (siehe S. 252) oder Nebennierenüberfunktion (siehe S. 252) entstehen.

DIAGNOSE UND THERAPIE Gegen diese Form von Haarausfall gibt es keine Therapie. Die Haare wachsen in der Regel binnen eines Jahres wieder nach. Die Blutversorgung kann durch kräftige Massage örtlich stimuliert werden, was das Nachwachsen des Fells anregt.

ERBLICHE FORMEN VON HAARAUSFALL

Manche Haarausfall-Formen sind bei bestimmten Rassen genetisch bedingt und werden von einer Generation an die nächste weitergegeben.

SCHABLONENKAHLHEIT

Diese seltene, symmetrische Form von Haarausfall, auch erworbene Schablonenkahlheit, entwickelt sich langsam. Sie befällt meist die Ohren, aber auch andere Körperteile, vor allem beim Dackel, jedoch auch beim Boston Terrier, Chihuahua, Greyhound und Whippet. Die Schablonenkahlheit beim Hund entspricht vermutlich dem ererbten männlichen (androgenetischen) Haarausfall beim Menschen.

DIAGNOSE UND THERAPIE Die Diagnose basiert auf der Vorgeschichte des Hundes und gegebenenfalls einer Hautbiopsie. Gegen diese Art des Haarausfalls gibt es keine Therapie.

FARBMUTANTENALOPEZIE

Sie ist relativ selten und betrifft Einzeltiere der Rassen Dobermann, Chihuahua, Chow-Chow, Greyhound, Neufundländer und Pudel mit blauem oder rehbraunem Fell.

Beim Welpen ist das Fell normal, aber nach vier Monaten bis drei Jahren werden die blauen oder rehbraunen Bereiche brüchig, trocken und stumpf und fallen mottenfraßähnlich aus. Die Haut ist dort trocken, schuppig und bekommt häufig Mitesser (siehe S. 264). Die kahlen Stellen neigen zu bakteriellen Infektionen.

DIAGNOSE UND THERAPIE Die Diagnose basiert auf der Rassenzugehörigkeit, den klinischen Anzeichen und eventuell einer Hautbiopsie. Es gibt keine Therapie. Die Haut wird mit Feuchtigkeitsmitteln gepflegt, Antibiotika bekämpfen Sekundärinfektionen. Verantwortungsvolle Züchter vermeiden die Zucht mit Tieren, die dieses Merkmal aufweisen.

HAUTKNOTEN UND HAUTBEULEN

Knoten und Beulen auf der Haut können durch viele Störungen verursacht werden, darunter auch Krebs. Doch ungefährlichere Arten von Hauttumoren sind wesentlich häufiger.

ZYSTEN

Eine Zyste ist eine sackähnliche Vertiefung. Eine Hautzyste ist die runde, feste, schmerzlose Schwellung eines Haarbalgs. Ihr Inhalt hat oft eine käse-

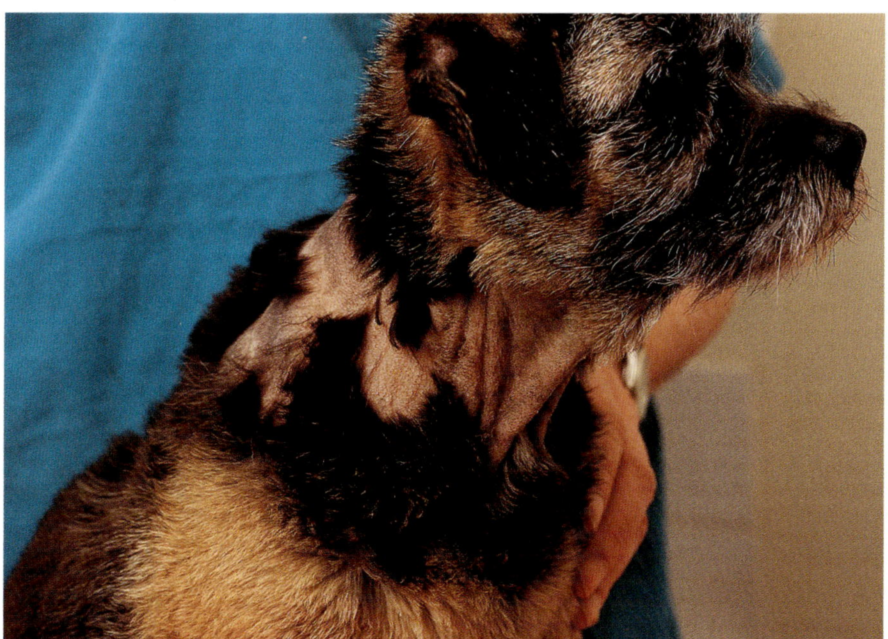

SYMMETRISCHER HAARAUSFALL

Dieser Hund hat Haarausfall auf beiden Seiten von Hals und Rumpf. Ein solches Muster ist meist eine erbliche Störung (Schablonenkahlheit oder erworbene Schablonenkahlheit), die vermutlich dem männlichen (androgenetischen) Haarausfall beim Menschen entspricht.

GEFÄHRDETE RASSEN

Folgende Rassen neigen zur Farbmutantenalopezie:

- Berner Sennenhund (blau)
- Dackel (blau)
- Dobermann
- Chihuahua (blau)
- Chow-Chow (blau)
- Irish Setter (rehbraun)
- Greyhound (blau)
- Zwergpinscher (blau)
- Neufundländer (blau)
- Schipperke (blau)
- Sheltie (blau)
- Pudel (blau)
- Weimaraner (blau)
- Whippet (blau)
- Yorkshire Terrier (blau)

ähnliche Konsistenz. Hautzysten werden manchmal fälschlich als Talgzysten bezeichnet.

DIAGNOSE UND THERAPIE Zysten diagnostiziert man durch Untersuchung und gegebenenfalls Biopsie. Die Behandlung erfolgt durch Entleerung. Zysten nie zusammendrücken; dies führt zu Entzündungen.

ABSZESSE

Ein Abszess ist eine tiefe Infektion in einer Gewebetasche unter der Haut. Durch Biss oder Kratzer werden Bakterien in die Haut eingeschleppt, die von weißen Blutkörperchen angegriffen werden. Der Körper schließt sozusagen die Bakterien ein, um ihre Verbreitung im Körper zu verhindern. Abszesse fühlen sich oft heiß an und sind von Rötungen umgeben. Der Abszess ist eine häufige Art der Fremdkörperreaktion (siehe S. 256).

DIAGNOSE UND THERAPIE Diagnostiziert wird durch Untersuchung und gegebenenfalls Biopsie. Behandelt wird durch Entleerung und eventuell Antibiotika.

HÄMATOM

Ein Hämatom, ein Bluterguss, ist eine Ansammlung von Blut unter der Haut durch Verletzung. Kräftiges Kopf-

> **TIPPS VOM TIERARZT**
>
> **Wer seinen Hund regelmäßig eingehend pflegt und bürstet, entdeckt Hautknoten meist im Frühstadium. Tierärzte stellen heute fest, dass sie immer frühzeitiger auf Tumoren bei Hunden aufmerksam gemacht werden. Natürlich verspricht die Behandlung dann viel mehr Erfolg. Sehr häufig können die Halter also aufatmen, weil es sich bei dem Knoten um eine harmlosere Hautstörung handelt.**

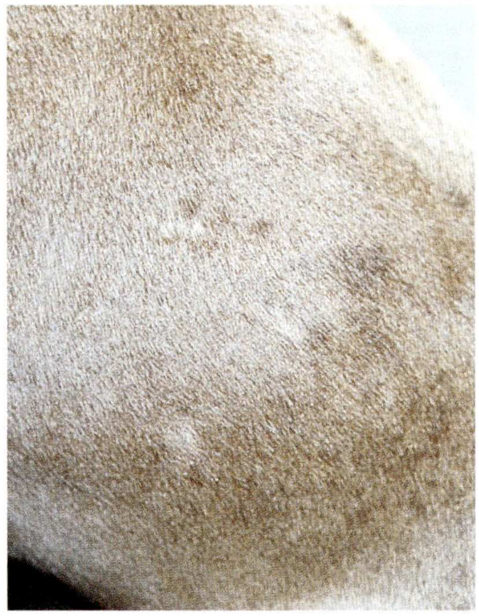

FARBMUTANTENALOPEZIE
Bei diesem Weimaraner ist das blaue Fell stellenweise brüchig und stumpf geworden und beginnt auszufallen. Trockene, nackte Haut wird sichtbar.

schütteln kann beim Hund zu Hämatomen an den Ohren führen; diese sind oft heiß und gerötet, aber selten schmerzhaft.

GRANULOM

Ein Granulom ist eine Bindegewebsreaktion auf einen Fremdkörper, der die Oberhaut (Epidermis) durchdringt. Granulome sind meist erhabene, feste Schwellungen ohne klaren Rand. Ein Granulom ist eine häufige Reaktion der Haut auf einen »sterilen« Fremdkörper wie zum Beispiel eine Injektionsnadel (siehe S. 256).

DIAGNOSE UND THERAPIE Ein Granulom geht meist von alleine zurück. Ein Knoten, der nicht von selbst verschwindet, sollte untersucht werden.

PAPILLOME

Papillome sind blumenkohlähnliche Gewächse auf der Haut. Diese Warzen treten häufig zu mehreren in Gruppen auf. Sie können rosa und schmerzfrei sein. Meist erfordern Papillome keine Behandlung. Kommt es bei stärkerem Befall aber zu Verletzungen oder Infektionen, muss man dagegen vorgehen.

LIPOME

Ein Lipom ist ein gutartiger Fettzellentumor. Es kann überall am Körper auftreten, meist bei älteren Hunden, ist meist schmerzfrei und fühlt sich unter der Haut weich und rund an. Es wird bei Bedarf chirurgisch entfernt.

PERIANALTUMOREN

Dies sind kleine Schwellungen im Analbereich, meist bei älteren Rüden. Betroffene Hunde belecken die Region ausgiebig. Der Perianaltumor ist gutartig. Langfristig hilft nur die Kastration, da dieser Tumor unter dem Einfluss männlicher Hormone entsteht.

HISTIOZYTOM

Dieser Tumor ist ein knopfartiger, erhabener Knoten (gerötet und entzündet), der sich überall am Körper bilden kann und meist bei jungen Hunden auftritt.

HAUTKREBS

Eine Reihe von Krebstumoren, darunter Melanome, Basalzellentumoren, Plattenepithelkarzinome und Mastzellentumoren, können ebenfalls Hautknoten auslösen. Sie betreffen meist ältere Hunde. Alle diese Tumoren sind potenziell gefährlich. Ihre Behandlung erfolgt durch großräumige chirurgische Entfernung. Die Diagnose Krebs wird durch Untersuchung des Tumorgewebes bestätigt.

PIGMENTVERÄNDERUNGEN

Einige Hautstörungen führen zu Pigmentverlusten, bei anderen nimmt die Pigmentierung zu. Pigmentveränderungen sind meist harmlos, geben aber manchmal Aufschluss über andere vorliegende Erkrankungen.

HYPOPIGMENTIERUNG

Nach praktisch jedem Hautschaden kann Pigmentverlust auftreten. Einige Tiere erben auch eine Störung (Vitiligo), bei der manche Körperteile spontan die Pigmentierung verlieren. Andere Hunde bekommen saisonal oder permanent einen Pigmentverlust an der Nase (siehe rechts). Autoimmunkrankheiten wie Pemphigus und Lupus erythemadodes (siehe S. 270 und S. 271) führen auch zu Pigmentverlust, etwa bei ein- bis dreijährigen Collies oder Deutschen Schäferhunden.

DIAGNOSE UND THERAPIE Die exakte Diagnose von Pigmentverlust ist nur durch Gewebeproben möglich. Autoimmunkrankheiten werden mit Immunsuppressiva behandelt. Bei Vitiligo kann man den Hund nur vor grellem Sonnenlicht schützen und Sunblocker auftragen. Es gibt keine Behandlung oder Nahrungszusätze, die die Rückkehr der Pigmentierung fördern. Durch Tätowieren kann man manche Hunde vor Sonnenbrand an den Ohren schützen, jedoch führen auch die Tätowierungen selbst bei einigen Tieren zu allergischen Hautreaktionen.

HYPERPIGMENTIERUNG

Sonneneinstrahlung und fast alle chronischen Hautreizungen oder -entzündungen können Hautveränderungen auslösen, die mit Überpigmentierung einhergehen. Chronische Allergien (siehe S. 210–213) sind eine häufige Ursache, weiterhin Malassezia (siehe S. 266), Parasitenbefall (siehe S. 260) und Hormonstörungen wie Schilddrüsenunterfunktion (siehe S. 252) oder Nebennierenüberfunktion (siehe S. 252). Überpigmentierung geht häufig mit Hautverdickungen einher.

DIAGNOSE UND THERAPIE Eine Hautbiopsie ermöglicht die Diagnose. Bluttests können die eigentliche Ursache wie beispielsweise Hormonschwankungen aufklären. Die Hyperpigmentierung geht dann nach Behandlung der Störung oft von selbst zurück.

ACANTHOSIS NIGRICANS BEIM DACKEL

Dackel leiden an den Innenseiten der Gliedmaßen oder an den Ohren unter einer Überpigmentierung. Diese Störung wird als Acanthosis nigricans bezeichnet. Die Ursache der Hautveränderung ist nicht völlig erforscht. Die Haut verdunkelt sich dabei infolge einer chronischen Entzündung.

DIAGNOSE UND THERAPIE Die Diagnose erfolgt nach Anzeichen, Rassezugehörigkeit und Ausschluss anderer Ursachen. Die Entzündungen lassen sich mit örtlich angewandter Kortikosteroidsalbe behandeln.

NASENPIGMENT-VERÄNDERUNG

Hunde mancher Rassen werden mit schwarzen Nasen geboren, die später braun, gesprenkelt oder rosa werden. Hierzu zählen Afghane, Dobermann, Deutscher Schäferhund, Irish Setter, Pointer, Pudel und Samojede.

Bei anderen Rassen wird die sonst schwarze Nase im Winter schokobraun und schwärzt sich erst im Sommer wieder. Dies gibt es beim Berner Sennenhund, Golden Retriever, Labrador Retriever und Siberian Husky. Diese Veränderung bezeichnet man als »Schneenase«.

Bei wieder anderen Rassen entfärbt sich nicht nur die schwarze Nase, sondern auch die schwarzen Lippen und Augenlider. Dies ist ein Anzeichen der Hautstörung Vitiligo (siehe oben).

Alle diese Störungen sind allenfalls ein ästhetisches, jedoch kein medizinisches Problem und bleiben unbehandelt. Sie sind vermutlich erblich.

GEFÄHRDETE RASSEN

Zu Vitiligo neigen folgende Rassen:

- Collie
- Dobermann
- Labrador Retriever
- Neufundländer
- Rottweiler
- Tervueren (Belgischer Schäferhund)

Zum Pigmentverlust der Nase neigen besonders:

- Deutscher Schäferhund
- Golden Retriever
- Labrador Retriever
- Pudel
- Samojede
- Siberian Husky

Zur Überpigmentierung neigen folgende Rassen:

- Beagle
- Boston Terrier
- Boxer
- Cocker Spaniel
- Dackel
- Dobermann
- Dänische Dogge (Bild oben)
- Irish Setter
- Sheltie
- Scottish Terrier
- Shar Pei
- Weimaraner
- West Highland White Terrier

JUCKREIZ (PRURITUS)

Die heutige Umgebung des Hundes unterscheidet sich drastisch von seinem natürlichen Umfeld. In den USA, Kanada und Europa verbringen die Menschen 95% ihrer Zeit in ihren Häusern oder Autos. Ihre Hunde natürlich auch! Moderne Häuser sind praktisch luftdicht und damit ideal für Hausstaubmilben. Bei vielen Hunden führt diese Reizung zur Freisetzung chemischer Stoffe, die Juckreiz und Hautirritationen auslösen.

Die Diagnose der Juckreizursache kann schwierig sein, weil nicht immer eine Entzündung (oder eine Sekundärinfektion) vorliegt. Die Reaktion des Hundes auf den Juckreiz ist für den Halter immer ein Signal, dass etwas nicht in Ordnung ist. Kämpft der Hund durch Lecken, Knabbern, Kauen, Kratzen, Beißen, Reiben oder Wälzen mit seinem Juckreiz, können sich Schuppen und Krusten bilden, die eine Sekundärinfektion begünstigen. Starker Juckreiz kann sogar zu Persönlichkeitsveränderungen führen, wie Toleranzverlust, Reizbarkeit und Aggression.

Allergien sind eine häufige Juckreizursache, zum Beispiel allergische Dermatitis durch Flöhe (siehe unten), atopische Dermatitis (siehe S. 262), Dermatitis durch Futterallergie (siehe S. 262), allergische Kontaktdermatitis (siehe S. 262) und allergische Staphylokokkendermatitis (siehe S. 263).

PARASITEN

Juckreizursachen können parasitär sein (Räudemilben, Herbstgrasmilben, Ohrmilben, Flöhe, Läuse, Zecken, *Cheyletiella*-Milben und Maden (siehe auch S. 230–237).

DIAGNOSE UND THERAPIE Parasiten auf der Haut werden in Ab- oder Ausstrichen nachgewiesen. Die Behandlung umfasst die Ursache sowie Sekundärinfektionen. Antihistamine und Kortikosteroide lindern den Juckreiz und verhindern Hautschäden durch Lecken und Kratzen. Häufiges Shampoonieren löst Schuppen und Krusten ab.

BAKTERIELLE PILZINFEKTIONEN

Juckreiz kann auch durch bakterielle Infektionen (siehe S. 222–225) und Pilzinfektionen (siehe S. 228) entstehen.

DIAGNOSE UND THERAPIE Bakterien oder Pilze werden in Hautabstrichen oder Kulturen nachgewiesen. Die Ursachen müssen beseitigt und Sekundärinfektionen behandelt werden. Den Juckreiz lindern Antihistamine und Kortikosteroide und verhindern so Hautschäden durch Lecken und Kratzen. Schuppen und Krusten löst man durch häufiges Shampoonieren ab.

ALLERGIEN

Eine Allergie ist eine abnorme Reaktion des Immunsystems auf einen Fremdstoff (Allergen). Meist verläuft sie symptomlos. Bei empfindlichen Tieren kommt es jedoch zur allergischen Reaktion (siehe S. 210–213). Allergene sind zum Beispiel Pollen, Grassaft, bestimmte Infektionserreger und Parasiten sowie manche Futterbestandteile.

Beim Menschen führen Allergien meist zu tränenden Augen und laufender Nase, manchmal zu Atemstörungen. Beim Hund entsteht dagegen vor allem Juckreiz, der so stark sein kann, dass das Tier sich durch Kratzen, Lecken und Beißen selbst schädigt und dadurch eine Reihe von Komplikationen wie Bakterien- oder Pilzinfektionen auslöst. Juckreiz bei Hunden wird immer häufiger, und die Ursache ist fast ausnahmslos eine Allergie.

DIAGNOSE UND THERAPIE Allergien werden durch Intradermal- oder ELISA-Tests (siehe S. 250/251), durch Ausschlussdiät oder Umgebungsveränderungen nachgewiesen. Die Behandlung umfasst die Ursache sowie Sekundärinfektionen. Dies ist bei Allergien jedoch nicht immer möglich – die Suche nach der Allergieursache kann zeitaufwendig sein. Antihistamine und Kortikosteroide lindern den Juckreiz und verhindern Hautschäden durch Lecken und Kratzen. Schuppen und Krusten werden durch häufiges Shampoonieren abgelöst.

ALLERGISCHE DERMATITIS DURCH FLÖHE

Diese häufigste Allergie des Hundes wird durch Stoffe im Flohspeichel

FLÖHE ERKENNEN

Man muss nicht unbedingt einen Floh finden: Flohkot ist ein ebenso sicheres Anzeichen für diese Parasiten. Er ist glänzend schwarz wie kleine Kohlestückchen. Bei hellen oder braunen Hunden ist er leicht zu sehen, bei schwarzen natürlich schwerer. Setzen Sie den Hund dann auf eine helle Oberfläche, zum Beispiel auf Zeitungspapier (siehe rechts). Bürsten Sie das Fell nun mit der Hand kräftig gegen den Strich. Dadurch fällt der Flohkot aus dem Fell. Nehmen Sie die dunklen Partikel mit einem feuchten Küchentuch auf; färben sie sich rötlich bis rotbraun, handelt es sich um Flohkot, d.h., der Hund hat Flöhe.

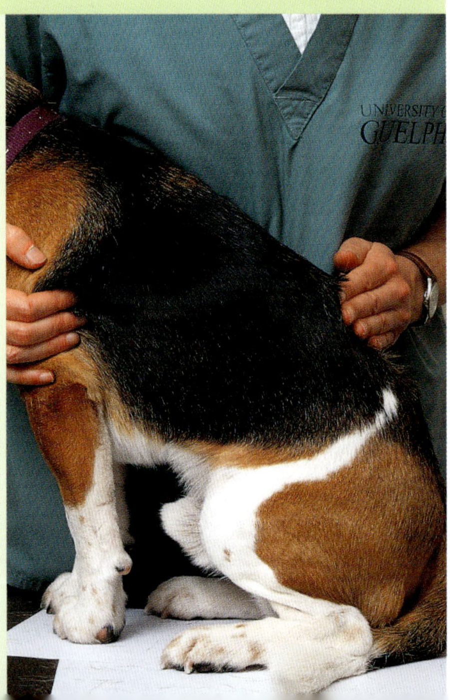

DER VERLAUF EINER ENTZÜNDUNG

Die Haut ist das größte Organ des Immunsystems. Sie enthält verschiedene Arten weißer Blutkörperchen als Wachposten. Beim Eindringen eines Mikroorganismus oder Fremdkörpers (zum Beispiel eines Glassplitters) durch die Haut setzen die weißen Blutkörperchen Stoffe frei, die die feinen Blutgefäße (Kapillaren) an der Eintrittsstelle durchgängiger machen. Sie ziehen dadurch weitere weiße Blutkörperchen (Phagozyten) an, die stets im Blutkreislauf patrouillieren und so zur Eintrittsstelle gelangen. Die freigesetzten Stoffe sowie die vom beschädigten Gewebe abgegebenen Histamine rufen eine juckende Entzündung hervor. Die Stelle rötet sich, schwillt an, sie schmerzt und wird warm.

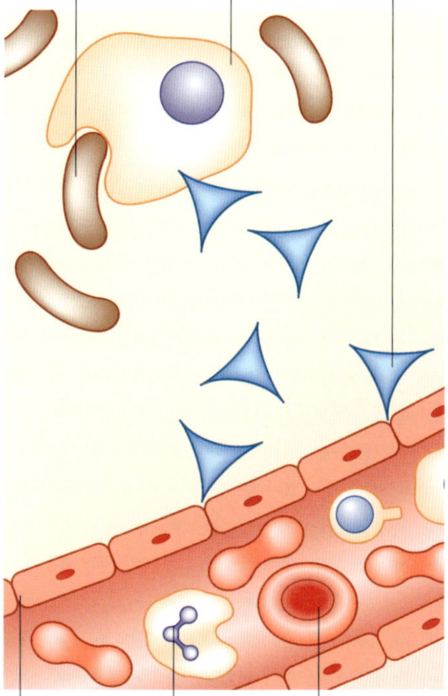

Freigesetzte Entzündungsstoffe

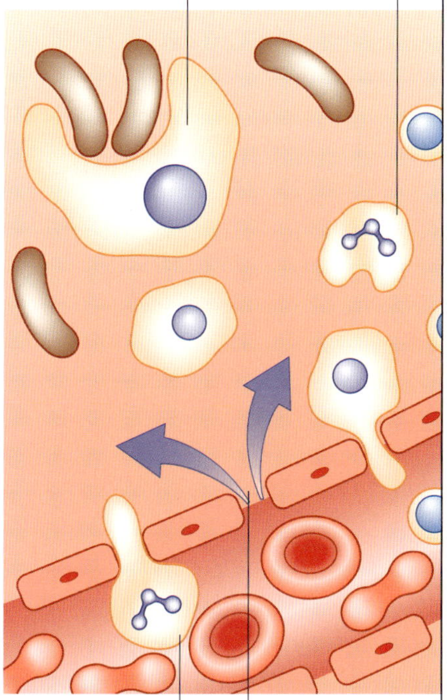

Zufuhr von Phagozyten

ausgelöst, die nach dem Stich zurückbleiben. Kratzt sich Ihr Hund, hat aber keine Hautschäden und Sie wissen, dass er Flöhe hat, können Sie davon ausgehen, dass der Juckreiz von den Flöhen kommt.

Die allergische Dermatitis durch Flöhe führt zunächst sofort zu Juckreiz und Kratzen. Danach entstehen rote, erhabene Pickel, die meist in der Rumpf- und Lendenregion auftreten. Später wird die Haut dicker und dunkler, manchmal auch trocken, klebrig oder schuppig.

DIAGNOSE UND THERAPIE Ein ELISA-Bluttest oder intradermaler Hauttest bringt Klarheit über die Flohallergie. Die Behandlung umfasst die Beseitigung der Flöhe und Vermeidung ihrer Rückkehr (siehe S. 232–235). Behandeln Sie nicht nur den Hund, sondern immer auch die gesamte Umgebung! Verlassen Sie sich bei dieser Erkrankung nicht auf biologische Anti-Flohmittel wie zum Beispiel Insektenwachstumsregulanzien, die die Vermehrung der Flöhe verhindern. Sie sollten die Flöhe so rasch wie möglich abtöten, am Stechen hindern und so die allergische Reaktion eindämmen.

Verwenden Sie vorbeugend bei allen Haustieren Insektizide wie Selamectin oder Imidacloprid ab mindestens vier Wochen vor Beginn der Flohsaison, in warmen Gegenden das ganze Jahr über.

F **WARUM JUCKEN FLÖHE BEIM HUND SO STARK?**

A Beim Beißen sondert der Floh seinen Speichel in die Haut ab. Dieser enthält entzündliche, histaminähnliche Stoffe. Bei empfindlichen Tieren kann ein einziger Stich einen sehr starken Juckreiz auslösen.

F **WIE VERHINDERE ICH DIE WIEDERKEHR DER ALLERGISCHEN FLOHDERMATITIS?**

A Behandeln Sie ganzjährig alle Haustiere mit einem Insektizid und Ihr Zuhause mit Insektenwachstumshemmern, die das Reifen der Eier und Larven verhindern.

ATOPISCHE DERMATITIS

Diese stark juckende Erkrankung ist die zweithäufigste Hautallergie des Hundes. Allergene wie Milbenkot, menschliche Hautschuppen oder saisonale Pollen werden eingeatmet oder landen auf der Haut und rufen eine Antikörper-Überreaktion (siehe S. 212) mit Entzündung und Juckreiz hervor. Die atopische Dermatitis, auch Atopie genannt, entwickelt sich langsam bei Hunden im Alter von sechs Monaten bis zu drei Jahren. Die empfindlichen Ohren sind oft als Erstes entzündet und jucken. Das Lecken der Pfoten, Lendenregion oder Achselhöhlen mit anschließendem Reiben des Gesichts führt zu rotbräunlicher Hautverfärbung durch Speichel, ein Zeichen einer chronischen Reizung. Häufig gibt es bakterielle Komplikationen mit Pusteln, Krusten, Erosionen und Geschwüren (siehe S. 264–270).

DIAGNOSE UND THERAPIE Die atopische Dermatitis ist häufig von sekundären Bakterien- oder Pilzinfektionen begleitet. Die mikroskopische Untersuchung einer Probe des betroffenen Hautgewebes dient der Diagnose. Pilz- und Bakterienkulturen klären die Identität der Mikroben. Sorgfältige Erfassung der Vorgeschichte und klinische Beurteilung über ein ganzes Jahr hinweg ermöglichen eine präzise Diagnose. Intradermale und ELISA-Tests (siehe S. 250 –251) helfen bei der Erforschung der spezifischen Ursache.

PRÄVENTION Die beste Behandlung ist die Meidung bekannter Allergene. Ist dies nicht möglich, empfehlen sich Nahrungszusätze wie essenzielle Fettsäuren (Nachtkerzenöl, Öl von Meeresfischen oder Leinsamenöl) zur Linderung der Entzündung und des Juckreizes. Regelmäßiges Baden und Feuchtigkeitspräparate reinigen die Haut von potenziellen Allergenen und Schuppen, in denen Bakterien und Pilze gedeihen. Auch eine Desensibilisierung mithilfe der störenden Allergene ist bei etwa einem Drittel aller Hunde mit Atopie sinnvoll.

SAISONALE REIZUNGEN
Auch Hunde können eine Art Heuschnupfen bekommen, wenn sie im Sommer Pollen ausgesetzt sind. Pollen werden eingeatmet oder reizen die Haut durch Direktkontakt. Hunde, die auf Pollen allergisch reagieren, bekommen starken Juckreiz. Es entstehen Entzündungen, Pusteln und Geschwüre. Dadurch leckt und kratzt sich der Hund ständig.

DERMATITIS DURCH FUTTERALLERGIE

Eine Futterallergie wird als Ursache von Juckreiz oft unterschätzt. Die übersteigerte Antikörperreaktion des Immunsystems ist dieselbe wie bei der atopischen Dermatitis (siehe links). Hat der Hund das allergene Futter gefressen, werden Stoffe freigesetzt, die ihn zum Kratzen und Lecken bringen. Dadurch entstehen Papeln und Pusteln. Unbehandelt kommt es zur Erosion und Geschwürbildung (siehe S. 268). Der entstehende Hautausschlag erstreckt sich meist über Ohren und Lenden, z. T. über den ganzen Körper.

DIAGNOSE UND THERAPIE Eine Verdachtsdiagnose wird untermauert, wenn die Umstellung auf neues oder hypoallergenes Futter Besserung bringt. Die hypoallergene Ausschlussdiät besteht aus Futter, das der Hund noch nie gefressen hat (siehe S. 203). Das hypoallergene Futter muss mindestens sechs Wochen gegeben werden, um die allergische Dermatitis zu bestätigen. Die definitive Diagnose erfolgt, wenn die erneute Gabe des alten Futters den Juckreiz zurückbringt.

Am besten eignet sich selbst gekochtes Futter, auch wenn dies etwas umständlich ist. Allerdings lässt sich schwer kontrollieren, ob das Futter jeden Tag dieselben Nährstoffe beinhaltet. Eine gute Alternative ist daher kommerzielles hypoallergenes Futter. Fragen Sie den Tierarzt um Rat, bevor Sie sich für ein Futter entscheiden. Auf dem Markt gibt es viele, aber nicht alle halten, was sie versprechen.

ALLERGISCHE KONTAKTDERMATITIS UND IRRITIERENDE KONTAKTDERMATITIS

Diese juckenden Hautstörungen treten an wenig behaarten Körperteilen auf (Kinn, Bauch, Pfoten, Hodensack), zum

Beispiel nach häufigem Kontakt mit Allergenen wie Grassaft (allergische Kontaktdermatitis) oder einmaligem Kontakt mit einem Reizstoff (irritierende Kontaktdermatitis). Die Hautreaktionen sind bei beiden gleich: Entzündungen, Pusteln und allgemeine bakterielle Hautinfektion (siehe S. 266). Kontaktdermatitis kann durch Plastik- oder Gummi-Fressnäpfe, Flohhalsbänder, Leder, Textilfarbstoffe oder Medikamente, zum Beispiel Neomycin (häufig in Ohrentropfen!), entstehen.

DIAGNOSE UND THERAPIE Die Diagnose basiert auf der Vorgeschichte. In beiden Fällen wird die Quelle der Hautreizung ausgeschaltet; Entzündungen und Sekundärinfektionen werden behandelt, wenn nötig mit Antihistaminen und Antibiotika.

ALLERGISCHE STAPHYLOKOKKEN-DERMATITIS

Die Bakterienfamilie der Staphylokokken ist immer auf der Haut vorhanden. Allergische Hunde jedoch überreagieren auf diese Bakterien und bekommen daher starken Juckreiz und Hautentzündungen. In den geschädigten Hautregionen vermehren sich die Bakterien umso schneller, sodass sich der Zustand verschlimmert.

DIAGNOSE UND THERAPIE Die Untersuchung einer Probe der Hautzellen mit anschließender Bakterienkultur und Allergietests bestätigt die Diagnose dieser seltenen Krankheit. Die Behandlung erfolgt durch Antibiotika.

URTIKARIA

Diese stark juckende allergische Reaktion mit erhöhten, geröteten Hautbereichen, häufig im Gesicht, ist auch als Nesselsucht bekannt. Insektenstiche sind die häufigste Ursache von Urtikaria, jedoch kommen auch orale und injizierte Antibiotika, Insektizide oder Seifen als Auslöser infrage. Die Haut der Augenlider schwillt an und juckt.

DIAGNOSE UND THERAPIE Die Diagnose basiert auf dem Zeitpunkt des Auftretens der Nesselsucht, da sie meist binnen 30 Minuten nach Kontakt mit der Ursache auftritt. Die Behandlung erfolgt durch Antihistamine. Ist die Nesselsucht die Folge einer Fellbehandlung, sollte der Hund schnellstens gebadet werden.

F RUFEN MANCHE FUTTER MEHR ALLERGIEN HERVOR ALS ANDERE?

A Nein, jedes Futter kann Allergien hervorrufen. Studien zufolge gelten Rindfleisch, Milchprodukte, Weizen und Soja als besonders allergen für Hunde. Allergien treten häufig sogar gegen Produkte auf, die der Hund schon lange ohne Probleme frisst.

F GIBT ES FUTTER, DAS KEINE ALLERGIEN AUSLÖST?

A Es gibt kein ideales Futter. Hunde neigen leider zu Futterallergien, am häufigsten gegen Rind und Huhn, was in vielen Futtermitteln enthalten ist. Fisch, Pferdefleisch oder Kaninchen sind eine Alternative.

GEFÄHRDETE RASSEN

Manche Rassen mit überwiegend weißem Fell neigen zur Antikörper-Überproduktion und daher zu Hautallergien. Zur atopischen Dermatitis neigen insbesondere folgende Rassen:

- Boxer
- Bulldogge
- Bullterrier
- Cairn Terrier
- Dalmatiner
- English Setter (Bild oben)
- Foxterrier
- Golden Retriever
- Labrador Retriever
- Lhasa Apso
- Scottish Terrier
- Shar Pei
- Staffordshire Bullterrier
- West Highland White Terrier
- Zwergschnauzer

PICKEL

Kleine, erhabene Hautknötchen nennt man Pickel. Es gibt zwei Haupttypen: Pusteln und Papeln. Eine Pustel ist ein kleiner, mit Eiter gefüllter, erhöhter Pickel. Eine Papel sieht ähnlich aus, enthält jedoch entzündliche Zellen. Beide können beim Aufplatzen zu Hauterosionen (siehe S. 268) führen.

PUSTELN UND PAPELN

Pickel resultieren aus Entzündungen. In der Haut agieren die Mastzellen, die zum Immunsystem gehören, als »Torwächter« und steuern die Hautreaktion auf Bedrohungen. Mastzellen bilden Stoffe, die wirksame Krankheits- und Parasitenkontrolle bieten, aber Entzündungen auslösen. Weitere Abwehrzellen (T-Zellen) überwachen die Hautoberfläche auf gefährliche Mikroben, die sie bereits kennen.

Die Entzündung ist ein Teil der natürlichen Hautreparatur, jedoch ist die Haut vorübergehend ungeschützt. Hautinfektionen beginnen als Pickel, dann folgen Schuppen- und Krustenbildung, schließlich Erosion und Geschwürbildung. Bakterielle Hauterkrankungen sind mit Abstand die Hauptursache von Pusteln und Papeln. Mehr zu bakteriellen Hautinfektionen finden Sie auf Seite 268–270.

DIAGNOSE UND THERAPIE Begrenzte, milde, oberflächliche bakterielle Hautentzündungen sind relativ harmlos. Da der Organismus die Hautzellen ständig erneuert, werden diese Veränderungen im Rahmen des normalen Hautstoffwechsels meist abgestoßen, und die Entzündung heilt von alleine, sodass eine aufwendige Diagnosestellung oder Therapie nicht notwendig ist.

SCHUPPIGE ERKRANKUNGEN

Schuppen sind kleine Hautteile. Sie lösen sich ab (wie etwa bei Kopfschuppen) oder bleiben auf der Haut und ergeben Hornhaut. Schuppenbildung geht oft auf eine erhöhte Aktivität der Talgdrüsen zurück; dies nennt man Seborrhö. Bei der trockenen Seborrhö werden die Schuppen abgestoßen, bei der fettigen Seborrhö haften die Schuppen auf der Haut, was zu einem unangenehmen Geruch des Fells führt.

ERBLICHE SEBORRHÖ

Auch hier gibt es die zwei Erscheinungsformen: Entweder enthält das Fell zahlreiche lose Schuppen und juckt gleichzeitig, oder es entsteht fettige Haut mit unangenehmem Geruch.

DIAGNOSE UND THERAPIE Die Diagnose basiert meist auf den Anzeichen, obwohl nur die Biopsie Klarheit schaffen kann. Die Behandlung zielt auf die Beseitigung von auftretenden Infektionen und Schuppenbildung ab. Eine orale Vitamin-A-Therapie (8000– 10000 IE zweimal täglich) kann bei erblicher Seborrhö helfen. Auch Spezialshampoos (Seleniumsulfid, Kohleteer, Schwefel/Salicylsäure oder Benzoylperoxid), jeden zweiten Tag eingesetzt, lindern die Schuppenbildung. Feuchtigkeitssprays helfen ebenfalls; dazu gibt man als

GEFÄHRDETE RASSEN

Folgende Rassen neigen zur Seborrhö:

- Basset Hound
- Cocker Spaniel
- Dobermann
- English Springer Spaniel
- Irish Setter
- Labrador Retriever
- Shar Pei
- West Highland White Terrier
- Zwergschnauzer

KOMEDO-SYNDROM

Dies ist eine harmlose, aber häufige Störung beim Zwergschnauzer, bei der sich Mitesser über den Rücken des Hundes ausbreiten, die man beim Streicheln fühlen kann. Baden in Benzoylperoxid- oder sonstigem Spezialshampoo entfernt zumindest einige davon. Bei bakteriellen Sekundärinfektionen der Haarbälge sind Antibiotika erforderlich.

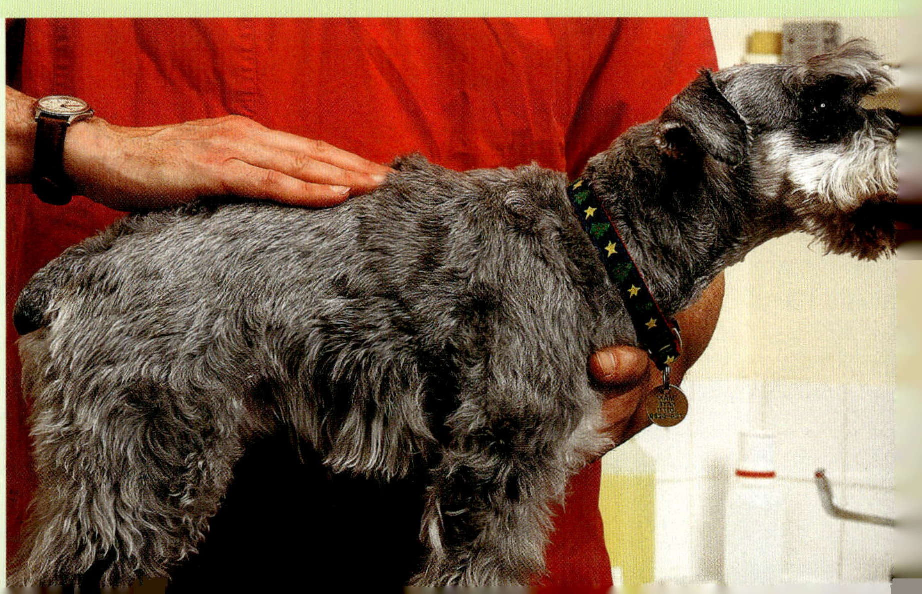

Nahrungszusatz Nachtkerzenöl. Seborrhö muss lebenslang behandelt werden.

EPIDERMISDYSPLASIE BEIM WEST HIGHLAND WHITE TERRIER

Junge West Highland White Terrier leiden oft an Epidermisdysplasie, einer unangenehmem Form der erblichen Seborrhö, die mit Juckreiz beginnt, bald aber Haarausfall an Pfoten und Rumpf bei schuppiger, fettiger Haut bewirkt. Der Juckreiz nimmt zu. Schließlich verdickt sich die Haut und wird dunkler (Hyperpigmentierung). Häufig entstehen bakterielle Sekundärinfektionen oder *Malassezia*-Pilzinfektionen (siehe S. 266).

DIAGNOSE UND THERAPIE Es gilt dasselbe wie bei der erblichen Seborrhö. Westies brauchen gegen den Juckreiz oft Kortikosteroide.

SEBADENITIS

Diese erbliche schuppige Hauterkrankung befällt meist drei bis sieben Jahre alte Pudel, aber auch Akita Inus und Samojeden. Die Hautentzündung zerstört die örtlichen Talgdrüsen, was klebrige gelbe Schuppen und Haarverlust auslöst. Auch hier gibt es häufig bakterielle Sekundärinfektionen.

DIAGNOSE UND THERAPIE Die Diagnose basiert meist auf den Anzeichen, doch Klarheit schaffen Gewebeproben (Biopsie). Die Beseitigung von auftretenden Infektionen und Schuppenbildung ist die wichtigste Behandlungsmaßnahme. Jeden zweiten Tag wendet man Spezialshampoos (Seleniumsulfid, Kohleteer, Schwefel/ Salicylsäure oder Benzoylperoxid) oder Anti-Malassezia-Shampoos an, die die Schuppenbildung lindern. Feuchtigkeitssprays helfen ebenfalls; eventuell gibt man als Nahrungszusatz essenzielle Fettsäuren.

ICHTHYOSIS

Einige Hunde bekommen anhaftende Schuppen auf den Ballen. Diese erbliche Hauterkrankung tritt am häufigsten beim Cavalier King Charles Spaniel und beim West Highland White Terrier auf. Die Behandlung ist dieselbe wie bei der Seborrhö.

TIPPS VOM TIERARZT

Regelmäßige Fellpflege mit Spezialshampoos (Seleniumsulfid, Kohleteer, Schwefel/Salicylsäure oder Benzoylperoxid) ist die beste Behandlung bei ständig fettigem Fell durch erbliche Seborrhö. Ihr Tierarzt empfiehlt Ihnen ein geeignetes Produkt. Waschen Sie damit das ganze Fell, und spülen Sie es sorgfältig aus. Die Dusche ist zu diesem Zweck ideal. Sie spült Shampoo und Schuppen gründlich aus.

AUF ZINK ANSPRECHENDE DERMATOSE

Zink wird für Haarwachstum und Hauterhalt benötigt. Zinkmangel kann zu einer besonderen Form der Dermatose führen. Bei einigen jungen, rasch wachsenden nordischen Rassen kommt es zu Schuppenbildung an Ballen und Nase. Bei ausgewachsenen Siberian Huskies und Alaskan Malamutes geschieht dies um Augen, Ohren, Maul, Vorhaut und Vulva mit Verkrustung und Haarausfall. Betroffen sind Hunde zwischen ein und drei Jahren.

DIAGNOSE UND THERAPIE Diese Störung wird durch Bestimmung des Zinkspiegels im Blut diagnostiziert. Die Behandlung erfolgt durch Zinkgaben; ältere Siberian Huskys sprechen hierauf jedoch weniger gut an.

Bei Bullterrier-Welpen gibt es die tödliche Erkrankung Akrodermatitis, die ebenfalls durch niedrige Zinkspiegel diagnostiziert wird. Sie spricht jedoch nicht auf Zinkgaben an und ist daher nicht behandelbar.

F **IST SEBORRHÖ DASSELBE WIE SCHUPPEN?**

A Eigentlich ja. Die Talgdrüsen sollen das Fell des Hundes wasserabweisend machen. In der richtigen Menge wird das Fell schön glänzend, aber eine Überproduktion kommt häufig vor. Sie führt zur trockenen Seborrhö mit loser Schuppenbildung oder zur fettigen Seborrhö mit öligem, leicht klebrigem Fell und unangenehmem Geruch, oft beim Cocker Spaniel.

CHEYLETIELLA

Diese winzige Hautmilbe kann zur Schuppenbildung am Rücken des Hundes führen. Sie befällt meist Welpen und spricht auf Flohbekämpfungsmittel an (siehe auch S. 236).

LEISHMANIOSE

Leishmania-Parasiten werden durch Sandmücken übertragen. Es kommt zu Haarausfall, Hautentzündungen und Schuppenbildung mit Krusten und Geschwüren, besonders an Ohren und Lippen (siehe auch S. 246.)

DIAGNOSE UND THERAPIE Diese Krankheit wird durch Bluttest oder Gewebeproben der Haut oder Lymphknoten diagnostiziert. Die Behandlung besteht aus oralen Antimonpräparaten (Megluminantimonat).

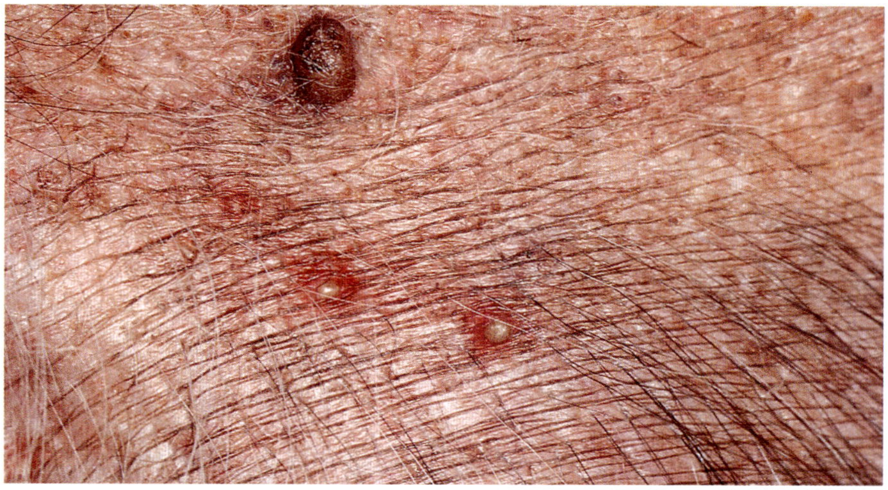

PUSTELN DURCH BAKTERIELLE HAUTINFEKTIONEN
Eine bakterielle Infektion ist die Hauptursache von Hautpusteln. Sie brechen rasch auf und bilden Verkrustungen, die sich leicht entzünden und zu schwereren Erkrankungen führen können.

HAUTVERKRUSTUNGEN

Die Oberhaut des Hundes ist relativ dünn. Treten Pusteln und Papeln auf, kommt es meist bald auch zu Verkrustungen, die aus Serum und Blutzellen sowie entzündeten Zellen bestehen. Der Tierarzt bekommt diese meist erst im späteren Stadium zu sehen und untersucht die möglichen Ursachen der Hautverkrustungen.

NASENKRUSTEN

Normalerweise ist die Nase des Hundes nass und kalt, kann jedoch im Schlaf, bei Fieber oder Stress austrocknen. Eine ständig verkrustete Nase könnte jedoch ein Anzeichen der Hundestaupe (siehe S. 219) sein. Auch einige Autoimmunerkrankungen wie Pemphigus und Lupus (siehe S. 270) können die Ursache sein. Bei flachgesichtigen Rassen wie Mops, Pekingese und Boxer verdickt sich dann die Nasenhaut und wird hornähnlich. Dies nennt man Nasalkallus oder Hyperkeratose.

DIAGNOSE UND THERAPIE Bei Heilung der Hundestaupe geht meist auch die Nasenverkrustung zurück. Die Verkrustung wird mit Antibiotikasalbe oder Vaseline eingecremt.

ALLGEMEINE BAKTERIELLE HAUTINFEKTION

Bakterien sind die häufigste Ursache von Hautverkrustungen. Meist vermehren sie sich, wenn die Haut schon geschwächt ist, zum Beispiel durch Allergien (siehe S. 210), hormonell bedingte Hauterkrankungen (siehe S. 252), Seborrhö, Räude (siehe S. 267) oder Komedo-Syndrom beim Zwergschnauzer (siehe S. 264).

Oberflächliche Hautinfektionen lösen zunächst Pickel aus, die aufbrechen und verkrusten.

Auch die Haarbälge können sich infizieren; dies nennt man Follikulitis (siehe rechts). Tiefe Infektionen verursachen Pyodermie, eine Krankheit mit allgemeinerer Entzündung, Rötung und Verkrustung. Nässende Hautstörungen und Formen schwerer Hautinfektionen sind nachstehend beschrieben.

DIAGNOSE UND THERAPIE Die Diagnose und Identifikation des Erregers erfolgt durch Kultur oder Hautgewebeprobe. Ein Bakterienresistenztest gibt Aufschluss über das geeignete Antibiotikum. Der Tierarzt verschreibt Medikamente je nach Tiefe der Infektion. Bei eher oberflächlichen Hautinfektionen helfen antiseptische Shampoos.

FOLLIKULITIS

Dabei handelt es sich um eine Entzündung der Haarbälge, in denen sich Pusteln bilden, aus denen Fisteln entstehen. Diese entleeren sich auf die Hautoberfläche. Reicht die Infektion tiefer in die Haut, wird sie Furunkulose genannt (siehe S. 270). Sie tritt oft in den Achselhöhlen, an Bauch und Lende auf. Wie die meisten Bakterieninfektionen ist auch sie die Komplikation einer anderen Störung, etwa einer Allergie (siehe S. 210–213) oder Parasitenbefall.

DIAGNOSE UND THERAPIE Die eigentliche Ursache muss erkannt und behandelt werden. Antiseptische und antiseborrhöische Shampoos, zum Beispiel solche mit Benzoylperoxid, reinigen die Haarbälge. Manchmal ist eine mindestens zweiwöchige orale Antibiotikatherapie nötig. Bestimmte Antibiotika, wie Erythromycin, Clindamycin, Tetracyclin und gegebenenfalls auch Penizillin bekämpfen die Entzündung und wirken antibakteriell.

MALASSEZIA-DERMATITIS

Der *Malassezia*-Hefepilz (auch *Pityrosporum*) wurde einst stark unterschätzt, ist aber heute eine der Hauptursachen juckender Hautstörungen.

Die Haut rötet sich und juckt, besonders zwischen den Zehen. Sind die Ohren betroffen, bildet sich übel riechendes, gelbes Ohrenschmalz.

Malassezia-Dermatitis ist meist eine Sekundärinfektion, die vor allem bei Hunden mit Hautallergien auftritt. Die Hautreizung führt zur Verkrustung, die überall einschließlich im Ohr auftreten kann. Besonders die folgenden Rassen neigen zu dieser Dermatitis: Basset Hound, Cocker Spaniel, Glatthaardackel, Pudel und West Highland White Terrier.

DIAGNOSE UND THERAPIE *Malassezia* wird im Abstrich mikroskopisch nachgewiesen. Manchmal liegt der Pilz vor, ohne eine Erkrankung auszulösen. Die exakte Diagnose wird durch Ansprechen auf die Behandlung mit pilztötendem Shampoo oder gegebenenfalls oralen pilztötenden Medikamenten wie Ketokonazol gestellt. Infizierte Ohren werden gesondert behandelt.

RÄUDE

Räudemilbenbefall führt fast immer sofort zu starkem Juckreiz. Die Verkrustungen entstehen vor allem an Ohrenspitzen und Ellbogen, sind aber überall möglich, wo sich der Hund ständig kratzt.

DIAGNOSE UND THERAPIE Räude wird durch Symptome und Hautabstrich bestätigt und mit Selamectin oder Moxidectin, manchmal auch mit Kortikosteroiden und Antibiotika behandelt, um Juckreiz bzw. Sekundärinfektionen zu lindern.

SONNENBRAND, VERBRENNUNGEN, VERÄTZUNGEN

Hunde mit weißem Fell können durch die UV-Strahlung im Sonnenlicht einen Sonnenbrand bekommen, der Verkrustungen an Ohren und Nase bewirkt. Verbrennungen entstehen meist durch kochendes Wasser oder heißes Öl; oft werden sie erst nach Tagen durch örtlichen Haarausfall erkannt, unter dem sich die Hautschäden zeigen. Verätzungen können durch verschiedene Stoffe entstehen (siehe S. 446 und S. 450).

DIAGNOSE UND THERAPIE Die Diagnose basiert auf der Vorgeschichte des Hundes. Verbrennungen infizieren sich oft; daher werden Antibiotika und Schmerzmittel eingesetzt. Bei Verätzungen sollte man immer auch das Innere des Mauls untersuchen, um festzustellen, ob es durch Lecken der Primärverletzung zu Schleimhautschäden gekommen ist.

KREBS

Plattenepithelkarzinom und (seltener) Basalzellenkarzinom verursachen ebenfalls Verkrustungen, insbesondere im Bereich sonnengeschädigter Haut. Hunde mit hellem Fell, angeborenem oder erworbenem Haarausfall haben ein erhöhtes Hautkrebsrisiko.

DIAGNOSE UND THERAPIE Hauttumoren (besonders an den Ohrenspitzen) sind schwer von Sonnenbrand zu unterscheiden. Zur Diagnose werden Hautgewebeproben untersucht. Die Tumoren werden in der Regel großflächig chirurgisch entfernt.

NASENPROBLEME

In sehr sonnigen Regionen kann die UV-Strahlung im Sonnenlicht zu Sonnenbrand insbesondere an der Nase führen – und auf Sonnenbrand folgen häufig Entzündung, Geschwürbildung und Verkrustung, vor allem beim Collie, Sheltie und Australian Shepherd. Diese Hunde sind vor starker Sonne zu schützen. Ist dies nicht möglich, ist ein Sunblocker mit einem Schutzfaktor von mindestens 30 erforderlich. Die Nasenhaut blutet oft, wenn Verkrustungen entfernt werden. Die Nase dann täglich mit Vaseline behandeln.

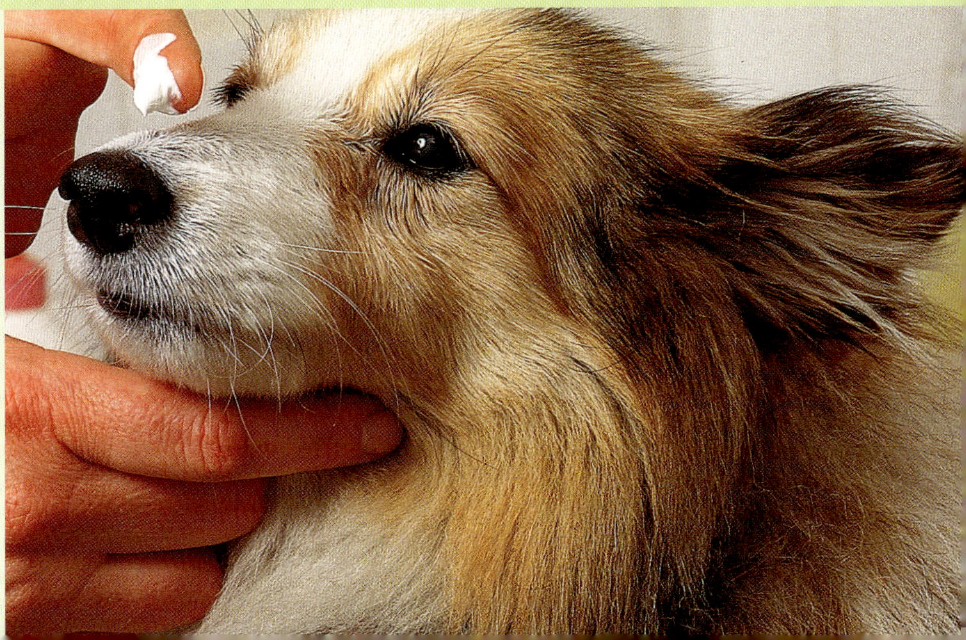

EROSIONEN UND GESCHWÜRE

Diese Arten von Hautschäden haben diverse Ursachen, meist bakterielle Infektionen, die mit Pusteln der Haut (siehe S. 264) oder der Haarbälge beginnen. Diese brechen auf, führen zu Verkrustungen und können schwerere Erkrankungen nach sich ziehen.

Oberflächliche Hautschäden an Pusteln und Papeln nennt man Erosionen. Brechen Sie durch die gesamte Dicke der Haut hindurch, spricht man von Geschwüren. Eine Pustel kann schnell zur Erosion werden, bei der akuten, feuchten Dermatitis (siehe unten) dauert dies u. U. nur einen Tag.

Erosionen und Geschwüre können diverse Ursachen haben. Eine besonders tiefes und ernstes Geschwür ist ein Furunkel, das aus der Haarbalgentzündung (Follikulitis, siehe S. 266) entsteht. In der schwersten Form tritt die Furunkulose am After des Hundes auf, was sehr schmerzhaft für das Tier ist.

AKUTE FEUCHTE DERMATITIS (HOT SPOT)

Das erste Infektionszeichen, auch als Sommerekzem bezeichnet, ist meist ein klebriger, z. T. übel riechender Fellbereich, den der Hund kratzt oder beißt, häufig am Kopf. Die darunterliegende Haut ist rot und sondert Serum, einen Bestandteil des Blutes, ab. Manchmal ist dies schmerzhaft. Die akute feuchte Dermatitis tritt am häufigsten in feuchtem Klima sowie bei langhaarigen Hunden mit extrem dichtem Fell auf. Besonders der Golden Retriever neigt genetisch bedingt zu dieser Störung.

DIAGNOSE UND THERAPIE Andere Ursachen der Symptome, zum Beispiel Flöhe, müssen zunächst ausgeschlossen werden. Die Region wird rasiert und mit antiseptischen Mitteln behandelt. Oft gibt man auch orale Antibiotika mit Kortikosteroiden, die den Juckreiz lindern. Der Hund sollte ca. eine Woche lang einen Halskragen tragen, damit die Heilung nicht gestört wird.

INFEKTION VON HAUTFALTEN

Durch die Reibung in Hautfalten entsteht ein Mikroklima, das das Bakterienwachstum begünstigt. Die Folge sind Erosionen und Geschwüre bei feuchter, entzündeter und z. T. übel riechender Hautoberfläche. Beim Rüden betrifft dies u. U. den Hodensack und dessen Umgebung. Bei extrem fettleibigen Hündinnen, bei denen die Vulva in einer Hautfalte liegt, ist diese Region besonders gefährdet. Einige Rassen neigen besonders zur Infektion von Hautfalten im Gesicht (siehe unten).

DIAGNOSE UND THERAPIE Die Hautfalte wird mit antiseptischem Shampoo (Benzoylperoxid) gereinigt, dann wird eine antibiotische und entzündungshemmende Salbe aufgetragen. Die Region wird täglich zum Beispiel mit Benzoylperoxidgel behandelt, bis die Infektion verschwindet. Sie können Rückfälle vermeiden, indem Sie diese Falten täglich mit leicht antiseptischen Lösungen waschen und sorgfältig trocknen. Bei Bedarf können problematische Hautfalten auch chirurgisch entfernt werden.

WELPENAKNE UND WELPEN-IMPETIGO

Diese beiden Krankheiten des Welpen sehen wie folgt aus: Die Welpenakne beginnt mit Mitessern der Haarbälge an Lippen und Kinn. Hieraus bilden sich rasch Pickel mit Verkrustungen und Erosionen. Unbehandelt können hieraus Hautgeschwüre entstehen. Welpen-Impetigo ist eine bakterielle Infektion der Lendenregion mit Pusteln, die aufplatzen und verkrusten.

DIAGNOSE UND THERAPIE Reinigen Sie Lippen und Kinn betroffener Welpen nach dem Fressen mit einem Antiseptikum wie verdünntem Chlorhexidin oder Benzoylperoxidlösung. Die Infektion der Haarbälge wird antibiotisch behandelt. Benzoylperoxid eignet sich auch gut zur Behandlung von Welpen-

ANATOMISCHE NEIGUNG ZUR INFEKTION DER LIPPENFALTEN

Alle Hunde haben eine natürliche Hautfalte an der Unterlippe, die jedoch beim Spaniel, insbesondere beim Cocker Spaniel, besonders ausgeprägt ist. Die Hunde können sich die Lippe lecken, erreichen aber diese Hautfalte nicht. Sammelt sich dort Futter oder Schmutz, vermehren sich die Bakterien, und es kommt zu schmerzhaften, übel riechenden Infektionen. Diese Gefahr lässt sich stark senken, indem man die Lippenfalte des Hundes nach jeder Mahlzeit reinigt.

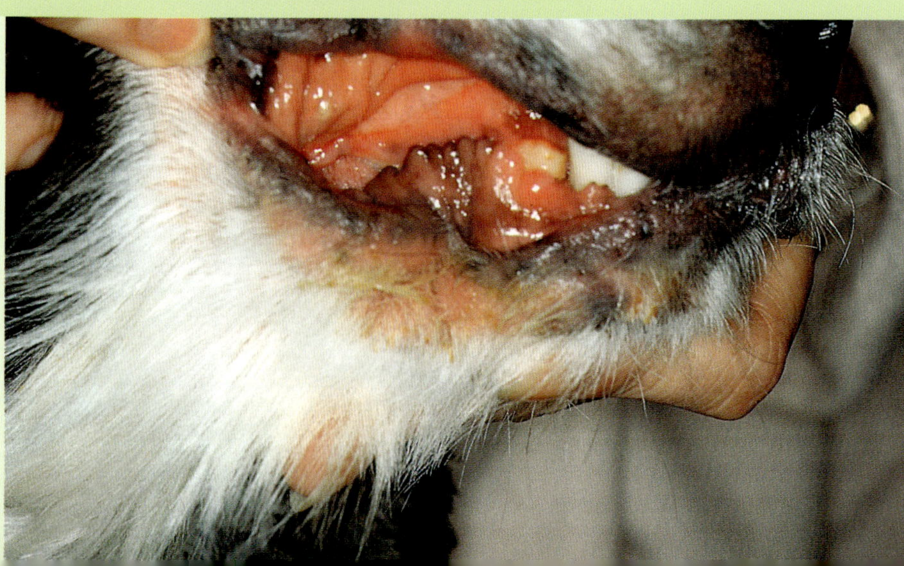

KAMPFWUNDEN
Wunden von Hundekämpfen können tief ins Gewebe reichen. Solche Verletzungen leisten bakteriellen Infektionen der Haut und dem darunterliegenden Gewebe Vorschub. Die Infektion kann zur Abszessbildung führen, bei der die Haut wund wird, sich entzündet und dann tierärztlich behandelt werden muss.

Impetigo. Beide Störungen gehen später von selbst zurück.

WELPENPYODERMIE

Diese potenziell ernste Hautinfektion (auch juveline Pyodermie) betrifft Welpen von ein bis vier Monaten. An Kinn, Lippen, Ohren und Gesicht kommt es plötzlich zu Schwellungen und Infektionen; auch die Lymphknoten schwellen an. Kurz darauf entstehen Pusteln, Krusten, Erosionen und Geschwüre. Diese Krankheit geht vermutlich auf ein Versagen des Immunsystems zurück, das bei jungen Hunden häufiger auftritt.

DIAGNOSE UND THERAPIE Antibiotika allein helfen hier selten. Es empfiehlt sich eine Kombination aus Antibiotika und Kortikosteroiden, die meist binnen einiger Wochen zur Heilung führt.

ABSZESSE

Hautverletzungen durch Bisse, Stiche, tiefe Kratzer oder Risse können zu Abszessen führen, eine bakterielle Infektion der darunterliegenden Gewebebereiche. Die Region ist heiß und gerötet. Unbehandelt brechen Abszesse oft auf und verursachen tiefe, raue Hautgeschwüre.

DIAGNOSE UND THERAPIE Bei Geschwürbildung spült man die Wunden zweimal täglich mit einer antiseptischen Lösung. Liegen noch keine Geschwüre vor, genügen Antibiotika und Schmerzmittel. Die Region sollte mehrmals täglich in warmem Salzwasser eingeweicht werden, um Abszesse zur Reifung zu bringen. Wenn er dann reif ist, wird der Abszess vom Tierarzt geöffnet und die Wunde gespült.

GEFÄHRDETE RASSEN

Zur akuten feuchten Dermatitis (Hot spot) neigen besonders:

- Bernhardiner
- Border Collie
- Deutscher Schäferhund
- Golden Retriever
- Labrador Retriever (Bild oben)
- Langhaarcollie

Folgende Rassen mit kurzer Kinnbehaarung neigen besonders zur Welpenakne:

- Boxer
- Bulldogge
- Bull Mastiff (Bild oben)
- Dänische Dogge
- Deutsch Kurzhaar
- Dobermann

F WARUM NEIGEN DEUTSCHE SCHÄFERHUNDE ZU PERIANALEN FISTELN

A Hier spielen vielleicht Zuchtstandards eine Rolle, die besagen, dass der Schwanz niedrig getragen werden muss. Daher entwickelt sich in der Analregion ein feuchtes Mikroklima, das ideal für die Bakterienvermehrung ist. Dies wird noch verschärft durch die Tatsache, dass viele Deutsche Schäferhunde aus ungeklärten Gründen genetisch bedingt zu einer Schwächung des Immunsystems neigen. Diese beiden Faktoren führen dazu, dass Analfisteln bei dieser Rasse besonders häufig auftreten.

F TRETEN HEUTE BEI HUNDEN HÄUFIGER AUTOIMMUNKRANKHEITEN AUF?

A Sie werden heute sicherlich öfter diagnostiziert als noch vor zehn Jahren, aber das sagt nichts über eine steigende Häufigkeit aus. Autoimmunkrankheiten sind schwer zu diagnostizieren. Bluttests sind selten definitiv, die Hautbiopsie ist schon exakter. Die höhere Diagnoserate spricht nur für die verbesserte Technik und die erhöhte Wachsamkeit der Tierärzte, die heute vermehrt Gewebeproben untersuchen.

FURUNKULOSE UND ANALFISTELN

Die Furunkulose ist eine tiefe Hautinfektion, häufig in Verbindung mit bakterieller Follikulitis (siehe S. 266). Sie kann zum Beispiel nach *Demodex*-Milbenbefall (siehe S. 253) bei allen Rassen auftreten, meist an behaarten Körperteilen. Am häufigsten gibt es sie in der Analregion beim Deutschen Schäferhund.

Eine Analfistel fällt meist erst durch ständiges Lecken der Region auf, die entzündet ist und ein Geschwür mit offenen Stellen aufweist. Die Infektion reicht bis tief in das Gewebe rund um den After. Eine Analfistel ist für den Hund sehr schmerzhaft. Der Schwanz wird höher getragen, und das Tier leckt oder beißt sich ständig in diesem Bereich. Einige Hunde entwickeln eine Kotinkontinenz, andere können keinen Kot absetzen. Die Region riecht übel.

Obwohl diese Störung besonders beim Deutschen Schäferhund – meist im Alter von vier bis sieben Jahren – auftritt, kann sie bei geschwächtem Immunsystem auch Schäferhund-Kreuzungen oder andere Rassen betreffen wie zum Beispiel Collie und Collie-Kreuzungen, Irish Setter, Jack Russell Terrier, Labrador Retriever, Leonberger und Shelties.

DIAGNOSE UND THERAPIE Die Diagnose basiert auf den Anzeichen. Eine Bakterienkultur kann zwar gängige Erreger wie *Staphylococcus intermedius* oder auch Bakterien wie *Proteus*, *Pseudomonas* oder *Escherichia coli* ergeben; dennoch spricht diese Störung selten auf Antibiotika alleine an. Bei vielen Hunden empfiehlt sich die Kombination von Antibiotika mit Kortikosteroiden über mehrere Monate. Das Immunsuppressivum Cyclosporin hat sich ebenfalls bewährt.

Bei extremer Geschwürbildung ist ein chirurgischer Eingriff nötig, der konventionell, durch Elektrochirurgie, Kryochirurgie (Kältetherapie) oder – besonders erfolgreich – durch Laserchirurgie ausgeführt wird.

AKTINOMYKOSE UND NOKARDIOSE

Diese Infektionen sind eine seltene Ursache von Hautgeschwüren. Sie werden von Erdpilzen hervorgerufen und betreffen daher meist Jagdhunde. Erkrankungen von Lymphknoten, Lunge und Knochen sind die Folge der Infektionen.

DIAGNOSE UND THERAPIE Die Diagnose erfolgt durch Kultur aus dem Geschwürsekret. Alle Infektionsstellen werden chirurgisch geöffnet und gereinigt. Es folgt eine Langzeit-Antibiotikatherapie.

AUTOIMMUNKRANKHEITEN

Hautgeschwüre können auch durch eine Reihe von Autoimmunerkrankungen entstehen. Hierbei greift das Immunsystem den eigenen Körper an (siehe S. 213) und schädigt die Haut.

LUPUS ERYTHEMATODES DISCOIDES

Diese Autoimmunkrankheit wird durch Sonnenlicht ausgelöst. Sie führt zu Haarausfall, Erosionen, Verkrustungen und Geschwüren an Lippen, Nase, Ohren und Augen, die bei Berührung meist bluten.

Lupus erythematodes discoides ist häufiger, als früher angenommen. Das als »Collie-Nose« bekannte Phänomen ist in Wirklichkeit eine Form dieser Erkrankung. Sie betrifft außer Collies auch weiße Deutsche Schäferhunde, Siberian Huskys und Shelties.

DIAGNOSE UND THERAPIE Die Diagnose erfolgt durch Hautbiopsie, die Behandlung in Form von örtlich angewandter Kortikosteroid-Salbe. Die beste Vorbeugung besteht darin, den Hund vor starker Sonne zu schützen. Ist dies anders nicht möglich, ist ein Sunblocker mit einem Schutzfaktor von mindestens 30 erforderlich.

SYSTEMISCHER LUPUS ERYTHEMATODES

Diese seltene Krankheit ist weit ernster als Lupus erythematodes discoides. Sie geht mit Schuppenbildung, Verkrustungen, Erosionen, Pigmentverlust und Haarausfall einher. Diese Schäden sind jedoch weniger schlimm – im Inneren des Körpers spielen sich bedrohlichere Veränderungen ab, die Blut, Nieren und andere Organe schädigen können.

DIAGNOSE UND THERAPIE Die Diagnose wird durch Hauttests bestätigt (einschließlich Antikörpertest). Selbst bei Behandlung mit starken Kortikosteroiden und Immunsuppressiva ist die Prognose nicht sehr günstig.

BULLÖSES PEMPHIGOID

Diese Störung ist beim Hund sehr selten und tritt meist bei Collie und Dobermann auf. Sie führt zu Blasen und Geschwüren an der Hautoberfläche. Die Prognose ist schlecht.

EPIDERMALE TOXISCHE NEKROLYSE UND ERYTHEMA MULTIFORME

Die epidermale toxische Nekrolyse ist eine schmerzhafte Geschwürbildung der Haut an Ballen und Maul. Die Störung kann durch Infektionen, Medikamente und Krebs ausgelöst werden. Erythema multiforme ist eine weniger schwere Form der Erkrankung mit rot gerändertem, ovalem Hautausschlag.

DIAGNOSE UND THERAPIE Die Therapie der epidermalen Nekrolyse umfasst das Ausschalten der Ursache, intravenöse Ernährung, Kortikosteroide, Schmerzmittel und Antibiotika. Selbst mit Behandlung ist die Prognose sehr schlecht. Die meisten Hunde mit Erythema multiforme dagegen werden von selbst wieder gesund.

GEFÄHRDETE RASSEN

Zu systemischem Lupus erythematodes neigen besonders die folgenden Rassen:

- Collie
- Deutscher Schäferhund
- Sheltie (auch diskoider Lupus erythematodes)

GEFÄHRDETE RASSE
Collies sind besonders anfällig für Autoimmunerkrankungen, die häufig zu Hautverkrustungen und -geschwüren führen.

NODULÄRE PANNICULITIS

Diese Autoimmunerkrankung befällt das Unterhautfettgewebe mit knotigen Geschwüren, die aufbrechen und Narben hinterlassen.

DIAGNOSE UND THERAPIE Die Knoten im Fettgewebe werden chirurgisch entfernt. Die medizinische Behandlung umfasst Kortikosteroide, manchmal auch Vitamin-E-Gaben. Im Gegensatz zu anderen Autoimmunkrankheiten ist diese nicht potenziell tödlich.

DERMATOMYOSITIS FAMILIALIS

Dies ist eine seltene, ererbte Krankheit des Muskel- und Hautgewebes. Sie wird nur bei Collies und Shelties beobachtet. Erkrankte Hunde bekommen vorübergehende Hautentzündungen mit Verkrustungen, Erosionen und Geschwüren um Augen, Maul, Ohren und Schwanz. Hierbei kann es zu einer Entzündung der Gesichtsmuskeln kommen. Die Krankheit ist nicht lebensbedrohlich. Sie wird mit Kortikosteroiden behandelt.

PEMPHIGUS-ERKRANKUNGEN

Bei diesen seltenen Hautkrankheiten greift das Immunsystem die Wand der Hautzellen an. Es gibt beim Hund mindestens vier Pemphigus-Arten; die beiden unten genannten treten am häufigsten auf.

PEMPHIGUS FOLIACEUS

Hierbei bilden sich plötzlich oberflächliche Blasen und Pusteln, meist symmetrisch an Gesicht und Ballen. Es folgen Verkrustungen an Augen, Lippen, Nase, Ohren und Pfoten.

DIAGNOSE UND THERAPIE Die Diagnose beruht auf Untersuchung, Hautgewebeproben (Biopsie) und Bluttests. Die Behandlung erfolgt langfristig durch Kortikosteroidtherapie in Kombination mit Immunsuppressiva. Die Prognose ist unterschiedlich.

PEMPHIGUS VULGARIS

Hierbei bilden sich am Übergang von Haut zu Schleimhaut Blasen und Pusteln (an Lippen, Nasenlöchern, Augenlidern, After, Vorhaut und Vulva). Hautschäden am Maul sind besonders häufig.

DIAGNOSE UND THERAPIE Die Diagnose wird durch Biopsie bestätigt. Die Behandlung ist dieselbe wie bei Autoimmunerkrankungen, die Prognose ist jedoch schlecht.

ANDERE GRÜNDE FÜR EROSIONEN UND GESCHWÜRE

Erosionen und Geschwüre können auch durch chronischen *Demodex*-Milbenbefall besonders bei älteren Hunden (siehe S. 253), Nebennierenüberfunktion (siehe S. 252), Nierenversagen, Hautkrebs (insbesondere Plattenepithelkarzinom) und Verletzungen wie Verbrennungen, Erfrierungen, Sonnenbrand, Verätzungen durch Stoffe im Urin, Medikamente und Insektenstiche ausgelöst werden.

AUGEN UND SEHKRAFT

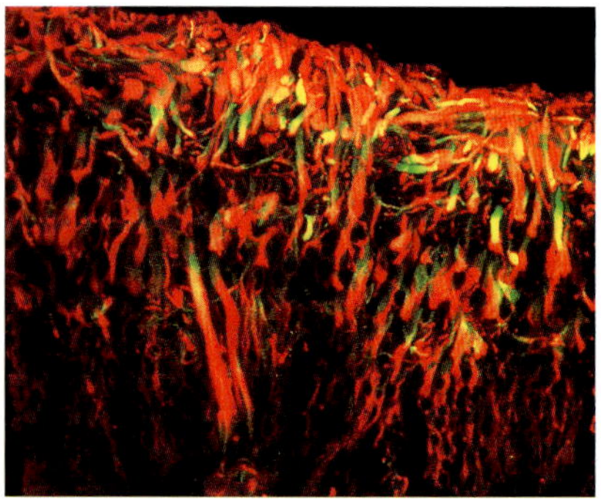

Netzhautnarbe unter dem Mikroskop

Von Verhaltensforschern wissen wir, dass Säugetiere ihre Augen nicht nur zum Sehen nutzen, sondern mit ihren Blicken anderen Tieren Stimmungen und Gefühle übermitteln. Wir werden von Hundeaugen magnetisch angezogen, aus gutem Grund – sie können ausdrucksvoll und mitteilsam sein und sind ein wichtiger Teil der Beziehung von Mensch und Hund. Hundeaugen sind für Spurensuche und Beutejagd gedacht, aber durch viele Neuzüchtungen, auch mit z. T. »neuen« Augen, gibt es einige, die regelmäßige Pflege und Beachtung brauchen.

Hundeaugen sehen aus wie Menschenaugen, unterscheiden sich von unseren aber in einigen Punkten: Sie sind flacher. Die Linsen können die Form und Brennweite des Auges ändern, aber nicht so gut wie das menschliche Auge. Hundeaugen sind zwar empfindlicher gegenüber Licht und Bewegung, was ihnen bei der Jagd vor allem in der Dämmerung hilft, sie sehen aber weniger gut scharf. Die Muskeln, die die Form der Linse verändern können, sind schwächer als beim Menschenauge. Deshalb haben Hunde eine geringere Sehkraft und können nur schwer einen Tennisball direkt vor ihrer Nase finden. Sie haben aber einen zusätzlichen Muskel, der das Auge zurückziehen kann.

Hunde besitzen große Pupillen, ihre Augen sitzen weiter an der Seite, was zu einem größeren Gesichtsfeld führt und wodurch sie bewegten Objekten genauer folgen können. Dieses periphere Sehvermögen unterscheidet sich je nach Rasse und ist generell besser als unseres, bei einem Pekingesen um das Fünf- bis Zehnfache, bei einem typischen Terrier um das Zwanzig- bis Dreißigfache.

SCHUTZSTRUKTUREN

Der Augapfel sitzt tief in einer Knochenhöhle. Er ist gepolstert von einer Fettschicht und wird von zwei Augenlidern geschützt. Die unseren Wimpern entsprechenden Zilien, die nur am oberen Lid wachsen, schützen den Augapfel vor dem Kontakt mit Fremdkörpern. Ein drittes Augenlid, die Nickhaut, arbeitet wie ein Scheibenwischer und wischt Schmutzpartikel von der Hornhaut.

Ein Tränenfilm badet beständig das dritte Augenlid und die Bindehaut, diese die Augenlider auskleidende Membran. Tränen sorgen für klare Sicht, schützen das Auge vor Austrocknung und Infektionen. Überschüssige Tränen gelangen über den Tränenkanal in die Nase.

HELL-DUNKEL- UND FARBSEHEN

Die lichtempfindlichen Zellen der Netzhaut (Retina) heißen Stäbchen und Zapfen. Das Hundeauge besteht hauptsächlich aus Stäbchen, die auch schwaches Licht erkennen, deshalb sehen Hunde in relativer Dunkelheit besser als wir.

Um alles verfügbare Licht bei Dunkelheit oder schlechtem Licht einfangen zu können, haben Hunde eine bunte, reflektierende Zellschicht hinter der Retina, das Tapetum lucidum. Diese Schicht befindet sich normalerweise im oberen Teil des Augapfels. Sie kann in Farbe, Größe und Form variieren. Unter dem unteren Teil der Retina sitzt das Tapetum nigrum, eine dunkle Schicht, die sie vor grellem Sonnenlicht schützt. Hunde können Farben schlecht unterscheiden; man vermutet, sie sehen Farben wie Menschen mit Rot-Grün-Blindheit. Mithilfe der wenigen Zapfen in der Retina kann der Hund zwischen Gelb und Blau unterscheiden. Jedoch ist die Fähigkeit der Zellen, Grautöne zu unterscheiden, entscheidend.

VORSTEHENDE AUGEN

Viele Menschen finden große Augen attraktiver als kleine. Aus dieser Vorliebe resultiert die Züchtung vieler Hunde, wie zum Beispiel Boxer (siehe oben), deren Augen weiter vorstehen als die ihrer Vorfahren, der Wölfe. Diese Entwicklung erhöht das Risiko von Augenkrankheiten und besonders von Verletzungen.

ANATOMIE DES AUGES

Die ins Auge gelangende Lichtmenge wird von den Muskelbewegungen in der Iris gesteuert. Licht dringt durch die transparente Hornhaut (Kornea) und die flüssigkeitsgefüllte vordere Kammer, dann durch die Pupille, die runde Öffnung inmitten der Iris. Ziliarkörper und Aufhängebänder regulieren die Linsenform und richten das Licht durch die gallertgefüllte hintere Kammer auf die Netzhaut (Retina) im hinteren Augenbereich. Dort wandeln lichtempfindliche Zellen die Energie aus den Lichtwellen in Nervenimpulse um, diese Signale werden über den Sehnerv (beginnt an der Papille) an das Gehirn übertragen.

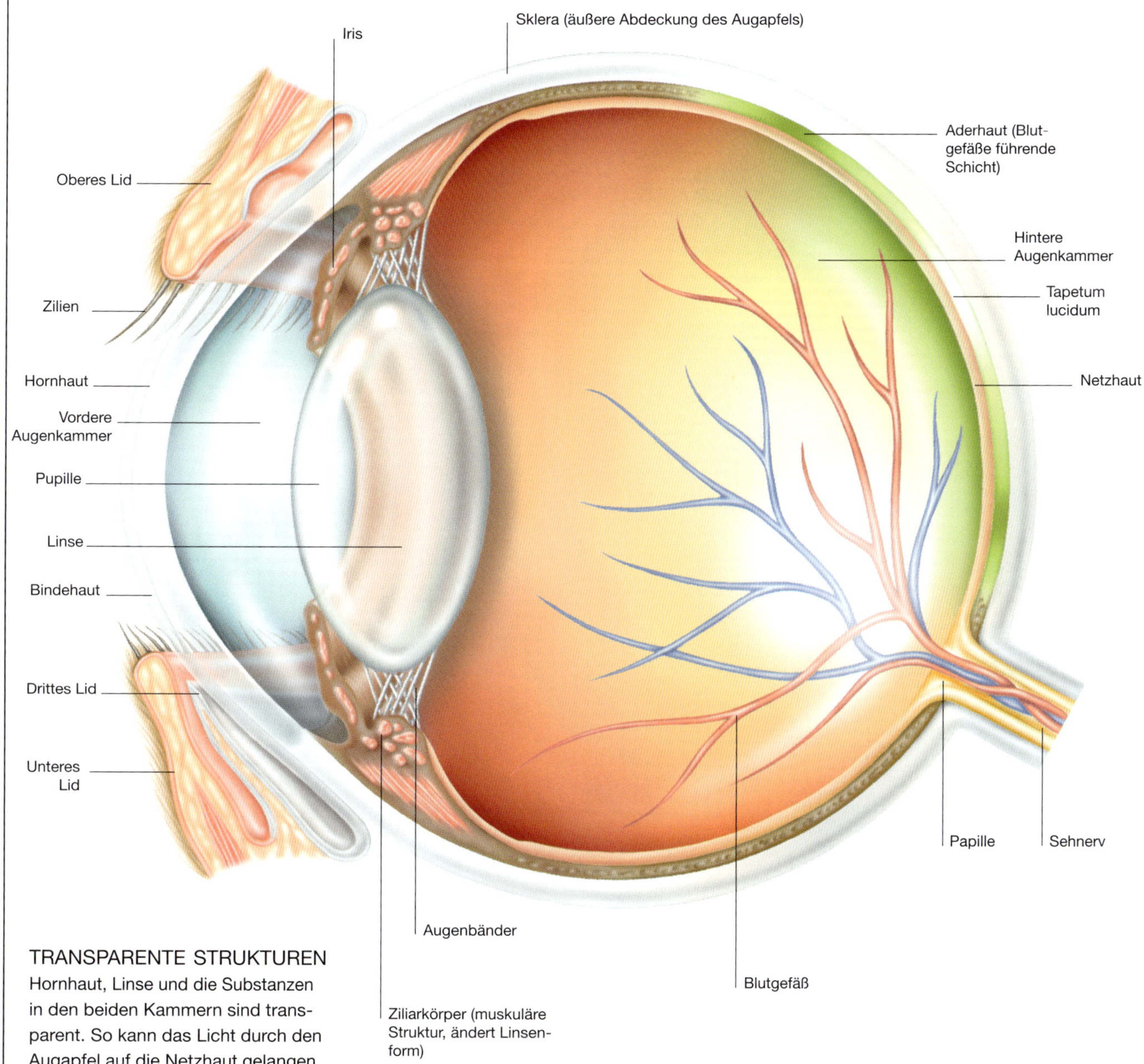

TRANSPARENTE STRUKTUREN

Hornhaut, Linse und die Substanzen in den beiden Kammern sind transparent. So kann das Licht durch den Augapfel auf die Netzhaut gelangen.

AUGENPFLEGE BEIM HUND

Hundeaugen sollten glänzen und frei von Fremdkörpern und Absonderungen sein. Die Haut um die Augen sollte gesund und normal aussehen.

Denken Sie daran, dass die Augen empfindlich sind. Seien Sie bei der Fellpflege mit Bürsten und Kämmen deshalb stets besonders vorsichtig.

SÄUBERN DER AUGEN

Sehen Sie sich täglich die Augen Ihres Hundes an. Achten Sie dabei auf Anzeichen, die auf Probleme hindeuten. Achten Sie auf alle leichten oder schweren Symptome, wie abnormales Blinzeln, Zusammenkneifen oder Berühren des/der Auges/n mit der Pfote.

Wenn Sekret aus einem Auge auf die umgebende Haut fließt, wie dies bei der Reaktion der Augen auf Staub oder andere Reizungen geschieht, entfernen Sie es vorsichtig mit feuchter Watte. Ist das Sekret schon festgetrocknet, wie es oft bei Yorkshire Terriern und anderen Rassen der Fall ist, weichen Sie die Kruste mit etwas Wasser auf und entfernen Sie sie äußerst vorsichtig mit Ihren Fingern oder mit etwas angefeuchteter Watte.

SPEZIELLE PFLEGE FÜR VORSTEHENDE AUGEN

Gehört Ihr Hund zu einer flachgesichtigen Rasse mit hervortretenden Augen, wie Pekingese, Boston Terrier, Mops oder Malteser, ist Augenpflege extrem wichtig.

Prüfen Sie täglich, ob die Nasenhautfalte an den inneren Augenwinkeln das Auge berührt. Dauernder Kontakt mit dem Auge führt zum Tränenfluss und zu einer Pigmentablagerung in der Hornhaut, die die Sehkraft verringert. Tritt dies auf, fragen Sie den Tierarzt nach der Verkleinerung der Falte. Entfernen Sie das Sekret unbedingt mindestens einmal täglich, um das Infektions- und Entzündungsrisiko in der Hautfalte zu vermindern.

Bei flachgesichtigen Rassen besteht die Gefahr, dass der Augapfel bei Augenverletzungen aus der Höhle gerät. In diesem Fall müssen Sie den Hund so schnell wie möglich zu einem Tierarzt bringen.

SYMPTOME ERKENNEN

Manche Leiden verursachen Anzeichen wie Schmerz oder Sehkraftminderung ohne äußere Veränderungen. Offensichtliche Zeichen sind u.a. Berührungsempfindlichkeit, verstärkte Reizbarkeit oder Appetitlosigkeit, Lichtüberempfindlichkeit, Lethargie, Winseln. Auch Zusammenkneifen oder Lidzuckungen oder -krämpfe sind Schmerzhinweise; ein solcher Hund sollte am selben Tag zum Tierarzt.

Am schmerzhaftesten sind ein Glaukom (siehe S. 288), Verletzungen der Hornhaut (Kornea, siehe S. 285), Geschwüre wie Uveitis (siehe S. 288) und andere Erkrankungen wie Keratitis (siehe S. 285).

TRÄNENFLUSS UND ABSONDERUNGEN

Klare, farblose Absonderungen sind überschüssige Tränen. Tränenüberproduktion kann eine Reaktion auf eine Allergie, physikalische Reizung oder Wind sein (siehe S. 282). Tränenfluss kann entstehen, wenn Tränen nicht richtig vom Auge in die Nasenhöhle ablaufen. Gelblich grüne Absonderungen weisen oft auf eine Infektion hin (siehe S. 282).

ANZEICHEN AUF DER AUGENOBERFLÄCHE

Das dritte Lid ragt bei einigen Rassen naturgemäß hervor und ist oft sichtbar, wenn das Auge Schutz braucht. Es kann auch durch Schmerz oder bestimmte neurologische Störungen hervortreten.

Bei einigen flachgesichtigen Rassen kann sich dieses Lid auch von selbst herausfalten (siehe S. 285). Die Bindehaut, die Membran, die das Augenlid auskleidet, und die Sklera, das Weiße im Auge, können sich aus verschiedenen Gründen entzünden (siehe S. 281). Die Hornhaut kann sich durch Blutung oder Vergrößerung der Blutgefäße aufgrund von Schädigung röten.

Eine Kruste oder Entzündung rund um das Auge kann durch ein Problem in der Augenhöhle, aber auch durch

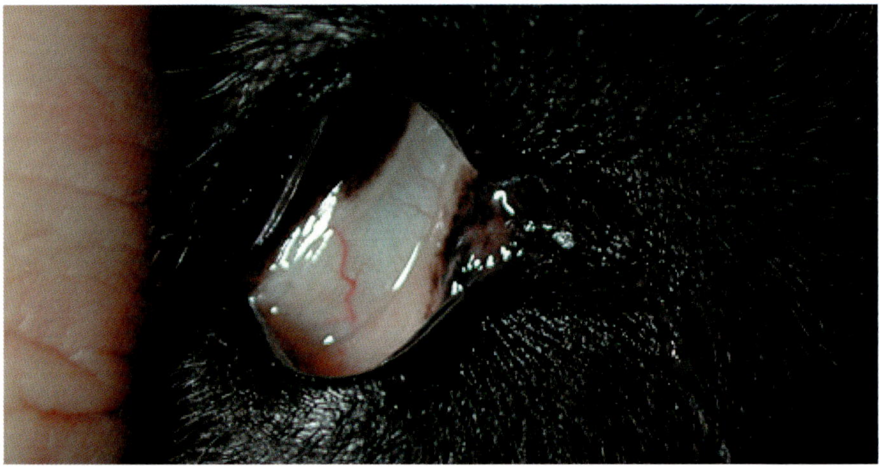

HERVORSTEHENDES DRITTES LID
Normalerweise bleibt das dritte Lid verdeckt, außer bei der Reinigung der Augenoberfläche. Bei einigen Rassen wie Deutscher Dogge, Bernhardiner, Basset und Bulldogge tritt es hervor, und die entsprechende Tränendrüse vergrößert sich.

eine Krankheit im Augenbereich (siehe S. 278–281) auftreten.

TRÜBE, HERVORTRETENDE ODER EINGESUNKENE AUGEN

Zu Flüssigkeitsansammlung und Veränderungen der Linse führende Hornhautschäden können eine Trübung der Augen verursachen. Das Hervortreten kann durch Vergrößerung des Auges oder Druck dahinter bedingt sein, wie beim Glaukom (siehe S. 288) oder bei Augenhöhlenleiden (siehe S. 291). Der Augapfel erscheint bei Schmerzen oder Zusammenbruch eingesunken.

MASSNAHMEN BEI PROBLEMEN

Gibt es ein Problem mit einem oder beiden Augen Ihres Hundes, handeln Sie sofort, denn es kann etwas Ernstes sein. Das Leiden mag klein erscheinen, könnte jedoch schlimme Folgen haben, wenn es nicht behandelt wird. Die folgende Tabelle gibt Rat, was bei bestimmten Problemen zu tun ist.

AUGENPROBLEM	MASSNAHME
Auge hängt heraus	Erste Hilfe und sofort zum Tierarzt
Augenoberfläche beschädigt	Erste Hilfe und sofort zum Tierarzt
Blutung, Schwellung, Hämatom	Erste Hilfe und sofort zum Tierarzt
Fremdkörper oder Blut im Auge; verursacht Schielen, Blinzeln, Tränen, Reiben oder Lichtüberempfindlichkeit	Erste Hilfe und sofort zum Tierarzt
Auge geschlossen aus Schmerz	Sofort zum Tierarzt
Plötzliche Änderung d. Sehvermögens	Am selben Tag zum Tierarzt
Pupillen unregelmäßig	Sofort zum Tierarzt
Augenoberfläche trüb oder grau	Am selben Tag zum Tierarzt
Auge stark blutunterlaufen	Sofort zum Tierarzt
Grüne oder gelbe Absonderung	Am selben Tag zum Tierarzt
Ein/beide Auge/n größer als sonst	Am selben Tag zum Tierarzt
Hund will Auge nicht öffnen	Sofort zum Tierarzt
Auge »läuft« rhythmisch in eine Richtung	Sofort zum Tierarzt
Erweiterte Pupillen	Sofort zum Tierarzt
Überschüssige Tränen	Augen mit lauwarmem Wasser säubern
Hund reibt Augen oder Gesicht	Auf Reizung untersuchen
Plötzliche Lichtempfindlichkeit	Tierarzt anrufen
Sichtbares drittes Lid	Tierarzt anrufen

F KANN MEIN HUND WIRKLICH FERNSEHEN?

A Alle Hunde können fernsehen, aber ob der Hund ein Bild sehen kann, hängt von der Übertragungsqualität ab. Im Allgemeinen haben Hunde keine Probleme mit Übertragungen in Europa. Die Übertragungsrate in Nordamerika und anderorts ist für einige Hunde schwerer in ein Bild umzusetzen. Videos sind die Alternative. Es gibt speziell für Hunde Videos gegen Langeweile.

F WENN EIN HUND MIT VORGEWÖLBTEN AUGEN AN ETWAS STÖSST, WARUM SCHLIESST ER SIE NICHT EINFACH?

A Es gibt anatomische Gründe dafür, dass einige Hunderassen am Auge weniger berührungsempfindlich sind als andere. Einige Hunde, oft Rassen mit hervortretenden Augen, reagieren deshalb weniger alarmiert, wenn etwas ihr Auge berührt. Für sie sind deshalb Risiko und Häufigkeit einer Hornhautschädigung höher.

DIAGNOSE UND THERAPIE

Bei anderen Körperregionen ist es oft zweckmäßig, Probleme nach spezifischen Krankheiten und ihren Symptomen gruppiert zu diskutieren, beispielsweise alle Probleme, die zum Haarausfall führen (siehe S. 252–259).
Bei den Augen ist das anders. Weil bei ihnen vieles sichtbar ist, werden Probleme nach dem Aufbau der Augen zusammengefasst.

Die nächsten Seiten beginnen mit Problemen der Augenlider, gefolgt von Bindehaut, dem dritten Lid und der Augenoberfläche. Darauf folgen Probleme der (sichtbaren) Linse und der (relativ unsichtbaren) Netzhaut; das Kapitel schließt mit Empfehlungen zum Umgang mit Blindheit.

DIAGNOSEVERFAHREN UND -GERÄTE

Wenn Sie bemerken, dass etwas mit den Augen Ihres Hundes nicht stimmt, verständigen Sie Ihren Tierarzt. Er wird eine Untersuchung des ganzen Körpers, nicht nur der Augen, durchführen. Er weiß, dass, obwohl die meisten Augenprobleme primär sind (im Auge entstanden), einige anderswo beginnen und andere Systeme schädigen; diese werden sekundäre Leiden genannt. Ein Beispiel für einen Hinweis auf ein sekundäres Leiden ist eine verengte Pupille. Dies mag auf eine Schädigung des Augapfels hinweisen, es kann sich aber auch um ein Anzeichen für eine Nerven- oder Hirnschädigung handeln. Ein weiteres Beispiel ist eine Allergie, die eine Bindehautentzündung (Konjunktivitis) verursacht, jedoch auch Haut, Atemwege oder Verdauung beeinträchtigen kann.

Ihr Tierarzt wird eine oder mehrere der folgenden Diagnoseverfahren anwenden, um die Ursache des Augenproblems zu finden.

BEHANDLUNGSERFOLG

Viele Leiden, primäre wie sekundäre, sind für einen erfahrenen Arzt weitgehend selbsterklärend. Eine Diagnose wird bestätigt, wenn ein Hund gut auf die verschriebene Behandlung anspricht.

AUGENUNTERSUCHUNG

Das Ophthalmoskop ist eines der wichtigsten Diagnosemittel. Dieses Handgerät erleuchtet und vergrößert einen

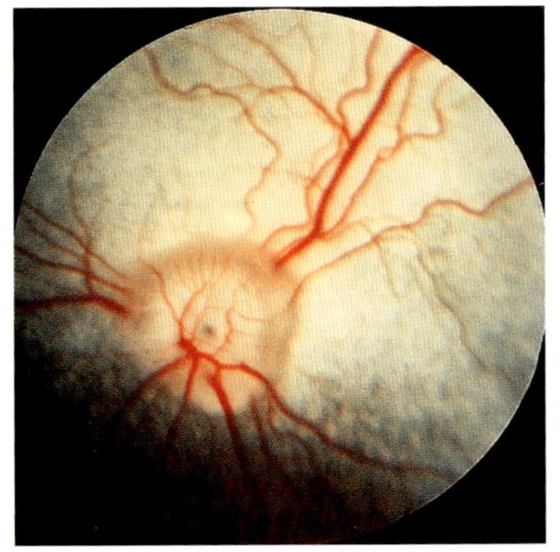

FOTOGRAFIE DES AUGENHINTERGRUNDS (FUNDUS)
Netzhaut und Blutgefäße sind dabei gut sichtbar. Veränderungen der Gefäße und der Reflexion der Netzhaut können auf progressive Retinaatrophie hinweisen.

Teil des Auges und zeigt dem Arzt sonst unsichtbare Schäden und Krankheiten. Es eignet sich besonders zur Untersuchung der Lider, Hornhaut (Kornea), Iris, Linse und Netzhaut (Retina).
Durch den Augenspiegel, das Ophthalmoskop, sieht der Arzt die Struktur und Blutversorgung der Netzhaut und kann ganz genau feststellen, was bei Schädigung von Hornhaut und Linse (wie bei grauem Star) geschieht.

FLUORESZIERENDE FARBE

Selbst durch ein Ophthalmoskop kann eine Hornhautschädigung unsichtbar bleiben. In diesem Fall wird ein steriler Papierstreifen mit fluoreszierender Farbe ins Auge gebracht. Das geschädigte Gewebe wird gefärbt und zeigt exakt Ort und Ausmaß der Verletzung.

TRÄNENPRODUKTIONSMESSUNG

Vermehrte oder verminderte Tränenproduktion wird mit dem sogenannten Schirmer-Tränen-Test gemessen. Dabei nimmt ein genormter steriler Papierstreifen die Tränen aus dem Auge auf.

TIPPS VOM TIERARZT

Regelmäßige Checks beim Tierarzt umfassen normalerweise eine Augenuntersuchung. Dieser Check ist besonders bei älteren Hunden wichtig. Die Augen sind verletzlich und anfällig für viele Probleme, die unbemerkt beginnen. Glauben Sie nicht, die Augen Ihres Hundes seien in Ordnung, weil Sie nichts finden können. Die Diagnoseerfahrung Ihres Arztes und Spezialgeräte entdecken manches, was dem Besitzer verborgen bleibt. Alle Anzeichen von Schmerz ohne ersichtlichen Grund müssen untersucht werden.

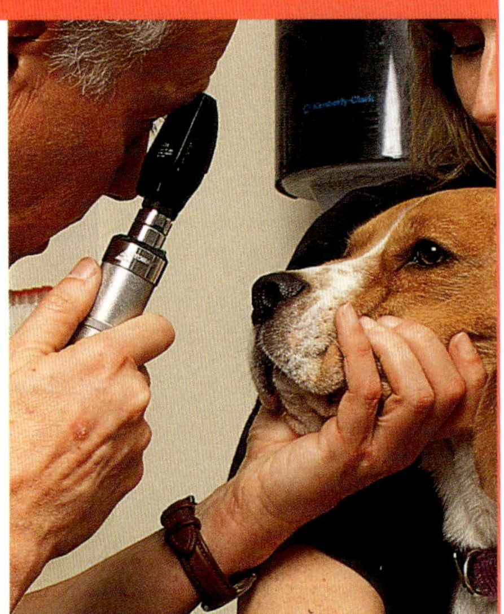

AUGENDRUCKMESSUNG

Ein Tonometer misst den Augeninnendruck, den Druck in den Kammern des Augapfels. Damit wird auf erhöhten Druck, ein Symptom bei grünem Star, getestet (siehe S. 288).

LABORTESTS

Die Analyse von Absonderungen, Gewebe-, Blut- und anderen Flüssigkeitsproben geschieht im Labor. Bei gelbgrünlichen Absonderungen aus dem Auge wird mit einer Probe eine Bakterienkultur angelegt und ein Resistenztest durchgeführt, um das beste Antibiotikum zur Behandlung zu ermitteln. Durch Bluttests kann man auch die Ursache für Leiden wie Uveitis anterior feststellen (siehe S. 288).

BILDGEBENDE VERFAHREN

Röntgen, Computertomografie (CT) oder Kernspin (MRT) wendet man an, wenn die übliche Diagnosemethode ergebnislos bleibt oder ein unzugänglicher Teil des Auges betroffen ist. So wird vor allem der Höhlenbereich hinter dem Augapfel untersucht, um Tumore oder Fremdkörper festzustellen.

Hat ein Hund fortgeschrittenen grauen Star in einer Linse, kann der Tierarzt die Netzhaut mit dem Augenspiegel nicht sehen, weil die Sicht versperrt ist. In diesem Fall wird die sogenannte Elektroretinografie genutzt, um die Unversehrtheit der Netzhaut zu belegen. Dieses Diagnoseverfahren praktiziert meist der Fachtierarzt für Augenheilkunde.

BEHANDLUNGSMETHODEN

Ihr Tierarzt kann die verschiedensten Medikamente verabreichen oder verschreiben, von der antibiotischen Salbe bis zu Kortikosteroidtropfen. Manchmal rät er auch zu einer Operation.

Im Folgenden (S. 278–291) werden die wichtigsten Punkte zur Behandlung verschiedener Augenprobleme erläutert.

AUGENMEDIZIN VERABREICHEN

Stellen Sie sicher, dass das Medikament dort ankommt, wo es wirken soll. Manchmal ist Teamarbeit erforderlich. Während der eine den Hund hält und beruhigt, träufelt der andere die Medizin ein (siehe unten). Sprechen Sie ruhig mit Ihrem Hund, und lassen Sie ihn da sitzen, wo er nicht ausweichen kann, zum Beispiel in einer Ecke. Ist der Hund klein, heben Sie ihn auf den Tisch.

Achten sie bei Augensalbe oder -tropfen darauf, dass die Tube oder Flasche niemals das Auge berührt. Sie könnte die Augenoberfläche verletzen oder verschmutzt oder verunreinigt sein und somit eine Infektion verursachen. Loben Sie Ihren Hund stets, und belohnen Sie ihn nach der Verabreichung der Medizin mit Futter oder Spielzeug.

Befolgen Sie immer die Anweisungen auf der Packung. Entsorgen Sie Reste gemäß den Packungsanweisungen.

DAS EINBRINGEN VON MEDIKAMENTEN INS AUGE

VORBEREITEN DES AUGES

Entfernen Sie Absonderungen mit in lauwarmem Wasser angefeuchteter Watte. Verwenden Sie Augentropfen, neigen Sie den Kopf leicht nach hinten und träufeln von oben einen Tropfen oben ins Auge. Bei Salbe wärmen Sie zum gleichmäßigen Auftragen die Tube in der Hand.

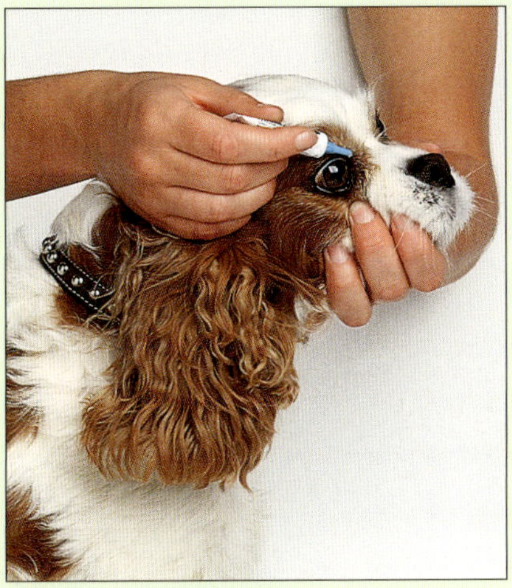

SALBE AUFTRAGEN

Ziehen Sie das untere Lid als Tasche für die Salbe herunter. Legen Sie die Hand mit der Tube an den Kopf des Hundes, damit die Tube das Auge nicht verletzt, wenn sich der Hund bewegt. Drücken Sie einen Salbenstrang zwischen das untere Lid und den Augapfel.

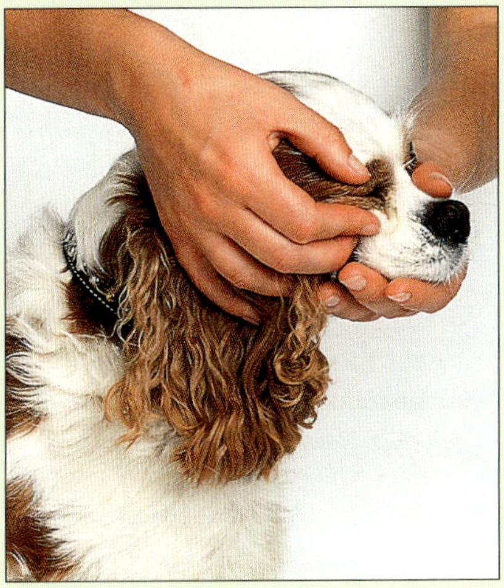

SALBE VERTEILEN

Schließen Sie das Auge einige Sekunden sanft mit Daumen und Zeigefinger, wodurch sich die Salbe gleichmäßig über Auge und Augenhöhle verteilt. Kalte Salben erscheinen oft grau oder weiß. Durch die Körperwärme werden sie innerhalb von Minuten farblos, und das Auge klärt sich rasch.

AUGENVERLETZUNGEN

Fasst der Hund mit der Pfote ans Auge, müssen Sie es schützen, denn dies wie auch Reiben erhöht das Risiko einer Hornhautverletzung erheblich und kann ernste Probleme verursachen. Sie können das Auge mit einer weichen Bandage über den Afterklauen der Vorderbeine schützen. Besser ist ein am Halsband befestigter improvisierter Halskragen (siehe S. 419).

CHEMIKALIEN IM AUGE

Gelangt eine chemische Substanz in ein Auge oder beide, spülen Sie es mindestens zehn Minuten mit viel frischem Wasser aus. Für eine spezifischere Behandlung befolgen Sie die Hinweise auf der Verpackung der Chemikalie. Schützen Sie das Auge vor weiteren Verletzungen, und suchen Sie sofort den Tierarzt auf.

FREMDKÖRPER

Blinzeln, Augenkneifen, Lichtvermeiden und Berühren des Auges mit der Pfote: All das kann auf Fremdkörper hinweisen. Schieben Sie mit dem Daumen das obere Lid hoch und schauen Sie nach Fremdkörpern. Ziehen Sie das untere Lid mit dem anderen Daumen nach unten und schauen Sie auch hier nach.

Spülen Sie nicht festsitzende Fremdkörper mit lauwarmem Wasser aus, oder befeuchten Sie einen Gazetupfer und entfernen den Fremdkörper damit sanft. Gelingt dies nicht, bedecken Sie das Auge mit einem Verband, sichern ihn mit einem elastischen Schutz und bringen den Hund sofort zum Arzt.

Entfernen Sie keinen ins Auge eingedrungenen Fremdkörper, sondern verwenden Sie zum Schutz des Auges einen Verband oder Halskragen, und suchen Sie sofort den Tierarzt auf.

AUGENLIDPROBLEME

Normalerweise ist das Lid ein effizienter Schutz fürs Auge. Bei abnormer Anatomie kann es jedoch Schäden verursachen. Manche Hunde werden mit solch anomalen Lidern geboren, andere haben Probleme nach einer Verletzung oder durch eine Krankheit.

ENTROPIUM

Bei diesem Zustand rollen sich die Lider nach innen. Entropium wird bei einigen Rassen vererbt (siehe S. 279), kann aber auch durch Narbenbildung der Haut um das Auge oder lange andauernde Lidinfektion (Blepharitis) entstehen. Durch Augenkneifen oder Blepharospasmus können die Lider auch nach innen rollen, jedoch nur vorübergehend. Die nach innen gerollte Haut reizt dann die Augen, verursacht erhöhte Tränenproduktion und Entzündungen. Es besteht ein erhöhtes Risiko für Hornhautverletzungen sowie für Infektionen.

DIAGNOSE Ein Arzt stellt den Unterschied zwischen Entropium und Augenkneifen durch einen Tropfen Lokalanästhetikum fest, der das Kneifen mindert, aber keine Veränderung bei Entropium zeigt.

THERAPIE Entropium wird operiert. Ein sichelförmiges Hautstück wird aus dem Lid entfernt, dann wird das Lid in eine normalere Position gezogen.

EKTROPIUM

Dieser Liddefekt ist das Gegenteil des einwärts gestülpten Lids: Die unteren Lider sind auswärts gestellt, wodurch die rosa Bindehaut sichtbar und empfindlicher wird gegen Entzündung, Verletzung oder Schmutzkontakt (siehe Bild S. 279). Manche Rassen werden mit Ektropium des unteren Lids geboren, es kann aber auch durch den natürlichen Alterungsprozess oder den Elastizitätsverlust der Haut entstehen.

THERAPIE Bei schlimmeren Formen müssen die Lider operativ gestrafft werden.

ABNORME WIMPERN

Bei der sogenannten Distichiasis wachsen beim Hund die Wimpern abnormal vom Lidrand. Bei der sogenannten Trichiasis sind die Wimpern nach innen statt nach außen gebogen und berühren das Auge. Beide Anomalien verursachen eine andauernde Reizung und erhöhen das Risiko der Bindehautentzündung und Hornhautschädigung.

DIAGNOSE UND THERAPIE Die chirurgische Entfernung der Haarbälge ist oft am effektivsten, jedoch werden auch Vereisung (Kryotherapie) und Elektroepilation durchgeführt.

ENTZÜNDUNGEN DES LIDES

Durch bakterielle Infektionen werden die Lider dick und rot und produzieren Schleim und Eiter. Wird die Kruste an den Lidrändern nicht entfernt, kann sie die Lider verkleben.

GESICHTSHAARPROBLEME

Nicht nur Wimpern oder Haare auf den Lidern können das Auge reizen, sondern bei flachgesichtigen Rassen auch Haare auf der Nasenfalte und langes Gesichtshaar beim nicht geschorenen Yorkshire Terrier, Old English Sheepdog (Bobtail), Bearded Collie, Lhasa Apso und allen anderen Rassen, bei denen Haare über die Augen hängen. Falls der Hund nicht an Hundeschauen teilnimmt, schneiden Sie diese Haare regelmäßig. Nimmt er an Hundeschauen teil, gewöhnen Sie ihn an ein bequemes Gummiband, das die Haare von den Augen fernhält.

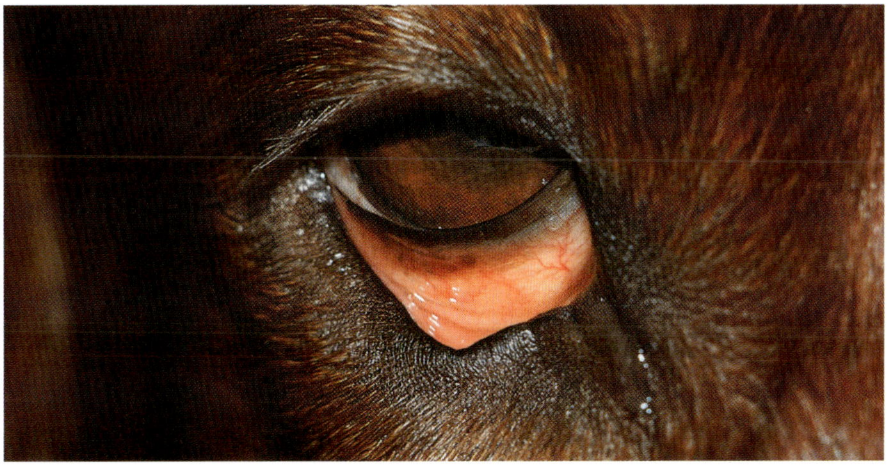

SCHLAFFES UNTERES LID
Jagdhunde, Spaniels und andere Rassen mit lockerer Gesichtshaut sind besonders anfällig für Ektropium, bei dem sich das untere Lid nach außen faltet und die Augen schlaff erscheinen lässt. Bei Jagdhunden können nach harter Arbeit manchmal vorübergehend die Symptome auftreten.

Diese so genannte Blepharitis findet man am häufigsten bei Welpen. Sie gehört auch zu den bekanntesten Augensymptomen bei Staupe (siehe S. 219). Bei älteren Hunden geht dies meist mit einer Hautkrankheit wie Allergie, *Demodex*-Milbe, Autoimmunerkrankung oder den Auswirkungen einer Schilddrüsenunterfunktion einher.

DIAGNOSE UND THERAPIE Entfernen Sie bei Blepharitis die Kruste mit einem warmen, nassen Waschlappen. Tragen Sie nach Anweisung des Arztes antibiotische Augensalbe auf und/oder verabreichen Sie orale Antibiotika. Die primäre Ursache muss beseitigt werden, bevor die Blepharitis verschwindet.

AKUTE LIDSCHWELLUNG

Ihr Hund kann nach einem Insektenstich, einer Spritze vom Tierarzt oder selbst nach dem Fressen allergisch reagieren, wodurch die Lider plötzlich anschwellen.

DIAGNOSE Betroffene Hunde haben Juckreiz und reiben Gesicht und Augen. Wie bei Nesselsucht tritt die Reaktion 30 Min. nach dem Allergenkontakt auf.

THERAPIE Oft ist nur eine Kombination von oral verabreichtem Antihistamin und Kortikosteroidaugentropfen oder -salbe, über den Tag angewandt, nötig.

GERSTENKORN UND CHALAZION

Die Lider sind mit einzelnen fettproduzierenden Drüsen, den meibomschen Drüsen bestückt. Entzündet sich eine dieser Drüsen, entsteht eine leichte rote Schwellung, ein Gerstenkorn. Ist eine Drüse verstopft, entsteht eine harte, feste Masse. Diese Schwellung bildet eine feste Beule am Lidrand, das Chalazion, auch Hagelkorn genannt.

DIAGNOSE UND THERAPIE Gerstenkorn und Chalazion diagnostiziert der Arzt. Zur Behandlung legt man mindestens dreimal täglich eine warme Kompresse (weicher Lappen) auf, um die Reifung zu fördern. Ihr Arzt kann das Gerstenkorn mit Skalpell oder Nadel aufstechen und verabreicht lokale oder auch orale Antibiotika als Schmerzmittel. Ein Chalazion wird operativ entfernt, meist von der inneren Lidoberfläche.

GEFÄHRDETE RASSEN

Zu Entropium neigen folgende Rassen:

- Bernhardiner (oberes Lid)
- Bluthund
- Bulldogge
- Cocker Spaniel (Bild oben)
- Chow-Chow
- Golden Retriever
- Deutsche Dogge
- Labrador Retriever
- Pyrenäen Berghund
- Shar Pei (oberes und unteres Lid)

Zu Ektropium neigende Rassen:

- Bluthund
- Dogge
- Jagdhunde
- Spaniel
- Schwergewichtige Riesenrassen

Rassen, die an abnormen Wimpern leiden:

- Bulldogge
- Cocker Spaniel (Bild oben)
- Dackel
- Golden Retriever
- Pekingese
- Pudel
- Weimaraner

F **WAS IST DIE HÄUFIGSTE URSACHE VON BINDEHAUTENTZÜNDUNG?**

A Physikalische Reizung durch Wind, Fremdkörper oder Staub ist die häufigste Ursache. Eln Hund, der den Kopf bei schneller Fahrt aus dem Auto hängt, genießt dies vielleicht, riskiert jedoch eine Bindehautentzündung.

F **WERDEN DIE AUGEN BLUTUNTERLAUFEN, WENN ER MÜDE IST?**

A Theoretisch kann das sein; sind die Augen blutunterlaufen, forschen Sie nach einem anderen Grund als Müdigkeit. Blutunterlaufene Augen, genauer als Bindehautentzündung bezeichnet, werden häufiger durch Staub, Allergie oder Infektion verursacht.

F **WOMIT KANN MAN ENTZÜNDETE AUGEN SÄUBERN?**

A Zum Beispiel mit einem Stück Gaze und lauwarmem Wasser, besser mit einem pH-neutralen Augenbad. Am leichtesten erhältlich sind beim Apotheker Augenbäder für Menschen. Teurer, aber noch besser Tränenersatzflüssigkeit (ebenfalls aus der Apotheke).

F **GIBT ES ERGÄNZENDE BEHANDLUNGEN BEI BINDEHAUTENTZÜNDUNG?**

A Am effektivsten ist die Behandlung mit Augentrost (*Euphrasia officinalis*); dieses Kraut wird seit Jahrhunderten zum Baden und Klären entzündeter Augen benutzt.

AUGENLIDTUMOREN

Tumoren können im gesamten Lidgewebe entstehen. Die häufigste Form von Lidtumoren ist die gutartige Geschwulst einer meibomschen Drüse. Die nur im Lid vorkommenden Zellen dieser Drüsen produzieren ein Öl, das die Tränen auf dem Augapfel am Verdunsten hindert.
Durch den Tumor entsteht eine Wucherung von blumenkohlähnlichem Gewebe an und von der betroffenen Drüse aus. Meibomsche Drüsengeschwülste können einzeln oder als mehrfache Tumoren auftreten.

Andere Tumoren am Hundelid sind Talgdrüsengeschwülste, normalerweise bei älteren Hunden und gutartig, Melanome, d.h. Tumoren der Pigment enthaltenden Hautzellen, außerdem Papillome oder Warzen.

DIAGNOSE UND THERAPIE Meibom-Adenome oder Tumoren diagnostiziert Ihr Tierarzt. Falls erforderlich, werden Tumoren operativ entfernt.

ABNORME LIDÖFFNUNGEN

Das Krankheitsbild Mikroblepharon, bei dem Hunde schmale Lidöffnungen haben, ist selten. Nur gelegentlich werden Welpen mit verwachsenen Lidern geboren (Ankyloblepharon). Öffnen sich die Lider vier bis zehn Tage nach der Geburt nicht von selbst, muss der Tierarzt eingreifen.

Vereinzelt kommt es bei Rassen wie dem Sheltie vor, dass Hunde mit schmalen Lidöffnungen geboren werden, was die Augen klein aussehen lässt. Bei extremen Formen kann der Tierarzt durch eine operative Vergrößerung der Öffnung helfen.

Flachgesichtige Rassen wie Pekingese, Mops oder Malteser haben gewöhnlich abnorm große Lidöffnungen (Makroplepharon). Dadurch sind die Augen attraktiv hervorgewölbt, rutschen jedoch leicht aus der Augenhöhle (Proptosis bulbi). Diese Augen bergen ein erhöhtes Risiko für chronisches Reiben der Nasenfaltenhaut, gefolgt von Hornhautpigmentierung oder -schäden.

HAARAUSFALL UM DIE AUGEN

Chronischer Tränenfluss, aber auch eine Vielzahl parasitärer, allergischer und stoffwechselbedingter Probleme kann zu Haarausfall um die Augen führen. Bei manchen Hunden ist Alterung der Grund für den Haarausfall. Andere verlieren hormonbedingt Haare rund ums Auge. Verliert Ihr Hund Haare auf den Lidern, sollte er zum Tierarzt.

BINDEHAUT UND TRÄNENKANAL

Bindehautentzündung (Konjunktivitis), auch als »rote Augen« bekannt, ist eine Entzündung der das Auge schützenden Schleimhaut, der Bindehaut. Diese Membran bedeckt die Lidinnenseite und -oberfläche bis zur Hornhaut. Bindehautentzündung begegnet dem Hundebesitzer wahrscheinlich als häufigste Störung.

Sie tritt oft auf, wenn die Bindehaut durch ein Haar oder Fremdkörper gereizt wird. Sind beide Augen entzündet, kann dies auf ernstere Probleme an anderer Stelle hindeuten, entweder im Augapfel oder anderen Körperteilen. Allergische Konjunktivitis, verbunden mit Niesen (Rhinitis) kommt bei Hunden immer häufiger vor. Mit einer lokalen Entzündung gehen bei Konjunktivitis unterschiedliche Absonderungen einher, die auf die Ursache des Problems hinweisen. Ist das Auge zum Beispiel infiziert, ist der Ausfluss gelblich grün.

Tränenproduktion und Konjunktivitis sind eng miteinander verknüpft. Tränen halten die Augoberfläche nicht nur feucht und glänzend, sie beinhalten auch Substanzen zur Infektionsabwehr. Einige Tränenbestandteile werden in den Tränendrüsen produziert – eine liegt direkt unter dem Knochenbogen über dem Augapfel, die andere in der Nickhaut. Weitere Bestandteile entstammen den meibomschen Drüsen in den Lidern und den Zellen in der Bindehaut. Der Tränenfilm dient als Benetzungsmittel.

Überschüssige Tränen führt das Auge durch den Tränenkanal in die Nasenhöhle ab.

Es können drei Probleme auftreten: überschüssige Tränenproduktion (siehe S. 282), verstopfter Tränenkanal und schlimmstenfalls verminderte Tränenproduktion oder trockene Augen (siehe S. 283). Verminderte Produktion trocknet die Hornhaut aus und führt dort oft zu Schäden und Infektion.

ABSONDERUNGEN

Eine klare, farblose Absonderung weist auf eine physische oder allergische Reizung hin. Staub, ins Gesicht blasender Wind und kalte Luft verursachen eine wässrige Absonderung aus beiden Augen. Allergene wie Pollen wirken ebenso, eine Allergie ist jedoch oft mit Juckreiz verbunden, weshalb der Hund sein Gesicht reibt. Wässrige Absonderung aus einem Auge wird gewöhnlich durch einen Fremdkörper verursacht.

Gallertartige Absonderung von Schleim kann durch Fremdkörperreizung oder Infektion entstehen. Beide Probleme gehen mit erhöhter Schleimproduktion aus der Bindehaut einher. Eine gelblich grüne Absonderung ist Eiter, d. h., es besteht eine Infektion, die sofort zu behandeln ist.

BAKTERIELLE UND PILZBEDINGTE KONJUNKTIVITIS

Wie die Haut beherbergt die Bindehaut viele normale Bakterien und Pilze. Durch Verletzungen, Fremdkörper, virale Infektionen oder, am wichtigsten, durch eine Verringerung der Tränenproduktion können einige Bakterien und Pilze sich extrem vermehren, was eine Infektion verursacht.

Symptome für eine Bindehautentzündung sind Rötung, gelblich grünes Sekret und Verkrustung der Lider. Die Hunde können blinzeln, die Augen leicht zusammenkneifen, reiben oder mit der Pfote berühren. Bei der Neugeborenenkonjunktivitis leidet der Welpe an einer Infektion, bevor oder nachdem sich die Lider trennen, gewöhnlich im Alter von 10 bis 14 Tagen. Welpen mit verwachsenen Lidern (Ankyloblepharon) sind dafür sehr anfällig. Die Lider wölben sich oder scheinen geschwollen, Absonderungen sind möglich. Ist Ihr Welpe betroffen, informieren Sie sofort den Tierarzt.

DIAGNOSE UND THERAPIE Die Ursache der bakteriellen bzw. pilzbedingten Konjunktivitis muss gefunden werden. Die Infektion wird durch Zellkulturen und Sensibilitätstest diagnostiziert und mit lokalen Antibiotika behandelt. Zur Behandlung werden sterile Augenbäder benutzt, mit denen das Auge mehrmals täglich gespült wird. Krusten werden in warmem Wasser aufgeweicht und mit einem warmen, feuchten Lappen vorsichtig entfernt.

VIRALE KONJUNKTIVITIS

Die Viren, die Staupe und Hepatitis auslösen, machen auch die Augen empfänglich für bakterielle Konjunktivitis. Staupe geht besonders mit verminderter Tränenproduktion einher und führt zu trockenen Augen (siehe S. 283).

DIAGNOSE UND THERAPIE Staupe wird oft durch die Untersuchung eines Bindehautabstrichs auf virale Partikel früh entdeckt. Eine hinzukommende bakterielle Infektion wird mit Antibiotika behandelt. Augen mit physiologischer Kochsalzlösung feucht halten und auf Trockenheit untersuchen.

PARASITÄRE KONJUNKTIVITIS

Im Westen der USA gibt es einen parasitären Wurm (*Thelazia californiensis*), der sich zwischen Lid und Auge (Bindehautsack) einnistet. Dieser Wurm verursacht eine noduläre oder granulomatöse Konjunktivitis.

DIAGNOSE UND THERAPIE Der Nachweis des Wurms bei der Untersuchung bestätigt die Erkrankung. Der Tierarzt verabreicht einen Tropfen Lokalanästhetikum und entfernt den Wurm mit der Zange. Alternativ wird das Auge mit spezieller antiparasitärer Lösung gespült.

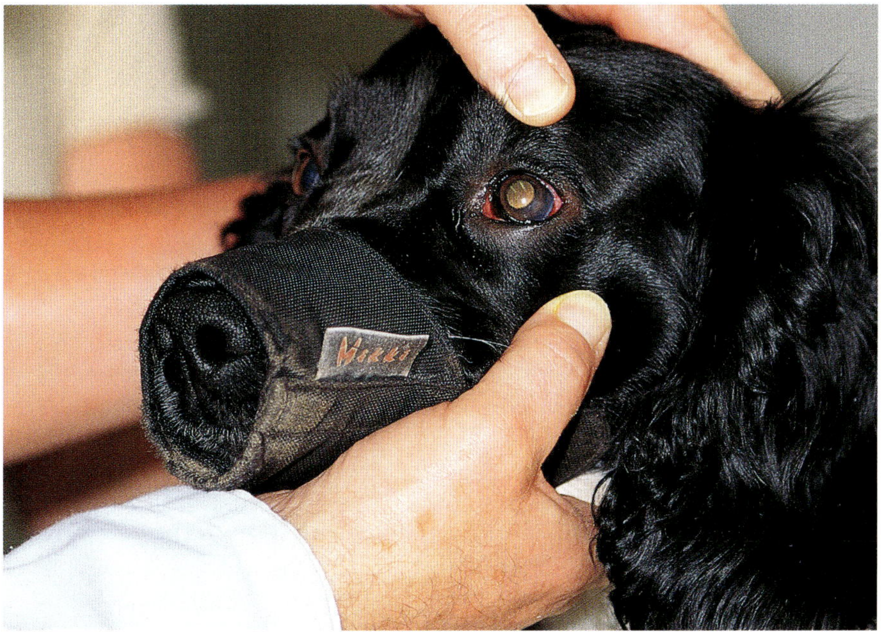

ROTES AUGE

Die Bindehaut ist die Membran, die das Weiße des Auges und die Rückseite der Lider bedeckt. Wird sie physisch oder durch eine Infektion gereizt, entzündet sie sich und wird rot. Eine der häufigsten Krankheiten am Hundeauge ist Konjunktivitis, die Bindehautentzündung.

TRÄNENABFLUSS

Zwei Tränendrüsen in jedem Auge produzieren eine wässrige Schicht. Dieses Wasser bildet die Mittelschicht der Tränen; die innere Schleimschicht stammt aus der Bindehaut, die äußere ölige Schicht aus den Lidern. Eine Tränendrüse liegt oberhalb des Auges unter dem Knochenbogen des Augapfels. Die andere Drüse ist ein Teil des dritten Lids und produziert Tränen in der unteren Augenhälfte. Generell produzieren beide Drüsen etwa gleich viel Tränen. In jedem Auge sammeln sich die Tränen nahe der Nase und fließen durch zwei Kanäle (oberer und unterer) entlang des Tränenkanals in die Nasenhöhle.

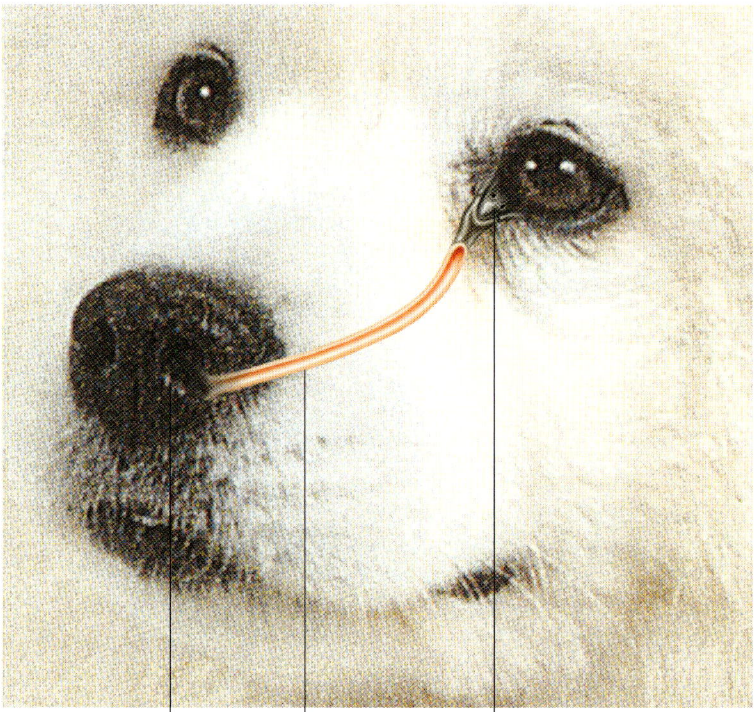

TRÄNENKANAL
Tränen fließen von Natur aus vom Auge durch den Tränenkanal in die Nasenhöhle. Ist dieser Kanal verstopft oder hat er (wie bei manchen Pudeln) eine ungünstige Form, fließen die Tränen übers Gesicht.

TRÄNENDE AUGEN

Bei vielen Krankheitsbildern kommt es zu Tränenfluss, wobei in den Augen Tränenüberschuss herrscht. Die meisten möglichen Ursachen werden in diesem Kapitel beschrieben. Dazu gehören: Fremdkörper im Auge (siehe S. 278), Lidprobleme wie Entropium und Ektropium (siehe S. 278), abnorme Wimpern (siehe S. 278), die Augen berührende Gesichtshaare (siehe S. 278), Blepharitis (siehe S. 279), akute allergische Schwellung der Lider (siehe S. 279), Augenlidtumoren (siehe S. 280), Korneageschwüre (siehe S. 285) und Konjunktivitis (siehe S. 281). Zu den Ursachen im Augapfel zählen Uveitis anterior und Glaukom (siehe S. 288). Tränenfluss entsteht auch dadurch, dass das normale Abflusssystem der Tränen verstopft ist (siehe oben) oder der Kanal zur Nase von Geburt an zu eng bzw. nicht vorhanden ist. Dieser schlechte Abfluss wird Epiphora genannt. Einige Rassen haben eine ererbte Veranlagungg für verstopfte Tränenkanäle (siehe S. 283).

Die häufigsten Ursachen für Tränenkanalprobleme sind: Der Kanal ist durch eine bakterielle Infektion geschwollen; Schleim aus der Bindehaut verstopft die Öffnung des Kanals im Augenwinkel oder bildet einen Pfropfen im Kanal.

DIAGNOSE Bei Hunden mit chronischem Tränenfluss bekommen die mit Tränen getränkten Haare um die Augen mahagonifarbene Flecken. Der Tierarzt prüft, ob der Tränenkanal verstopft ist. Ist dies der Fall, wird der Hund betäubt, es wird eine kleine Kanüle am Ende des Tränenkanals ins Auge eingeführt und der Kanal wieder geöffnet.

THERAPIE Tränenfluss kann nur korrigiert werden, wenn die Ursache beseitigt wurde. Ist er durch eine bakterielle Infektion bedingt, verschreibt der Arzt Antibiotika. Für die von Geburt an verformten Tränenkanäle gibt es keine operative Korrektur.

Es entstehen keine Flecken im Gesichtshaar, wenn man bei chronischem Tränenfluss die ausgeflossenen Tränen zweimal täglich (morgens und abends) mit physiologischer Kochsalzlösung abwischt. Manche Züchter und auch Bücher empfehlen die Verwendung von Chemikalien wie Wasserstoffperoxid oder Bleiche zur Reinigung von verfärbten Haaren, diese sind jedoch sehr gefährlich und sollten nicht in Augennähe kommen.

Von braunen Verfärbungen am Augenwinkel, bekannt als »Pudelauge«, sind einige Rassen wie Pudel und Malteser, Pekingese und Zwergspitz betroffen. Züchter behandeln solche Hunde manchmal mit oralen Langzeitantibiotika, wenn sie in professionellen Shows auftreten.

Diese Maßnahme reduziert mahagonifarbene Flecken, dauernder Gebrauch ist aber nicht zu empfehlen. Eine sichere Alternative ist, eine Salbe wie Vaseline auf die Haut um das Auge aufzutragen, damit die Tränen nicht mit den Haaren in Kontakt kommen. Von Kreidepulver ist wegen möglicher Reizung abzuraten.

TROCKENES AUGE

Produzieren die Tränendrüsen nicht genügend Tränen, werden die Augen glanzlos und trocken, es kommt zum sogenannten trockenen Auge (Keratokonjunktivitis sicca).

Tränenmangel verursacht sofort Bindehautentzündung. Das Infektionsrisiko steigt stark an, wie auch das Risiko einer Hornhautschädigung durch Geschwürbildung. Etwas später, im Verlauf der Krankheit, ersetzt ein schleimiger Ausfluss, der dick und zähflüssig wird, die Tränen. Oft entsteht eine sekundäre bakterielle Infektion mit Eiterbildung. Das Auge wird trocken und trübe. Entzündet sich die Hornhaut und bildet Geschwüre, entsteht Keratitis (siehe S. 285/286).

Ein trockenes Auge kann viele Ursachen haben. Immunsystembedingte Krankheiten, bei denen dieses die eigenen Tränendrüsen »angreift«, ist die häufigste Ursache bei West Highland White Terriern wie auch bei einigen anderen Rassen. Zu anderen Störungen, die die Tränenproduktion vermindern, zählen Virusinfektionen wie Staupe, bakterielle Infektionen sowie solche, die durch Staphylokokken und Nebennierenunterfunktion verursacht werden. »Trockenes Auge« kann auch

VERFÄRBUNGEN
Produziert das Auge zu viele Tränen oder ist der Tränenkanal verstopft oder zu eng, fließen die Tränen aus dem unteren Lid, besonders um den Augenwinkel. Nach einiger Zeit entsteht dadurch eine unansehnliche, mahagonifarbene Verfärbung auf den Gesichtshaaren.

GEFÄHRDETE RASSEN

Rassen mit ererbter Neigung zu verstopften Tränenkanälen:

- flachgesichtige Rassen
- Bichon à poil frisé
- Malteser
- Lhasa Apso
- Pudel (Bild oben)
- Zwergspitz
- Zwergrassen

Die anfälligste Rasse für trockene Augen ist der West Highland White Terrier. Betroffen sind auch:

- Bulldogge
- Cavalier King Charles Spaniel (Bild oben)
- Cocker Spaniel
- Deutscher Schäferhund
- Lhasa Apso

nach Verletzungen der Tränendrüsen auftreten oder wenn die Nerven der Drüsen durch eine Mittelohrentzündung geschädigt wurden. Auch Hunde, die mit mehreren Sulfa-Medikamenten wie Sulfonamiden oder Trimethoprim-Sulfonamiden behandelt wurden, sind unter Umständen gefährdet.

DIAGNOSE Konjunktivitis ist ein häufig auftretendes Hundeaugenproblem. Deshalb ist das trockene Auge, bei dem nur eine Entzündung sichtbar ist, schwer zu diagnostizieren, wenn der Arzt die Tränenproduktion nicht misst. Eine genaue Diagnose wird durch die Messung der Tränenproduktion mittels Schirmertest gestellt: Ein spezieller steriler Filterpapierstreifen kommt eine Minute in den Augenwinkel. Die Tränen benetzen ein Stück des Streifens. Ein normaler Tränentest benetzt den Streifen 20 mm, während bei trockenem Auge nur 10 mm oder weniger benetzt werden.

THERAPIE Sie richtet sich nach der Schwere der Erkrankung. Bei leichten Fällen ist die Verabreichung künstlicher Tränen viermal oder öfter am Tag über mehrere Wochen ausreichend. Durch diese Behandlung werden Horn- und Bindehaut ausreichend befeuchtet und gefettet, um schlimmere Folgen zu verhindern. Meist benötigen betroffene Hunde neben künstlichen Tränen antibiotische Augentropfen gegen sekundäre Augeninfektionen.

Bei manchen Hunden mit immunsystembedingten Krankheiten wurde ein operativer Eingriff durch Immunsuppressiva abgewendet. Kortikosteroide und Cyclosporin-Salbe werden verabreicht; Cyclosporin scheint der Zerstörung der Tränendrüsen entgegenzuwirken.

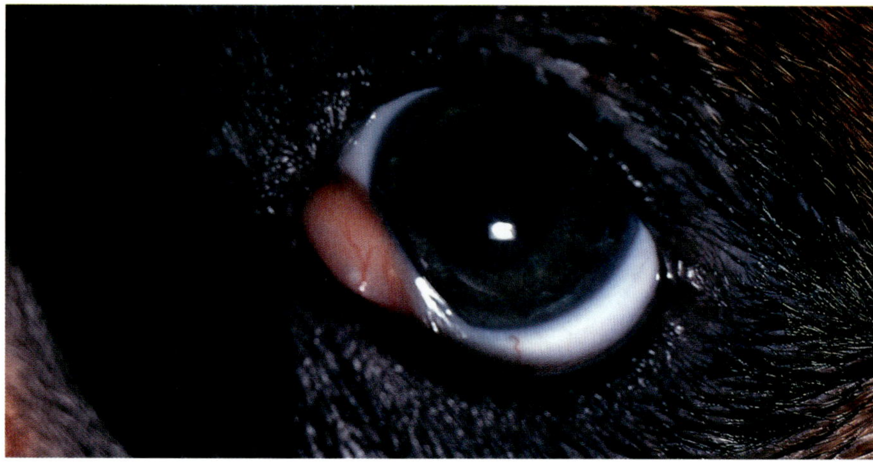

CHERRY EYE

Das dritte Lid ist gewöhnlich nicht sichtbar. Schwillt die Drüse hinter dem dritten Lid aus irgendeinem Grund an, treten Drüse und Lid hervor und verursachen das »Cherry eye«.

F EIN DRITTES LID IST DUNKLER ALS DAS ANDERE. WAS BEDEUTET DAS?

A Das hat keinerlei Bedeutung. Bei manchen Tieren ist der Rand eines dritten Lides pigmentiert, der des anderen nicht, dadurch sehen die Augen unterschiedlich aus. Dies ist jedoch medizinisch nicht relevant.

F KANN ICH AUGENPFLEGEPRODUKTE FÜR MENSCHEN AUCH FÜR HUNDE NUTZEN?

A Im Allgemeinen ja. Hundetränen unterscheiden sich nur wenig von menschlichen, deshalb können künstliche Tränen für unsere Augen auch für Hunde verwendet werden. Beruhigende Augenbäder haben auch für Hunde den richtigen pH-Wert.

ERKRANKUNGEN DES DRITTEN LIDES

Das dritte Lid, auch Nickhaut genannt, übt beim Hundeauge eine ähnliche Funktion aus wie für unser Auge unsere Zeigefinger, ist jedoch effektiver. Es bewegt sich vom unteren Lid aus nach oben und reinigt das Auge mechanisch, entfernt kleine Fremdkörper und Reizungen. Beobachten Sie Ihren Hund beim Einschlafen, dann können Sie sehen, wie sich das dritte Lid über das Auge bewegt, noch bevor die Lider ganz geschlossen sind. Die untere Tränendrüse, als Teil des dritten Augenlides, produziert etwa die halbe Tränenmenge.

VORFALL DES DRITTEN LIDES

Das dritte Lid, die Nickhaut, besteht aus einem beweglichen, von Bindehaut bedeckten Knorpel. Dahinter, auf der Augapfelseite, sitzt die untere Tränendrüse, die eigentlich Nickhautdrüse heißt. Aus schwer nachvollziehbaren Gründen schwillt diese Drüse manchmal um das Fünffache oder mehr an. Dabei hebt sie die Nickhaut von der Augoberfläche ab. Bei diesem Problem wird das dritte Lid durch die dauerhafte Schwellung der Nickhaut umgeklappt. Die Drüse erscheint als runde, glänzende rosa Masse im Augenwinkel, deshalb wird diese Krankheit auch »Cherry eye«, Kirschauge, genannt. In dieser Position kann die Drüse die Hornhaut reizen und Konjunktivitis verursachen, bis das Auge behandelt wird. Der Vorfall (Protrusion) kann ein oder beide Augen betreffen.

THERAPIE Mit betäubenden Augentropfen kann der Arzt die Drüse in die normale Position im dritten Lid zurückdrehen. Das Problem kann jedoch wieder auftreten, wenn die Position der Drüse nicht durch einen kleinen operativen Eingriff fixiert wird.

Weder das dritte Lid noch die zugehörige Tränendrüse sollten ohne triftigen Grund entfernt werden.

ROLLEN ODER EVERSION DES DRITTEN LIDES

Dabei rollt sich der Rand des dritten Lids nach außen und verursacht eine leichte Bindehautreizung. Eversion des dritten Lides kann an beiden Augen auftreten. Einige Rassen sind dafür besonders anfällig (siehe rechts).
THERAPIE Der nach außen gerollte Knorpel wird operativ entfernt.

KORNEA-ERKRANKUNGEN

Die glatte transparente Kornea, die Hornhaut, lässt Lichtstrahlen durch die Linse auf die Retina fallen. Sie dient als Barriere auch dem Schutz der empfindlichen inneren Augenstrukturen. Schäden oder Verletzungen der Korneaoberfläche verringern die Sehkraft des Hundes. Einige Korneaprobleme sind schleichender Natur, zum Beispiel bei lichtundurchlässiger Pigmentierung. Sie ist nicht schmerzhaft, und man merkt es nicht. Andere Schäden und Erkrankungen wie eine Entzündung der Hornhaut sind schmerzhaft und werden deshalb früher diagnostiziert.

KORNEASCHÄDEN

Hunde sind anfällig für Kratzer (Abrasion) an der Kornea. Dies verursacht lokale Schwellungen, die die Korneaoberfläche milchig oder trübe erscheinen lassen. Korneaschäden entstehen durch Abrasionen und Krankheiten und können zur Geschwürbildung, ulzerativer Keratitis, führen (siehe rechts). Sie sind gewöhnlich schmerzhaft. Der Hund kneift das Auge zusammen oder hält es leicht geschlossen. Es entzündet sich und produziert überschüssige Tränen. Oft tritt eine sekundäre Infektion mit eitrigem Ausfluss auf.
DIAGNOSE Das ganze Ausmaß der Korneaverletzung wird durch Applikation fluoreszierender Farbe sichtbar. Alle verletzten Bereiche nehmen Farbe auf. Auch leichte Abrasionen müssen sofort vom Arzt behandelt werden.
THERAPIE Ein Antibiotikum kann zur Vermeidung von Infektionen gegeben werden, zusätzlich Atropin zur Pupillenerweiterung und Schmerzlinderung.

ULZERATIVE KERATITIS

Keratitis ist eine Entzündung der Kornea. Die Erkrankung betrifft die Oberfläche oder kann tief in die unterste Schicht der Kornea vordringen und mit oberflächlicher oder tiefer Geschwürbildung einhergehen. Ulzerative Keratitis ist ernster als die nicht ulzerative Form (siehe unten), sie kann zum Zusammenbruch des Auges führen. Geschwüre können starke Schmerzen veursachen, gepaart mit Augenzusammenkneifen und starker Tränenproduktion und zuweilen Lichtüberempfindlichkeit. Geschwüre können durch Verletzungen oder folgende Störungen entstehen: trockenes Auge, Nebennierenunterfunktion, Diabetes (siehe S. 380); Schilddrüsenunterfunktion, schlecht heilende Geschwüre und ererbte Korneadystrophie (siehe S. 286).
DIAGNOSE Durch fluoreszierende Farbe werden kleine Geschwüre sichtbar, größere als Flecken oder Eindrücke auf der Kornea.
THERAPIE Oft ist ein operativer Eingriff nötig. Weiche Kontaktlinsen speziell für Hunde können auch als Schutz dienen. Eine blasenähnliche Ausbuchtung im Geschwür weist auf baldiges Aufbrechen hin, was die Flüssigkeit der vorderen Kammer austreten lässt, ein rascher Eingriff rettet das Auge.

NICHT ULZERATIVE KERATITIS

Diese Keratitisformen bilden keine Geschwüre. Beim »blauen Auge« (interstitieller Keratitis) wird die Kornea trübe, ein blauer Film bildet sich. Dies kann durch infektiöse Hundehepatitis (siehe S. 220) verursacht werden. Bei nicht ulzerativer Pigmentkeratitis lagert sich Melanin in der Kornea ab.

Bei manchen Hunden mit trockenem Auge wachsen Blutgefäße über die Kor-

GEFÄHRDETE RASSEN

Einen Vorfall des dritten Lides, das sogenannte »Cherry Eye«, findet man häufig bei diesen Rassen:

- Beagle
- Bloodhound (Bild oben)
- Boston Terrier
- Boxer
- Bulldogge
- Cocker Spaniel
- Lhasa Apso
- Shar Pei

Zum Rollen des dritten Lides neigen folgende Rassen:

- Deutsche Dogge
- Irish Wolfhound
- Neapolitanischer Mastiff
- Neufundländer
- Weimaraner (Bild oben)

nea und verursachen eine sogenannte vaskuläre Keratitis. Andere Hunde erben eine Veranlagung zur Oberflächenkeratitis, die oft als Pannus bezeichnet wird (siehe unten).

DIAGNOSE UND THERAPIE Die meisten Hunde genesen ohne Behandlung spontan von einer interstitiellen Keratitis, dem »blauen Auge«. Fortgeschrittene Pigmentkeratitis kann zu Blindheit führen, obwohl lokales Cyclosporin die Pigmentablagerung verlangsamt. Bei Hunden mit vaskulärer Keratitis bessert sich der Zustand oft von selbst, wenn die Reizursache beseitigt ist.

PIGMENTKERATITIS

Der Pekingese entwickelt oft eine allgemeine Form der Pigmentkeratitis, die an der Nasenseite des Augapfels beginnt und sich zur anderen Seite ausbreitet. Sie wird durch chronische Reizung durch die Nasenfalte verursacht.

THERAPIE Das Schneiden der Haare an der Nasenhautfalte mindert meist die Hornhautreizung. Am besten lässt man die Nasenhautfalte durch eine Operation entfernen.

CHRONISCHE OBERFLÄCHENKERATITIS (PANNUS)

Pannus ist eine Form der vaskulären Keratitis, die durch das Immunsystem verursacht wird. Dabei bildet sich ein brauner, durch Blutgefäße geröteter Pigmentfleck auf der Kornea, und ohne Behandlung breitet er sich über die ganze Oberfläche aus.

Obwohl auf Deutsche Schäferhunde beschränkt geglaubt, findet man diese Krankheit bei verschiedenen anderen Rassen wie dem Australian Shepherd, Border Collie, Tervueren, Greyhound und Siberian Husky.

THERAPIE Durch über lange Zeit verabreichte lokale Kortikosteroide schrumpfen die Korneablutgefäße und breiten sich nicht aus. Sollte eine Langzeitbehandlung mit Kortikosteroiden nicht möglich sein, kann oft operativ eingegriffen werden.

KORNEA-DYSTROPHIE UND -DEGENERATION

Bei Kornea-Dystrophie bilden sich gebrochen weiße, kristalline, trübe Bereiche an derselben Stelle in beiden Augen, ohne Schmerz, Unbehagen oder Entzündung. Die meisten Dystrophien sind oberflächlich und verursachen keine Probleme. Einige sind jedoch tief, verursachen eine Korneaschwellung, mit Beeinträchtigung der Sehkraft bis zur Blindheit. Manche Rassen sind besonders anfällig (siehe S. 287). Eine Korneadegeneration kann wie eine Kornea-Dystrophie aussehen, entsteht aber nur in einem Auge, resultiert aus äußeren oder inneren Verletzungen und kann Schmerzen verursachen.

THERAPIE Für die Kornea-Dystrophie gibt es keine Therapie. Die operative Entfernung kann die Sehkraft nur vorübergehend verbessern. Kornea-Degeneration kann sich verschlimmern und ein Geschwür bilden. Die damit verbundene Blutgefäßausbreitung wird mit Kortikosteroiden und Antibiotika behandelt. Schwere Trübung durch Degeneration kann operativ entfernt werden, Narbenbildung aber die Sicht beeinträchtigen.

LINSENERKRANKUNGEN

Die transparente Linse bündelt Lichtstrahlen auf die Netzhaut (Retina) hinten im Auge. Bei jungen Hunden funktioniert die flexible, klare Linse gut. Wird der Hund älter, verhärtet die Linse und wird trüb. Durch Verletzungen oder Krankheiten kann sie wegrutschen (Luxation). Krankheit oder ein vererbter Defekt verursachen evtentuell Trübung oder Katarakt (grauer Star).

KATARAKT

Werden die Proteine in einer Linse trübe, verliert sie teilweise ihre Transparenz. Der betroffene Bereich, Katarakt genannt, kann leicht trübe oder ganz undurchsichtig werden. Dies kann die ganze Linse oder nur einen Teil betreffen. Eine vollständige Katarakt verursacht eine weiße, kristalline Linse mit gelblicher Schattierung. Kataraktbildung ist nicht rückgängig zu machen.

Die meisten Katarakte werden ererbt, entstehen aber auch durch Verletzung und Stoffwechselkrankheiten, besonders Diabetes (siehe S. 380). Vererbte Jugendkatarakte kommen bei

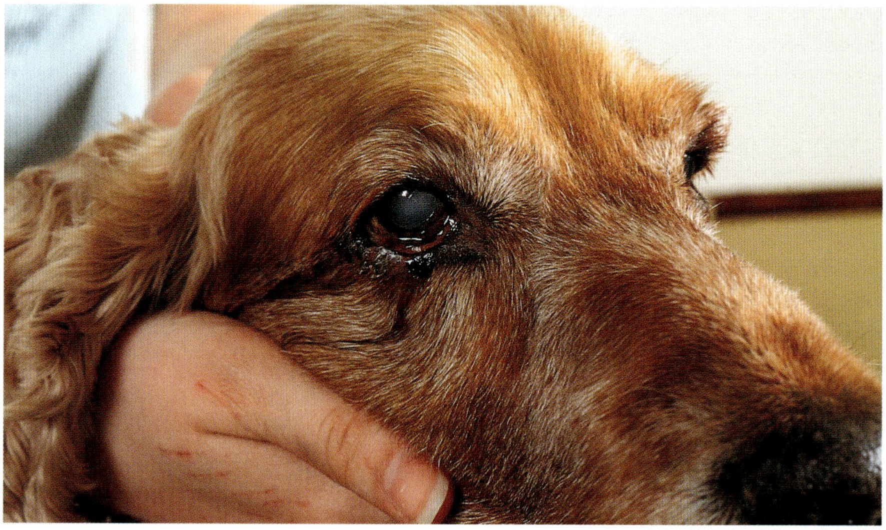

KATARAKT ODER GRAUER STAR

Geht die normale Transparenz der Linse verloren, erscheint ein trüber Fleck auf dem Auge. Dieser ist oft weiß, manchmal mit gelblicher Schattierung. Eine Katarakt hat keine bestimmte Größe oder Form und kann die ganze Linse ausfüllen. Manchmal streut sie Lichtstrahlen im Auge, sodass der Hund es zusammenkneift.

über 80 Rassen vor, einschließlich Boston Terrier, Golden Retriever, Labrador Retriever, Cocker Spaniel, Zwergschnauzer, West Highland White Terrier, Siberian Husky und Bobtail. Diabetische Katarakte können innerhalb von Wochen entstehen und für den Hundehalter ein erster Hinweis auf Diabetes sein.

DIAGNOSE Der Halter oder Tierarzt vermutet eine Katarakt, wenn die Linse trüb aussieht oder das Tier unter schwindender Sehkraft leidet. Katarakte werden oft mit einer Trübung des Auges bei Korneakrankheiten verwechselt (siehe S. 286). Ein Arzt diagnostiziert eine Katarakt durch eine Untersuchung mit dem Augenspiegel.

THERAPIE Ist der Hund blind oder kurz davor, wird eine Operation erwogen. Katarakte können auf unterschiedliche Weise entfernt werden, eine Operation wird nur zur Wiederherstellung oder signifikanten Verbesserung der Sehkraft durchgeführt. Um dies zu entscheiden, empfiehlt sich eine möglichst frühe Untersuchung der Netzhaut mittels Elektroretinografie.

PRÄVENTION Alle für die Zucht vorgesehenen Tiere sollten auf beginnende oder schlummernde Katarakt untersucht werden. Vererbte Jugendkatarakte treten bei manchen Rassen nicht vor dem 6. Lebensjahr auf. Deshalb ist es wichtig, dass Eltern, Großeltern und Urgroßeltern der Zuchttiere erwiesenermaßen frei von Katarakten waren.

NUKLEUS-SKLEROSE

Dies ist das häufigste Problem bei Hundeaugen. Es ist keine Störung, sondern entsteht beim normalen Alterungsprozess. Mit der Zeit wird bei achtjährigen und älteren Hunden das Zentrum der Linse sklerotisch – also härter und dichter. Die Verhärtung reflektiert Licht, statt es zur Retina zu leiten. Die Linse wirkt zunehmend blaugrau.

Man nimmt an, dass Hunde ihre Nahsicht in dem Maße verlieren wie Menschen, bei denen die natürliche Sklerose in einem Alter zwischen 45 und 50 Jahren entsteht: Sie brauchen dann eine Lesebrille. Je älter der Hund ist, desto schlechter sieht er Dinge direkt vor seinen Augen. Die Fernsicht wird jedoch nicht beeinträchtigt.

DIAGNOSE UND THERAPIE Eine nukleare Sklerose wird leicht mit einer entstehenden Katarakt verwechselt, jedoch kann der Arzt bei Katarakt die Retina nicht mit dem Augenspiegel sehen, bei nuklearer Sklerose schon.

LUXATION DER LINSE

Luxiert eine Linse, fällt sie nach vorne in die vordere Augenkammer oder nach hinten in die hintere Kammer. Eine geringe Lageänderung (Subluxation) oder eine komplette (Luxation) der Linse kann durch Gewalteinwirkung – von Kampf bis Verkehrsunfall –, Entzündung in der vorderen Kammer, Glaukom (siehe S. 288), Altern oder Vererbung entstehen.

Die Luxation kann schmerzhaft sein und ein Glaukom verursachen (siehe S. 288). Der weiße Rand um die Kornea (die Sklera) entzündet sich, und die Kornea kann trübe oder undurchsichtig werden. Subluxationen sind schwer zu diagnostizieren. Einzige Anzeichen können eine leichte Entzündung oder vermehrte Tränenproduktion sein.

Rassen mit einer bekannten vererbten Veranlagung zur Luxation der Linse umfassen Sealyham Terrier, Parson Jack Russell Terrier, Tibet Terrier, Border Collie und Draht- sowie Glatthaar-Foxterrier.

DIAGNOSE UND THERAPIE Der Arzt diagnostiziert eine teilweise oder totale Luxation bei der Augenuntersuchung. Eine total luxierte Linse wird baldmöglichst entfernt, um die verbleibende Sehkraft zu retten. Subluxation der Linse wird meist zur Linderung der Entzündung medikamentös behandelt.

GEFÄHRDETE RASSEN

Oberflächliche Kornea-Dystrophie findet man bei vielen Rassen, zum Beispiel bei:

- Beagle
- Cavalier King Charles Spaniel
- Collies
- Deutscher Schäferhund
- Siberian Husky (Bild oben)

Tiefe Kornea-Dystrophie kann bei diesen Rassen auftreten:

- Boston Terrier
- Chihuahua (Bild oben)
- Dackel

IRIS UND VORDERE AUGENKAMMER

Die Iris ist eine dünne, runde pigmentierte Membran, aufgespannt in der vorderen Augenkammer, hinter der Hornhaut und vor der Linse. Durch Zusammenziehen und Entspannen als Reaktion auf die Helligkeit der Umgebung steuert sie die Pupillengröße und so die Lichtmenge, die die Netzhaut erreicht. Die Pigmentierung in der Iris bestimmt die Augenfarbe.

Hinter der Iris liegt ein runder Muskel, der Ziliarkörper, der die Linsenform verändert und eine Flüssigkeit produziert, mit der die vordere Kammer gefüllt ist. Iris und Ziliarkörper heißen zusammen Uvea anterior. Diese Struktur und die vordere Kammer sind am empfänglichsten für Krankheiten, die von anderen Körperregionen verursacht werden.

UVEITIS ANTERIOR

So bezeichnet man die schmerzhafte Entzündung von Iris und Ziliarkörper. Eine der möglichen Ursachen liegt beim Immunsystem.

Die vordere Uvea und vordere Augenkammer können sich entzünden durch verschiedene Organ- und Infektionskrankheiten, wie zum Beispiel Leptospirose (siehe S. 223) oder Leishmaniose (siehe S. 266), durch immunbedingte Thrombozytopenie (einen Mangel an Blutplättchen), Tumoren und Metastasen bildenden Krebs wie Lymphosarkom sowie auch durch seltene Pilzinfektionen der inneren Organe (siehe S. 228).

Beim Zusammenziehen der Pupille wird das Auge zusammengekniffen. Es treten Tränenüberschuss und erhöhte Lichtempfindlichkeit auf. Durch die Entzündung der vorderen Kammer erscheint die Pupille verschwommen. Das Auge ist rot, das dritte Lid kann hervortreten.

Uveitis anterior senkt den Druck in der mit Flüssigkeit gefüllten Augenkammer, das Auge fühlt sich deshalb weicher an. Andere Symptome ähneln denen bei Glaukom (siehe unten). Oft entsteht auch ein Glaukom aus Uveitis anterior.

DIAGNOSE Es muss festgestellt werden, ob eine Organkrankheit zugrunde liegt; dies ist fast sicher, wenn beide Augen betroffen sind. Der Tierarzt untersucht die Augen und misst den Druck im Augapfel, den Augeninnendruck, um die Krankheit vom Glaukom abzugrenzen.

PERSISTIERENDE PUPILLARMEMBRANEN
Dabei breiten sich kleine Fasern – persistierende Pupillarmembranen – von der Pupille aus wie ein Spinnennetz im Herzen der Iris aus. Es sind Reste der Blutgefäße und Gewebe der fötalen Iris bei der Entwicklung im Mutterleib. Seltsamerweise beeinträchtigen sie jedoch selten das Sehvermögen des Hundes.

THERAPIE Sofortmaßnahmen umfassen Schmerzstillung und Unterdrückung des Immunsystems mit lokalen und systemischen Kortikosteroiden, eventuell Atropin zur Pupillenentspannung.

PERSISTIERENDE PUPILLARMEMBRANEN (PPMs)

Kleine Fasern, sogenannte persistierende Pupillarmembranen (PPMs), sieht man manchmal im Auge, sie erstrecken sich über die Pupille und verbinden beide Seiten der Iris. Sie können auch mit der Iris, Hornhaut oder Linse verbunden sein. Diese Fasern sind Reste von Blutgefäßen, die bei der Entwicklung im Mutterleib präsent waren. In seltenen Fällen entstehen aus den Fasern undurchsichtige Flecken auf der Hornhaut oder Katarakte in der Linse und beeinträchtigen die Sehkraft.

THERAPIE Bei Gefährdung des Sehvermögens ist eventuell eine Operation nötig; meist verursachen persistierende Pupillarmembranen keine Probleme.

MEHRFARBIGE AUGEN

Manche Hunde haben zwei oder mehr Farben in einer Iris oder zwei unterschiedlich gefärbte Augen, die sogenannte Heterochromia iridis. Dies kann verbunden sein mit einer dünnen oder perforierten Iris oder persistierenden Pupillarmembranen. Die Mehrfarbigkeit der Iris ist problemlos bei Rassen wie Alaskan Malamute, Shih Tzu, Bobtail, American Foxhound und Siberian Husky. Beim Australian Shepherd, Dackel, Collie und Deutscher Dogge kann sie jedoch mit komplizierteren Erbkrankheiten verbunden sein.

GLAUKOM (GRÜNER STAR)

Obwohl der Flüssigkeitsgehalt des Auges konstant zu sein scheint wie in einem Ballon, besteht ein kontinuierlicher Flüssigkeitsaustausch zum Blutkreislauf. Die Flüssigkeit, die die vordere Augenkammer füllt, wird vom Ziliarkörper produziert. Wo die Iris auf die Hornhaut trifft, verteilt sich die überschüssige Flüssigkeit langsam vom

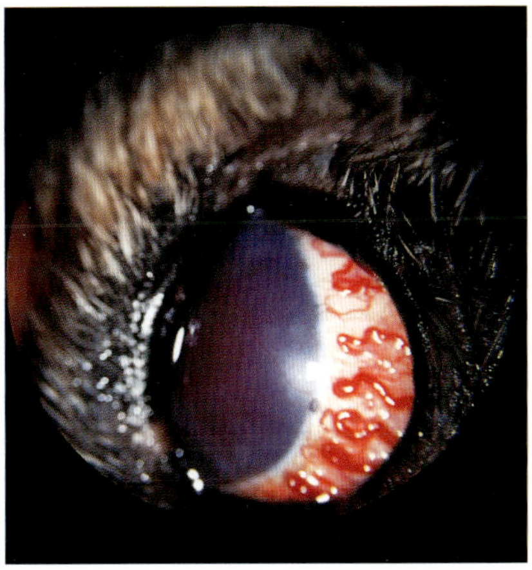

GLAUKOM
Steigender Flüssigkeitsdruck im Augapfel verursacht starke Schmerzen, starren Blick und Trübung des Auges. Wenn sich das Auge vorwölbt, fließen Tränen aus, und die Blutgefäße dehnen sich aus.

Auge in kleine Venen. Gewöhnlich sind Produktion und Verteilung der Flüssigkeit im Gleichgewicht. Wird sie schneller produziert, als sie das Auge verlässt, zum Beispiel wenn die Abflusskanäle von der vorderen Augenkammer in die Blutgefäße verstopft sind, steigt der Flüssigkeitsdruck in der Augenkammer. Dies geschieht beim Glaukom.

Der steigende Druck ist sehr schmerzhaft, er schädigt Netzhaut und Sehnerv. Dazu kommen das Zusammenkneifen der Augen, verstärkte Tränenproduktion und Lichtüberempfindlichkeit. Ein Hund mit Glaukom hat einen starren Blick und eine getrübte Hornhaut. In diesem Stadium muss der Augapfel nicht sichtbar vergrößert sein, fühlt sich aber härter an. Schließlich schwillt der Augapfel an und tritt sichtbar aus der Höhle hervor. Dann ist dieses Auge erblindet.

Primäres Glaukom wird vererbt und betrifft einige Rassen wie Basset Hound, Beagle, Cocker Spaniel und Samojede. Sekundäres Glaukom entsteht nach Verletzungen oder Augenkrankheiten wie zum Beispiel Uveitis anterior (siehe S. 288).

DIAGNOSE Der Tierarzt untersucht das Auge und misst den Flüssigkeitsdruck im Augapfel, den Augeninnendruck, um festzustellen, ob er erhöht ist.

THERAPIE Frühe und sofortige Behandlung ist beim Glaukom wichtig, um die Sehkraft zu retten. Der Arzt verabreicht Medikamente zur Senkung des Augeninnendrucks. Eine Laseroperation mit partieller Zerstörung des Ziliarkörpers kann die Flüssigkeitsproduktion senken.

Bei Erblindung wird das Auge am besten entfernt, um weiteren Schmerzen oder Verletzungen vorzubeugen. Dies mag schrecklich klingen, verschafft dem Hund jedoch Erleichterung und wirkt ästhetischer, sobald die Haare nachgewachsen sind.

RETINA- UND SEHNERV-ERKRANKUNGEN

Die dünne, empfindliche Netzhaut, die Retina, die die Augenrückseite auskleidet, registriert Bilder der Umgebung. Sie übersetzt das Licht der Bilder in codierte Impulse und überträgt sie über den Sehnerv in das Gehirn. Dahinter liegt die Aderhaut, ein pigmentiertes Gewebe, reich an Blutgefäßen, das die Zellen der Retina ernährt. Die obere Hälfte des Augeninneren ist mit einer reflektierenden Zellschicht (Tapetum lucidum) ausgekleidet. Die gelblich grüne Farbe von Hundeaugen auf Blitzlichtfotos ist eine Reflexion dieser glänzenden undurchsichtigen Schichten. Bei Menschenaugen ist sie durch fehlendes Tapetum lucidum rot.

ABNORME ENTWICKLUNG DER RETINA (RETINA-DYSPLASIE)

Retina-Dysplasien sind meist ererbt. Betroffene Rassen sind u.a. der American Cocker Spaniel, Australian Shepherd, Bedlington Terrier, Pudel, English Springer Spaniel, Golden Retriever, Labrador Retriever und Sealyham Terrier.

Manchmal wird eine Retina-Dysplasie durch Virusinfektionen wie Herpes verursacht, die das »Fading-Puppy-Syndrom« auslösen (siehe S. 218), oder Adenoviren, die infektiöse Hundehepatitis und Zwingerhusten (siehe S. 221) hervorrufen. Andere mögliche Ursachen sind bestimmte Medikamente, Vitamin-A-Mangel und Verletzungen im Mutterleib.

DIAGNOSE UND THERAPIE Retina-Dysplasie wird oft bei der Routineaugenuntersuchung entdeckt. Sie verursacht selten Blindheit und kann nicht behandelt werden.

TIPPS VOM TIERARZT

Ignorieren Sie nie Veränderungen im Hundeauge. Eine Trübung kann eine unumkehrbare Schädigung anzeigen. Hervorwölbung ist ein wichtiger Hinweis auf ein Glaukom, das zur erfolgreichen Behandlung früh entdeckt werden muss. Durch deutlich sichtbare Veränderungen wie Trübung kann man kleinere leicht übersehen. Man nimmt vielleicht an, das Auge sehe nur anders aus, weil es trüber wird, oder der Blick sei starr, weil der Hund mit zunehmendem Alter an Sehkraft verliert. Regelmäßige Untersuchungen beim Tierarzt mit den richtigen Geräten sind daher sehr wichtig.

PROGRESSIVE RETINA-ATROPHIE (PRA)

Diese häufig ererbte Augenkrankheit, auch ererbte Retina- oder Netzhautdegeneration genannt, ist bei über 90 Rassen bekannt (siehe S. 291). Bei PRA sterben Retinazellen, und Blutgefäße in der Aderhaut schrumpfen; dadurch verschlechtert sich stufenweise die Sehkraft.

Das erste Anzeichen dafür ist gewöhnlich Nachtblindheit. Verschlechtert sich PRA, bemerkt man ein geringeres Selbstvertrauen, wenn der Hund Treppen herunterspringt oder -läuft. Schließlich stirbt die gesamte Retina ab, und das Auge erblindet.

DIAGNOSE UND THERAPIE Die Diagnose erfolgt durch augenärztliche Untersuchung. Es gibt keine Behandlung.

PRÄVENTION Wie bei ererbten Katarakten wurden Untersuchungspläne aufgestellt, um sicherzustellen, dass Zuchttiere frei von PRA-Symptomen sind. Wichtiger ist zu wissen, dass mehrere Generationen frei von spät ausbrechender PRA waren.

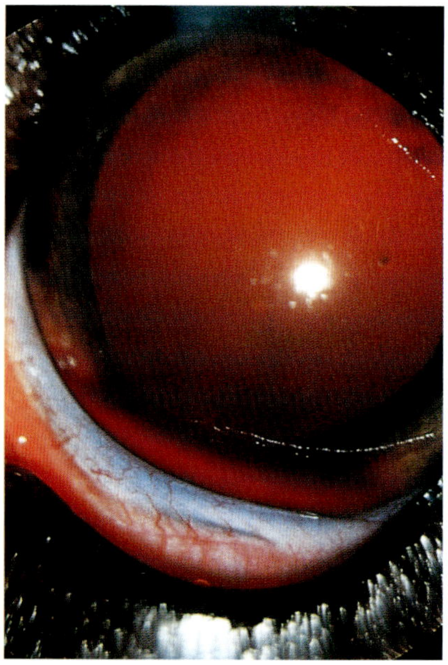

PROGRESSIVE RETINA-ATROPHIE
Verliert die Retina die Fähigkeit, Licht zu registrieren, weitet sich die Pupille, um möglichst viel Licht ins Auge zu lassen. Auch die Linse kann sich verändern. Das Bild zeigt eine typische fortgeschrittene PRA.

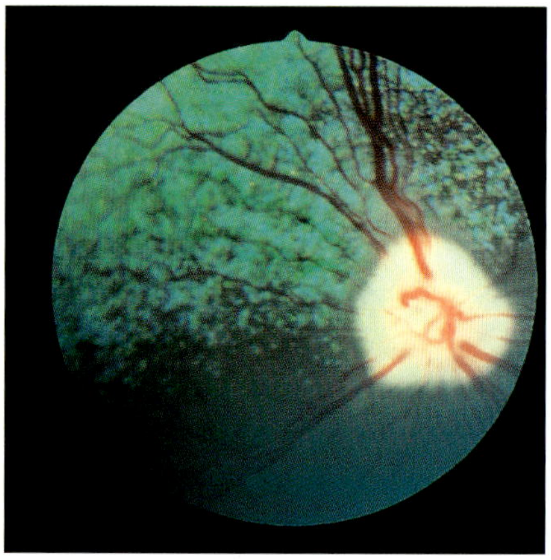

Normale Netzhaut

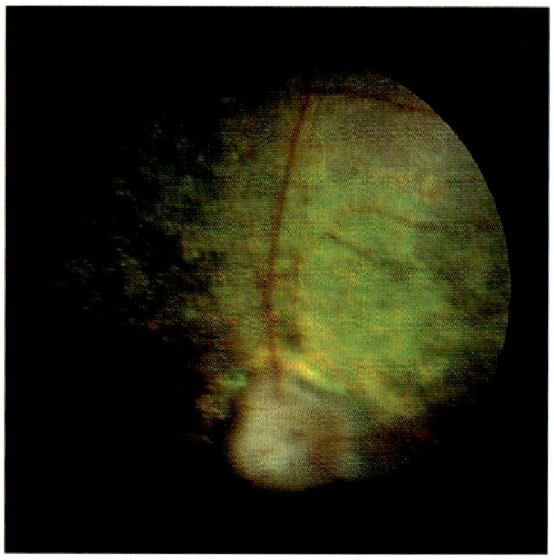

Von PRA betroffene Netzhaut

BLICK DURCH DEN AUGENSPIEGEL AUF PROGRESSIVE RETINA-ATROPHIE
Diese beiden Abbildungen zeigen die Retina durch einen Augenspiegel. Links sieht man die normale Retina mit zahlreichen Blutgefäßen und kräftigen Farben. Bei einer Retina mit fortgeschrittener PRA (rechts) sind die Blutgefäße geschrumpft und fast verschwunden. Auch hat sich die Farbe der Retina erheblich verändert, sie wird fahl und blass.

ZENTRALE PROGRESSIVE RETINA-ATROPHIE

Diese Krankheit ähnelt der PRA, betrifft aber nur die Mitte der Retina beider Augen, gewöhnlich bei älteren Hunden. Der Hund kann keine statischen Objekte mehr sehen, erkennt jedoch Objekte, die sich bewegen.

DIAGNOSE UND THERAPIE Die Diagnose erfolgt durch augenärztliche Untersuchung. Es gibt keine Behandlung.

NETZHAUTABLÖSUNG

Verletzungen und erworbene oder ererbte Krankheiten können eine Ablösung der Netzhaut, der Retina, von der Aderhaut verursachen. Die Sehkraft wird beeinträchtigt.

DIAGNOSE UND THERAPIE Eine abgelöste Retina wird bei augenärztlicher Untersuchung erkannt und kann durch Laseroperation befestigt werden.

COLLIE-AUGENANOMALIE

Diese Krankheit betrifft nur Collies und Shelties; die meisten Collies zeigen keine Anzeichen. Collie-Augenanomalie betrifft alle Schichten auf der Augenrückseite, es entstehen blasse Flecken auf der Retina. Bei komplexeren Fällen verändert sich die Verteilung der Blutgefäße in der Aderhaut, die Retina kann sich ablösen (Erblindung).

DIAGNOSE UND THERAPIE Die Diagnose erfolgt durch augenärztliche Untersuchung. Es gibt keine Behandlung.

TAGBLINDHEIT (HEMERALOPIE)

Diese ererbte Retinastörung betrifft nur Alaskan Malamutes und Zwergpudel. Sie verursacht Blindheit bei vollem Tageslicht. Betroffene Hunde verfügen über eine geringe Sehkraft bei schwachem Licht.

DIAGNOSE UND THERAPIE Es gibt keine effektive Behandlung.

STÖRUNGEN DES SEHNERVS

Die Papille ist ein runder Bereich hinten im Auge. Sie sitzt dort, wo die Fasern des Sehnervs die Netzhaut Richtung Gehirn verlassen. Papille oder Sehnerv können von einigen Krankheiten betroffen sein, die alle die Sehkraft beeinträchtigen. Der Nerv kann schlecht entwickelt sein, schrumpfen, schwellen oder sich entzünden. Bei Collie-Augenanomalie zum Beispiel sinkt die Papille ein. Diese Störung nennt man Kolobom.

AUGENHÖHLENERKRANKUNGEN

Glaukom (siehe S. 289) ist die häufigste Ursache für Vergrößerungen des Augapfels. Blutungen, Abszesse oder Tumoren in der Augenhöhle können das Auge nach vorn drücken und größer erscheinen lassen. Manche Erkrankungen lassen den Augapfel auch in die Höhle sinken.

BLUTUNG HINTER DEM AUGE

In der Medizin als Retrobulbärhämatom bekannte Blutungen in der Augenhöhle treten oft nach Kopfverletzungen, aber auch spontan auf. Sie können Schmerzen verursachen, müssen es aber nicht. **THERAPIE** Augenblutungen heilen oft von allein.

ABSZESS HINTER DEM AUGE (RETROBULBÄRABSZESS)

Retrobulbärabszesse in der Augenhöhle sind immer schmerzhaft. Das Gesicht des Hundes kann geschwollen und das Öffnen des Mauls problematisch sein. **THERAPIE** Sofortige operative Drainage unter Vollnarkose.

TUMOR

Viele Tumoren, fast alle schmerzlos, können sich in der Augenhöhle bilden. Manchmal lässt ein Tumor das Auge hervortreten (Exophthalmus), und der Hund hat eventuell Probleme, das Maul zu öffnen. **THERAPIE** Sofortige operative Drainage unter Vollnarkose.

EINGESUNKENES AUGE

Schrumpfen die Muskeln in der Höhle oder werden sie schwächer, kann der Augapfel einsinken. Der Fachbegriff für die häufige Krankheit ist Enophthalmus. Selten werden Hunde mit einem kleineren Auge geboren, was Mikrophtalmie genannt wird. Nach einer schweren Augenverletzung kann das betroffene Auge in die Höhle sinken oder kleiner erscheinen. Auch Hunde mit Horner-Syndrom haben ein eingesunkenes Auge mit kleiner Pupille.

NYSTAGMUS

Hier bewegt sich das Auge in ungewollter, rhythmischer Bewegung von einer Seite zur anderen. Diese Bewegung geschieht, auch wenn der Kopf ruhig bleibt. Bei Pendelnystagmus bewegt sich das Auge genauso und gleichmäßig in beide Richtungen. Dies geht gewöhnlich einher mit ererbter Blindheit, wie bei der Retina- und Sehnervstörung bei Collies (Collie-Augenanomalie).

Bei zuckendem Nystagmus führen die Augen schnelle Stakkatobewegungen, gefolgt von langsamen rollenden durch. Dies ist keine Augenkrankheit, sondern meist verbunden mit einer Krankheit des Gleichgewichtsorgans des Innenohrs, gefolgt von Gleichgewichtsverlust.

WAS TUN BEI BLINDHEIT?

Ein Hund, der langsam erblindet, fühlt sich in seinem eigenen in der Erinnerung gespeicherten Territorium wohl. Das Ausmaß der Erblindung können Sie durch einen Sehtest feststellen.

Stellen Sie einige Möbelstücke in einem Raum, den Ihr Hund kennt, um und verdunkeln Sie ihn. Lassen Sie Ihren Hund herein und beobachten Sie, was geschieht. Wiederholen Sie den Test bei Beleuchtung. Ein vollständig blinder Hund verhält sich bei Dunkelheit und Licht gleich, ein Hund mit Restsicht fühlt sich bei Licht wohler. Durch ein aufs Auge gerichtetes Licht zieht sich die Pupille zusammen, was nicht heißt, dass der Hund sieht, schon gar nicht, dass er gut sieht.

Wie ein Hund mit Blindheit umgeht, hängt nicht nur von seiner Persönlichkeit ab, sondern auch von der des Hundehalters. Manche Halter kommen gut damit zurecht, andere nicht. Ein selbstsicherer Hund geht gerne mit zum Joggen und spielt mit seinem Halter, ein weniger sicheres Tier zieht sich zurück und verliert die Lebenslust. Die Frage, wie man mit Blindheit umgeht, können nur Sie und Ihr Tierarzt beantworten und vom Verhalten des Hundes ableiten.

GEFÄHRDETE RASSEN

Zur progressiven Retina-Atrophie (PRA) in den ersten beiden Lebensjahren neigen:

- Akita Inu
- Cardigan Welsh Corgi
- Collie
- Dackel
- Gordon Setter
- Irish Setter (Bild oben)
- Norwegischer Elchhund
- Tibet Terrier
- Zwergschnauzer

PRA bricht bei manchen Rassen später aus, wie zum Beispiel bei:

- Cocker Spaniel
- Golden Retriever
- Labrador Retriever

Zentrale progessive Retina-Atrophie findet man beim:

- Border Collie
- Golden Retriever
- Labrador Retriever
- Langhaarcollie

DNA-Tests sind für Zuchthunde folgender Rasse erhältlich:

- Irish Setter

OHREN UND GEHÖR

Deutscher Schäferhund mit aufrechten Ohren

Früher hatten alle Hundeohren die gleiche Größe und die gleiche Form: die ihrer wölfischen Vorfahren. Dieses natürliche Ohr hat eine sehr bewegliche aufrechte Ohrmuschel (Pinna), die außen gut durch Haare isoliert und innen ganz glatt ist. Mit der Züchtung von Hunden für praktische Zwecke und durch unsere optischen Vorlieben ist die heutige erstaunliche Vielfalt von Ohrformen und -größen entstanden. Doch mit dieser Veränderung des Hundeohrs stiegen auch Risiken und Häufigkeit von Ohrenerkrankungen.

Die auffälligsten Veränderungen durch Züchtung sind Ohrformen und -größen, wie die Hängeohren des Spaniels oder die langen Ohren des Bassets. Doch auch andere weniger auffällige Veränderungen sind problematisch, vor allem unbeabsichtigte Ergebnisse bei den Züchtungen – so etwa beim Schnauzer und beim Pudel, bei denen Haare im gesamten Gehörgang wachsen, bis hin zum Trommelfell.

Ohrenbeschwerden gehören zu den häufigsten Gründen für den Besuch beim Tierarzt, aber viele Probleme können vermieden oder zu Hause behandelt werden. Generell sind Hunde mit aufrechten Ohren ohne Haare im Ohr weniger anfällig für Infektionen u. Ä. als solche mit Haaren im Gehörgang oder mit herabhängenden Ohren.

DIE PFLEGE DES HUNDEOHRS

Die Anatomie des Ohrs schützt das eigentliche Gehör vor Verletzungen. Gleichzeitig begünstigen die Länge des Gehörgangs und die Schwerkraft jedoch die Ansammlung von Schmalz, Hautschuppen und Fremdkörpern wie Grassamen, die nicht leicht aus dem Ohr herausgeschüttelt werden können. Lassen Sie die Ohren Ihres Hundes in möglichst natürlichem Zustand. Bei den meisten Hunden reicht es, gelegentlich sichtbares Ohrenschmalz aus dem Inneren der Ohrmuschel zu entfernen.

Wenn Ihr Hund in hohem Gras gespielt hat, suchen Sie seine Ohren immer auf Grassamen u. Ä. wie zum Beispiel Gerstengrannen ab, die im Gehörgang nach unten rutschen und im Haar hängen bleiben können. Diese Probleme treten vor allem beim Spaniel auf. Wenn Sie das Haar direkt unter der Ohröffnung kurz halten, verringert sich das Risiko, dass Grassamen hängen bleiben und in den Gehörgang gelangen.

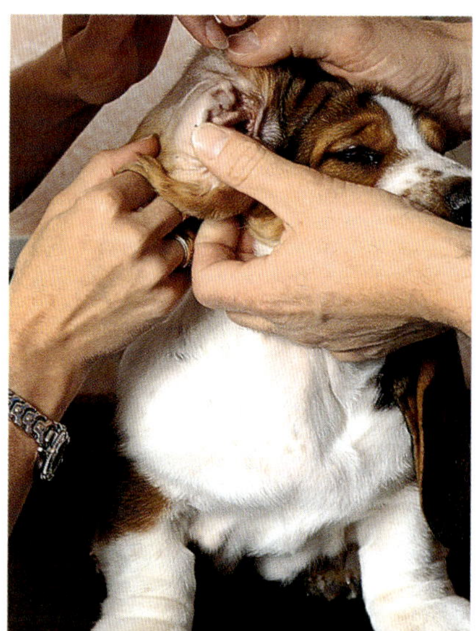

REGELMÄSSIGE UNTERSUCHUNGEN
Regelmäßige Untersuchungen sind bei allen Hunden erforderlich, vor allem bei solchen mit Hängeohren.

Wenn Ihr Hund Haare im Gehörgang hat, entfernen Sie regelmäßig kleine Mengen, indem Sie sie vorsichtig herauszupfen. Tropfen Sie anschließend Ohrenreiniger ins Ohr. Gewöhnen Sie Ihren Hund schon als Welpen an diese Prozedur. War Ihr Hund in einen Kampf verwickelt, prüfen Sie seine Ohren auf Verletzungen. Blut könnte in den Gehörgang tröpfeln und eine Infektion begünstigen (siehe S. 296).

DIE REINIGUNG DES HUNDEOHRS

Saubere Hundeohren benötigen keine Routinereinigung. Ohrenschmalz entfernen Sie, indem Sie mit einem mit Öl befeuchteten Tuch alle erreichbaren Teile des Ohres ausreiben. In Öl getauchte Wattebäusche nur mit äußerster Vorsicht verwenden, Sie könnten damit Schmutzpartikel tiefer in den Gehörgang schieben.

Hat sich Schmalz im sichtbaren Teil des Gehörgangs angesammelt, geben Sie ein paar Tropfen Mineral- oder Babyöl ins Ohr und lassen das Ohrenschmalz ein paar Stunden aufweichen. Alternativ können Sie einen Ohren-

DIE ANATOMIE DES OHRES

Jedes Geräusch wird von der Ohrmuschel aufgefangen und in Schwingungen durch den Gehörgang zum Trommelfell geleitet, das vibriert und den Ton über drei winzige Knochen, die Gehörknöchelchen, an die ovale Fenstermembran leitet. Von dort gelangen die Vibrationen an das Corti-Organ, das sie in codierte Nervenimpulse umsetzt und über den Gehörnerv ans Gehirn sendet.

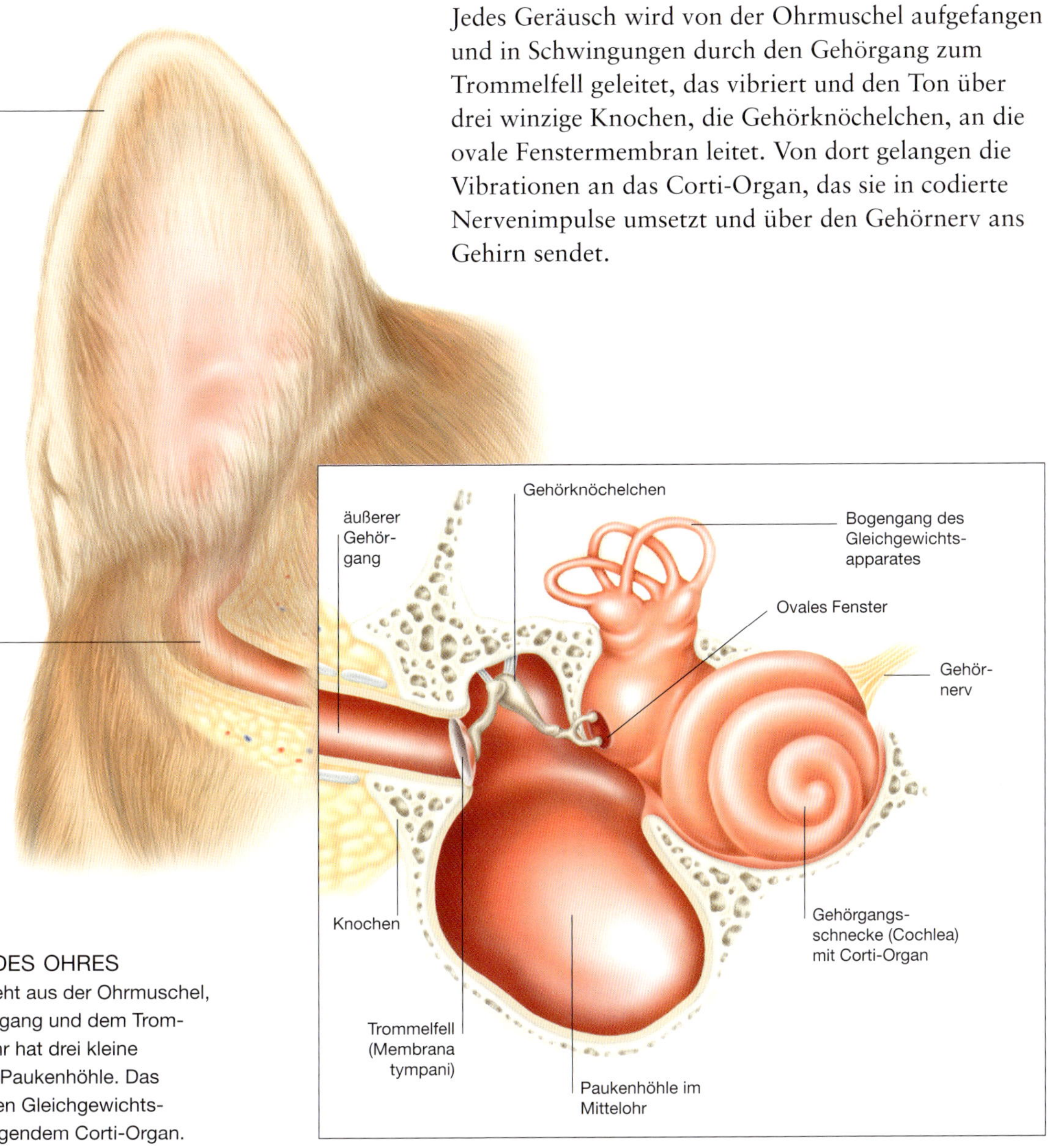

DIE DREI TEILE DES OHRES

Das Außenohr besteht aus der Ohrmuschel, dem äußeren Gehörgang und dem Trommelfell. Das Mittelohr hat drei kleine Knöchelchen in der Paukenhöhle. Das Innenohr umfasst den Gleichgewichtsapparat mit innenliegendem Corti-Organ.

schmalzentferner aus verdünnter Salicylsäure verwenden. Nach dem Einwirken spülen Sie den Gehörgang mit einer Lösung aus 50% lauwarmem weißen Essig und 50% destilliertem Wasser. Üben Sie dabei geringstmöglichen Druck aus. Wenn Sie fertig sind, pressen Sie Watte ins Ohr, um die Lösung aufzusaugen. Verwenden Sie keine Lösungen auf Alkoholbasis, da sie Irritationen auslösen können.

OHREN TROCKEN HALTEN

Warme und feuchte Bedingungen bieten beste Voraussetzungen für Infektionen im Ohr. Halten Sie daher die Ohren trocken. Verschließen Sie beide Ohren mit einer festen Wattekugel, bevor Sie den Hund baden, und trocknen Sie ihn nach dem Schwimmen gut ab.

PFLEGE VON HÄNGEOHREN

Dünnen Sie schweres Fell durch regelmäßiges Schneiden oder Rasieren der Innenseite der Ohrmuschel aus. Das verbessert die Luftzirkulation bei Rassen wie dem Spaniel.

DIAGNOSE UND THERAPIE

Wenn Sie glauben, dass Ihr Hund Ohrenbeschwerden hat, versuchen Sie diese anhand erster Anzeichen oder den Diagnosehilfen auf den nächsten Seiten zu identifizieren. Dort finden Sie auch Ratschläge für eventuelle Linderung. Im Zweifelsfall sollten Sie jedoch sofort den Tierarzt konsultieren.

Der Tierarzt wird feststellen, ob der äußere, der mittlere oder der innere Teil des Ohrs betroffen ist; er schaut mit einem Otoskop (siehe unten) in das Hundeohr. Damit kann er das Ohr sowie den Gehörgang ausleuchten und Fremdkörper oder Ähnliches vergrößert sehen.

Die Behandlung hängt von der Diagnose, der Vorgeschichte sowie dem Gesamtzustand des Hundes ab. Eventuell holt der Arzt mit einem Tupfer Material aus dem Ohr, um es unter dem Mikroskop auf Milben bzw. deren Eier, auf Bakterien, Hefepilze, weiße Blutkörperchen und andere ungewöhnliche Zellen zu untersuchen, oder er macht eine Gewebebiopsie oder röntgt auf Mittelohrentzündung oder -verschmutzung.

EINSTUFUNG VON ERKRANKUNGEN

Man unterscheidet zwei Kategorien von Ohrenerkrankungen: Primärerkrankungen (siehe S. 296–298) beruhen auf einer Verletzung oder Krankheit im Ohr selbst, an der Ohrmuschel bzw. Teilen davon (siehe S. 298–299). Dagegen basieren Sekundärerkrankungen (siehe S. 299–301) auf Problemen, deren Auslöser anderswo im Körper liegt, wobei Allergien die häufigste Ursache darstellen.

ERSTE ANZEICHEN VON ERKRANKUNGEN

Sie als Halter können helfen, Ohrenerkrankungen zu vermeiden oder früh zu erkennen, damit eine schnelle Diagnose und Therapie durch den Tierarzt erfolgt und keine Verschlimmerung eintritt. Längerfristige Ohrprobleme können zu ernsthaften Erkrankungen, Gleichgewichtsstörungen oder Taubheit führen.

Erste Anzeichen für Ohrenerkrankungen sind u.a.:

- Kopf- bzw. Ohrenschütteln, Kratzen an den Ohren: Anzeichen für Milben, Infektion, Fremdkörper oder Allergien
- Unangenehmer Geruch aus den Ohren: Anzeichen für Milben oder Infektion
- Gelbe, braune oder rötliche Ohrenabsonderungen, vor allem dunkle: Anzeichen für Milben oder Infektion
- Entzündung der Ohrmuschel oder des Eingangs zum Gehörgang: Anzeichen für Milben, Infektion, Fremdkörper oder Allergien
- Jaulen oder andere Schmerzzeichen bei Berührung um die Ohren: Anzeichen für Infektion oder Fremdkörper
- Einseitige Kopfneigung: Anzeichen für eine Mittelohrentzündung
- Deutlich eingeschränktes Hörvermögen: Schmalzablagerungen, Verletzung, Gehirnschaden
- Schwellung der Ohrmuschel: meist Anzeichen für einen Bluterguss
- Stolpern oder Kreisen zu einer Seite: Infektion des Innenohrs, eventuell Gehirnschaden

BEHANDLUNG VON ERKRANKUNGEN

Einen Fremdkörper entfernt der Tierarzt bei der Ohrenuntersuchung mit einer langen speziellen Pinzette. Schmerzt das Ohr zu sehr, wird es kurzfristig für den Zeitraum betäubt, während das Ohr untersucht und bis zum Trommelfell mit einem speziellen Katheter gespült wird.

Die meisten Infektionen werden mit Antibiotika behandelt. Ohrenmilben werden mit speziellen Medikamenten bekämpft. Rezeptfreie Ohrentropfen aus Pyrethroiden oder natürliche Insektizide aus Chrysanthemen helfen gegen Ohrenmilben, wenn sie lange genug verabreicht werden.

Ohrenschmalz wird mit Mineralöl oder speziellen Ohrentropfen aufgeweicht. Zusätzlich kann ein- bis zweimal die Woche eine milde Ohrreinigungslösung verwendet werden, um

TIPPS VOM TIERARZT

Schauen Sie Ihrem Hund jedes Mal in die Ohren, wenn Sie ihn pflegen. Ihr Tierarzt untersucht die Ohren beim regelmäßigen Checkup mit einem Otoskop (siehe Bild), vor allem, wenn die Rasse »unnatürlich« geformte Ohren oder Haare in der Ohrmuschel oder im Gehörgang hat. Ignorieren Sie niemals erste Anzeichen von Ohrenbeschwerden (siehe oben). Je früher die Diagnose, desto besser der Behandlungserfolg. Kleine Probleme können zu ernsten Erkrankungen führen, wenn man sie nicht beachtet.

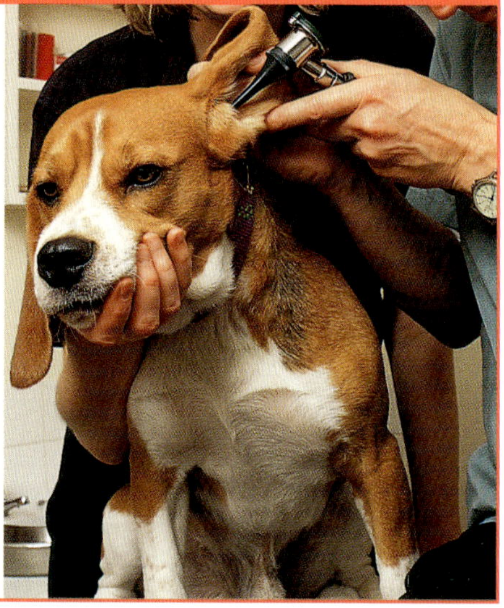

Drüsensekretion und Feuchte im Gehörgang zu verringern, vor allem bei hängenden Ohren. Bei Hautverletzungen oder Entzündung im Gehörgang können solche Präpararte brennen.

Manchmal ist die einzige Lösung bei einer chronischen Erkrankung ein operativer Eingriff am Gehörgang, um eine bessere Belüftung zu erreichen. Bei verletztem Trommelfell und chronischer Mittelohrentzündung kann es sinnvoll sein, den gesamten Gehörgang zu entfernen und das Mittelohr zu entleeren (Bulla-Osteotomie-Operation).

OHRENTROPFEN

Ohrentropfen können zwar allein verabreicht werden (siehe unten), meist ist es jedoch einfacher mit Hilfe, vor allem bei großen Hunden. Während eine Person den Hund hält und beruhigt, verabreicht die andere die Tropfen und massiert sie in das Ohr ein. Wenn das Schmalz durch eine Reinigungslösung aufgeweicht ist, verabreichen Sie die verschriebenen Tropfen.

Rufen Sie Ihren Hund nie zu sich, wenn Sie ihm Medizin geben. Zu Ihnen zu kommen, sollte immer mit Freude assoziiert sein und ist ein wichtiger Bestandteil des Trainings. Gehen Sie zu dem Hund hin, befehlen Sie ihm zu sitzen, verabreichen Sie die Tropfen, und massieren Sie sie in den Gehörgang; belohnen und loben Sie ihn danach.

REAKTIONEN

Bessert sich der Zustand des Ohrs durch die Medizin, verschlechtert sich dann jedoch wieder, kann eine Kontaktallergie gegen das Medikament vorliegen wie zum Beispiel bei Neomycinsulfat, einem Antibiotikum gegen Ohrenbeschwerden, das dafür bekannt ist, Jucken und Entzündungen zu verursachen. Auch Propylenglykol, der Grundstoff zahlreicher Ohrenmedikamente, kann allergischen Juckreiz auslösen.

F **WARUM KÖNNEN HUNDE LAUTE HÖREN, DIE FÜR UNS NICHT WAHRNEHMBAR SIND?**

A Das ist der Wolf im Hund. Kleine Beutetiere wie Mäuse und Ratten geben hohe Töne von sich, und sie gehören im Sommer zum Speiseplan des Wolfes. In Mittel- und Südamerika wird der Hund deshalb selten von Fledermäusen angegriffen – er hört sie kommen.

F **HÖREN HUNDE EIGENTLICH GERNE MUSIK?**

A Iwan Pawlow hat herausgefunden, dass Hunde zwei Töne von nur ein Achtel Höhenunterschied differenzieren können. Sie reagieren deshalb manchmal sehr empfindsam auf bestimmte Musikstücke.

WIE MAN DEM HUND OHRENTROPFEN GIBT

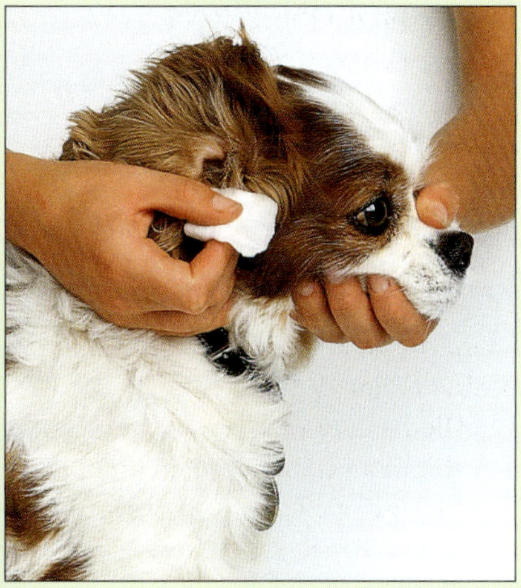

1 Halten Sie den Kopf Ihres Hundes mit den Fingern unter dem Unterkiefer und zwischen den Augen gut fest, ohne ihn zu drücken. Befeuchten Sie etwas Watte mit warmem Wasser oder Ohrreinigungslösung, heben Sie dann die Ohrmuschel, und wischen Sie sichtbares Schmalz weg. Versuchen Sie nicht, Schmalz aus dem Gehörgang zu entfernen!

2 Halten Sie den Kopf mit einer Hand fest, klappen Sie die Ohrmuschel mit der anderen Hand vorsichtig nach hinten. Die Flasche mit den Tropfen sollte bereitstehen. Halten Sie die Tülle der Flasche über die Ohröffnung in Richtung Nasenspitze. Träufeln Sie nun die verschriebene Anzahl von Tropfen in den Gehörgang.

3 Halten Sie den Kopf weiter fest, und hindern Sie den Hund daran, ihn zu schütteln. Nehmen Sie die Flasche weg, und lassen Sie die Ohrmuschel fallen. Massieren Sie maximal 30 Sekunden sanft, aber fest den Knorpel am Ohrgrund; damit werden die Tropfen im Gehörgang verteilt. Beenden Sie die Prozedur mit einem Leckerchen und großem Lob.

PRIMÄRERKRANKUNGEN

Die meisten Ohrenleiden sind Primärerkrankungen, d. h., sie sind das Ergebnis einer Verletzung oder Erkrankung eines oder mehrerer Teile des Ohrs. (Erkrankungen der Pinna, der Ohrmuschel, siehe S. 298–299.)

OHRENMILBEN

Ohrenmilben (*Otodectes cyanotis*) sind winzige Parasiten, die sich von Hautschuppen ernähren. Sie sind bei Welpen sehr verbreitet und hier für zehn Prozent der Ohrenentzündungen verantwortlich. Die meisten Milben bleiben im Ohr, einige wenige kommen auch kurzzeitig heraus. Diese verursachen dann häufig Neubefall. Ohrenmilben sind hoch ansteckend für andere Hunde und Katzen, jedoch nicht für den Menschen.

DIAGNOSE Wenn Ihr Welpe sich an den Ohren kratzt, den Kopf schüttelt und mahagonifarbige bis schwarze, schmalzartige Absonderungen hat, gehen Sie von Ohrenmilben aus. Milben sind weiß, stecknadelkopfgroß und bewegen sich heftig, wenn Licht auf sie fällt. Wenn Sie ein Wattestäbchen gegen das Licht halten, sehen Sie ihre Bewegungen.

THERAPIE Behandeln Sie die Ohren mindestens drei Wochen lang mit Ohrentropfen auf Pyrethroidbasis oder einer Spot-on-Applikation von Selamectin oder Moxidectin. Die meisten Präparate töten die Milben, aber nicht ihre Eier. Deshalb müssen Sie die Behandlung fortsetzen, bis alle Milben geschlüpft und vernichtet sind. Fliegeninsektizide töten Milben außerhalb des Ohres.

Ohrenmilben führen oft zu Komplikationen durch von anderen Bakterien und Hefepilzen verursachte Sekundärinfektionen. Dann kann Ihr Tierarzt ein Antibiotikum zur Bekämpfung der Bakterien oder ein Antimykotikum gegen den Pilz verschreiben, bei starkem Juckreiz verschreibt er meist auch einen Entzündungshemmer.

Ohrenmilben verbreiten sich sehr schnell. Deshalb müssen Sie all Ihre Hunde und Katzen und, wenn vorhanden, auch Kaninchen und Frettchen behandeln.

OTITIS EXTERNA

Infektionen des äußeren Ohrs können durch Bakterien oder Pilze (u.a. Hefepilze) verursacht werden. Infektionen des äußeren Gehörgangs werden nicht übertragen, sondern von Mikroorganismen verursacht, die bereits im Ohr sind. Unter günstigen Bedingungen vermehren sie sich und verdrängen die »guten« Bakterien.

Am häufigsten wird die Außenohrentzündung durch *Malassezia* verursacht. Dieser Hefepilz nutzt Milbenbefall, Allergien und andere Ursachen für Gehörgangsentzündungen. *Malassezia* tritt oft mit einer anderen bakteriellen Infektion auf. Das Ohr kann riechen, schmerzen, entzündet oder heiß sein. Erkrankte Hunde schütteln den Kopf und kratzen sich hinter den Ohren.

Pseudomonas ist ein Bakterium, das Ohrinfektionen bei chronischer Ohrenentzündung auslöst.

DIAGNOSE Der Hund schüttelt den Kopf, kratzt oder reibt sich die schmerzenden Ohren; häufig neigt er den Kopf zu der betroffenen Seite. In der Regel tritt ein übel riechendes, wachsartiges Sekret auf.

Der Tierarzt legt eine Kultur an, macht einen Resistenztest und untersucht das Sekret unter dem Mikroskop auf mögliche Ursachen.

THERAPIE Meist gibt man eine antibiotische, pilztötende und entzündungshemmende Lotion. Bei einer *Malassezia*-Infektion kann Ketoconazol oral verabreicht werden. Eventuell empfiehlt sich eine Rückfallvermeidung durch eine austrocknende Lösung ein- bis zweimal pro Woche.

OTITIS MEDIA UND INTERNA

Unbehandelte Infektionen des äußeren Ohrs können zu Infektionen am Mittel- und Innenohr (Otitis media und Otitis interna) führen. Solche Infektionen sind schwieriger zu behandeln als einfache Außenohrinfektionen.

Manche Hunde mit Mittel- oder Innenohrentzündungen haben intakte Trommelfelle und keinerlei Anzeichen äußerlicher Beschwerden. Dies liegt daran, dass sich die Infektion aus dem Rachen über die Eustachischen Röhren ins Mittelohr fortgesetzt hat (das sind die Röhren, in denen wir die Druckveränderungen beim Fliegen spüren).

DIAGNOSE Die Symptome sind ähnlich wie bei Otitis externa, jedoch mit stärkeren Schmerzen und Hörverlust, vor allem bei beidseitiger Entzündung.

STARK VERGRÖSSERTES PSEUDOMONAS-BAKTERIUM

Pseudomonas-Bakterien sind begeißelte Stäbchenbakterien, die sich im feuchten, warmen Klima im Gehörgang vermehren können.

THERAPIE Der Tierarzt punktiert das Trommelfell, um die versteckte Infektion zu spülen.

Eine chronische Infektion des äußeren Ohrs führt in der Regel zu einer chronischen Mittelohrentzündung. In beiden Fällen bewirkt eine operative seitliche Öffnung des Gehörgangs eine Verbesserung des Mikroklimas. Dies senkt das Infektionsrisiko und ermöglicht einen besseren Zugang zu den tieferen Teilen des Ohrs.

GLEICHGEWICHTSVERLUST – VESTIBULARSYNDROM

Gleichgewicht und Orientierung sowie deren Verbindungen zum Gehirn werden vom Vestibularapparat gesteuert. Mittel- und Innenohrerkrankungen können zu Gleichgewichtsstörungen bzw. -verlust führen. Ältere Hunde zeigen oft plötzlichen Gleichgewichtsverlust, häufig begleitet von Kopfneigung, Nystagmus (Augenzittern), schlechter Koordination, Im-Kreis-Laufen, Appetitverlust und Erbrechen. Die Ursache für das Vestibularsyndrom bei Hunden ist nicht bekannt. Manchmal wird irrtümlich ein Schlaganfall diagnostiziert.

DIAGNOSE UND THERAPIE Fast immer bessern sich die Symptome des Vestibularsyndroms innerhalb einer Woche und verschwinden innerhalb eines Monats, wobei eine Restneigung des Kopfes nicht selten ist. Die Behandlung erfolgt gegen Übelkeit und zur Verletzungsvermeidung.

GRASSAMEN UND FREMDKÖRPER

Verschiedenste Grassamen und andere Fremdkörper können in den Ohren Ihres Hundes hängen bleiben. So können zum Beispiel die rauen Gerstenähren tief in den Gehörgang gelangen. Normalerweise schüttelt sich der Hund kräftig, um sie loszuwerden.

DIAGNOSE Mit einem Otoskop stellt Ihr Tierarzt Art und Position des Grassamens oder Fremdkörpers fest.

THERAPIE Geben Sie ca. zehn Tropfen Mineralöl in das betroffene Ohr, damit die scharfe Spitze der Ähre nicht das empfindliche Trommelfell durchbohrt. Das bringt vorübergehend Linderung. Der Tierarzt wird dann den Fremdkörper entfernen.

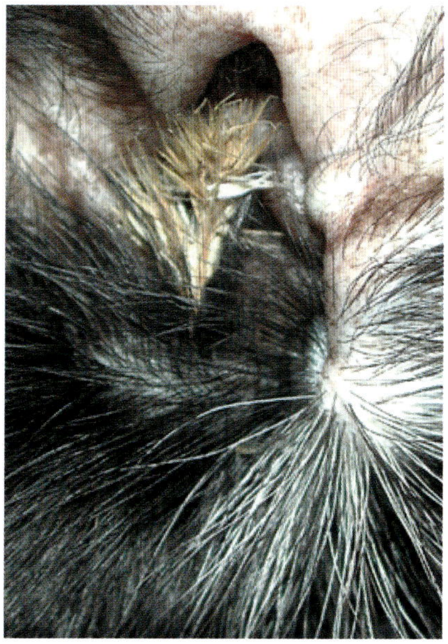

GRASSAMEN
Manche Grassamen haben winzige Häkchen, mit denen sie sich in Haaren und Fell der Hunde festhalten. Im Ohr verursachen sie eine starke Reizung.

OHRENSEKRET

Ohrensekret ist ein charakteristisches Symptom. So produzieren Ohrenmilben meist ein trockenes, sandiges, an Kaffeemehl erinnerndes Granulat in den Ohren (eine Mischung aus Schmalz und Milbenkot). Malassezia-Schmalz ist in der Regel dunkelbraun und weich. Eine feuchte, hellgelbe Paste weist auf Bakterien hin. Juckreiz und Rötungen ohne Sekret sind oft ein Zeichen für eine Allergie (siehe S. 300).

OHRENZECKEN

Die seltene, nur in warmen Regionen vorkommende Ohrenzecke (*Otobius megnini*) setzt sich an der Wand des Gehörgangs fest und saugt Blut.

THERAPIE Der Tierarzt entfernt die Ohrenzecke mittels einer speziellen Pinzette, die er durch ein Otoskop führt.

F KANN ICH DIE OHREN MIT WATTESTÄBCHEN REINIGEN?

A Ja, aber seien Sie äußerst vorsichtig, und reinigen Sie nur die sichtbaren Bereiche von Schmalz und Hautschuppen. Gehen Sie niemals mit dem Wattestäbchen in den Gehörgang. Mit der Spitze kann Schmutz als kompakte Masse auf das empfindliche Trommelfell gedrückt werden. Das verschlimmert den Zustand und macht die Behandlung schwieriger.

F KANN ICH VERHINDERN, DASS GRASSAMEN INS HUNDEOHR GELANGEN?

A Das ist ein saisonales Problem. Das Gras wird reif, die Samen werden trocken und spröde. Sie können hier wenig tun, außer Gebiete mit dichter Vegetation zu meiden und die Haare um die Ohröffnung (und zwischen den Zehen, ein Bereich, wo ebenfalls Grassamen eindringen) zu schneiden. Wichtiger ist es, die Ohren und Zehen Ihres Hundes sofort zu überprüfen, wenn der Hund draußen war. In der Regel kann man die Grassamen sehen und leicht entfernen.

F DARF MEIN HUND SICH AN DEN OHREN KRATZEN?

A Ja, aber nicht zu sehr. Kratzen und Reiben der Haut gehört zur üblichen Pflege. Wenn Sie darauf achten, sehen Sie, dass Ihr Hund mit seinen Pfoten, wenn sie feucht sind, alle noch so versteckten Stellen unter der Ohrmuschel reinigt, dann schnüffelt, leckt oder genussvoll saugt. Ein gewisses Maß ist durchaus akzeptabel. Wenn Sie jedoch den Eindruck haben, Ihr Hund tut dies mehr als üblich, überprüfen Sie Aussehen und Geruch der Ohren. Bei Auffälligkeiten gehen Sie zum Tierarzt.

TROMMELFELL-VERLETZUNGEN

Ein Trommelfell, das durch Verletzung oder Infektion beschädigt ist, kann erstaunlich gut von selbst heilen, wenn die Ursache für den Defekt beseitigt ist. Seien Sie bei einem Hund mit Trommelfellschaden jedoch äußerst vorsichtig mit den üblichen Medikamenten, da diese weiteren Schaden anrichten können. Bestimmte Medikamente für die Ohren, wie die Aminoglykosidgruppe der Antibiotika (mit Gentamycin und Neomycinsulfat), können das Nervengewebe zerstören und taub machen.

DIAGNOSE UND THERAPIE Der Tierarzt stellt das Ausmaß der Verletzung fest, behandelt gegebenenfalls die Infektion oder entfernt das Ungeziefer. Kleine Verletzungen heilen von selbst. Bei längerfristigen Verletzungen kann das Hörvermögen beeinträchtigt sein; die Infektionsgefahr für Mittel- und Innenohr steigt beträchtlich.

TUMOREN

Das Plattenepithelkarzinom ist ein gängiger Hautkrebs, der durch langfristige starke Sonneneinstrahlung an den Rändern der Ohrmuschel und am Nasenbein auftritt. Seltener ist das Zeruminom, ein Tumor Schmalz produzierender Zellen im Gehörgang. Das kleine Zeruminom ist gutartig , kann unbehandelt aber bösartig werden.

DIAGNOSE Plattenepithelkarzinome ähneln anfangs einem verkrusteten Mückenstich. Die rosa-weißen Zeruminome werden meist diagnostiziert, wenn sie sich entzünden oder ins Ohr bluten.

THERAPIE Der betroffene Teil des Ohrs wird operativ entfernt.

ERKRANKUNGEN DER OHRMUSCHEL (PINNA)

Hunde wie Spaniels mit sehr stark behaarten Hängeohren erkranken eher an der Ohrmuschel (Pinna) als Rassen wie der Deutsche Schäferhund mit aufrechten, haarlosen Ohren.

OTHÄMATOM

Wenn sich Blut zwischen Haut und Knorpelgewebe der Ohrmuscheln sammelt, entsteht ein Bluterguss (Hämatom). Er ist eine bewegliche Schwellung unter der Haut der Ohrmuschel, die sich heiß und weich anfühlt.

Hämatome treten häufig infolge von heftigem Kopfschütteln auf, vor allem bei älteren Hunden. Sie können auch durch eine Störung der Blutgerinnung, Warfarin-Vergiftung (siehe S. 456) oder Verletzungen verursacht werden. Es gibt Hinweise, dass Labrador Retriever und Golden Retriever eine genetische Veranlagung zu Hämatomen haben.

DIAGNOSE In der Regel genügt zur Diagnose die visuelle Untersuchung der betroffenen Ohrmuschel.

THERAPIE Normalerweise entfernt Ihr Tierarzt die Flüssigkeit aus dem Othämatom. Oft wird dann provisorisch genäht, damit sich die Ohrmuschel nicht erneut mit Blut oder Serum füllt. Bei manchen Hunden kann Kortison direkt in die leere Wundhöhle injiziert werden. Bei anderen ist jedoch ein kleines Drainageloch an der Innenseite der Ohrmuschel zur Dauerdrainage nötig. Othämatome treten häufig wiederholt auf.

BISSE UND ANDERE VERLETZUNGEN

Bei Kämpfen erleiden die Ohren häufig Bisswunden. Vor allem die Ränder und Spitzen der Ohrmuschel bluten dann stark.

THERAPIE Reinigen Sie die Wunde gründlich. Decken Sie Bisswunden nicht ab, da sie immer stark infiziert sind und ein Verband die Infektion begünstigt. Andere Wunden können ruhig verbunden werden (siehe S. 429). Befürchten Sie eine Knorpelverletzung, fragen Sie den Tierarzt.

EXTERNE PARASITEN

Verschiedene Hautmilben wie *Demodex* und *Cheyletiella* (siehe S. 236/237) können die Haut der Ohrmuschel angreifen. Eine andere Milbenart, *Sarcoptes scabei*, verursacht die Räude. Keine dieser Milben ist mit Ohrenmilben zu verwechseln (siehe S. 296).

Räudemilben lieben besonders die Spitzen der Ohren. Sie verursachen Haarausfall und juckende Krustenbildung (siehe auch S. 230–237).

DIAGNOSE Es ist lediglich eine visuelle Untersuchung erforderlich.

THERAPIE Zur sicheren Beseitigung aller Parasiten muss der gesamte Körper behandelt werden.

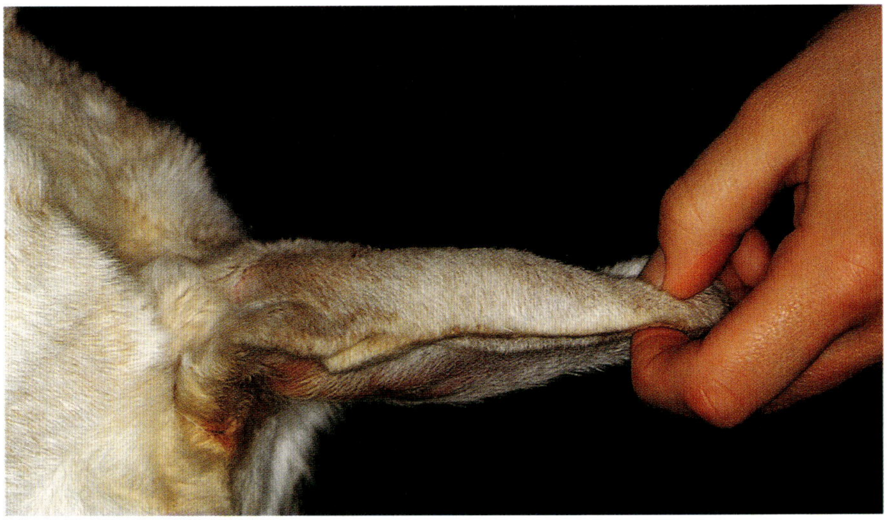

OTHÄMATOM

Heftiges Kopfschütteln kann einen Bluterguss (Hämatom) zwischen Haut und Knorpelgewebe der Ohrmuschel verursachen. Die Muschel fühlt sich dann heiß und weich an.

ERFRIERUNGEN

Wenn das Tier über längere Zeit Kälte und eisigem Wind ausgesetzt ist, besteht Erfrierungsgefahr an den Ohrenspitzen, vor allem bei geringer Behaarung.

DIAGNOSE Die Haut der Ohrmuschel ist blass, manchmal blau. Wenn eine klare Linie zwischen gesunder Haut und abgestorbener, schwarzer Haut entsteht, gehen Sie sofort zu einem Tierarzt.

THERAPIE Wenn Ihr Hund lange der Kälte ausgesetzt war, packen Sie die Ohren in feuchte lauwarme Watte ein. Reiben Sie die Ohren nicht, denn dann jucken sie noch mehr.

ALLERGIEN

Manche Antibiotika für die Ohren können eine allergische Reaktion auslösen: Die Ohrmuschel wird rot und schwillt an. Eine allergische Reaktion auf Insektenbisse, Nahrungsmittel oder Medikamente, die gespritzt oder oral verabreicht werden, zeigt sich in ähnlicher Weise.

TIPPS VOM TIERARZT

Ohrenerkrankungen sind langwierig. Wenn einmal eine Veränderung im Gehörgang aufgetreten ist (wie Schmalzüberproduktion), kann die Heilung Monate dauern. Erwarten Sie nicht, dass eine Ohrerkrankung mit einem einmaligen Besuch beim Tierarzt erledigt ist. Meist ist eine weitere Untersuchung nötig, oft um festzustellen, was sich beim ersten Mal hinter den Absonderungen verborgen hat. Beim zweiten Besuch sollten kaum noch Schmerzen, Schwellungen und Absonderungen vorhanden sein, sonst stellt der Tierarzt die Behandlung um und vereinbart einen neuen Termin, um sicherzugehen, dass alles in Ordnung ist.

THERAPIE Eine Antihistamin- oder Kortikoidspritze lindert den Schmerz und die Entzündung. In seltenen Fällen führt die allergische Reaktion zum anaphylaktischen Schock (siehe S. 422), der eine Adrenalininjektion erfordert.

INSEKTENSTICHE

Manche Insekten beißen oder stechen den Hund an der Ohrspitze; ein schwarzer, krustiger Schorf entsteht. Hunde mit aufrechten Ohren wie Deutscher Schäferhund oder Collie sind besonders betroffen.

THERAPIE Halten Sie den Hund im Haus, wenn beißende oder stechende Insekten eine Plage sind. Alternativ können Sie ihn mit einem unbedenklichen Insektizid schützen.

SONNENBRAND

Hunde mit weißem Fell sind empfindlicher gegen Sonne. Schützen Sie die Ohrmuscheln mit Sunblocker (Schutzfaktor mindestens 30), bevor Sie Ihren Hund starkem Sonnenlicht aussetzen (siehe S. 267).

SEKUNDÄRERKRANKUNGEN

Manchmal macht sich eine Erkrankung eines anderen Körperteils durch Symptome im Ohr bemerkbar. Zu solchen Sekundärerkrankungen gehören Nahrungsmittelallergien, Inhalationsallergien und Hormonstörungen. Wenn Ihr Tierarzt eine Sekundärerkrankung vermutet, nimmt er eine Blutprobe und überprüft die Funktion der Schilddrüse. Bei Verdacht auf Inhalationsallergien kann er Allergietests empfehlen, bei Verdacht auf Nahrungsmittelallergie eine bestimmte Diät.

Die Krankengeschichte Ihres Hundes und eventuell die Rasse beeinflussen das Auftreten von Sekundärerkrankungen; so kommen zum Beispiel beim Cocker Spaniel eher Ohrenbeschwerden durch Nahrungsmittelallergie vor als bei anderen Rassen. In einem solchen Fall muss die Ursache der Störung beseitigt werden.

F **WIE GEWÖHNE ICH MEINEN HUND AN DIE REGELMÄSSIGE OHRENPFLEGE?**

A Es gibt Hunde, die sich problemlos überall anfassen lassen, doch häufiger kommt es vor, dass sie an dieser oder jener Stelle empfindlich reagieren - oftmals an den Ohren. Deshalb sollten Sie mit einem Welpen vom ersten Tag an üben, sich überall von Ihnen, später auch von anderen, berühren zu lassen. Üben Sie das anfangs spielerisch, indem Sie den kleinen Hund von der Nasen- bis zur Schwanzspitze sanft massieren. Einige Sekunden genügen zunächst. Machen Sie diese Übung möglichst täglich, und steigern Sie die Dauer dabei allmählich. Wenn er sich an die Prozedur gewöhnt hat, werden Sie genauer: Nehmen Sie seine Pfoten in die Hand, drücken Sie sie ein wenig; ziehen Sie sanft seine Lefzen hoch, um das Zahnfleisch zu inspizieren, nehmen Sie das Ohr in Ihre Hand, schauen Sie hinein, und belohnen Sie jede brav erduldete Berührung mit einem besonders feinen Leckerli. Grundsätzlich können Sie auf diese Weise auch einen älteren Hund an solche Berührungen gewöhnen, optimalerweise dann, wenn alles in Ordnung ist.

ALLERGISCHE OTITIS

Eine allergische Otitis führt zu Juckreiz und Entzündung, jedoch nicht zu Absonderungen. Wenn ein Hund sein Ohr beim Kratzen verletzt, kann eine bakterielle Sekundärinfektion entstehen. Übermäßige Schmalzproduktion in den Ohren kann eine Form von Seborrhö sein – eine allergische Reaktion auf etwas, das der Hund gegessen oder eingeatmet hat.

DIAGNOSE Der Hund reagiert empfindlich oder abweisend auf bestimmte Nahrungsmittel. Diese werden für mindestens sechs Wochen weggelassen, um die Ursache zu finden. Alternativ können Haut und Lunge überempfindlich sein; es kommen intradermale Hauttests auf inhalierte und Kontaktallergene wie Staubmilben, menschliche Hautschuppen, Flohspeichel und Pollen in Betracht (siehe S. 250).

THERAPIE Häufig wird der Juckreiz mit Kortikoidtropfen bekämpft. Erst nach Beseitigung der Ursache der allergischen Reaktion verschwindet diese Form der Otitis. Sie kann ein Leben lang andauern.

HORMONELLE ERKRANKUNGEN

Haarausfall an den Ohrmuscheln ist bei einigen Rassen wie Dackel und Yorkshire Terrier eine Erbkrankheit. Bei anderen Rassen kann er ein Zeichen für Schilddrüsenunterfunktion sein, d. h., es wird nicht genug Schilddrüsenhormon ins Blut abgegeben. Diese Krankheit (Hypothyreose) kann eine übermäßige Produktion von zähem Ohrenschmalz hervorrufen.

Bei einigen Hunden, vor allem Yorkshire Terriern und Glatthaardackeln, aber auch Boxern, Boston Terriern, Chihuahua, Italienischem Greyhound, Manchester Terriern und Whippet, tritt dauerhafter zunehmender Haarausfall an den Ohrmuscheln auf. Einige kleine Pudelarten verlieren periodisch Haare an den Ohren.

DIAGNOSE UND THERAPIE Per Bluttest wird die Schilddrüsenfunktion überprüft. Bei Haarverlust wegen Schilddrüsenüberfunktion helfen manchmal Hormonpräparate. Oft wachsen die Haare in der nächsten Wachstumsperiode nach. Ererbter Haarausfall kann nicht korrigiert, sondern nur durch selektive Züchtung für die Zukunft minimiert werden.

HÖRPROBLEME

Das Gehör eines Hundes ist beachtlich. Auch wenn manche Hunde besser hören können als andere: Jeder Hund kann Laute aus viermal so großer Entfernung hören wie ein Mensch und kann ein Geräusch in sechs Hundertstelsekunden lokalisieren. Außerdem kann er sein Herrchen bzw. Frauchen aus unendlich vielen Lauten heraushören – oft sogar im tiefsten Schlaf.

Taubheit ist für einen Hund und seinen Halter besonders schlimm, da sie eine wichtige Form der Kommunikation unmöglich macht. Durch ausdauerndes Training kann jedoch auch ein tauber Hund leicht lernen, Zeichensprache zu verstehen und darauf zu reagieren.

Hunde können taub geboren werden oder das Gehör auch im Alter, durch Infektion des Mittel- oder Innenohrs, Kopfverletzung, Tumor oder durch Einnahme von Medikamenten bzw. Antibiotika verlieren. Schmalzüberproduktion oder Haarwachstum im Gehörgang können zu allmählichem Gehörverlust führen.

ANGEBORENE TAUBHEIT

Angeborene Taubheit entsteht in der frühen fetalen Entwicklung, wenn die Hörzellen im Ohr unzureichend ausgebildet werden. Betroffene Welpen können bei der Geburt hören, verlieren diese Fähigkeit aber schnell. Züchter bemerken die Taubheit oft gar nicht, bis das Hundetraining beginnt.

Es scheint einen Zusammenhang zwischen angeborener Taubheit und den Genen für die Fellfarbe zu beste-

DER UMGANG MIT DEM TAUBEN HUND

Führen Sie einen tauben Hund immer an der Leine. Mit Geduld und stark riechendem Futter als Belohnung sowie einfachen, aber ausdrucksstarken Handsignalen können Sie Ihrem Hund beibringen herzukommen, sich zu setzen oder hinzulegen bzw. zu bleiben. Am einfachsten kann ein tauber Hund mit seiner Behinderung umgehen, wenn er einen hörenden Gefährten hat. Dessen Körpersprache vermittelt ihm, was gerade passiert und was er tun soll.

DER BAER-TEST

Mit dem BAER-Test (brain-stem auditory evoked response) kann das Hörvermögen beider Ohren geprüft werden. Er zeichnet die elektrische Aktivität in der Ohrschnecke und die Wege im Gehirn auf. Der Test ist schmerzfrei, dauert 10–15 Minuten und kann bei einem entspannten Hund leicht durchgeführt werden. Eine Narkose ist nur bei sehr aufgeregten Hunden nötig. Winzige Elektroden, die unter die Kopfhaut geführt werden, sind mit einem Computer verbunden, der per Ohrhörer Signale an den Hund schickt. Der Test sollte von einem Tierarzt ausgewertet werden, der Erfahrung damit hat.

BAER-Test bei einem betäubten Hund

hen, d.h., bei manchen Rassen tritt Taubheit häufiger auf.

ERWORBENE TAUBHEIT

Hunde verlieren ihr Gehör in der Regel nach und nach. Die Fähigkeit, Töne mit niedriger Frequenz zu hören, bleibt am längsten erhalten. Hunde, die im Alter taub werden, behalten manchmal die Fähigkeit, hohe Töne zu hören. Mit Beginn der Taubheit wird der Hund träger, scheint langsamer aus dem Schlaf aufzuwachen und überhört zunehmend Befehle. Erworbene Taubheit kann durch Gewebeschäden infolge einer schweren Mittel- oder Innenohrentzündung oder durch Medikamentenvergiftung verursacht werden. Einige Antibiotika gegen Ohreninfektionen können die Nerven schädigen, die die akustischen Signale vom Corti-Organ und dem Vestibularapparat, dem Gleichgewichtsorgan, ans Gehirn weiterleiten.Weniger verbreitete Ursachen für Taubheit sind Tumoren des Innenohrs oder Kopfverletzungen mit Schädigung von Ohrschnecke, Corti-Organ oder Hörnerv. Alterstaubheit ist sehr häufig. Normalerweise setzt sie allmählich ab dem Alter von zehn Jahren ein.

DIAGNOSE Wenn Ihr Hund nicht auf Ihre Befehle hört, gehen Sie nicht davon aus, dass er launisch ist oder nicht gehorchen will. Taubheit kommt oft allmählich und entwickelt sich bei alten Hunden schleichend.

Einen einseitigen Ohrenschaden bemerken Sie vielleicht zunächst gar nicht, da Hunde ihn sehr gut durch andere Sinne kompensieren können. Versuchen Sie, mithilfe einer Hundepfeife oder anderer Mittel mit der Taubheit Ihres Hundes zurechtzukommen.

Wenn Sie den Verdacht haben, dass Ihr Hund taub wird, testen Sie ihn, indem Sie sich hinter ihn stellen und in die Hände klatschen. Achten Sie auf die Reaktion. Hört der Hund normal gut, wendet er sich direkt dem Laut zu. Bei eingeschränkter Hörfähigkeit hört er zwar etwas, weiß aber nicht genau, woher es kommt. Wenn der Hund völlig taub ist, reagiert er gar nicht.

Der Tierarzt kann dann auch mit dem sogenannten »BAER-Test« (siehe oben) feststellen, ob Ihr Hund wirklich taub ist.

THERAPIE Es gibt zwar Hörgeräte für Hunde, aber nur wenige Tiere akzeptieren sie.

GEFÄHRDETE RASSEN

Über 30 Hunderassen sind von erblicher ein- oder beidseitiger Taubheit bedroht, wobei Dalmatiner am stärksten betroffen sind. Vor allem Hunde mit weißem oder blaugrauem Fell neigen dazu. Genetische Untersuchungen legen nahe, dass diese Form der Taubheit mit der Fellfarbe zusammenhängt und an das Gen für graublaues oder scheckiges Fell gekoppelt ist.

Das Gen für graublaues Fell kommt u.a. beim Collie, Sheltie und Altdeutschen Schäferhund vor.

Das Gen für scheckiges Fell kommt bei Dalmatiner, Beagle, Bulldogge, Samojede, Bullterrier, English Setter, Greyhound, Sealyham Terrier und Pyrenäischem Berghund vor.

Zur Taubheit neigen insbesondere folgende Rassen:

- Australian Shepherd
- Bobtail (Bild oben)
- Border Collie
- Boxer
- Bullterrier
- Collie
- Dalmatiner
- English Setter
- Sheltie

ATEMWEGE

Die Sauerstoffzufuhr ist überlebenswichtig für jede Zelle im Körper Ihres Hundes; die Zellen filtern zudem das Stoffwechselabfallprodukt Kohlendioxid heraus. Die Atemwege und der Blutkreislauf sorgen dafür, dass die in die Lunge eingeatmete Luft in alle Zellen gelangt und das Kohlendioxid zur Ausatmung in die Lunge geführt wird. Dieser Austausch von Sauerstoff und Kohlendioxid ist äußerst effektiv, da die Lungen über eine große Oberfläche mit Millionen winziger Luftbläschen und einer reichen Blutzufuhr verfügen.

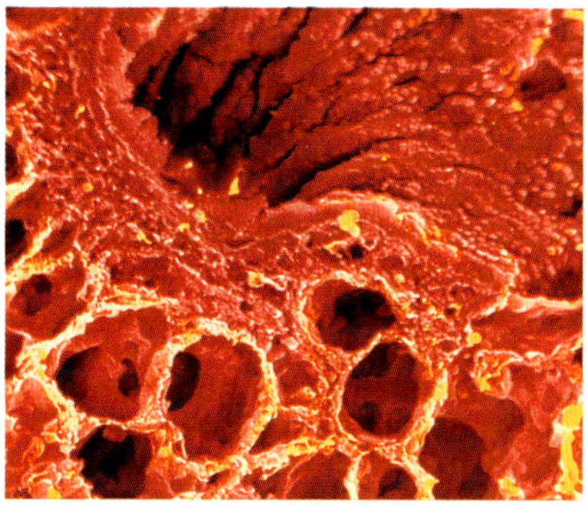

Lungenbläschen

Die über die Atemwege eingeatmete Luft durchläuft mehrere verzweigte, biegsame Röhren bis zu den Lungenbläschen (Alveolen), wo der Gasaustausch stattfindet. Die Atemwege gliedern sich in zwei Teile, nämlich die oberen Atemwege mit den Nasenwegen, der Kehle, dem Kehlkopf sowie der Luftröhre und die unteren mit den Bronchien (die beide von der Luftröhre abzweigen) und den Lungen, weichen, schwammigen Organen, die von einer doppelschichtigen Membran, der Pleura, umhüllt werden.

F **WARUM HECHELN HUNDE MANCHMAL?**

A Die Atmung wird von dem Atmungszentrum in dem Medulla genannten Teil des Gehirns kontrolliert. Von dort verlaufen durch Nerven Botschaften in Zwerchfell und Rippenmuskeln und spannen und entspannen diese. Nervenzellen im Atmungszentrum und in den Arterien reagieren auf den Kohlendioxidgehalt des Blutes. Dessen Anstieg bei Aktivität bewirkt eine raschere Atmung, um den Gehalt wieder zu normalisieren; dies verursacht das Hecheln.

OBERE ATEMWEGE

Die Nase hat zwei Funktionen. Das sensibelste Organ des Hundes spürt auch die schwächsten Gerüche auf. Der Teil der Nase, der riecht, der Geruchsteil, enthält Sensorzellen. Löcher in den Knochen um die Nase (Sinus) verbessern den Geruchssinn. Die Nase filtert, erwärmt und befeuchtet auch die eingeatmete Luft, bevor sie in die Kehle weiterfließt.

Die Kehle (Pharynx) hat zwei Teile: die obere Nasopharynx über dem weichen Gaumen und die untere Oropharynx. Der Kehlkopf (Larynx) enthält die Stimmbänder, die beim Strömen von Luft durch Vibrieren Töne erzeugen.

Auch die Luftröhre befeuchtet und erwärmt die eingeatmete Luft. Hufeisenförmige Knorpelringe stützen die Struktur. Über Muskelbänder dehnt sich die Luftröhre beim Atmen.

UNTERE ATEMWEGE

Die Luftröhre verzweigt sich, bevor sie die Lunge erreicht. Dies sind die beiden Bronchien. Diese teilen sich innerhalb jeder Lunge in immer kleinere Bronchiolen, die in winzigen, blasenförmigen Säckchen, den Alveolen, enden. Die Lungen enthalten Millionen Alveolen in einem Netz von Blutgefäßen (Kapillaren). Die Alveolenwände sind nur so dick wie Zellen, sodass Sauerstoff und Kohlendioxid zwischen den Lungenbläschen und Blutstrom passieren können.

WIE DER HUND ATMET

Die Rippen und Muskeln des Herzens und das Zwerchfell, ein kuppelförmiges Muskelblatt zwischen Brust und Bauch, agieren als Blasebalg, der durch rhythmisches Zusammenziehen Luft in die Lunge saugt und beim Entspannen ausstößt. Die Häufigkeit dieses Vorgangs wird durch ein spezielles Atmungszentrum im Gehirn gesteuert.

ABWEHR

Der Atemtrakt hat direkten Zugang zur Außenwelt; so haben sich Abwehrmechanismen entwickelt, um ihn vor Fremdpartikeln zu schützen. Der Atemtrakt ist von mikroskopisch feinen Flimmerhärchen (Zilien) gesäumt, die die Atemwege von Schleim und Fremdstoffen befreien. Diese »Mucus-Rolltreppe« kann durch Infektion, Reizung und Entzündung beschädigt werden.

Husten, Würgen und Niesen sind natürliche Reflexe, Reizmittel aus den Atemwegen auszustoßen. Die Muskelbänder in der Luftröhre spannen sich an, wenn der Atemweg gereizt ist, sodass Fremdpartikel nicht in die empfindlichen Lungen geraten.

ATEMWEGE

Zum oberen Teil der Atemwege gehören Nasenpassage, Kehle (Pharynx), Kehlkopf (Larynx) und der Hauptatemweg, die Luftröhre oder Trachea. Die Luftröhre ist eine lange, von hufeisenförmigen Knorpelringen gestützte Röhre. Diese Röhre teilt sich in die Bronchien; eine führt in jede Lunge. Die in die Pleura – eine auch Lungenfell genannte Membran – gehüllten Lungen sind weiche, schwammige, elastische Organe. Dort teilen sich die Bronchien in kleinere Bronchiolen, die in winzigen Lungenbläschen, den Alveolen, enden.

BLUTSAUERSTOFFZUFUHR

In den Alveolen trifft Luft in den Lungen auf Blutgefäße (Kapillaren), und es kommt zum Austausch von Sauerstoff und Kohlendioxid. Für einen wirksamen Gasaustausch sind die Alveolen von vielen Kapillaren und einer sehr dünnen Membran umgeben.

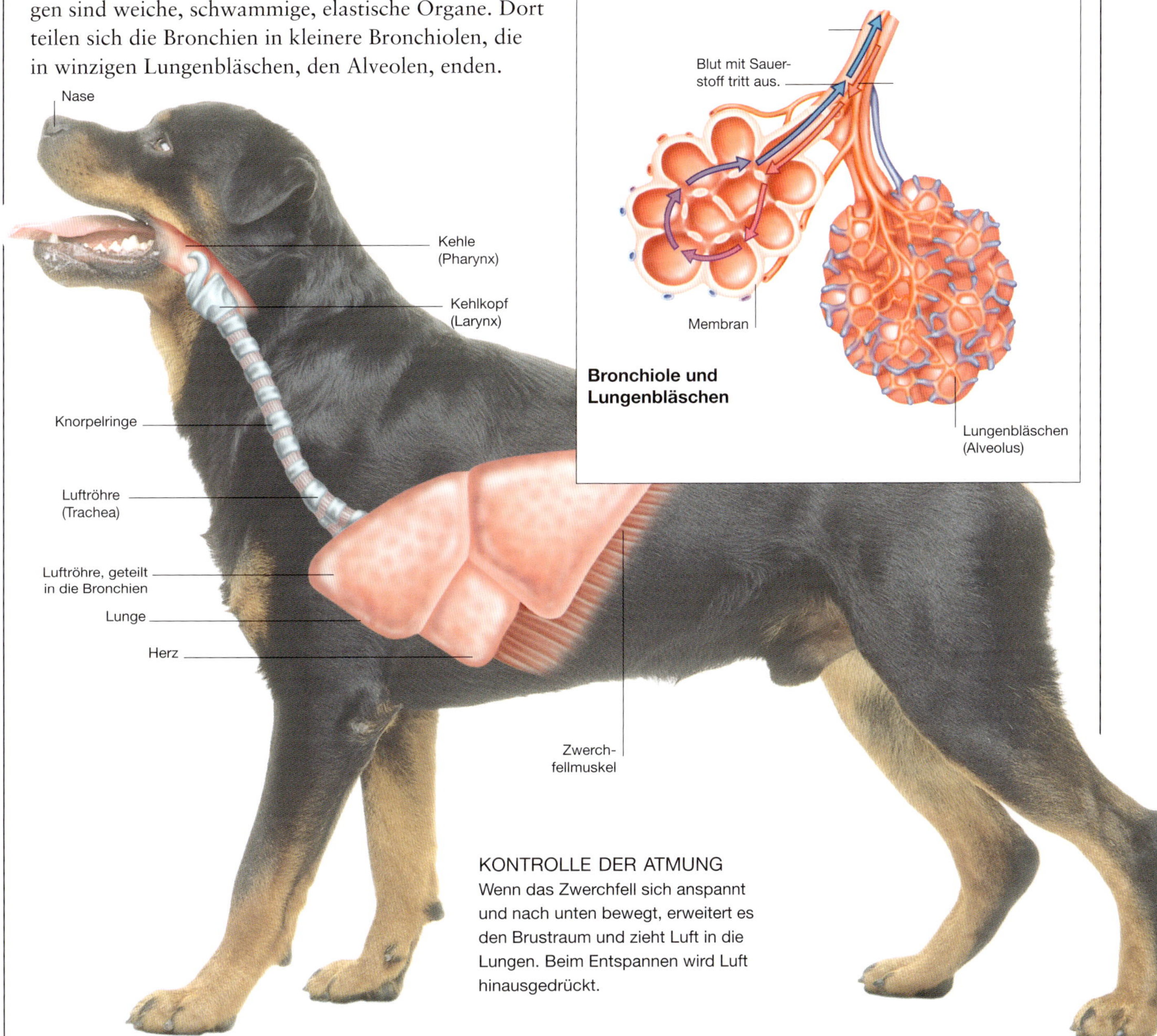

Bronchiole und Lungenbläschen

KONTROLLE DER ATMUNG

Wenn das Zwerchfell sich anspannt und nach unten bewegt, erweitert es den Brustraum und zieht Luft in die Lungen. Beim Entspannen wird Luft hinausgedrückt.

DIAGNOSE VON ATEMWEGSSTÖRUNGEN

Probleme können überall an den Atemwegen entstehen. Im oberen Teil der Atemwege sind es etwa Fremdkörper in Nasenlöchern (siehe S. 307) oder Kehle (siehe S. 311) und Infektionen wie Zwingerhusten (siehe S. 310). Störungen der unteren Atemwege sind Bronchitis, Lungenentzündung und die Ansammlung von Flüssigkeit im Brustraum (siehe S. 313).

Fast alle Atemwegsstörungen können das Atemmuster des Hunds ändern. Ungewöhnliche Atmung ist oft das erste Anzeichen eines Atemwegsproblems und kann wichtige Hinweise für die Diagnose geben.

ATMUNGSÜBERWACHUNG

Ihr Hund atmet zehn- bis dreißigmal pro Minute ein und aus. Die normalen Atemwerte hängen von der Größe ab: Sie sind langsamer bei größeren Hunden, schneller bei kleinen. Machen Sie sich vertraut mit dem normalen Wert Ihres Hundes, auch mit den Tönen, die der Hund beim Atmen gewöhnlich macht. Dann stellen Sie Änderungen vom normalen Muster schneller fest (siehe auch S. 439).

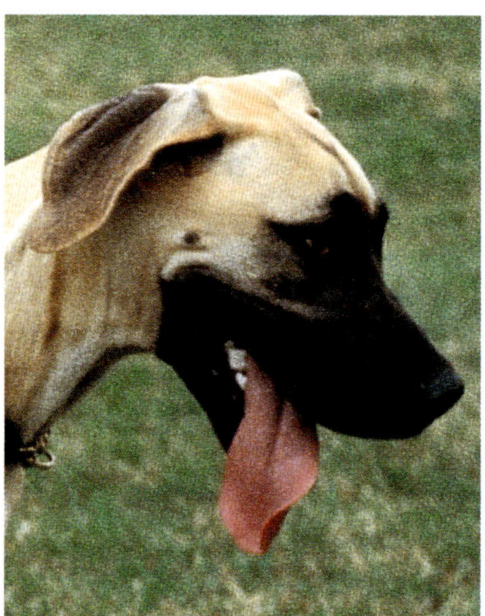

GESUNDE ATMUNG
Hunde schwitzen mehr durch den Mund als Menschen. Es ist normal, dass sie nach Anstrengung oder bei Hitze hecheln.

RASCHE ATMUNG

Hunde atmen nach einer Anstrengung, wenn ihnen heiß ist oder sie aufgeregt oder nervös sind, schneller – aber auch in gefährlichen Situationen wie bei Schock, Vergiftung oder Hitzschlag. Wenn die Atemfrequenz Ihres Hundes plötzlich scheinbar grundlos steigt, rufen Sie sofort den Tierarzt an.

FLACHE ATMUNG

Dieses Symptom bedeutet, dass etwas mit der normalen Dehnung und dem Zusammenziehen der Brust nicht stimmt. Ein Hund mit flacher Atmung macht dies durch schnelleres Atmen wett. Schmerz (zum Beispiel bei Quetschung oder Rippenverletzung) kann die Ursache sein. Wenn Ihr Hund – vor allem nach einer Verletzung – eine flache Atmung entwickelt, sollten Sie sofort den Tierarzt anrufen.

TIPPS VOM TIERARZT

Verwechseln Sie nicht mühsame mit normaler Atmung. Das Hecheln ist flach, schnell, das Maul dabei offen; es ist kein medizinisches Problem: Hunde tun es, wenn sie nervös, aufgeregt oder nach großer Anstrengung erschöpft sind. Rufen Sie den Tierarzt aber dann, wenn der Hund grundlos hechelt. Schmerz kann eine Ursache sein, auch Medikamente wie Kortikosteroide. Ein guter Hinweis ist die Farbe der Zunge: Eine rosa Zunge bedeutet, dass ausreichend Sauerstoff im Blut vorhanden ist.

MÜHSAME ATMUNG

Schwierigkeiten beim Atmen sind immer Anlass zur Sorge. Mögliche Ursachen sind Herzversagen (siehe S. 320), Lungenkrankheit, Flüssigkeit im Brustraum (siehe S. 313), Zwerchfellrisse (siehe S. 314) und Tumoren. Sofort den Tierarzt anrufen.

LAUTE ATMUNG, PFEIFEN, HUSTEN

Jede Änderung in der Atmung ist zu beachten. Mögliche Ursachen sind ein Verschluss der oberen Atemwege und Lähmung der Stimmbänder. Setzen Sie sich bei lauter Atmung Ihres Hundes mit Ihrem Tierarzt in Verbindung.

Pfeifen ist bei Hunden seltener als bei Menschen. Meist ist es ein Hinweis für ein Problem der Lunge oder eine durch Allergie, Reizmittel oder Infektion verursachte Bronchitis (siehe S. 312). Pfeifende Hunde sollten innerhalb von 24 Stunden zum Tierarzt gebracht werden.

Husten ist ein Hinweis auf eine Reizung der Atemwege. Beim Husten zieht sich die Luftröhre auf ein Sechstel ihrer normalen Größe zusammen und stößt sehr schnell mit der Luft auch Fremdkörper aus den Atemwegen. Ein Hund mit Dauerhusten muss innerhalb von 24 Stunden zum Tierarzt.

DIAGNOSEMETHODEN

Der Tierarzt kann mit mehreren Methoden die Ursache der Atemprobleme Ihres Hundes feststellen.

UNTERSUCHUNG

Je nach den Symptomen sucht der Arzt im Maul oder in den Nasenlöchern nach Fremdkörpern, tastet Brust und Rippen ab, hört mit dem Stethoskop die Lunge ab und misst die Körpertemperatur; eine erhöhte Temperatur kann ein Hinweis auf eine Infektion der Atemwege sein.

BILDGEBENDE VERFAHREN

Fremdkörper in den Atemwegen, aber auch Strukturabweichungen der Atemwege, Lungenflüssigkeit oder Tumoren im Lungengewebe findet man oft durch Röntgenaufnahmen.

BAKTERIENKULTUR

Der Tierarzt erfährt durch einen Abstrich des Nasen- oder Schlundausflusses, welche Organismen für die Infektion verantwortlich sind.

KOTANALYSE

Eine Kotprobe benutzt man, wenn bei Lungenschaden ein Verdacht auf Parasitenbefall besteht. Im Kot sieht man die Wurmeier.

BRONCHOSKOPIE

Mit dem Bronchoskop kann man in Luftröhre und Bronchien blicken und Gewebeproben für eine Untersuchung unter dem Mikroskop entnehmen.

TRACHEALSPÜLUNG

Mit diesem auch Lavage genannten Verfahren entnimmt man Zellen usw. aus dem Inneren der Luftröhre und untersucht sie.

Eine Trachealspülung macht man meist neben einer Bronchoskopie. Dabei wird der Hund in Narkose gelegt; eine Nadel wird durch den Schlund eingeführt. Durch die Nadel fließt eine Salzlösung in die Luftröhre. Diese kleine Menge Flüssigkeit wird anschließend auf eine Spritze gezogen; die darin enthaltenen Zellen werden vom Zytologen, einem Spezialisten für den Aufbau von Zellen, untersucht.

Das aus dem Schlund entnommene Material wird je nach den Symptomen unter dem Mikroskop untersucht, oder man setzt mit einem Teil dieser Probe eine Bakterienkultur an (siehe oben).

ALLERGIETEST

Allergien, selbst Reaktionen auf eingeatmete Substanzen, treten bei Hunden vorwiegend als Hautproblem auf, können aber auch die Form von Atemwegssymptomen annehmen (siehe S. 210/211).

Verfahren wie intradermale Hauttests oder den ELISA-Test (siehe S. 251) wendet man bei Atemproblemen an, die wegen einer Allergie des Hundes auf eine bestimmte Substanz auftreten.

EIN UNTERSCHIED: ERSTICKEN, WÜRGEN

Diese beiden Dinge äußern sich vielleicht ähnlich, aber die Ursachen sind andere. Beim Ersticken steckt etwas in der Luftröhre des Hundes, behindert seine Atmung und muss dringend entfernt werden. Ersticken kann lebensbedrohlich sein. Beim Würgen hat der Hund etwas Lästiges im Maul oder im Gaumen stecken und fühlt sich unwohl, ist aber nicht unbedingt in Gefahr.

ERSTICKEN	WÜRGEN
• Geräusche	• Pfote am Maul
• Große Not	• Unwohlsein
• Atemprobleme	• Keine Atemprobleme
• Bewusstlosigkeit	• Reibt Gesicht auf Boden
• Hervorquellende Augen	• Schlechter Atem
• Blaue Zunge	• Krämpfe in Schlund
Sofort vom Tierarzt behandeln lassen und Erste Hilfe durchführen (siehe rechts).	Im Maul steckendes Objekt suchen und entfernen (siehe rechts).

F WIE ENTFERNE ICH AM BESTEN EINEN GEGENSTAND AUS DEM MAUL DES HUNDES?

A Wenn Ihr Hund würgt, weil er etwas im Maul hat, halten Sie ihn fest. Öffnen Sie das Maul; halten Sie dabei mit einer Hand den Oberkiefer und drücken Sie die Oberlippe über die Zähne; mit der anderen Hand halten Sie den Unterkiefer offen. Suchen Sie im Gaumen, im Rachen und an den Zähnen nach dem Objekt. Nehmen Sie einen Löffelstiel oder etwas Ähnliches, und entfernen Sie den Gegenstand vorsichtig so rasch und fest wie möglich, damit der Hund nicht beißen kann.

F WAS TUN, WENN MEIN HUND ERSTICKT?

A Gehen Sie sicher, dass es sich um Ersticken handelt (siehe links). Ersticken ist ein Notfall; Sie müssen sofort reagieren.
Ist Ihr Hund bei Bewusstsein, legen Sie Ihre Arme um seinen Bauch, machen eine Faust und drücken gleich hinter dem Brustkorb fest nach oben und vorne. Ist Ihr Hund klein, legen Sie die Hände auf beide Seiten des Bauches und drücken den Körper fest nach oben und vorne.

Ist der Hund bewusstlos, auf die Seite legen. Legen Sie beide Hände hinter die hinteren Rippen. Drücken Sie fest zu, um das Objekt zu entfernen; holen Sie mit einem Finger die Reste aus dem Maul. Falls notwendig, machen Sie Wiederbelebungsversuche für Atem und Herz (siehe S. 423).

Bei Würgen oder Ersticken nie Hustenmedizin geben, da sie den Auswurf des Objekts behindern und das Problem verschlimmern kann.

F MEINEM HUND LÄUFT STÄNDIG DIE NASE. EIN ANLASS ZUR SORGE?

A Bei einigen Hunden läuft einfach die Nase. Laufen ohne Niesen, vor allem mit klarer, wässriger Flüssigkeit kommt bei Nervosität und Aufregung vor, aber auch, wenn der Hund schläft. Das ist kein Problem, sondern natürlich. Abnormaler Nasenausfluss (trübe oder stark) mit Niesen ist oft durch Heuschnupfen bedingt, aber die Ursache kann auch etwas Ernsteres sein, etwa Nasentumoren. Niesen an sich ist keine Krankheit, sondern eine Reflexhandlung, um die Nasenpassage von Reizmitteln zu befreien. Anhaltendes oder schweres Niesen, verbunden mit einer laufenden Nase, kann ein Hinweis auf eine Störung sein, und man sollte einen Tierarzt hinzuziehen.

F WIE UNTERBINDE ICH NASENBLUTEN?

A Den Hund ruhig und eingesperrt halten. Kalte Kompresse (im Notfall Tiefkühlerbsen) fünf Minuten oben auf der Nase zwischen Augen und Nasenlöchern halten. Die blutende Nase mit saugfähigem Material bedecken, jedoch keine Watte oder Mull auf die Nase legen: Dies kann Niesen verursachen. Tun Sie so wenig wie möglich, und versuchen Sie, den Hund zu beruhigen.

Hört die Blutung nicht nach wenigen Minuten auf, vor allem bei unbekannter Ursache, rufen Sie den Tierarzt baldmöglichst hinzu. Keinen Maulkorb anlegen; den Kopf nicht zurückbiegen, um ein Ausfließen des Blutes zu stoppen.

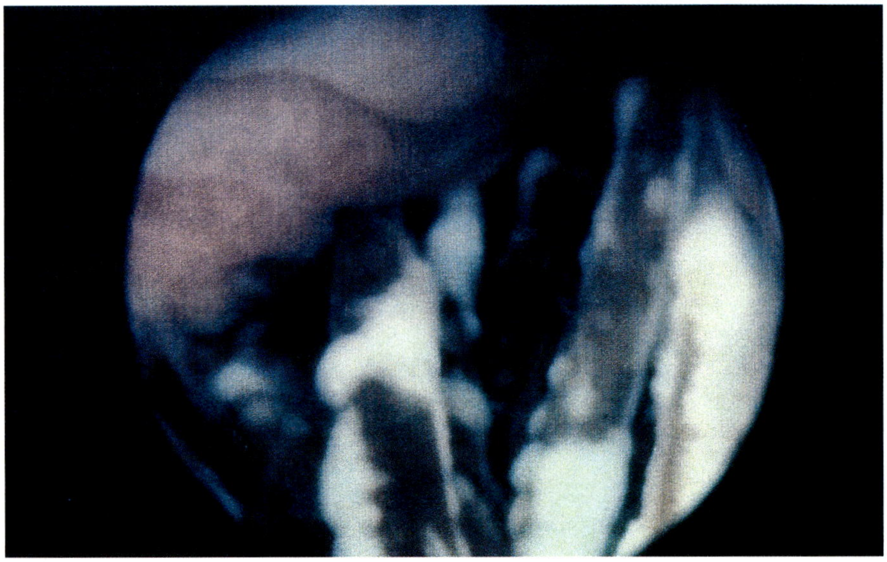

EIN FREMDKÖRPER IM NASENLOCH
Ein Fremdkörper im Nasenloch behindert die Atmung und kann zu Schmerzen, Entzündung und Nasenausfluss oder -bluten führen. Eine häufige äußere Ursache ist das Einatmen von Pflanzenteilen beim Schnüffeln.

NASENLEIDEN

Das Nasenleder (das Äußere der Nase) ist ein spezieller Hautteil und kann von verschiedenen Leiden betroffen sein. Die Nase ist auch der Eingang zu den Atemwegen. Probleme in der Nase wirken sich oft auf die Atmung aus.

HEUSCHNUPFEN

Die häufigste Ursache für anomalen Nasenausfluss ist eine Allergie (siehe S. 210). Nasenreiz aufgrund einer Allergie nennt man allergische Rhinitis. Dies kann eine Reaktion auf viele Substanzen sein, Grassamen und Pollen sind aber häufige Ursachen und führen zu der als Heuschnupfen bekannten Krankheit.

Beim Heuschnupfen treten klarer Nasenausfluss, oft auch Niesen, tränende und juckende Augen auf.

DIAGNOSE UND THERAPIE Eine Behandlungsmethode ist es, der Allergieursache aus dem Weg zu gehen, aber es ist oft sehr schwierig, die Ursache festzustellen und sie dann zu vermeiden. Man kann Allergietests wie ELISA (siehe S. 251) machen lassen. Meist behandelt man Heuschnupfen mit Antihistaminen.

INFEKTION DER NASENHÖHLE UND DER NASENNEBENHÖHLEN

Bakterien-, Virus- oder Pilzinfektionen der Nasenhöhle führen zu Nasenausfluss wie Schleim oder Eiter. Erfasst die Infektion auch die Nasennebenhöhlen, kommt es zu Sinusitis. Die Sinusinfektion bewirkt einen Nasenausfluss nach hinten in die Kehle. Bei Hunden kommt es dann zum Würgen, gelegentlich begleitet von einem fauligen Geruch aus dem Maul.

DIAGNOSE UND THERAPIE Ein Kultur- und Resistenztest des Ausflusses bestimmt die Art der Mikroorganismen. Bakterieller Nasenausfluss wird für mindestens zwei Wochen mit einem Breitspektrum-Antibiotikum behandelt, Pilzinfektionen mehrere Monate mit oral verabreichten Medikamenten. Chronische Infektionen, besonders der Nasennebenhöhlen, sind oft schwierig zu behandeln.

In einigen schweren Fällen öffnet der Tierarzt die Nasenhöhle oder die infizierten Nebenhöhlen in einer Operation und kann sie so gründlich reinigen und desinfizieren.

FREMDKÖRPER

Ausfluss aus einem Nasenloch zeigt meist nur, dass dort etwas steckt. Grashalme und -samen sind die am häufigsten zu findenden Fremdkörper in den Nasenlöchern, aber es werden beim Schnüffeln auch andere winzige Dinge aufgesaugt.

Ein Fremdkörper in einem Nasenloch führt zu Niesanfällen und Berühren mit der Pfote, gelegentlich auch zu Nasenbluten.

DIAGNOSE Manchmal ist die Ursache des Ausflusses nur durch Röntgen und Scans oder durch Suche mit einem Endoskop festzustellen.

THERAPIE Wenn Sie etwas im Nasenloch Ihres Hundes sehen, holen Sie es sorgfältig mit einer Pinzette heraus. Geht das nicht, wenden Sie sich umgehend an den Tierarzt. Dieser wird den Hund vor der Behandlung vielleicht ein Beruhigungs- oder Betäubungsmittel geben. Zur Vorbeugung einer Infektion verschreibt er eventuell Antibiotika.

POLYPEN UND TUMOREN

Diese können sich in den Nasenlöchern entwickeln. Ein Polyp ist eine nicht krebsartige Vergrößerung einer Schleimdrüse. Die meisten Nasentumoren sind allerdings bösartig und wachsen oft schnell.

Sowohl Polypen wie Tumoren verursachen Ausfluss aus dem Nasenloch oder Nasenbluten und lautes Atmen. Ein Tumor bewirkt auch eine Anschwellung der betroffenen Seite und behindert den Luftweg.

DIAGNOSE Abnormale Wucherungen sucht man durch Röntgen und mit dem Endoskop. Anhand von Gewebeproben des Tumors stellt man fest, ob er krebsartige Veränderungen aufweist.

BEHANDLUNG Polypen werden operativ entfernt, sie kommen allerdings oft wieder und müssen dann erneut behandelt werden. Alle Tumoren, ob sie bösartig sind oder nicht, werden operativ entfernt. Bei bösartigen Tumoren ist möglicherweise auch eine Bestrahlungstherapie nötig.

GAUMENSPALTE UND MUND-NASENFISTEL

Ein Welpe, der nach dem Fressen niest oder Nasenausfluss hat, hat unter Umständen eine Gaumenspalte, bei der die beiden Gaumenseiten nicht richtig zusammenwuchsen, sodass zwischen Maul und Nasenhöhle eine Lücke offen bleibt.

Ältere Hunde mit schlechten Zähnen (siehe S. 333) tendieren zu Mund-Nasenfisteln, einem Kanal zwischen Maul und Nasenhöhle, wenn ein oberer Eckzahn oder vorderer Backenzahn durch Infektion, Verletzung oder Operation fehlt.

BEHANDLUNG Bei einer Gaumenspalte oder Mund-Nasenfistel wird der abnormale Kanal operativ verkleinert.

NASENBLUTEN

Nasenbluten und Niesen sind oft wie »die Henne und das Ei«: Was war zuerst da? Intensives Niesen kann Nasenbluten verursachen; Nasenbluten wiederum reizt mit Sicherheit zum Niesen. Mögliche Ursachen des Nasenblutens: Fremdkörper im Nasenloch; krampfartiges oder starkes Niesen wegen Heuschnupfen; Bakterien-, Pilz- oder Vireninfektion mit Entzündung der Nase; Nasenpolypen oder -tumoren, vor allem im Alter; Blutungsstörungen wie beim Von-Willebrand-Syndrom (siehe S. 328); Vergiftung durch Köder (Warfarin).

DIAGNOSE UND THERAPIE Bei ständigen Blutungen oder Blutungen ohne erkennbare Ursache sollten Sie den Tierarzt anrufen. Er untersucht den Hund auf Fremdkörper im Nasenloch oder entnimmt bei Verdacht auf Infektion eine Probe des Ausflusses.

Nasenbluten hört bei Anwendung einer kalten Kompresse oder Behandlung meist nach wenigen Minuten auf (siehe S. 306).

NASENLÖCHER

Besonders bei Welpen flachgesichtiger Rassen kommt es oft zu verengten Nasenlöchern (Stenose). Dies erschwert

GEFÄHRDETE RASSEN

Rassen mit Neigung zu ererbter Gaumenspalte:

- Beagle
- Boston Terrier
- Bulldogge
- Cocker Spaniel (Bild oben)
- Pekingese
- Zwergschnauzer

Kleine Nasenlöcher können bei leicht bis stark flachgesichtigen Rassen wie folgenden ein Problem sein:

- Boston Terrier
- Bulldogge
- Cavalier King Charles Spaniel
- Chow-Chow
- Mops
- Pekingese
- Shih Tzu (Bild oben)

das Atmen. Andere Welpen haben zwar mäßig weite Nasenlöcher, aber der Nasenknorpel ist weich und lappig; die Nasenlöcher fallen ein, wenn der kranke Welpe einatmet.

Die Symptome schwanken zwischen milden, kaum erkennbaren bis schweren Symptomen, bei denen die Welpen laut oder durch den Mund atmen und Nasenausfluss haben. Kranke Welpen gedeihen nicht und sind unterentwickelt.

BEHANDLUNG Im Notfall erweitert man kleine Nasenlöcher durch Entfernen von Nasenhaut und -knorpel. Die Entscheidung über die Operation wird oft verschoben, bis die Tiere ausgewachsen sind. Manchmal verwächst sich das Problem.

HALSKRANKHEITEN

Pharyngitis (Rachenentzündung) durch Infektionen beeinflusst zwar nicht den Wunsch, aber die Fähigkeit des Hundes zu fressen. Auch Fremdkörper wie Knochen oder Spielzeug können im Hals stecken bleiben und zum Würgen führen.

Kehlkopf- und Luftröhrenerkrankungen bewirken eine Änderung der Stimmqualität, Husten oder auch Würgen. Eine Blockierung des Kehlkopfes oder der Luftröhre kann zum Ersticken führen (siehe S. 305).

ZU VIEL BELLEN MUSS NICHT SEIN

Im Gegensatz zu ihren Vorfahren, den Wölfen, bellen Hunde häufig – je nach Rasse mehr oder weniger. Der Mensch hat dieses Verhalten selbst herangezüchtet, weil es ihm nützt(e) – als Warnung und Schutz bei Bedrohung, als Alarmsignal bei der Jagd oder im Rettungsdienst. Bei den heutigen Familienhunden ist das in der Regel nicht notwendig. Zu häufiges und lange anhaltendes Bellen wird nicht nur meist als störend und unangenehm empfunden, sondern kann auch das Kehlkopfgewebe des Hundes schädigen. Es gibt Hunde, die grundsätzlich bellen, wenn sie auf andere Hunde treffen; viele bellen einfach aus Freude, zum Beispiel wenn Herrchen oder Frauchen nach Hause kommen oder wenn sie zum Spiel auffordern wollen. Hier sollte man auf das richtige Maß achten. Man kann Hunden durchaus beibringen, nur in bestimmten Situationen zu bellen und damit auf Kommando auch wieder aufzuhören. Ein ständig bellender Hund ist schlecht sozialisiert bzw. schlecht erzogen; er kann aber auch aus Angst, Stress, Einsamkeit oder Frustration heraus bellen. Hier sollten Sie zunächst Ursachenforschung betreiben und gegebenenfalls mit einer Hundetrainerin oder einem Hundetrainer sprechen.

KEHLKOPFENTZÜNDUNG

Der Kehlkopf ist mit Schleimhaut ausgekleidet; er enthält aber anders als die Luftröhre keine schützenden Härchen, die Schleim und Fremdstoffe abhalten (Zilien). Wenn eine Krankheit die Schleimproduktion verstärkt, versucht der Hund, »sich zu räuspern«, um den Schleim zu entfernen. Dies kann zu einer Entzündung des Kehlkopfgewebes (Laryngitis) führen. Laryngitis kann auch durch ständiges Bellen oder eine Infektion verursacht werden. Die Stimme wird heiser, oder der Hund kann gar nicht mehr bellen.

DIAGNOSE UND THERAPIE Die Diagnose erfolgt nach Symptomen und Betrachtung des Rachens. Behandlung: durch Training die Ursache des Bellens beseitigen oder den Husten behandeln.

KEHLKOPFLÄHMUNG

Dies ist eine seltene Krankheit vor allem älterer Hunde und insbesondere beim Labrador Retriever. Bei Bouviers des Flandres, Bullterriern, Dalmatinern und Siberian Huskies gilt sie als ererbt. Bei Retrievern und Settern ist die Ursache unbekannt. Bei Hunden mit Kehlkopflähmung wird das Bellen zunehmend schwächer, und beim Einatmen entwickelt sich ein hartes Geräusch. Schließlich wird das Atmen mühsam, vor allem bei heißem Wetter. Der Hund schafft kaum noch Anstrengungen und kann dabei ohnmächtig werden. Die Lähmung kann zu Kehlkopfschwellungen (Larynxödemen) führen.

DIAGNOSE UND THERAPIE Die Lähmung wird meist mit einer endoskopischen Untersuchung festgestellt. Operationen der Lähmung sind inzwischen möglich, führen jedoch alle später zu ernsten Nachteilen; so kann zum Beispiel leicht Fressen in die Atemwege geraten.

KEHLKOPFÖDEME

Die Ursache für Kehlkopfödeme oder Kehlkopfschwellung ist meist ein Hitzschlag (siehe S. 442), eine allergische Reaktion auf einen Insektenbiss (siehe

GEFAHR DURCH WÜRGEHALSBÄNDER

Die Kontrolle des Hundes mit dem Hundewürger ist gefährlich; der Kehlkopfknorpel wird dabei gepresst oder gar gebrochen, und die dort liegenden Nerven werden beschädigt. Ein milder Druck kann mit Ruhe und entzündungshemmenden Medikamenten behandelt werden, aber schwerere Schäden behindern die Atmung; die Luftröhre muss dann mit einem operativen Eingriff (Tracheostomie) geöffnet werden. Statt mithilfe des gefährlichen Würgers sollte man dem Hund lieber durch gute Ausbildung Benehmen beibringen.

SICHERE WÜRGER

Würger mit unbegrenztem Zug können gefährlich sein; geht es gar nicht anders, sollte man einen Würger mit begrenztem Zug benutzen. Dieses Halsband kann wenigstens dem Kehlkopf keinen Schaden zufügen wie der unbegrenzte Zug.

Kehlkopfkompression

Würger

S. 422) oder aber eine Kehlkopflähmung. Kehlkopfödeme sind lebensgefährlich. Zu den Symptomen gehören mühsames, schnelles Atmen, Blausucht (Zyanose) und Kollaps.

DIAGNOSE UND THERAPIE Die Schwellung bei Kehlkopfödemen ist dringend mit Kortikosteroiden zu behandeln. Bei allergischen Reaktionen kann man Adrenalin geben. Antihistamine bekämpfen die Symptome. Im Notfall kann die Luftröhre vorläufig operativ geöffnet werden.

KEHLKOPFTUMOR

Diese seltene Krankheit verursacht Husten, schweres Atmen, eine durch die Haut fühlbare Kehlkopfschwellung sowie eine Änderung oder sogar den Verlust der Stimme. Das bösartige Schuppenzellkarzinom ist der häufigste Typ.

DIAGNOSE UND THERAPIE Tumoren werden meist durch Endoskopie und Gewebeproben diagnostiziert. Gut- wie bösartige Tumoren werden entfernt. In der Luftröhre bleibt eine ständige Öffnung zurück, die speziell zu versorgende Tracheostomie.

LARYNGOSPASMUS

Dieser seltsame Befund des Rückwärtsniesens findet sich vorwiegend bei kleinen Rassen wie dem Yorkshire Terrier. Der Hund zieht heftig die Luft ein, manchmal in stark krampfartigen Anfällen, die bis zu einer Minute dauern können. Die genaue Ursache des Rückwärtsniesens ist unbekannt. Oft ereignet sich ein Anfall, wenn der Hund aufgeregt ist, beispielsweise weil Herrchen heimkommt. Episoden des Rückwärtsniesens sind manchmal häufig, aber nie lang andauernd. Danach verhält sich der Hund wieder völlig normal.

Gewöhnlich ist keine Behandlung nötig, allerdings hilft eine Kehlkopfmassage nach vorne. Hat Ihr Hund einen Anfall von Rückwärtsniesen und bricht zusamen, rufen Sie den Tierarzt, um sicherzustellen, dass kein verschluckter Fremdkörper die Ursache für den Kollaps ist.

DER WEICHE GAUMEN

Der weiche Gaumen liegt hinter dem harten Gaumen. Weiches Gewebe schließt beim Schlucken die hintere Nasenhöhle. Bei einigen Hunden flachgesichtiger Rassen ist dieses Gaumensegel verlängert, was zu Atembeschwerden führt. Andere neigen zu Strukturfehlern der Nasenlöcher (siehe S. 307) oder beidem.

Obwohl dieser Zustand »verlängerter« weicher Gaumen heißt, liegt das Problem nicht am Gaumensegel, sondern am »verkürzten« Gesicht. Der weiche Gaumen ist bei diesen Hunden genau so lang wie bei anderen Hunden dieser Größe, aber das zusammengedrückte Gesicht übt Druck auf den weichen Gaumen aus; dieser hängt daher herab und berührt oder blockiert manchmal sogar den Kehlkopfknorpel.

Hunde mit diesem Defekt würgen und schnarchen – wenn sie entspannt sind oder schlafen. Das Schnarchen nimmt mit dem Alter zu, denn der Zustand verschlimmert sich mit der Zeit, da der weiche Gaumen an Elastizität verliert. Stark erkrankte Hunde prusten, würgen oder fallen gar in Ohnmacht. Der verlängerte Gaumen macht auch Hals- und Mandelentzündungen wahrscheinlicher.

THERAPIE Wenn der verlängerte Gaumen Atemprobleme verursacht, wird er operativ verkürzt, im Idealfall erst, wenn der Hund ausgewachsen ist, da sich bei einigen flachgesichtigen Welpen das Problem von selbst auswächst. Bei Rassen wie Bulldogge, Pekingese und Mops kann man gleichzeitig eine Operation zur Erweiterung der Nasenöffnungen durchführen, um die Atmung zu verbessern.

HUSTEN

Der Husten ist ein Abwehrmechanismus, der auf natürliche Weise unerwünschtes Material aus den Luftwegen entfernt. Der Mechanismus wird auch durch Schäden oder Reizung an den Luftwegen ausgelöst. Der Husten hat viele Gründe: Druck durch das Halsband, Allergien, Umweltverschmutzung, Gift, Würmer (siehe S. 240–243), Herzfehler, Lungenprobleme, Verletzungen, Atemwegstumoren, kollabierende Luftröhre.

DIAGNOSE UND THERAPIE Bei schwerem oder ständigem Husten sollte der Tierarzt aufgesucht werden. Die Art des Hustens ist bezeichnend: Ein tiefer, trockener Husten weist auf Hals- oder Luftröhrenentzündung hin; ein langer Hustenanfall im Liegen auf eine Herzkrankheit; ein »Gänseschrei« auf eine kollabierende Luftröhre. Zur Diagnose gehören auch Röntgen, Kotanalyse auf Wurmeier, Bronchoskopie und/oder Trachealspülung, vor allem wenn mit dem Husten Schleim oder Blut abgesondert werden.

Behandelt wird die Ursache des Hustens. Kurzfristige Medikamente bei schwerem Husten sind Husten lösende und unterdrückende Mittel.

ZWINGERHUSTEN

Als Zwinger- oder Hundehusten bezeichnet man eine Reihe von Infektionen, die Kehlkopf, Luftröhre und Bronchien angreifen.

SCHADEN DER LUFTRÖHRENZILIEN

Der Zwingerhusten schädigt die Zilien, die winzigen Härchen, die die Luftröhre säumen und normalerweise Schleim und Abfall aus den Atemwegen entfernen. Bei Hunden mit Zwingerhusten sehen diese »verkümmert« aus und werden ihrer Funktion nicht mehr gerecht. Fremdkörper und überschüssiger Schleim reizen nun die Luftröhre und führen zu Husten und Entzündung des Luftröhrenbelags.

FUNKTION DER ZILIEN

Die Zilien sind eine Fortsetzung der die Luftröhre säumenden Zellen. Sie bewegen sich koordiniert und kraftvoll in Wellen (die sogenannte Mucus-Rolltreppe) und entfernen so Schleim und Eingeatmetes aus der Luftröhre.

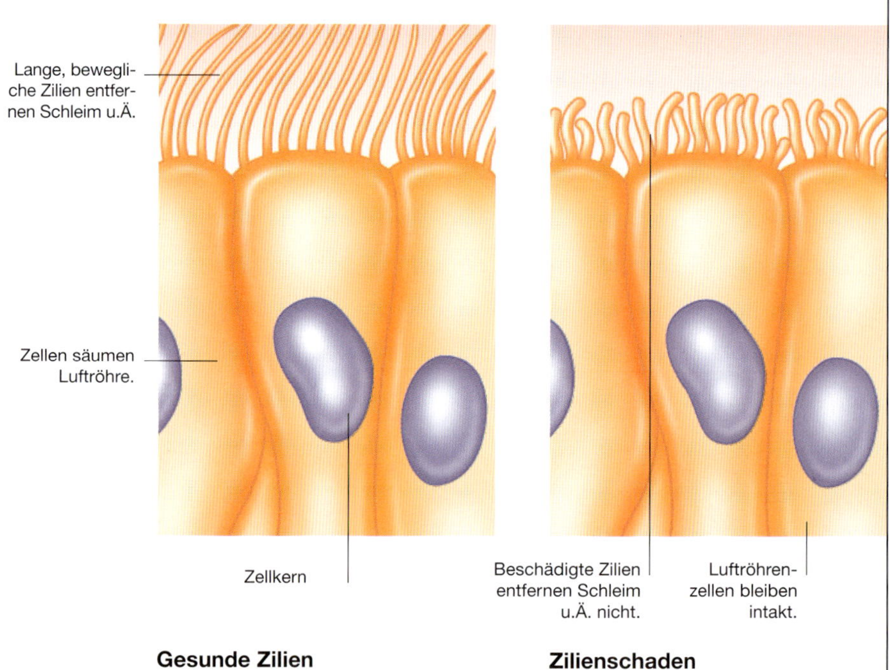

Hier gibt es u. a. die Infektion mit dem Bakterium *Bordetella bronchiseptica* (siehe S. 221) und einer Reihe von Viren, darunter Parainfluenza- und Adenoviren Typ CAV-1 und CAV-2 (siehe S. 221). Andere Infektionen, die Luftröhre und Bronchien schädigen, sind Staupe (siehe S. 219) und Mykoplasma (siehe S. 215).

Bei Zwingerhusten ist der Hund wach und munter, hat aber einen rauen, trockenen Husten. Druck auf den Kehlkopf löst Husten aus.

Welpen, zum Lufttröhrenkollaps neigende kleine Hunde und solche mit chronischer Bronchitis und schwacher Immunität sind anfällig für sekundäre bakterielle Infekte der Lungen (siehe S. 312). Dies ist ernst zu nehmen. Der Hund hat Fieber, ist lethargisch, hat oft auch kein Interesse am Fressen. Kommt es zu einer Lungenentzündung, klingt der Husten feuchter; oft kommt es zu Keuchen und schnellem Atmen.

DIAGNOSE UND THERAPIE Einzelheiten hierzu im Teil Infektionskrankheiten (siehe S. 214–229).

LUFTRÖHRENKOLLAPS

Der Luftröhrenkollaps ist das Ergebnis eines mit zunehmendem Alter auftretenden anatomischen Fehlers bei Kleinhundrassen wie Yorkshire Terrier, Chihuahua, Zwergspitz und Zwergpudel. Die normal starre Struktur der Luftröhre lockert sich und neigt bei Druck von innen oder außen zu einem Kollaps.

Der Hund bellt wie eine schreiende Gans. Der Husten wird durch Aufregung oder Anstrengung ausgelöst. Hunde mit Übergewicht, Atemwegserkrankungen oder chronischer Bronchitis sind besonders gefährdet (siehe S. 312).

DIAGNOSE Der Tierarzt schließt zunächst alle anderen Ursachen für den Husten, wie Herzleiden, aus. Der Kollaps zeigt sich beim Röntgen.

THERAPIE Die Behandlung hängt von der Schwere der Krankheit ab. Bei Übergewicht als Ursache ist Abnehmen wichtig. Beruhigungstraining oder milde Beruhigungsmittel können angebracht sein, um eine Verschlimmerung zu verhindern. Medikamente wie Bronchodilatoren, Hustensedative und Kortikosteroide reduzieren den Husten und die Verschleimung. Antibiotika können eine Infektion verhindern. Nutzen kann es auch, Schadstoffe wie Zigarettenrauch aus der Umgebung des Hundes fernzuhalten. In einigen Fällen wird operativ eine röhrenförmige Stütze für die kollabierte Luftröhre eingeführt, aber das ist nur bei dem im Hals sitzenden Teil der Luftröhre sinnvoll, nicht bei dem im Brustraum.

BLOCKIERUNG DER LUFTRÖHRE

Alles, was die Luftröhre blockiert, kann zum Ersticken führen. Kleine Objekte, die hinten im Hals stecken bleiben, sind eine häufige Ursache. Andere Ursachen sind allergische Reaktion auf einen Insektenstich oder ein Stich ins Maul, bei dem die Zunge anschwillt.

DIAGNOSE UND THERAPIE Das Ersticken ist ein Notfall. Hat Ihr Hund

F **ERKÄLTEN SICH HUNDE WIE WIR?**

A Hunde können sich nicht mit menschlichen Erkältungsviren anstecken. Es gibt aber mit Niesen und Husten verbundene Hundeinfektionen der oberen Atemwege. Zu diesen gehört die Gruppe der sogenannten »Zwingerhusten« und das gravierendere Staupevirus. Wenn Ihrem Hund die Nase läuft und er ständig hustet, gehen Sie zum Tierarzt.

F **WANN IST HUSTEN EIN ANLASS ZUR SORGE?**

A Husten ist ein normaler Reflex, um die Luftwege von Schleim und Fremdstoffen zu reinigen. Sorgen sollte man sich, wenn er schwer oder andauernd ist oder ungewöhnlich klingt. »Hupen« kann einen Luftröhrenkollaps anzeigen.

TIPPS VOM TIERARZT

Hunde, vor allem Welpen, kauen aus reiner Neugier, aus Langeweile, um Zähne und Zahnfleisch zu festigen oder nur aus Spaß an allem herum. Lassen Sie nie kleine Objekte liegen, wo der Hund sie finden kann. Vor allem Welpen schlucken gern kleine Objekte und können leicht daran ersticken.

Benutzen Sie nie kleine Bälle, wenn Sie mit dem Hund spielen. Ein Golfball zum Beispiel kann leicht im Hals stecken bleiben und die Luftröhre verstopfen. Selbst größere Bälle, wie Tennisbälle, können für manche Hunde gefährlich sein.

Hunde müssen kauen. Geben Sie ihnen deshalb Kauspielzeug, das unverwüstlich oder verdaulich ist.

einen Anfall, rufen Sie sofort den Tierarzt. Inzwischen sollten Sie vorsichtig versuchen, die Ursache selbst zu entfernen (siehe S. 305 und 424f.). Falls Sie einen Gegenstand in der Luftröhre vermuten, keine Hustenmedizin geben; diese verschleiert das Problem nur und kann es verschlimmern.

Ihr Tierarzt wird den Fremdkörper mit einem Bronchoskop finden und ihn entfernen. Meist gibt man eine Woche infektionshemmende Antibiotika.

BRUST- UND LUNGENLEIDEN

Die Lungen werden von Infektionen und Verletzungen betroffen, aber auch von Herzkrankheiten (siehe S. 320–323). Einige Allergien zeigen Symptome wie Herzbeschwerden. Manche Infekte zerstören Teile des nicht regenerierbaren Lungengewebes; bei der Heilung entsteht derbes Narbengewebe, das keine Atemwegsfunktionen übernimmt.

AKUTE BRONCHITIS

Eine Infektion mit Mikroorganismen aus der Gruppe Zwingerhusten, Reizung durch Luftverschmutzung oder Allergie führt oft zu Husten, verbunden mit einer Bronchienentzündung. Dies ist die akute Bronchitis. Der Hund hat einen harten, trockenen Husten, fühlt sich ansonsten aber wohl.

DIAGNOSE UND THERAPIE Die Diagnose basiert auf der Krankengeschichte des Hundes und den Symptomen. Diagnosetests sind bei einfacher akuter Bronchitis kaum nötig. Behandelt wird sie wie der Zwingerhusten (siehe S. 221).

CHRONISCHE BRONCHITIS

Ein länger als acht Wochen andauernder Husten ist chronisch. Seine Ursache ist selten eine Infektion, obwohl diese seiner Entstehung vorangehen kann. Meist ist er auf eine andauernde Bronchienentzündung zurückzuführen, die man entweder als chronische Bronchitis oder korrekter als chronisch obstruktive Lungenkrankheit (COPD) bezeichnet.

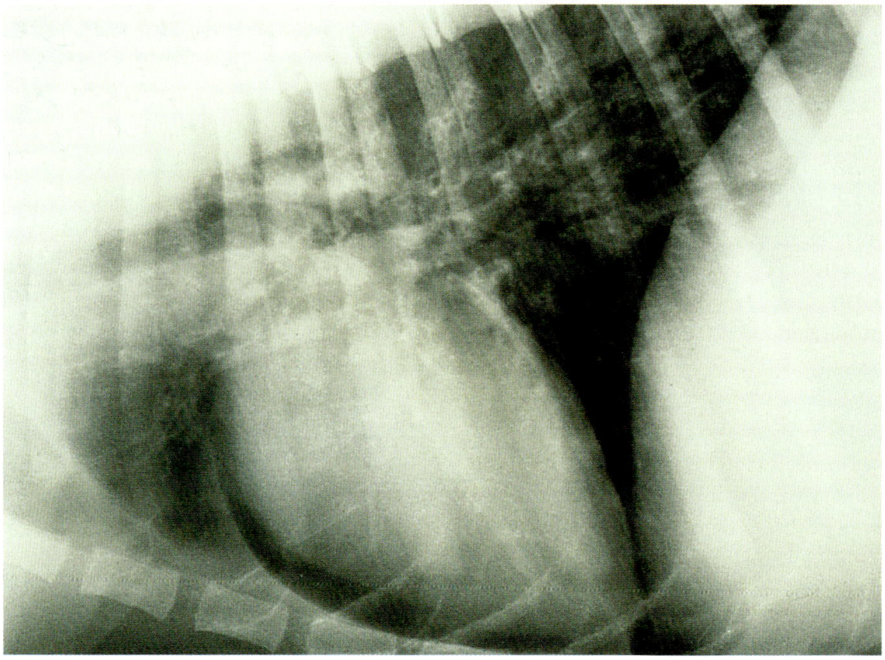

BRUSTRÖNTGENBILD BEI BRONCHITIS
Normal sind die Bronchien und die Bronchiolen dünnwandig. Bei Bronchienentzündung verdicken sich die Wände. Je dichter das Gewebe, desto weißer erscheint es auf dem Röntgenbild. Dieses zeigt weiße Horizontalstreifen – ein Hinweis auf Bronchitis – vor schwarzem Hintergrund. Die gerade, dunklere Röhre oben links ist die Luftröhre.

Von COPD sind meist ältere Hunde betroffen. Eine genaue Ursache ist selten bekannt, aber oft nennt man Schadstoffe und Allergene. Ein Hund, der in einem Raucherhaushalt lebt, ist sicherlich stärker gefährdet für die Entwicklung einer COPD als ein Hund, der bei Nichtrauchern lebt.

Husten wird oft durch Anstrengung oder Aufregung hervorgerufen und ist in der Nacht am schlimmsten. Der Husten ist trocken und hart und endet manchmal mit Würgen von schaumigem Speichel, was nicht mit Erbrechen zu verwechseln ist. Ansonsten erscheint der Hund normal.

DIAGNOSE Das Röntgenbild eines Hundes mit COPD zeigt eine Verdickung der Bronchien und möglicherweise Risse in den Lungenbläschen (Emphyseme); milde Emphyseme sind auf Röntgenbildern nicht sichtbar. Mit Bronchoskopie und Bronchialspülungen lässt sich infiziertes Fremdkörpermaterial in den Luftwegen suchen.

THERAPIE Zunächst wird man vielleicht kurze Zeit die Entzündung mit Kortikosteroiden einzudämmen suchen. Falls dies eindeutige Verbesserungen bewirkt, reduziert man die Dosis und strebt eine Niedrigdosis an jedem zweiten Tag an. Mit bronchienerweiternden Mitteln versucht man, dem Hund das Atmen zu erleichtern; kodeinhaltige Hustenmedizin soll den Hustenreiz senken.

Bei Übergewicht ist das Abnehmen wichtig. Fettleibigkeit kann das Atmen und damit die Atmungseffektivität und Atemwegsfunktion stark einschränken. Bekannte Schadstoffe und Allergene sollten vermieden werden. Leichte Anstrengung ist zu empfehlen.

PNEUMONIE

Die Lungenentzündung oder Pneumonie ist eine durch Bakterien-, Viren- oder Pilzinfektion verursachte Entzündung der Lungen. Sie tritt oft als Sekundärinfektion auf, die sich aus den oberen Atemwegen ausbreitet. Bei gesunden Hunden ist eine Pneumonie selten; meist betrifft sie sehr junge oder alte Hunde sowie Hunde mit geschwächtem Immunsystem. Auch Hunde mit chronischer Bronchitis oder einer kollabierenden Luftröhre sind besonders anfällig.

Bei der Bronchopneumonie gerät Essen oder Flüssigkeit in die Lungen, zum Beispiel wenn der Schluckmechanismus beeinträchtigt ist oder während einer Vollnarkose. Auch das Einatmen von Rauch oder giftigen Chemikalien kann zur Pneumonie führen.

Ein Hund mit Lungenentzündung ist deprimiert, fiebert und atmet rasch. Oft hört man einen feucht klingenden, rasselnden Husten. Bei schwerer Erkrankung sitzt der Hund oder steht mit ausgestrecktem Kopf, um das Atmen zu erleichtern.

DIAGNOSE UND THERAPIE Die Diagnose erfolgt durch Röntgen und Bluttests. Unverzüglich beginnt man eine mindestens dreiwöchige Behandlung mit Antibiotika, bis die Röntgenbilder zeigen, dass die Lungen zu heilen beginnen. Manche Hunde müssen stationär in einem mit Sauerstoff angereicherten Zwinger behandelt werden. Nicht steroidale entzündungshemmende Medikamente helfen gegen Beschwerden. Da Husten, der blockierte Luftwege von Schleim befreit, gut wirkt, gibt man niemals Hustenhemmer.

PLEURITIS

Die Pleuritis oder Rippenfellentzündung ist eine Entzündung des Brust- (Pleura-) raums. Meist tritt sie zusammen mit der Lungenentzündung (Pneumonie, siehe oben) auf. Der Hund atmet flach, hat Fieber und offenbar Schmerzen, wenn man ihn an der Brust berührt.

DIAGNOSE UND THERAPIE Wenn Ihr Hund Pleuritis hat, hört der Arzt mit dem Stethoskop im Brustkorb das Reiben der Pleurablätter. Zur Therapie gehören die medikamentöse Bekämpfung von Infektionen und eine Schmerztherapie.

FLÜSSIGKEIT UM DIE LUNGEN

Die Ansammlung von Flüssigkeit zwischen der Pleura, den beiden Membranen, die Lunge und Brustkorb umgeben, nennt man Pleuraerguss.

Bei Verletzungen, Tumoren und spontanen Blutungsstörungen kann es zu einer Blutansammlung im Brustkorb kommen (Hämothorax). Häufiger ist in diesem Bereich die Ansammlung einer serumähnlichen Flüssigkeit (Transsudat) als Folge von Herzschwäche (siehe S. 320). Auch Nierenerkrankungen und Tumoren, die aus anderen Körperteilen auf die Lunge übergreifen, führen zu Flüssigkeitsansammlungen. In einigen Fällen produziert die Pleuritis Eiter, der sich im Brustkorb sammelt.

Unabhängig von der Art der Flüssigkeit fällt dem Hund das Atmen immer schwerer; er steht mit ausgestrecktem Hals und Kopf und atmet in kurzen, schnellen, mühsamen Zügen. Lippen und Zahnfleisch werden blau (Zyanose).

DIAGNOSE UND THERAPIE Röntgenbilder zeigen das bei Lungenflüssigkeit typische »Milchglas«-Aussehen.

Zur umgehend notwendigen Behandlung wird der Arzt die Flüssigkeit um die Lungen mit Katheter oder Nadel drainieren. Dieses Verfahren dient zugleich der Diagnose, denn die Art der im Brustkorb angesammelten Flüssigkeit gibt dem Arzt Hinweise auf die Ursache.

F **KÖNNEN HUND UND HERRCHEN SICH GEGENSEITIG MIT IHREN INFEKTIONEN ANSTECKEN?**

A Im Normalfall lautet die Antwort »nein«, aber in außergewöhnlichen Fällen kann sich der Hund mit der Tuberkulose des Menschen anstecken (siehe S. 225). Menschen mit Tuberkulose sollten sich dieses Risikos bewusst sein und »Gesichtskontakt« mit dem Hund vermeiden.

F **BENUTZT MAN BEI ATEMWEGSSTÖRUNGEN INHALATOREN ODER VERNEBLER?**

A Es gibt spezielle Vernebler für Hunde jeder Größe, die sich die Gesichtsmaske dreimal täglich zehn Minuten aufsetzen lassen. Man kann den Hund mit einfacher steriler Kochsalzlösung behandeln oder mit Medikamenten wie Kortikosteroiden, Bronchodilatoren und Antibiotika. Diese sind in Verneblerform für Kleinkinder erhältlich. Die Dosis richtet sich nach dem Gewicht des Hundes.

F **GIBT ES SAUERSTOFFZELTE FÜR HUNDE MIT ZUSÄTZLICHEM BEDARF?**

A Viele Tierärzte behandeln kleine Hunde mit Babybrutkästen als Sauerstoffeinheit. Für größere Hunde gibt es Perspex-»Sauerstoffzelte«. In Notfällen baut der Arzt mit Plastikplanen einen Zwinger zu einer Sauerstoffeinheit um. Tragbare Sauerstoffzylinder mit Gesichtsmasken sind für den Hausgebrauch erhältlich.

F **LEIDEN AUCH HUNDE AN ASTHMA?**

A Asthma ist eine allergische Reaktion in den Lungen, die zu einer das Ausatmen erschwerenden Verengung der kleinen Atemwege führt. Asthma ist bei Menschen häufig, bei Katzen nicht selten, bei Hunden hingegen äußerst rar. Allerdings können bei Hunden andere Störungen zu Pfeifen und Lungenstauung führen.

F **WIE STEHEN DIE CHANCEN BEI LUNGENENTZÜNDUNG?**

A Bakterielle und parasitäre Formen der Lungenentzündung reagieren gut auf sofortige Behandlung mit Antibiotika und antiparasitären Mitteln. Bei Virus-(Staupe-) Pneumonie stehen die Chancen weniger gut, da sie Schaden in anderen Teilen des Körpers anrichtet. Die systemische Pilzpneumonie muss sehr aggressiv behandelt werden, aber selbst dann sind die Aussichten nur mäßig. Bronchopneumonie reagiert auf Antibiotika und symptomatische Therapie. In allen Fällen dauert die völlige Heilung Wochen oder Monate.

F **SCHMERZT DIE KOLLABIERTE LUNGE?**

A Ja. Eine Luftansammlung im Brustkorb tritt manchmal spontan, meist aber bedingt durch eine Verletzung auf, etwa einen Verkehrsunfall, eine Schussverletzung oder den Sturz aus einem Fenster. Unabhängig von der Ursache nimmt der Arzt zu Behandlungsbeginn routinemäßig eine Schmerztherapie vor. In vielen Fällen benutzt er ein Narkotikum wie Morphin oder Pethidin.

LUNGENFLÜSSIGKEIT

Die Flüssigkeitsansammlung in den Lungen nennt man pulmonales Ödem. Meist wird sie von einer linksseitigen Herzschwäche verursacht (siehe S. 320). Andere Ursachen sind Kopfverletzungen, ein Fast-Ertrinken, Einatmen von Rauch oder Chemiedämpfen sowie einige Formen der Vergiftung. Der Hund hat einen feuchten Husten.

DIAGNOSE UND THERAPIE Lungenödeme werden anhand der Symptome und einer Untersuchung diagnostiziert. Manchmal wird die Diagnose mit bildgebenden Verfahren bestätigt. Die Therapie mit Entwässerungsmitteln (Diuretika) entfernt die Flüssigkeit, andere Medikamenten behandeln den Husten.

KOLLABIERTE LUNGE

Bei jedem Brusttrauma durch eine die Brustwand durchdringende Verletzung, vom Hundebiss bis zur Gewehrkugel, dringt Luft in den Brustkorb ein. Bei Lungenschäden wegen Trauma oder Verletzung kann auch aus den Lungen Luft eindringen. Die Lunge kollabiert, der Hund ringt nach Luft. Es besteht Lebensgefahr.

DIAGNOSE UND THERAPIE Bei einem bekannten Brusttrauma besteht immer Verdacht auf Lungenkollaps. Dies wird durch Röntgenbilder bestätigt. Das Trauma wird meist operativ behandelt, wobei der Arzt die Lungen wieder aufbläst, um den Brustkorb zu füllen. Dringt die Verletzung nicht durch die Wand, bläst der Arzt die Lungen auf, indem er Luft aus der Pleurahöhle entfernt.

ZWERCHFELLRISS

Das Zwerchfell ist das kuppelförmige Muskelblatt, das Brustkorb und Bauchhöhle voneinander trennt. Dieser Muskel reißt leicht, vor allem bei Verkehrsunfällen und Stürzen.

Selbst wenn keine äußeren Verletzungen sichtbar sind, erzeugt der Riss negativen Druck im Brustkorb und einen sofortigen, unter Umständen lebensgefährlichen Lungenkollaps. Die Atmung des Hundes ist äußerst schwer und mühsam. In einigen Fällen rutscht

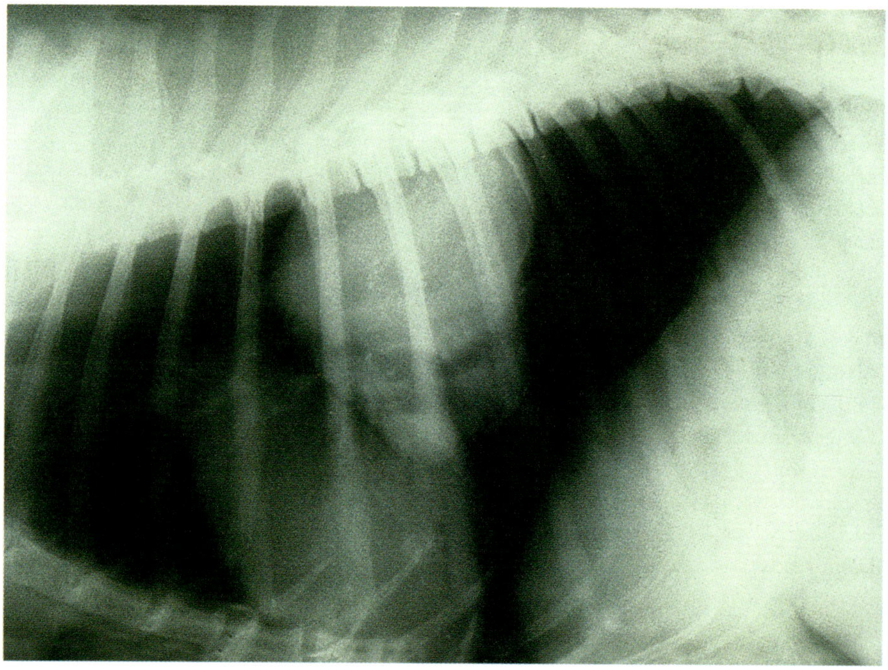

LUNGENTUMOR
Dieses Röntgenbild zeigt Brust und Bauch eines Golden Retrievers mit Lungenkrebs. Die gerundete weiße Masse ist ein Tumor in der Lunge.

ein Stück Leber durch den Riss und versiegelt die Wunde.

Geschieht dies, sind die Atemprobleme weniger gravierend.

THERAPIE Ein Zwerchfellriss wird über einen Einschnitt in der Bauchwand operativ behandelt.

LUNGENTUMOREN

Fast alle Lungentumoren sind krebsartig. Primäre Lungentumoren, die im Lungengewebe entstehen, sind bei Hunden selten, vielleicht weil sie nicht rauchen. Andererseits ist der sekundäre oder aus Metastasen entstandene Lungenkrebs (der durch Streuung eines Krebses anderer Körperteilen entsteht, etwa in Brust, Knochen, Schilddrüse oder Haut) nicht ungewöhnlich. Primärer wie sekundärer Krebs befallen vorwiegend ältere Hunde. Ein Lungentumor ergibt sehr unspezifische Symptome, meist nur einen unproduktiven Husten, der allmählich rauer wird. Manchmal ist der Hund weniger aktiv. In schweren Fällen kann sich im Brustkorb Flüssigkeit ansammeln (siehe S. 313), was zu zunehmend mühsamem Atmen führt.

DIAGNOSE UND THERAPIE Die Diagnose eines Lungentumors geschieht meist durch Röntgenaufnahmen der Brust und wird durch mit Endoskopie entnommenen Gewebeproben bestätigt. Da nahezu alle Lungentumoren krebsartig verändert und die Hunde meist älter sind, ist eine Operation, aber auch aggressive Chemotherapie in vielen Fällen nicht mehr sinnvoll. Das Beste, was man noch tun kann, ist eine schmerzlindernde Therapie. Die Aussichten bei Lungenkrebs sind schlecht.

ALLERGISCHE LUNGENKRANKHEIT

Die allergische Lungenkrankheit wird durch eine eingeatmete Substanz wie Grassamen (siehe S. 210) verursacht. Auch der Herzwurm *Dirofilaria immitis* (siehe S. 324) kann eine als allergische Pneumonitis bezeichnete Lungenstörung verursachen, bei der das Lungengewebe sich entzündet und sich in den Lungenbläschen Flüssigkeit ansammelt.

Hunde mit allergischer Lungenerkrankung husten und atmen hastig, bekommen Fieber und nehmen ab. In schweren Fällen führt Aufregung zu mühsamer Atmung und sogar zum Kollaps.

DIAGNOSE Eine Trachealspülung weist eine große Zahl von Eosinophilen auf, einer Gruppe weißer Blutkörperchen, deren Zahl bei einer allergischen Reaktion ansteigt. Diese Blutzellen vermehren sich auch bei Parasitenbefall; daher untersucht man eine Stuhlprobe auf Würmer.

THERAPIE Kranke Hunde erhalten Kortikosteroide, wobei die Dosis über drei bis vier Wochen allmählich gesenkt wird. Rückfälle sind nicht selten und müssen erneut behandelt werden.

PARASITEN

Viele Wurmarten, die in den Atemwegen leben oder aus anderen Körperbereichen dorthin wandern, können die Lungen schädigen. Zu diesen Parasiten gehören Spul-, Peitschen-, Haken- (rechts) und Lungenwürmer (siehe S. 240-243). Hunde mit schwerem Wurmbefall entwickeln oft einen trockenen Husten, nehmen ab, strengen sich ungern an und sind kurzatmig. Ein weiterer Lungenparasit ist der Lungenwurm *Paragonimus kellicotti*, der aber nur an der Ostküste Nordamerikas lebt und über Flusskrebse oder Wasserschnecken aufgenommen wird. Diese Art produziert Zysten im Lungengewebe. Alle diese Parasitenarten lassen sich in Stuhlproben oder Trachealspülungen nachweisen. Wurmkuren zerstören die Parasiten; die Behandlung schlägt meist schon nach wenigen Tagen an.

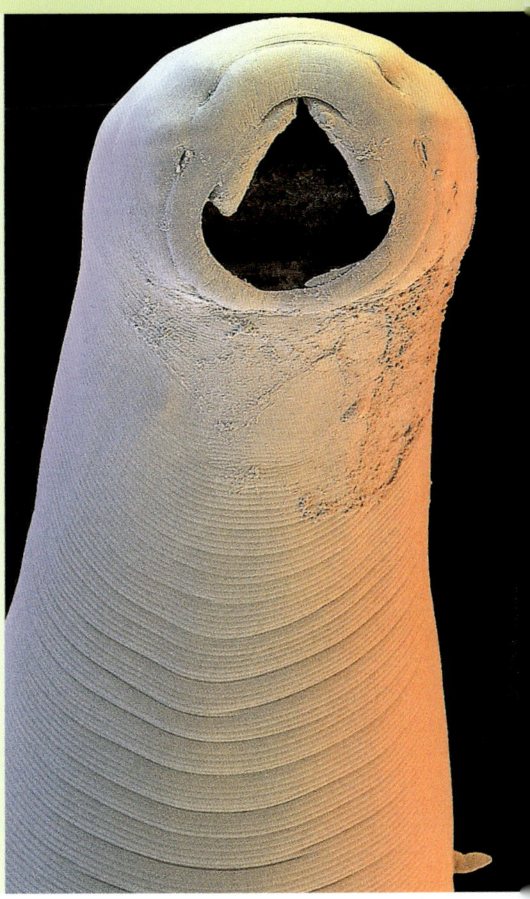

TIPPS VOM TIERARZT

Von Parasiten ausgelöste Atemstörungen kommen vor allem bei jungen Welpen vor. Diese »erben« die Würmer von der Mutter. Ist der Befall schwer und werden keine wirksamen Wurmkuren verwendet, wandern die Würmer durch das Lungengewebe und verursachen Störungen von milder Bronchitis bis zu lebensgefährlicher Lungenentzündung. Dies ist völlig vermeidbar. Geben Sie den Welpen eine Wurmkur, die die Würmer in all ihren Lebenszyklen, auch dem letzten, durch die Lunge gehenden Larvenstadium, zerstört.

HERZ-KREISLAUF-SYSTEM

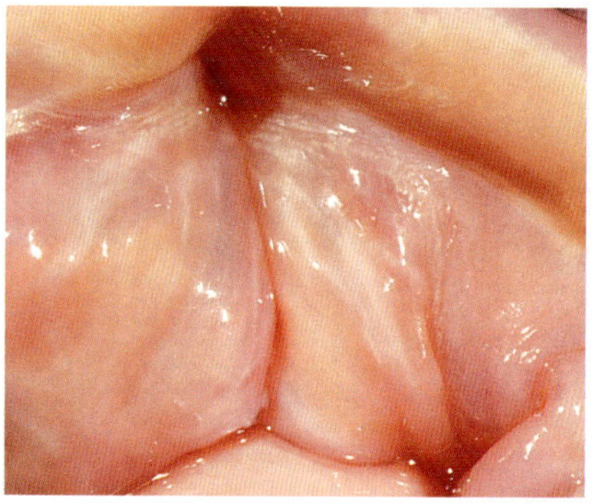

Die drei Segel der Pulmonalklappe

Das Herz des Hundes schlägt effizient. Bei körperlicher Anstrengung ist die Blutzufuhr zur Lunge und dem restlichen Körper erhöht, danach geht sie wieder zurück. Während das Herz des Menschen meist sehr gleichmäßig schlägt, fehlt dem Herzschlag des Hundes der feste Rhythmus, was jedoch nur selten zu Problemen führt. Herzkrankheiten werden bei Hunden zunehmend diagnostiziert, teils weil einige Störungen häufiger auftreten, teils aber auch, weil die diagnostischen Möglichkeiten heute besser sind.

Das Herz-Kreislauf-System besteht aus dem Herzen, das das Blut pumpt, und den Blutgefäßen: Die Arterien transportieren das Blut vom Herzen weg, die Venen führen es zum Herzen zurück. Das Blut transportiert Sauerstoff, Nährstoffe und Abbauprodukte im Körper. Das Herz pumpt das Blut zunächst zur Lunge, wo es Sauerstoff aufnimmt, und dann in den restlichen Körper, zum Beispiel in das Verdauungssystem, wo es Nährstoffe aufnimmt, oder in die Nieren, über die Abbauprodukte ausgeschieden werden.

HERZPROBLEME

Eine Reihe angeborener und erworbener Störungen können das Herz in seiner Funktion beeinträchtigen. Die häufigste Erkrankung ist eine Schädigung der Herzklappen, die vor allem kleine Hunde mittleren oder fortgeschrittenen Alters betrifft. Die zweithäufigste Störung ist die Herzvergrößerung und Verdünnung des Herzmuskels, was meist bei mittleren bis großen Rassen in der Jugend oder im mittleren Alter auftritt. Hunde, bei denen eine Herzkrankheit festgestellt wurde, sollten halbjährlich untersucht werden.

PULS UND HERZSCHLAG

Das rhythmische Pumpen des Herzmuskels ist der Herzschlag. Er wird von den Schrittmacherzellen gesteuert, die durch elektrische Signale die Muskelkontraktion auslösen. Dort, wo die Arterien dicht unter der Haut liegen, ist der Herzschlag als Puls zu spüren.

Durch das Fühlen des Pulsschlags Ihres Hundes können Sie den Herzschlag und Kreislauf kontrollieren. Der Puls ist am besten an den Oberschenkelarterien zu ertasten, d.h. ganz oben an der Oberschenkelinnenseite der Hinterläufe. Bei schlanken Hunden fühlen Sie ihn mit der linken Hand an der Brustwand gleich hinter dem linken Ellbogen. Bei kleinen Hunden greifen Sie die Brustregion mit der rechten Hand von unten und drücken sanft (siehe auch S. 421). Ein gesunder Herzschlag ist klar zu spüren, während er bei einem Tier mit Herzklappenfehler eher vibriert oder »schabt«.

DIE KLAPPEN

Am Ausgang jeder Herzkammer befindet sich eine Herzklappe. Weitere Klappen sind in den Venen. Struktur und Funktion der Herzklappen sind im Diagramm rechts gezeigt. Die Klappen gewährleisten, dass das Blut das Herz-Kreislauf-System nur in einer Richtung durchströmt.

ÖFFNEN UND SCHLIESSEN

Jede Herzklappe hat zwei oder drei Segel. Bei der Kontraktion steigt der Druck in der Herzkammer, sodass die Segel auseinandergedrückt werden und Blut herausströmt. Nach der Kontraktion schließen sich die Segel durch Gegendruck.

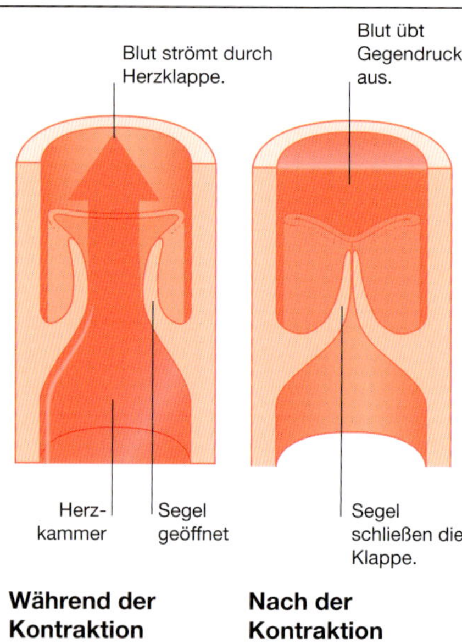

AUFBAU DES HERZENS

Das Herz ist eine muskuläre Pumpe. Die linke Hälfte (auf diesem Bild rechts) erhält sauerstoffreiches Blut aus der Lunge, das durch die Lungenvene in den linken Vorhof transportiert wird. Dann fließt es durch die Mitralklappe in die linke Herzkammer. Von dort aus wird es durch Kontraktion der Kammer durch die Aortenklappe in die Aorta, eine große Arterie, gedrückt und gelangt von hier aus in alle Körperteile. Auf dem Rückweg wird das sauerstoffarme Blut durch die Hohlvenen in den rechten Vorhof (hier nicht abgebildet) und dann in die rechte Herzkammer gepumpt. Von dort aus gelangt das Blut durch Lungenklappe und Lungenarterie wieder zurück in die Lunge.

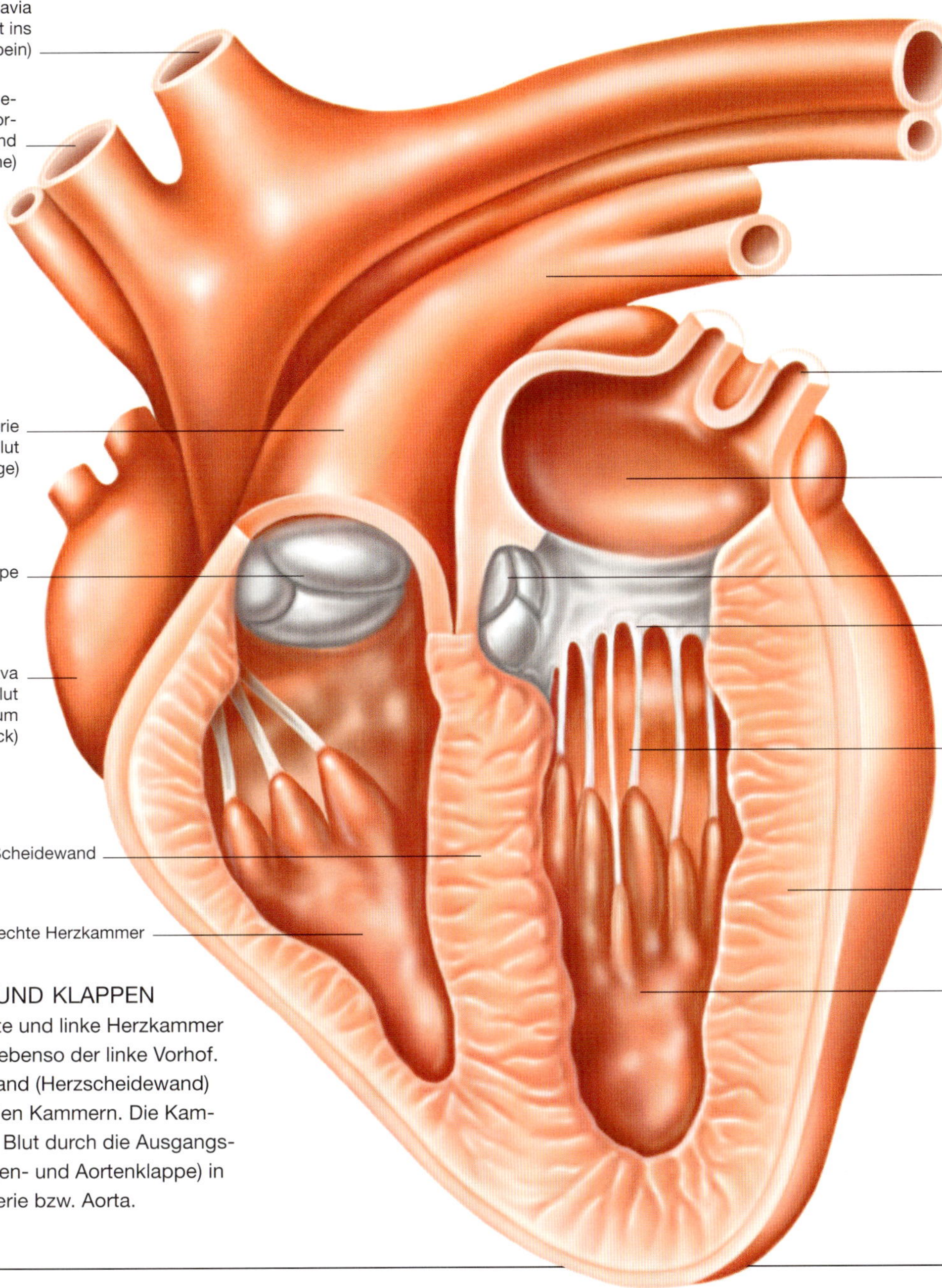

KAMMERN UND KLAPPEN

Hier sind rechte und linke Herzkammer gut zu sehen, ebenso der linke Vorhof. Eine Muskelwand (Herzscheidewand) trennt die beiden Kammern. Die Kammern pumpen Blut durch die Ausgangsklappen (Lungen- und Aortenklappe) in die Lungenarterie bzw. Aorta.

UNTERSUCHUNG UND THERAPIE

Beim Hund sind die Anzeichen einer Herz-Kreislaufstörung meist sehr unklar. Die häufigsten Anzeichen sind zunehmende Trägheit und Einschränkungen bei normalen Aktivitäten wie beim Springen. Husten oder gar Bewusstlosigkeit sind deutlichere Signale. Herzkrankheiten werden meist erst bei der jährlichen Routineuntersuchung erkannt.

DIAGNOSEHILFEN

Bei der Untersuchung des Herzens verwendet der Tierarzt folgende Hilfsmittel:

STETHOSKOP

Das wertvollste Diagnosehilfsmittel bleibt das Stethoskop, ein flexibles Gummirohr, das Geräusche aufnimmt und zu einem Ohrbügel weiterleitet. Ein gutes Stethoskop gibt Aufschluss über Frequenz und Rhythmus des Herzschlags und überträgt die Geräusche beim Öffnen und Schließen der Herzklappen während des Pumpzyklus. Elektronische Stethoskope verstärken die Herzgeräusche.

BLUTDRUCKMESSUNG

Die Messung des Blutdrucks wird in der tierärztlichen Praxis als Diagnosehilfe meist unterschätzt. Ist der Ruhe-Blutdruck des Tieres bekannt, kann das Erkennen eines erhöhten oder erniedrigten Blutdrucks lebensrettende Hinweise bieten.

Anders als beim Menschen sind beim Hund nur wenige Körperteile geeignet, eine Blutdruck-Messmanschette anzulegen; meist wird das Vorderbein oder der Schwanz verwendet. Der Blutdruck wird in mm Quecksilbersäule (mmHg) gemessen. Gemessen wird die Systole (höchster Druck bei Kontraktion des Herzmuskels) und die Diastole (niedrigster Druck bei Entspannung der Herzkammer), sodass

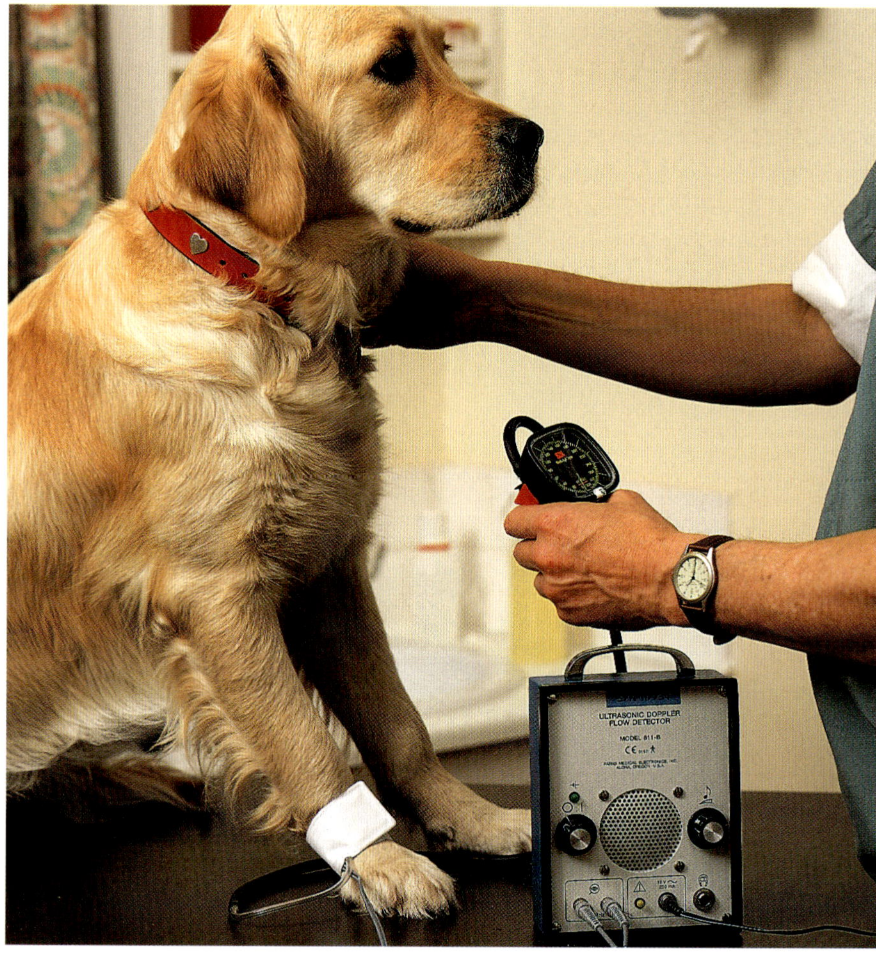

BLUTDRUCKMESSUNG
Bei diesem Golden Retriever wird der Blutdruck am Vorderbein gemessen. Diese Stelle bietet eine Alternative zur Blutdruckmessung am Schwanz.

BLUTDRUCK

Der normale Blutdruck hängt beim Hund von der Rasse ab; die Unterschiede sind enorm. Windhunde haben meist einen relativ hohen Ruhe-Blutdruck, sehr große Rassen dagegen haben deutlich niedrigere Werte.

RASSEGRUPPE	TYPISCHER RUHE-BLUTDRUCK
Windhunde	147 mmHg (Systole) zu 76 mmHg (Diastole)
Zwergrassen	134 mmHg (Systole) zu 75 mmHg (Diastole)
Sehr große Rassen	121 mmHg (Systole) zu 67 mmHg (Diastole)

das Ergebnis als »X mmHg (Systole) zu Y mmHg (Diastole)« angegeben wird.

ELEKTROKARDIOGRAMM

Die Elektrokardiografie (EKG) hat entscheidend dazu beigetragen, dass Herzkrankheiten rascher erkannt werden können. Das EKG misst die elektrischen Veränderungen im Herzen. Die Interpretation des EKGs gibt dem Tierarzt Aufschluss über Schrittmacher-, Klappen- sowie Muskelveränderungen.

BILDGEBENDE VERFAHREN

Röntgenuntersuchungen eignen sich sehr gut zum Aufzeigen von Herzvergrößerungen, während die Echokardiografie (Ultraschalluntersuchung des Herzens) das Herzinnere darstellt. Mit letzterer Methode beobachtet der Arzt die Herzklappen und Muskelwände bei der Arbeit.

BLUTTESTS

Mit Bluttests werden zum Beispiel Anämie (sie führt zu Herzgeräuschen) oder Nierenfunktionsprobleme infolge ungenügenden Blutdurchsatzes im Herzen festgestellt. Eine Bakterienkultur des Blutes weist die Erreger von Herzklappeninfektion nach. In Regionen, in denen Herzwürmer vorkommen, wird vor der vorbeugenden Behandlung ein Bluttest auf Mikrofilarien – ein mikroskopisch kleines Stadium des Herzwurms – durchgeführt.

THERAPIE

Die Therapie von Herzkrankheiten des Hundes erfolgt meist medikamentös. Viele Herzmedikamente für den Menschen eignen sich auch für die Behandlung des Hundes, etwa blutdrucksenkende oder funktionsstärkende Mittel.

Man teilt diese Medikamente in verschiedene Gruppen auf, zum Beispiel Betablocker, Kalziumkanalblocker, ACE-Hemmer und Diuretika. ACE-Hemmer sind besonders sinnvoll: Sie senken den Blutdruck und erleichtern die Pumparbeit durch Gefäßerweiterung.

Die meisten Herzkrankheiten des Hundes sind chirurgisch nicht behandelbar. Einige seltene Formen jedoch können bei großen Hunden durch Implantation eines künstlichen Herzschrittmachers gelindert werden.

F **WAS IST DER UNTERSCHIED ZWISCHEN HERZKRANKHEIT UND HERZVERSAGEN?**

A Eine Herzkrankheit ist eine Störung des Herzens. Ein Hund kann eine Herzkrankheit haben, aber keinerlei Anzeichen aufweisen oder Therapie benötigen. Eine Herzkrankheit kann jedoch auch zum Herzversagen führen, d.h., das Herz kann nicht mehr genügend Blut in die Lunge und den Körper pumpen. Bei Herzversagen treten immer deutliche Symptome auf, wie zum Beispiel eine verminderte körperliche Belastbarkeit, Husten oder gar Kollaps.

F **BEKOMMEN HUNDE EINEN HERZINFARKT?**

A Erkrankungen der Herzkranzgefäße, die zum Herzinfarkt führen, sind beim Hund selten; sie treten höchstens bei sehr hohem Cholesterinspiegel auf, wie bei fortgeschrittener Schilddrüsenunterfunktion.

SO FUNKTIONIEREN ACE-HEMMER

Das Enzym ACE (Angiotensin-konvertierendes Enzym) bindet sich an ein Bluteiweiß namens Angiotensin I und setzt es in Angiotensin II um, das gefäßverengend wirkt. ACE-Hemmer blockieren dieses Enzym und senken so den Blutdruck.

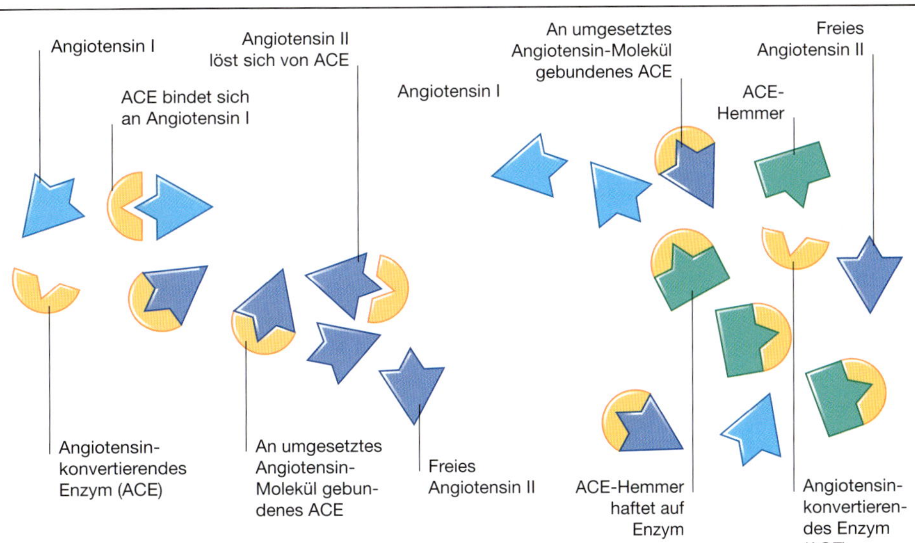

Wirkung von ACE (Angiotensin-konvertierendes Enzym)

Blockadewirkung des ACE-Hemmers

HEMMENDE WIRKUNG

Zur Produktion von Angiotensin II bindet sich ein ACE-Molekül an Angiotensin I. Der ACE-Hemmer verhindert dies, indem er sich selbst an ACE bindet.

STÖRUNGEN DER HERZKLAPPEN

Die häufigsten Formen der Herzerkrankung beim Hund betreffen Störungen der Herzklappen.

CHRONISCHE HERZKLAPPENKRANKHEIT

Aus unklaren Gründen können sich die Segel der Klappen zwischen den Vorhöfen und den Kammern verdicken und verformen, sodass ihre Ränder beim Schließen der Klappe nicht mehr aufeinandertreffen. Dadurch wird Restblut in einen oder beide Vorhöfe gepresst, wenn sich die Kammern zur Ausstoßung von Blut zusammenziehen. Die Restmenge wird mit fortschreitendem Defekt größer. Manchmal reißen dabei sogar die Sehnenfäden, die die Klappensegel in Position halten. Dadurch wird die Klappe teilweise funktionsuntüchtig.

DIAGNOSE In der Frühphase der Herzklappenkrankheit können die Anzeichen unbemerkt bleiben. Die Erkrankung wird meist bei der Routineuntersuchung aufgrund von Herzgeräuschen diagnostiziert. Herzklappenerkrankungen betreffen in den meisten Fällen die Mitralklappe zwischen linkem Vorhof und linker Herzkammer. Die rechte Herzklappe (Trikuspidalklappe) ist nur in etwa einem Drittel der Fälle betroffen.

THERAPIE Die chronische Herzklappenkrankheit ist eine häufige Ursache von Herzversagen: Das Herz hält der Belastung nicht mehr stand. Die Therapie bei Herzversagen ist unten beschrieben. Es ist nicht geklärt, ob die Therapie der Herzklappenerkrankung vor den ersten Anzeichen von Herzversagen die Lebenserwartung des Hundes verlängert.

STAUUNGSINSUFFIZIENZ

Das Herz kann Störungen, die seine Pumpfunktion beeinträchtigen (meist chronische Herzklappenkrankheit) oft über Monate oder Jahre kompensieren. Zu diesem Zweck vergrößert es sich jedoch. Irgendwann aber führt die Erkrankung zur Stauungsinsuffizienz, bei der sich Blut in den Venen zurückstaut. Dieser Stau wiederum presst Blut aus dem Kreislauf ins Körpergewebe, zum Beispiel in die Lunge oder andere Organe.

Stauungsinsuffizienz kann allmählich oder plötzlich eintreten. Die Frühzeichen umfassen verminderte körperliche Belastbarkeit (Kurzamtigkeit bei Anstrengung) und Lethargie. Da Stauungsinsuffizienz meist ältere Hunde betrifft, hält man die Anzeichen oft für normale Altersschwäche. Bald kommt trockener Reizhusten hinzu, anfangs nur nach Anstrengung und nachts.

Je länger die Krankheit besteht, desto deutlicher werden die Anzeichen. Manche Hunde werden fressunlustig, nehmen ab und atmen schneller. Bei manchen kommt es durch Wasseransammlungen zur Bauchwassersucht (Aszites) und Schwellung der Beine. Später löst der Flüssigkeitsstau in der Lunge Husten mit schaumig rosigem Auswurf aus.

In der Spätphase der Stauungsinsuffizienz geht der Hund auf die Ellbogen und streckt zum Atmen den Kopf nach vorn. Zahnfleisch und Zunge werden blau, der Puls steigt an und wird unregelmäßig. Anstrengung führt zur Ohnmacht.

DIAGNOSE Die Diagnose ist klar, wenn die typischen Anzeichen sowie eine bekannte Herzerkrankung vorliegen. Ist keine Herzkrankheit bekannt, werden Brust und Bauch geröntgt sowie EKG und Ultraschalluntersuchung durchgeführt.

THERAPIE Herzkranke Hunde ohne Anzeichen von Herzversagen sollten normal behandelt und körperlich gefordert werden. Entwickeln sich erste Anzeichen, ist eine Kombination aus ACE (Angiotensin-konvertierendes Enzym)-Hemmern und Diuretika nützlich. ACE-Hemmer mindern die Belastung des Herzens durch Erweiterung der Blutgefäße (siehe S. 319). Diuretika sind harntreibende Mittel: Der Hund setzt mehr Urin ab, sodass der Flüssigkeitsstau in Lunge und Venen gelindert wird. Weitere Optionen sind *Digitalis* (Fingerhut), Kalziumkanalblocker, Betablocker und Antiarrhythmika. Nitroglyzerin erweitert die Gefäße und ist in schweren Fällen angezeigt.

HERZKLAPPENERKRANKUNG

Bei der chronischen Herzklappenerkrankung deformieren und verdicken sich die Klappensegel, sodass sie beim Klappenschluss nicht mehr abdichtend wirken. Dies beeinträchtigt die Pumpleistung des Herzens. Die Störung ist rechts schematisiert dargestellt.

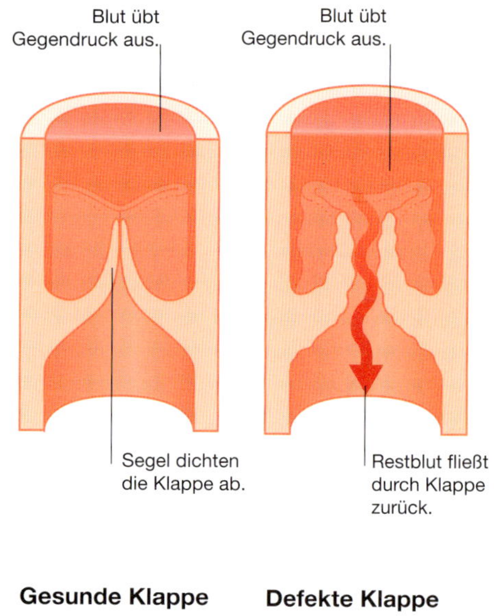

GESUNDE UND DEFEKTE KLAPPE

Nach Durchströmen der gesunden Klappe kann das Blut nicht zurückfließen, da die Segel durch Gegendruck abdichtend wirken. Beim Klappendefekt strömt Restblut zurück.

Diätmaßnahmen bei Herzversagen sind umstritten. Zu viel Salz ist zu vermeiden, der Nutzen salzarmer Diät ist jedoch nicht erwiesen. Zusätze essenzieller Fettsäuren helfen manchen Hunden mit Herzklappenkrankheit. Auch die Antioxidantien Selen und Vitamin E sind nützlich. Tägliche leichte Bewegung wirkt sich günstig aus, solange sie weder Husten noch Erschöpfung oder Atembeschleunigung auslöst.

BAKTERIELLE ENDOKARDITIS

Hierbei handelt es sich um eine Infektion der Herzklappen und des Herzmuskels. Durch Wunden, massiven Zahnstein oder infolge von Infektionen dringen Bakterien in die Herzklappen ein, wo sie Wucherungen hervorrufen. Einige dieser Wucherungen reißen ab und infizieren über den Blutkreislauf andere Körperteile. Eine mögliche Bakterienquelle ist eine Zahnfleischentzündung. Hunde, die Immunsuppressiva einschließlich Kortikosteroiden erhalten, neigen zu bakteriellen Infektionen. Da die Infektion auch andere Körperteile befallen kann, zeigen diese Hunde häufig unspezifische Symptome, etwa Lethargie, Fressunlust, Zittern, Lahmen und Persönlichkeitsveränderungen.

DIAGNOSE Betroffene Hunde haben Herzgeräusche, deren Ausmaß von Tag zu Tag variiert. Der Brustraum wird geröntgt, und EKG und Ultraschalluntersuchung werden durchgeführt, um die Diagnose zu bestätigen. Per Blutkultur werden die Bakterien bestimmt, dann wird ein geeignetes Antibiotikum ausgewählt.

THERAPIE Dem Kulturergebnis entsprechende Antibiotika werden in der ersten Woche intravenös durch eine Dauerkanüle gegeben, daran schließt sich die Langzeit-Antibiotikatherapie an. Der Hund wird sorgfältig überwacht. Röntgen- und Ultraschalluntersuchungen zeigen den Rückgang der Wucherungen. Dennoch ist die Prognose nicht gut; es kann jederzeit zum Herzversagen durch Stauungsinsuffizienz kommen.

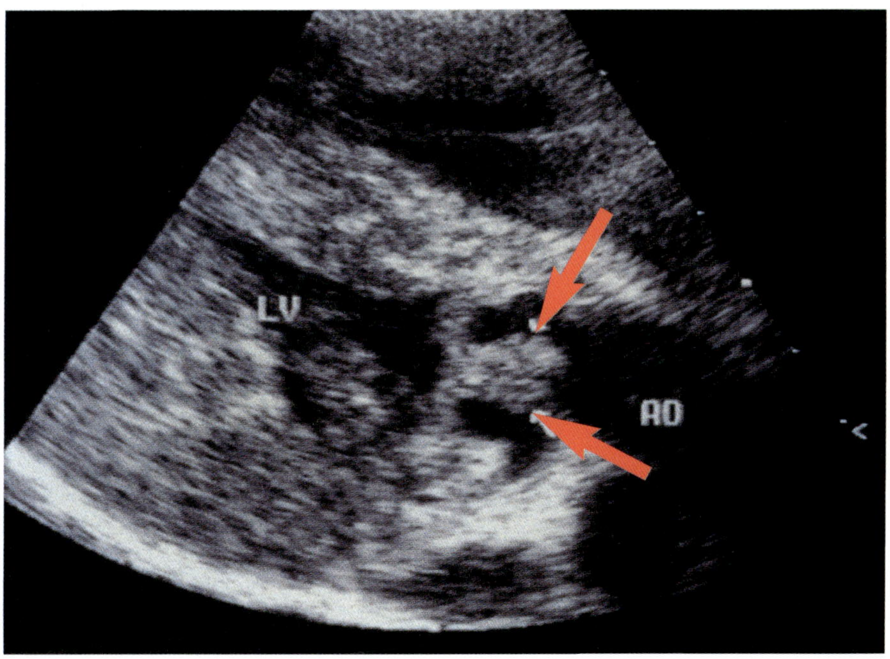

ULTRASCHALL BEI DER BAKTERIELLEN ENDOKARDITIS

Die Untersuchung übermittelt ein echtzeitliches Bild von den Vorgängen im Herzen. Der Tierarzt beobachtet die Klappen in Funktion und misst die Blutströme. Dieses Ultraschallbild zeigt eine Herzklappenerkrankung (Pfeil) bei bakterieller Endokarditis.

GEFÄHRDETE RASSEN

Das Risiko der Herzklappenerkrankung hängt von der Hunderasse ab. Etwa 50% der Cavalier King Charles Spaniels sind betroffen, dagegen fast nie Hunde der mittleren, großen und sehr großen Rassen. Bei der Diagnose der Herzklappenkrankheit werden daher auch die Rasse sowie das Alter des Tieres in Betracht gezogen. Die Neigung zu dieser Erkrankung ist genetisch bedingt.

Zur Herzklappenkrankheit neigen folgende Rassen:

- Cavalier King Charles Spaniel (Bild ganz oben)
- Chihuahua
- Lhasa Apso (Bild oben)
- Yorkshire Terrier
- Zwerg- und Toypudel
- Zwergschnauzer

HERZMUSKELERKRANKUNGEN

Erkrankungen des Herzmuskels sind weniger häufig als Klappendefekte. Die dilatative Kardiomyopathie ist jedoch die zweithäufigste Herzerkrankung des Hundes. Dagegen tritt die hypertrophe Kardiomyopathie (häufig bei Mensch und Katze) beim Hund selten auf, ebenso Myokarditis.

DILATATIVE KARDIOMYOPATHIE

Sie betrifft relativ junge Hunde (unter sieben Jahre, manchmal auch zweijährige Tiere). Beim Cocker Spaniel kann sie mit Schilddrüsenunterfunktion (siehe S. 375) einhergehen, bei der das Immunsystem die eigene Schilddrüse angreift, sodass die Hormonproduktion dort eingeschränkt wird. Beim Dobermann kann die dilatative Kardiomyopathie auch genetisch bedingt sein. Am häufigsten von ihr betroffen sind Boxer, Dobermann, Irish Wolfhound, aber auch Afghane, Deutsche Dogge, Bobtail und Bernhardiner. Inzwischen findet man sie auch bei kleineren Rassen wie Cocker Spaniel und Dalmatiner.

Die erkrankten Hunde sind lethargisch, ermüden bei Bewegung rasch, werden fressunlustig und nehmen ab. Besonders nachts kann Husten auftreten. Es kommt zur Stauungsinsuffizienz mit Flüssigkeitsansammlungen in Lunge und Bauch, sodass der Bauch aufgetrieben ist. Boxer, Dobermann, Dogge und Irish Wolfhound sterben oft ohne vorherige Krankheitszeichen.

DIAGNOSE Das EKG zeigt Veränderungen des Herzrhythmus, und im Röntgenbild sieht man eine Vergrößerung des Herzens. Durch Ultraschall wird die Verdünnung der Herzwand und die Vergrößerung der Kammern bestätigt.

THERAPIE Der Hund wird gegen Stauungsinsuffizienz behandelt (siehe S. 320). Diuretika vermindern den Flüssigkeitsstau in Lunge und Bauch, und ACE-Hemmer wie Enalapril und Pimobendan fördern Herzfunktion und Kreislauf. Taurin- und L-Carnitin-Futterzusätze sind sinnvoll, obwohl der Vorteil dieser Ergänzungstherapie noch nicht umfassend erforscht ist. Die Langzeitprognose des Hundes ist jedoch relativ schlecht, obwohl sich die Überlebensdauer beim Dobermann durch Pimobendan verdreifacht hat.

TIPPS VOM TIERARZT

Das Risiko, am Herzen zu erkranken, ist oft genetisch bedingt. Besonders bestimmte Rassen sind betroffen. Durch Zucht mit Tieren aus krankheitsfreien Familien wird es eingedämmt. Schwedische Züchter haben so den Ausbruch von Herzkrankheiten beim Cavalier King Charles Spaniel um Jahre verzögern können. Herzmuskelerkrankungen gehen z. T. auf ein überaktives Immunsystem zurück. Die Meidung von Infektionen kann daher Risiken senken.

HYPERTROPHE KARDIOMYOPATHIE

Hierbei verdickt sich die Herzwand. In der Regel sind die unteren Herzkammern (Ventrikel) betroffen. Durch die Verdickung des Muskels bleibt im Herzen weniger Platz für Blut. Das häufigste Anzeichen ist daher Ermüdung bei Anstrengung. Herzfrequenz, -rhythmus und -geräusche sind in Ruhe normal, steigen jedoch bei Anstrengung rasch an.

DIAGNOSE UND THERAPIE Die Diagnose der hypertrophen Kardiomyopathie erfolgt durch Ultraschall. Der Kalziumkanalblocker Diltiazem scheint die Lebenserwartung zu verlängern. Große körperlichen Anstrengung ist zu vermeiden.

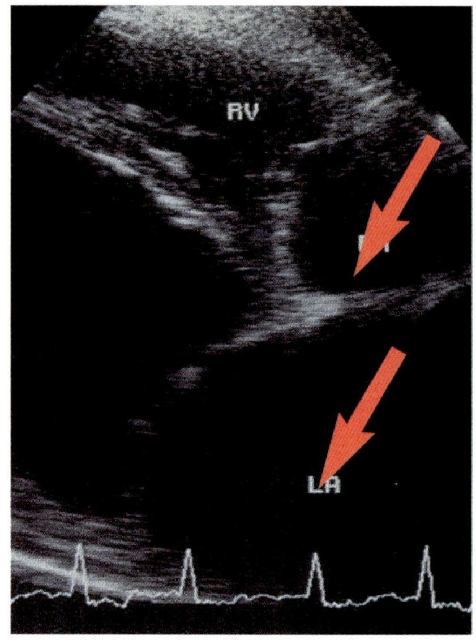

DIAGNOSE DURCH ULTRASCHALL
Mittels Ultraschall lässt sich die Dicke der Herzwand messen; dies ist zur Diagnose der dilatativen Kardiomyopathie erforderlich. Dieses Ultraschallbild zeigt eine verdünnte Herzwand bei vergrößerten Kammern (siehe Pfeil). Unten im Bild ist das EKG dargestellt.

MYOKARDITIS

Diese sehr seltene Entzündung des Herzmuskels hat diverse Ursachen. Beim ersten Auftreten des Parvovirus bei Hunden führte dieser Erreger bei Welpen zur tödlichen Myokarditis, aber diese Ursache ist heute selten. Andere Auslöser für dir Herzmuskelentzündung können Staupevirus, Lyme-Borreliose sowie sonstige virale oder bakterielle Infektionen und Verletzungen sein.

DIAGNOSE UND THERAPIE Die Symptome der Myokarditis umfassen Lethargie, Ohnmacht und Herzrhythmusstörungen. Die Therapie erfolgt ähnlich wie bei der Stauungsinsuffizienz (siehe S. 320 f.).

ANGEBORENE HERZFEHLER

Angeborene Herzfehler liegen als strukturelle Anomalien schon bei Geburt vor. Häufig sind sie genetischen Ursprungs; sie kommen jedoch insgesamt alle selten vor.

DIAGNOSE Ein angeborener Herzfehler kann durch Abhören der Herztöne des Welpen mit dem Stethoskop diagnostiziert werden.

Die genaue Unterscheidung der diversen Herzfehler ist jedoch schwieriger. Nach der Erstdiagnose wird durch verschiedene Tests die Schwere des Defekts beurteilt. EKG und Röntgenbild sind nützlich, jedoch basiert die genaueste Diagnose auf einer Ultraschall-Spezialuntersuchung (Doppler-Sonographie). Dieses bildgebende Verfahren zeigt den Defekt und misst die Blutstromgeschwindigkeit in bestimmten Herzregionen.

THERAPIE Die Therapie angeborener Herzfehler hängt von der Schwere des Defekts ab. In den USA und Kanada werden Daten zu angeborenen Herzfehlern von der »Orthopedic Foundation for Animals« zusammengetragen; Zuchthunde ohne angeborene Herzfehler erhalten ein Zeugnis.

DUCTUS ARTERIOSUS (DUCTUS BOTALLI PERSISTENS)

Dies ist der häufigste angeborene Herzfehler. Hierbei schließt sich die Verbindung zwischen Aorta und Lungenarterie, die beim Ungeborenen wegen der Lungenunreife erforderlich ist, bei der Geburt nicht. Daher gelangt ein Teil des Blutes, das aus der linken Herzhälfte gepumpt wird und in den Körper fließen sollte, durch den offenen Gang direkt in die Lunge, was das Herz schwer belastet.

DIAGNOSE UND THERAPIE Beim betroffenen Hund wird der Gang am offenen Herzen chirurgisch verschlossen. Dieser Eingriff ist inzwischen relativ unkompliziert.

KLAPPEN- UND SCHEIDEWANDDEFEKTE

Strukturelle Anomalien der Herzklappen sind zum Beispiel Verengung (Stenose) und Deformität (Dysplasie). Ein Septumdefekt ist ein Loch in der Scheidewand zwischen den Herzkammern.

Manche Welpen haben angeborene leichte Klappen- oder Scheidewanddefekte, die nur durch Herzgeräusche auffallen. Diese Hunde können normal leben. Bei anderen sind die Defekte schwerer, sodass ein robuster Welpe nicht wie erwartet weiter wächst, zur Ohnmacht neigt oder rasch ermüdet. Plötzlich tritt Herzversagen ein. Bei den schwerstkranken Hunden setzen die Anzeichen schon früh ein, und die Tiere überleben das erste Jahr nur in seltenen Fällen.

DIAGNOSE UND THERAPIE Eine Pulmonalstenose, die Verengung der Lungenklappe auf der rechten Herzseite, kann chirurgisch erfolgreich behandelt werden. Bei anderen Defekten ist die Prognose schlechter. Meist empfiehlt sich eine Operation nicht. Scheidewanddefekte sind schwer zu beheben. Sie erfordern Koronarbypässe und damit einen Eingriff am offenen Herzen.

FALLOT-TETRALOGIE

Diese seltene Krankheit umfasst vier angeborene Herzfehler: Pulmonalstenose, Scheidewanddefekt, Verdickung der rechten Kammerwand und eine abnorm platzierte Hauptschlagader (Aorta). Die Hunde weisen schon in Ruhe eine bläuliche Hautverfärbung auf und werden bei Anstrengung sehr rasch kurzatmig. Die einzige Therapiemöglichkeit ist die Operation. Die Prognose ist jedoch sehr schlecht.

GEFÄHRDETE RASSEN

Folgende Rassen neigen zu angeborenen Herzfehlern:

- Basset Hound
- Beagle
- Bichon à poil frisé
- Boxer
- Bullterrier
- Chihuahua
- Chow-Chow
- Cocker Spaniel
- Collie
- Dobermann (Bild oben)
- English Bulldog
- English Springer Spaniel
- Deutscher Schäferhund
- Deutscher Kurzhaar Pointer
- Golden Retriever
- Deutsche Dogge
- Labrador Retriever
- Malteser
- Neufundländer
- Pudel
- Rottweiler
- Samojede
- Schnauzer
- Sheltie
- Weimaraner
- Welsh Corgi
- West Highland White, Yorkshire und andere Terrier
- Wolfsspitz
- Zwergspitz

F IST MEIN HUND HERZWURM-GEFÄHRDET?

A Herzwürmer gibt es vorwiegend in bestimmten Regionen: in Europa zum Beispiel am Mittelmeer und im Tal des Po in Oberitalien, weiterhin in ganz Australien einschließlich der kälteren Regionen sowie in manchen Teilen Nordamerikas. Hunde in diesen Regionen sind ohne vorbeugende Behandlung gefährdet.

F KÖNNEN HERZWÜRMER CHIRURGISCH ENTFERNT WERDEN?

A Dies kommt nur in Frage, wenn eine Medikation unmöglich ist und Leberversagen droht. Dieser chirurgische Eingriff ist dramatisch: Der Chirurg entfernt die Würmer mit einem Spezialinstrument, mit dem er über die Jugularvene zum Herzen gelangt.

F WAS VERSTEHT MAN UNTER EINER »OKKULTEN INFEKTION«?

A Bei einer okkulten Herzwurminfekton sind keine Mikrofilarien (mikroskopisch kleine Jugendstadien) im Blut, aber ausgereifte Würmer im Herzen. Der Test auf Mikrofilarien verläuft negativ, der auf ausgereifte Würmer positiv. Dies ist zum Beispiel der Fall, wenn alle Würmer im Herzen männlich sind.

PARASITÄRE PROBLEME

Der Herzwurm ist der einzige Parasit, der Herzprobleme auslöst. Er verursacht eine vielfach schlimmere Erkrankung als andere Parasiten wie etwa Hakenwürmer (siehe S. 240 f.) und Zecken (siehe S. 235). Diese können so viel Blut saugen, dass der Hund anämisch wird (siehe S. 326 f.).

HERZWÜRMER

Herzwürmer (*Dirofilaria immitis*) werden durch Mückenstiche als mikroskopisch kleine Larven auf Hunde (und zum Teil auch auf Katzen) übertragen. Sie reifen zu männlichen und weiblichen Würmern, sind regenwurmgroß und leben im rechten Teil des Herzens, vor allem in der rechten Kammer und Lungenarterie (von dort aus strömt das Blut in die Lunge). Bei schwerem Befall enthält die rechte Herzhälfte eine Masse an Würmern, was im schlimmsten Fall zu Herzversagen führen kann. Manchmal gelangen Würmer in den rechten Vorhof und in die großen Venen, die das Blut von der Leber zum Herzen zurückbringen. Sind sie in der Lungenarterie, kommt es durch das Ausweichen des Blutstroms zu Blutgerinnseln in der Lunge.

Die Schwere der Erkrankung hängt vom Ausmaß des Wurmbefalls und der Größe des Hundes ab. Kleine Hunde werden schon durch geringen Wurmbefall belastet. Befallene Hunde weisen unterschiedliche Anzeichen von Herzversagen auf, von leichter Ermüdung über leichten Husten und auffällige Gewichtsabnahme bis hin zu sichtbarem Pulsieren von Blut in den Halsvenen, Ohnmacht, Kollaps und manchmal dem Tod. Sind die Lungenarterien befallen, hustet der Hund blutigen Schleim aus. Bei Befall der Lebervenen treten Anzeichen von Leberversagen auf wie Gelbsucht (Ikterus), Anämie und Bauchwassersucht (Aszites).

DIAGNOSE Der Bluttest (Herzwurm-Antigentest) weist ausgereifte weibliche Herzwürmer nach. Die Blutentnahme muss nach 18 Uhr erfolgen, da die Würmer nur am Abend im Blut nachzuweisen sind. Die Blutuntersuchung sollte zweimal innerhalb von 14 Tagen durchgeführt werden. Es gibt jedoch falsch-negative Ergebnisse, etwa bei leichtem Befall oder wenn nur männliche Würmer vorliegen.

Ein Test auf Mikrofilarienkonzentration weist das mikroskopisch kleine Jugendstadium des Parasiten nach, das von weiblichen Tieren abgelegt wird. Auch hier gibt es falsch-negative Resultate: Etwa 10 bis 25% der infizierten Hunde haben keinerlei Mikrofilarien im Blut.

Im Röntgenbild sind rechte Herzkammer und Lungenarterien vergrößert. Im EKG sind Herzrhythmusstörungen erkennbar. Die Ultraschalluntersuchung weist dann die erwachsenen Stadien der Würmer nach.

THERAPIE Die wirksamste Therapie ist zunächst körperliche Ruhe. Alles Weitere hängt von der Schwere des Befalls ab. Ausgereifte Würmer werden mit arsenhaltigen Mitteln bekämpft, obwohl diese ernst zu nehmende Nebenwirkungen haben. Meist gibt man eine Melarsomin-Injektion; dies ist am sichersten und tötet über 90% der ausgereiften Würmer. Dennoch hat auch diese Behandlung Nebenwirkungen: Die toten Würmer können Blutgerinnsel in der Lunge auslösen. Daher gibt man oft Acetylsalizylsäure, die die Blutgerinnung senkt. In den folgenden vier Wochen darf sich der Hund nicht überanstrengen.

Für ältere Hunde ist Arsen sehr gefährlich. Der Tierarzt wird Vor- und Nachteile mit Ihnen besprechen. Evtl. gibt er nur täglich Acetylsalizylsäure und empfiehlt, Überanstrengungen zu meiden. Herzversagen durch Herzwürmer wird behandelt wie andere Formen von Herzversagen (siehe S. 320 f.).

Vier bis fünf Wochen nach Gabe der Medikamente wird ein Antikörpertest durchgeführt. Ein negatives Ergebnis heißt in der Regel, dass alle ausgereiften Würmer abgetötet wurden. Ansonsten ist eine Wiederholungsbehandlung nötig. Es folgt ein Mikrofilarien-Test. Ist er negativ, ist die Therapie beendet, und die Prävention kann beginnen. Ist der Test positiv, müssen die im Blut zirkulierenden Mikrofilarien abgetötet werden, am besten mit einem Medikament, das wenige Nebenwirkungen hat (siehe S. 326).

Halten Sie den Hund in der Stechmückenzeit im Haus (besonders gegen Abend). Geht das nicht, beugen Sie Herzwurmbefall vor (siehe S. 326). Behalten Sie die vorbeugenden Maßnahmen in der Stechmückenzeit in Regionen, in denen Herzwürmer vorkommen bei, um die Vorsorge zu sichern.

Wo Stechmücken nur saisonal auftreten, sollte die vorbeugende Behandlung vier Wochen vor Saisonbeginn einsetzen und bis vier Wochen danach andauern. Bei Reisen in Regionen, in denen Herzwürmer vorkommen, beginnen Sie vier Wochen vor der Abreise mit der Vorbeugung und fahren sicherheitshalber bis vier Wochen nach Rückkehr damit fort. Ist Ihr Hund älter als sieben Monate und hielt er sich in einem Gebiet auf, wo Herzwurmbefall auftritt, sollte der Arzt zunächst einen Herzwurm-Antikörpertest machen, bevor er mit der Vorbeugung beginnt.

SONSTIGE MIKROFILARIEN

Ein weiterer Wurm (*Dipetalonema*), der harmlos unter der Hundehaut lebt, produziert Mikrofilarien, die denen des Herzwurms sehr ähnlich sehen. Diese beiden Hundewürmer dürfen nicht miteinander verwechselt werden!

LEBENSZYKLUS DES HERZWURMS

Stechmücken nehmen die Mikrofilarien (mikroskopisch kleine Jugendstadien des Wurms) beim Stechen infizierter Hunde auf. Sie durchlaufen in der Mücke drei Stadien. Die Larven werden durch Stiche auf nicht infizierte Hunde übertragen, wo sie unter der Haut zwei weitere Larvenstadien absolvieren. Als unreife Würmer wandern sie im Blutkreislauf zur rechten Herzhälfte. In den nächsten sechs Monaten reifen sie zu männlichen und weiblichen Würmern heran; Letztere produzieren Mikrofilarien. Damit schließt sich der Lebenszyklus des Herzwurms.

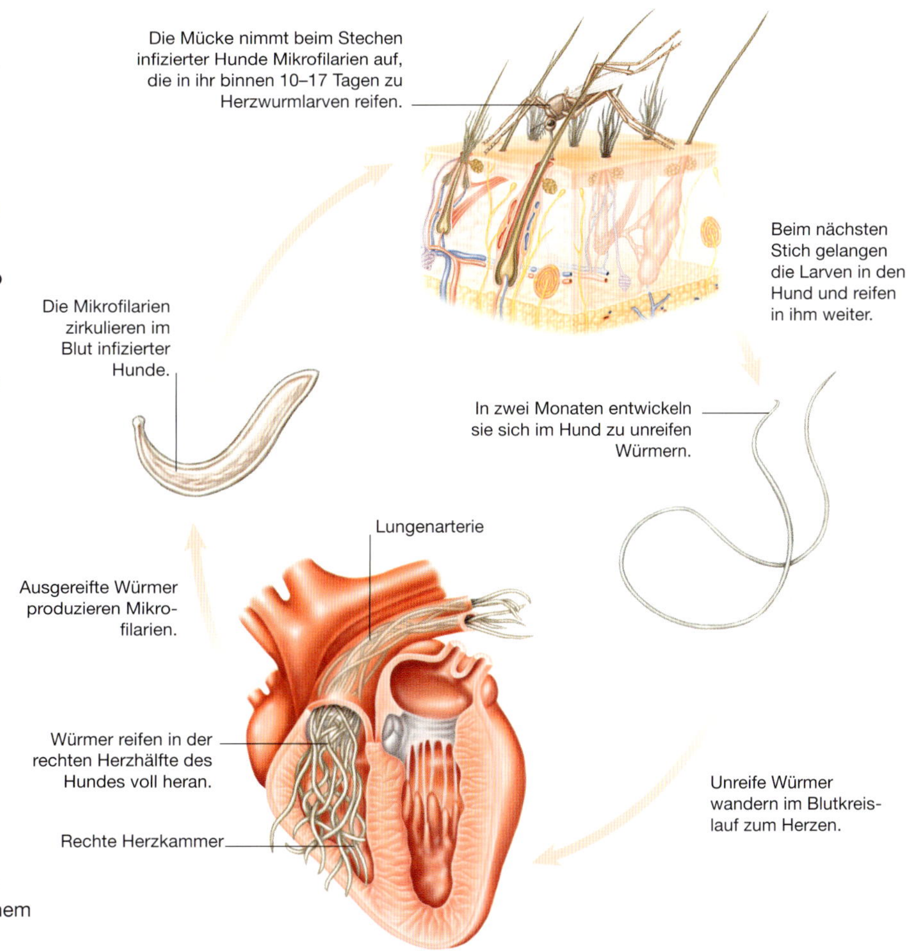

PER ANHALTER

Der Lebenszyklus des Herzwurms ist parasitentypisch: Das Frühstadium des Wurmes wird von Stechmücken von einem Hund zum nächsten übertragen.

HERZWURM-VORBEUGUNG

Es gibt mehrere Mittel zur Herzwurm-Vorbeugung. Einige wirken zusätzlich gegen sonstige innere und äußere Parasiten. Der Zeitpunkt der Behandlung ist wichtig: Die Mittel töten Herzwürmer im Larvenstadium ab, also im Gewebe des Hundes, bevor sie zu unreifen Würmern werden und zum Herz des Hundes weiterwandern.

WIRKSTOFF	EINSATZGEBIET
Selamectin	Wird monatlich flüssig auf den Nacken aufgetragen. Tötet auch Flöhe, Rundwürmer, Ohrmilben, Amerikanische Hundezecken und Räudemilben.
Milbemycin	Wird monatlich eingegeben. Tötet auch Rund-, Haken- und Peitschenwürmer ab.
Milbemycin und Lufenuron	Wie oben. Tötet auch Floheier ab.
Moxidectin	Wird monatlich eingegeben. Wirkt auch bei Flohbefall und Ohrmilben.

ANÄMIE BEIM HUND

Zirkulierende rote Blutkörperchen aus dem Knochenmark transportieren Sauerstoff von der Lunge in den Körper. Bei einem Mangel an diesen Zellen spricht man von Anämie, »Blutarmut«, oft ausgelöst durch innere oder äußere Blutungen. Weitere Ursachen sind die vorzeitige Zerstörung gesunder roter Blutkörperchen (Hämolyse) und Hemmung ihrer Bildung im Knochenmark.

Anämie verdünnt das Blut. Dies kann zu hörbaren Herzgeräuschen führen, die sich von den Geräuschen bei Herzkrankheiten unterscheiden. Lethargie und Schwäche sind die üblichen ersten Anzeichen; der Hund wirkt fast benommen, in schweren Fällen hechelt er mehr als normal. Das Zahnfleisch wird schließlich blass, der Puls ist beschleunigt.

Weitere Ursachen einer Anämie sind Magen-Darm-Störungen wie Magengeschwüre, Stoffwechselstörungen wie Schilddrüsenunterfunktion (siehe S. 375), bestimmte Medikamente wie zum Beispiel Paracetamol, Giftstoffe wie Warfarin u.a. (siehe S. 456) oder Krebsarten wie Leukämie.

TIPP Als Ersatz für Bluttransfusionen ist in den USA eine künstliche Sauerstoffträgerlösung auf Hämoglobinbasis entwickelt worden, die als Blutersatzstoff für Hunde auch in Deutschland zugelassen ist. Sie wird sehr gut vertragen, ist jedoch sehr teuer, weshalb meist nur große Kliniken sie vorrätig haben.

ANÄMIE DURCH BLUTVERLUST

Die Hauptursache der Anämie ist Blutverlust durch innere und äußere Blutungen; Letztere etwa durch Magen- oder Darmgeschwüre, evtl. durch Medikamente, durch Darmentzündungen (siehe S. 354 f.), Tumoren oder Parasiten wie Herzwürmer. Flöhe und Hakenwürmer können bei Welpen chronischen Blutverlust verursachen.

DIAGNOSE Äußere Blutungen infolge von Verletzungen sind plausible Ursachen. Innere Blutungen können zu Bluterbrechen oder blutigem Durchfall führen; dabei kann der Kot durch älteres Blut auch pechschwarz sein.

Schwarzer Kot (Melaena) weist stark auf Blutungen im Magen oder Zwölffingerdarm hin.

THERAPIE Zunächst muss der Blutverlust gestoppt werden, dann wird möglichst die Ursache beseitigt. Bei Anämie durch schweren Blutverlust gibt man meist Bluttransfusionen oder Infusionen mit Blutersatz, weil oft kein kompatibles Hundeblut verfügbar ist. Die Prognose ist gut, sobald die Ursache des Blutverlusts ausgeschaltet wird.

Anämie infolge innerer und äußerer Parasiten lässt sich durch Prävention von Parasitenbefall vermeiden. Geben Sie dem Hund jedoch nie ohne Rücksprache mit dem Tierarzt Medikamente für den Menschen; sie können gefährlich für den Hund sein.

HÄMOLYTISCHE ANÄMIE

Hierunter versteht man die vorzeitige Zerstörung gesunder roter Blutkörperchen. Sie kann viele Ursachen haben.

Einige Bakterien setzen Giftstoffe frei, die rote Blutkörperchen abtöten, was in schweren Fällen zur hämolytischen Anämie führt. Durch Zecken übertragene Parasiten wie *Babesia* zerstören ebenfalls rote Blutkörperchen. Auch angeborene Gendefekte können beim Welpen die Erkrankung auslösen. Die häufigste Ursache ist jedoch ein irrtümlicher Angriff des Immunsystems auf die eigenen roten Blutkörperchen (immunbedingte hämolytische Anämie, siehe S. 213).

ERBLICHE FORMEN Diese Formen sind selten und auf wenige Rassen beschränkt. Sie führen zu schweren oder tödlichen Erkrankungen junger Hunde. Es gibt zwei Hauptarten: Pyruvatkinasemangel tritt bei einigen West Highland White Terriern, Basenjis und Beagles auf; Phosphorfruktokinasemagel betrifft manche American Cocker Spaniels und English Springer Spaniels. Es gibt Tests zum Nachweis dieser Erkrankung, die auch Träger des Gendefekts erkennen. Züchtervereine für diese Rassen sind gut über die Testmöglichkeiten informiert. In Deutschland gibt es diesen Test nicht.

IMMUNBEDINGTE HÄMOLYTISCHE ANÄMIE Leider wird die Ursache hiervon selten erkannt. Alle Rassen sind betroffen, besonders Cocker Spaniel, Irish Setter, Bobtail und Pudel. In den 1990er-Jahren entdeckten Forscher der Universität von Pennsylvania einen statistischen Zusammenhang zwischen der Krankheit und Impfungen: Die Krankheit tritt innerhalb vier Wochen nach Impfung häufiger auf, als zu erwarten wäre. Britische Forscher konnten diesen Zusammenhang jedoch nicht bestätigen.

DIAGNOSE Die hämolytische Anämie ist schwerer zu diagnostizieren als Anämie durch Blutverlust. Plötzliche hämolytische Anämie führt zur raschen Ansammlung von Abbauprodukten der roten Blutkörperchen (wie Bilirubin) im Blut, was Ikterus (gelbliche Färbung von Zahnfleisch und Bindehaut) hervorrufen kann. Der Urin des Tiers wird evtl. dunkelbraun. Bei der Untersuchung zeigt sich eine manchmal stark vergrößerte Milz. Leber und Lymphknoten sind ebenfalls vergrößert, und es können Herzgeräusche vorliegen. Im Blutbild sind zu wenige rote Blutkörperchen vorhanden. Die mikroskopische Untersuchung zeigt, wie der Körper mit der Störung umgeht. Weitere Bluttests weisen nach, ob die Krankheit immunbedingt ist. Dies ist für die Therapie eine sehr wichtige Information für den Tierarzt.

THERAPIE Zunächst muss die Zerstörung der roten Blutkörperchen durch das Immunsystem verlangsamt werden. Dies geschieht durch hoch dosierte Kortikosteroide und andere Immunsuppressiva. Eine Bluttransfusion vor der Medikation kann die Krankheit sogar verschlimmern und ist daher umstritten. Dabei wird meist Blutersatz anstatt Hundeblut aus Spenden gegeben. Die Entfernung der Milz kann sinnvoll sein, wenn feststeht, dass sie das Zentrum der blutzellenschädigenden Aktivität darstellt. Die Prognose der immunbedingten hämolytischen Anämie ist schlecht. Selbst bei rascher Diagnose, Therapie und scheinbarer Besserung sind Rückfälle sehr häufig, meist innerhalb von acht Wochen. Bis zu 50% der erkrankten Hunde erleiden Rückfälle, teils mit tödlichem Ausgang.

PRÄVENTION Da die Ursachen der Erkrankung nicht völlig geklärt sind, gibt es derzeit keine wirksame Vorbeugung gegen diese Art der Anämie. Bei besonders gefährdeten Rassen wie Cocker Spaniels empfiehlt es sich, bei der Routineuntersuchung den bisherigen Impferfolg, die örtliche Häufigkeit der Erkrankung und das Risiko dieser Anämieform und anderer immunbedingter Krankheiten zu besprechen.

PRODUKTION ROTER BLUTKÖRPERCHEN

Das Knochenmark, das Fettgewebe im Knocheninneren, produziert jede Minute Millionen roter Blutkörperchen (Erythrozyten; siehe rechts). Alle Arten von Blutkörperchen entstehen aus einer einzigen Zellart, den Hämatozytoblasten.

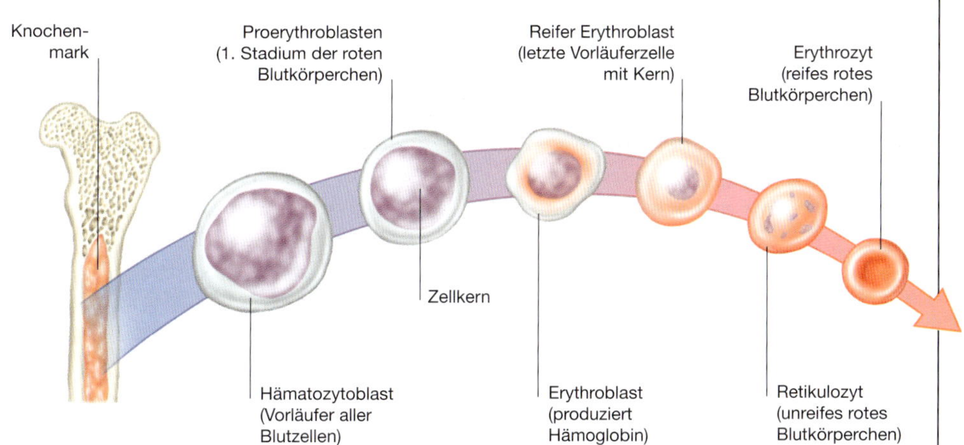

Stadien der Produktion roter Blutkörperchen

WIE AM FLIESSBAND

Bei der Bildung roter Blutkörperchen geht der Zellkern verloren, und die Zelle wird mit dem Sauerstofftransporter Hämoglobin »beladen«.

ANÄMIE DURCH KNOCHENMARK-SUPPRESSION

Die Produktion der roten Blutkörperchen erfolgt im Knochenmark.

Produktionsstörungen können zur Anämie führen. Mögliche Ursachen sind chronische Krankheiten (zum Beispiel der Niere oder Leber), Eisenmangel infolge chronischer Magen- oder Darmblutungen oder Parasitenbefall, weibliche Hormone (Östrogen) als Medikament oder infolge von Eierstock- oder Hodenkrebs, Krebsmedikamente und andere knochenmarkunterdrückende Präparate sowie Knochenmarkkrebs.

DIAGNOSE UND THERAPIE Diese Form der Anämie wird durch Untersuchung einer Knochenmarkprobe diagnostiziert. Die Anämie geht nach Ausschalten der Ursache zurück, sofern die Produktion der roten Blutkörperchen nicht vollständig eingestellt wurde. Nach der Therapie bekommt der Hund Eisengaben, die jedoch zu Verstopfung führen können.

BLUTUNGS- UND GERINNUNGS-STÖRUNGEN

Die Blutgerinnung nach Verletzungen erfolgt in Form einer ganzen Kaskade chemischer Reaktionen, die von den im Blut vorliegenden Gerinnungsfaktoren abhängen. Fehlt einer dieser Faktoren ganz oder teilweise, verzögert sich die Gerinnung, und es kommt zu übermäßigen Blutungen. Beim Hund sind Blutungs- und Gerinnungsstörungen zum Glück jedoch selten.

VON-WILLEBRAND-SYNDROM

Die häufigste Blutungsstörung ist das Von-Willebrand-Syndrom, das über 50 Rassen betrifft. Es ist selten, außer beim Dobermann (meist leichte Form), beim Scottish Terrier, Pembroke Welsh Corgi (u. U. tödliche Blutungen beim Jungtier) sowie beim Deutschen Schäferhund. Junge Hunde bluten am schwersten; hier kommt es zu unerwarteten Blutergüssen, Nasenbluten, blutigem Urin oder Kot. Oft tritt gleichzeitig Schilddrüsenunterfunktion auf (siehe S. 375).

DIAGNOSE UND THERAPIE Das Von-Willebrand-Syndrom wird durch Bluttest diagnostiziert. Gefährdete Tiere (Geschwister und Nachkommen kranker Hunde) sollten vor jeder geplanten Operation einem Bluttest unterzogen werden. DNA-Tests können bei manchen Rassen das Vorliegen des Gendefekts nachweisen. Bei schweren Blutungen gibt man Bluttransfusionen oder Blutersatzflüssigkeit.

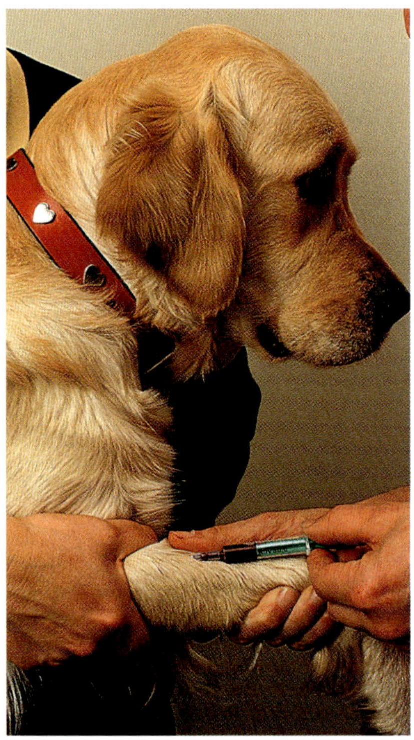

BLUTENTNAHME BEIM HUND
Das Blut wird meist aus einer oberflächlichen Vene am Vorderbein entnommen. Beim Kreislaufkollaps oder bei zu kleinen Venen (wie bei Zwergrassen) kommen auch die Jugularvenen (an beiden Halsseiten) infrage.

HÄMOPHILIE

Die Bluterkrankheit, eine seltene erbliche Störung mit unterschiedlichen Formen, betrifft nur Rüden. Diese Hunde erben den Gendefekt von der Mutter, die zwar nicht selbst erkrankt, aber Überträgerin ist. Die verschiedenen Formen der Bluterkrankheit gehen auf einen Gerinnungsfaktormangel zurück. Die häufigste Form (Hämophilie A) betrifft meist den Deutschen Schäferhund und Airedale Terrier. Die Blutungen können in Gelenken oder Körperhohlräumen auftreten.

DIAGNOSE UND THERAPIE Hämophilie wird durch Analyse der Gerinnungsfaktoren im Blut des Hundes nachgewiesen. Die Krankheit wird durch eine ergänzende Gabe des fehlenden Gerinnungsfaktors behandelt. Bei Blutungen erhält der Hund eine Transfusion; in weniger schlimmen Fällen reicht Blutersatzflüssigkeit aus.

GERINNUNGS-STÖRUNGEN

Schock, schwere Infektionen, Wunden, Verbrennungen und manche Tumoren führen zur sogenannten disseminierten intravasalen Gerinnung, bei der es in den Kapillaren, feinsten Gefäßen, zur Gerinnung kommt. Die winzigen Gerinnsel verbrauchen enorme Mengen von Gerinnungsfaktoren. Sind diese verbraucht, folgen Blutungen. Diese Form ist extrem selten und manchmal tödlich.

Eine weitere Art der Gerinnungsstörung kann durch Warfarin und andere gerinnungshemmende Nagetiergifte entstehen, die einen Vitamin-K-Mangel bewirken, was Spontanblutungen auslöst. Neuere Nagetiergifte sind 100-mal giftiger als Warfarin (siehe S. 456).

DIAGNOSE UND THERAPIE Die disseminierte intravasale Gerinnung ist lebensgefährlich; ihre Ursache muss sofort ausgeschaltet werden. Bluttransfusionen und Heparin sind evtl. sinnvoll. Gegen Warfarin-Vergiftungen helfen große Mengen von Vitamin K.

BLUTGERINNUNG

Die Verletzung eines Blutgefäßes löst eine Reihe von Vorgängen aus, die zur Bildung eines verschließenden Blutgerinnsels führen. In der Phase 1 sofort nach Verletzung verengt sich das Blutgefäß. Kleine Blutzellen (Thrombozyten oder Plättchen) werden durch Kontakt mit der beschädigten Gefäßwand aktiviert und haften sich an dieser Gefäßwand nahe der Verletzung fest. In Phase 2 klumpen diese Thrombozyten zusammen. Das beschädigte Gewebe und die Thrombozyten setzen Stoffe frei, die zu einer chemischen Kettenreaktion im Blut führen. In Phase 3 kommt es zur Freisetzung einer klebrigen, fadenartigen Substanz namens Fibrin, das sich an rote Blutkörperchen und andere Blutzellen heftet und ein Gerinnsel bildet.

DIE DREI PHASEN DER BLUTGERINNUNG

GERINNSEL UND GERINNUNG

Nach Riss eines Blutgefäßes läuft die Bildung eines Blutgerinnsels wie rechts beschrieben ab. Das kritischste letzte Stadium umfasst die Bildung von Fibrin aus Fibrinogen. Fibrinogen gehört zu den Gerinnungsfaktoren, die in den flüssigen Blutanteilen vorhanden sein müssen, damit die Gerinnung funktioniert.

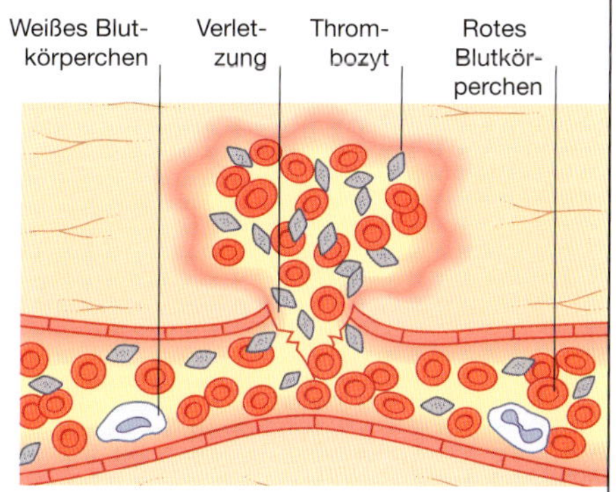

Phase 1

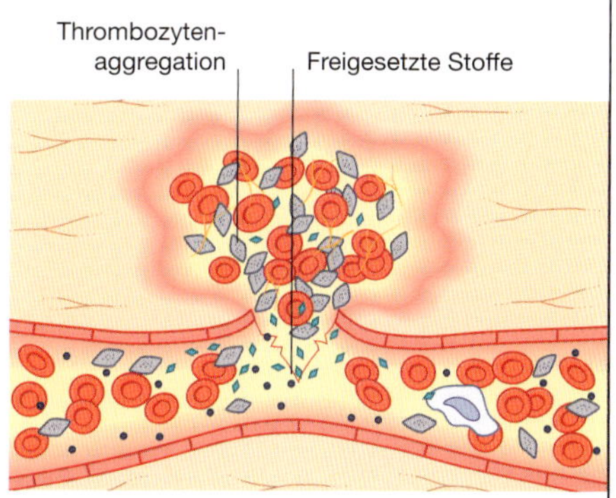

Phase 2

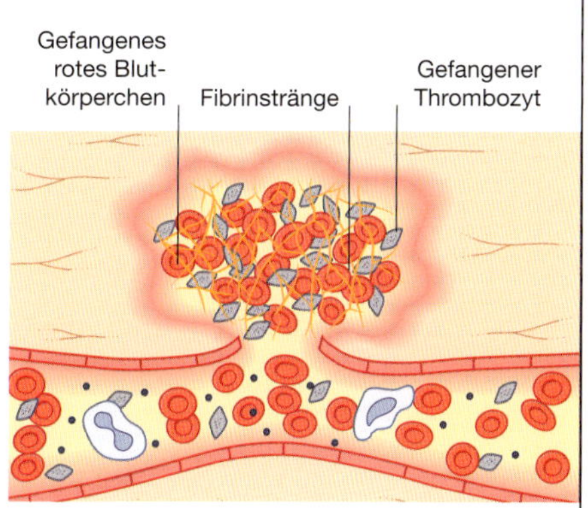

Phase 3

F WIE ALT WERDEN ROTE BLUTKÖRPERCHEN?

A In der Regel beträgt ihre Lebensdauer einige Monate. Im Knochenmark werden neue Zellen produziert. Bei plötzlichem Blutverlust werden unreife rote Blutkörperchen (Retikulozyten) aus dem Mark freigesetzt. Kann der Tierarzt sie in der Blutprobe nachweisen, handelt es sich um eine »regenerative Anämie«. Gealterte rote Blutkörperchen werden in der Milz abgebaut. Wichtige Bestandteile wie zum Beispiel Eisen werden für neue Zellen wiederverwendet.

F KÖNNEN HUNDE BLUTTRANSFUSIONEN BEKOMMEN?

A Grundsätzlich ja, die einzige Einschränkung liegt in der schweren Beschaffbarkeit von Hundeblut begründet. Beim Hund gibt es keine verschiedenen Blutgruppen wie beim Menschen oder bei Katzen, es gibt nur »positiv« oder »negativ«. Ein Hund kann ein- bis zweimal Bluttransfusionen bekommen, ohne eine Reaktion zu zeigen. Viele Tierkliniken haben eine Liste von Spendern vorliegen, die gegebenenfalls herangezogen werden können. Der Blutersatzstoff Oxyglobin ist zum Einsatz bei Hunden in Nordamerika und Teilen Europas, nicht aber in Australien zugelassen.

F GIBT ES EINE BLUTBANK FÜR HUNDE?

A In Deutschland haben alle Universitäten und großen Tierkliniken Blut auf Lager oder eine Spenderkartei, in der Hunde aufgeführt sind, die zum Blutspenden bereitstehen.

MAUL UND ZÄHNE

Hechelnder Irish Setter

Die Hauptaufgabe von Maul und Zähnen ist das Erweichen der Nahrung durch Kauen und Einspeicheln zur Vorbereitung für den Magen-Darm-Trakt. Das Hundemaul ist jedoch nicht nur der Beginn des Verdauungssystems, denn Hunde erschmecken mit dem Maul unglaublich vieles. Sie erkunden ihre Welt mit den Lippen, Zähnen und der Zunge. Sie spielen mit dem Fang und geben durch Hecheln überschüssige Wärme ab. Es gibt eine Reihe von Erkrankungen, die das Hundemaul und besonders die Zähne betreffen.

Einer der größten Unterschiede zwischen Wolf und Hund ist die Anatomie des Maules. Hunde haben enger stehende Zähne als Wölfe. Dies macht Hunde anfällig für Zahn- und Mundhöhlenerkrankungen. Diese Probleme treten auch deshalb heute häufiger auf, weil Hunde das Maul nicht mehr zum Fangen und Zerreißen von Beute benutzen.

ZAHNARTEN

Der Hund hat das klassische Maul eines Fleischfressers. Er hat kleine Schneidezähne, ideal zum Abnagen des Fleisches von Knochen und für die Körperpflege. Die langen Eckzähne packen die Beute und zerreißen das Fleisch. Die Mahlzähne und vorderen Backenzähne halten und zertrennen Fleisch und zermahlen Pflanzliches. Hundezähne haben sehr viel tiefere Wurzeln als die der Menschen: Die Wurzeln sind länger als die Zähne selbst.

ZAHNGESUNDHEIT

Ein gesundes Maul ist entscheidend für eine gute Gesundheit. Der Speichel enthält natürliche keimtötende Stoffe und verringert die Gefahr von Infektionen, während das Zerreißen und Kauen der Nahrung Zähne und Zahnfleisch massiert und reinigt. Der Zahnstand sollte Lücken haben, sodass nichts hängen bleibt; ist er jedoch zu eng, wie bei kleineren und flachgesichtigen Rassen, entstehen schnell bakterielle Beläge und häufig Zahnfleischentzündungen.

Maul- und Zahnprobleme gehören zu den häufigsten Gründen für den Tierarztbesuch. Anzeichen für Zahnprobleme beim Hund sind schlechter Atem (Mundgeruch), Fressunlust, Reiben am Maul, starkes Sabbern, Zähneklappern oder Schluckbeschwerden.

F KÖNNEN KRANKHEITEN ANDERER KÖRPERTEILE MUNDERKRANKUNGEN VERURSACHEN?

A Ja. Zahnfleischentzündung und Geschwüre können ein Indikator für andere Krankheiten sein. Auch schwere Infektionen sind problematisch.

F WARUM IST ZAHNSTEIN BEI KLEINEN HUNDEN SO HÄUFIG?

A Kleine Hunde fressen hauptsächlich weiche Nahrung. Ihr Speichel kann auch einen anderen Mineraliengehalt haben, was eher zu Zahnstein führt. Bei Hunden wie Yorkshire und West Highland White Terrier tritt schon in jungen Jahren massiver Zahnstein auf. Dies ist von der Nahrung abhängig, kann aber auch genetisch bedingt sein.

ZAHNWACHSTUM: ÜBERSICHT

Die Zeitangaben in dieser Tabelle können variieren. Bei einigen Rassen wie Shih Tzu und Lhasa Apso dauert es manchmal viel länger, bis die Milchzähne durchbrechen, mitunter bis zu zehn Wochen. Dagegen beginnt und endet das Zahnen der Welpen großer Rassen früher.

ZAHNART	MILCHZÄHNE	BLEIBENDE ZÄHNE
Eckzähne	3.–5. Woche	22.–30. Woche
Schneidezähne	4.–6. Woche	10.–22. Woche
Vordere Backenzähne	4.–10. Woche	18.–26. Woche
Mahlzähne	keine	22.–30. Woche

HUNDEZÄHNE

Hunde werden zahnlos geboren. Mit drei Wochen brechen dann die Zähne durch. Mit etwa acht Wochen haben Welpen ein vollständiges Gebiss aus 28 Milchzähnen entwickelt. Dazu gehören die Eckzähne, Schneidezähne und vorderen Backenzähne; Welpen haben keine Mahlzähne. Mit etwa 13 Wochen fallen nach und nach die Milchzähne aus, beginnend mit den Schneidezähnen. Meist werden sie verschluckt. Die Wurzeln lösen sich im Kiefer auf, sodass Platz für die neuen Zähne entsteht. Mit etwa 30 Wochen sind alle bleibenden Zähne am Platz (siehe Tabelle S. 330). Erwachsene Hunde haben insgesamt 42 Zähne, 20 im Oberkiefer und 22 im Unterkiefer (inklusive zwei zusätzlicher Mahlzähne).

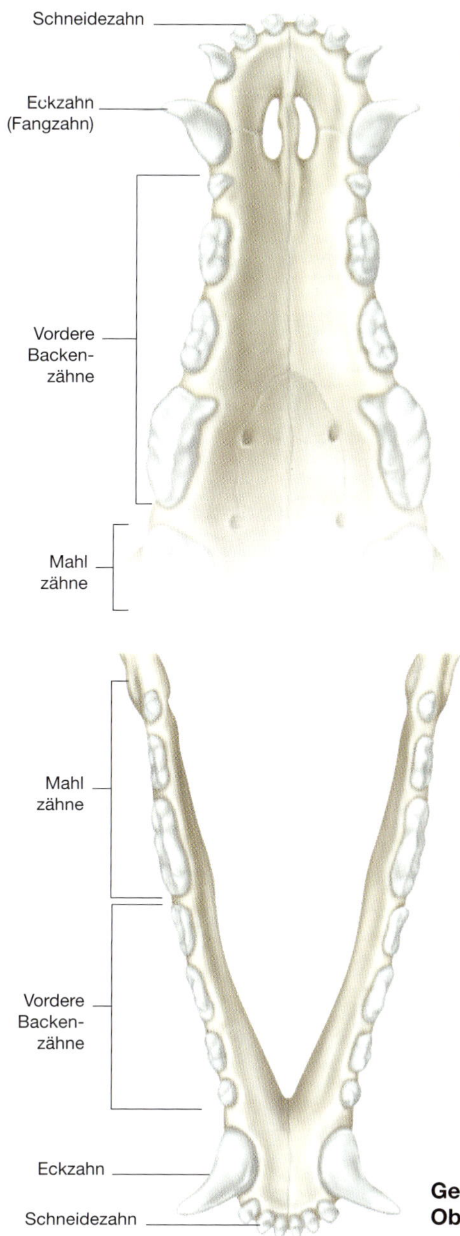

Geöffneter Kiefer, Oberkiefer oben

ZAHNARTEN

Hunde haben 12 Schneidezähne (6 oben und 6 unten); 4 Eckzähne (2 oben und 2 unten); 16 vordere Backenzähne (8 oben und 8 unten) und 10 Mahlzähne (4 oben und 6 unten).

ZAHNSTRUKTUR

Der Zahn ist tief im Knochen verankert. Eine Schutzschicht aus hartem, weißen Zahnschmelz bedeckt die Basis aus weniger hartem gelben Zahnbein. Im Kern des Zahns liegt die Pulpa aus lebendem Gewebe.

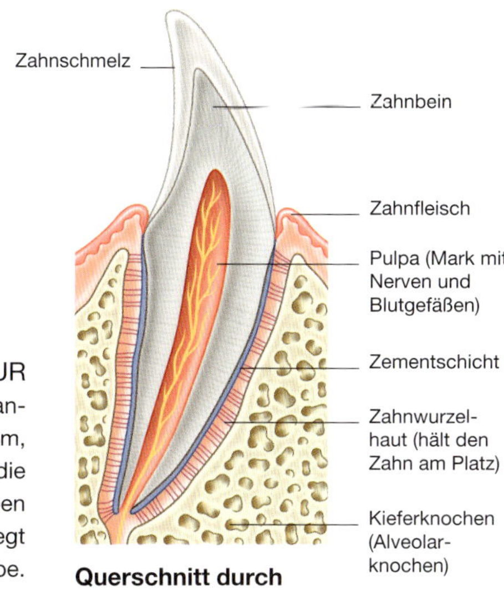

Querschnitt durch einen Eckzahn

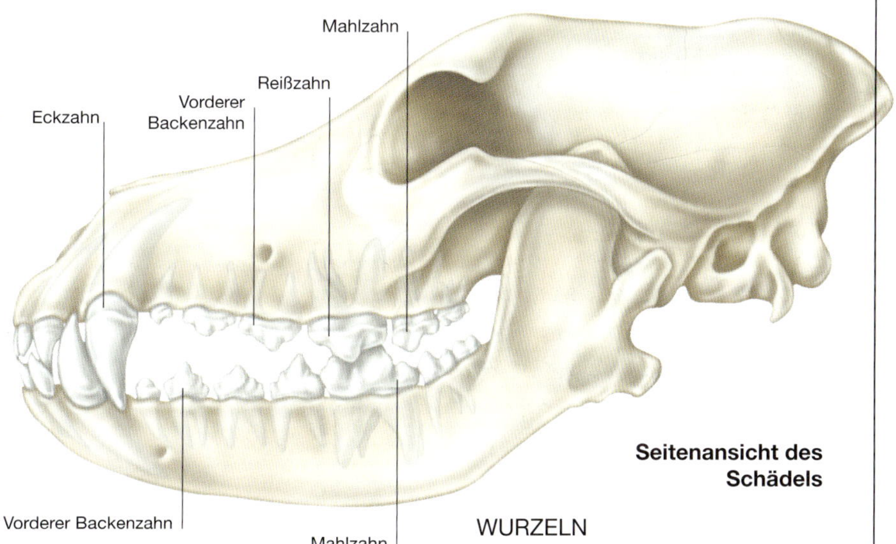

Seitenansicht des Schädels

WURZELN

Die Zahnwurzeln (vor allem die der Mahl- und Eckzähne) reichen tief in den Kieferknochen. Lange Wurzeln halten die Zähne sicher am Platz; sie sind schwer aus dem gesunden Kiefer zu ziehen.

ZAHNPFLEGE

Ein gesundes Maul ist für das Wohlbefinden des Hundes wichtig. Besonders wichtig ist, chronischen Zahnfleischerkrankungen vorzubeugen. Diese sind nicht schmerzhaft, bilden jedoch eine Quelle für Bakterien, die von hier in andere Körperteile wandern, zum Beispiel über das Blut zu den Herzklappen.

ZAHNFLEISCHPFLEGE

Ein wichtiger Teil der Maulhygiene ist regelmäßige Massage des Zahnfleisches, besonders der Stellen zwischen Zahn und Kiefer. Hunde massieren ihr Zahnfleisch automatisch, wenn sie etwas Hartes kauen. Geben Sie Ihrem Hund jedoch nie Knochen: Diese sind gefährlich, wenn sie brechen und der Hund Splitter verschluckt. Harte Knochen können bei kraftvollen Kiefern und kräftigem Kauen zu abgebrochenen Zähnen (meist der Mahlzähne) führen. Geben Sie dem Hund stattdessen spezielle Kauknochen, zum Beispiel Büffelhautknochen oder Kaustangen eigens zur Zahnpflege. Es gibt auch spezielle Kau-Spielzeuge aus gepresster Nahrung, ungegerbtem Leder, geflochtenem Material, Nylon oder Gummi.

HUNDEZÄHNE PUTZEN

Der beste Weg zu guter Maulhygiene ist regelmäßiges Zähneputzen beim Hund. Im Welpenalter Ihres Hundes beginnen Sie, ihn an eine Hundezahnbürste in seinem Maul zu gewöhnen, putzen die Zähne einige Sekunden lang und belohnen ihn mit einem Leckerli. Benutzen Sie keine Zahnpasta für Menschen, da sie schäumt, Reiniger enthält und nicht zum Schlucken geeignet ist. Am besten verwenden Sie Hundezahnpasta oder Schlämmkreide aus der Apotheke.

UNTERSUCHUNG DER HUNDEZÄHNE AUF SCHÄDEN

Neben der Haut ist das Maul der Teil des Hundes, der sich einfach untersuchen lässt. Prüfen Sie das Zahnfleisch jede Woche auf Entzündungen und die Zähne auf Verfärbung, Plaque oder Zahnstein. Prüfen Sie den Atem; gesunde Hunde haben keinen schlechten Atem.

ÜBLER MUNDGERUCH

Schlechter Atem wird meist durch bakterielle Zersetzung von Speiseresten zwischen den Zähnen und im Zahnstein oder durch Zahnfleischentzündung verursacht. Hat Ihr Hund schlechten Atem, gehen Sie zum Tierarzt.

ZAHNVERFÄRBUNG

Hundezähne sind von Natur aus strahlend weiß. Zahnschmelzverfärbungen können aus verschiedenen Gründen auftreten. Haben Welpen Tetrazyklin-Antibiotika erhalten, können ihre bleibenden Zähne eine Gelbfärbung aufweisen. Welpen mit Staupe oder anderen ernsten Infektionen können bleibende Zähne mit Löchern und braunen Flecken auf angegriffenem Zahnschmelz entwickeln. Auch kann verfärbter Speichel sich auf Zähne legen, was jedoch nur ästhetisch stört.

PLAQUE UND ZAHNSTEIN

Die Zahnoberfläche kann mit Plaque überzogen sein. Dies ist eine klebrige gelbe oder braune Masse. Sie enthält Speichel, Bakterien und Speisereste mit weißen Blutkörperchen, Kohlenhydraten und Fetten. Plaque muss unbedingt entfernt werden, weil schon ein Milligramm Plaque Milliarden von Bakterien enthält, die Zahnfleischentzündung und -infektionen verursachen können. Baut sich Plaque über eine lange Zeit auf, wird sie zu einer harten, minerali-

ÜBERPRÜFUNG DER MUNDHÖHLE IHRES HUNDES

Erziehen Sie Ihren Hund so, dass Sie die Zähne, das Zahnfleisch und das Maul regelmäßig untersuchen dürfen. Gehen Sie wie folgt vor:

- Hund sitzen lassen, Unterkiefer mit einer Hand halten, Unterlippe herunterziehen und Oberlippe anheben.
- Zähne auf Verfärbung, Zahnstein oder Brüche untersuchen. Zahnfleisch auf Verfärbung und Entzündungen prüfen. Wiederholen Sie diese Untersuchung auf der anderen Seite.
- Halten Sie den Unterkiefer fest, heben Sie mit Daumen und Zeigefinger den Oberkiefer an und öffnen das Maul.
- Prüfen Sie die Kaufläche der Zähne, Zahninnenseiten und Zahnfleischrand, den Gaumen und die Zunge.
- Kontrollieren Sie den Atem des Hundes. Riecht er unangenehm, berichten Sie dies dem Tierarzt.

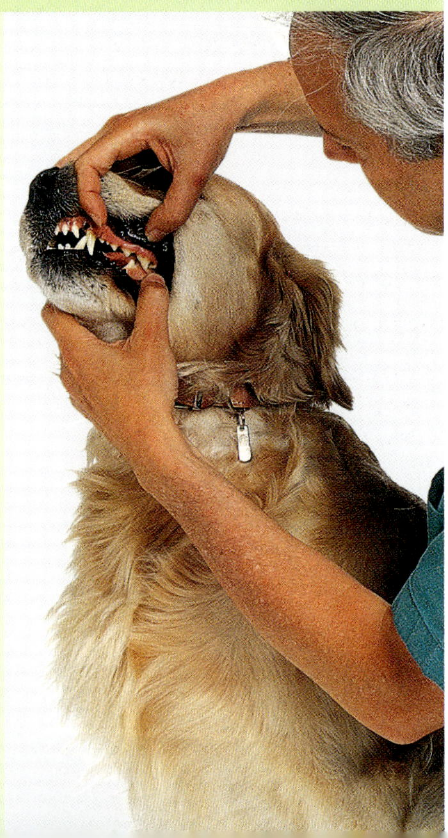

sierten Substanz, dem sogenannten Zahnstein.

Plaque kann man zu Hause durch Putzen beseitigen, doch Zahnstein muss der Tierarzt mithilfe zahnärztlicher Instrumente entfernen. In schweren Fällen nimmt er eine Wurzelkanalkürettage vor. Hier werden Zahnstein und Plaque von den Wurzeln der Zähne unterhalb des Zahnfleischrandes entfernt. Die Zähne werden auch im Rahmen der jährlichen Untersuchung untersucht. Vorsorgliche Zahnsteinentfernung und Polieren bei Plaque und Zahnstein verhindern, dass sich aus einer Zahnfleischentzündung (Gingivitis) eine ernste Zahnwurzelhautentzündung entwickelt.

ZAHN- UND ZAHNFLEISCH-ERKRANKUNGEN

Obwohl Hunde von Natur aus starke, glatte, auseinanderstehende Zähne haben, treten dennoch Zahnprobleme auf. Manche Probleme sind anatomischer Art und sind durch die Zucht bedingt, etwa bei starken Abweichungen von der Form des Wolfsgesichtes. Die Vorliebe zum Kauen stärkt den Kiefer, kann aber auch die Zähne schädigen.

Wie bei Menschen gibt es bei Hunden Krankheiten des die Zähne stützenden Gewebes. Die zwei wichtigsten Gewebearten um die Zähne sind das Zahnfleisch (Gingiva) und die Zahnwurzelhaut. Gingivitis ist eine Entzündung des Zahnfleisches, die durch regelmäßiges Zähneputzen vermieden wird. Parodontose ist eine Entzündung des Zahnfleisches und tieferer Strukturen um die Zähne. Obwohl diese beiden Störungen zusammenhängend erscheinen, ist Gingivitis etwas anderes als Parodontose, und Hunde mit Gingivitis entwickeln nicht unbedingt Parodontose.

PARODONTOSE

Das Wort »parodontal« bezieht sich auf den Bereich neben dem Zahn – das Zahnfleisch und tiefere Strukturen. Eine dieser Strukturen ist die Zahnwurzelhaut. Dieses faserige Gewebe verbindet die Zementschicht des Zahns mit dem Kieferknochen, in dem der Zahn sitzt. Eine andere Struktur ist die Zahnfleischtasche – der Raum zwischen Zahnfleischrand und der Zahnoberfläche. Die Zahnfleischtasche ist meist klein, kann jedoch stark vergrößert sein, wenn der Bereich erkrankt.

Parodontose ist ein allgemeiner Begriff für Entzündungen rund um den Zahn. Sie ist das häufigste Zahnleiden bei Hunden. Jeder Hund leidet irgendwann in seinem Leben an Parodontose. Der Hauptgrund ist schlechte Zahnhygiene. Außerdem neigen manche Rassen, wie der Pudel, genetisch bedingt zu dieser Krankheit. Gute Pflege durch den Tierhalter kann aber das Fortschreiten der Krankheit stark verzögern und tierärztliche Eingriffe wesentlich verringern.

Parodontose schreitet langsam voran, deshalb klagen Hunde erst dann, wenn Schmerzen auftreten. Dann kann der Schaden schon irreparabel sein, und die

TIPPS VOM TIERARZT

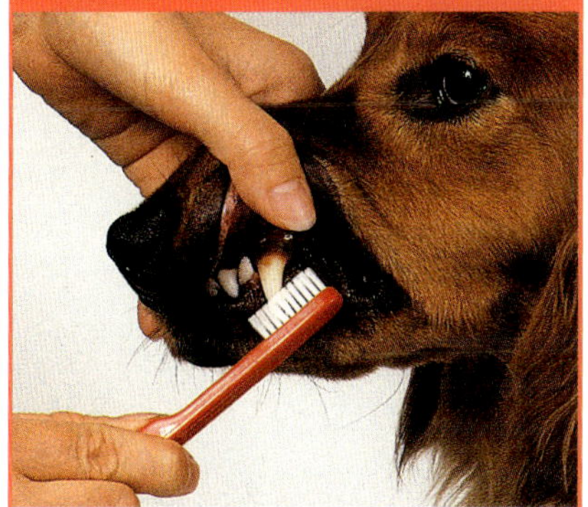

Die Fluoridbehandlung menschlicher Zähne ist heute üblich und erfolgreich. Sie wird jedoch bei Hunden nicht angewandt. Hundezähne sollten nicht mit fluoridhaltiger Zahnpasta für Menschen geputzt werden. Ein Grund ist der unterschiedliche Fluoridstoffwechsel bei Hunden. Fluoride können für Hunde unter 6 Monaten gefährlich sein und sind beim Verschlucken großer Mengen giftig für Hunde jeden Alters.

ZEICHEN VON PROBLEMEN IM MAUL

Manche Störungen im Maul, wie Plaquebildung auf den Zähnen, sind deutlich sichtbar und fallen bei regelmäßiger Untersuchung auf. Andere, zum Beispiel durch Krankheiten oder Verletzungen im Maul hervorgerufene sind weniger deutlich sichtbar, jedoch an verschiedenen Symptomen erkennbar.

SYMPTOME	MÖGLICHER GRUND
Vorsichtiges, selektives Fressen	Jede schmerzhafte Krankheit im Maul
Fressen mit geneigtem Kopf	Schmerz auf einer Seite des Mauls
Probleme beim Öffnen des Mauls	Ererbte Defekte oder erworbene Verletzung an Kopf, Kiefer oder Hals; Abszess oder Fremdkörper
Starker Speichelfluss	Meist Maul- und Zahnfleischerkrankung, Fremdkörper im Maul, Tollwut, Wärmeüberschuss, Tumor, Speichelzyste oder Verbrennung
Maulsperre	Fremdkörper oder Tumor
Schlechter Atem	Parodontose, Lippenfaltenkrankheit, Fremdkörper im Maul, Tumor oder Magenerkrankung

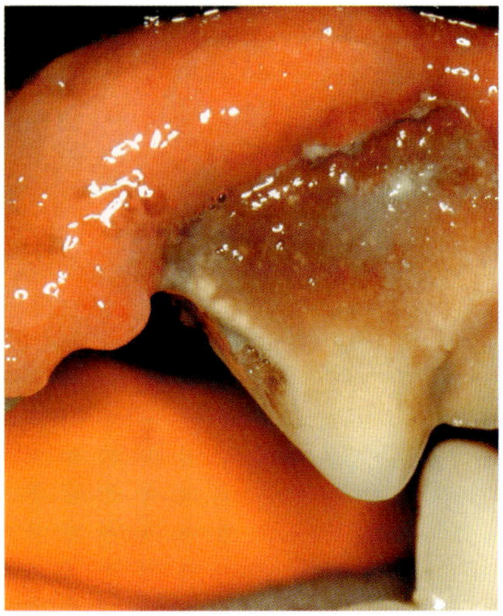

ZAHNFLEISCHHYPERTROPHIE
Wächst extrem viel Zahnfleischgewebe um die Zähne herum, kann dieser Bereich beim Schließen des Mauls von den Zähnen des Kiefers gegenüber verletzt werden.

einzige Behandlung ist das Ziehen des Zahns. Wenn die Eckzähne ernstlich befallen sind, kann ein Loch oder eine Fistel zwischen Maul und Nase entstehen und zu Niesen führen. Gleichzeitig kann Nasenbluten auftreten.

DIAGNOSE Schlechter Atem ist das häufigste Zeichen. Die gründliche Untersuchung der Mundhöhle klärt die Ursache. Eine Röntgenaufnahme des Mauls kann zur Klärung hilfreich sein, besonders bei älteren Tieren.

THERAPIE Das Ziel ist die Beseitigung von Schmerz und Infektionsgrund; die Verkleinerung oder Entfernung von Zahnfleischtaschen; die Heilung von Zahnfleisch und Zähnen zur Verlängerung der Zahnnutzungsdauer.

Die Zähne werden von Zahnstein gereinigt und poliert, die Wurzeln werden geglättet. Beschädigte Zähne werden gezogen oder die Wurzeln gefüllt. Das Maul wird desinfiziert. Meist werden Antibiotika vor und nach der Operation gegeben.

PRÄVENTION Kauen auf Trockenfutter (es gibt besonderes Trockenfutter zur Zahnreinigung) reicht nicht aus, um Ihren Hund vor Gingivitis oder Parodontose zu schützen. Die beste Art der Vorbeugung ist die regelmäßige Zahnpflege zu Hause und beim Tierarzt (siehe S. 332 f.).

RAT Infektionen durch Parodontose können auf andere Körperteile übergreifen und Herz-, Leber- oder Nierenerkrankungen hervorrufen. Diese Gefahr kann durch vorbeugende Maßnahmen verringert werden.

ZAHNFLEISCHHYPERTROPHIE

Dies ist eine entzündliche Krankheit durch Abbau, die häufig bei Boxern und älteren Hunden vorkommt. Es handelt sich um verstärktes Wachstum des Zahnfleischgewebes. Das Zahnfleisch wächst einfach weiter, manchmal so lange, bis es die Zähne bedeckt. Das führt oft zu Parodontose.

THERAPIE Bei Zahnfleischhypertrophie wird überschüssiges Gewebe weggeätzt (Gewebezerstörung durch Hitze) oder durch eine konventionelle Operation entfernt.

GEBISSFEHLSTAND

Eine ideale Bissstellung liegt vor, wenn die oberen Schneidezähne bei geschlossenem Maul gerade eben über die unteren reichen. Jede Abweichung bedeutet Gebissfehlstand. Bei einigen Rassen ist dieser Zustand normal.

Es gibt zwei Arten von Gebissfehlstand: Beim Oberkiefervorstand ist der Unterkiefer (Mandibel) kürzer als der Oberkiefer (Maxilla). Beim Unterkiefervorstand ist der Unterkiefer länger als der Oberkiefer. Letztere Bissstellung gilt bei etwa 20 % der Rassen als normal, zum Beispiel beim Boxer; diese Rassen nennt man »Kurzkopfrassen«.

DIAGNOSE UND THERAPIE Behandlung für über- und unterstehende Kiefer ist selten nötig. Jedoch verursacht ein Gebissfehlstand bei manchen Tieren eine Fehlplatzierung der bleibenden Zähne, was zu Schäden und Schmerzen führen kann. Solche Probleme können mit Zahnziehen oder Verkürzen der Zähne in Verbindung mit Wurzelkanalbehandlung behoben werden.

HINWEIS Es ist ethisch nicht akzeptabel (und bei einigen Hundezuchten auch verboten), den Gebissfehlstand zu korrigieren und die Hunde zur Zucht zu verwenden.

TIPPS VOM TIERARZT

Knochenkauen ist problematisch. Hunde mögen es zwar sehr, und zweifellos dient maßvolles Kauen – zehn Minuten unter Aufsicht – auch der Zahnfleischmassage und der Zahnreinigung. Andererseits ist Knochenkauen die häufigste Ursache für abgebrochene Zähne. Verschluckte Knochen sind ein häufiger Grund für Verstopfung und lebensbedrohliche Darmblockierung und -durchstechung. Fragen Sie Ihren Tierarzt vor der Fütterung von Knochen. Wenn Sie trotz dieser Vorbehalte Knochen kaufen, sollten Sie rohe, fleischige wählen, die groß genug sind, dass der Hund daran nagt, anstatt sie zu kauen oder zu verschlucken.

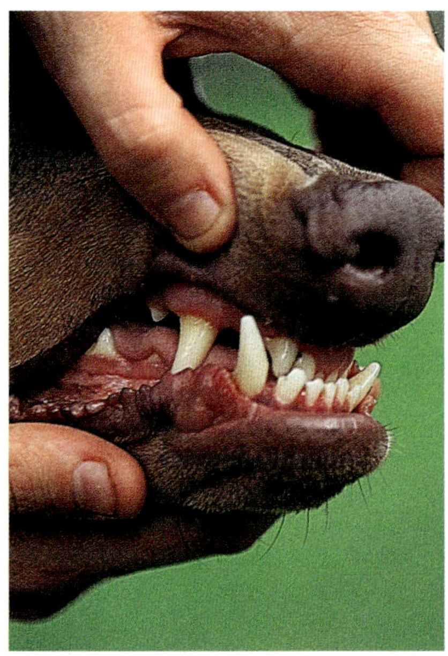

GEBISSFEHLSTAND
Manche Hunderassen haben generell unterstehende Kiefer. Auf dem Bild ist jedoch ein Fehlstand zu sehen.

NICHT AUSGEFALLENE MILCHZÄHNE

Die Wurzeln der Milchzähne lösen sich auf natürliche Art auf. Dieser Prozess ermöglicht den Zahnausfall, womit Platz für die bleibenden Zähne geschaffen wird. Bei vielen Rassen, besonders Zwerghunden, kann die Wurzelauflösung fehlschlagen: Die Milchzähne fallen nicht aus, bevor die bleibenden Zähne wachsen. Die Wurzeln der Milchzähne zwingen die bleibenden Zähne zum Durchstoß an anderer Stelle, sodass ein Gebissfehlstand auftritt.

DIAGNOSE UND THERAPIE Doppelte Zähne sind deutlich sichtbar, besonders wenn die Milchschneidezähne noch da sind. In den doppelten Zähnen kann Nahrung hängen bleiben, Schmutz sammelt sich an und verursacht schlechten Atem. Die vorhandenen Milchzähne sollten mit etwa fünf bis sieben Monaten gezogen werden, bevor ein Fehlstand entsteht.

ABGEBROCHENE ZÄHNE

Kauen auf Stöcken, Steinen, Knochen und anderem harten Material lässt Zähne brechen, besonders Mahlzähne. Ein Riss im Zahnschmelz muss nicht behandelt werden. Geht der Riss jedoch bis in die Zahnpulpa, hat der Hund Schmerzen. Dauerndes Kauen auf hartem Spielzeug oder Ballspielen nutzt alle Zähne ab, auch die Eckzähne. Dies kann zur offenen Pulpa führen und Infektionen nach sich ziehen.

DIAGNOSE UND THERAPIE Der abgebrochene Zahn schmerzt bei Berührung. Wegen der Schmerzen frisst der Hund vorsichtig und erscheint lustlos. Eine genaue Untersuchung unter Vollnarkose ist erforderlich. Abgebrochene Zähne mit Pulpitis werden mit Wurzelkanalfüllung behandelt oder gezogen.

WURZELABSZESSE

Diese Taschen mit Speiseresten und Eiter entstehen an oder direkt unter den Zahnwurzeln. Die Eckzähne und oberen vorderen Backenzähne sind oft betroffen. Abszesse können sehr schmerzhaft sein und Fieber, Apathie und Appetitlosigkeit verursachen. Entwickelt sich ein Abszess am oberen vierten vorderen Backenzahn, gibt es zunächst eine deutliche Schwellung unter dem Auge; später

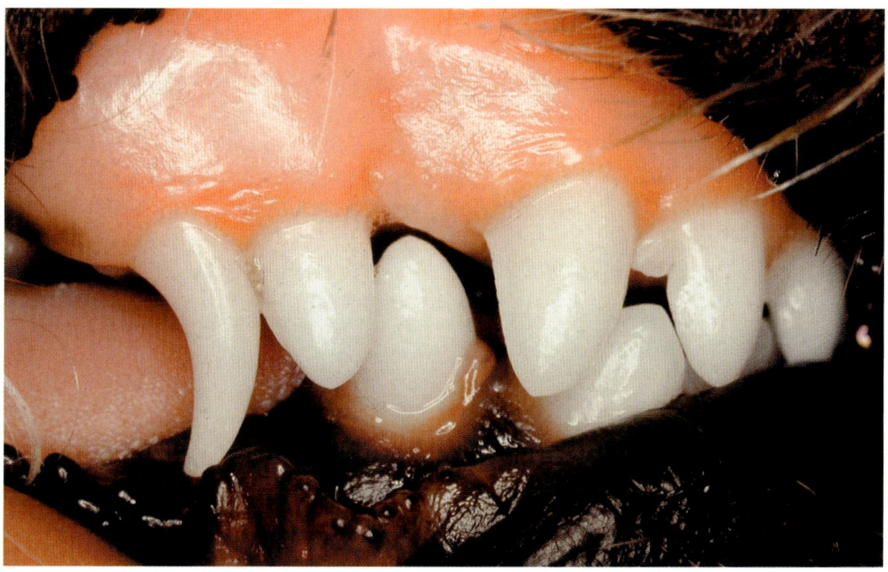

NICHT AUSGEFALLENE MILCHZÄHNE

Nach einer Zeit löst sich die Milchzahnwurzel auf, der Zahn löst sich und wird verschluckt. Löst sich die Wurzel nicht auf, bleibt der Milchzahn erhalten; doppelte Zähne und Fehlstand sind die Folge. Das Bild oben zeigt einen erhaltenen Milchschneidezahn, der das korrekte Durchstoßen des bleibenden Zahns verhindert.

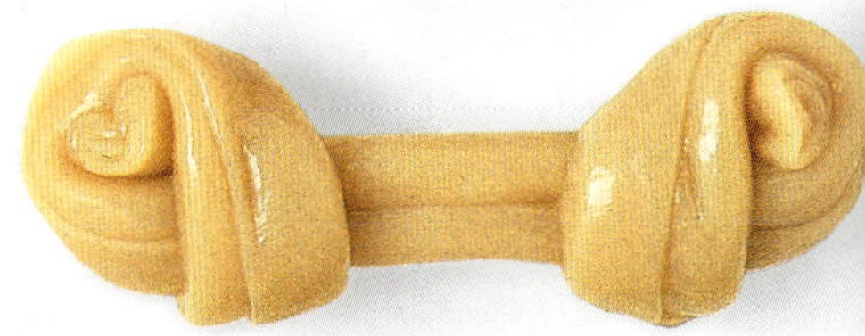

F VERURSACHT ZUCKERHALTIGE NAHRUNG LÖCHER IN HUNDEZÄHNEN?

A Anders als beim Menschen haben Hundezähne selten Löcher. Die Kariesbakterien des Menschen werden im Hundemaul nicht oft gefunden. Treten Löcher im Zahn auf, werden sie vom Tierzahnarzt mit dem gleichem Material wie beim Menschen gefüllt, wenn genügend gesunde Zahnsubstanz vorhanden ist.

F WAS ZEIGT EIN VERFÄRBTER ZAHN AN?

A Volle Verfärbung mit dem Verlust der Lichtdurchlässigkeit bedeutet meist totes Zahnmark. Das tote Gewebe kann Unwohlsein und Infektionen verursachen. Meist ist eine Wurzelkanalbehandlung nötig.

F IST EINE WURZELKANALBEHANDLUNG BEIM HUND ÜBERTRIEBENE TIERLIEBE?

A Nicht unbedingt. Manche abgebrochenen Zähne, besonders die Eckzähne, sitzen fest im Kiefer. Eine Wurzelkanalbehandlung (das Entfernen des kranken Inneren eines Zahns und Ausfüllen des Hohlraums mit Spezialmaterial) ist weniger einschneidend und kostet wenig mehr als kompliziertes Zahnziehen.

durchstößt er die Gesichtshaut. Wenn Eiter und Blut ablaufen, verringert sich der Schmerz oft.

DIAGNOSE Gesichtsschwellung und Parodontose bestätigen oft die Diagnose. Bei manchen Hunden sieht das Zahnfleisch gesund aus, das Röntgenbild kann jedoch einen Wurzelabszess zeigen.

THERAPIE Meist wird der Zahn gezogen, obgleich manchmal eine Wurzelkanalbehandlung (Entfernen von Nerven und Auffüllen mit Versiegelungsmaterial) möglich ist. Antibiotika helfen gegen bakterielle Infektionen.

RESTAURATIVE ZAHNMEDIZIN

Restauration bedeutet, einen beschädigten Zahn durch Füllung oder Überkronen wieder funktionsfähig zu machen. Dazu gibt es Materialien wie Vollmetallkronen, Glas-Ionomer, Verbundmaterialien und Amalgam. Ein bleibendes Problem ist aber der kraftvolle Druck der Hunde beim Kauen oder Reißen, dem nur wenige Materialien standhalten.

KRANKHEITEN VON MAUL UND LIPPEN

Hunde benutzen das Maul zur Erkundung und zum Fressen; dabei können sie Schnitte und Verbrennungen erleiden. Störungen außen an den Lippen sind selten, im Maul durch Verletzungen oder Infektionen häufiger. Zahnfleischprobleme gehen mit Zahnproblemen einher. Mundtumoren sind leider recht häufig.

ENTZÜNDUNG DER LIPPEN

Eine Infektion im Maul oder Parodontose (siehe S. 333) kann auch die Lippen betreffen. Besonders beim Deutschen Schäferhund werden häufig die Mundwinkel trocken, verkrusten und springen auf. Die Ursache ist unbekannt, wahrscheinlich spielt jedoch das Immunsystem eine Rolle.

DIAGNOSE Eine Entzündung der Lippen wird durch Verletzung, oft durch Kauen harter Dinge, verursacht, kann aber auch ein Zeichen für eine Hautallergie sein. Ein allergischer Hund fährt sich mit den Pfoten durchs Gesicht. Krusten fallen ab oder werden abgerissen und hinterlassen verletzte, rote, wunde Haut. Klären Sie die Ursache!

THERAPIE Wasserlösliche Creme weicht trockene Krusten auf den Lippen auf. Alternativ gibt man äußerliche Antibiotika und entzündungshemmende Salben oder Cremes. Ist die Entzündung das Ergebnis einer Verletzung, achten Sie darauf, dass sich eine solche nach Möglichkeit nicht wiederholt.

VERBRENNUNGEN DURCH STROM
Hunde, die auf Kabeln von Elektrogeräten kauen, erleiden leicht Verbrennungen der Mundschleimhaut. Diese Verletzungen heilen jedoch meist von allein.

ENTZÜNDUNG DER LIPPENFALTEN

Rassen mit hängenden Unterlippen, wie Cocker Spaniel, haben Hautfalten an der Unterlippe. Diese Falten verstärken sich mit zunehmendem Alter und dem Verlust der natürlichen Elastizität der Haut. Sie sind anfällig für Entzündungen, die zur Vermehrung von Bakterien oder Pilzen und letztlich zu einer übel riechenden Infektion führen. Tierärzte nennen diese Krankheit oft »Pyodermie«, obgleich dieser Begriff nicht ganz richtig ist (siehe S. 269). Der Zustand kann auch eine örtliche Widerspiegelung von Hautproblemen anderer Körperstellen sein.

DIAGNOSE UND THERAPIE Die Diagnose erfolgt aufgrund des unangenehmen Geruchs. Die wunden Bereiche der Infektion können sehr empfindlich sein.

Sie werden vorsichtig mit nicht klebendem Hautdesinfektionsmittel gereinigt und mit äußerlich wirkenden Antibiotika und entzündungshemmenden Salben oder Cremes behandelt.

ENTZÜNDUNG DER LIPPENFALTEN
Cocker Spaniel und Rassen wie Bernhardiner und einige Jagdhunde haben meist große Hautfalten an der Unterlippe. Speisen und Speichel können sich leicht in den Hauttaschen zwischen den Falten sammeln. Bakterien vermehren sich in diesem Milieu und verursachen eine Entzündung der Falten (beim Hund oben zu erkennen), begleitet von üblem Geruch.

PRÄVENTION Reinigung der Lippenfalten mit mildem Desinfektionsmittel nach jeder Mahlzeit verringert die Infektionsgefahr. Eine chirurgische Faltenentfernung ist einfach und wirksam.

SCHNITTE UND VERBRENNUNGEN

Schnitte entstehen durch Kauen auf Stöcken oder Fremdkörpern, Verbrennungen entweder durch Hitze, Chemikalien (siehe S. 446 f.) oder Kauen auf Elektrokabeln. Ein Hund mit Verbrennungen im Maul hat Schmerzen, sabbert verstärkt und hat schlechten Atem.

DIAGNOSE UND THERAPIE Schnitte oder Verbrennungen werden oft erst entdeckt, wenn ein Mundgeschwür entsteht. Bei Schnitten oder Verbrennungen sorgfältig mit klarem Wasser spülen. Bei schlimmer Verletzung sollten Sie unbedingt zum Tierarzt gehen.

ENTZÜNDUNG UND INFEKTION

Schmerzhafte Entzündungen oder Infektionen der Mundschleimhaut heißen Stomatitis. Gründe sind Schnitte, Verbrennungen und Parodontose. Verletzungen durch Stöcke im hinteren Teil der Mundhöhle sind häufig und meist ernst. Auch Stoffwechselerkrankungen wie Nierenversagen, fortgeschrittene Diabetes und Autoimmunkrankheiten rufen Stomatitis hervor. Allergien treten gegen Edelstahlnäpfe auf. Der Hund sabbert stark, hat schlechten Atem und Probleme beim Fressen. Wegen der Schmerzen lässt er sich nicht gern untersuchen.

DIAGNOSE Zur genauen Abklärung der Ursache können Bluttests nötig sein.

THERAPIE Das Vorgehen hängt von der Ursache ab. Verletzungen werden behandelt, Fremdkörper entfernt und Zahnkorrekturen vorgenommen. Stoffwechselstörungen werden kontrolliert, um Wiederkehren zu vermeiden. Gegebenenfalls gibt man Antibiotika.

SOOR

Diese seltene Form von Entzündung und Infektion wird durch Hefepilze verursacht. Soor entwickelt sich bei Hunden mit schlechtem Immunsystem sowie bei Tieren, die über eine lange Zeit Breitband-Antibiotika erhalten haben.

DIAGNOSE UND THERAPIE Diagnose durch tierärztliche Untersuchung und Labortests. Soor wird mit Anti-Pilz-Arzneien und Probiotika behandelt.

FREMDKÖRPER

In dieser Tabelle sind Fremdkörper aufgelistet, die man gegebenenfalls im Hundemaul finden kann. Einige könnenn sichtbar sein, sodass Sie sie mit Vorsicht selbst entfernen können. Andere Fremdkörper können ein größeres Problem bilden, gehen Sie am besten zum Tierarzt.

OBJEKT	ZEICHEN	ABHILFE
Stock oder Knochen im Gaumen	Pfoten am Gesicht	Mit Löffelstiel herausholen
Stock oder Knochen in Zähnen verkeilt	Pfoten am Mund, Sabbern	Mit Löffelstiel herausholen
Angelhaken in Lippe	Sichtbar	Widerhaken mit Zange durchschneiden, herausziehen
Angelhaken in Lippe oder verschluckt	Pfoten am Mund, niedergeschlagen	Sofort zum Tierarzt
Schnur oder Gummiband um Zunge	Sabbern, Faden sichtbar	Sofort zum Tierarzt
Igelstacheln in Lippe	Sichtbare Stacheln	Nur wenige Stacheln direkt mit Zange herausziehen
Igelstacheln im Maul	Pfoten am Mund, Sabbern	Sofort zum Tierarzt
Zunge durchstochen	Pfoten am Mund, Sabbern, Schwellung unter der Zunge	Sofort zum Tierarzt

FREMDKÖRPER

Von Knochen und Holzsplittern bis zu Angelhaken und -schnüren kann sich einiges im Hundemaul verhaken und Verletzungen hervorrufen. Verletzungen durch Stöckchen betreffen die Zunge und Teile des Mundes sowie Mandeln, Schlund und Kehle (siehe S. 344).

DIAGNOSE UND THERAPIE Abgesehen von sichtbaren Fremdkörpern sind häufige Zeichen die Pfoten am Maul oder Maulreiben am Boden, Maulsperre und Sabbern (siehe Kasten links). Wenn nichts sichtbar ist, zum Tierarzt gehen. Unter örtlicher Betäubung oder Beruhigung wird der Fremdkörper entfernt (siehe S. 432 f.).

TUMOREN

Durch Viren verursachte Warzen oder Papillome können im Mund sowie auf der Haut auftreten. Dies sind kleine, rosafarbene, blumenkohlähnliche, ungefährliche Tumoren.

Bösartige Mundhöhlentumoren wie Melanome, Plattenepithelkarzinome und Fibrosarkome sind recht häufig. Sie können am Zahnfleisch, an der Zunge, am Gaumen und an den Speicheldrüsen auftreten.

DIAGNOSE UND THERAPIE Diagnose durch tierärztliche Untersuchung. Virale Warzen brauchen nicht behandelt zu werden. Tumoren der Speicheldrüsen – häufig beim Pudel – müssen operativ entfernt werden ; hinterher wird bestrahlt. Andere Tumoren im Maul werden u. U. auch operiert, kombiniert mit Chemo- und Strahlentherapie.

Bei jedem bösartigen Maultumor hat der Hund die beste Überlebenschance, wenn der Tumor schon früh erkannt und recht großzügig operativ entfernt wird (Tumor und umliegendes Gewebe). Tierärzte haben womöglich zunächst ethische Bedenken, zum Beispiel einen halben Unterkiefer oder eine halbe Zunge zu entfernen, doch es zeigt sich, dass Hunde gut damit leben können.

ZAHNFLEISCHWUCHERUNG

Zahnfleischwucherung ist ein Tumor, der sich aus der Zahnwurzelhaut entwickelt; eine Schicht aus kleinen Fasern legt sich an die Zahnwurzel bis zum Kieferknochen. Dies sieht wie eine feste Erweiterung des Zahnfleisches aus. Mehrere Tumoren können gleichzeitig auftreten. Eine Zahnfleischwucherung wird selten bösartig. Der Tumor ist bei Bulldoggen und Boxern häufig.

DIAGNOSE Biopsie und Röntgen zur Feststellung von Zahnfleischwucherung und Unterscheidung von anderen Tumoren.

THERAPIE Zahnfleischwucherungen werden großzügig operativ, z. T. mit dem darunterliegenden Knochen, entfernt.

RISS DER SPEICHELDRÜSEN

Vier paarige Speicheldrüsen produzieren Speichel, eine alkalische und antibakterielle Flüssigkeit, die Maul und Nahrung anfeuchtet. Die größte der Drüsen ist die Ohrspeicheldrüse, die jeweils an der Kopfseite unter dem Ohr liegt. Verletzungen und andere Gründe können die Speicheldrüsen reißen lassen, sodass Speichel in das umliegende Gewebe tropft, was eine weiche, bewegliche Schwellung am Hals bewirkt.

DIAGNOSE UND THERAPIE Die Diagnose wird durch Speichelentnahme mit einer Spritze aus der Schwellung gestellt. Eine geschädigte Speicheldrüse produziert eine zähe, manchmal blutige Masse und wird meist operativ entfernt.

VERLÄNGERTES GAUMENSEGEL

Das Gaumensegel trennt im Rachen die Mundhöhle von der Nase. Ist es verlängert, hängt das Gaumensegel herab und verlegt zum Teil den Luftweg zurück in den Mund.

DIAGNOSE UND THERAPIE Die Anomalie wird operativ korrigiert (siehe S. 310).

GAUMENSPALTE

Manche Welpen werden mit einer Gaumenspalte geboren. Sie basiert auf einem Fehler beim Zusammenwachsen der Gaumenseiten im Mutterleib. Je größer die Spalte, desto mehr Schwierigkeiten hat der Welpe beim Saugen. Andere Ursachen sind Gesichts- oder Kieferverletzungen.

THERAPIE In beiden Fällen erfolgt die Behandlung meist operativ. Dies ist bei einer Verletzung allerdings leichter als bei einer angeborenen Gaumenspalte.

ERKRANKUNGEN DER KEHLE

Die Atemwege und das Magen-Darm-System liegen in der Kehle beieinander, hier grenzt der Nasenrachenraum an den Mundrachenraum. Erkrankungen dieser Systeme können beide Teile der Kehle betreffen.

HALSSCHMERZEN

Halsentzündung, auch Rachenkatarrh, ist selten eine örtliche Erkrankung, sondern wird meist von Infektionen im Maul und in den Nebenhöhlen oder Atemwegen begleitet. Die Hunde haben Fieber, sind lethargisch oder husten, niesen oder sperren das Maul auf.

DIAGNOSE Der Rachen erscheint rot, er ist entzündet und gegebenenfalls auch eitrig.

THERAPIE Hängt vom Infektionsgrund ab. Nicht steroidale Antiphlogistika

VERMEHRTER SPEICHELFLUSS

Starkes Sabbern gilt bei manchen Rassen als normal, besonders bei solchen mit losen, schlaffen Unterlippen, wie dem Spinone Italiano (rechts) und Bernhardinern. Starkes Sabbern ist eine natürliche Antwort auf Reize wie Angst und Unruhe. Es kann aber auch auf Erkrankungen hinweisen, wie Störungen im Mund oder in der Speiseröhre, Hitzschlag, Lebererkrankungen, Vergiftung oder Krankheiten wie Tollwut, Pseudowut und Staupe. Auch manche Arzneien wie zum Beispiel Betäubungs- und Flohmittel können Sabbern auslösen. Ebenso kann es ein Zeichen dafür sein, dass der Hund erbrechen muss oder ein Fremdkörper im Mund verkeilt ist. Sabbern kann aber genauso gut ein Zeichen für lokale Mundhöhlenerkrankungen wie Parodontose, Stomatitis und Zahnabszesse sein.

(NSAIDs) werden zur Linderung von Unwohlsein angewandt. Antibiotika werden gegen die bakterielle Infektion gegeben. Darüber hinaus bekommen erkrankte Hunde eine Woche weiches Futter, das die Kehle nicht reizt.

RAT Hunde können Träger von Bakterien sein, die beim Menschen Halsschmerzen verursachen, ohne dass sie selbst erkranken. Wird Ihre Familie gegen Streptokokken behandelt, lassen Sie auch Ihren Hund untersuchen.

MANDELENTZÜNDUNG

Mandelentzündung kann bei jeder Rasse auftreten, trifft aber kleine Rassen häufiger. Die Erkrankung ist meist Teil einer allgemeinen Infektion des Rachens oder der Atemwege (siehe S. 224). Erkrankte Hunde haben Fieber, sind niedergeschlagen und haben meist keinen Appetit.

DIAGNOSE Die Mandeln sind rot, entzündet, oft vergrößert und geschwollen. Die Schwellung führt zu Maulsperre (siehe rechts) und Würgen; die Mandeln können so stark anschwellen, dass sie sich berühren. Andere Schwellungen im Rachen entstehen durch Tumoren, insbesondere Krebs und Lymphknotengeschwülste. Manchmal entstehen Tumoren auf den Mandeln.

THERAPIE Erkrankte Hunde werden mit NSAIDs und Antibiotika behandelt. Chronisch entzündete Mandeln werden selten entfernt; wenn operiert wird, können begleitende Probleme der Gaumensegel oder Speicheldrüsen gleichzeitig korrigiert werden.

FREMDKÖRPER

Knochen und andere Dinge wie Stöcke können sich hinten im Maul des Hundes verhaken, von wo sie mit einem Löffelstiel nicht zu entfernen sind. Ein Hund in solcher Situation hat Maulsperre, nimmt die Pfoten an das Maul, sabbert oder erbricht.

DIAGNOSE UND THERAPIE Sofort zum Tierarzt. Ein Fremdkörper in der Kehle kann eine Schwellung bewirken, die die Atmung beeinträchtigt. Blockiert das Objekt den Kehlkopf, würgt der Hund und wird bewusstlos (siehe S. 424).

SCHÄDEL-KIEFER-GELENK-ERRANKUNG (KRANIOMANDIBULÄRE OSTEOPATHIE)

Dies ist eine schmerzhafte Entwicklungskrankheit des Kiefergelenks und des Schädels (Cranium), eigentlich weniger eine Munderkrankung. Einige Terrier-Rassen, besonders der Schottische Terrier und West Highland White Terrier haben kurze, starke Schmerzen beim Benutzen der Kiefer. Der Schmerz ist im Alter von vier bis zehn Monaten am stärksten.

DIAGNOSE UND THERAPIE Die Diagnose erfolgt nach Anzeichen, Alter und Rasse des Tieres und wird per Röntgenbild bestätigt. Die Behandlung beschränkt sich auf die Gabe von Schmerzmitteln.

SCHLAFFER KIEFER

Der Unterkiefer besteht aus zwei Teilen, einem auf jeder Seite. In der Mitte des Kinns wird er durch einen festen Knorpel gehalten. Die Verbindung der Unterkieferknochen wird manchmal nicht ausgebildet, besonders bei Zwergrassen. Daher bleiben die zwei Teile des Kiefers unverbunden und instabil und machen die Kiefer »schlaff«. Die Schneidezähne sind hier meist lose.

THERAPIE Erkrankte Zähne werden gezogen. Eine Infektion wird mit Antibiotika behandelt. Manchmal werden die zwei Unterkieferknochen mit Schrauben und Draht stabilisiert.

AUSGERENKTER KIEFER UND BRÜCHE

Beim Ausrenken rutscht der Unterkiefer aus dem Gelenk im Schädel heraus. Dies kommt selten vor, besonders bei Irish Setter und Basset. Brüche sind häufiger und können auf verschiedene Verletzungen zurückgehen.

THERAPIE Kieferausrenkung muss meist operiert werden. Operatives Richten von Brüchen bedeutet Sicherung der Knochen mit Draht oder Nägeln.

MAULSPERRE

Maulsperre tritt auf, wenn der Rachen gereizt ist und sich Muskeln im hinteren Rachen kontrahieren. Sie kann auch aufgrund von Störungen in anderen Bereichen auftreten:

Nase, Gaumen oder Nasennebenhöhlen
- Gaumenspalte
- Parasiten
- Tumoren
- Fremdkörper oder Blockade

Atemwege
- Luftröhrenkollaps
- Kehlkopflähmung
- Zwingerhusten
- Parasiten
- Tumoren
- Fremdkörper

Speiseröhre oder Magen
- Speiseröhrenerweiterung
- Entzündungen
- Tumoren
- Fremdkörper

An anderer Stelle im Körper
- Flüssigkeitsansammlung ums Herz (Perikarderguss)
- Störungen im Mittelohr
- Nierenerkrankungen

SPEISERÖHRE UND MAGEN

Ist die Nahrung gekaut, wird sie geschluckt und gleitet am Kehlkopf vorbei in die Speiseröhre. Wellenförmige Muskelkontraktionen befördern Nahrung und Flüssigkeiten in den Magen, sogar gegen die Schwerkraft. Der Magen selbst ist ein Hohlraum, in dem die Nahrung bearbeitet und nach und nach in den Dünndarm abgegeben wird. Hunde nehmen oft versehentlich unverdauliche Dinge zu sich, sodass die Entleerung des Magens durch Erbrechen nicht ungewöhnlich ist.

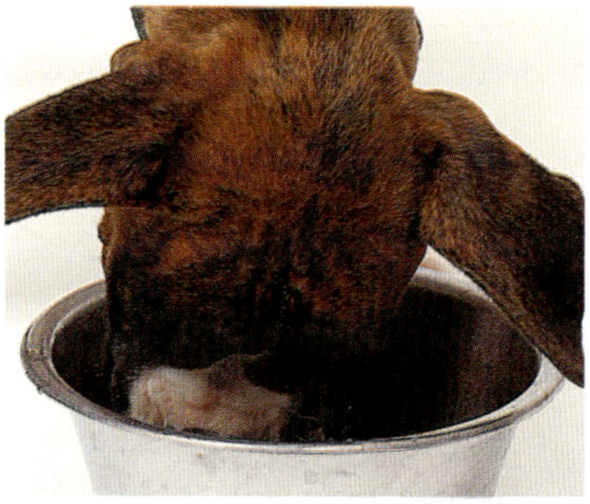

Hunde können mit dem Kopf nach unten schlucken.

Die Verdauung beginnt im Maul und wird im Magen-Darm-Trakt fortgesetzt. Die Nahrung wird schrittweise zerkleinert, zuerst durch Kauen und dann durch chemische Stoffe im sauren Magenmilieu.

DIE SPEISERÖHRE

Die Speiseröhre ist eine muskulöse Röhre, durch die Nahrung und Flüssigkeiten von der Kehle zum Magen transportiert werden. Geschluckte Nahrung fließt nicht einfach nur, sondern wird aktiv mittels rhythmischer Kontraktionen der Muskelwände geschoben und gedrückt. Diese unbewusst ablaufenden Bewegungen werden als »Peristaltik« bezeichnet. Mithilfe des Schleims der Speiseröhrenwände wird die Nahrung unabhängig von der Schwerkraft in Richtung Magen geschoben. Deshalb kann ein Hund stehend und mit dem Kopf nach unten fressen oder trinken. Die Speiseröhre des Hundes ist ein sehr elastisches Organ und kann große Fleischstücke zum Magen befördern. Diese Elastizität ermöglicht jedoch auch das Verschlucken von Fremdkörpern. Einige Störungen können sich in der Speiseröhre entwickeln, viele davon sind schmerzhaft. Das häufigste Problem ist das Zurückfließen (Regurgitieren) des Futters, was vom Erbrechen abweicht (siehe S. 342).

DER MAGEN

Der Magen des Hundes ist relativ groß, ideal für ein Tier, das alles frisst, was es ergattern kann. Hunde fressen gern; wenn Nahrung zur Verfügung steht, fressen sie auch mehr als nötig – und sie haben den passenden Magen dafür. Weil Hunde beim Fressen so wenig wählerisch sind, erbrechen sie bei Magenverstimmungen häufig aktiv. Ein Hundemagen hat eine große Erweiterungsfähigkeit bei Nahrung im Überangebot. Er kann zwischen 100 und 250 Milliliter Inhalt pro Kilogramm Körpergewicht fassen. Das bedeutet, dass der Magen eines Labrador Retrievers eine Kapazität von bis zu 8 Litern hat. Jeder Halter eines Labradors weiß, dass der Hund seinen Magen bis zur Grenze nutzt, weshalb man scherzt, ein Labrador sei das lebenserhaltende System für seinen Magen.

Der Magen ist ein Speicher für durchmischte und vorverdaute Nahrung, ein Behältnis, in dem Salzsäure und bestimmte Enzyme unter Steuerung von Magen-Darm-Hormonen gebildet werden. Die Magenschleimhaut wird vor ihrer eigenen Säure durch eine Schleimschicht und durch chemische Stoffe, die Prostaglandine, geschützt. Ist die Prostaglandinproduktion verringert oder gestört, treten Entzündung der Magenschleimhaut oder Magengeschwüre auf.

Mit der Magensäure beginnt der Prozess der Nahrungsaufspaltung für die Verdauung. Muskelwellen im Magen mischen und bewegen die Nahrung und tragen zur Aufspaltung bei, bevor sie in den Darm gelangt. Dort findet die Verdauung statt und werden die molekularen Bestandteile der Nahrung aufgenommen (siehe S. 348).

F **WARUM HABEN HUNDE OFT PROBLEME MIT FESTSTECKENDEN FREMDKÖRPERN?**

A Hunde fressen fast alles. Deshalb treten so viele Rachenprobleme durch Fremdkörper wie Knochensplitter und Stöcke auf. Der häufigste Grund für Speiseröhren- und Magenprobleme ist das natürliche Bedürfnis jedes Hundes, alles mit dem Maul zu erkunden. Überprüfen Sie, was Ihr Hund ins Maul nimmt – dies kann oft einen Tierarztbesuch ersparen.

DER NAHRUNGSFLUSS

Jeder Bissen geschluckte Nahrung tritt in die Speiseröhre ein und wird zum Magen befördert. Oben am Magen befindet sich ein fester Muskelring, der Magenmund, der die Nahrung hineinlässt. Am anderen Ende des Magens liegt ein anderer Muskelring, der Magenausgangsmuskel, der sich in Abständen öffnet und Nahrung in den Darm entlässt.

MAGENWÄNDE

Viele Drüsenzellen, die in die Falten der Magenwand eingebettet sind, sondern Schleim, Salzsäure und Enzyme in den Magen ab.

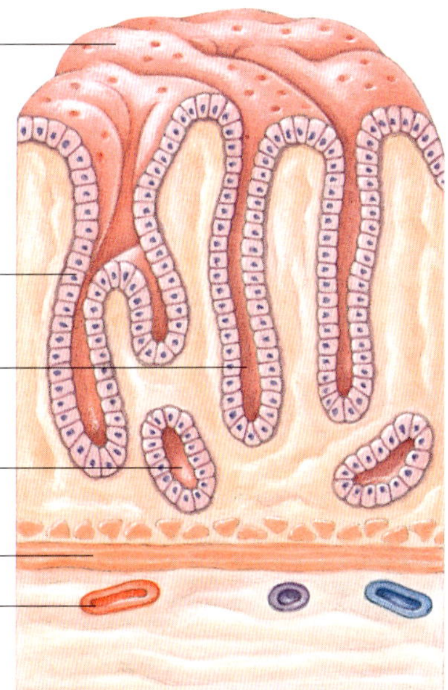

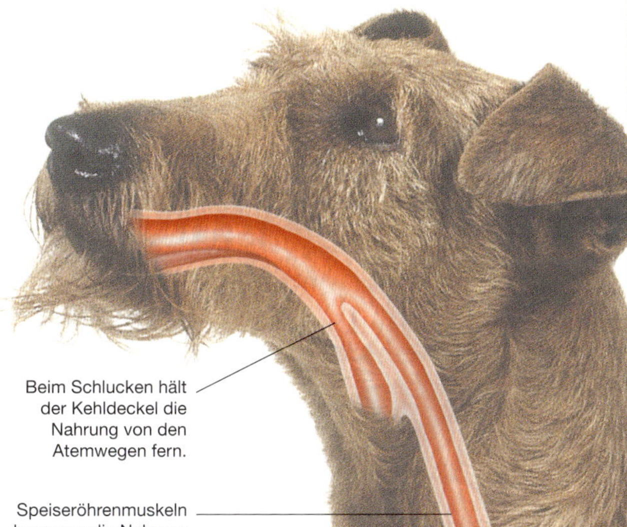
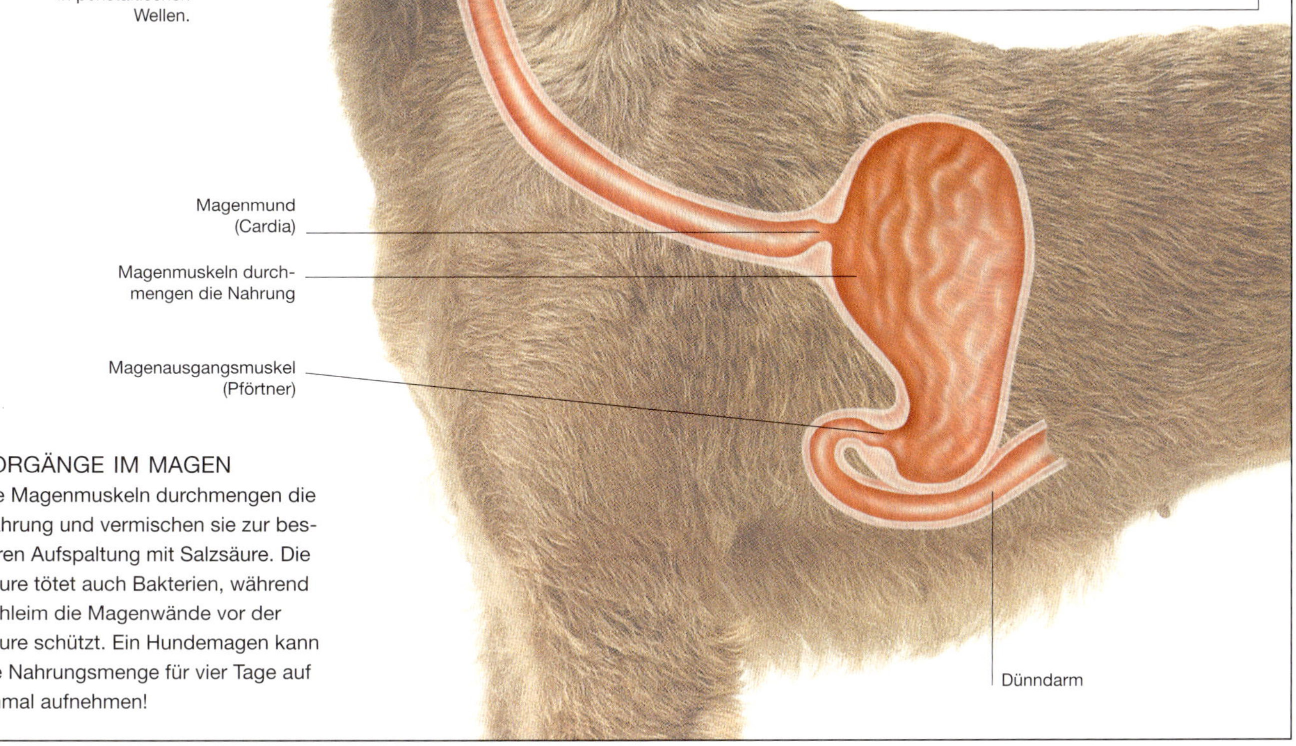

VORGÄNGE IM MAGEN

Die Magenmuskeln durchmengen die Nahrung und vermischen sie zur besseren Aufspaltung mit Salzsäure. Die Säure tötet auch Bakterien, während Schleim die Magenwände vor der Säure schützt. Ein Hundemagen kann die Nahrungsmenge für vier Tage auf einmal aufnehmen!

SYMPTOME UND DIAGNOSE

Die häufigsten Zeichen von Speiseröhren- und Magenproblemen sind das Zurückfließen (Regurgitieren) der Nahrung und das Erbrechen.

Andere Anzeichen sind Schluckbeschwerden und ungewöhnlich großer Appetit. Man muss zwischen dem Regurgitieren von Nahrung und Erbrechen unterscheiden; ob Erbrechen plötzlich auftritt, ob es andauert oder periodisch auftritt. Gehen Sie am besten am selben Tag zum Tierarzt.

REGURGITIEREN VON NAHRUNG UND ERBRECHEN

Regurgitieren von Nahrung tritt auf, wenn sie ohne Anstrengung – und ohne Würgen – durch das Maul wieder ausgestoßen wird. Dies kann fälschlicherweise als Erbrechen gedeutet werden, bei dem Nahrung in den Magen gelangt und durch Muskelkontraktion wieder hochgebracht wird.

Erbrechen kann durch ein Problem innerhalb oder außerhalb des Magen-Darm-Traktes ausgelöst werden (siehe S. 344). Die verschiedenen Arten des Erbrechens geben Hinweise auf die mögliche Ursache.

Es gibt drei Stufen des Erbrechens. Übelkeit ist die erste Stufe, einhergehend mit Teilnahmslosigkeit, Frösteln, Gähnen, Lippenlecken, vermehrtem Sabbern und Schlucken. Der Übelkeit folgt oft Würgen, gefolgt von Muskelkontraktionen im Magen, jedoch ohne Ergebnis. Während der dritten Stufe – dem Erbrechen – wird der Mageninhalt durch das Maul und manchmal durch die Nase ausgestoßen.

AKUTES ERBRECHEN

Hunde heilen sich selbst, indem sie nicht in den Magen gehörende Nahrung und Fremdkörper erbrechen. Auch Würmer lassen sich auf diese Art und Weise entfernen.

Akutes Erbrechen kann aber auch von Reisekrankheit herrühren. Bei einem sonst gesunden Hund reicht es, wenn Sie nach dem Erbrechen nur ein paar Stunden keine Nahrung und kein Wasser geben.

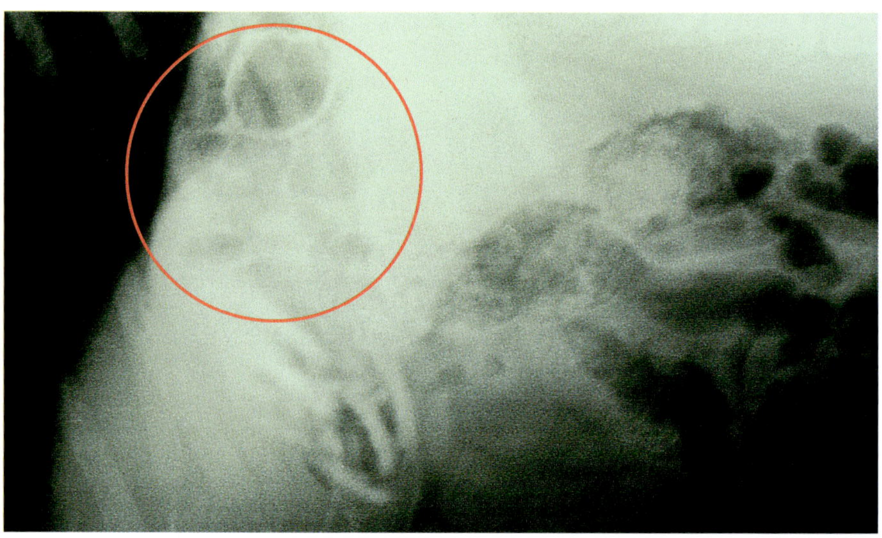

TEDDYBÄR IM HUNDEMAGEN

Die Röntgenaufnahme zeigt einen Teddybären im Magen eines Hundes hinter dem Zwerchfell – ein gutes Beispiel für die Art von Fremdkörpern, die ein neugieriger Hund beim Erkunden seiner Umgebung versehentlich verschluckt.

WIEDERKEHRENDES UND DAUERHAFTES ERBRECHEN

Wiederholtes Erbrechen kann durch Nahrungsmittelallergie ausgelöst werden, aber auch ernste Störungen wie Stoffwechselerkrankungen, Geschwüre oder Tumoren. Gehen Sie binnen 48 Stunden zum Tierarzt, wenn Ihr Hund über mehrere Tage erbrochen hat.

Da wiederholtes, andauerndes Erbrechen durch einfache Magenreizung oder durch lebensbedrohliche Magen-Darm-Blockade verursacht werden kann: Gehen Sie sofort zum Tierarzt!

ERBRECHEN IM SCHWALL

Diese starke Form des Erbrechens wird oft durch eine Blockade verursacht, sodass die Nahrung den Magen nicht verlassen kann. Es kann auch durch eine Gehirnerkrankung verursacht sein, deshalb am selben Tag zum Tierarzt!

ERBRECHEN VON BLUT ODER GALLE

Ursache für Erbrechen von Blut kann ein Geschwür in Magen oder Dünndarm, ein Fremdkörper, Tumor oder eine ernste Infektion sein. Bei zwei- bis dreimaligem Erbrechen kann Blut auch aufgrund einer Reizung im Erbrochenen sein. Gehen Sie am selben Tag zum Tierarzt. Erbricht Ihr Hund Galle (Refluxgastritis), kann der Grund eine leichte Allergie sein. Solche Hunde erbrechen oft immer zur gleichen Tageszeit und sind sonst gesund. Erbrechen kann mit einer Arznei gegen Übelkeit wie Metoclopramid behandelt werden.

FUTTERREGELN FÜR ERBRECHENDE HUNDE

Nach Ende des Erbrechens etwa einen Tag lang kein Futter geben, je nach der Ursache und der Schwere des Erbrechens, aber auch dem Alter und Gesundheitszustand des Tieres. Während dieser Zeit häufig kleine Wassermengen oder Eiswürfel geben. Sodawasser kann die ver-

TIPPS VOM TIERARZT

Ein einmaliges Erbrechen ist zwar sowohl für Sie als auch für den Hund unangenehm, aber wenn weiter kein Erbrechen oder andere Symptome auftreten, ist es meist medizinisch unbedeutsam. Der häufigste Grund für ein solches Erbrechen ist das Ausstoßen von Dingen, die nicht in den Magen gehören. Wenn möglich, prüfen Sie das Erbrochene; das gibt Ihnen gute Hinweise darüber, was Ihr Hund angestellt hat. Sind irgendwelche Fremdkörper im Erbrochenen, zum Beispiel Verschlusskappen aus Plastik, wissen Sie, dass Ihr Hund herumstöbert und in Zukunft besser beaufsichtigt werden sollte.

mehrte Magensäure bei einem erbrechenden Hund neutralisieren. Es ist sinnvoll, pulverisierte Elektrolytlösung ins Trinkwasser zu mischen. Auch schwarzer Tee mit einer Prise Salz hilft.

Wenn Sie den Hund nach dem Abklingen des Erbrechens wieder zu füttern beginnen, vermeiden Sie fett- und eiweißreiche Kost. Fütten Sie häufig kleine Mengen fett- und eiweißarmer weicher Nahrung, um den Magen nicht zu belasten und damit Nahrung leichter in den Darm gelangt. Gutes Futter macht man selbst aus einem Teil fettarmem Hüttenkäse und zwei Teilen gekochtem Reis.

SCHLUCKBESCHWERDEN (SCHLUCKSTÖRUNG)

Schmerzhafte Erkrankungen, die das Zurückfließen (Regurgitieren) von Nahrung auslösen (Fremdkörper, Verengungen, Tumoren, Entzündungen), können Schluckbeschwerden hervorrufen. Wird der Schmerz stärker, frisst der Hund weniger.

DIAGNOSE UND THERAPIE Röntgen hilft bei der Diagnose; dann gegebenenfalls Fremdkörper entfernen. Eine Magenspiegelung kann sinnvoll sein.

VERSTÄRKTER APPETIT

Verstärkter Appetit (Polyphagie) ist normal bei wachsenden Welpen, trächtigen oder säugenden Hündinnen, bei kaltem Wetter, bei Hunden, die körperliche Arbeit leisten, oder bei solchen, die eine kalorienarme Diät bekommen.

Gefräßigkeit wird auch mit verschiedenen Arzneien, zum Beispiel mit Kortikosteroiden und Krampflösern, aber auch mit Diazepam, Antihistaminen und Progesteron in Verbindung gebracht.

Verstärkter Appetit wird vielen Erkrankungen wie Gehirnschädigungen, Schilddrüsenüberfunktion (siehe S. 376), Diabetes (siehe S. 380) und einer Reihe von Erkrankungen des Verdauungstraktes, u. a. Speiseröhrenerweiterung (siehe S. 344) und Bauchspeicheldrüsen- und Verdauungsstörungen (siehe S. 348–361) zugeschrieben.

DIAGNOSEHILFEN

Wertvollstes diagnostisches Mittel zur Untersuchung der Speiseröhre oder des Verdauungstraktes ist das Endoskop, ein festes oder bewegliches Instrument, das in Hohlräume des Körpers eingeführt wird. Mit einem Endoskop kann der Tierarzt inneres Gewebe mit einer winzigen Videokamera betrachten, mit sehr kleinen Instrumenten Operationen durchführen, Gewebeproben nehmen oder Fremdkörper entfernen.

Ein Gastroskop ist ein Endoskop zur Untersuchung des Magens. Das Gastroskop ermöglicht dem Tierarzt einen Einblick in Magenvorgänge und – wenn nötig – Gewebeprobenentnahme und kleinere Operationen.

Andere diagnostische Mittel sind Röntgen und Ultraschall. Röntgenuntersuchungen, die mit Kontrastmittel vorgenommen werden können, zeigen gegebenenfalls Fremdkörper im Magen oder Speiseröhrenverengungen an.

F KÖNNEN FREMDKÖRPER IN DER SPEISERÖHRE BLEIBENDEN SCHADEN ANRICHTEN?

A Je länger ein Fremdkörper in der Speiseröhre sitzt, desto größere bleibende Schäden kann er verursachen. Pfirsichkerne zum Beispiel können sich nahe dem Mageneingang festsetzen und in die Wand einlagern. Das Tier kann trinken und manchmal auch fressen, ohne zu erbrechen, der Kern verursacht jedoch eine starke örtliche Entzündung. Sogar nach der Entfernung kann sich Gewebe verengen, was häufiger zu chronischem Regurgitieren der Nahrung führt.

F KANN EINE VERENGUNG BEHANDELT WERDEN?

A Verengungen können behandelt werden, sind aber schlecht zu heilen. Ein Endoskop wird zur Verengung hinabgelassen und aufgebläht. Man spricht von Ballondilatation, bei der der weiche Ballon Anlagerungen ablöst. Manchmal sind schwierigere Operationen oder Medikamente erforderlich.

F KÖNNEN ERKRANKUNGEN DER SPEISERÖHRE OHNE ENDOSKOP ERKANNT WERDEN?

A Röntgen mit Kontrastmittel wird für die Diagnose der meisten Speiseröhren- und Magenstörungen angewandt. Einfaches Röntgen wird für das Auffinden von Fremdkörpern aus Metall, Stein und anderem harten Material eingesetzt. Anschließend wird Barium gefüttert und sofort geröntgt, um festzustellen, ob Kontrastmittel in der Speiseröhre verblieben ist. Auch mögliche Erweiterungen können so erkannt werden. In manchen Fällen ist jedoch ein Endoskop lebenswichtig für eine Diagnose oder Behandlung.

STÖRUNGEN DER SPEISERÖHRE

Der häufigste Grund für das Zurückfließen (Regurgitieren) der Nahrung bei Hunden ist ein Fremdkörper in der Speiseröhre. Sabbern kann auftreten, weil der Gegenstand das Schlucken des Speichels verhindert.

Bei chronischem Regurgitieren der Nahrung ist der häufigste Grund eine Speiseröhrenerweiterung (siehe unten).

Andere Gründe sind Bleivergiftung, schwere Muskelschwäche oder neuromuskuläre Abweichungen (siehe S. 414); Lebensmittelvergiftung, Unterfunktion der Schilddrüse (siehe S. 375) oder der Nebenniere (siehe S. 378 f.) sowie eine immunbedingte Störung, systemischer Lupus erythematodes (siehe S. 270).

SPEISERÖHREN-ERWEITERUNG

Wenn ein Teil der Speiseröhre nicht richtig kontrahiert oder zum Teil durch einen Fremdkörper blockiert wird, kann Nahrung nicht in den Magen gelangen. Stattdessen sammelt sie sich an dem Staupunkt und erweitert die Speiseröhre. Speiseröhrenerweiterung ist die häufigste Erkrankung, die Hunde gerade gefressene Nahrung regurgitieren lässt.

Bei manchen Rassen ist Speiseröhrenerweiterung ererbt (siehe S. 345). Der genaue Grund wird aber selten gefunden. Bei älteren Tieren ist es eine erworbene Störung; schwere Muskelschwäche ist als Auslöser bekannt. In den meisten Fällen jedoch, die meist erst ab dem Hundealter von sieben Jahren auftreten, bleibt die Ursache verborgen.

DIAGNOSE Die ererbte Krankheit wird oft festgestellt, wenn Welpen auf festes Futter wechseln. Bluttests geben Hinweise auf mögliche Gründe, Röntgen bestätigt diese.

THERAPIE Möglichst ursächlich behandeln. Ist das nicht möglich, Hunde häufig mit kleinen Mahlzeiten auf erhöhter Unterlage füttern, sodass die Schwerkraft beim Schlucken der Nahrung hilft.

FREMDKÖRPER

Knochen, Schnüre, Angelhaken, Nadeln, Holzstücke, kleine Spielsachen und sogar Brotmesser wurden schon als Fremdkörper in der Speiseröhre gefunden. Bei Hunden ist alles möglich. Ein Fremdkörper verursacht plötzliche Maulsperre, Würgen und Sabbern. Holzsplitter zum Beispiel lösen Regurgitieren von Nahrung und Schluckbeschwerden über mehrere Tage aus. Fieber und Husten können begleitend auftreten. Manche Hunde stehen steif und können nicht entspannen.

Ein Fremdkörper kann die Speiseröhrenwand schädigen und eine feste Verengung bilden. Eine Speiseröhrenverengung bewirkt meist Regurgitieren von Nahrung und führt zur Entzündung.

DIAGNOSE UND THERAPIE Fremdkörper können mit einfachem Röntgen entdeckt werden. Unter Vollnarkose kann ein Fremdkörper lokalisiert und dann mit einem Endoskop und Greifinstrument entfernt werden.

SPEISERÖHRENENTZÜNDUNG

Der saure Mageninhalt kann aufstoßen oder in die Speiseröhre zurückfließen und Speiseröhrenentzündung verursachen. Dies kann auch von einer Ausweitung der Speiseröhrenöffnung (Hia-

GRÜNDE FÜR ERBRECHEN

Der häufigste Grund für Erbrechen ist die Aufnahme von Unverträglichem. Wenn Futter unverdaut erbrochen wird, liegt die Ursache wahrscheinlich im Magen. Enthält das Erbrochene gelben Schleim, liegt meist eine Darmstörung vor. Blut kann auf Geschwüre oder Schäden in den Wänden des Verdauungstraktes hinweisen.

NAHRUNGSBEDINGTE GRÜNDE

- Verdorbenes gefressen
- Zu viel gefressen
- Nahrungsunverträglichkeit
- Wirkliche Allergie
- Entzündung (Gastritis)
- Parasiten
- Geschwüre
- Fremdkörper
- Tumoren
- Blähungen (Erweiterung, Verschlingung)
- Störung passiver Bewegungsabläufe

DARMSTÖRUNGEN

- Entzündungen (entzündliche Darmkrankheit, Dickdarmentzündung)
- Parasiten
- Fremdkörper
- Tumoren
- Infektionen (Parvovirus, Staupe)
- Vermehrtes Wachstum unerwünschter Bakterien
- Zusammengeschobener Darm
- Verstopfung

ANDERE STÖRUNGEN IM BAUCH

- Entzündete Bauchspeicheldrüse (Pankreatitis)
- Entzündetes Bauchfell (Peritonitis)
- Tumoren in der Bauchhöhle

ANDERE STÖRUNGEN

- Nierenversagen
- Lebererkrankungen
- Diabetes
- Nebennierenrindenunterfunktion (Hypokortizismus)
- Schilddrüsenüberfunktion (Hyperthyreoidismus)
- Blutvergiftung (Septikämie, Endotoxinämie)
- Elektrolyt- und Säure-Lauge-Störung
- Unruhe, Ängste, Phobien

VERGIFTUNGSFORMEN

- Blei
- Frostschutzmittel (Ethylenglycol)
- Strychnin
- Digitalisvergiftung durch Tabletten
- NSAID-Medikamente
- Chemotherapeutika
- Manche Antibiotika

tusbruch) herrühren oder daran, dass der Magen gegen das Zwerchfell drückt.
DIAGNOSE UND THERAPIE Endoskopie deckt Entzündungen durch Rückfluss auf. Sucralfat ist ein übliches Medikament bei Speiseröhrenentzündung. Operationen beseitigen Brüche.

SPEISERÖHRENTUMOREN

Speiseröhrentumoren sind zwar selten, aber meist bösartig. Vom Speiseröhrenwurm *Spirocerca lupi* verursachte Geschwülste wurden bisher nur in den südlichen Staaten der USA gefunden; sie sind selten, aber mit der Zeit können diese gutartigen Knoten zu bösartigen Fibrosarkomen oder Krebs entarten.
THERAPIE Tumoren werden operativ entfernt, die Würmer mit Wurmmitteln behandelt.

MAGENSTÖRUNGEN

Viele Magenstörungen bei Hunden verursachen Erbrechen als erstes Symptom. Die wirksamsten Mittel zur Diagnose sind Röntgen, Ultraschall oder Magenspiegelung.

ABFALLFRESSER
Hunde sind immerzu neugierig auf ihre Umwelt und schnüffeln gern in Mülltonnen herum. Dies kann zu Magenverstimmung und akuter Magenschleimhautentzündung führen.

AKUTE MAGENSCHLEIMHAUTENTZÜNDUNG

Magenschleimhautentzündung wird durch falsche Nahrung, Infektionen, Parasiten und Gifte ausgelöst. Die Hunde erbrechen und wollen nicht fressen.
DIAGNOSE UND THERAPIE Die Diagnose basiert auf der Krankengeschichte und einer Untersuchung des Tieres. Zunächst werden die bekannten oder offensichtlichen Gründe für die Entzündung beseitigt und Nebenwirkungen wie zum Beispiel ein Elektrolytungleichgewicht korrigiert. Die Fütterung wird eingeschränkt.

CHRONISCHE MAGENSCHLEIMHAUTENTZÜNDUNG

Hunde mit chronischer Magenschleimhautentzündung erbrechen über einen längeren Zeitraum gelegentlich. Die Störung kann durch dauerhaftes Grasfressen oder Fremdkörper, durch chemische Reize oder Nahrungsmittelallergien auftreten.
DIAGNOSE Blutproben zeigen ein erhöhtes Niveau von Eosinophilen, weißen Blutkörperchen, die bei der Immunabwehr von Parasiten und Allergien tätig sind. Zeigt eine durch Spiegelung entnommene Gewebeprobe Eosinophile in der Magenwand, wird die Diagnose »eosinophile Magenschleimhautentzündung« gestellt.
THERAPIE Die Behandlung umfasst Erbrechen hemmende Mittel wie Metoclopramid und Flüssigkeitstherapie. Kortikoide werden bei eosinophiler Magenschleimhautentzündung gegeben. Mittel gegen Geschwüre wie Cimetidin und Ranitidin und zum Schutz der Magenschleimhaut, zum Beispiel Sucralfat, wirken bei Hund wie Mensch.

GESCHWÜRE

Der häufigste Grund für Magengeschwüre sind Medikamente: Kortikosteroide und nicht steroidale Antiphlogistika (NSAIDs). Auch Schock, Stress, schwere Krankheit und Allergien können Geschwüre verursachen. Betroffene Hunde erbrechen periodisch, erschei-

GEFÄHRDETE RASSEN

Speiseröhrenerweiterung ist selten. Sie ist bei manchen Zuchtlinien von Zwergschnauzern und Foxterriern (Bild oben) erblich bedingt. Der häufigste Grund ist jedoch eine erworbene Schädigung als Folge eines Fremdkörpers in der Speiseröhre.

Speiseröhrenerweiterung kommt häufig auch bei den folgenden Rassen vor:

- Deutscher Schäferhund
- Dänische Dogge
- Irish Setter
- Labrador Retriever
- Neufundländer (Bild oben)
- Shar Pei

F BEKOMMEN HUNDE AUCH GESCHWÜRE DURCH HELICOBACTER WIE DER MENSCH?

A Das Bakterium *Helicobacter pylori*, das bei Magengeschwüren des Menschen auftritt, kommt auch bei Hunden vor. Ob es allein zu Magengeschwüren bei Hunden führen kann, ist bislang noch unklar.

F KANN STRESS BEI HUNDEN MAGENGESCHWÜRE HERVORRUFEN?

A Heute als ethisch nicht vertretbar geltende Tierversuche, die vor über 60 Jahren durchgeführt wurden, haben gezeigt, dass chronischer Stress bei Säugetieren Magengeschwüre auslöst. Ein wenig Stress ist gut für Hund und Mensch, chronischer Stress jedoch kann zu Magengeschwüren führen. Zum Glück sind Medikamente für die Behandlung stressbedingter Magengeschwüre von Menschen bei Hunden genauso wirksam. Dass bisher kein Hersteller die Veterinärzulassung eines dieser sicheren »H2-Blocker« beantragt hat, deutet auf das seltene Auftreten bei Hunden hin.

F WARUM ERHÖHT NSAID DIE GEFAHR VON MAGENGESCHWÜREN?

A Jede Rasse reagiert auf Medikamente etwas unterschiedlich. Der Hundemagen reagiert jedoch in jedem Fall empfindlicher auf NSAIDs als der des Menschen. Deshalb wurden NSAIDs wie Carprofen, Meloxicam und Ketoprofen speziell als Tierarzneien entwickelt. Diese Mittel reizen weniger als die für Menschen lizenzierten Wirkstoffe wie Ibuprofen.

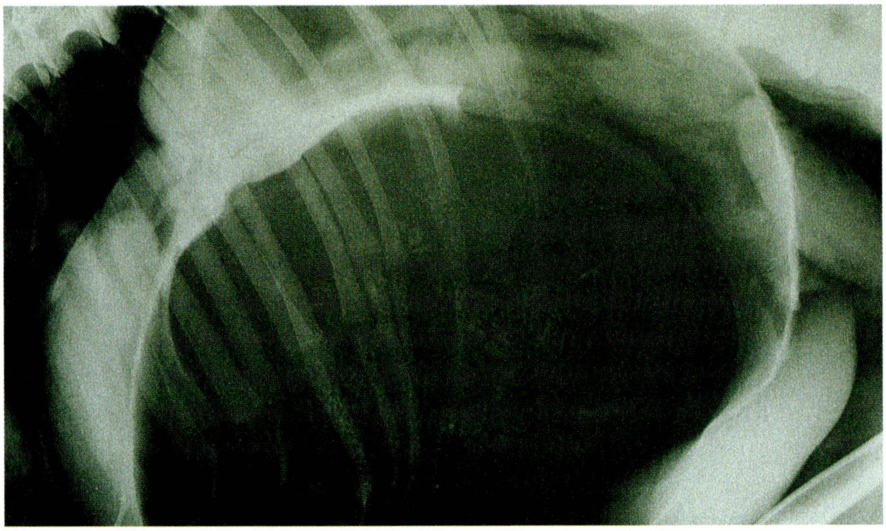

DARMERWEITERUNG UND -VERSCHLINGUNG
Dieses Röntgenbild zeigt den (schwarzen) luftgefüllten, bis unter den Brustkorb erweiterten Magen, der die Leber nach links gegen das Zwerchfell schiebt. Die (weiße) Milz unten rechts ist geschwollen. Diese Veränderung führt zu schnell fortschreitendem, lebensbedrohlichem Schock.

nen unglücklich und nehmen ab. Frisches oder altes Blut kann im Erbrochenen sein. Der Stuhl kann durch Blut aus dem Magen oder dem Zwölffingerdarm schwarz (teerähnlich) sein.

Ungewöhnliche Ursachen für Magengeschwüre sind Mastzellentumoren auf der Haut. Diese Tumoren geben große Mengen Histamine ab, die ihrerseits die Salzsäuresekretion im Magen auslösen. Jeder Hund mit mehreren Mastzellentumoren ist daher gefährdet.

DIAGNOSE Der beste Weg zur Diagnostizierung eines Magengeschwürs ist die Spiegelung. Ultraschall oder Röntgen mit Kontrastmittel ist sinnvoll.

THERAPIE Die Ursache des Geschwürs muss beseitigt werden. Eine schwere Anämie durch Blutverlust wird mit Blutersatz behandelt; eine Kombinationsmedikation wird zum Schutz der Magenschleimhaut und zur verbesserten Gewebeheilung gegeben. Die medikamentöse Behandlung dauert so lange, bis eine Spiegelung zeigt, dass alle Geschwüre abgeheilt sind.

TIPP Hunde reagieren sensibler als Menschen auf geschwürauslösende, nicht steroidale Entzündungshemmer (NSAIDs). Geben Sie nur NSAIDs, die tierärztlich zugelassen sind; diese Medikamente sind für Hunde sicherer als viele NSAIDs für den Menschen.

VERSCHLÜSSE

Verschlüsse (Obstruktionen) werden durch Fremdkörper, Tumoren oder Vernarbung oder Kontraktion des Pförtnerkanals (Canalis pyloricus), wo Nahrung aus dem Magen in den Zwölffingerdarm fließt, verursacht. Die Hunde erbrechen, nehmen ab und fühlen sich unwohl.

DIAGNOSE UND THERAPIE Röntgen mit Kontrastmittel zeigt wenig oder keine Magenentleerung in den Zwölffingerdarm. Ultraschall zeigt einen vergrößerten, mit Flüssigkeit gefüllten Magen. Eine Spiegelung gibt genaueren Aufschluss. Meist ist eine Operation nötig.

PERISTALTIKSTÖRUNGEN

Der Mageninhalt entleert sich zu schnell oder langsam in den Darm. Verzögertes Entleeren ist ein häufiger Grund für Erbrechen und Appetitlosigkeit.

DIAGNOSE UND THERAPIE Ist die genaue Ursache für verzögertes Entleeren unbekannt, werden die Symptome

behandelt. Metoclopramid verhindert Erbrechen, während Cisaprid die Entleerung anregt. Füttern Sie leicht verdauliche Nahrung (einen Teil fettarmer Hüttenkäse und zwei Teile gekochten Reis) oft in kleinen Portionen.

POLYPEN UND TUMOREN

Magenpolypen treten relativ häufig auf, sind aber meist gutartig. Bösartige Tumoren wie Adenokarzinome und Lymphosarkome sind selten. Die Anzeichen sind ähnlich wie bei Fremdkörpern, Geschwüren oder Verschlüssen.
DIAGNOSE UND THERAPIE Eine Spiegelung erbringt die genaueste Diagnose. Operative Entfernung des tumorbefallenen Magenabschnittes ist bei gutartigen Formen wirksam. Die Aussichten bei bösartigen Tumoren sind schlecht.

BLÄHUNGEN (ERWEITERUNG, MAGENDREHUNG)

Blähungen (Erweiterung), gefolgt von Magendrehung, sind lebensbedrohlich. Teilweise oder komplette Verdrehung verhindert, dass Nahrung in den Magen hinein oder heraus gelangen kann. Der Bauch schwillt an. Der Hund speichelt, würgt, läuft unruhig hin und her, wird teilnahmslos oder hat Schmerzen.

Schocksymptome treten schnell auf (siehe S. 422). Akute Aufgasungen führen auch bei sofortiger Behandlung oft zum Tod. Frühe Diagnose und schneller operativer Eingriff, verbunden mit medikamentöser Therapie, erhöhen die Überlebenschanchen.
DIAGNOSE Röntgen bestätigt die Diagnose. Der Hund fühlt sich nicht wohl und steht gegebenenfalls unter lebensbedrohlichem Schock. Druckreduzierung im Magen ist lebenswichtig. Wenn kein Rohr durch die Speiseröhre in den Magen geführt werden kann, wird der Tierarzt eine Nadel durch die Bauchdecke direkt in den Magen einführen.
THERAPIE Sofort Notfalltherapie mit Flüssigkeit, Kortikosteroiden, Antibiotika, Arzneien zur Regulierung begleitender Herzrhythmusstörungen und Arzneien zum Begrenzen der Freisetzung großer Mengen gewebezerstörender freier Radikale.

Gleichzeitig ist eine Operation zur Magendrehung und -sicherung in der normalen Position nötig.
PRÄVENTION Ist Ihr Hund gefährdet, sollten Sie besonders auf ihn achten. Erlauben Sie kein Wälzen oder Toben nach dem Fressen. Nahrungsaufteilung in kleine Portionen senkt das Risiko.

TIPPS VOM TIERARZT

Metoclopramid hemmt Erbrechen, doch bei manchen Tieren, besonders bei Yorkshire Terriern, kann es vorübergehende Verhaltensänderungen wie Unruhe und Überaktivität hervorrufen. Diese Auswirkungen vergehen nach einigen Stunden. Zeigt Ihr Hund eine Nebenwirkung auf Metoclopramid, schützen Sie ihn vor Licht und Lärm. Rufen Sie den Tierarzt an, und berichten Sie ihm von der Reaktion.

GEFÄHRDETE RASSEN

Das Risiko einer Magendrehung ist familiär bedingt. Mittelgroße, große oder sehr große Rassen mit tiefem, engen Brustkorb sind am stärksten gefährdet.

Rassen, die für Aufgasung anfällig sind:

- Dänische Dogge (Bild ganz oben)
- Deutscher Schäferhund
- Dobermann
- Gordon Setter (Bild oben)
- Irish Setter
- Irish Wolfhound
- Pudel
- Weimaraner

DARMTRAKT

Darmbandwurm

Der Darm bildet den letzten Abschnitt des Verdauungstraktes. Er besteht aus dem Dünn- und dem Dickdarm. Im Dünndarm werden Fette, Proteine und Kohlenhydrate aus der Nahrung mithilfe von Enzymen aus der Bauchspeicheldrüse und der Leber in kleinste Teile aufgespalten. Die Nährstoffe werden durch die Darmwände ins Blut aufgenommen. Unverdautes gelangt weiter in den Dickdarm, wo noch mehr Wasser entzogen wird. Schließlich wird der Rest durch Mastdarm und After als Kot ausgeschieden.

Der Darm steht praktisch in direktem Kontakt mit der Umwelt und ist deshalb vielen Einwirkungen wie Keimen, Parasiten, darunter verschiedene Würmer, sowie Giften und unverdaulichen Fremdkörpern ausgesetzt.

Dadurch kann Durchfall ausgelöst werden, die häufigste Erkrankung des Darmbereichs. Durchfall ist oft keine Erkrankung als solche, sondern vielmehr ein Mittel für den Hund, sich von etwas zu befreien. Durchfall kann auch eine physische Beschädigung des Verdauungstraktes als Ursache haben. Verstopfung, eine andere häufige Darmstörung, wird oft durch Schädigungen verursacht. Auch können sowohl Durchfall als auch Verstopfung durch Erkrankungen außerhalb des Verdauungstraktes hervorgerufen werden.

Der Darm ist ein wichtiger Teil des Immunsystems. Eine Reihe von entzündlichen Krankheiten und Nahrungsempfindlichkeiten mit Auswirkung auf den Darm werden mit Störungen im Immunsystem in Verbindung gebracht.

F STIMMT ES, DASS EINIGE KEIME IM DARM NÜTZLICH SIND?

A Ja. Nach der Geburt wird der Darm durch die Muttermilch von gutartigen Bakterien übersät. Mit dem Wachstum des Welpen wird der Darm neuen Bakterien durch verschiedene Nahrungsbestandteile ausgesetzt. Weitere neue Bakterien werden ohne fremde Hilfe in den Darm aufgenommen. Die meisten dieser Bakterien sterben schnell ab. Andere bilden eine stabile Umwelt für sich und unterstützen die Verdauung des Wirtes.

VERDAUUNG UND ABSORPTION

Nahrung wird im Dünndarm in kleinste Teile aufgespalten (Fettsäuren aus Fetten, Aminosäuren aus Proteinen und einfache Zucker aus Kohlenhydraten). Dieser Prozess wird mit Verdauungsenzymen aus Bauchspeicheldrüse und Leber ausgeführt (siehe S. 362) und durch Bakterien im Darm unterstützt. Die Wand (Schleimhaut) des Dünndarms ist mit winzigen, fingerähnlichen Gebilden, den Zotten, bestückt. Hier werden die Nährstoffe ins Blut aufgenommen. Jede vorübergehende oder dauerhafte Schädigung der Zotten oder eine Störung des natürlichen Gleichgewichtes der Verdauungsbakterien beeinträchtigt die Verdauung und verursacht meist (aber nicht immer) Durchfall. Der Dickdarm nimmt Wasser in den Körper auf und stößt den Rest aus.

Ein mittelgroßer Hund von 20 kg konsumiert täglich ca. 2,7 l Flüssigkeit aus Wasser, Nahrung, Speichel, Magensäften und Verdauungssekreten. Der Darm nimmt normalerweise die ganze Flüssigkeit auf, etwa 50 ml verbleiben im Stuhl. Der Hundedarm benötigt ausreichend Flüssigkeit für einen Stuhl in richtiger Konsistenz. Jeder Eingriff in diesen Prozess führt zu weicherem, dünnerem Stuhl.

IMMUNABWEHR IM DARM

Der Dünndarm ist ein wichtiger Teil des Immunsystems des Hundes. Über die ganze Darmwand sind Zellen besonderer Art verteilt, schleimhautassoziiertes lymphatisches Gewebe. Diese Zellen sondern einen Antikörpertyp ab, Immunglobulin A (IgA), der die ganze Darmschleimhaut überzieht. IgA schützt Ihren Hund vor bösartigen Viren und Bakterien im Darmtrakt sowie vor schädigenden Antigenen in der Nahrung. Manchmal jedoch sprechen diese Zellen fälschlicherweise auf normale Nahrungsproteine an; dann treten Anzeichen einer Nahrungsmittelallergie auf.

STRUKTUR UND FUNKTION DES DARMS

Der Hundedarm ist etwa dreimal so lang wie der Körper – je nach Rasse zwischen 1 und 3 Meter. Die Darmwände enthalten Muskelschichten, die auf zweierlei Arten kontrahieren. Kontraktionen einiger Darmabschnitte vermengen die Nahrung und lassen sie zur Schleimhaut gelangen, wo Nährstoffe in das Blut aufgenommen werden. Andere Kontraktionen gehen in Wellen durch den Darm (Peristaltik) und bewegen die Nahrung durch das Verdauungssystem.

SCHLEIMHAUTZOTTEN

Die innere Schleimhaut des Dünndarms ist mit Millionen Fortsätzen bedeckt. Diese sind mit Schleim und enzymproduzierenden Zellen und kleineren Mikrozotten bestückt. Durch die Zotten werden Nährstoffe ins Blut aufgenommen.

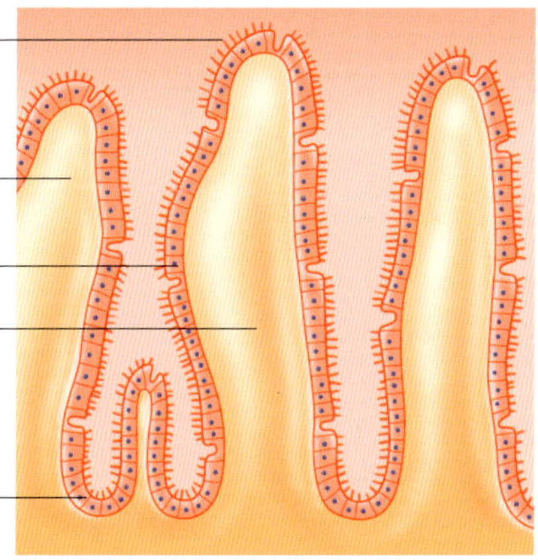

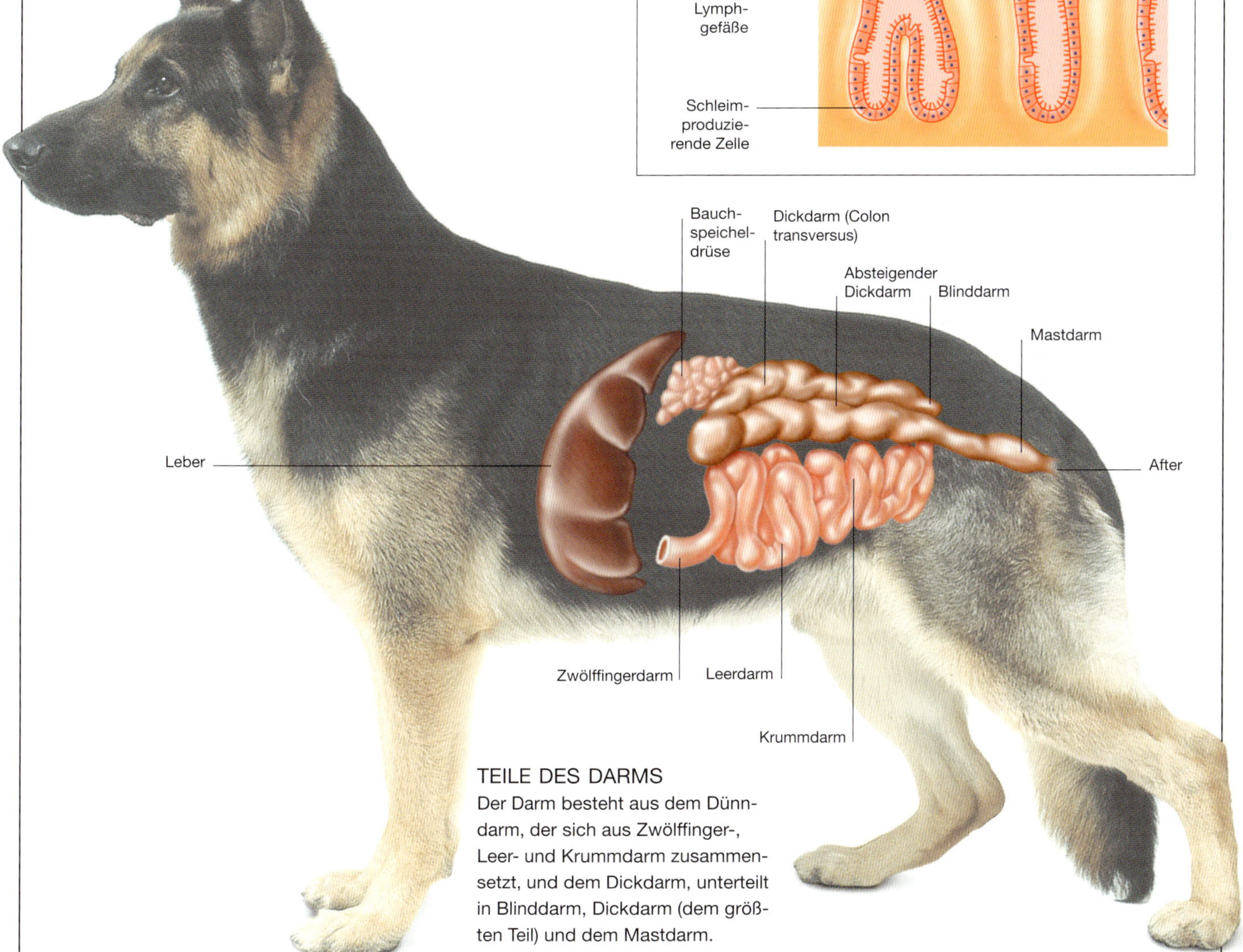

TEILE DES DARMS

Der Darm besteht aus dem Dünndarm, der sich aus Zwölffinger-, Leer- und Krummdarm zusammensetzt, und dem Dickdarm, unterteilt in Blinddarm, Dickdarm (dem größten Teil) und dem Mastdarm.

ANZEICHEN, DIAGNOSE UND THERAPIE

Krankheiten und Störungen des Darms sind bei Hunden nicht selten. Als Halter sollten Sie mit den häufigeren Anzeichen vertraut sein, und wenn diese andauern, sie dem Tierarzt zur Untersuchung und Behandlung der Ursache mitteilen.

AFTERREIBEN
Hunde reiben den After, indem sie das Hinterteil über den Boden ziehen. Dieses »Schlittenfahren« kann Anzeichen verschiedener Reizungen oder Veränderungen sein.

ERSCHEINUNGSFORMEN VON DARMERKRANKUNGEN

Einige Symptome wie Durchfall und Verstopfung treten bei Darmerkrankungen auf. Sie selbst sind keine Krankheiten, benötigen aber im akuten Zustand eine Behandlung – wobei die Ursache gefunden und behandelt werden sollte.

Weiter sind andere übliche Zeichen von Störungen: schwarzer Stuhl, schmerzhafter Stuhlgang und Verlust der Darmkontrolle (Stuhlinkontinenz). Zeichen, die mehr auf Mastdarm- und Aftererkrankungen hindeuten, sind örtliche Schmerzen, Afterbluten, Afterlecken oder Schleifen des Hinterteils über den Boden (»Schlittenfahren«). Die meisten dieser Zeichen können bei einer großen Anzahl von Erkrankungen auftreten, nicht alle sind Störungen des Verdauungstraktes.

DURCHFALL

Diese Störung ist eine Änderung der Konsistenz, Menge oder Häufigkeit des Stuhlgangs. Durchfall kann akut sein, mit plötzlichem Beginn und Ende, oder chronisch werden und länger als drei Wochen andauern.

VERSTOPFUNG

Verstopfung bedeutet angestrengten, unregelmäßigen oder fehlenden Stuhlgang. Sie ist häufig und tritt in jedem Hundeleben irgendwann einmal auf. In vielen Fällen dauert die Verstopfung nur ein oder zwei Tage, dauert sie jedoch länger, sollten Sie den Tierarzt informieren.

SCHWARZER TEERSTUHL

Die Entleerung von schwarzem Teerstuhl nennt man Melaena. Er deutet auf Blutungen irgendwo im Verdauungstrakt hin.

Es gibt eine ganze Reihe möglicher Gründe dafür, die in der Tabelle auf S. 355 aufgelistet sind.

AUFSTOSSEN UND BLÄHUNGEN

Ursache ist zu schnelles Fressen mit Luftverschlucken oder das Fressen stark gärender Nahrung. Blähungen können auch mit allen Formen schlechter Nährstoffaufnahme (Malabsorption) einhergehen (siehe S. 354).

ANGESTRENGTER ODER SCHMERZHAFTER STUHLGANG

Verstopfung ist nicht der einzige Grund für angestrengten Stuhlgang in kleinen Mengen oder offensichtliches Unwohlsein beim Stuhlgang. Andere Gründe sind Fremdkörper, Tumoren oder Polypen im Darm, Entzündungen und Reizdarmkrankheit, Analdrüsenerkrankungen, Analbruch und Fisteln. Gründe außerhalb des Magen-Darm-Traktes sind Blasenerkrankungen wie Blasenkatarrh, Harnröhrenentzündung, Tumoren oder Steine in den Blasenwegen, Scheidenerkrankungen wie Polypen, Tumoren oder Scheidenkatarrh und Prostataerkrankungen wie Abszesse, Schwellungen, Tumoren oder Infektionen. Geburt, Hüftverletzungen oder große Geschwülste im Bauch können ebenfalls Stuhlprobleme verursachen.

AFTERBLUTEN

Hellrotes Blut aus dem After kann von blutendem Magen-Darm-Katarrh (siehe S. 352), Blutungen aus dem Analkanal oder Polypen im Mastdarm sowie Tumoren herrühren.

AFTERREIBEN

Reizungen durch Würmer bewirken bei manchen Hunden Afterreiben oder »Schlittenfahren« (Scheuern des Hinterteils auf dem Boden, Gras oder Teppich). Es gibt jedoch andere häufige

Gründe für dieses Verhalten, zum Beispiel Analbeutelfüllung oder -infektion oder kotverschmiertes Fell am After. Auch Perianalhautentzündung, Mastdarmvorfall oder offene Perianaldrüsentumore können Afterreiben verursachen.

STUHLINKONTINENZ

Eine andere allgemeine Erkrankung ist Stuhlinkontinenz – die Unfähigkeit, den Stuhlgang zu steuern. Diese Krankheit tritt bei älteren Hunden häufiger auf. Es gibt viele Ursachen, zum Beispiel Dickdarmentzündung oder -verletzungen, Tumoren, Verlust der Kontrolle über den Afterschließmuskel, Rückenmarksverletzung, Bandscheibenschaden, Wirkung bestimmter Drogen oder einfach hohes Alter.

DIAGNOSTISCHE HILFEN

Der Tierarzt wird einige der folgenden Methoden anwenden:

ABTASTEN

Sogar beim dicksten Hund kann der Tierarzt den Darm durch die Bauchdecke ertasten. Abtasten ermöglicht die Beurteilung der Konsistenz des Darminhaltes und kann Blockaden oder Anzeichen von Verstopfung aufdecken.

TIPPS VOM TIERARZT

Ursache eines dicken Bauches ist meist Fettleibigkeit. Bei noch nicht sterilisierten Hündinnen sind Trächtigkeit oder Scheinträchtigkeit normale Gründe. Andere Ursachen sind Tumoren, Flüssigkeitsansammlung (Wasserbauch) wegen Leber- oder Herzerkrankungen, Gebärmutterentzündung (Vereiterung), Störungen des Immunsystems (vergrößerte Milz) oder eine überaktive Schilddrüse (bewirkt vergrößerte Leber). Bei geschwollenem Bauch sollten Sie zum Tierarzt gehen, wenn der Grund unbekannt ist.

RÖNTGEN

Einfaches Röntgen empfiehlt sich, wenn der Hund erbricht und an Durchfall oder Bauchweh leidet oder wenn der Tierarzt etwas Abnormales vermutet. Hierbei werden Gase, Fremdkörper oder Blockaden und Einzelheiten der Schleimhaut sowie die Dicke der Darmwand sichtbar.

Mikrofeines Barium ist nützlich, um Defekte wie Geschwüre im Zwölffingerdarm aufzuzeigen und um Darmbewegung und Geschwindigkeit zu beobachten.

ULTRASCHALL

Mit Ultraschall und Scanning werden vergrößerte Lymphknoten im Darmbereich sichtbar. Diese Methoden werden auch für die Berechnung der Stärke der Darmwand eingesetzt.

ENDOSKOPIE

Die Endoskopie, eine Spiegelung mit einer flexiblen Röhre, ist ideal für die Untersuchung des ersten Teils des Darms (Zwölffingerdarm) und des letzten Teils. Dabei wird das Endoskop durch Speiseröhre und Magen bzw. durch den After eingeführt. Die Spiegelung kann jedoch nicht den mittleren Teil des Dünndarms, den Leerdarm, zeigen. Endoskopische Biopsien (Gewebeproben mit einem Instrument am Endoskop) unterstützen die Diagnose.

LABORTESTS

Blutuntersuchungen auf die Vitamine Kobalamin (B_{12}) und Folsäure geben Hinweise auf die Nährstoffaufnahme im Darm. Bei Bakterienüberschuss im Dünndarm zum Beisspiel steigt die Folsäure an und Kobalamin nimmt ab.

THERAPIE

Bei jeder Darmstörung gibt es mehrere Behandlungsziele. Diese sind: weiteren Schaden verhindern; Ursache beseitigen; Stoffwechselstörung kompensieren, wie Dehydration; Erholung fördern und Wiederauftreten vermeiden.

F KANN JOGHURT MIT LEBENDEN KULTUREN DIE VERDAUUNG DES HUNDES UNTERSTÜTZEN?

A In den meisten Fällen nicht. Einige Arten von Milchbakterien sind säureresistent. Die meisten werden durch die Magensäure zerstört und erreichen nie den Dünndarm. Die »Überlebenden« müssen sich gegen die vorhandenen Bakterien behaupten. Wenn jedoch der vorhandene Stamm beispielsweise durch die Wirkung von Breitbandantibiotika drastisch gestört wurde, können säureresistente Milchsäurebakterien gut für den Hund sein.

F WARUM FRISST MEIN HUND SEINEN EIGENEN KOT?

A Das Fressen des eigenen oder des Kots anderer Tiere steht nach unseren Vorstellungen ganz oben auf der Liste abstoßenden Verhaltens, ist aber bei herumstöbernden Arten natürlich, besonders, wenn noch Nährwert im Kot vorhanden ist (wie im Kot von Pflanzenfressern wie Pferden). Dies erklärt allerdings nicht die Vorliebe von Hunden für die Katzenstreu des Fleischfressers Katze. Die Gründe für das Fressen von Kot sind nicht abgelegtes Welpenverhalten und Langeweile. Bei wenigen Hunden gibt es medizinische Gründe, zum Beispiel Parasiten, schlechte Nährstoffverwertung, Diabetes und Überaktivität von Nebennieren und Schilddrüse. Sprechen Sie mit dem Tierarzt, um medizinische Ursachen für dieses Verhalten auszuschließen. Halten Sie Ihren Welpen fern von jedem Kot. Oder schütten Sie etwas Scharfes, aber Ungefährliches wie Tabascosoße auf Kot, den Ihr Hund fressen könnte. Nach dieser Erfahrung wird Ihr Hund Kot nicht wieder fressen, man nennt dies Aversionstherapie.

DURCHFALL

Diese Erkrankung ist das häufigste Erscheinungsbild einer Darmstörung; Durchfall ist meist akut, kann aber in einigen Fällen chronisch werden. Schwerer akuter Durchfall kann von vielen Zeichen begleitet werden, von unbedeutenden bis zu lebensbedrohlichen.

Mögliche Gründe für akuten Durchfall sind Nahrungsmittelreaktionen, zum Beispiel auf verdorbenes Futter, Allergien oder Empfindlichkeiten auf besondere Nahrung oder Inhaltsstoffe, Nahrungsmittelvergiftung, Parasiten (Würmer), Virus- oder Bakterieninfektionen und die Behandlung mit bestimmten Arzneien, wie nicht steroidalen Antiphlogistika (NSAID). Viele Ursachen akuten Durchfalls gelten auch für chronischen Durchfall.

DIAGNOSE UND THERAPIE Akuter Durchfall wird anhand der Symptome behandelt. Der Tierarzt versucht, einige der möglichen Gründe wie Nahrungsbestandteile oder Arzneien auszuschließen.

Ein Hund mit Durchfall darf trinken, sollte jedoch einige Stunden nicht fressen. Rehydration mit Flüssigkeitstherapie ist wichtig, wenn akuter Durchfall durch Parvovirusinfektion verursacht wurde (siehe rechts). Die Verwendung von Schutz- und Absorbierungsmitteln wie Aktivkohle ist umstritten – manche Spezialisten halten sie für wertlos, doch viele Tierärzte halten sie für nützlich. Ähnlich wenig Übereinstimmung gibt es bei der Nahrung. Manche Experten empfehlen die übliche Nahrung, um den guten Darmbakterien Gewohntes zu liefern, andere schlagen eine leicht verdauliche Mahlzeit, zum Beispiel gekochtes Huhn mit Reis, als vorteilhafter vor.

Antibiotika werden selten gegeben, es sei denn, der Durchfall ist chronisch und eine nachfolgende Bakterieninfektion wird vermutet. Gehen Sie immer sofort zum Tierarzt, wenn der Hund lethargisch ist, Fieber hat oder Blut austritt. Bei chronischem Durchfall kann jede der Diagnosemethoden für Darmstörungen (siehe S. 351) angewandt werden, um zwischen Störungen des Dünn- und des Dickdarms zu unterscheiden.

AKUTER BLUTENDER MAGEN-DARM-KATARRH

Diese ernste Erkrankung bringt blutiges Erbrechen und Durchfall mit sich und kann tödlich sein. Sie wird durch ein bakterielles Gift verursacht und tritt häufig bei kleinen, mittelalten Hunden auf, oft betroffen sind Rassen wie Zwergschnauzer und Zwergpudel.

DIAGNOSE UND THERAPIE Die Diagnose basiert auf den Anzeichen, die der Tierarzt bei der Untersuchung findet, und dem Ausschluss von Vergiftung, Aufnahme von Ungenießbarem oder Verschlucken von Fremdkörpern. Klinikaufenthalt und Therapie mit vielen Infusionen sind sehr wichtig. Antibiotika gibt man bei einer nachfolgenden Bakterieninfektion.

PARVOVIRUS

Dieser infektiöse Erreger greift schnell teilende Zellen (wie in der Schleimhaut des Magen-Darm-Traktes) an und ruft Erbrechen und starken Durchfall hervor. Das Virus und die dadurch verursachten Krankheiten sind ausführlicher bei Infektionskrankheiten (siehe S. 217) beschrieben. Stress, Parasiten und

MERKMALE VON UND GRÜNDE FÜR DURCHFALL

Durchfall hat häufig spezifische Merkmale – zum Beispiel Farbunterschiede. Der Stuhl kann Schleim oder Blut enthalten. Oft geht Durchfall einher mit anderen Krankheitssymptomen wie Erbrechen, Bauchschmerzen oder Aufstoßen und kann von gesteigertem Appetit oder Appetitlosigkeit, normalem Verhalten oder Lethargie begleitet sein.

MERKMAL	GRUND
KONSISTENZ	
Wässrig	Schnelle Passage durch den Darm
Gallertbedeckt (Schleim)	Erkrankung des Dickdarms (Dickdarmentzündung)
Ölig, schmierig	Schlechte Nährstoffaufnahme (bes. von Fett)
Blasig	Gasbildende Bakterien im Darm
FARBE	
Teerähnlich, schwarz	Blutungen aus Speiseröhre, Magen oder Dünndarm
Klumpig oder hellrot	Blutungen aus Dick- oder Mastdarm oder After
Lehmig, glänzend	Schlechte Verdauung/Absorption (Bauchspeicheldrüsenerkrankung)
HÄUFIGKEIT UND MENGE	
Häufig kleine Mengen	Dickdarmreizung
Große Mengen drei bis vier Mal täglich	Verdauungs- oder Absorptionsstörung im Dünndarm
GERUCH	
Normal	Schnelle Passage / schlechte Absorption
Unangenehm	Bakterientätigkeit (Gärung)
ZUSTAND DES HUNDES	
Erbrechen	Magen-Darm-Katarrh
Gewichtsverlust	Schlechte Nährstoffaufnahme
Kein Gewichtsverlust, guter Appetit	Dickdarmerkrankung

gleichzeitig auftretende Krankheiten erhöhen den Ernst dieser Erkrankung. Das Parvovirus schädigt auch die Zottenschicht des Dünndarms.

DIAGNOSE UND THERAPIE Für die Diagnose einer Parvovirusinfektion müssen Viren oder Virusantigene im Stuhl gefunden werden. Infusionen und Schmerzlinderung sind wesentlich. Es gibt keine Arzneien gegen Parvovirus, doch werden Antibiotika zur Verhinderung von Bakterieninfektion gegeben. Erbrechen wird mit Arzneien behandelt.

PRÄVENTION Verseuchte Bereiche müssen sorgfältig mit Natriumhypochlorit (Bleichmittel) gereinigt werden. Alle Hunde sollten als Welpen gegen Parvovirus geimpft und je nach Risiko und Impfstoff regelmäßig wieder geimpft werden.

STAUPE

Diese Krankheit wird durch das Staupevirus verursacht. Symptome sind Erbrechen, Durchfall und Zeichen einer Atemwegserkrankung. Die Ausprägung der Krankheit ist bei den Infektionskrankheiten (siehe S. 219) genauer beschrieben.

DIAGNOSE UND THERAPIE Die Diagnose wird durch Auffinden des Virus in den Epithelzellen (der Oberflächenschicht von Magen-Darm-Trakt und Atemwegen) gestellt. Behandelt werden vorrangig die Symptome, um dem Tier Erleichterung zu verschaffen, da es keine Arzneien gegen das Virus selbst gibt.

PRÄVENTION Vorbeugende Maßnahmen gegen Staupe sind die gleichen wie gegen das Parvovirus. Staupeimpfung ist hoch wirksam, in den Industrieländern tritt Staupe deutlich seltener auf.

TIPPS VOM TIERARZT

Darmparasiten, besonders Einzeller wie *Giardia* und Würmer wie Peitschen- und Hakenwurm, sind häufige Gründe für Durchfall bei Welpen (siehe S. 238–247). Bei erwachsenen Tieren ist jedoch ein verdorbener Magen der häufigste Grund. Ein Hund frisst alles. Erziehen Sie Ihren Hund dazu, beim Schnüffeln nichts aufzunehmen. Geht dies nicht und Ihr Hund hat deshalb Darmprobleme, ziehen Sie einen Maulkorb in Erwägung, wenn er frei läuft.

CORONAVIRUS

Dieses Virus spielt bei Durchfallerkrankungen eine unwesentlichere Rolle. Es wird manchmal zusammen mit dem Parvovirus gefunden und verschlimmert die Infektion.

BAKTERIEN

Der Hundedünndarm enthält viele Bakterien, zum Beispiel *Proteus*, *Staphylococcus*, *Streptococcus*, *Escherichia*, *Pasteurella*, *Lactobacterium*, *Clostridium* und *Bacteroides*. Viele unterstützen die Verdauung, doch einige können Krankheiten verursachen, wenn sie sich zu stark vermehren. Das Gleichgewicht der Bakterien im Darmtrakt ist sehr stabil; jedoch können Erkrankungen mit Stresswirkung auf das Verdauungssystem gefährlichen Bakterien vermehrtes Wachstum ermöglichen. *Escherichia* und *Clostridium* sind manchmal der Grund für Durchfall. *Clostridium* kann durch Giftproduktion Schaden verursachen. Salmonellen und *Campylobacter* sind eher selten.

DIAGNOSE UND THERAPIE Bakteriell verursachter Durchfall wird durch Bakterienkultur und Identifizierung aus einer Stuhlprobe diagnostiziert. Durch Tests wird das wirksamste Antibiotikum zur Behandlung der Infektion ermittelt (man nennt dies Sensibilitätstest).

PROTEINVERLUST-ENTEROPATHIE

Eine ernste Erkrankung des Dünndarms kann zu der Situation führen, dass mehr Eiweiße in den Darm gelangen, als von ihm aufgenommen werden. Diese Situa-

GEFÄHRDETE RASSEN

Bei folgenden Rassen ist das Risiko, durch das Parvovirus Darmschäden zu erleiden, erhöht:

- American Pit Bullterrier
- Dobermann
- English Springer Spaniel
- Rottweiler (Bild oben)

Rassen mit erhöhtem Risiko, an akutem blutendem Magen-Darm-Katarrh zu erkranken sind:

- Dackel
- Zwergpudel (Bild oben)
- Zwergschnauzer

BESCHÄDIGTE DARMZOTTEN

Die Zotten der Schleimhaut (innere Oberfläche) des Dünndarms können durch Infektionen, etwa durch das Parvovirus, geschädigt werden. Sie verkümmern und verlieren die Fähigkeit zur Nährstoffaufnahme, und dies führt zu Malabsorption (siehe unten).

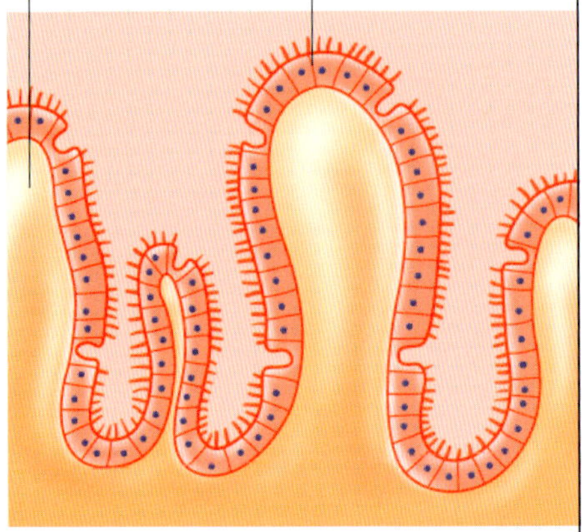

VERKÜMMERTE ZOTTE
Im Vergleich zu normalen Zotten sind verkümmerte Zotten kürzer und breiter. Folglich ist die gesamte Fläche für die Aufnahme der Nährstoffe verringert.

F **WAS IST DER UNTERSCHIED ZWISCHEN COLITIS UND ENTZÜNDLICHER DARMERKRANKUNG?**

A Colitis ist eine Entzündung des Dickdarms und der Grund für über die Hälfte aller Fälle chronischen Durchfalls. Eine entzündliche Darmerkrankung ist eine Störung aus einer Gruppe von Krankheiten, jede charakterisiert durch eine Erhöhung der entzündlichen Zellen im Dick- oder Dünndarm, und ein möglicher Grund für Colitis. Eine entzündliche Darmerkrankung kann nur durch den Tierarzt diagnostiziert werden.

F **KANN STRESS BEI HUNDEN DURCHFALL VERURSACHEN?**

A Viele Tierärzte glauben, dass Hunde an stressausgelöstem akuten Durchfall leiden, manchmal »nervöse Colitis«, »spastische Colitis« oder »Reizdarmsyndrom« genannt. Dies kann eine durch Angst verursachte Störung der passiven Bewegungsabläufe der Darmmuskulatur sein.

tion heißt exsudative Enteropathie oder Proteinverlust-Enteropathie. Dies ist eine lebensbedrohliche Erkrankung. Es gibt einen Nettoverlust von Körpereiweiß, der zu Erbrechen und Durchfall führt, aber auch zu Flüssigkeit unter der Haut (Ödemen) und im Bauch. Diese Erkrankung wird durch Darminfektion, Entzündung, Tumoren, Parasiten oder Blutungen verursacht.

MALABSORPTIONS-SYNDROM

Der Darm kann die Nahrung nicht verdauen oder die Nährstoffe nicht aufnehmen. Das Syndrom ist keine Krankheit, sondern die Folge einer Dünndarm- oder Verdauungsenzymstörung, ausgehend von der Bauchspeicheldrüse. Malabsorption wird meist durch Beschädigung der Dünndarmzotten ausgelöst; dies kann von Nahrungsempfindlichkeiten oder Parasiten, Bakterien oder Virusinfektion, besonders mit Parvovirus, herrühren (siehe S. 217).

Ein Grund kann eine entzündliche Darmkrankheit (siehe rechts) oder exokrine Bauchspeicheldrüseninsuffizienz (siehe S. 364) sein. Hunde mit schlechter Nährstoffaufnahme sehen unterernährt aus, obwohl sie gefräßig sind. Ihre Stuhlmenge ist groß, schmierig und riecht. Fett wird nicht verdaut und geht durch den Verdauungstrakt hindurch; deshalb können die Haare um den After ölig sein.

DIAGNOSE UND THERAPIE Ein Malabsorptionssyndrom wird vom Tierarzt nach Untersuchung des Hundes und Bluttest auf Vitamine B_{12} (Kobalamin) und Folsäure diagnostiziert. Eine Gewebeprobe aus der Dünndarmwand wird oft benötigt, um den genauen Grund zu bestimmen. Die Behandlung ist auf die Ursache abgestimmt, bedeutet aber meist Diät für den Hund.

NAHRUNGSMITTEL-ALLERGIEN

Nahrungsmittelallergien betreffen manchmal den Verdauungstrakt, manchmal die Haut und manchmal beide Bereiche. Magen-Darm-Zeichen sind Erbrechen des Mageninhaltes oder von Blut, Durchfall, Bauchweh (Koliken) und Appetitänderungen. Allgemeine Anzeichen sind Lethargie und Gewichtsverlust. Anzeichen auf der Haut sind Jucken, selbst zugefügte Hautverletzungen, schuppige oder entzündete Haut, Pickel mit Infektion und Entzündungen im Gehörgang (Außenohr).

DIAGNOSE UND THERAPIE Zur Feststellung einer Nahrungsmittelallergie wird Ihr Tierarzt festlegen, den Hund mindestens drei Wochen mit noch nie zuvor gefressener Nahrung zu füttern. Wird der Hundestuhl normal, der Durchfall kehrt jedoch zurück, sobald die alte Nahrung gefüttert wird, bestätigt dies die Diagnose. Geben Sie zur Vermeidung hypoallergenes Futter.

ENTZÜNDLICHE DARMERKRANKUNG

Entzündliche Darmerkrankungen sind eine Gruppe von Erkrankungen, die Entzündungen in der Darmwand verursachen und zu schlechter Nährstoffaufnahme führen. Jede Krankheit wird nach einem bestimmten Entzündungszelltyp definiert, der in der Darmwand gefunden wird und mit der Störung zu

GRÜNDE FÜR SCHWARZEN TEERSTUHL

Schwarzer, teeriger, klebriger Stuhl weist auf Blutungen im Magen-Darm-Trakt hin. Einige Gründe sind unten aufgelistet. Teerstuhl ist keine Krankheit, sondern weist auf eine Krankheit hin. Die wirkungsvolle Behandlung liegt im Beseitigen der Ursache.

TYPUS	BESONDERER GRUND
Blut geschluckt	Verletzung oder Krankheit in Nase, Maul oder Speiseröhre
Blutung im Magen oder Darm	Magen- oder Darmentzündung, Geschwüre, Tumoren, Haken- oder Peitschenwurmbefall vorhanden
Innere Blutung durch Arzneien oder Gifte	Nicht steroidale Antiphlogistika (NSAID), Kortikoidpräparate, Warfarin
Innere Blutung durch Fremdkörper	Verschluckte Fremdkörper wie Spielzeuge, Pfirsichkerne, Kiesel oder kleine Knochen

tun hat (siehe S. 356). Solche Hunde haben chronischen Durchfall, öfter Stuhlgang, Schmerzen beim Stuhlgang, nehmen ab und sind oft blutarm.

DIAGNOSE UND THERAPIE Die Diagnose wird durch Darmspiegelung und Untersuchung einer Gewebeprobe gestellt. Die Art der beteiligten Zellen lässt vermuten, dass die entzündliche Darmerkrankung eine immunbedingte Krankheit ist und dass Nahrungsmittelallergien immer als Teil der Störung einbezogen werden sollten. Ein Hund sollte hypoallergenes Futter ohne Proteine, Kohlenhydrate oder Fette erhalten, die das Immunsystem im Darm als »fremd« einstuft.

AFTERLECKEN
Ursachen können Würmer sein, besonders der Bandwurm. Meist ist die Ursache dieses Verhaltens jedoch eine Entzündung oder vermehrte Füllung der Analbeutel. Lecken leert die Taschen und erleichtert den Hund, der Geruch ist jedoch sehr unangenehm.

GEFÄHRDETE RASSEN

Die bekannteste Hunderasse, der Deutsche Schäferhund (Bild oben), hat sehr häufig Darmstörungen. Er leidet unter schlechter Nährstoffaufnahme, besonders aufgrund von Bakterienüberschuss im Dünndarm, entzündlicher Darmkrankheit und exokriner Bauchspeicheldrüseninsuffizienz.

Gefährdete Rassen für exsudative Enteropathie sind:

- Basenji (Bild oben)
- Norwegischer Lundehund
- Shar Pei
- Soft-Coated Wheaten Terrier
- Yorkshire Terrier

F **KANN MILCH BEI HUNDEN DURCHFALL AUSLÖSEN?**

A Jeder Nahrungswechsel kann potenziell Durchfall bewirken. Besonders Milch kann bei erwachsenen Hunden Durchfall verursachen, weil sie – anders als Welpen – das Milch aufspaltende Enzym Laktase nicht mehr ausreichend bilden. Mag Ihr Hund Milch, leidet aber danach an Durchfall, versuchen Sie es mit laktosefreier Milch, die es für laktoseempfindliche Menschen in Supermärkten gibt.

F **KANN ICH MEINEM HUND BEI DURCHFALL AUCH COLA UND SALZSTANGEN GEBEN?**

A Eher nicht. Das Salz in den Salzstangen gleicht zwar einen Kochsalzverlust durch Durchfall aus, das in den Salzstangen enthaltenen Getreide kann aber zu einer Nahrungsmittelunverträglichkeit führen. Cola ist sehr zuckerhaltig und kann wiederum zu Durchfall führen. Geben Sie lieber Wasser mit Elektrolytpulver oder -tabletten und Schonkost wie Reis, Hüttenkäse oder Quark.

F **WAS IST MIT DURCHFALL DURCH GLIADINALLERGIE GEMEINT?**

A Diese ist eine Überempfindlichkeit auf das Weizeneiweiß (Gluten). Es tritt bei einigen Stämmen des Irish Setter auf und ist sonst selten. Durchfall durch Gliadinallergie wird mit Metronidazol und glutenfreiem Futter behandelt.

Reis ist ein bevorzugtes Kohlenhydrat, weil es sehr gut verdaulich ist. Kartoffeln, Mais und Tapioka sind glutenfrei.

Immunsuppressiva wie Kortikoide werden bei entzündlicher Darmerkrankung gegeben. Entzündungshemmende Wirkstoffe wie Sulfasalazin werden bei Begrenzung der Krankheit auf einen bestimmten Teil des Dickdarms verabreicht.

Ballaststoffreichere Kost verbessert die Stuhlkonsistenz und Dickdarmbewegung (Muskelaktion) und unterstützt das Wachstum verdauungsfördernder Darmbakterien.

VERSTOPFUNG

Ein Hund mit Verstopfung gibt nur kleine Stuhlmengen ab oder versucht erfolglos, Stuhl abzugeben. Ein Tierarzt stellt diese Erkrankung durch Abtasten fest. Der gefüllte Dickdarm kann durch die Bauchdecke gefühlt oder mit dem Finger durch den Mastdarm untersucht werden. Die Behandlung hängt von der Ursache ab. Die Gründe werden beseitigt, Blockaden mit Abführmitteln und Einläufen aufgelöst.

ALTERSBEDINGTE VERSTOPFUNG

Ein häufiger Grund für solche Anfälligkeit ist, dass der Hund nicht genug Wasser trinkt.

THERAPIE Zur Behandlung altersbedingter Verstopfung wird trockenes Futter in der gleichen Menge Wasser 20 Minuten eingeweicht, damit das Wasser voll aufgesogen wird. Dies erhöht die Flüssigkeitsaufnahme des Hundes. Verwenden Sie ein osmotisches Abführmittel wie Laktulose oder ein stimulierendes Abführmittel wie Sennesblätter, je nach Anordnung des Tierarztes, oder fügen Sie der Nahrung etwas Kuhmilch bei, da sie als natürliches Abführmittel wirkt. Lassen Sie den Hund oft hinaus, um ihm mehr Möglichkeiten zur Entleerung zu geben. Der Tierarzt gibt evtl. einen Einlauf. Versuchen Sie dies nicht selbst. Übliche Phosphateinläufe (schnellwirkend) können für die Nieren kleiner Hunde giftig sein.

ARTEN ENTZÜNDLICHER DARMKRANKHEIT

Die entzündliche Darmkrankheit (IBD, inflammatory bowel disease) ist wohl der häufigste Grund für chronisches Erbrechen und Durchfall bei Hunden. Es gibt verschiedene Arten, wobei jede durch die Erhöhung bestimmter Entzündungszellen im Darm bestimmt wird. Arten und Behandlung sind unten aufgeführt. Rassen mit Anfälligkeit für die entzündliche Darmkrankheit sind Basenji, Shar Pei und Deutscher Schäferhund (lymphozytäre plasmazytotische Dickdarmentzündung) sowie der Boxer (histiozytäre geschwürige Dickdarmentzündung).

ART	THERAPIE
Lymphozytäre plasmazytotische Dickdarmentzündung	Hypoallergene Nahrung, Antibiotika, Kortikoide
Eosinophile Dickdarmentzündung	Parasitenkontrolle, Kortikoide
Granulomatöse Darmentzündung	Kortikoide, Metronidazol
Neutrophile Dickdarmentzündung	Antibiotika, Kortikoide
Histiozytäre geschwürige Dickdarmentzündung	Hypoallergene Nahrung, Antibiotika, Kortikoide

PRÄVENTION Lassen Sie Ihren Hund kein unverdauliches Material wie Gras fressen. Sorgen Sie für regelmäßigen Auslauf, gut verdauliche Nahrung und viel Wasser.

Füttern Sie älteren Hunde Fertignahrung, die zusätzliche Fasern enthält, oder über den Tierarzt erhältliche ballaststoffreiche Nahrung. Alternativ geben Sie der Hundenahrung faserreiche Abführmittel wie zum Beispiel Weizenkleie oder eine Faserergänzung (1 bis 5 Teelöffel pro Tag) zu.

Flüssiges Paraffin (Mineralöl) ist gut zur Vorbeugung, kann aber gefährlich sein. Geben Sie es niemals direkt ins Maul: Weil es geschmacklos ist, besteht die Gefahr, dass es in die Luftröhre gelangt. Mixen Sie es lieber ein- oder zweimal in der Woche ins Hundefutter (1 Esslöffel pro 30 kg Körpergewicht des Hundes). Mineralöl nicht öfter verwenden, da es die Aufnahme von fettlöslichen Vitaminen im Darm beeinträchtigen kann.

ANDERE DARMERKRANKUNGEN

Bestimmte andere Erkrankungen können teilweise oder ganz den Darm blockieren oder extrem viele Gase bilden.

BLOCKADEN IM DARM

Hunde schlucken viele Dinge; manche sind nicht verdaulich und bilden Blockaden. Dies können beispielsweise Spielzeuge, Knochen, Steine, Kerne von Steinobst, Maiskolbenstücke, Stoff oder Lebensmittelverpackungen sein. Kleine Dinge passieren den Verdauungstrakt meist problemlos, begleitet von weichem Stuhl und Durchfall. Fremdkörper, die den Magen verlassen haben, aber im ersten Teil des Darms festsitzen, verursachen Erbrechen; ist die Bauchspeicheldrüse betroffen, treten auch Schmerzen auf. Andere Dinge setzen sich an der Verbindung zwischen Dünn- und Dickdarm fest.

Fremdkörper mit einer Schnur sind besonders schlimm. Das Objekt kann

GRÜNDE FÜR VERSTOPFUNG

Die häufigsten Gründe für Verstopfung sind unten aufgelistet. Eine der Hauptursachen ist ganz einfach zu wenig Flüssigkeitsaufnahme. Ist ein Hund nur leicht dehydriert, wird Wasser dem Dickdarm entzogen und in die Blutbahn geführt; dieser Prozess trocknet und härtet den Stuhl.

NAHRUNG

- Fressen von Gras oder Pflanzen, Haaren, Abfall oder anderen unverdaulichen Stoffen
- Unzureichende Flüssigkeitsaufnahme

ARZNEIBEDINGT

- Antihistamine
- Antazidum
- Diuretika
- Krebsmedikamente
- Kaolin-Pektin

SCHMERZEN

- Verletzung von Hüfte, Becken oder Wirbelsäule
- Wunden oder Infektionen um den After
- Beeinträchtigte oder entzündete Analbeutel

DEHYDRATION

- Störungen von jedem Flüssigkeits- oder Elektrolytungleichgewicht

NERVEN

- Rückenmarkserkrankungen
- Erweiterter Dickdarm
- Beckennervenschädigungen

UMWELT

- Änderung von Gewohnheiten, wie Umzug oder Krankenhausaufenthalt
- Ungewöhnliche Inaktivität
- Fehlen geeigneten Geländes für den Stuhlgang

BLOCKADEN

- Dammbruch (ein Bruch im After- und Mastdarmbereich)
- Verengungen
- Fremdkörper
- Vergrößerte Prostata bei Rüden
- Tumoren
- Beckenbrüche

ANDERES

- Schilddrüsenunterfunktion

sich festsetzen, und die gespannte Schnur kann die Darmwand durchschneiden und lebensbedrohliche Bauchfellentzündung hervorrufen (Entzündung der Innenauskleidung der Bauchhöhlenwand). Der Dünndarm kann sich teleskopartig in den Dickdarm einstülpen und eine totale Blockade verursachen: eine Darminvagination. Dies kommt vornehmlich bei Welpen vor, ist sehr schädigend für das eingestülpte Gewebe, und ein klinischer Schock tritt auf.

Tumoren sind ein ungewöhnlicher Grund für Blockaden. Zunächst können sie zu reduzierter Darmbewegung führen (Darmverschluss).

DIAGNOSE Darmblockaden, auch Darmeinstülpung, werden oft durch die Bauchdecke gefühlt, besonders bei Welpen und jungen Hunden. Einfaches oder kontrastierendes Röntgen ist nützlich bei dicken Hunden oder bei Teilblockaden. Teilblockaden sind jedoch sogar mit kontrastierendem Röntgen schwer zu diagnostizieren.

THERAPIE Ein Fremdkörper muss meist operativ entfernt werden. Bei einem Tumor werden vor einer Operation Lunge und Leber geröntgt, um festzustellen, ob Tochtergeschwülste vorhanden sind.

KNOCHEN UND VERSTOPFUNG
Knochenstücke verursachen Darmblockaden. Ein zu hoher Knochenanteil in der Nahrung kann den Stuhl verfestigen und zu Verstopfung führen.

ERWEITERTES KOLON (MEGACOLON)

Eine andauernde Dehnung des Dickdarms (Megacolon) ist bei Hunden unüblich. Tritt dies auf, ist es meist das Ergebnis chronischer Verstopfung. Behandelt wird mit Stuhlerweichern und faserreicher Kost.

AUFSTOSSEN UND BLÄHUNGEN

Das Abgehen von Gas aus dem Magen (Aufstoßen) oder aus dem After (Blähungen) ist recht häufig, wenn Hunde stark gärendes Futter gefressen haben wie zum Beispiel Soja (Tofu) oder unverdauliche Kohlenhydrahte aus rohem Gemüse. Blähungen treten auch bei schlechter Nährstoffaufnahme auf.

Mehrere Gasarten werden im Verdauungstrakt gebildet, am unangenehmsten riecht jedoch Wasserstoffsulfid. Nüsse und Gemüse wie Brokkoli, Kohl, Blumenkohl, Senf, Radieschen und Steckrüben können die Bildung von Wasserstoffsulfid im Darm erhöhen. Diese Chemikalie ist genauso giftig wie Zyanid, und es gibt Hinweise darauf, dass sie ein Faktor bei geschwüriger Dickdarmentzündung ist – einer ernsten Krankheit für Mensch und Hund.

DIAGNOSE UND THERAPIE Ursachen für schlechte Nährstoffaufnahme behandeln. Bei Schnellfressern täglich mehrere kleine Mahlzeiten mit leicht verdaulicher, faserarmer Kost füttern. Etwas Aktivkohle oder frei verkäufliches Simethicon dem Futter zusetzen, dies kann den Geruch der Blähungen deutlich verringern.

ERKRANKUNGEN VON MASTDARM UND AFTER

Der Mastdarm und After bilden den letzten Teil des Magen-Darm-Traktes. Sie sind anfällig für eine Reihe besonderer und häufiger Erkrankungen.

DAMMBRUCH

Ein Dammbruch ist eine Ausstülpung des Bauchfells, ein Peritonealsack, der durch die geschwächten Muskeln auf einer Seite des Afters durchbricht. Diese Art von Bruch tritt üblicherweise bei älteren Rüden auf. Das Vorhandensein des Sacks ermöglicht dem Mastdarm die Erweiterung in den Bruch. Dies führt zu sichtbarer Vorwölbung neben dem After und zu Verstopfung.

DIAGNOSE Der Tierarzt stellt die Diagnose meist durch Abtasten des Mastdarms mit dem Finger. Ein Bariumeinlauf bestätigt dies.

THERAPIE Operation verbunden mit einer Kastration ist am wirksamsten. Nach der Operation helfen Stuhlerweicher und eine faserarme Kost, die Darmentleerung zu normalisieren.

MASTDARM- UND AFTERVERSCHLUSS

Der häufigste Grund für Mastdarmverschluss ist bei Rüden eine vergrößerte Prostata. Andere Gründe sind Verstopfung oder Auswirkungen eines Dammbruchs (siehe oben). Stuhl staut sich im Bruch und weicht nach links oder rechts aus.

DIAGNOSE Ein Abtasten des Mastdarms des Tieres mit dem Finger ermöglicht dem Tierarzt gewöhnlich diese Diagnose. Endoskopische Untersuchung des Mastdarms (Spiegelung) oder Röntgen kann zusätzlich nötig sein.

THERAPIE Das Ziel ist die Entfernung des Verschlusses. Hunde mit vergrößerter Prostata erhalten Medikamente zum Schrumpfen der Prostata oder werden vorzugsweise kastriert. Dammbrüche werden operiert; aufgrund des Zusammenhangs von Brüchen mit den Sexualhormonen wird das Tier meist gleichzeitig kastriert.

POLYPEN UND TUMOREN IM MASTDARM

Nach dem Maul ist der Dickdarm der häufigste Ort für Tumoren im Verdauungstrakt. Die häufigsten Arten von Tumoren sind Adenokarzinome und Lymphknotengeschwülste. Zum Glück sind beide selten. Polypen im Mastdarm (Adenome) sind auch nicht

AKTIVKOHLEZUSATZ ZUM FUTTER

Hat Ihr Hund Blähungen und verströmt unangenehme Gerüche, mischen Sie Aktivkohle ins Futter. Dies wird einen Teil der üblen, im Darm gebildeten Gase (wie Hydrogensulfid) absorbieren. Aktivkohle ist frei verkäuflich und in den meisten Tiergeschäften erhältlich. Wollen Sie Ihrem Hund Aktivkohle geben, gehen Sie wie folgt vor:

- Zuerst den Tierarzt befragen.
- Nicht länger als zwei oder drei Tage hintereinander geben, denn sie absorbiert nicht nur schädliche Gase, sondern auch Nährstoffe und entzieht dem Hund wichtige Vitamine und Mineralien.

üblich, doch bilden sie die Hälfte aller Geschwülste im Mast- oder Dickdarm. Tumoren treten vorwiegend bei älteren Tieren auf.

DIAGNOSE UND THERAPIE Ein Tierarzt diagnostiziert Polypen im Mastdarm durch Abtasten, Spiegelung und Gewebeprobe. Gutartige Polypen werden entfernt. Auch Tumoren werden meist operiert; zusätzlich können Lymphknotengeschwülste mit Krebsmedikamenten behandelt werden. Lokale operative Entfernung ergibt eine durchschnittlich längere Lebenszeit von sechs bis zwölf Monaten.

MASTDARMVORFALL

Zu starkes Pressen kann den Mastdarm aus dem After heraustreten lassen. Dieses Problem tritt häufig bei Welpen unter vier Monaten und bei kleinen Hunden mit ernstem Durchfall auf. Andere Gründe sind Pressen aufgrund von Verstopfung, Darmblockade, Blasenverschluss oder das Werfen. Wenn nur die Innenschicht des Mastdarms, die Schleimhaut, vorfällt, tritt ein geschwollener, kugeliger, roter Gewebering aus dem After aus. Manche Halter verwechseln dies mit Hämorrhoiden. Bei einem totalen Mastdarmvorfall hängt ein kleines, wurstähnliches rotes Gewebestück aus dem After.

DIAGNOSE UND THERAPIE Ein Schleimhautvorfall ist weniger ernst als ein totaler Mastdarmvorfall. Die Ursache muss beseitigt werden. Es wird örtlich betäubt, und ein Gleitmittel wird auf die Schleimhaut aufgetragen. Der Hund erhält faserarme Kost.

TIPPS VOM TIERARZT

Einige Hunde, besonders Yorkshire Terrier, leiden oft unter kotverklebtem Fell im Afterbereich. Dies verursacht schmerzhafte Kontaktreizung und Entzündungen im Afterbereich. Der Hund verhält sich, als hätte er Verstopfung – er reibt den After, findet keine angenehme Stellung und jault. Zur Abhilfe schneiden Sie das verklebte Haar und den Kot in diesem Bereich ab. Tragen Sie äußerlich wirkende Antibiotika oder entzündungshemmende Creme und Salbe auf.

F **MEIN HUND IST STUHLINKONTINENT. WAS SIND MÖGLICHE GRÜNDE?**

A Verlust der Kontrolle über die Darmtätigkeit hat viele mögliche Ursachen, zum Beispiel hohes Alter, Entzündungen, Dickdarmtumoren oder -verletzungen, Verstopfung oder Durchfall, Afterfisteln oder Afterschädigungen durch Operationen. Viele Nervenerkrankungen verursachen ebenfalls Kontrollverlust, Rückenmarksschädigungen etwa den Verlust der Kontrolle über den Schließmuskel. Lassen Sie den Tierarzt die Ursache abklären.

F **WAS IST MIT DEM BEGRIFF »DARMVERSCHLUSS« GEMEINT?**

A Der Darm verträgt keine Reizungen, weder durch Entzündungen noch durch grobe Behandlung während Operationen. Er antwortet darauf oft mit Ruhestellung, er beendet die Darmbewegung. Er verhält sich, als ob ein Verschluss vorläge, obwohl es nicht so ist. Krankheiten wie Parvovirus und Entzündung der Bauchspeicheldrüse können dies ebenfalls verursachen. Sehr selten kann bei Berührung des Darms bei Routineoperationen ein Darmverschluss entstehen.

F **MEIN HUND SCHEINT FLÜSSIGKEIT IM BAUCH ANGESAMMELT ZU HABEN. WAS KÖNNTE DER GRUND DAFÜR SEIN?**

A Dieser Wasserbauch hat viele Gründe, zum Beispiel Herzversagen, Leberkrankheit, sehr schlechte Nährstoffaufnahme, ernste Darm- oder Bauchspeicheldrüsenkrankheit, Darmperforation, Riss der Lymphwege, Blasenriss und innere Blutungen. Gehen Sie sofort zum Tierarzt.

Dringend ist eine Behandlung bei totalem Vorfall. Mit wasserlöslichem Gel feucht halten. Der Tierarzt wird eine vorübergehende »Tabaksbeutelnaht« anlegen, um den Mastdarm in seiner normalen Position zu halten. Eine weitere Operation kann nötig sein.

PERIANALHAUTERKRANKUNG

Wiederholte Durchfallanfälle, besonders bei Welpen, können zu Entzündungen rund um den After führen. Andere Gründe sind das Ziehen des Hinterteils über raue Flächen (Afterreiben) und Reizungen durch Bandwurmteile. Hautallergien können sich auch in diesem Bereich zeigen.

DIAGNOSE UND THERAPIE Beseitigung der Reizursache führt gewöhnlich zu einer Besserung. Äußerlich wirkende Antibiotika und Lotionen gegen Entzündungen können nötig sein.

PERIANALTUMOREN UND PERIANALADENOME

Diese Geschwülste sind sehr häufige gutartige Tumoren bei älteren Rüden und treten beim Cocker Spaniel und beim Beagle häufiger als bei anderen Rassen auf. Selten entwickelt ein Hund eine bösartige Form, ein Adenokarzinom. Diese Geschwülste werden meist erst bei der jährlichen Untersuchung beim Tierarzt entdeckt. Ist ein Tumor schon aufgerissen, leckt der Hund die blutende offene Wunde. Andere Hunde haben dann ein erhöhtes Interesse am Hinterteil des Hundes. Perianaladenome treten überall am Aftergewebe auf.

DIAGNOSE UND THERAPIE Die Tumoren werden durch Augenschein diagnostiziert. Sie brauchen meist männliche Hormone (Testosteron) zum Wachsen; gleichzeitige Kastration bei Tumorentfernung ist die mit Abstand wirksamste Behandlung. Präparate wie Delmadinon werden zum zeitweiligen Schrumpfen des Tumors verabreicht. Medikamentöse Behandlung ist nützlich, wenn nicht operiert werden kann. Mikroskopuntersuchung einer Probe des entfernten Tumors bestätigt, ob es sich um ein Adenom oder das gefährlichere Adenokarzinom handelt.

PERIANALTUMOREN
Beagle können häufiger als andere Rassen zu diesen gutartigen Tumoren am Aftergewebe neigen. Die Diagnosestellung erfolgt durch Augenschein.

ANALDRÜSENERKRANKUNGEN

Die Analdrüsen dienen zur Reviermarkierung. Bei jedem Stuhlgang gibt das Tier einige Tropfen der in den Analdrüsen produzierten Substanz auf den Stuhl. Bei einer Erkrankung ist das häufigste Anzeichen verstärktes Lecken oder Afterreiben. Manche Hunde springen aus einer Ruheposition auf, als ob sie erschreckt worden wären oder plötzlich Schmerzen hätten.

VERSTOPFTE ANALDRÜSEN

Analdrüsen können leicht verstopften, wenn der Stuhl weich ist, weil der Inhalt nicht ausgedrückt wird.

DIAGNOSE UND THERAPIE Unkompliziert verstopfte Analdrüsen werden durch Drücken diagnostiziert, um festzustellen, ob sie voll sind. Sie können durch äußeren oder inneren Druck geleert werden. Dies kann der Tierarzt tun oder Sie selbst, wenn Sie möchten und Ihr Hund kein Übergewicht hat.

Ziehen Sie Einweghandschuhe aus Gummi oder Plastik an, und wappnen Sie sich mit einem Tuch oder großen Wattebausch. Heben Sie den Schwanz des Hundes ganz nach oben; After und Analdrüsen stülpen vor (siehe S. 159). Platzieren Sie die Finger beidseitig des Afters, auf »4 und 8 Uhr«. Sind die Analdrüsen gefüllt, fühlen Sie zwei traubenförmige Klumpen. Vorsichtig, aber fest drücken Sie jede Tasche mit Daumen und Zeigefinger und massieren nach oben und außen. Ihre Finger sind zum Ende des Ausdrückens auf »3 und 9 Uhr«. Das scharf riechende Analsekret tritt aus dem Anus aus; nehmen Sie es mit dem Tuch auf. Reinigen Sie den Bereich um den After herum mit einem feuchten Tuch. Leeren Sie Analdrüsen nur bei Notwendigkeit. Belohnen Sie Ihren Hund sofort im Anschluss mit Futter, weil er Ihnen etwas so Beunruhigendes erlaubt hat. Verhindert der Körperbau des Hundes das Leeren von außen, gehen Sie zum Tierarzt,

der den After zum Leeren von innen und außen drückt. Kontaktieren Sie immer den Tierarzt, wenn die Analdrüsen verstopft sind oder die abgegebene Substanz sehr stark riecht, gelb oder grün ist oder Blutspuren enthält.

INFIZIERTE ANALDRÜSEN

Analdrüseninfektion (Entzündung) verursacht eine schmerzhafte Schwellung an der betroffenen Seite links oder rechts vom After.

DIAGNOSE UND THERAPIE Sanftes Drücken der Analdrüse bringt eitriges Material hervor, das gelb oder grün ist oder Blutspuren aufweist. Eine Bakterienkultur wird angelegt und ein Antibiotika-Resistenztest durchgeführt.

Die Infektion wird durch Analdrüsenspülung mit Antiseptikum oder Antibiotika behandelt, während der Hund ruhiggestellt oder betäubt ist.

ANALDRÜSENABSZESS

Ist der Analdrüsenkanal (von der Tasche zur Schleimhaut innen im After) verstopft, kann die Drüse anschwellen, die Haut auf einer Afterseite durchbrechen und einen nassen Abszess bilden. Die schmerzhafte Schwellung ist anfangs rot und wird dann kurz vor dem Reißen violett. Das Reißen des Abszesses verringert den Schmerz.

DIAGNOSE UND THERAPIE Ist ein Abszess noch nicht gerissen, wird er aufgeschnitten, oft unter örtlicher Betäubung. Der Abszess und die Analdrüse werden mit einer antiseptischen oder antibiotischen Lösung gespült. Orale Antibiotika und Schmerzmittel werden ebenfalls gegeben. In seltenen Fällen ist operatives Entfernen der Analdrüsen nötig.

PERIANALFISTELN/ ANALE FURUNKULOSE

Bei dieser Erkrankung bilden sich Geschwüre, Blutungen und infizierte Stellen, aus denen riechende Flüssigkeit abgeht, im Gewebe rund um den After. Perianalfisteln und anale Furunkulose selbst verursachen keine Schmerzen, Hunde haben jedoch bei dieser Erkrankung oft auch die schmerzhafte entzündliche Darmkrankheit.

DIAGNOSE UND THERAPIE Einfaches Anheben des Hundeschwanzes kann sehr schmerzhaft sein. Schmerzbekämpfung und Ruhigstellung helfen bei der Diagnosestellung, welche der Tierarzt durch Sichtkontrolle des Bereichs vornimmt. Manchmal ist eine Operation nötig. Wiederauftreten ist häufig, kann aber medikamentös eingedämmt werden.

BAUCHFELLENTZÜNDUNG

Bauchfellentzündung ist eine ernste Erkrankung, bei der sich die Auskleidung der Bauchhöhle entzündet. Dies tritt auf, wenn eine reizende oder infektiöse Substanz wie Urin, Galle, Blut, Verdauungsenzyme, Bakterien oder der Darminhalt in die Bauchhöhle tropfen. Dieses Leck kann durch tiefe Wunden, Risse in Organen wie der Blase, Durchlöcherung durch Fremdkörper oder Geschwüre in Magen oder Darm, Blutungen aus Tumoren oder Verletzungen, Schwellungen, akute Bauchspeicheldrüsenentzündung oder durch eine aufgeplatzte Operationsnaht verursacht werden. Bauchfellentzündung ist äußerst schmerzhaft. Die Hunde sind lustlos und oft bewegungsfaul. Einige stöhnen, andere erbrechen. Viele betroffene Hunde brechen nach einem Schock zusammen.

DIAGNOSE UND THERAPIE Der Tierarzt stellt die Erkrankung bei der Untersuchung fest. Nach der Diagnose kann mit Röntgen der genaue Ort festgestellt werden. Schock und Dehydratation werden mit intravenösen Gaben von Flüssigkeit, Antibiotika und Kortikoiden behandelt. Eine Explorationsoperation wird zum Auffinden und zur Beseitigung der Ursache vorgenommen. Alle eingedrungenen infektiösen Substanzen werden aus der Bauchhöhle entfernt und diese anschließend mit antibiotischer Lösung gespült. Ein Teil des Schnittes kann offen gelassen werden, um weiteres infiziertes Material aus dem Bauchraum zu entfernen, und wird erst später geschlossen.

GEFÄHRDETE RASSEN

Zu Analdrüsenproblemen neigen folgende Rassen:

- Dackel (Bild oben)
- Retriever
- Spaniel

Perianalfisteln und anale Furunkulose sind selten, außer bei folgenden Rassen:

- Deutscher Schäferhund (Bild oben)
- Irish Setter

BAUCHSPEICHELDRÜSE UND LEBER

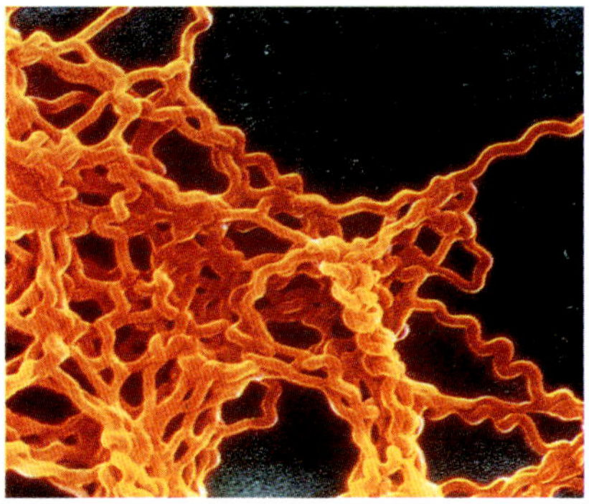
Leptospirose-Bakterien

Nahrung wird im Magen mechanisch verdaut. Dann gelangt sie in den Zwölffingerdarm, den ersten Teil des Dünndarms, wo die chemische Verdauung stattfindet. Dieser Prozess beruht auf Enzymen, die die Nahrung in Substanzen zerlegen, welche die Körperzellen nutzen können. Die meisten dieser Enzyme werden in der Bauchspeicheldrüse gebildet. Auch die Leber ist lebenswichtig für die Verdauung; sie produziert Galle zum Aufspalten von Fetten, sodass sie vom Körper aufgenommen werden können. Darüber hinaus baut die Leber Gifte aus dem Blut ab.

Die Leber speichert Nährstoffe, entgiftet das Blut und unterstützt die Regulierung von Kreislauf und Körpertemperatur. Insbesondere stellt sie Galle her, eine Flüssigkeit für die Fettverdauung im Darm. Galle wird in der Gallenblase gespeichert und tritt durch den Gallengang in den Zwölffingerdarm ein.

Wenn die Leber nicht richtig arbeitet, kommt es zu Erkrankungen. Manche Störungen entwickeln sich, weil die Leber einen Nährstoff nicht richtig speichern kann, wie bei der Kupferspeicherkrankheit. Bei anderen verliert die Leber ihre Fähigkeit zum Abbau schädlicher Stoffe wie mikrobieller Gifte oder Arzneien. Verdauungsprobleme treten auf, wenn Galle nicht richtig zirkuliert.

Die Leber kann auch physisch geschädigt werden. Kreislauferkrankungen lassen sie anschwellen, und Flüssigkeit tropft in die Bauchhöhle. Die Leber hat eine hohe Selbstheilungskraft nach akuter Entzündung, jedoch führt chronische Entzündung zu Zirrhose, bei der durch wiederholte Reparaturen Narbengewebe gebildet wird.

Die Bauchspeicheldrüse stellt starke Enzyme her, die Proteine, Fette und Kohlenhydrate abbauen. Ein Enzymmangel führt zu schlechter Verdauung und schlechter Nährstoffaufnahme. Die Enzyme sickern durch den Bauchspeicheldrüsengang direkt in den Dünndarm; gelangen sie in andere Bereiche, verursachen sie eine starke, schmerzhafte Entzündung.

Neben der Verdauungsfunktion gibt die Bauchspeicheldrüse verschiedene Hormone einschließlich Insulin in die Blutbahn ab (siehe S. 380 ff.).

KRANKHEITEN

Nicht alle Bauchspeicheldrüsen- und Lebererkrankungen treten einzeln auf; nicht selten sind mehrere Organe betroffen. Daher leidet der Hund eventuell unter mehreren gleichzeitig. Alle diese Krankheiten müssen von einem Tierarzt behandelt werden.

BLUTGEFÄSSE VON DER LEBER ZUM HERZEN

Nährstoffreiches Blut vom Darm gelangt über die Pfortader zur Leber und wird dort von Giften gereinigt. Das Blut verlässt die Leber über die Lebervene und gelangt über die Hohlvene zum Herzen. Wird das Blut nicht gereinigt, können sich Gifte im ganzen Körper verbreiten.

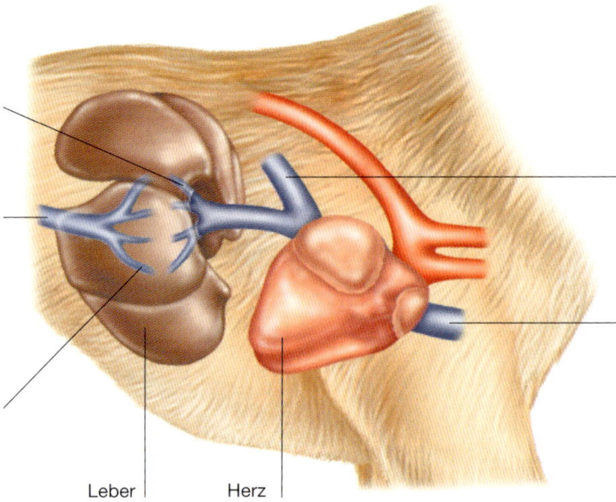

LEBER UND BAUCHSPEICHELDRÜSE

Die Leber ist das größte innere Organ. Sie besteht aus mehreren Lappen um den oberen Teil des Magens und trennt den Magen vom Zwerchfell. Wenn die Leber anschwillt, was bei vielen Krankheiten der Fall ist, kann ein Tierarzt beim Abtasten fühlen, dass die Ecken dieser Lappen runder sind. Ist das Zwerchfell durch eine schwere Verletzung gerissen, kann ein Leberlappen in den Riss gelangen. Galle wird in der Leber gebildet, in der Gallenblase gespeichert und von der Leber oder Gallenblase durch den Gallengang in den Darm abgegeben. Die Bauchspeicheldrüse steht in Kontakt mit dem Zwölffingerdarm; ihre Verdauungsenzyme gelangen über den Bauchspeicheldrüsengang in diesen Darmabschnitt.

LAGE UND FUNKTION

Leber und Bauchspeicheldrüse umgeben den Magen. Beide Organe fügen der Nahrung, die vom Magen in den Darm gelangt ist, Verdauungsenzyme hinzu.

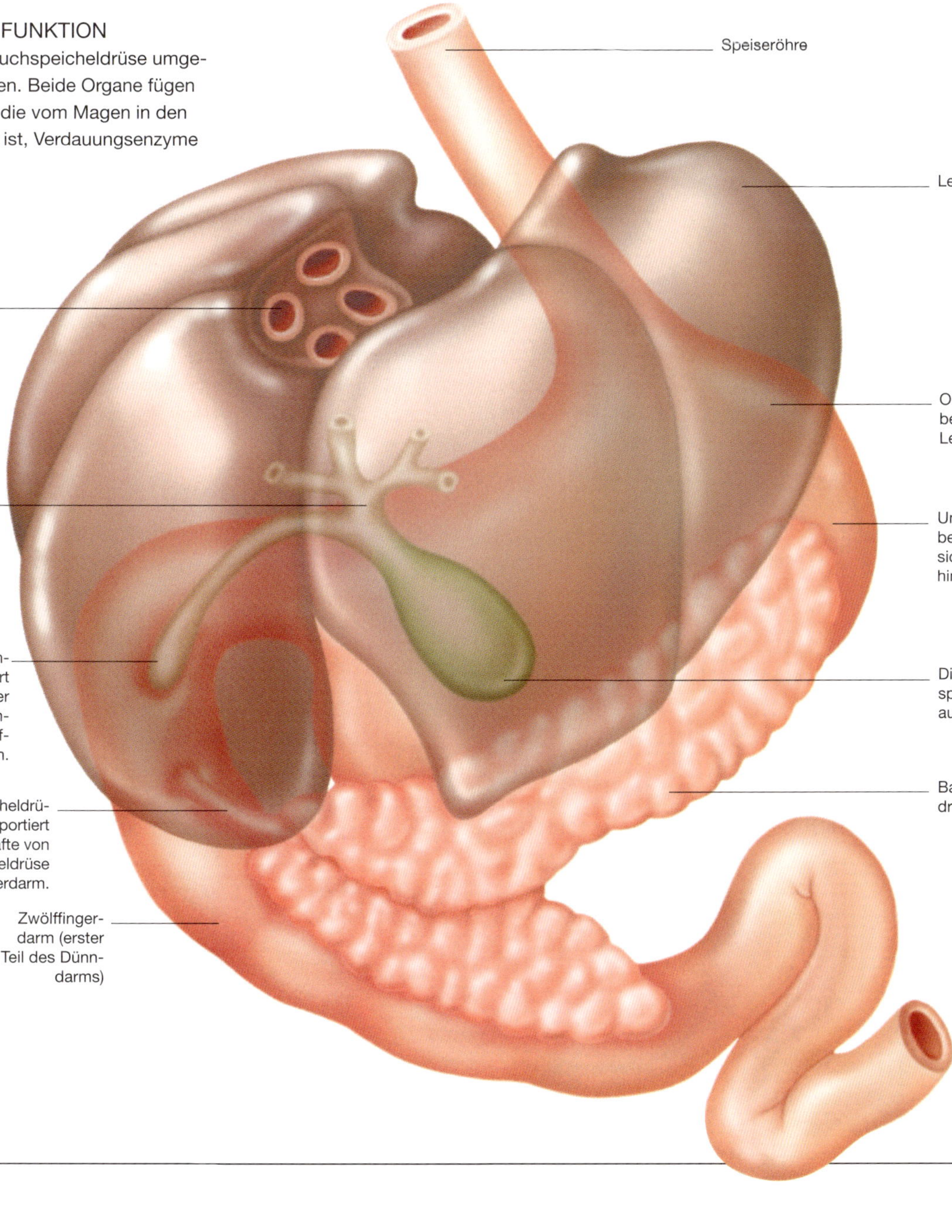

KRANKHEITEN DER BAUCHSPEICHELDRÜSE

Viele Störungen können die Bauchspeicheldrüse betreffen. Sie kann sich entzünden oder die Fähigkeit zur Enzymproduktion verlieren. Auch kann sich Krebs bilden.

BAUCHSPEICHELDRÜSEN-ENTZÜNDUNG

Die genauen Ursachen sind noch unklar; doch gibt es eine direkte Beziehung zwischen der Schwere der Anfälle und einer fettreichen, proteinarmen Kost. Auch bestimmte Arzneien wie Kortikoide, Diuretika und einige Magensäureblocker (wie Cimetidin) können Ursache einer Bauchspeicheldrüsenentzündung sein. Eine Schädigung des Bauchspeicheldrüsenganges kann das Aussickern von Enzymen und eine schmerzhafte Entzündung im umgebenden Gewebe verursachen. Bauchspeicheldrüsenentzündung wird vielfach nicht erkannt, doch bei Obduktionen zeigen etwa 1% der Hunde Zeichen einer Entzündung.

Akute Bauchspeicheldrüsenentzündung ist sehr schmerzhaft und betrifft meist übergewichtige, mittelalte Hündinnen. Sie verursacht extreme Schmerzen. Der Hund zieht den Bauch ein, erbricht und zeigt Zeichen von Schock (siehe S. 422). Bei weniger schweren Fällen legt der Hund den Vorderkörper nieder, zögert aber, auch den Rest des Körpers abzulegen. Leichte Formen verursachen Lethargie, Erbrechen, Durchfall und Fieber. Akute Entzündung tritt häufig bei Zwergpudeln, Zwergschnauzern, Cocker Spaniels und West Highland White Terriern auf. Chronische Bauchspeicheldrüsenentzündung ist schwieriger zu diagnostizieren, und die meisten Symptome betreffen den Darm.

DIAGNOSE Röntgen und Ultraschall zeigen anatomische Veränderungen des Zwölffingerdarms. Ein Bluttest ergibt eine erhöhte Zahl weißer Blutkörperchen und erhöhte Aktivität von Leber und Bauchspeicheldrüsenenzymen, eine Folge der Entzündung.

THERAPIE Behandlungsziel ist die Linderung der Schmerzen, Schocküberwindung und Verringerung der Bauchspeicheldrüsenaktivität. Letzteres wird durch die zeitweise Aussetzung des Futters erzielt; alternativ kann der Hund zur Sicherheit intravenös ernährt werden. Im Gegensatz zum Menschen werden beim Hund selten Antibiotika bei Bauchspeicheldrüsenentzündung gegeben. Kortikoide werden nur bei klinischem Schock angewandt. Ist das Erbrechen unter Kontrolle, wird eine fettarme Erhaltungskost in kleinen Portionen und oft gegeben.

EXOKRINE BAUCHSPEICHEL-DRÜSENINSUFFIZIENZ (EPI)

Aus immer noch unbekannten Gründen kann der äußere (exokrine) Teil die Fähigkeit zur Herstellung von Verdauungsenzymen verlieren. Diese exokrine Bauchspeicheldrüseninsuffizienz kann eine Autoimmunerkrankung sein, bei der das Immunsystem sein eigenes Gewebe angreift. Diese ist der häufigste Grund für Hundediabetes; das Immunsystem zerstört die Fähigkeit zur Insulinproduktion (siehe S. 380). Innerhalb mancher Zuchtlininen des Deutschen Schäferhundes wird EPI vererbt und stellt ein großes Problem dar. Auch Narbengewebe aus früheren Anfällen kann EPI auslösen. Betroffene Hunde fressen tüchtig, verlieren jedoch an Gewicht. Sie geben große Mengen grauen kuhfladenähnlichen Durchfalls ab.

DIAGNOSE Das Auftreten solchen Stuhls und mikroskopische Untersuchung auf unverdautes Fett bestätigen die Diagnose. Auch zeigen Bluttests ein niedriges Niveau von Verdauungsenzymen.

THERAPIE Solche Hunde erhalten industriell hergestellte getrocknete Bauchspeicheldrüsenauszüge. Wirkt dies nicht, kann der Tierarzt die Fütterung frischer Rinderbauchspeicheldrüse vom Schlacht--hof vorschlagen, obwohl Gesundheitsvorschriften dies schwierig gestalten. Hunde sollten zur Ergänzung auch fettlösliche Vitamine, besonders Vitamin E erhalten. Antibiotika (Metronidazol, Oxytetrazyklin) und Kortikoide werden in einigen Fällen verabreicht.

BAUCHSPEICHELDRÜSEN-TUMOREN

Hierbei handelt es sich um Adenokarzinome, die selten, aber sehr bösartig sind. Die Krebsanzeichen sind unspezifisch: Gewichtsverlust, Erbrechen und Lethargie. Derzeit gibt es keine Behandlung. Auch mit Operation sind die Aussichten schlecht.

LEBERKRANKHEITEN

Nur wenige Lebererkrankungen haben eindeutige Symptome. Der Grund ist die hervorragende Fähigkeit der Leber zur Bildung neuer Zellen; wenn nur wenige Zellen wegen einer Verletzung oder Krankheit zerstört wurden, treten keine Anzeichen auf. Über 80% der Leberfunktion kann verloren gehen, ohne dass ein Hund Symptome zeigt.

Zunächst muss abgeklärt werden, ob eine chronische oder akute Krankheit vorliegt. Dann gilt es zu klären, ob es sich um eine primäre Lebererkrankung handelt, bei der ein schädigender Stoff, wie bei einer Infektion oder einer Vergiftung, einen direkten Einfluss auf die Leber hat, oder ob eine sekundäre

---

F WARUM SIND HÜNDINNEN ANFÄLLIGER FÜR BAUCHSPEICHELDRÜSENENTZÜNDUNG?

A Fettleibigkeit, die Hündinnen mehr als Rüden betrifft, wird als Hauptrisikofaktor für die Störung gehalten. Ein anderer Faktor ist Diabetes (siehe S. 380), der eher bei übergewichtigen Hündinnen auftritt.

F IST DIE KOST WICHTIG BEI DER BEHANDLUNG?

A Wichtiger ist der Nahrungsentzug für meist drei Tage. Hunde, die vorher wieder gefüttert werden, haben häufiger Rückfälle.

Erkrankung vorliegt, die von einer Störung an anderer Stelle im Körper herrührt. Ein Beispiel dafür wäre, dass das Hundeherz nicht mehr richtig pumpt und folglich die Leber anschwillt, weil sich Blut in ihr ansammelt, das zum Herzen transportiert werden soll.

AKUTES LEBERVERSAGEN

Massives Absterben von Lebergewebe, eine seltene Krankheit, verursacht akutes Leberversagen (schneller Verlust der Leberfunktion).

Anzeichen sind Niedergeschlagenheit, Erbrechen, Durchfall und nervöse Erkrankungen wie etwa Zucken und Krämpfe. Akutes Leberversagen kann durch Infektionskrankheiten wie infektiöse Hundehepatitis oder in Europa durch das azidophile Hundehepatitis-Virus auftreten. Ursache können Medikamente wie Krampflöser, Antibiotika und Schmerzmittel oder auch Schock, Verletzung, Hitzschlag, akutes Kreislaufversagen oder Blutvergiftung sein.

DIAGNOSE Akutes Leberversagen kann für akuten Magen-Darm-Katarrh (siehe S. 352) gehalten werden, doch Bluttests ergeben meist eine erhöhte Leberenzymaktivität, niedrigen Blutzucker, Cholesterinüberschuss und erhöhte Gallensäuren. Röntgenbilder zeigen eine vergrößerte Leber.

THERAPIE Der Hund muss in einer Tierklinik behandelt werden und bekommt intravenös Flüssigkeit und Medikamente verabreicht.

CHRONISCHE LEBERKRANKHEIT

Bei dieser Erkrankung werden Entzündungszellen und Fasergewebe gebildet. Fast immer entsteht eine Leververgrößerung; wenn diese nicht behandelt wird, führt sie zu Zirrhose (Narbengewebe in der Leber) und Leberversagen. Chronische Leberkrankheit ist im Frühstadium schwer zu diagnostizieren, weil selten Zeichen sichtbar sind. Alle Ursachen für akutes Leberversagen können auch chronische Leberkrankheit auslösen; auch die Infektionskrankheit Leptospirose (siehe S. 223) ist in bestimmten Gegenden ein häufiger Grund.

Frühe Anzeichen von Leberkrankheit sind Gewichtsverlust, Appetitlosigkeit und verstärkter Durst und Wasserlassen. In späterem Stadium, wenn fast alle Leberfunktionen versagen, treten folgende Symptome auf: Das Körpergewebe wird gelb (Gelbsucht). Der Urin ist dunkel und hat die Farbe von Tee, weil er Galle enthält, der Stuhl ist grauweiß mit hohem Fettanteil. Innere Blutungen führen zu Blut in Urin oder Stuhl und Blutergüssen auf der Haut. Der Hund hat wegen Wassereinlagerungen einen geschwollenen Bauch (Wasserbauch) und geschwollene Beine (Ödeme).

Das Tier zeigt auch Verhaltensänderungen wie Orientierungslosigkeit, Koordinierungsverlust, Zucken oder Krämpfe aufgrund einer Gehirnentzündung durch Ammoniak (Leberkoma).

DIAGNOSE Mehrere Bluttests werden durchgeführt, u.a. Tests auf Enzyme, Bilirubin und Gallensäuren. Leberbilder werden mit Röntgen (auch Kontrast-Röntgen), Ultraschall, Computertomografie und Kernspin angefertigt. Eine Nadelbiopsie oder eine Feinnadelaspiration, bei denen Leberzellen mit Nadel und Spritze entnommen werden, liefern die genaueste Diagnose.

THERAPIE Es gibt viele Ursachen für Leberkrankheit, viele liegen außerhalb der Leber; die wirksame Behandlung hängt daher von der Behandlung der ursächlichen Erkrankung oder einer Beseitigung der Ursache ab. Die Behandlung variiert mit der Schwere der Krankheit. Körperliche Bewegung wird reduziert und eine speziell zusammengestellte Kost mit kleinen Mengen hochwertiger Proteine gefüttert. Traubenzucker-Kochsalz kann intravenös gegeben werden. Diuretika fördern den Abfluss von Wasser aus dem Bauch.

HEPATITISINFEKTIONEN

Infektiöse Hundehepatitis (CAV-1) und Formen von *Leptospira*-Bakterien verursachen Hepatitis, wie beim seltenen azidophilen Hundehepatitis-Virus.

TIPPS VOM TIERARZT

Die Kost ist nach einem Anfall von Bauchspeicheldrüsenentzündung lebenswichtig für die Versorgung. Kleine Mengen Wasser oft anbieten, das Füttern jedoch drei bis fünf Tage aussetzen, bis die Symptome abklingen. Fütterung mit kleinen Mengen Kohlenhydraten wie gekochtem Reis beginnen. Dann »vorverdautes« Futter wie Hüttenkäse geben. Proteinreiches oder fettreiches Futter vermeiden. Fettarmes Spezialfutter (Tierarzt) ist sinnvoll.

KUPFEREINLAGERUNG

Die Leber lagert Kupfer ein und schüttet es in die Galle aus. Wird nicht richtig ausgeschüttet, bekommt der Hund die Kupferspeicherkrankheit oder Kupfer-Leberkrankheit. Bei Bedlington Terriern ist die Anlage für die Kupfer-Leberkrankheit erblich. Träger werden mit genetischen Tests ermittelt. Erkrankte Hunde erhalten kupferreduzierte und zinkreiche Kost. Skye Terrier (Bild oben) haben die Veranlagung zu einer ähnlichen Krankheit. West Highland White Terrier haben ein leicht erhöhtes Risiko für leichte Kupfer-Leberkrankheit, von der auch mittelalte Dobermänner betroffen sein können.

F **WARUM VERURSACHT LEBERKRANKHEIT VERHALTENSÄNDERUNGEN?**

A Es gibt mehrere Erklärungen. Eine ist, dass Leberkrankheit zur Ansammlung von Stoffen im Gehirn führt, die Depressionen auslösen. Leberkrankheit führt außerdem zur Unwirksamkeit der Blut-Hirn-Schranke. Leberkoma (Gehirnentzündung aufgrund von Leberproblemen) kann Angst, Sehverlust, Schreiten oder Im-Kreis-gehen verursachen.

F **VERURSACHT ALKOHOL LEBERZIRRHOSE BEI HUNDEN?**

A Ja. Hunde, die regelmäßig Bier bekommen, haben oft erhöhte Leberenzymwerte, ähnlich wie bei Menschen, die zu viel Alkohol trinken. Alkohol ist aber nicht der einzige Grund für Zirrhose. In der Stadt ist bei über zehnjährigen Hunden, deren Blut im Rahmen der jährlichen Untersuchung getestet wird, der Leberenzymwert erhöht. Unbekannte Umweltfaktoren sind für diesen Umstand von leichter bis ernster Zirrhose verantwortlich.

F **KANN DIE LEBER OPERIERT WERDEN?**

A Ja, doch ist eine Operation nur möglich, wenn mindestens ein großer Lappen nicht erkrankt ist. Häufige Gründe für Operationen sind örtliche Abszesse oder Tumoren in einzelnen Leberlappen.

F **BEKOMMEN HUNDE GALLENSTEINE?**

A Ja, aber viel seltener als Menschen. Eine Behandlung ist selten nötig.

CAV-1 kann zum plötzlichen Tod führen. In anderen Fällen verursacht es hohes Fieber, Bauchweh, Erbrechen, Durchfall, Niedergeschlagenheit und Leververgrößerung. Die Anzeichen leptospiraler Hepatitis hängen von der Form des infizierenden Bakteriums ab. Einige Formen verursachen schwere Hepatitis, Gelbsucht und Nierenschaden, andere eher chronische, leichte Lebererkrankungen. CAV-1 und leptospirale Hepatitis werden durch Routine-Impfung vermieden. Impfungen gegen Hundehepatitis schützen bis zu zwei Jahre lang, Leptospirose-Impfstoff schützt nur sechs bis zwölf Monate.

RASSENABHÄNGIGE CHRONISCHE LEBERKRANKHEIT

Dobermänner, besonders mittelalte Hündinnen, tragen das Risiko immunbedingter chronischer Hepatitis und Zirrhose (siehe S. 210). Behandelt wird oft mit Kortikoiden. English Cocker Spaniel und American Cocker Spaniel, besonders junge Rüden, haben ein erhöhtes Risiko für chronische Hepatitis. Bei diesen Rassen ist die Krankheit ernster als bei anderen, oft mit schlechter Prognose.

Sowohl Bedlington als auch Skye Terrier können eine Veranlagung für die Kupfer-Speicherkrankheit erben (siehe S. 365). Bei West Highland White Terriern ist das Risiko erhöht, an chronischer Hepatitis und später Zirrhose zu erkranken.

MEDIKAMENTENABHÄNGIGE CHRONISCHE HEPATITIS

Lebervergiftung tritt häufig auf. Potenziell giftige Medikamente sind Inhalationsnarkotika wie Halothan, das Antibiotikum Trimethoprim-Sulfat, das Parasitenmittel Diethylcarbamazin und das Schmerzmittel Paracetamol. Auch Krampflöser wie Phenobarbital, Pilzmedikamente wie Itraconazol, das Parasitenkombinationsmittel Oxibendazol und Diethylcarbamazin und das NSAID (schmerz- und entzündungshemmendes Mittel) Carprofen wurden mit dem erhöhten Risiko von Leberkrankheiten bei manchen Hunden in Verbindung gebracht. Lebervergiftung kann auch durch Gift in Nahrungsmitteln (Endotoxine) entstehen.

DIAGNOSE UND THERAPIE Lebergifte verursachen Zeichen akuten oder chronischen Leberversagens. Bluttests auf Leberenzymaktivität sind zur Unterscheidung einer Vergiftung von anderen Leberschäden nicht geeignet.

Antibiotika wie Enrofloxazin können bei nachfolgender Infektion angewandt werden. Kortikoide helfen manchmal, weil der Wirkstoff Ursodeoxycholsäure die Gallenzirkulation fördert.

PORTOSYSTEMISCHER SHUNT

Hierbei handelt es sich um eine anormale Öffnung zwischen der Pfortader (die Blut vom Darm zur Leber bringt) und der hinteren Hohlvene.

Einige Rassen haben eine genetische Veranlagung für portosystemische Shunts (Zwergschnauzer, Yorkshire und Cairn Terrier, Bobtail und Irish Wolfhound). Betroffene Hunde zeigen Zeichen von Gehirnentzündung, auch Taumeln, Zucken, Lethargie und

TIPPS VOM TIERARZT

Ein Hund hat die meisten Leberfunktionen bereits verloren, wenn er chronische Symptome zeigt. Dies erschwert die Behandlung. Eine Leberkrankheit ist bei routinemäßigem Abtasten schwer zu diagnostizieren, es sei denn, die Leber hat sich so vergrößert, dass ein Tierarzt sie mit den Fingern fühlen kann.

Oft werden Leberstörungen durch regelmäßige vorsorgliche Blutprofile entdeckt. So kann ein Leberschaden frühzeitig erkannt werden. Früher Eingriff mit Ursachenbeseitigung und Nahrungsänderung verlängern die gesunde Leberfunktion.

FEHLGELENKTE BLUTGEFÄSSE BEI LEBERSHUNT

Blut aus dem Darm wird zur Leber transportiert, wo es von Verunreinigungen und Giften gereinigt wird. Aufgrund eines angeborenen anatomischen Defektes oder eines Leberschadens kann das Blut die Leber umgehen und ungereinigt direkt vom Darm zum Herz fließen. Dieser Umstand wird Lebernebenweg (oder Lebershunt, portosystemischer Shunt oder Leberkoma) genannt. Als Folge kann Gehirnentzündung auftreten.

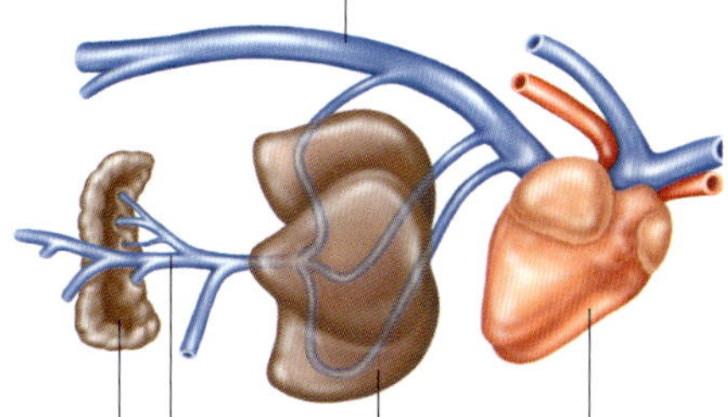

NORMALES SYSTEM

Normalerweise gelangt das Blut aus dem Magen-Darm-Trakt über die Pfortader in die Leber. Das Blut wird in der Leber entgiftet, dann fließt das saubere Blut über die hintere Hohlvene zum Herzen.

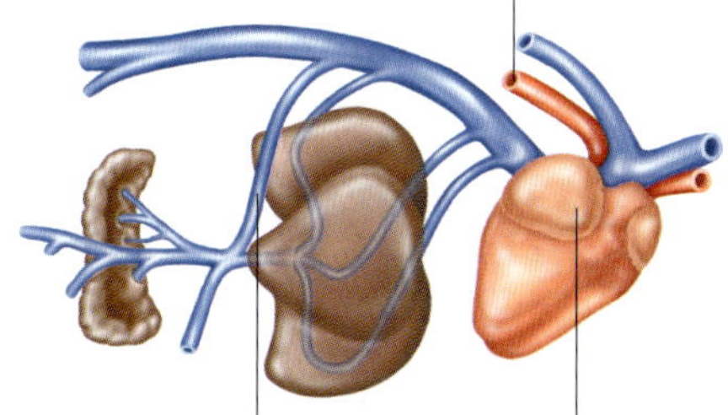

LEBERNEBENWEG

Bei neugeborenen Welpen ist die Verbindung von der Pfortader zur Hohlvene nicht geschlossen, oder bei älteren Tieren öffnet sich eine Verbindung, sodass nicht entgiftetes Blut direkt zum Herzen fließt.

Krämpfe. Manche Tiere sind durstig und erbrechen.

DIAGNOSE UND THERAPIE Die Diagnose basiert auf Blutproben, Gallensäuremessung, Röntgen und Ultraschall. Ein Lebernebenweg wird operativ unterbunden. Antibiotika werden zur Kontrolle der ammoniakproduzierenden Bakterien angewandt.

Für Hunde mit Lebererkrankungen ist spezielle tierärztlich verordnete Kost erhältlich.

Vincent Biourge, ein französischer Veterinär-Ernährungsspezialist, empfiehlt auch folgende selbst gemachte Kost:
1,5 Tassen fettarmer Hüttenkäse
3 Tassen gekochter Reis
25 g gekochte Rinderleber
1 Teelöffel Calziumcarbonat
1 Teelöffel Maisöl
250 mg Vitamin C
1 Kapsel B-Komplex plus Eisen.

LEBERTUMOREN

Viele Tumoren entwickeln sich in der Leber. Dies können Primärtumoren mit Ursprung in der Leber sein oder sekundäre, d.h. Metastasen (wandernde Krebszellen) aus anderen Bereichen wie dem Brustgewebe oder der Milz. Anzeichen von Lebertumoren sind unspezifisch, zum Beispiel Gewichtsverlust, Erbrechen und Lethargie.

DIAGNOSE UND THERAPIE Abtasten, Röntgen, Ultraschall sowie Computertomografie- und Kernspin-Bilder werden diagnostisch verwendet. Eine Gewebeprobe ist für die genaue Diagnose und Entscheidung für eine Behandlung nötig.

LEBERAMYLOIDOSE

Dies ist eine sehr seltene Erkrankung, die nur bei wenigen Rassen bekannt ist. Bei Leberamyloidose sammeln sich bestimmte Eiweißkörper (Amyloid) in einer Reihe von Organen, dazu gehören auch die Leber und die Nieren. Dies ist eine Folge von chronischer Infektion, Entzündung oder Immunstörungen.

DIAGNOSE UND THERAPIE Krankheitszeichen sind Fieber (Shar-Pei-Fieber) und geschwollene Sprunggelenke. Wissenschaftler suchen noch immer nach einer wirksamen Behandlungsmethode. Noch ist keine Therapie in Aussicht.

GALLENBLASEN- UND GALLENGANGKRANKHEITEN

Die Gallenblase speichert Galle, eine Verdauungsflüssigkeit aus Säuren, Cholesterin und anderen Stoffen aus dem Darm und der Leber. Normalerweise wird Galle von der Gallenblase (oder direkt von der Leber) über kleine Gänge in den Darm ausgeschüttet. Jeder Teil dieses Systems kann einen Verschluss, Riss oder eine Entzündung erleiden.

Gallenwegsverschluss beruht meist auf einer Bauchspeicheldrüsenerkrankung (siehe S. 364); er kann auch durch Tumoren oder Gallensteine verursacht sein. Darmbakterien können Gallengangsentzündung hervorrufen. Ernste Gallenblasenentzündung oder Verletzungen durch Gewalteinwirkung können einen Gallenriss verursachen.

DIAGNOSE UND THERAPIE Untersuchung durch Röntgen, Blutanalyse und Ultraschall. Behandlung der Ursache. Entfernung von Gallensteinen nur bei Begleiterkrankung. Antibiotikagabe bei den meisten Gallenblasenkrankheiten. Bei Gallengangriss wird notfalls operiert.

NIEREN, HARNLEITER UND BLASE

Aus einer Schüssel trinkende Welpen

Die Hauptaufgabe der Harnwege ist die Filterung des Blutes und die Ausscheidung von Stoffwechselabfällen und überschüssigem Wasser als Harn. Außerdem regeln sie den Haushalt von Flüssigkeit und bestimmten Salzen und den Säure-Base-Haushalt. Zu den Harnwegen gehören die beiden Nieren, die Blase, die Harnleiter, die die Nieren mit der Blase verbinden, und die Harnröhre, durch die der Harn ausgeschieden wird. Die Prostatadrüse beim Rüden wird häufig ebenfalls den Harnwegen zugerechnet.

Allen Aktivitäten eines Hundes, vom Fressen und Atmen bis zum Rennen und Springen, liegen chemische Reaktionen in den Körperzellen zugrunde. Abfallprodukte dieser Reaktionen sammeln sich im Blut. Damit der Hund gesund bleibt, müssen die Harnwege diese Abfälle aus dem Blut herausfiltern und ausscheiden.

DIE NIEREN

Der Reinigungsprozess beginnt in den Nieren. Diese Organe werden mit Blut aus der Nierenarterie versorgt, und gereinigtes Blut verlässt die Nieren über die Nierenvene. Jede Niere hat etwa 400000 einzelne, Nephrone genannte Reinigungseinheiten (jede menschliche Niere hat etwa 1 Million, eine Katzenniere hat ungefähr 190000). Jedes Nephron besteht aus einer Kugel von Kapillaren (winzigen Blutgefäßen), den Nierenknäueln, und einer langen, dünnen Röhre, dem Nierenkanälchen. Poren im Nierenknäuel lassen nur bestimmte Blutbestandteile eintreten; rote Blutkörperchen zum Beispiel sind zu groß. Kleinere Moleküle und Flüssigkeiten können vom Nierenknäuel zum Nierenkanälchen fließen, wo nützliche Stoffe wie Glukose wieder in die Blutbahn aufgenommen werden. Die im Nierenkanälchen zurückbleibende Flüssigkeit, der Harn, ist eine Mischung aus Abfallprodukten wie Harnstoff und anderen, vom Körper nicht mehr benötigten Stoffen, wie überschüssigem Wasser und Salzen.

Diese konstante Filtrierung des Blutes unterstützt die Regulierung des Wasserhaushalts. Trinkt ein Hund mehr Wasser, als der Körper benötigt, wird der Überschuss als Harn ausgeschieden; bei Wassermangel konzentrieren die Nieren den Harn, indem sie mehr Wasser aus den Nierenkanälchen aufnehmen. Die von den Nieren wieder aufgenommene oder ausgeschiedene Wassermenge wird durch das antidiuretische Hormon (ADH) gesteuert, das durch die Hirnanhangdrüse im Gehirn als Antwort auf die Konzentration im Blut gebildet wird. Wenn das Blut zu sauer oder alkalisch wird, ändern die Nieren den Säuregehalt des Harns zur Wiederherstellung des richtigen Gleichgewichts.

Die Nieren bilden auch Hormone, zum Beispiel EPO (Erythropoetin), das die Bildung roter Blutkörperchen anregt.

URINIEREN

Harn aus den Nephronen sammelt sich in der hohlen Mitte einer jeden Niere, dem Nierenbecken, bevor er durch den Harnleiter zur Blase fließt und vorübergehend gespeichert wird. Ein Muskelring verschließt die Harnröhre am Blasenausgang.

Hat die Blase sich auf eine bestimmte Größe ausgedehnt (oder durch Krankheit entzündet), senden Nerven in der Wand Signale an Rückenmark und Gehirn und bewirken Kontraktion und Wasserlassen. Der Zeitpunkt unterliegt der bewussten Kontrolle. Wenn ein gut erzogener Hund die volle Blase spürt, bittet er um Ausgang, entspannt die Muskeln um den Harnleiter und lässt Wasser.

F **WIE VIEL HARN PRODUZIERT EIN HUND PRO TAG?**

A Ein gesunder Hund scheidet etwa 0,25–1,0 Liter Harn pro Tag aus; die Menge schwankt.

F **WIE ERZIEHE ICH EINEN WELPEN ZUR STUBENREINHEIT?**

A Einem Hund beizubringen, wann und wo er Wasser lassen darf, ist die Basis für Stubenreinheit. Das Wichtigste ist für den Welpen, den Harndrang zu spüren.

DIE HARNWEGE

Harn fließt von den Nieren, wo er produziert wird, durch die Harnleiter zur Blase. Ist die Blase gefüllt und die Wand spannt sich, fühlt der Hund Harndrang. Die Harnröhre endet bei Rüden an der Penisspitze und bei Hündinen zwischen den Schamlippen. Bei Rüden umgibt die Prostatadrüse die Harnröhre direkt unterhalb der Blase.

BLUTFILTRIERUNG IN DEN NIEREN

Die Nieren reinigen das Blut. Eintretendes Blut wird durch die Kapillaren der Nierenknäuel, feine Gefäße, gefiltert. Hier werden Abfallstoffe und überschüssiges Wasser entzogen und als Harn ausgeschieden.

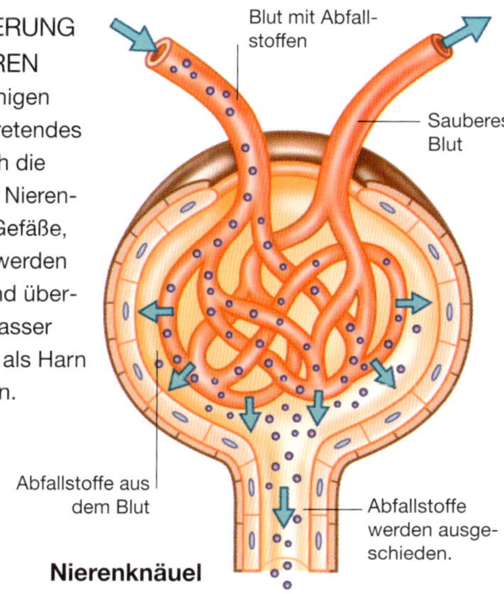

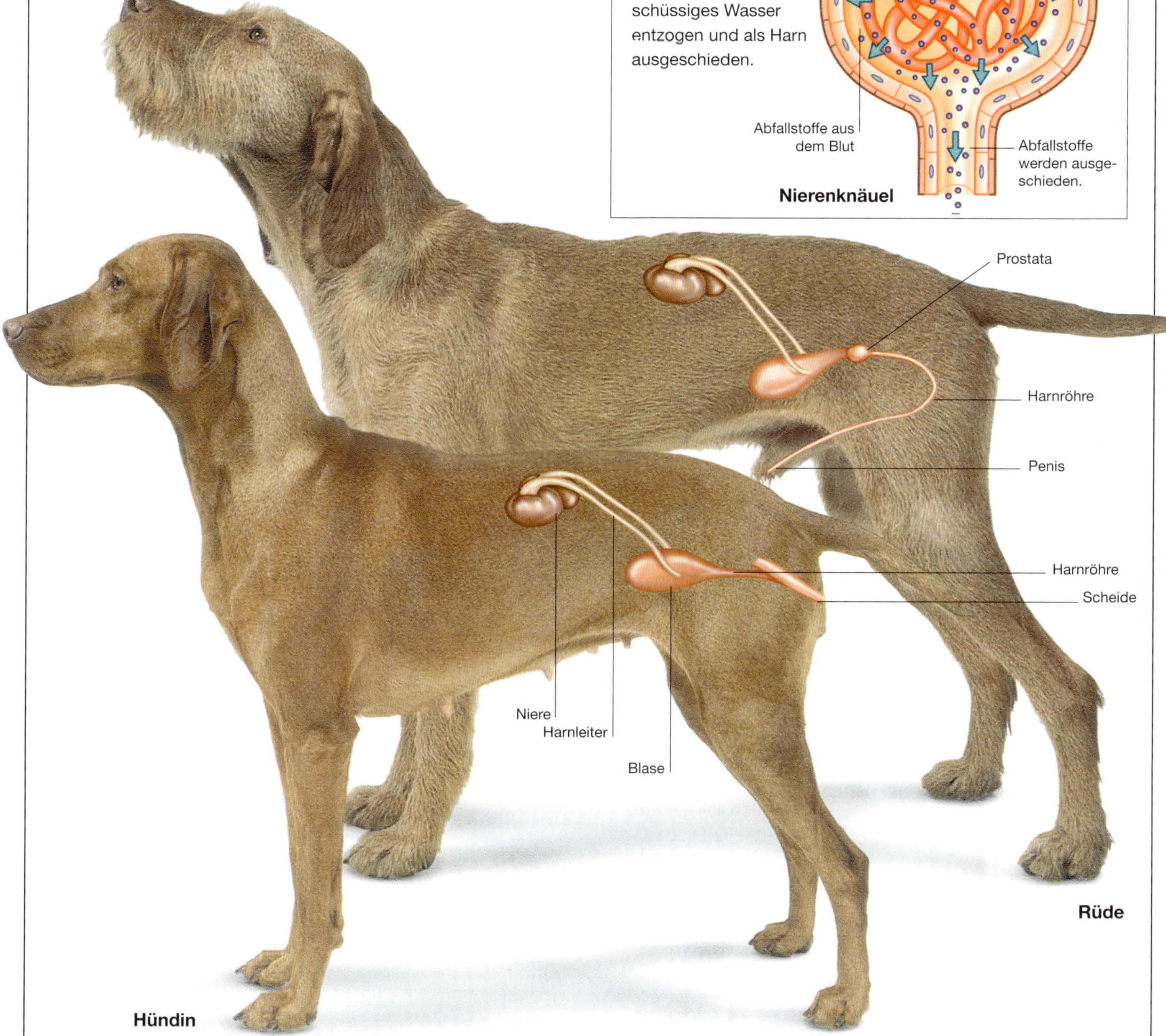

KRANKHEITSZEICHEN

Harnwegserkrankungen beeinträchtigen die Nierenfilterfunktion, die Qualität des Harns, die Häufigkeit des Harndranges oder die Kontrolle darüber beim Wasserlassen. Mineralkristalle oder Steine können überall in den Harnwegen auftreten. Erkrankungen der unteren Harnwege, der Blase und der Harnröhre sind häufig und können meist durch Änderung des Hundefutters und damit der Säure im Harn gesteuert werden. Nierenversagen kann durch Verletzung, Krankheit oder Immunsystemstörungen, aber auch einfach in höherem Alter auftreten.

Die meisten Störungen führen zu Änderungen des normalen Verhaltens beim Trinken und Wasserlassen. Solche Änderungen sind die ersten Zeichen des Problems. Das Gegenteil ist jedoch nicht unbedingt der Fall: Nicht alle Änderungen beim Trinken und Wasserlassen entstehen durch Harnwegserkrankungen.

INDIKATIONEN VON HARNWEGSERKRANKUNGEN

Änderungen der Gewohnheiten beim Wasserlassen können auf eine Harnwegsstörung hinweisen, aber auch eine Reihe von anderen Gründen haben.

VERSTÄRKTES ODER HÄUFIGERES WASSERLASSEN

Das Ausscheiden großer Harnmengen – mehr als 50 ml pro Kilogramm Körpergewicht pro Tag – heißt Polyurie. Sie ist oft ein Zeichen von Nierenkrankheiten.

Die Harnwege betreffende Ursachen für verstärktes Urinieren sind Niereninfektion, -insuffizienz oder -versagen oder mangelnde Antwort der Nieren auf antidiuretisches Hormon (ADH). Andere Gründe sind Diabetes mellitus (siehe S. 380), ADH-Mangel aufgrund einer Hirnanhangdrüsenstörung, Leberkrankheit, Gebärmutterinfektion bei Hündinnen, überaktive oder unteraktive Nebennieren (siehe S. 379), eine unteraktive Schilddrüse (siehe S. 375), Kalziumüberschuss im Blut, Mangel an Kalium im Blut, angeborene Störungen, Verletzungen, bestimmte Medikamente oder Änderungen des Futters.

Bei verstärktem Wasserlassen erhöht sich meist auch die Häufigkeit der Urinabgabe, doch gibt es viele Erkrankungen mit erhöhter Häufigkeit, aber normaler Urinmenge. Blasen- oder Harnröhrenentzündungen oder Entzündungen des unteren Genitaltraktes sowie Blasenablagerungen oder -steine und Prostataerkrankungen führen zu nur leichter Erhöhung der Harnmenge, der Hund lässt jedoch häufiger Wasser.

VERSTÄRKTER DURST

Ein deutlicher Anstieg des Durstes wird Polydypsie genannt. In der tierärztlichen Praxis spricht man davon, wenn ein Tier mehr als 100 ml Wasser pro Kilogramm Körpergewicht täglich trinkt.

Die Störung wird fast immer durch Erkrankungen außerhalb der Harnwege ausgelöst, beispielsweise durch Fieber und Schmerzen, die das Gleichgewicht von ADH und Wasser stören können, verändertes Verhalten (sogenannte psychogene Polydypsie) oder physische Gehirnerkrankungen. In vielen Fällen führt Polydypsie zu verstärktem Wasserlassen.

SCHMERZEN ODER SCHWIERIGKEITEN BEIM WASSERLASSEN

Schmerzen oder Schwierigkeiten beim Wasserlassen sind an verschiedenen Anzeichen zu erkennen. Der Hund kann sich anstrengen, Harn vertropfen, sich ohne Ergebnis hocken oder das Bein heben, vermehrt Penis oder Scheide lecken, aufschreien, Berührung scheuen oder wenig Harn oder Blut, Ablagerungen oder Schleim ausscheiden. Die Beschwerden hängen meist mit

HUND VOR EINEM RATTENLOCH
Manche Hunde jagen gerne Ratten, Mäuse oder andere kleine Tiere. Für sie besteht die Gefahr der Vergiftung durch Warfarin, das oft als Gift zur Bekämpfung von Ratten und anderen Schädlinge ausgelegt wird. Warfarinvergiftung zeigt sich durch Blut im Harn und andere, häufig schwere Symptome.

Erkrankungen der unteren Harnwege, Blasenablagerungen oder -steinen, Verletzung, Blasen- oder Harnröhrenentzündung, Harnwegstumoren und Prostataerkrankungen bei Rüden zusammen.

INKONTINENZ

Inkontinenz ist die Unfähigkeit zur Kontrolle des Wasserlassens. Ein inkontinenter Hund vertropft ständig Harn oder lässt zumindest unter bestimmten Umständen Wasser, zum Beispiel beim Niederlegen oder bei Aufregung. Es gibt verschiedene Formen mit diversen Ursachen. Inkontinenz kann mit verstärktem Wasserlassen einhergehen oder auch nicht.

BLUT IM HARN

Blut im Harn ist immer bedenklich. Es gibt viele mögliche Quellen. Blutungen mit Schmerzen weisen meist auf eine Störung der unteren Harnwege hin. Blut ohne Schmerzen legt Nierenkrankheit nahe. Blutharn kann auch von Blasen- oder Nierensteinen, ernster Entzündung der Harnwege, Babesiose, Warfarinvergiftung (Rattengift), autoimmunbedingter hämolytischer Anämie oder Blutplättchenmangel (siehe S. 213), Hitze der Hündin oder sexueller Übererregung bei Rüden, Tumoren oder Verletzungen im Genitaltrakt herrühren.

TIERARZTBESUCH

Kontaktieren Sie den Tierarzt, wenn Sie eine deutliche oder andauernde Änderung des Harnverhaltens feststellen und vor allem, wenn Blut im Harn ist. Nehmen Sie eine frische Harnprobe vom selben Tag zum Tierarzt mit. Nehmen Sie die Probe aus dem Mittelstrahl (einige Sekunden nach Beginn des Wasserlassens) in ein sauberes Behältnis, etwa ein Schraubglas. Der Tierarzt wird Sie nach Häufigkeit des Wasserlassens, Inkontinenz, üblicher täglich getrunkener Wassermenge und der Art des Futters fragen.

FARBE DES HARNS

Die Farbintensität ist je nach Konzentration unterschiedlich. Morgenharn ist aufgrund der Konzentration über Nacht oft dunkler als Harn später am Tag. Klares Gelb bis Bernsteingelb ist normal. Medikamente, Kost und bestimmte gefressene Pflanzen verursachen eine Farbänderung. Unten sind einige typische Gründe aufgeführt.

FARBERSCHEINUNG	VERURSACHT DURCH
Orange	Hohe Konzentration, Leberstörungen
Rosa, rot oder rotbraun	Blut oder abgebaute rote Blutkörperchen Warfarinvergiftung, Verzehr von Roter Bete oder Brombeeren
Braun oder schwarz	Abgebaute rote Blutkörperchen, Galle aufgrund von Leberstörungen
Milchig weiß	Eiter aufgrund von Verletzung oder Entzündung, Mineralkristalle, Fette aufgrund von Stoffwechselstörungen, Sperma
Klar oder farblos	Niedrige Konzentration

F IST ES SCHÄDLICH, WENN MEIN HUND EINE GANZE NACHT KEIN WASSER LÄSST?

A Wenn Ihr Hund jung und gesund ist, nicht. Die meisten Tiere haben keine Schwierigkeiten oder Unwohlsein, wenn sie die Blase bis zu 12 Stunden nicht entleeren. Im späteren Leben jedoch ist dies zu lang. Der Hund sollte alle 6–8 Stunden Zugang zu seiner »Toilette« haben.

F WIE MERKE ICH, DASS MEIN HUND SCHMERZEN BEIM WASSERLASSEN HAT?

A Hat ein Hund leichte Schmerzen, wie zum Beispiel Brennen, behält er seine Position nach Ende des Wasserlassens noch bei. Dies ist das erste Zeichen einer möglichen Störung der unteren Harnwege. Stellen Sie dies bei Ihrem Hund fest, gehen Sie mit einer frischen Harnprobe des Hundes zum Tierarzt. Starke Schmerzen verursachen offensichtliche Zeichen von Leid, beispielsweise Wimmern.

F BESTEHT EINE VERBINDUNG ZWISCHEN TROCKENFUTTER UND HARNSTÖRUNGEN?

A Grundsätzlich nicht. Einige Harnwegserkrankungen jedoch, zum Beispiel Ablagerungen und Steine, werden durch konzentrierten Harn verschlimmert; feuchte Kost (meist mit etwa 80% Feuchtigkeit) verdünnt den Harn mehr als trockene (etwa 15% Feuchtigkeit). Jeder Hund braucht Abwechslung. Liegt eine Harnwegsstörung vor, besprechen Sie eine Koständerung sowie die Vorteile feuchter gegenüber trockener Kost mit dem Tierarzt.

HORMONSYSTEM

Der Körper Ihres Hundes ist bestens ausgestattet, um auf die Chancen, Gefahren und Herausforderungen des Lebens zu reagieren. Gehirn und Nervensystem bewirken sofortige Änderungen der Körperfunktionen; einige wichtige Hormone wiederum stabilisieren die langfristige Ausgewogenheit des Stoffwechsels; sie werden von endokrinen Drüsen produziert und in die Blutbahn freigesetzt. Jede Zelle im Körper hat Empfänger (Rezeptoren), wo Hormone andocken und ihre Wirkung entfalten.

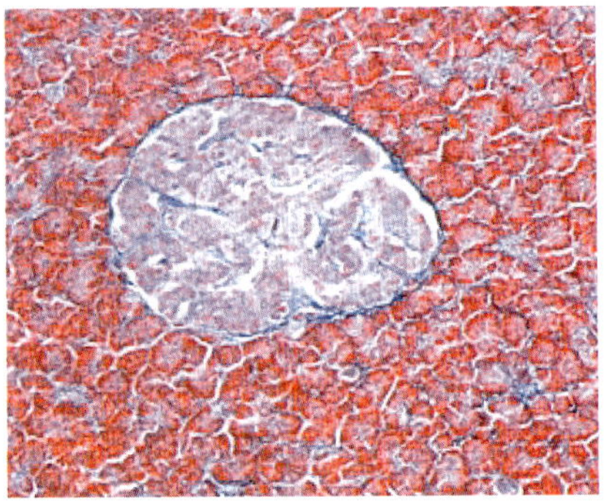

Endokrine Zellen im Pankreas

Hormone sind molekure Botenstoffe, die die chemische Aktivität der Zellen beeinflussen. Früher konzentrierten sich die Forscher darauf, die sichtbaren, zugänglichen – von den Körperdrüsen produzierten – zu entdecken; diese Stoffe nannten sie »Hormone«.

Viel später entdeckte man, dass andere biochemische Botenstoffe wie Dopamin und Serotonin zur Reizleitung in Nerven und Gehirn beitragen. Diese Moleküle, sogenannte Neurotransmitter, sind ebenfalls Hormone, aber in unendlich viel kleineren Mengen vorhanden. Noch später entdeckte man, dass Zytokine Zellaktivität auslösen; deshalb werden sie häufig den Hormonen zugeordnet.

So, wie ein Thermostat die Temperatur kontrolliert, wird die Produktion eines Hormons durch endokrine Drüsen durch das sogenannte Biofeedback gesteuert (siehe S. 373).

Falls während des Biofeedback-Prozesses ein Hormon in unzureichender Menge entsteht oder seine Wirkung eingeschränkt ist, kommt es zu medizinischen Störungen aller Art. Einige sind unauffällig und schwer zu diagnostizieren, andere dagegen lebensgefährlich. Die Therapie endokriner Störungen war einer der großen Erfolge der Medizin des 20. Jahrhunderts.

ENDOKRINE DRÜSEN

Die meisten Hormone entstehen in den endokrinen Drüsen, Drüsen mit innerer Sekretion. Deren Aktivität wird in der Hypophyse (»Hauptdrüse«) koordiniert. Diese Hirnanhangdrüse wiederum ist mit dem an der Basis des Gehirns liegenden Hypothalamus verbunden und wird von diesem gesteuert. Schild- und Nebenschilddrüse liegen zusammen vor der Luftröhre. Sie stellen Drüsen- und Parathormone her, die die Energieproduktion bzw. den Kalziumstoffwechsel regulieren.

Neben den Nieren liegende Nebennierendrüsen stellen Cortisol und Adrenalin her. Diese Hormone bestimmen die »Kampf- oder- Flucht-Reaktion« (siehe S. 378) sowie die Reaktion auf Stress. Bei Hündinnen stellen die Eierstöcke Östrogen und Progesteron her. Bei trächtigen Hündinnen schüttet die Plazenta für die Entwicklung des Fötus wichtige Hormone aus. Bei Rüden produzieren die Hoden Testosteron.

Die Zirbeldrüse im Gehirnzentrum setzt Melatonin frei; dieses ist unerlässlich für das Funktionieren der inneren biologischen Uhr und den täglichen Schlaf- und Wachrhythmus.

ANDERE HORMONE

Auch andere Körpergewebe produzieren Hormone, wenn auch nicht als Hauptfunktion. In der Bauchspeicheldrüse (Pankreas) stellen Langerhans-Inseln (Zellen) das für den Glukosestoffwechsel unabdingbare Insulin her. Zellen in der Magenauskleidung scheiden Gastrin aus, das die Magensäureproduktion auslöst. Die Nieren setzen Vasopressin frei, das zur Blutdruckregulierung beiträgt, außerdem das zur Bildung roter Blutkörperchen beitragende Erythropoetin.

F **WORAUS BESTEHEN HORMONE?**

A Hormone sind einfache chemische Verbindungen, meist aus Proteinen und Fetten.

F **WAS IST DER UNTERSCHIED ZWISCHEN NATÜRLICHEN UND SYNTHETISCHEN HORMONEN?**

A Natürliche Hormone werden aus Tierdrüsen gewonnen; z. B. entnimmt man Formen von Insulin aus Schweinepankreas. Synthetische Hormone entstehen im Labor, darunter L-Thyroxin gegen Schilddrüsenunterfunktion.

HORMONELLER BIOFEEDBACK-MECHANISMUS

Das Auf und Ab der Hormone in der Blutbahn wird über den Biofeedback-Mechanismus gesteuert. Wird ein Hormon benötigt, sendet das stimulierte Gehirn ein Signal an den Hypothalamus. Dieser signalisiert der Hirnanhangdrüse, ein stimulierendes Hormon an die »Zieldrüse« zu senden. Die Zieldrüse schüttet ihr Hormon in die Blutbahn aus. Bei der Zirkulation wirkt sich dieses Hormon auf die entsprechenden Gewebe aus. Es gelangt auch zur Hirnanhangdrüse und gibt dieser Rückmeldung über den Gehalt in der Blutbahn. Hat das Hormon seine Funktion erfüllt, beendet die Hirnanhangdrüse die Hormonausschüttung; die Zieldrüse stoppt daraufhin die Produktion. Wird das Hormon erneut gebraucht, wiederholt sich der Biofeedback-Kreislauf.

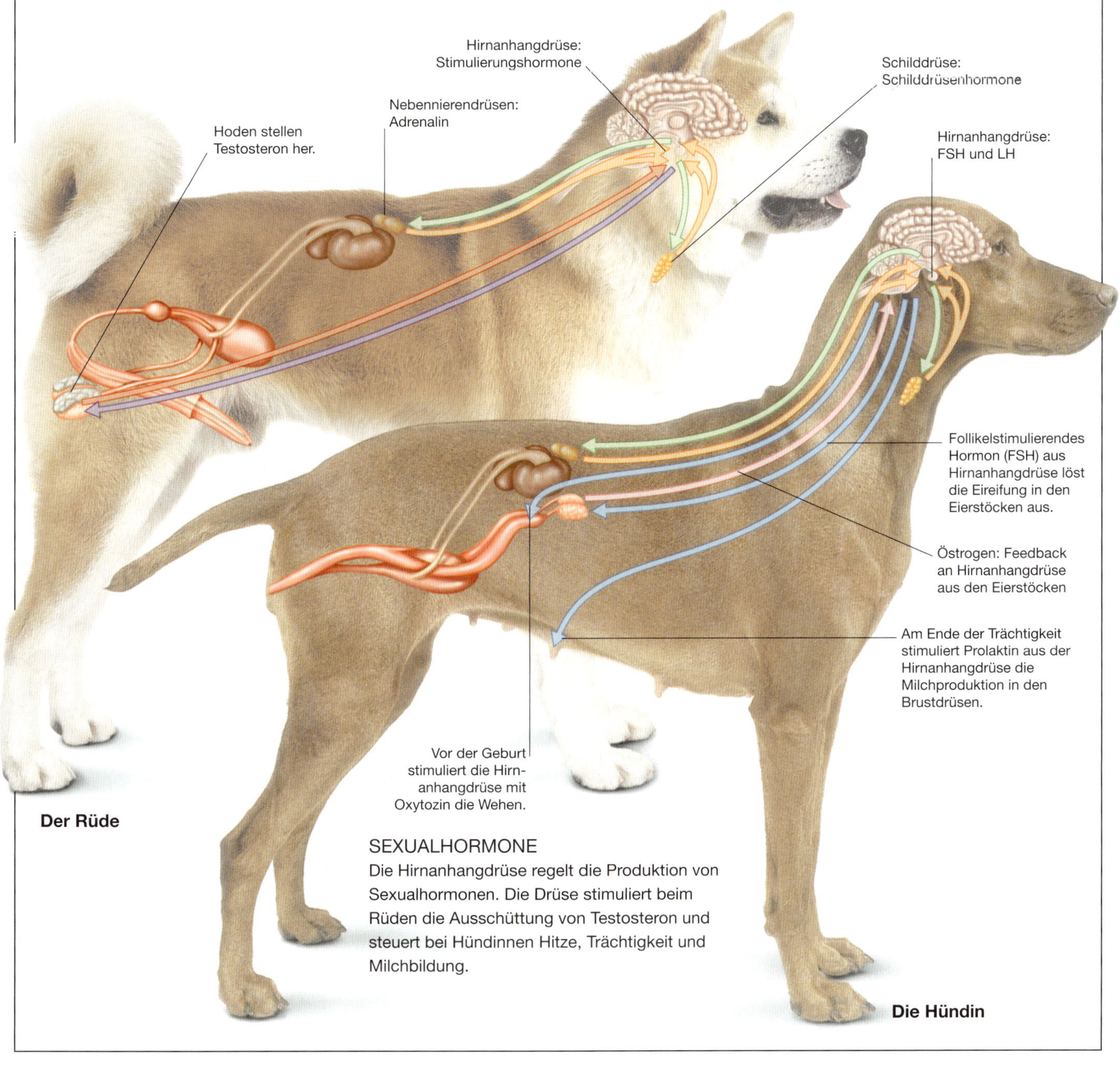

SEXUALHORMONE

Die Hirnanhangdrüse regelt die Produktion von Sexualhormonen. Die Drüse stimuliert beim Rüden die Ausschüttung von Testosteron und steuert bei Hündinnen Hitze, Trächtigkeit und Milchbildung.

F WIRKEN MENSCHLICHE HORMONMEDIKAMENTE BEI HUNDEN?

A Im Allgemeinen ja. Die Unterschiede zwischen den Sexualhormonen von Hunden und Menschen sind eher gering. Testosterontabletten für Menschen wirken bei Hunden ebenso. Viele der therapeutischen Hormonmedikamente für Hunde waren zunächst für Menschen zugelassen.

F WAS VERSTEHT MAN UNTER EINEM DURSTVERSUCH?

A Bei diesem Test wird über einen bestimmten Zeitraum, etwa einen Tag lang, kein Wasser und wegen dessen Flüssigkeitsgehalts auch kein Futter gegeben. Mit dem Test stellt man Diabetes insipidus fest. Bei gesunden Hunden produziert die Hirnanhangdrüse bei Flüssigkeitsentzug ADH; der Körper spart so Wasser, und der Urin wird konzentrierter. Bei Diabetes insipidus sinkt der Wassergehalt im Urin selbst dann nicht, wenn der Hund keine Flüssigkeit zu sich nimmt.

F WIRKT SICH SCHILDDRÜSENUNTERFUNKTION BEI HUNDEN ÄHNLICH AUS WIE BEI MENSCHEN?

A Einige Symptome scheinen in der Tat vergleichbar zu sein. Menschen mit Schilddrüsenunterfunktion sind »wetterfühlig« und haben bei kaltem, regnerischem Wetter Muskelschmerzen. Bei Hunden ist es ähnlich. Auch das Verhalten ändert sich auf ähnliche Weise. Bei einer Studie stellte man bei zwei Dritteln der Menschen mit ADHS (Aufmerksamkeits-Defizit/Hyperaktivitäts-Syndrom) eine Unterfunktion fest. Eine Behandlung mit Schilddrüsenmitteln führte zu einer Besserung. Auch bei Hunden führt man Verhaltensprobleme auf Schilddrüsenstörungen zurück.

HYPOPHYSENSTÖRUNGEN

Die Hirnanhangdrüse (Hypophyse) produziert mehrere Hormone mit Schlüsselfunktionen im Körper. Zwei dieser Hormone wirken direkt auf andere Körperteile: Das Wachstumshormon (STH= somatotropes Hormon) bestimmt bei Welpen das Wachstum von Gewebe und Organen und beim erwachsenen Hund die Gesundheit jeder einzelnen Zelle. Das antidiuretische Hormon (ADH) wirkt auf die Nieren und reguliert das Urinieren.

Die vom Hypothamalus »beauftragte« Hypophyse produziert Hormone, die die Produktion der anderen endokrinen Drüsen bestimmen, etwa das schilddrüsenstimulierende Hormon (TSH), ACTH und zwei Sexualhormone: follikelstimulierendes Hormon (FSH) und luteinisierendes Hormon (LH). Bei Hündinnen bringt FSH das Ei im Eierstock zum Reifen, und LH löst die Ausschüttung von Eiern aus (Ovulation). Bei Rüden löst LH die Produktion von Testosteron aus.

Zu Hypophysenstörungen kommt es, wenn von einem der Hirnanhangdrüsenhormone zu viel oder zu wenig produziert wird. Feststellbare Leiden im Zusammenhang mit FSH oder LH sind aber sehr selten.

ÜBERMÄSSIGER DURST
Wenn ein Hund exzessiv und in großen Mengen Wasser trinkt, liegt der Verdacht auf Diabetes insipidus nahe.

DIABETES INSIPIDUS

Wenn die Hypophyse antidiuretisches Hormon (ADH) nicht produziert oder freisetzt oder die Nieren nicht darauf reagieren, kommt es zu Diabetes insipidus. Bei jungen Hunden ist Diabetes insipidus ein funktionales Problem der Hypophyse. Bei älteren und alten Hunden ist die Störung meist auf einen Hypophysentumor zurückzuführen.

DIAGNOSE Der kranke Hund trinkt fast ununterbrochen, nimmt Unmengen von Wasser auf und uriniert ständig. Das spezifische Gewicht des Urins (Dichte zur Bezugsdichte des Wassers) liegt bei 1,001 oder darunter. Die Krankheit wird durch einen überwachten Durstversuch (siehe links) bestätigt.

THERAPIE Die Störung wird mit synthetischem ADH, dem DDAVP, behandelt, das zweimal täglich als Augentropfen oder Tablette verabreicht wird. Bei jungen Hunden stehen die Chancen sehr gut; bei älteren mit Hypophysentumoren sind sie weit schlechter.

AKROMEGALIE

Bei einer Überproduktion des Wachstumshormons (STH) durch die Hypophyse kommt es zu einer Erkrankung namens Akromegalie. Dieses Leiden ist extrem selten. Die exzessive Ausschüttung des STH kann spontan oder durch das weibliche Hormon Progesteron stimuliert sein. Dieses Hormon wird während der Hitze natürlich produziert oder aus medizinischen Gründen verabreicht. STH löst überall Gewebswucherungen aus, auch an Knorpeln und Knochen. Die Haut des Hundes wird dicker, vor allem um den Hals. Füße, Kopf und Bauch werden größer. Der Abstand zwischen den Zähnen vergrößert sich; der Unterkiefer steht hervor. Hunde mit Akromegalie sind lethargisch und hecheln mehr als normal.

DIAGNOSE Die gut sichtbaren Symptome machen die Diagnose einfach, vor allem bei älteren und alten, nicht kastrierten Hündinnen und solchen, die Progesteron erhalten. Der STH-Gehalt im Blut wird überwacht. Es kann ein begleitender Diabetes mellitus mit erhöhtem Blutzucker entstehen.

THERAPIE Die durch Progesterongabe bedingte Akromegalie wird durch Absetzen der Therapie und Kastration behandelt.

WACHSTUMSHORMON-DERMATOSE

Diese Hauterkrankung wird durch eine zu niedrige STH-Produktion der Hypophyse verursacht. Sie betrifft Hunde zwischen zwei und fünf Jahren und ist extrem selten.

Die Tiere sind ansonsten normal, verlieren jedoch an Körper, Hals, Ohren und Rute symmetrisch Haar. Die Haut färbt sich allmählich dunkler. Zu den für dieses Leiden anfälligen Rassen gehören Chow-Chow, Zwerg- und Kleinpudel, Zwergspitz, Airdale Terrier und Samojede.

DIAGNOSE Zur Bestätigung der Diagnose misst man mittels Bluttest den STH-Gehalt. Eine das STH stimulierende Substanz wird injiziert; dann werden weitere Proben analysiert, um den STH-Gehalt zu messen.

THERAPIE Die Krankheit lässt sich kaum therapieren: Die Behandlung (mit schwer erhältlichem menschlichem Wachstumshormon) ist extrem teuer.

SCHILDDRÜSENLEIDEN

Die zweilappige Schilddrüse scheidet das Hormon aus, das den Stoffwechsel des Körpers reguliert. Da dessen Aktivitäten und Wirkungen so vielseitig sind, schwanken die Symptome von Schilddrüsenleiden enorm.

SCHILDDRÜSEN-UNTERFUNKTION (HYPOTHYREOSE)

Das häufigste hormonelle Problem bei Hunden ist die Unterfunktion der Schilddrüse (Hypothyreose), die zu einem Mangel an Schilddrüsenhormon führt. Sie betrifft einen von 250 Hunden. In vier von fünf Fällen ist diese Krankheit vom Immunsystem verursacht. Das eigene Immunsystem des Hundes greift die Schilddrüse an und zerstört sie.

Hypothyreose ist bei bestimmten Rassen besonders häufig, vor allem beim Cocker Spaniel. Auch bei Dobermann und Golden Retriever kommt die Erkrankung überdurchschnittlich oft vor. Alle drei Rassen leiden auch an verschiedenen Immunstörungen. Es scheint denkbar, dass bei diesen Rassen mit Linien gezüchtet wurde, bei denen

SYMPTOME BEI SCHILDDRÜSENUNTERFUNKTION

Die Symptome einer Schilddrüsenunterfunktion lassen sich in sehr häufige, häufige und nur gelegentlich auftretende Symptome unterteilen.

SEHR HÄUFIG	HÄUFIG	GELEGENTLICH
Lethargie	Schwäche	Ölige Haut (Seborrhö)
Gewichtszunahme	Stumpfes Fell	Ohrenentzündung (Otitis)
Geringe Belastbarkeit	Starke Hautpigmentierung	Hautverdickung
Haarausfall	Hautinfektion (Pyoderma), »Tragischer« Gesichtsausdruck	Starke Kälteempfindlichkeit

GEFÄHRDETE RASSEN

Die meisten für Schilddrüsenunterfunktion überdurchschnittlich anfälligen Rassen sind mittelgroß bis groß. Am häufigsten wird Hypothyreose bei folgenden Rassen diagnostiziert.

- Cocker Spaniel
- Dobermann
- Golden Retriever

Andere betroffene Rassen:

- Afghanischer Windhund
- Akita Inu
- Airedale Terrier
- Alaskan Malamute (Bild oben)
- Beagle
- Barsoi
- Bobtail
- Boxer
- Brittany
- Bulldogge
- Chow-Chow
- Dackel
- Dänische Dogge
- Irish Setter
- Irish Wolfhound
- Leonberger
- Neufundländer
- Pudel
- Sheltie
- Zwergschnauzer
- Zwergspitz

Überaktivität des Immunsystems überdurchschnittlich häufig auftritt.

Es gibt eine Reihe von Symptomen (siehe Tabelle S. 375) und andere Indikatoren wie Nerven- und Augenleiden sowie Durchfall. Bis etwa drei Viertel der Schilddrüse zerstört sind, gibt es wenige Anzeichen, und diese entwickeln sich oft sehr langsam. Daher – und weil andere Krankheiten zu einer zeitweisen Unterfunktion führen können – bleibt das Leiden oft unerkannt.

Neben den körperlichen Symptomen treten bei Hunden mit Schilddrüsenerkrankungen ungewöhnliche Verhaltensweisen auf wie unerwartete Aggression, Unterwürfigkeit, Schüchternheit, Angst, Passivität, Erregbarkeit, Lärmempfindlichkeit, Reizbarkeit, zwanghafte Aktivität, Kauen, Launen, Lethargie oder Depression.

In einer Untersuchung von 319 verhaltensgestörten Hunden stellten Professor Nicholas Dodman von der Tufts University in Boston und Dr. Jean Dodds fest, dass 208 an einer Schilddrüsenstörung litten. Bedenken Sie dies unbedingt, wenn Ihr Hund sich plötzlich launisch verhält.

DIAGNOSE Bei etwa 75 % der Hunde mit Schilddrüsenerkrankungen sind Cholesterin- und Triglycerid- (Fettsäure-) werte im Blut erhöht. Ähnlich viele haben eine milde Anämie.

Der Thyroxinhormonwert im Blut ist messbar. Allerdings sind die Ergebnisse schwierig zu interpretieren, da viele Krankheiten und bestimmte Mittel (etwa solche mit Kortikosteroiden) zeitweilig den Blutwert der Schilddrüsenhormone senken. Die Hunde mit Hypothyreose haben gesenkte Schilddrüsenhormonwerte und erhöhte Werte des schilddrüsenstimulierenden Hormons (TSH).

Ein gängiger Diagnosetest ist, einfach zusätzliche Schilddrüsenhormone zu geben und den Hund auf verbesserte Haarqualität und Aktivität zu beobachten. Das ist zwar praktisch, aber irreführend; selbst Hunden mit normaler Schilddrüse wächst, auf diese Weise behandelt, mehr Haar.

THERAPIE Innerhalb von Tagen reagieren die kranken Hunde auf das synthetische Schilddrüsenhormon L-Thyroxin; sie sind aufmerksamer und aktiver. Nach wenigen Wochen schon nehmen sie auch ab; das Fell reagiert erst nach bis zu drei Monaten. Die Aussichten sind ausgezeichnet. Mit L-Thyroxin hat der Hund eine normale Lebenserwartung.

SCHILDDRÜSENÜBERFUNKTION (HYPERTHYREOSE)

Die Schilddrüsenüberfunktion ist selten. Die Hyperthyreose wird fast immer von einem hormonproduzierenden Tumor verursacht. (Die meisten Schilddrüsentumoren produzieren keine Hormone; solche Tumoren sind aber wuchernde Karzinome. Sie bewirken durch das Zusammendrücken von Hals- und Magengewebe oft andere Symptome wie Husten und Erbrechen.) Einige Rassen sind besonders anfällig für Schilddrüsentumoren (siehe S. 377).

Ein Hund mit einer überaktiven Schilddrüse hat enormen Appetit und nimmt trotzdem ab. Meist – nicht immer – kommen vermehrtes Trinken und Urinieren hinzu. Der Hund kann auch körperlich aktiver sein und Verhaltensänderungen wie verstärkte Reizbarkeit und Aggression zeigen.

DIAGNOSE Die betroffenen Hunde sind meist um die zehn Jahre alt, können allerdings auch jünger sein. Der Tierarzt kann die vergrößerte Schilddrüse im Hals fühlen. Beim Verdacht auf Schilddrüsenüberfunktion nimmt man Blutproben; liegt die Krankheit tatsächlich vor, werden die Ergebnisse ständig erhöhte Schilddrüsenhormonwerte in der Blutbahn zeigen.

THERAPIE Die operative Entfernung des Schilddrüsentumors ist die empfohlene Behandlung. Die Maßnahme ist bei gutartigen Tumoren sehr erfolgreich, weniger allerdings bei bösartigen (die häufiger sind). Chemotherapie und Bestrahlung verlängern Lebenserwartung und -qualität.

VERGRÖSSERTE SCHILDDRÜSE

Die zweilappige Schilddrüse liegt neben der Luftröhre. Sie ist sehr stark durchblutet. Eine Schilddrüsenvergrößerung wird meist von Tumoren verursacht. Bei gutartigen Tumoren ist sie meist gering, bösartige lassen die Drüse jedoch zu einer großen, soliden Masse werden, die auf Luft-, Speiseröhre und Gewebe Druck ausübt.

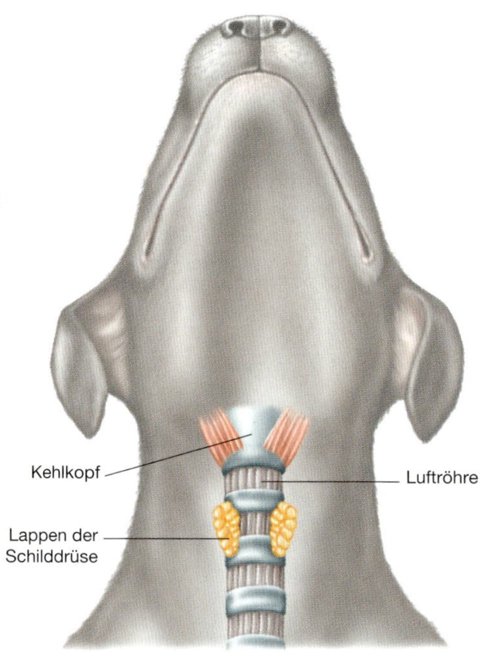

DIE SCHILDDRÜSE
Die beiden Lappen der Schilddrüse liegen neben der Luftröhre und knapp unterhalb des Schilddrüsenknorpels des Kehlkopfes.

DIE NEBENSCHILDDRÜSEN

Die Nebenschilddrüsen sind zwei winzige Gewebeknötchen neben der Schilddrüse. Sie schütten das Parathormon (PTH) aus, das den Kalziumwert im Blut erhöht. Das von der Schilddrüse freigesetzte Hormon Kalzitonin wiederum senkt im Bedarfsfall die PTH-Produktion. Ist dieses Gleichgewicht gestört, treten Krankheiten auf.

ÜBERFUNKTION DER NEBENSCHILDDRÜSEN

Diese Krankheit, auch primärer Hyperparathyreoidismus genannt, betrifft ältere Hunde und vor allem den Wolfsspitz (siehe rechts). Meist ist die Ursache ein Tumor, der überschüssiges PTH produziert. Nicht selten sind auch Begleitkrankheiten des Harnapparats, die zur Bildung von kalziumhaltigen Kristallen oder Steinen führen. Zu den vagen, jedoch nicht stichhaltigen Symptomen zählen vermehrtes Trinken und Urinieren sowie Inkontinenz. Oft sind die Tiere lethargisch.

DIAGNOSE Eine schnelle Diagnose ist kaum möglich. Das Blutkalzium ist erhöht; vielleicht liegen auch Krankheiten des Harnapparats mit kalziumhaltigen Kristallen oder Steinen und ein niedriger Blutphosphorwert vor. Auf Ultraschall- oder Röntgenbildern sind die Nebenschilddrüsen nicht zu erkennen.

THERAPIE Zur Kontrolle des überschüssigen Blutkalziums wird mit Diuretika und Bikarbonat behandelt. Einen Nebenschilddrüsentumor kann man operativ entfernen.

UNTERFUNKTION DER NEBENSCHILDDRÜSEN

Diese auch als Hypokalzämie bekannte Krankheit führt zu schwerem Kalziummangel im Blut und verursacht Nerven- und Muskelprobleme wie nervöses Zucken und Zittern.

GEFÄHRDETE RASSEN

Rassen mit einem möglicherweise erhöhten Risiko für Schilddrüsentumoren:

- Beagle (Bild oben)
- Boxer
- Deutscher Schäferhund
- Golden Retriever

Die Rasse, die von der Überschussproduktion von Parathormon durch einen Tumor am häufigsten betroffen ist, ist der Wolfsspitz (Bild oben). Selbst bei dieser Rasse ist der Hyperparathyreoidismus aber äußerst selten. Obwohl der Wolfsspitz mit anderen Spitzrassen verwandt ist, sind diese Rassen nicht dafür bekannt, Nebenschilddrüsentumoren und Hyperparathyreoidismus zu entwickeln.

ERNÄHRUNGSBEDINGTE STÖRUNGEN

Hackfleisch

Ausgewogene Diät

Gern hält man frisches Selbstgekochtes für den Hund für das beste Futter; eine unausgewogene Ernährung, die zum Beispiel ganz oder überwiegend aus Fleisch besteht, kann aber zu Problemen führen. Fleisch enthält viel Phosphor und wenig Kalzium. Da Hunde Kalzium brauchen, macht die Nebenschilddrüse diesen Mangel wett, indem sie die PTH-Produktion erhöht und den Knochen Kalzium entzieht. Bei diesem sogenannten ernährungsbedingten sekundären Hyperparathyreoidismus nimmt durch die PTH-Aktivität die Knochendichte ab, und Zähne lockern sich. Schließlich gibt es kein Kalzium mehr, das entzogen werden könnte; der Hund erkrankt an Hypokalzämie (siehe oben). Behandlung: Vitamin D-Zusatz und eine ausgewogenere Ernährung.

F WAS IST DIE »KAMPF-ODER-FLUCHT-REAKTION«?

A Sieht sich ein Tier einer plötzlichen Gefahr gegenüber, laufen im Körper verschiedene Prozesse ab. Vor allem schütten die Nebennieren die Hormone Adrenalin und Noradrenalin aus. Adrenalin nennt man auch »Notfallhormon«, da es in Stresssituationen ausgeschüttet wird und das Tier auf die »Kampf-oder-Flucht-Situation« vorbereitet. Winzige Blutgefäße ziehen sich zusammen, stimulieren aber gleichzeitig Blutgefäße in Muskeln und Leber, sich zu erweitern.

Adrenalin und Noradrenalin stimulieren beide das Herz: Es pumpt vermehrt Blut, und der Blutdruck steigt. Beide Hormone wirken sich auch auf den Verdauungstrakt aus: Adrenalin stimuliert die Spaltung von Glykogen in Glukose in der Leber und erhöht so den Blutzuckerwert; beide Hormone erhöhen die Fettsäurekonzentration im Blut. Blutzucker und Fettsäure liefern die zusätzliche Energie, die der Hund braucht, um kämpfen, weglaufen oder besser aufpassen zu können.

F IST STRESS FÜR HUNDE GUT ODER SCHLECHT?

A Etwas Stress ist gut und muss für die körperliche und emotionale Gesundheit sogar sein. Chronischer Stress mit ständiger Adrenalinausschüttung ist hingegen gefährlich, da das Adrenalin langfristig das Immunsystem angreift und schwächt. Aus diesem Grund treten eine Reihe schwerer Leiden wie Herzkrankheiten, schwere Infekte und Krebs bei chronisch gestressten Tieren häufiger auf als bei Tieren mit normaler Adrenalinausschüttung.

Betroffene Hunde bewegen sich steif oder gestelzt. Frühsymptome sind ein angespannter Gesichtsausdruck oder verstärkte Nervosität. Oft reiben sie sich das Gesicht. Einige Rassen sind besonders anfällig für die Unterfunktion der Nebenschilddrüsen (siehe S. 379).

Bleiben kranke Hunde unbehandelt, entwickeln viele die schweren Krämpfe der Grand-mal-Epilepsie (siehe S. 389), werden aber nicht bewusstlos und urinieren nicht übermäßig.

DIAGNOSE UND THERAPIE Der klassische Laborbefund ist niedriger Kalziumgehalt im Blut. Die Hunde erhalten zur Kontrolle der Anfälle Diazepam und intravenös Kalziumglukonat. Die langfristige Behandlung besteht aus Vitamin D- und Kalziumgabe.

NEBENNIEREN-STÖRUNGEN

Die neben den Nieren gelegenen beiden Nebennieren sind für die lebenserhaltenden Stoffwechselaktivitäten und für die »Kampf-oder-Flucht-Reaktion« unerlässlich. Die von den Nebennieren gebildeten Adrenalhormone spielen bei folgenden Körperfunktionen eine Rolle: Stoffwechsel von Protein, Fett und Kohlenhydrat, Wasserstoffwechsel, Blutdruckregulierung und die Steuerung der Natrium- und Kaliumkonzentration.

Die Nebennieren stellen Adrenalin und Noradrenalin her, die die Herzfrequenz und den Blutfluss zu den Muskeln erhöhen. Sie produzieren auch das männliche Sexualhormon Androgen sowie zwei Arten des Kortikosteroidhormons: Glukokortikoide (wie Cortisol) und Mineralokortikoide. Diese regulieren den Stoffwechsel und wirken entzündungshemmend. Vor allem Letzteres regelt auch die Natrium- und Kaliumkonzentration sowie den Wasserhaushalt im Körper. Wird zu viel von einem oder beiden produziert, bricht das Immunsystem zusammen.

Bei dem Medikament »Kortison«, das Tierärzte verschreiben, handelt es sich um synthetisches Kortikosteroid wie Prednison, Prednisolon oder Methylprednisolon. Bei den beiden im Folgenden beschriebenen Syndromen können die effektiven Kortikosteroide sogar Leben retten:

HUNDEKAMPF
Bei einem Kampf spüren Hunde ihre Wunden nicht, da ihr Körper durch Adrenalin auf den Kampf vorbereitet wurde und der Schmerz durch Endorphine unterdrückt wird. Sinken Adrenalin- und Endorphinspiegel auf normale Werte ab, nimmt der Hund Schmerz wahr.

CUSHING-SYNDROM

Das auch Hyperadrenokortizismus genannte Cushing-Syndrom ist eine Überfunktion des cortisolproduzierenden Bereichs der Nebenniere. Die häufigste Ursache ist eine Überproduktion von ACTH (Adrenokortikotropes Hormon) durch die Hirnanhangdrüse. Manche Rassen sind besonders anfällig für das Cushing-Syndrom (siehe rechts).

Etwa die Hälfte der Hunde mit von der Hirnanhangdrüse verursachtem Cushing-Syndrom haben kleine Tumoren dieser Drüse. Das Cushing-Syndrom kann auch durch Tumoren in der Nebenniere oder einen übermäßigen Einsatz von Kortikosteroiden ausgelöst werden (in diesem Fall heißt es iatrogenes Cushing-Syndrom).

In typischen Fällen trinkt und uriniert der Hund übermäßig und hat ständig Hunger. Er bekommt Stammfettsucht und hat Haarausfall; das Haar wächst nicht nach, wenn man es rasiert. Der Hund hechelt mehr, ist schwächer und lethargischer als normalerweise. Hautinfektionen (Pyodermie) sind verbreitet.

DIAGNOSE Bluttests zeigen Veränderungen der weißen Blutkörperchen und vermehrte Aktivität der Leberenzyme. Auch der Zuckerspiegel im Blut kann erhöht sein. Röntgenbilder oder Ultraschall zeigen meist eine Lebervergrößerung. Bei Rüden sind die Hoden oft klein.

Eine endgültige Diagnose stellt man, indem man die Cortisolreaktion der Nebennieren auf stimulierende und/oder hemmende Mittel beobachtet. Mit diesem Test kann man feststellen, ob die Hirnanhangdrüse oder die Nebenniere die Krankheit auslöst.

THERAPIE Das durch die Hirnanhangdrüse verursachte Cushing-Syndrom wird mit Mitteln gegen die Überfunktion der Drüse behandelt. Beim Umgang mit diesen sollte man undurchlässige Handschuhe tragen.

Die ideale Therapie des durch einen Nebennierentumor verursachten Cushing-Syndroms ist dessen operative Entfernung. Dies ist aber nicht immer möglich; in diesen Fällen kontrolliert man die Überfunktion der Nebennieren mit Mitteln wie Mitotane oder – weniger oft – Ketoconazol.

Das iatrogene Cushing-Syndrom verschwindet meist von selbst, sobald die Kortikosteroid-Dosis allmählich gesenkt wird.

TIPPS VOM TIERARZT

Viele Hundehalter sorgen sich, wenn ihre Tiere »Kortison« erhalten. Es stimmt, dass zu viel Kortikosteroide Symptome des Cushing-Syndroms (siehe oben) hervorrufen können. Anlass zur Sorge besteht nur, wenn zu viel oder grundlos gegeben wird, nicht aber bei einer therapeutisch angemessen Verabreichung. Wenn die Mittel nötig sind, brauchen Sie keine Angst vor Nebenwirkungen zu haben. Besprechen Sie Ihre Fragen mit Ihrem Tierarzt.

DAS ADDISON-SYNDROM

Das auch Hypoadrenokortizismus genannte Addison-Syndrom wird von einer Unterfunktion der Nebennieren verursacht. Es ist schwerer zu diagnostizieren als das Cushing-Syndrom (siehe oben), da diese Krankheit im typischen Fall kommt und geht. Das Addison-Syndrom tritt meist bei Hündinnen zwischen zwei und sieben Jahren auf. Es gibt Hinweise darauf, dass es sich um eine Autoimmunstörung handelt.

Zu den für Addison-Syndrom anfälligen Rassen gehören der Portugiesische Wasserhund, der Leonberger, der Nova Scotia Duck Tolling Retriever und der Großpudel. Vor allem bei Leonbergern kann diese Krankheit beobachtet werden.

Die üblichen Symptome des Addison-Syndroms sind Appetitlosigkeit, Lethargie und Depression. Der Hund nimmt ab, neigt zum Erbrechen und wird schwach.

GEFÄHRDETE RASSEN

Für eine Unterfunktion der Nebenschilddrüsen besonders anfällige Rassen:

- Deutscher Schäferhund
- Golden Retriever
- Labrador Retriever
- Pudel (Bild oben)
- Terrier
- Zwergschnauzer

Für das Cushing-Syndrom anfällige Rassen:

- Beagle
- Boston Terrier
- Andere Terrier
- Boxer
- Dackel (Bild oben)
- Deutscher Schäferhund
- Labrador Retriever
- Zwerg- und Kleinpudel

Die mit dem Syndrom verwandte Addison-Krise kann durch das Fehlen von Kortikosteroiden ausgelöst werden. Sie kann lebensbedrohlich sein. Typische Symptome sind Zittern, Erbrechen, Dehydratation, Herzrasen und Kollaps. Das Leiden muss sofort vom Tierarzt mit intravenösen Flüssigkeiten, darunter Glukose, und mit Kortikosteroiden intensiv behandelt werden.

Eine langfristige Kortikosteroidbehandlung des Hundes darf nie abrupt abgebrochen werden, da dies der häufigste Auslöser der Addison-Krise ist.

DIAGNOSE Änderungen der Elektrolytenkonzentration im Blutserum – niedriges Natrium und Chlorid, hohes Kalium – sind normal. Eine geringe Reaktion auf einen ACTH (Adrenokortikotropes Hormon)-Stimulationstest ist das Symptom für die Diagnose.

THERAPIE Man behandelt Hunde mit einer Mineralkortikoid- und einer Kortikosteroid-Ergänzung. Normalerweise kombiniert man Prednisolon mit seiner geringen Mineralokortikoid-Aktivität und Fludrokortison mit einer hohen Mineralkortikoid-Aktivität.

TUMOR DES NEBENNIERENMARKS

Das Nebennierenmark ist der Teil der Nebenniere, der Adrenalin und Noradrenalin herstellt. Dort entsteht – allerdings sehr selten – ein Phäochromozytom genannter Tumor. Seine Symptome sind sehr unbestimmt: Schwäche, Lethargie, Appetitlosigkeit und Erbrechen.

DIAGNOSE UND THERAPIE An einen Tumor denkt man, wenn andere Ursachen der Symptome ausgeschlossen sind. Die Diagnose wird bestätigt, wenn in der Drüse eine Zellenmasse gefunden wird und nach Biopsie oder operativer Entfernung Tumorzellen identifiziert werden.

STÖRUNGEN DES PANKREAS

Das Hormon Insulin wird in der Bauchspeicheldrüse (Pankreas), und zwar in den »Langerhans-Inseln« genannten Zellen produziert. Seine Aufgabe ist, über die Zellen Glukose zu absorbieren. Wird zu viel Insulin produziert, sinkt der Blutzuckerspiegel erheblich (siehe S. 324–325); dieses seltene Problem führt zu Kollaps und Anfällen. Produziert das Pankreas zu wenig Insulin, steigt der Zuckerspiegel im Blut und führt zu Diabetes mellitus.

ZUCKERKRANKHEIT (DIABETES MELLITUS)

Zuckerkrankheit ist die häufigste endokrine Störung; sie befällt etwa einen von 200 Hunden. Beim Diabetes mellitus sind die Zellen wegen der geschädigten Funktion des Insulins nicht in der Lage, Glukose zu verarbeiten, die wichtigste Energiequelle des Körpers.

Es gibt drei Typen von Diabetes. Bei Typ 1 fehlt Insulin im Blut; bei Typ 2 herrscht kein Mangel an Insulin, die Zellen können es jedoch nicht richtig verarbeiten. Typ 3 tritt auf, wenn zur Behandlung eines anderen Leidens zu viel Kortikosteroide gegeben werden.

Bleibt Zucker im Blut, wird dieser aber von den Zellen nicht aufgenommen, kommt es beim Hund zu wachsendem Appetit und Durst, verstärktem Urinieren, Erschöpfung, Gewichtsabnahme, Infektionen sowie Augen- und Kreislaufproblemen.

Stress spielt beim Diabetes eine wichtige Rolle. Einige Tierärzte halten den bei Hunden am stärksten verbreiteten Typ 1 für eine Autoimmunkrankheit (bei der das Immunsystem seine eigenen insulinproduzierenden Zellen angreift und zerstört) oder erklären ihn mit der chronischen Überproduktion von Kortikosteroidhormonen durch die Adrenalindrüsen.

Hündinnen, vor allem dicke, erkranken doppelt so häufig an Diabetes wie Rüden. Einige Rassen sind gefährdeter als andere; zu diesen gehören Dackel, Zwergpinscher, Pudel und kleine Terrier.

DIAGNOSE Hunde mit Diabetes sind oft dick oder gar fettleibig; nach langer Erkrankung werden sie allerdings oft dünn. Es kann auch zu grauem Star kommen (siehe S. 286). Zögert man mit der Diagnose, kann es zu einer schweren Störung namens Ketoazidose kommen. Die Diagnose wird durch einen erhöhten Zuckerspiegel im Blut und Zucker im Urin bestätigt. Der Blutzucker allein reicht nicht für die Diagnose, da er andere Gründe haben kann, etwa die letzte Mahlzeit.

THERAPIE Hundediabetes wird fast immer mit Insulinspritzen und einer ballaststoffreichen Ernährung behandelt. Die Entwicklung des grauen Stars lässt

TIPPS VOM TIERARZT

Beim ausgewachsenen Hund steht die Zahl der Fettzellen im Körper fest. Nimmt er zu, bildet der Körper keine neuen Fettzellen, sondern die Zellen dehnen sich aus. Bei Stress agiert das Cortisol aus den Adrenalindrüsen mit den Fettzellen und macht sie weniger insulinempfindlich. Dies erklärt vielleicht, warum dicke Hunde eher Typ-2- oder Typ-3-Diabetes bekommen als schlanke. Senken Sie das Diabetes-Risiko Ihres Hundes, indem Sie auf Gewicht und Ernährung (siehe S. 192) achten.

sich auch mit sofortiger Insulintherapie nicht mehr rückgängig machen. Blindheit wegen grauem Star kann jedoch operativ korrigiert werden. Über 75 % der Hunde erlangen ihre ursprüngliche Sehkraft wieder.

DIE ERNÄHRUNG Ziel ist die Regulierung des Blutzuckers und die Minimierung der durch das Fressen ausgelösten Schwankungen des Blutzuckers. Bei Hunden mit ballaststoffreicher Ernährung ist der Blutzuckerspiegel niedriger. Komplexe Kohlenhydrate haben auch den Vorteil, dass sie die Zuckeraufnahme ins Blut verlangsamen und Schwankungen des Blutzuckerspiegels bei und zwischen den Mahlzeiten ausgleichen. Vermeiden Sie alle halb feuchten Nahrungsmittel, da diese nach dem Essen die stärkste Erhöhung des Blutzuckers bewirken. Stärkehaltiges Futter erschwert die Verdauung, was die Zuckerabgabe in die Blutbahn verlangsamt. Die Faser CMC (Carboxymethylzellulose) verlangsamt zum Beispiel das Leeren des Magens und damit die Abgabe von Zucker in die Blutbahn.

Einige Kohlenhydrate wie Gerste werden langsam verdaut und verlangsamen so die Abgabe von Zucker in die Blutbahn. Am anderen Ende der Skala steht Reis, der schnell verdaut wird und zu einer »Blutzuckerspitze« und plötzlich erhöhtem Insulinbedarf führt.

INSULINZYKLUS

Insulin ist lebenswichtig. Es reguliert den Blutzuckerspiegel, verhindert aber auch, dass Fette ins Blut eintreten und dort verbleiben, wo sie durch Andocken an den Arterienwänden gefährlich sein könnten.

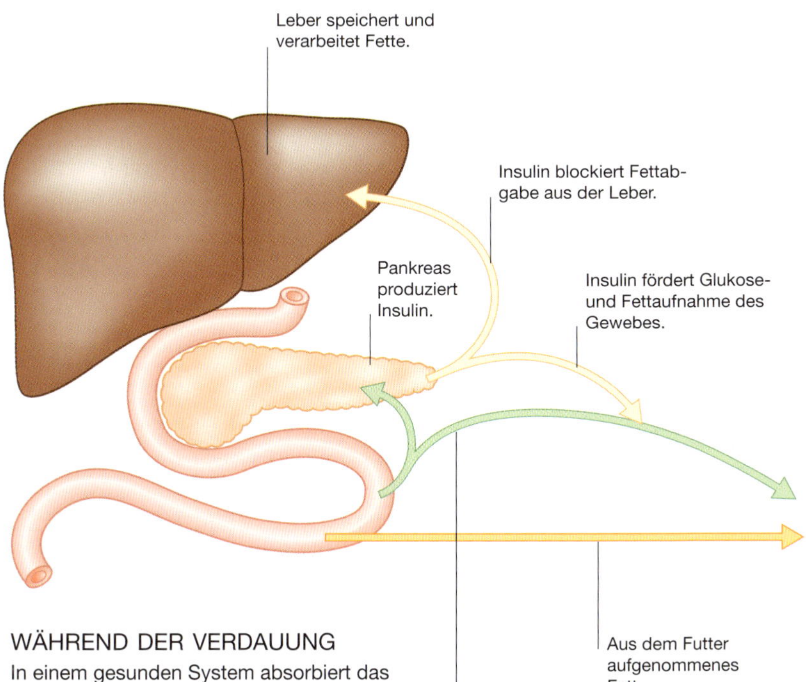

WÄHREND DER VERDAUUNG

In einem gesunden System absorbiert das Pankreas nach der Mahlzeit Glukose aus dem Darm und setzt im Gegenzug Insulin frei. Insulin stimuliert das Gewebe, Glukose aus dem Blut zu absorbieren, und verhindert, dass Fette in die Blutbahn geraten.

F WIRKEN HYPOGLYKÄMISCHE ORALE MITTEL AUCH BEI HUNDEDIABETES ?

A Nein, leider nicht. Diabetes beim Hund ist nur durch Insulinspritzen effektiv zu kontrollieren. Die Insulinmenge lässt sich durch ballaststoffreiche Ernährung senken.

F VERURSACHEN DIE TÄGLICHEN SPRITZEN DEM HUND NICHT SCHMERZEN?

A Die bei der Insulininjektion benutzte Nadel ist extrem dünn. Man gibt die Spritzen meist im Genick, einer sehr unempfindlichen Stelle. Dies garantiert, dass der Vorgang so gut wie schmerzfrei ist. Wenn Sie dann die Injektionen noch mit Essen, Spiel oder Schmusen verbinden, wird es keine Probleme geben.

F GIBT ES HINWEISE DARAUF, DASS EINE HÜNDIN DIABETES ENTWICKELT?

A Diabetes ist bei Hündinnen doppelt so häufig wie bei Rüden. Die Hitze beeinflusst die Blutzuckerwerte von Hündinnen – physiologisch gesehen ein dramatisches Ereignis. Während des Metöstrus erleben Hündinnen eine Phase der Insulinunempfindlichkeit und trinken und urinieren mehr. Bluttests zeigen erhöhte Blutzuckerwerte, Urintests weisen aber keinen Zucker im Urin nach. Diese Hyperglykämie ist meist vorübergehend und muss nicht behandelt werden. Alle Hündinnen mit erhöhtem Blutzuckerwert während der Hitze sollte man ballaststoffreich ernähren, ihr Gewicht kontrollieren und sie auf jeden Fall kastrieren lassen. Je öfter eine Hündin läufig wird, desto höher ist das Diabetesrisiko. Kastriert man sie rechtzeitig, kommt es nicht zu einem Diabetes.

F **WAS SIND STEROIDE UND WARUM SETZT MAN SIE EIN?**

A »Steroide« ist vielleicht der am häufigsten missverstandene Begriff in der Medizin. Für viele sind »Steroide« von Sportlern missbräuchlich eingenommene Dopingmittel. Dabei handelt es sich gewöhnlich um Anabolika, synthetische Derivate des männlichen Sexualhormons Testosteron. Andere verbinden mit Steroiden die Sexualsteroide: Östrogen, Progesteron und Testosteron. Manche denken bei dieser Stoffklasse auch an Prednison oder Prednisolon, geläufige Mittel in der Human- und Tiermedizin. Diese bezeichnet man korrekter als »Kortikosteroide«. Nach meiner Erfahrung denken Hundebesitzer bei dem Begriff »Steroide« oft an alle drei Kategorien von Medikamenten.

Biochemisch haben diese Mittel eine ähnliche zentrale Struktur, aber ihre physiologische Wirkung ist völlig unterschiedlich. Anabolika sind gelegentlich in der geriatrischen Medizin und bei chronischer Nierenerkrankung von Nutzen. Sexualsteroide helfen bei bestimmten Hauterkrankungen. Kortikosteroide können bei klinischem Schock (siehe S. 422) und den meisten immunbedingten Krankheiten helfen (siehe S. 206 bis 213). Wenn Ihr Tierarzt eine Steroidbehandlung vorschlägt, fragen Sie, um welche Art Steroide es sich handelt und wie sie verabreicht werden sollen. Sie sollten nicht von vornherein Angst vor diesen Medikamenten haben.

Die beste Diät für einen Hund mit Diabetes besteht aus Kohlenhydraten, Fett sowie qualitativ hochwertigem Protein in einem konstanten Mischungsverhältnis.

Über 40% der Kalorien im Futter sollten komplexe Kohlenhydrate sein. Fett sollte weniger als 20% der Kalorien ausmachen.

Die meisten großen Futterhersteller bieten mehrere speziell für Hunde mit Diabetes entwickelte »Tierarzt-Diäten« an. Die meisten kalorienarmen Diäten sind gleichzeitig ballaststoffreich.

DIABETISCHE KETOAZIDOSE

Bei chronischem Diabetes braucht der Körper Fett als Energiequelle, da keine Glukose verfügbar ist. Um diese Energie zu erhalten, spalten die Zellen das Fett in Ketonkörper auf. Werden diese schnell verbraucht, richten sie keinen Schaden an. Wenn sie sich jedoch ansammeln, wird das Blut säurehaltiger, was zu schweren Problemen führt.

Hunde mit diabetischer Ketoazidose sind dehydriert, schwach, lethargisch und deprimiert. Sie neigen zum Erbrechen. Ihr Atem riecht wie Azeton (nach Nagellackentferner).

DIAGNOSE UND THERAPIE Diabetische Ketoazidose ist ein lebensbedrohlicher Zustand. Sie wird anhand des Geruchs und der Ketonkörper in der Urinprobe diagnostiziert. Behandelt wird mit intravenösen Flüssigkeiten und Insulin.

MIT DER SPRITZE IN DAS MAUL
Wenn Sie flüssige Medizin verabreichen müssen, wie etwa Zuckerwasser, können Sie eine Spritze ohne Nadel verwenden.

NIEDRIGER BLUTZUCKER

Diese Krankheit, auch Hypoglykämie genannt, ist das Gegenteil des Diabetes mellitus (siehe S. 380). Wenn die Blutglukose zu sehr absinkt, verlieren die Blutzellen ihre wichtigste Energiequelle. Der Hund wird schwach und ängstlich. Niedriger Blutzucker kann viele Ursa-

NIEDRIGER BLUTZUCKER BEI WELPEN

Bei Welpen kleiner Rassen (wie Yorkshire Terrier) unter zwölf Wochen kann es bei Reisestress oder einfach wegen einer verpassten Mahlzeit zu Problemen mit niedrigem Blutzucker kommen. Das erste Symptom ist Apathie, dann ein stolpernder Gang. Es folgen sehr rasch ein Kollaps, schwere Atmung und manchmal Schaum am Maul und Anfälle. Bei solchen Rassen kann man diese Probleme nur verhindern, indem man die Welpen regelmäßig füttert und Stresssituationen vermeidet.

chen haben. Eine häufige Ursache ist die Verabreichung einer zu hohen Dosis Insulin; ein insulinausschüttender Tumor kann Ähnliches bewirken.

Weitere mögliche Ursachen sind Leberkrankheiten (siehe S. 364), eine Unterfunktion der Nebennieren (siehe S. 379), Umweltfaktoren wie extreme Kälte oder lange Anstrengungen wie eine ganztägige Wanderung.

INSULINÜBERDOSIS

Der Insulinbedarf des Hundes schwankt je nach Auslauf, Ernährung und der Temperatur. Wenn Ihr Hund mit Insulin behandelt wird, müssen Sie es unbedingt vermeiden, ihm eine Insulinüberdosis zu geben, da diese den Blutzuckerspiegel senkt. Wie lange der Blutzucker zu niedrig bleibt, hängt von der Menge der Gabe und der Insulinart ab (langsam oder mittelschnell wirkend).

DIAGNOSE Die Symptome einer Insulinüberdosis beginnen nach der routinemäßigen Insulinspritze.

THERAPIE Wenn der Hund bei Bewusstsein ist und schluckt, geben Sie ihm mit einer Spritze Sirup oder Zuckerwasser. Ist er ohnmächtig, reiben Sie Sirup oder Glukosepaste unter die Zunge und auf das Zahnfleisch. Achten Sie darauf, nicht versehentlich gebissen zu werden. Der Tierarzt muss den Hund rasch intravenös mit Glukose versorgen.

Wenn Ihr Hund mit Insulin behandelt wird, halten Sie für den Notfall Sirup oder Glukosepulver bereit. Bei einer Überdosis schlägt Ihr Tierarzt vielleicht häufigere Spritzen mit rascher wirkendem Insulin vor.

INSULINAUSSCHÜTTENDE TUMOREN

Fast alle insulinausschüttenden Tumoren in den Endokrinzellen des Pankreas sind bösartig, greifen also auf andere Körperteile über. Die Symptome dieser Tumoren sind auf fehlenden Blutzucker zurückzuführen. Das typischste und dramatischste Symptom ist ein Anfall; vorher kommt es meist zu Anzeichen von Schwäche, Muskelzuckungen, Lethargie, torkelndem Gang und Kollaps. Diese Tumoren befallen meist Hunde mittleren und höheren Alters.

DIAGNOSE UND THERAPIE Die Diagnose erstellt man mittels Laborbluttests und bestätigt sie durch eine Biopsie. Kurzfristig behandelt man den Hund wie bei einer Insulinüberdosis (siehe links). Das Leiden ist unheilbar.

ENDOKRIN WIRKSAME SUBSTANZEN

Hormonaktive Stoffe sind natürliche oder synthetische Chemikalien, die normale Endokrinprozesse nachahmen, blockieren oder beenden. Umweltgifte wie Weichmacher und Dioxine sind zum Beispiel bekannte hormonaktive Stoffe.

Dr. Frederick vom Saal von der University of Missouri experimentierte mit dem Weichmacher Bisphenol A, einem in der Nahrungsmittelverpackung viel verwendetem Östrogenmodulator. Er kam zu dem Schluss, dass kleine Dosen ähnlich große Schäden verursachen wie große, mittelgroße dagegen völlig harmlos sind.

TIPPS VOM TIERARZT

Bei Insulinspritzen ist es auf jeden Fall besser, zu wenig als zu viel zu geben. Die einfachste Methode, das Risiko einer Überdosis zu vermeiden ist, zweimal täglich eine kleinere Dosis mit kurzzeitig wirkendem Insulin zu verabreichen statt einmal eine große mit langzeitig wirkendem. Führen Sie genau Buch über die Zeiten und Mengen des injizierten Insulins und die aufgenommenen Futter- und Wassermengen. Ihr Tierarzt rät Ihnen vielleicht, auch den Urin Ihres Hundes auf Zucker zu prüfen.

GEFÄHRDETE RASSEN

Endokrine Störungen können mehrere Drüsen betreffen. Die Kombination aus unterfunktionierender Schilddrüse und Nebennieren bezeichnet man als Schmidt-Syndrom. Allgemein spricht man von polyglandulärer Endokrinopathie.

Für polyglanduläre Endokrinopathie anfällige Rassen:

- Bearded Collie (Bild oben)
- Bobtail
- Großpudel
- Leonberger (Bild ganz oben)
- Nova Scotia Duck Tolling Retriever
- Cão de Agua Português

GEHIRN

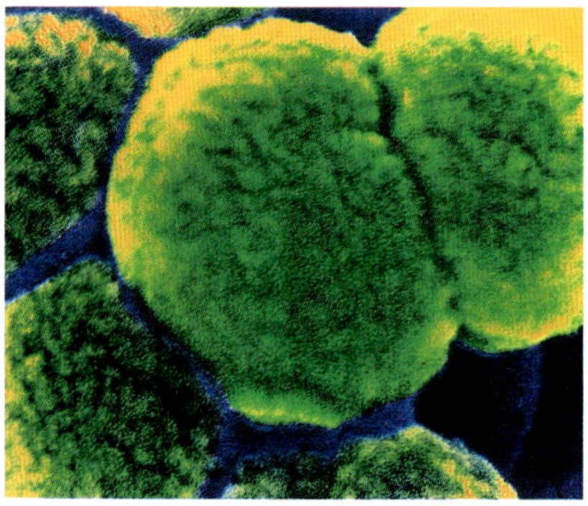

Bakterielle Hirnhautentzündung

Das Gehirn und das Rückenmark sind Teile des Zentralnervensystems. Das Gehirn ist der Ursprung des Bewusstseins und der Intelligenz Ihres Hundes und ermöglicht ihm, Gefühle zu empfinden und mitzuteilen. Es steuert fast alle Körperprozesse, von Sinneswahrnehmungen bis zur Regulierung grundlegender Funktionen wie Appetit und Schlaf. Zur Ausführung dieser Aktivitäten kommunizieren Milliarden von Gehirnzellen über Nerven und Neurotransmitter mit jeder lebenden Körperzelle.

F **WIE UNTERSCHEIDET SICH DAS HUNDEGEHIRN VON DEM DES MENSCHEN?**

A Das Gehirn eines Hundes ist strukturell dem menschlichen sehr ähnlich, obwohl es nur ein Viertel von dessen Größe erreicht. Die Gehirnaktivität wird zum Teil durch genetisch bedingte feste Verknüpfungen bestimmt. So wie unser Gehirn auf das Erlernen von Sprache vorbereitet ist, ist das Hundegehirn auf Geruchsauswertung spezialisiert, ein Großteil der Hirnrinde ist hieran beteiligt.

F **WIE BEEINFLUSST DAS LIMBISCHE SYSTEM DEN GEISTESZUSTAND DES HUNDES?**

A Das limbische System beeinflusst die Gefühle des Hundes durch Produktion von Neurotransmittern. Hierzu gehört Serotonin, das die Stimmung steuert. Beim Menschen führt eine Serotoninverringerung zu Depressionen. Man vermutet, dass Serotonin auch mit Vertrauensbildung zu tun hat. Leithunde haben eher hohe Anteile im Blut, während sozial schwächere Tiere weniger Serotonin produzieren.

Das Gehirn besteht aus spezialisierten Strukturen mit spezifischen Funktionen. Der größte Teil ist eine zweilappige Struktur, das Großhirn. In einfachen Worten ist das Großhirn der Sitz der »höheren« Gehirnleistungen wie Bewusstsein, Wahrnehmung der Umwelt, Sinneswahrnehmungen (Sehen, Hören, Schmecken, Riechen, Tasten), Lernen, das Treffen von Entscheidungen und willentlichen Bewegungen.

Das Kleinhirn ist für die Feinkoordination der Körperbewegungen verantwortlich.

Der Hypothalamus ist ein kleiner Teil des Gehirns, der Informationen aus dem Großhirn empfängt und Appetit, Durst, Körpertemperatur und Schlafrhythmus regelt. Er leitet auch Anweisungen der Hirnanhangdrüse weiter; diese Drüse produziert Hormone, die Wachstum, Fruchtbarkeit und Stressreaktionen steuern.

Der einfachste Teil des Gehirns ist das Stammhirn. Hier werden Herz- und Atemfrequenz reguliert. Alle mit den Gesichtsmuskeln und den Sinnen verbundenen Nerven (die zwölf Hirnnerven) zweigen von ihm ab. Das Stammhirn verengt sich nach unten hin und geht ins Rückenmark über. Im Gehirn befinden sich Hirnkammern mit wässriger Flüssigkeit, der Gehirn-Rückenmark-Flüssigkeit (Liquor), die auch im Inneren des Rückenmarks vorliegt. Diese Flüssigkeit agiert als Stoßdämpfer. Gehirn und Rückenmark werden auch durch Membranen geschützt.

GEHIRNNAHRUNG

Gehirnzellen brauchen für ihre Funktion viele Nährstoffe. Obwohl das Gehirn nur etwa 2% des Hundegewichtes ausmacht, gelangen zu ihm etwa 20% des Blutes aus dem Herzen. Das Gehirn ist das Organ mit dem größten Sauerstoffbedarf des Körpers. Sauerstoffmangel, auch nur für 20 Sekunden, kann irreparable Gehirnschäden verursachen.

Zucker (Glukose) ist ebenfalls sehr wichtig; ein niedriger Blutzucker hat dramatische Auswirkungen auf die Gehirnfunktion. Es werden noch andere Substanzen wie etwa das Vitamin Thiamin benötigt.

DIE ROLLE DES LIMBISCHEN SYSTEMS

Geist und Körper treffen sich im limbischen System des Gehirns. Dieses Funktionseinheit des Gehirns steuert die Instinkte und Gefühle. Nerven- und Hormonsystem werden vom limbischen System durch die Produktion von chemischen Botenstoffen, den Neurotransmittern, gesteuert.

QUERSCHNITT DURCH DAS HUNDEGEHIRN

Anatomisch ist das Hundegehirn dem der meisten anderen Säuger ähnlich. Der größte Teil ist das Großhirn, das in zwei Hälften geteilt ist. Diese Hemisphären sind über ein Bündel von Nervenfasern (Corpus callosum) verbunden. Die äußere Schicht des Großhirns, die Hirnrinde, steuert Lernen und Sinneswahrnehmungen. Im unteren Teil des Gehirns reguliert das Kleinhirn die Muskelkoordination, und das zum Rückenmark auslaufende Stammhirn kontrolliert Herzfrequenz und Atmung. Der mittlere Bereich enthält den Thalamus, durch den Sinnesinformationen auf dem Weg zur Hirnrinde laufen, und den Hypothalamus, der Körperprozesse regelt und das Hormonsystem über die Hirnanhangdrüse beeinflusst.
Das Gehirn wird durch die Hirnhaut geschützt.

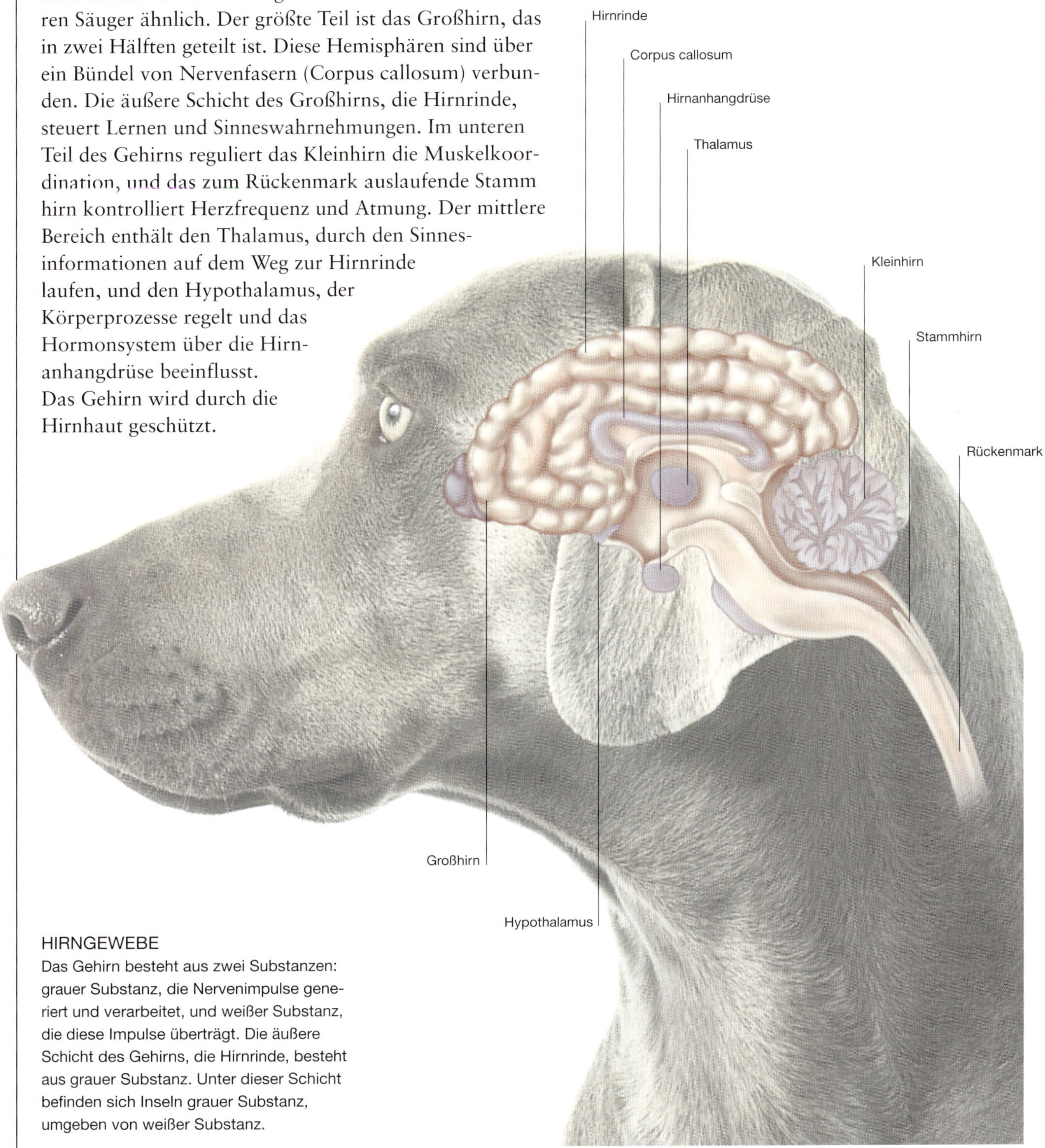

HIRNGEWEBE

Das Gehirn besteht aus zwei Substanzen: grauer Substanz, die Nervenimpulse generiert und verarbeitet, und weißer Substanz, die diese Impulse überträgt. Die äußere Schicht des Gehirns, die Hirnrinde, besteht aus grauer Substanz. Unter dieser Schicht befinden sich Inseln grauer Substanz, umgeben von weißer Substanz.

DIAGNOSE VON GEHIRNSTÖRUNGEN

F WONACH SUCHT DER TIERARZT BEI EINER NEUROLOGISCHEN UNTERSUCHUNG?

A Ihr Tierarzt sucht nach Veränderungen an Körper und Verhalten, die einen Gehirnschaden vermuten lassen. Ist zum Beispiel ein Auge erweitert und das andere verengt, könnte eine Gehirnstörung, das Horner-Syndrom, vorliegen. Bei einer neurologischen Untersuchung findet eine spezielle Abfolge von Auswertungen statt, die eine vorläufige Diagnose ergeben.

F WIE SCHÄTZT EIN TIERARZT DEN GEISTESZUSTAND EINES HUNDES EIN?

A Die erste Einschätzung basiert auf der Reaktion des Hundes auf seinen Namen und einfache Befehle wie »Sitz«. Dann wird die Reaktion auf leichte Drohungen, wie etwa Fingerschnipsen vor einem Auge, und auf eine Belohnung mit Futter oder einem Spielzeug beobachtet. Anschließend wird der stehende Hund beobachtet. Ein entspannter Hund untersucht seine Umgebung, ein nervöser Hund tritt zum Schutz vor dem Tierarzt hinter seinen Halter. Ein Hund mit verminderten geistigen Fähigkeiten reagiert langsam, wenn überhaupt.

F ERFORDERN NEUROLOGISCHE TESTS EINE RUHIGSTELLUNG ODER NARKOSE?

A Für eine neurologische Routineuntersuchung muss der Hund nicht betäubt werden, doch kann eine Ruhigstellung für eine Hirnstromkurve nötig sein. Das Anfertigen von CT- oder Kernspin-Bildern vom Kopf dauert einige Zeit. Dafür muss man Hunde betäuben.

BEGRIFFSERKLÄRUNGEN

Folgende Fachbegriffe zu diesem Thema sind wichtig:

ATAXIE
Hierbei handelt es sich um mangelnde Muskelkoordination, die zu Störungen von Gleichgewicht oder Gang führt. Ataxie rührt von einer Störung im Kleinhirn oder Rückenmark her.

LÄHMUNG (PARESE)
Vorübergehender oder dauerhaft vollständiger Verlust der Muskelfunktion (Motorik) führt zur Lähmung. Parese ist eine unvollständige Lähmung; mit Hilfe (zum Beispiel beim Aufstehen) kann ein Hund mit Parese selbstständig leben. Aufsteigende Lähmung oder Parese beginnt bei den Hinterbeinen und geht auf Vorderbeine und Kopf über.

FRÖSTELN UND ZITTERN
Frösteln ist eine hochfrequente An- und Entspannung der Muskeln, während ein Tremor (Zittern) wiederholte rhythmische Schwingungen sind. Beides sind unwillkürliche Reaktionen.

KOMA UND STUPOR
Ein Hund im Koma ist bewusstlos und kann nicht geweckt werden. Ein Hund in Stupor ist bewusstlos, kann aber zeitweilig geweckt werden und fällt wieder in den Stupor zurück.

ERSCHÜTTERUNG UND QUETSCHUNG
Beides rührt in der Regel von einem Schlag auf den Kopf her. Erschütterung tötet Gehirnzellen. Der Hund kann einige Sekunden lang bewusstlos sein, manchmal aber auch sehr viel länger. Eine Quetschung ist eine Gehirnprellung; sie kann von Bewusstlosigkeit begleitet sein. Ein Hund mit Quetschung ist zeitweilig benommen, verwirrt und unkoordiniert, erholt sich aber schnell.

KRAMPF, ZUCKUNG UND ANFALL
Ein allgemeiner Krampf geht mit Bewusstlosigkeit und unwillkürlichen Bewegungen einher wie Muskelkontraktionen, Beinrudern, Zittern und Gesichtszucken. Während eines Krampfes sabbern Hunde oft und verlieren Wasser und Stuhl. Die Pupille ist meist verengt. Ein teilweiser Krampf zeigt nur einige dieser Veränderungen und muss nicht von Bewusstlosigkeit begleitet sein. Die Begriffe »Zuckung« und »Anfall« werden häufig gleichbedeutend mit Krampf verwendet.

EPILEPSIE
Bei Epilepsie verursacht eine Störung der elektrischen Aktivität im Gehirn einen Krampf. Der Begriff wird auch bei einer Erkrankung mit häufigen oder wiederkehrenden Krämpfen verwendet.

NYSTAGMUS
Diese Erkrankung ist eine unwillkürliche und rhythmische Bewegung des Augapfels, die ruckartig erscheint. In fast allen Fällen bewegen sich beide Augäpfel gleichzeitig.

DIAGNOSTISCHE TESTS

Vermutet Ihr Tierarzt aus den Anzeichen Ihres Hundes eine Störung des Nervensystems, wird er Ihnen Fragen zum derzeitigen Zustand des Hundes und früheren Krankheiten oder Verletzungen stellen und das Tier untersuchen.

NEUROLOGISCHE UNTERSUCHUNG
Ihr Tierarzt kann bei Bedarf besondere Tests durchführen (Beobachtung der Kopfhaltung des Hundes, Koordination, Fähigkeit zum Laufen im Kreis, Körperhaltung und Gang, Reaktion auf Bedrohung, Gesichtsausdruck und -symmetrie). Der Tierarzt leuchtet zur Überprüfung des Pupillenreflexes und der Symmetrie

in das Hundeauge und prüft, ob ein Nystagmus (siehe S. 386) vorliegt.

BLUTANALYSE

Bluttests helfen bei der Diagnose körperlicher Störungen wie zum Beispiel Leberversagen, die neurologische Symptome verursachen können.

ELEKTRO-ENZEPHALOGRAMM (EEG)

Das EEG zeigt Veränderungen der elektrischen Aktivität des Gehirns auf, deren Ursache Krämpfe oder Tumoren sein können.

AKUSTISCH EVOZIERTE REAKTION IM STAMMHIRN

Dieser Test überwacht elektrische Veränderungen im Stammhirn. Er ist nützlich für die Untersuchung dieses Gehirnteils, besonders der Fähigkeit zur Verarbeitung von Sinneswahrnehmungen der Ohren.

LIQUORANALYSE

Zur Entnahme einer Flüssigkeitsprobe wird eine Nadel in den Rückenmarkskanal des Hundes eingeführt. Besondere Veränderungen deuten auf Infektion, Entzündung oder Tumoren hin. Diese Art der Analyse ist hilfreich für die Diagnose vieler Erkrankungen; Änderungen im Flüssigkeitsdruck können zum Beispiel Verschlüsse anzeigen.

RÖNTGEN

Gewöhnliches Röntgen zeigt jeden Schaden an Knochen und Knorpel. Beim Röntgen mit Kontrastmittel wird ein Farbstoff gespritzt, um das Rückenmark hervorzuheben (Myelografie).

COMPUTERTOMOGRAFIE UND KERNSPIN

Diese Techniken sind die besten bildgebenden Verfahren und eignen sich gut für die Hirnuntersuchung, sind jedoch riskant für Hunde mit Gehirnverletzung, weil eine Betäubung nötig ist.

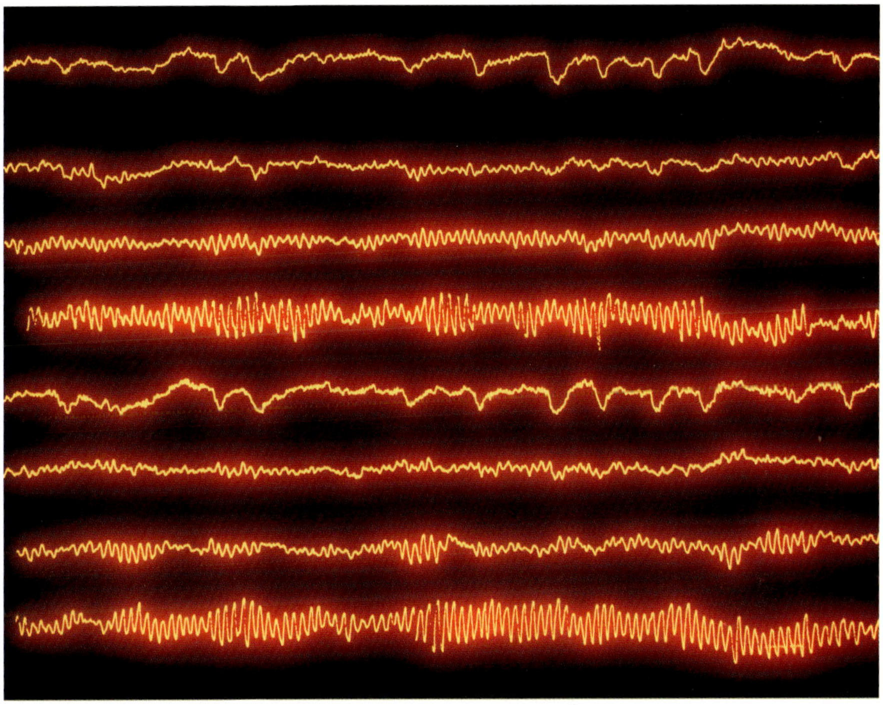

EEG-KURVE AUF DEM BILDSCHIRM

Eine Hirnstromkurve (EEG) zeichnet winzige elektrische, durch Gehirnaktivität erzeugte Impulse auf und zeigt das Ergebnis auf einem Bildschirm. Die Interpretation der Hirnstrommuster kann bei der Diagnose von Epilepsie und Hirntumoren helfen. Diese Kurve zeigt normale Hirnströme.

UMGANG MIT EINEM HUND MIT KOPFVERLETZUNGEN

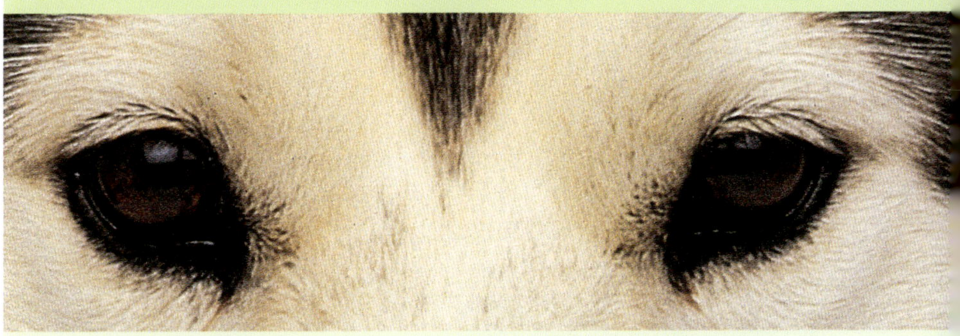

Größte Vorsicht ist bei Kopfverletzungen geboten! Schlagen Sie unter Erste Hilfe (S. 416–435) die Leitlinien für die Behandlung von Schock, die künstliche Beatmung und Blutstillung nach. Gehen Sie wie folgt vor:

1. So ruhig und sanft wie möglich sein, besänftigend sprechen, weil jede Sinnesstimulation Schmerz, Angst oder Krämpfe auslösen kann.
2. Bei kühlerem Wetter den Hund mit einer Decke zudecken.
3. Körperkontrolle des Hundes einschätzen. Haut zwischen den Zehen an jeder Pfote zwicken, Beinbewegung prüfen: kein Schmerz bedeutet Wirbelsäulen- oder Nervenschäden. Ruckartige Augenbewegung oder verschieden große Pupillen?
4. Prüfen auf Brüche; gegebenenfalls Stabilisierung (Schienung).
5. Den Hund vorsichtig auf eine Trage legen, Kopf höher lagern als den übrigen Körper. Gehen Sie sofort zum Tierarzt.

GEHIRNSTÖRUNGEN

Störungen des Gehirns können infolge von Körperverletzungen, durch Vergiftung, durch die Umwelt oder Auswirkung einer chronischen Krankheit an anderer Stelle im Körper, durch Infektion des Gehirns selbst oder der Hirnhaut sowie durch Tumorwachstum in der Hirnsubstanz entstehen. Die meisten Gehirnstörungen verursachen eine Reihe von Symptomen und Anzeichen, u.a. Krämpfe oder sogar Koma (Bewusstlosigkeit).

GEHIRNVERLETZUNG

Gehirnverletzung kann durch physische Verletzungen verursacht werden. Verkehrsunfälle bewirken zum Beispiel Erschütterung und Quetschung. Hierbei wird das Gehirn ernsthaft verletzt, auch wenn der Schädel unverletzt scheint; erhält der Kopf einseitig einen Schlag, wird das Gehirn durch Schütteln innerhalb des Schädels geprellt. Ist der Schädel gebrochen, durchdringen Knochenteile das Gehirngewebe und verursachen größere Blutungen und Schäden. Bestimmte Gifte – natürliche Stoffe wie Schlangengift oder Industrieprodukte wie Insektizide – schädigen Gehirnzellen, wenn sie geschluckt oder eingeatmet werden (siehe S. 448–457).

Chronische Störungen mit Auswirkung auf Organe, zum Beispiel Nierenversagen, Leberversagen (siehe S. 365), Schilddrüsenleiden (siehe S. 375) und Nebennierenfunktionsstörung (siehe S. 378) oder Krebs können zu Gehirnschäden führen, da das Gehirn nicht mehr die für seine Funktion nötigen Stoffe erhält oder Gift im Blut zirkuliert. Mangelernährung, beispielsweise Mangel an Vitamin Thiamin, beeinflusst die Gehirnfunktion und führt ebenfalls zu dauerhaftem Schaden.

Gefäßleiden, besonders die Verkalkung von Gehirnarterien oder Schlaganfall (siehe S. 391), halten das Blut von betroffenen Gehirnteilen fern. Ohne Blutversorgung stirbt diese Gehirnsubstanz innerhalb von Sekunden ab.

Hirntumoren (siehe S. 390) und andere schwellende Schädigungen wie Polypen und Zysten drücken beim Wachsen umgebende Gehirnsubstanz zusammen. Örtliche Entzündungen von Gehirnsubstanz wie bei Hirnhautentzündung oder Hirnentzündung (siehe S. 390) üben Druck auf die umliegende Substanz aus.

Gehirnschäden verursachen Änderungen in Verhalten oder körperlichen Fähigkeiten. Die Symptome sind je nach der verletzten Gehirnregion unterschiedlich; zum Beispiel verursacht eine Verletzung des Großhirns Änderungen im Geisteszustand oder Sehvermögen, während Kleinhirnverletzungen oft Bewegungsstörungen, anomale Kopfneigung und Augenzittern verursachen. Die dramatischsten Verhaltensänderungen sind Krämpfe (siehe S. 389), Reglosigkeit oder Koma (siehe S. 389). Lähmung oder Parese rühren von Verletzungen des Gehirns oder des Rückenmarks (siehe S. 394–399) her.

DIAGNOSE UND THERAPIE Region und Ausmaß des Gehirnschadens werden mit Bildtechniken beurteilt. Die Behandlung hängt von Ursache, Schwere und Ort des Schadens ab; zum Beispiel gibt man Antibiotika und/oder Kortikoide zur Verringerung der Infektionsgefahr; eine Operation kann den Druck durch einen Hirntumor vermindern. Die Prognose ist oft nicht eindeutig, besonders bei Kopfverletzungen. Schmerzmittel und andere Medikamente können lindernd wirken. Hunde mit sehr schweren Gehirnverletzungen werden meist eingeschläfert.

TIPPS VOM TIERARZT

Ein Kollaps ist ein ernstes Zeichen einer Krankheit und muss als Notfall behandelt werden. Bricht Ihr Hund zusammen, ist schwer feststellbar, ob der Grund ein Krampf, ein Schlaganfall oder Herzversagen ist. Ein krampfender Hund zeigt rhythmische, ruckartige Bewegungen, sabbert und verliert oft Harn oder Stuhl. Schlaganfälle sind bei Hunden ungewöhnlich. Herzversagen verursacht sichtbares Weißwerden des Zahnfleisches. Gehen Sie in jedem Fall schnell zum Tierarzt, wenn Ihr Hund kollabiert ist!

F **WAS MUSS ICH TUN, WENN MEIN HUND EINEN KRAMPF HAT?**

A Schützen Sie sich selbst: Ein krampfender Hund kann unwillkürlich beißen. Dann schützen Sie den Hund: Ziehen Sie ihn am Genick von Gefahren der Umgebung fort. Kissen oder Decke um und unter den Kopf des Hundes legen. Bei kurzen Krämpfen trösten Sie Ihren Hund mit besänftigenden Worten und zartem Streicheln. Bei länger als sechs Minuten dauernden Krämpfen ruhig bleiben, aber sofort zum Tierarzt gehen. Nach dem Krampf dem Hund etwas Wasser geben. Den Hund hinlegen und bei ihm bleiben, wenn er orientierungslos erscheint. Berührung und eine bekannte Stimme sind überaus beruhigend für viele Tiere.

KRÄMPFE

Epilepsie, der häufigste Grund für Krämpfe, tritt infolge eines anomalen Ausbruchs elektrischer Gehirnaktivität auf. Krämpfe können leicht sein, als Anfall auftreten oder lang dauern (mehr als fünf Minuten). Mögliche körperliche Ursachen sind etwa eine Gehirnverletzung, die Bildung von Narbengewebe im Gehirn oder ein Hirntumor (siehe S. 390). Andere krampfauslösende Erkrankungen sind niedriger Kalziumspiegel im Blut, Unterzuckerung (siehe S. 382), Hydrozephalus (siehe unten), wandernde Darmwurmlarven (siehe S. 240), Hirnentzündung nach Staupe (siehe S. 389), Gehirnverletzung durch Gift oder Hitzschlag (siehe S. 442). Auch liegt bisweilen eine ererbte Veranlagung vor.

Ein Krampf kann sehr dramatisch oder so leicht sein, dass er fälschlich als kurze Konzentrationsschwäche wahrgenommen wird. Ein schwerer Krampf (»Grand mal«) besteht aus drei Stadien:

1. Der Hund zeigt Verhaltensänderungen, zum Beispiel vermehrte Anhänglichkeit, Unruhe, Angst, Verstecken, Wimmern oder Heulen.
2. Er bricht zusammen und verliert das Bewusstsein, der Körper wird steif. Diese Zeichen gehen abnormer Muskelaktivität voraus: rhythmisches Zucken oder Beinrudern, Verlieren von Wasser und Stuhl und Sabbern. Dies dauert Sekunden bis Minuten. In seltenen Fällen hält der Krampf länger an, man spricht vom epileptischem Zustand.
3. Das Bewusstsein kehrt zurück, und der Hund ist benommen, verwirrt und kann zeitweilig nicht stehen. Manche Hunde erscheinen zeitweise blind. Die Orientierungslosigkeit dauert Minuten bis Stunden.

Ein leichterer Krampf (»Petit mal«) dauert nicht so lange. Der Hund stolpert vielleicht nur oder verliert das Bewusstsein für weniger als eine Sekunde. In anderen Fällen ist ungewöhnliches Verhalten das einzige Zeichen, etwa wiederholtes Luftschnappen wie beim Fliegenfangen oder wildes Graben ohne Grund. Diese Erkrankung wird manchmal psychomotorische Epilepsie genannt. Die wilde, rasende Aktivität mancher Hunde nach einem Insektenstich kann mit einem Krampf verwechselt werden, das Tier verliert aber das Bewusstsein nicht.

DIAGNOSE UND THERAPIE Die Vorgeschichte des Hundes, Bluttests und EEG dienen der Diagnose von Epilepsie. Tritt Epilepsie häufig auf, ist Phenobarbital das Mittel der Wahl. Die Phenobarbitalkonzentration im Körper wird durch Bluttests kontrolliert. Obgleich Phenobarbital zunächst eine Beruhigung bewirkt, tritt diese Nebenwirkung nur einige Wochen lang auf. Die Substanz macht jedoch körperlich abhängig und sollte nie abrupt abgesetzt werden.

SCHLAFSTÖRUNGEN

Schlafstörungen sind beim Hund selten. Eine Art der Störung ist die Schlafsucht. Beim Menschen bewirkt sie plötzliches Einschlafen in normalen Wachzeiten. Beim Hund wurde diese Erkrankung erstmals in einer Dobermann-Linie festgestellt. Hunde mit Schlafsucht verlieren plötzlich im Wachzustand einige Sekunden lang die Muskelspannung, ohne andere Zeichen des Zentralnervensystems. Sonst führen sie ein normales Leben und brauchen keine Behandlung.

HYDROZEPHALUS

Beim Hydrozephalus, dem Wasserkopf, findet sich eine Ansammlung von Flüssigkeit in den Gehirnkammern. Sie kann zu Krämpfen und – selten – zu Sehstörungen führen. Krämpfe werden mit harntreibenden Mitteln (Diuretika) behandelt, die die Produktion von Hirn-Rückenmark-Flüssigkeit reduzieren.

KOMA

Einem Koma gehen gewöhnlich Verwirrung und Reglosigkeit (siehe S. 386) voraus, bis der Hund das Bewusstsein ganz verliert. Ein Hund im Koma empfindet keinen Schmerz und kann auch nicht zeitweilig geweckt werden. Der Hauptgrund für ein Koma ist eine Erkrankung an anderer Stelle im Kör-

GEFÄHRDETE RASSEN

Rassen, die (u. a. genetisch bedingt) zu Epilepsie neigen:

- Beagle (Bild oben)
- Bernhardiner
- Cocker Spaniel
- Dackel
- Deutscher Schäferhund
- Foxterrier (Drahthaar)
- Golden Retriever
- Irish Setter
- Labrador Retriever
- Pudel
- Siberian Husky
- Tervueren
- Wolfsspitz
- Zwergschnauzer

Zwergrassen und flachgesichtige Hunde neigen zu Hydrozephalus. Diese sind:

- Boston Terrier
- Chihuahua
- English Bulldog
- Lhasa Apso
- Manchester Terrier
- Papillon
- Pekingese
- Spitz
- Yorkshire Terrier
- Zwergpudel

per, die das Gehirn »vergiftet«, etwa Nieren-, Herz- (siehe S. 320) oder Leberversagen (siehe S. 364).

Andere Gründe sind Vergiftung durch aufgenommene Substanzen wie Frostschutzmittel, Barbiturate oder Kohlenmonoxid (siehe S. 454 ff.), Gehirnerschütterung und Schwankungen im Blutzuckerspiegel, besonders bei Hunden mit Diabetes mellitus (siehe S. 380); weiter Infektionen, beispielsweise Staupe (siehe S. 219) oder Tollwut (siehe S. 216) oder Überhitzung durch Hitzschlag (siehe S. 442) oder hohes Fieber.

DIAGNOSE UND THERAPIE Erste Hilfe leisten (siehe S. 416–435). Sofern bekannt, Koma-Ursache beseitigen und Atem- und Herzfrequenz messen. Künstlich beatmen und/oder wenn nötig Herzmassage durchführen. Schlägt das Hundeherz und atmet das Tier, prüfen, ob die Zunge gut herausgezogen ist; dann sofort zum Tierarzt gehen. Ihr Tierarzt wird sofort Bluttests durchführen, eine intravenöse Infusion legen und Medikamente geben.

HIRNHAUT- UND HIRNENTZÜNDUNG (MENINGITIS, ENZEPHALITIS)

Meningitis ist eine Entzündung der Meninx, d. h. der Gehirn und Rückenmark schützenden Haut, meist aufgrund einer Infektion. Enzephalitis ist eine Entzündung des Gehirns selbst. Beide Störungen können lebensgefährlich sein.

Bakterielle Erreger von Hirnhautentzündung erreichen die Häute über die Blutbahn. Infektionsherde sind Bisswunden, Zahnfleisch- oder Mittelohrinfektion oder andere infizierte Stellen. Aseptische Hirnhautentzündung ist eine nicht bakterielle Form, die manchmal bei Hunden großer Rassen unter zwei Jahren auftritt. Die Ursache ist unbekannt.

Weltweit sind Staupe (siehe S. 219) und Tollwut (siehe S. 216) die häufigsten Gründe für Hirnentzündung. In den Industrieländern werden diese Krankheiten durch routinemäßige tierärztliche Impfungen vermieden. Pseudowut-Viren und Herpesviren können ebenfalls Hirnentzündung auslösen. Weniger häufig als gemeinhin angenommen wird Hirnentzündung durch Bakterien von Kopf- oder Halsinfektionen über die Blutbahn, durch Zeckenübertragung oder Bleivergiftung verursacht.

Granulomatöse Meningoenzephalitis (GME), eine an Staupe anschließende Hirnentzündung, ist die zweithäufigste Form von Gehirnentzündung bei Hunden. Wie der Name nahelegt, betrifft GME meist die Häute und das Gehirngewebe. Obwohl die Ursachen unbekannt sind, tritt GME sehr häufig bei jungen und mittelalten Hündinnen der Zwergrassen auf, begleitet von Halsschmerzen und Fieber.

Hirnhautentzündung und Hirnentzündung verursachen Depressionen, Verhaltensänderungen, Krämpfe, Koordinationsverlust und manchmal auch Fieber.

DIAGNOSE UND THERAPIE Die Krankheitszeichen, die Untersuchung und die Analyse der Hirn-Rückenmark-Flüssigkeit helfen dem Tierarzt bei der Klärung der Ursache.

Rührt die Störung von Tollwut her, wird der Hund eingeschläfert. Bei anderen Ursachen für Hirnhautentzündung und Hirnentzündung wird mit Kortikoiden zur Entzündungsverminderung, Antibiotika gegen Bakterien und Krampflösern bei Krämpfen behandelt.

HIRNTUMOREN

Hirntumoren sind selten: Sie treten bei etwa einem von 6500 Hunden auf. Die häufigste Art ist die Gehirnhautgeschwulst, ein aus der Gehirnhaut hervorgehender Tumor. Gehirnhautgeschwülste neigen zu relativ langsamem Wachstum, sie können jedoch auf das

DIE GEHIRNHAUT

Das Gehirn und die Häute stehen in engem Kontakt zueinander; deshalb kann sich die Entzündung beider durch in etwa dieselben Zeichen äußern. Die Ursachen sind jedoch oft völlig unterschiedlich. Der häufigste Grund für Hirnentzündung ist das Hundestaupe-Virus. Hirnhautentzündung kann durch Infektion verursacht werden, aber auch eine immunbedingte Erkrankung sein, besonders bei heranwachsenden Boxern, Beagles und Akita Inus.

MENIX

Die Menix ist die Haut, die das Hirn wie eine Klarsichtfolie umgibt. Die Blutversorgung in diesem Bereich steht in engem Kontakt mit der übrigen Blutbahn.

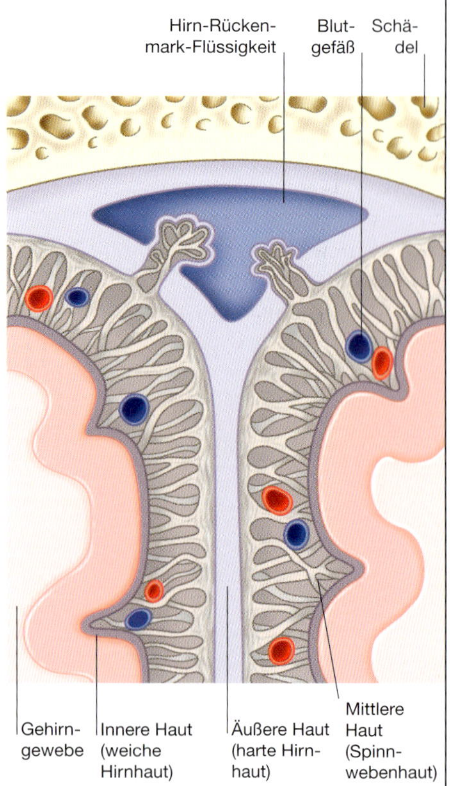

Detailansicht einer gesunden Gehirnhaut

umgebende gesunde Gewebe drücken und örtliche Blutgefäße umleiten.

Eine andere Tumorart, das Gliom, betrifft das Gehirngewebe selbst. Es breitet sich aggressiv in umgebendes gesundes Gewebe aus und unterbricht so die Gehirnfunktion. Gliome sind zerstörerischer als Gehirnhautgeschwülste. Tumoren können auch aus dem Hirnanhangdrüsengewebe entstehen und verursachen ein hormonelles Ungleichgewicht und Funktionsverlust (siehe S. 374).

Die Tumorart und der Sitz im Gehirn bestimmen die Anzeichen. Diese sind Verhaltensänderungen wie dauerndes Im-Kreis-Laufen, Temperaments- oder Gemütsänderungen, Krämpfe, Änderungen in Bewegung und Gang, Sehstörungen oder sogar Erblinden, veränderte geistige Fähigkeiten und Kontrollverlust über die Gesichtsnerven, was zu Zuckungen führt.

DIAGNOSE UND THERAPIE Computertomografie oder Kernspinbilder vom Gehirn sind für eine genaue Diagnose sehr wichtig. Ohne Bild ist es schwierig, den durch einen Hirntumor verursachten Schaden von anderen Erkrankungen wie Schlaganfall, stoffwechselbedingten Leber- oder Nierenstörungen, Epilepsie, Bleivergiftung oder Staupeinfektion zu unterscheiden.

Die Anfangsbehandlung eines Hirntumors zielt auf eine Kontrolle der Symptome und die Verbesserung der Lebensqualität ab. Krampflöser und Kortikosteroide werden verabreicht. Das zweite Behandlungsziel ist – wenn möglich – die Verlängerung des Lebens bei guter Lebensqualität. Behandlungsmethoden sind zum Beispiel Bestrahlung, Operation oder beides. In einigen Fällen von Gehirngeschwülsten bringt die Operation Heilung. Die meisten Tumoren sind jedoch nicht operabel.

Eine nur schmerzlindernde Behandlung führt zu einer Lebensverlängerung von etwa zwei Monaten. Bestrahlung bringt oft eine deutliche Verbesserung der Lebensqualität und -dauer. Die durchschnittliche Lebenserwartung bei Hirntumoren ist unten aufgeführt.

SCHLAGANFALL

Schlaganfall ist beim Menschen relativ häufig, doch selten beim Hund. Er kann durch Platzen eines Blutgefäßes im Gehirn entstehen und örtlichen Gehirnschaden bewirken. Häufiger wird ein Schlaganfall durch ein Blutgerinnsel von einer anderen Stelle im Körper verursacht, das sich in einer Hirnarterie festsetzt, sodass die betroffene Hirnregion nicht mehr mit Sauerstoff und Nährstoffen versorgt wird. Diese Unterbrechung der Blutversorgung ist der Infarkt. Ohne Versorgung sterben Gehirnzellen in wenigen Minuten ab.

Ein Schlaganfall tritt plötzlich auf. Es gibt Unterschiede in der Schwere – von Verwirrung und Orientierungslosigkeit bis zu Krämpfen und Regungs-

F **BESTEHT BEI MANCHEN RASSEN EIN ERHÖHTES RISIKO FÜR HIRNTUMOREN?**

A Hirntumoren können bei jedem Hund auftreten; sie sind jedoch bei älteren Tieren häufiger. Boxer haben ein höheres Risiko.

F **TRÄUMEN HUNDE EBENSO WIE MENSCHEN?**

A Hunde träumen genauso wie wir. Im tiefen oder »aktiven« Schlaf zeigen auch Hunde schnelle Augenbewegungen, sie rudern mit den Pfoten, zucken mit Lippen und Nase und bellen manchmal sogar. Kaninchenjagd im Schlaf ist also ganz normal!

LEBENSERWARTUNG BEI HIRNTUMOREN

Statistik aus einem tierärztlichen Lehrkrankenhaus in den USA

ART DES HIRNTUMORS	MITTLERE SPANNE	1 JAHR	2 JAHRE
Alle Arten	11 Monate	42 %	13 %
Gehirnhautgeschwulst	14 Monate	50 %	22 %
Gliom	9,5 Monate	35 %	10 %

losigkeit, Koma oder Lähmung, je nachdem, wo der Infarkt im Gehirn aufgetreten ist. Meist tritt örtliche Gehirnschwellung auf. Bei einem schweren Schlaganfall bricht der Hund zusammen.

DIAGNOSE UND THERAPIE Ein Schlaganfall wird durch Computertomografie oder Kernspinbild diagnostiziert. Kortikoide werden zur Steuerung von Hirnschwellung infolge des Schlags und Krampflöser bei Krämpfen gegeben.

Ein Schlaganfall ist potenziell lebensgefährlich. Die Aussichten hängen von der betroffenen Gehirnregion und dem Ausmaß des Gehirnschadens ab. Blutgerinnsel sind der wahrscheinliche Grund eines Schlaganfalls; deshalb kann einem Hund, der einen Schlaganfall erlitten hat, regelmäßig Aspirin gegeben werden, weil es die Blutgerinnung verringert und somit ein Wiederauftreten verhindert.

EMOTIONALE STÖRUNGEN

Dass Hunde die Fähigkeit zu Stimmungen und emotionalen Reaktionen auf Ereignisse haben oder dass jeder Hund eine eigene Persönlichkeit besitzt, wird von den meisten Hundehaltern nicht bestritten. Auch überrascht es nicht, dass Hunde von Zeit zu Zeit Gefühls- und Verhaltensstörungen zeigen oder dass sie mit zunehmendem Alter geistig abbauen. In der Tiermedizin besteht jedoch eine gewisse Schwierigkeit beim Umgang mit emotionalen Störungen aufgrund der unvermeidlich subjektiven Natur und der großen Bandbreite von Verhalten, welches für ein bestimmtes Tier als »normal« angesehen wird.

Wir verlassen uns für eine Aussage über den Gemütszustand auf das Verhalten, doch das gleiche Verhalten kann bei verschiedenen Hunden ganz unterschiedliche Bedeutungen haben.

SUBJEKTIVITÄT UND DIAGNOSE

Die Gefühle eines Hundes – seine Ängste und Sorgen, die Fähigkeit zum Fühlen von Traurigkeit oder Trauer – wurden bis vor Kurzem nicht als Teil der konventionellen Tiermedizin angesehen. Folglich sind viele Tierärzte bei der Verwendung von Begriffen unsicher, die bis dato der Humanpsychiatrie vorbehalten waren, zum Beispiel Phobie oder Depression zur Beschreibung von krankhaftem Verhalten bei Hunden. Viele praktische Tierärzte fühlen sich sicherer, wenn eine Diagnose durch Labortests oder moderne Technik gestützt wird. Die Diagnose einer emotionalen Störung ist rein subjektiv; jedoch gibt es eine steigende Zahl von Tierärzten mit Fortbildung in Verhaltensmedizin, sowohl an tierärztlichen Schulen als auch in der Praxis.

STRESS – DIE FEINE GRENZE

Gefühle wie Angst oder Stress, die wir als unangenehm betrachten, sind tatsächlich eine Abwehr. Sie entwickelten sich zum Schutz gegen Umweltbedrohungen und -gefahren. So kann Angst Erste Hilfe leisten. Empfindet die Hirnrinde des Hundes Stress, kommuniziert sie mit dem übrigen Gehirn über das limbische System (siehe S. 384) und löst etliche chemische Veränderungen mit Wirkung auf den gesamten Körper aus. Bei Stress wirkt das »Kampf-oder-Flucht- Hormon« Adrenalin innerhalb von Sekunden. Das länger wirkende Hormon Cortisol unterstützt die Stressantwort mit verstärkter Mobilisierung von Zucker zur Energieversorgung. Diese chemischen Änderungen sind überlebenswichtig für das Tier, doch werden sie zu leicht ausgelöst oder halten sie zu lange an, entstehen emotionale Störungen. Kurze Schübe sind ungefährlich. Dauern sie jedoch länger, oder wird die Stressreaktion dauerhaft oder unnötig ausgelöst, führt das zu chronischem Stress und ständiger Freisetzung von schädigenden Chemikalien, die körperliche Krankheiten auslösen.

Was manchen Hunden ermöglicht, gut mit sogar starkem Stress umzugehen, ist eine interessante Frage. Die Antwort liegt wohl, zumindest zum Teil, in der genetischen Veranlagung.

ANGST

Hunde entwickeln oft verständliche Ängste, zum Beispiel vor der Tierklinik, viele jedoch haben auch irrationale Ängste: vor Hut tragenden Männern, Donner, hinkenden Menschen, Geräuschen oder Situationen, die gar keine Bedrohung darstellen. Solche irrationalen Ängste nennt man Phobien.

Manche Hunde bekommen Angst, wenn ihr Halter das Zimmer verlässt. Dieses Leid kann zu Panikattacken führen, bei denen sich die Muskeln anspannen, der Hund verstärkt atmet oder sich zwanghaft verhält und rituell eine bestimmte Aktivität ausführt, zum Beispiel vor- und zurückgeht oder sich selbst wie von Sinnen leckt. Ein extremes Zeichen von Angst beim Hund ist die Unfähigkeit zu Entspannung oder Schlaf. Angststörungen können sowohl für den Hund als auch für den Halter leidvoll sein. Tierärztlicher Rat ist wichtig, wenn die Angst dauerhaft oder sehr ausgeprägt ist.

DEPRESSIONEN

Depression ist bei Hunden äußerst schwer zu diagnostizieren. Sie kann sich in verringertem oder – seltener – verstärktem Appetit, Klammerverhalten oder Rückzug, Reizbarkeit oder Lethargie äußern.

F **WIE KANN ICH MEINEM HUND HELFEN, AUCH IM ALTER GEISTIG WACH ZU BLEIBEN?**

A Der wichtigste Faktor ist hier geistige Stimulation. Die Ermutigung des Hundes, sein Gehirn zu gebrauchen, erneuert Verbindungen zwischen den Gehirnzellen und bewahrt geistige Fähigkeiten. Spielen Sie so oft wie möglich mit dem Hund. Verstecken Sie Futter in Haus und Garten und lassen den Hund suchen. Außerdem ist unterschiedliches Spielzeug erhältlich, mit dem Ihr Hund sich eingehend beschäftigen kann.

Kummer, eine Kombination aus Depression und Trauer, tritt bei Hunden auf, wenn ein wichtiges Mitglied seiner »Familie« stirbt oder wegzieht, obwohl auch dieses Verhalten fast nicht mit den Standarddefinitionen der Tiermedizin beschreibbar ist.

Der amerikanische Neurologe Robert Sapolsky meint: »Menschen mit chronischen Depressionen sind solche, deren Hirnrinde dem übrigen Gehirn ständig traurige Dinge zuflüstert.« Bei Mensch wie Hund findet dieses »Flüstern« durch Stoffe im limbischen System des Gehirns statt (siehe S. 384).

NEUE THERAPIEANSÄTZE

Mit der tierärztlichen Erkenntnis, dass emotionale Faktoren für das Wohlbefinden des Hundes sehr bedeutend sind, ging ein entsprechend wachsendes Interesse an der Entwicklung möglicher Behandlungsmethoden für Verhaltensprobleme einher. Zunehmend behandeln Tierärzte diese Störungen mit einer Kombination von Einbeziehung der Umwelt, besonderen Spielmethoden und Medikamenten.

Zur Beruhigung werden meist Mittel wie Acepromazin angewandt. Der Hund verliert die Koordination für mindestens sechs bis zwölf Stunden. Angstlöser wie Diazepam wurden früher oft verschrieben, werden aber heute sehr häufig bei nur kurzzeitigen Ängsten (beispielsweise auf Reisen) verwendet. Neuere Mittel wie Clomipramin und Amitriptylin gegen Angst, Depression und zwanghafte Störungen beim Menschen werden heute häufig bei Hunden angewandt. Nur wenige dieser Medikamente wurden jedoch klinisch getestet und für den tierärztlichen Gebrauch zugelassen. Sie wirken auf Neurotransmitter wie zum Beispiel Serotonin. Ein Anheben des Serotoninspiegels verbessert die Stimmung oder das Vertrauen bei Hunden, wie auch bei Menschen mit psychischen Erkrankungen. Die Stimmung beeinflussende Arzneien können jedoch tiefe, nicht immer vorhersehbare Wirkungen auf das Hundeverhalten haben. Medikamente allein heilen keine emotionalen Probleme. Verhaltenstherapie ist ein wichtiges Element der Behandlung. Bei Menschen können Psychotherapie und Beratung Geisteszustand und Gehirnchemie beeinflussen. Beim Hund werden Neurotransmitterspiegel, Verhalten und Gefühle von Erfahrungen beeinflusst: von Gehorsamkeitserziehung, Desensibilisierung (etwa einen Hund mit einer Phobie Schritt für Schritt der gefürchteten Situation aussetzen, bis er lernt, ruhig zu bleiben), Gegenkonditionierung (bei der dem Hund schlechtes Verhalten »aberzogen« wird) und Toben.

ALTERSBEDINGTE VERHALTENSPROBLEME

Die meisten Zeichen seniler Demenz beim Menschen treten auch bei Hunden auf. Eine typische altersbedingte Veränderung ist das Stehen an der falschen Türseite beim Hinein- oder Hinausgehen. Manche Hunde bellen geistesabwesend. Einige vergessen, warum sie da sind, wo sie sich befinden. Andere sind nicht mehr stubenrein. Der Begriff der kognitiven Fehlfunktion beim Hund wurde zur Beschreibung der typischen Verhaltensänderungen im Alter geprägt. Der Begriff ist sehr weit gefasst, aber hilfreich, weil er eine medizinische Störung belegt.

DIAGNOSE UND THERAPIE Tägliche geistige Anregung ist sehr gut für ältere Hunde und hält das Gehirn in Gang. Selegelin, für Menschen zur Verzögerung der fortschreitenden Alzheimer-Krankheit entwickelt, ist auch für Hunde zugelassen. Ist Ihr Hund schon älter, achten Sie sorgfältig auf sein Verhalten. Manche Aspekte des Alterns sind irreparabel, andere aber können mit häufiger geistiger Anregung und wirkungsvoller Anwendung zugelassener Arzneien verzögert werden.

TIPPS VOM TIERARZT

Schenken wir unseren Hunden nicht genug Aufmerksamkeit, werden viele von uns Änderungen im Hundeverhalten beobachten, zum Beispiel »Schmollen«, Spielunlust oder Schlafsucht. Zweifellos haben Hunde Gefühle, Traurigkeit ist eines davon. Scheint Ihr Hund bedrückt, so nehmen Sie das ernst. Gehen Sie davon aus, dass eine Erkrankung vorliegt, und gehen Sie besser zum Tierarzt, statt einfach anzunehmen, dass das Tier lediglich schmollt.

NATÜRLICHES VERHALTEN

Hunde sind Rudeltiere. Die hieraus resultierenden Gefühls- und Verhaltensmuster machen Hunde zu treuen, liebenden Begleitern. Gerät der Rudelinstinkt außer Kontrolle, zeigt sich vielleicht als stark klammerndes Verhalten oder Trennungsangst, wird er zum Problem. Hier kann eine Umgebungsveränderung hilfreich sein. Die meisten Hunde lieben Zuwendung und Gesellschaft von Menschen. Ein ängstlicher Hund empfindet einen bekannten menschlichen Begleiter und Streicheln als sehr vertrauenerweckend.

NERVENSYSTEM

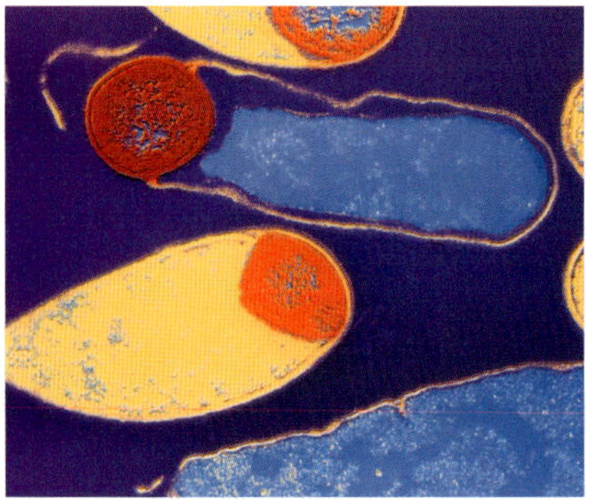

Botulismusbakterien lösen Lähmungen aus

Das Nervensystem ist ein komplexes Netzwerk von Nervenzellen, das Informationen über die Umwelt und den Organismus des Hundes aufnimmt, verarbeitet und Reaktionen ermöglicht.

Das Nervensystem ist das komplexeste Körpersystem und steuert Hunderte von Aktivitäten gleichzeitig. Es umfasst Gehirn und Rückenmark (das zentrale Nervensystem) sowie die peripheren Nerven, die sich vom Rückenmark ausgehend in den ganzen Körper erstrecken. Näheres zum Gehirn finden Sie auf den Seiten 384 bis 393. In diesem Kapitel werden Rückenmark und periphere Nerven behandelt. Diese Teile des Nervensystems leiten Wahrnehmungen an das Gehirn weiter und koordinieren die vom Gehirn gesteuerten Aktivitäten.

DIE KOMMUNIKATION DER NERVENZELLEN

Die Nervenzellen (Neuronen) empfangen Umgebungsreize und übermitteln Informationen an die übrigen Zellen des Nervensystems, Muskelzellen sowie Organ- und Drüsenzellen, um deren Aktivitäten zu steuern.

Neuronen produzieren, verarbeiten, übertragen und empfangen Informationen in Form von elektrischen Impulsen. Die Signale wandern durch chemische Stoffe von einem Neuron zum nächsten. Sensorische Nerven zum Beispiel setzen eine Wahrnehmung wie etwa ein Geräusch in ein elektrisches Signal um, das über die Nervenfaser der Zelle weitergeleitet wird. Am Ende der Faser geben chemische Botenstoffe (Neurotransmitter) das Signal über die Synapse (Lücke zwischen den Zellen) an das nächste Neuron weiter.

So gelangen die Nervenimpulse von den Rezeptoren in den Sinnesorganen über periphere Nerven und das Rückenmark zur Verarbeitung ins Gehirn. Aktionsbefehle werden umgekehrt transportiert: vom Gehirn in die Körpergewebe. Dies alles dauert nur Sekundenbruchteile. Daher kann der Hund einen Knall hören, sofort die Gefahr erkennen und die Muskeln zur Flucht aktivieren.

DAS RÜCKENMARK

Das Rückenmark liegt in der Wirbelsäule und ist ein Strang aus Nervengewebe, der peripheres Nervensystem und Gehirn verbindet. Der Anschluss zum Gehirn erfolgt über das Stammhirn.

Das Rückenmark ist von den Rückenmarkshäuten (Meningen) umgeben und durch die Wirbelsäule geschützt. Sie besteht aus Knochen (Wirbeln), die durch Bänder und Muskeln miteinander verbunden sind. Zwischen den meisten Wirbeln liegen Bandscheiben, faserige Polster, die Bewegungen abfedern.

WILLKÜRLICHE UND UNWILLKÜRLICHE REAKTIONEN

Reaktionen auf Reize können willkürlich oder unwillkürlich sein. Willkürliche Reaktionen wie Bellen sind meist bewusst gesteuert. Unwillkürliche Reaktionen sind entweder autonom oder reflexartig. Autonome Reaktionen werden vom autonomen Nervensystem gesteuert, einer Untereinheit des Nervensystems, die das Körperinnere steuert und Vitalfunktionen wie den Herzschlag kontrolliert. Ein Reflex dagegen ist eine unfreiwillige Reaktion, wie etwa der Rückzug der Pfote von einer heißen Platte. Reflexe werden primär im Rückenmark verarbeitet.

F **WARUM LECKEN SICH HUNDE GEGENSEITIG?**

A Beim Lecken werden nicht nur Geschmacksinformationen an das Gehirn gesendet. In der Zunge des Hundes reagieren periphere Nervenrezeptoren auf Wärme, Berührung und Luftbewegung. Der leckende Hund nimmt Informationen über Geschmack, Beschaffenheit und Temperatur auf; der Hund, der geleckt wird, empfängt über die peripheren Nerven Informationen, die beruhigend auf ihn wirken.

SPINALNERVEN UND PERIPHERE NERVEN

Vom Rückenmark gehen paarige Spinalnerven ab, die zwischen den Wirbeln abzweigen. Diese Nerven teilen sich und versorgen alle Teile des Rumpfes und der Gliedmaßen. Sie übertragen Nervenimpulse der Sinnesorgane an Rückenmark und Gehirn sowie motorische Nervenimpulse vom Gehirn zum restlichen Körper. Die Spinalnerven bilden entlang des Rückenmarks mehrere Gruppen. Die Zervikalnerven versorgen den Kopf, den Hals und die Vorderbeine. Die Thorakalnerven reichen in Oberbauch, Rücken- und Brustmuskeln. Die Lumbalnerven versorgen den unteren Rücken und die Hinterbeine. Das Ende des Rückenmarks (Cauda equina) kontrolliert die Blase, den Darm und die Schwanzbewegungen.

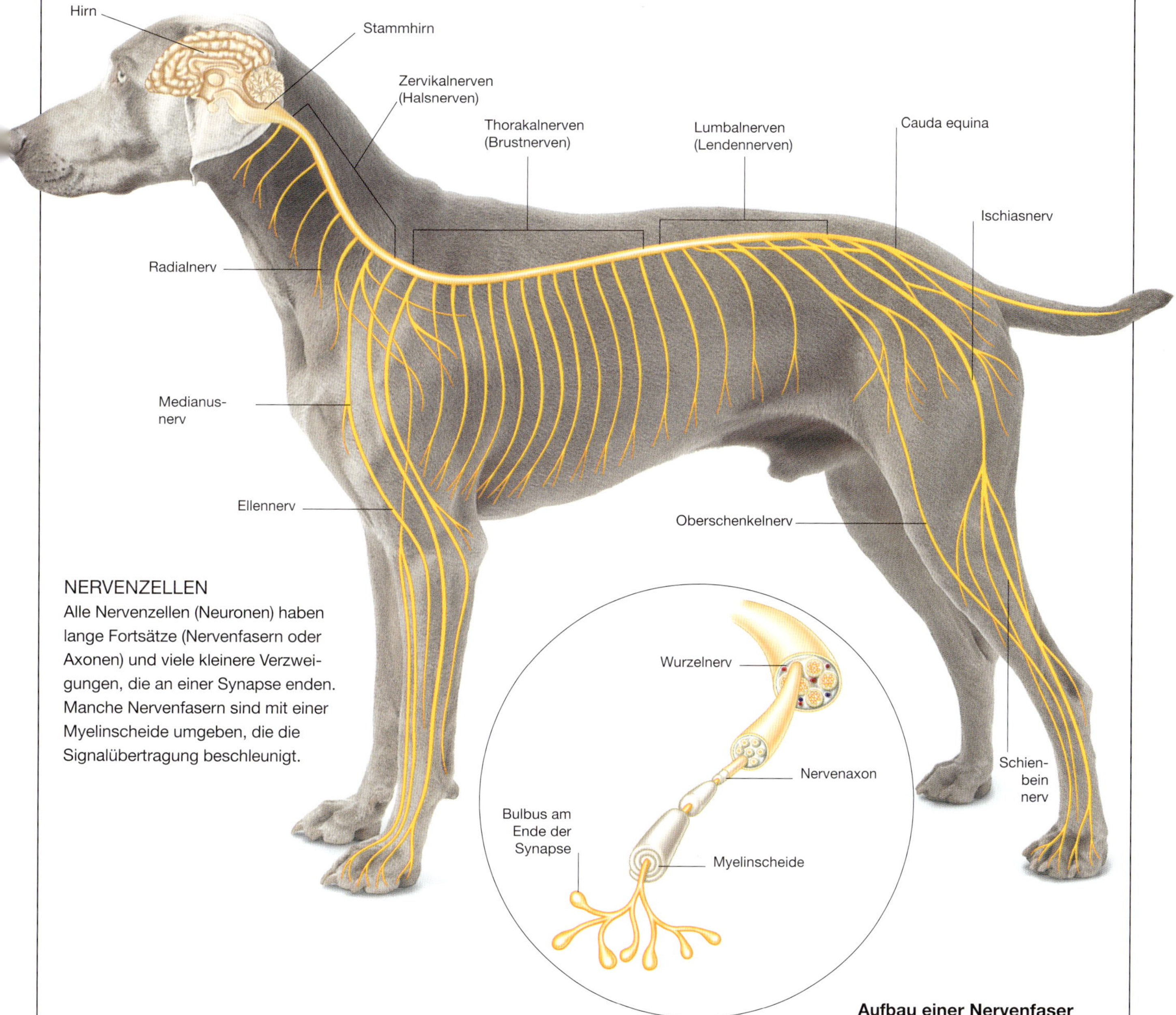

NERVENZELLEN

Alle Nervenzellen (Neuronen) haben lange Fortsätze (Nervenfasern oder Axonen) und viele kleinere Verzweigungen, die an einer Synapse enden. Manche Nervenfasern sind mit einer Myelinscheide umgeben, die die Signalübertragung beschleunigt.

Aufbau einer Nervenfaser

Jede Unterbrechung des konstanten Informationsflusses von den peripheren Nerven zum Gehirn stellt die Reizübermittlung in beide Richtungen ab. Verletzungen und Erkrankungen des Rückenmarks oder der peripheren Nerven führen daher zur Schwächung und gegebenenfalls Lähmung betroffener Regionen.

Die diagnostischen Verfahren und Untersuchungen auf Rückenmark- und Nervenschäden sind im Prinzip dieselben wie bei Störungen im Bereich des Gehirns (siehe S. 386 f.).

RÜCKENMARK-STÖRUNGEN

Rückenmarkschäden können zum Verlust willkürlicher Muskelbewegung, Veränderung von Spinalreflexen oder Muskeltonus oder Verlust des Tast- und Schmerzgefühls führen. Wird das Rückenmark trotz der schützenden Wirbelsäule geschädigt, so bestehen wenige Möglichkeiten einer Heilung. Schäden beruhen meist auf Verletzungen bzw. Bandscheibenrissen oder -vorfällen (siehe unten).

WIRBELSÄULEN-VERLETZUNGEN

Sie entstehen meist durch Verkehrsunfälle, Schussverletzungen oder Stürze. Solche Verletzungen betreffen meist gleichzeitig andere Körperteile. Sofort nach einer Wirbelsäulenverletzung kommt es evtl. zu Hals- und Rückenschmerzen, Schwäche oder Lähmung der Beine, Gefühlsverlust in den Beinen, Kot- oder Urininkontinenz. Örtliche Gewebeentzündungen und Schwellungen können später zur Verschlimmerung führen und stören die Blutversorgung des Rückenmarks; sie können eine dauerhafte Lähmung auslösen.

DIAGNOSE UND THERAPIE Die Diagnose erfolgt durch neurologische und Röntgenuntersuchung. Intravenöses Methylprednisolon lindert die Entzündung. Die chirurgische Behandlung von Wirbelbrüchen kann stabilisierend wirken. Schwer verletzte Hunde müssen jedoch eingeschläfert werden.

RAT Beim Transport eines Hundes mit Verdacht auf Wirbelsäulenverletzung gegebenenfalls zunächst einen Maulkorb anlegen, dann wie folgt weitere Nervenschäden vermeiden:

- Den Rücken des Tiers möglichst gerade halten.
- Ein hartes Brett oder eine dicke gefaltete Decke dient als Tragbahre (siehe S. 434). Ziehen Sie den Hund sanft auf diese Trage, und sichern Sie dann Hüfte und Schultern durch Stoffstreifen o.Ä.
- Bei Halsverletzungen Bewegungen des Halses verhindern.

BANDSCHEIBENRISS

Die Bandscheiben liegen direkt unter dem Rückenmark. Verletzung oder Abnutzung kann zu Degeneration und Rissen führen (siehe unten), die auf das Gewebe drücken. Ein Riss betrifft den Faserring der Bandscheibe, sodass der Gallertkern herausquillt. Bei größeren Hunden kann trotz unverletzter Faserhülle die Bandscheibe verrutschen und sich nach oben wölben.

Plötzliche Bandscheibenrisse und -vorfälle sind schmerzhaft und führen oft zum Verlust von Muskelfunktionen, was manchmal symmetrisch in beiden Körperhälften auftritt. Drückt eine verrutschte Bandscheibe auf das Rückenmark, kann es unterhalb dieser Stelle zur vollständigen Lähmung kommen.

BANDSCHEIBENRISS

Die Bandscheiben sind faserknorpelige Verbindungen zwischen den Wirbeln, die wie ein Kissen oder Stoßdämpfer wirken. Sie bestehen aus einem äußeren Faserring aus Bindegewebe mit einem Gallertkern. Beim Bandscheibenriss reißt diese Kapsel, sodass der Kern herausquillt.

SCHWERER BANDSCHEIBENRISS

Der Faserring dieser Bandscheibe ist vollständig gerissen, sodass das Innengewebe herausquillt und auf das Rückenmark drückt. Dies ist schmerzhaft und führt zum Verlust von Muskelfunktionen.

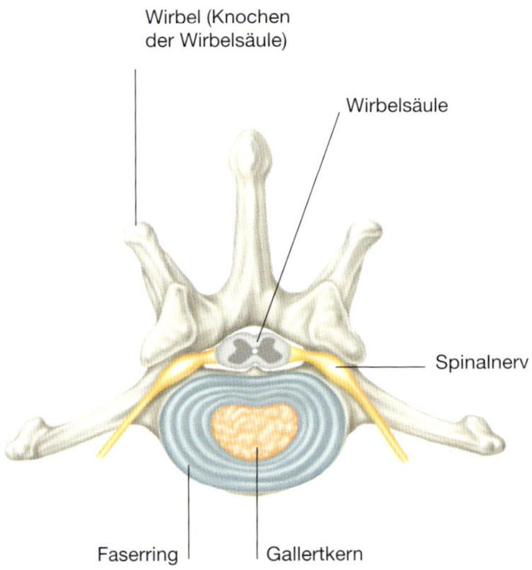

Querschnitt einer Bandscheibe

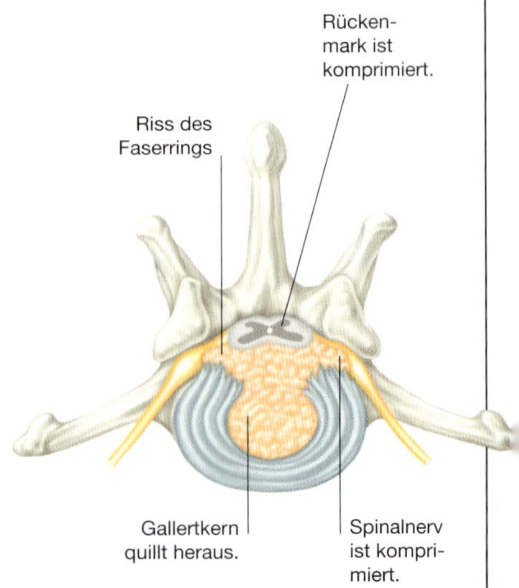

Querschnitt eines Bandscheibenrisses

DIAGNOSE In vielen Fällen beruht die Diagnose auf Vorgeschichte, Rasse und Symptomen. Das Röntgenbild zeigt den verminderten Abstand zwischen den Wirbeln, ein Röntgenbild mit Kontrastmittel (Myelogramm) auch das Ausmaß des Drucks auf das Rückenmark. Die Analyse des Liquors hilft bei der Ursachenfindung. Kernspin- und Computertomografie lassen Details erkennen.

THERAPIE Kortikosteroide sind meist sinnvoll, wenn sie noch am Tag der Verletzung gegeben werden. Nach der Medikation ist das Allerwichtigste äußerste Ruhe, meist über ca. zwei Wochen, damit die Bandscheibe an ihren Platz zurückkehrt.

Bei älteren großen Hunden, die zu Bandscheibenvorfällen neigen, lassen sich die Schmerzen zwar lindern, dies senkt jedoch nicht die Rückfallgefahr. Absolute Ruhe ist wichtig, und Rückfällen ist vorzubeugen. Dies erfordert häufig einen chirurgischen Eingriff.

DEGENERATIVE MYELOPATHIE

Diese fortschreitende Krankheit, auch »chronische degenerative Radikulomyopathie«, betrifft meist Deutsche Schäferhunde und kommt bei ihnen häufig vor. Sie kann auch beim Labrador und anderen Retrievern auftreten. Die Störung tritt meist im Alter von etwa sechs Jahren auf.

Die Hunde erleiden einen langsamen, schmerzlosen Koordinationsverlust der Hinterbeine. Im Frühstadium vermuten hier viele Hundehalter ein Problem mit dem Hüftgelenk. In den folgenden Jahren verschlimmert sich dies zu einer teilweisen Lähmung. Der Hund spürt offenbar nicht, wo sich seine Pfoten befinden, jedoch bleibt das Schmerzempfinden voll erhalten, ebenso die Kontrolle der Blasen- und Darmentleerung.

DIAGNOSE UND THERAPIE Die Diagnose erfolgt durch Untersuchung und anhand der Symptome. Viele Medikationen wurden erprobt, keine jedoch verlangsamt oder bessert die Erkrankung. Gewichtskontrolle ist wichtig, außerdem tägliche Bewegung zur Erhaltung des Muskeltonus. Anabolische Steroide dienen der Muskelstärkung. Schutzstiefel sind sinnvoll, wenn es durch Nachziehen der Pfoten zur Krallenabnutzung kommt.

WOBBLER-SYNDROM

Die auch Spondylomyelopathie genannte Störung führt zum allmählichen Verlust der Koordination der Hinterbeine. Sie geht auf eine Kompression des Rückenmarks im Halsbereich infolge von Wirbelinstabilität zurück. Die Krankheit wird z. T. durch Bandscheibenschäden verschlimmert, die weiteren Druck und Rückgratschäden verursachen. Unbehandelt kann sich die Teillähmung auf die Vorderbeine ausdehnen.

Das Wobbler-Syndrom betrifft meist Rüden, besonders Dänische Doggen unter zwei Jahren und Dobermänner zwischen drei und neun Jahren.

DIAGNOSE Die Diagnose basiert auf Rasse, Symptomen sowie Röntgenbildern von Wirbelsäule und Rückenmark mit und ohne Kontrastmittel.

THERAPIE Leichte Fälle werden mit nicht steroidalen Entzündungshemmern (NSAIDs) behandelt, z. T. auch mit Halskrausen. Schwere Fälle erfordern frühe chirurgische Behandlung zur Linderung der Rückenmarkkompression, sind aber problematisch.

KNOCHENSPORNE (SPONDYLOSE)

Manchen älteren Hunden wachsen auf den Wirbeln Knochensporne (Osteophyten). Im Röntgenbild sehen sie dramatisch aus. Sie sind schmerzhaft, besonders in der Zeit, bis sie zusammengewachsen sind, weil sie auf Nerven drücken können. Die Sporne wachsen langsam aufeinander zu und verbinden irgendwann die Wirbel miteinander.

DIAGNOSE UND THERAPIE Eine Wirbelfusion ist meist schmerzlos und bleibt unbehandelt. Manchmal jedoch schränkt sie die Bewegung der Wirbel-

F EMPFIEHLT SICH AKUPUNKTUR ZUR BANDSCHEIBEN-SCHMERZBEHANDLUNG?

A Vielen Hunden mit mäßigen oder chronischen Schmerzen hilft die Akupunktur. Bei schwerer Rückenmarkkompression ist sie jedoch unwirksam. Der Zweck jeder Therapie besteht in der Linderung von psychischem und körperlichem Stress, damit der Körper sich selbst heilen kann. Nadelstiche, Autoanfahrten, fremde Menschen usw. belasten den Hund und werden oft als Stress empfunden. Die Empfindlichkeit hierfür ist individuell jedoch durchaus unterschiedlich.

F BERUHEN BANDSCHEIBEN-SCHÄDEN AUF ABNUTZUNG? WELCHE RASSEN NEIGEN BESONDERS DAZU?

A Die Bandscheiben reißen am ehesten bei Rassen mit langem Rücken und kurzen Beinen wie dem Dackel (Bild oben). Durch die Anatomie des Hundes hängt die Wirbelsäule durch und drückt auf die Bandscheiben. Bei Hunden mit wolfsähnlichem Körperbau sind Bandscheibenschäden selten.

säule ein und löst Schmerzen und Steifheit aus (»Spondylosis deformans«). Dann gibt man Schmerzmittel.

STÖRUNGEN DER PERIPHEREN NERVEN

Diese Störungen sind beim Hund selten. Meist resultieren sie aus physischer Verletzung durch Autounfälle, Stürze oder auch Schüsse. Schäden der peripheren Nerven führen zum Verlust von Gefühl und Muskelfunktion in der betreffenden Region. Ist der Schwanznerv zum Beispiel beschädigt, wird das Schmerzempfinden dort oder die Fähigkeit zum Wedeln oder zum Anheben des Schwanzes bei der Darmentleerung beeinträchtigt. In den Beinen versorgt ein peripherer Nerv die Muskeln zur Beugung, ein anderer die zur Streckung.

Bei Verkehrsunfällen kann einer oder beide Nerven verletzt werden, was zur vollständigen oder teilweisen Lähmung der Beine oder einer bestimmten Muskelgruppe in den Beinen führen kann.

DIAGNOSE UND THERAPIE Schmerzreaktionstests zeigen, wie stark das Taubheitsgefühl in der Region ist. Bei Beinverletzungen zum Beispiel kann die Beininnenseite noch berührungsempfindlich, die Außenseite aber taub sein. Eine Lähmung der Streckmuskeln führt zur dauerhaften Beugung des Beines, obwohl das Bein bei Streckung noch Gewicht tragen kann. Die Amputation eines Beines kann erforderlich sein. Manchmal kann das Bein chirurgisch gestreckt werden, bleibt aber steif.

LÄHMUNG

Unter Lähmung versteht man den Verlust kontrollierter Bewegung durch Unfähigkeit der motorischen Nerven, mit den Muskeln zu kommunizieren. Vollständige Lähmung aller Muskeln ist beim Hund selten. Teillähmungen, beispielsweise der Hinterbeine, sind dagegen häufiger. Beide werden meist durch Rückenmarksverletzungen (siehe S. 396) hervorgerufen und können vorübergehend oder auch dauerhaft sein.

TRAUMATISCHE LÄHMUNG

Das Rückenmarkstrauma infolge eines Verkehrsunfalls ist die häufigste Form der Lähmung. Doch auch ein Bandscheibenvorfall kann auf das Rückenmark drücken und eine Lähmung verursachen.

DIAGNOSE UND THERAPIE Der Hund erhält intravenös Methylprednisolon. Auch eine Operation kann sinnvoll sein.

MYASTHENIA GRAVIS

Es gibt drei Formen schwerer Muskelschwäche. In etwa 25 % der Fälle kommt es binnen drei Tagen zu vollständiger Lähmung und Atemnot. Bei weiteren 40 % entwickelt sich die Totallähmung langsam und geht mit einer Lähmung der Speiseröhre

ERBLICHE NERVENSTÖRUNGEN

Erbliche Störungen, bei denen die Nerven geschädigt werden, sind beim Hund selten. Es gibt hier auch keine spezifische Therapie, und die betroffenen Hunde können z.T. über Jahre hinweg relativ problemfrei weiterleben.

RASSE	EINSETZEN	SYMPTOME UND ANZEICHEN
Cairn Terrier	4 Monate	Hinterhandschwäche: übertriebene Beinbewegungen und Kopfzittern
Pointer	4–5 Monate	Fortschreitende Lähmung aller Beine
Deutscher Schäferhund	12 Monate	Hinterhandschwäche: übertriebene Beinbewegungen und Kotinkontinenz
Deutscher Schäferhund	9 Jahre	Fortschreitender Verlust der Muskelkoordination (Ataxie) und Hinterbeinschwäche (siehe Degenerative Myelopathie, S. 397)
Alaskan Malamute	7–18 Monate	Rasches Ermüden, ungeschickte oder übertriebene Beinbewegungen
Rottweiler	12 Monate	Allmähliche Lähmung aller Beine
Boxer	2–3 Monate	Ungeschickte oder übertriebene Beinbewegungen
Dalmatiner	2–6 Monate	Ohmacht, Atemprobleme, Kehlkopflähmung
Bouvier des Flandres	4–8 Monate	Atemprobleme, Kehlkopflähmung
English Springer Spaniel	12–18 Monate	Verhaltensänderungen, Bewegungsstörungen

ALTERSZITTERN
Ältere Hunde entwickeln meist einen Tremor (Zittern) der Hinterbeine oder aller vier Beine, ohne sonstige Anzeichen einer neurologischen Schädigung zu zeigen. Das Zittern bereitet beim Gehen oder Bewegen jedoch nur selten Probleme.

einher, sodass der Hund nicht mehr schlucken kann. Die restlichen 35 % betroffener Tiere werden nur teilweise gelähmt (Gesicht, Kehlkopf, Schlund oder Speiseröhre).

DIAGNOSE UND THERAPIE Der häufigste Test ist eine Edrophoniumchlorid-Injektion, die den Abbau der Neurotransmitter an den Rezeptorstellen hemmt und so vorübergehend die Muskeln stärkt. Exakter ist ein diagnostischer Serumantikörper-Test, der jedoch selten eingesetzt wird. Den kranken Hunden injiziert man Neostigmin; sonstige Medikamente sind umstritten. Myasthenia gravis bleibt monate- oder jahrelang bestehen und kann in manchen Fällen von selbst zurückgehen.

BOTULISMUS

Botulismus ist beim Hund selten. Er wird durch ein von *Clostridium*-Bakterien produziertes Nervengift ausgelöst (in verdorbenem Dosenfutter und Aas). Innerhalb von Stunden oder Tagen nach der Aufnahme des Futters kommt es von den Hinterbeinen an zur aufsteigenden Lähmung.

DIAGNOSE UND THERAPIE Leicht erkrankte Hunde genesen von allein. Bei schweren Fällen kann ein Gegengift das Fortschreiten der Lähmung bremsen, den Nervenschaden jedoch nicht rückgängig machen.

F WOHER KOMMEN GESICHTSLÄHMUNGEN UND SIND SIE HEILBAR?

A Meist ist die Ursache von Lähmungen des Gesichtsnervs unklar; z.T. hängen sie mit Schilddrüsenstörungen zusammen. Die Lähmung ist meist einseitig. Erste Anzeichen sind einseitiges Sabbern, unsauberes Fressen oder Asymmetrie im Gesicht. Das betroffene Augenlid schließt nicht richtig. Es gibt zwar keine Therapie, aber oft tritt eine Besserung ein, weil betroffene Muskelpartien faserig werden und sich zurückziehen. Das Sabbern geht meist nach vier Wochen zurück.

F WARUM WERDEN MANCHE HUNDE NACH ZECKENBISSEN KRANK?

A Lahmheiten können ein Anzeichen für eine Borrelien-Infektion durch Zecken sein. Auf der Nordhalbkugel – auch in einigen Regionen Deutschlands – sind Zecken Träger des Bakteriums *Borrelia burgdorferi*, das beim Biss der Zecke auf den Hund übertragen wird. Allerdings erkranken längst nicht alle Hunde. Sie entwickeln zwar Antikörper, zeigen aber keine Symptome (siehe S. 226). Wird ein Hund krank, wird er mit Antibiotika der Tetrazyklin-Gruppe oder Penizillin-Gruppe behandelt. Auch eine Impfung ist möglich. Sie muss aber jedes Jahr wiederholt werden, damit der Hund wirklich geschützt ist.

KNOCHEN, GELENKE UND MUSKELN

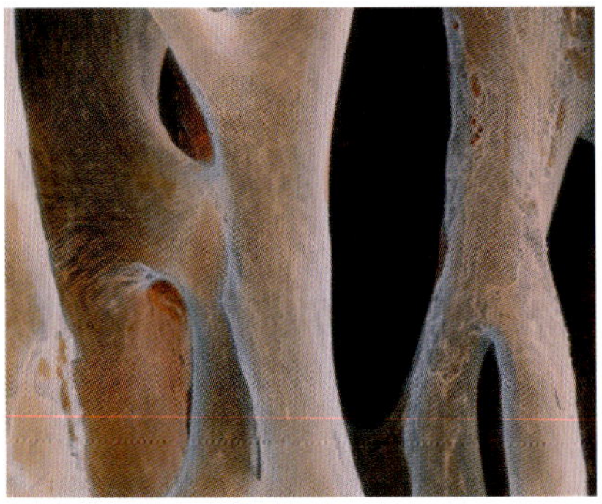

Knochengewebe unterm Mikroskop

Das Knochenskelett gibt dem Hundekörper Form und stützt das weiche Gewebe. Es ist stabil wie Stahl und so leicht wie Aluminium. Wo zwei oder mehr Knochen aufeinanderstoßen, befinden sich Gelenke, die mit Bändern zusammengehalten werden. Muskeln und Bänder machen den größten Teil des Hundekörpers und die Hälfte seines Gewichtes aus. Bei einem gesunden Hund ist das Skelett elastisch, die Gelenke sind frei beweglich, die Muskeln kräftig und geschmeidig. Die Bewegungen, vom zentralen Nervensystem gesteuert, sind gut koordiniert.

Das Skelett, die verbindenden Gelenke und die Muskeln werden zusammen Muskel-Skelett-System genannt.

FUNKTIONEN DER KNOCHEN

Knochen besteht aus einem elastischen Proteingerüst, verstärkt durch Minerallagen. Knochen wirken leblos und unveränderlich, sie sind jedoch lebendes Gewebe mit Nerven und Blutgefäßen, das ständig abstirbt und sich regeneriert. Knochen speichern außerdem Kalzium, Phosphor, Magnesium und andere Mineralien, die der Körper braucht. Der Kern besteht aus Knochenmark, das Blutzellen produziert (siehe S. 328).

GELENKVERBINDUNGEN

Gelenkflächen sind mit Gelenkknorpel überzogen, der den Knochen schützt. Das Kniegelenk zum Beispiel ist ein Scharniergelenk, mit dem man das Bein strecken und anwinkeln kann, das Hüftgelenk dagegen ein Kugelgelenk, das Bewegungen nach allen Seiten ermöglicht.

MUSKELARTEN

Alle Säugetiere besitzen drei Arten von Muskeln. Der Herzmuskel macht den größten Teil des Herzgewebes aus. Glatte Muskeln kontrollieren die Bewegungen der inneren Organe und sind nicht willentlich steuerbar. Dagegen führen die (gestreiften) Skelettmuskeln, die am Skelett sitzen, willensgesteuerte Bewegungen aus.

SEHNEN UND BÄNDER

Manche Skelettmuskeln sitzen direkt am Knochen, andere sind über elastische Sehnen mit dem Skelett verbunden. Bänder koppeln zwei Knochen miteinander; die Kreuzbänder im Kniegelenk halten etwa die langen Knochen des Beins zusammen. Fasern von Bändern und Sehnen durchdringen die Knochenoberfläche und sind im Knochen selbst verankert.

BEWEGUNGEN

Bewegungen hängen von der Interaktion von Knochen, Muskeln und Gelenken als Reaktion auf Signale von Gehirn und Nerven ab. Meist verbindet ein Muskel zwei Knochen und kreuzt das verbindende Gelenk. Kontrahiert sich ein Muskel, zieht er an den mit ihm verbundenen Knochen und bewegt sie. Muskeln können nur ziehen, nicht drücken. Viele Muskeln sind paarig an beiden Seiten des Gelenks angeordnet, sodass entgegengesetzte Bewegungen ausgeführt werden können.

F SIND DIE KNOCHEN ALLER HUNDE GLEICH FEST?

A Nein. Bei großen Hunden sind die Knochen im ersten Lebensjahr nicht so hart wie bei kleineren. Selbst innerhalb einer Rasse sind die Knochen größerer männlicher Welpen nicht so fest wie die kleinerer weiblicher. Die Knochen großer Rassen haben eine dünnere Knochenrinde, eine größere Knochenmarkhöhle und weniger dichte Schwammknochen (siehe S. 403).

F KANN MAN KNOCHENFEHLBILDUNGEN BEI GROSSEN WELPEN VERHINDERN?

A Man sollte die Gelenke des Welpen möglichst wenig belasten. Vermeiden Sie in der Wachstumsphase Spiele, bei denen der Hund springt. Geben Sie dem Hund kein übermäßig kalorien- oder mineralienreiches Futter, damit das Skelett langsam wächst. Zu reichhaltige Ernährung führt zu schnellem, weniger dichtem Knochenwachstum; das Skelett ist der Belastung durch wachsende Muskelmasse und Körpergewicht schlechter gewachsen.

DAS SKELETT

Als Gerüst für Muskeln und Sehnen trägt das Skelett das Gewicht des Hundes und ermöglicht die Bewegungen. Die Knochen werden durch starke Bänder zusammengehalten und durch verschiedene Gelenke verbunden, die die Beweglichkeit ermöglichen und Stabilität gewährleisten. Bei beweglichen Gelenken sind die Knochenenden mit glattem Knorpel überzogen, und die Gelenke enthalten eine reibungsmindernde Schmierflüssigkeit. Der Knorpel dient auch als Stoßdämpfer gegen die Erschütterung, die bei jedem Schritt entsteht.

KNOCHENFORMEN

Größe, Form und Funktion der Knochen sind sehr unterschiedlich. Flache Platten etwa, wie die Schulterblätter, bieten viel Ansatzfläche für Muskeln. Hohle, dickwandige Röhrenknochen dagegen fungieren als Hebel und tragen Gewicht, wie die Knochen der Extremitäten.

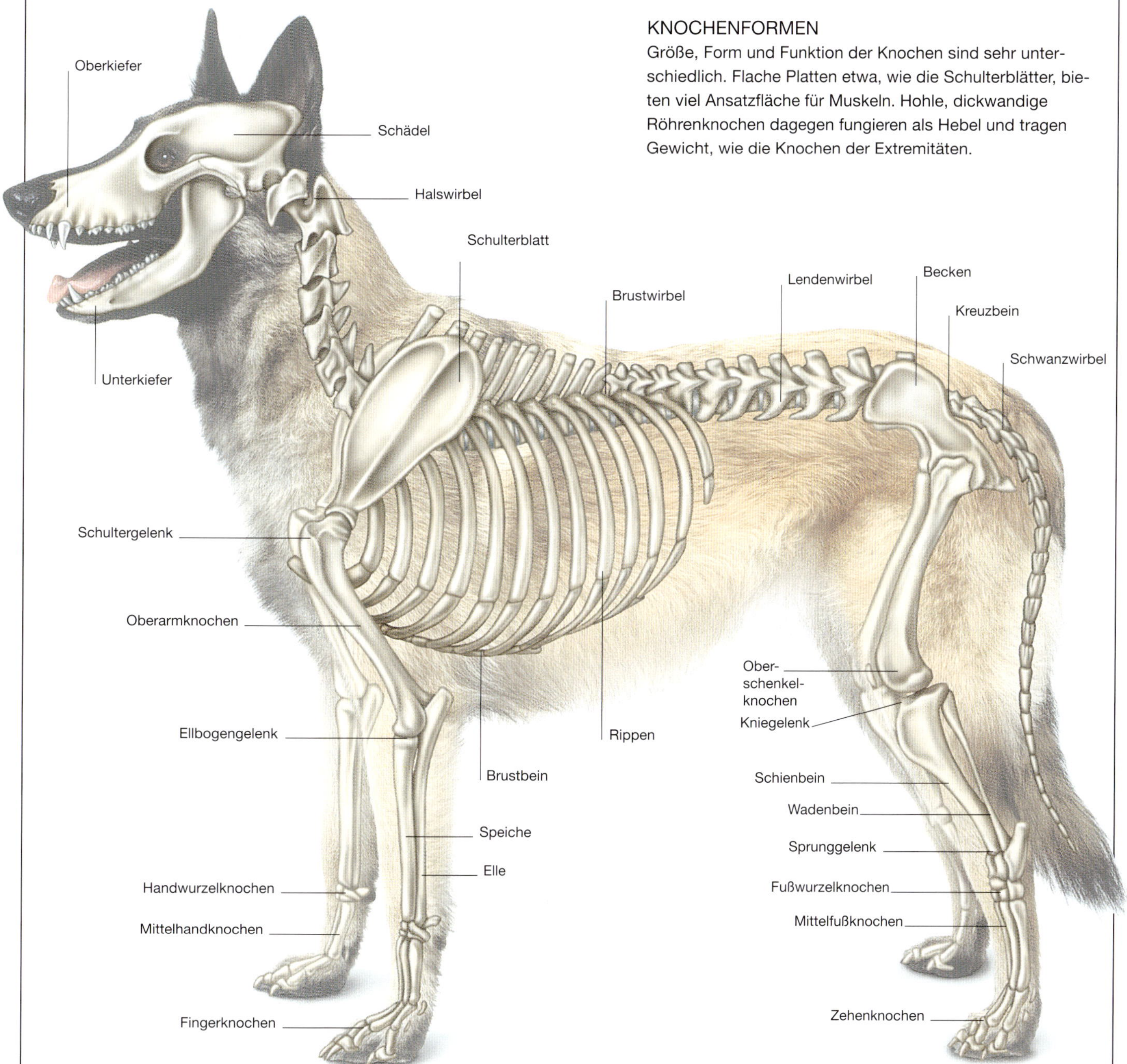

DIE MUSKELN

Muskeln bestehen aus Gewebe, das sich stark zusammenziehen kann, um Bewegung des Körpers, Verweilen in einer Stellung oder Bewegung der inneren Organe einschließlich des Herzens und der Blutgefäße auszulösen. Es gibt drei verschiedene Muskelarten: Skelettmuskel, Herzmuskel und glatter Muskel. Skelettmuskeln machen den größten Teil der Muskeln aus. Ein Hund hat über 500 Skelettmuskeln, einige sind nebenstehend dargestellt. Normalerweise ist jedes Ende eines Skelettmuskels durch eine Sehne (ein flexibles Band aus Fasergewebe) mit dem Knochen verbunden. Diese Muskeln sind für die willentlich kontrollierten Bewegungen zuständig. Sie heißen auch quergestreifte Muskeln, da sie unter dem Mikroskop gestreift aussehen.

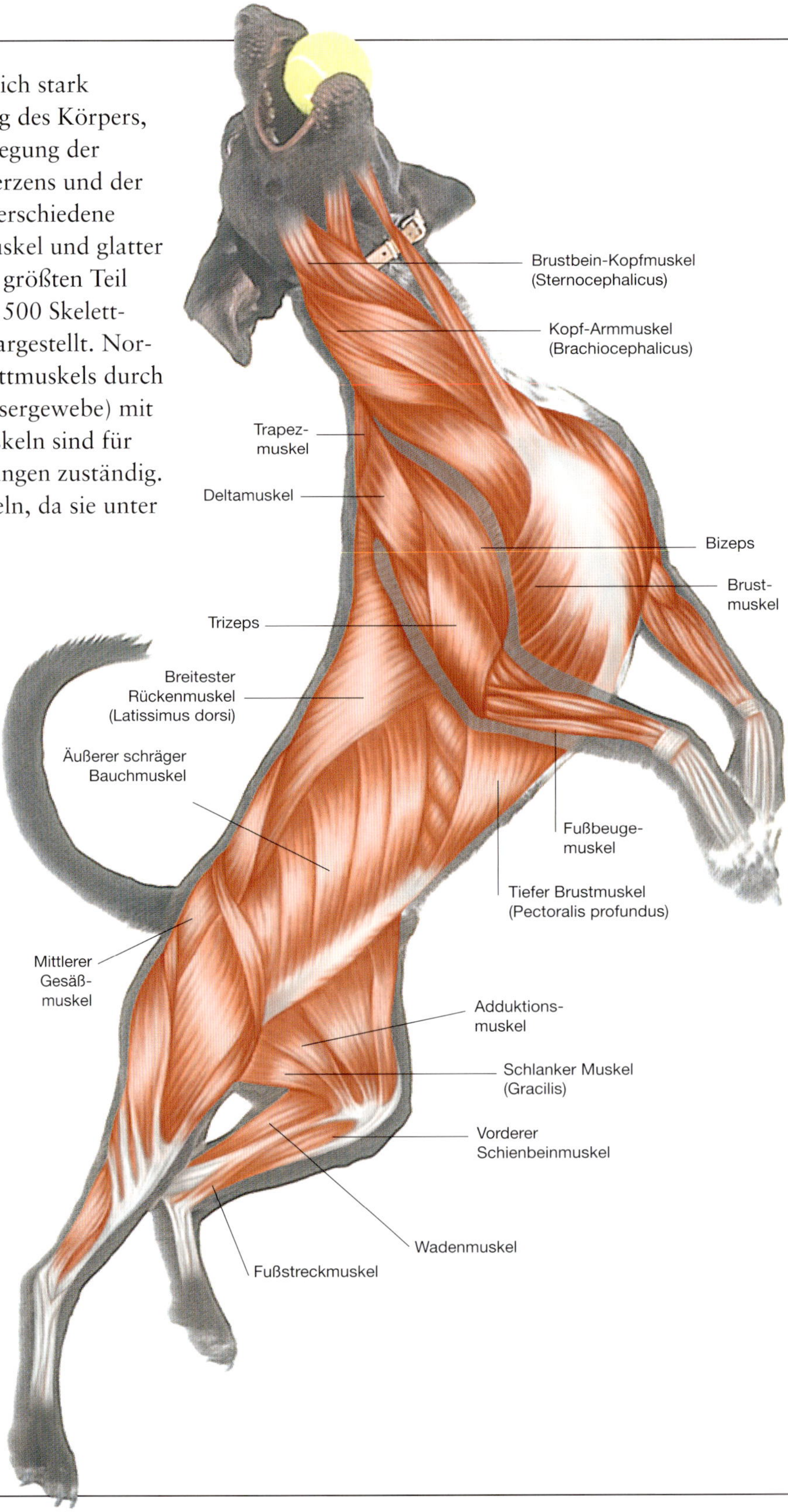

ZUSAMMENARBEIT DER MUSKELN

Die meisten Muskeln arbeiten als »antagonistische Paare« zusammen, d.h., ein Muskel hat genau den entgegengesetzten Effekt wie der andere. Ein Muskel beugt zum Beispiel ein Glied, während sein Gegenspieler das Glied streckt. Bei komplexeren Gelenken, wie etwa dem Kugelgelenk der Schulter, arbeiten mehrere Muskelpaare mit verschiedener Ausrichtung zusammen, um Flexibilität zu gewährleisten.

SYMPTOME UND DIAGNOSEN

Das häufigste Anzeichen für eine Muskel-, Gelenk- oder Knochenerkrankung ist Lahmen oder Hinken, das aber auch auf eine Verletzung des Fußes, zum Beispiel durch Dornen oder Splitter, oder Nervenverletzungen hinweisen kann.

LAHMEN/HINKEN

Auf vier statt auf zwei Beinen zu laufen hat große Vorteile. Wenn ein Bein schmerzt, bleiben noch drei, um das Gewicht zu tragen. Bei Hunden lastet dies normalerweise auf den Vorderbeinen.

Wenn Ihr Hund kleinere Schritte macht als üblich, ein Bein weniger belastet oder den Kopf beim Laufen ruckartig bewegt, spricht man von Lahmen.

Lahmen kann viele Gründe haben, von denen jeder seine spezifischen Symptome hat. Wenn Ihr Hund hinkt, wird der Tierarzt überprüfen, wie er läuft und dann die Pfoten, Glieder und den Rücken auf Verletzungen oder Schwellungen untersuchen und alle Gelenke bewegen. Er wird eventuell folgende Fragen stellen:

- Ist das Lahmen plötzlich oder allmählich aufgetreten?
- Hat Ihr Hund irgendwelche Verletzungen erlitten?
- Hält er einen Fuß hoch oder belastet ihn nicht voll?
- Leckt sich Ihr Hund irgendwo, vor allem an den Pfoten?

DIAGNOSEVERFAHREN

Wenn Ihr Hund lahmt oder andere Symptome von Knochen-, Gelenk- oder Muskelerkrankungen zeigt, kann Ihr Tierarzt verschiedene Untersuchungsverfahren anwenden.

UNTERSUCHUNGSMETHODEN

Der Tierarzt untersucht die betroffenen Körperteile von den Pfoten aus nach oben auf Verletzungen, Schwellungen und Druckempfindlichkeit. Risse in der Fußsohle oder Stiche sind oft rot, warm und weich und bluten manchmal.

BILDGEBENDE VERFAHREN

Für gebrochene Knochen und ausgerenkte Gelenke reicht einfaches Röntgen. Kontraströntgen zeigt Gelenke und Rückenmark. Szintigrafie (Abtasten der Knochen mit radioaktiven Isotopen) wird zur Darstellung der Knochen und des umgebenden Gewebes eingesetzt. Mit Computertomografie und Kernspin kann die Größe von Knochentumoren festgestellt werden.

BLUTPROBEN

Mithilfe von Blutproben stellt der Tierarzt fest, ob Muskeln oder Nerven beschädigt sind.

ARTHROSKOPIE

Bei der Arthroskopie wird ein dünnes optisches Gerät in das Gelenk eingeführt, z.B. am Knie, damit der Arzt das Gewebe direkt untersuchen kann.

AUFBAU VON KNOCHEN- UND MUSKELGEWEBE

Knochen haben zwei Schichten. Die Knochenrinde (Kortex) besteht aus dichtem, kompaktem Gewebe, das von der Knochenhaut (Periost) bedeckt ist. Das Mark (innen) besteht aus schwammigem Knochen mit vielen Streben; diese sind so angeordnet, dass sie bestmögliche Stütze ohne großes zusätzliches Gewicht bieten. Muskeln, die große, schnelle Bewegungen machen, haben lange, parallele Fasern. Rumpfmuskeln haben kürzere, kräftige Fasern, die jedoch nicht so schnell und so stark kontrahieren können.

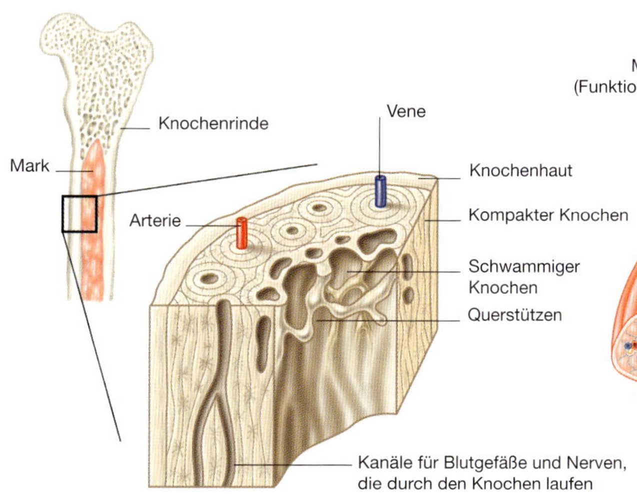

QUERSCHNITT
Lange Knochen wie Oberschenkelknochen bestehen aus einer Höhle mit Mark, schwammartigen und kompakten Knochen.

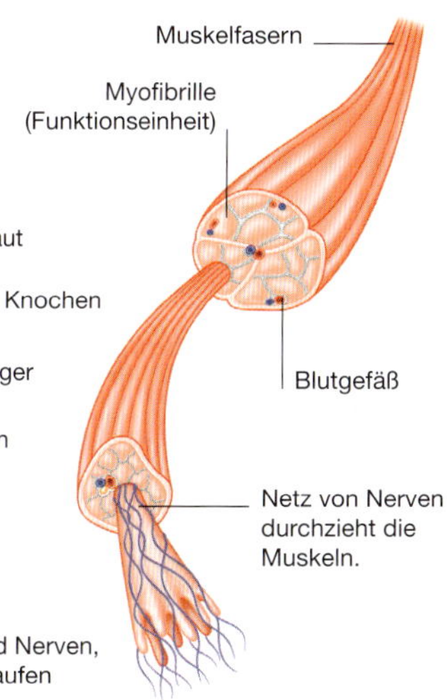

SKELETTMUSKELFASER
Dieser Muskel besteht aus langen, kräftigen, parallelen Fasern, die kurzfristig schnell und stark kontrahieren können.

ANALYSE DER GELENKFLÜSSIGKEIT

Gelenkflüssigkeit wird mithilfe einer Spritze und einer Nadel entnommen. Die Analyse zeigt dem Tierarzt, ob eine Infektion, Entzündung oder eine Immunkrankheit vorliegt.

BIOPSIE

Mit der Untersuchung einer Gewebeprobe, die dem Hund entnommen wurde, kann die genaue Ursache für eine Anomalie bestimmt werden.

ELEKTROMYOGRAMM

Mit dem Elektromyogramm kann die elektrische Aktivität am ruhenden oder arbeitenden Muskel festgestellt werden.

VERLETZUNGEN DER GELENKE, BÄNDER UND SEHNEN

Hunde sind neugierig und handeln oft, ohne zu denken. Die heutige Umgebung der meisten Hunde mit Straßen, offenen Fenstern etc. ist für sie gefährlicher als die Umwelt, in der sie ihre Evolution durchlaufen haben. Häufige Verletzungen wie Schnitte, Quetschungen und Zerrungen, Ausrenkungen von Gelenken bzw. Bänder- und Sehnenrisse bis hin zu Knochenbrüchen sind die Folge.

TIPPS VOM TIERARZT

Häufige Ursache für plötzliches Lahmen sind Knochen-, Muskel- oder Gelenkverletzungen. Es gibt jedoch auch andere Gründe. Oft ist es gar keine schmerzende gebrochene Zehe, sondern ein Grassamen in der Haut zwischen den Zehen. Auch schmerzhafte Schnitte in der Fußsohle und Kampfverletzungen lassen den Hund hinken. Suchen Sie zunächst nach den naheliegendsten Ursachen, bevor Sie eine ernsthafte Erkrankung vermuten.

Gelenk-, Bänder- und Sehnenverletzungen werden meist durch Unfälle verursacht. Das Ausrenken eines Gelenks oder ein Sehnenriss bedarf großer Krafteinwirkung. Solche Verletzungen resultieren meist aus Verkehrsunfällen und Stürzen aus großer Höhe. Eine Überdehnung von Bändern kann durch Gewalteinwirkung, aber auch durch übermäßiges Rennen und Springen verursacht werden. Zerrungen (Verletzung von Muskelfasern und Sehnen) haben ähnliche Ursachen. Bänderrisse, vor allem am Knie, sind bei Hunden häufig. Im Gegensatz zu anderen Gelenk- und Sehnenverletzungen kann ein Band

LAHMEN DIAGNOSTIZIEREN

URSACHE	SYMPTOME
Schnitt in der Fußsohle	Hund leckt Pfote.
Grassamen oder anderer Fremdkörper in der Haut zwischen den Zehen	Hund leckt dort. Evtl. Abszess am Eintrittspunkt. Lahmen verschlimmert sich, bis der Abszess aufbricht.
Bisswunden und Sekundärinfektionen	Lecken der Wunden. Lahmen verschlimmert sich mit Entwicklung von Schwellung und Infektion.
Verstauchungen und Zerrungen	Plötzliches Lahmen, evtl. mit Schwellung und Quetschung.
Degenerative Gelenkerkrankungen	Lahmen tritt bei älteren Hunden auf. Am schlimmsten beim Aufwachen. Besserung durch Bewegung.
Ererbte Gelenkerkrankungen	Oft bei jüngeren Hunden. Selten mit Schwellungen. Verschlechterung im Laufe der Zeit.
Bänderriss	Plötzliches Lahmen. Meist geringe Schmerzen. Lahmen wird chronisch.
Brüche und Ausrenkungen	Plötzliches Lahmen. Starke Schmerzen mit Schwellungen, keine Belastung möglich.
Knochentumoren	Einbeiniges Hinken bei älteren Hunden. Zunehmende Schmerzen, keine Linderung durch Ruhe.
Rückenmarksverletzung	Bei kleinen Hunden plötzlich, bei größeren Rassen manchmal schleichend. Mäßige bis starke Schmerzen. Oft symmetrisches Lahmen.
Degenerative Nervenerkrankungen	Am häufigsten beim Deutschen Schäferhund. In mittlerem Alter, schleichend. Keine Schmerzen oder Schwellungen, Stolpern der Hinterpfoten.

bei ganz normaler Bewegung wie zum Beispiel beim Treppensteigen reißen.

DISLOKATION

Wenn sich ein Knochen in einem Gelenk von dem mit ihm verbundenen Knochen löst, ist er ausgerenkt. Eine vollständige Dislokation (Trennung der Knochen) ist eine Luxation. Sie verursacht Schmerzen, das betroffene Glied ist bewegungsunfähig. Ellbogen oder Knie können gebeugt sein, wobei das Bein zum Körper hin oder vom Körper weg weist. Das betroffene Bein sieht länger bzw. kürzer aus. Bei einer Subluxation lösen sich die Knochen nur teilweise aus dem Gelenk, die Gelenkdeformation ist minimal. Luxation und Subluxation kommen in Schulter, Ellbogen, Hüfte und Kniegelenken sowie an den kleinen Knochen von Fessel- und Handgelenk vor.

Zu Dislokationen werden oft Bänderrisse (siehe unten) und Knorpelverletzungen (siehe unten) gerechnet.

DIAGNOSE Luxationen, etwa Dislokation der Kugel des Oberschenkelknochens aus dem Hüftgelenk, sind leicht durch Untersuchung und Röntgen zu diagnostizieren. Subluxationen sind oft schwieriger festzustellen, selbst durch Röntgen.

THERAPIE Manchmal können ausgerenkte Knochen unter Betäubung manuell eingerenkt werden, wenn der Hund kurz nach der Verletzung zum Tierarzt kommt. Ist zu viel Zeit vergangen, machen Muskelverspannungen um das Gelenk und Blutergüsse ein Einrenken von Hand sehr schwierig. Ein operativer Eingriff ist erforderlich.

Nach der manuellen oder operativen Behandlung wird das betroffene Gelenk meist mit einer Schlinge oder Schiene für mindestens eine Woche ruhig gestellt. Später können Schwimmen und ähnliche sanfte Bewegungsarten wieder zu Kraft und Beweglichkeit verhelfen.

VERLETZUNG DES GELENKKNORPELS

Das Knorpelkissen im Gelenk heißt Meniskus. Reine Meniskusverletzungen

KALTE PACKUNGEN
Eispackungen (alternativ Gefriergut) gleich nach der Verletzung lindern die Schmerzen bei Gelenkverletzungen. Alle paar Stunden für 20 Minuten auflegen.

sind beim Hund selten, meist gehen sie mit einer Verletzung des Kniegelenks (s. o.) und einem Kreuzbandriss (s. u.) einher. In solchen Fällen wird der Meniskus im Rahmen einer Operation an Gelenk oder Bändern mitbehandelt.

Eine Nichtbehandlung von Bänderverletzungen am Knie kann in den Folgewochen und -monaten zu Sekundärschäden am Meniskus und schließlich zu einer degenerativen Gelenkerkrankung (siehe S. 407–409) und dauerhaftem Lahmen führen.

VERSTAUCHUNGEN UND ZERRUNGEN

Eine Zerrung ist eine Verletzung von Muskelfasern und Sehnen. Die Folge sind Lahmen, Schmerzen und lokale Muskelschwellung, oft begleitet von leichten Blutungen und Blutergüssen unter dem Fell. Muskelzerrungen können mit einer leichten Bänderüberdehnung einhergehen. Starke Überdehnung führt zu Bänder- oder Sehnenentzündung. Muskel- und Sehnenrisse sind außer bei Arbeitshunden wie bei Rennen eingesetzten Greyhounds selten. Sie sind die Folge von Überanstrengung.

DIAGNOSE Durch Untersuchung wird die Quelle für das Lahmen ermittelt; und eventuell wird geröntgt, um Brüche, Dislokationen und fast alle degenerativen Gelenkerkrankungen auszuschließen und sicherzustellen, dass eine Weichteilverletzung vorliegt.

THERAPIE Das Wichtigste bei der Behandlung ist Ruhe. Körperliche Anstrengung kurz nach einer Muskelzerrung kann aus einer Kleinigkeit eine chronische, größere Verletzung machen.

Sofort nach der Verletzung sollten Sie Ihren Hund in einem kleinen Raum unterbringen. Legen Sie kalte Packungen auf die Verletzung und kleben Sie diese, wenn nötig, fest.

Legen Sie 24 Stunden nach der Verletzung zwei Tage lang dreimal täglich warme (nicht heiße) Packungen auf. Das verhindert übermäßige Muskelverkrampfungen. Schmerzstillende Mittel sind nur bei starken Schmerzen angemessen. Schmerzen signalisieren dem Hund, das Glied ruhig zu halten. Falls wirklich nötig, sind Meloxicam oder Carprofen effektive Mittel.

BÄNDERVERLETZUNGEN

Die häufigsten Bänderverletzungen treten am vorderen Kreuzband (am Knie) auf. Bänderrisse am Knie können durch Verletzungen verursacht werden, eine Verletzung des Kreuzbandes tritt jedoch meist spontan bei mittelalten übergewichtigen Hunden auf. Besonders anfällig sind Boxer (bereits in jungen Jahren), Golden Retriever und Rottweiler. Die Ursache für plötzliches Lahmen der Hinterbeine kann eine Kreuzbandverletzung sein. Bei einem Bänderriss wird meist auch der Meniskus oder der Knorpel im Knie verletzt.

Wo immer die Ursachen liegen: Bänderverletzungen, vor allem wenn sie nicht gut heilen, vergrößern das Risiko von degenerativen Gelenkerkrankungen. Röntgenaufnahmen zeigen bei vielen Hunden mit vollständig gerissenem Kreuzband Zeichen einer solchen Gelenkerkrankung. Dies zeigt, dass das Band schon zu einem früheren Zeitpunkt teilweise gerissen war und so eine degenerative Gelenkerkrankung ausgelöst wurde. Einige Experten glauben, dass der Winkel am oberen Ende des Schienbeins für das Risiko eines Kreuzbandrisses entscheidend und eine Überdehnung oder der Riss des Kreuzbandes daher vorhersehbar ist. Andere bestreiten dies.

DIAGNOSE Bei der Untersuchung kann der Tierarzt in der Regel eine Erschlaffung des Gelenks feststellen. Eventuell ist dafür eine kurze Narkose nötig, damit die Muskeln sich entspannen. Durch Röntgen schließt der Tierarzt Schäden am Knochen aus.

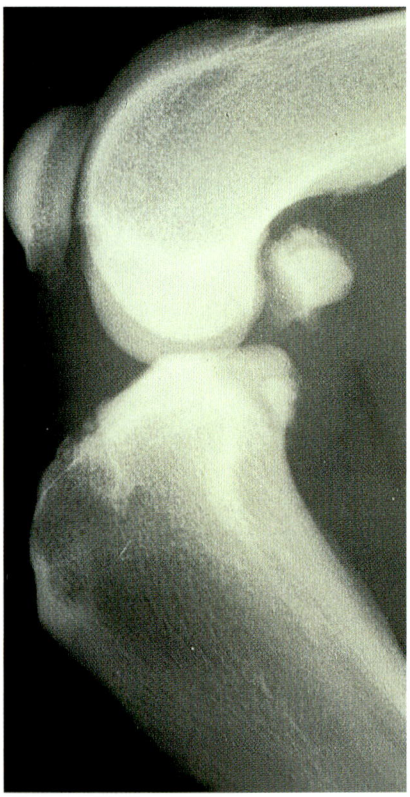

GERISSENES KREUZBAND
Diese Röntgenaufnahme zeigt ein gerissenes vorderes Kreuzband im Kniegelenk. Es kann durch eine Verletzung verursacht werden, tritt aber auch bei übergewichtigen Hunden auf.

THERAPIE Bei übergewichtigen Hunden ist Gewichtskontrolle entscheidend für die Behandlung. Bei kleinen Rassen ist eine Operation nicht immer unbedingt erforderlich. Bei Gewichtsreduktion scheint das Gelenk zunächst zu heilen, in den folgenden drei Monaten bildet sich jedoch fibröses Gewebe, das Gelenk ist nicht mehr so elastisch.

Bei großen Hunden und Tieren mit Bänderschaden aufgrund einer Verletzung muss definitiv operiert werden. Dabei entnimmt der Tierarzt eventuell etwas Gewebe aus dem Hinterlauf oder nutzt synthetisches Gewebe, um ein neues Band zu schaffen. Manche Veterinärchirurgen wenden eine radikalere, patentierte Methode an, die »Tibia Plateau Levelling Osteotomie«. Dabei wird das Gelenk so umgestaltet, dass seine Stabilität nicht mehr vom vorderen Kreuzband abhängt.

Durch einen chirurgischen Eingriff erhält das Kniegelenk in der Regel innerhalb von zwei Monaten seine Funktionsfähigkeit zurück. Zukünftige Arthrose ist jedoch nicht immer zu verhindern, vor allem, wenn der Gelenkknorpel verletzt ist. Der Hund kann nach einem Kreuzbandriss zwei Jahre lang immer wieder Schmerzen haben, die man jedoch mit Schmerzmitteln lindern kann.

SEHNENVERLETZUNGEN

Wenn eine Sehne überdehnt oder überanstrengt wird, kann es zur Sehnenentzündung kommen. Entzündet sich das die Sehnen umgebende Gewebe ebenfalls, handelt es sich um eine Sehnenscheidenentzündung. Beides verursacht lokale Schwellungen, Rötung und Lahmheit. Sehnenzerrungen resultieren oft aus plötzlichen Verrenkungen. Am häufigsten verletzen sich Hunde die Sehnen der Vorderpfoten (vorne und hinten).

Der Riss einer Sehne, der bei Sport- und Rennhunden (Greyhound) häufig vorkommt, verursacht große Schmerzen, Lahmheit und Funktionsverlust. Die Achillessehne ist am anfälligsten für Rissverletzungen und kann bei Hundekämpfen und Verkehrsunfällen durchtrennt werden. Dies führt zu einem hängenden Sprunggelenk.

DIAGNOSE Die Diagnose erfolgt nach Untersuchung und Manipulation des Körperteils. Durch Röntgen werden Brüche und Dislokationen ausgeschlossen.

THERAPIE Der betroffene Körperteil sollte ruhig gestellt werden, um weitere Verletzungen zu vermeiden. Bei einer leichten Sehnenentzündung reicht dies aus. Der Hund muss auf engem Raum gehalten werden, damit er sich wenig bewegt. Kalte Packungen in den ersten 24 Stunden und warme feuchte Kompressen in den folgenden 24 Stunden lindern die Schmerzen und die Entzündung. Eventuell verschreibt der Tierarzt Schmerzmittel; hier ist Vorsicht geboten, da der Hund das verletzte Glied dann mehr bewegt. Sehnenverletzungen heilen langsam, manchmal erst nach sechs Wochen. Unvollständige Heilung bringt ein größeres Risiko zukünftiger degenerativer Sehnenverletzungen mit sich. Bei vollständiger Sehnentrennung muss operiert und das Bein sechs Wochen mit speziellen Verbänden ruhig gestellt werden.

KNOCHENBRÜCHE

Ein Knochenbruch heißt medizinisch Fraktur. Bei Hunden werden die meisten Frakturen durch Verkehrsunfälle und Fall aus großer Höhe verursacht. Am häufigsten brechen Oberschenkel-, Becken- und Kieferknochen oder Wirbelsäule. Von einem kaum sichtbaren Riss bis hin zu einem völlig zersplitterten Knochen kommt alles vor.

Am häufigsten sind Frakturen, bei denen der Knochen an zwei oder mehreren Stellen ganz durchbricht, d.h. ein vollständiger Bruch. Bei einem offenen Bruch ragen Knochen aus der Haut. Es besteht Infektionsgefahr durch Schmutz und Bakterien. Ein einfacher Bruch ist nicht sichtbar, aber er verursacht Schmerzen und Schwellungen. Bei

FRAKTUREN

Diese Röntgenaufnahme zeigt einen einfachen Oberschenkelbruch nach einem Verkehrsunfall. Bei einem chirurgischen Eingriff werden die beiden Enden des Bruchs gezogen und gedreht, bis sie wieder perfekt zusammenpassen. Sie werden mit einem Metallstift zusammengehalten, der in den Hohlraum (Mark) des Knochens eingesetzt wird. Der Stift ragt an der Hüfte aus dem Knochen; er wird abgeschnitten und bleibt so unter der Haut. Die starken Muskeln in diesem Bereich bieten mäßige Stütze, fördern aber die Heilung durch gute Blutversorgung. Nach sechs Wochen wird der Stift über einen kleinen Schnitt oben am Oberschenkelknochen entfernt.

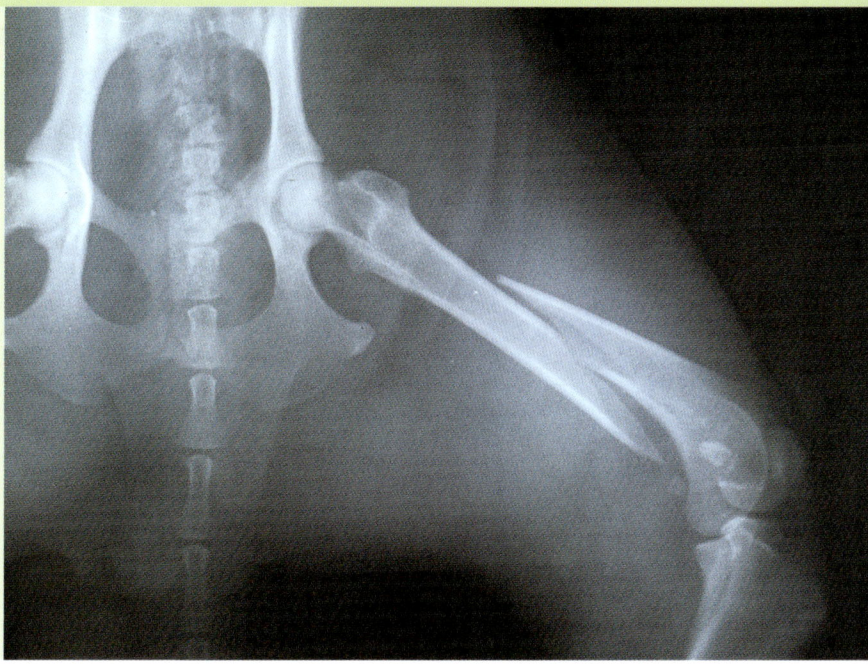

weiteren Brüchen splittert der Knochen oder wird gestaucht, ohne zu brechen. Bei jungen Hunden verhalten sich die Knochen wie junge Äste, die abknicken, aber nicht durchbrechen, wenn man sie biegt (Grünholzfraktur).

Zu den Symptomen aller Frakturen gehören Schmerzen und lokale Schwellungen. Bei langen Knochen kommt die Unfähigkeit, Gewicht zu tragen, und eine Verkürzung des Beins hinzu.

DIAGNOSE UND THERAPIE Der Tierarzt vergewissert sich, dass keine ernsten oder lebensbedrohenden Verletzungen vorliegen und verabreicht ein Mittel gegen Schock und Schmerzen sowie gegebenenfalls intravenöse Flüssigkeiten oder Blut, bevor er die Fraktur untersucht. Eine Röntgenaufnahme zeigt Details. Manche Brüche können gerichtet und mit einem Gips geschient werden; bei anderen ist eine operative Korrektur mit Metallplatten, Stiften etc. oder sogar äußeren Fixierungen nötig. Normalerweise wächst Knochen von selbst nach. Frakturen heilen bei jungen und auch bei gut durchtrainierten Hunden, bei denen ausreichend Blutgefäße im Verletzungsbereich vorhanden sind, schneller. Bei dünnen Knochen mit wenig Muskelmasse wie dem vorderen Unterschenkel des Whippets oder Italienischen Windspiels ist die Heilung schwieriger oder gar unmöglich.

ERWORBENE ARTHRITIS

Arthritis ist eine Gelenkentzündung. Sie bezeichnet verschiedene schmerzhafte Zustände, die bei Hunden jeden Alters in jedem Gelenk auftreten können. Ererbte oder entwicklungsbedingte Gelenkerkrankungen bei Welpen finden Sie auf S. 410–412. Es gibt viele Arten von Gelenkerkrankungen, jedoch die degenerative Gelenkerkrankung oder Arthrose ist am häufigsten.

DEGENERATIVE GELENKERKRANKUNG

Die degenerative Gelenkerkrankung tritt bei 20 % der Hunde irgendwann im Leben auf. Große Rassen sind stärker betroffen als kleine, und die Krankheit kommt meist im Alter. Die entstandenen Schäden sind irreparabel.

F WAS MUSS ICH BEI EINEM KNOCHENBRUCH TUN?

A Ein Hund mit einer Fraktur sollte sofort tierärztlich behandelt werden. Entfernen Sie den Hund aus der Gefahrenzone, und kontrollieren Sie den Blutverlust (siehe S. 426–431). Verbinden Sie offene Wunden möglichst mit sterilem Verband oder zumindest mit einem sauberen Handtuch. Sorgen Sie dafür, dass Ihr Hund den verletzten Knochen nicht zu sehr bewegt. Eine feste Bandage stützt beim Autotransport zum Tierarzt meist ausreichend. Sollten Sie schienen müssen, richten Sie den gebrochenen Knochen nicht. Wickeln Sie einfach viel Zeitungspapier o. Ä. oberhalb und unterhalb der Fraktur um das Bein, und befestigen Sie die Schiene mit Klebeband, Schuhbändern o. Ä. Bringen Sie den Hund sofort zum Tierarzt. Dieser wird den Zustand des Hundes und die Verletzung einschätzen und röntgen.

GELENKERKRANKUNG

Es gibt kein Mittel gegen die degenerative Gelenkerkrankung: Der Schaden ist nicht zu beheben. Die Behandlung beschränkt sich auf Schmerzlinderung und Vermeidung weiterer Schäden sowie Optimierung des Zustandes. Am wichtigsten für die Behandlung sind eine Änderung des Lebensstils, d.h. eine bestimmte Diät und Bewegung, weniger tierärztliche Eingriffe.

- Gewichtskontrolle

Wenn ein Hund Übergewicht hat, ändern Sie die Ernährung, um das Normalgewicht zu erreichen. Besprechen Sie mit dem Tierarzt, ob eine weitere Gewichtsreduzierung sinnvoll ist. Geben Sie nicht nach, wenn der Hund sie traurig und »hungrig« ansieht. Wenn Sie sich nicht mit Leckerchen zurückhalten können, reduzieren Sie die Kalorien bei den Mahlzeiten über die Menge oder durch kalorienarme Nahrung.

- Bewegungskontrolle

Ruhe ist wichtig, aber ebenso das richtige Maß an Bewegung, um einen guten Muskeltonus zu erhalten. Vermeiden Sie Rennen und Apportierspiele, da dabei zu viel Druck auf die Gelenke ausgeübt wird. Animieren Sie Ihren Hund auch nicht zum Springen. Vergessen Sie kilometerweite Joggingtouren mit dem Hund, machen Sie stattdessen mehrmals täglich kurze bis mittellange Spaziergänge mit ihm. Schwimmen ist eine der besten Übungen, da es die Muskeln trainiert und gleichzeitig die Gelenke schont. Bewegung im Hydrotherapiebecken ist ideal. Befragen Sie dazu Ihren Tierarzt.

Eine degenerative Gelenkerkrankung tritt auf, weil der Gelenkknorpel sich ungesund verändert oder nach einer Verletzung nicht heilt. Diese Fehlentwicklung des Gelenkknorpels wird entweder durch ungewöhnliche Krafteinwirkung auf ein normales Gelenk oder normale Krafteinwirkung auf ein abnormales Gelenk verursacht. Sie kann auch scheinbar grundlos auftreten.

Ein erstes Anzeichen einer solchen Gelenkerkrankung ist wie bei den meisten anderen Gelenkerkrankungen eine geringere physische Belastbarkeit. Ein erkrankter Hund ist zum Beispiel beim Toben nicht so agil oder springt die Treppen nicht mehr so leicht hinauf wie früher. Er steigt in ein Auto und springt nicht hinein. Die ersten Symptome sind oft unauffällig.

Mit der Zeit verursacht eine degenerative Gelenkerkrankung nach intensiver oder langer körperlicher Anstrengung Steifheit bzw. Lahmheit, später auch nach kürzeren körperlichen Anstrengungen. Mit fortschreitender Degeneration treten Steifheit und Lahmheit auch bei Ruhe auf. Der Hund ändert eventuell seine Ruheposition. In diesem Stadium kann man die Steifheit noch mit etwas Bewegung vertreiben. Auf die Dauer ist das nicht mehr möglich, der Hund lahmt ständig.

Lahmheit tritt deutlicher hervor, wenn die Gelenke auf einer Körperseite stärker betroffen sind als auf der anderen. Bei symmetrischer degenerativer Gelenkerkrankung fehlt unter Umständen das Hinken, es treten nur Steifheit und eine Verringerung der körperlichen Belastbarkeit und Beweglichkeit auf.

DIAGNOSE Der Tierarzt beugt, dehnt und dreht die Gelenke, um Beweglichkeit und Ausmaß der Schmerzen festzustellen. Eventuell beugt er das Gelenk und horcht auf Anzeichen von Krepitation: einem trockenen, mahlenden Geräusch innen im Gelenk, das anzeigt, dass der Knorpel abgenutzt ist.

Die Röntgenaufnahme kann eine Verengung oder Kalziumablagerungen in der Gelenkhöhle, Knochenneubildung oder andere krankhafte Veränderungen zeigen. Der Grad der Veränderung zeigt an, wie weit die degenerative Gelenkerkrankung fortgeschritten ist.

SCHWIMMEN IST IDEAL FÜR HUNDE MIT DEGENERATIVEN GELENKERKRANKUNGEN
Auch wenn Hunde mit degenerativer Gelenkerkrankung keine körperlichen Anstrengungen mehr mögen, profitieren sie von regelmäßiger, sanfter Bewegung. Schwimmen trainiert die Muskeln und stützt dabei die Gelenke. Es ist ideal für Hunde mit Gelenkproblemen.

Mit einer Arthroskopie kann das Innere des Gelenks betrachtet und die Gelenkflüssigkeit analysiert werden.

THERAPIE Ungeachtet der Ursache sind generell Gewichtskontrolle und regelmäßig leichte körperliche Betätigung (siehe S. 408) ganz wesentlich für die Behandlung einer degenerativen Gelenkerkrankung.

Es gibt verschiedene Möglichkeiten zur Schmerzlinderung. NSAID-Medikamente helfen gut und können meist bedenkenlos langfristig verabreicht werden. Meist wird Meloxicam oder Carprofen gewählt. Diese und andere neue NSAID-Medikamente haben großen Fortschritt für die Schmerzlinderung bei degenerativen Gelenkerkrankungen gebracht. Bei all diesen Mitteln können jedoch Magen-Darm-Störungen und andere Probleme auftreten.

Wenn ein NSAID die einzige Möglichkeit der Schmerzlinderung ist, aber Magenprobleme verursacht, kann der Arzt Misoprostol oder Sucralfate zum Schutz der Magenwand und vor Geschwüren empfehlen. Bei Hunden, die langfristig mit Carprofen behandelt werden, sollten regelmäßig Bluttests zur Überprüfung der Leberfunktion gemacht werden, da Leberschäden vorkommen.

PRÄVENTION Es sind viele gelenkknorpelschützende Produkte (Chondroprotektoren) auf dem Markt. Am verbreitetsten sind Glukosamin und Chondroitin. Ein Hundefutterhersteller hat aufgrund der Ergebnisse eigener Forschung und anderer Fachliteratur diese natürlichen Chondroprotektoren seinem Futter für Welpen und ausgewachsene Hunde großer Rassen beigemischt. Die Produkte sind auch in Tablettenform als Nahrungsergänzungsmittel erhältlich. Sie sind mit Sicherheit harmlos. Ihre Wirksamkeit ist jedoch in Doppelblindstudien sehr schwer nachweisbar, da jeder Erkrankungsfall einzigartig ist.

Es gibt eine Reihe von diätetischen Nahrungsmitteln, die Gelenkschmerzen lindern oder sogar Besserung bringen. Manche essenziellen Fettsäuren (EFA) sind nachweislich entzündungsfördernd, während andere entzündungshemmend sind. Diese Tatsache sollte in eine Therapie umgesetzt werden können. Die natürlichen EFAs in Seefisch und Leinöl sind stark entzündungshemmend, vor allem die beiden Fettsäuresubstanzen EPA und DHA. Wenn Sie diese dem Hundefutter zusetzen, können Gelenkentzündungen und Schmerzen gemildert werden. Es bleibt die Frage, wie viel dieser beiden Fettsäurenanteile für eine merkliche Verbesserung erforderlich ist. Das ist bisher nicht bekannt.

WAS PASSIERT IN EINEM ENTZÜNDETEN GELENK?

Die Knorpelkissen an den Knochenenden sind entscheidend für reibungslose Bewegung des Gelenks. Wenn der Knorpel beschädigt ist oder sich nicht mehr regenerieren kann, entsteht Reibung und damit Verschleiß. Das Gelenkgewebe entzündet sich.

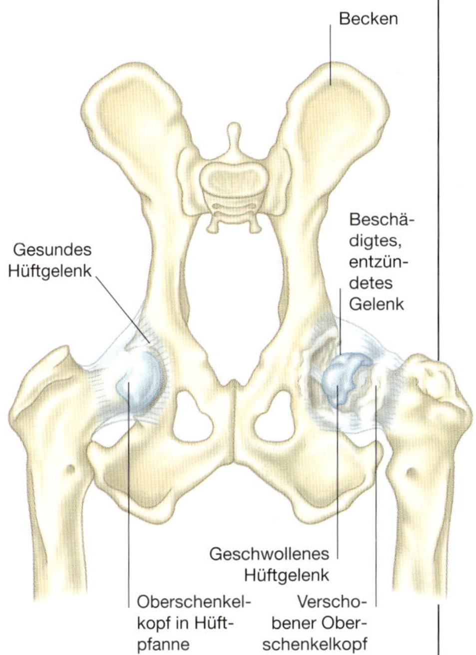

VERGLEICH ZWEIER GELENKE

Links dargestellt ist ein gesundes Hüftgelenk mit korrekt positionierten Knochen und glatten Knochenoberflächen. Das Gelenk rechts ist geschädigt. Der Kopf des Oberschenkelknochens sitzt nicht fest im Hüftgelenk und verursacht Verschleiß im umliegenden Gewebe.

RHEUMATOIDE UND NICHT DEFORMIERENDE ARTHRITIS

Die Autoimmunkrankheit rheumatoide Arthritis ist bei Hunden anders als beim Menschen selten. Sie kommt bei kleinen Rassen zwischen dem ersten und achten Lebensjahr vor allem im Fußgelenk (Hand- und Fußwurzel) vor. Häufig denken Hundebesitzer, dass ihr Hund an Rheuma leide, wenn er in Wirklichkeit von der degenerativen Gelenkkrankheit betroffen ist.

F **KANN MAN SCHMERZEN BEI DEGENERATIVEN GELENKERKRANKUNGEN MIT AKUPUNKTUR LINDERN?**

A Akupunktur und andere ergänzende Therapien können manchen Hunden sicher helfen.

F **KOMMT EINE OPERATION BEI HUNDEN MIT DEGENERATIVEN GELENKERKRANKUNGEN INFRAGE?**

A In manchen Fällen kann die operative Fusion von schmerzenden Gelenken, zum Beispiel Fesselgelenk oder Ellbogen, Erleichterung bringen. Damit werden unter Umständen sogar wieder bestimmte Bewegungen möglich, der Operationserfolg ist jedoch nicht dauerhaft. Regelmäßige leichte körperliche Betätigung, Gewichtskontrolle und schmerzstillende Mittel bleiben die wichtigsten Elemente der Therapie.

Hunde mit rheumatoider Arthritis fühlen sich unwohl, haben evtl. Fieber und wollen nicht essen. Im Anfangsstadium können die Lymphknoten vergrößert sein.

Stärker verbreitet als die rheumatoide Arthritis ist eine Art der nicht deformierenden Autoimmunarthritis, die meist bei reinrassigen Hunden auftritt, und zwar mit Fieberschüben, Lethargie und Lahmheit in mehr als einem Gelenk.

DIAGNOSE Sowohl Rheumatoidarthritis als auch nicht deformierende Arthritis sind schwer zu diagnostizieren. Blutproben mit erhöhtem Rheumafaktor sind ein Zeichen, aber kein endgültiger Beweis. Es werden auch andere Bluttests gemacht.

THERAPIE Die Behandlung ist oft schwierig. Kortikosteroide schaffen nur vorübergehend Linderung. Meist sind stärkere Immunsuppressiva erforderlich, um die Symptome zu mildern.

GELENKENTZÜNDUNG (SEPTISCHE ARTHRITIS)

Infektionskrankheiten können Arthritis auslösen. Bakterien können über Wunden in die Gelenkhöhle eindringen, entweder aus lokalen Infektionen, wenn die Bakterien über das Blut zum Gelenk transportiert werden, aber auch aus entfernten. Bakterielle Infektionen von Haut, Maul, Herz, Nieren und sogar Leber können eine septische Arthritis verursachen. Auch das von Zecken übertragene Bakterium *Borrelia burgdorferi*, das Lyme-Borreliose verursacht (siehe S. 226), sowie andere derartig übertragene Organismen wie *Rickettsia* und *Ehrlichia* (siehe S. 226 f.) können über das Blut in die Gelenkhöhlen gelangen. Das Gleiche gilt für den von der Sandfliege übertragenen Erreger, der Leishmaniose (siehe S. 246 f.).

Fungusarthritis kann als seltene Komplikation bei einer systemischen Pilzinfektion auftreten.

DIAGNOSE Eine bakterielle Arthritis, die bei Weitem häufigste Form der Infektionsarthritis, wird durch Analyse und Kultur von Flüssigkeit aus dem Gelenk diagnostiziert.

THERAPIE Der Hund erhält Antibiotika. Als Komplikation können Knocheninfektionen auftreten (siehe S. 412), häufig führt die Arthritis auch zur degenerativen Gelenkerkrankung.

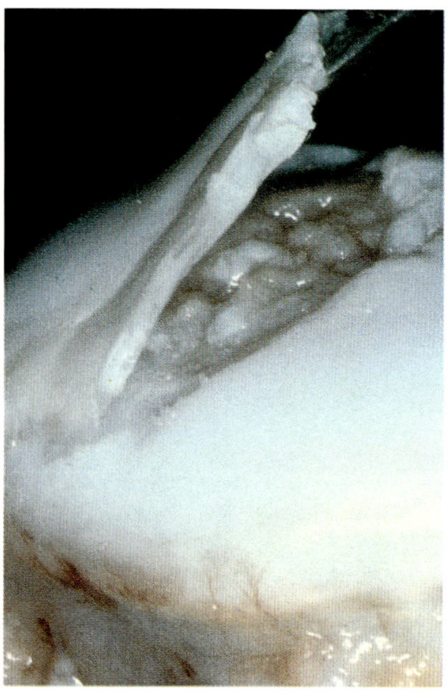

OSTEOCHONDROSE
Die Gelenkerkrankung Osteochondrose, bei der sich Knorpelflocken vom Knochen lösen, kommt vor allem bei schweren Tieren vor.

POLYARTHRITIS

Bei dieser immer häufiger auftretenden Erkrankung entzünden sich viele Gelenke. Sie kann durch Hypersensibilität gegenüber bestimmten Medikamenten, u.a. das Antibiotikum Trimethorprim sulfa, ausgelöst werden. Neben der Gelenkinfektion können betroffene Hunde auch Fieber, Hautausschlag und geschwollene Lymphknoten haben. Die Symptome verschwinden, sobald das Medikament abgesetzt wird.

ERERBTE ODER ENTWICKLUNGSBEDINGTE GELENKERKRANKUNGEN

Manche Hunde werden mit der Veranlagung für eine Gelenkkrankheit wie etwa Hüft- oder Ellbogendysplasie, Osteochondrose oder aseptische Femurkopfnekrose geboren. Die Prädisposition ist auch rassenabhängig. Im Folgenden werden die häufigsten ererbten Gelenkerkrankungen beschrieben. Alle verursachen Lahmheit. Die Behandlung ist häufig ähnlich wie bei der degenerativen Gelenkerkrankung. Mit der Krankheit einhergehende Funktionsstörungen und Schmerzen können in manchen Fällen operativ gemildert werden.

HÜFTDYSPLASIE

Die Köpfe der beiden Oberschenkelknochen (Femur) liegen im Becken, in tiefen, knorpelgefütterten, tassenartigen Pfannen. Wenn sie nicht genau sitzen, zum Beispiel bei einer leichten Verschiebung oder wenn der Hüftkopf lose ist, reibt der Knorpel des Hüftbeinkopfes gegen die Pfanne. Nach und nach wird der Knorpel durchgerieben. Man spricht hier von Hüftdysplasie, einer verbreiteten Form der Arthrose. Bei der Hüftdysplasie gibt es zunächst keine Symptome. Wenn der Verschleiß dann aber weiter fortgeschritten ist, treten Schmerzen und Lahmheit auf.

Hüftdysplasie kommt häufiger bei großen, schnell wachsenden Rassen vor (siehe S. 411). Genetische Prädisposition ist jedoch nur ein auslösender Faktor. Experten schätzen, dass der Erbfaktor nur etwa 25% ausmacht. Weitere wichtige Faktoren sind Ernährung, Gewicht und das Maß an Aktivität.

DIAGNOSE Eine erste Diagnose erfolgt auf der Basis der Geschichte der Rasse und mangelnder Spannung im Hüftgelenk. Eine Röntgenaufnahme zeigt den Grad der Hüftdysplasie. Oft besteht jedoch keine direkte Verbindung zwischen dem, was die Röntgenaufnahme zeigt, und dem Befinden des Hundes.

THERAPIE Die Behandlung gleicht der der degenerativen Gelenkerkrankung (siehe S. 407). Bei den meisten betroffenen Hunden kann die Erkrankung durch Gewichtskontrolle, mäßige Bewegung und NSAID-Präparate wie Meloxicam und Carprofen unter Kontrolle gehalten werden. Auch

TIPPS VOM TIERARZT

Wenn Sie glauben, dass Ihr Welpe eine ererbte Disposition für Hüftdysplasie hat, halten Sie ihn schlank und vermeiden Sie Belastung der sich entwickelnden Gelenke. Sorgen Sie unbedingt für viel gleichmäßige Bewegung, aber vermeiden sie abrupte Bewegungen wie Sprünge oder Ballspiele. Je weniger ein Hund mit Hüftdysplasie körperlich aktiv ist, desto schlechter baut er Muskeln auf, die wichtig sind, um die Hüfte zusammenzuhalten. Manche Veterinärorganisationen führen Röntgenreihenuntersuchungen durch zur Erkennung von Hüft- und Ellbogendysplasie.

natürliche Substanzen wie Chondroitinsulfat und Glukosamin helfen.

Bei starken Schmerzen oder stark eingeschränkter Funktion sind verschiedene Operationen möglich.

Hunden, die weniger als 20 kg wiegen, kann der Femurkopf entfernt werden. In der verbleibenden Höhle bildet sich ein »falsches« Gelenk aus fibrösem Narbengewebe. Bei schweren Hunden wird eher die gesamte Hüfte ersetzt. Der Chirurg entfernt die Pfanne des Beckens und ersetzt sie mithilfe von Schrauben und Knochenzement durch eine Plastikpfanne. Die Kugel am oberen Ende des Femurs wird entfernt und eine gestielte Titankugel in die geweitete Öffnung eingesetzt. Neue Prothesen halten das ganze Hundeleben lang.

PRÄVENTION Die beste Vorbeugung ist eine selektive Zucht, bei der die Hüften der Hunde geröntgt und beurteilt werden, bevor gezüchtet wird. Hierzu wird das Ergebnis wird mit der Durchschnittshüfte der Rasse verglichen. Der Tierarzt macht ein oder mehrere Röntgenaufnahmen des Beckens, die auch von einem unabhängigen Experten beurteilt werden.

ELLBOGENDYSPLASIE

Ellbogendysplasie tritt vor allem beim Berner Sennenhund, Labrador Retriever, Golden Retriever und Rottweiler auf. Sie umfasst mehrere Erkrankungen wie Osteochondrose und Probleme mit den Unterarmknochen. Sie tritt während des Wachstums beim Welpen auf, meist zwischen dem vierten und zehnten Monat, und verursacht Lahmheit, die sich durch Bewegung verschlimmert. In ernsten Fällen ist der Ellbogen geschwollen und wird vom Körper abgespreizt. Das Gelenk kann einen großen Teil seiner Beweglichkeit verlieren.

DIAGNOSE UND THERAPIE Die Diagnose erfolgt durch Röntgen, die Behandlung besteht meist aus Gewichtskontrolle, mäßiger Bewegung ohne Spiele, die die Gelenke belasten, sowie Schmerzbehandlung mit Analgetika. Eine Operation kann helfen.

OSTEOCHONDROSE

Diese Knochenerkrankung heißt auch Osteochondrosis dissecans, abgekürzt OC oder OCD. Bei der OCD entwickeln sich Knorpelteile im Gelenk bei wachsenden Welpen nicht richtig und lösen sich ab. Die ungeschützten Knochenbereiche können sich entzünden, weil die Knorpelflocken in der Gelenkflüssigkeit eine einwandfreie Funktion behindern.

OCD ist eine Erkrankung, die durch einen Defekt im Kalzifikationsprozess der Wachstumsfugen am Ende langer Knochen verursacht wird. OCD tritt meist im Schultergelenk, aber auch in Ellbogen, Fessel- und Kniegelenk auf, in der Regel beidseitig, Gelenkschaden und Lahmen bzw. veränderte Gangart können jedoch auf einer Seite schlimmer sein als auf der anderen. OCD tritt am häufigsten bei schnell wachsenden schweren Hunden auf, die sehr kalorienreich ernährt werden.

DIAGNOSE OCD wird durch Untersuchung und Röntgen diagnostiziert. Eventuell bedarf es zu einer exakten lokalen Bestimmung mehrerer Röntgenaufnahmen. Bei sehr großen

GEFÄHRDETE RASSEN

Folgende Rassen haben eine Veranlagung für Hüftdysplasie:

- Bernhardiner
- Deutscher Schäferhund
- Golden Retriever
- Labrador Retriever
- Neufundländer
- Rottweiler (Bild oben)

Folgende Rassen neigen zu Ellbogendysplasie:

- Berner Sennenhund (Bild oben)
- Chow-Chow
- Deutscher Schäferhund
- Golden Retriever
- Labrador Retriever
- Neufundländer
- Rottweiler
- Shar Pei

Gelenken ist eine Arthroskopie zur Diagnosestellung sinnvoll.

THERAPIE Bei manchen Hunden reicht Ruhe, bei anderen müssen die Knorpelflocken in der Gelenkflüssigkeit operativ entfernt werden.

RUTSCHENDE KNIESCHEIBEN

Bei kleinen Rassen und bei fast allen Terriern kommt diese Erbkrankheit, auch Patellaluxation genannt, in verschiedenen Graden vor. Von Geburt an leicht verdrehte Schienbeine führen zu Schlaffheit der Kniebänder. Dadurch kann die Kniescheibe nach innen wegrutschen. Meist verursacht das keine Schmerzen. Wenn die Kniescheibe jedoch herausgesprungen ist, trägt das Bein das Körpergewicht nicht mehr. Ein betroffener Hund rennt und läuft weiter, als ob nichts wäre, hinkt jedoch und belastet das betroffene Hinterbein nicht. Wenn die Kniescheibe von selbst zurückspringt, was häufig passiert, funktioniert das Bein wieder normal.

DIAGNOSE UND THERAPIE Die Erkrankung wird durch ärztliche Untersuchung diagnostiziert. Oft ist keine Behandlung erforderlich. Vor allem bei starker Luxation oder bei Hunden mit seitlichem Kniebandriss ist eine operative Korrektur empfehlenswert.

ASEPTISCHE FEMURKOPFNEKROSE

Diese Krankheit, auch aseptische Nekrose, Perthes- oder Legg-Perthes-Krankheit genannt, kommt bei einigen kleinen Rassen, vor allem Pudel und West Highland White Terrier, vor. Bei der aseptischen Femurkopfnekrose sind die Blutgefäße, die den Femurkopf im Hüftgelenk versorgen, anfällig für Verletzungen. Wenn diese Gefäße verletzt werden, stirbt der Kopf des Femurs ab, meist zwischen dem vierten und zwölften Lebensmonat.

DIAGNOSE Das betroffene Bein verliert meist stark an Muskelmasse. Bei beidseitiger Erkrankung tritt symmetrischer Muskelverlust auf. Die Krankheit wird durch Röntgen diagnostiziert.

THERAPIE Bei dieser schmerzhaften Erkrankung wird der abgestorbene (nekrotische) Femurkopf operativ entfernt. Das nimmt die Schmerzen. In den folgenden Monaten bildet sich ein erstaunlich effizientes »falsches« fibröses Gelenk.

ANDERE KNOCHENERKRANKUNGEN

Knochen ist ebenso anfällig für Krankheiten wie andere Körperteile. Bei physischer Verletzung kann er sich erstaunlich gut regenerieren.

KNOCHENINFEKTION (OSTEOMYELITIS)

Knochen ist ziemlich widerstandsfähig gegen Infektionen. Seltene Ursachen sind *Mycoplasma*-Bakterien und Pilze, ca. 50% der Infektionen werden jedoch durch *Staphylococcus*-Bakterien verursacht. Bakterien dringen aus Wunden (durch Stiche, Fremdkörper, Schussverletzungen) oder über den Blutstrom in den Knochen ein. Eine akute Infektion geht mit Fieber, Appetit- und Gewichtsverlust, Lethargie sowie heißen und angeschwollenen Muskeln rund um die infizierte Stelle einher.

DIAGNOSE Blutproben ergeben eine Infektion im Körper. Röntgenbilder zeigen durch Infektion verursachte Knochenveränderungen. Bakterienkultur und Sensibilitätstest identifizieren die genaue Ursache.

THERAPIE Osteomyelitis ist schwer zu behandeln. Akute Infektionen werden einen Monat oder länger mit Antibiotika behandelt, das in das Knochengewebe eindringt. Bei chronischer Infektion muss zudem abgestorbenes Gewebe operativ entfernt werden.

KNOCHENTUMOREN

Bei Hunden kommen verschiedene Knochentumoren vor, am häufigsten das äußerst bösartige Osteosarkom. Es tritt meistens in den langen Knochen mittelalter oder alter Hunde großer oder sehr großer Rassen auf, in den

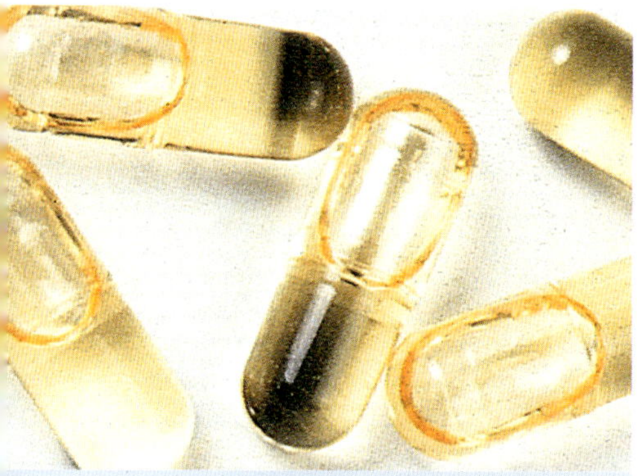

F BRAUCHEN HUNDE VITAMIN- ODER MINERALIENZUSÄTZE?

A Nur wenn sie krank oder alt sind. Schnell wachsende Welpen brauchen kein zusätzliches Kalzium und sollten es auch nicht bekommen. Forschungen haben ergeben, dass zu viel Kalzium der Knochenentwicklung schadet. Die Diäten der wichtigsten Futterhersteller enthalten eine ausgeglichene Menge an Vitaminen und Mineralien. Die besten enthalten auch viele nützliche Antioxidantien, die Zusätze unnötig machen.

F GIBT ES KNOCHENTRANSPLANTATE BEI HUNDEN?

A Ja, vor allem als Alternative zur Amputation bei Hunden mit Knochenkrebs, wenn der Krebs diagnostiziert wird, bevor er gestreut hat. Ein Knochentransplantat liefert nicht nur eine Stütze, um eine Lücke zu füllen. Obwohl das gesamte Knochenmark entfernt wird (damit der Knochen nicht abgestoßen wird), scheint das Transplantat Substanzen zu enthalten, die die Knochenneubildung fördern. Chirurgen der Colorado State University (USA) haben ein biologisch abbaubares Knochentransplantat mit Chemotherapeutika für die gliederhaltende Behandlung von Knochenkrebs entwickelt. Das Implantat hat weniger Nebenwirkungen als eine Ganzkörper-Chemotherapie.

meisten Fällen in Speiche, Elle, Oberschenkelknochen und Kniescheibe. Am zweithäufigsten kommt das ebenfalls äußerst bösartige Chrondrosarkom vor, meist in flachen Knochen. Erste Anzeichen für Knochentumoren sind in der Regel Lahmheit und Schmerzen.

DIAGNOSE UND THERAPIE Die Diagnose wird durch Röntgen bestätigt. Leider hat ein Osteosarkom bei Diagnose in 90 % der Fälle schon in andere Körperteile, vor allem in Lunge und Leber, gestreut. Das Ausmaß der Metastasen wirkt sich auf die Therapieentscheidung aus. Bei Tumoren in langen Knochen ist Amputation möglich. Alternativ können gliederhaltende Techniken zur Schmerzlinderung eingesetzt werden. Bei starker Intervention überlebt etwa die Hälfte der erkrankten Hunde ein Jahr oder länger.

MUSKELERKRANKUNGEN

Um ihre Spannkraft zu behalten, müssen die Skelettmuskeln ständig Nervenimpulse erhalten, sonst schrumpfen sie. Sie müssen außerdem ständig mit Blut versorgt werden, sonst können sie steif werden. Bei Muskeln sind Verletzungen viel häufiger als Erkrankungen, und die Selbstheilungskraft ist ausgeprägt. Wenn ein Teil eines Muskels defekt ist, wird der restliche Muskel größer und stärker, um den verletzten Teil zu kompensieren. Zerrungen, Quetschungen und Risse sind bei Weitem die häufigsten Muskelverletzungen bei Hunden. Manchmal reißen Sehnen, die wegen ihrer natürlichen Elastizität nicht so gut regenerieren wie Muskeln. Wenn Bänder von Knochen abreißen, kann die Reparatur sehr schwierig sein.

Erkrankungen wie Myasthenia gravis und Zeckenlähmung haben Auswirkungen auf Muskel-Nerven-Verbindungen. Manche seltene Infektions- und Autoimmunkrankheiten wie Polymyositis greifen die Muskeln selbst an.

QUETSCHUNGEN UND RISSE

Quetschungen, Risse und Zerrungen von Muskelfasern sind vor allem bei Hunden mit dichtem Fell schwer zu erkennen. Diese Verletzungen treten nicht nur infolge von Stürzen, Unfällen oder Misshandlung auf, sondern auch aufgrund von Überanstrengung. Greyhound-Rennhunde sind besonders anfällig für Quetschungen und Risse der Muskeln.

Die Symptome sind unterschiedlich. Kleinere Verletzungen verursachen lokale Empfindlichkeit und Druckschmerzhaftigkeit, größere eher Schwellungen und stärkere Schmerzen.

DIAGNOSE Unter dem Fell zeigt eventuell eine Rötung die Muskelquetschung an. Muskelenzymbestimmungen durch Bluttests geben Aufschluss über die Schwere der Verletzung. Durch Röntgen wird sichergestellt, dass die Verletzung auf das Muskelgewebe begrenzt ist und Knochen und Gelenke nicht betroffen sind.

THERAPIE Behandelt wird wie bei Muskelzerrungen. Das wichtigste Heilmittel ist Ruhe, bei schweren Verletzungen für mindestens drei Wochen. In dieser Zeit heilt die Verletzung meist vollständig.

KRAMPF

Muskelkrämpfe (Spasmen) entstehen, wenn Muskelfilamente, die Bestandteile von Muskelfasern, dauerhaft kontrahieren. Sie treten infolge von Überbelastung häufig auf und verursachen heftige Schmerzen.

Die meisten Krämpfe dauern nur wenige Minuten und können durch Massage oder Dehnung der betroffenen Muskeln gelöst werden. Wenn die Schmerzen länger als eine Stunde andauern, liegt ein ernsthafteres Problem vor.

NATÜRLICHER VERSCHLEISS

Mit der Zeit schrumpfen die Muskeln des Hundes und werden schwächer. Dieser natürliche Verschleiß tritt langsamer ein, wenn der Hund mit häufiger mäßiger Bewegung fit gehalten wird. Wenn Ihr Hund aus nicht erkennbarem Grund Muskelmasse verliert, liegt

ERERBTE KNOCHENERKRANKUNGEN

Einige schmerzhafte, aber zeitlich begrenzte Knochenerkrankungen sind bei bestimmten Rassen verbreitet. NSAID-Medikamente werden bei diesen Erkrankungen, die zwei bis neun Monate dauern können, zur Schmerzlinderung eingesetzt.

KRANKHEIT UND ALTER	BETROFFENE RASSEN	SYMPTOME
Craniomandibular-osteopathie 3–8 Monate	Terrier, Scottish Terrier, West Highland White Terrier	Sabbern, Schmerzen beim Maulöffnen, Kieferschwellung
Panostitis 6–18 Monate	Große und sehr große Rassen, vor allem Deutscher Schäferhund (Rüden eher als Hündinnen)	Akute, aber periodische Lahmheit in einem oder mehreren Beinen; Fieber, Lethargie, Gewichtsverlust
Metaphysenosteopathie (Osteodystrophia hypertropica) 3–4 Monate	Große Rassen	Schmerzhafte Schwellung an den Enden langer Knochen, Niedergeschlagenheit, Appetitverlust

eventuell eine Erkrankung an anderer Stelle im Körper vor. Sie sollten den Tierarzt konsultieren.

MYASTHENIA GRAVIS

Myasthenia gravis ist ein Defekt der Acetylcholinrezeptoren, über die Information von Nerven- zu Muskelfasern geleitet wird. Die Störung kann ererbt oder erworben sein.

Die seltene vererbte Myasthenia gravis kommt bei Airedale, Jack Russell, Foxterrier (Glatthaar) und Springer Spaniel vor. Die ersten Symptome treten in der siebten bis achten Lebenswoche auf. Bei der Myasthenia gravis junger Hunde entwickelt sich die allgemeine Muskelschwäche meist sehr schnell zu völliger Lähmung.

Die erworbene Myasthenia gravis tritt zu einem späteren Zeitpunkt im Leben mit verschiedenen Symptomen auf. Muskelschwäche ist ein generelles Symptom. Sie kann auch lokal auftreten, z.B. nur an der Speiseröhre: Sie ist dann entspannt und vergrößert.

DIAGNOSE UND THERAPIE Myasthenia gravis wird durch Injektion eines Medikaments (Edrophonium) diagnostiziert, das die Überträgersubstanz Acetylcholin kurzzeitig schützt. Tritt eine vorübergehende Besserung der Muskelaktivität oder Schwäche ein, ist dies ein Anzeichen für Myasthenia gravis. Ein weiteres diagnostisches Hilfsmittel ist ein Test auf Antikörper gegen Acetylcholinrezeptoren. Eine Langzeitbehandlung mit Acetylcholinhemmern kann helfen, aber die Aussichten für betroffene Hunde sind schlecht.

TIPPS VOM TIERARZT

Bewegung ist das Wichtigste, um Skelett und Muskeln in Form zu halten. Die meisten Hunde brauchen mindestens einmal, vorzugsweise zweimal am Tag Bewegung, sowohl in langsamer wie in schneller Gangart. Das fördert nicht nur die Muskelkraft, sondern auch die Knochendichte und -stärke. Vor allem für Hunde mit Muskel- und Gelenkerkrankungen ist regelmäßige leichte Bewegung sehr wichtig. Mit dem Alter verliert der Hund zwar an Ausdauer, das Bedürfnis nach Bewegung nimmt aber nicht ab. Überanstrengen Sie einen älteren Hund nicht. Laufen und Traben ist für ihn besser als Rennen. Wenn ein Hund krank oder verletzt war, steigern Sie die körperliche Bewegung ganz allmählich über einen Zeitraum von etwa drei Wochen.

GEFAHR DURCH AAS
Hunde, die Aas fressen, können dabei mit durch Botulismusbakterien verseuchten Substanzen in Berührung kommen; diese verursachen Lähmung.

BOTULISMUS UND ZECKENLÄHMUNG

Botulismus und Zeckenlähmung behindern die Freigabe von Acetylcholin, einem Überträgerstoff bei der Erregungsübertragung von Nerv zu Muskel an der neuromuskulären Endplatte. Es tritt eine fortschreitende Lähmung ohne Bewusstseinsverlust auf.

DIAGNOSE UND THERAPIE Grundlage für die Diagnose Botulismus oder Zeckenlähmung sind verseuchtes Futter, verunreinigte Wunden oder Zeckenbefall. Die Beseitigung der Ursache für die Lähmung bringt Besserung. Während der Genesung sind evtl. ein Antiserum und zusätzliche unterstützende Pflege erforderlich.

PRIMÄRERKRANKUNGEN DER MUSKELN (MYOPATHIEN)

Ererbte Myopathien (Erkrankung der Muskelfasern) sind bei Hunden selten. Bei den meisten liegt ein Mangel an bestimmten Muskelzellenproteinen vor.

DIAGNOSE UND THERAPIE Die Diagnose erfolgt mittels Bluttests, Muskelelektrotests und Untersuchung. Es gibt z.T. Gentests, mit denen der Trägerstatus bei einigen Erbkrankheiten bestimmt werden kann. Zur Zeit gibt es keine erfolgreiche Behandlung für diese Erbkrankheiten, deshalb ist hier züchterische Vorbeugung durch Gentests und Selektion sehr wichtig.

POLYMYOSITIS

Wie der Name sagt, ist Polymyositis eine Entzündung vieler Muskeln. Aus unbekannter Ursache tritt sie am häufigsten bei großen erwachsenen Hunden auf. Zwar wird behauptet, dass Parasiten wie *Toxoplasma*, *Neospora* und *Ehrlichia* (siehe S. 238–247) Polymyositis verursachen, der Grund für die erkennbare Erkrankung ist jedoch eine Überreaktion des Immunsystems, die eine leichte bis sehr schmerzhafte großflächige Muskelentzündung auslöst. Weitere Ursachen können Medikamentenunverträglichkeiten sein.

DIAGNOSE UND THERAPIE Polymyositis wird über den zugrunde liegenden Auslöser diagnostiziert. Dies geschieht mittels Bluttests auf übermäßige Muskelenzymaktivität sowie mittels Muskelgewebebiopsie. Die Ursache wird behandelt. Zudem werden Kortikosteroide zur Schmerzlinderung und Kontrolle von Überreaktionen des Immunsystems gegeben.

ERERBTE MYOPATHIEN

ERKRANKUNG	BETROFFENE RASSEN	SYMPTOME
An X-Chromosomen gebundene Dystrophie	Golden Retriever Grönlandhund, Rottweiler, Samojede Zwergschnauzer	Betrifft nur Rüden; Muskelschwäche bei Welpen, Kau- und Schluckprobleme, Spreizpfoten
Labradormyopathie	Labrador Retriever	Allgemeine Schwäche, schrumpfende Kopfmuskeln beim Welpen
Myotonie	Chow-Chow	Übermäßige Muskelmasse bei Welpen, steifer Gang, Tendenz, nach vorne zu fallen
Phosphofruktokinasemangel	English Springer Spaniel	Anämie und Muskelschwäche

IMMUNBEDINGTE ERKRANKUNG DER KIEFERMUSKELN

Diese seltene Krankheit wird auch Kaumuskelmyositis genannt. Sie tritt am häufigsten beim Deutschen Schäferhund auf und beginnt mit einem Anschwellen der Kaumuskeln. Mit fortschreitender Krankheit schrumpfen die Muskeln, der Hund kann das Maul nur noch unter Schmerzen öffnen.

DIAGNOSE UND THERAPIE Eine Muskelbiopsie bestätigt die Diagnose. Frühe Behandlung mit Kortikosteroiden ist sehr wirkungsvoll.

WEITERE KNOCHEN-, MUSKEL- UND GELENKERKRANKUNGEN

Bestimmte Nerven- oder Stoffwechselerkrankungen können ganz ähnliche Symptome wie Muskel-, Knochen- oder Gelenkerkrankungen verursachen.

NERVENERKRANKUNGEN

Die Demyelinationskrankheit chronische degenerative Myelopathie (siehe S. 397) verursacht zunehmenden Funktionsverlust der Hinterbeine, vor allem beim Deutschen Schäferhund, aber auch bei anderen Rassen. Es gibt keine Heilung.

STOFFWECHSELKRANKHEITEN

Die Knochen betreffende Stoffwechselkrankheiten, wie die durch einen Vitamin-D-Mangel verursachte Rachitis oder der durch Phosphorüberschluss oder Kalziummangel in der Nahrung bedingte sekundäre Hyperparathyreoidismus (siehe S. 377), sind bei Hunden sehr selten.

F **VIELEN MENSCHEN MIT CHRONISCHEN GELENKSCHMERZEN HELFEN ERGÄNZENDE THERAPIEN WIE SHIATSU, CHIROPRAKTIK, OSTEOPATHIE UND MASSAGE. SIND SIE AUCH FÜR HUNDE GUT?**

A Alles, was hilft, ist gut, selbst wenn wir den Grund nicht kennen. Bei Menschen ist die Einstellung zum Schmerz entscheidend. Nach wie vor ist es umstritten, ob wir die Einstellung des Hundes zum Schmerz beeinflussen können. Einiges spricht dafür.

Vor über 40 Jahren wurde eine ethisch fragwürdige Studie mit Hunden durchgeführt, die bewies, dass Hunde einen Elektroschock als weniger schmerzhaft empfinden, wenn man sie dabei streichelt, als ohne menschliche Berührung. Körperliche Berührung hilft, die Schmerzintensität zu reduzieren.

In den späten 1990er-Jahren wurden am Veterinary College in Ontario, Kanada, neuere Studien mit Hunden durchgeführt, die an einer degenerativen Gelenkerkrankung litten. Die Besitzer gaben den Hunden »Schmerzmittel«; einige Hunde erhielten Kapseln mit Aspirin in Reismehl und andere ein Plazebo, das nur Reismehl enthielt. Bei 40% der Hunde der Plazebogruppe trat eine Besserung ein (sowie bei 70% der Hunde, die Aspirin erhielten.) Die deutliche Verbesserung der Beweglichkeit und die verminderten Schmerzen nach der Plazebogabe sind wohl darauf zurückzuführen, dass es bei der Gabe zu einer Berührung durch den Besitzer kommt.

Für Haushunde, die von klein an vom Menschen aufgezogen worden sind, ist jede Form von Berührung, ob Streicheln, Massieren, Akupunktur oder Osteopathie eine Belohnung und kann Schmerzen lindern.

ALLGEMEINE NOTFÄLLE

Unfälle passieren vorwiegend bei schönem Wetter und meist draußen, und die häufigsten Notfälle bei Hunden sind Verletzungen. Sie reichen von kleinen Schnittwunden der Pfote bis hin zu schweren Verletzungen durch Verkehrsunfälle. Die natürliche Neugier eines Hundes führt aber auch zu anderen Notfällen wie zum Beispiel Ersticken durch Fremdkörper, Giftkontakt und Ertrinken. Für viele Vorfälle trägt der Mensch die Verantwortung, beispielsweise bei Hitzschlag, Schusswunden oder Vergiftungen. Im Folgenden finden Sie Erste-Hilfe-Maßnahmen für lebensbedrohliche Situationen.

NOTFALL-AKTIONSPLAN

Dieser Plan umreißt die Handlungsabfolge für medizinische Notfälle.

Sicherheit gewährleisten
Gefahren sichten. Sind Sie oder der Hund in Gefahr?

JA → Gefahr – wenn möglich – beseitigen, bevor Sie sich dem Hund nähern. → Hund bändigen

NEIN

Hund bändigen (siehe S. 418–419).

Reaktion überprüfen (siehe S. 420)
Bewusstsein einschätzen: Ist der Hund bei Bewusstsein?

JA →
- Suchen und behandeln Sie jedes Erstickungszeichen (siehe S. 424–425).
- Zahnfleisch auf Schock überprüfen (siehe S. 421).
- Suchen und behandeln Sie ernste Blutungen (siehe S.426).
- Hund zum Tierarzt bringen.

NEIN

Atemwege überprüfen (siehe S. 421)
Atemwege offen halten. Fremdkörpermaterial vor Kehlkopf entfernen. Hals gestreckt halten. Ist Atmung feststellbar?

JA →
- Zahnfleisch auf Schock überprüfen.
- Suchen und behandeln Sie ernste Blutungen oder andere Erkrankungen.
- Hund zum Tierarzt bringen.

NEIN

Atmung überprüfen (siehe S. 421)
Anzeichen für die Atmung sind oft kaum wahrnehmbar. Atmet der Hund?

JA →
- Zahnfleisch auf Schock überprüfen.
- Suchen und behandeln Sie ernste Blutungen oder Verletzungen.
- Hund schnell zum Tierarzt bringen. Atmung und Kreislauf überwachen.

NEIN

Künstlich beatmen (siehe S. 423), bis Atmung wieder einsetzt.

Kreislauf überprüfen (siehe S. 421)
Puls fühlen. Nach Zeichen eines Schocks suchen. Sind Anzeichen für Kreislauf vorhanden?

JA →
- Suchen und behandeln Sie ernste Blutungen oder Verletzungen.
- Hund schnell zum Tierarzt bringen. Atmung und Kreislauf überwachen.

NEIN

- Tier wiederbeleben (Herzmassage und künstliche Beatmung), bis Puls und Atmung wiederkehren (siehe S. 423).
- Schnell zum Tierarzt. Atmung und Kreislauf überwachen.

ERSTE-HILFE-AUSRÜSTUNG FÜR IHREN HUND

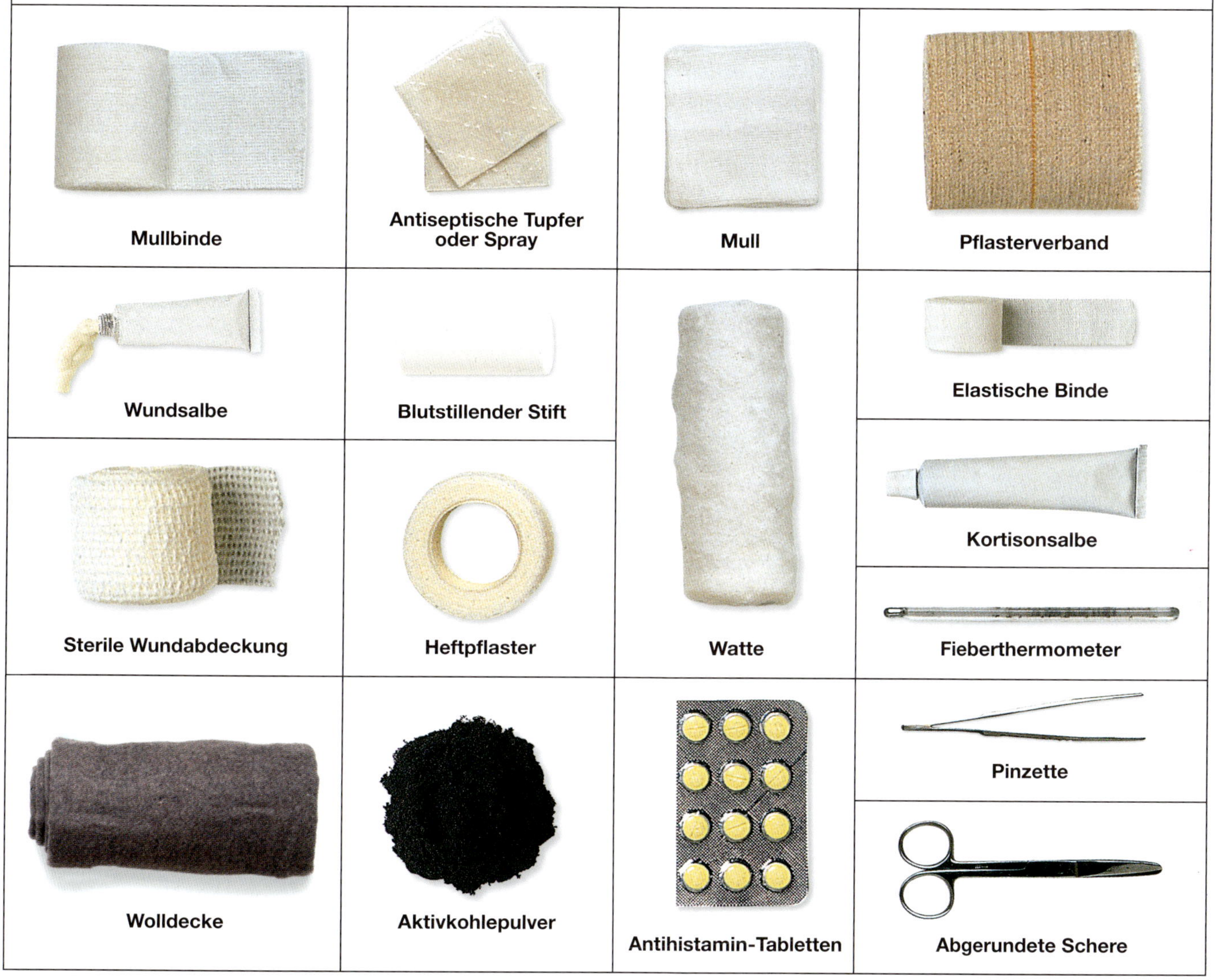

Alle Unfälle lassen sich nicht verhindern, aber Sie können das Risiko mit einfachen Mitteln drastisch senken. Wichtig ist auch, auf Notfälle vorbereitet zu sein.

- Erziehen Sie Ihren Hund so, dass er Befehlen sofort gehorcht.
- Erste-Hilfe-Koffer mit Kompressen und Arzneien, Maulkorb, sichere Hundetrage (für kleine Hunde) und Flasche mit sauberem Wasser bereithalten.
- Telefonnummern von Tierarzt und Notfalldienst bereithalten.
- Vorsicht: Glasthermometer können zerbrechen, besser digitales verwenden.

HUNDE SICHER FESTHALTEN

Hatte ein Hund einen Unfall, ist aber bei Bewusstsein, müssen Sie ihn für die Untersuchung fangen und bändigen. Nähern Sie sich dem Hund vorsichtig, und behandeln Sie ihn sanft. Keine plötzlichen Bewegungen oder festes Zupacken; das Tier könnte sich ärgern und panisch werden oder sich wehren. Reden Sie beruhigend auf den Hund ein, während Sie sich nähern. Schauen Sie ihm nicht direkt in die Augen, das könnte ihn einschüchtern oder ängstigen. Gesichts- und Körperausdruck zur Einschätzung der Verängstigung beurteilen; achten Sie auf ungewöhnliche Unterwerfung oder Aggressivität. Beides sind Zeichen von Angst.

Leine um den Hundehals legen und das Tier unter dem Kinn streicheln. Halten Sie den Hund sanft, aber fest. Wenden Sie nur minimale Kraft zur sicheren Bändigung auf. Ist der Hund jedoch sehr verängstigt oder hat starke Schmerzen, ist sein Verhalten nicht vorhersagbar; Sie sollten ihm einen Maulkorb anlegen, um Bissen vorzubeugen. Haben Sie keinen, können Sie einen aus einem Stück weichen Stoffs herstellen; wenn nötig, legen Sie einen Halskragen als zusätzlichen Schutz an. Haben Sie den Hund unter Kontrolle, können Sie die Verletzungen anhand eines Planes (siehe S. 416) untersuchen.

F MEIN HUND FOLGT AUFS WORT; ER LÄUFT MEIST OHNE LEINE – KANN DAS EIN RISIKO SEIN?

A In Gefahrenzonen, beispielsweise im Stadtverkehr, sollten Sie sich niemals hundertprozentig auf den Gehorsam Ihres Hundes verlassen. Ein übergroßer Reiz für das Tier – und schon ist es passiert. Deshalb sollte man in solchen Situationen den Hund immer zu seinem eigenen Schutz an der Leine führen.

F KANN MEIN HUND MIR GEFÄHRLICH WERDEN, WENN ER VERLETZT IST?

A Schmerz oder Panik machen Tiere unberechenbar – das gilt auch für ansonsten »brave« Hunde. Bei entsprechenden Anzeichen sollten Sie versuchen, das Tier zu sichern, zum Beispiel mit einem Maulkorb oder einem Band um das Maul. Wenn gar nichts geht, rufen Sie den tierärztlichen Notdienst.

HUNDE FESTHALTEN

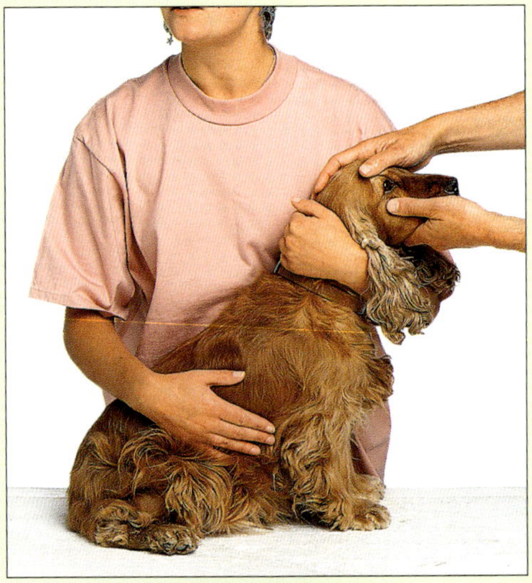

EINEN KLEINEN HUND BÄNDIGEN

Das Hundemaul sanft, aber fest halten. Mit dem Ellbogen des freien Arms drücken Sie ein wenig an den Tierkörper, während Sie untersuchen. Hat der Hund ein kurzes Maul oder ist sehr klein, wickeln Sie ein Handtuch um seinen Hals. Wenn nötig, sichern Sie das Handtuch während der Untersuchung mit einer Sicherheitsnadel. Wird der Hund von einem Dritten untersucht, halten Sie das Tier sanft, aber fest an Hals und Körper und zur Beruhigung dicht an Ihrem Körper.

EINEN GROSSEN HUND BÄNDIGEN

Legen Sie den Arm so weit wie möglich um den Hals des Hundes, und halten Sie Kopf und Schulter dicht an Ihrem Körper. Dies lässt Ihnen eine Hand für die Untersuchung frei. Wird der Hund von jemand anderem untersucht, halten Sie ihn wie oben beschrieben. Nehmen Sie Unterarm und Hand, um den Hund sicher zu halten. Steht der Hund auf dem Boden, stehen Sie dicht hinter ihm und lehnen ihn an Ihre Beine.

NOTFALL-MAULKÖRBE

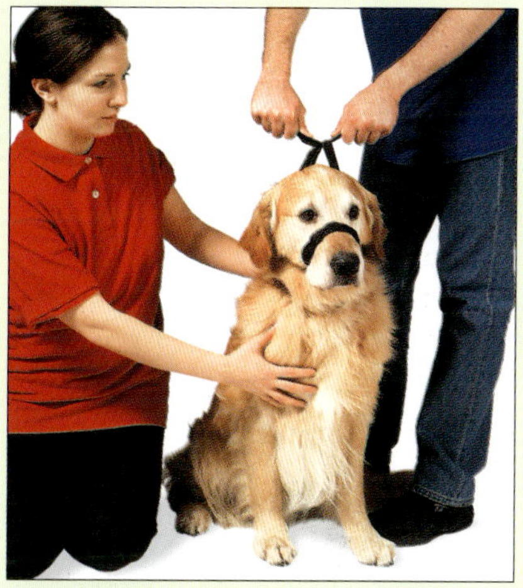

1 Nehmen Sie ein 50–75 cm langes weiches, starkes Material wie etwa Mullbinde, Schlips oder Strumpfhose. Bilden Sie eine Schlaufe, die Sie über das Hundemaul ziehen. Haben Sie nur ein kurzes Stück Material, machen Sie schnell eine Schlaufe und befestigen sie mit Knoten oder Schleife unter dem Kinn des Hundes. (Vergessen Sie nicht, dass ein solcher Maulkorb vom Hund leicht zu entfernen ist, weil er nicht um den Hals herum befestigt ist.)

2 Soll der Maulkorb sicherer sitzen, gehen Sie hinter den Hund und lehnen Sie ihn an Ihre Beine. Sprechen Sie beruhigend auf ihn ein, und verwenden Sie Befehle, die das Tier versteht, wie zum Beispiel »Sitz« oder »Platz«. Streifen Sie die Schlaufe schnell über das Maul, mit den gekreuzten Enden unter dem Unterkiefer, und ziehen Sie die Schlaufe fest. Keinen Knoten machen.

3 Dann führen Sie die Enden hinter die Hundeohren und binden eine sichere Schleife. Achten Sie darauf, dass der Maulkorb nicht beim Atmen stört. Ist Ihnen der Hund nicht vertraut, lassen Sie ihm den Maulkorb so lange an, bis Sie beim Tierarzt sind; Anfassen oder Bewegung kann Angst oder Schmerz auslösen und dazu führen, dass der Hund beisst.

TIPPS VOM TIERARZT

Wenden Sie sehr wenig Kraft an, weil sehr starkes Festhalten viele Hunde verärgert. Maulkorb aufsetzen, wenn der Hund verängstigt ist oder wenn er offensichtlich schmerzhafte Verletzungen hat.

- Nähern Sie sich jedem verletzten Hund mit großer Vorsicht – ist das Tier verängstigt oder hat es Schmerzen, kann es leicht beißen.
- Einem erstickenden Hund oder einem mit Atemschwierigkeiten keinen Maulkorb aufsetzen.
- Fassen Sie in Tollwutgebieten keine unbekannten Hunde ohne größte Vorsorge gegen Bisse an.

HALSKRAGEN

HERSTELLEN EINES HALSKRAGENS

Dieser wird verwendet, wenn der Hund nicht an sich selbst herumbeißen soll, insbesondere an Wunden oder Nähten. Zur Herstellung eines Halskragens brauchen Sie einen Blumentopf aus weichem Plastik oder Gummi, mindestens 5 cm länger als das Hundegesicht, oder ein Stück stark gewellte Pappe, einen scharfen Gegenstand zum Löcherbohren, Stoffstreifen und einen langen Streifen Heftpflaster. Bei einem Blumentopf den Boden ausschneiden; bei Pappe einen großen Halbmond ausschneiden, dann an einer Seite zur Tüte verkleben. Alle Schnittstellen verkleben, um den Hund vor den scharfen Kanten zu schützen. Schneiden Sie drei oder vier Löcher an der Schmalseite und fädeln ein Band ein. Dieses Ende über den Hundekopf streifen und am Halsband befestigen.

NOTFALLEINSCHÄTZUNG

Ist ein Hund verletzt oder krank, prüfen Sie schnell, ob er bei Bewusstsein ist. Kontrollieren Sie Atemwege, Atmung und Kreislauf und schauen Sie nach Schockanzeichen. Die größte Lebensbedrohung ist der klinische Schock (Kreislaufversagen); dieser kann sich ganz schnell oder auch schleichend entwickeln (siehe S. 422). Gibt es keine Anzeichen von Atmung oder Herzschlag, oder hat der Hund einen Schock erlitten, müssen Sie dringend handeln.

Gehen Sie nach einem Unfall immer zum Tierarzt, sogar dann, wenn die Verletzungen des Hundes gering erscheinen oder auf sofortige Erste Hilfe ansprechen. Was nur wenig erschreckend aussieht, kann sich schnell zu einem lebensbedrohlichen Notfall entwickeln. Unterschätzen Sie nie das Risiko innerer Verletzungen (siehe S. 426–427) und eines Schocks.

BEI BEWUSSTSEIN ODER BEWUSSTLOS?

Reagiert der Hund auf Reize?

JA → Hund ist teilweise oder ganz bei Bewusstsein. → Auf andere Erkrankungen überprüfen.

NEIN → Hund ist bewusstlos. → Atemwege, Atmung und Kreislauf überprüfen.

PANIK

Ein bewusstloser Hund kann plötzlich erwachen und aufgrund von Schmerz oder Schock in Panik geraten. Achten Sie darauf, dass das Tier nicht aufzustehen versucht und sich noch mehr verletzt und dass Sie nicht gebissen werden. Steht der Hund unter Schock, halten Sie ihn ruhig und warm und sprechen Sie besänftigend.

NATÜRLICHE REFLEXE

LID- UND HORNHAUTREFLEX
Berühren Sie vorsichtig die Augenlider an den Augeninnenseiten. Ist der Hund bei Bewusstsein, wird er automatisch blinzeln. Ist er bewusstlos, bleibt das Augenlid offen, auch bei Berühren des Auges mit dem Finger.

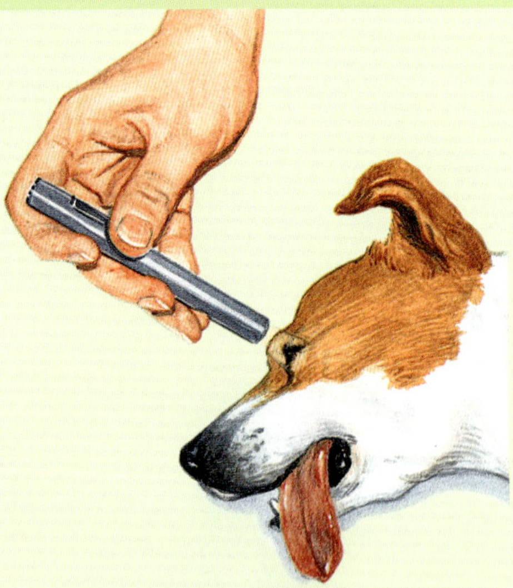

LICHTREFLEX
Mit einem Lichtstrahl (etwa einer kleinen Taschenlampe) ins Hundeauge leuchten. Die Pupille sollte sich verengen. Wenn nicht, kann das ein Hinweis sein, dass das Herz ausgesetzt hat. Ist die Pupille bereits verengt, liegt eventuell ein Gehirnschaden vor.

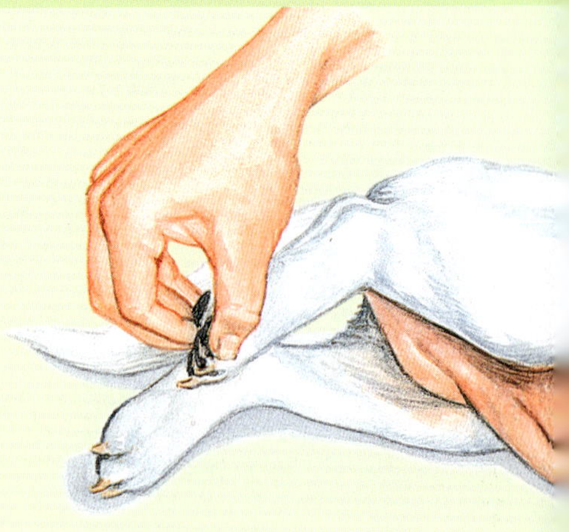

PFOTENREFLEX
Zwicken Sie einen Zeh oder die dünne Haut zwischen den Zehen. Ein Hund bei Bewusstsein wird seine Pfote sofort zurückziehen. Auch im Dämmerzustand wird er die Pfote zurücknehmen. Bei Reglosigkeit ist der Hund bewusstlos.

ATEMWEGE, ATMUNG UND KREISLAUF

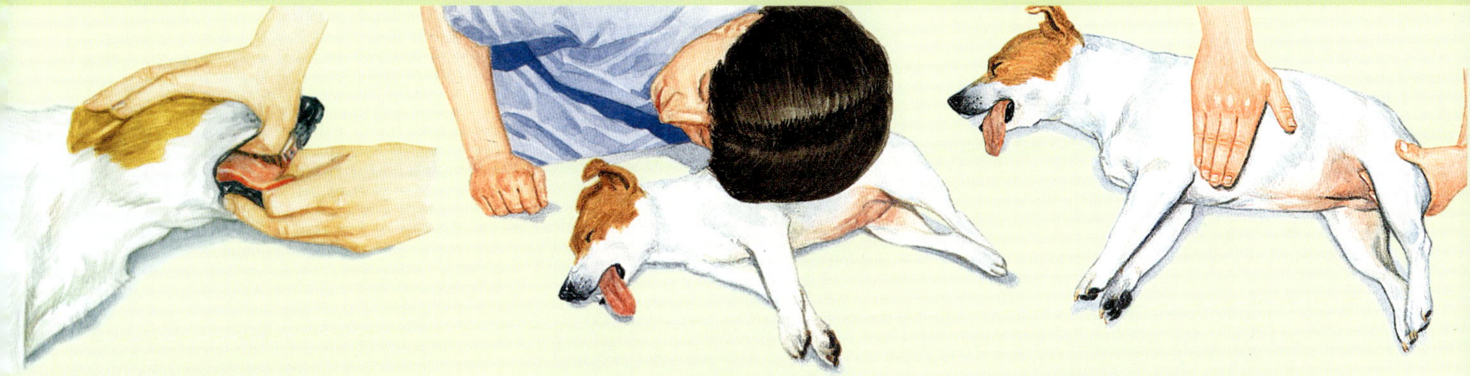

ATEMWEGE ÜBERPRÜFEN

Zuerst sicherstellen, dass die Atemwege frei sind. Nach Fremdkörpermaterial vor dem Kehlkopf schauen. Ist der Hund bewusstlos, seinen Hals strecken, dann Maul öffnen und Fremdkörpermaterial entfernen. Dabei sanft die Zunge nach vorne ziehen, damit die Luftwege frei sind; dies ist besonders wichtig bei Rassen mit flachen Gesichtern.

ATMUNG ÜBERPRÜFEN

Zum Prüfen der Atemfrequenz messen Sie die Brustbewegung 15 Sek. und multiplizieren diese Zahl mit 4. Sehen Sie keine Bewegung, halten Sie ein Stück Stoff vor die Nase, um die Atmung festzustellen, oder legen Sie Ihre Hand auf seine Brust, um die Bewegung zu fühlen. Große Hunde atmen etwa zehnmal pro Min., kleine etwa dreißigmal.

KREISLAUF ÜBERPRÜFEN

Puls fühlen: hinter dem linken Ellbogen drücken, beide Brustseiten kräftig mit einer Hand drücken (bei kleinen Hunden) oder an der Innenseite des Hinterbeines am Körpereintritt fühlen. Schläge 15 Sek. zählen und mit 4 multiplizieren, dies ergibt die Pulsfrequenz. Normale Werte: ca. 50 Schläge pro Min. bei großen und bis zu 160 bei kleinen Hunden.

ÜBERPRÜFEN VON ZAHNFLEISCH UND LIPPENFARBE

Welche Farbe haben Zahnfleisch und Lippen des Hundes? Was bedeutet das?

Blass	Weiß	Blau	Rot	Gelb
Früher Schock, Blutarmut, Blutverlust	Schock, starker Blutverlust	Sauerstoffmangel, Schock	Kohlenmonoxid-vergiftung, Blutung	Leberprobleme (Gelbsucht)
Schnell zum Tierarzt	Schnell zum Tierarzt	Schnell zum Tierarzt	Schnell zum Tierarzt	Binnen 24 Std. zum Tierarzt

ZEIT FÜR KAPILLARFÜLLUNG

Zahnfleisch drücken; wie lange bleibt das Zahnfleisch noch weißlich, nachdem Sie den Finger weggenommen haben?

Mehr als 4 Sek.	Mehr als 2 Sek.	Weniger als 1 Sek.
Schwerer Schock	Leichter Schock	Hoher Blutdruck
Schnell zum Tierarzt	Schnell zum Tierarzt	Binnen 24 Std. zum Tierarzt

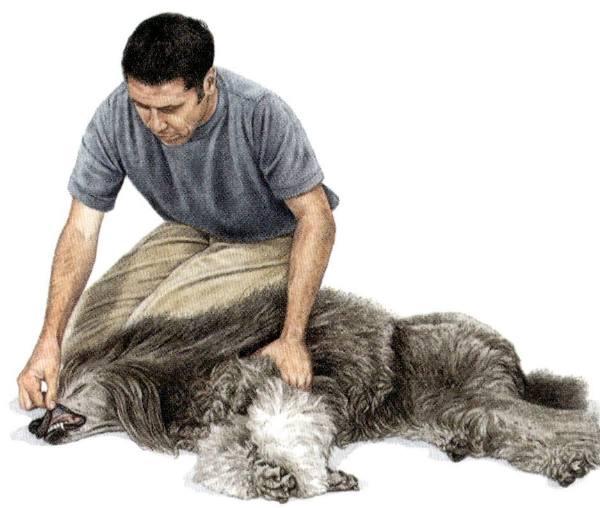

SCHOCK

Ein Schock kann tödlich sein. Er entwickelt sich, wenn der Blutkreislauf aussetzt und das Körpergewebe keinen Sauerstoff erhält. Ohne Notfallhilfe stirbt der Hund.

Ein häufiger Grund sind schwere äußere oder innere Blutungen oder starker Flüssigkeitsverlust. Dehydratation kann im Extremfall zu Koma und Tod führen. Eine besondere Gefahr ist der Entzug von Flüssigkeit für Hunde mit Stoffwechselstörungen wie Nierenversagen, ebenso Austrocknung aufgrund von Erbrechen, Durchfall oder Verbrennungen. Ähnlich ist der anaphylaktische Schock, ausgelöst durch eine schwere allergische Reaktion.

Schockbehandlung hat Vorrang! Zur Einschätzung der Blutversorgung drücken Sie auf das Zahnfleisch (siehe S. 421). Hat Ihr Hund von Natur aus schwarzes Zahnfleisch wie der Shar Pei, schauen Sie das Innere des Augenlides an; Sie können auch alternativ bei Hündinnen die Innenhaut der Scheide untersuchen beziehungsweise beim Rüden die Vorhaut zurückziehen und die Penisfarbe prüfen.

Schock kann plötzlich auftreten oder mehrere Stunden verzögert. Die Zeichen eines frühen Schocks sind:

- sehr schnelle Atem- und Herzfrequenz
- blasses Zahnfleisch
- kühle Ohren und Pfoten
- Angst oder Ruhelosigkeit
- Lethargie und Schwäche
- normale oder Untertemperatur
- langsame Kapillarfüllung im Zahnfleisch (mehr als 2 Sek.).

Zeichen für fortgeschrittenen Schock:

- flache, unregelmäßige Atmung
- unregelmäßige Herzfrequenz
- sehr blasses oder blaues Zahnfleisch
- extreme Schwäche
- Bewusstlosigkeit
- sehr niedrige Temperatur – weniger als 36 °C
- sehr langsame Kapillarfüllung im Zahnfleisch (mehr als 4 Sek.).

SCHOCKBEHANDLUNG

1 Hat Ihr Hund Anzeichen von Schock (siehe links), lassen Sie ihn nicht herumlaufen. Nichts zu fressen oder zu trinken geben, wenn er noch bei Bewusstsein ist. Luftwege, Atmung und Kreislauf prüfen (siehe S. 421) und künstlich beatmen oder Herz-Lungen-Wiederbelebung (siehe S. 423) leisten. Äußere Blutungen stoppen (siehe S. 426–427).

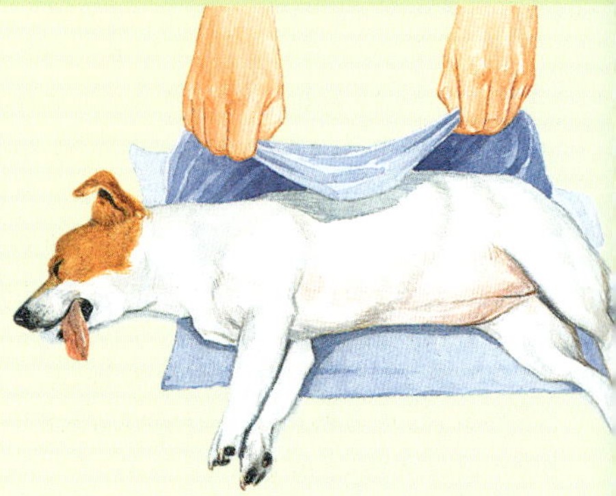

2 Den Hund in eine Decke wickeln, damit der Körper nicht noch mehr Wärme verliert. Ist das Tier bewusstlos, mit Kissen oder Handtüchern das Hinterteil höher als den Kopf legen; so wird das Gehirn ausreichend mit Blut versorgt. Kopf und Hals des Hundes gestreckt halten. Sofort zum Tierarzt bringen.

AUF DEHYDRATATION PRÜFEN

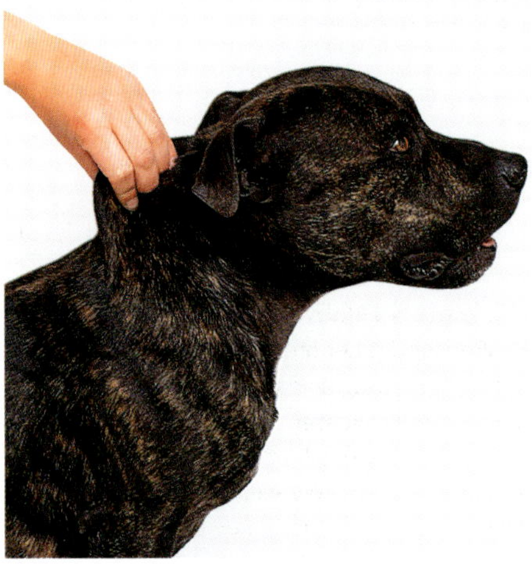

WASSERVERSORGUNG
Die Elastizität der Halshaut ist ein guter Indikator. Eine Hautfalte hochziehen und loslassen. Sie sollte sofort wieder verstreichen; dauert das einige Sekunden, ist der Hund dehydriert. Bei alten oder dicken Hunden kann Dehydratation schwer feststellbar sein; deshalb Zahnfleisch fühlen: Es sollte feucht sein.

Ziehen Sie eine Hautfalte am Hals hoch und lassen Sie sie wieder los. Bei gesunden Hunden geht die Haut sofort zurück. Was bedeutet es, wenn die Haut länger als 1 bis 2 Sek. zum Zurückgehen braucht?

- Einige Sek. bei Hunden jeden Alters → Dehydratation → Sofort zum Tierarzt
- Einige Sek. bei Hunden jeden Alters → Schlechte Ernährung → Heute noch zum Tierarzt
- Einige Sek. bei altem Hund → Altersbedingter Elastizitätsverlust → Kein Handlungsbedarf

KÜNSTLICHE BEATMUNG

Jede lebende Zelle braucht Sauerstoff. Er wird in die Lungen eingeatmet und von roten Blutkörperchen aufgenommen, dann pumpt das Herz Blut durch den ganzen Körper. Gehirnzellen haben einen großen Bedarf – 20% der Gesamtmenge. Erhalten sie auch nur einige Minuten keinen Sauerstoff, werden sie beschädigt oder sterben. Hat die Atmung ausgesetzt, sollte künstliche Beatmung die Lungen mit Sauerstoff versorgen. Herzmassage setzt das Herz nach Stillstand oft wieder in Gang.

Nur dann künstlich beatmen, wenn der Hund nicht selbst atmet. Zuerst das Zahnfleisch prüfen (siehe S. 421). Ist es rosa, zeigt es an, dass das Blut Sauerstoff durch den Körper verteilt. Ist es blau oder weiß, zirkuliert kein Sauerstoff.

Herzmassage nur leisten, wenn das Herz ausgesetzt hat. Erst Herzschlag überprüfen. Augen prüfen; die Pupillen verengen sich bei Herzstillstand. Puls fühlen (siehe S. 421). Farbe des Zahnfleisches überprüfen, es wird bei Herzstillstand matt rosa oder sogar weiß.

NOTFALLHILFE

Herz-Lungen-Wiederbelebung kann in folgenden Fällen nötig sein:

- Blutverlust
- Ersticken
- Erschütterung
- Diabetisches Koma
- tödlicher Stromschlag
- Herzversagen
- Ertrinken
- Vergiftung
- Schock
- Einatmen von Rauch

Wenn Sie Hilfe haben, gibt eine Person 5 Sek. Herzmassage, dann der andere einen Atemzug. So lange fortfahren, bis einer den Tierarzt rufen kann.

WIEDERBELEBUNGSMASSNAHMEN

ATEMWEGE FREIMACHEN

Hund auf die rechte Seite legen, wenn möglich den Kopf tiefer als den restlichen Körper. Fremdkörpermaterial aus Nase und Maul entfernen und Zunge nach vorne ziehen. Maul schließen und sicherstellen, dass der Hals in Verlängerung des Körpers liegt.

KÜNSTLICHE BEATMUNG

Legen Sie Ihre Hand als »Rohr« auf die Nase des Hundes, und blasen Sie durch die Hand. Mund von der Nase nehmen. Die Lungen geben die Luft ab. Zehn- bis zwanzigmal pro Min. wiederholen, bis der Hund allein atmet. Den Puls alle 15 Sek. überprüfen (siehe S. 421), um sicherzugehen, dass das Herz schlägt.

HERZMASSAGE

Große Hunde: Legen Sie den einen Handballen hinter den linken Ellbogen des Hundes und den anderen Handballen darauf. Drücken Sie schnell und fest Richtung Hals. 100 Mal pro Minute wiederholen.
Kleine Hunde: Brust mit einer Hand direkt hinter dem linken Ellbogen fassen. Rücken mit der anderen Hand stützen. Schnell und fest drücken, Richtung Hals schieben. 120 Mal pro Minute wiederholen. Nach 15 Sek. Herzmassage 10 Sek. künstlich beatmen. Fortfahren, bis der Puls kommt, dann nur noch beatmen. Sofort Notfall-Tierarzt holen. Aufschreiben, wann Sie mit Herz-Lungen-Wiederbelebung angefangen haben.

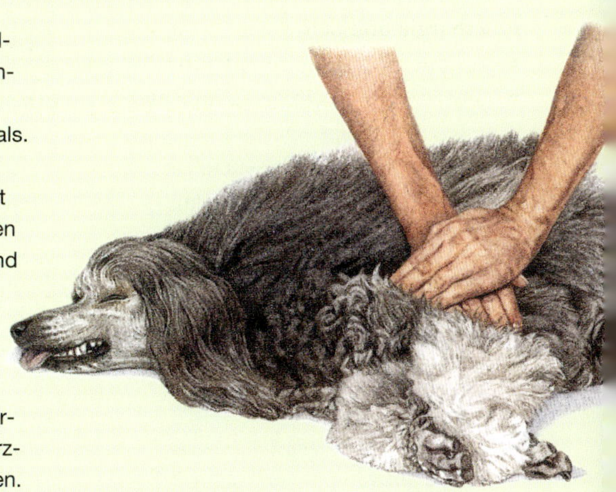

ERSTICKEN

Ersticken ist potenziell tödlich. Es kann von jedem Ereignis herrühren, das die Luftwege blockiert. Meist tritt es auf, wenn ein Fremdkörper verschluckt wurde. Bei bewusstlosen Hunden ist der Grund für Ersticken Erbrochenes oder Flüssigkeitsblockaden in der Kehle. Ersticken tritt auch durch Insektenbisse oder -stiche im Maul auf oder durch eine extreme allergische Reaktion, den anaphylaktischen Schock, durch den das Gewebe in der Kehle anschwillt. Eine weitere Ursache kann eine Verletzung der Muskeln in Kehle oder Hals sein; auch hier schwillt das verletzte Gewebe an und drückt auf die Atemwege.

Droht Ihr Hund zu ersticken, warten Sie nicht auf den Tierarzt, denn das könnte zu spät sein. Die Atemnot ängstigt Hunde sehr: Auch ein sonst ruhiger Hund wird kämpfen und beißen. Wenden Sie besondere Sorgfalt beim Festhalten des Tieres an (siehe S. 418–419), damit es Sie nicht verletzt.

NACH ANZEICHEN VON ERSTICKEN SUCHEN

Offensichtliche Schmerzen, Erstickungsgeräusche, Pfoten am Maul, Glotzaugen, blaue Zunge, Unruhe oder Bewusstlosigkeit	Ganz blockierte Luftröhre	Sofort zum Tierarzt
Leichte Schmerzen, Würgen, aber keine Atemschwierigkeiten, Pfoten am Maul, Gesichtreiben am Boden, unangenehmer Atem	Teilweise blockierte Luftröhre, Fremdkörper im Maul verkeilt	Maul auf Verschluss untersuchen

TIPPS VOM TIERARZT

Wenn Sie einen erstickenden Hund behandeln, achten Sie darauf, dass das die Luftwege blockierende Objekt und Ihre Erste Hilfe keinen weiteren Schaden anrichten.

- Vorsichtig bei der Brustmassage – starker Druck auf den Bauch kann die Leber schädigen und innere Blutungen auslösen.
- Sehen Sie Fäden oder Angelschnur im Maul, nicht daran ziehen.

MASSNAHMEN GEGEN DAS ERSTICKEN BEIM BEWUSSTLOSEN HUND

1 Ist der Hund klein oder mittelgroß, halten Sie ihn an den Oberschenkeln und schütteln ihn sanft 10 Sek. lang. Die Schwerkraft und die Körperbewegung können zur Lösung der Blockade beitragen. Hilft dies nicht, oder ist der Hund für Sie zu groß zum Heben, gehen Sie zum nächsten Schritt über.

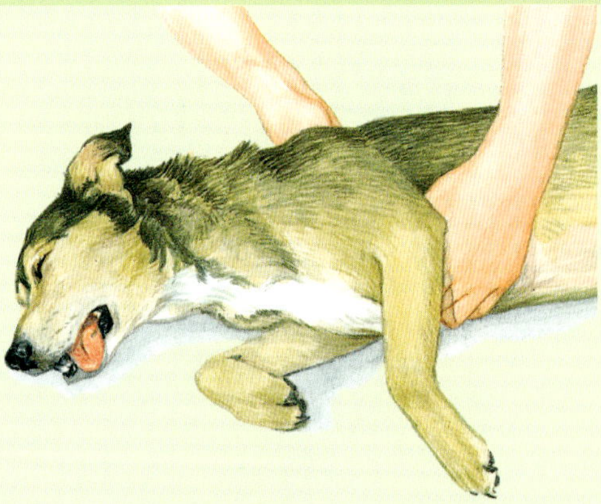

2 Hund auf die Seite legen. Mit einer Hand Rücken stützen, den Bauch direkt unter dem Brustkorb fassen. Ist der Hund sehr groß, auf den Rücken legen und beide Hände direkt unter den Brustkorb legen. Zweimal hinein und aufwärts Richtung Kehle drücken. Vorsichtig vorgehen, sodass kein zu starker Druck auf den Bauch kommt.

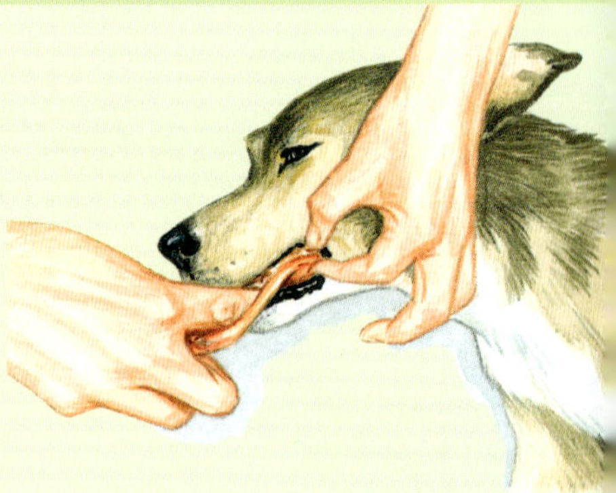

3 Hundemaul überprüfen. Ist die Blockade sichtbar, entfernen Sie das Objekt mit den Fingern aus dem Maul. Befinden sich Fäden oder Angelschnur im Maul, keinesfalls daran ziehen, sie könnten mit Objekten weiter unten im Verdauungstrakt verhakt sein. Ist der Hund immer noch am Ersticken, zum nächsten Schritt übergehen.

MASSNAHMEN BEIM HUND BEI BEWUSSTSEIN

1 Hund festhalten. Ist es ein kleines Tier, in ein Handtuch wickeln, sodass nur der Kopf hervorschaut. Ist der Hund groß, nehmen Sie ihn zwischen Ihre Beine. Sie können auch jemand bitten, den Hund zu halten, während Sie das Maul untersuchen und die Blockade entfernen.

2 Maul öffnen, indem Sie den Oberkiefer mit einer Hand fassen und die Oberlippe auf die Zähne drücken. Unterkiefer mit der anderen Hand hinunterziehen. Mit Pinzette oder einem Löffelstiel das Objekt aus den Zähnen oder vom Gaumen holen.

3 Ist ein vollständiges Entfernen des Objekts nicht gelungen und noch Fremdkörpermaterial in der Luftröhre geblieben, geben Sie zwei Stöße künstliche Beatmung (siehe S. 423), dann zwei weitere Stöße zum Lockern des Fremdkörpers. Im Maul nachprüfen und entfernen.

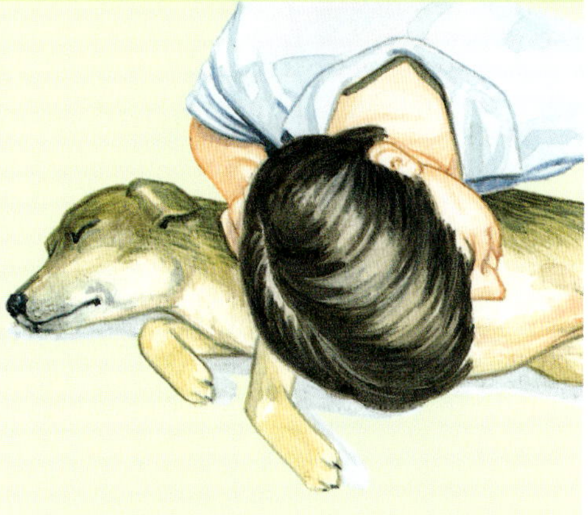

4 Puls wiederholt überprüfen (siehe S. 421) und wenn nötig Herz-Lungen-Wiederbelebung geben (siehe S. 423). So lange fortführen, bis der Hund den Fremdkörper aushustet und atmet. Sofort nach Ende der Behandlung am Hund tierärztliche Hilfe holen.

F LÄUFT MEIN HUND GEFAHR ZU ERSTICKEN, WENN ER WÜRGT?

A Würgen kann ein Zeichen von Ersticken sein, doch sind das zwei verschiedene Dinge. Ein würgender Hund hustet, spuckt und würgt mit offenem Maul. Dieses Verhalten tritt aufgrund eines verhakten Objektes in einem ungünstigen Winkel in Maul oder der Kehle auf. Dem Hund ist unwohl, aber er bleibt wach. Ersticken beruht immer auf teilweisem oder komplettem Verschluss der Atemwege. Der Hund kann auch Atemschwierigkeiten haben; in schweren Fällen verlieren Hunde das Bewusstsein und hören ganz zu atmen auf. Würgt ein Hund aufgrund eines Gegenstandes, der lose und gut zu erreichen ist, ist das Problem leicht durch Entfernen zu beheben. Ersticken jedoch ist ernst und bedarf der Notfallhilfe.

F WIE KANN ICH VERHINDERN, DASS MEIN HUND AN ALLTÄGLICHEN DINGEN ERSTICKT?

A Im Haus ist es am einfachsten, den Hund dazu zu erziehen, nicht auf allem herumzukauen. Sorgfalt ist bei einem Welpen oder einem aktiven, neugierigen Hund angebracht. Erziehen Sie ihn entsprechend. Geben Sie ihm sicheres Spielzeug und Kaumaterial, das groß genug ist, um sich nicht in den Atemwegen festzusetzen, und das nicht splittert, wenn der Hund darauf beißt. Lassen Sie auch niemals kleine Dinge so herumliegen, dass der Hund sie erreichen kann, und lassen Sie Ihren Hund nie längere Zeit allein, sodass er Langeweile hat und Dinge zerstört. Wenn Sie den Hund spazieren führen, behalten Sie ihn im Auge, und lassen Sie ihn nichts ins Maul nehmen und darauf herumkauen, zum Beispiel Knochen oder Holz.

WUNDEN UND BLUTUNGEN

EINSCHÄTZUNG DER BLUTUNG

Aus einer Wunde spritzendes Blut	Blutung hört nach 5 Min. Druck nicht auf	Blutung aus tiefer Wunde (zum Beispiel Stich- oder Schusswunde)	Hellrotes Blut in Erbrochenem oder Durchfall	Starkes Bluten aus einer Körperöffnung	Zeichen von Schock	Blutende Wunde ist größer als 2 cm	Blutender Bereich ist sehr verschmutzt
Blutung aus Arterie	Ernsthaft beschädigte Blutgefäße	Innere Verletzung	Innere Verletzung	Innere Verletzung	Ernste Blutung		
Schnell zum Tierarzt	Schnell zum Tierarzt	Schnell zum Tierarzt	Schnell zum Tierarzt	Schnell zum Tierarzt	Schnell zum Tierarzt	Heute noch zum Tierarzt	Heute noch zum Tierarzt

Es gibt offene Wunden, bei denen die Haut aufgerissen ist, und geschlossene Wunden, bei denen die Haut intakt ist. Bei offenen Wunden können Bakterien in das Gewebe darunter eindringen. Sie sind daher mit einem hohen Infektionsrisiko behaftet. Die Anzeichen sind:

- gerissene oder durchstochene Haut
- Schmerz
- Blutung
- verstärktes Lecken.

Obgleich offene Wunden schlimm erscheinen, kann der innere Schaden bei geschlossenen Wunden ebenso ernst sein. Die Anzeichen sind:

- Schwellung
- Hautverfärbung aufgrund von Prellungen
- Schmerz und mehr Wärme in dem Bereich
- oberflächliche Wunden (Kratzer).

Starke oder langsame, beständige Blutung kann zu Schock (siehe S. 422) führen. Auf blasses oder weißes Zahnfleisch, schnelle Atmung, schwachen, schnellen Puls, kalte Beine und allgemeine Schwäche achten.

BEHANDLUNG ERNSTER OFFENER WUNDEN

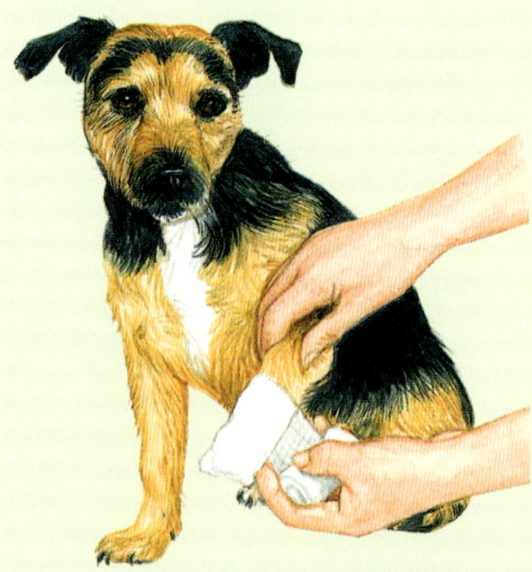

1 Haben Sie eine Erste-Hilfe-Ausrüstung, drücken Sie nicht klebenden Mull auf die Wunde. Haben Sie keine Ausrüstung, verwenden Sie sauberes, saugfähiges Material, zum Beispiel ein Geschirrtuch. Zur Not können Sie auch Küchenrolle, Kosmetiktücher oder Toilettenpapier nehmen. Mindestens 5 Min. drücken und – wenn nötig – noch mehr saugfähigen Stoff nehmen.

2 Mull mit einer Binde befestigen (siehe S. 428). Den mit Blut vollgesogenen Stoff nicht entfernen, denn er unterstützt die Gerinnung. Kein Wasserstoffperoxid anwenden – es löst geronnenes Blut und bewirkt weitere Blutung. Verletzten Bereich – wenn möglich – höher als das Herz halten, aber nicht die Beine hochlegen, wenn ein Bruch vermutet wird. Sofort tierärztliche Hilfe holen.

BEHANDLUNG OBERFLÄCHLICHER WUNDEN

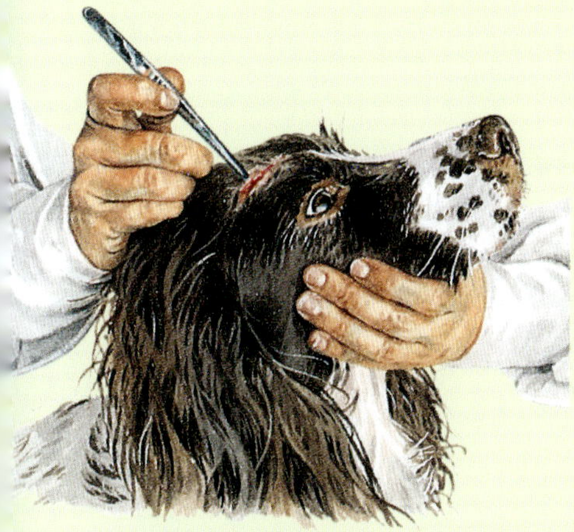

1 Mit Pinzette oder sauberen Fingern losen Schmutz oder anderes aus der Wunde entfernen. Die Wunde mit antiseptischer Flüssigkeit oder sauberem Wasser waschen. Die Flüssigkeit über die Wunde gießen oder eine saubere Sprühflasche verwenden.

2 Ist Fell in die Wunde gelangt, etwas wasserlösliches Gel auf eine Schere auftragen und Fell abschneiden; es bleibt an der Schere kleben. Keine Salben auf Ölbasis nehmen, weil sie sehr schwer aus der Wunde zu entfernen sind. Große Wunden (Abb.) muss der Tierarzt nähen.

TIPPS VOM TIERARZT

Folgende Maßnahmen zur Vermeidung weiteren Schadens und Minimierung der Infektion treffen:

- Nie große Objekte wie Pfeile, Holz- oder Metallstücke aus offenen Wunden ziehen – die Folge könnte eine ungehemmte Blutung sein. Objekt in der Wunde lassen und sofort zum Tierarzt gehen.
- Nicht an offener Wunde reiben; Sie könnten den Schaden vergrößern.
- Unterschätzen Sie nicht das Risiko kleiner offener Wunden (wie Stichwunden); die Verletzung kann tief und schwer sein.
- Alle Wunden haben ein Infektionsrisiko. Nach Erster-Hilfe-Leistung immer schnell zum Tierarzt.

BEHANDLUNG GESCHLOSSENER WUNDEN

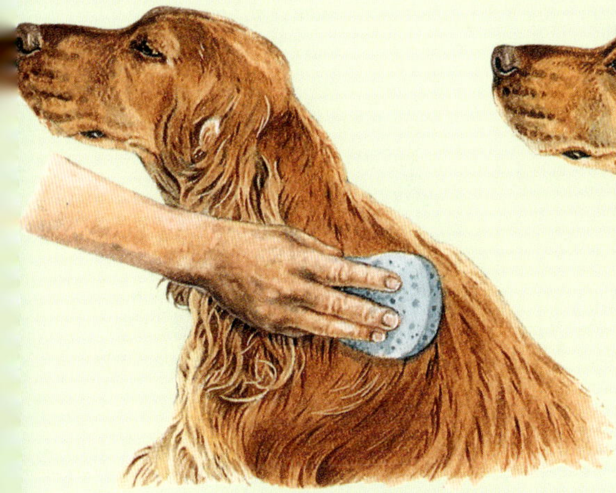

1 Vorsicht beim Berühren geschlossener Wunden: Dies kann schmerzhaft sein, und der Hund beißt. Ist die Haut oberflächlich beschädigt (zum Beispiel Kratzer), mit nicht brennender antiseptischer Flüssigkeit reinigen, Creme oder ein Spray anwenden. Nach verborgenen Verletzungen untersuchen, besonders bei Verkehrsunfall oder anderer Gewalteinwirkung.

2 Kalte Packung auflegen. Ein in ein Geschirrtuch gewickelter Beutel gefrorene Erbsen ist ideal, weil sie schneller als Eis antauen und sich dem verletzten Bereich anpassen. Das volle Ausmaß von Verletzungen aus geschlossenen Wunden kann mehrere Tage lang unklar sein. Immer den Tierarzt um Rat fragen, auch wenn die Verletzung unbedeutend erscheint.

F WAS BEDEUTET ES, WENN BLUT AUS EINER WUNDE SPRITZT?

A Spritzendes Blut heißt, dass eine Arterie beschädigt wurde. Diese Art von Blutung ist schwer zu stoppen, weil das durch Arterien fließende Blut vom Herzen mit hohem Druck weggepumpt wird.

F WAS KANN ICH TUN, WENN ICH INNERE BLUTUNGEN VERMUTE?

A Ist ein Hund zusammengebrochen und Sie vermuten innere Blutungen, legen Sie ihn mit ausgestrecktem Kopf und Hals auf die Seite. Hinterteil erhöht auf eine gefaltete Decke, ein Handtuch oder Kissen legen. Den Hund warm halten, indem Sie ihn in Mäntel oder Decken wickeln. Sofort tierärztliche Hilfe holen.

VERBÄNDE: GRUNDTECHNIKEN

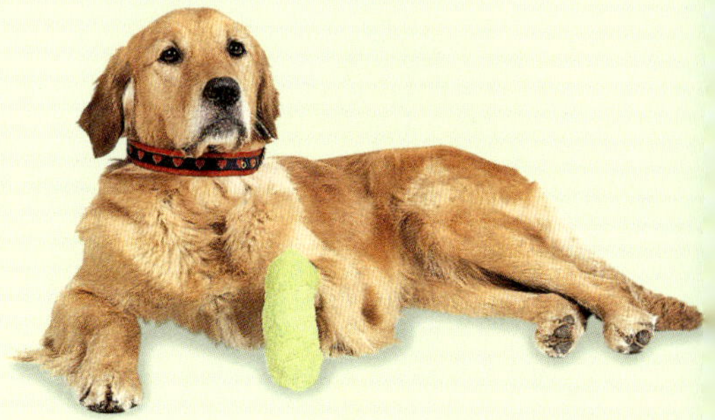

1 Wunde reinigen und desinfizieren, dann saugfähige Kompresse auflegen. Sterile, nicht klebende Kompressen sind am besten; haben Sie keine, nehmen Sie sauberes, saugfähiges Material, zum Beispiel ein Geschirrtuch. Vorsicht: Kosmetiktücher kleben an der Wunde.

2 An einer Seite der Kompresse beginnen und Mullbinde anlegen. Die erste Lage sichert die Kompresse, dann bedeckt jede Schicht etwa $\frac{1}{3}$ der vorherigen. Ganze Kompresse sowie beiderseits etwas Fell abdecken. Nicht zu fest binden, um nicht die Blutversorgung abzuschneiden.

3 Das Mullende festhalten und Pflasterverband anlegen. Zwei Finger beim Wickeln unter die Bandage legen, dann wegnehmen und mit gleichem Druck weiterwickeln. So wickeln Sie nicht zu fest. Pflasterverband über die Enden des Mulls hinausziehen.

F WARUM LEGT MAN EINEN VERBAND AN?

A Verbände halten Wunden trocken, schützen den verletzten Bereich vor weiterer Verletzung oder Verunreinigung und absorbieren Flüssigkeiten. Verbände üben auch einen konstanten, leichten Druck auf die Wunde aus und steuern so Schmerz oder Blutungen. Zudem verhindern sie die Entstehung von Seromen (Flüssigkeit aus Körpergewebe) unter der Haut.

F WIE STELLE ICH SICHER, DASS DER VERBAND NICHT ZU FEST IST?

A Der Verband sollte so fest sein, dass der Hund ihn nicht entfernen kann, aber die Durchblutung nicht beeinträchtigt ist. Vorsichtig bei elastischen Binden. Verband alle paar Minuten überprüfen, da Wunden oft anschwellen und eine richtig angelegte Bandage später zu fest sein kann. Verbände nie nass werden lassen (Wundinfektion!).

F WIE KANN ICH INFEKTIONEN IN EINEM BANDAGIERTEN BEREICH VERHINDERN ODER ENTDECKEN?

A Verband täglich wechseln, außer der Tierarzt ordnet etwas anderes an. Wird der Verband zu lange belassen, erhöht sich das Infektionsrisiko, oder Gewebe stirbt aufgrund mangelnder Durchblutung ab. Schwillt eine Wunde an oder eitert, ist sie infiziert; am gleichen Tag zum Tierarzt. Riecht sie unangenehm, sofort zum Tierarzt.

F WIE KANN ICH VERHINDERN, DASS DER VERBAND SCHMUTZIG WIRD ODER SICH ABLÖST?

A Verband trocken halten. Wenn Ihr Hund nach draußen geht, Verband mit Plastiktüte abdecken. Hund ruhig halten und Toben einschränken, bis die Wunde geheilt ist und der Verband entfernt wird. Hund nicht am Verband kauen lassen; wenn nötig, kann der Tierarzt einen Halskragen anlegen.

TIPPS VOM TIERARZT

Unter »Druckverband« versteht man das Anlegen eines festen Verbandes um ein Bein zum Stoppen einer lebensbedrohlichen Blutung. Bei falscher Anwendung schneidet er die Blutversorgung ab und kann zum Verlust des Beines führen.

- Druckverband nur bei starker Blutung, die durch direkten Druck nicht gestoppt werden kann.
- Beim Druckverband decken Sie die Wunde mit einer Mullkompresse ab und wickeln eine elastische Binde, eine Strumpfhose etc. so fest sie können darum. Sofort zum Tierarzt.
- Nicht länger als 10 Min. abbinden.
- Druckverband nicht beim Hund anwenden, der von einer Giftschlange gebissen wurde; stattdessen Blutfluss mit kalter Packungsauflage verringern.

VERBAND BEI KÖRPERWUNDEN

VERBINDEN

Bei einer Körperwunde verhindert der Verband Verunreinigung und hält den Hund vom Lecken ab. Zuerst Schmutz mit sauberem Wasser auswaschen. Sauberes Handtuch oder Kopfkissenbezug um den Hundekörper wickeln, dann mit Sicherheitsnadeln auf der anderen Seite der Wunde befestigen. Dringend Tierarzt kontaktieren.

F **WAS UNTERNIMMT DER TIERARZT, WENN MEIN HUND EINE ERNSTE WUNDE HAT?**

A Der Tierarzt wird zuerst totes Gewebe aus der Wunde entfernen, indem er sie mit steriler Flüssigkeit auswäscht (Spülung). Danach entfernt der Tierarzt Reste mit Skalpell, Zange und Schere.

Jedes noch blutende Blutgefäß wird abgebunden, dann wird die Wunde meist zugenäht. (Andere Methoden zum Wundverschluss wie Metallklammern, medizinischer »Superkleber« oder Pflasterverbände können auch verwendet werden.) Bei ernster Schädigung mit Beeinträchtigung der Wunde oder Infektion unter der Haut wird eine dünne Gummiröhre in die Naht eingenäht. Dadurch kann Flüssigkeit aus dem beschädigten Bereich abfließen, und die Heilung wird beschleunigt.

VERBINDEN EINES BLUTENDEN OHRES

1 Mit saugfähigen Kompressen auf beiden Ohrseiten mehrere Minuten lang direkt drücken. Damenbinden sind sehr gut zum Abdecken von blutenden Wunden geeignet. Lassen Sie die Binde immer noch auf der Wunde, auch wenn Sie nicht mehr drücken.

2 Sprechen Sie ruhig und besänftigend mit dem Hund, sodass er sich nicht gegen das Verbinden wehrt. Das Ohr an den Kopf zurücklegen und in dieser Position mit einer elastischen Binde oder einem Stück Strumpfhose festbinden. Wickeln Sie die Bandage um Kopf und Kiefer.

3 Sicherstellen, dass der Verband nicht die Atmung des Hundes beeinträchtigt: Zwei Finger sollten zwischen Verband und Kinn passen, und der Hund sollte ohne Probleme trinken können. Verband regelmäßig überprüfen. Binnen 24 Stunden zum Tierarzt gehen.

WUNDEN AM SCHWANZ

1 Legen Sie eine Kompresse auf die Wunde, und drücken Sie kräftig zur Kontrolle der Blutung. Sie können beide Hände oder nur eine mit dem Daumen unten und den Fingern oben nehmen.

2 Kompresse mit elastischer Binde umwickeln. Bei Hunden mit langhaarigem Fell sicherstellen, dass etwas Fell vom Schwanz in der Bandage gehalten wird und so verhindert, dass diese abrutscht.

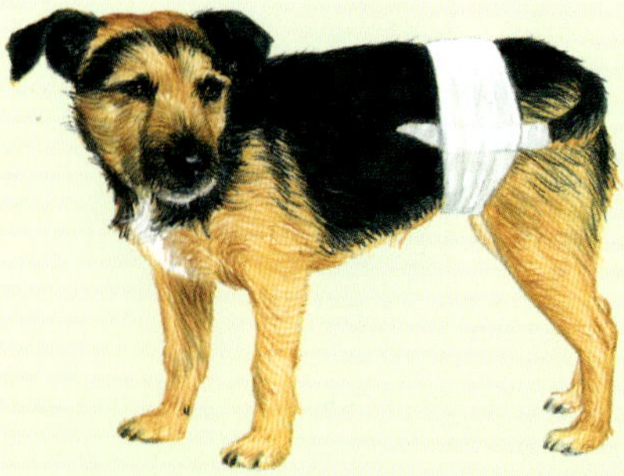

3 Ist der Schwanz lang genug, binden Sie ihn an der Seite des Hundes fest. So kann der Hund nicht mit dem Schwanz wedeln, was weiteres Bluten verursachen würde. Wenn möglich, am gleichen Tag zum Tierarzt gehen.

BEHANDLUNG VON NASENBLUTEN

BLUTUNG STOPPEN

Nasenbluten ist unüblich und in der Regel nicht gefährlich. Lässt der Hund es zu, kalte Packung (ein in ein Geschirrtuch gewickelter Beutel gefrorene Erbsen) auf die betroffene Nasenseite auflegen. Nichts in die Nasenlöcher hineinlegen und den Abfluss des Blutes damit blockieren. Tierarzt anrufen.

VERBINDEN EINER BLUTENDEN KRALLE

1 Eine gerissene Kralle kann so stark bluten, dass es lebensgefährlich erscheint. Das ist aber nicht der Fall. In vielen Fällen wird die Kralle ganz gezogen. Zum Stoppen der Blutung einen blutstillenden Eisen (II)-sulfat- oder Silbernitratstift verwenden. Vorsicht – manche Hunde finden dies schmerzhaft. Oder Kompresse auf die Wunde legen und 2 Min. drücken. Manchmal ist die Kralle zwar gebrochen, löst sich aber nicht. Hängt sie »am seidenen Faden«, sauber abziehen. Hängt sie noch gut fest, zum Tierarzt gehen.

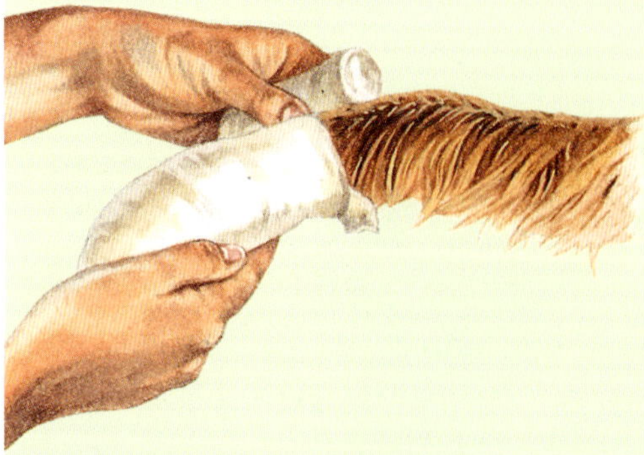

2 Das geronnene Blut nach dem Krallenbruch lässt sich leicht entfernen. Der Hund verliert es meist, entweder durch Lecken oder einfach durch normales Laufen. Zur Verhinderung weiterer Schäden einen weichen, nicht rutschenden Verband anlegen. Nicht klebendes Material wie zum Beispiel Mull auf die Wunde legen, dann Watte darüberlegen und mit elastischer Binde befestigen. Diesen Verband nicht länger als 24 Stunden belassen, weil sonst das Risiko der Wundinfektion besteht.

F WIE KANN ICH EINEN KNOCHENBRUCH BEIM HUND FESTSTELLEN?

A Brüche verursachen meist starke Schmerzen: Ihr Hund leidet. Ist ein Bein gebrochen, kann der Hund nicht laufen; ist eine Rippe oder anderer Knochen im Oberkörper betroffen, will sich der Hund nicht bewegen. Auch treten Schwellungen und Prellungen um den Bruch auf, und der Knochen kann sich in einem ungünstigen Winkel befinden. In schweren Fällen sind die Enden der gebrochenen Knochen verschoben und durchstechen die Haut (»offener Bruch«). Solche Knochenenden in Brust oder Bauch können Organe oder Blutgefäße durchstechen und innere Blutungen verursachen. Achten Sie deshalb auf Blutungen aus Nase, Maul, After oder Geschlechtsorganen. Ist ein Knochen gebrochen, bringen Sie den Hund sofort zum Tierarzt.

F WANN MUSS EINE SCHIENE ANGELEGT WERDEN?

A Ihr Hund benötigt eine Schiene, wenn ein Bein gebrochen ist und Sie ihn während der Fahrt zum Tierarzt nicht vollständig ruhig halten können. Die Schiene stellt den Bruch ruhig, sodass die gebrochenen Knochenenden sich nicht bewegen und weiteren Schaden anrichten. Damit das Bein ganz ruhig gestellt wird, muss die Schiene auch die Gelenke über und unter dem Bruch abdecken.

Keine Schiene verwenden, wenn sich der Hund wehrt oder wenn Sie nicht sicher sind, dass Sie sie richtig anlegen. Stattdessen legen Sie das Tier in ein passendes großes Behältnis und polstern den Körper, sodass der Hund warm und ruhig bleibt.

TIPPS VOM TIERARZT

Brüche sind ernste Verletzungen und können lebensgefährlich sein. Ein lebensbedrohlicher Schock ist eine häufige Komplikation bei schweren Verletzungen. Gehen Sie wie folgt vor:

- **Vor der Ersten Hilfe Anzeichen eines beginnenden Schocks behandeln (siehe S. 422).**
- **Blutungen zur Vermeidung von Schock stillen (siehe S. 426 f.).**
- **Das Schienen eines Bruchs ist sehr wichtig, wenn der Weg zum Tierarzt weit ist. Eine improvisierte Schiene verringert weiteren Schaden, vergeuden Sie aber keine Zeit mit Schienen, wenn Hilfe erreichbar ist. Stattdessen umwickeln Sie das verletzte Bein mit weichem Material, z. B. einer Decke, und fahren zum nächsten Tierarzt.**

SCHIENEN EINES GEBROCHENEN BEINES

1 Ragt ein Knochen aus der Wunde heraus, mit einer sterilen Kompresse oder einem sauberen Verband (zum Beispiel zerschnittenen Bettlaken), großzügig über die Wunde hinaus abdecken. Keine Salbe oder Reinigungsflüssigkeit auftragen. Nicht versuchen, den Knochen zu richten, sondern in der vorgefundenen Position belassen.

2 Starre Gegenstände wie Zweige, Zeitschriftenrollen oder (bei kleinen Hunden) Buntstifte an beide Seiten des gebrochenen Knochens legen. Vorsichtig mit einem Stück Stoff oder breitem Klebeband ans Bein binden. Nicht zu fest, sonst schnüren Sie das Blut ab. Eine schlechte Schiene kann eine Verletzung verschlimmern.

3 Hund sofort zum Tierarzt bringen. Alle paar Minuten Durchblutung neben der Schiene überprüfen, indem Sie die Temperatur der Zehen fühlen. Sind sie kalt, ist die Schiene vielleicht zu fest. In diesem Fall die Bandage lösen und etwas lockerer binden.

ENTFERNEN VON FREMDKÖRPERN

Hunde erschmecken das Leben. Sie erkunden die Welt mit dem Maul wie der Mensch mit den Händen. Als natürliche Abfallfresser schlucken sie fast alles. Knochensplitter und Zweige können sich in Zähnen oder Gaumen festsetzen. Besondere Gefahren sind zum Beispiel Angelhaken, Dosen oder Glasscherben. Blockieren solche Dinge die Luftröhre, kann der Hund ersticken (siehe S. 424f.) und braucht rasch tierärztliche Hilfe.

Fremdkörper wie Grassamen können in Ohren, Nase, Augen, Haut, Geschlechtsorgane oder zwischen die Zehen gelangen. Der Hund schüttelt den Kopf, niest, hat die Pfoten in diesem Bereich oder leckt dort energisch. Hat sich das Objekt in der Haut oder innerem Körpergewebe festgesetzt, versucht der Körper durch Bilden eines Abszesses, einer Gewebetasche mit Eiter, den Fremdkörper loszuwerden. Der Abszess platzt später und gibt das störende Objekt frei. Kleine, spitze oder scharfe Fremdkörper können auch das Gewebe ganz durchdringen und weiter durch den Körper wandern.

FREMDKÖRPERENTFERNUNG AUS EINER PFOTE

1 Hinkt Ihr Hund oder leckt und pflegt seine Pfote auffällig, prüfen Sie die Ballen auf Dornen oder Glasscherben und Grassamen zwischen den Zehen. Sterilisieren Sie eine Pinzette, indem Sie die Enden in eine Flamme halten oder in ein Desinfektionsmittel tauchen, dann entfernen Sie den Fremdkörper damit. Wunde mit mildem Antiseptikum reinigen.

2 Ist kein Fremdkörper sichtbar, baden Sie die Pfote mehrmals am Tag in einer Lösung aus 1 Teelöffel Salz auf 1 Tasse Wasser, bis er an die Hautoberfläche kommt. Sitzt er direkt unter der Haut, öffnen Sie die Haut vorsichtig mit einer sterilisierten Nadel und ziehen ihn mit der Pinzette heraus. Nie versuchen, ein tief steckendes Objekt zu entfernen: Das macht besser der Tierarzt.

ENTFERNEN EINES FREMDKÖRPERS AUS DEM AUGE

AUSSPÜLEN EINES OBJEKTES

Reibt der Hund mit den Pfoten am Auge oder eine Kopfseite auf dem Boden, untersuchen Sie die Augenlider auf Fremdkörper wie zum Beispiel Staubkörnchen und Grassamen.

Sehen Sie einen Fremdkörper auf dem Augapfel, versuchen Sie, ihn mit klarem Wasser oder Augentropfen auszuspülen. Ist ein Objekt in den Augapfel eingedrungen, eigene Bemühungen einstellen – bringen Sie den Hund sofort zum Tierarzt.

TIPPS VOM TIERARZT

So können Sie das Risiko einer Verletzung durch Fremdkörper bei Ihrem Hund verringern:

- **Erziehen Sie Ihren Hund dazu, nicht auf leicht splitternden Zweigen oder Knochen herumzukauen.**
- **Erlauben Sie Ihrem Hund nicht, mit kleinen Bällen oder Spielzeugen zu spielen, die er verschlucken könnte.**
- **Untersuchen Sie nach dem Spaziergang mit Ihrem Hund das Fell und die Haut auf Fremdkörper wie Dornen, Pflanzensamen oder Glasscherben.**

ENTFERNEN EINES FREMDKÖRPERS AUS DEM OHR

1 War Ihr Hund auf der Wiese oder reibt sich das Ohr, untersuchen Sie die Ohren von außen und innen auf Fremdkörper wie zum Beispiel Grassamen. Dies ist besonders wichtig bei Hunden mit langen oder hängenden Ohren wie dem Spaniel. Ist das Objekt gut sichtbar, entfernen Sie es vorsichtig mit den Fingern oder einer Pinzette.

2 Reibt sich der Hund das Ohr oder schüttelt den Kopf, aber Sie entdecken nichts, kann ein Fremdkörper im Gehörgang stecken. Bringen Sie den Hund zum Tierarzt, damit er den Fremdkörper entfernt. Bis dahin erleichtern Sie dem Hund seine Lage, wenn Sie etwas Olivenöl oder Mineralöl ins Ohr tropfen. Manchmal bewirkt das Öl ein Aufschwimmen des Fremdkörpers, und Sie können ihn entfernen.

F **WIE KANN ICH MEINEN HUND VOR VERLETZUNGEN DURCH FREMDKÖRPER SCHÜTZEN?**

A Sie können Ihnen Hund nicht vollständig schützen, aber mögliche Risiken einschränken. Achten Sie auf stechende Pflanzen und Tiere. Vorsicht vor besonderen Gefahren in bestimmten Gegenden, zum Beispiel Angelhaken an Flussufern oder Glas- und Metallstücke in der Nähe von Mülltonnen. Stellen Sie sicher, dass Ihr Hund nicht an die Hausmülltonne heran kann, und bewahren Sie spitze Dinge wie Nadeln außer Reichweite auf.

F **WARUM EINEN FEST IN EINER WUNDE SITZENDEN GEGENSTAND NICHT ENTFERNEN?**

A Wenn Sie versuchen, einen fest sitzenden Gegenstand herauszuziehen, können Sie weiteren Gewebeschaden anrichten und die Blutung verschlimmern. Überlassen Sie dies daher besser dem Tierarzt.

ENTFERNEN EINES ANGELHAKENS

1 War der Hund in einer Angelgegend, zum Beispiel an einem Flussufer, kann ein Angelhaken in die Haut gelangen – vornehmlich in die Lippe oder eine Pfote. Hat Ihr Hund einen Angelhaken in der Haut, sollten Sie erst nachsehen, ob der Widerhaken herausschaut. Ist er sichtbar, mit einer Zange abschneiden.

2 Ziehen Sie den übrigen Angelhaken sanft aus der Haut, dann reinigen Sie die Wunde mit mildem Antiseptikum. Ist jedoch das Ende des Angelhakens nicht sichtbar oder Sie sehen nur Angelschnur, aber keinen Haken im Schlund, stellen Sie eigene Bemühungen ein und bringen Sie den Hund sofort zum Tierarzt.

NOTFALLTRANSPORT

Gehen Sie mit einem verletzten Hund sehr vorsichtig um, damit Schmerzen und weitere Schäden minimiert werden.

Kann der Hund nicht laufen, müssen Sie ihn tragen. Fixieren Sie den Hund vor dem Transport, sodass er sich nicht selbst verletzt. Schmerz verängstigt einen Hund oder macht ihn aggressiv, sodass Sie einen Maulkorb brauchen (siehe S. 419). Verwenden Sie keinen Maulkorb, wenn der Hund erbricht, Krämpfe hat, Gift geschluckt oder offensichtliche Maul- oder Kieferverletzungen hat.

HEBEN UND TRAGEN

Die Abbildungen unten und gegenüber zeigen, wie ein schwer verletzter Hund gehoben und unterstützt wird und wie man ein leicht verletztes Tier aufhebt. Kritische Verletzungen sind solche, bei denen der Hund sich nicht bewegen kann, ernste Zustände sind Brüche und Lähmung. Der Hund wird sich dann hinlegen und wird bewusstlos werden. Ein Hund mit kleineren Verletzungen dagegen sitzt, steht oder kann laufen.

TRANSPORT MIT DEM AUTO

Wenn Sie Ihren Hund mit dem Auto oder einem anderem Fahrzeug zum Tierarzt bringen, lassen Sie den Hund wenn möglich zum Fahrzeug gehen, sonst tragen Sie ihn. Seien Sie extrem vorsichtig beim Heben eines schwer verletzten Hundes. Stützen Sie den Rücken. Leisten Sie besondere Unterstützung bei folgenden Verletzungen:

- Bei Verletzung der Brust Hund auf die Seite legen, sodass die Schwerkraft aussickerndes Blut in der verletzten Lunge hält. Dies ermöglicht dem nicht verletzten Lungenflügel eine möglichst wirksame Sauerstoffaufnahme und gewährleistet die Sauerstoffversorgung des Gehirns.
- Hat der Hund ein gebrochenes Bein, Bein stützen und hochlegen. Hat der Hund auch eine Brustverletzung, sollte die Versorgung dieser Verletzung jedoch Vorrang haben.
- Hat der Hund eine Kopfverletzung, transportieren Sie ihn mit hochgelagertem Kopf. Dies verhindert den Anstieg des Schädelinnendrucks aufgrund von Blutungen oder Gewebeschwellungen.
- Im Wagen lassen Sie das Tier eine Position finden, in der es gut atmen kann. Stellen Sie sicher, dass der Hund während der Fahrt festgehalten und gestützt wird. Transportieren Sie das Tier in einer Kiste oder einem anderen Behältnis. Polstern Sie sie um das Tier herum aus, zum Beispiel mit Decken, damit es warm und ruhig liegt.

HEBEN EINES SCHWER VERLETZTEN HUNDES

1 Hund in der vorgefundenen Position zum Tierarzt transportieren. Falls er liegt, eine improvisierte Trage aus einem großen, flachen Gegenstand wie einem Bügelbrett oder Regalboden verwenden. Aufpassen, dass die Trage mit dem Hund in Ihr Auto passt. Ist kein flacher Gegenstand vorhanden, feste Decke oder Handtuch nehmen. Nützlich ist ein Helfer, der während der Fahrt beim Hund sitzt.

2 Der Hunderücken zeigt zu Ihnen. Eine Hand unter die Brust und die andere unter das Gesäß schieben und Hund sanft zur Trage ziehen. Bei einem Brett und ohne Helfer legen Sie Seile oder Stoffstreifen unter das Brett, dann den Hund darauf schieben und den Körper (nicht den Hals!) am Brett festbinden. Bei einer Decke den Hund gut darin einwickeln. Bei kleinen Hunden erfolgt der Transport in einer Kiste.

3 Holen Sie evtl. Hilfe und tragen Sie den Hund zum Auto. Bei Verwendung einer Decke vor dem Anheben den Stoff so nahe wie möglich am Hund greifen. Im Auto den Hund mit dem Rücken an den Sitz lehnen und während der Fahrt festhalten. Sitzt niemand beim Tier, den Körper mit Kissen und Decken stützen. Tier zudecken, damit es warm bleibt und das Schockrisiko verringert wird. Bei Kälte Autoheizung einschalten.

HEBEN EINES LEICHT VERLETZTEN KLEINEN HUNDES

1 Hund beruhigen und sich zu ihm hinunterbücken. Liegt der Hund, Halsband oder Hals mit einer Hand halten und Rücken und Körper mit der anderen stützen. Steht der Hund, eine Hand unter seine Brust zwischen die Vorderbeine legen und die andere um die Hinterbeine und das Gesäß. So können Sie den Hund kontrollieren und auch bei Gegenwehr festhalten.

2 Hund heben und an den Körper drücken. Ist eine Seite verletzt, halten Sie diese Seite von sich weg, um Schmerzen zu verringern. Halten Sie auch die Brust höher als das Gesäß, um den Brustinnendruck aufgrund von Bauchverletzungen zu verringern. Ist der Hund wach, halten Sie seine Brust und stützen Hinterbeine und Gesäß, damit er nicht vom Arm springt.

F WAS SOLL ICH TUN, WENN MEIN HUND SICH DAGEGEN WEHRT, GETRAGEN ZU WERDEN?

A Ein Hund sollte von jung auf daran gewöhnt sein, hochgehoben zu werden und sich nicht dagegen zu wehren. Als Teil des täglichen Umgangs mit dem Hund stellen Sie sicher, dass er an Hochheben und Tragen gewöhnt ist, sodass er in einem Notfall nicht übermäßig beunruhigt ist.

Ist ein verletzter Hund nervös oder gestresst, bitten Sie einen Helfer, den Kopf sanft zu halten und ihn zu beruhigen, während Sie ihn tragen. Bekommt der Hund Panik, setzen Sie ihn ab, damit er sich durch Kämpfen oder Herabspringen nicht selbst noch stärker verletzt. Wenn Ihr Hund beißt, setzen Sie ihm vor dem Hochheben einen Maulkorb auf.

... EINES LEICHT VERLETZTEN GROSSEN HUNDES

1 Beruhigen Sie Ihren Hund, während Sie sich hinunterbücken. Wenn er liegt, halten Sie Halsband oder Hals mit einer Hand und stützen Rücken und Körper mit der anderen. Wenn er steht, eine Hand unter seine Brust zwischen die Vorderbeine, die andere um Hinterbeine und Gesäß legen. Dann haben Sie den Hund auch bei Gegenwehr unter Kontrolle.

2 Arme zur Stützung des Hundes näher aneinanderführen und zu sich herziehen. Aufstehen, Rücken gestreckt lassen und mit den Beinmuskeln das Gewicht des Hundes stützen. Auf diese Weise vermeiden Sie beim Heben eine Überanstrengung Ihres Rückens, und der Hund wird sich nicht wehren.

TIPPS VOM TIERARZT

Beim Heben und Transport eines verletzten Hundes Beugen oder Drehen seines Körpers sowie plötzliche Bewegungen vermeiden, sonst könnten weitere Verletzungen entstehen.

- **Muss der Hund für den Transport flach auf der Seite liegen, nehmen Sie dicke Decken für kleine Hunde oder einen großen, flachen Gegenstand (Bügelbrett oder Regalboden) für größere Tiere. Ist Ihr Hund schwer verletzt, verschwenden Sie jedoch keine Zeit mit der Suche nach geeigneten Dingen; bringen Sie ihn so schnell wie möglich zum Tierarzt.**
- **Hunde können schwer zu heben sein. Rücken beim Heben gestreckt lassen und Beinmuskeln einsetzen, nicht den Rücken!**

BESONDERE NOTFÄLLE

In der Fürsorge für Ihren Hund im Notfall und im täglichen Umgang müssen Sie wissen, was ein normaler und abnormer Gesundheitszustand bei Ihrem Tier ist. Festzustellen, dass etwas nicht in Ordnung ist, ist sehr viel wichtiger, als zu wissen, was genau nicht stimmt. Müssen Sie mit Ihrem Hund zum Tierarzt, dann helfen ihm die von Ihnen entdeckten Einzelheiten oft bei der Diagnose. Dieses Kapitel erläutert zum einen, wie Sie die Gesundheit Ihres Hundes bewerten und ungewöhnliche Anzeichen entdecken, zum anderen, wie Sie mit besonderen Notfällen, zum Beispiel Stromschlag und Vergiftung, umgehen.

Beobachten Sie die Gewohnheiten und das Verhalten Ihres Hundes, wird die Bewertung seiner Gesundheit schon bald ganz natürlich werden. Sie entdecken dann schnell jede Abweichung vom Normalfall.

Geben Sie dem Hund Futter oder Wasser, sollten Sie darauf achten, wie hungrig oder durstig er ist und ob etwas vom letzten Mal übrig ist. Besonders verstärkter Durst zeigt oft Probleme an, mit denen man zum Tierarzt muss. Achten Sie bei Urin und Stuhl auf Änderungen der Menge, Farbe oder Konsistenz. Prüfen Sie während der Hitze eventuell anomale Gerüche. Achten Sie auf sehr laute Atmung oder andere anomale Geräusche; solche Geräusche kennzeichnen fast immer Störungen, die der Tierarzt binnen 24 Stunden behandeln sollte. Prüfen Sie Ihren Hund regelmäßig auf Gewichtszu- oder -abnahme.

Geben Sie auch auf Änderungen in Stimmung oder Aktivitätsniveau acht. Steht Ihr Hund nicht zur üblichen Zeit auf, bewegt sich langsamer als sonst oder mag nicht spielen, ist das Anlass, den Tierarzt zu kontaktieren. Sogar angenehme Änderungen (etwa, dass er öfter als sonst zum Streicheln kommt) können Grund zur Sorge sein. Ist Ihr Hund normalerweise unnahbar, will aber jetzt bei Ihnen sein, wurde er vielleicht geängstigt oder fühlt sich nicht wohl.

VERHALTENSBEOBACHTUNG
Aufmerksamkeit bei geändertem Hundeverhalten, wie ungewohnter Sanftmut, Lethargie oder Reizbarkeit: Es sind vielleicht Hinweise, dass sich das Tier krank fühlt.

REAKTION UND AKTIVITÄT

Anzeichen:

Anzeichen	
Glasiger Blick, Schläfrigkeit, Depressionen, Orientierungslosigkeit, Taumeln, Anstoßen oder Stolpern	Auf Schockanzeichen achten
Keine Reaktion auf Befehle	Binnen 24 Std. zum Tierarzt
Schwerfüßiger oder nachlässiger Gang	Binnen 24 Std. zum Tierarzt
Steife oder langsame Bewegungen, länger als 24 Std. Humpeln, gebeugter Rücken oder Im-Kreis-Laufen	Binnen 24 Std. zum Tierarzt
Zusammenbrechen statt Hinlegen	Binnen 24 Std. zum Tierarzt
Plötzliche Steigerung oder Abnahme des Schlafs	Binnen 24 Std. zum Tierarzt
Zögerliche Bewegungen	Hund untersuchen (S. 440)

SICHTBARE ZEICHEN
Anzeichen:

Anzeichen	
Geschwollener Bauch und Unruhe	Schnell zum Tierarzt
Erweiterte Augen bei hellem Licht	Schnell zum Tierarzt
Zucken oder Empfindlichkeit bei Licht, Geräusch oder Berührung	Binnen 12 Std. zum Tierarzt
Faden oder Angelschnur hängt aus Maul oder After	Binnen 12 Std. zum Tierarzt
Sichtbare Schwellung	Binnen 12 Std. zum Tierarzt

F WARUM IST REGELMÄSSIGES BEOBACHTEN NÖTIG – IST ES NICHT OFFENSICHTLICH, WENN DER HUND KRANK IST?

A Die meisten Hunden wollen gern ihrem Herrn gefallen. So versuchen sie, Unwohlsein oder Schmerz zu verstecken und sich normal zu verhalten. Ihr Hund ist von Ihnen abhängig, deshalb ist die regelmäßige Gesundheitsüberprüfung wichtig, damit Sie Probleme entdecken.

F WIE ENTSCHEIDE ICH, WANN MEIN HUND ZUM TIERARZT MUSS?

A Die Listen auf S. 436 ff. geben allgemeine Hinweise zur Schwere von verschiedenen abnormen Anzeichen und der erforderlichen Reaktion im Einzelfall. Sind Sie auch nach Einsicht der Liste unsicher, was zu tun ist, rufen Sie Ihren Tierarzt an und bitten um Rat.

F WIE FINDE ICH HERAUS, OB MEIN HUND HUNGRIGER ODER DURSTIGER IST ALS NORMAL?

A Entwickeln Sie eine Routine für Überprüfung und Nachfüllen von Futter und Wasser zu festen Zeiten (siehe S. 438).

F WIE KANN ICH MEINEN HUND EXAKT WIEGEN?

A Der einfachste Weg zum Wiegen aller (auch der größten) Hunde ist, zuerst sich selbst zu wiegen und dies zu notieren, dann den Hund zu halten und das gemeinsame Gewicht zu notieren. Zum Schluss ziehen Sie das eigene Gewicht vom gemeinsamen Gewicht ab. Eine grundlose Abnahme ohne Nahrungsänderungen ist Anlass zur Sorge; doch auch eine unerwartete Gewichtszunahme kann ein Krankheitszeichen sein.

GEWICHTSVERLUST
Anzeichen:

Anzeichen	
Fieber, Erbrechen oder Durchfall	Binnen 12 Std. zum Tierarzt
Lethargie	Binnen 24 Std. zum Tierarzt
Lahmen	Binnen 24 Std. zum Tierarzt
Zunahme oder Abnahme von Appetit oder Durst	Binnen 48 Std. zum Tierarzt
Keine anderen Änderungen	Binnen 48 Std. zum Tierarzt

GEWICHTSZUNAHME
Anzeichen:

Anzeichen	
Frösteln und Zittern oder Erbrechen	Binnen 24 Std. zum Tierarzt
Lethargie	Binnen 48 Std. zum Tierarzt
Verstärkter Durst	Binnen 48 Std. zum Tierarzt
Stumpfes Fell oder Haarausfall	Binnen 48 Std. zum Tierarzt
Weniger Appetit	Binnen 48 Std. zum Tierarzt

APPETIT ÜBERPRÜFEN
Beobachten Sie, wie Ihr Hund normalerweise frisst. Achten Sie auf übermäßigen Hunger, ungewöhnliches Zögern oder eine Unfähigkeit zum Fressen, Abneigung gegen bestimmtes Futter, Erbrechen nach dem Fressen oder Appetitlosigkeit.

TRINKEN UND DURST

Anzeichen:

Verstärkter Durst, weniger Appetit und Lethargie bei Hündinnen (mit oder ohne Scheidenausfluss)	Schnell zum Tierarzt
Verstärkter Durst und Fieber	Binnen 12 Std. zum Tierarzt
Verstärkter Durst und Gewichtsverlust	Binnen 24 Std. zum Tierarzt
Verstärkter Durst und verstärktes Wasserlassen	Binnen 24 Std. zum Tierarzt
Verstärkter Durst und geringe Urinmenge	Binnen 24 Std. zum Tierarzt

TRINKVERHALTEN BEOBACHTEN

Prüfen Sie routinemäßig den Wassernapf des Hundes. Füllen Sie ihn zu regelmäßigen Zeiten – jedes Mal ungefähr die gleiche Menge. Achten Sie darauf, wie viel Sie einfüllen und wie viel später noch da ist, wenn Sie nachfüllen.

VERDAUUNGSGEWOHNHEITEN

Anzeichen:

Kein Wasserlassen trotz Bemühungen	Schnell zum Tierarzt
Unter Mühe werden nur kleine Mengen Urin abgegeben	Binnen 12 Std. zum Tierarzt
Über 24 Std. keinen Urinabsatz (soweit Sie wissen)	Sofort zum Tierarzt
Blut im Urin	Binnen 12 Std. zum Tierarzt
Inkontinenz und Lethargie	Binnen 12 Std. zum Tierarzt
Inkontinenz, doch sonst ist der Hund normal	Binnen 48 Std. zum Tierarzt
Öfteres Wasserlassen oder größere Mengen als normal	Binnen 48 Std. zum Tierarzt
Trotz Bemühungen kein Kotabsetzen	Binnen 12 Std. zum Tierarzt
Blut im Stuhl	Binnen 12 Std. zum Tierarzt
Über 48 Std. kein Kotabsetzen	Tierarzt anrufen
Selbstbeschmutzung mit normalem Urin oder Kot	Hund untersuchen (S. 441)

VERDAUUNGSGEWOHNHEITEN

Hund beim Wasserlassen oder Stuhlgang beobachten. Auf Änderungen dieser Gewohnheiten achten, zum Beispiel seltener oder häufiger oft als normal, Durchfall oder andere Änderungen in der Konsistenz oder Schwierigkeiten beim Entleeren.

TIPPS VOM TIERARZT

Hunde sind Gewohnheitstiere und mögen Regelmäßigkeit und Rituale. Versuchen Sie, einen gewissen Rhythmus für das Gassigehen einzuhalten, zumindest für die »Häufchengänge«. Ein Hund setzt etwa zweimal am Tag Kot und drei- bis viermal Urin ab. Wenn sie mit einem Welpen die Stubenreinheit trainieren, ist es ratsam, für das Absetzen von Urin und Kot in den ersten Monaten immer den gleichen Platz aufzusuchen. Ähnlich braucht ein Hundesenior Regelmäßigkeit. Das ermöglicht Ihnen außerdem, Abweichung vom normalen Verhalten recht schnell zu bemerken, wie Ausbleiben des Urinierens oder Kotabsetzens sowie auffälliges Verhalten dabei, wie Schmerzbekundungen beim Absetzen.

ANOMALE GERÄUSCHE

Anzeichen:

Schwere oder flache Atmung	Schock, Schmerz, Verletzung	Schnell zum Tierarzt
Schnelle oder sehr langsame Atmung	Schock, Schmerz	Schnell zum Tierarzt
Atemnot oder Keuchen	Blockierte Atemwege	Erste Hilfe (S. 424)
Keuchen oder Husten	Verschiedene Ursachen	Binnen 24 Std. zum Tierarzt
Intensives, ständiges Hecheln	Verschiedene Ursachen	Schnell zum Tierarzt
Weinen, Jaulen, Stöhnen	Schmerz	Schnell zum Tierarzt
Ächzen, Seufzen	Unwohlsein	Binnen 24 Std. zum Tierarzt
Zähneklappern, Zittern	Schmerz, Angst, Unterkühlung	Schnell zum Tierarzt
Unerwartetes Bellen	Schmerz, Angst, Gehirnstörung	Binnen 24 Std. zum Tierarzt

ANOMALE GERÜCHE

Anzeichen:

Krankhaft süß riechender Atem	Nierenversagen	Binnen 12 Std. zum Tierarzt
Rauch-, Petroleum-, Frostschutzmittel- oder Chemikaliengeruch	Mögliche Vergiftung	Schnell zum Tierarzt
Afterdrüsengeruch	Hund hat evtl. Angst oder ist verletzt	Hund untersuchen (S. 440 f.)
Übel riechender Urin oder Kot	Mögliche Verletzung, Harnwegs- oder Verdauungstraktstörung	Hund untersuchen (S. 440 f.)

F WIE KANN ICH UNGEWÖHNLICHEN GERUCH VON AUSSEN, ETWA DURCH EIN SCHLAMMBAD, VON EINEM KRANKHEITSBEDINGTEN GERUCH UNTERSCHEIDEN?

A Versuchen Sie, Ihren Hund mit Shampoo auf Teerbasis zu waschen. Solche Produkte sind sowohl für die Entfernung von Gerüchen aus öligem Fell als auch von Schlamm gut geeignet. Riecht Ihr Hund danach immer noch am ganzen Körper, hat er wahrscheinlich eine allgemeine Hautkrankheit oder ein Nierenproblem. In diesem Fall zum Tierarzt gehen.

F DIE PFOTEN MEINES HUNDES GEBEN MANCHMAL EIN KNACKENDES GERÄUSCH AB – MUSS ICH MIR SORGEN MACHEN?

A Hunde lassen die Knöchel nicht wie Menschen absichtlich knacken, und es sind nicht immer knackende Knöchel. Manche Hunde machen ungewöhnliche Geräusche beim Strecken oder sogar beim Laufen. Das »Knöchelknacken« wird durch vor- und zurückschnappende Bänder oder Sehnen über Knochenteile verursacht. Das tut nicht weh und ist kein Grund zur Sorge.

VOLLSTÄNDIGE UNTERSUCHUNG

Wenn Beobachtungen allein für Ihre Entscheidung, ob der Tierarzt gebraucht wird, nicht ausreichen, ist der nächste Schritt eine vollständige Untersuchung des Tieres. Ein verletzter, kranker oder verängstigter Hund mag nicht angefasst werden. Vorsicht beim Nähern, besonders wenn das Tier reizbar oder ängstlich ist oder sich versteckt. Besänftigend sprechen, sanft berühren. Auf heiße, kalte, klebrige, weiche, überempfindliche oder taube Stellen prüfen. Am gesunden Hund regelmäßig üben. In einem Notfall ist keine Zeit für eine vollständige Untersuchung, doch wenn Sie wissen, worauf es ankommt, können Sie sich auf das Wesentliche konzentrieren. Atemfrequenz und Rhythmus, Herzfrequenz oder Puls und Farbe des Zahnfleisches bewerten. Temperatur messen, dann den Körper in Abschnitten von der Nase bis zum Schwanz überprüfen. Mit Augen, Ohren, Nase und Maul beginnen, dann Kopf und Hals, Brust und Bauch, Beine, Schwanz, After und Geschlechtsorgane. Ihr Hund soll dabei jeweils sitzen oder stehen. Nicht alle Untersuchungen auf einmal machen – den meisten Hunden fällt es schwer, so lange stillzuhalten. Belohnen Sie die Geduld mit etwas Futter, Streicheln oder Lob nach jedem Schritt. Wenn Sie Ihren Hund von jung an daran gewöhnen, hilft es dem Hund, Ihnen und dem Tierarzt; Tierärzte stellen dann die Diagnose schneller und genauer.

VOLLSTÄNDIGE UNTERSUCHUNG DES HUNDES

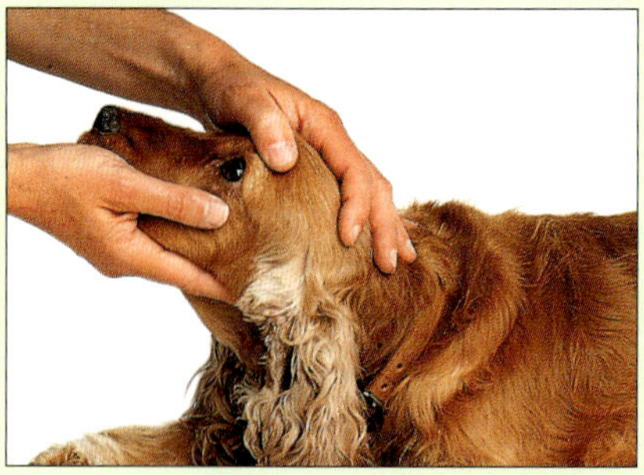

AUGEN
Auf Absonderung, Trübung, Rötung oder Verletzungen achten. Auf übergroße (erweiterte) oder kleine Pupillen prüfen; erweiterte Pupillen bei Licht zeigen Angst, Schmerz oder Schock an. Reaktion testen.

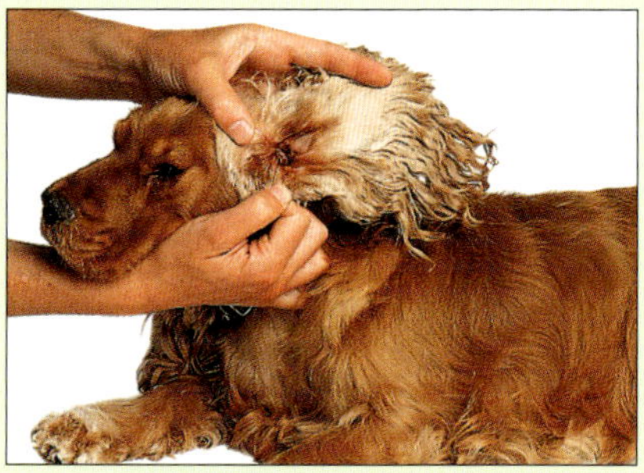

OHREN
Ohren auf Blutungen im Gehörgang und Verletzungen der Ohrmuscheln überprüfen. Darauf achten, wie der Hund die Ohren hält; hängende Ohren können Unterwerfung bedeuten, aber auch Schmerzen.

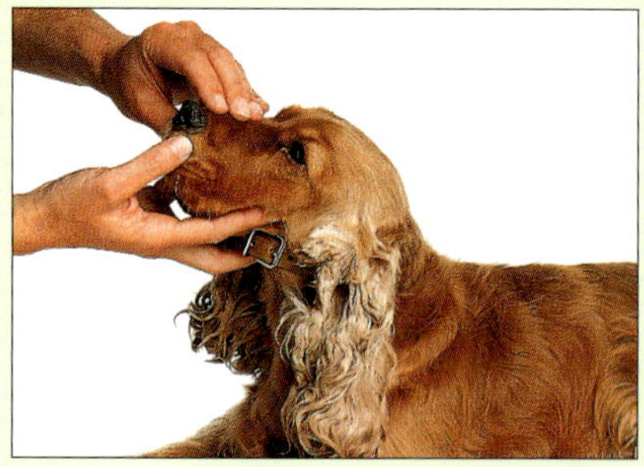

NASE
Nase auf Blutungen oder andere anomale Absonderung prüfen. Auf Trockenheit, Verkrustungen oder Pigmentverlust achten. Zu starkes Aufblähen der Nasenlöcher zeigt Atemprobleme an.

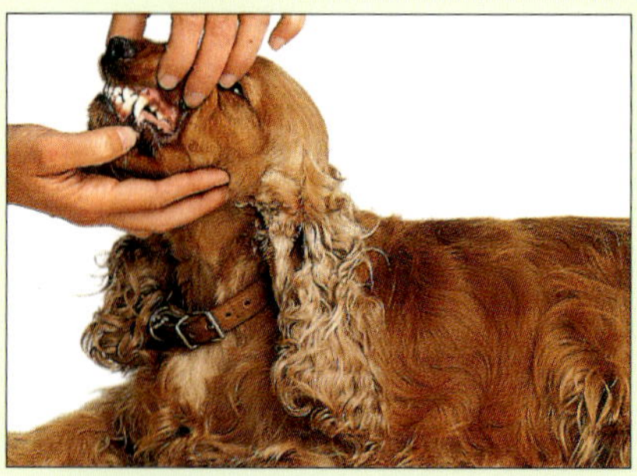

MAUL
Auf entzündetes Zahnfleisch oder Zahnfäule prüfen. Maul auf Fremdkörper und Zungen- und Gaumenverletzungen prüfen. Ein solcher Schaden kann aufgrund einer Verletzung bei hohem Tempo entstehen.

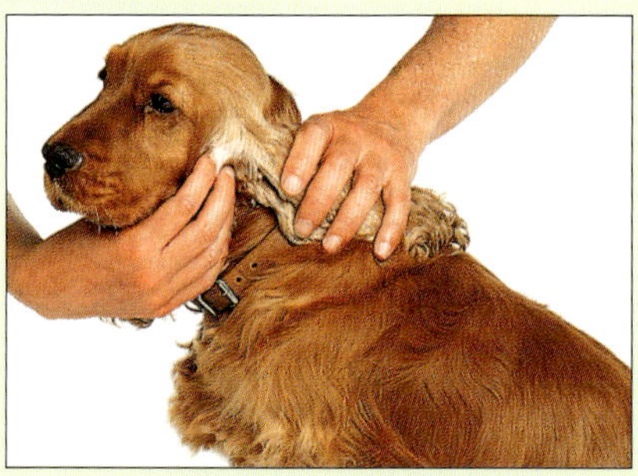

KOPF UND HALS
Mit den Händen über Kopf, Kiefer und Hals fahren. Auf Schwellungen oder Wärme, Klebrigkeit oder Kruste (kann eine Stichwunde anzeigen) prüfen. Kopf hin und her bewegen, hoch und runter zur Prüfung auf Schmerz.

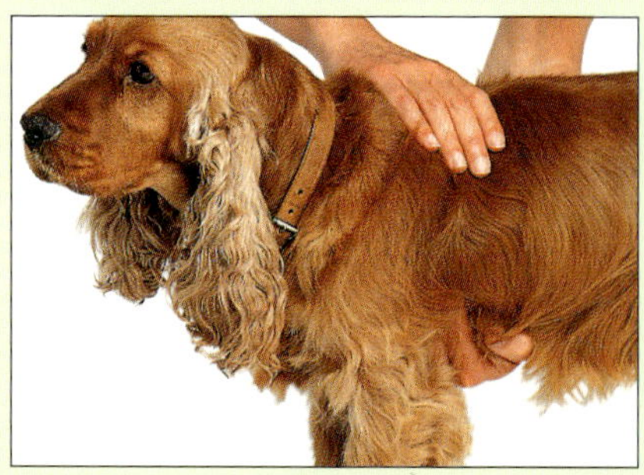

BRUST
Fest, aber sanft mit den Händen über Rücken und Brust des Hundes fahren, auf zu viel Wärme, Klebrigkeit, Knoten, Schwellungen oder Empfindlichkeit bei Berührung prüfen. Haare teilen und auf Hautverfärbung prüfen.

SICHERE TEMPERATURMESSUNG

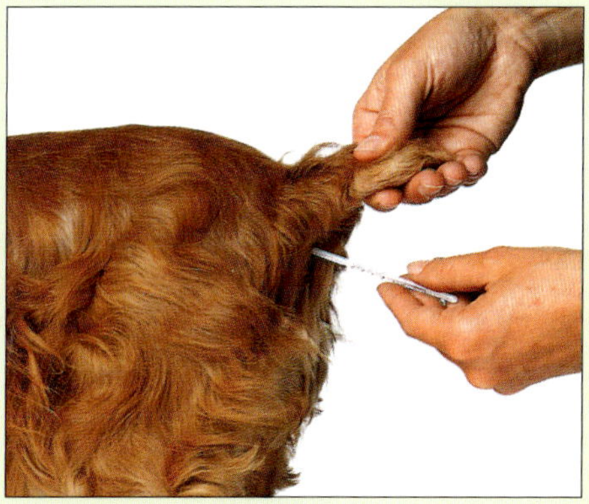

MESSEN DER REKTALTEMPERATUR

Die normale Hundetemperatur beträgt 38,1 bis 39,2 °C – bei Nervosität, Toben, Hitze und Infektionen liegt sie höher. Untertemperatur kann aufgrund von Schock oder Kälteaussetzung auftreten. Wenn möglich, Digitalthermometer verwenden (exakt und gut abzulesen). Das Ende mit wasserlöslichem Gel einreiben, dann sanft mit leichtem Drehen in den After einführen. Thermometer und Schwanzwurzel 90 Sek. lang festhalten, dann Thermometer herausnehmen. Nach Gebrauch desinfizieren.

° C	Behandlung
41+	Hund kühlen, sofort zum Tierarzt
40,6	Hund kühlen, schnell zum Tierarzt
40	Fieber, Tierarzt anrufen
39,4	Fieber, Tierarzt anrufen
38,9	Normal
38,3	Normal
37,8	Normal
37,2	Binnen 24 Std. zum Tierarzt
36,7	Hund wärmen, schnell zum Tierarzt

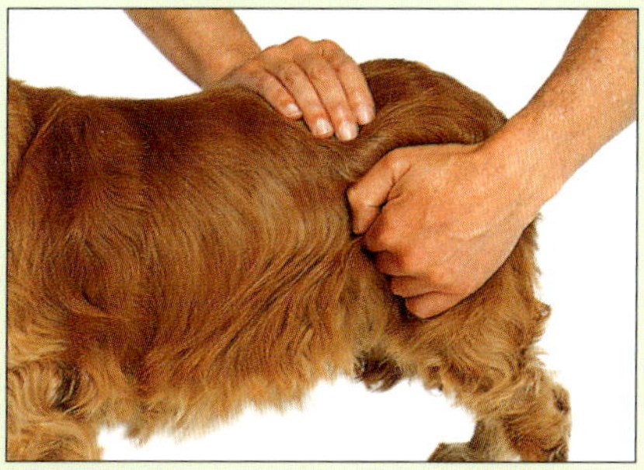

BAUCH

Bauch und Leiste auf Wärmeüberschuss, Klebrigkeit, Knoten, Schwellungen oder Empfindlichkeit bei Berührung prüfen. Oberschenkelpuls in der Mitte des Oberschenkels innen beim Eintritt in den Körper fühlen und prüfen.

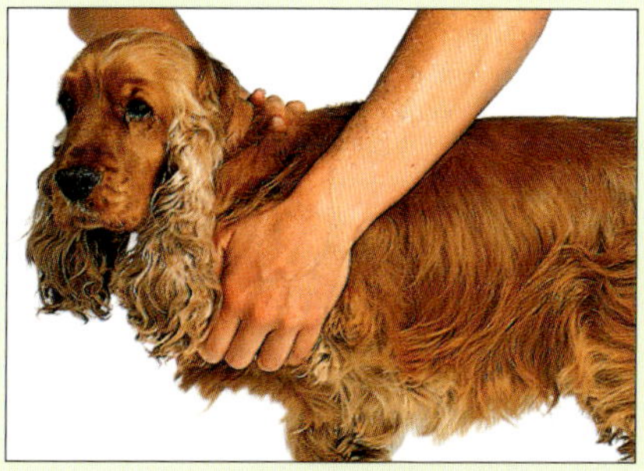

BEINE

Mit den Händen an jedem Bein entlangfahren. Erst beide Vorderbeine untersuchen, dann zusammen die Hinterbeine prüfen, auf Symmetrie überprüfen. Jedes Gelenk auf zu warme Bereiche oder Schwellung prüfen.

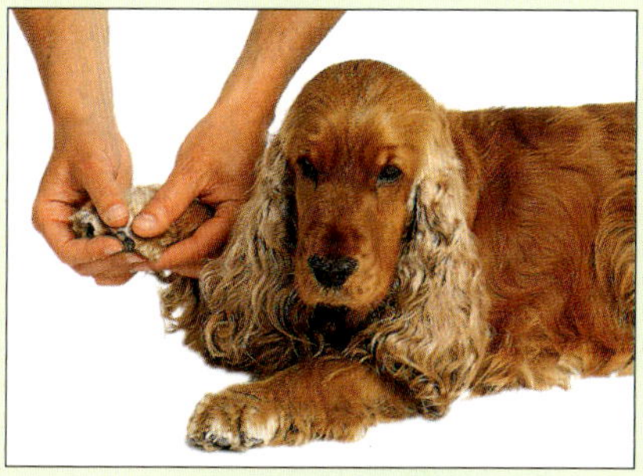

PFOTEN

Hundepfoten auf Abrieb, Risse oder andere Verletzungen prüfen. Pfoten oben und die Ballen unten ansehen, auf gebrochene Nägel prüfen und die dünnen Häute zwischen den Zehen untersuchen.

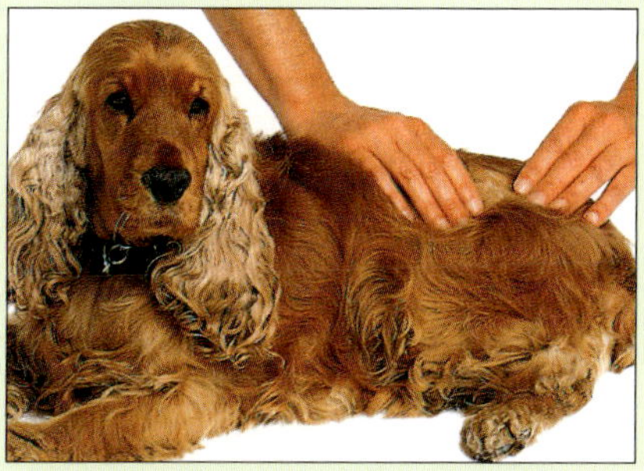

SCHWANZ

Mit den Händen den ganzen Schwanz entlangfahren. Es sollten keine Beulen und kein Wärmeüberschuss vorliegen. Mangelnde Reaktion zeigt eine Verletzung von Schwanz oder unterer Wirbelsäule an.

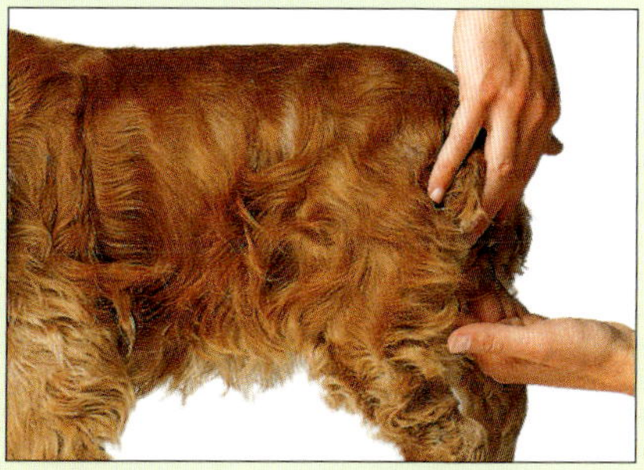

GESCHLECHTSORGANE

Hoden auf Schwellungen oder Verletzungen und Penisöffnung oder Scheide auf Entzündung oder Ausfluss prüfen. Riecht das Fell eines sauberen Hundes nach Urin, ist dies ein Zeichen einer Krankheit oder Verletzung.

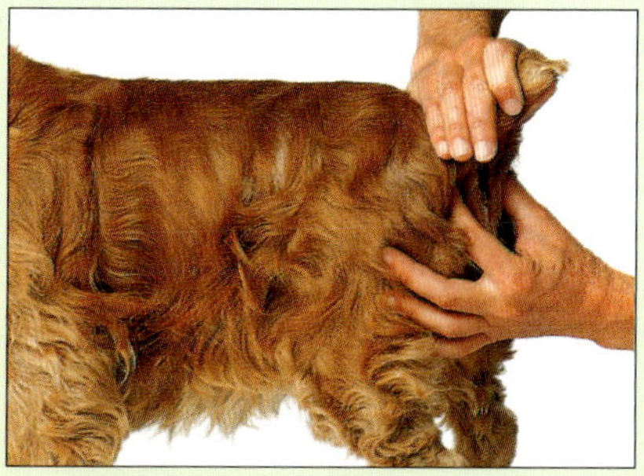

AFTERBEREICH

Schwanz des Hundes anheben. Der Analbereich sollte sauber und nicht mit Kot verklebt sein. Ist ein starker und übler Geruch bemerkbar, zeigt er an, dass der Hund geängstigt oder verletzt wurde und die Analbeutel entleert hat.

HITZSCHLAG

Hunde geben viel Körperwärme durch Hecheln ab und zu einem sehr geringen Teil durch Schwitzen an den Pfotenballen. Ist die Umgebung zu heiß, wird dieses Verfahren unwirksam, und der Hund überhitzt sich. Die Körpertemperatur steigt schnell an und verursacht Hitzschlag. Steigt sie über 40,5 °C, ist der Hund in Gefahr. Der Tod tritt schnell ein, wenn die Temperatur nicht sofort gesenkt wird.

Entfernen Sie zuerst den Hund aus der Hitze. Dann müssen Sie die Körpertemperatur mit kühlem Wasser senken; das Wasser verdampft und kühlt die Haut. Rektaltemperatur alle 5 Min. messen (siehe S. 441). Hund weiter mit Wasser kühlen, bis die Körpertemperatur unter 39,4 °C gefallen ist. Keine Sorge, wenn sie bis auf 37,8 °C oder ein wenig niedriger sinkt; eine leichte Untertemperatur ist weniger gefährlich als eine zu hohe Körpertemperatur.

Achtung!

- Nie den Kopf unter Wasser halten.
- Ist der Hund bewusstlos, aufpassen, dass kein Wasser in Maul oder Nase gerät.
- In schweren Fällen kann das Gehirn anschwellen. Wenn nötig, auf Schock behandeln und sofort zum Tierarzt.

BEWERTUNG DER ANZEICHEN VON HITZSCHLAG

Koma, keine Atmung (lebensbedrohlicher Hitzschlag)
→ Kühlen und sofort zum Tierarzt

Orientierungslosigkeit, Kollaps, blasses Zahnfleisch, Erbrechen, Durchfall (schwerer Hitzschlag)
→ Kühlen und sofort zum Tierarzt

Hecheln, glasige Augen, Schaum am Maul, hellrotes Zahnfleisch, erhöhte Herzfrequenz, Temperatur über 40,6 °C
→ Kühlen und sofort zum Tierarzt

F SIND BESTIMMTE HUNDETYPEN BESONDERS ANFÄLLIG FÜR HITZSCHLAG?

A Alle Hunde müssen vor einem Hitzschlag geschützt werden, doch können manche Tiere überschüssige Wärme nicht so gut abgeben wie andere. Solche sind flachnasige Rassen wie Mops und Boxer, ältere und übergewichtige Hunde.

F WELCHES IST DIE BESTE WASSERTEMPERATUR ZUR KÜHLUNG MEINES HUNDES?

A Kühles Wasser ist am besten. Vermeiden Sie eiskaltes Wasser; ist es zu kalt, ziehen sich die Blutgefäße in der Haut zusammen. Folglich wird das Blut weniger Kühle aus dem Wasser ins Körperinnere bringen, wo es am meisten gebraucht wird.

VERMEIDUNG VON HITZSCHLAG

Hitzschlag ist ein sehr häufiger Grund für einen vermeidbaren Tod. Mit einfachen Mitteln kann er verhindert werden.

- Immer gute Lüftung, Schatten und viel Wasser gewährleisten.
- Bei warmem Wetter flachnasigen, alten oder dicken Hunden Zugang zu kühlen Räumen und viel Wasser geben.
- Hund an einem warmen Tag nie im Auto lassen, auch nicht im Schatten und wenn ein Fenster offen ist.
- Bei kaltem Wetter den Hund nie im Auto in direkter Sonne und bei eingeschalteter Heizung lassen.

BEHANDLUNG VON HITZSCHLAG

1 Den Hund schnell aus der heißen Umgebung entfernen. In einen kühlen, gut belüfteten Bereich bringen. Zur weiteren Temperaturverringerung auf kühle Fläche legen. Hund kühles Wasser mit etwas Salz zum Ausgleich des Salzverlustes beim Hecheln trinken lassen.

2 Besondere Sorgfalt beim Kühlen des Kopfes; dies verringert die Gefahr einer Gehirnüberhitzung und unterstützt die Atmung. Maul von Speichel reinigen und Gesicht mit kühlem Wasser abwaschen. Beutel gefrorener Erbsen in ein Tuch wickeln und auf den Kopf legen.

3 Sind Sie draußen, Hund abspritzen oder in Wasserbecken legen. Sind Sie im Haus, Tier in die Spüle oder Badewanne legen. Hund abduschen oder mit nassem Handtuch abdecken und Wasser darüber gießen, damit es kühl bleibt. Beine zur Unterstützung des Kreislaufs fest massieren.

ERTRINKEN

Unabhängig davon, wie gut Ihr Hund schwimmen kann – halten Sie ihn in der Nähe von Wasser sicher. Strömungen und Kälte sind für Hunde genauso tödlich wie für Menschen; deshalb sollte man Hunde von sehr kalten, schnell fließenden oder turbulenten Gewässern fernhalten, in denen man selbst auch nicht schwimmen würde. Ist der Hund bei einer Bootsfahrt dabei, dem Tier eine Schwimmweste anziehen. Droht der Hund zu ertrinken, Vorsicht beim Rettungsversuch: Setzen Sie sich nicht selbst einer ernsten Gefahr aus.

Schwere oder sogar lebensbedrohliche Probleme können bis zu mehrere Stunden nach dem Fast-Ertrinken auftreten. Nach einem solchen Vorfall sofort mit dem Hund zum Tierarzt.

RETTEN EINES HUNDES VOR DEM ERTRINKEN

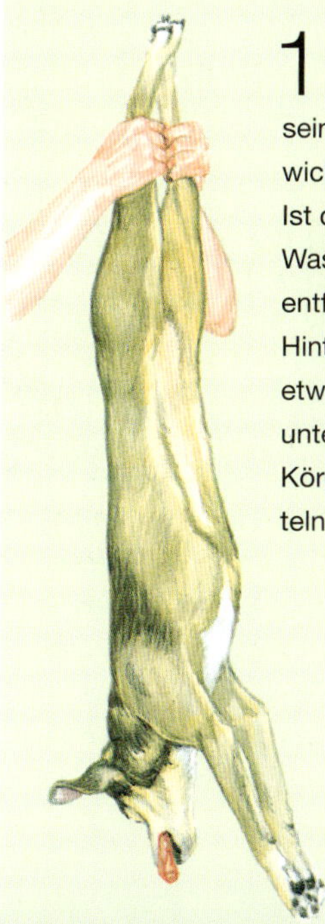

1 Hund retten. Ist das Tier bei Bewusstsein, in ein Handtuch wickeln und warm halten. Ist der Hund bewusstlos, Wasser aus der Lunge entfernen: Hund an den Hinterbeinen nehmen und etwa 10–20 Sek. nach unten halten und den Körper mehrfach schütteln.

2 Hund so hinlegen, dass der Kopf tiefer als die Brust liegt, damit Wasser aus der Lunge abfließt. Die Zunge herausziehen, damit die Atemwege frei bleiben. Atmung und Kreislauf prüfen. Bei fühlbarem Puls ohne Atmung: Tier künstlich beatmen. Fehlen Atmung und Puls, Herz-Lungen-Wiederbelebung durchführen (siehe S. 423).

UNTERKÜHLUNG UND ERFRIERUNGEN

Extreme Kälte kann den ganzen Körper auskühlen. Eine ungewöhnlich niedrige Körpertemperatur heißt Unterkühlung. Wenn die Kerntemperatur (im Körperinneren) sehr tief absinkt, kann der Hund sterben. Viele Haushunde stammen von Rassen aus Nordeuropa, Asien oder Nordamerika ab und haben ein dichtes Fell, das sie vor starker Kälte schützt. Dagegen sind Hunde mit kurzem, glatten Fell oder geringer Fettschicht anfällig für Unterkühlung.

Der Prozess der Unterkühlung entwickelt sich schleichend. Vielleicht beginnt Ihr Hund zu zittern, verhält sich aber sonst normal; wenn dies eintritt, bringen Sie ihn ins Warme oder decken ihn zu. Zittern führt zu Lethargie und letztlich zu Schwäche und flacher Atmung. Die Extremitäten (Ohrspitzen, Schwanz und bei Rüden die Hoden) sind am wenigsten geschützt. Diese Körperregionen können lokal erfrieren, dann spricht man von Erfrierungen. Unterkühlung und Erfrierungen sind potenziell gefährlich und müssen vom Tierarzt behandelt werden.

BEURTEILUNG VON VERLETZUNGEN DURCH KÄLTE

War der Hund kaltem Wasser oder eisigem Wind, Schnee oder Kälte ausgesetzt und zeigt er:

Zittern, Orientierungslosigkeit, Benommenheit, Erschöpfung, Temperatur im After unter 36,7 °C; Krämpfe oder Koma

→ Unterkühlung, Erste Hilfe leisten (siehe S. 445)

→ Schnell zum Tierarzt

Treten die links aufgelisteten Anzeichen in mäßiger Kälte bei einem schlanken Hund, Hund mit dünnem Fell, einem Welpen oder altem Tier auf, das sich von Schock oder Narkose erholt:

→ Unterkühlung, Erste Hilfe leisten (siehe S. 445)

→ Schnell zum Tierarzt

Blasse oder rote und geschwollene Haut an Ohrspitzen, Schmerz in Ohren, Schwanz oder Pfoten bei Berührung; kalte, runzelige Haut

→ Erfrierung, Erste Hilfe leisten (siehe S. 445)

→ Binnen 12 Std. zum Tierarzt

TIPPS VOM TIERARZT

Jeder Hund kann Erfrierungen erleiden. Tierärzte erleben diese Situation sehr oft; Welpen jedoch wurden meist in ihrer ersten Lebenswoche nicht warm genug gehalten. Unterkühlung bei neugeborenen Tieren entwickelt sich schleichend. Zur Vermeidung einer Unterkühlung muss die Raumtemperatur über 24 °C liegen.

F WIE VERMEIDEN ARKTISCHE HUNDERASSEN AUF NATÜRLICHE ART UNTERKÜHLUNG ODER ERFRIERUNGEN?

A Rassen wie Siberian Huskies und Alaskan Malamutes entwickeln ein dichtes, flaumiges Unterfell, das die Kälte nicht an die Haut lässt. Zum Ausruhen legen sie sich in isolierende Schneehöhlen. Die meisten arktischen Rassen schlafen mit der Schnauze unter dem gut isolierenden Schwanz. Wenn Sie Ihren Hund aus einem warmen oder mäßigen Klima in ein kaltes bringen, lassen Sie ihm Zeit, sein Fell an die neuen Bedingungen anzupassen.

F SOLLTEN HUNDE BEI KALTEM WETTER KLEIDUNG TRAGEN?

A Die meisten Rassen entwickeln ein isolierendes Winterfell, doch einige wie Boxer, Dobermann und Yorkshire Terrier tun das nicht. Diese Hunde sollten Mäntel zum zusätzlichen Schutz tragen.

BEHANDLUNG VON UNTERKÜHLUNG

1 Hund in warme Decken wickeln. (Decken kann man schnell im Wäschetrockner in ein paar Minuten anwärmen.) Legen Sie eine heiße Wärmflasche im Handtuch an den Bauch. Verwenden Sie keine ungeschützte Wärmflasche, da sie sonst die Haut verbrennt.

2 Ist der Hund bei Bewusstsein, geben Sie ihm Warmes zu trinken. Messen Sie die Temperatur alle 10 Minuten. Liegt sie unter 36,7 °C, rufen Sie den Tierarzt. Liegt die Temperatur über 37,8 °C, entfernen Sie die Wärmflasche, aber halten den Hund in einem warmen Raum. Überhitzung vermeiden.

BEHANDLUNG VON ERFRIERUNGEN

1 War Ihr Hund in großer Kälte, prüfen Sie Pfoten, Ohren und Schwanz auf blasse Haut und Erfrierungen. Die Bereiche sanft mit einem warmen Handtuch massieren. Nicht kräftig reiben oder drücken, sonst wird die Haut noch mehr geschädigt.

2 Wärmen Sie erfrorene Stellen mit kühlem bis lauwarmem Wasser. Beim Erwärmen rötet sich die Haut. Achten Sie darauf, nicht zu warmes Wasser zu verwenden – werden erfrorene Stellen zu schnell erwärmt, schmerzen sie stark. Wird die Haut dunkel, sofort zum Tierarzt.

VERBRENNUNGEN, BRANDWUNDEN

Verbrennungen entstehen durch Feuer, direkte Hitze, Chemikalien und Strom. Heiße Flüssigkeiten oder Dampf verursachen ähnliche Brandwunden. Verbrennungen unterscheidet man nach der Tiefe. Verbrennungen 1. Grades schädigen die oberste Hautschicht, Verbrennungen 2. Grades darunterliegende Hautschichten, Verbrennungen 3. Grades durchdringen alle Hautschichten und schädigen tiefere Strukturen wie Nerven und Blutgefäße. Verbrennungen 2. und 3. Grades können zum Schock führen, auch Tage später. Sie bedürfen sofortiger Behandlung.

BEURTEILUNG

Ausgefallenes Fell bzw. Fell lässt sich leicht ausreißen; schwarze oder durchscheinende Haut → Verbrennungen 3. Grades → Schnell zum Tierarzt

Fell noch fest, gerötete Haut, geschwollen oder geschrumpft oder versengt und braun, schmerzhaft → Verbrennungen 2. Grades → Schnell zum Tierarzt

Fell noch fest, aber versengt, rote, schmerzende Haut; verbrannter Bereich mit Bläschen → Verbrennungen 1. Grades → Binnen 24 Std. zum Tierarzt

Starkes Sabbern, der Hund bettelt um Fressen, aber frisst nicht, unangenehmer Maulgeruch → Mögliche Verbrennung im Maul → Binnen 24 Std. zum Tierarzt

TIPPS VOM TIERARZT

- Lassen Sie Ihren Hund niemals unbeaufsichtigt beim heißen Grill oder Herd.
- Auf Verbrennungen keine Salben und Cremes auftragen. Sie schädigen die Haut und erhöhen das Infektionsrisiko.
- Bei der Behandlung chemischer Verbrennungen stets Gummischutzhandschuhe tragen.
- Bei Verbrennungen im Maul den Hund auf die Seite legen und festbinden. Kaltes Wasser durch das Maul laufen lassen.

BEHANDLUNG VON VERBRENNUNGEN

VERBRENNUNGEN 1. GRADES

Schnellstens die Verbrennung mit kühlem Wasser spülen, um weitere Hautschäden zu vermeiden. Kalte Packung 20 Minuten auflegen (Beutel gefrorene Erbsen oder Cold Pack in einem Tuch). Verbrennung mit nicht klebendem Verband schützen. Noch am selben Tag zum Tierarzt.

VERBRENNUNGEN 2. ODER 3. GRADES

Beobachten auf Anzeichen von Schock und entsprechend behandeln (siehe S. 422). Wasserlösliches Gel auftragen und sauberen, trockenen Verband anlegen. Keine Baumwolle oder locker-faseriges Material, das an der Verbrennung anklebt; Leinenstreifen oder weiches Material umbinden. Sofort zum Tierarzt.

VERBRENNUNGEN DURCH CHEMIKALIEN

Gummihandschuhe anziehen. Halsband entfernen. Verbrennung 20 Minuten mit Wasser spülen; Abwasser von anderen Bereichen fernhalten. Haut mit mildem Shampoo waschen. Bei kleinen Verbrennungen nicht klebenden Verband anlegen.

ELEKTROSCHOCK

Kontakt mit Strom kann Verbrennungen und Herzstillstand verursachen. Der häufigste Grund für einen tödlichen Stromschlag bei Hunden ist das Kauen auf Elektrokabeln. Gelegentlich kommen Hunde in Kontakt mit Stromleitungen oder erleiden Blitzschläge; dies endet meist tödlich. Jeder Elektroschock schädigt die sehr kleinen Adern in der Lunge; dies kann Stunden oder Tage nach der Verletzung zu Wasseransammlung in den Lungen führen. Auch kann Husten und Sabbern auftreten. Hat der Hund auf einem Kabel gekaut, kann der Schock die Kiefermuskulatur zur Kontraktion bringen.

Hat Ihr Hund einen Elektroschock erlitten, sofort zum Tierarzt, auch wenn das Tier wohlauf scheint. Beobachten Sie Atmung und Puls 12 Stunden lang. Ein Schock kann mehrere Stunden nach anscheinender Erholung auftreten.

BEURTEILUNG EINES ELEKTROSCHOCKS

War der Hund elektrischem Strom ausgesetzt und zeigt er:

Bewusstlosigkeit, Krämpfe, Kollaps, Herzstillstand, Entleerung von Blase und Darm	Hund von der Stromquelle entfernen; wiederbeleben (S. 423)	Schnell zum Tierarzt
Rote Verbrennung mit blasser Mitte, besonders im Maul; Atmungstempo langsamer oder schneller als normal	Verbrennung behandeln	Binnen 12 Std. zum Tierarzt

F **WARUM SOLLTE ICH KEINEN HUND BERÜHREN, DER NOCH KONTAKT ZUR STROMQUELLE HAT?**

A Der Körper Ihres Hundes steht unter Spannung und könnte Ihnen einen tödlichen Schlag versetzen. Deshalb muss immer vor Erste-Hilfe-Leistungen sichergestellt sein, dass der Stecker gezogen ist.

F **WO BEKOMME ICH PLASTIKSCHUTZHÜLLEN FÜR KABEL?**

A Üblicherweise erhalten Sie solche Hüllen in Geschäften für Computer.

TIPPS VOM TIERARZT

Treffen Sie folgende Maßnahmen, um das Risiko tödlichen elektrischen Schlags zu vermeiden:

- **Verlagern Sie elektrische Leitungen oder Kabel, auf denen Ihr Hund kauen könnte.**
- **Versorgen Sie Ihren Hund immer mit sicherem und passendem Spielzeug zum Kauen.**
- **Tragen Sie ein bitter schmeckendes Spray auf elektrische Leitungen und Kabel auf.**
- **Lassen Sie einen Hund niemals mit unter Spannung stehenden Kabeln oder Stromquellen allein.**
- **Wenn ein elektrischer Apparat nicht entfernt werden kann, ziehen Sie den Stecker, wenn Sie weggehen. Oder versehen Sie die Leitung mit einer Hülle aus Plastik.**

ERSTE HILFE

1 Strom an der Quelle ausschalten. Wenn dies nicht möglich ist, Gummihandschuhe anziehen, sich auf trockene Unterlage stellen. Holzbesenstiel nehmen und Hund vom Strom wegstoßen. Riskieren Sie nicht Ihr Leben. Ist der Hund steif, so lange nicht berühren, bis der Strom abgeschaltet ist. Fernhalten von Flüssigkeiten in Kontakt mit dem Hund.

2 Anzeichen von Atmung und Kreislauf beobachten. Künstlich beatmen, wenn die Atmung des Hundes ausgesetzt hat, und Herzmassage bei Herzstillstand durchführen (siehe S. 423). Verbrennungen im Maul mit Wasserspülung behandeln, Hautverbrennungen zur Vermeidung weiterer Schäden mit kalter Packung behandeln.

VERGIFTUNG

Hunde sind von Natur aus neugierig; sie schnüffeln und probieren fast alles in der Umgebung, egal ob in Haus und Garten oder bei Spaziergängen. Achten Sie deshalb unbedingt darauf, dass Ihr Hund beim Gassigehen nichts frisst. Die unvermeidliche Folge können Vergiftungen sein.

Oft ist die Wirkung gefressener oder absorbierter Gifte sehr gering wie zum Beispiel Magenreizung und Erbrechen aufgrund von Schmerzmitteln für Menschen. In einigen Fällen jedoch kann eine Vergiftung ernste Folgen haben wie Krampfanfälle, innere Blutungen oder sogar den Tod.

Gifte können vom Hund geschluckt, mit der Zunge vom Fell geschleckt, durch die Haut aufgenommen oder auch eingeatmet werden. Die folgenden Seiten zeigen viele Stoffe, die für Ihren Hund gefährlich werden können, und beschreiben die Vermeidung und Behandlung von Vergiftungen.

ÜBLICHE HAUSHALTSGIFTE

Reinigungsmittel

Frostschutzmittel

Weichspüler

Mottenkugeln

Schwarze Schokolade

Zigaretten

Schmerzmittel

Trocknertücher

Zimmerpflanzen

Geschirr-Reiniger

Alkohol

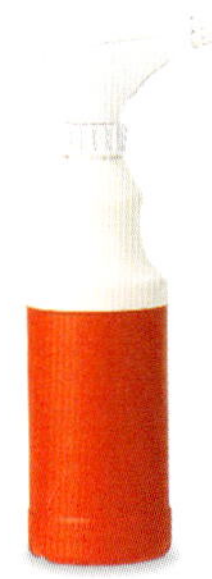
Pestizide und Herbizide

Duftöle für Aromatherapie und Aromablüten

Kaffeesatz

VERGIFTUNGEN VERMEIDEN

- Mülltonnen gut geschlossen halten.
- Nur wenige Haushaltschemikalien lagern. Außer Reichweite des Hundes aufbewahren.
- Alle Arzneimittel außer Reichweite des Hundes lagern. Dem Hund keine für Menschen bestimmten Arzneien geben, ohne den Tierarzt zu fragen.
- Den Hund nach Anwendung von Chemikalien mindestens 24 Std. nicht in den Garten lassen. Einen Hund niemals chemisch behandeltes Gras fressen lassen.
- Niemals ein Reinigungsprodukt am Hund verwenden, wenn es nicht auch für Menschen geeignet ist.

KOMPOSTHAUFEN

Ein Komposthaufen kann für den Hund tödlich giftig sein. Kaffeesatz, Zwiebeln, Kerne von Aprikosen, Pfirsichen oder Pflaumen und Apfel- oder Birnenkerne sind giftig. Schimmel, Pilze und Bakterien sind gefährlich. Umzäunen Sie den Komposthaufen, und wenden Sie ihn regelmäßig.

TOILETTENSCHÜSSELN

Hund nicht aus der Toilettenschüssel trinken lassen. Ihr Hund kann potenziell gefährliche Bakterien zu sich nehmen oder WC-Reiniger schlucken, der fast immer aus gefährlicher Säure oder alkalischer Lösung besteht. Schließen Sie den Deckel nach Benutzung.

F **WARUM DARF ICH MEINEM HUND KEINE ARZNEIEN FÜR MENSCHEN GEBEN?**

A Arzneien für Menschen können anders zusammengesetzt sein als solche für Hunde. Einige wie zum Beispiel Ibuprofen und Paracetamol können für Hunde giftig sein. Fragen Sie immer zuerst den Tierarzt, bevor Sie Ihrem Hund selbst Arzneien geben.

DIE WIRKUNG VON GIFTEN

Gifte werden meist geschluckt, durch die Haut aufgenommen oder eingeatmet. Sie wirken sich sehr wahrscheinlich auf den Bereich aus, mit dem sie in direkten Kontakt kommen, wie zum Beispiel Verdauungstrakt, Haut und Atemwege. Ist das Gift in die Blutbahn gelangt, kann es lebenswichtige Organe schädigen.

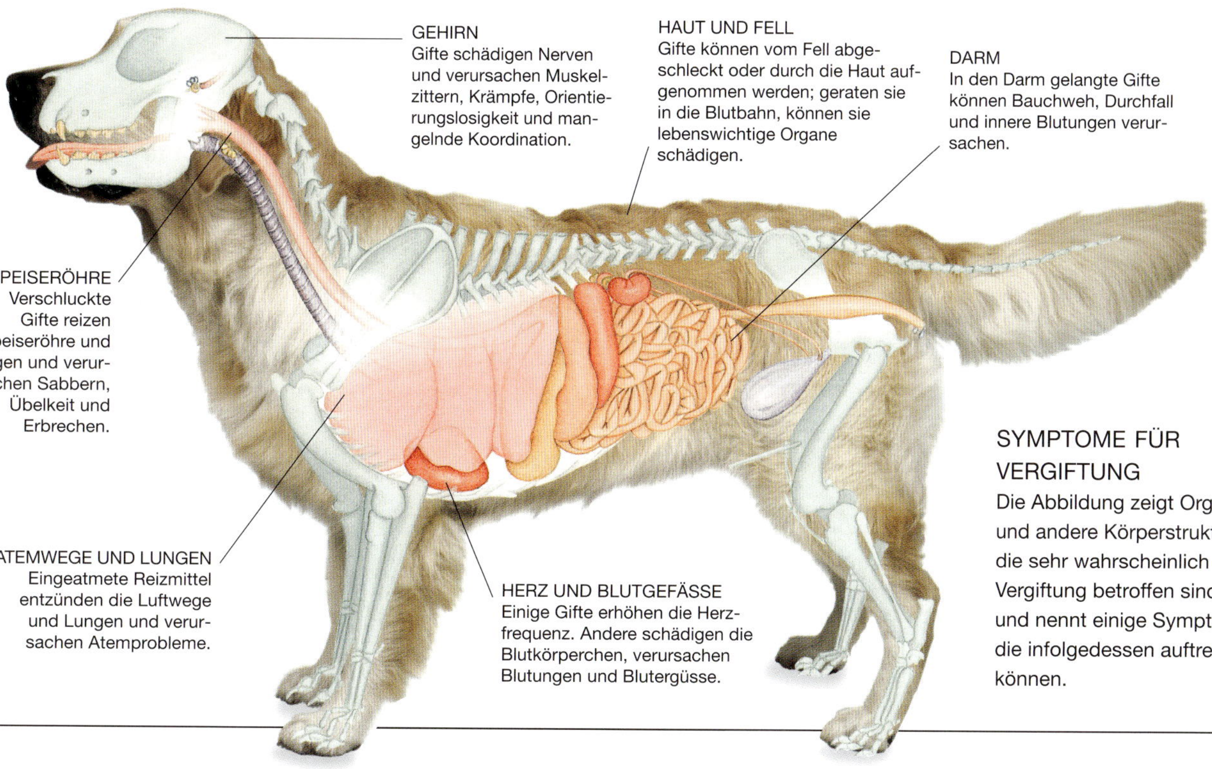

SYMPTOME FÜR VERGIFTUNG
Die Abbildung zeigt Organe und andere Körperstrukturen, die sehr wahrscheinlich bei Vergiftung betroffen sind, und nennt einige Symptome, die infolgedessen auftreten können.

VERSCHMUTZUNG DES FELLS

Das Fell eines Hundes wird verschmutzt, wenn er in giftige Chemikalien tritt oder daran entlangstreift. Es entstehen Hautschäden wie Reizungen oder Verbrennungen. Schleckt ein Hund eine Chemikalie auf, kann er Verbrennungen im Maul erleiden. Verschluckte oder durch die Haut aufgenommene Gifte bewirken eine allgemeine Vergiftung.

Zur Reinigung des Fells brauchen Sie viel warmes Seifenwasser und einen milden Reiniger wie Spülmittel oder Babyshampoo. Zur Entfernung von Farbe, Teer oder Motorenöl brauchen Sie Pflanzen- oder Mineralöl. Verwenden Sie nie reizende oder giftige Stoffe wie Farbentferner, Terpentin, Terpentinersatz oder konzentrierte biologische Reiniger.

VERGIFTUNG DURCH HAUTKONTAKT

Liegt eine offensichtliche chemische Verschmutzung des Fells oder der Haut vor und besteht:

- Bewusstlosigkeit → Beatmung und/oder Herzmassage → Schnell zum Tierarzt
- Krämpfe → Hund in Decke wickeln → Schnell zum Tierarzt
- Zeichen von Schmerz oder Qualen → Verbrennungen durch Chemikalien? → Schnell zum Tierarzt
- Massiver Speichelfluss → Nach Verbrennungen im Maul schauen → Schnell zum Tierarzt
- Benommenheit, fehlende Koordination → Schnell zum Tierarzt
- Keine anderen beunruhigenden Zeichen → Anweisungen zur Fellreinigung befolgen → Siehe weiter unten

REINIGUNG EINES VERSCHMUTZTEN FELLS

ENTFERNUNG VON FARBE, TEER ODER ÖL

Ist die betreffende Substanz hart, das betroffene Fell ausschneiden. Bei weichen Verunreinigungen Gummihandschuhe anziehen und viel Pflanzenöl einreiben. Bei großen Bereichen Mehl darauf streuen und mit breitem Kamm entfernen. Fell mit warmem Seifenwasser waschen und spülen.

ENTFERNUNG ANDERER STOFFE

Zur Verdünnung des Giftes und Beenden des Brennens mindestens 5 Min. mit viel klarem Wasser spülen. Zur Verdünnung alkalischer Stoffe wie Ätznatron 20 Min. spülen. Achtung bei den Augen; spülen Sie Leiste und Achselhöhlen so sorgfältig wie den restlichen Körper. Fell mit warmem Seifenwasser waschen und gut spülen.

F IST FARBE AUF DEM HUNDEFELL GEFÄHRLICH?

A Obwohl sie hässlich ist, ist Farbe selten gefährlich, weil sie meist nur auf dem Fell und nicht der Haut ist. Schäden durch Farbe entstehen eher, weil Farbentferner oder Brennspiritus zur Entfernung verwendet wird. Emulsionsfarbe kann mit mildem Reiniger in noch feuchtem Zustand entfernt werden. Ölfarbe kann man trocknen lassen und dann abschneiden (siehe links).

F IST ES FÜR EINEN HUND GEFÄHRLICH, SICH AUF GRAS ZU WÄLZEN, DAS MIT UNKRAUTVERNICHTER BEHANDELT WURDE?

A Wahrscheinlich ist es gefährlich, obwohl die Höhe des Risikos von den im Unkrautvernichter enthaltenen Chemikalien abhängt.

EINGEATMETE GIFTE

Zu den giftigen Stoffen, die eingeatmet werden können, gehören Rauch und Dämpfe, chemische Sprays (etwa Unkrautvernichter und Pestizide); Chlor- und Ammoniakdämpfe bei Reinigern, Dämpfe von Farben auf Ölbasis oder Sprays wie Tränengas. Eine andere Gefahr ist Kohlenmonoxid von Propangasheizstellen, -kochern oder beim Grillen in Innenräumen, wo es keine ausreichende Sauerstoffzufuhr gibt. Ältere Autos ohne Katalysator geben Kohlenmonoxid ab. Das Gas verursacht Schwäche oder Bewusstlosigkeit, begleitet von kirschrotem Zahnfleisch.

Rauch, Dämpfe und Kohlenmonoxid bedeuten sehr wahrscheinlich eine Gefahr für Mensch und Tier, wenn sie eingesperrt sind, wie zum Beispiel in einem verschlossenen Raum oder einer Garage. Lassen Sie nie Ihren Hund in einem geschlossenen Raum mit Dämpfen oder laufenden Fahrzeugmotoren. Ist der Hund beim Campen dabei, lassen Sie ihn nie allein im Zelt mit eingeschaltetem Progangaskocher.

Eingeatmete Gifte beeinflussen meist die Atmung. Rauch und Dämpfe verursachen offensichtliches Husten und Ersticken; Sie können annehmen, dass die Luftwege des Hundes entzündet sind. Stoffe wie konzentrierte Insektiziddämpfe verursachen neurologische Symptome wie Zucken und Zittern.

TIPPS VOM TIERARZT

Sehr vorsichtig sein beim Betreten eines verseuchten Bereichs.

- Nicht sich selbst in Gefahr bringen durch Betreten eines Bereichs mit giftigen Dämpfen.
- Atemschutz verwenden, wenn vorhanden, oder Feuerwehr rufen.
- Die Gefahren von Rauch oder Dämpfen nicht unterschätzen; ernste oder auch tödliche Schwellung kann die Luftwege auch noch mehrere Stunden später befallen. Immer zum Tierarzt gehen.

EINGEATMETE GIFTE

War der Hund Rauch, giftigen oder reizenden Dämpfen oder Kohlenmonoxid ausgesetzt und zeigt er:

Symptome	Maßnahme
Bewusstlosigkeit und keine Atmung	Beatmen, schnell zum Tierarzt
Depression, mangelnde Koordination, tief rotes Zahnfleisch, schweres Hecheln, Krämpfe, Atemnot, Bluthusten, Verbrennungen am Körper, Kontakt mit Feuer oder Rauch	Schnell zum Tierarzt
Husten, aber kein Kontakt mit Feuer und Rauch	Binnen 24 Std. zum Tierarzt
Riechendes Fell	Fell säubern; Tierarzt anrufen

BEHANDLUNG EINES HUNDES, DER GIFT EINGEATMET HAT

1 Ist der Hund bei Bewusstsein, aus dem Bereich entfernen und schnell an die frische Luft bringen. Luftwege des Hundes offen halten, Atmung und Kreislauf überwachen und künstlich beatmen oder falls nötig eine Herzmassage durchführen (siehe S. 423).

2 Hat der Hund Krämpfe, in Decke wickeln und Dinge um ihn herum wegräumen, um Verletzungen zu vermeiden. Sofort tierärztliche Hilfe holen.

3 Wenn Zeit genug ist, Augen mit viel klarem, frischem Wasser oder steriler Kochsalzlösung spülen.

VERSCHLUCKTE GIFTE

Es ist unglaublich, was Hunde alles verschlucken können: Strumpfhosen, Schachteln mit Anti-Baby-Pillen, einen 25 cm großen Donald Duck aus Gummi, Tennisbälle, Gardinenbleie, Plastiktüten, Katzenstreu, Tampons, Socken, Tablettenröhrchen, Seife, Schokolade, Unterwäsche und Steinobstkerne. Die meisten dieser Dinge sind Fremdkörper, die nicht in den Verdauungstrakt gehören, aber andere, wie Blei, Medizin und – erstaunlicherweise – schwarze Schokolade sind für den Hund giftig. Hat Ihr Hund einen giftigen Stoff verschluckt, ist das oberste Ziel die Lebensrettung. Tritt ein Schock auf (siehe S. 422) oder verliert der Hund das Bewusstsein, Luftwege offen halten und Atmung und Kreislauf aufrechterhalten (siehe S. 421 und S. 423). Hat der Hund Krämpfe, schützen Sie ihn vor Verletzungen und davor, dass er Sie oder andere beißt (siehe S. 418–419).

In beiden Fällen sofort den Tierarzt rufen. Lösen Sie bei Ihrem Hund nur im äußersten Notfall selbst Erbrechen aus. Erbrechen sollte besser von einem Tierarzt eingeleitet werden, weil es dabei zu vielen Komplikationen kommen kann. Lösen Sie niemals Erbrechen aus, wenn der Hund korrosive oder ätzende Chemikalien geschluckt hat, da in diesen Fällen Erbrechen den Verdauungstrakt noch mehr schädigt.

BEURTEILUNG EINES HUNDES, DER GIFT GESCHLUCKT HAT

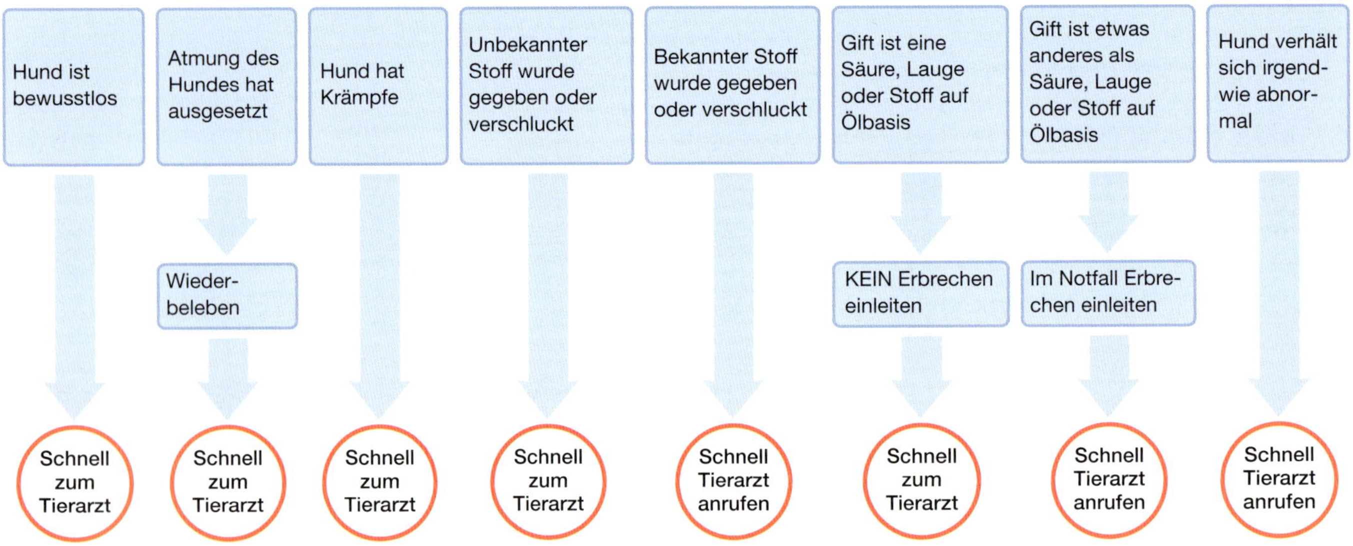

KORROSIVE ODER ÄTZENDE STOFFE

Folgende Stoffe sind Säuren, Laugen oder Ölprodukte. Auf keinen Fall Erbrechen einleiten, wenn Ihr Hund einen der folgenden Stoffe verschluckt hat, weil Erbrechen den Verdauungstrakt weiter schädigt.

- Batteriesäure
- Bleichmittel
- Karbolsäure (Phenol)
- Ätznatron
- Chlor für Schwimmbäder
- Geschirr-Reiniger
- Abflussreiniger
- Dünger
- Möbel- oder Bodenpolitur
- Kleber
- Haushaltsreiniger
- Kerosin
- Waschpulver
- Lauge
- Motorenöl
- Nagellack
- Backofenreiniger
- Farblöser oder -entferner
- Verdünnung
- Pinselreiniger
- Benzin
- Spiritus
- Gips
- Kitt
- Terpentin
- Holzschutzmittel

ERBRECHEN IM ÄUSSERSTEN NOTFALL EINLEITEN

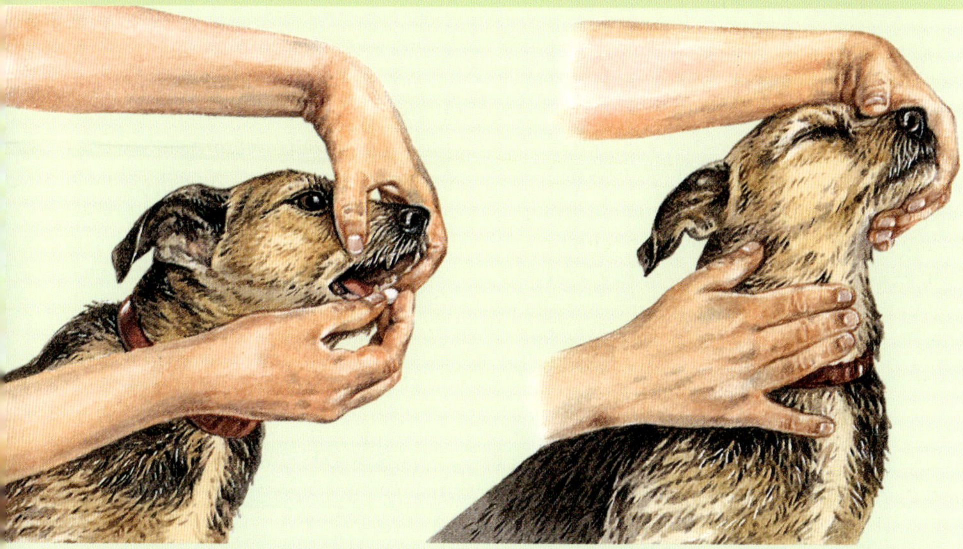

1 Hat ein Hund einen nicht ätzenden, nicht korrosiven Stoff geschluckt wie Rattengift, Frostschutzmittel oder schwarze Schokolade, geben Sie ihm etwas Senf, mit Wasser verrührt. Den Oberkiefer mit einer Hand anheben und Lippen auf die Zähne drücken. Mit der anderen Hand die Flüssigkeit mithilfe einer Spritze einflößen.

2 Maul geschlossen halten und den Hals streicheln. Leckt der Hund die Lippen, hat er geschluckt und wird kurz danach erbrechen. Mischen Sie Aktivkohle mit Wasser zu einer flüssigen Masse (wässrig); geben Sie dem Hund 1–2 Teelöffel davon zur Absorption restlichen Giftes.

GIFTIGE PFLANZEN

Zahlreiche gängige Zimmer- und Gartenpflanzen sind giftig, vielfach auch überschüssiges Gießwasser in Untersetzern. Lassen Sie es daher nie stehen. Außerdem können einige Obst- und Gemüsearten wie etwa Avocados, Zwiebeln und Weintrauben oder Rosinen Hunden gefährlich werden.

Reizende und giftige Pflanzen (Auswahl)

Amaryllis (*Amaryllis*)
Herbstzeitlose (*Colchicum autumnale*)
Azalee (*Rhododendron*-Arten)
Buchsbaum (*Buxus*-Arten)
Rittersporn (*Delphinium*-Arten)
Fingerhut (*Digitalis*-Arten)
Efeu (*Hedera*-Arten)
Liguster (*Ligustrum*-Arten)
Glyzine (*Wisteria*-Arten)

Tödlich giftige Pflanzen (Auswahl)

Ricinus (*Ricinus communis*)
Kirschlorbeer (*Prunus laurocerasus*)
Dieffenbachie (*Dieffenbachia*-Arten)
Goldregen (*Laburnum*-Arten)
Oleander (*Nerium oleander*)

DER TIERARZT WEISS RAT

War Ihr Hund einem unbekannten Gift ausgesetzt, sofort zum Tierarzt bringen. Hat das Tier erbrochen, nehmen Sie etwas Erbrochenes zur Identifikation des Giftes mit.

Ist das Gift bekannt, rufen Sie den Tierarzt an und fragen um Rat. Wenn möglich, nennen Sie folgende Details zum Vorfall:

- Produktname und Hersteller
- Produktinhaltsstoffe
- Menge des Stoffes
- Art der Giftaufnahme – erwähnen Sie jeden Hautkontakt und Einatmung sowie Verschlucken
- Dauer der Giftaussetzung
- Wie lange liegt der Vorfall zurück?
- Alle Anzeichen beim Hund genau beschreiben
- Bereits durchgeführte Behandlungen

VERGIFTUNG DURCH SÄURE ODER LAUGE

Diese Stoffe sind ätzend. Hat Ihr Hund Säure oder Lauge geschluckt, keinesfalls Erbrechen einleiten, weil die Chemikalie beim Erbrechen genauso viel oder mehr Schaden anrichtet wie beim Verschlucken. Stattdessen das Gift im Magen neutralisieren.

Bei Vergiftung mit Säure Eiweiß, Natron, pulverisierte Aktivkohle oder Olivenöl ins Maul geben. Zur Linderung von Verbrennungen im Maul Natron mit etwas Wasser als Paste auftragen. Zur Linderung von Hautverbrennungen 20 Min. mit klarem Wasser spülen (siehe S. 446).

Bei Vergiftung mit Lauge Eiweiß, etwas Zitronensaft oder verdünnten Essig ins Maul geben. Bei Verbrennung im Maul oder auf der Haut verdünnten Essig auftragen.

TIPPS VOM TIERARZT

Erbrechen bitte nur im äußersten Notfall und vorsichtig einleiten.

- Nur dann Erbrechen einleiten, wenn der Hund wach ist.
- Kein Erbrechen einleiten, wenn der Hund Zeichen von Nervenschädigung zeigt, zum Beispiel Orientierungslosigkeit oder Gleichgewichtsverlust. Erbricht ein Hund in diesem Zustand, kann Erbrochenes in die Luftröhre gelangen und Aspirationspneumonie (Entzündung der kleinen Luftbläschen in der Lunge) verursachen.
- Versuchen Sie nicht, Erbrechen mit Salz einzuleiten, weil Sie eine Salzvergiftung auslösen können.

ÜBLICHE HAUSHALTSGIFTE

Die Tabelle unten und auf den nächsten Seiten behandelt übliche Haushaltsgifte. Eine breite Palette von Stoffen wird benannt, Vorkommen und kurze Erklärung, wie die Vergiftung in jedem Einzelfall behandelt wird. Ihr Hund wird sehr wahrscheinlich vergiftet, wenn er Stoffe wie etwa Reinigungsmittel aufschleckt oder schluckt, sich darin wälzt oder durch Bereiche läuft, in denen Chemikalien aufgetragen oder verschüttet wurden. Wenn Sie solche Stoffe verwenden, achten Sie auf eine sichere Aufbewahrung, und halten den Hund fern von Stellen, wo Sie gerade gefährliche Stoffe aufgetragen haben. Wenn möglich, Chemikalien verwenden, die für Kinder und Tiere ungiftig sind.

BEHANDLUNG VON VERGIFTUNGEN DURCH STOFFE IM HAUSHALT

GIFT	QUELLE	ZEICHEN	BEHANDLUNG
Nahrungsmittel, Drogen, Arzneien			
Schokolade (Gift:Theobromin)	Als Belohnung gegeben, Stöbern in Abfällen	Vermehrter Durst, Erbrechen und Durchfall, Kollaps; KANN TÖDLICH SEIN!	• Viel Schokolade gerade gefressen: Erbrechen einleiten (siehe S. 453). • Bei Anzeichen einer Vergiftung sofort zum Tierarzt
Tabak (Gift: Nikotin)	Stöbern in Mülltonnen oder Aschenbechern, Fressen von Zigarren u.Ä.	Erbrechen, große Mengen (Fressen von Zigarrenstummeln) verursachen Durchfall, Bauchweh, mangelnde Koordination, Kollaps, Tod	• Linderung der Magenreizung mit Aktivkohletabletten • Bei ernsten Zeichen sofort zum Tierarzt
Aspirin (Gift: Salicylat)	Stöbern in Abfällen, zur Schmerzlinderung gegeben	Appetitlosigkeit, Depression, Erbrechen, auch mit Blut, Krämpfe; IN GROSSEN MENGEN SEHR GIFTIG!	• Erbrechen einleiten (siehe S. 453) • Zum Tierarzt gehen
Antidepressiva, Beruhigungsmittel	Stöbern in Abfällen, zur Schmerzlinderung gegeben	Depression, Taumeln, mangelnde Koordination, Koma	• Wenn gerade gefressen: Erbrechen einleiten (siehe S. 453) • Sofort tierärztlichen Rat holen (viele dieser Medikamente sind nicht lebensbedrohlich, aber recht giftig bei kleinen Hunden)
Paracetamol	Stöbern in Abfällen, zur Schmerzlinderung gegeben	Erbrechen, Durchfall, Unruhe, Depression, Bauchweh, gelbes Zahnfleisch; SYMPTOME TRETEN MEHRERE TAGE NACH DER VERGIFTUNG AUF!	• Wurde der Stoff gerade verschluckt: Erbrechen einleiten (siehe S. 453) • Sofort zum Tierarzt
Flohmittel für Hunde: Chlorkohlenwasserstoffe	Hautmittel mit Malathion oder älteren Chemikalien	Sabbern, Erregung, Zucken, Unruhe, Krämpfe, Koma; KANN TÖDLICH SEIN!	• Hat der Hund keine Krämpfe, so viel wie möglich von dem Stoff abwaschen • Zittert der Hund oder hat Krämpfe, Licht vermeiden und sofort zum Tierarzt
Flohmittel für Hunde: Organophosphate	Behandlung mit Sprays, Shampoos, Flohhalsbändern, Fleckenmittel, altmodischen Wurmkuren	Muskelzittern, Sabbern, Atmungsschwierigkeiten, verstärktes Urinieren und/oder Koten	• Stoff gut abwaschen • Hund sofort zum Tierarzt bringen
Insektizide für Hunde: Carbamate	Verschlucken oder Kontakt mit Shampoos, Halsbändern, Fleckenmittel oder Sprays	Sabbern, Bauchweh, Appetitlosigkeit, Erbrechen, Durchfall, Muskelzittern, Krämpfe, Koma; KANN TÖDLICH SEIN!	• Nach Verschlucken: Erbrechen einleiten (siehe S. 453) • Hund schnell zum Tierarzt bringen

TIPPS VOM TIERARZT

- Achten Sie besonders darauf, junge, neugierige oder aktive Hunde von den Bereichen in Haus oder Umgebung fernzuhalten, wo giftige Stoffe zu finden sind.
- Nie Desinfektionsmittel zur Fellreinigung verwenden, es sei denn, die Produktaufschrift erlaubt dies.
- Schneckenkorn, Strychnin und Arsen können von bösartigen Menschen für Hunde ausgelegt werden. Wenn Sie vermuten, dass Ihr Hund bewusst vergiftet wurde, nehmen Sie eine Probe dieser Stoffe mit zum Tierarzt.

GIFT	QUELLE	ZEICHEN	BEHANDLUNG
Haushaltsreiniger			
Ätznatron, Chlorbleichmittel	Laufen durch den Stoff, Aufschlecken, Chemikalie auf Fell aufgetragen	Entzündete Haut, Erbrechen, Durchfall, Geschwüre auf Zunge, mögliche Krämpfe	• KEIN ERBRECHEN EINLEITEN! • Fell und Haut mit Wasser und Seife waschen • Mischung aus Milch und Pflanzenöl füttern • Sofort zum Tierarzt
Waschmittelkonzentrat	Aufschlecken oder Kontakt mit Reinigungslösungen	Schaum oder Bläschen vor dem Maul, juckende oder entzündete Haut	• Maul mit sauberem Wasser waschen • Haut mit viel klarem Wasser waschen
Geschirr-Reiniger, Backofenreiniger, WC-Reiniger	Aufschlecken, Kauen oder Verschlucken, Durchlaufen, Trinken aus Toilettenschüsseln	Entzündete Haut, Erbrechen, Durchfall, Geschwüre auf Zunge, mögliche Krämpfe	• KEIN ERBRECHEN EINLEITEN! • Fell und Haut mit Wasser und Seife waschen • Mischung aus Milch und Pflanzenöl füttern, gefolgt von Abführmittel, das Ihr Tierarzt empfohlen hat (zum Beispiel Natriumsulfat) • Sofort zum Tierarzt
Möbel- oder Bodenpolitur, Farblöser oder -entferner, Verdünnung (diese Stoffe tragen für gewöhnlich ein Hinweissymbol auf Säure oder Lauge)	Aufschlecken, Kauen, Schlucken oder Laufen durch den Stoff	Entzündete Haut, Erbrechen, Durchfall, Geschwüre auf Zunge, mögliche Krämpfe	• KEIN ERBRECHEN EINLEITEN! • Fell und Haut mit Wasser und Seife waschen • Mischung aus Milch und Pflanzenöl füttern, gefolgt von Abführmittel, das Ihr Tierarzt empfohlen hat (zum Beispiel Natriumsulfat) • Sofort zum Tierarzt
Herbizide			
Arsen	Aufnahme von Herbiziden oder Industrieabfällen, mögliche böswillige Vergiftung	Sabbern, Bauchweh, Erbrechen, Durchfall, Schwäche, Kollaps; KANN TÖDLICH SEIN!	• Sofort zum Tierarzt
Chlorat	Kontakt mit oder Aufnahme von Unkrautvernichter im Garten	Depression, Bauchweh, Appetitlosigkeit, Blut im Urin, schwarzer Stuhl	• Sofort zum Tierarzt
Dinitroverbindungen	Aufgeschleckt oder über die Haut aufgenommen	Hohe Körpertemperatur, Durst, schnelle Atmung und Herzfrequenz, Kollaps; TÖDLICH!	• Hund sofort in Wasser kühlen (siehe S. 443) • Sofort zum Tierarzt
Paraquat und Diquat	Von den Pfoten geschleckt oder geschluckt	Reizungen an Maul oder Pfoten, Appetitlosigkeit, mangelnde Koordination, Erbrechen, Depression, später Atemnot	• Wurde der Stoff gerade verschluckt: Aktivkohle geben (siehe S. 453)

BEHANDLUNG VON VERGIFTUNGEN DURCH STOFFE IM HAUSHALT (Fortsetzung)

GIFT	QUELLE	ZEICHEN	BEHANDLUNG
Pestizide			
Insektizide: Organochlorverbindungen	Hautkontakt oder Verschlucken	Angst, Zittern, Erregbarkeit, mangelnde Koordination, Krämpfe; TÖDLICH!	• Erbrechen einleiten (siehe S. 453) • Schnell zum Tierarzt mit dem Hund
Insektizide: Organophosphate	Kontakt mit oder Aufnahme von Stoffen in der Landwirtschaft wie Räudebad für Schafe	Appetitlosigkeit, Bauchweh, Erbrechen, Durchfall, mangelnde Koordination, Atemnot, Lähmung, Krämpfe; KANN TÖDLICH SEIN!	• Erbrechen einleiten (siehe S. 453) • Schnell zum Tierarzt mit dem Hund
Rodentizid: alpha-Chloralose (wird als Krähengift ausgelegt)	Fressen von alpha-Chloralose v.a. in der kalten Jahreszeit	Torkelnder Gang, Koma, Körperunterkühlung; BESONDERS GEFÄHRLICH FÜR KLEINE HUNDE!	• Hund warm halten • Keine Beruhigungsmittel geben • Erbrechen NUR DANN einleiten, wenn keine Anzeichen von Vergiftung
Rattengift: Warfarin (auch Brodifacoum, Clorphacinon, Coumachlor, Difenacoum)	Fressen von Rattengift oder vergiftetem Nager	Lethargie, weißes oder blutendes Zahnfleisch, Blut in Erbrochenem und/oder Durchfall, Bluterguss, Atemnot, Symptome manchmal erst Tage – Wochen nach der Giftaufnahme; KANN TÖDLICH SEIN!	• Wurde das Gift gerade aufgenommen: Erbrechen einleiten (siehe S. 453) • Sofort zum Tierarzt, der Vitamin-K-Spritze zum Stoppen der Blutung geben wird
Colecalciferol	Verschlucken von handelsüblichem Rattengift	Depression, exzessives Trinken und Wasserlassen, Appetitlosigkeit	• Viel Flüssigkeit ins Maul geben • Hund von Sonnenlicht fernhalten • Kein Kalzium ins Futter geben
Cyanide	Verschlucken nicht zugelassenen Giftes	Erregung, erweiterte Pupillen, Sabbern, Atemnot, Krämpfe; TÖDLICH!	• Schnell zum Tierarzt mit dem Hund
Phosphorgelb	Verschlucken oder Hautkontakt mit handelsüblichem Gift	Knoblauchgeruch im Atem, Bauchweh, Erbrechen, Hautverbrennungen, Krämpfe, Koma	• Sofort zum Tierarzt • Kontakt mit Erbrochenem vermeiden, da es Verbrennungen verursachen kann
Schneckenkorn (Metaldehyd)	Einmal gefressen, mögen manche Hunde den Geschmack	Sabbern, Zittern, Krämpfe, Koma; KANN TÖDLICH SEIN!	• Wurde das Gift gerade aufgenommen: Erbrechen einleiten (siehe S. 453) • Bei klinischen Anzeichen von Vergiftung (oder wenn Sie bösartige Vergiftung vermuten) sofort zum Tierarzt
Strychnin	Kontakt mit Rodentiziden, Fressen von Mäuse- und Rattenködern	Ängstlichkeit, Anspannung, Steife, führt zu Krampfanfällen, Krämpfe; TÖDLICH!	• Erbrechen einleiten (siehe S. 453) • Sofort zum Tierarzt, besonders, wenn Sie bösartige Vergiftung vermuten
Thallium	Verschlucken handelsüblichen Giftes	Sabbern, Appetitlosigkeit, Erbrechen, Durchfall, Schmerz, Krämpfe; TÖDLICH!	• Erbrechen einleiten (siehe S. 453)

GIFT	QUELLE	ZEICHEN	BEHANDLUNG
Gifte in Haus und Garten			
Frostschutzmittel (Ethylenglykol)	Aufgeschleckt, z.B. von tropfendem Kühler des Autos	Erbrechen, wackeliger Gang, Kollaps, Krämpfe, Koma; KANN TÖDLICH SEIN	• Erbrechen einleiten (siehe S. 453) • Sofort zum Tierarzt
Kohlenmonoxid	Einatmen von Abgasen, Dämpfen von defekter Heizung oder vom Grillen in Innenräumen	Kirschrotes Zahnfleisch, Taumeln, mangelnde Koordination	• Hund an die frische Luft bringen • Künstlich beatmen (siehe S. 423)
Chlor	Kauen auf Kochsterilisator (Chlorwasser in Schwimmbädern ist sicher)	Augen und Maul rot	• Augen gut mit Wasser oder Kochsalzlösung waschen • mit Wasser oder Milch spülen
Abflussreiniger	Hineintreten oder Aufschlecken des Stoffes, Verschmutzung des Fells	Entzündete Haut, Erbrechen, Durchfall, Geschwüre auf Zunge, mögliche Krämpfe	• KEIN ERBRECHEN EINLEITEN! • Fell und Haut mit Wasser und Seife waschen • Mischung aus Milch und Pflanzenöl füttern. • Sofort zum Tierarzt
Treibstoff (Benzin)	Hineingetreten, von den Pfoten geschleckt, zur Fellreinigung verwendet	Entzündete Haut, Erbrechen, Durchfall, Geschwüre auf Zunge, mögliche Krämpfe	• KEIN ERBRECHEN EINLEITEN! • Fell und Haut mit Wasser und Seife waschen • Mischung aus Milch und Pflanzenöl füttern • Sofort zum Tierarzt
Kerosinöl (Paraffin)	Verschlucken oder Kontakt mit Heizöl, Lampenanzünder, Reinigungsflüssigkeit, Terpentinersatz, Diesel	Unwohlsein im Bauch, Schwäche, Depression, Erbrechen, Kollaps	• KEIN ERBRECHEN EINLEITEN! • Sofort zum Tierarzt
Blei	Schlecken an alter Farbe oder Rohren, Verschlucken von Angelbleien, Batterien, Gardinenbleien, Lötzinn, Kitt, altem Linoleum, Schmiermitteln	Erbrechen, Durchfall, Bauchweh, dann ängstlicher Blick, Jaulen, Nervosität, Lichtempfindlichkeit, Taumeln, Lähmung	• Wurde Blei gerade eben verschluckt: Erbrechen einleiten (siehe S. 453) • Sofort zum Tierarzt
Phenol (Kreosot, Kresol)	Verschlucken oder Kontakt mit Holzschutzmitteln, Fungiziden, Desinfektionsmitteln, Fotoentwickler, Teer, Pech, Karbolseife	Lokale Verbrennungen, Durst, Bauchweh, Depression, mangelnde Koordination, Taumeln, Zucken, Koma	• Mischung aus Milch und Pflanzenöl füttern • Jegliche Hautverschmutzung abwaschen • Zum Tierarzt gehen
Holzschutzmittel	Hineingetreten, auf Fell gespritzt, vom Fell oder behandelter Oberfläche geschleckt	Entzündete Haut, Erbrechen, Durchfall, Geschwüre auf Zunge, mögliche Krämpfe	• KEIN ERBRECHEN EINLEITEN! • Fell und Haut mit Wasser und Seife waschen • Mischung aus Milch und Pflanzenöl füttern • Sofort zum Tierarzt
Rizinushaltige Hornspäne-Dünger	Fressen von Hornspänen (für Hunde sehr verlockend)	Lethargie, Appetitlosigkeit, Durchfall; TÖDLICH!	• Erbrechen einleiten (siehe S. 453) • Sofort zum Tierarzt

WAS FEHLT MEINEM HUND?

Für einen optimalen Überblick finden Sie hier, zusätzlich zu dem Stichwortregister mit allen im Buch genannten Krankheiten ab S. 462, eine Auflistung von Symptomen und Körperregionen beim Hund. So haben Sie bei einer Auffälligkeit gleich mehrere Möglichkeiten, schnell die gesuchte Information zu finden: Wenn Sie eine tierärztliche Diagnose haben, über das Register; wenn Sie nach bestimmten Symptomen oder einer betroffenen Körperregion suchen, über diese Seiten.

Afterregion
- Bläschen 271
- Blutung 350
- Entzündung 359ff.
- Geschwür 270, 361
- Lecken 270, 355
- Pusteln 270f.

Anfälle/Krampfanfälle 219, 309, 365, 378, 382,386, 388f., 391

Appetit
- siehe »Fressen«

Atem
- Azetongeruch 382
- schlechter Atem 330, 332f., 337
- süßlicher Geruch 439

Atmung
- Atemgeräusche 304, 307, 311, 315
- Atemnot 305, 308, 310f., 339, 425
- Atemprobleme 245, 313, 398
- beschleunigt 213, 304, 309, 311ff., 315, 320, 439
- flach 304, 313, 439
- Hecheln 302, 304
- langsam 439
- Pfeifgeräusche 304, 439
  - erschwert 225, 304, 308, 313ff., 332, 389, 439

Aufstoßen 350, 358

Augen
- asymmetrische Pupillen 387
- Ausfluss 221, 224, 227, 281, 285
- bläulich graue Färbung 287
- Blinzeln 274, 278, 288f.
- blutunterlaufen 275, 280
- eingefallen 291
- entzündete Nickhaut 284
- Gelbfärbung 327
- hervortretend 274f., 289, 291
- Hornhauttrübung 220, 275, 285, 289
- Irisentzündung 288
- Juckreiz 279, 306
- Reiben der Augen 278
- Rötung 223, 288
- Schleim 274
- Schwellung 289, 291
- Schwellung unter den Augen 336
- starrer Blick 289
- Verkrustungen 271
- Verlust der Sehkraft 287, 289ff.
- Zucken 291, 297, 386
- siehe auch »Tränen«

Augenlider
- Bläschen 271
- drittes Augenlid (Nickhaut) 272ff., 284f., 288
- Eiter 278
- Entzündung 278ff.
- Haarausfall 280
- Pigmentierung 258f., 284
- Pusteln 271
- Schleim 278, 281
- Schwellung 263, 278
- verklebt 278

Ausfluss
- aus Analbeuteln 360f.
- aus Augen 221, 224, 227, 281, 285
- aus Nase 183, 219, 221, 224, 227, 228, 306ff.
- aus Ohren 297
- aus Vagina oder Vulva 228
- gelb, braun oder rötlich braun 294, 297
- klar 224, 306
- klebrig, gelb 219
- schwarz, wachsartig 296
- wässrig 219, 228, 281f., 288f.
- Schleim oder Eiter 224, 306

Bauch
- Blähungen 347, 350, 354
- dick 240, 252f., 379
- Schmerzen 218, 220, 240, 354, 364
- Schwellung 240, 245, 320, 322, 359, 365, 437

Beine
- Schwäche 415
- Schwellung 320, 365

Bellen
- Heiserkeit 308
- Schwäche 308
- Stummheit 308

Beulen
- eitergefüllt 225

Bewegung 414
- rascheres Ermüden 320, 322f.
- ruckartig 389

Bewusstlosigkeit
- siehe »Ohnmacht«

Blähungen 347, 350, 354

Blasen/Bläschen
- Afterregion 271
- Augenlider 271
- Gesicht 271
- Lippen 271
- Nasenlöcher 271
- Pfoten 271
- Vorhaut 271
- Vulva 271

Blut
- blutiges Erbrechen 217, 220, 326, 342, 344,346, 354
- im Durchfall 212, 217ff., 243, 326
- im Stuhl 226, 328, 346, 365, 438
- im Urin 223, 226, 328, 365, 370, 371, 438

Blutungen
- Afterregion 350, 361
- Nase 226, 306f., 328, 430
- starke Blutungen 427

Depression 382, 392f.

Durchfall 183, 186, 203, 213, 227, 240, 348, 350, 352
akut 222, 352
blutig 212, 217, 220, 241, 243f., 326
chronisch 222
grau 364
teerartig 346, 352, 355
wässrig 227, 243f., 352, 356, 365, 437
Durst
verstärkt 252, 342, 370f., 374ff.
Eiter
Augenlider 278
aus der Nase 224
Geschwüre und Karbunkel 225
nach Kratzern oder Stichen 225
Pickel 263f.
Ellenbogen
Entzündung 236
Haarausfall 255
Hornhaut 255
Schwellung 411
Verkrustungen 267
Entzündung
After 359f.
Augenlider 278ff.
Ellenbogen 236
Gelenke 409f.
Haarbalg 225
Iris 288
nässend 268
Nickhaut 284
Ohren 294, 296, 354
Ohrenspitzen 236
zwischen den Zehen 237
Erbrechen 203, 213, 217f., 223, 227, 240, 342ff., 356, 364f., 437
akut 222, 342
anhaltend 342
blutig 217, 220, 326, 342, 344, 346, 354
Galle 212, 342
unverdautes Futter 344
Würmer im Erbrochenen 183, 342
Ersticken 305, 308, 311, 339, 424f., 439
Fell
»Mottenfraß« 257
rostfarben 255
schütter 375
stumpf 437
trocken 257
übel riechend und klebrig 268
Veränderung 225, 252
Fieber 186, 217, 220f., 223, 226f., 313, 335, 344, 366
Fressen
Appetitverlust 226f., 241, 245, 297, 320f., 335, 346, 365, 380, 392, 412
Heißhunger 364, 376
Probleme beim Fressen 333, 337
ständiger Hunger 343
Übergewicht 203f.
vermehrter Appetit 343, 380, 392, 437
Frösteln/Zittern 342, 380, 386, 437, 439
Gähnen 342
Gang
Hinken 403f.
nach einer Seite fallend 294
torkelnd 383
steif oder gestelzt 378, 382
Stolpern 366, 382, 436
siehe auch »Laufen«
Gelbsucht (Ikterus) 223, 365
Geschwür 250, 251
After 361
Haut 268
Magen 345f.
Maul 337
Gesicht
Blasen 271
Kontraktion der Stirnmuskeln 224
Lähmung 399
Pusteln 271
Reiben 378
Schwellung 291, 336
Gewichtszunahme 203f., 437
Gleichgewichtsstörungen 297
Haarausfall 251ff., 270f., 437
am Hals 253, 257, 375
am Rumpf 252
am Schwanz 375
an Ellenbogen 255
an Ohren 257, 300, 375
an Ohrenspitzen 298
an Pfoten 265
fortschreitend 300
kreisförmig 254
schablonenartig 257
stellenweise 252
symmetrisch 252, 257, 375
um das Maul 253
um die Augen 253, 270, 280
zyklisch 255
Haare siehe »Fell«
Hals
Puls an Halsvene sichtbar 324
Schwellung 338
Haut
aufgedunsen 252
blumenkohlartige Gewächse 258
fettig 252, 265
Hautschäden durch Kratzen 260
Hautschäden durch Lecken 255, 260
Infektion 254, 258, 260, 266, 270
Juckreiz 211, 260ff.
klebrig 261
Krusten 247, 251, 254, 266f., 270
kühl 252
nackt 268
Pigmentveränderungen 259, 265, 375
Schuppen 232, 236f., 247, 264ff.
schuppig 261, 265ff.
Serumsekretion 268
trocken 252, 261
Verfärbung 375
Hauterosionen 268–271
Herzfrequenz
erhöht 322
Herz-/Pulsschlag
hämmernd 380
vibrierend oder summend 316
Husten 186, 302, 304, 310f., 318, 439
anhaltend 312
bellend 211, 219, 310f.
feucht klingend 311f., 314
mit anschließender Atemnot 310
nach Aufregung oder Anstrengung 311f.
nächtlich 312, 320, 322
rau 311f.
Schleim abhusten 221, 310
trocken 310ff., 315, 320
Inkontinenz 438
Kot 351, 359, 396
Urin 371, 377, 396
Jaulen 294, 439
Juckreiz 211, 260–263
Augen 306
Kopf 217

Forts. Juckreiz
Ohren 232, 237, 262
zwischen den Zehen 232, 237, 267
Karbunkel
eitergefüllt 225
Kehle/Hals 302f.
Kinn
Schwellung 269
Kniescheibe
Verrutschen 412
Knoten/Beulen/Geschwüre 258
Ausschlag 262, 410
nässende Entzündung 228
Pickel 264, 266
Erosionen 268ff.
Verdickung 252f., 255, 259, 261, 265, 374
Kollaps 308, 315, 324, 380, 382f., 388, 436
Koordinationsstörungen 246, 297, 365, 386, 397ff.
Kopf
Neigung zu einer Seite 294, 296f.
Kot
blutig 226, 328, 346, 365, 438
Erhöhung der Menge 244
grau-weißlich 365
kuhmistähnlich 212, 244, 364
lose 218
Probleme beim Absetzen 350, 359, 438
Schmerzen beim Absetzen 355
schwarz, teerartig 326, 346, 350, 352, 355
Würmer 183, 240
siehe auch »Durchfall«
Krämpfe 219, 227, 309, 365, 386ff., 413
Kratzen 183, 186, 232, 234, 251, 260, 296
Lahmen 216, 224, 227, 246, 321, 403f., 408, 410f., 412f.
Hinterbeine 405, 410, 412
nach Bewegung 405f.
Lähmung 246, 386, 392, 396, 398f., 414, 434
Laufen
im Kreis 297, 366, 391, 436
in einer Richtung im Kreis 294, 297
Lecken 394
After 270, 355
hautschädigend 255, 260
Penis, häufiger als sonst 370
übermäßig 251, 255
Vorderbeine (rosa glänzende Haut) 255
Vulva, häufiger als sonst 370
zwanghaft 392
Lethargie 219ff., 321, 338, 354, 366, 374, 376, 379, 382f., 392, 437
Lichtempfindlichkeit 216, 220, 288f., 437
Lippen
Bläschen 271
Entzündung 336
Hautfalteninfektion 268, 336f.
Krusten 266, 270f.
Pigmentierung 259
Pusteln 268f.
Schmatzen 342
Lymphknoten
geschwollen 225ff., 410
vergrößert 223, 226, 247, 269
Maul
Entzündung 337
Geschwür 337
Haarausfall 253
klebriger Speichel in den Ecken 221
Probleme beim Öffnen 224, 291, 333
Sabbern 216, 330, 333, 337f., 342, 344, 347
Schaum 216, 312, 382
Schmerzen beim Öffnen 413
Mitesser 257, 264, 268
Muskeln
Schmerzen 246, 374, 413f.
Schwund 225, 246, 412, 413, 415
Spasmen/Krämpfe 224, 413
Zucken 219, 365f., 378, 383
Nabel
Knoten 183
Nase 302
Ausfluss siehe »Ausfluss«
Bläschen 271
Bluten 226, 228, 267, 306f., 328, 430
einseitige Schwellung 307
läuft 219, 227
Pusteln 271
Reiben 307
Schleimbildung mit üblem Geruch 306
tröpfelnd 306
vermehrte Nasengeräusche 307
Nasenleder
Austrocknen 266
Pigmentierung 259
Schuppen 265
Verdickung 266
Verkrustungen 266, 271
Nickhaut
siehe »Auge«
Niesen 186, 228, 306f., 311
nach dem Fressen (Welpen) 307
Ohnmacht/Bewusstlosigkeit 310, 318, 320, 323f.,339, 398
Ohren
Aufjaulen bei Berührung 294
Ausfluss siehe «Ausfluss«
Blutblasen 298
entzündete Ohrenspitzen 236
Entzündung 294, 296, 354
heiße Ohrlappen 258, 296, 298f.
Juckreiz 237, 262
Kratzen 183, 296
Ohrenschmalz 267, 292f., 294ff., 300
Rötung 258, 296ff., 299
Schwellung 294, 298
Tumoren 298
übler Geruch 294
Zittern 294, 296f.
Papeln 262ff.
Paralyse
siehe »Lähmung«
Penis 313
Bläschen 271
hängende Vorhaut 252
Pusteln 271
Pfoten
Krusten 271
Spreizpfoten 415
Pickel 263f.
eitergefüllt 264
rot erhaben 261
Pigmentierung 251f., 253, 259
Puls 316
erhöht 320, 324
unregelmäßig 320
Pusteln 262, 268
After 270f.
Augenlider 271
Gesicht 269f.
Lippen 268f.
Nasenlöcher 271
Pfoten 271
Vorhaut 271
Vulva 271
Sabbern 216, 330, 333, 337f., 344, 347
Schlucken
Beschwerden 216, 330, 343, 415
vermehrt 342

Schmerzen
akut190
chronisch 190
Verlust des Schmerzgefühls 396
Schnarchen 310
Schuppen 232, 236f., 247, 264ff.
Schwäche 324, 375, 378, 379, 380, 382, 383, 396, 414f.
Beine 397ff., 415
Sehkraft 272
Nachlassen 287, 290f.
Verlust 289, 290f., 381
Speichel 330
Auswürgen 312
klebriger Speichel in den Maulecken 221
Sabbern 216, 333, 337f.
Schaum 216, 382
Steife 227, 344, 378, 389, 408, 415, 436
Stöhnen 439
Stupor 227, 382, 387
Tränen 272, 274, 280f.
Tränenfluss 282, 288f.
Tremor 380, 398f.
Trinken
vermehrt 252f., 365f., 370, 374ff.
Tröpfeln 337
siehe auch »Urin«
Übelkeit 342
Urin 368f.
blutig 223, 226, 328, 365, 370f., 438
braun 371
dunkel 213, 247, 327, 365
klar, farblos 371
milchig weiß 371
orangefarben 371
rosafarben 371
rötlich braun 371
Schleim enthaltend 371
schwarz 371
tröpfelnd 370
trübe 374
Urinverhaltung 370
Verhalten
Abneigung gegen Berührung 370, 437
Aggression 260, 376
Angst 389, 392
Apathie 382
Bewegungsunlust 216, 436
Geräuschempfindlichkeit 437
Launen 392f.
Lustlosigkeit 342, 347, 361, 377
Nervosität 378, 392
Reizbarkeit 216, 260, 376f., 392
ruheloses Umherlaufen 347, 392, 437
Veränderungen 347, 365f., 374, 376, 389ff., 398
Zurückgezogenheit 216
Verwirrung 219
Vulva
Bläschen 271
Hautfalteninfektion 268
Lecken, häufiger als üblich 251, 255
Pusteln 271
Wasserlassen
Schmerzen 370f.
unaufhörlich 374
vermehrt 186, 365, 370, 374, 375f., 379ff., 438
Weinen 183, 439
Würgen 221, 310, 312, 339, 342, 344, 347
Würmer
im Erbrochenen 183, 342
im Kot 183, 240
Zahnfleisch
blass 213, 326, 332ff., 388
blau 309, 313, 320
gelblich verfärbt 327
Zittern 321, 378, 380, 398f., 437
Kopf 294, 297
Ohren 294, 296f.
Zunge
blau 320
Zwanghaftigkeit 392
Zysten 257f.

REGISTER

A

Aasfressen 243
Abfallfresser 15, 205, 344, 345
Abführmittel 356
Abszess 258, 350
  Analbeutel 361
  Analdrüsen 361
  Brust- und Bauchraum 225
  hinter dem Auge 291
  Zahn 25, 338
  zwischen den Zehen 256
  Wurzelabszesse 335, 336
Acanthosis nigricans 195, 259
ACE-Hemmer 319, 322
Acetylcholin 414
Achillessehne 406
Actinomyces-Bakterien 225
Addison-Syndrom 379f.
Adenokarzinom 360, 365
Adenom 358, 360
  perianales 360
Adenoviren 215, 220, 221, 311
  Adenovirus 1 (CAV1) 220
  Adenovirus 2 (CAV2) 183
Adrenalin 30, 372, 378, 380, 392
adrenokortikotropes Hormon (ACTH) 379
Ängstlichkeit 90
Angst 392
Afghanischer Windhund 14, 37, 70, 79, 146, 150 259, 375, 398
Afrikanischer Wildhund 11
After
  Afterbluten 350
  Afterdrüse 11
  Afterreiben (Schlittenfahren) 350, 360
  Bläschen 271
  Entzündungen 358f.
  Furunkulose 361
  Geschwür 361
  Lecken 355
  perianales Adenom 360
    Störungen 358f.
  Untersuchung 441
Afterklaue 29
Afterkralle 11, 29
Aggression 80, 88, 142
  Abwehraggression 90
  angstbedingte 90
  Besitzaggression 86, 102
  Beuteaggression 84, 98
  dominante 80, 181
  genetische Komponente 88
  krankheitsbedingte 216, 376
  territoriale 88, 89
  überwinden 102
  vermeiden 80
Airedale Terrier 49, 73, 328
Akita Inu 14, 211, 265, 291, 375, 390
Akrodermitis 265
Akromegalie 374–375
Aktinomykose 225, 270
Aktivkohle als Futterzusatz 352
Akupunktur 164, 409
akute feuchte Dermatitis (Hot spot) 268
Alaskan Malamute 14, 68–69, 70, 196, 256, 265, 375, 444
Alkalivergiftung 453
Alkohol 448
  Leberzirrhose 362, 365
Allergene 212, 260, 278
  Inhalationsallergene 212
  Kontaktallergene 212
  oral aufgenommene 213
Allergien 188, 211, 259, 262–263, 274, 279, 299, 312
  allergische Bronchitis 211
  allergische Colitis 212
  allergische Dermatitis 260 –263
  allergische Enteritis 212
  allergische Flohdermatitis 260–261
  allergische Inhalationsdermatitis 211, 300
  allergische Kontaktdermatitis 211, 262–263, 300
  allergische Pneumonitis 211
  allergische Gastritis 212
  allergische Otitis 300
  allergische Rhinitis 306
  allergische Staphylokokkendermatitis 263
  Atemprobleme 305
  Eosinophilenenteritis 212
  Flohspeichel 300
  Futterallergie 263, 354
  Heuschnupfen 210, 211, 306
  Juckreiz 260ff.
  Medikamentenreaktionen 212, 263
  menschliche Allergie gegen Hunde 212
  menschliche Hautschuppen 300
  Milbenkot 296
  Nesselsucht (Urtikaria) 211
  Pollenallergie 210, 300, 306
  Schablonenkahlheit 257
  Staubmilben 300
  Test 305
Allesfresser 86
Alopezie siehe Haarausfall
Alphatier 78
alternde Hunde 146, 163–165, 201
  Alterskrankheiten 163
  Arsen 324
  blutiges Erbrechen und Durchfall 220
  Dammbruch 358
  Darmtrakt 165
  Einschläfern 165
  Energiebedarf 201
  extra Vitamine 164
  Fieber 220
  Gelenkerkrankungen 407
  Gerüche 165
  Linsentrübung und -verhärtung 286
  mentale Stimmung 392
  Nachlassen der Immunreaktion 189
  Pflege 164–165
  Stuhlinkontinenz 351
  Verhaltensprobleme 393
  Verstopfung 356–357
  Zähne 333
  Zahnfleischhypertrophie 334
Alveolen 303
American Cocker Spaniel 46, 70, 327
American Foxhound 288
American Husky siehe Kanadischer Eskimohund
American Pit Bullterrier 353
Aminosäuren, essenzielle 192, 193, 348
Amphicyon 9
Amputation 398
Anämie 213, 324, 328
  durch Knochenmarksuppression 328
  hämolytische Anämie 189, 213, 326–327
Analbeutel 29, 149, 355
  Geruch 441
  Störungen 360f.
  volle 355
Analdrüsen 82, 159, 360–361
  Analdrüsenspülung 361
  gelbes oder grünes Sekret 360
  Leeren der 159
  scharf riechendes Sekret 360
  verstopfte Analdrüsen 159, 360
Analfisteln 270
anaphylaktischer Schock 209
Ancylostoma caninum 241
Anfälle 158, 219, 223, 227, 365, 367, 378, 389, 391, 449
Angst 90–91
  abbauen 91
  vorbeugen 107
  vor Dingen 91
Ängstlichkeit 90
Ankyloblepharon 280, 281
Anöstrus 169
Anschaffung eines Hundes 114–116, 146, 148–149
Anschwellen der Ohrmuschel 157
Antiarrhythmika 320
Antibiotika 214, 216, 219, 221, 222, 223–225, 226, 227, 264f., 275, 282, 286, 306, 313, 333, 353, 360, 352
antidiuretisches Hormon (ADH) 368, 374
Antigene 203, 204
Antihistamine 237, 260
Antikörper
  Allergien 210
  beim Welpen 206, 208, 210
  Ernährungseinflüsse 209
  Immunglobuline 348
  in der Vormilch 177, 206, 212
Antimykotika 214
Antioxidantien 164, 197f., 209
Anus siehe After
Aorta 22, 318
Apathie 335
Appenzeller Sennenhund 60, 70

Appetit
Heißhunger 364
Kontrolle 202
vermehrter 343, 380, 437
verminderter 227, 320, 321, 335, 380, 392, 412, 437
Apportieren 136–139
Apportierspielzeug 80
Arachidonsäure 194
Arbeitshunde 35, 66–67
Arctic Husky siehe Siberian Husky
Arsen 324
Arterien 22–23, 316, 427
Arteriolen 22–23
Arthritis 164, 407ff.
degenerative Gelenkerkrankung 407f.
nicht deformierende Arthritis 409
rheumatoide Arthritis 409
septische Arthritis 410
Polyarthritis 410
Arthrose 164
Arthroskopie 409
Aspergillose 228
Aspirin 392, 454
Asthma 314
Aszites (Bauchwassersucht) 320, 358f.
Ataxie 386
Atem
Azetongeruch 382
schlechter Atem 330, 332ff.
süßlicher Geruch 439
Atemwege 302–315
Atemwegssystem 303
Diagnose von Störungen 304–305
Freimachen 423
Notfallbeurteilung 421
Parasiten 315
Atmung
Atemprobleme 225, 310
Ersticken 305, 424
flache Atmung 304, 313
Hecheln 302, 304, 374
Kontrolle der Atmung 303
künstliche Beatmung 423
laute 304, 308
mühsame Atmung 304, 308f.
Notfallbeurteilung 421
pfeifende 304
rasche Atmung 304, 309
Würgen 305
Atopie 211, 262
Aufmerksamkeit ergattern 100–101
Aufstoßen 350, 358
Augen 19, 272–291
Anatomie 273
Augapfel außerhalb der Augenhöhle 274
Augendruckmessung 277
Ausfluss 219, 221, 224, 227, 281
eitriger 158, 258
gelblich grüner 280
klarer 224, 306
klebriger 156
wässriger 219, 281f.
Augenhöhlenerkrankungen 291
blaugraue Augen 287
blutunterlaufene 280
Diagnose von Augenkrankheiten 276
drittes Lid (Nickhaut) 274, 284, 285
Erblindung 290
grauer Star 286
grüner Star 274, 277, 288–289
Hell-Dunkel- und Farbsehen 272
Hornhaut 273
Iris 273
Maßnahmen bei Augenproblemen 275
mehrfarbige Augen 288
Nickhaut 274, 284, 285
Netzhaut (Retina) 272, 273, 286, 287
Papille 273
peripheres Sehvermögen 272
Pudelauge (braune Verfärbungen am Augenwinkel) 283
Retina-Erkrankungen 289–290
rotes Auge 281
Schutzstrukturen 272
Sehnerv 273, 289–290
Sklera 287
tränendes Augen 282
Tränenfluss 274
Tränenkanal 282
ererbt verstopfter 282, 283
trockenes, glanzloses Auge 283
trübe, vorstehende, eingesunkene Augen 275
Verkrustungen 271
Verletzungen
durch Chemikalien 278
durch Fremdkörper 278
verschieden große Pupillen 387
Augenlid 278–280
abnorme Lidöffnungen 280
abnorme Wimpern 278, 282
Distichiasis 278
Trichiasis 278
akute Lidschwellung 279
Blepharitis 278, 279
Blepharospasmus 278
Ektropium 278, 282
Entropium 278, 282
Entzündungen des Lides 278
Gerstenkorn und Chalazion (Hagelkorn) 279
Haarausfall 280
schlaffes unteres Lid 279
Tumoren 280, 282
Verletzung, Schmutzkontakt 278
verwachsene Lider bei Welpen (Ankyloblepharon) 280, 281
Augenpflege 274
Säubern der Augen 274
Salbe auftragen 277
spezielle Pflege für vorstehende Augen 274
Augentrost (*Euphrasia officinalis*) 280
Aujeszky-Krankheit 217
Ausfluss
Analbeutel 360f.
Augen 219, 221, 224, 227, 281
eitriger 158
gelblich grüner 280, 281
klarer 224, 306
klebriger 156
wässriger 219, 281f.
Nase
aus einem Nasenloch 307
blutiger 226, 306, 307, 328
eitriger 306
klarer, wässriger 219, 306
schleimiger 219, 221, 224, 227, 306
trüber oder starker 306
Ohren 297
gelber, brauner oder rötlich brauner 294, 297
übel riechend wachsartiger 296
Vagina 26, 370
blutiger 169, 176
dunkelgrüner 176
fleischfarbener 169
pastenartig weißer 228
schwarzer 176
übel riechender 176
Auslesezucht 15, 17, 174, 300
Außenohrentzündung 296
Ausschlag 264, 410
Ausstattung
Betten 146
Futter- und Wassernapf 147
Haarpflege-Set 147
Halsband und Leine 147
Spielzeug 147
Australian Shepherd 236, 267, 288, 289, 300
Australian Silky Terrier 53, 70
Australian Terrier 53, 70
Auswahl eines Hundes 146, 148–149
wichtige Punkte 149
Auswahlzucht 17
Autoimmunkrankheiten 206, 209, 210, 213, 270, 279, 337
Addison-Syndrom 379
bullöses Pemphigoid 271
Dermatomyositis familialis 271
epidermale toxische Nekrolyse und Erythema multiforme 271
genetisch bedingte 189
Haut 260–263
Impfstoffe 213
immunbedingt hämolytische Anämie (IHA) 213
Lupus erythematodes 259, 270
noduläre Panniculitis 271
Parasiten 213
Pemphigus 259, 266, 271
systemischer Lupus erythematodes 270–271
Auto
Beförderung verletzter Hunde 434
Reisen 153
autonomes Nervensystem 394
Aversionstherapie 351
Avocados 453
Azteken 12

B

B_{12}-Malabsorption 205
Babesia 247
Babesiose 230, 235, 247
Backenzähne (Molaren) 25, 330
Bacteroides 353
Baden 150, 152, 248
Badezubehör 152
BAER-Test
Hörvermögen 301, 387

bakterielle Infektionen 214f., 222–225, 227, 262–263, 268
Aktinomykose 227
bakterielle Endokarditis 321
Brucellose 227
der Haut 227, 266
Leptospirose 227
Magen-Darm-Infektion 227
Nokardiose 227
Staphylokokken-Infektion der Haut 227
Tetanus 227
Tracheobronchitis, infektiöse 227
Bakterien 206, 222–225, 312
Antibiotika 222
Bakterienkultur 251
Darmbakterien 193, 348, 351, 356
Ballaststoffe
Ernährung 192, 194
Ballen 29
Ballondilatation 343
Ballspiele 140
Bänder 400
Verletzungen 404, 405, 406
Bandscheiben
Beschwerden 148
Riss 396–397
Vorfall 17
Bandwurm 238, 239, 242–243, 161
Dipylidium caninum 242
Diphyllobothrium latum 242
Echinococcus granulosus 242
Echinococcus multilocularis 242
im Kot 242–243
Taenia-Arten 242
Barbiturate 165, 189
Barsoi 36, 70, 375
Basalzellenkarzinom 267
Basenji 14, 87, 92, 95, 327, 355
Basophile 209
Basset Hound 17, 39, 70, 148, 202, 264, 266, 274, 289, 323, 339
Bauch
Schmerzen 220, 361, 364
Schwellung 220, 240, 245, 320, 322, 351, 358, 365, 437
Untersuchung 441
Bauchfellentzündung (Peritonitis) 361
Bauchspeicheldrüse 24–25, 363
Entzündung 205, 363
Störungen 380–382
Beagle 39, 70, 78, 96, 202, 259, 285, 287, 289, 301, 307, 323, 327, 375, 377, 379, 389, 390
Bearded Collie 278, 383
Bedlington Terrier 196, 205, 289, 365, 366
Befruchtung
Eier 172–173
künstliche 166
Begegnungen
mit anderen Hunden 78–79, 80
mit anderen Tierarten 98–99
mit Menschen 106
unter Aufsicht 99
Begleithunde 35, 54–57
Bei-Fuß-Gehen 122, 132ff.
Beine
Brüche schienen 431
Hautrötung mit Haarausfall 257
Lecken an den Vorderbeinen 255
Schwäche 415
Schwellung 320
Untersuchung 441
Belgischer Schäferhund 83
Bellen 14, 92–93, 100
aggressives 103
kontrollieren 93
spielerisches 80
viel, ständig 308
wegen Heiserkeit verstummendes 308
Belohnung 107ff.
Berberitze (*Berberis*) 209
Berner Sennenhund 17, 60, 70, 257, 259, 411
Bernhardiner 71, 269, 274, 279, 389, 411
Berührung 179, 190–191
als Therapie 132
Bedürfnis nach 100–101
Jaulen bei 294
Beruhigungsmittel 393, 454
Besitzaggression 86, 102
Besitzansprüche 102–103
Betablocker 319
Beuteaggression 84, 98
Bewegung
Muskeln 400
ruckweise 389
taumelnde 216, 436
verminderte Bewegungstoleranz 320, 322f.
Bewusstlosigkeit 310, 318, 320, 323, 324, 339, 386, 398
Ersticken 424–425
Notfallbeurteilung 420
Beziehungen
zu anderen Hunden 78–79, 102
zu anderen Tierarten 98–99
zu Menschen 100–101
Bichon à poil frisé 283, 323
Bindehautentzündung siehe Konjunktivitis
Biofeedback 30–31
Biopsie 221, 351, 258, 264f., 338, 404
Bisswunden 162, 298, 404
Blähungen 350, 358
Blase 26–27, 368
Blasensteine 27, 371
Blasen und Pusteln
anale 271
Augenlider 271
Ballen 271
Gesicht 271
Lippen 271
Nase 271
Vorhaut 271
Vulva 271
Blastomykose 215
Bleib! 126
Bleivergiftung 390
Blepharitis 278, 279
Blepharospasmus 278
Blickkontakt 78, 80, 81, 100, 101, 102
bei Dominanz 78–79
beim Spiel 80–81
Blindheit 286, 289, 290, 291
Blinzeln 274, 278, 281
Bloodhound 15, 279, 285
Blut
Blutbank für Hunde 329
Blutersatzstoff Oxyglobin 328, 329
Blutgerinnung 329
Blutzuckerspiegel 381
Gerinnungsstörungen 328
im Durchfall 212, 217, 226, 241, 243, 326, 354
im Kot 226, 328
im Urin 160, 223, 227, 328, 365, 371, 377, 396
Transfusion 328
Blutbildung 23
Blutdruck 23, 318
Bluterbrechen 217, 220, 326, 342, 352, 354
Bluterguss 258, 405
erhöhte Neigung 252, 328, 365
Bluterkrankheit 328
Blutgefäße 316
bei Lebershunt 367f.
hervortretende 252
Verletzungen 329
von Leber zum Herzen 362
Blutkreislauf 22, 23
Blutplättchen 329
Bluttests 313
Blutentnahme 328
Harnwegsstörungen 370
Hautkrankheiten 252
Herz-Kreislauf 319
Hirnstörungen 387
Muskelstörungen 403
Blutung
anale 350, 361
in Gelenken oder Körperhohlräumen 328
Darm 328
Erste Hilfe 426–427
hinter dem Auge 291
innere 326
Magen 326, 328
nasale 226, 306, 307, 328
übermäßige 426
vaginale 169, 176
Zwölffingerdarm 326
blutunterlaufene Augen 280
Blutvergiftung (Sepsis) 225
Bobtail 150, 278, 288, 301, 366, 375, 383
Bordetella bronchiseptica 221, 224, 311
Border Collie 62, 71, 76, 269, 291, 301
Borreliose 155, 226, 227, 230, 235
Borrelia burgdorferi 226, 399, 410
Borsoi siehe Barsoi
Boston Terrier 257, 259, 274, 285, 287, 300, 307, 379, 389
Botulismus 399, 414
Bouvier des Flandres 308, 398
Boxer 17, 66, 71, 87, 135, 150, 189, 248, 255, 259, 263, 266, 269, 272, 285, 301, 323, 334, 338, 375, 377, 379, , 390, 398, 405, 442, 445
Brasilianische Dogge 15
Braune Hundezecke 226
Brechmittel 453
Brechreflex 86
brechreizstillendes Mittel 342–343
Briard 96
Bringverweigerung 138
Brittany 375
Bronchien 303

Bronchialspülungen 312
Bronchitis
allergische 211
chronische, (COPD) 311, 312, 313
milde 315
Bronchopneumonie 313
Bronchoskopie 312
Brucella canis 223
Brucellose 169, 223
Brustdrüsen
Entzündung 160
nach Knoten abtasten 257, 440
Tumoren 160
Brustraum, Untersuchung 440
Bürsten 150
Bulldogge 148, 154, 175, 225, 263, 269, 274, 279, 283, 285, 301, 307, 310, 338, 375
Englische 255
Französische 255
Bull Mastiff 269
Bullterrier 175, 191, 206, 211, 263, 301, 308, 323
Buschhund 10

C

Cairn Terrier 50, 71, 202, 263, 366, 398
Calcinosis cutis 252
Campylobacter 222, 353
Can F-1 212
Candidamykosen 228
Caniche siehe Pudel
Canidae 9, 10
canine infektiöse Tracheobronchitis 221
canines Adenovirus Typ 1 (CAV1) 220
canines Adenovirus Typ 2 (CAV2) 183
Canis 8, 10
Canis davisi 9
Canis lupus 12
Cão de Agua português 255, 383
Capillaria aerophila 243
Cardigan Welsh Corgie 291
Carprofen 346, 366
Castration responsive Alopezie X 253
Cavalier King Charles Spaniel 23, 202, 265, 283, 287, 307, 321
Cestoden 238
Chemotherapie 315, 338
Cherry Eye (Kirschauge) 284, 285
Cheyletiella-Milben 232, 233, 250, 260, 298
Chihuahua 17, 56, 100, 71, 175, 257, 287, 300, 321, 323, 389
Chinesische Schopfhunde 212
Chiropraktik 415
Cholesterinspiegel 319
erhöhter 205, 376
Cholesterinüberschuss 365
Chow-Chow 15, 94, 253, 256, 257, 279, 307, 323, 375, 411, 415
Chrondrosarkom 413
chronische Herzklappenkrankheit 320
chronische Schmerzen 190
chronisch obstruktive Lungenkrankheit (COPD) 312
Clostridium tetani 224
Clostridia 353
Cocker Spaniel 47, 150, 189, 195, 196, 202, 203, 259, 264, 265, 267, 268, 270, 271, 279, 283, 285, 291, 299, 307, 323, 327, 336, 364, 366, 375, 389
Colitis
allergische 212
eosinophile 356
granulomatöse 356
histiozytäre geschwürige 356
lymphozytäre plasmazytotische 356
nervöse, spastische 354
neutrophile 356
Collie 62, 63, 146, 150, 189, 236, 259, 266, 288, 291, 299, 301, 323
Collie-Augenanomalie 290
Collie-Nose 270
Colon 358
siehe auch Darm und Dickdarm
Computertomografie (CT) 277, 387
Coronavirus 353
Coronavirus-Enteritis 218
Cortisol 30–31, 380
Coton de Tuléar 57, 71
Creodonta 8
Curly-Coated Retriever 255
Craniomandibularosteopathie 339, 413
Cryotherapie (Vereisung) 278
Cushing-Syndrom 30–31, 379
Cystitis 160

D

Dachsbracke 17
Dachshund 41
Dackel 40–41, 146, 195, 202, 257, 259, 279, 287, 288, 291, 300, 353, 361, 375, 379, 389, 397
Glatthaar 267, 300
Kurzhaar 150, 269
Rauhaar 150
Dänische Dogge siehe Dogge
Dalmatiner 55, 79, 71, 175, 203, 205, 263, 301, 308, 398
Darm 24, 348–361
Aufbau und Funktion 349
Bakterien 348, 351f.
Darmbandwurm 348
Darmblockaden 357–358
Darminvagination 358
Diagnosehilfen 351
Fremdkörper 350, 351, 354, 357, 358, 361
Immunabwehr im Darm 348
Krankheitszeichen 350–351
Polypen und Tumoren 350
Würmer 238–247, 348
Darmflora 222
Darmparasiten 238–247, 353
Darmspiegelung 355
Darmverschluss 159, 358, 359
Darmwürmer
Hundespulwurm (*Toxocara canis*) 240
Hakenwürmer 241
Peitschenwürmer 241
Rundwürmer 240
Daunenfell 248–249
Deckzeit 26
degenerative Myelopathie 267
Dehydratation 219, 380, 422
Demenz 164
Demodex-Milben 195, 230f., 237, 250, 252f., 270, 279, 298
Demodikose 253
Depressionen 376, 390, 392–393, 436
Dermacentor variabilis 235
Dermatitis
akrale (Leckdermatitis) 255
Akrodermatitis 265
akute feuchte (Hot spot) 268
atopische 211, 262
allergische Flohdermatitis 260–261
allergische Inhalationsdermatitis 211
allergische Kontaktdermatitis 211, 262
allergische Staphylokokkendermatitis 263
durch Futterallergie 263
irritierende Kontaktdermatitis 262
Malassezia-Dermatitis 266-267
nasale solare 267
Urtikaria 263
Dermatophytosen siehe Fadenpilzinfektionen
Dermatomyositis familialis 271
Dermatose 265
auf Zink ansprechende 265
Dermis 248, 249, 256
Desensibilisierung 393
Deutsche Dogge siehe Dogge
Deutscher Boxer siehe Boxer
Deutscher Kurzhaar Pointer 323
Deutscher Schäferhund 21, 64–65, 89, 71, 148, 150, 175, 227, 248, 255, 259, 269, 270, 271, 287, 292, 298, 299, 323, 328, 336, 337, 345, 347, 355, 361, 364, 377, 379, 389, 397, 398, 411, 413, 415
Diabetes 25, 163, 194, 285, 280, 286, 380–382
Diabetes insipidus 374
Diabetes mellitus 283, 370, 380, 390
diabetische Ketoazidose 382
Diät siehe Futter
Diagnose
von Atemwegsstörungen 304–305
von Hautkrankheiten 250–251
von Gehirnstörungen 386–387
Diagnose und Symptome
von Gelenk-, Knochen- und Muskelerkrankungen 403f.
von Magen- und Speiseröhrenerkrankungen 342–343
Diagnose und Therapie
von Augenerkrankungen 276–277
von äußeren Parasiten 232–233
von Darmerkrankungen 350–351
von Ohrenkrankheiten 294f.
Dickdarm 24–25

Dickdarmentzündungen
siehe Colitis
Digitalis (Fingerhut) 320
dilatative Kardiomyopathie 322
Dingo 15
Dioctophyma renale 243
Dioxine 383
Dipetalonema 325
Dipylidium caninum 242
Diphyllobothrium latum 242f.
Dirofilaria immitis 243, 315
Diuretika 319, 322, 364
DNA-Test 328
Dobermann 23, 88, 206, 211, 219, 237, 255, 256, 257, 264, 323, 328, 347, 353, 365, 375, 397, 445
Dobermann-Pinscher 196
Docosahexaensäure (DHA) 194
Dogge
Brasilianische 15
Dänische 199, 255, 345, 347, 375, 397
Deutsche 67, 71, 146, 274, 279, 285, 288, 323
Domestikation 14
Dominanz 89, 102
Dominanzverhalten 78, 102
Durchsetzung 79
gegenüber Größeren 79
gegenüber Jüngeren 78, 79
Doppler-Sonografie 323
Dosenfutter 198
Drahthaarrassen 28
Drohgebärde 88–89
Drohverhalten 88–89
ritualisiertes 88, 103
Druckstellen und Hornhaut am Ellbogen 255, 256
Druckverband 428
Ducken 90–91
Ductus arteriosus (Ductus Botalli persistens) 323
Düfte 94
als Kommunikationsmittel 94–95
Sekrete 94
sexuelle Düfte 95
Dünndarm 24–25
Dürrbächler 60
Duftmarke 8, 82
Duftmoleküle 94, 95
Duftrezeptoren 19
Duftstoffe 82
Durchfall 149, 158, 159, 219, 222, 223, 226, 227, 241, 348, 350, 352–353, 356, 376, 449
bei Welpen 238–247, 353
blutig 212, 217, 226, 241, 243, 326, 354
klumpig oder hellrot 352
ölig, schmierig 352
teerartig, pechschwarz (Melaena) 326, 352
übel riechend 212
wässriger 212, 243, 352
Durst 438
verstärkter 252, 342, 370–371, 374, 376, 377, 380
übermäßiger 379
Dusicyon 10
Dysphagie 342
Dystokie 172

E

Echinacea purpurea (Purpursonnenhut) 209
Echinococcus granulosus 242, 243
Echinococcus multilocularis 242, 243
Echokardiografie (Ultraschalluntersuchung des Herzens) 319
Ehrlichiose (Tropische canine Panzytopenie) 226
Ehrlichia canis 226, 227
Eicosapentaensäure (EPA) 194
Eierstöcke 27, 31, 252, 374
Tumoren 252, 328
Einlauf 356
Einreisebestimmungen 155
Einschläfern 165
Eisen 196
Eisfuchs 10
Eispackungen 405
Eisprung 82, 171
Eiter
Abszess 25, 225, 258, 291, 335, 350, 338, 361
Augenlider 158
Beulen 225
Kratz- und Stichverletzungen 225
Nase 306
Pickel 264
eitrige Geschwüre 225
Eiweiß 192, 194, 196, 197
Eklampsie 196
elektrische Verbrennungen 336
elektrischer Schlag 447
Elektrokardiografie (EKG) 319
Elektrolyse 278
Elektromyogramm 360
Elektroenzephalogramm (EEG) 387, 389
Elektroretinografie 277
ELISA-Bluttest 260, 261
Ellbogen
Beschwerden 17
Ellbogendysplasie 411
Entzündung 236
Haarausfall 257
Hornhaut 254f.
Krusten 207
Schwellung 411
Endokeratitis, bakterielle 321
endokrine Drüse 30, 372f.
endokrin wirksame Substanzen 383
Endoparasiten 238
Endorphine 191
Endoskopie 351
Darm 351
Speiseröhre 343
Energiebedarf 200–201
alternde Hunde 201
ausgewachsene Hunde 200
Fortpflanzungsaktivität 201
trächtige Hündinnen 201
Welpen 200
Zucht 201
English Bulldog 323, 389
English Cocker Spaniel 47, 366
English Foxhound 38, 71
English Pointer siehe Pointer
English Setter 206, 211, 263, 301
English Springer Spaniel 71, 203, 264, 289, 323, 327, 353, 398, 415
Enophthalmus (eingesunkenes Auge) 291
Enteritis
allergische 212
Coronavirus-Enteritis 218
Eosinophilenenteritis 212
Enterobius vermicularis 243
Entlebucher Sennenhund 61, 71
Entzündungen
After 358–359
Augenlider 158
drittes Lid 284
Ellbogendysplasie 236
Gelenke 409, 410
Haarbalg 236
Haut 262
nässende 270
Iris 288
Muskeln 414
Nickhaut 284
Ohren 296, 299, 300
Ohrenspitzen 267
zwischen den Zehen 256
Enzephalitis 216, 219, 390
Enzym ACE (Angiotensin-konvertierendes Enzym) 319
Enzyme 348f., 364
Eosinophile 211
Eosinophilenenteritis 212
Epidermale toxische Nekrolyse 271
Epidermis 29, 249, 256
Epidermisdysplasie beim West Highland White Terrier 265
Epilepsie 386, 389
psychomotorische 389
Epiphora 282, 283
Epiphyse 18
ererbte Knochenerkrankungen 413
Erbkrankheiten 148, 264, 265, 398, 410f., 412, 413
erbliche Gelenkerkrankungen 410f.
erbliche neurologische Störungen 398
erbliche Seborrhö 264, 265
Erblindung 219, 290, 391
Erbrechen 158, 159, 217, 219, 222, 223, 226, 227, 344, 366, 367, 380, 382, 449
akutes Erbrechen 342
andauerndes 342
chronisches 356
Ernährung bei Erbrechen 342–343
Erbrechen einleiten 453
Erbrechen im Schwall 342
Erbrechen von Blut oder Galle 342
wiederholtes Erbrechen 342
Würmer im Erbrochenen 344
Erfahrung sammeln 76–77
Erfrierungen 299
ergänzende Therapien
Gelenkschmerzen 415
Innere Parasiten 241
Konjunktivitis 280
Erkrankungen im Brustbereich 158
Erkundungsverhalten 76–77, 106ff.
Erläuterungen zu den Rassen 34
Ernährung 192–205
Erosionen und Geschwüre 268–271
Abszesse 269
akute feuchte Dermatitis (Hot spot) 268

Furunkulose und Analfisteln 270
Infektionen von Hautfalten 268
Welpenakne und Welpen-Impetigo 268
Welpenpyodermie 269
Erste Hilfe 416–457
Angelhaken entfernen 433
Brüche 431
Elektroschock 447
Erfrierung 444–445
Ersticken 424
Ertrinken 443
Fremdkörper entfernen 432
Herzmassage 423
Hitzschlag 408
künstliche Beatmung 423
Notfall-Aktionsplan 416
Notfalleinschätzung 420
Notfalltransport 343
Unterkühlung 444–445
Untersuchung 440–441
Verbrennungen 446
Vergiftungen 448–457
Wiederbelebung 423
Wundverbände 428
Erythema multiforme 271
Erythrozyten 327
Erziehung 106–143
Escherichia coli 222, 270, 353
Esquimaux siehe Kanadischer Eskimohund
essenzielle Fettsäuren (EFAs) 194
Omega-3-Fettsäuren 194
Omega-6-Fettsäuren 194
EU-Heimtierausweis 146, 155, 217
Eustachische Röhren 296
Evolution der Hunde 8–13
exokrine Bauchspeicheldrüseninsuffizienz 354, 355, 364
Exophthalmus 291

F

Fadenpilzinfektionen (*Microsporum canis*) 254
Fadenpilze 254
Fadenwürmer 238, 241, 243
Enterobius vermicularis 243
Fading Puppy-Syndrom 218, 289
Fähen 11
Fallot-Tetralogie 323
Fangzähne 25
Farbmutantenalopezie 257, 258
Fehlpaarung 168, 171
Fehlstellung des Gebisses 334
Felidae 9
Fell 28, 186, 248–259
siehe auch Haar oder Haut
arktische Rassen 444
Daunenfell 248–249
Fellfarben 35
Felltextur 28
kaltes Wetter 444
mottenfraßähnliches 257
Pflege 150f.
rosafarbenes 255
Schutzfell 249
stumpfes 257, 258, 437
trockenes 257
übel riechendes 268
Verschmutzungen 450
Wachstumszyklus 249
FeLV (Immunschwächekrankheit der Katze) 208
Femurkopfnekrose 412
Fennek 10
Festhalten eines Hundes 161
Festhalten von Gegenständen mit dem Fang 134
Fette 192, 194, 196, 197, 355
Fettleibigkeit 87, 351
Fettzellen 182, 380
Fibrosarkom 345
Fieber 186, 217, 220, 221, 223, 226, 227, 313, 335, 344, 366
als natürliche Abwehr 190
Filaroides osleri 243
Fisteln 266, 334
Flat-Coated Retriever 43, 71
Fleisch 192, 194, 199
Fleischfresser 8
Flöhe 161, 183, 230f., 234
allergische Flohdermatitis 234, 235, 260f.
Bandwurmwirt 242
Befall 234–236
Behandlung 232ff., 234
Flohkot 260
Flohmittel 235
Lebenszyklus 234
Überempfindlichkeit 210–211
Flugreise 153, 154
fluoreszenter Farbstoff (Augenuntersuchung) 276
Fluoreszenz-Lampe (woodsche Lampe) 251
Fluoride 333
Fötus 171
Entwicklung 27, 172–173
Wurmbefall 172
Folgen ohne Leine 122ff.
Follikel 248–249, 254
follikelaktivierendes Hormon (FSH) 30, 31
Follikulitis 266, 270
Folsäure 194, 195, 197, 351, 354
Fortpflanzung 166, 168
Fortpflanzungssystem 26–27
männliches 26–27
weibliches 26–27
Foxterrier 72, 80, 263, 287, 345, 389
Frakturen 406f.
Erste Hilfe 431
Kiefer 339
Schädel 388
freie Radikale 194, 195, 209
Fremdkörper 337, 432
Atemnot 425
Auge 278, 432
Darm 357
Erste Hilfe 432
Ersticken 305, 424–425
Granulom 258
Luftröhre 311f.
Maul 305, 337
Nase 306, 307
Ohren 297, 433
Pfoten 432
Speiseröhre 344
Würgen 305
Wunden 433
Fremdkörperreaktion 256, 258
Fressen 86, 88–87
betteln 87
Brechreflex 86
Gras 86
Konkurrenz 102
stehlen 96–97
verteidigen 86, 102
Frisbee-Spiele 140
Frösteln 386
Fruchtblase 176
FSME (Frühsommer-Meningoenzephalitis) 226, 227, 235
Fuchsarten 10–11
Fuchsbandwurm 243
Fuchsschwanzgrassamen 256
Furunkulose 266, 270
anale 361
Fuß! 122, 124ff., 132
Futter 153, 198–199
Aktivkohlezusatz 359
Allergien 203, 204, 263
Blutzuckerspiegel 382–383
Desinteresse siehe Appetit, verminderter
Diät 377
Dosenfutter 198
Entwöhnen der Welpen 182
Ernährungsprobleme 377
Fressprobleme 333
Futterunverträglichkeit 178
Hauterkrankungen 204
hypoallergenes (Ausschlussdiät) 204, 262
Inhaltsstoffe 198
Kennzeichnung 198
Mineralien 195–196
Nährwert 198
natürliche Ernährung 193
Schonkost 356
selbst gemachtes 199
Spezialfutter vom Tierarzt 204, 365
Trockenfutter 198
Überfüttern 87, 203
Vitaminzusätze 195–196
während der Genesung 202
während der Trächtigkeit 201
Welpen
trinken nicht 179, 218
von Hand füttern 178
Futterallergie 263, 354
Futterallergiedermatitis 262
Futternapf 147

G

Gähnen 342
Galle 24–25
Erbrechen von 342
Gallenwegserkrankung 367
Gallenblase 25
Gallenblasenerkrankung 367
Gallensteine 366
Gang, torkelnder 383
Ganglien 20
Gastritis 158, 344
allergische 212
Gastroskop 343
Gaumen, weicher 310
Gaumensegel, verlängertes 338
Gaumenspalte 338
Gebärmutter 27, 169, 170, 172, 173
Entfernung 160
Entwicklung des Fötus 27
Gebärmutterentzündung, eitrige 160
Geburtsposition der Welpen 173
Infektionen 27, 370
Wehenprobleme 172
Gebiss 25, 331f.
Fehlstellung 334
Geburt 174f.
Probleme 176

Gehen an der Leine 124
Gehen bei Fuß 132
Gehirn 18–19, 384–393
Diagnose von Gehirnstörungen 386
emotionale Störungen 392–393
frühe Entwicklung 76
Gehirnstörungen 388–392
Prellung 386
Querschnitt durch Hundegehirn 385
Quetschung 386
Gehör 92–93
Alterstaubheit 301
Hörverlust 300
Gehorsamkeitstraining 102, 110–113
Gelbsucht 365, 366
Gelenke 17, 400–415
Arthritis 164, 407ff.
aseptische Nekrose 412
Dislokation 405
erblich- und entwicklungsbedingte Krankheiten 410–412
Gelenkprobleme 17
Infektion 410
Inflammation 409–410
Knorpelschaden 405, 408, 410
Symptome und Diagnosen 403–404
Verletzungen 404–407
Gelenkschmiere 17
Genetik
erblich neurologische Störungen 398
Haarausfall 251
Genitalien
Untersuchung 441
vermehrtes Lecken 370
Gerstenkorn 279
Geruch
abnormer 439
alternder Hund 165
übler aus dem Maul 332
Gerüche
Informationsübertragung durch 82
Geruchssinn 18–19, 94–95, 114
Gesäugeentzündung 160
Geschlechtshormone 30, 31, 168, 374, 382
Geschlechtsorgane 26–27
Geschmacksknospen 19, 86, 96
Geschmackssinn 18–19
Geschwüre
After 361
Haut 268–270
Magen 345–346
Maul 336
Gesicht
Bläschen 271
Gesichtshaarprobleme 378
Lähmung 399
Pusteln 271
Reiben 378
Schwellung 231, 336
Tränenablagerung 283
Zucken 391
Gesichtssinn 18–19
Gesundheitspflege 156–165
der Augen 156
der Nase 156
der Ohren 157
der Zähne 156
Gewichtsabnahme 227, 320, 321, 335, 354, 380, 392, 412, 437
Gewichtszunahme 202–203
alternde Hunde 201
keine bei Welpen 183
Giardia 239, 244
Lebenszyklus der 244
Giardiose 243, 244–245
Gib! 138
Giftstoffe 224
eingeatmete Gifte 451
Erste Hilfe 448–457
Vergiftung durch Hautkontakt 450
verschluckte 448–449
Gingivitis 333, 334
Glaukom (grüner Star) 274, 277, 288–289
Gliedmaßenknochen 16
Gliom 390
Gleichgewichtsstörungen 297
Gliandinallergie 356
Glukose 368
Golden Retriever 45, 72, 79, 84, 91, 96, 100, 102, 103, 211, 259, 263, 268, 269, 279, 289, 291, 298, 318 , 321, 361, 375, 377, 379, 389, 405, 411, 415
Gordon Setter 101, 291, 347
Grand-mal-Epilepsie 378, 389
granulomatöse Meningoenzephalitis (GME) 390
Granulom 258
Grassamen 256
im Ohr 292, 297
in der Haut 258
grauer Star 156
Grauwolf 10
Greyhound 36, 72, 82, 150, 189, 257, 301, 413
Italienischer 300
Grønlandshund siehe Grönlandhund
Grönlandhund 69, 72, 415
Großer Schweizer Sennenhund 61, 72
Großhirn 18
Grunzen 439
gutartige Tumoren 258, 337, 376

H

Haar siehe Fell oder Haut
Haarausfall 251, 252–257
an den Ellbogen 255
an den Ohren 375
an der Rute 375
Besserung durch Kastration 252
durch Kortikosteroide 253
durch Parasiten und Pilze 253
erbliche Formen von 257
hormonelle Ursachen 252–253
kreisförmiger 254
nach dem Fellschneiden 256
stellenweiser 252
symmetrischer 257, 375
tumorbedingter 252
um das Maul 253
um die Augen 253, 280
umweltbedingter 255
verhaltensbedingter 254
Haarbalg 254, 264, 266, 267, 274
Haarbalgentzündung 266, 270
Haarkleid 28–29
Typen des 150
Haarpflege-Set 147
Haarwechsel 28
Halt! 135
Hämatom 258
Hämobartonellose 226
Hämoglobin 22
Hämophilie 328
Hängeohren 29
Hagelkorn 279
Hakenwürmer 172, 238, 239, 241, 315
Ancylostoma caninum 241
Uncinaria stenocephala 241
Hals
Pulsschlag am Hals sichtbar 324
Schwellung 338
symmetrischer Haarausfall 257, 375
Untersuchung 440
Halsbänder 147, 309
Würgehalsband 309
Halsschmerzen 338–339
Halswirbel 16
Handzeichen 111, 126, 143
Harnleiter 368–371
Harndrang 369
Harnfarbe 371
Harnwege 369
Harnwegserkrankungen 369
Haushunde 12–15, 166, 192
die ersten Haushunde 12–15
Haustier-Krankenversicherung 114
Haut 28–29, 248–271
Abstrich 250
Allergien 212
Aufbau 249
Autoimmunkrankheiten 270–271
Beulen 251
Biopsie 251, 257
blumenkohlähnliche Wucherung 337
Bluttests 270
Diagnose von Krankheiten 250–251
ELISA-Tests 251, 305, 306
Erosionen 268–270
fettige 252, 253, 254
feucht entzündete 268
Fremdkörper 256
Funktion 248
Futterumstellung 203–204
gerötete, heiße 269
Geschwüre 268–270
Gewebeschäden 251
Haarausfall 252–257
Hautfalteninfektion 268
Hyperpigmentierung 259
Infektionen
bakterielle 266
Flohbiss 234
intradermaler Hauttest 250, 251, 305, 306
Juckreiz 260–263
Kalkablagerungen unter der Haut (Calcinosis cutis) 252
klebrige 261
Knoten und Beulen 257–258
Pemphigus 271
Pickel 264
Pigmentveränderungen 258–259
Pflastertests 262
rot geränderte, ovale Eruption 271
Schuppen 260
schuppige 264–266
Serumsekretion 268
trockene 252, 257, 261

Tumoren 252
UV-Untersuchung 251
Verdickung 260
Verfärbung 375
Verkrustungen 266–267
Hautdrüsen 28
Hauterosionen 264, 268
Haut und Fell 248–271
Hautkrankheiten
anatomisch bedingte 268
Diagnosemethoden 250
Ansprechen auf Behandlung 250
Bakterien- oder Pilzkultur 251
Bluttests 251
ELISA-Tests 251
Futterumstellung 251
Hautabstrich 250
Hautbiopsie 251
Hautgeschabsel 250
Intradermale Hauttests 251, 300
Pflastertests 251
Umwelteinflüsse 251
UV-Untersuchung 251
erbliche 257, 264, 265
ernährungsbedingte 265
Follikulitis 266
hormonelle 252
immunbedingte 260–263, 270
infektiöse 258, 266, 270, 254
Klassifizierung 251
Malassezia-Dermatitis 266-267
Nasenkrusten 265
parasitäre 234–236
tumorbedingte 258
umweltbedingte 256, 267, 268
Hautkrebs
Basalzellenkarzinom 267
Plattenepithelkarzinom 267
Heben eines verletzten Hundes 434–435
Hecheln 302, 304, 374
Hefepilze 215, 228
Heilung 186
Helfer-T-Zellen 188, 189, 206
Helicobacter 222, 353
pylori 346
Hemeralopie 290
hepatische Amyloidose (Leberamyloidose) 367
Hepatitis 183, 214, 281, 289
chronische 366
infektiöse Hundehepatitis 208, 220
leptospirale 365
medikamentenabhängige 366
Herbeikommen 116ff.
Herbstgrasmilben 230, 232
Herpesviren 289, 390
Herz-Kreislauf-System 316–329
Herz-Lungen-Wiederbelebung (HLW) 423
Herz 16, 22–23
angeborener Herzfehler 323
Aufbau des Herzens 318
Blutgefäße zwischen Leber und 362
Herzgeräusche 319
Herzhusten 221
Herzklappenerkrankungen 320–321
Herzklappenfehler 318
Herzmuskel
Entzündung 322
Erkrankungen 322
Herzrasen 380
Herzversagen 320, 321
Infarkt 319
Kammern 317
Klappen 316
Massage 423
Parasitenprobleme 324
Stauungsinsuffizienz 320
Störungen der Herzklappen 320
Therapie 319
Untersuchung 318–319
Vergrößerung 316
Herz-Kreislauf-System 316–329
Herzschlag (Puls) 318
Herzschrittmacher, künstlicher 319
Herzwürmer 172, 232, 239, 243
Dirofilaria immitis 243
Vorbeugung 326
Herzwurmbefall 155
Lebenszyklus des Herzwurms 325
Herzwurmkrankheit 238–243
Hesperocyon 9
Heterochromia iridis 288
Heulen 92, 93, 100
Heuschnupfen 210, 211
Hiatusbruch 344
Hinlegen 120
Hinken, Lahmen 226, 227, 404, 408
Hinsetzen 120
Hirn siehe auch Gehirn
Hirnanhangdrüse 30–31
Hirnhautentzündung 388
Hirnstamm 18
Hirntumoren, Lebenserwartung bei 390
Hirtenhunde 35, 58–65
Histamin 210, 212, 213, 260
histiozytäre ulzerative Colitis 356
Histiozytom 258
Histokompatibilitätskomplex 188
Histoplasmose 229, 289
Hitzezyklus 168
Hitzschlag 153, 308, 442
Hoden 27, 30, 252
Kastration 27
Tumoren 160, 252, 328
Verkleinerung 379
Hodensack, Hautfalteninfektion 268
Homöopathie 220
Homo sapiens 13
Hormone 30–31, 372f.
ACTH 30, 31, 374
Adrenalin 30, 31, 372, 378, 380
antidiuretisches Hormon (ADH) 368, 374
Cortisol 30, 252, 372, 378, 392
Dopamin 372
Drüsenhormone 372
Erythropoetin 372
follikelstimulierendes (FSH) 30, 31, 373, 374
Gastrin 372
Insulin 372
luteinisierendes (LH) 30, 31, 373, 374
L-Thyroxin 372
Melatonin 372
Noradrenalin 378, 380
Östrogen 31, 168, 328
Oxytozin 30
Parathormon (PTH) 31, 372, 377
Progesteron 31, 328, 372
schilddrüsenstimulierendes Hormon (TSH) 374
Serotonin 372, 384
somatotropes Hormon (STH) 374
Testosteron 30, 172, 372, 373
Vasopressin 30, 372
hormonelle Einflüsse auf das Verhalten 78
Hormonpräparate 160, 374
Hormonprobleme 252
Hormonsystem (endokrines System) 372f.
Biofeedback 372, 373
Entwicklung des Fötus 372
Fortpflanzungssystem 373
Haarausfall 375
Inkontinenz 374
Kastration 27
Medikamente 374, 376, 377, 381, 382
Milchproduktion der Brustdrüsen 374
Scheinträchtigkeit 146
Hörprobleme 300
angeborene Taubheit 300
erworbene Taubheit 301
Hörsinn 18–19
Horner-Syndrom 291
Hornhaut (Kornea) 274, 285, 288, 282
Geschwüre 274, 285, 288, 282
Keratitis 274, 285, 288
Glaukom 282, 288–289
Infektionskrankheiten 288
Trübung (»blaues Auge«) 220
Uveitis 274, 288
Uveitis anterior 277, 282, 288
Verletzungen 274
Hornhautreflex 420
Hornhautpigmentierung oder -schäden 280
Hornhaut am Ellbogen 254f.
Hot spot 268, 269
Hrvatski Ovčar 59
Hüftdysplasie 410–411
Hüftgelenksdysplasie (HD) 17
Hütehunde 35, 58–65, 84
Hüteinstinkt 84
Hüter 15
Hündin 146, 160, 166, 369, 374
Auswahl eines Tieres 146
Beziehung zu den Welpen 180
Diabetes 380, 381
Fortpflanzungssystem 26–27, 373
Geburt 174–175
Kastration 27
Paarung 166, 168, 169, 170–171
Probleme nach der Geburt 176
Säugen 177, 179
Scheinträchtigkeit 146, 169
Scheinzyklus 169
sexuell bedingte Aggression 170
Störung der mütterlichen Pflege 180
Trächtigkeit 168–174
Unfruchtbarkeit 168
Zyklus der Hündin 169

Forts. Hündin
Zyklusbluten 146
Hundeapotheke 155
Hundebox 153, 154
Transportbestimmungen 154
Hundeerziehung 106–143
Hunde-Herpesvirus (CHV) 218
Hundehusten siehe Zwingerhusten
Hundekauf 115
Hundekorb 146
Hunde-Parainfluenzavirus (PIV) 221
Hundepension 155
Hunderassen 34–73
Erläuterungen zu den 34–35
Hundeschau 148, 225
Hundespulwurm 240
Hundesitter 155
Hundezahnarzt 335
Hundezahnbürste 156, 332
Hundezahnpasta oder Schlämmkreide 156, 332
Hundeverein 168
Hunger, ständiger 343
Husky 89
Husten 304, 186, 225, 227
anhaltender 310, 312
bei Nacht 312
feucht klingender 311, 313, 314
Funktion des 311
harter, trockener 224, 312
heller, bellender 211, 221
mit Atemnot 315
mit schaumig rosigem Auswurf 320
nach Anstrengung 312, 320
nach Aufregung 312
rasselnder 311
rauer 315
Reizhusten 221, 320
schleimig oder blutig 310
tiefer, trockener 310, 315
Hustenanfall mit Würgereiz 221
Hustenmittel 310
Hyaenidae 9
Hydrozephalus 388
Hyperadrenokortizismus siehe Cushing-Syndrom
Hyperkeratose siehe Nasalkallus
Hyperlipidämie 205
Hyperpigmentierung 259, 258
hypertrophe Kardiomyopathie 322
Hyperthyreose siehe Schilddrüsenüberfunktion
Hypoadrenokortizismus 379
hypoallergene Diät 204, 262
Hypoglykämie 382–383
Hypophyse 30–31, 372
Hormone 30
Hypophysenstörungen 374–375
Akromelagie 374
Diabetes insipidus 374
Wachstumshormondermatose 375
Hypopigmentierung 258
Hypothermie 444–445
Hypothalamus 30–31, 202
Hypothyreose siehe Schilddrüsenunterfunktion
Hysterektomie 160

I

iatrogene Störung 253
Ibuprofen 346
Ichthyosis 265
Ikterus siehe Gelbsucht
Im-Kreis-Laufen, dauerndes 391, 436
nach einer Seite 294, 297
Immunisierung siehe Impfen
Immunglobulin A (IgA) 348
Immunreaktion 188–189
Immunsystem 186, 188, 206–213, 313
Allergien 206, 210–213
Aufbau 207
Autoimmunstörungen 209, 210
Darm 348, 351, 355
Haut 248
Helferzellen 206
Immunstimulanzien, natürliche 209
Immunsuppressiva 209, 213
Infektionserreger 208
Parasiten 247
Suppressor-T-Zellen 205
Versagen 219
Welpen 218, 224
immunbedingte hämolytische Anämie (IHA) 213
immunbedingte Kiefermuskelerkrankung 415
Impetigo
Welpen 268
Impfpass 149
Impfschutz 158, 177, 183, 218, 219, 225
Impfstoffe 159, 177, 183, 208, 214, 218, 220
Impfzeitpunkt 219
infektiöse zyklische Thrombozytopenie 227, 289
Infektionskrankheiten 214–229
bakterielle 222–225
Erreger von 215
Pilzinfektionen 228
inflammatorische Darmerkrankungen 354, 355, 356
inflammatorische Prostaglandine 191
Informationsübertragung durch Gerüche 82
Inhalationsallergene 213
Inhalatoren 313
inhalierte Giftstoffe 451
Injektion 256, 414
Injektionsreaktion 256, 258
Inka 12
Inkontinenz 371, 438
Kot 270, 389, 396
Urin 371, 377, 386, 389, 396
Innenohrentzündung 296
Insekten und Spinnentiere
Parasiten 232–237
Stiche und Bisse 299, 389
Insektenentwicklungshemmer 232–233, 234
Insektenwachstumsregulatoren 232–233, 234
Insektizide 388
Insulin 25
insulinausschüttende Tumoren 383
Insulinspritze 382, 383
Insulinzyklus 381
Überdosis 383
Interdigitalzysten 256
intradermale Hauttests 250–251, 260, 261
Iris 273
Entzündung 282
mehrfarbige Augen 273
Uveitis 274, 288
Uveitis anterior 277, 282, 288
Irish Setter 83, 148, 168, 255, 257, 259, 291, 330, 339, 345, 347, 356, 361, 375, 389
Irish Soft Coated Wheaten Terrier 203
Irish Water Spaniel 255
Irish Wolfhound 285, 347, 366, 375
irritierende Kontaktdermatitis 262
Italienischer Vorstehhund 93
Italienisches Windspiel 17
Ixodes holocyclus 235
Ixodes ricinus (Gemeiner Holzbock) 235

J

Jack Russell Terrier 48, 72, 191, 270, 287
jacobsonsches Organ 94, 95
Jagdgefährten 15
Jagdhunde 42–47, 279
Jagdinstinkt 84, 98
Jagen 84–85
Jaulen 92
Jod 196, 215
Joggen 141
Joghurt 351
Juckreiz 210, 250, 260–263
Augen 306
Kopf 217
Ohren 237, 264
Jugendkatarakte 286, 287
Jugularvene 324
juvenile Pyodermie 269

K

Kaiserschnitt 175
Kalorienbedarf 201
Kälte 311
Erfrierung 299, 444–445
Unterkühlung 444–445
Kalzium 196
Nahrungsergänzung 412
Kalziumkanalblocker 319
Kämme 150
Kämpfen
um ein Revier 88–89
zum Spaß 80–81
Kampfhund 70
Kampfwunden 269
Kanadischer Eskimohund 68–69, 72
Kannibalismus 175
Kanide 8, 166
Merkmale 9
Kapillaren 261
Kardiomyopathie
dilatative 322
hypertrophe 322
Karies 25
Karpalballen 29
Karzinome
Plattenepithelkarzinom 258, 267
Schuppenzellkarzinom 309
Kastration 27, 146, 160, 252, 253, 258
Katarakt (grauer Star) 286
Katze 98
Katzenfutter 205
Kauen 77
aus Langeweile 311
Büffelhautknochen 332
Ersticken/Verschlucken verhindern 424
Knochen 334
Kaumuskelmyositis 415

Kehle
Fremdkörper 339
Halsschmerzen 338
Halsentzündung 338
Mandelentzündung 339
Rachentumoren 339
Würgen 312, 344, 347
Kehlkopf
Entzündung 308
Lähmung 308
Ödem 308–309
Tumoren 309
Keime siehe unter Bakterien, Pilze, Viren
Keratitisformen 156, 285, 286
chronische Oberflächenkeratitis 286
interstitielle Keratitis (blaues Auge) 285
nicht ulzerative Keratitis 285
Pigmentkeratitis 286
ulzerative Keratitis 285
vaskuläre Keratitis 286
Kernspin (MRT) 277, 387
Keratokonjunktivitis sicca 283
Ketoazidose 382
Ketoprofen346
Kiefer 24
siehe auch Maul
Fehlstellung 334
immunbedingte Kiefermuskelerkrankung 415
Kieferausrenkung und -brüche 339
kraniomandibuläre Osteopathie 339
schlaffer Kiefer 339
Kinn
Schwellung beim Welpen 269
Killer-T-Zellen 188, 189, 208
Klassifikationen 35
Kleinhirn 18
Knie
Bänderverletzungen 404–405
Kniebänder 17
Kniescheibe, rutschende 412
Knoblauch 205
Knochen 400f.
Aufbau von Knochengewebe 403
Dislokation 405
Erkrankungen 412f.
Frakturen 406f., 431
Kauen auf Knochen 334
klinische Symptome 403f.
Knochenbau 16
Knochendichte 400
Knochenmark 16, 207
Knochenwachstum 16
Transplantat 412
Tumoren 413
Knochenbrüche 406f.
Erste Hilfe 431
Kiefer 339
Schädel 388
Knochenmark 394
Knochenmarksuppressionsanämie 328
Produktion roter Blutkörperchen 327
Knochensporn 397
Knochenszintigramm 403
Knorpel
Verletzung des Gelenkknorpels 405
Knoten und Beulen 257
nach Knoten abtasten 257, 440
Knurren 86, 102
Kobalamin (B_{12}) 351, 354
Kohlenhydrate 192, 194, 196, 197, 202
Kojote 8, 10, 12–13
Kokzidien 244
kollabierende Luftröhre 313
Kollaps 309, 310, 324, 380f., 388, 442
Kolostrum 177, 206, 218
Koma 386, 388, 390, 422
Komedo-Syndrom 264, 266
Komm! 116, 128, 138
Kommandos 110, 115, 119
Bleib! 126
Fuß! 122, 124ff., 132
Gib! 138
Halt! 135
Komm! 116, 128, 138
Nein! 111
Platz! 121, 129ff.
Sitz! 120, 124, 128
Kommunikation 94
Komposthaufen
Sicherheit 449
Konkurrenzfresser 192
Konjunktivitis 276, 280–281, 284
Gelbfärbung 327
Kontaktallergene 213
Koordinationsstörungen 297, 390, 397, 449
Kopf
Juckreiz 217
schütteln 294, 296
Untersuchung 440
Verletzung 386, 388
zu einer Seite geneigt 294, 296, 297
Kopfgeschirr 132
Koprophagie 205
Korneaerkrankungen 274, 277, 282, 285, 288, 289
Blindheit 286
blaues Auge (interstitielle Keratitis) 285
Geschwüre 274, 282, 285, 288
Keratitis 274, 285, 286, 288
Kornea-Degeneration 286
Kornea-Dystrophie 285, 286
Korneaschäden 285
Kratzer (Abrasionen) 285
Körperbau des Hundes 16–31
Körperform 203
Körperkontakt 100, 101
Körpermerkmale des Wolfes 9
Körpersprache 8, 79, 100, 108, 110ff.
korrosive Stoffe
Verschlucken 452
Kortikosteroide 209, 213, 221, 237, 253, 254, 271, 279, 286, 309, 315, 415
Kortikosteroid-induzierte Alopezie 253
Kortison 378, 379
Kot siehe auch Durchfall
Analyse 305
Anstrengung 350, 358, 438
Bandwurmsegmente im 242, 243
Blut im 326, 328, 365, 438
eigenen Kot fressen 205, 351
grau-weißer, fetthaltiger 365
große Menge, massig 244, 354
Kotabsetzen 24, 29
Kotverhalten bei Welpen 183
kuhmistähnlicher 212, 244, 364
Parasiteneier 238, 240, 241
schmierig und riecht 354
schwarzer teerartiger 326, 346, 350, 355
Schmerzen beim Kotabsetzen 355
Selbstbeschmutzung mit 438
Überwachung 438
Würmer im 240
Kotfressen 205, 351
Kotinkontinenz 270, 389, 396
Krämpfe 158, 219, 223, 227, 365, 367, 378, 389, 391, 449
Grand-mal-Epilepsie 378, 389
Krallen 29
Behandlung blutender 430
erste Zehe 172
Krallenzange 152
schneiden 152
Welpen 178
Zange 152
Krankheiten und Störungen 186–461
Erbkrankheiten 148, 264, 265, 398, 410f., 412, 413
Ernährung bei 198–205
Hunde als Überträger von Humankrankheiten 223
Immunsystem 206–213
Impfen/Impfstoffe 159, 177, 183, 208, 214, 219, 218, 220
Infektionskrankheiten 214–229
krankheitsbedingte Aggression 216, 376
natürliche Abwehr 186–191
selektive Zucht 175
Krankheitszeichen von Harnwegserkrankungen 370–371
Krätze siehe Räude
Kratzen 232, 236
Haut 262
Hautschäden durch 254, 262
intensives 217, 236
Ohren 296
Krebs 257, 267
Eierstockkrebs 328
Hodenkrebs 328
Knochenmarkkrebs 328
Kreislaufsystem 316f.
Notfallbeurteilung 421
Kreuzungen (Auswahl eines Hundes) 146, 148, 149
Kreuzband 17
Kroatischer Schäferhund 59, 72
Krusten
Hauterkrankungen 266f.
Kryotherapie 255
künstliche Beatmung 423
künstliche Befruchtung 166
Kupferspeicherkrankheit 205, 368, 389
Kupfer 196
Kurzhaardackel 41
Kurzhaariger Collie 63
Kurzkopfrassen 334

L

Labortests 277
Labradormyopathie 415

Labrador Retriever 43, 72, 79, 150, 175, 195, 202, 203, 255, 259, 263, 269, 270, 279, 289, 291, 308, 323, 340, 345, 361, 379, 397, 411, 415
Läuse 161, 232, 235
Lactobacillus-Joghurt 351
Lactobacterium 353
Lahmen 226, 227, 246, 404–406, 408, 410, 413, 437
  Hinterbeine 410, 413
  leichtes 216
  nach Bewegung 405, 406
Lähmung 158, 246, 396, 398–399
  der Stimmbänder 304
  fortschreitende 398
  Gesicht 399
  Halsmuskeln 216
  Kehlkopf 399
  teilweise 399
  vollständige 398, 399, 414
Laktation 169
Lambliasis (Giardiose) 245
Langeweile 311
  Bellen aus 93
Langhaardackel 41
Langhaariger Collie 62, 202, 253, 291
Lärmempfindlichkeit 437
Larva migrans visceralis 240
Laryngitis 308
Larynxödem 308
Laseroperation 290
Laufen
  an der Leine 124
  ruheloses Herumlaufen 347, 437
Laufhunde 35, 38–41
Läufigkeit 27
Launen 376
Lebenserwartung 163, 201, 376
Leber 16, 22–23, 186, 228, 363
  akutes Leberversagen 365
  chronische Lebererkrankung 360
  Kupferspeicherkrankheit 205, 368, 389
  Leberamyloidose 367
  Leberkoma, Lebershunt 367f.
  Lebermetastasen 365
  Operation 366
  rassebedingte chronische Erkrankungen 366
  Tumoren 367
  Zirrhose 366
Leckdermatitis 255
Lecken 94, 236
  Afterlecken 355
  hautschädigendes 254, 255, 256, 262
  Penis 370
  Pfoten 262
  übermäßiges 255, 256
  Vorderbeine 255
  Vulva 270
  zwanghaftes 392
Leckerli 332
Leckgranulom siehe Leckdermatitis
Legg-Perthes-Krankheit 412
Leine 147
Leishmania (Leishmaniose) 239, 246–247, 266
Leishmaniose 155, 246–247, 266, 288
Leithund 78
  Mensch als 78
LEM (Leukozyten-endogener Mediator) 187
Leonberger 270, 375, 379, 383
Leptocyon 8
Leptospira canicola 223
Leptospiren 215
Leptospirose 149, 163, 183, 223, 288
Lernen 80, 106
Lethargie 219, 220, 221, 223, 224, 225, 226, 227, 321, 338, 354, 366, 374, 376, 379, 382, 383, 392, 437
Leukämie 208, 220, 326
Leukozyten siehe weiße Blutkörperchen
Lhasa Apso 182, 203, 263, 278, 283, 285, 321, 330, 389
Lichtempfindlichkeit 216, 220, 289, 437
Lichtreflex 420
Lidreflex 420
limbisches System 19, 95
Linné, Carl von 34
Linolsäure 194
Linsenstörungen siehe Auge
Lipom 258
Lippen 336–338
  Bläschen 271
  Entzündung 336
  Fremdkörper 337
  Lippenfalteninfektionen 268, 336
  Krusten 268, 269, 270, 271
  Notfallbeurteilung 421
  Pusteln 268, 269, 271
Liquor (Rückenmarksflüssigkeit) 219
  Analyse 387
Löffelhunde 10
Löwchen 57, 72
Luftröhre 310f.
  Kollaps 311
  Schaden der Luftröhrenzilien 310
Luftröhrenspülung (Lavage) 305
Lunge 16, 22–23, 228
  allergische Lungenkrankheit 315
  chronische Bronchitis 312
  Lungenentzündung 312–313
  Lungenkollaps 314
  Tumoren 315
  Wasseransammlung 313, 314
Lungenödem 314
Lungenwürmer 315, 243
  Capillaria aerophila 243
  Filaroides osleri 243
  Paragonimus kellicotti 243, 315
Lupus 213, 253, 266, 270
  erythematodes 213, 270
  erythematodes discoides 253
Lustlosigkeit 361
luteinisierendes Hormon (LH) 30, 31, 168
Luxation
  Gelenk 405
  Linse 286
  Patella 412
Lyme-Krankheit (Borreliose) 226
Lymphknoten
  geschwollene 223, 225, 227, 410
  vergrößerte 410
Lymphome 220
Lymphosarkome 220
lymphozytäre plasmazytotische Colitis 356
Lymphsystem 207
  Lymphe 207
  Lymphknoten 207
  Lymphozyten (weiße Blutkörperchen) 206, 207
  Tumoren 288
Lyssa siehe Tollwut

M

Maden 260
Mähnenwolf 10
Magen 24, 340–347
  siehe auch Verdauungsorgane
  Enzyme 340
  Fremdkörper 342
  Magendrehung 159
  Magengeschwüre 340, 345
  Magensäure 340
  Magenschleimhautentzündung 340, 345
  Nahrungsfluss 341
  Peristaltik 340
  Verschlüsse 346
Magen-Darm-Trakt 158, 186
  akuter Magen-Darm-Katarrh 352
Magenspiegelung 343
Magnesium 196
Magyar Vizsla 42, 72
Makrophagen 188, 189
Malabsorption-Syndrom 354, 350
Malassezia 296, 297
Malassezia-Hefepilze 228, 229, 250, 266 f.
Malteser 150, 274, 280, 283, 323
Manchester Terrier 300, 389
Mandelentzündung 339
Mangan 209
Marderhunde 10
markieren 82
Massage 415
Mastdarm 24
Mastdarmvorfall 351, 358–360
Mastzellentumoren 258
Maul 333
  siehe auch Kiefer, Lippen, Zähne
  Angelhaken entfernen 433
  Fremdkörper 337
  Geschwüre 330
  Haarausfall 253
  klebriger Speichel in Maulwinkeln 221
  Maulhygiene 332
  Maulsperre 333, 339, 344
  Probleme beim Öffnen des Mauls 333
  Reiben am Maul 330
  Sabbern 216, 330, 337, 338
  Schaum 216, 312, 382
  Störungen 336–338
  Tumoren 337–338
  Untersuchung 332
Maulkorb
  als Vorbeugung 96
  Notfall 418, 419
  zur Verhütung von Bissen 171, 191
Medikamente
  allergische Reaktionen 212, 263
  Antibiotika siehe Antibiotika
  Augenmedizin 277
  Beruhigungsmittel/Sedativa 393

Hormonpräparate 160, 374
Nebenwirkungen 324, 357
Nosoden 220
Ohrentropfen 295
per Spritze in den Mund 382
rezeptfreie 358
Schmerzmittel 191, 365
Sicherheit 449
Steroide 372
Stimmungsschwankungen 393
verabreichen 158
Vergiftung 366
während der Trächtigkeit 245
medikamentenabhängige chronische Hepatitis 366
Megacolon 358
meibomsche Drüsen 279, 280
Melaena 350, 355
Melanom 258, 280
Melatonin 372
Meloxicam 346
Meningitis 390
Meningoenzephalitis, granulomatöse (GME) 390
Meninx 390
Meniskus 17
mentale Stimulation
alternde Hunde 392, 393
Welpen 181
Metastasen 365
Metöstrus 26, 169
Meutehunde 102
Mexikanischer Nackthund 150
Miacis 8
Microsporum canis 228, 251
Microsporum gypseum 254
Mikroblepharon 280
Mikrochip 155
Mikrofilarien 319
Mikronährstoffe 197
Mikroorganismen siehe unter Viren, Bakterien und Pilze
Milben
Cheyletiella 232, 233, 250, 260, 298
Demodex 230f., 237, 252f., 270, 298
Hausstaubmilben 260
Herbstgrasmilben 230, 232, 260
Laufmilben 237
Ohrmilben 183, 231, 232, 260, 294, 296, 298
Räudemilben 230–233, 236, 260, 298
Milch
Kuhmilch 178, 356
laktosefreie Milch 356
Milchersatz 178
Säugen 177, 179
Scheinträchtigkeit 171
Welpenfutter 178
Milchbildung 177, 179
Milchdrüsen, Verhärtungen 160
Milchtritt 152
Milz 22–23, 24, 207, 208
Entfernung 208
Tumoren 208
Mimik 88, 89, 93
Mineralien 192, 196, 197, 209
Immunsystem 209
Nahrungsergänzung 412
Mischlinge 146, 148, 149
Mitesser 257, 264
Mittelohrentzündung 296
Mittelschnauzer 58
Monoaminoxidasehemmer (MAOI) 233
Mops 17, 72, 148, 154, 266, 274, 280, 307, 310, 442
Moskitos 233, 235
MRSA 214
Mucus-Rolltreppe 310
Mudi 59, 72
Mückenstiche 299
Multidrug-Resistenz 189
Munddach 19
Mundflora 225
Musik 295
Muskelerkrankungen 413f.
Muskeln 20–21, 402f.
Abbau 246, 413,
Aufbau 403
Krämpfe 224, 413
Lähmung 398–399
Schmerzen 246
Symptome und Diagnose 403–404
Störungen 413–415
Zerrungen 404, 405
Muskelzuckungen (Myoklonus) 219
Muskulatur 18, 21
Mustelidae 9
Mutation 28, 188
Mutterschaft 168
Myasthenia gravis 413, 414
Mycobacterium tuberculosis 225
Myelografie 387
Mykoplasma 215, 311
Myokarditis 322
Myopathien, ererbte 415
Myotonie 415

N

Nabel
Knoten 183
Nabelschnur 176
Nackthundrassen 28
Nageknochen 199
Nahrungsergänzungsmittel 197
Nahrungsstoffwechselstörung
ererbte 205
Narkose 386
nasale solare Dermatitis 267
Nase
Ausfluss
aus einem Nasenloch 307
blutiger 226, 306, 307, 328
eitriger 306
klarer, wässriger 219, 306
nach dem Fressen (Welpen) 307
schleimig 219, 221, 224, 227, 306
trüber oder starker 306
Bläschen 271
Bluten 226, 306, 307, 328
Fremdkörper 307
kleine Nasenlöcher 307
laufende 219
Nasenkrankheiten 306–307
Pusteln 271
Reiben der 307
Schuppen 265
übel riechende Schleimsekretion im Rachen 306
Untersuchung 440
verstärktes Nasengeräusch 307
Nasenleder 307
hornförmige Verkrustung 266
Krusten 270, 271
Pigmentveränderungen 259
Pigmentverlust 259
Sonnenbrand 267
Verdickung 219, 266
Nasenprobleme 267
natürliche Abwehr 186–191
koevolutionäres Wettrüsten 188
Überlistung der 188
Neapolitanischer Mastiff 285
Nebennieren 30–31
Nebennierenstörungen 378
Nebennierenüberfunktion 206, 252, 257
Nebennierenunterfunktion 283, 285, 380
Nebenschildrüse 30–31, 377–378
negatives Feedback 31
Nein! 111
Nekrose, aseptische 412
Nematoden 238
Neospora caninum 246
Nephritis (chronische Nierenentzündung) 163
Nephrone 368
Nerven 20–21
Nervenrezeptoren 190
Nervenzellen 18
Nervensystem
Gehirn 384f.
Nerven 394f.
Rückenmark und peripheres Nervensystem 18–19, 394, 395
Spinalnerven 395
Nervengifte, natürliche 232–233, 234
Nervosität, erhöhte 378
Nesselsucht (Urtikaria) 211, 213, 263, 279
Neufundländer 146, 150, 257, 259, 285, 323, 345, 375, 411
Neugeborenenkonjunktivitis 281
Neugierde 96, 97
neurologische Tests 386–387
Neuronen 18
Neurotransmitter 372, 384, 394
Neurotransmitterinhibitoren 232–233
Neutrophile 188, 189
Neutrophilencolitis 356
niedriger Blutzucker 365, 382
Nieren 26–27, 368–371
Krankheitszeichen 370
Niereninfektion 370
Niereninsuffizienz 370
Nierensteine 27, 371
Nierenversagen 370
Tumoren 252, 379
Nierenwurm 243
Niesen 306, 307, 311
nach dem Fressen (Welpen) 307
plötzliches 307
Rückwärtsniesen 309
Nitroglyzerin 320
Nocardia 225
noduläre Panniculitis 271
Nokardiose 225, 270
Noradrenalin 30, 378
Norfork Terrier 50, 72
Norwegischer Elchhund 202, 291
Norwegischer Lundehund 355
Norwich Terrier 51

Nosoden 220
Notfälle 416–457
Notfalleinschätzung 420–421
Nova Scotia Duck Tolling Retriever 379, 383
NSAIDs (nicht-steroidale Antiphlogistika) 191, 345, 346, 397
Nukleus-Sklerose 287
Nystagmus (Augenzittern) 291, 297, 386

O

Oberkiefer 25
Obstruktionen
Blase 359
Darm 358–359
Gallenweg 367
Magen 346
rektale und anale 358
Ocytocin 30
Ödem
Kehlkopf 308–309
Lunge 314
Östrogen 31, 168, 382
Östrus (Hitze) 26, 27, 169
Ohren 19, 292–301
Anatomie 293
Ausfluss
gelber, brauner oder rötlich brauner 294, 297
übel riechend wachsartiger 296
Diagnose und Therapie 294f.
Dominanzhaltung 88–89
Entzündungen 294, 296f., 354
Gehörprobleme 300f.
Geruch der 82
Haarausfall 300, 375
symmetrischer 257, 375
Hängeohren 293
Juckreiz 262
Kratzen 294, 296
Pflege 292
Primärerkrankungen 294f.
Rötung (Öffnung des Ohrkanals) 297
Säubern 292f., 297
Schwellung 269, 294, 298
Sekundärerkrankungen 299f.
Sonnenbrand 259
Tätowieren 259
Trommelfellverletzungen 298
Tumoren 267, 298
unangenehmer Geruch 294
Untersuchung 440
Verbinden blutender Ohren 428
Verkrustungen 266, 267, 269, 270, 271, 298
Zittern 294, 296, 297
Ohrlappen
entzündete Spitzen 236
Grassamen und Fremdkörper 294, 297, 433
heiße 258, 298
Rötung 258
Ohrenprobleme 292–301
Ohrenschmalz 157, 294, 300
übel riechendes, gelbes 267, 296
übermäßige Produktion 300
Ohrentropfen 295
Allergie gegen 263
geben 295
Ohrmilben 183, 231, 232, 294, 296, 298
Ohrwachs 82
Omega-3-Fettsäuren 194, 197
Omega-6-Fettsäuren 194
Operation
bei Gelenkserkrankungen 409
bei Speiseröhrenentzündung 345
Bulla-Osteotomie-Operation 295
Sterilisieren 160
Tumoren 338, 358, 359
Ophthalmoskop (Augenspiegel) 276
oronasale Fistel 307
Osteochondrose 411, 412
Osteochondrosis dissecans 411
Osteomyelitis 412
Osteopathie 415
Osteosarkom 412
Otitis-Infektionen 252, 294, 296f.
Otodectes cynotis 237
Otoskop 294
Otterhound 38, 146
Otterhund siehe Otterhound
Ovulation 26, 374
Oxalat 194
Oxyhämoglobin 22
Oxytocin 30

P, Q

Paarung 27, 168–171
Energiebedarf 201
Fehlpaarung 168, 171
Hängen 26, 170
natürliches Verhalten 166–168
normale Paarung 171
Paarungsakt 170
Panikattacke 392
Pankreatitis 205
Pankreas siehe Bauchspeicheldrüse
Pankreasstörungen 380–382
Pannus 286
Panostitis 413
Panzytopenie 227
Papeln 268f.
Papiere 168
Papillon 15, 389
Papillom 337
Paracetamol 366, 449, 454
Paragonimus kellicotti 243, 315
Parainfluenza 183, 311
Parasiten 186, 214, 238–247, 259, 260
Atemwegsstörungen 315
äußere 232–237
Behandlung 232ff., 234
Haarausfall 252–253
Herzprobleme 324–326
innere 238–247
Juckreiz 232, 260
medikamentöse Behandlung 233
Protozoen 244–247
spinnenartige 235f.
parasitäre Konjunktivitis 281
Parese 386
Parodontose 333–334, 337
Parson Russell Terrier 48
Parvovirus 149, 183, 209, 214, 217–218, 352–353, 354
Pasteurella 353
Patellaluxation 412
Pawlow, Iwan 295
Peitschenwürmer 238, 241, 315
Pekingese 150, 182, 266, 274, 279, 280, 283, 307, 310, 389
Pembroke Welsh Corgi 328
Pemphigus-Erkrankungen 259, 266, 271
Pemphigus foliaceus 271
Pemphigus vulgaris 271
Penis 26, 369
Hängen 26, 170
Infektionen 370
Penisspitze 369
vermehrtes Lecken 370
Penisknochen 11, 16, 26
Penizillin 224
perianales Adenom 360
Perianalfisteln 361
peripheres Nervensystem 18–19, 394–395
Störungen 396
persistierende Pupillarmembranen (PPMs) 288
Persönlichkeitsveränderung 321
Perthes-Krankheit 412
Petit Chien Lion siehe Löwchen
pfeifende Atemgeräusche 304, 314
Pflanzen, giftige 453
Pflanzenfresser 8
Pflege 150–152
Ausrüstung 151
Fellpflege 150
Pflegeset 151
Trimmgeräte 151
Pfoten 29
siehe auch Krallen und Zehen
Fremdkörper 432
Knöchelknacken 439
Pfotenreflex 420
Spreizpfoten 411
Untersuchung 441
Verkrustung 271
Phäochromozytom 380
Phagozyten 261
Pharyngitis 308
Pheromone 82, 95
Phobien 393
Phosphor 196
Phosphorfruktokinasemangel 327
Physiotherapie 191
Pickel 264
eitrige 264
rote erhabene 261
Pigmentkeratitis 286
Pigmentierung
Nase 258
Veränderungen 251, 258f.
Verlust 258, 259, 271
vermehrte 252, 253, 259
Pilze
Fadenpilze 228, 251, 254
Microsporum canis 228, 251, 254
Microsporum gypseum 254
Trichophyton mentagrophytes 254
Haarausfall 253, 254, 255
Hefepilze 228
Candidamykosen 228
Malassezien (*Malassezia pachydermatis*) 228
Soor 228
Identifikation 251, 253
Infektionen 228–229
Juckreiz 262
Schimmelpilz
Aspergillose (*Aspergilla*) 228

systemische Pilzinfektionen 228
Pityrosporum 266
Plaque 332
Pflanzen, giftige 453
pflanzliche Medikamente 209, 262
Plattenepithelkarzinom 258, 267
Platz! 121, 129ff.
Plazenta (Nachgeburt) 172–173, 174, 176
Auffressen der 174
Pleuraerguss 313
Pleuritis oder Rippenfellentzündung 313
Pneumonie 312, 314
Pneumokokken 223
Pointer 17, 44, 259, 398
Pollenallergie 210, 300, 306
Polyarthritis 410
Polydypsie 370
psychogene Polydypsie 370
polyglanduläre Endokrinopathie 383
Polymyositis 414
Polypen
Gehirn 388
Magen 347
nasale 307
rektale 350, 358
Vagina 350
Polyphagie 343
Polyurie 370
PRA, progressive Retina-Atrophie 168, 290
Prämolaren 25
Primärhaare 28
Procyonidae 9
Progesteron 31, 328, 372
Proöstrus 169
Proptosis bulbi 280
Prostaglandin 210
Prostata 369
Infektionen 350
Prostatadrüse 368
Tumoren 350
Vergrößerung 357
Protein 378, 382
Proteus 270, 353
Prothese, Hüftersatz 411
Protozoen 238, 239, 244–247
Protozoonosen 230
Pruritus (Juckreiz) 260–263
Pseudomonas 270, 296
Pseudorabies, Pseudowut 217
Pseudowut-Viren 390
psychogene Erkrankung 255
Pudel 54, 150, 212, 257, 259, 265, 267, 279, 282, 283, 289, 323, 333 , 347, 375, 379, 383, 389
Pudelauge 283
Puli 150
Puls 318
Notfallbeurteilung 421
schneller 320, 324
unregelmäßiger 320
vermehrter 378
Pulsfrequenz, erhöhte 322, 380
Pulmonalstenose 323
Pupillen
Pupillenreflexe 386
verschieden große 387
Purinstoffwechseldefekte 205
Pusteln 226
After 271
Augenlider 271
Gesicht 269, 271
Lippen 269, 271
Nasenlöcher 271
Ohren 269
Pfoten 271
Vorhaut 271
Vulva 271
Pyodermie 266
juvenile 269
Pyometra 160
Pyrenäen Berghund 78, 279, 301
Pyruvatkinasemangel 327
Quarantäne 217

R

Rachenkatarrh 338
Räude 266, 267, 298
Räudemilben 161, 230–233, 236
Rangordnung 78–79, 80
Rassen 34–69, 70–73
Auswahl eines Hundes 146, 148–149
Rattengift siehe Warfarin
Raubtiere, erste 8
Rauhaardackel 41
Reduktionsdiät 203
Reflexe
Notfallbeurteilung 420
Welpen 179
Refluxgastritis 342
Regurgitation 183, 344
Rehydration 352
reinrassige Hunde 34–69, 70–73, 148
Auswahl eines Hundes 146, 148–149
künstliche Befruchtung 166
Stammbaum 149
Reiseübelkeit 153, 231, 342
Reißzähne 25
Reizbarkeit 260, 376
Reizdarmsyndrom 354
Rekonvaleszenz
Ernährung 202
rektale Störungen 358f.
Retikulozyten 329
Retina- und Sehnerverkrankungen 289–290
Collie-Augenanomalie 290
Netzhautablösung 290
Störungen des Sehnervs (Kolobom) 290
Tagblindheit 290
Retrobulbärhämatom 291
Retroviren 220
Reviermarkierung 29, 82, 83, 360
Markierung absetzen 82–83
Markierung wahrnehmen 82–83
Revierverteidigung 88, 89
Rhabdoviren 215
rheumatoide Arthritis 409
Rhinitis 218
Rhipicephalus sanguineus 226
richtige Hundehaltung 146–183
Rickettsien 226–227
Rickettsiosen 226–227
Borreliose 226, 227
Ehrlichiose 226, 227
FSME 226, 227, 235
Riechkolben 18, 19
Riechschleimhaut 16, 94
Riechzellen 94
Riesenschnauzer 58, 205
Rosenohren 29
Rosinen 453
Röntgen 277, 313, 338
Atemwegsstörungen 305
Harnwege 160, 371
Herz 319
Knochen 403
Rückenmark 387
Tumoren 252, 359
Verdauungsstörungen 343, 351
rotes Auge 281
Rotavirus-Enteritis 218
rote Blutkörperchen 326, 327, 329
Rothund 11
Rottweiler 67, 219, 259, 323, 353, 398, 405, 411, 415
Rottweiler-Mischling 88
Rough Collie siehe Langhaariger Collie
Rückenmark 16, 20, 387, 394, 395
Lähmung durch Verletzung 398, 399
Störungen 396–397
Rückenwirbel 16
Rückkehrverweigerung 139
Rückwärtsniesen (Laryngospasmus) 309
Rüde 146, 160, 166, 369, 374, 415
Auswahl eines Tieres 146
Fortpflanzungssystem 26–27, 373
Kastration 27, 252, 253
Paarung 168, 170–171
Paarungsakt 170
sexuell bedingte Aggression 170
Unfruchtbarkeit 168
Rudel 80
Rudelführer 114
Rudeltiere
Paarung 170
Sozialverhalten 180
Verhaltensprobleme 393
Rudelverhalten 80, 114, 180–181
natürliches 180
Rundwürmer 172, 238, 239, 240, 315
Toxocara canis 240

S

Sabbern 216, 330, 342, 344, 347, 386, 389, 413, 449
starkes Sabbern 330, 337, 338
Salmonellen 222
Saluki 14, 17
Samen
Samenproduktion 26
Samojede 253, 256, 259, 265, 289, 301, 323, 375, 415
Sandmücken (*Phlebotomus*) 246–247, 266
Sapolsky, Robert 393
Sarcoptes scabei 298
Sarcoptes-Räude 236–237
Sarkom 220
Sauerstoff
Atemwege 302, 303
Gehirn 384
Herz-Kreislauf-System 246
künstliche Beatmung 432
Sauerstoffzelt 313
Säugen 174, 176, 177
Säurevergiftung 453
Schablonenkahlheit 257
Schädel 25
Schädelformen 17
Schädelfrakturen 388

Schäferhund 79
Altdeutscher 301
Deutscher 21, 64–65, 89, 227
Kroatischer 59
Zentralasiatischer 15
Schakale 8, 10, 12–13
Schamlippen 369
Scheide 369
Scheidenkatarrh
Scheinträchtigkeit 146, 169, 171
Schienen von Brüchen 431
Schilddrüse 30–31, 375–378
ernährungsbedingte Störungen 377
Tumore 376
Überfunktion (Hyperthyreose) 376
Unterfunktion (Hypothyreose) 206, 213, 252, 257, 279, 285, 319, 375
vergrößerte 376
Schildrüsenhormone 30–31, 373
T3 31
T4 31
Schipperke 257
Schirmer-Tränen-Test 276, 284
Schlaf
Störungen 389
Träumen im 391
Schlaganfall 388, 391–392
Schleim
Augen 274
Augenlider 278
Urin 370
Schleimhäute
Gelbfärbung 223
Rötung 223
Schlucken
Schluckbeschwerden 330, 342, 343
vermehrtes 342
verschluckte Giftstoffe 448–449
Schmerz 190–191
akuter und chronischer 190
fehlendes Schmerzempfinden 398
Funktionen 190
Schmerzmittel 191, 365
Schmerzreaktion, relative 191
Schmerzresistenz 191
Schmidt-Syndrom 383
Schnarchen 310
Schnauzer 58, 146, 150, 323
Schneidezähne 25
Schnittverletzungen
Maul und Lippen 337
Schnur, verschluckte 357, 437
Schock 220, 347, 422
anaphylaktischer 209
klinischer 217, 420
Schokolade 205
Schüchternheit 90, 376
Schuppige Haut 264–265
auf Zink ansprechende Dermatose 265
Cheyletiella 266
Epidermisdysplasie beim West Highland White Terrier 265
erbliche Seborrhö 264
Ichthyosis 265
Leishmaniose 266
Sebadenitis 265
schütter werdendes Fell 375
Schwäche 375, 379, 380, 382, 383, 397, 398, 399, 415
Schwanz
symmetrischer Haarausfall 375
Untersuchung 441
Verband 430
Schwimmen 408
Scottish Collie siehe Langhaariger Collie
Scottish Terrier 73, 152, 259, 263, 301, 328, 413
Sealyham Terrier 287, 289
Sebadenitis 265
Seborrhö 204, 252, 264, 266, 300
erbliche 264, 265
fettige 204, 252, 300
trockene 204, 252, 300
Sedativa 393
Sehkraft
alternde Hunde 286
Nachlassen der 287, 290, 291
Verlust 227, 289, 290, 291
Sehnen 400
Verletzungen 404, 413
Sehnerv
Störungen 290
Sekundärhaare 28
Selbstbewusstsein 79, 80
Selektion 15, 28
selektive Zucht 175, 300
Selen 196, 209
senile Demenz 399
Sensibilitätstest 353
septische Arthritis 410
Sertoli-Zelltumor 252
Serotonin 384, 393
Setter (Irish, English) 73, 199
Sexualduftstoffe 19
Sexuallockstoffe 95
Sexualhormone 30–31, 373
follikelstimulierendes Hormon (FSH) 374
luteinisierendes Hormon (LH) 374
Shampoo 151, 152, 264, 265
Shar Pei 15, 99, 203, 211, 259, 263, 264, 279, 285, 345, 355, 366, 411, 422
Sheltie 63, 73, 202, 236, 257, 259, 267, 270, 271, 301, 323
Shetland Sheepdog siehe Sheltie
Shiatsu 415
Shiba Inu 15
Shih Tzu 182, 307
Siberian Husky 15, 69, 73, 256, 259, 265, 270, 287, 288, 308, 389, 444
Sibirischer Husky siehe Siberian Husky
Silky Terrier siehe Australischer Silky Terrier
Sinnesorgane 18–19
Sinusinfektion 306
Sinusitis 306
Sitz! 120, 124, 128
Skelett 16–17
Dackelskelett 16
Doggenskelett 16
Skelettprobleme 17
Skelettstruktur 16
Skye Terrier 365, 366
Smooth Collie siehe Kurzhaariger Collie
Soft-Coated Wheaten Terrier
Soja 358
Sommerekzem 268
Sommerfell 28
Sonnenbrand
am Ohr 259
an der Nase 267
Soor 337
Sozialisation 90, 107
Spaniel 80, 279, 321, 361
spastische Colitis 354
Speichel
Auswürgen schaumigen Speichels 312
klebriger, in Maulwinkeln 221
Sabbern 330, 337, 338, 342, 344, 347
Schaum 216
Überproduktion 338
Speicheldrüsenriss 338
Speiseröhre
Erweiterung der Speiseröhre 344
Fremdkörper 346
Speiseröhrenentzündung 344
Speiseröhrentumoren 345
Speiseröhrenwurm 345
Struktur 340
Sperma 26
Spezialfutter 204
Spielen 76, 80, 140, 142, 181
mit anderen Hunden 80–81
mit Menschen 80
Tauziehen 141, 147
Spielzeug 106, 115, 123, 141, 147
Spielverhalten 80–81
Spinone Italiano 95, 103, 338
Spirocerca lupi 345
spitzartige Hunde 35, 68–69
Sporthunde 146
Spot-on 226, 254
Springer Spaniel 86
Spritze 382
Spritzen 414
Hautreaktionen 256, 258
Insulin 380, 382, 383
Sputumproben 225
Staffordshire Bullterrier 263
Stammhirn 384f.
Staphylococcus
aureus 214
intermedius 270
Staphylokokken 225, 283, 353
Staupe 149, 156, 183, 208, 214, 219–220, 266, 275, 281, 283, 311, 313, 332, 353
Stauungsinsuffizienz 320
Stechmücken 235
Stehlen 96–97
Steife 224, 227, 378, 408, 415, 436
Steine, Harnwege 370, 371
stelzender Gang 378
Stenose 307
Sterilisieren 160
Steroide, anabolische 372, 397
Stethoskop 318
Steuermarke 147
Stichverletzungen 225
Stimmbänder 302
Stimme 92
Stimmungsstabilisatoren 393
Stirnmuskelkontraktion 224
Stockverletzungen im Maul 337
Stoffwechsel 30, 368
Erkrankungen 205
Knochenstörungen 415
Stolpern 294, 366, 383, 436
Stomatitis 337

Strahlenpilzkrankheit 225
Strahlentherapie 307, 338
Maul 338
Nase 307
Streicheleinheit 100
Streptokokken 215, 223, 353
Stress 345–346, 380, 392
Streunen 146
Strongyloides 243
Strychninvergiftung 224
Studer, Theophil 34
Stuhl siehe Kot
Stuhlinkontinenz 351, 386
Stupor 226, 227, 386
subdominant 180
Subluxation 287
Suppressor-T-Zellen 206
Symbole, Schlüssel für 35
Symphaticus 20
symphatisches Nervensystem 20
systemische Pilzinfektionen 229
systemischer Lupus erythematodes 270–271

T

Tabletten geben 158
Tätowierung 155
Taenia-Arten 242
Tagblindheit 290
Talgdrüsen 249, 264
Tapetum lucidum 272, 289
Tapetum nigrum 272
Tasten 19
Tasthaare 19, 28
Tastrezeptoren 18
Tastsinn 19
Taubheit 300f.
Tauziehen 147
Tazi siehe Afghanischer Windhund
Teckel siehe Dackel
Temperament 180–181
Temperatur messen 160
Terrier 35, 48–53, 323, 339, 379, 413
Tervueren (Belgischer Schäferhund) 259, 389
Testosteron 30, 172, 360, 372, 373
Tetanus 224
Thelazia californiensis 281
Theobromin 205, 454
Thrombozyten 329
Thrombozytopenie, infektiöse zyklische 227, 289
Thymusdrüse 207
Thyreotropin 30
Tibet Terrier 287, 291
tierärztliche Untersuchung 163
Tierheim 114, 146, 225
Tod 220, 324, 422
Tofu 358
Toiletten, Sicherheit 449
Tollwut (Lyssa) 208, 216, 149
paralytische (stille Wut) 216
rasende Wut 216
Tollwutüberträger 216
Tollwutzyklus 216
Tollwutimpfung 155
Tomarctus 8
Tonometer 277
Tonsilitis 339
topische Medikamente 228
toxische epidermale Nekrolyse 271
Toxocara canis 240
Toxokariose 240
Toxoplasma gondi 245, 246
Toxoplasmose 240, 245, 246
Toy Pudel 253, 321
Tracheobronchitis, infektiöse 221, 224
Tracheostomie 309
Trächtigkeit 168–174
Energiebedarf 171
Ernährung 171
Medikamente 172
Scheinträchtigkeit 169
Tränen 272, 274–275, 280f.
Abfluss 282
Messen der Tränenproduktion 276
Tränendrüse 282, 283, 284
Überschuss 282, 288, 289
Tränenflecken, mahagonifarbene 282
Tränenkanal 282
Träumen 391
Tragzeit 27
Transportieren eines verletzen Hundes 162
Notfalltransport 434–435
Treibhunde 84
Tremor 386
Treue zu Menschen 78
Trichophyton mentagrophytes 254
Triglycerid-(Fettsäure-)werte 376
Trimmgeräte 151
Trinken
Kontrolle 438
übermäßiges 379
vermehrtes 374, 376, 377, 379
trockenes Auge 283f.
Trockenfutter 196, 198–200
Tuberkulose 223, 225, 313
Tumoren
Augenhöhle 291
Augenlid 280, 282
Bauchspeicheldrüse 364
Brustdrüse 160
Darm 358
Eierstock 252
Gehirn 390–391
Haut 257, 258
Basalzellentumoren 258
Fettzellentumor 258
Hautkrebs 258
Histiozytom 258
Lipome 258
Mastzellentumoren 258
Melanome 258
Papillome 258
Plattenepithelkarzinome 258
Perianaltumor 258, 360
Hoden 252
Hypophyse 252, 374
insulinausschüttende 383
Kehlkopf 309
Knochen 412–413
Leber 367
Lunge 315
Lymphosarkom 288
Magen 347
Maul 337–338
Nase 307
Nebennieren 252, 379
Nebennierenmark 380
Ohren 298
perianale 360
rektale 358–359
Schilddrüse 376
Speicheldrüse 338
Speiseröhre 345
Weichteile 258

U

Übelkeit 342, 449
Überfüttern/Übergewicht 87, 163, 182, 192, 194, 200–205
Überpigmentierung siehe Hyperpigmentierung
Ultraschall 322, 351
Ulzera siehe Geschwüre
ulzerative Keratitis 285
Umweltgifte 383
Umgang mit
Angst vor Dingen 91
Aufmerksamkeitsheischen 100–101
Besitzansprüchen 102
Beuteaggression 84
dominanten Hunden 78, 80
exzessivem Bellen 93
Markierverhalten im Haus 82
Stehlen 96
territorialer Aggression 89
unterwürfigen Hunden 78, 80
Uncinaria stenocephala 241
unerwünschtes Verhalten 86
Unfälle und Notfälle 162
natürliche Reflexe prüfen 162
Transportieren eines verletzten Hundes 162
siehe auch Erste Hilfe
Unfruchtbarkeit 168
Ungarischer Vorstehhund siehe Magyar Vizsla
Unterkiefer 25
Unterpigmentierung siehe Hypopigmentierung
Untersuchung 440–441
unwillkürliche Reaktionen 394
Urin
blutiger 160, 223, 328, 365, 371, 438
dunkel, teerfarbiger 365
dunkelbrauner 328
Inkontinenz 371, 377, 386, 396
klarer, farbloser 371
milchig weißer 371
orangefarbener 371
rosafarbener 371
rötlich brauner 371
schleimiger 371
schwarzer 371
tröpfelnder 371
Urinverhaltung 371
Urinieren
Anstrengung beim 438
Schmerzen beim 370, 371
ständiges 374
übermäßiges 379
überwachen 438
vermehrtes 370, 377, 380
Urinmarkierung 82, 83
Urintest 371
Urlaubsreise
am Urlaubsort 154
Hundeapotheke 155
Hundegepäck 155
Hundepension 155
Hundesitter 154, 155
Urraubtiere 8
Ursidae 9
Urtikaria siehe Nesselsucht
Uterus siehe Gebärmutter
Uveitis 274, 288
Uveitis anterior 277, 282, 288
UV-Untersuchung 251

V

Vagina 26, 27
vermehrtes Lecken 370
Vaginalausfluss 160
blutiger 169, 176
dunkelgrüner 176
fleischfarbener 169
pastenartig weißer 228
schwarzer 176
übel riechender 176
Vaseline 157
Vasopressin 30
vegetarische Ernährung 193
vegetatives Nervensystem (VNS) 20, 23
Venen 22–23, 316
Verätzungen 267, 452
Verbände 428f.
Verbrennungen 267
Erste Hilfe 446
Maul und Lippen 336, 337
Verbrühungen
Erste Hilfe 446
Verdauungsorgane 24–25
Verdauungssystem 24
alternde Hunde 220, 358
Darm 348f.
Infektionen 222–223
Leber und Bauchspeicheldrüse 362–367
Speiseröhre und Magen 340–347
Tumoren 347, 350, 364, 367
Verdauungsgewohnheiten 438
Verfolgungsinstinkt 84
Vergiftung 448-457
Verhalten 76–103
ängstliches 90–91
Änderungen im 347, 365f., 370, 389f., 398
Auswahl eines Welpen 149
unterwürfiges 78, 80, 180
Verhaltensprobleme 392, 393
Verhaltenstherapie 393
verteidigendes 88–89
zwanghaftes 376, 392
Verkalkung 388
Verkrustungen
Augen 270, 271
Lippen 266, 270, 271
Nase 270, 271
Ohren 266, 270, 271
Pfoten 271
Vernebler 313
Verschlucken/Ersticken 305, 308, 311, 439
Erste Hilfe 424
Verstauchungen 405
Verstecken 389
Verstopfung 158, 159, 438, 350
altersbedingte 356–357
Verwirrung 219, 389
Verzwergung 17
Vestibularsyndrom 297
Vibrissen 19, 28
Viren 206, 214
siehe auch Impfen/Impfstoffe
Infektionskrankheiten 214–221
Immunsystem 206
Vitamine 192, 194, 195, 196, 197, 205, 209
Immunsystem 209
Vitamin A 194, 195, 197, 209, 264
Vitamin-B-Gruppe 195, 209
Vitamin-B_{12} 195
Vitamin C 192, 194, 195, 209
Vitamin D 194, 195, 197, 209
Vitamin E 194, 195, 197, 209, 364
Vitamin K 194, 195, 197, 209
Vitamin Thiamin 388
Vitaminzusätze 412
Vitiligo 259
Viverridae 9
Vomeronasalorgan 19, 94, 95
Von-Willebrand-Syndrom 328
Vorbackenzähne (Prämolaren) 25
Vorhaut
Bläschen 271
Haarausfall 265
hängende 252
Pusteln 271
vermehrtes Lecken 370
Vormilch siehe Kolostrum
Vorstehhund 95
Vulpes vulpes 10
Vulva 26, 27, 169
Ausfluss 160
Bläschen 271
Haarausfall 265
Hautfalteninfektion 268
Pusteln 271
vermehrtes Lecken 370
Verkrustungen 265

W

Wachhunde 90
Wachstumshormondermatose 253
Wachstumshormone 374
Wächter 15
Wackeln 321, 380, 437
Kopf 294, 296
Ohren 294, 296, 297
Warfarinvergiftung 326, 328, 370, 371, 456
Warzen 258, 280
Wasser
Trinken 368, 370, 371
Wasserbauch 365
Wassereinlagerung 359
Wasserentzugstest 374
Wassernapf 147
Watte
Ohrenreinigung 292, 295
Wehen 174, 176–177
Vorbereitung 174
Wehenprobleme 172, 176
Weichmacher 383
Weimaraner 97, 99, 101, 257, 259, 279, 280, 323, 347
Weinen 92, 219, 439
Weintrauben 453
weiße Blutkörperchen (B-Lymphozyten) 188–189, 206, 218, 227, 261
Memory-T-Zellen 188
Welpen 27, 76–78, 98, 102, 154, 166–183, 218, 219, 268, 269, 279, 308, 311, 332, 353
Antikörper 177
Auswahl eines Welpen 146, 148–149
Bauchschmerzen 220
Bemuttern 175
Dermatomyositis 253
Durchfall 176, 182, 241, 243
Energiebedarf 201
Entwicklung im Mutterleib 172–173
Entwöhnung 179, 182
erstes Augenöffnen 179
erste Lebenswochen 177
Fading Puppy-Syndrom 218
Flaschenfütterung 178
Fieber 220
frühe Sozialisation 98
Futter, Füttern 178
Geburt 174–175
Geburtsprobleme 175, 176
Gendefekte 327
Handfütterung 181
Immunität 179
Impfen/Impfschutz 177, 183, 218, 225
Infektionsverhütung 183
Lecken 174
Kannibalismus 175
Kinnschwellung 269
Körperfunktionen stimulieren 178
Körperkontakt 179
Krallenschneiden 178
Muskelschwäche 415
niedriger Blutzucker 382
Ohrenkratzen, ständig 182
Pflege 166–183
physische Entwicklung 177f.
Probleme mit der mütterlichen Fürsorge 180
Probleme nach der Geburt 183
Säugen 174, 178
Spielen 147
Stubenreinheit 368
Tod 183, 220
untersuchen 148–149
Welpenmilch 178
Welpennahrung 178
Welpenspielstunden 114
Wurfgröße 175
Wurmbefall 183, 240, 245
Zahnen und Kauen 76–77
Welpenakne 268, 269
Welpen-Impetigo 268
Welpenpyodermie (juvenile Pyodermie) 269
Welsh Corgi (Cardigan) 73, 323
West Highland White Terrier 51, 73, 196, 203, 206, 211, 259, 263, 264, 265, 267, 283, 323, 330, 339, 364, 365, 366, 412, 413
Whippet 257, 300
Wiederbelebungsmaßnahmen 423
Windhunde 35
Afghanischer 37
Russischer siehe Barsoi 36
Winseln 92, 219, 439
Wirbel 394
Wirbelsäule 394
Bandscheibenriss 396–397
Beschädigung der 21
Knochensporne 397
Verletzungen 396
Witterung 95
Wobbler-Syndrom 397
Wolf 8–14, 166, 330
Arktischer 13
Asiatisch-Arabischer 13
Europäischer 13
Mexikanischer 12
Wolfsspitz 253, 256, 323, 377, 389
Würgen 221, 310, 339, 342, 344, 347
schaumiger Speichel 312

Würgehalsbänder
Gefahr durch 309
Würmer 238, 240–243
Atemprobleme 315
bei Welpen 183, 240, 245
Entwurmungsmittel 241
im Erbrochenen 342
im Kot 240
Würfe
Größe 175
mehrere Väter 170
Persönlichkeit 180
Wundstarrkrampf 224
Wurmkur 183, 240, 241
Wunden
Bisswunden 162, 298
Erste Hilfe 426–431
Fremdkörper in 433
Halskragen 418
Wundverbände 428

X, Y, Z

X-chromosomale muskuläre Dystrophie 415
Yorkshire Terrier 17, 28, 52, 73, 79, 95, 99, 150, 248, 257, 274, 278, 300, 309, 311, 321, 323, 330, 355, 382, 389, 445
Zahnen 77
Zähne 24–25, 330
abgebrochener Zahn 335
Fehlstellungen 334
Karies 25
Milchzähne beim Welpen 330
Milchzähne fallen nicht aus 335
Oberkiefervorstand 334
Pflege 332
Plaque und Zahnstein 332
Polieren 333
restaurative Zahnmedizin 336
Unterkiefervorstand 334
Verfärbungen 332
Welpen 182
Wurzelabszesse 335, 336
Wurzelkanalbehandlung 335
Zahnbettentzündung 25
Zähneblecken 89, 103
Zähneklappern 330
Zahnfleisch
blasses 213, 326, 456
blaues 320
Erkrankungen 333–334
gelbliches 327
Notfallbeurteilung 421
Zahnfleischwucherung 338
Zahnfleischentzündung (Gingivitis) 333, 334
Zahnfleischhypertrophie 334
Zahngesundheit 330ff.
Zahnwurzelhautentzündung 333
Zecken 226, 227, 230, 231, 235–236, 260
Babesia-Parasiten 247
Befall 234–236
Behandlung 233
Braune Hundezecke (*Rhipicephalus sanguineus*) 226
Dermacentor variabilis 235
Entfernen 236, 227
Gemeiner Holzbock (*Ixodes ricinus*) 235
Ixodes holocyclus 235
Lebenszyklus 236
Lyme-Krankheit 226
Ohrenzecke (*Otobius megnini*) 297
Zeckenlähmung 414
Zehen
Entzündung zwischen den 397
erste Zehe 172
Interdigitalzysten 184
Juckreiz zwischen den Zehen 267
Zellwachstumshemmer 233
Zentralnervensystem 20
Zeruminom 298
Zilien in der Luftröhre 186, 221, 310
Zimmerpflanzen 453
Zink 196, 209
Zirbeldrüse 19
Zittern 380, 386, 437, 439
Zitzen 160
Zoonose 226
Zotten 349, 354
Zubinden des Fangs 161
Zucht 166–183
Bluttest 169
Gentests 168
selektive Zucht 174, 300
um Jagdverhalten zu reduzieren 98
Vorbereitung auf die Zucht 168
Züchter 148, 149, 180, 181
Zuchterfolg 169
Zuckerkrankheit 380
Zucken 365, 366, 386, 437
Gesichtsmuskel 391
Zunge 24
blaue Zunge 320
Zurückgezogenheit 216
zwanghaftes Verhalten 376
Lecken 392
Umherlaufen 392
Zwerchfell 22–23
Zwerchfellriss 314
Zwergdackel 17, 41
Zwergfadenwurm 243
Zwergpinscher 257
Zwergpudel 253, 311, 321, 353, 364, 379, 389
Zwergrassen 17, 146, 166
Blutdruck 318
Gelenkerkrankungen 412
Luftröhrenkollaps 311
Nichtausfallen der Milchzähne 335
Züchtungen 146
Zwergschnauzer 195, 203, 205, 263, 264, 291, 307, 321, 345, 353, 364, 366, 375, 379, 389, 415
Zwergspitz 253, 311, 323, 375
Zwergwuchs, schwache Tiere 177, 308
Zwiebeln 205, 453
Zwingerhusten 149, 214, 220, 221, 224, 289, 310–311, 312
Zwölffingerdarm 24
Zyanose (Blausucht) 310, 313
Zygoten 173
Zyklus 169
Zyklusbluten 146
Zysten 243, 244, 245, 257, 258
Hautzysten 258
Gehirn 388
Talgzysten 258
zwischen den Zehen 256
Zytologie 169

Bildnachweis

Abkürzungen: l = links, r = rechts, o = oben, u = unten, m = Mitte

Züchter:

48: Jack Russell Terrier (1)
51: Norwich Terrier, Aleksandra Skolik, Wikimedia Commons, Creative Commons License CC-BY-SA 2.5;
48: Jack Russell Terrier (2)
49: Airedale Terrier (1)+(2), Ma_gorzata Mi_aszewska, Wikimedia Commons, Creative Commons License CC-BY-SA 2.5;
50: Norfolk Terrier, Dr. Frauke Hinsch, Blender;
52: Yorkshire Terrier, Christine Budde, Kamen;
53: Australian Silky Terrier, Markus und Iris Eigenbrodt, Binau;
53: Australian Terrier, Zuzana Behne, Windeck;
58: Riesenschnauzer, Astrid Werner, Dennweiler-Frohnbach;
58: Schnauzer, Ewa Kreismann/Spirit of Silver Lake; Foto: Sandor Szekelyhidi;
285: Weimaraner, Gerhard Eiben, Wittmund;

1: Heike Schmidt-Röger; 4: Tracy Morgan; 8–9: Jerry Young; 10: Stephen J. Kraseman (o); NHPA Stephen J. Krasemann (ml); Orion Press (ul); Jerry Young (ur); 11: Gerald Cubitt (um); Rod Williams (m); Jerry Young (ol), (u); 12: Bruce Coleman Ltd. Bob und Clara Calhoun (m); NHPA Stephen J. Krasemann (or); John Shaw (u); Zefa Pictures E & P Bauer (ur); 13: Eyal Bartov (u); Minden (ol); Jerry Young (m), (or); 18: D. Ward (ur); 31: Jane Burton (m); T. Ridley (o); 32–33: Heike Schmidt-Röger; 36: D. King (o); 59: M. Kocbek (o); S. Russell; 74–75: Heike Schmidt-Röger; 77: DK Images/Dave King (u); 79: DK Images/Jane Burton (m); Tim Ridley (ol); 80: DK Images/Tracy Morgan (ul); 82: DK Images (ul); 84: Dr. Bruce Fogle (ul); 89: DK Images/Tim Ridley (ol); 91: Dr. Bruce Fogle (or); 93: DK Images/ Tracy Morgan (or); Steve Shott (ur); 96: DK Images/ Tracy Morgan (ul); 97: DK Images/ Tim Ridley (ol) (u); 99: DK Images/ Jane Burton (ol); 101: DK Images/Mike Dunning (ol); 104–105: Heike Schmidt-Röger; 106: Tracy Morgan; 113: David Ward (or); 116: Tracy Morgan (ol); 118–119: David Ward; Anna Hodgson (Hintergrund); 136: N.H.P.A. Susanne Danegger; 140: Tracy Morgan (or); 142: David Ward (m), (ol); 143: Tracy Morgan (mr); 144–145: Heike Schmidt-Röger; 146: Stephen Oliver alle außer (o); 147: Stephen Oliver; 148: Jane Burton alle außer (o); 149: Jane Burton; 150: Stephen Oliver (or); 151: Stephen Oliver (ol); 152: Stephen Oliver (ul); 153: Jan Baldwin (o); 154: Warren Photographic/Jane Burton (o); 155: Warren Photographic/Jane Burton (o); 163: Stephen Oliver (u); 164: DK Picture Library (ul), (ur); 165: DK Picture Library (ul), (ur), (o); 166: FLPA – Images of nature/Foto Natura (cml); 167: NHPA. (m); 176: FLPA – Images of nature/Gerard Lacz (ol); 177: RSPCA/ E. A. Janes (ol); 180: FLPA – Images of nature/Foto Natura (ol); 181: RSPCA/Angela Hampton (ol); 182: FLPA – Images of nature/ Foto Natura (or); 184–185: Heike Schmidt-Röger; 186: Warren Photographic/Jane Burton (ol); 187: NHPA/Yves Lanceau (or); Telegraph Colour Library/Getty Images; Jeffrey Sylvester (um); 189: Science Photo Library/Biology Media (or); 190: NHPA/Susanne Danegger (ol); 192: FLPA – Images of nature/David T Grewcock (or); RSPCA: Angela Hampton (ol); 193: FLPA – Images of nature/David Hosking (ol); 194: RSPCA/ Angela Hampton (ol); 195: FLPA – Images of nature/Gerard Laci (m); RSPCA/Cheryl A. Ertelt (ml); 196: DK Picture Library/Tracy Morgan (mr); 199: RSPCA/ Colin Seddon (ol); 200: RSPCA/Cheryl A. Ertelt (mr); 202: DK Picture Library/Tracy Morgan (ul); 203: RSPCA/Angela Hampton (ul); 205: FLPA – Images of nature/Gerard Laci (ul); 210: Science Photo Library/David Scharf (or); 211: DK Picture Library/Tracy Morgan (or); 214: Science Photo Library/CNRI (ol); 217: Stone/Getty Images/ Philip & Karen Smith (ur); 218: Warren Photographic/Jane Burton (ml); 219: Warren Photographic/Kim Taylor (ol); 222: Science Photo Library/ CNRI (ur); 224: DK Picture Library/Tracy Morgan (ul); 226: Science Photo Library/Eye of Science (or); 227: NHPA/Mirko Stelzner (or); 228: Science Photo Library/Eye of Science (ul); 229: Heike Schmidt-Röger; 230: Corbis/Michael S; Yamashita (um); Science Photo Library/Kent Wood (ol); 233: RSPCA/Andrew Forsyth (or); 237: Science Photo Library/Eye of Science (or); 243: Animal Photography/R.T. Willbie (or); 245: Warren Photographic/Jane Burton (or); 248–271: DK Picture Library/Tracy Morgan (Kolumnentitel); 248: Science Photo Library/Alfred Pasieka (ol); 250: Dr. Janet D. Littlewood, Veterinary Dermatology Referrals (um); 251: Science Photo Library/John Durham (or); 254: Dr. Janet D. Littlewood, Veterinary Dermatology Referrals (or), (ol); 258: Dr. Janet D. Littlewood, Veterinary Dermatology Referrals (om); 259: DK Picture Library/Tracy Morgan (or); 262: NHPA/ Gerard Lacz (or); 265: Stone/Getty Images (or); 266: Dr. Janet D. Littlewood, Veterinary Dermatology Referrals (or); 268: Dr. Janet D. Littlewood, Veterinary Dermatology Referrals (or); 272–291: DK Picture Library/Tracy Morgan (Kolumentitel); The Wellcome Institute Library, London (ol); 274: Dr. Richard White, The Queens Veterinary School Hospital, University of Cambridge (ol); 276: The Wellcome Institute Library, London (or); 278: DK Picture Library/Tracy Morgan (um); 279: David L. Williams, Dept of Clinical Veterinary Medicine, University of Cambridge (ol); 281: RSPCA/Tim Woodcock (ur); 283: Warren Photographic/Jane Burton (ul); 284: David L. Williams, Dept of Clinical Veterinary Medicine, University of Cambridge (or); 285: DK Picture Library/Tracy Morgan (or); 286: RSPCA/Angela Hampton (ur); 288: David L. Williams, Dept of Clinical Veterinary Medicine, University of Cambridge (ul); 289: David L. Williams, Dept of Clinical Veterinary Medicine, University of Cambridge (ol); RSPCA/ Tim Woodcock (ur); 290: Michael Herrtage, Queen's Veterinary School Hospital, University of Cambridge (om), (or); The Wellcome Institute Library, London/Royal Veterinary College (ul); 291: DK Picture Library/Tracy Morgan (or); 292: RSPCA/Angela Hampton (ol); 296: Science Photo Library/BSIP VEM (ur); 297: Dr. Richard White, The Queens Veterinary School Hospital, University of Cambridge; (om); 298: Dr. Richard White, The Queens Veterinary School Hospital, University of Cambridge (ur); 301: Dr. Richard White, The Queens Veterinary School Hospital, University of Cambridge (om); 302: Science Photo Library/CNRI (ol); 306: Michael Herrtage, Queen's Veterinary School Hospital, University of Cambridge (or); 309: RSPCA/Angela Hampton (r); 311: DK Picture Library/Tracy Morgan (ur); 312: Michael Herrtage, Queen's Veterinary School Hospital, University of Cambridge (or); 314: Michael Herrtage, Queen's Veterinary School Hospital, University of Cambridge (ur); 315: Science Photo Library/David Scharf (or); 316–259: DK Picture Library/Tracy Morgan (running head); 316: Science Photo Library (ol); 321: Michael Herrtage, Queen's Veterinary School Hospital, University of Cambridge (ul); 322: Michael Herrtage, Queen's Veterinary School Hospital, University of Cambridge (or); 323: DK Picture Library; Tracy Morgan (or); 324: Science Photo Library; Eye of Science (ol); 334: Dr. Richard White, The Queens Veterinary School Hospital, University of Cambridge (ol); 335: Dr. Richard White, The Queens Veterinary School Hospital, University of Cambridge (ul); 342: Michael Herrtage, Queen's Veterinary School Hospital, University of Cambridge (ul); 345: DK Picture Library/Tracy Morgan (or); RSPCA (ol); 346: Michael Herrtage, Queen's Veterinary School Hospital, University of Cambridge (or); 347: DK Picture Library/Tracy Morgan (or), (ur); 348: Science Photo Library/Andrew Syred (ol); 350: Warren Photographic/Kim Taylor (mr); 353: DK Picture Library/Tracy Morgan (or), (or); 355: DK Picture Library/Tracy Morgan (or); 361: DK Picture Library/Tracy Morgan (or); 362: Science Photo Library/CNRI (ol); 370: RSPCA/Colin Seddon (ul); 372: Science Photo Library (ol); 378: Corbis/Lowell Georgia (or); 380: RSPCA; Angela Hampton (um); 382: DK Picture Library/Tracy Morgan (or); 383: DK Picture Library/Tracy Morgan (or), (or); 384: Science Photo Library/Tektoff-Merieux, CNRI (ol); 387: Science Photo Library (or); 389: DK Picture Library/Tracy Morgan (or); 393: Animal Photography/Sally Anne Thompson (mr); 394: Science Photo Library/A;B; Dowsett (ol); Warren Photographic/Jane Burton (ml); 400: Science Photo Library/Prof; P Motta/Dept of Anatomy, University of La Sapienza (ol); 406: Michael Herrtage, Queen's Veterinary School Hospital, University of Cambridge (ul); 407: Warren Photographic; Jane Burton (or); 408: RSPCA/Cheryl A. Ertelt (ur); 410: Michael Herrtage, Queen's Veterinary School Hospital, University of Cambridge (ul); 417: DK Picture Library/ Stephen Oliver (oml), (omr); Tracy Morgan; 419: DK Picture Library/ Tracy Morgan (ol), (om), (or); 428: DK Picture Library/Tracy Morgan (ol), (or); 429: DK Picture Library/Tracy Morgan (ol), (or).

Illustrationen

8: Janos Marffy (Silhouetten); Amunda Williams (Körperbau/Kaniden); 9: Yak el Droubie (Kartografie); 12–13: Yak el Droubie; 13: Rowan Clifford ; 16: Janos Marffy; 17: Amunda Williams; 18: Janos Marffy; 19: Samantha Elmhurst; 20: Amunda Williams; 21: Janos Marffy; 22: Janos Marffy; 23: Samantha Elmhurst; 24: Janos Marffy; 25: Amunda Williams; 26: Janos Marffy; 27: Samantha Elmhurst (o), (r); Janos Marffy (ul); 29: Samantha Elmhurst (o), (r); Amunda Williams (ul); 30: Janos Marffy; 31: Janos Marffy; Amunda Williams (o); 35: Janos Marffy.